PUBLIKATIONEN

DER

GESELLSCHAFT

FÜR

RHEINISCHE GESCHICHTSKUNDE

———

XII

ERLÄUTERUNGEN

ZUM

GESCHICHTLICHEN ATLAS

DER

RHEINPROVINZ

SECHSTER BAND

———

BONN

HERMANN BEHRENDT

1914

ERLÄUTERUNGEN

ZUM

GESCHICHTLICHEN ATLAS

DER

RHEINPROVINZ

SECHSTER BAND

DIE HERRSCHAFTEN
DES UNTEREN NAHEGEBIETES

DER NAHEGAU UND SEINE UMGEBUNG

VON

D<u>R.</u> WILHELM FABRICIUS

MIT 3 KARTEN

BONN

HERMANN BEHRENDT

1914

Verzeichnis der Stifter und Patrone

nach dem Stande vom 1. Oktober 1914.

Seine Majestät der Kaiser und König als Patron.

Seine Königliche Hoheit der Grossherzog Friedrich II. von Baden als Patron.

Ihre Königliche Hoheit die Prinzessin Adolf zu Schaumburg-Lippe, Prinzessin von Preussen als Patronin.

Der Rheinische Provinzialverband.

I. Stifter:

1. Herr Geh. Kommerzienrat Dr. iur. et phil. **Gustav von Mevissen,** Köln (1881); † 1899 Aug. 13.
2. „ **Adolph von Carstanjen,** Majoratsherr, Berlin (1893); † 1900 Juni 24.
3. „ Geh. Kommerzienrat Dr. phil. **Emil vom Rath,** Köln (1894).
4. Die **Dr. Joh. Friedr. Böhmer**schen Nachlass-Administratoren und Testaments-Exekutoren, Frankfurt a. M. (1898).
5. Frau **Paul Stein, Elise,** geb. **von Mevissen,** Köln (1900).
6. Herr Geh. Kommerzienrat **Gust. Michels,** Köln (1900); † 1909 Juli 24.
7. Frau Geh. Kommerzienrat **Dr. Gust. von Mevissen, Therese** geb. **Leiden,** Köln (1900); † 1901 Nov. 10.
8. Herr **Arthur v. Osterroth-Schönberg,** Schloss Schönberg (1905).
9. „ Geh. Kommerzienrat **Gust. Selve,** Bonn (1907); † 1909 Nov. 7.
10. „ Geh. Kommerzienrat Dr. phil. **Louis Hagen,** Köln (1911).
11. „ Geh. Kommerzienrat **Joh. N. Heidemann,** Köln (1911); † 1913 April 2.
12. „ Geh. Kommerzienrat **Theod. v. Guilleaume,** Köln (1911).
13. „ **Friedr. Frh. Waldbott v. Bassenheim,** k. k. Kämmerer, Tolcsva, Ungarn (1912).
14. „ **Max Pfeifer,** Sittarderhof bei Elsdorf (1912).

II. Patrone:

1. Die Stadt **Aachen** (1881).
2. Herr Kommerzienrat Dr. jur. **Alb. Ahn,** Verleger, Köln (1911).
3. Frau Geh. Kommerzienrat **Otto Audreae, Johanna,** geb. **Steinkauler,** Köln (1910).
4. Se. Durchlaucht der **Prinz und Herzog Anton Wilhelm von Arenberg,** Bonn (1914).

5. Die Stadt **Barmen** (1881).
6. Herr Kommerzienrat **Friedr. Bayer,** Fabrikbesitzer, Elberfeld (1907).
7.   „   Dr. **Alb. Blank,** Chemiker, Hofheim am Taunus (1909).
8.   „   **Alfred v. Boch,** Schloss Fremersdorf a. d. Saar (1910).
9.   „   Geh. Kommerzienrat **Rud. Böcking,** Halbergerhütte (1907).
10.   „   Frhr. **J. W. v. Boetzelaer,** Kgl. Niederländ. Konsul, Krefeld-Bockum (1901).
11. Die Stadt **Bonn** (1881).
12. Herr Professor Dr. **Rud. Ernst Brünnow,** Princeton, U. S. A. (1907).
13.   „   Geh. Kommerzienrat **Arthur Camphausen,** Köln (1893).
14.   „   Amtsgerichtsrat a. D. **Eduard Carp,** Düsseldorf (1907).
15.   „   **Rob. v. Carstanjen,** Majoratsherr, Plittersdorfer Aue (1905).
16.   „   Kommerzienrat **Max Charlier,** Fabrikant, Köln (1913).
17.   „   Kommerzienrat **Paul Charlier,** Fabrikant, Mülheim a. Rh. (1905).
18.   „   **Arthur Deichmann,** Bankier, Köln-Marienburg (1913).
19.   „   **Karl Theod. Deichmann,** Bankier, Köln (1906).
20.   „   **Wilh. Theod. v. Deichmann,** Bankier, Mehlem (1902).
21. Die Stadt **Düren** (1891).
22. Die Stadt **Düsseldorf** (1881).
23. Die Stadt **Duisburg** (1881).
24. Herr Geh. Ober-Regierungsrat **Dr. Gust. Ebbinghaus,** Kurator der Universität, Mitglied des Herrenhauses, Bonn (1907).
25. Die Stadt **Elberfeld** (1881).
26. Das **Gräflich Eltzische Oberrentamt,** Moselkern (1907).
27. Der Landkreis **Essen** (1892).
28. Die Stadt **Essen** (1896).
29. Herr Geh. Justizrat **Robert Esser,** Köln (1896).
30. Frau Geheimrat **Joh. Franck, Friederike,** geb. **Nelke,** Bonn (1914).
31. Herr **Alois Fritzen,** Landesrat a. D., Düsseldorf (1891).
32.   „   Geh. Justizrat **Steph. Fröhlich,** Notar, Köln (1904).
33.   „   **Egon Graf von Fürstenberg-Stammheim,** Kgl. Legationsrat, München (1909).
34. Die Stadt **M.-Gladbach** (1902).
35. Herr **Matthias H. Göring,** Honnef (1881).
36. Frau **Walter Gontermann,** geb. **Henckels,** Siegen (1911).
37. Herr **Wilh. Grevel,** Rentner, Düsseldorf (1907).
38.   „   **Rich. Grüneberg,** Fabrikbesitzer, Köln (1909).
39.   „   **Charles Eugène Günther,** Kaufmann, London E. C. (1906).
40. Frau Kommerzienrat **Franz Karl Guilleaume, Antonie,** geb. **Gründgens,** Köln (1893).
41. Herr Kommerzienrat **Arnold v. Guilleaume,** Köln (1895).
42.   „   Geh. Kommerzienrat **Max v. Guilleaume,** Köln (1892).
43.   „   Geh. Kommerzienrat **Theodor v. Guilleaume,** Fabrikbesitzer, Köln (1889).
44.   „   Kommerzienrat **Franz Hagen,** Fabrikbesitzer, Konsul von Peru, Köln (1907).

45. Herr Geh. Kommerzienrat Dr. phil. **Louis Hagen,** Bankier, Köln (1896).
46.   „   Geh. Kommerzienrat **Franz Haniel,** Fabrikbesitzer, Mitglied des Herrenhauses, Düsseldorf (1895).
47.   „   Kommerzienrat **Alb. Heimann,** Bankdirektor, Köln (1910).
48. Frau Geh. Kommerzienrat **August Heuser, Eugenie** geb. **Nicolovius,** Köln (1904).
49. Herr **Karl von der Heydt,** Bankier, Berlin (1889).
50.   „   Geh. Kommerzienrat **Wilhelm Hoesch,** Fabrikbesitzer, Düren (1900).
51. Die **Fürstl. Hohenzollernsche Hofbibliothek,** Sigmaringen (1881).
52. Frau **Aug. Joest, Fanny** geb. **Camphausen,** Brühl (1894).
53. Herr **Jakob Jores,** Stadtverordneter, Krefeld (1910).
54.   „   Geh. Kommerzienrat **Louis Kannengiesser,** Kgl. Württemberg. Konsul, Mülheim-Ruhr (1907).
55.   „   **Heinrich Kellner,** Kaufmann, Köln (1899).
56.   „   Geh. Komm.-Rat Dr.-Jng. **Adolf Kirdorf,** Aachen-Burtscheid (1904).
57. Die Stadt **Koblenz** (1888).
58. Die Stadt **Köln** (1881).
59. Seine Eminenz der Kardinal-Erzbischof von Köln, **Dr. Felix v. Hartmann,** Köln (1914).
60. Frau **Ernst Königs, Johanna** geb. **Bunge,** Köln (1905).
61. Die Stadt **Krefeld** (1881).
62. Herr Geh. Regierungsrat Dr. **Herm. v. Krüger,** Schloss Eller bei Düsseldorf (1905).
63.   „   Dr. jur. et phil. **Gustav Krupp von Bohlen und Halbach,** Legationsrat a. D. und Kammerherr, Hügel bei Essen (1906).
64. Frl. **Josephine Küppers,** Köln (1910).
65. Herr **Gottlieb v. Langen,** Rittergutsbesitzer, Burg Zieverich (1897).
66.   „   **Hans Karl Leiden,** Köln (1895).
67.   „   Geh. Kommerzienrat **Moritz Leiffmann,** Düsseldorf (1914).
68.   „   Kommerzienrat **Karl Leverkus** sen., Fabrikbesitzer, Köln (1907).
69.   „   **Hans Leyendecker,** Kaufmann, Köln (1902).
70. Frau **Freifrau Theod. von Liebieg, Angelika** geb. **Clemens,** Schloss Gondorf bei Coblenz (1891).
71. Herr Kommmerzienrat **Adolf Lindgens,** Fabrikbesitzer, Köln-Bayenthal (1910).
72.   „   Dr. jur. **Heinr. v. Loesch,** Rittergutsbesitzer, Ober-Stephansdorf (Schles.) (1905).
73.   „   Dr. jur. **Gustav von Mallinckrodt,** Stadtverordneter, Köln (1892).
74.   „   Dr. **Paul von Mallinckrodt,** Rittergutsbesitzer, Schloss Wachendorf (1899).
75.   „   **Wilh. von Mallinckrodt,** Bankier, Antwerpen (1905).
76. Die Benediktiner-Abtei **S. Maria-Laach** (1914).
77. Herr Justizrat Dr. jur. **Karl Mayer-Leiden,** Rechtsanwalt, Brühl (1894).
78. Frl. **Mathilde von Mevissen,** Köln (1893).
79.   „   **Melanie von Mevissen,** Köln (1899).
80. Herr **Wilh. Minlos,** Kaufmann, Köln (1909).

81. Herr Geh. Legationsrat **Graf Wilhelm von Mirbach-Harff,** Fidei-kommissbesitzer, ausserordentlicher Gesandter und bevollmäch-tigter Minister, Mitglied des Herrenhauses, Stuttgart (1901).

82. Die Stadt **Mülheim a. d. Ruhr** (1905).

83. Herr Geh. Kommerzienrat Dr. jur. **Jos. Neven-DuMont,** Stadtverord-neter, Vorsitzender der Handelskammer, Köln (1898).

84. „ Prof. **Georg Oeder,** Düsseldorf (1912).

85. Frau **Emil Oelbermann, Laura** geb. **Nickel,** Köln (1897).

86. Herr **Karl Ohligschlaeger,** Bankier, Aachen (1907).

87. „ Kommerzienrat Dr. jur. **Emil Frh. von Oppenheim,** Kgl. sächs. Generalkonsul, Köln (1906).

88. „ **S. Alfr. Frh. v. Oppenheim,** Köln (1909).

89. „ Geh. Kommerzienrat **Wilh. v. Oswald,** Koblenz (1896).

90. „ **Rob. Peill,** Gutsbesitzer, Köln (1901).

91. „ Geh. Regierungsrat **Ludwig Pelzer,** Oberbürgermeister a. D., Aachen (1896).

92. „ **Eugen Pfeifer,** Gutsbesitzer, Köln (1892).

93. „ Geh. Kommerzienrat **Karl Poensgen,** Düsseldorf (1907).

94. „ Geh. Kommerzienrat Dr. phil. h. c. **Emil vom Rath,** Stadtverord-neter, Köln (1881).

95. „ Wirkl. Geh. Oberjustizrat **Adolf Ratjen,** Oberlandesgerichts-präsident, Düsseldorf (1881).

96. „ **Eug. Wilh. v. Rautenstrauch,** Kaufmann, Köln (1908).

97. Der Kreis **Rees** (1897).

98. Herr Geh. Oberjustizrat **Karl Reichensperger,** Landgerichtspräsident a. D., Coblenz (1896).

99. Die Stadt **Remscheid** (1902).

100. Herr Kommerzienrat **Louis Röchling,** Völklingen (1910).

101. „ Kommerzienrat **Paul Röchling,** Generalkonsul, Saarbrücken (1914).

102. Die Stadt **Saarbrücken** (1910).

103. Se. Durchlaucht der **Fürst Alfred zu Salm-Reifferscheid,** Schloss Dyck (1902).

104. Se. Durchlaucht der Fürst **Alfred Salm-Salm,** Anhalt (1914).

105. Das Fürstl. **Salm-Salmsche Archiv,** Anholt (1914).

106. Herr Kommerzienrat **Karl Scheibler,** Fabrikbesitzer, Kgl. Nieder-ländischer Konsul, Köln (1896).

107. Frau Geh. Kommerzienrat **Wilh. Scheidt, Auguste** geb. **Holthaus,** Kettwig a. d. Ruhr (1899).

108. Herr Kommerzienrat **Emil Schleicher,** Messingfabrikant, Stolberg (Rhld.) (1905).

109. „ **Alfred Schmidt,** Kaufmann, Köln-Lindenthal (1911).

110. „ Kommerzienrat Dr. jur. **Rich. v. Schnitzler,** Kgl. Schwed. Kon-sul, Köln (1907).

111. „ Geh. Kommerzienrat **Arnold Schoeller,** Düren (1905).

112. „ **Hugo Schoeller,** Düren (1911).

113. Herr Dr. **Klemens Freiherr v. Schorlemer,** Exzellenz, Kgl. Kammerherr, Staatsminister und Minister für Landwirtschaft, Domänen und Forsten, Berlin (1899).

114. Frau Oberregierungsrat **Paul Schuch, Paula,** geb. **Deichmann,** Köln (1913).

115. Herr Kommerzienrat Dr. **Gust. Seligmann,** Beigeordneter, Koblenz (1911).

116. „ Kommerzienrat **Mor. Seligmann,** Bankier, Köln (1906).

117. „ **Graf Franz von Spee,** Exzellenz, Kgl. Kammerherr und Schlosshauptmann von Düsseldorf, Mitglied des Herrenhauses, Schloss Heltorf (1885).

118. Frau **Paul Stein, Elise** geb. **von Mevissen,** Köln (1888).

119. Herr **Hugo Stinnes,** Hüttenbesitzer, Mülheim a. d. Ruhr (1905).

120. Frau **Hugo Stinnes-Coupienne,** Mülheim a. d. Ruhr (1905).

121. Herr Kommerzienrat **Heinr. Stollwerck,** Köln (1907).

122. **Ida** Freifrau **v. Stumm-Halberg,** Schloss Halberg (1910).

123. Herr Kommerzienrat Dr.-Ing. **George Talbot,** Fabrikbesitzer, Aachen (1907).

124. Der Herr **Bischof von Trier, Dr. Felix Korum,** Trier (1886).

125. Die Stadt **Trier** (1881).

126. Herr Dr. **Walter Tuckermann,** Köln (1913).

127. „ **Louis Vopelius,** Glashüttenbesitzer, Sulzbach b. Saarbrücken (1903).

128. Frau Kommerzienrat **Fritz Vorster, Hermine** geb. **Langen,** Köln-Marienburg (1913).

129. Herr Geh. Kommerzienrat **Julius Vorster,** Fabrikbesitzer, Köln (1892).

130. „ Kommerzienrat **Karl Wegeler,** Koblenz (1913).

131. „ Justizrat **Wilh. Weisweiler,** Notar, Köln (1911).

132. „ **Peter Werhahn,** Kaufmann, Neuss (1908).

133. „ Kommerzienrat **Hans Zanders,** Fabrikbesitzer, Berg.-Gladbach (1900).

134. Frau **Rich. Zanders, Anna** geb. **v. Siemens,** Haus Leerbach (1907).

135. Herr N. N. (1900).

Verstorbene Patrone.

Ihre Majestät die **Kaiserin** und **Königin Augusta** (1881), † 1890 Jan. 7.

Ihre Majestät die **Kaiserin** und **Königin Friedrich** (1895), † 1901 Aug. 5.

1. Herr Geh. Kommerzienrat **Otto Andreae,** Köln (1889), † 1910 Febr. 12.

2. Se. Durchlaucht der **Prinz Philipp von Arenberg,** Geistl. Rat, Eichstätt (1881), † 1906 Aug. 11.

3. Se. Durchlaucht der **Prinz Johann von Arenberg,** Haus Pesch (1907), † 1914 April 3.

4. Herr Wirkl. Geheimrat Dr. **von Bardeleben,** Exzellenz, Oberpräsident a. D., Berlin (1881), † 1890 Jan. 8.

5. „ Professor Dr. **Julius Baron,** Bonn (1892), † 1898 Juni 9.

6. „ Geh. Kommerzienrat **Louis Beissel,** Aachen (1905), † 1914 Juni 23·

X

7. Herr **Friedr. Wilh. Blees**, kais. Bergmeister, Queuleu bei Metz (1895),
† 1895 Aug. 16.

8. Frau **F. W. Blees**, Queuleu (1895), † 1898 Juni 16.

9. Herr Geh. Kommerzienrat **Eugen von Boch**, Mettlach (1889), † 1898
Nov. 12.

10. Frau **Elis. Braun**, geb. **Freiin von Stumm**, Saarbrücken (1902); † 1911
Juni 30.

11. Herr **Peter von Carnap**, Elberfeld (1881), † 1904 Aug. 18.

12. „ **Adolph von Carstanjen**, Berlin (1883), † 1900 Juni 24.

13. Frau **Adolph von Carstanjen**, Berlin (1900), † 1905 März 18.

14. Herr Dr. med. **H. J. R. Claessen**, Köln (1881), † 1883 Okt. 17.

15. „ Geheimrat Dr. **Karl Ad. Ritter von Cornelius**, München (1881),
† 1903 Febr. 10.

16. „ Kommerzienrat **Joh. Cüpper**, Aachen (1893), † 1910 Jan. 8.

17. „ Wirkl. Geheimrat Dr. **Heinrich von Dechen**, Exzellenz, Bonn
(1881), † 1889 Febr. 5.

18 Frau Geheimrat **Lila Deichmann-Schaaffhausen**, Köln (1881), † 1888
Juli 7.

19. Herr Kommerzienrat **Otto Deichmann**, Köln (1902), † 1911 Jan. 24.

20. „ Kommerzienrat **Theodor Deichmann**, Köln (1881), † 1895 Juli 25.

21. Frau Kommerzienrat **Theodor Deichmann**, Köln (1895), † 1901 April 7.

22. Herr Geh. Kommerzienrat Dr. **Karl Delius**, Aachen (1889), † 1914
Aug. 26.

23. „ **Jakob Graf und edler Herr von und zu Eltz**, Vukovár (1900)
† 1906 Juni 26.

24. „ **Karl Graf und edler Herr von und zu Eltz**, Eltville (1881),
† 1900 Mai 26.

25. „ **August Elven**, Köln (1889), † 1891 April 28.

26. „ **Ludwig Levin Frhr. von Elverfeldt**, Elberfeld (1881), † 1885 Mai 23·

27. „ **Johann Maria Farina**, Köln (1889), † 1892 Febr. 26.

28. „ Kardinal-Erzbischof Dr. **Ant. Fischer**, Köln (1903), † 1912 Juli 30.

29. Frau **Heinr. Foerster**, Kempen (1892), † 1904 Mai 16.

30. Herr Geh. Reg.-Rat Dr. **Joh. Franck**, Bonn (1909); † 1914 Jan. 23.

31. „ Geh. Kommerzienrat **Karl Friederichs**, Remscheid (1897), † 1906
April 22.

32. „ **Gisb. Graf v. Fürstenberg-Stammheim**, Exzellenz, Stammheim
(1889), † 1908 März 28.

33. „ **Freiherr Theodor von Geyr zu Schweppenburg**, Kgl. Kammerherr,
beigeordneter Bürgermeister, Aachen (1881), † 1882 Juli 3.

34. „ **Wilh. Gobbers**, Krefeld (1900), † 1906 April 27.

35. Frau **Friedr. Grillo**, Essen (1895), † 1904 April 20.

36. Herr Kommerzienrat Dr. **Herm. Grüneberg**, Köln (1890), † 1894 Juni 7.

37. Frau Kommerzienrat Dr. **Herm. Grüneberg**, Köln (1894), † 1908 April 3.

38. Herr Geh. Kommerzienrat **Emil Haldy**, St. Johann (1889), † 1901 Nov. 25.

39. „ Geh. Kommerzienrat **Hugo Haniel**, Ruhrort (1881), † 1893 Dez. 15.

40. „ Geh. Kommerzienrat **Joh. N. Heidemann**, Köln (1900); † 1913
April 2.

41. Herr Geh. Kommerzienrat **Alex. von Heimendahl,** Krefeld (1888), † 1890 Dez. 29.

42. „ Geh. Kommerzienrat **Aug. Heuser,** Köln (1894), † 1903 Aug. 24.

43. „ Geh. Oberjustizrat **Alfred Freiherr v. Hilgers,** Coblenz (1895), † 1910 Dez. 10.

44. „ **Eberhard Hoesch,** Düren (1891), † 1907 Nov. 6.

45. „ Geh. Kommerzienrat **Leop. Hoesch,** Düren (1889), † 1899 April 21.

46. „ Geh. Justizrat Prof. Dr. **Herm. Hüffer,** Bonn (1897), † 1905 März 15.

47 „ **Otto Jordan,** Coblenz (1895), † 1900 April 9.

48. „ **Ernst Koenigs,** Köln (1898), † 1904 Juli 24.

49. „ Kommerzienrat **F. W. Koenigs,** Köln (1881), † 1882 Okt. 6.

50. „ Kardinal-Erzbischof Dr. **Phil. Krementz,** Köln (1886), † 1899 Mai 6.

51. „ Wirkl. Geheimrat Dr. **F. A. Krupp,** Exzellenz, Bredeney (1884), † 1902 Nov. 22.

52. „ **Georg Küppers-Loosen,** Köln (1899), † 1910 Sept. 18.

53. „ **Heinr. C. Kuetgens,** Köln-Sülz (1904), † 1910 Nov. 13.

54. „ Geh. Kommerzienrat **Eugen Langen,** Köln (1881), † 1895 Okt. 2.

55. „ **Ernst Leyendecker,** Köln (1893), † 1902 Febr. 6.

56. „ Kommerzienrat **Wilhelm Leyendecker,** Köln (1889), † 1891 Juni 18.

57. „ **Theodor Freiherr von Liebieg,** Schloss Gondorf (1889), † 1891 Sept. 8.

58. „ **Ludwig von Lilienthal,** Elberfeld (1881), † 1893 Juni 1.

59. „ Geh. Justizrat Prof. Dr. **Hugo Loersch,** Bonn (1890), † 1907 Mai 10.

60. „ Geh. Kommerzienrat **Gust. v. Mallinckrodt,** Köln (1896), † 1904 März 6.

61. „ Kommerzienrat **Julius Marcus,** Köln (1889), † 1893 Jan. 4.

62. „ Geh. Kommerzienrat Dr. **Gustav von Mevissen,** Köln (1881), † 1899 Aug. 13.

63. Frau Geh. Kommerzienrat Dr. **Gustav von Mevissen,** Köln (1899), † 1901 Nov. 10.

64. Herr Geh. Kommerzienrat **Gust. Michels,** Köln (1881), † 1909 Juli 24.

65. „ **Graf Ernst von Mirbach-Harff,** Schloss Harff (1882), † 1901 Mai 29.

66. „ **Graf Wilh. von Mirbach-Harff,** Schloss Harff (1881), † 1882 Juni 19.

67. „ Geh. Medizinalrat Prof. Dr. **Albert Mooren,** Düsseldorf (1881), † 1899 Dez. 31.

68. „ **Hermann von Mumm,** Kgl. Dän. General-Konsul, Köln (1881), † 1887 Juli 16.

69. „ **August Neven-DuMont,** Köln (1889), † 1896 Sept. 7.

70. „ **Emil Oelbermann,** Köln (1893), † 1897 Mai 1.

71. „ **Albert Frh. v. Oppenheim,** Köln (1888), † 1912 Juni 23.

72. „ . Geh. Regierungsrat **Dagobert Oppenheim,** Köln (1881), † 1889 Juli 25.

73. „ **Ed. Frhr. v. Oppenheim,** Köln (1889), † 1909 Jan. 15.

74. „ **Wilh. Peill,** Köln (1896), † 1901 April 4.

75. „ Kommerzienrat **Emil Pfeifer,** Köln (1881), † 1889 Sept. 20.

76. „ Kommerzienrat **Val. Pfeifer,** Köln (1889), † 1909 Nov. 14.

77. Frau Kommerzienrat **Val. Pfeifer,** Köln (1910), † 1911 Nov. 27.

78. Herr **Eduard Puricelli,** Trier (1881), † 1893 Dez. 4.

79. Frau **Ed. Puricelli**, Trier (1893), † 1899 Febr. 5.
80. „ **Fanny Puricelli**, Rheinböllerhütte (1881), † 1896 Nov. 16.
81. Herr **Arthur vom Rath**, Köln (1897), † 1901 Aug. 23.
82. „ Kommerzienrat **Eugen Rautenstrauch**, Köln (1891), † 1900 Mai 18.
83. Frau Kommerzienrat **Eugen Rautenstrauch**, Köln (1901), † 1903 Dez. 30.
84. Herr Kommerzienrat **Val. Rautenstrauch**, Trier (1881), † 1884 Okt. 19.
85. „ Generaldirektor **Oskar Ritter**, Köln (1909), † 1912 Sept. 29.
86. „ Geh. Kommerzienrat **Karl Röchling,** Saarbrücken (1895), † 1910 Mai 26.
87. „ Wirkl. Geheimrat Dr. **Franz von Rottenburg**, Bonn (1897), † 1907 Febr. 14.
88. „ Geh. Kommerzienrat **Wilh. Scheidt**, Kettwig (1894), † 1896 März 27.
89. „ **Herm. Schelleckes,** Krefeld (1902), † 1911 Febr. 4.
90. „ Weihbischof Dr. **Herm. Jos. Schmitz**, Köln (1895), † 1899 Aug. 21.
91. „ **Alexander Schöller**, Düren (1890), † 1892 Febr. 26.
92. Frau **Alex. Schoeller,** Düren (1892); † 1913 März 28.
93. Herr Oberregierungsrat a. D. **Heinr. Schröder**, Köln (1910), † 1912 April 24.
94. „ Oberregierungsrat a. D. **Paul Schuch,** Köln (1910), † 1913 Febr. 5.
95. „ Beigeordneter **Ludw. Friedr. Seyffardt**, Krefeld (1888), † 1901 Jan. 26.
96. „ Erzbischof Dr. **Hubert Simar**, Köln (1900), † 1902 Mai 24.
97. „ **Graf August von Spee**, Königl. Kammerherr, Schlosshauptmann von Brühl, Schloss Heltorf (1881), † 1882 Aug. 25.
98. „ Kommerzienrat **Konrad Startz**, Aachen (1889), † 1893 Sept. 30.
99. Frau Kommerzienrat **Konrad Startz**, Aachen (1893), † 1907 Okt. 15.
100. Herr **Lebrecht Stein**, Langenberg (1889), † 1903 Mai 14.
101. „ Kommerzienrat **Pet. Jos. Stollwerck**, Köln (1900), † 1906 März 17.
102. „ Kommerzienrat **Fritz Vorster,** Köln-Marienburg (1906), † 1912 Juli 2.
103. „ Geh. Kommerzienrat **Julius Wegeler,** Koblenz (1881), † 1913 Jan. 17.
104. „ Landgerichts-Referendar **Adolf Wekbeker**, Düsseldorf (1881), † 1882 Nov. 16.
105. „ Kommerzienrat **Viktor Wendelstadt**, Köln (1881), † 1884 Juli 15.
106. Se. Durchlaucht der Fürst **Wilh. zu Wied** (1881), † 1907 Okt. 22.
107. Herr **Ernst Zais**, München, † 1903 Juli 7 (Vermächtnis).
108. „ **Richard Zanders**, Berg.-Gladbach (1893), † 1906 März 28.
109. „ Kommerzienrat **Eug. van der Zypen** (1907), † 1910 März 21.

Vorstand der Gesellschaft.

Prof. Dr. **Joseph Hansen,** Archivdirektor, Köln-Lindenthal, Lindenburger Allee 35, Vorsitzender.

Geh. Regierungsrat Dr. **Moriz Ritter,** Professor, Bonn, Riesstrasse 6, stellvertretender Vorsitzender.

Geh. Regierungsrat Dr. **Aloys Schulte,** Professor, Bonn, Buschstrasse 81, Schriftführer.

Geh. Archivrat Dr. **Theod. Ilgen,** Archivdirektor, Düsseldorf, Fischerstrasse 85, stellvertretender Schriftführer.

Dr. jur. **Gustav von Mallinckrodt,** Köln, Sachsenring 77, Schatzmeister.

Geh. Kommerzienrat Dr. **Emil vom Rath,** Köln, Kaiser-Wilhelm-Ring 15, stellvertretender Schatzmeister.

Geh. Archivrat Dr. **Bär,** Archivdirektor, Koblenz.

Geh. Regierungsrat Dr. **v. Bezold,** Professor, Bonn.

Geh. Regierungsrat Dr. **Clemen,** Professor, Bonn.

Kommerzienrat **Arnold v. Guilleaume,** Köln.

Geh. Kommerzienrat Dr. **Louis Hagen,** Köln.

Geh. Regierungsrat Dr. **v. Krüger,** Düsseldorf-Eller.

Dr. **Oehler,** Oberbürgermeister, Düsseldorf.

Geh. Oberjustizrat **Reichensperger,** Landgerichtspräsident a. D., Koblenz,

Geh. Justizrat Dr. **Stutz,** Professor, Bonn.

Veltman, Oberbürgermeister, Aachen.

Wallraf, Oberbürgermeister, Köln.

Geh. Regierungsrat Dr. **Wilcken,** Professor, Bonn.

Vertreter des Provinzialverbandes im Vorstande:

Wirkl. Geh. Oberregierungsrat Dr. **v. Renvers,** Regierungspräsident a. D., Landeshauptmann der Rheinprovinz, Düsseldorf.

Ehrenmitglieder des Vorstandes:

Wirkl. Geh. Oberjustizrat **Ratjen,** Oberlandesgerichtspräsident, Düsseldorf.

Geh. Hofrat Dr. **Gothein,** Professor, Heidelberg.

v. Becker, Wirkl. Geheimrat, Oberbürgermeister a. D., Exzellenz, Berlin.

Veröffentlichungen

der Gesellschaft für Rheinische Geschichtskunde.

a) Publikationen.

I. **Kölner Schreinsurkunden des 12. Jahrhunderts,**
Quellen zur Rechts- und Wirtschaftsgeschichte der Stadt Köln,
herausgegeben von Robert Hoeniger. Bonn, E. Weber
(Julius Flittner), 1884—1894.
> Erster Band (1884—1888), Ladenpreis br. M. 21.45.
> Zweiter Band, erste Hälfte (1893), Ladenpreis br. M. 17.50.
> Zweiter Band, zweite Hälfte (1894). Mit einer Erklärung der
> deutschen Wörter von J. Franck und einer photolithographi-
> schen Beilage. Ladenpreis br. M. 22.—.

II. **Briefe von Andreas Masius und seinen Freunden
1538—1573,** herausgegeben von Max Lossen. Leipzig,
Hegel & Schade (vormals Dürr), 1886.
> Ladenpreis br. M. 11.40, geb. M. 12.50.

III, IV. **Das Buch Weinsberg,** Kölner Denkwürdigkeiten aus dem
16. Jahrhundert, bearbeitet von Konstantin Höhlbaum,
Leipzig, Hegel & Schade (vormals A. Dürr), 1886, 1887.
> Erster Band, 1518—1551 (1886), Ladenpreis br. M. 9.—, geb.
> M. 10.—.
> Zweiter Band, 1552—1577 (1887), Ladenpreis br. M. 10.—, geb.
> M. 11.—. Fortsetzung s. unten Nr. XVI.

V. **Der Koblenzer Mauerbau,** Rechnungen 1276—1289, be-
arbeitet von Max Bär. Leipzig, Hegel & Schade (vormals
A. Dürr), 1888.
> Ladenpreis M. 3.60, geb. M. 4.50.

VI. **Die Trierer Ada-Handschrift,** bearbeitet und heraus-
gegeben von K. Menzel, P. Corssen, H. Janitschek,
A. Schnütgen, F. Hettner, K. Lamprecht. Leipzig,
Hegel & Schade (vormals A. Dürr), 1889.
> Ladenpreis kart. M. 80.—, geb. M. 86.—.

VII. **Die Legende Karls des Grossen im 11. und 12. Jahr-
hundert,** herausgegeben von Gerhard Rauschen. Mit einem
Anhang über Urkunden Karls des Grossen und Friedrichs I.

für Aachen von Hugo Loersch. Leipzig, Duncker & Humblot, 1890.

Ladenpreis br. M. 4.80, geb. M. 5.60.

VIII. **Die Matrikel der Universität Köln 1389 bis 1559, bearbeitet von Hermann Keussen. Bonn, H. Behrendt, 1892.**

Erster Band, 1389—1466 (1892), in zwei Hälften. Ladenpreis br. M. 18.—, geb. M. 21.—.

IX. **Kölnische Künstler in alter und neuer Zeit. Johann Jacob Merlos neu bearbeitete und erweiterte Nachrichten von dem Leben und den Werken Kölnischer Künstler, herausgeg. von Eduard Firmenich-Richartz unter Mitwirkung von Hermann Keussen. Mit zahlreichen bildlichen Beilagen. Düsseldorf, L. Schwann, 1895.**

Ladenpreis br. M. 45.—.

X. **Akten zur Geschichte der Verfassung und Verwaltung der Stadt Köln im 14. und 15. Jahrhundert, bearbeitet von Walter Stein. Bonn, H. Behrendt, 1893—1895.**

Erster Band, Verfassung und Gerichtswesen (1893). Ladenpreis br. M. 18.—.

Zweiter Band, Verwaltung, mit Registern zu beiden Bänden (1895). Ladenpreis br. M. 16.—.

XI. **Landtagsakten von Jülich-Berg, 1400—1610, herausgegeben von Georg von Below. Düsseldorf, L. Voss & Cie., 1895—1907.**

Erster Band, 1400—1562 (1895). Ladenpreis br. M. 15.—.

Zweiter Band, 1563—1589 (1907). Ladenpreis br. M. 24.—.

XII. **Geschichtlicher Atlas der Rheinprovinz, im Auftrage des Provinzialverbandes herausgegeben von der Gesellschaft für Rheinische Geschichtskunde. Bonn, H. Behrendt, 1894—1913.**

a) **Karten.**

1. **Karte der Rheinprovinz unter französischer Herrschaft im Jahre 1813, entworfen und gezeichnet von Konstantin Schulteis (1894). Massstab 1:500000. Ladenpreis M. 4.50.**

2. **Karte der politischen und administrativen Einteilung der heutigen Rheinprovinz im Jahre 1789, bearbeitet und entworfen von Dr. Wilhelm Fabricius, gezeichnet von Georg Pfeiffer. 7 Blätter (1894). Massstab 1:160000. Übersicht der Staatsgebiete (1898). Massstab 1:500000. Ladenpreis M. 34.50.**

3. **Die Rheinprovinz im Jahre 1789. Übersicht der Kreiseinteilung, bearbeitet und entworfen von Dr. W. Fabricius (1897). Massstab 1:500000. Ladenpreis M. 4.50.**

4. **Karte der Rheinprovinz unter preussischer Verwaltung im Jahre 1818**, entworfen und gezeichnet von Konstantin Schulteis (1895). Massstab 1:500000. Ladenpreis M. 4.50.

5. **Kirchliche Organisation und Verteilung der Konfessionen im Bereich der heutigen Rheinprovinz um das Jahr 1610**, bearbeitet von Dr. W. Fabricius. 4 Blätter (1903). Massstab 1:250000. Ladenpreis M. 18.—.

6. **Kirchliche Organisation im Bereich der heutigen Rheinprovinz am Ende des Mittelalters (um 1450)**, bearbeitet und entworfen von Dr. W. Fabricius (1909). Massstab 1:500000. Lpr. M. 4.50.

b) Erläuterungen.

Erster Band: **Die Karten von 1813 und 1818**, von Konst. Schulteis (1895). Ladenpreis br. M. 4.50, geb. M. 5.50.

Zweiter Band: **Die Karte von 1789**, von Dr. W. Fabricius (1898). Ladenpreis br. M. 18.—, geb. M. 20.—.

Dritter Band: **Das Hochgericht Rhaunen**, von Dr. W. Fabricius (1901). Ladenpreis br. M. 4.80, geb. M. 5.80.

Vierter Band: **Das Fürstentum Prüm**, von Herm. Forst (1903). Ladenpreis br. M. 4.80, geb. M. 5.80.

Fünfter Band: **Die beiden Karten der kirchlichen Organisation, 1450 und 1610**, von Dr. W. Fabricius.

Erste Hälfte. Die Kölnische Kirchenprovinz (1909). Ladenpreis br. M. 12.—, geb. M. 13.—.

Zweite Hälfte. Die Trierer und Mainzer Kirchenprovinz. Die protestantische Kirchenverfassung (1913). Lpr. br. M. 18.—, geb. M. 19.—.

Register (1913). Lpr. br. M. 13.—, geb. M. 14.—.

Sechster Band: **Die Herrschaften des unteren Nahegebietes. Der Nahegau und seine Umgebung**, mit 3 Karten, von Dr. W. Fabricius (1914).

XIII. **Geschichte der Kölner Malerschule.** 131 Lichtdrucktafeln mit erklärendem Text, herausgegeben von **Ludwig Scheibler** und **Karl Aldenhoven**. Lübeck, Joh. Nöhring, 1902.

Ladenpreis M. 160.—; Text allein M. 12.—.

XIV. **Rheinische Akten zur Geschichte des Jesuitenordens 1542—1582**, bearbeitet von **Joseph Hansen**. Bonn, H. Behrendt, 1896.

Ladenpreis M. 20.—.

XV. **Die Kölner Stadtrechnungen des Mittelalters**, mit einer Darstellung der Finanzverwaltung, bearbeitet von **Richard Knipping**. Bonn, H. Behrendt, 1897, 1898.

Erster Band: Die Einnahmen und die Entwicklung der Staatsschuld (1897). Ladenpreis br. M. 18.—.

Zweiter Band: Die Ausgaben (1898). Ladenpreis br. M. 22.—.

XX

b) Preisschriften der Mevissen-Stiftung,

gekrönt und herausgegeben von der Gesellschaft für Rheinische Geschichtskunde.

1. Lau, Friedrich, Entwicklung der kommunalen Verfassung und Verwaltung Kölns von den Anfängen bis zum Jahre 1396. Bonn, H. Behrendt, 1898.

   Ladenpreis br. M. 8.—, halbfranz geb. M. 9.50.

2. Keussen, Hermann, Topographie der Stadt Köln im Mittelalter. Zwei Bände nebst einer Mappe mit Karten und Beigaben. Bonn, P. Hanstein, 1910.

   Ladenpreis br. M. 50.—, halbfranz geb. M. 60.—.

3. Oidtmann, Heinrich, Die rheinischen Glasmalereien vom 12. bis zum 16. Jahrhundert. Düsseldorf, L. Schwann, 1912.

   Erster Band mit 18 Tafeln und 400 Abbildungen. Ladenpreis br. M. 25.—, geb. M. 29.—.

Vorwort.

Bei der Arbeit an dem Teil des fünften Erläuterungsbandes, welcher das Kirchengebiet des Erzbistums Mainz behandeln sollte, stellte sich die Notwendigkeit heraus, auch die weltlichen Bezirke der Nahegegend genauer zu erforschen, da hier die Quellen aus kirchlicher Herkunft allein nicht ausreichten. So ist gleichzeitig mit jenem Bande und während des Druckes das jetzt vorgelegte Buch entstanden, das die im dritten Band der Atlas-Erläuterungen mit dem Hochgericht Rhaunen begonnene topographische Untersuchung fortsetzt.

Ursprünglich hatte ich die Absicht, diese Untersuchungen als einzelne Abhandlungen erscheinen zu lassen, wie die über: Das Hochgericht auf der Heide (Westdeutsche Zeitschrift XXIV S. 101 bis 200), über: Das Pfälzische Oberamt Simmern (daselbst XXVIII S. 70 bis 131) und über: Die Grafschaft Veldenz (Mitteilungen des Historischen Vereins der Pfalz XXXIII 1 bis 91). Es ergab sich aber keine Gelegenheit zu solcher Art der Veröffentlichung, und so sammelte sich nach und nach eine Anzahl derartiger Aufsätze an, die ich dem Vorstand der Gesellschaft für Rheinische Geschichtskunde vorlegte. Ich ergänzte diese Einzelarbeiten in der Weise, dass mit Einschluss der drei Veröffentlichungen in den Zeitschriften eine ortsgeschichtliche Beschreibung des ganzen Nahegaus nach mittelalterlichen Landes- und Amtsbezirken entstand, nach den Grundsätzen, die ich in dem Vorwort zu der Abhandlung über das Hochgericht Rhaunen (Band III dieser Atlas-Erläuterungen) aufgestellt habe.

Der Druck dieser Ortsgeschichte wurde namentlich während der Bearbeitung des Registers zu den kirchengeschichtlichen Bänden gefördert, und war bei Beginn des Druckes dieses Registers vorläufig abgeschlossen, so dass nun die Bearbeitung der Karten in Angriff genommen werden konnte. Es fehlte aber noch eine Zusammenfassung des Ganzen, eine geographische Beschreibung des als „Nahegau“ behandelten Gebietes, ein Nachweis aller urkundlich ihm zugeschriebenen Ortschaften, geschichtliche Mitteilungen über die Gaugrafen und die andern landesherrlichen Geschlechter, kurz ein mehr landesgeschichtlicher Teil. Damit wollte ich auch statistische und siedlungsgeographische Mitteilungen verbinden. So ist in den Pausen, die die Drucklegung des Registerbandes zu den Atlas-Erläuterungen V mir liess, der Landesgeschichtliche Teil des Buches bearbeitet worden, dem genaue in Tabellenform angelegte Berechnungen der Grösse, Bodenbenutzung und Bevölkerung zugrund liegen. Namentlich interessierte es mich, die modernen Angaben über die Verteilung von Ackerland und Wald mit solchen aus früherer Zeit zu vergleichen, die (aus den 1780er Jahren) für die Kurpfälzischen Aemter und Ortschaften bei Widder, Beschreibung der kurfürstlichen Pfalz, und handschriftlich für die Zweibrückischen Aemter vorlagen. Ich erhoffte dadurch auch Aufschlüsse über die siedlungsgeographischen Fragen.

Aber diese Tabellen würden das Buch zu umfangreich machen, daher habe ich nur die summierten Zahlen für die Bezirke beigefügt, deren Vergrösserung oder Verkleinerung dadurch am besten dargestellt werden kann.

Auch bei dieser Arbeit habe ich mich der wohlwollenden Unterstützung und Förderung seitens der Archivbehörden, namentlich der Staatsarchive in Koblenz, Speyer, Würzburg, München, Wiesbaden, Karlsruhe, Darmstadt und der fürstlichen und gräflichen in Coesfeld, Anholt und Heltorf zu erfreuen gehabt. Auch haben einige Herren Lehrer, Förster und Pfarrer mir bereitwillige Auskunft auf besondere Anfragen erteilt, deren Namen an den betreffenden Stellen genannt sind. Allen diesen Behörden und Herren sage ich verbindlichen Dank.

Darmstadt im Oktober 1914.

Dr. Wilhelm Fabricius.

Inhalt.

Im Namenregister befindet sich eine Zusammenstellung der behandelten Wüstungen, im Sachregister solche über Grenzbeschreibungen und Weistümer.

Landesgeschichtlicher Teil.

———

I. Die Landschaft.

(Gewässer, Gebirge, Besiedlung, Anbau.)

Der „Nahegau" deckte sich zur Zeit der sächsischen und salischen Kaiser ziemlich genau mit dem linksrheinischen Gebiet der Diözese Mainz; darunter ist das Flussgebiet der Nahe zu verstehen mit Ausschluss der Gegend, die durch ihren Oberlauf bis Oberstein entwässert wird.

Landschaftlich gliedert sich das Gebiet des Nahegaus in drei verschieden geartete Teile: das dem Rheinischen Schiefergebirge angehörige Gebiet des Soon- und Idarwaldes, mit langhingezogenen, von Nordost nach Südwest sich erstreckenden Höhenzügen, die mit grossen, zusammenhängenden Wäldern bedeckt sind; das dem westpfälzisch-saarbrückischen (westricher) Kohlengebirge angeschlossene „Nordpfälzische Bergland", dessen sandig-tonige Gesteine vielfach durch eruptive Massen (Melaphyre und Porphyre) durchbrochen und kuppenförmig überlagert sind. Die Bewaldung ist hier weniger zusammenhängend, nur am Donnersberg finden sich grössere Waldbestände. Die dritte Landschaft ist das nur an den Rändern mit einigen Holzungen bestandene, im Innern fast waldlose „Rheinhessische Hügelland".

Diese Landschaften decken sich nicht mit den politischen Gebieten: das Nordpfälzische Bergland umfasst auch die preussischen Kreise St. Wendel, Meisenheim und zum Teil Kreuznach, während das Rheinhessische Hügelland sich auch über die vor dem Donnersberg liegenden pfälzischen Gemarkungen erstreckt. Das Soon- und Hochwaldgebiet zieht sich aus den preussischen Kreisen Kreuznach, Simmern und Bernkastel in das oldenburgische Fürstentum Birkenfeld.

Die Nahe entspringt in der Gemarkung Selbach im Fürstentum Birkenfeld (Nahequelle 455 m Höhe), empfängt von links her die Bäche aus dem Hochwald, bei der Station Türkismühle die Söter, bei Ellweiler die Traun, darauf die von Birkenfeld kommende Steinau, bei Kronweiler den Schwollbach, bei Enzweiler den Siesbach; deren Quellen liegen meistens im Bereich der beiden von Nordost nach Südwest streichenden Rücken des Idar- und Hochwaldes, die Höhen bis zu 816 m (Erbeskopf) erreichen.

Weniger bedeutend sind die Seitenbäche der oberen Nahe von Süden her auf der rechten Seite des Flusses. Die Wasser-

scheide zwischen Nahe und Blies liegt nicht so weit ab, wie die
zwischen Nahe und Mosel und erhebt sich nur auf 500 bis 600 m.
Zu nennen sind der Freisbach und der Underbach. Der Freisbach
entspringt an der Westseite der Freiser Höhe (bis zu 600 m), die
den Nahegau begrenzte, und fliesst an Wolfersweiler vorüber bei
Nohfelden in die Nahe. Der Underbach kommt vom Breitsester-
hof südlich der Stadt Baumholder, vereinigt sich mit dem aus der
Winterhauch kommenden Reichenbach (bei Heimbach) kurz vor der
Mündung in die Nahe. Sein Gebiet gehörte zum Teil schon dem
Nahegau an.

Auf der Strecke von Frauenberg bis Nohbollenbach durch-
bricht die Nahe in engen Windungen die Eruptivgesteine und an
dieser Stelle tritt sie in den Nahegau ein. Die Bäche, die zunächst
von rechts her dem Flusse zuströmen, sind wenig bedeutend, da
sich die Wasserscheide zwischen der Nahe und ihrem grössten Zu-
fluss, dem Glan, nur 6—10 km von ihr hinzieht. Fast alle diese
Tälchen sind angebaut und mit Dörfern besiedelt, die von den
Bächen benannt sind [1]).

Der Glan entspringt bei Höchen unterhalb der Grenze zwischen
Rheinpreussen und der Pfalz, die hier auf der bis 517 m hohen
Wasserscheide zwischen den Gebieten der Saar-Blies-Oster und der
Nahe verläuft. Beim Eichelscheider Hof unterhalb Waldmohr tritt
der Bach in die sumpfige Niederung des Landstuhler Bruches ein,
vereinigt sich mit dem Mühlbach und dem von Kübelberg herab-
kommenden Kohlbach (958 Chevilunbach genannt) und wendet sich
bei Nieder-Misau nach Norden. Bei Elschbach mündet die Ohm,
die an der Römerstrasse bei Langenbach entspringt. Aus dem öst-
lichen Teil des Landstuhler Bruchs und dem Reichswald fliesst der
Mohrbach (bei Niedermohr) dem Glan zu, der dann das Gebirge
zwischen dem Potzberg (562 m) und Remigiusberg (380 m) durch-
bricht und bei Altenglan von links die Kusel, von rechts den
Reichenbach empfängt. Bei Rathweiler, wo ihm von Norden her
die Alb die Gewässer des Winterhauchwaldes (Totenalb, Steinalb)
zuführt, wendet sich der Fluss nach Nordosten, empfängt bei Offen-
bach den Bach des Essweiler Tales und bei Lauterecken seinen
grössten Zufluss, die Lauter. Diese entspringt im Kaiserslauterer
Stiftswald aus der Quelle Lauterspring (370 m) unter dem Harter
Kopf (458 m). Aus der Otterberger Waldmark fliesst ihr die Otter-
bach zu. Am Horterhof an der Nordwestseite der Waldmark ent-
springt die Odenbach, die in geringer Entfernung (5—6 km) gleich-
laufend mit der Lauter an Schallodenbach, Niederkirchen, Reipolts-
kirchen vorbei bei Glan-Odenbach in den Glan läuft, der nun
ausser dem Jeckenbach bei Meisenheim von linksher weiter keinen

---

1) Die Ortschaften Bollenbach, Dickesbach, Reidenbach, Hachenbach,
Bärenbach, Becherbach, Limbach und Meckenbach haben von diesen Bächen
ihre Namen.

nennenswerten Zufluss erhält und unterhalb von Odernheim und Staudernheim in die Nahe mündet.

In Alsenborn (288 m) unter dem Schorlenberg im Diemersteiner Wald entspringt der nächste grössere Zufluss der Nahe auf der Südseite, die Alsenz. Sie fliesst zwischen dem Stumpfwald und der Otterberger Waldmark hindurch nach Norden, weicht dem Donnersberg (687 m) aus auf der Strecke von Alsenbrück bis Imsweiler, wo sie die Heiligenmoschel aufnimmt, empfängt unterhalb des Dorfes Alsenz die eigentliche Moschel (die bei Dörrmoschel entspringt und an der Stadt Obermoschel vorbeifliesst) und mündet bei Ebernburg in die Nahe.

Am Donnersberg bei dem ehemaligen Prämonstratenser-Nonnenkloster Marienthal entspringt die Appelbach, an der die früh genannte Besitzung der Abtei St. Maximin bei Trier, Münsterappel, liegt, und die an Wöllstein vorbei bei Ippesheim in die Nahe fliesst. Aus den Wäldern am Nordfuss des Donnersberges westlich von Kirchheimbolanden kommt dann die Wiese, der letzte bedeutende Zufluss der Nahe. Der nächste grosse Bach, die Selz, entspringt bei Orbis nördlich von Kirchheimbolanden und fliesst an Alzey, Gau-Odernheim, Nieder-Olm und Ober-Ingelheim vorbei dem Rhein zu. Diese Bäche, die Appel, Wiese und Selz, werden in ihrem Mittellauf durch Schollen des Rheinhessischen Hügellandes nach Osten abgedrängt und zu weiten Bogen genötigt.

Fast das ganze Gebiet des Glan und der Lauter gehörte zum Nahegau. Derselbe reichte also im Süden bis zum Landstuhler Bruch und zum Reichswald von Kaiserslautern. Das Reichsgebiet von Lutra soll im Worms- und Nahegau liegen.

Die Grenze gegen den Wormsgau ist nicht leicht sicher zu bestimmen. Doch wird die waldige Gegend am Donnersberg von Otterberg bis Kirchheimbolanden, deren Niederschläge durch die Alsenz und Appel der Nahe zugeführt werden, dem Nahegau zuzurechnen sein. Das offene und beinahe waldlose Land an der Pfrimm, Selz, Wiese und am Unterlauf der Appel von Alzey zum Rhein bis Oppenheim, Mainz und Bingen gehörte dagegen im 9. Jahrhundert noch zum „Wormazfeld“ und kam erst im 10. unter Otto dem Grossen zum Nahegau. Diese fruchtbare weinreiche Hügellandschaft wurde im Mittelalter mit dem Namen „Gau“ schlechthin bezeichnet.

Nördlich der Nahe reichte der Nahegau bis an die Wasserscheide mit dem Moselgebiet. Merkwürdig ist hier, dass diese Wasser- und auch Stammesscheide auf einer Hochfläche von 500 bis 554 m Höhe verläuft, die von der Nahe aus gerechnet hinter dem bis 650 m hohen Soonwaldrücken liegt, so dass die Zuflüsse der Nahe, die Idar, Kyr (Hahnenbach), Simmer und Guldenbach erst den harten Quarzit dieses Gebirges durchbrechen müssen, ehe sie sich mit dem Hauptfluss vereinigen können.

Der Soon ist als linksrheinische Fortsetzung des Taunus

gebirges zu betrachten. Er besteht aus zwei gleichlaufend von Nordost nach Südwest sich hinziehenden Rücken, die durch ein flaches Hochtal (die Oberläufe des Seibersbachs, Gräfenbachs, Lametbachs und des bei Königsau in die Simmer mündenden Asbachs) voneinander geschieden werden. Der nördliche Rücken beginnt am Rhein bei der Burg Saneck, erreicht im Kandrich die Höhe von 642 m, wird bei der Rheinböller Hütte vom Guldenbach (375 m) durchbrochen, steigt im Katzenkopf und Hochsteinchen wieder auf 653 m, hält sich dann bis zum Durchbruch der Lamet (unterm Plackenstein 400 m) über der 600-Meter-Linie (Simmerkopf 656 m). Westlich der Lamet folgt die Koppensteiner Höhe (550 m), dann der Durchbruch der Simmer beim Langenstein (240 m). Im Lützelsoon erreicht das Gebirge wieder 603 m und wird dann vom Hahnenbach (wiederum 240 m) abgeschnitten. Die Länge dieses „Simmerer Soonwaldes" beträgt vom Rhein bei Trechtingshausen bis zur Rheinböller Hütte etwa 9 km, von dort zur Lamet 14,8 km, in der Koppensteiner Höhe 6 km und im Lützelsoon 7 km.

Im südlichen Rücken, dem „Kreuznacher Soonwald", erhebt sich der Opel bis 643 m, die Ellerspringhöhe bis 660 m; zwischen beiden liegt das Quertal des Gräfenbaches (460 m). Die Länge der beiden Abschnitte ist vom Seibersbach bis zum Gräfenbach 6 km, vom Gräfenbach bis Hahnenbach 14 km.

Ganz ähnlichen Bau zeigt jenseits des Hahnenbachtales der doppelte Rücken der Idar- und Hochwaldgebirge. Der Beginn dieser Höhen ist gegen das Westende des Soonwaldes etwas nach Norden verschoben, Richtung und Aufbau der gleiche. Der nördliche Zug erreicht im Erbeskopf 816 m.

Dem südlichen Höhenzug sind Quarzitfelsengrate aufgesetzt, die Morschieder Burr (646 m), Wildenburger Burr (676 m); zwischen dem Sandkopf (665 m) und Silberich (623 m) bricht sich der Idarbach in der wilden Felsschlucht „Katzenloch" (390 m) Bahn zur Nahe. Er entspringt bei Hüttgeswasen in dem Längstal zwischen den beiden Rücken, wie der Gräfenbach im Soonwald.

Dieses Hochtal setzt sich im Lindenbach fort, der vom Hochwalder Hof kommend sich bei Rhaunen mit dem nördlichen Idar- oder Raunelbach vereinigt, dessen Quelle bei Hochscheid auf der Nordseite des nördlichen Idarrückens liegt. Dies ist neben dem Sohrer- oder Dillerbach der bedeutendste Zufluss des bei Kirn in die Nahe mündenden Kyr- oder Hahnenbaches.

Der Hahnenbach entspringt nördlich von Kappel auf der Wasserscheide zwischen Nahe und Mosel, die hier die Höhe von 500 m hat, also viel niedriger und auch flacher ist, als der Soonwald, dessen harte Gesteine der Bach durchnagen muss, um in die Nahegegend zu gelangen. Die Zuflüsse dieses Baches von Osten her sind nur ganz kurz, da schon 6—7 km weiter östlich in gleicher nordsüdlicher Richtung das Tal der Simmer und ihres grössten Zuflusses, des Kauerbachs, hinzieht. Zwischen beiden Tälern befindet sich ein Rücken von 430 m Höhe, dem der Lützelsoon aufgesetzt ist. Hier liegt das römische Dumnissus, das jetzige Denzen bei dem Städtchen Kirchberg, der erste bewohnte Ort, den Ausonius im Jahre 371 auf seiner Reise von Bingen nach Trier fand, nachdem er die unwirtlichen Urwälder des Soons durchzogen hatte.

Auch die Quellen der Simmer und ihrer Zuflüsse Heinzenbach, Bieberbach, Kauerbach, Osterkülz, Külz, Chumbderbach, Kisselbach liegen an der Wasserscheide, in weitem Bogen von Kappel über Braunshorn, Lingerhahn bis Laudert.

Sie empfängt unterhalb der Kreisstadt Simmern den von Argenthal herabkommenden Brühlbach oder Tiefenbach mit der Lamet, die ihr die Gewässer des hohen Soonwaldes zuführen, und mündet bei Simmern unter Daun in die Nahe.

Im Oberweseler Wald entspringt ausser dem Quellbach der Simmer der Guldenbach, der bei Stromberg den Dörrebach aufnimmt (dieser Bach verschwindet streckenweise in unterirdischen Höhlungen im Kalkstein) und bei Bretzenheim die Nahe erreicht.

Die südliche Abdachung des Soonwaldes zur Nahe hin trägt den Gauksberg (437 m) mit dem Waldgebiet, das sich von Dalberg bis Weiler bei Monzingen hinzieht. Es scheidet die früh besiedelten Gegenden um Kreuznach und Waldböckelheim von dem Amt Winterburg, das an der Südseite des Kreuznacher Soonwaldes liegt. Die vom Soon herabkommenden Gewässer sammeln sich in dem Gräfenbach und Ellerbach, welche bei Dalberg und Bockenau die Gauksberghöhe zu durchbrechen haben, um sich kurz vor ihrer Mündung bei Kreuznach zu vereinigen.

Der Soonwald und namentlich der Idar- und Hochwald gehören zu den grössten zusammenhängenden Wäldern des mittelrheinischen Gebiets. Der Soonwald umfasst in dem Abschnitt zwischen Rhein und Guldenbach beinahe 6000 ha, vom Guldenbach bis zur Lamet bei Mengerschied nahezu 6500 ha, südlich des Gräfenbaches und der Lamet von dem Seibersbach bis zum Hahnenbach über 7000 ha, dazu die Koppensteiner Höhe mit 1000 ha und der Lützelsoon mit mehr als 2600 ha; im ganzen also 23100 ha fast ununterbrochenes Waldland.

Von dem noch ausgedehnteren Idar- und Hochwaldgebiet gehören zum Nahegau etwa 6800 ha.

Der Waldgürtel, der sich zwischen den Aemtern Kreuznach und Böckelheim einer- und dem Amt Winterburg andererseits hinzieht, enthält in seiner Ausdehnung vom Guldenbach bis zum Hahnenbach mehr als 5200 ha zusammenhängenden Waldes.

Noch weit grössere Flächen waren in der Zeit der römischen Herrschaft und im frühen Mittelalter, unter den Merowingern und ersten Karolingern und noch bis in das zehnte Jahrhundert hinein vom Wald bedeckt.

Die Verbreitung ältester Siedlung scheint mit dem jetzt fast ganz waldfreien Gebiet zusammenzufallen, in dem die überwiegende

Mehrzahl der Ansiedlungen richtige altdeutsche Haufendörfer sind, deren Namen mit der Endung „-heim“ gebildet wurden.

Diese Gegend umfasst fast das ganze Rheinhessen [1]) und wird jenseits der Nahe durch das obenbeschriebene Waldgebiet hinter Kreuznach begrenzt, an welchem Waldalgesheim, Waldlaubersheim, Gutenberg (früher Weitersheim), Roxheim, Weinsheim, Sponheim, Waldböckelheim, Sobernheim liegen, alles Orte, die schon frühzeitig in Urkunden erwähnt werden. Die Nahe aufwärts liegen dann Merxheim, Meddersheim, Staudernheim und am Glan Odernheim und, etwas abseits von der Gruppe, Meisenheim. Auf dem hessischen Naheufer wird das Gebiet der Heime begrenzt von Freilaubersheim, Volxheim, Siefersheim, Wonsheim, Steinbockenheim, Wendelsheim, Bechenheim, greift dann auf bayerisches Land über und reicht bis Morschheim, Kirchheim(bolanden), Marnheim, Göllheim, Kerzenheim, Ebertsheim, Bobenheim, Weisenheim, Bad-Dürkheim, Wachenheim, Deidesheim, Meckenheim, Assenheim, Schauernheim, Rheingönheim.

Die von diesen Ortschaften und dem Rhein umschlossene Gegend, das heutige Rheinhessen und die Angrenzungen der Rheinprovinz und der Pfalz, zeichnet sich durch einen Mangel an Wald aus. Rheinhessen hatte 1882 bei einer Gesamtfläche von 137 413 ha nur 6402 ha Wald, 106 424 ha Ackerfeld und Grabgärten, 10 108 ha Weinberge, dagegen die Kreise Kreuznach und Simmern zusammen bei einer Gesamtfläche von 102 175 ha, 46 573 ha Wald, nur 42 626 ha Ackerland und 3300 ha Weinberge. In den drei Bezirksämtern der bayerischen Pfalz, die für den Nahegau hauptsächlich in Betracht kommen, Kaiserslautern, Kirchheimbolanden und Kusel, wurden 1893 bei einer Gesamtfläche von 166 776 ha 81 725 ha Acker- und Gartenland, 15 051 ha Wiesen, 1677 ha Weinberge und 61 060 ha Wald ermittelt. In Prozenten ausgedrückt sind in Rheinhessen 4,62 % der Gesamtfläche bewaldet, 77,4 % Ackerland, 7,35 % Weinberge, während in Kreuznach und Simmern 45 % Wald, 41 % Ackerland und 3,2 % Weinberge berechnet werden. In den drei Pfälzer Bezirksämtern sind 36,5 %

---

1) Von den gegenwärtig bestehenden Dörfern und Weilern Rheinhessens haben 141 die Endung „-heim“ und 52 andere Endungen. Ueber die Verbreitung der Formen (Haufendörfer und Strassendörfer) und die Lagen der Siedlungen in Rheinhessen vgl. Georg Greim, Beiträge zur Anthropogeographie des Grossherzogtums Hessen (Forschungen zur deutschen Landes- und Volkskunde XX 1). Stuttgart 1912. S. 69 ff, Fig. 4 auf S. 72 und die Tabellen auf S. 140 ff. Für die übrigen Teile des hier in Betracht kommenden Gebietes bereite ich entsprechende Feststellungen vor. Im Waldgebiet finden sich sehr viele kleinere Strassendörfer, zu denen auch manche Wüstungen gerechnet werden müssen, da ihre Lage auf Flurkarten durch die Bezeichnung „die Gasse“ eingetragen ist. Auch im Nordpfälzischen Bergland finden sich viele Strassendörfer. Eine grosse Anzahl von ihnen hat durch die Lage an Strassenkreuzungen die Formen X, Y oder T. Hufendörfer scheinen in dem Gebiet ganz zu fehlen.

bewaldet, 49 % als Ackerland und 1 % als Weinberg angebaut gewesen [1]).

Vom Amtsgericht Kirchheimbolanden gehören die Markungen Bolanden, Dannenfels, Dreisen, Eisenberg, Göllheim, Kerzenheim, Kirchheimbolanden, Kriegsfeld, Mörsfeld, Oberwiesen, Orbis, Bennhausen, Jakobsweiler, Ramsen, Standenbühl, Stauf und Weitersweiler mit zusammen 19 848 ha Fläche und 9997 ha Wald dem Waldgebiet am Donnersberg und Stumpfwald an, die Gemeinden Albisheim, Biedesheim, Bischheim, Bubenheim, Einseltum, Gauersheim, Harxheim, Ilbesheim, Immesheim, Lautersheim, Marnheim, Mauchenheim, Morschheim, Niefernheim, Ottersheim, Rittersheim, Rodenbach, Rüssingen, Stetten und Zell mit 10 042 ha Gesamtfläche und 4 ha Wald dem Gebiet der „Heime“, zu dem auch die an der Grenze des Waldgebietes gelegenen Ortschaften und Feldmarken Göllheim, Kerzenheim, Kirchheim(bolanden) und Eisenberg zu zählen sind, soweit nicht Teile dieser Gemarkungen gerodet zu sein scheinen, wie Rotenkirchen und Thierwasem bei Kirchheim, Rosenthal bei Kerzenheim und andere Nebenorte.

Das Gebiet der „Heime“ wird schon bei der ersten Einwanderung der Vangionen als waldloses Gebiet zum Anbau geeignet vorgefunden worden sein. Koflers archäologische Karte von Hessen zeigt hier die Spuren dichter Besiedlung seit der Stein- und Bronzezeit.

Aus den älteren Lorscher, Fuldaer und Weissenburger Urkunden geht hervor, dass diese Gegend bereits im 8. und 9. Jahr-

---

1) Die modernen statistischen Angaben sind den amtlichen Veröffentlichungen der statistischen Landesanstalten entnommen: für Rheinpreussen dem Gemeindelexikon für die Provinz Rheinland auf Grund der Materialien der Volkszählung vom 1. Dez. 1885 und anderer amtlicher Quellen, bearb. vom Königl. (Preuss.) statist. Bureau. Berlin 1888. Die späteren Ausgaben dieses Gemeindelexikons enthalten keine Zahlen für die Bodenbenutzung zu Ackerland, Wiesen und Wald. In der Auflage von 1888 fehlen Angaben über Weinberge, die ich dem Amtsblatt der Königl. Regierung zu Koblenz, Beilage vom 15. März 1913 (Uebersicht über die Weinkreszenz im Regierungsbezirk Koblenz für das Jahr 1912) und dem der Königl. Preuss. Regierung zu Trier vom 12. April 1912 (Ergebnis der Weinernte im Jahre 1911) entnehmen musste, wo die Grösse der Weinberge angegeben ist. Für Hessen: Beiträge zur Statistik des Grossherzogtums Hessen, herausgegeben von der Grossherzoglichen Centralstelle für die Landstatistik, Band 24. Darmstadt 1884: „Der Flächengehalt des Grossherzogtums Hessen“ (nach dem Stand von 1881/2) und Band 29, 1888: „Alphabetisches Verzeichnis der Wohnplätze mit Angabe der Zahlen der Bewohner und der bewohnten Gebäude“ (nach der Volkszählung von 1885). Für die Bayerische Pfalz: Beiträge zur Statistik des Königreichs Bayern, herausgegeben vom Königl. statistischen Bureau in München, Band 53 (1887): „Gemeindeverzeichnis für das Königreich Bayern“, Band 54 (1888): „Ortschaftsverzeichnis“ (beide mit Bevölkerung von 1885), Band 60 (1894): „Die Ergebnisse der Ermittelung der landwirtschaftlichen Bodenbenutzung im Königreich Bayern im Jahre 1893“. Für das Oldenburgische Fürstentum Birkenfeld ein mir von der dortigen Regierung mitgeteiltes handschriftliches Verzeichnis über die Bodenbenutzung von 1890.

hundert, zu den Zeiten Pippins und Karls des Grossen vollständig
ausgebaut war. Unter „marca" ist die Dorfgemarkung zu verstehen,
die von Ackerland, Wiesen, Weinberg und Weiden eingenommen
wird. Es ist von Hufen die Rede, die 30 Morgen Ackerland und
Wiesen für 6 Fuder Heu umfassen sollen. Schon waren die Hu-
fen zersplisst, es werden Viertelhufen, einzelne Morgen und Win-
gerte an das Kloster geschenkt. Als Besitzer treten fast lauter
kleine Grundherren auf, die vielleicht zum Teil das Gut selbst be-
wirtschaftet haben, zum Teil auch einige Hörige auf den Hufen
sitzen hatten. Jedenfalls sind in den einzelnen Dörfern mehrere
solcher freien Gutsbesitzer ansässig gewesen, die ein unbeschränktes
Verfügungsrecht über ihren Besitz gehabt zu haben scheinen. Von
Erlaubnis einer übergeordneten Instanz zu der Schenkung ist in
keiner dieser Traditionsurkunden die Rede. Grössere Grundherren
hatten Streubesitz in mehreren oder vielen Gemarkungen.

Anders liegen die Verhältnisse im Waldgebiet. Die hier ge-
legenen Ortschaften treten meist erst später in den Urkunden auf.
Viele sind schon durch ihre Namen als Rodungen bezeichnet.
Häufig sind Orte, deren Namen mit „Weiler" zusammengesetzt
sind, wie sie auch im Gebiet der „Heime" nicht ganz fehlen. Diese
„Weiler"orte waren früher noch zahlreicher, wie überhaupt das
ganze Gebiet voller Wüstungen ist. Die meisten Ansiedlungen
liegen in den Tälern, im Gegensatz zu dem der Mosel zugekehrten
Teil des Hunsrücks, wo die Höhen besiedelt sind.

In diesem Waldgebiet treten im frühen Mittelalter zunächst
nur einzelne Punkte hervor, wie Simmern, Biebern, Kirchberg-
Denzen, Rhaunen; die Besiedlung war zur Zeit des Erzbischofs
Willigis um die Jahrtausendwende noch nicht ausgebaut. So auch
in den westlichen Gebieten, wo der grosse Königsforst Lutara und
die Winterhauch noch in ununterbrochenem Zusammenhang mit
dem Wasgenwalde standen.

Hier haben sich auch noch die Reste der alten grossen Mark-
verbände erhalten, die im „Heim"land fast ganz fehlen. So war
das Remigiusland bei Kusel ein sehr grosser Bezirk (20 720 ha),
und auch die Hochgerichte der Wildgrafen auf der Heide zu Sien
(18 040 ha) und zu Rhaunen (10 254 ha) hatten ansehnlichen Umfang.
Es bildeten sich hier frühzeitig fest begrenzte Banngrundherr-
schaften aus; ausser dem Remigiusland sind die Grundherrschaften
des Bischofs von Verdun um Baumholder und Medard bei Meisen-
heim, die des Abtes von St. Maximin bei Trier um Simmern unter
Dhaun und Münsterappel, des Klosters Mettlach an der Saar bei
Herrstein, des Klosters Ravengiersburg bei Simmern zu erwähnen.

Auch die kirchliche Einteilung zeigt denselben Unterschied:
während in Rheinhessen fast jedes Dorf eine Pfarrkirche hatte,
waren die Kirchspiele im Waldgebiet oft sehr ausgedehnt und
wurden erst verhältnismässig spät durch Gründung von Filialen
ausgebaut.

Wie die Urkunden der Klöster Lorsch, Fulda, Prüm und Weissenburg zeigen, war das waldlose Gebiet auf dem rechten Naheufer in der Karolingerzeit grösstenteils Zubehör des Wormser Gaues und werden zum Nahegau nur wenige Ortschaften in diesem Gebiet gerechnet. So Gensingen (Kreis Bingen, 768 Nov. 1), Grolsheim (Kreis Bingen, 779 April 23), Gumbsheim (Kreis Alzey, 783 Juni 24), die Wüstung Diesenheim zwischen Wöllstein und Badenheim (Kreis Alzey, 790 Sept. 7).

Weinsheim lag nach einer Prümer Urkunde „infra Naago in confinio seu pago Vurmacense" (868). Diese letztere Stelle könnte zu der Vermutung führen, dass der Nahegau damals nur ein Untergau des Wormser Gaues gewesen wäre. Das würde bei der wenig ausgebauten Siedlung des Waldgebietes nicht auffallend sein. Heisst doch im späteren Mittelalter und noch jetzt die Gegend von Alzey bis Ingelheim einfach „der Gau", und werden die darin gelegenen Ortschaften von solchen gleichen Namens auf der Waldseite durch die Vorsilben „Gau-" und „Wald-" unterschieden: Gau-Algesheim — Wald-Algesheim, Gau-Bickelheim (Beckelnheim) — Waldböckelheim (ebenfalls Beckelnheim), wie auch Wald-Hilbersheim, Wald-Laubersheim entsprechenden Orten auf der Gauseite gegenüberliegen.

Erst in den Urkunden des 10. Jahrhunderts wird dieser „Gau" dem Nahegau zugeschrieben.

Der Teil nördlich vom Soonwald um Simmern, Denzen, Kirchberg, Sohren herum bis zur Wasserscheide hiess Hundesrucha, Hunsrück (Urkunde des Erzbischofs Siegfried von Mainz für das Kloster Ravengiersburg 1074). Sonst hat sich keine alte Sonderbezeichnung für einzelne Teile des grossen Gaues vorgefunden. Der Westen wird in den Nachrichten über die Tätigkeit des heiligen Remigius bei der Besiedlung der Gegend um Kusel und Altenglan zum Vosagus gerechnet, war also damals (um 530) unbewohntes Waldland und keinem Gaue zugeteilt.

II. Aeltere geschichtliche Nachrichten über die Ortschaften des Nahegaus.

In den Urkunden werden als im Nahegau gelegen folgende Ortschaften genannt [1]):

---

1) Viele der hier angeführten Urkunden sind nur in Abschriften aus dem 18. Jahrhundert überliefert. In dieser Zeit haben einige Gelehrte sich dazu herbeigelassen, zur Unterstützung ihrer Ansichten oder aus Gewinnsucht Urkunden zu fälschen und sie ihren Sammlungen einzuverleiben. Ein solcher Fälscher war auch der Salm-Kyrburgische Archivar Georg Friedrich Schott (seit 1784 Regierungsrat, 1785 ausserordentliches Mitglied der Kurpfälzer Akademie der Wissenschaften, † 1823). In seine grossen Urkundensammlungen, die später in den Besitz Bodmanns und Habels gelangt sind und jetzt in Marburg aufbewahrt werden, hat er manche von ihm nicht ohne Geschick erfundenen Kaiserdiplome und

1. Abtweiler	Kreis Mei- senheim	1128 Dez. 25	Abwilre in pago Nachgowe	MRR. 1, 2149, 2228. Acta acad.Pal. 5,183
2. Albig	Alzey	1135	Albech in pago Nachowe	MRR. 1, 2238. Will, Reg. Mog. 1,300,279
			Albecho in pago Nachovve	Scriba, Reg. Rh. 1052
		962	Albucho in pago Nahgowe	MRUB. 1, 269
3. Algenrodt	F. Birken- feld	825 Sept. 25	Halgenessrod in pago Nahagowe	MRR 1, 473. Act. acad. Palat. 5, 173
4. Algesheim	Bingen	1034 1112	Alginsheim in pa- go Nachgowe	Scriba, Reg. Rheinh. 1021. 1049
5. Alsenz	Bez.-Amt Rocken- hausen	1100	Alezenzi in pago Nachowi	F. X. Remling, UB. z. Gesch. d. Bischöfe von Speyer 1, 70
6. Alzey	Alzey	1074	Alceia in pago Nachgowe	MRUB. 1, 431
7. Argenthal	Simmern	1091 Sept. 21	Argantal in pago Nahcouwe	MRR. 1, 1519
8. Aspisheim†	Bingen	1032 Okt. 2	Haspenesheim in pago Nahgowe	MRR. 1, 2159†
9. Ausweiler	St. Wendel	825 Sept. 25	Aussesswillare in pago Nahagowe	MRR. 1, 473. AAP. 5, 173
10. Bergen	F. Birken- feld	961 Mai 21	Bergero marca	MRR. 1, 978
		966 Febr. 4	Bergun marca Nagowe	MRR. 1, 1009
11. Bettenhoven (Wüstung bei Wickenrodt)	Birkenfeld	966 Febr. 4	Bettenforst marca Nagowe	MRR. 1, 1009
12. Biebern	Simmern	754 Juni 15	Biberahu marca in pago Nafinsi	MRR. 1,164. Dronke, Cod. dipl. Fuld. 6/9
		1026 Jan. 10	Biberaha (in co- mitatu Bertholdi)	MRR. 1, 1235*
13. Binger, Wald u. Weiler	Kreuznach	766 Aug. 10 771 Juni	Binger marca in pago Nahgowe	MRR. 1,188,207. Cod. Laur. 2,356 f. 2010 f.
14. Bornheim*	Alzey	1019 Dez. 15	Brunneheim mar- ca Naggowe	MG. DD. 3, 533/419*
15. Bosenbach	Bez.-Amt Kusel	945 Dez. 17	Basinbahc in fo- rasto Lutare	MRR. 1, 921.
16. Breunigwei- ler	Rocken- hausen	1130	Brunchwilre in pago Nahgau	Wille, Reg. der Erz- bischöfe von Mainz 1, 290, 226
17. Büdesheim oder Erbes- büdesheim?	Kr. Bingen Alzey	1074	Buodenesheim in pago Nachgowe	MRUB. 1, 431
18. Denzen	Simmern	1074	Tonnense pre- dium Nachgowe	MRUB. 1, 431
		995 Nov. 19	Domnissa Nach- gowe	MG. DD. 2, 649, 234

Privaturkunden älteren Datums aufgenommen, auch solche anderen Ge-
lehrten (namentlich Mitgliedern der Kurpfälzer Akademie) mitgeteilt. Siehe
Hans Wibel, Die Urkundenfälschungen Georg Friedrich Schotts, im Neuen
Archiv für ältere Deutsche Geschichtskunde, 29. Hannover und Leipzig
1904. S. 653—765. Die von Wibel beanstandeten Kaiser- und Königsur-
kunden sind hier mit einem * bezeichnet. Auch unter den nur durch
seine Sammlungen oder in Abschriften daraus überlieferten Privaturkunden
älterer Zeit dürfte sich manche Fälschung finden. Solche sind durch ein
† als verdächtig bezeichnet.

19. Diesenheim, Wüstung	Alzey	790 Sept. 7	Dissenheimer marca Nachgowe	Cod.Laur.2,354,2000
20. Drais? Dreisen? Traisen?	Mainz Kirchheim- bolanden Kreuznach	960 Febr. 24	Treise Nahgouue	MG. DD. 1, 285, 207
21. Enzweiler	Birkenfeld	825 Sept. 25	Henneswillero marca Nahagowe	Acta acad. Pal. 5, 173
22. Flonheim*	Alzey	996 Okt. 21	Flanheim Nahgowe	MG. DD. 2, 645, 230*
		1019 Dez. 15	Flanheim Naggowe	MG.DD. 3, 533, 419*. Act. acad. Pal. 5, 181
23. Gensingen	Bingen	768 Nov. 1	Gantsinger marca Nachgowe	Cod.Laur.2,358,2016
23a. Giselsteten, unbekannt	Württem- berg	816	Giselstethin Nacgowe	Cod.Laur.2,359,2021. Irrtum; für Nacgowe sollte Naglachgowe (Nagoldgau) stehen. Vgl. Cod. Laur. 2, 511,2575.3.244,3535
24. Gumbsheim	Alzey	783 Juni 24	Giruminesheimer marca Nahgowe	Cod. Laur. 2,360,2023
25. Gosselsheim, Wüstung	Alzey	962	Gozolvesheim Nahgowe	MRUB. 1, 269
26. Grolsheim	Bingen	779 Apr. 23	Graolfesheimer marca	Cod Laur. 2,360,2024
27. Gross-Win- ternheim*	Bingen	937 Mai 29	villa seu marca Winteresheim ex fisco nostro Inge- lisheim Nahgouue	MG. DD. 1, 97*
28. viell. Heien- heim, Wüst.*	Alzey	996 Okt. 21	Haganhoven Nahgowe	MG. DD. 2, 645, 230*
29. Hahnweiler	Kreuznach	992 Sept. 29	Hanenwillare Nachgowe	MG. DD. 2, 518, 107
30 Hausen	Bernkastel	1091 Sept. 21	Husun Nahcouwe	MRR. 1, 1519
		1128 Dez. 25	Husen Nachgowe	MRR. 1, 2149
Heisesheim? †		1134	Heisesheim Na- chowe	MRR. 1, 2235†
31. Hergenfeld*	Kreuznach	963 Juli 21	Hergiesfeld Nah- gau	MG. DD. 2, 17, 9*
32. Holzhausen, Wüstung†	Kreuznach	1032 Okt. 2	Holzhusen Nah- gowe	MRR. 1, 2159†
33. Hüffelsheim	Kreuznach	766 Mai 21	Uffiliubesheim Nachgowe	Cod Laur.2,355,2006; 354, 2001; 2002 ff.
		769 Nov. 13		
		785 Dez. 3	Uffilesheim (Uffi- libesheim) Nah- gowe	Wie vorstehend
		973 Juni 5	Huffilesheim Na- gouui	MG. DD. 2, 41, 31; 42, 32
		1112 Juni 16	Huffelesheim Nachgowe	MRR. 1, 1652
34. Idar	Birkenfeld	825 Sept. 25	Hidera marca Nahagowe	Act. acad. Pal. 5, 173
35. Ingelheim	Bingen	891 Febr. 10	Ingelesheim in pago Worma- tiensi et Nach- gowe et in comi- tatu Werinheri comitis	Scriba, Reg. Rh. 860

		Datum		Quelle
		1048 Okt. 2	Ingelnheim Nah-gau	Scriba, Reg., Rh. 966
36. Jugenheim	Bingen	966 Aug. 24	Gogunheim Nah-gau Nahgeuue	MG. DD. I 332 f. 447 f.
		973 Juni 5	Guogenheim Nah-gouue Gogonheim	MG. DD. II 41 f. 31 f.
		1112 Juni 15	Gugenheim Nach-gowe	MRR. I 1652
37. Kirn	Kreuznach	961 Mai 21	Kirero marca Na-gowe	MRR. I 978
		966 Febr. 4	Kira Nagowe	MRR. I 1009
38. Kirchheim-bolanden	Kirchheim-bolanden	714 Dez. 28	Kirchheim et Her-stater marca Nachgowe	
		782 Febr. 13	Kirchheimer mar-ca Nachgowe	Cod. Laur. II 338 ff. 2017—2019
39. Kreuznach*	Kreuznach	768—771	Wormsergau	MRR. I 216, 462
		868 Mai 22	Cruciniacum Nah-gowe	MRR. I 2134*
		1065 Aug. 30	Crucenachen Nah-gowe	MRR. I 1399
40. Kappelen	Simmern	1091 Sept. 21	Capelle in Nah-couwe	MRR. I 1519
41. Karden?		973 Sept. 18	Cardena in comi-tatu Ottonis co-mitis Nahkewe [1])	MRR. I 1045
42. Kefersheim*	St. Wendel	992	Keberesheim im Königsforst im Nahgowe	MRR. I 1125*
43. Kempten†	Bingen	1032 Okt. 2	Camuntis Nah-gowe	MRR. I 2159†
44. Krummenau†	Bernkastel	1086	Crummenowe Nahgowe	MRR. I 2181†
45. Langenlons-heim	Kreuznach	769 Juli 15	Longistisheim marca in pago Worm.	Cod. Laur. II 108,1092
		770 Aug. 2	Longistheimer marca in Nach-gowe	Cod Laur. II 357,2014
		776 Mai 8	Longistheim Nachgowe	Cod. Laur. II 358,2015
46. Lindenschied †	Bernkastel	1086 Okt. 21	Lindenschid Nah-gowe	MRR. I 2181†
47. Maudel	Kreuznach	1107 Mai 2	Mannendal Nah-gowe	MRR. I 1608, 1609
48. Mainz	Mainz	966 Aug. 24	in pago Nahgeu-we infra urbem Mogonciam mo-nasterium quod vocatur Hagen-munistar	MG. DD. I 332 f. 447 f.
		973 Juni 5	infra civitatem Moguntinam mo-	MG. DD. II 41, 32

---

1) Otto, Sohn des auf dem Lechfelde gefallenen Herzogs Konrad des Roten, hatte ausser dem Nahegau noch andere Gaue, darunter das Maienfeld, in dem Karden lag.

			nasterium Hagonis, et extra urbem in pago Nagowe	
			in Francia videlicet infra urbem Moguntinam, hoc est monasterium Haganonis, et extra urbem in pago Nagouue	MG. DD. II 41. 31
49. Meisenheim*	Meisenheim	891 Juni 14	Meisinheim Nahagowe	MRR. I 2136*
50. Merxheim	Meisenheim	1061	Merhcetesheim Nahgowe Merkedesheim	MRR. I 1383 f.
51. Michelbach	Simmern	846 Juni 21	Migelinbach Nahgowi	MRR. I 561
		1036	Michelenbahc in der Grafschaft des Bezelin	MRR. I 1256
52. Monzingen	Kreuznach	778 Mai 26	Munzaher marca in pago Nachgowe	Cod. Laur. II 361. 2036. MRR. I 270
		1061	Munzecha Nahgowe	MRR. I 1383
		1074	Munzichun Nahgowe (Trachari, Hundesrucha)	MRUB. I 431
53. Münzthal, Wüstung bei Weiler-Bingen†	Kreuznach	1032 Okt. 2	Muncindale Nahgowe	MRR. I 2159†
54. Niederhosenbach	Birkenfeld	961 Mai 21	Husenbachero marca Nahgowe	MRR. I 978
		966 Febr. 4	Husunbahc Nagowe	MRR. I 1009
55. Nd.-Kirchen im Ostertal	Kusel	918 Jan. 15	Hosternaha Nagowe	MRR. I 842
56. Nierstein	Oppenheim	993 Aug. 27	Nerstein Nachgowe	MG. DD. II 548, 138. Scriba, Reg. Rh. 914
		994 Nov. 23	Nerstein in pago Wormacinse in comitatu Burchardi comitis	MG. DD. II 567, 156 Scriba, Reg. Rh. 918
		1000 Febr. 6	Nerestein in comitatu Amichonis comitis, in pago Nahgowi	MG. DD. II 776, 377
57. Norheim	Kreuznach	766	Narheim in pago Nahgowe	MRR. 1, 189. Cod. Laur. II 356, 2007
		771 Juni 1	Naraheim marca in pago Wormat. in fluvio Nauua	Cod. Laur. II 159, 1255
		782 Apr. 26	Naarheimer marca in pago Nagowe	Cod. Laur. II 355, 2006
		1107 Mai 2	Narheim im Nahagau	MRR. I 1609

58. Ober-Ingel- heim	Bingen	1001 Mai 12	Inglinheim supe- riori in pago Nahggowe	MG. DD. II 837, 403
59. Olm* (Ober- oder Nieder-)	Mainz	973 Aug. 26	Olmeno in pago Nahgowe	MG. DD. II 66, 56*
60. Osterbrücken	Homburg (Pfalz)	1152 Okt 16	Brucca Grafschaft Kiriberg	MRR. II 25
61. Peterswald b. Kübelberg	Homburg	937 Mai 30 942 Okt. 22 956 März 8	Niuunchiricha in foresto Wasago in pago Nahgowe	Gefälscht MRR. I 894, 910, 962
62. Planig	Alzey	1092 1108 Mai 15	Blaniche Nach- gowi	Scriba, Reg. Rh. 996 Scriba, Reg. Rh. 1012
63. Pleitersheim	Alzey	1091	Blideresheim Nah- gau	Wille, Reg. der Erz- bischöfe von Mainz I 225, 10
64. Potzweiler, Wüstung		961 Mai 21 966 Febr. 4	Putzwillaringero marca Nahegau Putzwillare	MRR. I 978 MRR. I 1009
65. Reichenbach	Homburg (Pfalz)	945 Dez. 17	Richenbahc in fo- rasto Lutara in Nahgowi	MRR. I 921
66. Reichweiler, Wüstung	Simmern	846 Juni 21	Richeswillere Nahgowi	MRR. I 561
67. Rhaunen†	Bernkastel	1086 Okt. 21	Runa Nahgowe	MRR I 2181†
68. Roxheim	Kreuznach	773 März 3 790 Aug. 13	Hrocchesheim in pago Nainse Hrochesheim in pago Navinse	Dronke, Cod. Fuld. 27, 42. MRR. I 224 Dronke, Cod. Fuld. 46, 92. MRR. I 341
69. Rümmels- heim†	Kreuznach	1126 März 20	Rimmelesheim in pago Nahgowe in comitatu Emi- chonis de Sme- deburc	MRR. I 2221†
70. Saulheim* (Ob.- od. Nd.-)	Oppenheim	973 Aug.26.27	Sowilnheim in pago Nahgowe	MG. DD. II 66, 56*
71. Seesbach	Kreuznach	1091 Sept. 21 1128 Dez. 25	Semundesbach Nahcouwe Semesbach Nach- gowe	MRR. I 1519 MRR. I 2149, 2228
72. Sensweiler†	Bernkastel	975 Jan. 27	Seniswillare Nah- gowe	MRR. I 2145 f.†
73. Simmer, Bach	Simmern u. Kreuznach	856—869	ad Simmeram Na- hegau	MRR. I 669. Dronke, Cod. dipl. Fuld. 271, 604
74. Simmern	Simmern	846 Juni 21	Simera Nahgowi	MRR. I 561
75. Sohren	Zell a/Mos.	846 Juni 21	Sororo marca Nahgowi	MRR. I 561
76. Spiesheim	Oppenheim	960 Febr. 24	Spiazcesheim Nahgouue	MG. DD. I 258, 207
77. Sporken- heim?	Bingen	1033	Sponchelnheim Nahgau	Wille, Reg. der Erz- bischöfe von Mainz I 167, 13
78. Staudern- heim	Meisenheim	1128 Dez. 25	Studernheim Nachgowe	MRR. I 2149
79. Sulzheim	Oppenheim	1130	Sulzheim im Nah- gau in der Graf- schaft des Emich von Schmittburg	Wille, Reg. der Erz- bischöfe von Mainz I 290, 226

80. Traisen	Kreuznach	973 Juni 5	Treisa Nahgowe	MG. DD. II 41,51;42, 52. MRR. I 1036
		1112 Juni 16	Treisa in Nach-gowe	MRR. I 1652
81. Vockenhau-sen	Birkenfeld	825 Sept. 25	Fokkineshusun Nahagowe	Act. acta Palat. V 173. MRR. I 473
82. Wald-Alges-heim	Kreuznach	780 Aug. 28	Alagastesheim in Nachgowe	Cod.Laur.II 360,2022
		1032 Okt. 2	Alginesheim Nah-gowe	MRR. I 2159†
		1134	Alginsheim in pa-go Nahgowe in comitatu Emi-chonis de Kere-berck	MRR. I 2235†
83. Wickenrodt	Birkenfeld	961 Mai 21	Wikenrodero marca Nahgowe	MRR. I 978
84. Wieselbach*	St. Wendel	992	Weselenbach im Königsforst im Nahgowe	MRR. I 1125*
85. Wirschweiler †	Bernkastel	975 Jan. 27	Weriswillero mar-ca Nahgowe	MRR. I 2145†
86. Weiler b.Bin-gen†	Kreuznach	1032 Okt. 2	Wilre im Nah-gowe	MRR. I 2159†
87. Weinheim	Alzey ?	962	Wienheim in pa-go Nahgowe	MRUB. I 269
88. Weinsheim	Kreuznach	770 Jan. 14	Wigmundishei-mer marca in pago Nachgowe	Cod.Laur.II 359,2020
		868 Aug. 21	Wimundasheim Naagoo	MRR. I 667
89. Wendelsheim *	Alzey	996 Okt. 21	Wendelisheim Nahgowe	MG.DD. II 645,230*
90. Wöllstein	Alzey	962	Wieldistein Nah-gowe	MRUB. I 269
91. Wörresbach (Nieder-)	Birkenfeld	1128 Dez. 25	Wergesbach Nachkgowe	MRR. I 2149
92. Zell	Kirchheim-bolanden	1135	Cella Sti. Philippi Nahegau	Wille, Reg. der Erz-bischöfe von Mainz I 300, 281
93. Ziegernhau-sen, Wüst. b. Münsterappel	Rocken-hausen	1130	Cigerenhusen Na-hegau	Das. I 190, 226
94. Zotzenheim	Alzey	1133	Zozenheim, Na-chowe, Graf-schaft d. Emicho von Smedeburc	Scriba,Reg.Rh 1047. MRR. I 1859

Vgl. Dr. Walther Schultze, Die Fränkischen Gaugrafschaften Rhein-bayerns, Rheinhessens, Starkenburgs und des Königreichs Württemberg. Berlin 1897. (Nahegau S. 221—244; Wormsgau S. 5—140.) — F. Falk, Die Nahegau-Oertlichkeiten nach dem Codex Laureshamensis II 2000—2026 und III 191. Archivalische Zeitschrift. Neue Folge, VII. München 1897. 262—264, und dazu F. Falk, Die Oertlichkeiten des pagus Wormatiensis nach dem Codex diplomaticus Laureshamensis II 819—1999 u. III 186—193. Archivalische Zeitschrift XIII. München 1888. 210—219.

  Mein Verzeichnis ist davon unabhängig.

III. Die Grafen des Nahegaues.

Nach den neuesten Untersuchungen [1]), die Heinrich Baldes in seiner Dissertation „Die Salier und ihre Untergrafen in den mittelrheinischen Gauen", Marburg 1913, anstellt, stand der Nahegau in engerer Verbindung mit dem Wormsgau. Als Grafen in beiden Gauen kommen 756—837 die Hattonen vor [2]), deren letzter als Gegner Ludwigs des Deutschen hat weichen müssen, als seine Gaue durch den Vertrag von Verdun 843 diesem König zugesprochen worden sind. Im Nahegau folgte 868 [3]) und 870 Megingaud als Graf, der 889 auch den Wormsgau, und 888 das Maienfeld verwaltete. Er wird als naher Verwandter des Königs Odo von Frankreich bezeichnet und ist vielleicht ein Nachkomme des Heiligen Rupertus, dem die Heilige Hildegard ein Herrschaftsgebiet um Bingen zuschreibt [4]). Neben Megingaud kommt ein Graf Walaho vor im Wormsgau in den Jahren 882, 888 und 897, im Speyergau 900 und 902, im Enzgau 902, im Kuningsundragau 842 und 879 und im Niddagau 890. Man weiss nicht, ob es sich bei allen diesen Erwähnungen um dieselbe Person handelt, jedenfalls gehören sie alle demselben Geschlecht an. Ein Sohn Walahos war Burchard, der die Witwe Megingauds, Gisela, heimführte, er war unter Ludwig dem Kind Graf im Wormsgau und 905 Graf im Maienfeld. Zwischen den Walahonen trifft man 891 den Grafen Werinhar im Worms- und Nahegau [5]), 906 im Speyergau als Gaugraf an. Dessen

---

1) Aeltere Arbeiten: Walther Schultze, Die Fränkischen Gaugrafschaften Rheinbayerns, Rheinhessens, Starkenburgs und des Königreichs Württemberg. Berlin 1897. S. 222 ff. — J. Wagner, Urkundliche Geschichte der Ortschaften, Klöster und Burgen des Kreises Kreuznach. Kreuznach 1909. S. 308—315.

2) Dronke, Codex diplomaticus Fuldensis S. 57 Nr. 95. MRR. I 341.

3) MRUB. I 115. MRR. I 667: Güter in „Wimundasheim, que sita est infra Naagao in confinio seu pago Vurmacense" werden vor dem „comes pagensis" Megingaudus durch Hererich, Alberichs Sohn, an das Kloster Prüm geschenkt. Alberich selbst beglaubigte zu Böckelheim (Nachbarort von Weinsheim = Wimundasheim) 824 Febr. 16 eine Schenkung an Fulda (Dronke, Cod. dipl. Fuld. 192 Nr. 429), besass dort wohl Herrenrechte, war aber nicht „comes pagensis". Alberich, Hererichs Bruder, ermordete 892 den Grafen Megingaud und wurde 896 durch Stephan, den Bruder des Grafen Walaho, wie es scheint, in Ausübung der Blutrache getötet. 870 bezeichnet König Ludwig der Deutsche den Grafen Wernharius als Hererichs Neffen. MRUB. I S. 117 Nr. 111. Vgl. jedoch Hans Wibel im Neuen Archiv 29 (1904) S. 756.

4) Acta Sanctorum, Mai III 507 A zum 15. Mai.

5) Schannat, Hist. episc. Worm. II 10. 891 verlieh der Bischof Teotelach von Worms dem Grafen Erminfrid und der Adelgunde von Gütern des heiligen Cyriacus (Stift Neuhausen vor Worms) einen Hof mit einer Hütte in pago Wormatiensi et Nachogovve in comitatu Werinharii comitis in villa Ingelesheim zu Lehen und empfing dafür von den Belehnten das Dorf und die Mark Wunniwillari (Winnweiler in der Pfalz). Aus diesen Urkunden ist zu ersehen, dass in der Karolingerzeit Wormsgau und Nahegau dieselben Grafen hatten und auch sonst nicht streng geschieden waren.

Nachkommen, das Geschlecht der Salier[1]), waren dann Grafen im Wormsgau, Nahegau, Speyergau, Niddagau, und vielleicht (973) im Maienfeld, also in den Gauen, die vorher den Walahonen zugestanden haben. Ein weiterer Beleg für die nahen Beziehungen der Walahonen und der Salier wird von Baldes darin gefunden, dass im Jahr 900 ein Walaho Laienabt des Klosters Hornbach war, einer Familienstiftung des Salischen Hauses[2]). Im Wormsgau und Nahegau finden sich 906—945 Konrade, im Niddagau und Maienfeld 921, 928 und 939 Eberharde als Grafen; Baldes möchte sie für die Brüder Konrad und Eberhard halten, denen 966 auf dem Reichstage Ottos des Grossen zu Worms nach dem Urteile der Franken wegen Unebelichkeit ihr Erbe im Nahegau, Speyergau und Maienfeld abgesprochen wurde, und meint, sie seien in ihren Gauen Untergrafen der Salier gewesen. Wenn nur der Zeitraum von 906—945, in dem sie als Grafen Gaue verwalteten, nicht gar zu weit von dem Jahre 966 abläge! Sie müssten ein sehr hohes Alter erreicht haben, ehe sie zur Herausgabe ihrer Güter verurteilt wurden. Ich glaube, es ist unter dem Gaugrafen Konrad, mindestens seit 941 der Herzog Konrad von Lothringen zu verstehen, der 955 auf dem Lechfeld gefallen ist. Sein Sohn Otto, der Herzog von Kärnten (seit 978), war schon 956 Graf im Nahegau[3]) und wird als solcher (comes Nahkeuue) in einer Urkunde über den Ort Karden im Maienfeld von 973 bezeichnet, wonach dieser Ort in seiner Grafschaft lag. Er hat demnach auch das Maienfeld innegehabt. Aehnlich heisst es von ihm 982: „in pago Spirhkeuwi et in comitatu Uurmacensis Ottonis". Er verwaltete also auch diese beiden Gaue sowie 985 den Elsenz- und Kraichgau.

Wer der Graf Konrad im Worms- und Nahegau 906—932 gewesen sein kann, ob ein Untergraf oder ein Angehöriger des Salier- oder Walahonenhauses, darüber wage ich kein Urteil auszusprechen.

Bei der Häufung von Grafschaften und Herzogsämtern in der Hand der Walahonen und der Salier konnten nicht alle Regierungsgeschäfte von ihnen selbst erledigt werden, sie mussten für die einzelnen Gaue ihre Untergrafen haben, die sie mit der Grafengewalt belehnten. Die Minderjährigkeit des Grafen Otto, des späteren Herzogs von Kärnten, mag nicht ohne Einfluss darauf gewesen sein, dass es nun Gebrauch ward, die Grafschaften in den Urkunden nach den Untergrafen zu bezeichnen. So erscheint 960 und 961 der erste Emicho als Gaugraf im Nahegau[4]). Als Vasall des

---

1) Baldes führt es bis auf den Bischof Leodoin (Liutwin) von Reims und Trier, Stifter des Klosters Mettlach an der Saar, zurück.

2) Vielleicht sind die beiden Familien als Nebenbuhler im Kampfe um die Gaugrafschaften zu denken und die Salier als Verwandte der Familie Alberichs, der Gruppe Megingaud-Walaho entgegenzustellen.

3) Er war damals erst 7—8 Jahre alt (Breslau, Konrad II., Bd. I S. 4 Anm. 2).

4) M. G. Diplom. Otto I. 178; 202; 236.

Grafen Konrad wird ein Emicho schon im Jahre 940 genannt[1]).

Die Emichonen werden nun regelmässig als Grafen des Nahegaus genannt[2]).

Seit Ende des 11. Jahrhunderts nennen sich die Emichonen von ihren Burgen und Residenzen Grafen von Schmidtburg (angeblich schon 1075)[3]), Flonheim (1098)[4]), Kyrburg (1128)[5]) oder Wildgrafen, comites silvestres (zuerst 1103)[6]). 1113 April 6 kommt Emicho und sein Sohn Gerlach[7]), zehn Jahre später Emicho und sein Bruder Gerlach vor[8]), so dass man in dieser Zeit einen Regierungswechsel annehmen muss. Die beiden Brüder werden auch 1128 (Emicho von Kirberg und sein Bruder Gerlach)[9]), 1131 (Gerlach und sein Bruder Emicho)[10]) zusammen genannt, bei der folgenden Erwähnung beider, 1134, heisst Emicho Graf von Kerebere, Gerlach Graf von Veldenz[11]). Es hat also eine Teilung stattgefunden, da Veldenz sich schon 1086 im Besitz eines Emicho befand[12]). Mit den dreissiger Jahren des 12. Jahrhunderts hört der Gebrauch der Bezeichnung der Ortschaften nach Lage in Gau und Grafschaft in den Urkunden allmählich auf, statt dessen kommt es noch einmal 1154 vor, dass Osterbrücken in der „Grafschaft Kiriberch“ (Kyrburg) liegen soll[13]), womit eine territoriale Grafschaft im späteren Sinn nicht gemeint sein kann. Um diese Zeit hört auch der Name Emich auf der typische Name der Familie zu sein, 1140 heisst der ältere Graf Cuonrad von Chirbere[14]), und der jüngere, Emich, nennt sich, wenn man der Schottschen Abschrift Glauben schenken will, zuerst 1155[15]), sicher 1158 Graf von Baumburg (Altenbamberg), während im Jahr 1159 die beiden Brüder als Wildgraf und Raugraf vorkommen[16]). Damit ist die Umbildung des Gaugrafenamtes in eine weltliche Territorialherrschaft vollendet, und es wird später bei der Behandlung der Territorialgeschichte weiter von dem Emichonenhaus die Rede sein.

IV. Die Territorien des Nahegaues.

Dass in einem Gebiet von so mannigfaltigen wirtschaftlichen Bedingungen sich auch die Entwicklung der herrschaftlichen und staatlichen Verbände sehr verschiedenartig gestaltete, lässt sich von

---

1) Dronke, Cod. dipl. Fuld. Nr. 683.

2) Baldes weist nach, dass ein Emich (IV.) die Schwester des Grafen Berthold, der 1072 das Kloster Ravengiersburg im „praedium Domnissa“ gegründet hat, heiratete und Vater der Brüder Emicho V. und Berthold gewesen ist. Diesen Berthold aus der Familie der Emichonen hält er für den 1056 und 1090 vorkommenden Grafen Bertolf von Stromberg.

3) MRR. I 1448.   4) Ebd. I 1547.   5) Ebd. I 1801.

6) Ebd. I 1572.   7) Ebd. I 1662.   8) Ebd. I 1745.

9) Ebd. I 1801.   10) Ebd. I 1833.   11) Ebd. I 2235.

12) MRUB. I S. 441 Nr. 384. Vgl. Mitteil. des Historischen Vereins der Pfalz 33 (1913) S. 12 Anm.

13) MRR. II 25.   14) Ebd. I 1960.   15) Ebd. II 93. 145.

16) Ebd. II 161; „der Rugrave“ wird schon 1148 erwähnt: ebd. I 2077.

vornherein annehmen. In den früh mit einer zahlreichen Bevölkerung freier Grundbesitzer besiedelten fruchtbaren und weinspendenden Gegenden des „Gaus" bildeten sich nicht die grossen Latifundien, die für das Waldland charakteristisch sind. Es herrschte hier lange Zeit die allergrösste Zersplitterung der territorialen Verbände, und erst seit der Mitte des 14. Jahrhunderts beginnen die pfälzischen Städte Simmern und Alzey Mittelpunkte für die Bildung grösserer territorial geschlossener Amtsbezirke zu werden. Umgekehrt zerfielen im Westen des Nahegaus die grossen Hoch- oder Landgerichte der Wildgrafschaft bei Rhaunen und Sien immer mehr, und sanken die Rechte der Nachkommen der alten Gaugrafen aus dem Emichonenhause immer mehr zu von den neuaufkommenden Gewalten der Fürsten einer- und der nach Reichsunmittelbarkeit strebenden Lehensmannen andererseits aufs heftigste bekämpften Ansprüchen herab, obgleich in den Weistümern dieser Landgerichte noch lange die Grenzen der alten Bezirke gewiesen wurden.

Ueber die Entstehung der einzelnen Territorien lässt sich wenig feststellen. Neben den Emichonen (Wildgrafen, Raugrafen, Grafen von Veldenz) besassen die Familien der Bertholde, der Grafen von Sponheim, später die aus dem Geschlecht Bolanden hervorgegangenen Familien mehr oder minder ausgedehnte Herrschaften, ohne dass man ersieht, wie diese Territorien zustande gekommen sind. Sie sind um die Wende des 12. Jahrhunderts da, gewinnen im 13. immer festere Umrisse, und lassen im 14. schon die einzelnen Bestandteile hinreichend genau erkennen. Gleichzeitig beginnt auch schon die Zersetzung; durch die fortgesetzten Teilungen und den wirtschaftlichen Rückgang der Familien verarmt, können diese Grafen und Herren sich nicht mehr behaupten, und werden von glücklicheren Standesgenossen und Fürsten beerbt, denen diese Ländchen als Zuwachs ihrer Hausmacht willkommene Beute waren.

Auch das Reich konnte seinen, im 13. Jahrhundert noch immerhin ansehnlichen Besitz im 14. nicht mehr beisammenhalten; die Könige verpfändeten ein Stück um das andere. So kommt es, dass die Pfälzer Fürsten, die im 13. Jahrhundert (ausser Bacharach mit den vier Tälern im Trehirgau) nur Rheinböllen und Stromberg auf dem Hunsrück und Alzey mit einigen zerstreuten Ortschaften auf dem Gau inhatten, seit dem Ende des 15. Jahrhunderts den grössten Teil des ganzen Nahegaus teils allein, teils (Grafschaft Sponheim) in Gemeinschaft besassen.

Die geistlichen Fürstentümer haben im Nahegau keine sehr günstige Entwicklung gehabt. Der Besitz der Kirchen von Reims und Verdun war von diesen Bischofssitzen zu entlegen, um dauernd gegen die Vögte, die Grafen von Veldenz, in der Hand der Bischöfe gehalten werden zu können, und das Erzstift Mainz hat seine Ausdehnung nur auf die nähere Umgebung von Mainz und Bingen erstrecken können, die Besitzungen bei Sobernheim aber an die Pfälzer Fürsten verloren.

So ist ein steter Wechsel in dem Bestand der Territorien zu verzeichnen, ganze Grafschaften verschwinden einfach von der Bildfläche, wie die Raugrafschaft oder der Schmidtburgische Anteil an der Wildgrafschaft. Es ist daher schwierig, einen geeigneten Zeitpunkt für die Darstellung auf der Karte zu finden. Es handelt sich ausser der Raugrafschaft noch um die Grafschaften Sponheim und Veldenz, die auf der mittelalterlischen Karte als selbständige Gebiete, nicht als Anhängsel der pfälzischen Fürstentümer erscheinen sollen. Man wird daher die Zeit vor dem Anfall dieser Territorien an Pfalz darzustellen haben. Das würde den Zeitpunkt auf den Anfang des 15. Jahrhunderts festlegen, vor dem Kreuznacher Burgfrieden von 1416 Feb. 10, und der Aufnahme des Pfalzgrafen Stephan, Grafen zu Zweibrücken, in die Gemeinschaft der Veldenzer Lande 1419. Da diese Grafschaften aber erst nach 1430 an Pfalz gelangt sind, kann man auch dieses Jahr annehmen.

Wenn man noch früher hinaufgehen wollte, könnte man manches nicht mit genügender Sicherheit darstellen, um eine Karte in grösserem Massstab gerechtfertigt erscheinen zu lassen. Die Raugrafschaft war seit 1350 in allmählicher Auflösung begriffen, einem Prozess, der bis 1509 dauerte. Man kann bei der Gewohnheit, Gebietsveräusserungen als Verpfändungen und Verkäufe auf Wiederkauf darzustellen, oder als Kommendationen zu Schutz und Schirm zu maskieren, auch in vielen Fällen die wirkliche Loslösung solcher Landesteile aus dem früheren Verband nicht immer mit genügender Sicherheit datieren. Vielleicht wäre dennoch die Mitte des 14. Jahrhunderts dem Anfang des 15. vorzuziehen, weil man dann auch den Reichsbesitz in ziemlich unversehrtem Zustand darstellen könnte. Nur würde man dann bekennen müssen, dass man über den Zustand verschiedener kleinerer Stücke nichts weiss.

Natürlich kann nicht jede Linie auf der Karte mit Urkunden und Aktenstücken aus der betreffenden Zeit bewiesen und belegt werden. Dafür ist der topographische Teil dieser Arbeit da, um die kartographische Darstellung nach Möglichkeit vorzubereiten. Ich habe dabei Auszüge territorialwirtschaftlicher Quellen gegeben, die bisher noch nicht veröffentlicht sind, und werde solche Landesurbare und Amtsbeschreibungen auch weiterhin als das Ausgangsmaterial meiner Untersuchungen verwerten.

Diejenigen Territorien, welche den ehemaligen Nahegau um die Mitte des 14. Jahrhunderts einnahmen, sind, abgesehen von einigen Splittern zum Teil weit entlegener Herrschaften:

1. Unmittelbares Reichs- und Königsland.
2. Pfalzgrafschaft bei Rhein.
3. Erzstift Mainz.
4. Erzstift Trier.
5. Erzstift Köln.
6. Hochstift Worms und andere Bistümer.
7. Domkapitel zu Mainz, Trier, Köln, Worms und andere.

8. Wildgrafschaft
9. Grafschaft Veldenz } aus den Besitzungen der alten Nahe-
10. Raugrafschaft } gaugrafen hervorgegangen.
11. Grafschaft Sponheim.
12. Grafschaft Leiningen, Besitzungen der alten Wormsgau-grafen.
13. Grafschaft Katzenellnbogen (oberer Rheingau).
14. Rheingrafschaft (Herrschaft Rheingrafenstein).
15. Herrschaft Bolanden
16. Herrschaft Falkenstein } aus dem Besitz Werners II. von
17. Herrschaft Hohenfels- } Bolanden hervorgegangen.
Reipoltskirchen
18. Besitzungen der Herren von Oberstein.
19. Besitzungen der Mainzer Stadtpräfekten, Stiftsvögte und Stadtkämmerer (Grafen von Loon und von Rieneck, Herren zum Thurm und von Gutenberg).
20. Allodialbesitz sonstiger Fürsten, Grafen und Herren.
21. Besitz geistlicher Stifter und Klöster.
22. Die Bischofsstadt Mainz.

Die von den oben aufgezählten Territorialherrschaften lehen-rührigen Dörfer, Gerichte und Herrschaften im Besitz des niederen Adels sind als Teile der Territorien zu behandeln.

V. Das Reichsland im Nahegau.

Zur Zeit Ludwigs des Deutschen bestanden Königshöfe in Ingelheim, Kreuznach, Lautern und Nierstein, zu denen mehr oder weniger ausgedehnte, geschlossene Herrschaftsgebiete gehörten, die wenigstens teilweise innerhalb der Grenzen des Nahegaus gelegen waren. Dazu kommen später noch Gau-Odernheim, die Reichslehen Argenthal und Sohren, das Gericht Külz und Niederchumbd. Alle diese Besitzungen wurden nach und nach dem Reiche entfremdet und kamen als Schenkungen oder Pfandschaften dauernd in die Hände von Reichsfürsten oder Grafen.

Am frühesten traf dies Geschick das Kreuznacher Fiskalgut, welches 1065 durch König Heinrich IV. an das Hochstift Speyer geschenkt wurde. Es ist anzunehmen, dass damit keine Banngrund-herrschaft mit immuner Gerichtsbarkeit verbunden war, da schon zur Zeit des Speyerer Besitzes (bis 1241) der Graf von Sponheim obrigkeitliche Gewalt zu Kreuznach gehabt zu haben scheint. Da-gegen kann das Gebiet der späteren Herrschaft Dalberg mit Wall-hausen, Spabrücken und Sommerloch als Zubehör zu dem Reichs-gut aufgefasst werden, da es später als Lehen von dem Hochstift Speyer abhing, ohne dass es möglich wäre, eine andere Art der Erwerbung anzugeben; vielleicht war es das zu dem Pfalzgut von Kreuznach gehörige Waldgebiet, welches um 1170 durch Gottfried von Weierbach als Unternehmer (Locator) — oder vorher durch einen seiner Vorfahren — von Speyer zur Besiedelung übernommen worden sein könnte.

Die Königshöfe zu Nierstein, Ingelheim, Oppenheim, Gau-Odernheim wurden durch K. Ludwig den Bayern 1315 an Erzbischof Peter von Mainz verpfändet, und blieben seit 1375 dauernd im Besitz des Kurfürsten von der Pfalz.

§ 1. Reichsamt Nierstein-Oppenheim[1]).

(Nierstein, Dexheim, Schwabsburg und das 774—1147 dem Kloster Lorsch gehörige Oppenheim[2]).)

Nierstein scheint gerade auf der Grenze des Nahe- und Wormsgaus zu liegen, da es 993 August 27 im Nachgowe in der Grafschaft des Emich, 994 November 24 im Wormsgau in der Grafschaft Burkhards liegen soll. Vielleicht war der dortige „Hinkelstein" ein Grenzmal. Da das Dorf auch zwei Pfarrkirchen hat, St Martin und St. Maria (später St. Kilian), ist eine solche Teilung leicht möglich.

§ 2. Die Reichsschultheisserei Ingelheim[3]).

(Nieder- und Ober-Ingelheim, Gross-Winternheim, Teil von Bubenheim, Wackernheim, Frei-Weinheim, Ingelheimerhausen, Sporkenheimerhof, Elsheim, der Ingelheimer Wald im Soonwald, darin das Dorf Daxweiler[4]).

1443 wurde auch das dem Kloster St. Maximin vor Trier unter Vogtei des Rheingrafen gehörige Dorf Sauerschwabenheim und der andere Teil von Bubenheim in den Verband des Ingel-

---

1) Siehe S. 243—247.

2) Einwohner 1786: 3086, 1885: 8359; Wohnhäuser 1786: 604, 1885: 1400; Fläche 1885: 3202 ha; Ackerland 1786: 1865 ha, 1885: 2273 ha; Wiesen 1786: 235 ha, 1885: 62 ha; Weinberge 1786: 211 ha, 1885: 443 ha; Wald 1785: 255 ha (Oppenheimer Wald, jenseits des Rheins: 205 ha), 1885: 87 ha.

3) S. 242—247.

4) Nach der Urkunde des Bischofs Teotelach von Worms vom 10. Febr. 891 hatte das Stift Neuhausen bei Worms einen Herrenhof mit einer Hütte (Eisenhütte) in pago Wormatiensi et Nachogovve et in comitatu Werinharii comitis in villa Ingelesheim, den es gegen das Dorf und die Mark Vunnivvillari an den Grafen Erminfrid und Adelgunde zu Lehen gab. Ingelheim wird damals noch zum Wormsgau zu zählen sein. Wenn das Gut im Worms- und Nahegau liegen soll, die beide unter dem Grafen Werner standen, so muss zu dem Herrenhof ein Stück Land im Ingelheimer Waldgebiet gehört haben. Nun besass das Stift Neuhausen in späterer Zeit das unmittelbar am Ingelheimer Wald gelegene Dorf Warmsroth, das Ende des 14. Jahrhunderts dem Werner von Lewenstein verliehen war. Der Name Warmsroth scheint Wormser Rodung zu bedeuten. In dem Kirchengebiet von Warmsroth liegt die Reichsburg Stromberg, und in der Stromberger Gemarkung heisst eine Stelle „die alte Hütte". Auch die Rheinbőller Hütte liegt am Ingelheimer Wald. Auf diese uralten Zusammenhänge wollte ich hinweisen, ohne behaupten zu wollen, dass das dem Erminfrid verliehene Hüttenwerk nun die „alte Hütte" bei Stromberg gewesen sei. Aber Warmsroth scheint auf diesem früh an Neuhausen gekommenen Stück des Ingelheimer Waldes entstanden zu sein.

heimer Gerichts aufgenommen und umfasste dieser Bezirk 1885
9251 ha Fläche, und zwar Ackerland 1786: 4220 ha, 1885: 5297 ha;
Wiesen 1786: 617 ha, 1885: 467 ha; Weinberge 1786: 350 ha,
1885: 735 ha; Wald 1786: 1757 ha, 1885: 1902 ha (davon über
1400 ha bei Daxweiler auf dem andern Naheufer). Der Zuwachs
durch Einverleibung von Sauerschwabenheim und eines Teiles von
Bubenheim mag mit etwa 1200 ha anzurechnen sein, so bleibt für
das Reichsgericht Ingelheim etwa 8050 ha Flächeninhalt. Einwoh-
ner waren 1786: 5551, und 1885: 11755.

§ 3. Gau-Odernheim mit Weinoltsheim,

letzteres in dem immer zum Wormsgau gehörigen Teil des „Gaus",
wurde erst von Rudolf von Habsburg dem Herrn von Bolanden
für das Reich abgekauft.

§ 4. Das Reichslehen Argenthal[1]),

am nördlichen Soonwald, im Besitz des Reichsministerialengeschlechts
von Schönenburg bei Oberwesel, ging in den Jahren 1374—1379
mit Genehmigung Kaiser Karls IV. käuflich an die Pfalzgrafen bei
Rhein über, die es ihrem Amt zu Simmern auf dem Hunsrück an-
gliederten.

Das Reich hatte 1302 Rechte zu „Lobach, Hohenrein, Bobach,
Schoppe, Steinkultze, Engeltrautkultze, et villis pertinentibus ad
novam ecclesiam Kultze, Gorgenhusen, Bergenhusen ex alia parte
ripe" dem Grafen von Sponheim verpfändet[2]). Bald nachher finden
sich die genannten Dörfer (Laubach, Horn, Bubach, Wüstung Scheuff,
Wüstung Steinkülz, Neuerkirch, Külz, Niederchumbd, Georgen-
hausen, Bergenhausen) im Besitz des Pfalzgrafen, ohne dass die
Erwerbung festzustellen wäre[3]).

§ 5. Sohrer Pflege[4]).

1301 war das Dorf Sohren mit Niedersohren, Wahlenau, Nieder-
weiler, Büchenbeuren, Lanzenhausen, Bärenbach, einem Teil von
Hahn und den Wüstungen Ruchenhusen und Vockenrode Reichs-
lehen im Besitz eines jüngeren Sohnes, Bruders des Grafen Johann
von Sponheim-Kreuznach, und ging dann an die gräfliche Familie
selbst über, die es zu dem Amt Kirchberg schlug.

§ 6. Burg Steinkallenfels[5]).

Reichslehen war ferner die Gauerbenburg Steinkallenfels bei

---

1) Westd. Zeitschr. 23 S. 90 f.
2) Westd. Zeitschr. 23 S. 84.
3) Vgl. unten Pfalz, Amt Simmern.
4) S. 115 — Vgl. unten Grafschaft Sponheim, Amt Kirchberg.
5) S. 223 ff. Die jetzige Gemarkung umfasst 51 ha, davon 28 ha
Ackerland, 10 ha Wiesen und 5 ha Wald, mit 381 Einwohnern; fällt aber
nicht mit dem ehemaligen Burgfriedensbezirk zusammen.

Kirn, die aus einer alten Reichszollstätte hervorgegangen zu sein
scheint.

§ 7. Das Reichsland um Kaiserslautern [1]).

Der bedeutendste Reichsbesitz im Nahegau stand unter der
Verwaltung des Reichsbeamten zu Kaiserslautern, das selbst im
Wormsgau gelegen war. Deshalb sagt König Otto III. 985: „foras-
tum nostrum Vuasago nuncupatam et curtem Luthara nominatam
in pagis Vuormazvelde et Nachgowe dictis atque in comitatibus
Ceizolfi (Wormsgau) et Emichonis (Nahegau) comitum sitam". Die-
ses Gebiet umfasste die Stadt Kaiserslautern, den Reichswald, aus
dem der Stadtwald und der Stiftswald von Kaiserslautern heraus-
geschnitten waren, und die Reichsämter Theisberg, Kübelberg, auf
der Lauter zu Wolfstein, die Gerichte Ramstein, Steinwenden, Weiler-
bach, das Büttelamt (über die Dörfer Erlenbach, Moorlautern, Neu-
kirchen und Baalborn) [2]), das Reichslehen Hoheneck, die Reichsvogtei
über Kloster Otterberg und einige andere Reichslehen wie die
Herrschaften Reipoltskirchen, Falkenstein, Stolzenbergerthal. Das
Amt ist grösstenteils an Pfalz gekommen. Die Forstrechte des
Reiches erstreckten sich auch über das ganze Remigiusland, die
Herrschaft Landstuhl, das Essweiler Tal und die genannten Reichs-
lehen.

Mit Ausnahme des Amtes Theisberg, das in der Hand des
Grafen von Veldenz war, wurde das ganze Reichsamt Kaiserslautern
1357 an Kurfürst Ruprecht von der Pfalz verpfändet, mit der Be-
fugnis, die Aemter Wolfstein und Kübelberg an sich zu lösen. Seit-
dem war der Pfalzgraf auch Schirmvogt des Klosters Otterberg.

Das Amt Theisberg (Deinsberg) [3]) mit Matzenbach (K 25),
Gimsbach (K 24), Bettenhausen (K 25), Theisberg (K 24), Rutsweiler
a. Glan, Mühlbach a. Glan, Teil an Friedelhausen (K 24), Oberstaufen-
bach (L 24), Wüstung Einode, Neunkirchen (K 24), Wüstung Nanz-
weiler, Fockenberg-Limbach (KL 25), Reichenbach (L 24), Reichen-
bachstegen (L 24/25), Albersbach (L 24), Kollweiler (L 24), Gossen-
berger Hof (L 24), Jettenbach (L 24), Reichardsweiler (Teil von
Rehweiler) (K 25), Schwanden (L 25) war schon unter Ludwig dem
Bayern an den Grafen von Veldenz verpfändet. Obgleich dieser
Kaiser 1332 und 1346 dem Wildgrafen Johann die Auslösung be-
willigte, ist die Pfandschaft bei Veldenz verblieben.

Das Kübelberger Amt [4]), Kübelberg, Elschbach, Ober· und

---

1) S. 247—268.

2) Haushaltungen 1786: 185, 1885: 617; Fläche 1893: 2884 ha; Acker-
land 1786: 987 ha, 1893: 1253 ha: Wiesen 1786: 138 ha, 1893: 170 ha; Wald
1786: 451 ha, 1893: 1328 ha. 1786 ist nur der Gemeindewald angegeben.

3) Haushaltungen 1786: 635, 1885: fast 1000; Fläche 1893: 5975 ha;
Ackerland 1786: 3505 ha, 1893: 3250 ha; Wiesen 1786: 725 ha, 1893: 932 ha;
Wald 1786: 946 ha, 1893: 1328 ha.

4) Haushaltungen 1885: 1278; Fläche 1893: 5896 ha; Ackerland 1893:
2857 ha; Wiesen 1893: 1194 ha; Wald 1893: 1527 ha.

Nieder-Miesau, Sand, Schönenberg, Schmittweiler, Dittweiler, Nieder-Ohmbach, Brücken (alle K 25) sowie Altenkirchen und Frohnhofen (J 25) wurde 1312 an Heinrich von Sponheim, Propst zu Utrecht und Aachen, versetzt und fand sich 1437 in dem Nachlass des letzten Grafen von Sponheim, aus dem es an Kurpfalz überging.

Das Amt auf der Lauter[1]) mit der Burg und dem Städtchen Wolfstein, den Dörfern Roth-Selberg, Zweikirchen, Rutsweiler an der Lauter, Kritbach (Wüstung), Kreimbach, Frankelbach, Ober- und Unter-Sulzbach, Olsbrücken (alle L 24), Katzweiler (M 24/25), Hirschhorn und Mehlbach (M 24), Wüstung Brombach, hatte dasselbe Schicksal wie Kübelberg.

Die Gerichte Ramstein[2]) (L 25) mit Spesbach und Katzenbach (KL 25), Hütschenhausen, Hof Elschbach, Scheidenberger Mühle, Nanzdiezweiler, Niedermohr, Kirchmohr (alle K 25), Obermohr, Porbacher Hof, Reuschbach und Weltersbach (L 25), Steinwenden[3]), Kottweiler, Schwanden, Miesenbach und Mackenbach (L 25), Weilerbach[4]) mit Pörrbach, Schwedelbach, Eulenbiss, Erzenhausen und Rodenbach, Deutschordenshaus Einsiedel (L 24/25) kamen mit Kaiserslautern[5]) 1357 an Kurpfalz.

VI. Die Rheinische Pfalzgrafschaft[6]).

Die Pfalzgrafen (comites palatii, comites palatini) waren ursprünglich Beamte des königlichen Hofgerichts, die den Verhand-

---

1) Haushaltungen 1786: 466, 1885: 1349; Fläche 1893: 7050 ha; Ackerland 1786: 3010 ha, 1893: 3824 ha; Wiesen 1786: 800 ha, 1893: 960 ha; Wingerte 1786: 9,5 ha, 1893: 12 ha; Wald 1785: 318 ha, 1893: 1764 ha.

2) Haushaltungen 1786: 616, 1885: 1388; Fläche 1893: 7754 ha; Ackerland 1786: 3400 ha, 1893: 2744 ha; Wiesen 1786: 846 ha, 1893: 1558 ha; Wald 1786: 425 ha, 1893: 2866 ha. (1786 ist das Stück des Reichswaldes in der Gemarkung Ramstein, über 2400 ha, nicht mitgezählt. Dort scheinen auch viele Wiesen neu angebaut zu sein.)

3) Haushaltungen 1786: 227, 1885: 728; Fläche 1893: 2203 ha; Ackerland 1786: 1300 ha, 1893: 1345 ha; Wiesen 1786: 239 ha, 1893: 333 ha; Wald 1786: 253 ha, 1893: 402 ha.

4) Haushaltungen 1786: 332, 1885: 851; Fläche 1893: 5309 ha; Ackerland 1786: 2110 ha, 1893: 2080 ha; Wiesen 1786: 520 ha, 1893: 776 ha; Wald 1786: 395 ha, 1893: 2263 ha. Auch hier fehlt 1786 das Stück des Reichswaldes bei Weilerbach und Rodenbach (etwa 1700 ha).

5) Die Stadtgemarkung von Kaiserslautern liegt im Wormsgau. Darin liegen die Höfe Eselsfurth, Daubenborner Hof, Stüterhof (Hilsberg), Entersweilerhof, Bremenhof (Bremenrain), Vogelweh, Kreuzhöfe, Herrenwiesenthal, Hahnbrunner Hof, Gerweiler Hof und im Wald, östlich der Stadt, die Burg Bilenstein oder Beilstein. Haushaltungen waren 1786: 468, 1885: 6150; Gemarkung 1893: 9064 ha; Ackerland 1786: 1025 ha, 1893: 952 ha; Wiesen 1786: 240 ha, 1893: 245 ha; Wald 1786: Stadt- und Stiftswald 3400 ha, 1893: (mit einem Stück des Reichswaldes) 7472 ha. Der Reichswald bildete wohl die Gaugrenze.

6) Ludwig Häusser, Geschichte der Rheinischen Pfalz, 2. Ausgabe, Heidelberg 1856. — Regesten der Pfalzgrafen am Rhein, herausgegeben von der Badischen Histor. Commission. I. Innsbruck 1894. (1212—1400.)

lungen beizuwohnen hatten und auf deren mündlichen Vortrag die in der Kanzlei ausgefertigten Hofgerichtsurkunden sich bezogen. Unter den Karolingern wurde ihnen eine eigene Hofgerichtsschreiberei mit Pfalznotaren und besonderem Siegel unterstellt. Alle für das Hofgericht bestimmte Eingänge gingen durch die Hände des Pfalzgrafen, der dem König darüber Bericht erstattete und in minder wichtigen Sachen den Gerichtsvorsitz führte.

Seit Otto I. kommen vier Pfalzgrafen in den Herzogtümern Lothringen, Schwaben, Sachsen und Bayern vor. Das Amt wurde wohl als ein gewisses Gegengewicht gegen das Stammesherzogtum eingerichtet, und sollte die Interessen des Königs in den Herzogtümern wahrnehmen und die Spitze der reichsfiskalischen Verwaltungen bilden.

Weitaus den ersten Platz unter den vier Pfalzgrafen nahm der von Lothringen ein, der seinen eigentlichen Sitz in Aachen hatte. Er begleitete jedoch meist den königlichen Hof, und so scheint es, dass sein Amt als Fortsetzung des alten Hofgerichtsamtes aufzufassen ist.

Wie die andern Pfalzgrafen war auch dieser, der rheinische Pfalzgraf mit einigen Gaugrafschaften ausgestattet, so war Pfalzgraf Widricus 916 zugleich Graf im Ardenner-, Bed- und Triergau, Hermann (970—993) im Bonn- und Eifelgau, Ehrenfried oder Ezzo, der Gemahl der Mathilde, der Tochter Kaiser Ottos II. und der Theophanu, (996—1034) im Mül-, Auel- und Bonngau. Sein Sohn Otto war Graf im Bonn- und Ahrgau und starb, 1045 zum Herzog von Schwaben erhoben, zwei Jahre später auf der pfalzgräflichen Burg Tomburg. Sein Nachfolger Heinrich residierte auf der Burg Kochem an der Mosel; nach einem unglücklichen Krieg mit Erzbischof Anno von Köln musste er 1064 die Siegburg im Auelgau abtreten, und starb, nachdem er im Wahnsinn seine Gemahlin Mathilde getötet, die ihm wahrscheinlich das Schloss Laach im Maifeld zugebracht hatte. Der nächste Pfalzgraf, Hermann aus dem Geschlecht der Luxemburger, war 1068 Graf im Auelgau. Er hinterliess die Pfalzgrafschaft dem Sohne seines Vorgängers Heinrich II. der sich von der Burg am Laacher See Heinricus de Lacu nannte. Er stiftete dort 1093 die Abtei Laach. Ihm folgte sein Stiefsohn Siegfried Graf von Ballenstädt, 1110 „Trevirensis ecclesiae principalis advocatus", und diesem sein Sohn Wilhelm bis 1140. Nachher entbrannte der Streit um die Pfalzgrafenwürde und die „Pellenzgüter" zwischen Otto von Rheineck und Hermann von Stahleck. Die Burg des letzteren liegt dicht an der Grenze des Nahegaus, bei Bacharach. Er geriet auch in Gegensatz zu den Hohenstaufen und den geistlichen Fürsten und wurde, nachdem ihm König Konrad III. die Burgen Kochem, Klotten und Rheineck abgenommen hatte, von Friedrich I. zur schimpflichen Strafe des Hundetragens verurteilt und abgesetzt (1155). Friedrich ernannte darauf seinen Halbbruder Konrad von Hohenstaufen zum Pfalzgrafen und scheint ihm Alzey zur Residenz angewiesen zu haben. Sein Fürstentum wurde aus dem Hausbesitz des Salischen Geschlechts, das ehemals die Gaugrafenwürde in den Gauen am Mittelrhein, Worms-, Nahe- und Speyergau innegehabt hatte, reichlich ausgestattet. So kamen die Pfalzgrafen von Aachen, Jülich, Bonn und dem Siebengebirge zu den Besitzungen an der Mosel, im Maienfeld und im Trechirgau, der sogenannten „Pellenz", und schliesslich zu den Besitzungen am Mittelrhein, durch deren Ausbau das spätere Territorium „Pfalz" entstanden ist. Konrads Nachfolger, sein Schwiegersohn Heinrich, Sohn Heinrichs des Löwen, verlegte den Regierungssitz der Pfalz nach Heidelberg.

Im Jahre 1211 trat Pfalzgraf Heinrich die Pfalzgrafschaft an seinen Sohn Heinrich ab, der damals volljährig wurde. Dieser erklärte sich für den Hohenstaufen König Friedrich II. während der Vater seinem Bruder König Otto IV. dem Welfen treu blieb. Heinrich der Jüngere lebte nur bis 1214. Nach seinem Tode belehnte der König seinen Anhänger, den Herzog Ludwig von Bayern aus dem Hause Wittelsbach mit der Pfalzgrafschaft. Dieser verlobte seinen Sohn Otto mit Agnes, der Schwester des letzten welfischen Pfalzgrafen, und überliess ihm 1228 die Pfalzgrafschaft, deren Territorium indessen ein ganz anderes geworden war.

1197 hatte Pfalzgraf Heinrich die Vogtei über das Erzstift Trier und die Ortschaften des Erzstifts an der Mosel und im Gau Trechere dem Erzbischof Johann zurückgegeben und seine Einkünfte aus der „Pellenz" auf dem Maienfeld an die Grafen Heinrich, Albert und Gottfried von Sponheim verpfändet. Ein Teil dieser Güter war an den Grafen Hermann von Virneburg, wahrscheinlich einen Sohn des Pfalzgrafen Hermann, gekommen.

Die Bestandteile der neuen Pfalzgrafschaft werden zum erstenmal zusammen genannt im Vertrag zu Pavia vom 4. August 1329, in welchem Kaiser Ludwig der Bayer für sich und seine Söhne Markgraf Ludwig von Brandenburg und Herzog Stefan von Bayern seinen Neffen Rudolf II., Ruprecht I. und II. die Rheinpfalz zurückgab: Chub, der Pfalentzgravenstein, Stalberch, Stalek, Brunshorn, Bachrach, Diepach, Stegen, Mannheim (vielleicht ist hier Manubach bei Bacharach gemeint), Heimbach, Trechtershusen, Rinbüll, Fürstenberg, Richenstein, Strônburch, Alcxey, Winheim, Wachenheim, Winczingen, Wolfsperch, Elbstein, Erpach, Lindenvels, Rinhusen, Heidelberch, die obere und die niedere Burg und die Stadt, Wizzeloh, Harpfenberch, Oberncheim, Landeser, Turôn, Stainsperch, Welresaw, Hillerspach, Agersheim.

Bei der Teilung von Neustadt am 18. Februar 1338 zwischen Rudolf II. und beiden Ruprechten fielen die Orte Heideberg, Tilberg, Stoltzenecke, Oberkeim, Lantserre, Steinsberg, Hilrespach, Wissenloch, Nusslach, Rorbach, Berghem, Nuwenheim, Eppelnheim, Blangstat, Offertsheim, Waltorf, Sickeheim, Manheim, das closter zu Schonauwe, Nuwenburg das closter, Bruchusen, Locheim, Blikersfurt, die Hart, Alzeie, Lindenfels, Stromberg, Furstenberg, Richenstein, Bachrach, Dipach, Rinbulle, Lampertheim, Keverntal, Walstat, Heddeszheim, Hohensachsenheim, Grossensachsenheim, Scharre und Sunthoven an die letzteren.

Am 17. Dezember 1353 bestimmte Kaiser Karl IV., dass Ruprecht der Aeltere dem jüngeren Ruprecht Lindenfels, Alzey, Stromberg, Ruprechtseck, Fürstenberg, Diebach, Manubach, ein Drittel von Stalberg und Staleck, Braunshorn, Weinheim, Kaub, Pfalzgrafenstein und vom Zoll zu Bacharach, Minneberg halb herausgeben sollte.

Am 26. August 1368 bestimmten die beiden Ruprechte, dass Staleck über Bacharach, die Stadt Bacharach, das Tal Stege, Stalberg, Kaub Burg und Stadt, Pfalzgrafenstein im Rhein, Fürstenberg, Diepach und Mannenbach die Täler, Alzei Feste, Burg und Stadt, Neustadt und Feste Wolfsberg, Mannenheim die Feste auf dem Rhein gelegen, Weinheim Feste, Burg und Stadt, Lindenfels Feste, Burg und Stadt, die zwo Festen Heidelberg und die Stadt Heidelberg, und Dilsberg Burg und Stadt ewig bei der Pfalz verbleiben und nicht entfremdet werden sollten. Diese Stücke bildeten den Kern des Kurfürstentums der Pfalz, zu denen nach der „Rupertinischen Constitution" von 1395 Juli 13 Otsberg, Herings, Umstadt, Stromberg, Simmern, Steinsberg und Hilsbach kommen sollten. Jede weitere Teilung dieses pfälzischen Landes sollte ausgeschlossen sein und nur der Erstgeborene es erben.

Die hier vereinbarten Bestimmungen wurden jedoch in der Teilung des Königs Ruprecht, als Pfalzgraf III., vom 23. Oktober 1410 nicht mehr befolgt: darnach sollte der älteste Sohn, Ludwig III. die Kurwürde und Bacharach, Burg Stahleck, Tal Steg, Burg Stahlberg, Kaub, Pfalzgrafenstein, Fürstenberg, die Täler Diepach und Manubach, die Sauerburg, die Stadt Alzey, Neustad, Wolfsberg, Mannheim, Burg Rheinhausen, Weinheim und Lindenfels die Burgen und Städte, Heidelberg mit seinen zwei Burgen und Dilsberg erhalten. Dies sollte der mit der Kurwürde verbundene Landesteil bleiben. Ausserdem hatte Ludwig schon seit 1402 die Reichspfandschaften Kaiserslautern, Oppenheim, Nierstein, Ingelheim und Odernheim inne. Ferner erhielt er in gleicher Teilung mit seinen Brüdern Germersheim, Neuenburg, Hagenbach, den Weinzehnten zu Dürkheim, Neckarau, Bretten, Heidelsheim, die Veste Winzingen, Neidenfels, Wegelnberg, Waldeck auf dem Hunsrück, die Hälfte von der Veste Otzberg, nebst Herings und Umstadt, Anteile an verschiedenen Orten, darunter Altenbaumburg und Altenwolfstein, die Pfandschaften Rockenhausen und Westhofen, der Anteil an Gundersheim, endlich Stromberg und Neckargemünd, wofür er jedoch seinen Bruder Otto entschädigen musste.

Dem zweiten Bruder Johann fiel die Oberpfalz zu, dem dritten, Stefan, aber Simmern, Laubach, Horn, Argenthal auf dem Hunsrück, Deilberg und Leienheim, von Stromberg der dritte Teil, von Waldeck die Hälfte. Am Donnersberg und auf dem Gau bekam ·er Bolanden, Ruprechtseck, Biebelnheim und Weinheim bei Alzey, an den Vogesen Trifels, Anweiler, Zweibrücken, Hornbach, Bergzabern, nebst Kirkel und Nannstuhl. Ausserdem pfälzische Anteile an verschiedenen anderen Orten, darunter Ehrenburg an der Mosel, Altenbaumburg und Altwolfstein.

Der vierte Pfalzgraf, Otto, empfing vom rheinischen Besitz bloss die Pfandschaft Kaiserswerth, im übrigen wurde er mit Gütern in der Neckar- und Odenwaldgegend ausgestattet.

Diese Teilung blieb die Grundlage der späteren Verteilung der pfälzischen Territorien, wenn auch mancher Wandel zu verzeichnen ist. Namentlich durch den Anfall der Grafschaft Veldenz und von Anteilen der Grafschaft Sponheim an die Pfalzgrafen der Kur- und Simmern-Zweibrückischen Linie wurden die Lande noch erheblich vermehrt. Und später entwickelten sich wieder neue Seitenlinien, über die im Band II. S. 221, 437, 463 und auf der Stammtafel zu 464 und V. 2 S. 500, 502, 513, 526, 536, 542, 545, 549 dieser Erläuterungen das Nötige mitgeteilt ist.

Von einem pfalzgräflichen Territorialstaat kann man erst seit der Bildung der Pellenz unter Heinrich von Laach und Hermann von Stahleck sprechen. Es ist wahrscheinlich, dass das Amt Bacharach im Trechirgau und der Kern des späteren Amtes Simmern auf dem Hunsrück im Nahegau zu diesen Besitzungen gehört hat. Stromberg und Alzey sind wohl erst durch die Erneuerung des pfalzgräflichen Besitzes unter Friedrich Barbarossa und Konrad von Hohenstaufen dazugekommen. Dies sind die ursprünglichen Mittelpunkte des pfälzischen Territoriums im Nahegau, wie es die Wittelsbacher übernommen und durch grosse Erwerbungen und Eroberungen ausgebaut haben. Der kurpfälzer Besitz, wie er uns aus den ersten umfassenden Landesbeschreibungen um die Wende des 16. und 17. Jahrhunderts genau bekannt wird, ist das Resultat einer stetigen politischen Arbeit von Generationen in ihrer Art bedeutender Fürsten, unter denen namentlich der erste Ruprecht, Ludwig III. und Friedrich I. der Siegreiche das Gebiet erweitert und abgerundet haben.

Von dem durch Pfalzgrafen erworbenen Reichsgut (Oberämter Kaiserslautern, Oppenheim, Odernheim) ist bereits gesprochen. Die ganz oder in Gemeinschaft mit andern Fürsten ererbten Grafschaften Veldenz und Sponheim werden nachher besonders behandelt werden. Hier muss ein kurzer zusammenfassender Ueberblick über die Entwicklung der Aemter Simmern, Stromberg und Alzey angebracht werden.

§ 1. Amt Simmern [1]).

Der Kern des Amtes ist das später sogenannte „alte Gericht" Rheinböllen [2]) (M 19), Ellern [2]) (L 20), Erbach [2]) (M 19) (nur der Teil südlich vom Bach), Dichtelbach [2]) (M 19) und Klein-Weidelbach (L 19), die zusammen 3176 ha Gemarkung, mit 858 ha (1786: 439 ha) [2]) Ackerland, 477 (429) ha Wiesen, 1639 ha Wald (445 ha Wald und 553 ha Weiden) umfassen und 1885 mit 506, 1786 mit 228 und 1599 mit 112 Haushaltungen bewohnt waren. Diese Ortschaften sind zum Nahegau zu zählen.

Ausserdem besass der Pfalzgraf in dieser Gegend an den Quellbächen der Simmer die Lehendörfer Kisselbach [3]), Laudert [4]) und Riegenroth [3]) (alle L 19), die an Ministeriale verliehen waren. Ihre Fläche beträgt 1198 ha mit 401 (1786: 269) ha Ackerland, 165 (123) ha Wiesen, 579 ha Wald (244 ha Wald und 185 ha Weide). Obgleich diese Dörfer südlich der Wasserscheide liegen, müssen sie zum Trechirgau gerechnet werden, da sie zur Pfarrkirche Schönenberg bei Riegenroth im Bopparder Landkapitel gehört haben. Die Zahl der Haushaltungen betrug 1885: 127, 1786: 70 und 1599: 31.

Im zwölften Jahrhundert finden sich in der Umgebung der Pfalzgrafen freie Herren von Walebach, deren Besitz während des folgenden Zeitraums an die Pfalz gekommen sein muss. Es ist das „neue Gericht", bestehend aus den Dörfern Mörschbach [5]) (L 19), Wahlbach [5]) (L 19), Mutterschied [5]) (L 20), wozu 1294 auch das dem Grafen von Kessel (an der Maas) abgekaufte Dorf Schnorbach [5]) (L 20) kam. Dieser Bezirk umfasst 1664 ha, mit 723 (422) ha Ackerland, 213 (194) ha Wiesen, 491 ha Wald (84 ha Wald und 122 ha Weide). Die Zahlen der Haushaltungen waren 221 — 108 — 63.

Am Anfang des 14. Jahrhunderts scheinen die Pfalzgrafen die Schultheissenämter Külz und Laubach vom Reich erworben zu haben, ersteres die Ortschaften Külz [5]) (KL 19) einerseits der Bach, Neuerkirch [5]) (K 19) einerseits der Bach, Niederkumbd [5]) (L 19) (Hasenkomede) und die Wüstung Osterkülz [5]) (K 19) umfassend mit 878 ha Gemarkung, davon 301 (175) ha Ackerland und 327 (81) ha Wald, 125 (100) ha Wiesen, (120 ha Weiden), sowie 100 — 48 — 42 Haushaltungen. Das Laubacher Gericht bestand aus den jetzt noch bewohnten Dörfern Laubach [6]), Bubach [6]) und Horn [6]) mit den Wüstungen Heinzert [6]), Scheuff [6]), Steilheim [6]), Allenzhausen [6]), Steinkülz [6]), einem Teil von Budenbach [6]) und dem Dorf Erbschied [6])

---

1) Westd. Zeitschr. 23 S. 70–131.
2) Kreis und Amtsgericht Simmern.
3) Kreis Simmern, Amtsgericht Kastellaun.
4) Kreis und Amtsgericht St. Goar.
5) Kreis und Amtsgericht Simmern.
6) Kreis Simmern, Amtsgericht Kastellaun.

(alle L 19), welches von dem Grafen von Kessel gleichzeitig mit Schnorbach an Pfalz abgetreten war. Dieser Bezirk enthielt etwa 2945 ha, davon 1004 ha Ackerland (454 ha), 450 (275) ha Wiesen und 1330 (454) ha Wald, (560 ha Weide). Die Einwohner waren in den drei Zählungsjahren 250 — 115 — 80 Haushaltungen stark. Diese Ortschaften gehörten zum Trechirgau.

Im Jahre 1359 wurde die Stadt Simmern[1] (L 20) den Erben des Raugrafen Georg, Philipp und Konrad von Bolanden und zweien Grafen Friedrich von Leiningen, durch die beiden Pfalzgrafen Ruprecht abgekauft. Damit ging auch das Dorf Chümbdchen[1] (L 20) (Endeleskomede) und ein Areal von 803 ha[2] und 407 — 275 — 218 Haushaltungen an Pfalz über. Die Stadt hatte Anteil am Märkerwald in der Vogtei Ravengiersburg.

Argenthal[1] (L 10) war Reichslehen im Besitz der Ritter von Schönenburg bei Oberwesel, die es 1374 bis 1379 in Anteilen an den Pfalzgrafen Ruprecht II. verkauften. Hierdurch erhielt das Amt Simmern einen Zuwachs von 2850 ha, wovon 393 (295) mit Acker, 336 (175) mit Wiesen und 1961 mit Wald bebaut waren. (1768 werden nur 95 ha Wald und 58 ha Weide zur Gemarkung gerechnet. Es scheint sich nur um den Waldbesitz der Gemeinde und Privater zu handeln.) Die Zahl der Haushaltungen betrug in den drei Zählungsjahren 159 — 70 — 49.

Die bedeutendste Erwerbung, die Vogtei Ravengiersburg, kam nach dem Aussterben der Herren von Heinzenberg und der Wildgrafen von Kyrburg 1408 an die Pfalzgrafen. Das „Hundgeding" von Ravengiersburg ist aus dem Praedium Tonnense (Denzen) im Nahegau hervorgegangen, welches 995 von König Otto III. dem Becelin (Berthold) geschenkt wurde. Es umfasste die Ortschaften Denzen[3] (K 20), Heinzenbach[4] (K 20), Reckershausen[3] (K 20) mit den Wüstungen Sonnenbach[3] (K 20), Flemhausen[3] (K 20) und Wallhausen[3] (K 20), Wüschheim[4] (K 19), Reich (zur Hoben und zur Eichen)[4] (K 19), Biebern[4] (K 20), Unzenberg[4] (K 20) mit Dombach[4] (K 20), Göbenhausen (K 20) und der Wüstung Steckelnhausen[4] (K 20), Nickweiler[4] (K 20) mit dem Kauerhof[4] (K 20), Nannhausen[4] (K 20), Fronhofen[4] (K 20), Keidelheim[4] (KL 20), Külz[4] (K 19) (Eichkülz) westlich der Külzbach und einige Häuser zu Michelbach[4] (K 19) diesseits des Bachs. Diese Ortschaften „auf der Moselseite" umfassten ein Gebiet von etwas

---

1) Kreis und Amtsgericht Simmern.
2) Das ganze Stadtgebiet von Simmern umfasst 1521 ha, mit 927 (615) ha Ackerland, 319 (252) ha Wiesen, (49 ha Weiden), 195 (350) ha Wald. Der in der Vogtei Ravengiersburg gelegene Teil dieser Fläche, südlich des Rheinbaches, um den Schafhof, das Bürgerstück und auf dem westlichen Ufer der Külz, muss mit etwa 718 ha abgerechnet werden, um das ehemals raugräfliche Stadtgebiet zu berechnen.
3) Kreis Simmern, Amtsgericht Kirchberg.
4) Kreis und Amtsgericht Simmern.

über 5390 ha mit 2323 ha Ackerland, 894 ha Wiesen, 1655 ha
Wald und war bewohnt von 593 Haushaltungen im Jahr 1885 und
153 Hausgesässen im Jahr 1599. Davon wurden die Gemarkungen
Denzen und Reckershausen (1451 ha) im Jahr 1707 an Baden ab-
getreten, es blieben 3942 ha, davon 1910 (872) ha Ackerland, 721
(371) ha Wiesen, 913 ha Wald (573 ha Wald und 865 ha Weide),
458 (271) Haushaltungen 1885 (1786).

Dazu kommen die Dörfer auf der „Soonseite": Ravengiersburg,
der Neuhof, die Wüstung Wanweiler, Belgweiler, die Wüstung
Buchstock (diese alle K 20), der Wimmersbacher Hof (L 20), Ohl-
weiler, Holzbach, Mengenschied mit der Bergkirche, der Wüstung
Auen, Riesweiler mit Märkerwald, Tiefenbach, Wüstung Gieseln-
hausen, Sargenroth mit der Nunkirche, Dickrotherhof, Wüstung
Brunkweiler, die Burg Wildburg im Soonwald, der Teil der Ge-
markung Simmern um den Schafhof und das Bürgerstück, Alt-
weidelbach (diese im Kartenquadrat L 20)[1]) mit einem Areal von
8175 ha, von denen im Jahr 1885 2485 ha Ackerland, etwa 900 ha
Wiesen, 2960 ha Wald waren, während hundert Jahre früher
1160 ha Acker, 540 ha Wiesen, 740 ha Weide und 1450 ha Wald
berechnet werden. Die Zahlen der Haushaltungen sind 1885: 842,
1786: 350 und 1599: 227. Das ganze Ravengiersburger Gebiet
umfasste also beinahe 13570 ha mit 1435 Haushaltungen 1885;
621 Familien im Jahr 1786 und 382 Hausgesässen im Jahr 1599.

In den Grenzzug des Ravengiersburger Hundgedings, der im
Weistum überliefert ist, fallen ausserdem noch 1005 ha vom Spon-
heimischen Amt Kirchberg mit 390 ha Ackerland und 399 ha Wald,
die um die Ortschaften Rödern[2]), Schönborn[2]), Opportshausen[2])
und die Wüstungen Seckenhausen[1]) und Rittsteg[1]) gelegen sind.
Damit berechnet sich der Flächeninhalt des Hundgedings auf
14573 ha, mit 5190 ha Acker und 5020 ha Wald.

Nach dieser grossen Erwerbung des Kurfürsten Ruprecht III.
des römischen Königs, vermehrte der Pfalzgraf Stephan von Simmern
und Zweibrücken das Amt Simmern noch durch das Chumbder
Gericht, bestehend aus dem Dorf und Kloster Chumbd[3]), den
Weilern Georgenhausen[3]), Budenbach[3]), Bergenhausen[1]), Rayer-
schied[1]), Teilen von Steinbach[3]) und Benzweiler[1]) (alle L 19) mit
einem Gebiet von 1490 ha, etwa 543 (417) ha Ackerland, 320 (215) ha
Wiesen und fast 700 ha Wald (1786 werden nur 191 ha Wald und
90 ha Weide berechnet). Es gehörte im 12. Jahrhundert dem
Herrn von Dyck bei Grevenbroich, der hier 1196 das Kloster ge-
stiftet hatte. Im 14. Jahrhundert war es an die Herren von Treis
an der Mosel und von Schönenburg bei Oberwesel gekommen und
wurde 1420 dem Pfalzgrafen verkauft und verpfändet. Doch hatten

---

1) Kreis und Amtsgericht Simmern.
2) Kreis Simmern, Amtsgericht Kirchberg.
3) Kreis Simmern, Amtsgericht Kastellaun.

die Herren von Schönenburg noch 1599 zwei Dritteile an den Gefällen der Rügegerichtsbarkeit.

Als Graf von Sponheim unterstellte der Pfalzgraf die sponheimschen Anteile an Pleizenhausen [1]), Georgenhausen [1]) (L 19) und Steinbach [1]) (L 19) ungefähr 560 ha mit fast 170 ha Ackerland und ebensoviel Wald dem Amt Simmern, obgleich der Markgraf von Baden und das Amt Kastellaun dagegen Einspruch erhoben. In diesen Gemarkungen wurde 1786 180 ha Ackerland, 72 ha Wiesen und je 46 ha Weide und Wald gerechnet. Die Haushaltungen in Pleizenhausen und Steinbach betrugen 1599: 25, 1786 32, 1885: 60.

Im 15. Jahrhundert erhielt das Amt Simmern einen kleinen Zuwachs in dem Dorf Maisborn [1]) (L 19), welches noch 1403 von Kurtrier lehenrührig war. Wie es an Pfalz gekommen, ist unbekannt.

So ist der Körper des Amtes Simmern zu einem fest abgegrenzten geschlossenen Territorium geworden. Nur eine Enklave wird in älterer Zeit dazu gerechnet, wenn man von dem Amt Waldeck-Gondershausen absieht, das mit Simmern später zusammen verwaltet wurde: Laubenheim an der Nahe [2]), das 1382 von dem Herrn von Hohenfels und Reipoltskirchen dem Pfalzgrafen Ruprecht II. verkauft worden war. Seine Gemarkung enthält 336 ha, davon 159 (242) ha Ackerland, 135 (23) ha Weinberge, 7 (6) ha Wiesen, (9 ha Weide), 1 ha Wald. Die Haushaltungen waren 1885: 116, 1786: 64 und 1599: 68. Man sieht, wie die Wandelungen in Bodenbenutzung und Bevölkerung an der Nahe in anderer Weisen vor sich gingen als im Bergland. Laubenheim ist der einzige Ort im Amt wo Wein gezogen wird.

Das ganze Amt Simmern ist von 4274 ha im 13. Jahrhundert bis zum Ende des 15. auf 26 750 ha herangewachsen, die 1599 von 1123, 1885 von 3168 Haushaltungen besiedelt waren.

§ 2. Amt Stromberg [3]).

Die Stromburg am Soonwald ist wohl erst bei der Neuschaffung des pfälzischen Fürstentums durch den Kaiser Friedrich I. an die Pfalzgrafen gekommen. Zur Burg scheinen anfangs nur die Dörfer Eckenroth [4]), Genheim [4]), Roth [4]) in der unmittelbaren Nachbarschaft der Stadt Stromberg [4]) (alle M 20), Dorsheim [4]) im Nahetal (N 20) und die Dörfer Appenheim [5]) (O 20), Engelstadt [5]) (O 20), Ensheim (O 21) (mit der Wüstung Kronkreuz) [6]), Grolsheim [7])

---

1) Kreis Simmern, Amtsgericht Simmern.
2) Kreis u. Amtsgericht Kreuznach.　　3) S. 153—171 dieses Bandes.
4) Kreis Kreuznach, Amtsgericht Stromberg.
5) Kreis Bingen, Amtsgericht Ober-Ingelheim.
6) Kreis Oppenheim, Amtsgericht Wörrstadt.
7) Kreis und Amtsgericht Bingen.

(N 20), Horrweiler[1]) (N 20), Weinheim[2]) (O 21), Schimsheim[2])
(O 21) auf dem Gau gehört zu haben. Ein unzusammenhängendes
Gebiet von 5196 ha Fläche mit 3439 ha (1786 2786 ha) Ackerland,
501 (244) ha Weinbergen, 320 (259) ha Wiesen, (33 ha Weiden)
und 834 (420) ha Wald. Gau-Weinheim und Schimsheim mit
669 ha Fläche wurden später dem Amt Alzey zugezählt. Dagegen
erhielt das Amt Stromberg im 14. und 15. Jahrhundert bedeutenden
Zuwachs durch Erwerbung der Steiger Gemarkung bei Schweppen-
hausen[3]) (1400), der Dörfer Warmsroth[3]) (M 20) (1398), Heddes-
heim[4]) (N 21) (1389), Waldalgesheim[3]) (N 20) (1455, 1465, 1496),
Niederhilbersheim[5]) (O 20) (wann? unbekannt) und Welgesheim[6])
(N 21) (1382) mit 3543 ha Gesamtfläche, 1932 (1301) ha Ackerland,
301 (71) ha Weinbergen, 182 (90) ha Wiesen, (48 ha Weiden),
1036 (940) ha Wald. Alle diese Orte gehörten vorher Adligen,
Welgesheim den Herren von Hohenfels, Warmsroth war Lehen vom
Stift Neuhausen bei Worms, Niederhilbersheim Lehen von den
Mainzer Kämmern, Heddesheim von den Raugrafen unter wildgräf-
licher Hochgerichtsbarkeit.

So enthielt das ganze Amt, wie es im 16. Jahrhundert und
noch 1786 bestand, etwa 8070 ha Gemarkungsfläche, 4231 (3608) ha
Ackerland, 722 (274) ha Weinberge, 379 (329) ha Wiesen, (81 ha
Weiden), 1870 (1360) ha Wald.

§ 3. Amt Alzey.

Das grösste der kurpfälzischen Aemter auf dem Gau, das Amt
Alzey, ist aus kleinen Anfängen hervorgewachsen. Als ursprünglich
zum pfälzischen Saalhof in Alzey gehörige Ortschaften sind nachzu-
weisen: die Stadt Alzey[7]) mit dem Weiler Schafhausen[7]) (O 22), die
Dörfer Blödesheim[8]) (P 22), Kettenheim[7]) (O 22) mit der Wüstung
Ergersheim und Wahlheim[7]) (O 22), Monzernheim[9]) (P 22), Unden-
heim[2]) (P 21) und Weinheim[7]) bei Alzey (O 22). Die Gemarkungen
dieser Ortschaften enthalten 4959 ha Gesamtfläche mit 4567 (1786:
3781) ha Ackerland, 145 (67) ha Weinberge, 67 (137) ha Wiesen,
4 (1$^1/_2$) ha Wald.

Die Pfalz besass sodann grössere Waldungen zwischen Offen-
heim[6]) (O 22) und Ruppersstsecken[10]) (N 23), nördlich vom Donners-

---

1) Kreis und Amtsgericht Bingen.
2) Kreis Oppenheim, Amtsgericht Wörrstadt.
3) Kreis Kreuznach, Amtsgericht Stromberg.
4) Kreis und Amtsgericht Kreuznach.
5) Kreis Bingen, Amtsgericht Ober-Ingelheim.
6) Kreis Alzey, Amtsgericht Wöllstein.
7) Kreis Alzey, Amtsgericht Alzey.
8) Kreis Worms, Amtsgericht Alzey.
9) Kreis Worms, Amtsgericht Osthofen.
10) Bezirksamt und Amtsgericht Rockenhausen.

berg und südlich von Kriegsfeld[1]) (N 23), die eine Fläche von über 2325 ha bedecken (das Vorholz bei Offenheim und die jetzigen Staatswaldungen bei Ruppertsecken und Kriegsfeld; Ruppertsecken wird in diesem Wald gerodet worden sein)[2]). Ausserdem war auch die Hoheit im Dreigemeindenwald bei Wendelsheim[3]) (483 ha) pfälzisch, ebenso die über den Alzeyer Bürgerwald bei Kriegsfeld, etwa 390 ha, zusammen 3198 ha.

Sodann gehörten zur Burg Alzey einige Dörfer, die zu Lehen vergeben waren: Albig[3]) (O 22), Aspisheim[4]) (N 20), Frettenheim[5]) (P 22), Gundersheim[6]) (P 23), Köngernheim bei Odernheim[3]) (P 22), Münster bei Bingen[7]) (N 20). Sponsheim[4]) (N 20) und Wolfsheim[8]) (O 21), die bis auf Köngernheim später wieder mit dem Amt vereinigt wurden: Albig wurde 1354 von den Truchsessen von Alzey, Aspisheim und Wolfsheim 1430 von Friedrich von Montfort zurückgegeben, Frettenheim fiel Ende des 16. Jahrhunderts, Gundersheim mit Enzheim 1457 von den Raugrafen heim, von Münster bei Bingen behielt König Ruprecht 1409 die raugräfliche Hälfte für die Pfalz zurück, während die der Wildgrafen 1493 an Pfalz überging. Wann Sponsheim an die Pfalz zurückfiel, kann ich nicht angeben. Köngernheim besass später der Graf von Löwenstein wegen der Herrschaft Scharfeneck. Der Zuwachs des Amtes durch diese Lehen betrug 4041 ha, mit 3188 (1786: 2468) ha Ackerland, 411 (205) ha Weinberg, 20 (92) ha Wiesen, 267 (181) ha Wald, 1276 (558) Wohnhäuser. Mit Gau-Köngernheim betragen die modernen Zahlen: 4222 ha Gemarkung, 3357 ha Acker, $411^1/_2$ ha Weinberg, 25 ha Wiesen, 267 ha Wald, 1328 Wohnhäuser.

Folgende Dörfer gehörten am Anfang des 14. Jahrhunderts zum Amt Alzey, von denen anzunehmen ist, dass sie (oder doch die ganzen Hoheitsrechte darüber) nicht zu der ursprünglichen Ausstattung des hohenstaufischen Pfalzgrafentums gehört haben: Esselborn[9]) (O 22), Flomborn[9]) (O 23), Freimersheim[9]) (O 22), Heimersheim[9]) (O 22), Heppenheim im Loch (Gau-Heppenheim)[9]) (P 22). Das Gericht Esselborn war 1420 Kurmainzer Lehen der Winter von Alzey. Flomborn war vom Hochstift Worms lehenrührig. Den „comitatus" in Freimersheim hatte vor 1200 Werner von Bolanden vom Grafen von Leiningen zu Lehen, ebenso den über Heimersheim vom Wildgrafen. Nur Heppenheim im Loch

---

1) Bezirksamt und Amtsgericht Kirchheimbolanden.
2) Rupertsecken hatte 1786: 158 ha Ackerland, 16 ha Wiesen, 32 ha Wald, 33 Wohnhäuser; 1893 mit dem Wüstgehrbacher Hof 259 ha Acker, 75 ha Wiesen, 579 ha Wald, 943 ha Gemarkung.
3) Kreis Alzey, Amtsgericht Alzey.
4) Kreis und Amtsgericht Bingen.
5) Kreis Worms, Amtsgericht Osthofen.
6) Kreis Worms, Amtsgericht Pfeddersheim.
7) Kreis Kreuznach, Amtsgericht Stromberg.
8) Kreis Oppenheim, Amtsgericht Wörrstadt.
9) Kreis und Amtsgericht Alzey.

oder Gau-Heppenheim könnte zu dem ursprünglichen Bestand des pfälzischen Amts gehört haben, da das hier ansässige Rittergeschlecht den Beinamen „von dem Saale" von dem pfalzgräflichen Saalhof in Alzey hatte. Diese Dörfer umfassen mit ihren Gemarkungen im ganzen 3035 ha mit 2874 (1786: 2315) ha Acker, 55 (21) ha Weinberg, 8 (75) ha Wiesen, 3 (über 10) ha Wald, 569 (374) Wohnhäusern.

Sicher datierbar sind die folgenden Erwerben der Pfalzgrafen:

A. Aus dem Reichsland: Odernheim[1]) (P 22) und Weinolsheim[2]) (P 21), welche 1375, sowie Pfeddersheim[3]) (P 23), das 1465 angekauft wurde. Die Gemarkung dieser Städte beträgt 3535 ha mit 3184 (2652) ha Acker, 186 (96) ha Weinberg, 42 (158) ha Wiesen, 1084 (583) Wohnhäusern.

B. Von geistlichen Herrschaften: Dautenheim[4]) (O 22) wurde 1531 durch das Kloster Weidas unter pfälzischen Schutz gestellt. Dintesheim[4]) (O 22) gehört den Nonnenklöstern Weidas und Gommersheim, die im 16. Jahrhundert unter pfälzischem Schutz standen. Eich am Altrhein[5]) (Q 22) wurde 1413 durch das St. Paulusstift in Worms dem Schutz des Kurfürsten unterstellt, der 1418 und 1420 Anteile von Adligen erwarb; zur Gemarkung gehörten die Höfe zum Sand und Mückenhausen. Das Kloster Weidas überwies 1391 und 1485 auch sein Dorf Eimsheim[2]) (P 22) dem Pfalzgrafen. Die Johanniter zu Hangen-Weisheim[6]) (P 22) scheinen sich und ihr Dorf ebenfalls unter pfälzischem Schirm gestellt zu haben. 1683 war der Kurfürst von der Pfalz im Besitz der Dörfer Hochheim[7]), Leiselheim[3]) und Pfifflligheim[7]) (P 23), die ihm jedoch erst 1705 und 1706 von dem Bischof von Worms und dem Fürsten von Nassau abgetreten wurden. Mölsheim[3]) erwarb Kurpfalz 1512 vom Abt zu Hornbach. Von Nieder-Flörsheim[3]) (P 23) trat das Domstift Worms 1400 eine Hälfte an den Kurfürsten Ruprecht III. ab, während die andere Hälfte erst 1465 zugleich mit dem Stift Neuhausen von Kurfürst Friedrich I. besetzt wurde. Offenheim[4]) (O 22) wurde 1473 vom Kloster Sion an Pfalz verkauft. Selzen[2]) (P 21) ist 1453 durch das Wormser Domkapitel unter den Schutz des Kurfürsten von der Pfalz gestellt worden. Standenbühl[8]) (N 24) und Stetten[8]) (O 23) gehörten dem Kloster Münsterdreisen, das 1437 von der Grafschaft Falkenstein an Pfalz überlassen wurde. Durch diese Erwerbungen erhielt des Amt Alzey einen Zuwachs

---

1) Kreis Alzey, Amtsgericht Alzey.
2) Kreis und Amtsgericht Oppenheim.
3) Kreis Worms, Amtsgericht Pfeddersheim.
4) Kreis und Amtsgericht Alzey.
5) Kreis Worms, Amtsgericht Osthofen.
6) Kreis Worms, Amtsgericht Alzey.
7) Kreis und Amtsgericht Worms.
8) Bezirksamt und Amtsgericht Kirchheimbolanden.

von 7662 ha, mit 6210 (1786: 4965) ha Ackerland, 328 (153) ha Weinberg, 820 (509) ha Wiesen, (126 ha Weiden), 17 (159) ha Wald, 1151 (965) Wohnhäusern.

C. Aus dem Besitz der Raugrafen erwarben die Pfalzgrafen die Dörfer und Dorfanteile Dorndürkheim[1]) (P 22), Kriegsfeld[2]) (N 22), Oberndorf[3]) (M 22), diese drei 1457, Mauchenheim[2]) (O 22) 1419, Mörsfeld[2]) (N 22) 1426, Anteile an Westhofen[1]) (P 22) 1400 und 1412, Wonsheim[4]) (N 22) vor 1422, ausser den schon genannten Gundersheim-Enzheim und Münster bei Bingen. Hierdurch vergrösserte sich der Bestand des Amtes Alzey um 5864 ha, davon 4604 (3453) ha Ackerland, 203 (94) ha Weinberg, 168 (226) ha Wiesen, (76 ha Weiden), 688 (334) ha Wald, 1184 (582) Wohnhäusern.

D. Von der Wildgrafschaft wurde ausser dem Lehen Münster bei Bingen auch Lonsheim[5]) (O 22) im Jahre 1679 an Pfalz überlassen, dessen Gemarkung 453 ha mit 398 (370) ha Ackerland, 17 (10) ha Weinberg, 0 (22) ha Wiesen, 22 (6) ha Wald und 84 (42) Wohnhäuser umfasst.

E. Von der Grafschaft Veldenz her schreibt sich Armsheim[6]) (O 21), das Kurfürst Friedrich I. 1470 eroberte und im Frieden von 1471 behielt (ebenso auch die früher zu Alzey gehörigen, 1410 an Pfalz-Zweibrücken gekommenen Orte Ruppertsecken, Biebelnheim und Weinheim bei Alzey, die als altpfälzische Orte schon mitgezählt sind). Armsheim hat eine Gemarkung von 741 ha mit 627 (520) ha Ackerland, 86 (40) ha Weinberg, 1 (4) ha Wiesen, 209 (102) Wohnhäusern.

F. Von der Grafschaft Leiningen erwarb Kurpfalz die Dörfer Alsheim[1]) (PQ 22) (1393 1481), Dalsheim[7]) (P 23) (1395), Einselthum[2]) (O 23) (1481), Hamm am Rhein[1]) (Q 22) (1468), Ibersheim[1]) (Q 22) (1468), Mörstadt[7]) (P 23) (1481), Osthofen[1]) (P 22) (1468), Zell[2]) mit Harxheim[2]) und Niefernheim[2]) (1481). Diese Erwerbungen betrugen 7711 ha mit 5980 ha Ackerland, 377 ha Weinberg, 601 ha Wiesen, 70 ha Wald und 1744 Wohnhäusern.

Da die Zahlen von 1786 für Harxheim, Niefernheim und Zell fehlen, so gebe ich die Summe der übrigen Gemarkungen: im ganzen 7018 ha, 5434 (4682) ha Ackerland, 309 (210) ha Weinberg, 570 (273) ha Wiesen, (136 ha Weiden), 67 (207) ha Wald, 1646 (845) Wohnhäuser.

Ein Lehen der Grafschaft Leiningen war Bermersheim[7]) (P 23),

---

1) Kreis Worms, Amtsgericht Osthofen.
2) Bezirksamt und Amtsgericht Kirchheimbolanden.
3) Bezirksamt Rockenhausen, Amtsgericht Obermoschel.
4) Kreis Alzey, Amtsgericht Wöllstein.
5) Kreis und Amtsgericht Alzey.
6) Kreis Oppenheim, Amtsgericht Wörrstadt.
7) Kreis Worms, Amtsgericht Pfeddersheim.

das 1464 an Pfalz verkauft wurde. Es enthält 232 ha Gemarkung, 216 ha Ackerland, 8 (11) Wingerte, 61 (39) Wohnhäuser.

G. Ein Lehen von der Grafschaft Sponheim war Erbesbüdesheim[1]) (O 22), dessen Hoheit wahrscheinlich durch einen Schutz- und Schirmvertrag im 14. Jahrhundert an Pfalz gekommen ist. Dazu gehörte die jetzige Gemarkung von Nack, wo ein Fronhof der Hunolsteinischen Herrschaft Niederwiesen mit 335 Morgen (118 ha) ausgeschlossen war. Die gesamte Gemarkung der beiden Dörfer in der ehemals noch die Ansiedelungen Aulheim und Rode und die Kirche zu Eich lagen, umfasste 1572 ha, darunter 1385 (1122) ha Ackerland, 17 (5) ha Weinberg, 18 (37) ha Wiesen, 110 (126) ha Wald, 289 (183) Wohnhäuser.

H. Von der ehemaligen Herrschaft Bolanden kamen an das Amt Alzey 1376 die Dörfer Bolanden[2]), Marnheim[2]), Bennhausen[2]), das Kloster zum Hane[3]) bei Bolanden und einige Höfe (2885 ha Gemarkung, 1654 ha Ackerland, 43 ha Weinberg, 195 ha Wiesen, 756 ha Wald, 439 Wohnhäuser), die mit Erbesbüdesheim, Dreisen[2]) Standenbühl[2]), Hahnweiler[4]) zusammen das Amt Bolanden bildeten, welches 1459 der Simmerischen Linie zugeteilt wurde, aber nach deren Erlöschen 1673 dem Amt Alzey angegliedert ward. 1706 wurden Bolanden, Marnheim, Münster- und Dorf-Dreisen, der Hof zu Bennhausen an Nassau abgetreten, 1733 auch Hahnweiler dem Herzog von Lothringen überlassen, so dass ausser Erbesbüdesheim nur Standenbühl bei dem Amt Alzey verblieben ist. Das ganze Amt Bolanden hatte eine Fläche von 5970 ha umfasst.

1579 wurde Bechenheim[1]) (O 22) sowie Anteile und Rechte zu Mauchenheim, Spiesheim, Westhofen, Weinolsheim, Stetten, Dittelsheim, Gimbsheim, Kriegsfeld, Aspisheim, Wahlheim, Weinheim, Wolfsheim und Wonsheim durch die Grafen Philipp und Albrecht von Nassau-Saarbrücken an den Pfalzgrafen Ludwig VI. abgetreten. Bechenheim hatte eine Gemarkung von 255 ha mit 206 (141) ha Ackerland, 4 (0) ha Weinberg, 12 (8) ha Wiesen, 23 (22) ha Wald, 78 (50) Wohnhäusern.

Aus Bolander Besitz kam auch Ober-Flörsheim[3]) (O 23) an Kurpfalz, wo im 13. Jahrhundert die Ritter von Flörsheim von den Herren von Bolanden mit der Jurisdiktion belehnt waren. Die Gemarkung umfasst 1024 ha, 987 (1010) ha Ackerland, 6 (5) ha Weinberge, 3 (2) ha Wiesen, 0,2 (3) ha Wald. Wann der Uebergang stattfand, ist nicht zu ermitteln.

J. Biebelnheim[5]) (P 22) wurde 1382, die Hälfte von Gimbsheim[6])

---

1) Kreis und Amtsgericht Alzey.
2) Bezirksamt und Amtsgericht Kirchheimbolanden.
3) Kreis Worms, Amtsgericht Pfeddersheim.
4) Bezirksamt Rockenhausen, Amtsgericht Winnweiler, Gemeinde Börrstadt.
5) Kreis Oppenheim, Amtsgericht Alzey.
6) Kreis und Amtsgericht Oppenheim.

(Q 22) 1414 zusammen mit der von Wintersheim[1]) (P 22) von den Herren von Hohenfels an Pfalz verkauft. Auch die Anteile des Grafen von Nassau zu Gimbsheim und des Grafen von Leiningen zu Wintersheim wurden von den Pfalzgrafen 1662 bzw. 1481 erworben[2]). Biebelnheim wurde 1410 dem Pfalzgrafen Stephan zugeteilt, aber 1471 wieder an die Kurlinie abgetreten. Durch diese Erwerbungen vergrösserte sich das Amt Alzey um 2798 ha mit 2179 (1412) ha Ackerland, 64 (17) ha Weinberge, 301 (435) ha Wiesen, (80 ha Weide), 82 (42) ha Wald,. 688 (309) Wohnhäusern.

K. Von Adligen wurden noch an Kurpfalz abgetreten und dem Amt Alzey einverleibt die Dörfer Dienheim[3]) (Q 21) im Jahre 1495 (Lehen der Grafschaft Falkenstein), Eppelsheim[4]) (OP 22) (1378), Kriegsheim[5]) (P 23) (1576 noch Leiningen-Hartenburg und von Rodenstein), Spiesheim[6]) (O 21) (eine Hälfte vor 1429, andere Anteile von den Grafen von Nassau 1579 und später). Diese Dörfer umfassten 1587 ha Gemarkung mit 1374 (1364) ha Ackerland, 75 (60) ha Weinberg, 12 (30) ha Wiesen und 415 (224) Wohnhäusern.

Dazu kommt noch Gundheim[5]) (P 23), wo 1576 noch die Herren von Oberstein Gerichtsherren waren. 1661 ist dieses Lehen heimgefallen. 1700 wurde die niedere Jurisdiktion an die Herren von Greifenclau verliehen unter Wahrung der Hoheitsrechte für die Kurfürsten von der Pfalz, die seit 1414 Anteile besassen[7]). Diese Gemarkung umfasst nach den Zahlen von 1885 459 ha mit 417 ha Ackerland, 24 ha Wingert, 139 Wohnhäusern; für 1786 sind Zahlen nicht überliefert.

Das Amt Alzey ist demnach seit der Mitte des 14. Jahrhunderts von 12410 ha in 23 unzusammenhängenden Gemarkungen zu beinahe 50000 ha in fast 70 Gemarkungen angewachsen und enthielt ohne das Unteramt Freinsheim, das aber erst im 18. Jahrhundert angegliedert worden ist, im Jahre 1786 31500 ha Ackerland, über 1000 ha Weinberge, über 2000 ha Wiesen, 1100 ha Gemeindewälder und etwa 4000 ha Staatsforst, deren Vermessung bei Widder nicht angegeben ist.

§ 4. Amt Rockenhausen[8]).

Der Hauptteil des Amtes Rockenhausen gehörte bis 1457 zur Raugrafschaft als Lehen von Kurpfalz. Es bestand aus dem Städtchen

---

1) Kreis Worms, Amtsgericht Oppenheim.
2) Auch die Anteile der Herren von Hohenfels an Eich, Westhofen, Gundheim und anderen Orten wurden von Kurpfalz erworben.
3) Kreis und Amtsgericht Oppenheim.
4) Kreis Worms, Amtsgericht Alzey.
5) Kreis Worms, Amtsgericht Pfeddersheim.
6) Kreis Oppenheim, Amtsgericht Wörrstadt.
7) Der Ort war ursprünglich Reichslehen und im 13. Jahrhundert im Besitz der Herren von Hohenfels.
8) S. 239—243.

Rockenhausen[1]) (M 23), den Dörfern Imsweiler[2]) (M 23/24), Gunders-
weiler[2]) (M 24), Gehrweiler[2]) (M 24), Katzenbach[1]) (M 23), Mann-
weiler[3]) (M 23) mit einigen Höfen, darunter der Russmüllerhof[1])
(N 23). Diese Ortschaften umfassten 5789 ha mit 3355 (1786:
2570) ha Ackerland, 88 (43) ha Weinberge, 530 (640) ha Wiesen,
1526 (400) ha Waldungen.

Bis ins 18. Jahrhundert gehörte auch Oberndorf[3]), das beim
Amt Alzey mitgezählt ist, zu diesem Amt, das damals 6071 ha
Fläche mit 3587 (2679) ha Ackerland, 110 (56) ha Weinberge, 541
(646) ha Wiesen und 1526 (448) ha Wald umfasst haben würde.
Die Bewohner, 466 Familien, 2254 Einwohner in 416 Häusern im
Jahre 1786 haben sich bis 1885 auf 856 Haushaltungen, 4154 Ein-
wohner in 768 Wohnhäusern vermehrt.

Oberndorf hatte 1786 38 Wohnhäuser.

VII. Besitz des Erzstifts Mainz im Nahegau.

Die Landeshoheit des Erzbischofs von Mainz wurde durch die
Verleihung der Banngewalt an Erzbischof Willigis seitens des Kaisers
Otto II. im Jahre 983 begründet.

Der Besitz der Mainzer Erzbischöfe im Nahegau liegt in
mehreren Gruppen zerstreut. 1. Die Gruppe bei der Stadt Mainz,
aus der das spätere Amt Nieder Olm hervorgegangen ist. 2. Die
Gruppe bei Gau-Algesheim und Bingen, zu der in der Rheinprovinz
der Bingerwald und die Lehen Dörrebach-Seibersbach und Schöne-
berg vor dem Wald zu zählen sind. 3. Die Gruppe bei Sobern-
heim, die ursprünglich auch den Disibodenberg und Gau-Odernheim,
das Ausamt Meisenheim und Meddersheim, Kirschroth, eine Zeitlang
(1281—1464) auch das Amt Wald-Böckelheim umfasste, und später
ganz verloren ging. Mittelpunkt einer vierten Gruppe wurde später
Gau-Bickelheim und Wöllstein.

§ 1. Die Stadt Mainz.

In welchem Verhältnis hat die Stadt Mainz zum Nahegau
gestanden? Nach der Urkunde MG. DD. I S. 332 Nr. 447 („quod
totum situm est in pago Nahgeuwe infra urbem Mogontiam mona-
sterium quod vocatur Hagenmunistar") sollte man annehmen, dass
der Gau im Jahre 966 auch die Stadt umfasst habe. Dem wider-
spricht die Ausdrucksweise der Urkunde von 973 MG. DD. II S. 41
Nr. 31 „in Francia, videlicet infra civitatem Moguntinam hoc est
monasterum Haganonis, et extra urbem in pago Nagouue". Hier
wird die civitas und urbs dem pagus ausdrücklich entgegengestellt.
In den alten Lorscher und Fuldaer Urkunden wird Mainz und die

---

1) Bezirksamt Rockenhausen, Amtsgericht Rockenhausen.
2) Bezirksamt Rockenhausen, Amtsgericht Winnweiler.
3) Bezirksamt Rockenhausen, Amtsgericht Obermoschel.

„Megunzer Mark" teils ohne Gaubezeichnung, teils als im Wormser Gau gelegen genannt. In der Urkunde Karls des Grossen von 779 Nov. 13 wird Mainz zum Wormsgau gerechnet, ebenso wie Gonzenheim und Nubenheim (Laubenheim)[1]).

Seit dem Privileg des Kaisers Otto II. für Erzbischof Willigis vom 14. Juni 983 unterstand die Stadt Mainz der Banngewalt des Erzbischofs, der die obersten Beamten, den Präfekt der Stadt, den Walpod, den Schultheiss, die Heimburger, den Kämmerer, den Schenken und die andern Offiziaten ernannte, doch mit Zustimmung der Bürgerschaftsvorsteher.

Prefectus urbis war zur Zeit des Erzbischofs Bardo 1031 bis 1051 Erkenbold, dem Sigibodo folgte. 1084—1108 hatte dieses Amt Graf Gerhard von Rieneck in Franken, dessen Tochter mit dem Grafen Arnold von Loon (Looz) in Belgien vermählt war. Dieser Graf Arnold war 1108 Stadtpräfekt, 1124 Vogt der Mainzer Domkirche und 1128 Schirmvogt des Domkapitels. Seine Nachkommen waren die Brüder Grafen Ludwig von Loon und Gerhard von Rieneck, die 1213 zusammen auftraten. Diese Grafengeschlechter hatten noch später manche Besitzungen im Nahegau. Seit 1221 bezeichnen sie sich nicht mehr als Stadtpräfekten oder Stadtgrafen (Burggrafen) von Mainz.

Die Stadt erhielt Freiheitsprivilegien von Erzbischof Adalbert I. (1109—1137) und von Kaiser Friedrich II. 1236, und ihre Verfassung wurde 1244 durch Erzbischof Siegfried III. geregelt. Die Bürger bekamen nun das Recht, einen Rat von 24 Mitgliedern zu ernennen. Der Erzbischof behielt jedoch die Einsetzung der Schultheissen, der Richter, der Schöffen und Fürsprecher bis zur Mitte des 14. Jahrhunderts in seiner Hand. Diese und andere erzbischöflichen Beamten konnten auch im Stadtrat sitzen, was 1332 verboten wurde. In den Kämpfen um das Mainzer Erzbistum zwischen Diether von Isenburg und Adolf von Nassau wurde Mainz 1462 durch Adolf eingenommen und seiner Freiheiten beraubt, die auch Erzbischof Diether nicht wiederherstellte. So ist also die Stadt als Glied des Erzstifts zu bezeichnen.

Die Gemarkung umfasste 683 ha, 284 ha Ackerland, 30 ha Wiesen, 34 ha Weinberge, 1 ha Wald (1854). Im Mittelalter war sie noch etwas kleiner, da die Gerichtsbarkeit von Hechtsheim, Vilzbach und Weisenau sich bis an die alten Mauern erstreckte.

An Häusern zählte man 1568: 2067, 1594: 2258 (und in der Vorstadt Vilzbach 101), 1785: 2300, 1885: 2886.

K. Hegel, Mainzer Verfassungsgeschichte, in: „Die Chroniken der Deutschen Städte". Leipzig 1862 ff. XVIII 2.

Schaab, Geschichte der Stadt Mainz. Mainz 1841.

M. Stimmich, Die Stadt Mainz in Karolingischer Zeit. Westd. Zeitschr. 31, 159 ff.

---

1) MG. Urkunden der Karolinger I 176 f., Nr. 127.

§ 2. Amt Nieder-Olm[1].

Ursprünglich gehörten zu diesem Amt nur die dem Erzbischof unmittelbar zuständigen Orte Nieder-Olm[2], Ober-Olm[2], Klein-Winternheim[2] (P 20) und vielleicht Laubenheim[3] (P 20), die im Jahr 1882 4204 ha Gemarkung, 3163 ha Ackerland, 303 ha Weinberge, 199 ha Wiesen, 404 ha Wald (bei Ober-Olm, Birkerwald) umfasst hätten und in 814 Wohnhäusern von 5089 Einwohnern bewohnt waren.

Das Amt wurde durch Erwerbung der Hoheitsrechte in den umliegenden Dörfern in Form von Schutzverträgen mit den Besitzern der Herrschaftsrechte, meist Mainzer Stifter und Klöster, erweitert: solche Verträge wurden 1414 und 1609 mit dem Nonnenkloster Altenmünster wegen Heidesheim[4] (O 20), 1420 mit der Abtei St. Alban wegen Ebersheim[2] (P 20), 1424 mit dem Domkapitel wegen Gau-Bischofsheim[2] (P 20), 1486 mit demselben wegen Sulzheim[5] (O 21), 1563 mit Altenmünster wegen Budenheim[3] (P 19), 1579 mit dem Reichklarenkloster wegen Zornheim[2] (P 21), 1586 mit demselben wegen Drais[3] (P 20), 1615 mit St. Stephan wegen Nackenheim[6] (Q 20), 1629 mit St. Alban wegen Sörgenloch[2] (P 21), 1703 und 1783 wegen Hechtsheim[3] und Weisenau[3] (P 20) mit dem Seminar und dem Stift St. Victor, geschlossen. 1782 wurde das Kloster Mariendahlheim vor Mainz aufgehoben und dessen Dörfer Bretzenheim[3] und Zahlbach[3] (P 20) für das Erzstift in Besitz genommen. Andere Orte kamen durch Kauf an Kurmainz, so Marienborn[3] (P 20) 1631, als das Geschlecht von Hohenfels-Reipoltskirchen erloschen war, von dem das Dorf zu Lehen gegeben war. Auch Lörzweiler[6] (P 20/21) scheint damals die Mainzer Lehenshoheit angenommen zu haben. Der Letzte des Geschlechtes der Grafen von Daun-Falkenstein, Wilhelm Wirich, trat dem Erzbischof 1659 seine Ansprüche auf Hechtsheim[3], Weisenau[3] und die Mainzer Vorstadt Vilzbach[3] (P 20) ab. Finthen[3] (P 20) und Gonsenheim[3] (P 19/20) gehörten dem Mainzer Dompropst, und zwar seit dem 16. Jahrhundert unter Oberhoheit des Erzbischofs.

Diese Ortschaften umfassten 1885 mit den obengenannten ein Areal von 17684 ha, 12850 ha Ackerland, 850 ha Weinbergen, 302 ha Wiesen, 1720 ha Wald, mit 39516 Einwohnern, 5148 Wohnhäusern.

---

1) S. 291—296.
2) Kreis Mainz, Amtsgericht Nieder-Olm.
3) Kreis und Amtsgericht Mainz.
4) Kreis Bingen, Amtsgericht Ober-Ingelheim.
5) Kreis Oppenheim, Amtsgericht Wörrstadt.
6) Kreis und Amtsgericht Oppenheim.

§ 3. Amt Bingen[1]).

Bingen[2]) mit Bingerbrück[3]), dem Kloster Rupertsberg[3]) und dem Binger Wald[3]) und dem Dorfe Weiler[3]) (alle N 20) bildeten ein erzstiftliches, seit 1438 domkapitularisches Amt von 2817 ha Gesamtfläche (354 ha Ackerland, 250 ha Weinberge, 34 ha Wiesen, 1899 ha Waldungen, 4771 Einwohner und 774 Wohnhäuser im Jahre 1885), das der alten Binger Mark der Lorscher und Fuldaer Traditionen entspricht, die halb im Nahe- und halb im Wormser Gau gelegen haben soll, wie sich heute noch die preussischen und hessischen Amtsgerichte Stromberg und Bingen in das Gebiet teilen. Als Abspliss davon könnte man die Gemarkung Wald-Algesheim betrachten, die früher der Mainzer Herrschaft entzogen und im 15. Jahrhundert unter pfälzische Schirmgewalt gestellt wurde (Gemarkung 1300 ha, 481 ha Ackerland, 89 ha Wiesen, 693 ha Waldungen). — Zu Bingen gehörte seit 1538 Kempten[2]) (N 20). Seit 1344 waren die Dörfer Nieder-Heimbach[4]) (M 19) und Trechtingshausen[4]) von Kurpfalz an Kurmainz gekommen, deren Grundherrschaft 1270 von dem Kloster Kornelimünster bei Aachen an das Domstift und das Liebfrauenstift in Mainz verkauft worden war. Diese Dörfer nebst dem zur Dompropstei gehörigen Ober-Heimbach[4]) (M 19) sind zum Amt Bingen geschlagen worden, dessen Gebiet nun 5520 ha, 905 ha Ackerland, 524 ha Weinberge, 200 ha Wiesen, 3637 ha Wald, mit 8038 Einwohnern und 1373 Wohnhäusern im Jahre 1885 enthielt.

§ 4. Amt Gau-Algesheim[5]).

Mit der Hoheit über Bingen und Mainz kam im Jahre 983 auch die über Algesheim auf dem Gau (in pago Gaucgia 1109) an das Erzstift Mainz. Das damit verbundene Amt ist aus dem Besitz verschiedner Adliger, die ihre Rechte zum Teil vom Mainzer Domstift (so Dietersheim), zum Teil von dem Erzbischof (Ockenheim) oder vom Kurfürsten von der Pfalz zu Lehen hatten (Dromersheim), nach 1391 allmählich zusammengebracht worden und umfasste 1577 die Ortschaften Gau-Algesheim[6]) (O 20), Dietersheim[2]) (N 20), Dromersheim[2]) (N 20), Ockenheim[2]) (N 20), fast 3000 ha Fläche, etwas über 2000 ha Acker, 728 ha Weinberg, 59 ha Wiesen, 61 ha Holzung, 5392 Einwohner in 1010 Wohnhäusern im Jahre 1885, 384 Wohnhäuser im Jahre 1577, 251 Wohnhäuser im Jahre 1668. Damit war noch in loserem Zusammenhang verbunden das entfernt

---

1) S. 269—283.
2) Kreis und Amtsgericht Bingen.
3) Kreis Kreuznach, Amtsgericht Stromberg.
4) Kreis und Amtsgericht St. Goar.
5) S. 283—291.
6) Kreis Bingen, Amtsgericht Ober-Ingelheim.

gelegene Gau-Bickelheim [1]) (O 21) und im 18. Jahrhundert die kur-
fürstlichen Hoheitsrechte zu Gaulsheim [2]) (N 20) (bis 1655 Lehen
von Jülich, seit 1659 von Kurmainz) Sarmsheim [3]) (N 20) (dem Stift St.
Alban gehörig, 1567 noch unter Vogtei und Hochgerichtsbarkeit der
Wild- und Rheingrafschaft), Büdesheim [2]) (N 20) (dem Stephansstift
gehörig, das die Mainzer Hoheit 1675 und 1716 anerkannte) mit
einem Wald auf dem westlichen Naheufer der jetzt in der Ge-
markung Münster bei Bingen [3]) (N. 20) liegt. Die Grösse des Ganzen
beträgt 5585 ha (3605 ha Acker, 1204 ha Weinberg, 234 ha Wiesen,
220 ha Wald, 10577 Einwohner, 1956 Wohnhäuser im Jahre 1885).

Am Soonwald gab es noch einige Dörfer, die vom Erzstift
Mainz zu Lehen rührten: Dörrebach [3]) (M 20), Seibersbach [3]) (M 20)
im Besitz der Familie Wolf von Sponheim, Schöneberg [3]) (M 20)
und Hergenfeld [3]) (M 20) im Besitz der Familie von Schönenburg.
Im 18. Jahrhundert gehörten diese Dörfer zum gräflich Ingelheimi-
schen Familienfideikommiss. Ihre Gemarkung umfasste 3247 ha,
davon 806 ha Acker, 454 ha Wiesen, 31 ha Weinberge, 1838 ha
Wald [4]).

Verloren hat das Erzstift Mainz das Amt Böckelheim an Pfalz-
Zweibrücken, die Dörfer Meddersheim und Kirschroth an die Wild-
grafschaft. Auch die Lehen Meisenheim, Odernheim bei dem Glan,
Niederhausen an der Nahe, Essenheim bei Ober-Olm, das die Grafen
von Veldenz, und Herrstein, das die Grafen von Sponheim inne
hatten, werden besser bei diesen Grafschaften besprochen.

VIII. Besitz des Erzstifts Trier im Nahegau.

790 wird als Angrenzer einer Hofstatt zu Hrochesheim in
pago Navinse (Roxheim, Kreis Kreuznach) der Bischof Uuimad ge-
nannt [5]). Dies ist der Bischof Weomad oder Wiomad von Trier,
der 759—791 dort regierte. Wenn auch nicht gesagt werden
kann, dass dieses Gut des Bischofs auch der Trierer Kirche gehört
habe, so ist dies doch die älteste Beziehung eines Trierer Bischofs
zum Nahegau.

Im Jahre 1158 gehörte die Grundherrschaft zu Partenheim [6])
(O 21) dem Erzstift Trier; mit der Vogtei war um 1190 Werner
von Bolanden vom Grafen von Blieskastel belehnt; auch den Kirchen-
satz und Zehnten hatte Werner als Lehen vom Erzstift Trier. Teile
davon sind später im Besitz von Werners Nachkommen, den Herren
von Hohenfels-Reipoltskirchen geblieben, während die Vogtei, das
hohe und niedere Gericht, Wasser und Weide im späteren Mittel-

---

1) Kreis Oppenheim, Amtsgericht Wöllstein
2) Kreis und Amtsgericht Bingen.
3) Kreis Kreuznach, Amtsgericht Stromberg.　　　　　4) S. 171—177.
5) Dronke, Cod. dipl. Fuld. 57 Nr. 95.
6) Kreis Oppenheim, Amtsgericht Wörrstadt. — Sauer, Aelteste
Lehenbücher d. H. Bolanden.

alter den Herren von Ingelheim und von Partenheim als Trierer
Lehen zustand [1]). (841 ha Gemarkung, 669 ha Acker, 93 ha Wein-
berg, 50 ha Wiesen.)

Erst im 14. Jahrhundert erweiterte sich der Besitz des Erz-
stifts Trier im Nahegau durch die Lehenaufträge an den mächtigen
Erzbischof Baldewin von Luxemburg: 1322 trugen die Grafen von
Sponheim ihre Stadt Kirchberg, 1324 der Wildgraf Heinrich die
Burg Schmidtburg, 1329 die Wildgrafen von Dhaun die Gerichte
Rhaunen und Hausen, 1330 Raugraf Georg die Stadt Simmern,
1338 der Graf von Sponheim-Starkenburg seine Hälfte an der
Herrschaft Dill, 1341 Baldmar und Gotze Hubenriss von Odenbach
ihr neues Haus und die Herrschaft Schallodenbach bei Otterberg
in der Pfalz [2]), 1331 Graf Walram von Sponheim die vier spon-
heimischen Höfe zu Bruchweiler und den Anteil am Gericht Hotten-
bach (von dem Baldewin später noch andere Anteile erwarb: 1333),
1342 der Wildgraf Johann von Dhaun das Dorf Hochstätten zu Lehen
auf, und noch 1359 erfolgte ein solcher Auftrag an den Erzbischof
Boemund II. über die neue Burg Wartenstein. Aus der Erbschaft
des Wildgrafen Heinrich von Schmidtburg übernahm der Erzbischof
Baldewin 1330 die Burg und das Amt Schmidtburg, zu dem nach
kurtrierischer Auffassung ein Viertteil des Hochgerichts Rhaunen,
nach der wildgräflichen aber nur das Viertteil an allen andern
Gefällen zu Rhaunen und den zugehörigen Ortschaften „ohne das
Hochgericht" gehörte.

Dies sind die hauptsächlichsten Erwerbungen des trierischen
Erzstifts im Nahegau, von denen das Hochgericht Rhaunen [3]) (K 21)
etwa 10250 ha, darin das Amt Schmidtburg, die Dörfer Bunden-
bach [4]) (K 21), Schneppenbach [5]) (K 21) und Bruschied [5]) (K 21),
1366 ha, Hottenbach [3]) (J 21) mit Hellertshausen [3]) 1862 ha, Schall-
odenbach [6]) und Schneckenhausen [6]) (M 24) 1117 ha (davon 896 ha
Acker, 184 ha Wiesen und 2 ha Wald) und die Herrschaft Warten-
stein [7]), nämlich Hahnenbach mit dem Burggebück von Wartenstein [8])
(K 21), Teil der Gemarkung Niederhosenbach [4]) (K 22), Herborn [4])
mit dem Wald Fitzruth [4]) (J 22), Weiden [4]) (J 21) 973 ha (davon
388 ha Ackerland, 132 ha Wiesen und 492 ha Wald) umfasst hat.

---

1) Trierer Copialbücher in Koblenz.
2) J. G. Lehmann, Gesch. d. Burgen der Pfalz V 268 f.; andere Ur-
kunden und Nachrichten über diese Herrschaft, die 1566 an die Herren
von Sickingen kam, in den kurtrierischen Copialbüchern im StAKoblenz.
3) Atlas, Erläuterungen III.: Rhaunen. — Kreis Bernkastel, Amts-
gericht Rhaunen.
4) Fürstentum Birkenfeld, Amtsgericht Oberstein.
5) Kreis Simmern, Amtsgericht Kirchberg.
6) Bezirksamt Kaiserslautern, Amtsgericht Otterberg.
7) S. 325—329.
8) Kreis Kreuznach, Amtsgericht Kirn.

IX. Die Wildgrafschaft.

C. Schneider, Geschichte des Wild- und Rheingräflichen Hauses.
Kreuznach 1854. — Kurzgefasste Geschichte des Wild- u. Rheingräflichen
Hauses. Mannheim 1769. — L. Schmitz-Kallenberg, Inventare der nicht-
staatlichen Archive der Provinz Westfalen. Beiband I: Urkunden aus den
fürstlichen Archiven zu Anhalt und Coesfeld. Münster 1904. — Bodmann
(Schott), Diplomatische Nachricht von der fürstlich Wild- und Rheingräf-
lichen Landgrafschaft im Nahgau. Erfurt 1792. — Schott, Diplomata Rhein-
gravica, Handschrift in der Habelschen Sammlung. StAMarburg.

Es ist gezeigt worden, dass aus dem Stamme der Emichonen-
familie drei Geschlechter hervorgegangen sind, die Wildgrafen, die
Grafen von Veldenz und die Raugrafen. Die Wildgrafen können
als Fortsetzer des Hauptstammes der Nahegaugrafen gelten, von
dem sich um 1134 die Grafen von Veldenz, um 1148 die Rau-
grafen abgesondert haben. Wildgraf Gerhard, der Sohn Konrads I.
(1172—1190) war mit einer Tochter des Pfalzgrafen Otto vermählt.
Sein Sohn Konrad II. (1194—1263) ordnete 1258 an, dass nach
seinem Tode sein Sohn Emicho die Burgen Kirberch und Schmid-
burch, und sein Sohn Godefrid die Burgen Duna und Grunenbach
erblich erhalten sollten. Wenn einer von ihnen gegen diese Be-
stimmung handeln sollte, sollte dieser die Unterstützung aller
Burgmannen und alle Allodial- und Lehengüter zu Walisheim
verlieren [1]).
Dass damit keine vollständige Teilung der Grafschaft und
der gräflichen Besitzungen angeordnet worden ist, geht aus der
Urkunde selbst hervor, wonach Allodial- und Lehengüter, wenigstens
zu Walisheim, gemeinschaftlich bleiben sollten. Gegen eine Auf-
teilung der Grafschaft wandte sich besonders auch der Lehensherr
derselben, Pfalzgraf Ludwig, der den Wildgrafen Emicho, seinen
Verwandten und Vasallen, von dem Beschluss seiner Räte, des
pfälzischen Lehenshofes, am 25. April 1277 in Kenntnis setzte,
dass die „Landgrafschaft" stets ungeteilt bleiben müsse [2]). Dem-
gemäss bestimmte am 16. November 1278 Otto von Bickenbach als
Obmann der beiden Brüder, Wildgrafen Emicho und Gozo, dass
die „Landgrafschaft" unteilbar sei [3]).
Des Wildgrafen Emicho von Kyrburg Söhne, Konrad und
Gottfried Rauf (Royp, Rouf), verteilen wiederum die Burgen, Konrad
erhielt seinen Wohnsitz auf der Schmidtburg, Gottfried Rauf auf
der Kyrburg. Ein Streit zwischen ihnen wurde durch Wolfram
von Lewenstein und Wilhelm von Schmidtburg am 22. Februar
1282 dahin entschieden, dass jeder im Besitz der Güter bleiben
solle, die ihm jetzt gehörten, auch sollte Gottfried seinen Oheim

---

1) MRR. III 1530; MRUB. III S. 1064. — Original in Coesfeld, West-
fälische Inventare von Schmitz-Kallenberg S. 421* (II 179), Nr. 20.
2) MRR. IV 406. — Schmitz-Kallenberg, Coesfeld S. 424* Nr. 33.
3) MRR. IV 566, 563. — Schmitz-Kallenberg, Coesfeld Nr. 36.

Gottfried von Dhaun und dessen Sohn Konrad wieder in den Besitz der ihnen abgenommenen Güter setzen, da diese Güter zur „Landgrafschaft" gehörten, und seinen Streit mit diesen beiden vor den Lehenherren der Güter bringen[1]). Im selben Jahre verglichen sich die Wildgrafen Brüder Konrad von Schmidtburg und Gottfried Rauf am 29. September dahin, dass Konrad dem Gottfried seine Rechte zu Wörrstadt und seines Vaters Rechte in den Dörfern Bruchweiler, Kempfeld, Breitenthal, Hosenbach, Heddesheim und Münster bei Bingen überliess, wobei aber Hochgericht und Wälder in Gemeinschaft verbleiben sollten[2]). Zwischen den Wildgrafen Emich von Kyrburg (dem Vater jener Konrad und Gottfried Rauf) und Gottfried von Dhaun wurde am 14. März 1283 eine Teilung der Güter um Flonheim, Monzingen, Hausen bei Rhaunen und andern Orten zustande gebracht. Dabei wird das obere Gericht (Hochgericht), Wälder, Fischerei, Marschalls- und Jägerhafer, die Vogtei über das Ravengiersburger St. Christophoruskloster als Gemeinschaft vorbehalten[3]).

---

1) MRR. IV 900. — Schmitz-Kallenberg, Coesfeld 38.
2) MRR. IV 988. — Schmitz-Kallenberg, Coesfeld 39.
3) MRR. IV 1041. — Schmitz-Kallenberg, Coesfeld 40.

Wildgraf Emich von Kyrburg erhielt vom Hofe zu Flonheim:	Wildgraf Gottfried von Dhaun erhielt:
den oberen Teil des Dorfes Flonheim mit Osthofen und Boedenheim (Uffhoven und Erbes-Büdesheim).	den unteren Teil des Dorfes Flonheim mit den Dörfern Bornheim, Eycheloch und Wendelsheim.

Wenn Gottfried dem Emich 20 Pfund gibt, soll dieser ihm die Hälfte des Dorfes Bockenheim (Stein-Bockenheim) abtreten.

Im Dorfe Monzecho (Monzingen):	
den Kirchensatz und das Patronatsrecht.	die Vogtei und den Wingert „Kempenberg".

Vom Hofe zu Husen (Hausen bei Rhaunen):	
die Dörfer Buntenbach, Blickerssauue und Wapenrot (Woppenroth).	die Dörfer Husen und Caffeld.

Die auswärtigen Leute des Hofes zu Hausen sollen durch die Strasse geteilt werden, welche von Meisenheim zum Langenstein (bei Bärweiler), dann nach Hostede (Hochstätten), von dort über die Strasse Veldencia bis Probsterade (Bruschied), von dort durch Bontenbach und Langenhecke über Runa (Rhaunen) hinaus, bei der alten Mühle vorbei bis Leuferswilre und nach Enckerich (Laufersweiler und Enkirch a. d. Mosel) führt. Alle Leute, die westlich dieser Strasse nach dem Rhein zu wohnen, sollen dem Emicho, diejenigen aber, welche östlich der Strasse den Wäldern zu wohnen, dem Gottfried gehören.

| Die Höfe Diffenbach und Breidendale, die Mühle zu Kyre (Kirn), das Erbrecht an den Waldungen, die Dienste zu Runa. | Den Hof Hostede, die Leute vor Duna, den Hof Gernods mit Gernod und seinen Söhnen, alle St. Remigiusleute und was ihr Vater sonst in Offenbach a. Glan hatte, ausgenommen das Obergericht. |

Gemeinsam soll beiden Brüdern verbleiben: verschiedene benannte Leibeigne, Zinsen zu Kyre, Westernart und Hachenbach, die Fleischbänke zu Rhaunen, die Wälder, Fischerei, Marschalls- und Jägerhafer, die Ravengiersburger Vogtei St. Christophori (MRR. I 1041).

Am 30. August 1309 genehmigte der Pfalzgraf Rudolf die Bewidmung der Gemahlin des Wildgrafen Friedrich von Kyrburg (Sohn des Gottfried Rauf), Agnes von Schöneck, rationc dotalicii von 2000 köln. Mark super comeciam et possessionibus suis predicte comecie pertinentibus, videlicet villa Munster sita prope Pingen, villa Heidensheim, Flonheim, Wansheim, et super iudiciis suis ad predictam comeciam spectantibus et super omnibus redditibus suis in siligine, quos habet in Runen, quos a nobis in feodum tenet[1]). In der Grafschaft Dhaun folgte 1309 Johann I. seinem Vater Gottfried; auch dieser hatte Streit mit der Kyrburger Linie, der 1319 entschieden wurde: 1. Friedrich von Kyrburg willigt ein, dass das Auszugsrecht von Kirn gemeinschaftlich sein soll; 2. Friedrich darf kein Recht in den Dörfern Swinschit, Cappellen, Leubilbach, Landewilre, Kesewilre, Solzbach, Hoenberg, Kylwilre und in den beiden Jekinbach beanspruchen, als nur die hohe Gerichtsbarkeit, wogegen 3. Johann kein Gericht zu fordern habe in den Dörfern Dudinsbach, Vockinhusen, Dyfenbach, Horbure, Bruchwilre, Schuren, Kempinvelt, Hosenbach und Breydindail, ausgenommen die hohe Gerichtsbarkeit; 4. gegen Zahlung von 15 trier. Pfund räumt Johann dem Friedrich die Gemeinsamkeit des höchsten Gerichts zu Offenbach am Glan ein[2]).

Wildgraf Konrad von Schmidtburg vererbte seinen Anteil an seinen Sohn Heinrich, der sich am 25. Mai 1327 mit seinem Vetter Friedrich von Kyrburg sühnen liess wegen der Gemeinschaf; in den Dörfern Moenster, Hedensheim, Sobernheim, Montzichen, Woppenradt, Blickersheim, Bontenbach, Hosenbach, Breydindeille, Kempevelt, Bruchwiller. Friedrich soll aus den Dörfern den sechsten Heller haben, und wenn Heinrich 20 Malter Korn einnimmt, soll davon dem Friedrich jedesmal ein Fiernzel Korn gezahlt werden. Heinrich soll dem Friedrich eine Hofstatt zu Schmidtburg, Friedrich dem Heinrich eine Hofstatt zu Weldestein (Wöllstein) zu Lehen geben, um darauf zu bauen[3]).

Man ersieht, dass die niedere Gerichtsbarkeit in·den einzelnen Aemtern an die verschiedenen Linien der Wildgrafen verteilt war, die hohe Gerichtsbarkeit, die eigentliche Grafengewalt gemeinschaftlich blieb. Auch der Konsenz des Pfalzgrafen zur Dotierung der Agnes von Schöneck aus den Einkünften der Grafschaft ist kein Widerspruch dagegen, die Einkünfte wurden in den Gemeinschaften geteilt und jeder Teilhaber hatte darüber zu verfügen.

Die „Landgrafschaft" „comecia" wird von den Kurpfalzgrafen verliehen. Nun findet sich, dass Kaiser Ludwig der Bayer den Wildgrafen Johann von Dhaun am 29. Mai 1332 mit „der Landgrafschaft, die gelegen ist zwischen Mentze und Triere, die

---

1) Schmitz-Kallenberg, Coesfeld 96.
2) Schott, Dipl. Rhingr. II 44. — Schmitz·Kallenberg, Coesfeld 128.
3) Schott, Dipl. Rhingr. II 82. — Schmitz-Kallenberg, Coesfeld 152.

die Wildgrafen allewege vom Reich zu Lehen gehabt haben, und von der wegen das Gericht „mit zu Spieszheim off den Lochern" verliehen hat[1]. Das wird der nicht von der Pfalzgrafschaft lehenrührige Königsbann gewesen sein, der die Rechte der Wildgrafen ergänzte, wodurch der Graf des Pfalzgrafen (Herzogs von Rheinfranken) zu einem königlichen Grafen erhoben wurde. Leider ist eine frühere Belehnung des Nahegau- oder Wildgrafen durch den König nicht nachweisbar. Ebenso wenig sind die Rechte des Wildgrafen zu Spieszheim off den Löchern genauer zu bestimmen.

Indessen war die Schmidtburgische Linie mit dem Wildgrafen Heinrich 1330 erloschen. Wie dies zu dem Verlust eines grossen Teiles seiner Erbschaft für das wildgräfliche Haus führte, ist im III. Band der Erläuterungen S. 10 ff. dargestellt. In den Besitz des Hochgerichts Rhaunen mussten sich die Wildgrafen fortan mit dem Erzstift Trier teilen.

Auch die Dhauner Linie war dem Erlöschen nahe; der letzte männliche Erbe, Johann, hatte eine Schwester, Hedwig, die mit dem Rheingrafen Johann I. vermählt war. Ihr Sohn, Johann II., nahm die Tochter des Wildgrafen Friedrich von Kyrburg zur Gemahlin und erhielt im Jahre 1347 durch den Kurfürsten Rudolf von der Pfalz die Belehnung mit der Anwartschaft auf das pfälzische Lehen seines Oheims, des Wildgrafen Johann von Dhaun[2]. Er und seine Brüder, die Rheingrafen Konrad und Hartrad, fanden aber nach des Wildgrafen Johann von Dhaun Tode 1350 den Widerspruch des Wildgrafen Friedrich von Kyrburg. Am 27. April 1350 wurden die Grafen Johann von Sponheim und Heinrich von Veldenz von beiden Seiten zu Schiedsrichtern ernannt und sprachen am 22. März 1351 das Urteil[3]: „na der vorderungen, als der vorg. wildgrave Friderich vordert, daz die wildgraveschaft vorg. an in verfallen solle sin, wand er in gemeinschefte by wildegraven Johan seligen einne sefze bit an sinen doit, wo der vorg. wildegrave Friderich wyset und zubrenget, als er billich soll, die gemeinschaft an allen den guten, die zu der wildegraveschaft horent, so sol er siner gemeinschaft geniefzin, und enmochte ym der wildegrave Johann keynen andern gemeyner wider sinen willen nit gegebin. Vorme an allen andern guten, die lehen sint, do er der gemeynscheft nit enwyset, als vorgeschrieben steit, und wo der wildegrave Johan gut gelazin hat, daz eigin oder erbe ist, daz er und sin wip semmentlich gemachit hant dem ringraven vorg., do enhat der vorg.

---

1) Schmitz-Kallenberg, Anholt 39. — Schott, Dipl. Rhingr. II 114. — Der Ausdruck „off den Lochern" ist wohl eine Bezeichnung der Gegend. Spiesheim liegt neben Eichloch.

2) Dipl. Rhingr. II 240. — Schmitz-Kallenberg, Coesfeld 323. Gleichlautende Belehnungsurkunde des Pfalzgrafen Ruprecht vom selben Tage (27. Dez.) Nr. 324.

3) Dipl. Rhingr. II 265. 266. 273. — Schmitz-Kallenberg, Coesfeld 312. 343. 350.

wildegrave Friderich den ringraven nit um anzuzsprechin (weder) umb daz lehen noch umb daz eygin." Also in den gemeinschaftlichen Besitzungen konnte der Wildgraf Johann nicht ohne Einwilligung Friedrichs „einen Gemeiner geben", während er über das, was er allein besass, verfügen konnte, ohne dass Friedrich zu einem Einspruch berechtigt war.

Am 28. April erschien Wildgraf Friedrich zu Fürstenberg bei Bacharach vor dem Pfalzgrafen Ruprecht, und hier wurde von den Mannen des Pfalzgrafen festgestellt und gewiesen, dass die Lehen, welche Friedrich und der verstorbene Johann besessen hatten, ungeteilte Lehen seien, und der Pfalzgraf verlieh ihm diese Lehen nunmehr allein, nämlich 1. das Gericht hoch und nieder zu Runen (Rhaunen) mit seinem Bezirk, wie ihn die 14 Schöffen daselbst im Weistum feststellen, und mit den darin wohnenden gemeinschaftlichen Leuten; 2. das Gericht hoch und nieder zu Kirn; 3. das Gericht hoch und nieder zu Bergen; 4. die Wildgrafschaft, „die da horet off die Heide zu Synde (Sien)" mit ihrem von den 14 Schöffen gewiesenen Bezirk; 5. das Gericht zu Butbure (Buborn) mit den zugehörigen Dörfern und Gefällen; 6. das Gericht hoch und nieder zu Offinbach (am Glan); 7. das Gericht hoch und nieder zu Flanheim mit den gemeinschaftlichen Leuten, Weinzehnten, Zinskorn, Wegschnitt, Pfenniggeld, Kapaunen und Hühnern; 8. das Gericht hoch und nieder zu Bockenheim (Stein-Bockenheim) und die Gülten zu Sauwilnheim; 9. zu Münster bei Bingen und zu Heddesheim an der Guldenbach die Gerichte hoch und nieder. In allen vorgenannten Bezirken hatte der Wildgraf Gülten an Frucht, Geld, Gänsen, Kapaunen und Hühnern, die Wälder, Fischereien, Zollhafer, Marschallshafer, Jägerhafer, Koppelhafer und Scharpfennige, die zur Wildgrafschaft gehörten. Endlich hatte er das Erbmarschallamt der Pfalzgrafschaft zu Lehen vom Pfalzgrafen[1]). Am folgenden 1. Mai stellte der Wildgraf auch ein Verzeichnis derjenigen pfälzischen Lehenstücke zusammen, welche zwischen den beiden Linien Kyrburg und Dhaun geteilt waren.

Kyrburg:	Dhaun:
1. der Hof zu Flanheim, Teil Leute daselbst;	Hof zu Flanheim, Teil der Leute daselbst;
2. die Dörfer Budensheim und Uffhofen;	die Dörfer Bornheim, Eichenloch und Wendelsheim;
3. zu Monzingen Zehnten und Kirchensatz;	zu Monzingen die Vogtei, Weingärten im Kempenberg und die Mühle;
4. bestimmte Leute zu Kirn, Bergen und Rhaunen.	bestimmte Leute zu Kirn, Bergen und Rhaunen[2]).

---

1) Dipl. Rhingr. II 276. — Schmitz-Kallenberg, Coesfeld Nr. 352.
2) Dipl. Rhingr. II 275. Vgl. die Teilung von 1283 oben S. 49*.

Im selben Jahre, am 31. Juli, verzeichnete der Wildgraf auch seine Eigentümer für seine (mit dem Rheingrafen Johann vermählte) Tochter Margarete: es enthält hauptsächlich neu erworbene Grundstücke, Zinsen, Zehnten, dann auch die Bemerkung, dass der Berg, worauf die Wildenburg erbaut sei, als Eigentum angekauft sei, da aber der Wildgraf genötigt gewesen ist, ihn zu Lehen zu machen, müsse er Margarete dafür schadlos halten [1]).

Im März 1355 schloss der Raugraf Wilhelm von der Altenbaumburg ein Bündnis mit dem Wildgrafen Friedrich von Kyrburg und seinem Sohn Gerhard II. gegen die Wildgräfin Margarete von Dhaun, Johann II. Rheingrafen vom Stein und dessen Bruder Konrad wegen Streitigkeiten über die pfälzischen Lehen. Diese Fehde wurde am 14. Mai beigelegt, indem alle beteiligten Parteien den Austrag ihrer Streitigkeiten einem innerhalb vier Wochen zu berufenden pfälzischen Manngericht überliessen [2]). Diese Entscheidung ist nicht bekannt; vielmehr brach die Fehde am 10. August 1356 wieder aus, nachdem noch am 31. Juli Wildgraf Friedrich und Rheingraf Johann einen Burgfrieden für die bei Kirn neu erbaute Burg Hohenbrücken verabredet hatten [3]). Erst am 29. Januar 1357 verzichteten der Wildgraf Friedrich und seine Söhne Gerhard und Otto auf ihre Ansprüche an die Herrschaft Dhaun zugunsten der Margarete. Wenn diese und der Rheingraf Johann ohne Leibeserben sterben sollten, treten die Ansprüche der Kyrburger Linie auf die ganze Verlassenschaft des Wildgrafen Johann von Dhaun wieder in Kraft [4]). So ist denn auch die Gemeinschaft in den Hochgerichten wiederhergestellt worden. Aus dieser Gemeinschaft ergab sich eine Menge neuer Unstimmigkeiten, die am 10. Oktober 1367 beglichen wurden. Wildgraf Friedrich I. von Kyrburg starb 1369. Es folgten sein Sohn Otto und sein Enkel Friedrich, Sohn des 1358 gestorbenen Gerhard. Otto nannte sich Wildgraf von Kyrburg, Friedrich nur Graf von Kyrburg. Am 11. November 1375 teilten sie ihre bis dahin gemeinschaftliche Herrschaft [5]):

<table>
<tr><td>Friedrich erhält:</td><td>Otto erhält:</td></tr>
<tr><td>In Wellnstein auf der Burg das neue Haus vor den beiden Türmen, den langen Stall und Küche, Kapelle und Mühlhaus; verschiedene genau bezeichnete Güter und Grundstücke in der Gemarkung, zur Burg und zum Hof Wellnstein gehörig.</td><td>In Welnstein auf der Burg den alten Saal, den Spingaden, das Meelhaus und andere Gebäude in der Burg und Vorburg; verschiedene genau bezeichnete Güter und Grundstücke in der Gemarkung, zur Burg und zum Hof Welnstein gehörig.</td></tr>
<tr><td>Zu Flanheim den alten Hof, genau bezeichnete Grundstücke, Backhaus und genannte Hörige; Herbergsrecht</td><td>Zu Flonheim, Uffhoven, Lonsheim genau bezeichnete Grundstücke; Hof zu Bockenheim, Hof zu Suffersheim,</td></tr>
</table>

---

1) Schmitz-Kallenberg, Coesfeld 354.
2) Schmitz-Kallenberg, Coesfeld 378. 379. 380. 376.
3) Schmitz Kallenberg, Coesfeld 390. 391. 392.
4) Schmitz-Kallenberg, Coesfeld 397.
5) Schott, Dipl. Rhingr. III 60. — Schmitz-Kallenberg, Coesfeld 598.

in verschiedenen wildgräfl. Höfen in Flonheim.	gen. Hörige zu Flonheim, Uffhofen, Borrenheim, Wendelsheim; Herbergen.
Zu Münster bei Bingen Weinberge, genannte Hörige, wohnhaft zu Münster, Rüdesheim, Genzingen und Sarmsheim, Rümmelsheim.	Zu Münster bei Bingen Weinberge, genannte Hörige, wohnhaft zu Münster, Büdensheim, Rümmelsheim, Sarmsheim.
Im Amt Meddersheim genannte Hörige, darunter solche von Hachenbach.	Im Amt Meddersheim genannte Hörige, darunter solche aus Sien, Berschweiler, Hachenbach.
Im Amt Niederkirchen Hörige, darunter solche von Ruderskirchen, Ueberdorf, Seelen, Wilerbach, Morrbach und Bergen.	Im Amt Niederkirchen Hörige, darunter solche von Richestall, Hemkirch, Ludenbach, Morbach und Masserbach.
Im Amt Weyerbach (Reidenbach, Vischbach).	Im Amt Weyerbach (Berschwilre).
Im Amt Ebenhow (Westernach, Berschweiler, Grobelscheit).	Im Amt Ebenhow (Wickenrot, Vischbach, Sulzbach).
Im Amt Otzweiler (Leylbach, Schweinschied, Buporn, Hondisbach, Sien).	Im Amt Otzweiler (Schweinschied, Lelbach, Merzweiler, Sonscheid, Hondesbach, Dietzental, Wiselbach).
Im Amt Oberkirn (Oberkirn, Woppenrot, Schweyerbach, Lindenscheid, Blickersauw, Wickenrot, Hirschfeld, Bollenbach).	Im Amt Oberkirn (nichts).
Im Amt Wildenburg die Dörfer Rode, Dudensbach, Schauren.	Im Amt Wildenburg die Dörfer Sensweiler, Fockenhausen, Bruchweiler, Hammarsweiler.
Leute zu Kempenfeld.	Leute zu Kempenfeld.

1409 starb der Wildgraf Otto von Kyrburg, der Letzte seines Hauses. Nun fiel die Wildgrafschaft ganz an den Sohn des Rheingrafen Johann II., den Gemahl der Wildgräfin Adelheid (Tochter des Wildgrafen Gerhard III. des Neffen Ottos), der sich Johann III., Wildgraf zu Dhaun und Kyrburg, Rheingraf zum Stein nannte, während der Vater den Rheingrafentitel voranstellte. Am 31. Mai 1409 wurde er von König Ruprecht als dem Pfalzgrafen belehnt, doch musste er verschiedene Stücke an Pfalz abtreten: ein Viertteil an der Vogtei, Dorf und Gericht zu Kirn, mit Leuten, Freveln hoch und nieder, Bann und Zwing, Atzung, Frohnden, Diensten usw., die Hälfte an der Vogtei, Dorf und Gericht zu Münster bei Bingen, ein Dritteil der Vogtei, Kirchensatz und Gütern zu Monzingen; auch verzichtete der Wild- und Rheingraf auf die Vogtei Ravengiersburg, die von dem verstorbenen Wildgrafen Gerhard III. an Pfalz gefallen war, und auf das Viertteil von Windesheim, welches Pfalz von Emmerich von Lewenstein und Brenner von Stromberg erworben hatte. Doch sollen die Pfalzgrafen zu Kirn, Münster, Monzingen und Windesheim keine Bede, Steuer und Schatzung heischen ohne des Wild- und Rheingrafen Wissen und Willen, ausser von ihren eigenen Leuten[1]). So war also die Wildgrafschaft mit der Rheingrafschaft, oder vielmehr mit deren Rest,

---

1) **Schott**, Dipl. Rhingr. III 247.

der Herrschaft Rheingrafenstein vereinigt, hatte sich aber bedeutende Schmälerung gefallen lassen müssen.

Unter den folgenden Grafen wurden keine eigentliche Teilungen vorgenommen, nur wurden jüngere Söhne mit einzelnen Herrschaften ausgestattet.

Wild- und Rheingraf Johann V. heiratete 1459 die Gräfin Johanna von Salm, Erbin der halben Grafschaft Ober-Salm in den Vogesen, der Herrschaften Mörchingen und Püttlingen in Lothringen und Rotzlar in den Niederlanden. Sein Sohn Johann VI. (1499) heiratete 1478 die Gräfin Johanna von Mörs und Saarwerden, Erbin der Reichsherrschaft Vinstingen an der Saar. So wurden die Wild- und Rheingrafen auch Grafen (seit 1623 Fürsten) von Salm und Herren von Vinstingen. Im Jahre 1515 am 29. August teilten die Grafen Philipp und Johann VII. die Wild- und Rheingrafschaft[1]). So entstanden wieder Linien zu Kyrburg und Dhaun, deren weitere Teilungen im zweiten Band der Atlas-Erläuterungen S. 465 ff. besprochen sind.

Die Rheingrafen stammten von dem Herrn Wolfram vom Stein ab, den der Bruder seiner Mutter, der Rheingraf Embricho zu seinem Erben einsetzte. Aus ihrer Grafschaft, dem jetzt noch so genannten (unteren) Rheingau, wurden sie nach einigen Fehden 1281 durch Kurmainz verdrängt, und behielten dort nur noch einige Güter und Gerechtsame, wie den Pfefferzoll auf dem Rhein bei Geisenheim, das Wildgefährt auf dem Rhein (ursprünglich die Verpflichtung, die Schiffe durch die Stromschnellen des Binger Loches zu bringen, dann die hierfür dem Rheingrafen zu zahlende Abgabe), die Fischerei, den Weinschank und das Ungeld zu Lorchhausen, das Marktschiff zwischen Bingen und Mainz. Im Nahegau hatten die Rheingrafen einige zerstreuten Gerichte und Dörfer, wie Münster am Stein, Osterburg bei Kreuznach, Staudernheim, Windesheim, die Vogtei Sauerschwabenheim und anderes. Näheres wird der topographische Teil dieses Buches bringen.

Die Geschichte der Wildgrafschaft ist bedingt durch den Widerstreit des Gedankens der Unteilbarkeit der Landgrafschaft, den der kurpfälzische Lehenhof durchsetzen wollte, und der familienrechtlichen Teilungen, die die Wildgrafen selbst immer vornahmen. Durch die Unteilbarkeit der Landgrafschaft, deren einzelne damals noch vorhandenen Bestandteile in dem Lehenbrief von 1351 zuerst aufgezählt werden, wird ein Zustand konserviert, der sich 1277 herausgebildet hatte, als Pfalz diese Unteilbarkeit zuerst als Grundsatz aufgestellt hatte. Die Hochgerichte Rhaunen und Sien sind dadurch bis in neuere Zeit unverändert in ihrer Begrenzung erhalten geblieben, obgleich in ihrem Innern längst die gleiche Zersetzung durch das Niedergericht und die Grundherrschaft eintrat, wie

____

1) Trier. Arch., Ergänzungsheft 12 (1911) S. 35—56.

anderswo. Auch in der Kirner Markmeile ist vielleicht noch eine solche Hunderschaftsabgrenzung zu sehen.

Neben den Lehen besassen die Wildgrafen und die Rheingrafen schon von anfang an zahlreiche und ansehnliche Allode, auch Banngrundherrschaften innerhalb ihrer lehenbaren Hochgerichte; so können sie wohl aus dem freien Herrenstand hervorgegangen sein, wie es für Gaugrafen seit dem Edikt des Königs Chlothar II. von 641 vorgeschrieben war.

§ 1. Amt Kyrburg[1]).

Vor der Teilung von 1515 gehörten zum wildgräflichen Amt Kyrburg die Stadt Kirn[2]) und das Dorf Sulzbach (Kirnsulzbach)[3]) (beide K 22) mit 1555 ha Gemarkung, 412 ha Ackerland, 355 ha Wiesen und 631 ha Wald, etwa 600 Wohnhäusern, 1200 Haushaltungen (1900). Kirn allein hatte 1599 759 Seelen, 1606 180 Hausgesesse, 1620 80 Hausgesesse, 1650—60 87, 1706 125, 1733 158, 1885 990 Familien, 4852 Einwohner. Die Linie Dhaun hatte an diesen Orten Anteil. Im Anfang des 14. Jahrhunderts hatten die Raugrafen mindestens einen Anteil an Sulzbach. In der Kirner Gemarkung lagen die Wüstungen Brücken und Niedermeckenbach. Bei dem erstgenannten Ort wurde 1356 die Burg Hohenbrücken errichtet.

Ferner gehörten zum Amt Kyrburg die Dörfer Bärweiler, Desloch, Nieder- und Ober-Hundsbach (Wüstungen), Hene (j. Hühnerhof bei Abtweiler), Meckenbach, Meddersheim, Kirschroth mit den wüsten Fürsthöfen bei Limbach (alle L 22) und Staudernheim[4]) (M 22) mit insgesamt 5724 ha Gemarkung, 3137 ha Ackerland, 107 ha Weingärten, 476 ha Wiesen, 1526 ha Wald, 738 Wohnhäusern im Jahre 1885.

Schultheisserei Bergen mit den Dörfern Bergen, Griebelschied und Berschweiler (K 22), der Kirche Wassenach oder Westernard und der Wüstung Staufenberg, zu denen noch ein Stück der jetzigen Gemarkung Niederhosenbach[3]) gehörte, 2455 ha Gemarkung, 922 ha Ackerland, 252 ha Wiesen, 883 ha Wald.

An dem Dorf Georg-Weierbach[3]) (K 22) hatten die Wild- und Rheingrafen seit 1327 drei Viertel, die Grafen von Sponheim-Starkenburg (seit 1500) und die Herren von Hagen ein Viertel, 591 ha Gemarkung, 185 ha Ackerland, 48 ha Wiesen und 155 ha Wald.

Bärweiler war als wildgräfliches Lehen bis ins 15. Jahrhundert hinein im Besitz von Ganerben aus den Familien von Merxheim und von Stromberg. Meddersheim und Kirschroth mit der Wüstung Notzweiler wurden Ende des 13. Jahrhunderts an den

---

1) S. 296—318.
2) Kreis Kreuznach, Amtsgericht Kirn.
3) Fürstentum Birkenfeld, Amtsgericht Herrstein.
4) Kreis und Amtsgericht Meisenheim.

Wildgrafen Gottfried Rauf vom Erzbischof von Mainz verpfändet und sollten 1320 wieder an das Erzstift gebracht werden, was aber unterblieb. Hene und Staudernheim waren von der Rheingrafschaft lehenrührig.

Georg-Weierbach war früher eine eigene Herrschaft, die nach dem Aussterben des dortigen Herrengeschlechts (um 1277) zersplittert und in fremde Hände übergegangen ist.

Auch die Banngewalt und Hochgerichtsbarkeit im Essweiler Tal wurde zum Amt Kyrburg gerechnet. Die Grundscherrhaft war in Händen der 14 „Lehenherren“, dennoch wurde an der Einheit des ganzen Gerichtsbezirks festgehalten, da die Anteile in Streulage über das Gebiet ausgebreitet gewesen zu sein scheinen. Es umfasste die Dörfer: Essweiler[1]) (L 24), Hundheim[2]) (L 23) mit der Wüstung und Pfarrkirche Hirschau oder Hornesauwe[2]) (L 23), Nerzweiler[2]) (L 23), Hachenbach[2]) (L 23), Aschbach[1]) mit der Wüstung Nieder-Aschbach[3]) (L 23/24), Hinzweiler[1]) (L 24), Horschbach[1]) (L 24), Elzweiler[1]) (L 24) und Oberweiler im Thal[1]) (L 24) und hatte eine Fläche von 4134 ha, mit 2373 ha Ackerland, 44 ha Weinberg, 518 ha Wiesen, 1135 ha Wald und 639 Wohnhäusern 1885, 113 Hausgesessen 1515. 1595 wurde die Hoheit an Pfalz-Zweibrücken vertauscht. Im Dezember 1755 wurde aber Aschbach, Hinzweiler, Hundheim, Kirche Hirschau, Nerzweiler, Nieder-Aschbach und Oberweiler mit 2196 ha Gemarkung, 1262 ha Ackerland, 34 ha Weinberg, 366 ha Wiesen, 503 ha Wald und 346 Wohnhäusern (Zählung 1885) wieder an das wild- und rheingräfliche Haus und zwar der Grumbacher Linie abgetreten. Zusammen mit Essweiler wurde auch Desloch[4]) (L 22) 1595 an Zweibrücken überlassen (673 ha Gemarkung, 446 ha Ackerland, 54 ha Wiesen, 12 ha Weinberg, 109 ha Wald und 110 Wohnhäuser).

Die kyrburgische Schultheisserei zu Sien umfasste die wildgräflichen Rechte und Anteile zu Sien[3]) (KL 23), Siener Höfe[3]) (früher Burg Sien[3]) (L 22/23), Wüstung Oberbachenbach[3]) (L 23), Otzweiler[4]) (L 22), Oberreidenbach[3]) (K 22), Ilgesheim und Hohenroth[3]) (K 23), Löllbach[4]) (L 23) und Schweinschied[4]) (L 22) und den kyrburger Hof zu Buborn[3]) (L 23) mit 4228 ha Gemarkung, 1986 ha Ackerland, 447 ha Wiesen, 1460 ha Wald und 482 Wohnhäusern im Jahre 1885.

Die Herrschaft Sien, Burg und halbes Dorf Sien, halbes Dorf Sien-Hoppstädten[4]) (L 23), Kirchensatz zu Sien und zugehörige Zehnten war als Lehen von den Grafen von Loon, der Nachkommen der Mainzer Stiftsvögte und Präfekten, im Besitz der Ritter von Sien. 1334 wurde die Oberlehensherrlichkeit an den

---

1) Bezirksamt Kusel, Amtsgericht Wolfstein.
2) Bezirksamt Kusel, Amtsgericht Lauterecken.
3) Kreis St. Wendel, Amtsgericht Grumbach.
4) Kreis und Amtsgericht Meisenheim.

Wildgrafen von Dhaun abgetreten. Seit 1482 waren die Herren von Sickingen mit diesem Lehen beliehen. Die genannten Ortschaften lagen im „Hochgericht auf der Heide“.

§ 2. Das Hochgericht auf der Heide[1].

Das „Hochgericht auf der Heide“, „die Wildegraveschaft, die da horet auf der Heide zu Synde“, war ein grosser Bezirk, gelegen zwischen der Nahe, dem Walde Winterhauch und dem Glan von etwa 18650 ha Gesamtfläche, 8624 ha Ackerland, 64 ha Weinberg, 1700 ha Wiesen, 7590 ha Wald, 2580 Wohnhäusern.

Es gehörte zu den „ungeteilten“ und unteilbaren Lehen von Kurpfalz, die den beiden wildgräflichen Linien gemeinschaftlich als Bestandteile ihrer „Landgrafschaft“ über den Nahegau verliehen wurden.

Innerhalb des Hochgerichtsbezirks hatten sich im Laufe der Zeit einige grössere Rügegerichtsbezirke des öffentlichen Rechts und viele grundherrliche kleine Gerichte herausgebildet. Erstere scheinen mit den Kirchspielen Sien, Sulzbach, St. Julian und Kirchenbollenbach zusammenzufallen.

Gerichtsherren im Hochgericht waren beide wildgräfliche Hauptstämme von Dhaun und Kyrburg. Im Gebiet des Kirchspiels Sien[2] finden wir in den meisten Orten eine öffentliche Rügegerichtsbarkeit der Wildgrafen von Kyrburg. Die Herrschaft Sien ist schon genannt; mit dem nicht zu ihr gehörigen Teil von Sien-Hoppstädten[3] (wo eine eigne Grundherrschaft bestand, im 16. Jahrhundert Braun von Schmidtburg) zusammen hatte sie ein Gebiet von 1474 ha, mit 750 ha Ackerland, 149 ha Wiesen, 498 ha Wald und 214 Wohnhäusern im Jahr 1885. Zu welchem Anteil die in der Gemarkung von Hoppstädten gelegene Wüstung Selbach (Wüstselbach) gehörte, kann ich nicht angeben.

Oberreidenbach (K 22)[2] und die Wüstung Oberhachenbach (K 23)[2] (jetzt teilweise zu den Gemarkungen Sien-Hachenbach, Oberreidenbach und Kefersheim geschlagen, der hier gelegene Stenshorner Hof und der Neuhof sind neueren Ursprungs) gehörten dem Wildgrafen von Kyrburg zusammen mit dem Herrn von der Naumburg, zuerst dem Raugrafen und dann seit 1381 dem Grafen von Sponheim-Kreuznach. Der wildgräfliche Teil von Oberreidenbach[2], früher auch Kirchen-Reidenbach genannt, war bis 1350 Lehen von der Herrschaft Bolanden. Der Oberhachenbacher[2] Distrikt ist 390 ha gross und war 1885 mit etwa 70 ha Ackerland, ebensoviel Wiesen, 240 ha Wald bedeckt, und es standen dort in den genannten Höfen 3 Wohnhäuser. Der Rest der Gemarkung Oberreidenbach umfasste

---

1) Westd. Zeitschr. XXIV S. 101—200.
2) Kreis St. Wendel, Amtsgericht Grumbach.
3) Kreis und Amtsgericht Meisenheim.

671 ha, mit 353 ha Ackerland, 40 ha Wiesen, 212 ha Wald und 118 Wohnhäusern. Otzweiler[1]), das in den Weistümern des Heidengerichts in dieses eingeschlossen erscheint, während es von denen des Gerichts Becherbach zum Amt Naumburg gezogen wird, scheint aus einem wildgräflichen Hof im Becherbacher Kirchspiel hervorgegangen zu sein. Das Areal betrug 310 ha, mit 123 ha Ackerland, 30 ha Wiesen, 142 ha Wald, 69 Wohnhäusern. Ehlenbach[2]) und Wieselbach[2]) (K 23) nebst dem in neuerer Zeit (17. Jahrhundert) entstandenen Wickenhof[2]) (L 23) (973 ha Gemarkung, 436 ha Ackerland, 83 ha Wiesen, 150 ha Wald, 77 Wohnhäuser) waren um 1200 von dem Abte von St. Alban[3]) an den Rheingrafen verliehen und dieser belehnte später (1379) den Hermann Mulenstein von Grumbach mit dem Gut und den Gülten in beiden Dörfern und mit dem Gericht zu Ehlenbach. Daneben bestand eine zweite Grundherrschaft in Wieselbach, die Güter in beiden Dörfern und Leute auch in der Umgebung (Unterzug) umfasst hat. Sie war durch die Grafen von Veldenz an die Edelherren von Heinzenberg verliehen und wurde 1595 an die Wild- und Rheingrafen von Kyrburg abgetreten. Aus der wildgräflichen Erbschaft hatten die Rheingrafen schon ausser der zum Heidengericht gehörigen Blutgerichtsbarkeit auch die Rügegerichtsbarkeit in Wieselbach erhalten.

Die im Heidengericht und im Kirchspiel Sien gelegene Hälfte der Dörfer Löllbach[2]) und Schweinschied[2]) bildete eine zum Amt Naumburg gehörige Grundherrschaft; 1757 wurde sie an Salm-Kyrburg abgetreten. Die andere Hälfte aber lag in der Pfarrei Meisenheim und gehörte der Familie Frey von Oberwesel, die Teile daran an andere Adlige verliehen hatte. Sie wurde 1331 und 1347 an den Wildgrafen von Kyrburg verkauft; die Anteile der Vasallen gingen 1349, 1367 und 1374 ebenfalls an den Wildgrafen über. Auf der Naumburger (pfälzischen) Seite hatte das Haus Grumbach einige Rechte unter dem Namen Mitweiler Gericht, die 1757 ebenfalls kyrburgisch wurden. Das veldenzische, später zweibrückische Amt Meisenheim hatte in Löllbach einen Schultheissen sitzen, dem die zweibrückischen Hörigen in der Umgebung, die auf fremdem Boden sassen, untergeben waren. Auch die Kirchenpatronats- und Zehentrechte zu Löllbach waren in der Reformationszeit von den deutschen Rittern zu Meisenheim an den Pfalzgrafen von Zweibrücken übergegangen. Alle diese Rechte wurden 1595 an den Wild- und Rheingrafen von Kyrburg abgetreten. Die so vereinigten Teile enthalten 1129 ha Gemarkung, 645 ha Ackerland,

---

1) Kreis und Amtsgericht Meisenheim.
2) Kreis St. Wendel, Amtsgericht Grumbach.
3) Die Urkunde, wonach K. Otto III. der Abtei St. Alban im Jahre 992 sechs Königshufen im Forste zwischen Kefersheim und Wieselbach geschenkt haben soll, ist eine Erfindung F. G. Schotts (Wibel im Neuen Archiv 29 [1904] 653 ff. Siehe oben S. 11* Anm.).

106 ha Wiesen, 321 ha Wald und 114 Wohnhäuser, wovon nicht ganz die Hälfte auf die Seite des Hochgerichts fällt.

Das ganze Kirchspiel Sien umfasst eine Fläche von etwa 4690 ha, mit 2230 ha Ackerland, 450 ha Wiesen, 1450 ha Wald, 615 Wohnhäusern.

Nordöstlich vom Kirchspiel Sien liegt das Dorf Hundsbach[2]) (L 22), wo Erzbischof Willigis von Mainz (um das Jahr 1000) eine Kirche gründete. An dieser Kirche war später einer der Grenzsteine des Heidengerichts und des Gerichts Meddersheim. Der Hauptteil des Dorfs war Lehen von der Grafschaft Veldenz, im Besitz der Ritter Boos von Waldeck. Ein anderer Teil gehörte zu dem früh wüst gewordenen Niederhundsbach, das an der jetzigen Gemarkungsgrenze Hundsbach-Bärweiler lag. Dieses Niederhundsbach war wildgräflich kyrburgisch, und umfasste auch ein Stück der jetzigen Gemarkung Bärweiler, das bis zu dem ebenfalls untergegangenen Hof Langenhard oder Langert reichte. Ausserhalb des Heidegerichts lag dann noch Ober-Hundsbach, das den Herren von Heinzenberg gehörte und 1386 an den Wildgrafen von Kyrburg verkauft wurde. Hundsbach umfasst in jetziger Zeit 750 ha Gemarkung, 410 ha Ackerland, 73 ha Wiesen, 175 ha Wald, 136 Wohnhäuser.

Im Gebiet der Pfarrei Sulzbach[1]) (Herren-Sulzbach) lag das wildgräfliche Stammschloss Grumbach, das bei der Teilung von 1258 dem Wildgrafen Gottfried von Dhaun zugesprochen wurde. Das Kirchspiel bildete den Hauptteil des Amtes Grumbach und umfasste in den Gemarkungen Buborn[1]) (L 23), Deimberg[1]) (L 23), Grumbach[1]) (L 23) (ohne den Windhof)[1]), Hausweiler[1]) (L 23), Homberg[1]) (L 23) mit der Wüstung Käsweiler[1]), Kirrweiler[1]) (KL 23) mit dem Schönborner Hof[1]) (K 23), Langweiler[1]) (früher Landewiler) (L 23), Ober-Jeckenbach[1]) (K 23), Unter-Jeckenbach[1]) (K 23) und Sulzbach[1]) (L 23) eine Fläche von 3279 ha mit 1747 ha Ackerland, 8 ha Weinbergen, 318 ha Wiesen, 1046 ha Wald und 434 Wohnhäusern.

Zum Amt gehörte dann noch der Marktflecken Offenbach am Glan (L 23). Dort war das von Reinfried im Jahre 1150 gestiftete Benediktinerkloster und der Edelknecht Wenz Mülenstein von Grumbach „freie Lehenherren und Herren über alle Erbe und Erbschaften und Gerichte", was der Wildgraf 1318 anerkannte. Damals scheint ein eignes wildgräfliches Gericht in Offenbach eingesetzt worden zu sein, welches auch den Lehenherren verpflichtet war. Seit 1330 war Offenbach Stadt mit dem Recht von Kaiserslautern. Nachfolger der Herren Mülenstein von Grumbach waren die Cratz von Scharffenstein. Das Kloster stand unter Reichsschutz, seit 1479 unter der Schirmvogtei des Pfalzgrafen zu Zweibrücken. Dieses Verhältnis gab seit der Reformationszeit zu vielen

---

1) Kreis St. Wendel, Amtsgericht Grumbach.

Streitigkeiten Anlass, bis der Pfalzgraf 1754 auf das Kloster verzichtete. Die Gemarkung umfasste ohne die jetzt dazugehörige Wüstung Niederaschbach auf dem rechten Glanufer 258 ha, davon sind 152 ha Ackerland, 28 ha Weinberge, 3 ha Wiesen, 55 ha Wald, mit 112 Wohnhäusern, 810 Einwohnern.

Auch die wildgräflichen Gerechtsame zu Kappeln oder Uden-Kappeln[1]) (L 23) wurden durch das Amt Grumbach verwaltet. Dort hatte der Wildgraf, abgesehen von dem zum Heidengericht gehörigen Recht, ausschliesslich die Rügegerichtsbarkeit, und zwar nur einmal im Jahr an einem Tag; die Grundherrschaft war im Besitz der Herren von Lewenstein, die die Hälfte von der Wildgrafschaft Kyrburg, von Greifenclau zu Vollrads, die ein Viertel von der Grafschaft Sponheim, und Boos von Waldeck zu Montfort, die das letzte Viertel von der Grafschaft Veldenz zu Lehen trugen. In einem Vertrag von 1618 wurde den Grundherren die Huldigung, Gebot und Verbot, Einsetzung und Absetzung der Gerichtspersonen, Besthäupter, Nachsteuer und andere grundherrliche Rechte zugestanden, während alle Hoheitsrechte, Ausschreiben von Land- und Reichssteuern dem Wildgrafen vorbehalten wurden. Die Herren von Lewenstein erwarben zu ihrer Hälfte 1589 den Anteil der Familie von Greifenclau und verkauften die so zusammengekommenen drei Viertel 1596 an den Wild- und Rheingrafen zu Grumbach. Die Bestätigung dieser Veräusserung durch die Lehenherren erfolgte erst 1684. Die Rechte der Boosen von Waldeck blieben bestehen und gaben Anlass zu vielen Streitigkeiten.

Das Dorf hatte eine eigne Pfarrei und seine Gemarkung beträgt 812 ha mit 500 ha Acker, $^1/_2$ ha Weinberg, 108 ha Wiesen, 167 ha Wald, 64 Wohnhäusern und 346 Einwohnern.

Zum Amt Grumbach kam 1595 noch das bis dahin pfalzzweibrückische Dorf Merzweiler[1]) (L 23), aus dem Amt Meisenheim, wo die Blicken von Lichtenberg (bis 1438 die Boosen von Reipoltskirchen) einen Hubhof und Grundherrschaft von der Grafschaft Veldenz zu Lehen trugen. Gemarkung 227 ha mit 142 ha Ackerland, 1 ha Weinberg, 24 ha Wiesen, 41 ha Wald, 25 Wohnhäuser, 142 Einwohner im Jahre 1885.

Das Kirchspiel St. Julian scheint ein Rügegericht öffentlichen Rechts gebildet zu haben, dessen Gerichtsherren die Besitzer der vier auf seinem Boden bestehenden Grundherrschaften waren. Es waren das die Herrschaften Eschenau[2]) (K 23) mit Wiesweiler[1]) (L 23), Ollscheid[1]), Hohenroth[1]) und Ilgesheim[1]) (K 23) (Hubenriss von Odenbach, Mauchenheimer, Gentersberger und von Lewenstein), St. Julian[2]) (L 23) und Obereisenbach[2]) (L 23) (von Stein-Kallenfels), Niederalben (K 23) und Haunhausen[1]) (K 24) (von Hagen) und das Lehen von Asselnheim zu Ilgesheim[1]) (K 23) (Wildgraf

---

1) Kreis St. Wendel, Amtsgericht Grumbach.
2) Bezirksamt und Amtsgericht Kusel.

von Kyrburg). Im Laufe des 16. Jahrhunderts und 1650 erwarben die Wildgrafen von Grumbach und Rheingrafenstein die verschiedenen Anteile zu Eschenau, Niederalben (Niederdorf, Ollscheider Hufen), Ilgensheim, Hohenroth und traten Wiesweiler 1558 an Pfalz-Zweibrücken ab. Die übrigen Ortschaften wurden mit dem Amt Grumbach vereinigt. Mit den Besitzern der Herrschaften Niederalben und St. Julian wurden 1614 und 1618 Verträge geschlossen, wodurch sie der Landeshoheit und hohen Gerichtsbarkeit der Wild- und Rheingrafen unterstellt und in dieser Hinsicht dem Amt Grumbach angegliedert wurden. Nieder-Eisenbach[1]) (L 23) gehörte als Veldenzer Lehen der Familie von Kellenbach. In späterer Zeit war es unter der Landeshoheit des Herzogs von Zweibrücken. Gemarkung 244 ha, 161 ha Ackerland, 8 ha Weinberg, 36 ha Wiesen, 18 ha Wald, 52 Wohnhäuser. Der ganze Distrikt enthielt (nach der Messung von 1885) 3053 ha Gemarkung, 1438 ha Ackerland, 27 ha Weinberg, 262 ha Wiesen, 1097 ha Wald und 380 Wohnhäuser.

In der nordwestlichen Gegend des Heidengerichts, wo der Winterhauchwald liegt, war im 14. Jahrhundert das gräfliche Haus Zweibrücken begütert. Es besass dort die Dörfer Kirchenbollenbach[1]) (K 23), Nohbollenbach[1]) (K 22), die Wüstung Westerbollenbach[1]) (K 23), Dickesbach[1]) (K 22) und Zaubach[1]) (K 22), die an verschiedene Adlige verliehen waren. Sie hatten ein Gebiet von ungefähr 1550 ha mit 730 ha Ackerland, 100 ha Wiesen, 245 ha Wald und 265 Wohnhäusern (1885).

Davon war Nohbollenbach[1]) (K 22) den Herren von Oberstein verliehen, die als Allod das Dorf Mittelbollenbach[1]) (K 22/23) besassen (seit 1432 von Lothringen lehenbar). Dazu erwarben sie um 1418 noch das vom Erzstift Mainz lehenrührige Dorf Breungenborn[2]) (K 23) südlich der Winterhauch, so dass dieser Wald nun von drei Seiten in obersteinisches Gebiet eingeschlossen war. Das Jagdrecht in diesem Wald stand nach dem Urteil der Heidenschöffen zu Synede (Sien) von 1294 dem Wildgrafen, nicht dem Herrn von Oberstein zu. Aber die Herren von Oberstein haben den Anspruch darauf nicht aufgegeben und den Wildfang und die Jägerei auf der Winterhauch durch den Lehensauftrag an Lothringen unter den Schutz des Herzogtums gestellt. Dieser südliche, im Heidengericht gelegene Teil der Herrschaft Oberstein, wo noch die Wüstungen Hergert, Volksberg und Tiefenbach in der Winterhauch liegen und 1329 die Burg Santfels erbaut wurde, umfasste ein Gebiet von ungefähr 2810 ha, mit 690 ha Ackerland, 230 ha Wiesen, 1530 ha Wald, 440 Wohnhäusern.

Kirchenbollenbach und Zaubach nebst der Wüstung Westerbollenbach wurden 1595 von Pfalz-Zweibrücken an den Wild- uud

---

1) Kreis St. Wendel, Amtsgericht Grumbach.
2) Kreis St. Wendel, Amtsgericht Baumholder.

Rheingrafen von Kyrburg abgetreten. Das Gebiet umfasste 782 ha, mit 334 ha Ackerland, 56 ha Wiesen und 246 ha Wald, 124 Wohnhäuser, 646 Einwohner im Jahre 1885. Um dieselbe Zeit erwarb der Wild- und Rheingraf auch das Dorf Kefersheim[1] (K 23) von den Herren von Flersheim genannt Monsheimer mit 395 ha Gemarkung, 182 ha Ackerland, 22 ha Wiesen, 166 ha Wald, 29 Wohnhäusern. In Kirchenbollenbach wurde nun eine Schultheisserei errichtet, der die Orte Ehlenbach und Wieselbach, Wickenhof und später auch Kefersheim, Dickesbach[1] (K 22) und Sienhachenbach[1] (K 22/23) unterstellt wurden. Dort waren die Boos von Waldeck zu Montfort und die Sickingen (vor ihnen die Besitzer der Herrschaft Eppelborn) bis 1763 bzw. 1767 Gerichtsherren gewesen. Die beiden Gemarkungen umfassten (ohne das zu Oberhachenbach gehörige Stück beim Neuhof) 733 ha mit 439 ha Ackerland, 39 ha Wiesen, 174 ha Wald, 119 Wohnhäusern.

Mittelreidenbach[1] (K 22) wurde 1469 von Johann von Schwarzenberg dem Erzbischof Johann II. von Trier zu Lehen aufgetragen und vererbte sich auf die von Flersheim genannt Monsheimer (1483), hernach an die von Dietz und wurde 1616 vom Erzbischof eingezogen und dem Amt St. Wendel, 1779 dem Amt Oberstein einverleibt. Die Gemarkung beträgt 447 ha mit 158 ha Ackerland, 42 ha Wiesen, 204 ha Wald, 50 Wohnhäusern.

Niederreidenbach[1] (K 22) gehörte den Herren von Oberstein; es war dort früher ein kleines Dorf, das bis auf einen Hof verschwunden ist. 1545 7 Haushaltungen. Die Herren von Oberstein pflegten ihn ganz oder teilweise an Adlige (Nachfolger der nach ihm benannten Familie?) zu verleihen. Die Gemarkung, jetzt Flur 1 von Martin-Weierbach, umfasst 204 ha, mit 80 ha Ackerland, 14 ha Wiesen, 108 ha Wald.

Martin-Weierbach[1] (K 22) gehörte zum raugräflichen später sponheimischen Amt Naumburg; die Gemarkung (ohne Flur 1) beträgt 551 ha, mit 300 ha Ackerland, 90 ha Wiesen, 107 ha Wald, 133 Wohnhäusern.

§ 3. Das Hochgericht Rhaunen[2].

Wie das Gericht auf der Heide ist das Hochgericht Rhaunen aus einer uralten Hundertschaft hervorgegangen. In ihm lag die dritte Stammburg der Wildgrafen, die Schmidtburg[3]. Durch den Lehenauftrag des Wildgrafen Heinrich von Schmidtburg an den Erzbischof Baldewin von Trier (31. Oktober 1324) wurde diesem aufstrebenden Kirchenfürsten die Gelegenheit gegeben, sich in den Besitz des von Heinrich hinterlassenen vierten Teiles an der wild-

---

1) Kreis St. Wendel, Amtsgericht Grumbach.
2) Atlas-Erläuterungen III. Hochgericht Rhaunen. Bonn 1901.
3) Die beiden andern waren die Kyrburg und Grumbach.

gräflichen Herrschaft zu Rhaunen zu setzen, wobei nach den Schmidtburger Fehden im Frieden von 1330 das Hochgericht ausgenommen wurde; in dem von 1342 wurde zugestanden, dass die Schöffen zu Rhaunen dem Erzbischof oder seinem Amtmann Recht sprechen sollten. Die Wildgrafen wollten niemals zugeben, dass damit ein Viertel an der Hochgerichtsbarkeit und Landeshoheit an Kurtrier gefallen sei, nur ein Viertel an der niederen Gerichtsbarkeit in den nicht zu einem Ingericht gehörigen Teilen des Hochgerichtsbezirks, das Recht einen Schultheissen zu ernennen und ein Viertel der Bussen einzuziehen sei damit gemeint. Dieser Zustand hat seit Mitte des 15. Jahrhunderts zu fortwährenden Klagen und Streitigkeiten zwischen den Wild- und Rheingrafen und den Erzbischöfen geführt.

Es war ein Bezirk von 10250 ha mit 3620 ha Ackerland, 1200 ha Wiesen, 5170 ha Wald, 1200 Wohnhäusern und 6200 Einwohnern im Jahre 1885, 336 Feuerstätten im Jahre 1563 und umfasste die Dörfer: Bollenbach[1]) (K 21), Bruschied[2]) (K 21), Bundenbach) (K 21), Gösenroth[1]) (J 21), Hausen[1]) (K 21), Krummenau[1]) (J 21), Laufersweiler[2]) (J 21), Lindenschied[1]) (K 20), Oberkirn[1]) (K 21), Rhaunen[1]) (K 21), Schneppenbach[2]) (K 21), Schwerbach[1]) (K 21), Sohrschied[2]) (K 20), Stipshausen[1]) (J 21), Sulzbach[1]) (K 21), Weitersbach[1]) (J 21), Woppenroth[1]) (K 21) und einige Wüstungen wie Heuchelheim bei. Sulzbach, Blickersau und Kaffeld bei Woppenroth.

Schon früh bildete sich eine grössere Grundherrschaft des Klosters St. Maximin bei Trier um das Dorf Hausen bei Rhaunen (K 21), mit den Ansiedelungen Woppenroth, Blickersau (Wüstung), Kaffeld (Wüstung), Bundenbach, Schneppenbach und Bruschied 2742 ha Gemarkung, 963 ha Ackerland, 311 ha Wiesen, 1127 ha Wald, 352 Wohnhäusern, 1930 Einwohnern (1885). Innerhalb dieses Gebiets am Kirn- oder Hahnenbach ist die Schmidtburg entstanden, wohl die Burg, die Nortpolt, Franko und Humpert 926 auf einem von der Abtei St. Maximin ertauschten Grundstück von 5 Huben und 8 Morgen gegründet haben. Der spätere Burgfrieden der Schmidtburg umfasste ein Gebiet von etwa 80 ha.

Von der Schmidtburg lehenrührig war die Rhauner Vogtei, ein Bezirk von 550 ha Landes rings um das Dorf Rhaunen. Nach dem Tode des Vogtes Bruno kam sie 1325 als Burgmannslehen an Heinrich von Bollenbach. Der Vogt hatte niedere Gerichtsbarkeit in dem Bezirk und zwölf ihm zins- und besthauptpflichtige Hufen.

Das Ingericht Bollenbach war ein Lehen von der Wildgrafschaft Kyrburg seit 1346 im Besitz der Ritter Schenken von

---

1) Kreis Bernkastel, Amtsgericht Rhaunen.
2) Kreis Simmern, Amtsgericht Kirchberg.
3) Fürstentum Birkenfeld, Amtsgericht Herrstein.

Schmidtburg mit niederer und mittlerer Gerichtsbarkeit in einem
Teil der Gemarkung Bollenbach (380 ha ungefähr), auf dem 15 Hufen
bestanden.

Bruschied, in alter Zeit Probsterade (1282), nachher Proistrot
(1426), und Schneppenbach bildeten ebenfalls ein Ingericht und
gehörten gemeinschaftlich den Herren der Schmidtburg (Kurtrier)
und den Rittern von Wiltberg. Auch hier hatte die Grundherr-
schaft die Rügegerichtsbarkeit und Kurtrier auch die Hochgerichts-
befugnisse erlangt und den Wildgrafen waren nur Abgaben von
Rauchhafer an das Haus Dhaun geblieben. Auch mussten die Ein-
wohner auf dem ungebotenen Ding zu Hausen erscheinen. Der
Gerichtsbezirk, der nicht mit den jetzigen Gemarkungen zusammen-
fällt, ist etwa 480 ha gross.

Zum Hauser ungebotenen Ding mussten auch die Bunden-
bacher erscheinen. Der Ort gehörte noch 1283 zum Hofe Hausen
und wird 1327 unter den zwischen der Kyrburger und Schmidtburger
Linie gemeinschaftlichen Orten genannt. 1330 und 1342 ist er
an Kurtrier gekommen. Das Ingericht hatte einen Bezirk von
450 ha.

Das Ingericht zu Gösenroth (J 21) umfasste nur das Dorf
innerhalb der Bannzäune und war als Lehen der Wildgrafschaft
an die Vögte von Simmern verliehen, von deren Erben es 1464
an den Wild- und Rheingrafen von Kyrburg abgetreten wurde,
der nachher innerhalb des Dorfberings auch den Blutbann allein
ausübte, während die Gemarkung dem Hochgericht Rhaunen
unterstand.

Hausen und Woppenroth waren von der Abtei St. Maximin
lehenrührig, im Besitz der Wildgrafen, die 1283 das Hofesgebiet
so teilten, dass Hausen und Kaffeld an Gottfried von Dhaun und
Bundenbach, Blickersau und Woppenroth an Emich von Kyrburg
kamen. Der Bezirk von Hausen und Woppenroth (nicht die jetzigen
Gemarkungen) umfasste, nach dem Weistum von 1483 gezeichnet,
etwa 1650 ha.

Bei der Kapelle Heuchelheim bei Sulzbach (K 21) war der
Marktplatz und die Dingstätte des Rhauner Hochgerichts. Der bei
dieser Kapelle gelegene kleine Bezirk Struth (etwa 180 ha) bildete
ein kleines Ingericht, wegen dessen 1367 ein Streit zwischen Wildgraf
Friedrich von Kyrburg und Rheingraf Johann II., Wildgraf zu
Dhaun, der Entscheidung der Schöffen zu Rhaunen vorgelegt
werden sollte. Später waren die hier gelegenen sechs Lehen im
Besitz des Wild und Rheingrafen von Dhaun.

Das Gericht zu Heuchelheim, den Kirchensatz und Zehnten
zu Rhaunen hatten die Herren von Heinzenberg von den Grafen
von Veldenz zu Lehen. Es scheint also auch in Heuchelheim ein
Ingericht bestanden zu haben. Güter daselbst wurden 1342 von
Georg von Heinzenberg dem Erzbischof Baldewin verkauft.

Das Ingericht zu Laufersweiler innerhalb der Bannzäune gehörte zur Schmidtburg und war von Kurtrier an verschiedene Burgmannen verteilt, ein Viertteil war in den Händen des Erzbischofs. Die Gemarkung gehörte bis 1755 zum Hochgericht.

Das Ingericht zu Lindenschied, ebenfalls nur innerhalb der Bannzäune, war ein wildgräflich Kyrburger Lehen, um 1353, nach dem Tode des Johann Heygen (nicht v. d. Leyen) strittig zwischen Fritsche von Schmidtburg und Johann Struphafer von Dill, hernach im Besitz der Erbschenken von Schmidtburg.

Im 14. Jahrhundert bestand auch ein solches Sondergericht innerhalb der Bannzäune zu Oberkirn, welches von Gliedern der Familie Braun von Schmidtburg 1368, 1409 und 1433 an den Wildgrafen versetzt und verkauft worden ist. 1375 findet sich ein wildgräfliches Amt in Oberkirn (s. oben S. 54*).

Das Ingericht zu Schmerlebach (Teil von Stipshausen, ungefähr 125 ha) gehörte 1325 den Wildgrafen von Kyrburg zum Amt Wildenburg und war 1430 nebst Asbach den Flachen von Schwarzenberg verliehen, 1515 war es wieder beim Amt Wildenburg.

Das Ingericht zu Sohrschied beschränkte sich nur auf den Raum innerhalb der Bannzäune. Besitzer waren die Herren von Wiltberg. Die Einwohner waren sponheimische Untertanen und gehörten zum Amt Dill. So kam es, dass die Landesherren der Grafschaft Sponheim auch die Gemarkung in späterer Zeit zu diesem Amt zogen.

Ebenso galt das Recht der kurtrierischen Burg Schmidtburg und der Herren von Metzenhausen im Ingericht Sulzbach nur innerhalb der Bannzäune.

Auch zu Woppenroth bestand seit 1269 ein solches Bannzaun-Ingericht, welches 1330 wieder an den Wildgrafen von Kyrburg zurückgegeben wurde.

Zwischen dem Hochgericht auf der Heide, dem Amt Kyrburg und dem Hochgericht Rhaunen liegt das

§ 4. Amt Wildenburg[1]).

Dieses Amt liegt südlich von dem grossen Idarwald und umfasste eine Anzahl zur Wildgrafschaft Kyrburg gehöriger Ortschaften, die in älterer Zeit vielleicht unter der Bezeichnung „Zwischen den Wäldern" zusammengefasst wurden, bis nach der Gründung der Wildenburg[2]) (J 22) auf dem Schadeberg bei Kempfeld (1330) dieses Schloss der Mittelpunkt des Amtes wurde und ihm den Namen gab.

Dem Amt waren unterstellt: Kempfeld[2]) (J 22) mit dem Wäldchen Fitzruth bei Mörschied[3]), Veitsrodt[3]) (J 22), Kirschweiler[4])

---

1) S. 387—401.
2) Kreis Bernkastel, Amtsgericht Rhaunen.
3) Fürstentum Birkenfeld, Amtsgericht Herrstein.
4) Fürstentum Birkenfeld, Amtsgericht Oberstein.

mit der Wüstung Fockenhausen[1]) (J 22), Sensweiler[2]) mit der Wüstung Balsbach[2]) (J 22), Bruchweiler[2]) (J 21/22), Schauren[2]) (J 21), Asbach[2]) (J 21), sodann von diesem Körper getrennt Ober-Hosenbach[3]) und Breitenthal[3]) (KJ 21), Wickenrodt[3]) und Sonnschied[3]) (K 21) mit einer Gesamtfläche von 6762 ha, 1694 ha Ackerland, 961 ha Wiesen, 3443 ha Wald. Zwischen den beiden Teilen lag noch das vierherrische Gericht Hottenbach, an welchem die Wildgrafen nur einen Anteil neben den Junkern Cratz von Schaffenstein, Kurtrier (bis 1333 von Wiltberg und von Simmern) und Sponheim-Kreuznach besassen. Dieser Bezirk umfasst die Dörfer Hottenbach und Hellertshausen[2]) (J 21) mit 1864 ha Gemarkung, 426 ha Ackerland, 218 ha Wiesen, 1034 ha Wald. Endlich war dem Wildenburger Amtmann auch ein Teil von Hirschfeld[4]) (J 20/21) nördlich vom Idarwald unterstellt.

Kempfeld und Veitsrodt bildeten in früherer Zeit eine Grundherrschaft der Abtei St. Maximin vor Trier, zu der auch das benachbarte obersteinische Vollmersbach gehört hat. Bei Kempfeld war ein wildgräfliches Hochgericht mit der Dingstätte „Am Urteilsstock" in der Nähe der Wildenburg, dessen Umfang die Dörfer Asbach, Herborn[3]) (J 22) (zur Herrschaft Wartenstein oder Amt Weiden oder Wartenstein gehörig), die Wälder Wenzel und Fitzruth bei Mörschied, die Wüstung Fockenhausen bei Kirschweiler und Teile der Gemarkung Sensweiler umfasste. Herborn wird 1319 den wildgräflichen Dörfern zugezählt und noch 1685 wird die Hochgerichtsbarkeit über diesen Ort als strittig zwischen dem Amt Wildenburg und dem kurtrierischen Amt Wartenstein bezeichnet.

Sensweiler gehörte bis zwischen 1343 und 1376 dem Wilhelm von Manderscheid, der den Ort an den Wildgrafen von Kyrburg verkauft hat. Kirschweiler, ohne die auf dem rechten Idarufer gelegene Wüstung Fockenhausen, war bis 1363 Bestandteil der Herrschaft Oberstein.

§ 5. Amt Dhaun[5]).

Unterhalb Kirn lag die Stammburg der Wildgrafen von Dhaun, das Schloss Dhaun. Es ist wie die Schmidtburg und die Wildenburg auf dem Grundgebiet der Abtei St. Maximin gegründet. Simmern unter Dhaun[6]) (L 21) war der Vorort einer Banngrundherrschaft des Klosters, deren Vogtei dem Wildgrafen zustand. Innerhalb des Bezirks liegen einige Wüstungen wie Rechelnhusen, Welcheborn, Niederau und die jetzt mit eignen Gemarkungen aus-

---

1) Fürstentum Birkenfeld, Amtsgericht Oberstein.
2) Kreis Bernkastel, Amtsgericht Rhaunen.
3) Fürstentum Birkenfeld, Amtsgericht Herrstein.
4) Kreis Zell, Amtsgericht Trarbach.
5) S. 332—344.
6) Kreis Kreuznach, Amtsgericht Kirn.

gestatteten Dörfer Brauweiler[1]) (KL 21) (zum sponheimischen Amt Koppenstein), Horbach[1]) (L 21) und Martinstein[1]) (L 21) (zur Herrschaft Martinstein gehörig). Die Flächengrösse dieses Gebietes beträgt 1350 ha mit 538 ha Ackerland, 19 ha Weinberge, 134 ha Wiesen, 555 ha Wald. Durch die Abzweigung der Gemarkungen Brauweiler, Horbach und Martinstein im 16. und 17. Jahrhundert wurde das dem Wild- und Rheingrafen verbleibende Gebiet auf 826 ha Gemarkung mit 386 ha Ackerland, 14 ha Weinbergen, 86 ha Wiesen, 291 ha Wald (ohne die strittig gebliebenen Waldstücke) beschränkt.

Das Schloss Dhaun[1]) (KL 21) hatte der Wildgraf von der Abtei St. Maximin zu Lehen. In der Fehde wegen der Erbschaft des Wildgrafen von Schmidtburg errichteten die Erzbischöfe von Mainz und Trier im Jahr 1340 die Gegenburgen Martinstein, Geiersley und Johannisberg. 1329 war die Burg auf dem Rotenberg erbaut worden und unter ihr sollte 1330 eine Stadt mit Frankfurter Recht entstehen. Die Burg ist 1480 verbrannt worden. Etwas oberhalb dieser Burg erbaute der Wildgraf 1336 die Burg Brunkenstein, die 1411 geschleift wurde. Der Ort unter der Burg Dhaun gehörte nicht zum Maximiner Lehen, da er im Kirchspiel St. Johannisberg[1]) lag. Dieses bestand ausserdem aus der Kirche auf dem Johannisberg (seit 1318 Stiftskirche für vier Kanoniker) den beiden Dörfern Ueber-[2]) und Nächst-Hochstätten[1]) und den Wüstungen Itzbach und Weilerborn (KL 21/22) und umfasste einen Bezirk von 1261 ha mit 504 ha Ackerland, 161 ha Wiesen, 507 ha Wald. Das ganze Amt enthielt somit 2087 ha mit 1238 ha Ackerland, 24 ha Weinberg, 247 ha Wiesen, 1062 ha Wald, 346 Wohnhäusern im Jahr 1885, 79 Hausgesessen im Jahr 1620, 70 Hausgesessen im Jahr 1628, 102 Untertanen im Jahr 1708 und 110 Untertanen im Jahr 1733.

§ 6. Das Dhauner Amt auf dem Gau[3])

umfasste vor der Teilung von 1515 die Dörfer: Alsenz[4]) (M 22), Bornheim[5]) (O 22), Eichloch[6]) (O 21), Flonheim[5]) (O 22), Lonsheim[5]) (O 22), Ober-Saulheim[6]) (O 21), Uffhofen[5]) (O 22), Wendelsheim[5]) (N 22), Wörrstadt[6]) (O 21) mit 6793 ha Gemarkung, 5638 ha Ackerland, 326 ha Weinberg, 126 ha Wiesen, 351 ha Wald, 1660 Wohnhäusern und 10048 Einwohnern im Jahr 1885.

Zu Alsenz bestanden neben dem wildgräflichen Gericht, welches allein über das Blut zu urteilen hatte, zwei weitere Ge-

---

1) Kreis Kreuznach, Amtsgericht Kirn.
2) Kreis und Amtsgericht Meisenheim.
3) S. 367—387.
4) Bezirksamt Rockenhausen, Amtsgericht Obermoschel.
5) Kreis und Amtsgericht Alzey.
6) Kreis Oppenheim, Amtsgericht Wörrstadt.

richte, deren eines von den Raugrafen in verschiedenen Anteilen 1363, 1380, 1408 an die Grafen von Veldenz kam, das andere 1443 von den Herren von Randeck an den Pfalzgrafen Stephan zu Zweibrücken, den Rechtsnachfolger der Grafen von Veldenz, verkauft wurde. 1755 wurde das Dorf an Pfalz-Zweibrücken abgetreten, aber schon im nächsten Jahre an Nassau-Weilburg weitergegeben. Zu Flonheim hatten die Raugrafen bis 1348 einen Teil der Grundherrschaft sowie den jetzt wüsten Hof Heienheim. Lonsheim war im 14. Jahrhundert durch die Wildgrafen von Kyrburg zur Hälfte an Adlige verliehen und wurde 1679 an Kurpfalz abgetreten.

Zu Wörrstadt war die Hälfte des Grafengerichts am Langenstein wildgräfliches Lehen im Besitz der Rheingrafen, die die Herren von Lewenstein mit dem niederen Gericht innerhalb des Dorfzingels belehnten. Daraus entwickelte sich ein vollständiges Kondominium, das noch 1515 bestand. Beide Anteile der Wild- und Rheingrafen von Dhaun und der Herren von Lewenstein waren Lehen von der wildgräflichen Herrschaft Kyrburg.

Kyrburger Lehen war auch das Gericht zu Ober-Saulheim, im Besitz der Herren von St. Alban, später (1427) der Büsser von Wartenberg genannt Schneeberg; nachher ist es heimgefallen. 1515 kam es an die Dhauner Linie.

§ 7. Das Kreuznacher oder Steiner Amt[1])

umfasste das Münstertal an der Appel (Münsterappel, Oberhausen, Niederhausen und Winterborn[2]) (N 22) 1949 ha Gemarkung, 1430 ha Ackerland, 46 ha Weinberg, 67 ha Wiesen, 432 ha Wald, 333 Wohnhäuser und 1592 Einwohner im Jahre 1885, 80 Hausgesessen im Jahre 1515, 127 Untertanen im Jahre 1560 und 137 Untertanen im Jahre 1566.

Das Münstertal an der Appel, der Hof Appula war Eigentum der Abtei St. Maximin. Sie war hier Grundherr und der Wildgraf von Dhaun hatte die Vogtei von ihr zu Lehen. Die Befugnisse beider Herrschaften waren lange Zeit, wie auch zu Simmern unter Dhaun, strittig, und wurden durch Vertrag von 1682 geregelt. Die Wild- und Rheingrafen wurden von der Abtei als Landesherren anerkannt. 1754 wurden Winterborn und Niederhausen sowie Hochstätten und Alsenz an Pfalz-Zweibrücken abgetreten (2793 ha, 1839 ha Ackerland, 114 ha Weinberg, 118 ha Wiesen, 382 ha Wald, 267 Wohnhäuser, 1726 Einwohner 1885) gegen die S. 57* erwähnten Ortschaften im Essweiler Tal.

Münster am Stein[3]) (N 21) war ein Lehen der Rheingrafen

---

1) S. 345—367.
2) Bezirksamt Rockenhausen, Amtsgericht Obermoschel.
3) Kreis und Amtsgericht Kreuznach.

und der Herren von Lewenstein von der Grafschaft Veldenz, 162 ha Gemarkung, 32 ha Ackerland, 16 ha Weinberg, 4 ha Wiesen, 112 Wohnhäuser, 643 Einwohner im Jahre 1885, 11 Hausgesessen im Jahre 1560. In der Gemarkung liegt das Stammschloss der Rheingrafen, Rheingrafenstein. Der Rheingraf hatte die hohe Gerichtsbarkeit, Gebot und Verbot allein.

Zum Amt Rheingrafenstein gehörte ferner das Osterburger Gericht bei der Heidenmauer zu Kreuznach[1]), die rheingräflichen Befugnisse zu Weiler oder Dreckweiler[2]) (N 21) (Wüstung bei Freilaubersheim) und zu Volxheim[2]) (N 21) (zusammen eine Gemarkung von ungefähr 670 ha), die Vogtei Sarmsheim[3]) (N 20) (Lehen der Abtei St. Alban vor Mainz), das Dorf Windesheim[3]) (M 20) (seit 1390 halb an Mainz, 1409 ein Viertel an Kurpfalz verpfändet), Steinbockenheim[2]) (N 22), Münster bei Bingen[3]) (N 20) (Pfälzer Lehen halb den Raugrafen gehörig, die ihren Anteil 1347 und 1355 an den Wildgrafen verpfändeten; 1409 und 1493 gingen die beiden Anteile an Kurpfalz über). Diese Dörfer hatten 1885 zusammen 2253 ha Gemarkung, 1141 ha Ackerland, 245 ha Weinberg, 48 ha Wiesen, 571 ha Wald, 597 Wohnhäuser, 3283 Einwohner. Münster bei Bingen und Sarmsheim gingen der Wild- und Rheingrafschaft verloren, dafür wurde 1553 Hochstätten an der Alsenz[4]) (MN 22) und 1597 Gaugrehweiler[5]) (N 22) erworben. Der letztere Ort wurde seit 1699 die Residenz der Wild- und Rheingrafen zum Rheingrafenstein. Der Verlust betrug 690 ha, 230 ha Ackerland, 164 ha Weinberg, 4 ha Wiesen, 98 ha Wald, 261 Wohnhäuser, 1624 Einwohner, der Gewinn 920 ha, 625 ha Ackerland, 48 ha Wiesen, 20 ha Weinberg, 165 ha Wald, 195 Wohnhäuser, 1050 Einwohner (für 1885).

Verloren gingen ferner die dem Amt Grumbach angeschlossenen Besitzungen zwischen den Tälern der Moschel und Lauter: Nussbach bei Reipoltskirchen[6]), die Wüstungen Hontheim bei Reipoltskirchen[6]) (beide M 23), Niederkirchen an der Odenbach[8]) (M 23), Wörsbach[8]) (M 24), Schönborn[5]), Ransweiler[5]), Bisterschied[5]) (M 23), Anteil an Rudolfskirchen[7]) (M 23) und das Lehen Heimkirchen[8]) (M 24). Im ganzen machten diese Ortschaften ein unzusammenhängendes Gebiet von etwa 4400 ha, 3050 ha Ackerland, 20 ha Weinberg, 600 ha Wiesen, 530 ha Wald aus und wurden 1885 von 3656 Menschen in 674 Häusern bewohnt. Sie kamen zum Teil an die v. Reipoltskirchen (1553 Nussbach, Hundheimer Hufe,

---

1) Kreis und Amtsgericht Kreuznach.
2) Kreis Alzey, Amtsgericht Wöllstein.
3) Kreis Kreuznach, Amtsgericht Stromberg.
4) Bezirksamt Rockenhausen, Amtsgericht Obermoschel.
5) Bezirksamt und Amtsgericht Rockenhausen.
6) Bezirksamt Kusel, Amtsgericht Lauterecken.
7) Bezirksamt Kusel, Amtsgericht Wolfstein.
8) Bezirksamt Kaiserslautern, Amtsgericht Otterberg.

Rechte zu Seelen und Rudolfskirchen sowie Schönborn gegen Hochstätten an der Alsenz vertauscht), zum Teil an die Freiherren von Sickingen (die Lehen Heimkirchen und Wörsbach) und an Pfalz-Zweibrücken (Bisterschied, Ransweiler 1497 und im 17. Jahrhundert Anteil an Niederkirchen). So war 1789 von diesen Ortschaften nur ein Anteil an Niederkirchen in den Händen der Wild- und Rheingrafen von Grumbach.

Das Gericht im Bosenbacher Tal Bosenbach[1]), Niederstaufenbach[1]) (L 24) und ein Teil von Friedelhausen[1]) (K 24) (1016 ha, 578 ha Ackerland, 1 ha Weinberg, 193 ha Wiesen, 187 ha Wald, 217 Wohnhäuser im Jahre 1885) wurde 1595 an Pfalz-Zweibrücken abgetreten und mit dem Amt Lichtenberg verbunden.

Auch von der Lehensherrschaft über das Dorf Gauersheim[2]) (O 23), das noch 1426 von der Wildgrafschaft Kyrburg verliehen wurde, wogegen 1434 entschieden ward, dass das dortige Schloss nicht von der Wildgrafschaft abhänge, wird in späterer Zeit nichts mehr gemeldet. Längst vergessen war die Lehensherrlichkeit über die Präfektur zwischen Mainz und Gau-Odernheim, von der in dem Güterverzeichnis des Herrn Werner II. von Bolanden die Rede ist.

Die weitere Geschichte der Wild- und Rheingrafen, die Teilungen, die in diesem Hause immer wieder Anlass zu weitläufigen Auseinandersetzungen gaben, die Hausverträge zwischen den Stämmen von Salm, Kyrburg, Dhaun, Grumbach und Rheingrafenstein, die schliesslich die verzwicktesten Mitherrschaftsverhältnisse in den einzelnen Bestandteilen und Aemtern der Wild- und Rheingrafschaft zur Folge hatten, sind im II. Band der Atlas-Erläuterungen S. 464 bis 479 dargestellt.

X. Grafschaft Veldenz.

G. C. Crollius, Vorlesung von dem ersten Geschlecht der alten Graven von Veldenz, und dessen gemeinschaftlicher Abstammung mit den älteren Wildgraven von den Graven im Nahegau. Acta Academiae Theodoro-Palatinae II. Manheim 1772, S. 241—305. — Vorlesung von dem zweiten Geschlecht der Grafen von Veldenz aus dem Hause der Herren von Gerodseck in der Ortenau. Daselbst IV. Pars historica. Manheim 1778. S. 272—401. — W. Fabricius, Die Grafschaft Veldenz. Mitteilungen des Historischen Vereins der Pfalz 33. Speyer a. Rh. 1913.

Als sich um 1134 die Grafen von Veldenz von den Grafen von Schmidtburg (Wildgrafen) trennten, übernahmen sie aus dem Hausbesitz der Nahegaugrafen die Vogtei über die Stiftsgüter von St. Remigius bei Reims und des Bistums Verdun und einige Mainzer und Wormser Lehen. Diese Grafenfamilie erlosch im Jahre 1259 mit Gerlach V., der nur eine kleine Tochter, Agnes, hinterliess.

---

1) Kreis Alzey, Amtsgericht Wolfstein.
2) Bezirksamt und Amtsgericht Kirchheimbolanden.

Wildgraf Emicho von Kyrburg machte Ansprüche auf das Amt
Lichtenberg geltend, musste aber am 23. September 1260 das Erb-
recht der jungen Gräfin anerkennen, die sich zwischen 1268 und
1270 mit dem Herrn Heinrich von Geroldseck in der Ortenau ver-
mählte. Wildgraf Emich verzichtete am 29. Juni 1275 auf alle
Ansprüche auf die Erbschaft und Wirich von Daun-Oberstein ver-
sprach 1277, den neuen Grafen von Veldenz nicht zu belästigen
im Besitz der Verduner Lehen bei Baumholder und Wolfersweiler,
deren Erwerbung er angestrebt hatte. 1279 erhielt Graf Heinrich I.
von Veldenz auch die Belehnung mit den Mainzer Lehen der Vel-
denzer Grafen. Neben der Grafschaft Veldenz hatten Heinrich I.
wie auch sein Sohn Georg I. noch Anteil an der Herrschaft Hohen-
geroldseck. 1343 errichtete Graf Georg I. eine Erbordnung
zwischen seinem Sohne Heinrich II. und dem Sohne seines ver-
storbenen Sohnes Friedrich, Georg II. In der Grafschaft Veldenz
sollte Heinrich folgen, beide Erben zusammen den Veldenzer Anteil
an Geroldseck bekommen. Georg erhielt ausserdem die trierische
Pfandschaft an der Reichsburg Wolfstein mit dem dazugehörigen
Königsland und die Reichspfandschaft Reichenbach und Deinsberg;
Burg und Dorf Lauterecken sollen von Heinrich und Georg ge-
meinsam besessen werden. Das Wittum der Gemahlin des Grafen
Georg I. (Burg Landsberg, Höfe zu Meisenheim und Odernheim)
solle nach ihrem Tode wieder an den Inhaber der Grafschaft,
also an Heinrich II. fallen.

Nach dem Tode Georgs II. wurde dessen Anteil wieder mit
der übrigen Grafschaft vereinigt. Die Söhne Heinrichs II., Hein-
rich III. und Friedrich II., regierten seit 1378 gemeinschaftlich.
Am 23. April 1387 wurde das Veldenzer Land zwischen ihnen
geteilt. Heinrich III. erhielt die Burg Lichtenberg mit dem Remi-
giusland, der Stadt Kusel, die Burg und Stadt Lauterecken, das
Reichenbacher Amt; Friedrich II. aber die Burg Landsberg, die
Stadt und das Amt Obermoschel, die Aemter Grehweiler, Hohen-
öllen, Odenbach am Glan, den Windhof bei Lauterecken, das Amt
Meisenheim, die Stadt Odernheim, Niderhausen auf der Nahe, die
Burg und Stadt Armsheim auf dem Gau, die Vogtei Winzenheim
bei Kreuznach, die Vogtei Essenheim bei Mainz, die Anteile und
Rechte am Stolzenberger Tal und an Alsenz, Rehborn und andere
kleine Besitzungen und Rechte. Gemeinschaftlich bleiben das jen-
seits des Idarwaldes gelegene Schloss und Amt Veldenz, die Burg
und Stadt Meisenheim und der Schirm des Dorfs Baumholder nebst
einigen fremden Burglehen und Pfandschaften.

Seit dieser Teilung spricht man auch wohl von einer „niederen
und oberen Grafschaft Veldenz“, obgleich sie nach Friedrichs II.
Tod 1396 wieder in einer Hand, des Grafen Friedrich III., ver-
einigt wurde. Dieser, Sohn Friedrichs II. (†1389), war Domherr
in Trier, als sein Bruder, Graf Heinrich IV., im Jahr 1393 ohne
Erben starb. Er trat nun in den weltlichen Stand zurück, ver-

mählte sich mit Margarete von Nassau und seine Tochter Anna ist die Erbin nicht nur der Grafschaft Veldenz, sondern auch eines Anteils an der Grafschaft Sponheim geworden, die sie ihrem Gemahl, dem Pfalzgrafen Stephan zubrachte. Schon 1419 wurde Stephan Mitregent der Grafschaft Veldenz und am 26. Dezember 1438 wurde bestimmt, dass nach des Grafen Friedrichs Ableben († 1444) die Grafschaft Veldenz an den jüngeren Sohn Herzog Stephans, Pfalzgraf Ludwig zu Zweibrücken, fallen sollte. Zwar hatten Stephan und Ludwig zunächst noch einige Schwierigkeiten zu überwinden, ehe die Erbfolge in den Lehen, namentlich seitens des Bischofs von Verdun, anerkannt wurde; die Grafschaft Veldenz aber ist seitdem ein Bestandteil der pfalz-zweibrückischen Lande geblieben. Im Jahre 1543 ist für den Pfalzgrafen Ruprecht, der bis dahin für seinen unmündigen Neffen Wolfgang regiert hatte, das Amt Lauterecken mit dem Remigiusberg und dem Jettenbacher Gericht sowie das Amt Veldenz abgetrennt worden. Diese Veldenzer Linie starb 1694 aus, worauf der Kurfürst Johann Wilhelm von der Pfalz die beiden Aemter besetzte. Kurpfalz behauptete diesen Besitz gegen die Ansprüche der zweibrückischen Linien, was durch den Vertrag von 1733 anerkannt wurde. — Von der Grafschaft lagen im Nahegau:

§ 1. Oberamt Lichtenberg.

A. Remigiusland, Vogtei über die Grundherrschaft des Heiligen Remigius, Bischofs von Reims und später des Klosters Saint-Remy bei Reims, das hier eine Propstei Remigiusberg hatte.

1. Stadt Kusel[1]) (K 24) 862 ha Gemarkung davon 421 (1780: 454) ha Ackerland, 187 (130) ha Wiesen, 185 (138) ha Wald, 654 (324) Haushaltungen, 373 Wohnhäuser, 3004 Einwohner im Jahre 1885 (bzw. 1780);

2. Pfeffelbacher Amt. Pfeffelbach[2]) mit der Wüstung Herzweiler (J 24), Albessen[1]) (JK 24), Ehweiler[1]) mit Wüstung Krähweiler[1]) (K 24), Schellweiler[1]) (K 24), Hüffler[1]) mit Wüstung Rindsweiler[1]) (K 25), Wüstung Dörsbach[1]), Frutzweiler[1]), Trahweiler[1]), Sangerhof[1]), Liebsthal[1]) (alle K 25), Rehweiler[1]) mit Wüstung Leidsthal[1]), Eisenbach[1]) mit Wüstung Köngernhausen[1]) (K 25), Godelhausen[1]), Etschberg[1]), Blaubach[1]), Diedelkopf[1]), Wüstung Dimschweiler[1]), Wüstung Heibweiler[2]), Bledesbach[1]) (K 24), Wahnwegen[1]), Quirnbach[1]) (K 25), Haschbach[1]), Kloster Remigiusberg[1]), Burg Michelsberg[1]), Stegen bei Theisberg[1]) (K 24), zusammen 6847 ha Fläche, davon 4108 (1780: 4173) ha Ackerland, 1100 (842) ha Wiesen, 1467 (1073) ha Wald, 1268 Haushaltungen, 1174 (618) Wohnhäuser, 6463 Einwohner im Jahr 1885 (1780).

---

1) Bezirksamt und Amtsgericht Kusel.
2) Kreis St. Wendel, Amtsgericht Baumholder.

3. **Niederamt Ulmet** mit Oberalben[1]), Wüstung Maiweiler[1]), südlicher Teil von Erzweiler[2]), Wüstung Hubertsweiler[2]) (K 23), Rathsweiler[1]), Wüstung Brücken[1]) (K 23/24), Ulmet[1]), Kirche Flurskappel[1]), Wüstung Pelschbach[1]) (K 24), Erdesbach[1]), Bedesbach), Wüstung Sulzbach[1]), Patersbach[1]), Altenglan[1]) (K 24), Teil von Friedelhausen[3]) (KL 24), Welchweiler[3]) (L 23), Rammelsbach[1]) (K 24) mit 4912 ha Land, davon 2867 (2931) ha Ackerland, 762 (595) ha Wiesen, 14 ha Weinberg, 922 (531) ha Wald, 994 Haushaltungen, 819 (375) Wohnhäusern, 4977 Einwohnern.

4. **Konker Amt:** Konken[1]) (K 24), Langenbach[1]) (J 25), Herschweiler[1]) und Pettersheim[1]) mit der Pettersheimer Burg[1]), Bockhof[1]) und Wüstung Reisweiler[1]) (K 25), Ober-Ohmbach[1]) (K 25), Krottelbach[1]), Reismühle[1]) (JK 25), Bubach[1]), Saal[1]), Niederkirchen im Ostertal (Margareten-Ostern)[1]) (J 25), Herchweiler[1]), Wüstung Alt-Herchweiler[1]) (J 24), Ober- und Unter-Selchenbach[1]) (J 24/25), Königreicher Hof, Wüstung Neuhausen[1]) (J 25), Teil von Grügelborn[4]), Wüstung Kurzenhausen[4]), Wüstung Datzweiler[4]) (J 24), Hoof[1]), Leitersweiler[4]), Marth[1]), Wüstung Dauborn[1]), Osterbrücken[1]) (J 25), Wüstung Warschweiler[1]), Wüstung Bittersweiler[1]) (J 24), Werschweiler[4]), Wüstung Beutersweiler[4]) (J 25), Schwarzerden[2]) (J 24). In diesem Umfang hatte das Amt 7937 ha Fläche mit 4570 ha Ackerland, 1052 ha Wiesen, 1810 ha Wald. Im Jahre 1559 wurde das dem damals aufgehobenen Kloster Wörschweiler gehörige Dorf Reichweiler[2]) (J 24) zu diesem Amt geschlagen, dafür aber 1603 das Dorf Werschweiler an Nassau-Saarbrücken (Ottweiler) abgetreten, dadurch wurde das Amt etwas verkleinert. Es fasste jetzt 7893 ha mit 4504 (4831) ha Ackerland, 1030 (686) ha Wiesen, 1688 (979) ha Wald, 1178 (569) Wohnhäuser, 1274 Haushaltungen, 6179 Einwohner.

B. **Der Lichtenberger Burgfrieden** umfasste mit den Gemarkungen der Burg und des Tales Lichtenberg[2]) mit dem Breitsester Hof[2]), den Wüstungen Stolzhausen[2]) und Bistarter Hof[2]), ferner Ruthweiler[1]), Kürborn[1]) und Dennweiler-Frohnbach[1]) mit dem Burgstadel Wadenau[1]) und der Wüstung Ruppertsweiler[1]) 2165 ha Gesamtfläche, 1209 (1294) ha Ackerland, 322 (232) ha Wiesen, 438 (321) ha Wald, 319 (212) Wohnhäuser, 338 Haushaltungen, 2525 Einwohner. Ein Teil dieses Bezirks gehörte zum Remigiusland (987 ha), der Rest (1178 ha) zum Hochgericht Baumholder.

C. Amt Baumholder.

Flecken Baumholder[2]), Eschelbacher[2]) Hof, Wüstung Auersbach[2]) (K 23), Ruschberg[2]), Wüstung Nähweiler[2]) (J 23), Frohn-

---

1) Bezirksamt und Amtsgericht Kusel.
2) Kreis St. Wendel, Amtsgericht Baumholder.
3) Bezirksamt Kusel, Amtsgericht Wolfstein.
4) Kreis und Amtsgericht St. Wendel.

hausen[1]), zwei Häuser zu Breungenborn[1]), Wüstung Barborn[1]), Wüstung Hirschweiler[1]) (K 23), Grünbach[1]) (K 23), Ronnenberg[1]) mit Wüstung Niedersdorf[1]) (Nieder-Ronnenberg)[1]) (K 23), Wüstung Totenalben[1]), Mannbächel[1]), Wüstung Helpenhausen[1]), Wüstung Meiershausen[1]) (K 23) Teil von Erzweiler[1]), Wüstung Wattweiler[1]) (K 23). 7571 ha Gemarkung, 3823 (4791) ha Ackerland, 752 (568) ha Wiesen, 2101 (1233) ha Wald, 854 (443) Haushaltungen, 4640 Einwohner.

D. Amt Berschweiler.

Berschweiler[1]) (J 24), Fohren und Linden[1]), Wüstung Hirschen[1]) (J 24), Mettweiler[1]) (J 24), Eckersweiler[1]), Wüstung Mohrbach, Wüstung Heisweiler[1]) (J 24), Berglangenbach[1]) (J 23/24), Teil von Heimbach[1]), Wüstung Zinkweiler[1]) (J 23), Rohrbach[1]), Rückweiler[1]) (J 24): 2451 ha Gemarkung, 1864 (2336) ha Ackerland, 364 (223) ha Wiesen, 810 (466) ha Wald, 447 (225) Haushaltungen, 1597 Einwohner.

Das Hochgericht Baumholder umfasste: Baumholder, Teil von Thallichtenberg, Stolzhausen, Bistert, Ruppertsweiler, Dennweiler, Frohnbach, Auersbach, Wattweiler, Teil von Erzweiler, Ronnenberg, Niedersdorf, Totenalben, Grünbach, Mannbächel. Helpenhausen, Meiershausen, Frohnhausen, Barborn, Breungenborn (Teil), Hirschweiler, Aulenbach, Ruschberg, Nähweiler, Teil von Heimbach, Zinkweiler, Teil von Berglangenbach, Zinkweiler Hof und Mühle, Herhausen (Hirschen), Linden, Fohren, Berschweiler, Mohrbach, Mettweiler, Heisweiler, Teil von Eckersweiler mit 10400 ha Fläche.

Rohrbach, Rückweiler mit Leitzweiler[1]) und einem Teile von der jetzigen Gemarkung Gimbweiler[2]) (Wüstung Frudesweiler) und Teilen von Berglangenbach und Heimbach, mit ungefähr 1050 ha Fläche bildeten das Hochgericht der Rohrbacher Pflege. Leitzweiler (und Frudesweiler) mit 358 ha Gemarkung, 220 ha Ackerland, 37 ha Wiesen, 67 ha Wald gehörte „quoad territorium zur Rohrbacher Pflege, und zwar nach den Verträgen von 1539 mit Graf Wirich und 1652 mit Graf Wilhelm Wirich von Daun zu Falkenstein und Oberstein cum omnimodo jurisdictione; im Vertrag mit Graf Johann Jakob von Eberstein von 1690 aber hat man diesem die jurisdictionem bassam zum Hause Werdenstein nachgegeben und nur landesfürstliche Obrigkeit vorbehalten. Nachdem Lothringen aber das eröffnete ebersteinische Lehen eingezogen, hat es sich zugleich der Souveränität über Leitzweiler angemasst, welche nun auch im Tholeyer Vertrag 1730 Art. XI nachgeben" (StA. Speyer, Zweibrücken, Akten I 254, II).

Zu diesen Aemtern kam noch zwischen 1466 und 1483 das

---

1) Kreis St. Wendel, Amtsgericht Baumholder.
2) Fürstentum Birkenfeld, Amtsgericht Nohfelden.

Dorf Kirchenbollenbach[1]), bis dahin Lehen von der Grafschaft Zweibrücken im Besitz der Herren von Schwarzenberg. Die Gemarkung umfasste 608 ha, 228 ha Ackerland, 39 ha Wiesen, 210 ha Wald, 106 Wohnhäuser und 526 Einwohner. In der Gemarkung lag die Wüstung Westerbollenbach[1]). 1595 wurde der Ort an den Wild- und Rheingrafen Otto von Kyrburg abgetreten, der dafür seine Hoheitsrechte im Essweiler Tal an Zweibrücken überliess. Dieser Bezirk bestand aus den Dörfern Essweiler[2]) (L 24), Oberweiler im Tal[2]) (L 24), Hinzweiler[3]) (L 24), Aschbach[3]) (L 23/24), Wüstung Nieder-Aschbach (in der jetzigen Gemarkung Offenbach am Glan)[1]) (L 23), Nerzweiler[3]) (L 23), Hundheim[3]) mit der Kirche Hirschau[3]) (L 23), Horschbach[2]) (L 24), Hachenbach[3]) (L 23), Elzweiler[2]) (L 24) mit 4134 ha Gemarkung, 2373 ha Ackerland, 44 ha Weinberg, 518 ha Wiesen, 1135 ha Wald, 639 Wohnhäusern, 3148 Einwohnern; Aschbach, Hinzweiler, Hundheim, Nerzweiler und Oberweiler kamen im Jahre 1754 wieder an das wild- und rheingräfliche Haus zurück und es blieben bei Pfalz-Zweibrücken noch Essweiler, Elzweiler, Hachenbach, Horschbach, die einen Bezirk von 1936 ha mit 1190 (1160) ha Ackerland, 212 (195) ha Wiesen, 530 (500) ha Wald, 293 (176) Wohnhäusern, 1406 Einwohnern umfassten. Dazu wurde das frühere Lehen der Grafschaft Veldenz, das Dorf Nieder-Eisenbach[2]), geschlagen, mit einer Gemarkung von 244 ha, 161 (200) ha Ackerland, 36 (23) ha Wiesen, 18 (16) ha Wald, 52 (31) Wohnhäusern, 283 Einwohnern.

Im selben Jahre, in dem die Ortschaften des Essweiler Tals an Zweibrücken abgetreten wurden, wurden auch die Ortschaften Bosenbach[2]), Nieder-Staufenbach[2]) (L 24) und Friedelhausen[2]) (K 24), die bis dahin dem wildgräflichen Amt Grumbach unterstellt waren, zum Oberamt Lichtenberg geschlagen, mit einem Gebiet von 1016 ha Gemarkung, 578 (520) ha Ackerland, 1 ha Weinberg, 193 (150) ha Wiesen, 187 (160) ha Wald, 214 (117) Wohnhäusern und 1087 Einwohnern.

Unter den Grafen von Veldenz umfasste das Amt Lichtenberg 31 200 ha, die unter den Pfalzgrafen zu Zweibrücken auf 34 400 ha gebracht wurden.

§ 2. Oberamt Meisenheim[4]).

A. Stadtbezirk Meisenheim[5]) mit dem Keddarterhof[5]) (M 22): 1040 ha Gemarkung, 626 (802) ha Ackerland, 128 (138) ha Wiesen, 50 ha Weinberg, 123 (110) ha Wald, 424 (407) Wohnhäuser, 1701 Einwohner 1885 (1780).

---

1) Kreis St. Wendel, Amtsgericht Grumbach.
2) Bezirksamt Kusel, Amtsgericht Wolfstein.
3) Bezirksamt Kusel, Amtsgericht Lauterecken.
4) Meine ausführliche Untersuchung der Geschichte dieses Amtes ist noch nicht gedruckt.   5) Kreis und Amtsgericht Meisenheim.

B. Ausamt Meisenheim, Breitenheim[1]) (L 22/23), Callbach[2]) (M 22), Gangloff[3]) (M 23) Raumbach[1]) (L 22), Reiffelbach[3]) (M 23), Schmittweiler[3]) (M 23) und seit 1431 Roth[3]) (175 ha) (M 23), 2927 ha Gemarkung, 1926 (2060) ha Ackerland, 296 (215) ha Wiesen, 49 ha Weinberg, 511 (310) ha Wald, 523 (292) Wohnhäuser, 2746 Einwohner.

C. Hof St. Medard: a) Schultheissenamt Odenbach: Odenbach am Glan[3]) (L 23), Adenbach[3]) (L 23), Ginsweiler[3]), Naumburger Hof[3]) (L 23), Cronenberg[3]) (L 23), Becherbach am Rossberg[3]) (M 23), Medard[1]) mit den Wüstungen Rode[1]) und Schwanden[1]) (L 23): 3049 ha Gemarkung, 1955 ha Ackerland, 370 ha Wiesen, 65 ha Weinberg, 502 ha Wald, 517 Wohnhäuser, 3045 Einwohner;

b) Amt Lauterecken, Stadt und Burg Lauterecken[3]), Ueber-lautern[3]), Wüstung Nyrthausen[3]), Windhof (bei der jetzigen Gemeinde Grumbach)[4]) (L 23), Heinzenhausen[3]), Wüsthauser Hof[3]), Lohnweiler[3]), Wiesweiler[4]) und Berschweiler[4]) (alle L 23): 2986 ha Gemarkung, 1026 (1088) ha Ackerland, 217 (132) ha Wiesen, 47 (61) ha Weinberg, 540 (441) ha Wald, 462 (215) Wohnhäuser, 3722 (1058) Einwohner im Jahre 1885 (1786).

D. Amt Odernheim am Glan[2]) (M 22) und Gericht Niederhausen an der Nahe[5]) (M 21) mit dem Disibodenberger Kloster[2]) und dem Schlanderhof[2]) und (seit der Reformationszeit) Antoniusberger Hof[1]) 2021 ha (ohne Antoniusberg 1859 ha) Gemarkung, 903 (1050 mit Antoniusberg) ha Ackerland, 92 (55) ha Wiesen, 189 (58) ha Weinberg, 549 (412) ha Wald, 335 (189) Wohnhäuser, 1852 (967) Einwohner.

E. Amt Landsberg: Obermoschel[2]) mit der Burg Landsberg[2]) und dem Kahlforster Hof[2]), Unkelbach[2]), Hallgarten[2]) mit der Burg Montfort[2]) (Lehen) und Sitters[2]) (1377 vom Kloster Pfaffenschwabenheim abgetreten) (263 ha) (alle M 22): 2067 ha Gemarkung, 1271 (1316) ha Ackerland, 133 (121) ha Wiesen, 71 ha Weinberg, 474 (297) ha Wald, 441 (272) Wohnhäuser, 2432 Einwohner.

F. Amt Waldgrehweiler[6]) (M 23): 775 ha Gemarkung, 497 (495) ha Ackerland, 76 (65) ha Wiesen, 6 ha Weinberg, 143 (90) ha Wald, 91 (87) Wohnhäuser, 425 Einwohner.

G. Amt Hohenöllen: Hohenöllen[3]), Sulzhof[3]) (L 23), Einöllen[7]) (L 23), Oberweiler-Tiefenbach[7]) (L 23/24), Rossbach[7]) Immetshausen[7]) und Stahlhausen[7]) (L 24), Kirche Dionysiusberg[7]) (L 23), 1963 ha Gemarkung, 1153 ha Ackerland, 314 (118) ha Wiesen:

---

1) Kreis und Amtsgericht Meisenheim.
2) Bezirksamt Rockenhausen, Amtsgericht Obermoschel.
3) Bezirksamt Kusel, Amtsgericht Lauterecken.
4) Kreis St. Wendel, Amtsgericht Grumbach.
5) Kreis und Amtsgericht Kreuznach.
6) Bezirksamt und Amtsgericht Rockenhausen.
7) Bezirksamt Kusel, Amtsgericht Wolfstein.

53 (50) ha Weinberg, 353 (327) ha Wald, 400 (154) Haushaltungen, 387 (146) Wohnhäuser, 1970 (850) Einwohner in den Jahren 1885 und (1786).

Dieses sind die alten Veldenzer Bestandteile des Oberamts Meisenheim, zu denen noch im 14. Jahrhundert, ausser den bereits erwähnten kleinen Erwerbungen, ein Drittel am Stolzenberger Tal kam. Dieses Amt war ein Reichslehen der Raugrafen, welches durch Töchter an die Herren von Bolanden und die Grafen von Leiningen gelangt war. Die Letzteren verpfändeten ihren Anteil 1365 an den Grafen Heinrich von Veldenz und den Ritter Antelmann von Grasewege, Burggrafen von Böckelheim, und verzichteten 1367 zugunsten des Grafen von Veldenz auf die Wiedereinlösung.

Die anderen Teile gelangten an den Herren von Daun-Oberstein, Grafen von Falkenstein. Das Stolzenberger Tal umfasste die Ortschaften: Bayerfeld[1]) und Steckweiler[1]), die Höfe Burg Stolzenberg[1]), Neubau[1]), Bremricher Hof[1]) (M 23), Cölln[2]), Morsbacher[2]) und Weidelbacher[2]) Hof (M 23), Dielkirchen[1]) (M 23), Hoferhof[1]) und Hanauer[1]) Hof (N 23), Stahlberg[1]) und Steingruben[1]) (M 23) mit insgesamt 2256 ha Gemarkung, 1222 ha Ackerland, 202 ha Wiesen, 69 ha Weinberg, 612 ha Wald. In dem zweibrückischen Kataster von 1780 sind nur 87 Haushaltungen zu Bayerfeid, Dielkirchen und Stahlberg mit 485 ha Ackerland und 75 ha Wiesen aufgenommen. Die übrigen Untertanen und Liegenschaften gehörten zu der Grafschaft Falkenstein.

Nach dem Anfall der Grafschaft Veldenz an den Pfalzgrafen zu Zweibrücken wurden mit dem Oberamt Meisenheim einige Bestandteile der Grafschaft Zweibrücken vereinigt, nämlich das Schultheissenamt Rehborn[2]), welches bis 1424 zweibrückisches Lehen der Herren von Cronenberg war, und das Schultheissenamt Duchroth, das ebenso den Herren von Montfort, später Blicken von Lichtenberg gehörte und in Anteilen 1436 und 1468 an den Herzog von Zweibrücken überging. Diese beiden kleinen Bezirke umfassten die Ortschaften: Rehborn[2]) mit dem Schröckhof[2]), Duchroth[2]) und Oberhausen[2]) an der Nahe mit dem Dimrother[2]) und Montforter[2]) Hof (alle M 22): 2312 ha Gemarkung mit 1198 (1300) ha Ackerland, 171 (120) ha Wiesen, 268 (an 50) ha Weinberg, 572 (634) ha Wald, 390 (209) Haushaltungen, 2139 Einwohner.

Im Jahre 1424 kam auch der cronenbergische Anteil an Rudolfskirchen[3]) (M 23) an Pfalz-Zweibrücken: 256 ha Gemarkung, 219 ha Ackerland, 35 ha Wiesen, 3 ha Weinberg, 16 ha Wald, 60 Wohnhäuser, 138 Einwohner.

1477 erwarb der Pfalzgraf den Ort Ransweiler[1]) (M 23) von

---

1) Bezirksamt und Amtsgericht Rockenhausen.
2) Bezirksamt Rockenhausen, Amtsgericht Obermoschel.
3) Bezirksamt Kusel, Amtsgericht Wolfstein.

den Herren von Randeck: 479 ha Gemarkung, 318 (314) ha Ackerland, 82 (78) ha Wiesen, 2 ha Weinberg, 49 (25) ha Wald, 86 (65) Wohnhäuser, 452 Einwohner.

In den Jahren 1531 bis 1541 wurden Anteile der dahnischen Hälfte, 1663 die schwarzenbergische Hälfte an Niedermoschel[1] (M 22) erworben: 661 ha Gemarkung, 492 (485) ha Ackerland, 48 (45) ha Wiesen, 29 ha Weinberg, 63 (75) ha Wald, 106 (82) Haushaltungen, 528 Einwohner.

Im 16. Jahrhundert wurden ferner erworben und dem Amt Meisenheim angegliedert:

Jeckenbach[2] (L 22), das vorher ein Lehen von der Rheingrafschaft und Herrschaft Homburg in der Pfalz war. 627 ha Gemarkung, 374 (448) ha Ackerland, 46 (30) ha Wiesen, 6 ha Weinberg, 175 (122) ha Wald, 89 (80) Wohnhäuser, 424 Einwohner.

Bisterschied[3] (M 23), zu dem in der Reformationszeit eingezogenen Kloster Disibodenberg gehörig; wegen der Vogtei und Hoheit hatte man Streit mit dem Inhaber der Burg Randeck. 516 ha Gemarkung, 317 (334) ha Ackerland, 70 (61) ha Wiesen, 1 ha Weinberg, 100 (55) ha Wald, 82 (68) Haushaltungen, 434 Einwohner.

Berzweiler[4] (M 23), kam mit dem Kloster Otterberg an das pfälzische Oberamt Kaiserslautern, und wurde 1589 an Zweibrücken abgetreten. 183 ha Gemarkung, 149 ha Acker, 26 ha Wiesen, 1 ha Wald, 24 Wohnhäuser, 136 Einwohner.

Desloch[2] (L 22) wurde 1595 vom Wild- und Rheingrafen zu Kyrburg an Zweibrücken abgetreten. 673 ha Gemarkung, 446 (510) ha Ackerland, 54 (35) ha Wiesen, 12 ha Weinberg, 109 (85) ha Wald, 110 (61) Wohnhäuser, 545 Einwohner.

Lettweiler[1] (M 22) war ein Lehen der Herrschaft Kirchheim-Bolanden und wurde 1613 von Nassau-Weilburg abgetreten. 629 ha Gemarkung, 399 (388) ha Ackerland, 63 (76) ha Wiesen, 10 ha Weinberg, 136 (115) ha Wald, 97 (60) Wohnhäuser, 476 Einwohner.

Heiligenmoschel[5] mit dem Horterhof (M 24), Lehen der Grafschaft Sponheim, wurde von den Besitzern 1600 und 1603 an den Pfalzgrafen von Zweibrücken verkauft. 868 ha Gemarkung, 515 (460) ha Ackerland, 107 (53) ha Wiesen, 213 (26) ha Wald, 106 (42) Wohnhäuser und 538 Einwohner. Wahrscheinlich ist der zum Kloster Otterberg (Kurpfalz) gehörige Horterhof 1780 nicht mitgezählt und vermessen worden.

Schiersfeld[1] mit dem Sulzhof (M 23) war 1664 als erledigtes Lehen den Wild- und Rheingrafen von Kyrburg und von Dhaun

---

1) Bezirksamt Rockenhausen, Amtsgericht Obermoschel.
2) Kreis und Amtsgericht Meisenheim.
3) Bezirksamt und Amtsgericht Rockenhausen.
4) Bezirksamt Kusel, Amtsgericht Wolfstein.
5) Bezirksamt Kaiserslautern, Amtsgericht Otterberg.

heimgefallen, die ihre Anteile 1664 und 1679 an Pfalz-Zweibrücken
bzw. an Kurpfalz verkaufen. 705 ha Gemarkung, 459 (400) ha
Ackerland, 65 (40) ha Wiesen, 4 ha Weinberg, 156 (90) ha Wald,
83 (69) Wohnhäuser, 390 Einwohner.

Noch 1755 wurde das Dorf Hochstätten an der Alsenz[1] (MN 22),
bis dahin wildgräflich, von Pfalz-Zweibrücken erworben. 549 ha
Gemarkung, 304 (149) ha Ackerland, 17 (16) ha Wiesen, 28 (5) ha
Weinberg, 165 (117) ha Wald, 119 (46) ha Häuser, 129 (50) Ein-
wohner.

Diesen Erwerbungen stehen folgende Verluste gegenüber:

1. Das Amt Lauterecken wurde 1543 für den Pfalzgrafen Ruprecht,
   der die Veldenzer Linie begründete, von den Zweibrückischen
   Landen abgetrennt und kam 1695 an Kurpfalz   2986 ha
2. das Amt Einöllen . . . .   1963 „
   Odernheim und Antoniusberg . . . .   1490 „
   Hochstätten an der Alsenz . . . .   549 „
   Hallgarten . . . .   255 „
   Berzweiler . . . .   183 „
   Niederhausen . . . .   532 „
   Duchroth und Oberhausen, die 1768 bzw. 1779
   an Kurpfalz abgetreten wurden . . . . .   1299 „
                                                 ――――――――
                                                  9257 ha
Veldenzisch waren ohne das Stolzenberger Tal zuletzt   16035 ha
mit dem Stolzenberger Tal . . . .   18291 „
dazu die Zweibrückischen Erwerbungen . . . . .   6458 „
                                                 ――――――――
zusammen . . . .   24749 ha
davon ab Amt Lauterecken . . . .   2986 „
                                                 ――――――――
Amt Meisenheim zur Zeit seiner grössten Ausdehnung   21763 ha
nach den Abtretungen an Pfalz 1768 und 1779 . . 15492 „

XI. Die Raugrafschaft.

Raugrafen, comites hirsuti, nannten sich seit 1148 Graf Emich
von der Baumburg (Altenbamberg), der Bruder des Wildgrafen
Konrad von der Kyrburg, und seine Nachkommen aus dem Hause
der Emichonen vom Nahegau. Sie waren, wie die Wildgrafen,
Vasallen der Pfalzgrafschaft, und zwar Vögte der Pfalzgrafen im
Gericht Alzey. In dem Weistum dieses Gerichts heisst es: „Es
soll auch ein fryhe Rugrave[2] des pfaltzgraven faut sin, der soll mit

―――――――――

[1] Bezirksamt Rockenhausen, Amtsgericht Obermoschel.
[2] Hier ist für die Raugrafen ausdrücklich die Zugehörigkeit zu
dem Stand der Freien bezeugt. Was von den Raugrafen gilt, muss natür-
lich auch für die Emichonen und Wildgrafen gelten. Die Bestimmungen
des Weistums sind teilweise sehr altertümlich, wenn es auch erst in einer
Abschrift von 1494 und in der Form aus dem 14. Jahrhundert vorliegt.
Vgl. Arch. f. Hess. Gesch. 14 (1874) S. 715 f.

Stammtafel der Raugrafen.

Emicho I., Raugraf, Graf v. Baumburg, 1158—1160

Emicho II., 1181—1200 — Konrad I., 1181—1186

Konrad II., 1200 — Ruprecht I., 1200, Hedwig von Eberstein — Gerhard I., 1200

Konrad III., 1229—1256

Heinrich I., Raugraf, † 1261

Gerhard II., Propst zu Speyer und Worms

Friedrich, zum Bischof von Speyer erwählt 1274, nach 1277 Bischof v. Worms

Ruprecht II., Raugraf 1281, Elisabeth von Hohenfels

Eberhard, Bischof von Worms, 1258—1277

Konrad IV., 1274—1277

Heinrich II, Raugraf, † 1292, Adelheid v. Sayn

Emich, Bischof v. Worms

Simon, Domherr zu Worms

Ruprecht III., Raugraf, † 1316, Wildgräfin Susanne

Heinrich II., Raugraf, † 1330, Katharina von Katzenelnbogen

Eberhard, Domherr in Worms

Gerhard, Propst in St. Paul in Worms

Georg I., Raugraf, † 1309, Landvogt im Speyergau, Margarete von Daun

Johann, Domherr in Mainz

2 Tüchter

Konrad V., der Alte, Raugraf 1327, Adelheid v. Sayn, Witwe v. Raugraf Heinrich II.

Heinrich IV., d. Junge, Raugraf, † 1340, Elsbeth v. Hohenfels

Gottfried † 1308

Ruprecht IV., Raugraf, † 1371, 1. Frln. v. Blamont, 2. Catharina v. Mörs

Hedwig

Georg II., Raugraf, † 1349, Margarete von Katzenelnbogen

Konrad VI., d. Junge, Raugraf 1340, Else von Leiningen-Nannstein

Lauretta heiratet Otto v. Bolanden

Philipp I., Raugraf, † 1359, Agnes von Leiningen

Heinrich V., Raugraf, † 1385

Schönette, Schenk v. Erbach

Margarete

Wilhelm, Raugraf, † 1358, 1. Elisabeth v. Leiningen, 2. Kunigunde v. Sponheim-Dannenfels

Georg † 1338

Johann, † 1341

Philipp — Konrad

Anna v. Bolanden

Philipp II., Raugraf, † 1397

Kuno, Propst von St. Gereon in Köln

Elisabeth, 1. Vogt v. Hunolstein, 2. v. Daun zu Bruch

Wilhelm 1400

Otto, Raugraf, † 1458, Maria v. Salm, Elisabeth v. Hohenfels

Engelbrecht 1506 — Georg — Reinhard — Anna

Engelbrecht — Reinhard — Hugart

zweyen fryen mannen zu gericht sitzen by dem schultheiszen . . .
und soll horen des pfaltzgrafen bresten und soll den richten, da
ine der schultheisz nit gerichten mag." Nach den pfälzischen Lehen-
briefen empfing der Raugraf die Raugrafschaft, das Truchsessenamt
zu Alzey, die Stadt Rockenhausen, die Dörfer Gunterswilre, Ger-
wilre, Katzenbach, Rurswilre, Gerbach, Gondersheim und Onesheim,
seinen Teil zu Sweinswilre und zu Flanheim mit der Gemeinschaft
daselbst und alle Teile, die er in Gemeinschaft mit der Wildgraf-
schaft hatte, und solch Recht zu Alzey, als seine Vorfahren da-
selbst gehabt hatten.

Raugraf Emich I. hatte zwei Söhne, Emich II. und Konrad I.,
von denen der jüngere das Geschlecht fortsetzte. Seine Söhne,
Konrad II., Ruprecht I. und Gerhard I. scheinen eine Verteilung ihrer
Schlösser gemacht zu haben. Konrad II. wurde der Stammvater
der Stolzenberger, Ruprecht der Baumburger Linie. Ruprechts
Söhne, Heinrich I. und Ruprecht II. gründeten 1253 eine neue Burg
bei dem Dorf Sarlisheim, die später Neuen-Baumburg (Neubam-
berg) genannt wurde. Heinrich schloss wegen ihr am 13. März
1253 einen Vertrag mit seinem Vetter Konrad III. von der Stolzen-
berger Linie, in welchem sie sich gegenseitige Erbberechtigung in
ihren Besitzungen zugestanden.   .

Heinrich I. stiftete die Linie von der Neuen, Ruprecht II. die
von der Alten Baumburg. Die Stolzenberger Linie starb mit Rau-
graf Wilhelm 1358 aus. Ihn beerbten Philipp und Konrad von
Bolanden, Söhne der Vatersschwester Wilhelms, der Raugräfin
Lauretta. Durch Philipps Tochter Anna gingen ihre Besitzungen
an den Raugrafen Philipp II. von der Neuenbaumburger Linie über.
Die Altenbaumburger Linie erlosch um 1385 mit Raugraf Hein-
rich V. Die Neuenbaumburger Raugrafen verschwinden mit dem Grafen
Otto aus dem Nahegau, indem dieser 1457 kurz vor seinem Tode
den Rest der Raugrafschaft an Kurfürst Friedrich von der Pfalz
verkaufte. Seine Söhne Engelbert, Georg und Reinhard protestierten
am 3. Januar 1458 gegen diese Veräusserung, aber sie konnten
gegen den mächtigen und kriegslustigen Kurfürsten von der Pfalz
nichts ausrichten. Ihre Nachkommen behielten noch einige Lehen
von Kurtrier und scheinen sich später in Luxemburg und Belgien
ansässig gemacht zu haben.

Im einzelnen ist die Geschichte der Raugrafen zum grössten
Teil die Geschichte der Veräusserung ihrer Besitzungen. Sie haben
es wenig verstanden, ihren sehr zerstreuten Besitz beisammenzu-
halten und abzurunden. Die von ihnen ausgestellten Urkunden
sind meist Verpfändungen, Verkäufe und Abtretungen einzelner
Burgen, Städte, Dörfer und Gerichte. Die Geschichte ihres Landes
erzählt nur von seiner Auflösung. Ich habe kein Urbar, kein
Kopialbuch irgendeines der Raugrafen in den Archiven vorgefunden.
Man ist lediglich auf die Urkunden angewiesen. Da Pfarrer J. G.
Lehmann es versäumt hat, sein Material über die Raugrafen zu-

sammenzustellen und herauszugeben, ist man, solange der Lehmannsche Nachlass nicht durchgearbeitet ist, auf folgende Abhandlungen angewiesen:

Historische Notizen über die Raugrafschaft und einige zu derselben gehörige Ortschaften. Handschrift auf der Universitätsbibliothek zu Heidelberg, 369/147. Auszüge aus pfälzischen Copialbüchern und Notizen anderer Herkunft von einem pfälzischen Archivbeamten des 18. Jahrhunders zusammengestellt.

H. Ch. de Senckenberg, Medit. Fasc. I. De communi silvestrium ac hirsutorum comitum origine.

J. A. Grüsner, Diplomatische Beiträge, I. Stück. Frankfurt 1775.

C. Schneider, Geschichte der Raugrafen, in den Wetzlarer Beiträgen für Geschichte und Altertümer, herausgegeben von P. Wiegand. (I. Wetzlar 1836) II. Halle 1845, 226—253, 353—383.

A. Köllner, Geschichte der Herrschaft Kirchheim-Bolanden. Wiesbaden 1854. S. 82—130.

Fr. Toepfer, Urkundenbuch zur Geschichte der Vögte von Hunolstein. Nürnberg 1866—72. Bd. II, Beilage I, S. 383—414. Dies ist bis jetzt die brauchbarste Darstellung.

Die Stammburg der Raugrafen war die alte Baumburg bei dem Städtchen Altenbamberg (Bezirksamt Rockenhausen, Amtsgericht Obermoschel [MN. 22], südlich der Ebernburg an der Alsenz gelegen[1]). Dem Tal unter der Baumburg (in Urkunden des Klosters Tholey über das Patronatsrecht heisst dieser Ort im 13. Jahrhundert Baumenkirchen oder Bomenkirchen) verlieh Kaiser Ludwig der Bayer 1320 auf Bitte des Raugrafen Georg II. städtische Freiheit nach Oppenheimer Recht und einen Wochenmarkt. Die Burg wurde 1343 und 1355 dem Pfalzgrafen zur Besetzung in Kriegszeiten geöffnet, was 1358 und 1359 wiederholt wurde[2]). Am 16. Dezember 1371 verpfändete Philipp von Bolanden als Inhaber eines Teiles der Raugrafschaft dem Pfalzgrafen Ruprecht I. die Mittelburg zu Altenbeimburg, die Hälfte des Turms, Mantels und der übrigen Zubehörden mit der Kapelle für 7100 kleine florentinische Gulden[3]). Die Witwe des Raugrafen Wilhelm, Kunigunde von Sponheim, in zweiter Ehe mit dem Grafen Ludwig von Rieneck vermählt, verkaufte 17. April 1376 den beiden Pfalzgrafen Ruprecht I. und II. das ehemals Raugraf Konrad dem Alten gehörige Hinterhaus von Altenbaumburg, ihren Teil an dem Tale, den Hof zu Etzingen (jetzt Wüstung „Itzinger oder Metzinger Flur" bei Altenbamberg) und ihr sonstiges zu Altenbaumburg gehöriges Besitztum für 1200 Gulden[4]). Philipps Bruder, Konrad von Bolanden, verkaufte dem Pfalzgrafen Ruprecht I. am 20. August 1376 seinen Anteil an der Burg, auch den von der Gräfin von Rieneck als Wittum bewohnten Bau, die ererbten Teile der raugräflichen Lande, dazu Burg und Herrschaft Stolzenberg[5]). Durch diese Verkäufe kam Kurpfalz in den Besitz von drei Viertteilen an Altenbamberg.

---

1) J. G. Lehmann, Burgen der Pfalz IV 283.
2) Regesten der Pfalzgrafen I 2833. 3086. 3161.
3) Ebd. I 2, 3948. 4) Ebd. I 4162. 5) Ebd. I 4156.

In den Hausverträgen von 1410 und 1440 wurde ein Viertteil an die Linie Pfalz-Simmern überlassen.

Im Jahr 1457 ist dann vom Raugrafen Otto noch der letzte Teil dieser Herrschaft an Kurpfalz abgetreten worden.

Im Jahre 1501 verlieh Kurpfalz seine Dreiviertel, Pfalz-Simmern sein Einviertel an Altenbamberg dem Marschall Philipp von Cronberg zu Erblehen. Dessen Geschlecht erlosch mit Johann Nikolaus von Cronberg 1710. Es nahm hierauf Johann Hugo Waldecker von Kaimt für seine Mutter Besitz von Altenbamberg, der aber 1757 ohne Erben starb. Das Lehen wurde eingezogen und an Simmern überlassen. Durch den Tausch vom 28. Januar und 15. Februar 1779 wurde Altenbamberg als kurpfälzisches Lehen dem Fürsten Friedrich Wilhelm von Ysenburg verliehen.

Nach dem Alzeyer Zinsbuch von 1462—1470 (s. unten S. 193 f.) gehörte zu Altenbamberg auch der Hof zu Fallenbrücken und die 20 Malter Schirmhafer von Eckelsheim. Der Fallbrücker oder Vallbrücker Hof liegt oder lag in der Gemarkung Winterborn, nördlich vom Dorf neben dem Wöllsteiner Wald und grenzt an die Gemarkung Hochstätten an der Alsenz und an die hessische Gemarkung Fürfeld. Dort bestand ein kleines Nonnenkloster von der dritten Regel des heiligen Augustinus, welches unter Erzbischof Berthold von Mainz (1484—1504) wieder aufgebaut wurde. Im Saalbuch von 1462 erscheint es als raugräflicher Pachthof. 1528 vermittelte Kurpfalzgraf Ludwig V. zwischen dem Deutschordensmeister Walter von Cronberg und seinen Geschwistern einerseits und der Meisterin und dem Konvent von Vallenbrücken andererseits, dass das Kloster die 18 Malter Korn und Hafer, wie bei der Wiedererrichtung durch Pfalzgraf Philipp angeordnet sei, noch weiter an die von Cronberg nach Altenbamberg geliefert werden sollen. Das Kloster war damals schon wieder (oder noch immer?) verbrannt, und die Nonnen wohnten zu St. Peter zu Kreuznach. Der bei dem Kloster gelegene Wald soll nicht verwüstet werden [1]). Auf der Katasterkarte von Winterborn ist der Distrikt des Vallbrücker Hofs leicht zu erkennen, er reicht bis an den Laischbach und Rotengraben.

Das Schutzverhältnis von Eckelsheim zu Altenbamberg gründet sich wohl auf die Verordnung des Kurpfalzgrafen Ruprecht I., der die Einwohner dieses Orts und von Kalkofen auf vier Jahre zu Bürgern mit den Rechten von Altenbamberg aufnahm und sie besonders gegen Antelmann von Grasewege in Schutz nahm (2. Februar 1374), an den die beiden Orte von Philipp von Bolanden verpfändet worden waren [2]). Es mag sein, dass ein solches Verhältnis schon früher bestand, als die Raugrafen diese Ortschaften noch in Händen hatten.

----

1) G. Widder, Beschreibung der kurfürstl. Pfalz IV 147. — Remling. Klöster der Pfalz II 300.
2) Regesten der Pfalzgrafen I 4045.

Die Gemarkung Altenbamberg mit dem Bangerter-, Brück-locher- und Steigerhof umfasst 754 ha mit 282 ha Ackerland, 17 ha Wiesen, 59 ha Weinberg, 363 ha Wald, 130 Haushaltungen und 599 Einwohner (1885).

Der Distrikt um den Vallbrückerhof ist etwa 196 ha gross, er enthält 125 ha Wald, 5 ha Wiesen, 65 ha Ackerland. Mit Alten-bamberg zusammen 950 ha Gemarkung, 347 ha Ackerland, 22 ha Wiesen, 59 ha Weinberg, 488 ha Wald.

Die Allodialbesitzungen der Altenbaumburger Linie werden in der Urkunde des Raugrafen Heinrich des Älteren vom 12. August 1325 angegeben, mit der er die Verwaltung seines Landes dem Gemahle seiner Stieftochter Elisabeth von Katzenelnbogen, dem Grafen Philipp von Sponheim-Dannenfels, Herrn von Kirchheim-bolanden, übergab: „Zum ersten ist eygen unsere borg zu Alten-heymborg, der dal, die welde und alles, was wir in dem gericht han; item Ewernburg, Filde und Bingarden und alle lude die in den hof zu Ewernburg gehoren, und was wir in dem gericht han; — drei höfe zu Munsterappeln, zu Oberhusen und zu Niderhusen; — das gut zu Diefendell; — der hof zu Vornfeld; — das gericht zu Wonsheim; — haus und wyngarten zu Suffersheim; — gericht und zehenden zu Mauchenheim und Becherheim; — der hof zu Sie-bichenberg (Schniftenbergerhof?); — Kriegsfeld, Solzheim, Rorbach die dorfer und gerichte; — Jugenheim ohne das Gericht und den Kirchensatz, welche Lehen waren; die burg zu Nauwenborg, Merks-heim, Becherbach, Lempach, Solzbach und Leybelbach, dorfer und gerichte.

Diese Güter soll Graf Philipp von Sponheim nach Heinrichs Tode mit dessen Sohne, dem Raugrafen Ruprecht II. teilen. Durch diese Erbordnung ist ein Anteil der Raugrafschaft an die Herrschaft Kirchheimbolanden gekommen.

Zu Alsenz (Amtsgericht Obermoschel [M 22]) besassen die Rau-grafen das „St. Petersgericht", das in verschiedenen Anteilen 1363, 1380, 1408 und 1430 an die Grafen von Veldenz verpfändet wurde, die es nachher behalten haben (unten S. 368 f.).

Fläche 1288 ha: Acker 871, Wiese 70, Weinberg 57, Wald 222; Wohn-häuser (1883) 257.

Bechenheim (Kreis und Amtsgericht Alzey [O 22]), ist wohl seit 1325 bei der Herrschaft Kirchheimbolanden geblieben (s. oben und im ortsgeschichtlichen Teil S. 431).

Fl. 255: A. 206 W. 11 Wb. 4 Wd. 23; Wh. 89.

Diemerstein und Fischbach (Bezirksamt und Amtsgericht Kaiserslautern [N 25]). Die Burg Diemerstein kam um 1250 an den Raugrafen Heinrich I. von Neuenbaumburg, der damals dem Kloster Enkenbach die Vergünstigung erteilte, aus dem Diemer-steiner Wald Brennholz zu holen. Sein Nachkomme, Raugraf Phi-lipp, bewilligte 1346 demselben Kloster die Weide in diesem Wald.

1401 trat Raugraf Otto diese Herrschaft an seinen Schwager Philipp von Daun, Herrn zu Oberstein, ab (S. 266).

  Fl. 2200: A. 236 W. 25 Wb. — Wd. 1900; Wh. 85.

Dorndürkheim (Kreis Worms, Amtsgericht Osthofen [P 23]), war bei der Auflösung der Raugrafschaft 1457 im Lehensbesitz der Schlüchterer von Erfenstein (S. 200).

  Fl. 558: A. 509 W. — Wb. 26 Wd. —; Wh. 178.

Ein Teil an **Dittelsheim** (Amtsgericht Osthofen [P 22]) war um diese Zeit als Lehen im Besitz der Vetzer von Geispitzheim (S. 200).

  Fl. 744: A. 645 W. — Wb. 78 Wd. —; Wh. 168.

Die Herrschaft **Ebernburg** wurde 1338 halb an den Grafen von Sponheim-Kreuznach überlassen, der 1347 das Dorf Ebernburg (N 21) ganz, 1381 auch die Dörfer Feil und Bingert ([M 22] alles Amtsgericht Obermoschel) ganz erhielt (S. 72 f.).

  Fl. 1799: A. 840 W. 73 Wb. 141 Wd. 658; Wh. 361.

Eckelsheim (Kreis Alzey, Amtsgericht Wöllstein [N 22]) wurde 1360 von Philipp von Bolanden an Antelmann von Grasewege verpfändet, ging 1389 an Graf Simon III. von Sponheim-Kreuznach über, und wurde 1408 durch den Raugrafen Otto an Kurmainz abgetreten. 1336 erhielt der Raugraf Georg II. den reichsfiskalischen Hof zu Eckelsheim (S. 497 und 518).

  Fl. 491: A. 418 W. 11 Wb. 47 Wd. —; Wh. 86.

Das Amt **Flonheim** (Kreis und Amtsgericht Alzey [O 22]) war mit den Wildgrafen gemeinschaftlich. 1348 überliess Raugraf Georg II. seine Rechte und Leute im Amt zu Flanheim mit Gülten, Gefällen, Herbergen und seine Leute zu Uffhofen und Bornheim dem Wildgrafen Friedrich von Kyrburg.

  Fl. 1940: A. 1742 W. 10 Wb. 89 Wd. 33; Wh. 517.

Um 1290 war Raugraf Heinrich II. Mitbesitzer von **Freimers-heim** (Amtsgericht Alzey [O 22]).

  Fl. 639: A. 616 W. — Wb. 4 Wd. —; Wh. 115.

Gundersheim und **Enzheim** (Kreis Worms, Amtsgericht Pfeddersheim [P 22/23]) waren pfälzische Lehen der Raugrafen zum Truchsessenamt von Alzey gehörig, fielen schliesslich 1457 dem Lehensherrn heim (S. 206 f.).

  Fl. 844: A. 741 W. — Wb. 70 Wd. —; Wh. 234.

Iben (Hof bei Fürfeld, Amtsgericht Wöllstein, Kreis Alzey [N 22]) kam von den Raugrafen zur Hälfte 1356 an den Grafen von Sponheim-Dannenfels (Kirchheimbolanden), zur andern Hälfte 1362 an Emmerich Marschalk von Waldeck (S. 236).

  Wh. 4.

Jugenheim in Rheinhessen (Kreis Bingen, Amtsgericht Wörrstadt [O 21]) wurde 1336 und 1368 an Sponheim-Dannenfels veräussert (S. 433). Das Gericht war Reichslehen.

  Fl 618: A. 459 W. 29 Wb. 89 Wd. 17; Wh. 197.

Kalkofen (Amtsgericht Obermoschel [N 22]) wurde 1365 von Philipp von Bolanden, Teilhaber der Raugrafschaft, an Antelmann von Grasewege versetzt (S. 497).

Fl. 183: A. 140 W. 11 Wb. 10 Wd. 14; Wh. 57.

Kriegsfeld (Bezirksamt und Amtsgericht Kircheimbolanden [N 22]) wurde 1376 an Sponheim-Dannenfels versetzt, 1431 nochmals an H. von Udenheim. Kurpfalz erwarb das Lösungsrecht (S. 209).

Fl. 1480: A. 958 W. 63 Wb. — Wd. 456; Wh. 231.

Merxheim (Kreis und Amtsgericht Meisenheim [L 22]) wurde durch Philipp von Bolanden vor 1381 an die dort ansässige Ritterfamilie verkauft (S. 100).

Fi. 1719: A. 899 W. 168 Wb. 68 Wd. 514; Wh. 231.

Mauchenheim (Amtsgericht Kirchheimbolanden [O 22]) wurde teilweise 1376 durch Raugraf Heinrich V. an Sponheim-Dannenfels versetzt, ein anderer Anteil war schon von 1404 an Kurpfalz gekommen, einen dritten besass Raugraf Otto noch im Jahre 1428, in welchem er ihn an Andreas von Heppenheim, genannt uf dem Sale, verpfändete. Der Pfalzgraf hatte das Einlösungsrecht (S. 211, 432).

Fl. 687: A. 659 W. 16 Wb. 17 Wd. — ; Wh. 171.

Mörsfeld (Amtsgericht Kirchheimbolanden [N 22]) war vor 1381 durch Raugraf Ruprecht an Diez Birkenfelder versetzt worden. (S. 212).

Fl. 525: A. 427 W. 6 Wb. 27 Wd. 37; Wh. 88.

Münchweiler am Glan (Bezirksamt Homburg i. Pf., Amtsgericht Waldmohr [K 25]) bildete mit den Dörfern Börsborn, Dietschweiler, Gries, Haschbach, Nanzweiler, Steinbach eine Herrschaft des Klosters Hornbach bei Zweibrücken, welche die Raugrafen von Neuenbaumburg von dem Abt zu Lehen trugen [1]). 1333 verkauften Raugraf Heinrich und seine Erben Heinrich und Gottfried den Hof und das Dorf „Munchwiler bei der Burg Lichtenberg" mit der hohen und niedern Gerichtsbarkeit, mit Land und Leuten und aller Zubehör, so wie sie das von Abt Rudolf von Hornbach zu Lehen hatten, und die Hälfte der Burg Inswiler (bei Rockenhausen) und die Hälfte des darunter gelegenen Dorfs an den Erzbischof Baldewin von Trier um 1400 Pf. Heller mit der Bedingung, dass, wenn Heinrich diese Pfandschaft binnen zehn Jahren nicht zurückkaufe, der Abt zu Hornbach das erste Auslösungsrecht haben soll. 1336 wurde diese Pfandschaft auf den Grafen Johann von Sponheim umgeschrieben; 1344 war aber Münchweiler wieder in der Hand des Raugrafen Philipp von Neuenbaumburg, der daselbst eine Burg baute und sie dem Erzbischof Baldewin zu Lehen auftrug. 1379 wurde das Dorf Monichwiler, lude, gude, gerichte von Raugräfin Agnes und ihrem Sohn Cone von Neuenbaumburg für 300 rheinische Gulden dem Grafen Friedrich von Veldenz wiederkäuflich versetzt. 1412 erlaubte Abt Gerhard Winterbecher von

---

1) Neubauer, Regesten des Klosters Hornbach. Mitteilungen des hist. Vereins d. Pfalz 27. 1904 Nr. 221, 341, 345, 346, 371, 601, 602, 631. — KrASpeyer, Veldenzer Copialbuch IV 121 f., VII 78, XV 133,

Hornbach, als Lehensherr, dass Raugraf Otto zur Alten- und Neuen-
baumburg die Edelknechte Johann und Symond Gebrüder von
Breidenborn mit dem Monchwilr Dale belehnte. 1415 erhielten
aber die Herren von Breidenborn das Monchwilre Dal unmittelbar
von dem Abte zu Erblehen. Sie scheinen es von dem Raugrafen
gekauft zu haben. Das Lehen ging 1500 an Bernhard Mauchen-
heimer zu Zweibrücken und 1503 an Werner von der Leyen über.
Bei den Grafen von der Leyen ist es dann bis zur Auflösung des
alten Reichs geblieben.

> Fl. 2549: A. 1624 W. 497 Wb. — Wd. 389; Wh. 524.

Münster bei Bingen (Kreis Kreuznach. Amtsgericht Strom-
berg [N 20]) war mit den Wildgrafen gemeinschaftlich und Lehen
von Kurpfalz. Die raugräfliche Halbscheid wurde 1337 und noch-
mals 1355 an den Wildgrafen abgetreten (S. 359).

> Fl. 484: A. 119 W. 2 Wb. 94 Wd. 249; Wh. 157.

Das Amt **Naumburg** an der Nahe, bestehend aus der Burg
Naumburg bei Bärenbach (Kreis Meisenheim [K 22]), dem Becher-
bacher Gericht mit den Dörfern Becherbach (KL 22), Krebsweiler,
Thal (K 22), Limbach, Heimberg (L 22) (Kreis Meisenheim), sowie
Schmidthachenbach (K 22) (Kreis St. Wendel, Amtsgericht Grum-
bach) und den Gerichten Martin-Weierbach (K 22), Oberhachenbach
(Gemeinschaft mit der Wildgrafschaft) (K 23), Oberreidenbach (K 22)
und Löllbach (Gemeinschaft mit der Wildgrafschaft) (L 23) (Kreis
Meisenheim) ist von den Raugrafen von der Altenbaumburg 1349
zur Hälfte, 1362 und 1381 ganz an die Grafen von Sponheim zu
Kreuznach überlassen worden (Hochgericht auf der Heide, S. 178 f.).

> Fl. 6092: A. 3504 W. 551 Wb. 72 Wd. 2028; Wh. 749.

Der hierher gehörige Ort Kirn-Sulzbach ([K 22] Fürstentum
Birkenfeld, Amtsgericht Oberstein) findet sich in späterer Zeit bei
der Wildgrafschaft.

Neubamberg (Kreis Alzey, Amtsgericht Wöllstein [N 22]),
bei der 1253 gegründeten Burg in der Gemarkung des nachher
ausgegangenen Dorfes Sarlesheim entstanden, wurde 1338 zur Hälfte
an das Erzstift Mainz, 1367 Einviertel an den Grafen von Spon-
heim-Kreuznach, 1380 der Rest an Kurmainz verpfändet.

> Fl. 451: A. 328 W. 20 Wb. 6 Wd. 83; Wh. 119.

Neuhemsbach (Bezirksamt Rockenhausen, Amtsgericht Winn-
weiler [N 24]), oder vielmehr das in derselben Gemarkung wüst
gewordene alte Hemsbach war raugräfliches Lehen der Herren von
Randeck. Nach dem Tode Ruprechts von Randeck kam Hemsbach an
dessen Tochtermann Friedrich von Flersheim, dessen Nachkommen
die Freiherren von Flersheim-Felsburg die Herrschaft als Allodial-
besitz innehatten und ihren Umfang durch die Erwerbung von
Münchweiler (an der Alsenz) und Gonbach als Leininger Lehen er-
weiterten. Nach dem Tode des letzten männlichen Erben Philipp
Franz († 1655), kam sie an Heinrich von der Leyen, der sie 1662
an Oberst Jac. de Herbay verkaufte. Als dieser mit der Zahlung

in Rückstand blieb, kam sie an das gräfliche Haus Sayn-Wittgen-stein-Homburg. (Mitteilung vom Kgl. Kreisarchiv Speyer.)

Fl. 668: A. 207 W. 57 Wb. — Wd. 368; Wh. 97.

Niederwiesen (Kreis und Amtsgericht Alzey [N 22]), das Dorf und Gericht wurde 1375 von Raugraf Philipp II. an den Ritter Dietrich von Mörsheim um 377 Gulden verpfändet.

Fl. 490: A. 309 W. 31 Wb. — Wd. 135; Wh. 110.

Oberndorf (Amtsgericht Obermoschel [M 22]) war ein Lehen der Raugrafschaft im Besitz der Herren von Waldeck und von Randeck (S. 214).

Fl. 282: A. 232 W. 11 Wb. 22 Wd. —; Wh. 64.

Das Amt **Rockenhausen** (Sitz eines Bezirksamts und Amtsgerichts [M 23]) war Lehen von Kurpfalz, wurde 1369 an das Erz-stift Trier, 1379 an die Kurfürsten von der Pfalz und von Mainz versetzt, 1399 ging es ganz an Kurpfalz über, wurde dann doch wieder den Rauhgrafen verliehen und fiel 1457 an Kurpfalz zurück.

Es bestand aus der Stadt Rockenhausen (M 23), dem Gericht und Dorf Russweiler (j. Russmüllerhof [N 23]), dem Gericht Gunters-weiler und Gehrweiler mit der Vogtei über Masholderbach (Messers-bacher Hof) und einem Teil von Schweisweiler (alles [M 24]) und aus dem Gericht Katzenbach mit dem Mitweilerhof (M 23). In dem Umfang dieses Amts besassen die Raugrafen auch die Burg und das Dorf Imsweiler mit dem Spreiter- und Felsbergerhof (M 23, 24) als Lehen von der Abtei Hornbach. 1336 wurde dieses Gericht halb dem Grafen von Sponheim-Kreuznach, 1411—1415 nach und nach ganz an Kurpfalz abgetreten. Ob auch das Dorf Mannweiler zu dem raugräflichen Amt gehörte, habe ich nicht er-mitteln können (S. 239—243).

Fl. 5789: A. 3355 W. 530 Wd. 43 Wb. 1526; Wh. 768.

Die Stadt **Simmern** mit dem Dorf Chümbdchen (Endeles-komede — beide L 20) wurde von den raugräflichen Erben Philipp und Konrad von Bolanden im Jahre 1358 an Kurpfalz verkauft.

Fl. 803 ha (meist Ackerland und Wiesen); Wh. 407.

Das Amt **Stolzenberger Tal** war ein Reichslehen der Rau-grafen. Eine Linie des Geschlechts wird nach der Burg genannt. Nach dem Tode des Raugrafen Wilhelm (1358), des letzten Mannes aus dieser Linie, erbten die Söhne seiner Vatersschwester Lauretta, Philipp und Konrad von Bolanden, diese Besitzungen. Sie ver-pfändeten den dritten Teil an Stolzenberg noch im gleichen Jahr an den Pfalzgrafen Ruprecht, 1364 an den Grafen Walram III. von Sponheim-Kreuznach. Auch die beiden Grafen Friedrich von Lei-ningen sind als Erben des Raugrafen Wilhelm an der Stolzen-berger Herrschaft beteiligt gewesen: sie verpfändeten ihren Anteil 1365 an den Grafen Heinrich von Veldenz und den Ritter Antel-mann von Grasewege, und verzichteten 1367 auf die Wiederein-lösung. Anna von Bolanden, Philipps einzige Tochter, und ihr Ehemann Raugraf Philipp II. vererbten ihren übrigen Anteil an ihren Sohn Raugraf Otto von der Neuenbaumburg. Dieser überliess ihn zur Hälfte 1401 an seinen Schwager, Philipp von Daun zu Oberstein. Die andere Hälfte vererbte sich auf Ottos Sohn, Raugraf Reinhard, der ihn 1481 an Wigand von Cleberg versetzte. 1514 traten die Neffen Reinhards, die Raugrafen Engelbert II. und Hugart das Auslösungsrecht an den Herzog Alexander von Zweibrücken ab, an den schon die Veldenzer Anteile erblich gekommen waren. So kamen von der Herrschaft Stolzenberg Zweidrittel an Pfalz-Zweibrücken und Eindrittel an Daun-Oberstein-Falkenstein. Das Amt umfasste die Gemarkungen Bayerfeld, Dielkirchen, Steckweiler, Stahlberg und Steingruben (Bezirksamt und Amtsgericht Rockenhausen) und Cöln mit der Wüstung Mainzweiler (Amtsgericht Obermoschel), alles (M 23).

Fl. 2256: A. 1222 W. 202 Wb. 69 Wd. 612; Wh. 334.

Sulzheim (Kreis Oppenheim, Amtsgericht Wörrstadt [O 21]) wurde 1360 zur Hälfte durch Philipp und Konrad von Bolanden, 1361 zur andern Hälfte durch die Raugrafen Ruprecht IV. und Heinrich V. an den Domprobst und das Domkapitel zu Mainz abgetreten (S. 294).

Fl. 607: A. 501 W. 14 Wb. 75 Wd. —; Wh. 141.

Tiefenthal (Kreis Alzey, Amtsgericht Wöllstein [N 22]) ist nach 1325 bei der Herrschaft Kirchheimbolanden (Sponheim-Dannenfels) geblieben.

Fl. 185: A. 114 W. 6 Wb. 1 Wd. 8; Wh. 30.

Westhofen (Kreis Worms, Amtsgericht Osthofen [P 22]) war Lehen der Abtei Weisenburg im Elsass im Besitz der Herren von Bolanden, von Hohenfels und der Raugrafen. Diese veräusserten ihren Anteil 1400 und 1412 an Kurpfalz (S. 223).

Fl. 1476: A. 1291 W. 120 Wb. 125 Wd. 1; Wh. 319.

Das Gericht **Wöllstein** (Amtsgerichtssitz im Kreis Alzey [N 21]) mit den Dörfern Gumbsheim und Pleitersheim und dem Diesenheimer Feld (Wüstung) hatten die Raugrafen von Kloster St. Maximin vor Trier zu Lehen. Sie verkauften 1367 und 1377 eine Hälfte an den Grafen von Sponheim-Kreuznach, 1375 einen anderen Anteil an Sponheim-Dannenfels. Die Vogtei zu Pleitersheim verkauften die Raugrafen Philipp und Otto 1377 und 1412 vor dem Wöllsteiner Gericht an das Kloster Pfaffenschwabenheim (S. 65—69).

Fl. 1989: A. 1753 W. 48 Wb. 58 Wd. 18; Wh. 398.

Wonsheim (Kreis Alzey, Amtsgericht Wöllstein [N 22]) scheint im 14. Jahrhundert gemeinschaftlich zwischen dem Grafen von Sponheim-Dannenfels und den Raugrafen gewesen zu sein. 1373 versetzte Raugraf Heinrich von Altenbaumburg und im selben Jahre auch die Erbin von Dannenfels Gräfin Kunigunde von Rieneck Anteile an Antelmann von Grasewege, und Raugraf Philipp von der Neuenbaumburg erklärte 1367, dass auch das halbe Dorf Wonsheim zu den an den Grafen von Sponheim-Kreuznach versetzten Orten gehöre (S. 224).

Fl. 879: A. 550 W. 16 Wb. 8 Wd. 282; Wh. 123.

(Zusammen 42544 ha; A. 26350 W. 2629 Wb. 1337 Wd. 9761; Wh. 7461.)

Ausser diesen Aemtern und Dörfern im Nahe- und Wormsgau hatten die Raugrafen noch einige Lehen vom Erzstift Trier. So 1330 Raugraf Georg die Dörfer Nunwilre, Noylzingen, Reyzindail, Burscheit, Geursvelt, Hülzbach, Brutdorf, Zusschil, den Zehnten zu Lockwilre. Raugraf Heinrich 1308 Schloss und Herrschaft Neumagen an der Mosel, Dörfer Mailbruch und Loisme, das Nalbacher Tal, ferner Bascheit und Farniswilre und andere Güter zwischen dem Winterhauch-, Idar- und Soonwald bis zum Rhein, zur Mosel und Saar[1]).

Diese Güter hatten sie meist an andere Herren zu Afterlehen gegeben.

XII. Die Grafschaft Sponheim.

J. G. Lehmann, Die Grafschaft und die Grafen von Spanheim der Linien Kreuznach und Starkenburg bis zu ihrem Erlöschen im 15. Jahrhundert. 2 Teile. Kreuznach 1869. — H. Witte, Ueber die ältesten Grafen von Sponheim, in der Zeitschrift für die Geschichte des Oberrheins. XI 1896, 161 ff. — J. Wagner, Urkundliche Geschichte der Ortschaften, Klöster und Burgen des Kreises Kreuznach bis zum Jahre 1300. Kreuznach 1909.

Ausser dem Gaugrafengeschlecht der Emichonen war im Nahegau einheimisch das mächtige Haus der Grafen von Sponheim, dessen Ursprung bis etwa zum Jahr 1000 zurückverfolgt werden kann. Die um diese Zeit geschehene Verpflanzung eines Zweiges dieser vornehmen Familie nach Kärnten lässt auf nahe Beziehung zum Salisch-Wormsgauischen Hause schliessen. Vielleicht lässt sich eine Verbindungslinie mit der Familie des Alberich und seines Sohnes Hererich ziehen, die 824 in Böckelheim, 868 in Weinsheim (Wimundasheim super fluviolum Ellera) nur wenig mehr als 4 Kilometer von dem Stammschloss Spanheim entfernt, ansässig gewesen ist. Auch zu der Gaugrafenfamilie der Bertholde in der Moselgegend müssen die Grafen von Sponheim in verwandtschaftlichen Beziehungen gestanden haben, denn sie scheinen in manchen Besitzstücken deren Erben gewesen zu sein.

Durch die Verbindung mit Mathilde von Mörsberg brachte Meginhard von Spanheim auch die Güter der Nellenburg-Mörsbergischen Erbschaft an sein Haus, im Nahegau also das Schloss Dill und das Kloster Pfaffenschwabenheim, die nun ebenso, wie die Stammburg Sponheim, bei den Teilungen als Samtbesitz der Familie in Gemeinschaft gelassen wurden. Bis etwa 1223 ist eine dauernde Teilung der Grafschaft Sponheim nicht nachzuweisen, wohl sind in manchen Generationen mehrere Grafen oder Herren nebeneinander an der Regierung, so neben dem Herrn Meginhard der Graf Rudolf (1124), neben dem Grafen Heinrich I. (1191—1199). Graf Albert, der viel am Kaiserhof weilte, und an Reichsfeldzügen in Italien teilnahm; schon in den letzten Lebensjahren seines Bruders

---

1) Günther, Cod. dipl. Rheno-Mosellanus 3, 290.

nahm er in Monzingen und Bockenau Regierungshandlungen vor. Zum letztenmal erscheint er im Jahre 1204. Der dritte dieser Brüder, Graf Gottfried III., Gemahl der Erbtochter Adelheid von Sayn, regierte in den beiden Grafschaften 1200—1223.

Nach seinem Tode erfolgte die Teilung. Graf Johann erhielt an der Mosel und im Hochwald gelegene Besitzungen, darunter im Nahegau das Amt Herrstein, die „hintere Grafschaft Sponheim", und nannte sich von Starkenburg an der Mosel, der zweite Bruder Heinrich wurde Graf von Sayn, der dritte, Simon I. (eigentlich Simont, Siegmund) gründete die Linie zu Kreuznach in der „vorderen Grafschaft" Sponheim. Dazu gehörten die Bezirke der Burgen Kreuznach, Böckelheim, der Soonwald mit dem späteren Amt Winterburg, das Amt Kirchberg, das Amt Kastellaun. Nur das letztgenannte liegt ausserhalb des Nahegaus.

Des Grafen Simon I. von Sponheim-Kreuznach Söhne waren Johann I., Heinrich und Eberhard. Diese scheinen ihre Besitzungen so geteilt zu haben, dass Johann als Ältester Graf wurde und den Hauptteil, die Aemter Kreuznach und Kirchberg, erhielt, die beiden andern nur mit kleineren Stücken, Heinrich mit Böckelheim, Weinsheim und Monzingen, Eberhard mit Sohren ausgestattet wurden. Als Heinrich, der mit der Hand der Erbin Kunigunde von Bolanden die Aussicht auf die Herrschaft Kirchheim und Dannenfels am Donnersberg gewann, seine Sponheimer Burg Böckelheim mit allem Zubehör an den Erzbischof Werner von Mainz verkaufte, brach ein Krieg zwischen dem Grafen Johann einerseits und dem Erzbischof und Heinrich andererseits aus, der zu dem Verlust der Burg und des Amtes Böckelheim für Sponheim führte (1279—1282). Heinrich schied aus der Grafschaft Sponheim, von der er nur noch den Anteil an den Abteidörfern, sowie an Weinsheim und Rüdesheim bei Kreuznach behielt, bald ganz aus, und nannte sich Herrn von Kirchheim und Dannenfels. Er und seine Nachkommen gehören fortan der Geschichte der Bolander Erbschaft an.

Des Grafen Johann Söhne teilten wiederum am 3. Mai 1301 die von ihrem Vater ererbte Grafschaft, die sie seit 1291 gemeinschaftlich regiert hatten. Als Scheidelinie wurde unter Mitwirkung des Archidiakons Emich von Sponheim, der Grafen Heinrich und Hermann von Solms, und der Ritter Rudolf von Ansenbruch, Hugo von Starkenburg und Stelin von Bonnenheim, der Heimbach und der Soonwald angenommen; Graf Simon II. sollte alles erhalten, was gegen die Mosel, Graf Johann II. dagegen, was gegen den Rhein zu lag. Simon sollte in Kastellaun, Johann in Kreuznach Wohnsitz nehmen. Die mit der Starkenburger Linie gemeinschaftlichen Burgen Sponheim und Dill blieben auch zwischen den beiden Brüdern gemeinschaftlich. Am 12. Mai vereinbarten beide Grafen, dass auch die Vasallen in den geteilten Gebieten gemeinschaftlich bleiben und mit gesamter Hand belehnt werden sollten. Die Einheit der Grafschaft war hierdurch festgehalten. Im Winter 1339 auf 1340 setzte Graf Johann II., Herr zu Kreuznach, den Grafen Walram, Sohn seines Bruders Simon II., zum Erben in seinem Anteil ein und starb zwischen dem 10. Februar und 15. März 1340. Sein unehelicher Sohn wurde durch Kaiser Ludwig den Bayern legitimiert und zu einem Herrn von Koppenstein erhoben.

So kam die Grafschaft Sponheim-Kreuznach wieder zusammen. Aber mit Walrams Sohn Simon III. (1380—1414) erlosch der Mannesstamm dieser Familie. Wie dann die Grafschaft an die Fürsten von Kurpfalz und Pfalz-Simmern und den Markgrafen von Baden gekommen ist, ist in Bd. II S. 436—439 ausführlich berichtet. Durch diese Gemeinschaft hat sich der Begriff und Umfang der alten Grafschaft bis zur Teilung von 1707 und 1776 ziemlich unverändert erhalten.

Ueber die Bestandteile der Grafschaft geben mehrere Zinsbücher aus der letzten Zeit des Grafen Johann V. von Starkenburg, 1416 bis 1437, der ja die beiden Grafschaften innehatte, genaue Auskunft; wo solche fehlen, werden sie durch Aufnahmen aus den Jahren 1464 und 1476 ersetzt, und alle diese Aufzeichnungen durch die Amtsbeschreibung von 1601 ergänzt.

§ 1. Amt Kreuznach [1]).

Das Amt Kreuznach bestand zur Zeit des letzten Grafen von Sponheim aus der Stadt Kreuznach[2]) (N 21) (in deren Gemarkung das rheingräfliche Osterburger Gericht, das adlige Haus Sulz, der Neuhof des Klosters Eberbach und das Kloster St. Peter lagen). Bosenheim[3]) (N 21), Hackenheim[3]), mit dem Hof und früheren Rittersitz Bonnenheim[3]) (N 21), Traisen[2]) (M 21), Weinsheim[2]), mit dem Schollander Hof[2]) (M 21), Rüdesheim[2]) (M 21), Braunweiler[2]), mit dem Kloster St. Katharinenthal[2]) (M 21), Hargesheim[2]) mit dem Breitenfelser Hof[2]) (M 21), Gutenberg[2]) mit einer Burg (M 21), Freilaubersheim[3]) mit der Wüstung Dreckweiler oder Weilerhof[3]) (N 21), Siefersheim[3]) mit der Kirche Martinsberg[3]) (N 22), Gensingen[4]) (N 21), Langenlonsheim[2]) (N 20/21), Oberhilbersheim[5]) (O 20/21), Zotzenheim[5]) (N 21), Sprendlingen[5]) (N 21) mit St. Johann[5]) und dem Hofe Bettenheim[5]) (dem Herrn von Ingelheim gehörig) (O 21), Pfaffenschwabenheim[6]) (N 21) (Grundherrschaft des dortigen Klosters), Sponheim[6]) (M 21) und Bockenau[6]) mit der Wüstung Nunkirchen[6]) (M 21) (Grundherrschaft der Abtei Sponheim) sowie das abgelegene Auen[6]) (L 21) (Grundherrschaft der Abtei Sponheim, Vogtei des Herrn von Koppenstein). In dieser Zusammen-

---

1) S. 1—70.
2) Kreis und Amtsgericht Kreuznach.
3) Kreis Alzey, Amtsgericht Wöllstein.
4) Kreis und Amtsgericht Bingen.
5) Kreis Oppenheim, Amtsgericht Wörrstadt.
6) Kreis Kreuznach, Amtsgericht Sobernheim.

setzung hatte das Amt eine Fläche von 17534 ha mit (1885) 10553 ha Ackerland, 575 ha Wiesen, 2171 ha Weinberg, 3619 ha Wald, 5242 Wohnhäusern und fast 33000 Einwohnern. 1601 waren 2025 Hausgesässe vorhanden. Das spätere kurpfälzische Amt Kreuznach (ohne Siefersheim, Sprendlingen und St. Johann) umfasst 15 086 ha Gesamtfläche mit 7809 (8689) ha Ackerland, 522 (507) ha Wiesen, 412 (1865) ha Weinberg, 2580 (3497) ha Wald, 1986 (4632) Wohnhäuser und 9597 (29853) Einwohnern im Jahre 1786 (bzw. 1885). Die hier mitgerechnete Stadt Kreuznach hatte allein eine Gemarkung von 3134 ha, davon 1400 (1483) ha Ackerland, 57 (47) ha Wiesen, 83 (800) ha Weinberg, 1175 (799) ha Wald, 619 (1928) Wohnhäusern, 786 (3613) Haushaltungen, 3599 (16414) Einwohnern im Jahre 1786 (1885) und 807 Hausgesässe im Jahre 1601.

Von den obengenannten Dörfern ist nur Gutenberg, oder wie es früher hiess Weitersheim, nicht ursprünglich Sponheimisches Gebiet; es wurde 1334 durch den Mainzer Kämmerer Eberhard, Herrn zu Gutenberg, an Sponheim abgetreten. Seit 1350 bildete es mit Braunweiler, Katharinenthal, Roxheim und Hargesheim ein besonderes Amt Gutenberg.

Die Dörfer Weinsheim und Rüdesheim (1265 ha) gehörten 1279 zum Anteil des Grafen Heinrich von Sponheim, der auf der Burg Böckelheim[1]) seinen Wohnsitz hatte. Derselbe besass noch Waldböckelheim[2]) (M 21) mit den Anteilen an Boos und Obenstreit (M 22), Schloss und Thal Böckelheim[2]) (M 21), Monzingen[2]) (L 21/22) mit Nussbaum[2]) (L 21/22) und Langenthal[2]) (L 21) sowie Seesbach[3]) (L 21), ein Gebiet von 5160 ha, davon über 2600 ha Ackerland, nahe an 300 ha Weinberg, 1674 ha Wald, welches durch ihn an das Erzstift Mainz abgetreten wurde. Es wurde mit der schon vorher mainzischen Stadt Sobernheim[2]) (aber ohne Seesbach) 1466 an den Pfalzgrafen von Zweibrücken verpfändet, 1471 durch den Kurfürsten Friedrich von der Pfalz erobert, und war 1576—1582 mit Pfalz-Lautern, 1611—1674 mit Pfalz-Simmern verbunden. In dieser Zusammensetzung umfasste es 6672 ha Gesamtfläche mit 2300 (3417) ha Ackerland, 195 (298) ha Wiesen, 120 (323) ha Weinberg, 1860 (2271) ha Wald, 648 (1172) Wohnhäusern, 714 (1475) Haushaltungen, 3535 (6834) Einwohnern im Jahre 1786 (1885).

Ferner stand mit dem Amt Kreuznach die Herrschaft Ebernburg in Verbindung, die 1338 als Condominium, 1381 ganz von den Raugrafen an Sponheim abgetreten wurde, aber seit 1430—1750 bzw. 1771 im Pfandbesitz von Adligen war, seit 1448 der Familie von Sickingen. Sie umfasste mit den Dörfern Ebernburg[4]) (N 21), Feil und Bingart[5]) (M 22), Norheim[6]) (M 21), ein Areal 2103 ha

---

1) S. 81—94.   2) Kreis Kreuznach, Amtsgericht Sobernheim.
3) Kreis Kreuznach, Amtsgericht Kirn.
4) S. 71—74.
5) Bezirksamt Rockenhausen, Amtsgericht Obermoschel.
6) Kreis und Amtsgericht Kreuznach.

mit 830 (986) ha Ackerland, 73 (91) ha Wiesen, 49 (203) ha Weinbergen und 460 (696) ha Wald, 225 (483) Wohnhäusern, 229 (534) Familien, 1115 (2897) Einwohnern.

§ 2. Amt Winterburg und der Soonwald[1].

Das Amt Winterburg am Soonwald bestand aus den Dörfern Pferdsfeld[2] (L 21) mit der Wüstung Spitzweiler[2], Ippenschied[2] (L 21) mit der Wüstung Sprengelbach[2] oder Sprendelbach, Eckweiler[2] (L 21), Daubach[2] (L 21), Winterbach[2] (L 21), Winterburg[2] (L 21) (1331 zur Stadt erhoben) mit der Burg, Gebroth[2] (L 21), Spall[3] (M 21), Allenfeld[3] (M 21), zu denen noch die Burgen und Täler Burg-Sponheim[2] (M 21) und Argenschwang[3] (M 21) gerechnet werden können, ferner die jetzige Gemarkung Münchwald[3], das durch Eberbacher Mönche im Soonwald gerodete Stück bei der Dadenborner Mühle (M 20/21), endlich die jetzt zu den Gemarkungen Dörrebach[3] und Spabrücken[3] gehörigen Teile des Forstes Neupfalz (M 20); in dieser Ausdehnung ist das Gebiet (nach dem Gemeindelexikon 1885 und Planimetermessungen) 9820 ha gross gewesen, davon 2276 ha Ackerland, 827 ha Wiesen, 50 ha Weinberge, 6466 ha Wald, von denen etwa 6000 dem grossen Soonwald angehören, mit 731 Wohnhäusern, 744 Haushaltungen, 3828 Einwohnern.

§ 3. Amt Kirchberg[4].

Dieses grosse Amt umfasste die Stadt Kirchberg[5] (K 20), das Gericht der Kostenzer Pflege (Kirchberger Landveste) mit den Ortschaften Altlay[6] (J 20), Würrich[6] (J 20), Belg[6] (J 20), Rödelhausen[6] (J 20) mit der Wüstung Silz[6] (JK 20), Hahn[6] (J 20), Kappel[6] (K 19/20), Wüstungen Kir[6], Kirweiler[6] (K 19), Lamperoth[6], Mörsburg[6] und Rittelhausen[6] oder Rüchelhausen[6] (K 20), Kludenbach[7] (K 20), Todenroth[7] (K 20), Metzenhausen[7] mit einem Rittersitz (K 20), Schwarzen[7] (J 20), Oberkostenz[7] (K 20), Niederkostenz (K 20), Dillendorf[7] (K 20), Hecken[7] (K 20), Rödern (K 20), Schönborn[7] (K 20), Oppertshausen[7] (K 20), die Wüstungen Seckenhausen[5] und Reitsteg[5] in der Gemarkung Ravengiersburg[5] (K 20), Womrath[7], mit Wallenbrücken[7] und den Wüstungen Dorweiler[7], Sulzbach[7], Ruchweiler[7] und Rolzbach[7] oder Ralsbach[7] (K 20), Panzweiler[7], Wüstung Reichweiler[7] bei Gemünden[7] (K 20); Dickenschied[7] (K 20), Wüstung Werchweiler[7] (K 20), Rohrbach[7] (K 21), Schlierschied[7] (K 21). Ursprünglich gehörte auch die Burg

---

1) S. 130—137.
2) Kreis Kreuznach, Amtsgericht Sobernheim.
3) Kreis Kreuznach, Amtsgericht Stromberg.
4) S. 102—130.
5) Kreis Simmern, Amtsgericht Kirchberg.
6) Kreis Zell, Amtsgericht Trarbach.
7) Amtsgericht Simmern.

und das Tal Gemünden [1]) (K 21) zu diesem Landgericht, das in dieser
Zusammensetzung 13769 ha Flächeninhalt hatte (4692 ha Ackerland,
2093 ha Wiesen, 4585 ha Wald, 1549 Wohnhäuser, 1625 Haus-
haltungen, 7414 Einwohner im Jahre 1885). Gemünden war im
15. Jahrhundert an die Herren von Koppenstein verpfändet und
wurde erst 1464 wieder ausgelöst. 1514 wurde das Städtchen dem
Ritter Fritz von Schmidtburg verkauft, dem nach 1560 auch die
Hochgerichtsbarkeit in der Gemarkung zugestanden ward.

Die Sohrer Pflege war Reichslehen und 1301 im Besitz des
Herrn Eberhard von Sponheim, des jüngeren Bruders des Grafen
Johann von der Kreuznacher Linie. Dieses Gericht umfasste die
Dörfer: Sohren [2]), Niedersohren [2]), Bärenbach [2]), Büchenbeuren [2]),
Lauzenhausen [2]), Niederweiler [2]), Wahlenau [2]), einen Teil von Hahn [2])
und die Wüstungen Ruchenhausen [2]), zwischen Büchenbeuren und
Wahlenau, Vockenrode [2]) bei Niedersohren (J 20). Dieses Gebiet
enthält (ohne Hahn) 3849 ha, 1399 ha Ackerland, 620 ha Wiesen,
1463 ha Wald, 533 Wohnhäuser und Familien, 2577 Einwohner
im Jahr 1885.

Koppenstein, die Burg und das Dorf Gehlweiler [3]) (K 21) wa-
ren von 1155 bis 1325 im Besitz der Abtei Sponheim. Dazu ge-
hörte das Dorf Brauweiler [4]) (KL 21) im Gericht Simmern unter
Dhaun, dessen Gemarkung von den Wild- und Rheingrafen nicht
anerkannt wurde. Gehlweiler hatte 453, Brauweiler 316 ha Ge-
markung. Das ganze Aemtchen also 769 ha. 215 ha Ackerland,
88 ha Wiesen, 406 ha Wald, 87 Wohnhäuser, 90 Familien, 438
Einwohner im Jahre 1885.

Ausser diesen Gemarkungen waren mit dem Amt Koppenstein
verbunden Güter und Gerechtsame zu Mengerschied und Riesweiler
in der Vogtei Ravengiersburg und ein Vierteil am Hochgericht
Kellenbach, das Graf Simon III. von Sponheim 1403 von Johann von
Treis (Mosel) an sich gebracht hatte. Die andern Anteile gehörten
Adligen. Dieses Kellenbacher Gericht bestand aus den Dörfern:
Kellenbach [3]) (K 21), Henau [3]) (K 21), Königsau [3]) (K 21) und
Schwarzerden [3]) (L 21) mit einem Gebiet von 2401 ha, 553 ha
Ackerland, 266 ha Wiesen, 1416 ha Wald, 244 Wohnhäusern, 257
Haushaltungen und 1112 Einwohnern im Jahre 1885.

Endlich waren dem Oberamtmann zu Kirchberg auch die
sponheimischen Untertanen und Rechte in Bruchweiler [5]) (J 21) und
Hottenbach [5]) (J 21) und Umgegend unterstellt, von denen bereits
beim wildgräflichen Amt Wildenburg berichtet ist.

----

1) Amtsgericht Simmern.
2) Kreis Zell, Amtsgericht Trarbach.
3) Kreis Simmern, Amtsgericht Kirchberg.
4) Kreis Kreuznach, Amtsgericht Kirn.
5) Kreis Bernkastel, Amtsgericht Rhaunen.

§ 4. Amt Naumburg [1]).

Das Amt Naumburg an der Nahe wurde von den Raugrafen 1349 zur Hälfte, 1362 und 1381 ganz an die Grafen von Sponheim-Kreuznach abgetreten. Dazu gehörte das Becherbacher Gericht mit den Dörfern: Becherbach [2]) (KL 22), Krebsweiler [2]), Thal [2]), Schmidthachenbach [3]) (K 22), Limbach [2]) und Heimberg [2]) (L 22) mit einem Gebiet von 3523 ha, 1700 ha Ackerland, 32 ha Weinberg, 269 ha Wiesen, 1239 ha Wald, 331 Wohnhäuser und 1736 Einwohner im Jahre 1885.

Sodann gehörten zu dem Amt die Gerichte: Bärenbach [2]) mit der Burg Naumburg [2]) (K 22), Martin-Weierbach [3]) (K 22), die Wüstung Oberhachenbach [3]) (Gemeinschaft mit der Wildgrafschaft) (K 23), Oberreidenbach [3]) (K 22) und ein Teil an Löllbach [2]) (Gemeinschaft mit der Wildgrafschaft) (L 23), die zusammen 2259 ha, 1680 ha Ackerland, 8 ha Weinberg, 272 ha Wiesen, 789 ha Wald, 349 Wohnhäuser und 1898 Einwohner im Jahre 1885 ausmachen.

§ 5. Hintere Grafschaft Sponheim.

Amt Herrstein [4]).

Von der hinteren Grafschaft, dem Anteil der Grafen von Sponheim-Starkenburg, lag im Nahegau ausser den Anteilen an den Stammschlössern Sponheim und Dill nur das Amt Herrstein, bestehend aus den Gerichten; Herrstein (Wörresbach, Mainzer Lehen) mit Herrstein [5]) (JK 22), Fischbach [5]) (K 22), Mörschied [5]) (J 22), Nieder-Hosenbach [5]) (zum Teil, K 22), Nieder- und Ober-Wörresbach [5]) (J 22), 3401 ha Gemarkung, 1333 ha Ackerland, 484 ha Wiesen, 1186 ha Wald und Abtei (Vogtei über Grundherrschaft der Abtei Mettlach an der Saar [6]) mit Gerach [5]) (K 22), Göttschied [5]) (K 22), Hinter-Tiefenbach [5]) (K 22) und Regulshausen [5]) (J 22) und den Wüstungen Höhweiler [5]) (K 22), Reisberg [5]) und Kloster [5]) bei Regulshausen (J 22), 1311 ha Gemarkung, 583 ha Ackerland, 115 ha Wiesen, 373 ha Wald.

Die Aemter Dill (K 20) und Burg-Sponheim (M 21), beiden Grafschaften gemeinschaftlich, umfassten nur die bei den Burgen gelegenen Talstädtchen und die zu den Burgen gehörigen herrschaftlichen Höfe und Grundstücke, die zum Teil in weiterer Entfernung, zum Teil auch im Ausland lagen, also keine geschlossene Territorien. Im Diller [7]) Burgfrieden mögen etwa 200 ha, im Burg-Sponheimer [8]) 114 ha Grundstücke gelegen haben.

---

1) Westd. Zeitschr. XXIV 178—190.
2) Kreis und Amtsgericht Meisenheim.
3) Kreis St. Wendel, Amtsgericht Grumbach.   4) S. 138—148.
5) Fürstentum Birkenfeld, Amtsgericht Oberstein.
6) Der Graf Udo, der das Gut Getscheit an Mettlach geschenkt hat, könnte ein Salier (?) Udo sein, der 964 den Maifelder Gau innehatte. Baldes S. 63 hält diesen für einen Bruder des Herzogs Konrad des Roten.
7) Kreis Simmern, Amtsgericht Kirchberg.
8) Kreis Kreuznach, Amtsgericht Sobernheim.

Lehen von der Grafschaft Sponheim waren ausser der Pfand-
lehenherrschaft Argenschwang[1]) beim Amt Winterburg und dem
Viertteil an dem Dorf Udenkappeln[2]) die Gerichte Erbesbüdesheim[3])
1572 ha Gemarkung, 1385 ha Acker, 17 ha Weinberg, 18 ha
Wiesen, 110 ha Wald, 259 Haushaltungen 1885, Udenheim[4]) 803 ha
Gemarkung, 704 ha Ackerland, 50 ha Weinberg, 29 ha Wiesen,
kein Wald, 169 Haushaltungen und Heiligenmoschel[5]) 868 ha Ge-
markung, 517 ha Ackerland, 107 ha Wiesen, 213 ha Wald, 104
Haushaltungen.

XIII. Besitzungen des Herrengeschlechtes von Bolanden und der aus ihm hervorgehenden Familien von Bolanden, von Hohenfels und von Falkenstein.

§ 1. Herrschaft Bolanden[6]).

Die Herren von Bolanden treten mit Werner I. zuerst 1128
in der Geschichte hervor. Um 1241 teilte sich das Geschlecht,
dessen Besitzungen sich durch Heirat und Erbschaft bedeutend
vermehrt hatten, in drei Stämme, die sich seitdem nach den Burgen
Bolanden, Hohenfels und Falkenstein nannten. Diese Stammsitze
liegen alle am Donnersberg, in der Südostecke des Nahegaus.

In der Linie Bolanden teilten 1268 die Brüder Werner V.
und Philipp. Philipps Tochter Kunigunde brachte den Anteil an
ihren Gemahl, den Grafen Heinrich von Sponheim, der sein spon-
heimisches Erbgut, Böckelheim, 1278 an das Erzstift Mainz abtrat,
und sich am Ostabhang des Donnersbergs einen neuen Sitz zu
Dannenfels bei Kirchheimbolanden errichtete. Von seinen Nach-
kommen ging die Herrschaft Dannenfels oder Kirchheim 1429 und
1431 an die Grafen von Nassau-Saarbrücken über. Die Nach-
kommen Werners V. starben 1386 im Mannesstamm aus. Obgleich
sie unter anderm Teile der Raugrafschaft geerbt hatten, waren sie ge-
nötigt, ihre Besitzungen zu verpfänden und zu verkaufen; daher
ist dieser Anteil ganz in andere Hände gekommen und zersplittert.

So kam auch die Stammburg Bolanden[7]) 1376 an den Kur-
pfalzgrafen Ruprecht I. mit den zugehörigen Ortschaften Tal-
Bolanden[7]) (O 23), Marnheim[7]) (O 23), Bennhausen[7]) (N 23), den
Höfen Weiherhof[7]) (O 23), Elbisheim[7]) (O 23), Froschau[7]) (O 23),
dem Kloster zum Hane[7]) (O 23), einem Teil von Weitersweiler[7])
(NO 23) diesseits des Bachs; letzteres wurde von dem Inhaber der

---

1) Kreis Kreuznach, Amtsgericht Stromberg.
2) Kreis St. Wendel, Amtsgericht Grumbach.
3) Kreis Alzey, Amtsgericht Alzey.
4) Kreis Oppenheim, Amtsgericht Niederolm.
5) Bezirksamt Kaiserslautern, Amtsgericht Otterberg.
6) S. 402—442.
7) Bezirksamt und Amtsgericht Kirchheimbolanden.

Herrschaft Weitersweiler, Herrn von Wambold, bestritten, die übrigen Ortschaften umfassten 2867 ha Gemarkung, 1654 ha Ackerland, 43 ha Weinberg, 195 ha Wiesen, 756 ha Wald, 439 Wohnhäuser, 2420 Einwohner im Jahr 1885.

Bei den Teilungen unter den Nachkommen des Pfalzgrafen Ruprecht III. des Königs kam Bolanden an die Linie zu Simmern, die hier ein Amt einrichtete. 1706 wurde Bolanden[1]) mit Marnheim[1]), Bennhausen[1]) und Münster-Dreisen[1]) (O 23) an Nassau-Weilburg, der damaligen Landesherrschaft zu Kirchheimbolanden, abgetreten. Die Gemarkung Dreisen[1]) umfasste 903 ha mit 652 ha Ackerland, 6 ha Weinberg, 125 ha Wiesen, 76 ha Wald, 154 Wohnhäuser, 694 Einwohner. (1885.)

An den Grafen von Sponheim-Dannenfels und nachher an den von Nassau-Saarbrücken (und Weilburg) ist das Dorf, seit 1368 Stadt, Kirchheim[1]) (jetzt Kirchheimbolanden) gefallen, das ursprünglich im Besitz der Salier, dann der Hohenstaufen, Reichslehen war. Dazu gehörte das Dorf Bischheim[1]), das Kloster, später Hof Rotenkirchen[1]), der Edenborner-[1]) und Leuthof[1]). Dann war damit verbunden das Schloss Dannenfels[1]) und der 1331 zur Stadt erhobene Talort darunter, nebst dem Kloster St. Jakob auf dem Donnersberg (N 23). Zusammen 4926 ha Fläche, 1734 ha Ackerland, 38 ha Weinberg, 278 ha Wiesen, 2631 ha Wald, 708 Wohnhäuser, 4668 Einwohner. (1885.) Im Oktober 1630 zählte man an den drei Plätzen 175 Hausgesessene und 19 ledige, verlassene und zerstörte Häuser, darunter 10 in Bischheim.

Albisheim[1]) (O 23), Orbis[1]) (N 23), Morschheim[1]) (O 22/23) und Rittersheim[1]) (O 23) mit dem Heyerhof bildeten die Pflege Albisheim, die von den Grafen von Leiningen-Rixingen mit der Burg Frankenstein und dem halben Dorf Hochspeyer 1414 und 1416 an drei Herren, den Grafen Philipp I. von Nassau-Saarbrücken, den Grafen Emich VI. von Leiningen-Hartenburg und den Herrn Dietrich Stebe von Einselthum verkauft worden ist. Vorher scheint sie leininger Lehen im Besitz der alten Herren von Bolanden gewesen zu sein. Der Graf von Nassau brachte 1613 und 1614 die Anteile der Grafen von Leiningen und der Herren von Walbrunn an der Albisheimer Pflege an sich und vertauschte 1706 seine Anteile an Hochspeyer und Frankenstein an Kurpfalz. So wurde die Pflege Albisheim dem Amte Kirchheim angegliedert, zu dem vorher blos ein Drittel davon gehört hatte. Die Grösse dieses Gebiets betrug 1885 2689 ha, mit 2181 ha Ackerland, 92 ha Weinberg, 90 ha Wiesen, 170 ha Wald, 460 Wohnhäusern, 2350 Einwohnern, 1630 156 Hausgesessene, 58 ledige oder zerstörte Häuser.

Zu Rüssingen[1]) (O 23) hatte Werner II. von Bolanden den „comitatus" von dem Grafen von Leiningen zu Lehen, von dem

---

[1]) Bezirksamt und Amtsgericht Kirchheimbolanden.

auch die Vogtei und Gerichtsbarkeit über das Gut der Abtei Prüm zu Albisheim abhängig war. Rüssingen blieb aber immer im Besitz der Bolandischen Erben, der Grafen von Sponheim-Dannenfels und Nassau. Die Gemarkung umfasste 1885 483 ha, mit 446 ha Ackerland, 13 ha Weingarten, 5 ha Wiesen, 93 Wohnhäusern, 471 Einwohnern, 1630 waren 22 Hausgesessene und 9 ledige und zerstörte Häuser vorhanden.

Breunigweiler[1]) (N 24), war wohl schon zur Zeit Werners II. (Ende des 12. Jahrhunderts) ein Bestandteil der Herrschaft Bolanden. Dort hatte er einen Hof vom Sohne des Kaisers, dem Herzog Konrad von Schwaben zu Lehen und kaufte noch die Allodialgüter des Mainzer Domstifts, die diesem 1130 durch den Erzbischof Adelbert I. geschenkt worden waren (8 Mansen). Werner verlieh sie seinen Ministerialen. Graf Philipp II. von Nassau-Saarbrücken erwarb noch 1590 ein adliges Gut daselbst. Die Gemarkung beträgt 324 ha, 201 ha Ackerland, 48 ha Wiesen, 58 ha Wald, 73 Wohnhäuser, 351 Einwohner. Der Ort kam 1629 an die Saarbrücker Linie, wurde aber 1740 von der Weilburger zurückerworben.

Werner II. von Bolanden war von den Grafen von Leiningen mit der Grafengewalt über die Dörfer Ober-Flörsheim[2]) (O 23), Stetten[3]) (O 23), Esselborn[4]) (O 22), Freimersheim[4]) (O 22), Weinheim[4]) (O 22), Offenheim[4]) (O 22), Rüssingen[3]) (O 23), Weitersweiler[3]) (N 23) und Steinbach[3]) einerseits des Baches (N 24), Herfingen bei Börrstadt[5]) (N 24) und Dreisen[3]) (N 24), über ein Gebiet von fast 6900 ha belehnt. Hiervon findet sich, abgesehen von Rüssingen und Dreisen im Besitz späterer Herren von Bolanden oder Kirchheimbolanden nur folgendes: 1. die Gerichtsbarkeit und Herrschaft zu Ober-Flörsheim, die im Jahre 1227 von Werner IV. als Lehen den dortigen Rittern überlassen wurde, was 1262 durch seine Söhne bestätigt wurde. Der Ort war später beim kurpfälzischen Amt Alzey; 2. die Bede in Stetten, die 1579 durch Nassau an Kurpfalz abgetreten wurde; 3. das Lehen Wunnenburg mit 30 Schilling Heller zu Weinheim, das noch 1370 von Sponheim-Dannenfels vergeben wurde; 4. das Gericht Offenheim blieb bis 1303 Lehen der Herrschaft Bolanden; 5. Steinbach, Herfingen und der untere Teil von Börrstadt wurde von Adligen 1772 an Nassau-Weilburg verkauft; 6. die Vogtei zu Dreisen und die Gerichtsbarkeit zu Stetten war dem Hohenfelser Zweig der Bolander Familie zugefallen.

Vom Grafen von Katzenelnbogen war Werner II. mit dem

---

1) Bezirksamt Rockenhausen, Amtsgericht Winnweiler.
2) Kreis Worms, Amtsgericht Pfeddersheim.
3) Bezirksamt und Amtsgericht Kirchheimbolanden.
4) Kreis und Amtsgericht Alzey.
5) Bezirksamt Rockenhausen, Amtsgericht Winnweiler.

comitatus Hessloch[1]) (P 22) und Dittelsheim[1]) (P 22) und mit einem Hof in Hessloch belehnt (1380 ha Gemarkung, 1231 ha Ackerland, 105 ha Weinberg, 287 Wohnhäuser 1828 Einwohner im Jahre 1885). Im 14. Jahrhundert war Hessloch Lehen von den Grafen von Leiningen-Rixingen, Dittelsheim war schon 1278 teilweise an die Raugrafen gekommen, die ihre Rechte von der Abtei Hornbach zu Lehen trugen, später findet sich Kurpfalz neben der Herrschaft Kirchheimbolanden (bis 1579) und andern Adligen (bis 1606) im Besitz der Gerichtsbarkeit, zuletzt seit 1606 allein das pfälzische Amt Alzey.

1280 hatte die Herrschaft Bolanden Teil an Spiesheim[2]) (O 21), wo sie Bede, Steuern, Zins usw. erhob. 1579 wurde dieser Teil an Kurpfalz abgetreten. Werner II. war hier mit der Vogtei über Güter des Klosters St. Peter in Mainz von dem Grafen von Saarbrücken belehnt. 713 ha Gemarkung, 650 ha Ackerland, 50 ha Weinberg, 8 ha Wiesen, 153 Wohnhäuser, 771 Einwohner.

Gabsheim[2]), Schornsheim[2]), Friesenheim[2]) (P 21), waren alte Bolander Besitzungen, die an Adlige zu Lehen vergeben waren. Schornsheim wurde 1280 der ganzen Gemeinde der Ritter, Edlen und Hubener daselbst verliehen, die sich durch sechs Ritterbürtige vertreten lassen sollte. Aus dieser Vertretung ist eine ganerbschaftliche Herrschaft von sechs Stämmen geworden. Die drei Dörfer waren später der Reichsritterschaft angeschlossen. Ihre Gemarkungen enthielten 2048 ha, davon 1821 ha Ackerland, 113 ha Weinberg, 53 ha Wiesen und im Jahre 1885 483 Wohnhäuser und 2426 Einwohner.

Mettenheim[1]) (P 22) im 13. Jahrhundert ebenfalls von der Herrschaft Bolanden lehenrührig, wurde nachher von der Grafschaft Leiningen verliehen. 670 ha, davon 525 ha Ackerland, 87 ha Weinberg, 154 Wohnhäuser, 712 Einwohner.

Ausser diesen auf dem „Gau" gelegenen Besitzungen hatten die Herren von Bolanden und nach ihnen die Grafen von Nassau dort noch Anteile und niedere Gerichtsbarkeiten zu Westhofen, Wahlheim, Aspisheim, Wolfsheim, Weinoltsheim und Wonsheim, die alle 1579 an Kurpfalz abgetreten worden sind.

Zu den Orten, die die Herren von Bolanden an Adlige zu verleihen pflegten, gehörten noch Oberwiesen[3]) (N 22/23), Rümmelsheim[2]) mit der Burg Leyen[4]) (Ganerbenhaus) (N 20) und Lauschied[5]) (M 22), die sich der Reichsritterschaft anschlossen. Ihre Gemarkungen enthalten 940 ha, mit 569 ha Ackerland, 88 ha Weinberg, 55 ha Wiesen, 217 ha Wald, 367 Wohnhäusern, 1788 Einwohnern.

---

1) Kreis Worms, Amtsgericht Osthofen.
2) Kreis Oppenheim, Amtsgericht Wörrstadt.
3) Bezirksamt und Amtsgericht Kirchheimbolanden,
4) Kreis Kreuznach, Amtsgericht Stromberg.
5) Kreis und Amtsgericht Meisenheim.

Lettweiler[1]) (M 22) war ebenfalls Lehen der Herrschaft
Bolanden. Werner II. hatte es vom Erzbischof von Mainz zu Lehen.
1564 wurde es teilweise, später ganz von Nassau eingezogen, und
1603 an Pfalz-Zweibrücken abgetreten. 629 ha Gemarkung, 399 ha
Ackerland, 10 ha Weinberge, 63 ha Wiesen, 136 ha Wald, 97 Wohn-
häuser und 476 Einwohner.

Waldlaubersheim[2]) (MN 20) war Allod des Werner II. von
Bolanden. Den Kirchensatz mit den zugehörigen Zehnten hatte er
von den Grafen von Lon, Stiftsvögten und Präfekten zu Mainz.
Später war es eine zeitlang als Lehen an die Ritter von Schönen-
burg verliehen. Im 16. Jahrhundert wurde es von der Grafschaft
Nassau und dem Amt Kirchheimbolanden selbst verwaltet. 1615,
1617 und 1625 wurden Verträge geschlossen, die den Ort wieder
als Pfandschaft in die Hände der Herren von Schönenburg gaben,
aber dabei den Grafen von Nassau die Landeshoheit vorbehielten.
1787 wurde der Ort von dem Grafen von Degenfeld-Schomburg
wieder an Nassau überlassen. 806 ha Gemarkung, 499 ha Acker-
land, 44 ha Weinberge, 42 ha Wiesen, 192 ha Wald, 130 Wohn-
häuser, 598 Einwohner im Jahre 1885, 70 Rauchstätten oder Haus-
gesessene im Jahre 1575, 56 Familien und 1 verbranntes Haus
im Jahre 1630.

Von der Raugrafschaft sind an die Herrschaft Kirchheim-
Bolanden gekommen: Bechenheim[2]) und Anteile an Kriegsfeld[3])
und Mauchenheim[3]), welche 1579 an Kurpfalz abgetreten wurden,
sodann das Dorf Jugenheim[4]) (O 21) 618 ha Gemarkung, 459 ha
Ackerland, 87 ha Weinberg, 29 ha Wiesen, 17 ha Wald, 197 Wohn-
häuser, 1048 Einwohner im Jahre 1885, 74 Wohnhäuser im Jahre
1575, 97 Familien und 20 ledige und verbrannte Häuser im Jahre
1630. Es kam 1629 nebst Breunigweiler, Tiefenthal[5]) (135 ha
Gemarkung, 114 ha Ackerland, 1 ha Weinberg, 6 ha Wiesen, 8 ha
Wald, 30 Wohnhäuser, 136 Einwohner 1885) und dem Anteil an
der Wöllsteiner Gemeinschaft an das Haus Nassau-Saarbrücken
und wurde 1659 der Linie zu Ottweiler zugesprochen. In der Ge-
meinschaft Wöllstein waren 1630 58 nassauische Familien und 9
ledige sowie 11 zerstörte nassauische Häuser.

Die Herrschaft Stauf kam 1388 zur Herrschaft Kirchheim
hinzu, vorher gehörte sie bis 1248 den Grafen von Eberstein, dar-
auf denen von Zweibrücken. Sie umfasste die Burg Stauf, die
Gemarkungen Göllheim[3]), Kerzenheim[3]) (mit Kloster Rosenthal[3])
und Kerzweilerhof[3])), Ramsen[3]), Eisenberg[3]) (alle O 24) und Sip-
persfeld[6]) (N 24), deren Gesamtfläche 9494 ha beträgt, mit 2942 ha

---

1) Bezirksamt Rockenhausen, Amtsgericht Obermoschel.
2) Kreis und Amtsgericht Alzey.
3) Bezirksamt und Amtsgericht Kirchheimbolanden.
4) Kreis Bingen, Amtsgericht Wörrstadt.
5) Kreis Alzey, Amtsgericht Wöllstein.
6) Bezirksamt Rockenhausen, Amtsgericht Winnweiler.

Ackerland, 9 ha Weinberg, 693 ha Wiesen, 6456 ha Wald (darunter der Stumpfwald oder Stampfwald, wo einst ein Landgericht der Grafen von Leiningen — der Wormsgaugrafen — gehegt wurde), 2089 Wohnhäuser und 6456 Einwohner im Jahre 1885, im Jahre 1630 320 Hausgesessene und 37 ledige und 28 zerstörte oder verbrannte Häuser.

Bis 1706 gehörte noch ein Anteil an den sogenannten Rheindörfern, Mörsch[1]), Roxheim[1]) Bobenheim[1]) (diese drei Q 24), Horchheim[2]), Weinsheim[2]), Wiesoppenheim[2]), Hochheim[2]), Pfiffligheim[2]), Leiselheim[2]) (P 24) zu der Herrschaft Stauf; der andere Anteil stand dem Bischof von Worms zu. 1630 waren in diesen Dörfern, ehe Mörsch abgebrannt war, 293 Hausgesessene.

Ebersheim[3]) (P 20) gehörte im 14. Jahrhundert als Lehen von der Abtei St. Alban vor Mainz ebenfalls zur Herrschaft Bolanden. 999 ha Gemarkung, 888 ha Ackerland, 72 ha Weinberg, 10 ha Wiesen, 231 Wohnhäuser, 1112 Einwohner im Jahre 1885.

Im 13. Jahrhundert waren Waldalgesheim[4]) (MN 20) (Lehen vom Erzstift Mainz), Gau-Odernheim[5]) (P 22), Weinolsheim[5]) (P 21) im Besitz der Herren von Bolanden. Odernheim wurde 1282 an König Rudolf von Habsburg und das Reich abgetreten; auch Weinolsheim war später Reichsdorf, von Waldalgesheim ist es nicht bekannt, wann und wie es von Bolanden abgekommen ist. Es war eine Gemarkung von 1300 ha, mit 481 ha Ackerland, 89 ha Wiesen und 693 ha Wald, 221 Wohnhäusern, 1169 Einwohnern. Die beiden andern Orte haben 2152 ha Gemarkung, 1937 ha Ackerland, 123 ha Weinberg, 42 ha Wiesen, 469 Wohnhäuser, 2252 Einwohner.

§ 2. Die Herrschaften Hohenfels und Reipoltskirchen[6]).

Am Ende des 12. Jahrhunderts besassen Werner II. von Bolanden und sein Bruder (oder Vetter?) Philipp von Falkenstein gemeinschaftlich das Schloss Hohenfels nach dem später ein Zweig dieses Geschlechts genannt wurde. Im Jahre 1276 teilten zwei der Söhne Philipps I. von Hohenfels Philipps II. und Dietrich ihren Besitz, so, dass Philipp die Burgen Hohenfels und Gundheim, Dietrich die Burgen Reichenstein, Stadecken und das auf ihn und seinen Bruder Philipp (einen andern, als Philipp II.) wohl von der Mutter her vererbte Schloss Reipoltskirchen erhielt.

Die Stammburg Hohenfels[7]) bei Imsbach am Südfuss des Donnersberg (N 23) war auf dem Grundgebiet der Abtei Prüm in

---

1) Bezirksamt und Amtsgericht Frankenthal.
2) Kreis und Amtsgericht Worms.
3) Kreis Mainz, Amtsgericht Nieder-Olm.
4) Kreis Kreuznach, Amtsgericht Stromberg.
5) Kreis und Amtsgericht Oppenheim.
6) S. 442—474.
7) Bezirksamt Rockenhausen, Amtsgericht Winnweiler.

der Eifel errichtet und von diesem alten Benediktinerkloster lehen-
rührig. Es war in der zum abteilichen Dorf Albisheim an der
Pfrimm (O 23) gehörigen Waldmark gelegen, die im Jahre 1019
zugleich mit der Sippersfelder Mark (N 24) nach Münchweiler an
der Alsenz (N 24) eingepfarrt worden ist.

Der Burgfrieden von Hohenfels umfasste den östlichen Teil
der Gemarkung Imsbach (N 24), mit dem im Norden angrenzenden
Stück der Gemarkung Falkenstein (N 23), bis an die Tränke ober-
halb dieses Orts, sodann den südlichen Teil der Gemarkung
Marienthal (N 23) von dem Kloster ab bis zum Spendelthal, das
den Donnersberg südlich umzieht, und reichte bis an die Gemar-
kung Steinbach, muss also den Hahnweiler Hof umfasst haben.
Im ganzen enthielt dieser Bezirk etwa 1675 ha Bodenfläche, mit
ungefähr 350 ha Ackerland, 2 ha Weinberg, 80 ha Wiesen, 1190 ha
Waldungen. In diesem Bezirk lag östlich von Imsbach noch ein
Dorf Winenbach, das jetzt verschwunden ist. Die Burg war 1354
in einer Fehde der Grafen Walram von Sponheim und Heinrich
von Veldenz und der Städte Worms und Speyer gegen die Herren
von Hohenfels zerstört worden, worauf die Herren von Hohenfels
das Gebiet mit dem Dorf und Kloster Dreisen[1]) (Münsterdreisen)
(O 23), dem zugehörigen Weiler Standenbühl[1]) (N 24), einem Teil
am Gericht Dörnbach bei Rockenhausen[2]) (M 23), dem Gericht
und den Hof zu Hahnweiler[3]) (N 24), mit Leuten und Gütern zu
Birscheit (jetzt Börrstadt[3]) [N 24]) und einigen andern Zubehörungen
an Kurpfalz abtraten. Ohne Dörnbach und die abgelegeneren Zu-
behörstücke, aber mit dem Hohenfelser Burgbezirk betrug diese
Abtretung über 2700 ha Landes, von welchem 1885 1080 ha mit
Acker, 8 ha mit Weinberg, 240 ha mit Wiesen und 1264 ha mit
Wald bedeckt waren. Wohnhäuser waren etwa 380 mit 1730 Ein-
wohnern vorhanden.

Andere Besitzungen, die die Herren von Hohenfels ebenfalls
zum grössten Teil verloren haben, lassen sich zurückführen auf
ihres Ahnherrn, des Herrn Werner II. von Bolanden, Präfektur
zwischen Mainz und Odernheim, welche dieser von den Wildgrafen
zu Lehen hatte. Sie umfasste die Ortschaften Gau-Odernheim[4])
(P 22), Bechtolsheim[5]) (P 21), Biebelnheim[5]) (OP 22), Dalheim[6])
(P 21), Friesenheim[6]) (P 21), Köngernheim an der Selz[6]) (P 21),
Mommenheim[6]) (P 21), Harxheim[7]) (P 20), Ebersheim[7]) (P 20) und
Zornheim[7]) (P 21), die in dem Lehenbuch Werners ausdrücklich ge-
nannt sind; da aber diese Präfektur von der Odernheimer Mark

---

1) Bezirksamt und Amtsgericht Kirchheimbolanden.
2) Bezirksamt und Amtsgericht Rockenhausen.
3) Bezirksamt Rockenhausen, Amtsgericht Winnweiler.
4) Kreis und Amtsgericht Alzey.
5) Kreis Oppenheim, Amtsgericht Alzey.
6) Kreis und Amtsgericht Oppenheim.
7) Kreis Mainz, Amtsgericht Nieder-Olm.

bis an das Kreuz vor der Stadt Mainz reichen soll, so müssen mindestens noch die Gemarkungen von Selzen[1]) und Hahnheim[1]) (P 21), welche die Reihe unterbrechen, und Hechtsheim[2]) mit Weisenau[2]) (P 20), die den Anschluss an die Mainzer Gemarkung vermitteln, zu dieser Präfektur gezählt werden, wenn ein geschlossenes Gebiet herauskommen soll. Dann aber ist es wahrscheinlich, dass ursprünglich auch Marienborn[2]), Lörzweiler[1]), Gaubischofsheim[3]), Bodenheim[4]) und Laubenheim[2]) (alle P 20), sowie Nackenheim[1]) (Q 20), diesem Bezirk angehört haben, da in allen diesen Orten Bolander, Hohenfelser oder Falkensteiner Rechte oder Ansprüche auf Regierungsgewalt und Vogtei nachzuweisen sind.

An das Haus Bolanden ist diese Präfektur wohl erst durch Guda von Weisenau, die Gemahlin Werners II. gekommen. In der oben angenommenen Ausdehnung würde sie eine Grösse von 14 730 ha mit 12 052 ha Ackerland, 1387 ha Weinberg, 403 ha Wiesen und 2 ha Wald gehabt haben, mit über 3000 Wohnhäusern und fast 23 000 Einwohnern im Jahre 1885.

Von dieser Bolandischen Präfektur nun ist ein Teil an die Herren von Bolanden (Odernheim, Friesenheim, Ebersheim), ein Teil an die Herren von Falkenstein (Dalheim, Harxheim, Hechtsheim und Weisenau) und ein dritter Teil an die Herren von Hohenfels gefallen, die nach ihrer Auseinandersetzung mit den Mainzer Prälaten (im Jahre 1263) noch die Vogtei zu Bodenheim bis 1277, die zu Nackenheim bis 1263, ferner bis 1339 die Lehensherrlichkeit zu Zornheim behalten haben und bis zum Aussterben des Geschlechts 1602 die Lehensherrlichkeit über Bechtolsheim, Lörzweiler, Marienborn, Mommenheim (diese vier Gemarkungen umfassten 2712 ha, 2364 ha Ackerland, 156 ha Weinberg, 49 ha Wiesen, 683 Wohnhäuser, 3316 Einwohner für 1885). Die Gerichtsbarkeit zu Bechtolsheim war seit 1270, die zu Mommenheim seit 1276 an die ganzen Gemeinden dieser Dörfer verliehen, die zur Ausübung ihrer Lehenspflichten eine Anzahl ritterlicher Mannen zu ihrer Vertretung zu wählen hatten. Wie in Schornsheim, wo die gleichen Einrichtungen getroffen worden sind, entwickelte sich hieraus eine ganerbschaftlich gestaltete Dorfherrschaft. Biebelnheim blieb bis 1382 und 1391 unter der vogteilichen Herrschaft der Herren von Hohenfels bzw. unter der Grundherrschaft des Mainzer Erzstifts und Domkapitels, dann war es beim kurpfälzischen Oberamt Alzey. Die Gemarkung beträgt 624 ha, 557 ha Ackerland und 31 ha Weinberg, 129 Wohnhäuser, 580 Einwohner im Jahre 1885.

Ausserhalb des Präfekturbezirks besassen die Herren von

---

1) Kreis und Amtsgericht Oppenheim.
2) Kreis und Amtsgericht Mainz.
3) Kreis Mainz, Amtsgericht Nieder-Olm.
4) Kreis Oppenheim, Amtsgericht Mainz.

Hohenfels auf dem Gau noch die zerstreut liegenden Dörfer und Vog·
teien: Armsheim[1]) (O 21), Vogtei war Lehen vom Kloster St. Jakob
vor Mainz und wurde 1263 an dieses durch Johannes von Hohen-
fels verkauft, der Anteil Philipps des Aelteren von Hohenfels ging
erst 1288 an das Kloster über; — Büdesheim bei Bingen[2]) (N 20),
die Vogtei war Lehen von dem Stift St. Stephan in Mainz und
wurde 1263 von Philipp und 1289 von Tilmann oder Dietrich von
Hohenfels an das Stift abgetreten; — Essenheim[3]) (O 20), die
Vogtei war gemeinsamer Besitz der Herren von Bolanden und von
Hohenfels, die sie 1288 und 1289 an Ministerialen verliehen, 1297
kaufte sich die Gemeinde von der Zahlung der Steuern an Hohenfels
frei, 1354 erscheint der Ort als Mainzer Lehen im Besitz der Grafen
von Veldenz; — die Burg zu Stadecken[3]) (O 20) ohne das Dorf, das
übrigens früher Hedesheim hiess, war bis 1313 Lehen der Grafschaft
Leiningen im Besitz der Hohenfelser, aber nur zum Teil. Der andere
Teil gehörte schon 1292 dem Grafen von Katzenelnbogen.—Das Schloss
und Dorf Gundheim[4]) (P 23) (Reichslehen im Besitz der Herren
von Hohenfels, ging 1306 an die Grafen von Leiningen über);
Gimbsheim[5]) (Q 22), Leininger Lehen, 1434 an Pfalz verkauft;
Eich am Altrhein[6]) (Q 22) Vogtei über Grundherrschaft von St.
Paulus in Worms war um die Mitte des 14. Jahrhunderts bereits
in anderen Händen; ein Anteil, die oberste Vogtei zu Westhofen[6])
(P 22), Lehen von der Abtei Weissenburg im Elsass, wurde 1575
an den Kurfürsten von der Pfalz abgetreten, der den raugräf-
lichen Anteil 1412 und den der Herren von Bolanden 1579 von
Nassau erwarb. Alle diese Ortschaften umfassten im ganzen ein
Gebiet von 8496 ha, 6248 ha Ackerland, 712 ha Weinberge, 123 ha
Wiesen, 17 ha Wald, 2160 Wohnhäuser, 11 226 Einwohner im
Jahre 1885.

In der jetzigen Rheinprovinz besassen die Herren von Hohen-
fels die Herrschaft Reichenstein[7]) (MN 19/20), die Vogtei über die
Grundherrschaft der Abtei Kornelimünster bei Aachen in Trechtings-
hausen[7]), Ober- und Nieder-Heimbach[7]), die sie 1290 an den Pfalz-
grafen verkauften, sowie das Dorf Laubenheim[8]) (N 20) an der
Nahe nebst dem gegenüberliegenden Welgesheim[9]) (N 21), welche
1382 ebenfalls an Pfalz überging. Zur Herrschaft Reichenstein
gehörten 2395 ha Gemarkung, 400 ha Ackerland, 157 ha Wein-
berg, 164 ha Wiesen und 1338 ha Wald, 554 Familien, 481 Wohn-
häuser, 2578 Einwohner, zu Laubenheim und Welgesheim 539 ha

---

1) Kreis Oppenheim, Amtsgericht Wörrstadt.
2) Kreis und Amtsgericht Bingen.
3) Kreis Mainz, Amtsgericht Nieder-Olm.
4) Kreis Worms, Amtsgericht Pfeddersheim.
5) Kreis Worms, Amtsgericht Oppenheim.
6) Kreis Worms, Amtsgericht Osthofen.
7) Kreis und Amtsgericht St. Goar.
8) Kreis und Amtsgericht Kreuznach.
9) Kreis Alzey, Amtsgericht Wöllstein.

Additional material from *Die Herrschaften des unteren Nahegebietes,*
ISBN 978-3-662-24097-7 (978-3-662-24097-7_OSFO1),
is available at http://extras.springer.com

Gemarkung, 309 ha Ackerland, 170 ha Weinberg, 17 ha Wiesen, 1 ha Wald, 178 Wohnhäuser, 906 Einwohner. (1885.)

Länger als die bisher besprochenen Besitzungen ist die Herrschaft Reipoltskirchen in den Händen der Herren von Hohenfels und ihrer Erben geblieben. Sie bestand aus der Burg und dem Dorf Reipoltskirchen[1]) (LM 23), den Dörfern Hefersweiler[2]) (M 23/24), Relsberg[2]) und Morbach[3]) (M 24), und in weiterer Entfernung Rathskirchen[2]) (M 23), Reichsthal[2]) (M 24), Finkenbach[4]) (M 23), Teil an Dörnbach[4]) bei Rockenhausen (M 23), und Hochstätten an der Alsenz[5]) (MN 22). In dieser Zusammensetzung umfasste die Herrschaft 4192 ha Gemarkung, 2623 ha Ackerland, 46 ha Weinberg, 421 ha Wiesen, 895 ha Wald, 693 Wohnhäuser und 3500 Einwohner im Jahre 1885. Hochstätten wurde 1553 gegen die Wild- und Rheingräflichen Orte Nussbach[1]), Schönborn[4]), Rechte auf der Hundheimer Hufe bei Reipoltskirchen[1]), zu Seelen[2]) und Rudolfskirchen[2]) vertauscht. Die Herrschaft gewann durch diesen Austausch ein Gebiet von 1073 ha Gemarkung, 737 ha Ackerland, 13 ha Weinberg, 175 ha Wiesen, 119 ha Wald, 177 Wohnhäuser, 950 Einwohner, verlor dagegen 549 ha Gemarkung, 304 ha Ackerland, 29 ha Weinberg, 17 ha Wiesen, 165 ha Wald, 119 Wohnhäuser und 667 Einwohner.

Nach 1602 ging die Herrschaft Reipoltskirchen an die Grafen Löwenhaupt von Rasburg, dann zum Teil an die Grafen von Manderscheid-Kail und schliesslich an die Grafen von Hillesheim und die Fürstin von Isenburg-Büdingen, Tochter des Kurfürsten Karl Theodor von der Pfalz über.

§ 3. Die Grafschaft Falkenstein[6]).

Der dritte Zweig des Bolander Stammes, die Herren, seit 1398 Grafen von Falkenstein am Donnersberg, erlosch 1418 mit dem Kurfürsten Werner von Trier. Die alten Hausbesitzungen im Nahegau vererbten sich an den Grafen Ruprecht von Virneburg (nur Hechtsheim und Weisenau bei Mainz fielen an die Herren von Isenburg-Büdingen) und wurden von dessen Enkel Graf Wilhelm 1456 an Wirich von Daun, Herrn zum Oberstein verkauft. Dieser besass bereits die Herrschaften Oberstein an der Nahe, Wilenstein bei Kaiserslautern und aus der raugräflichen Erbschaft Anteile an Stolzenberg und Neubamberg. Vom Grafen Wilhelm Wirich von Daun, aus der Linie zu Broich, dem Letzten seines Geschlechts, wurde die Grafschaft Falkenstein nach längeren Streitigkeiten mit den Nachkommen der Sidonia von Daun zu Falkenstein,

---

1) Bezirksamt Kusel, Amtsgericht Lauterecken.
2) Bezirksamt Kusel, Amtsgericht Wolfstein.
3) Bezirksamt Kaiserslautern, Amtsgericht Otterberg.
4) Bezirksamt und Amtsgericht Rockenhausen.
5) Amtsgericht Obermoschel.
6) S. 474—524.

den Grafen Löwenhaupt zu Rasburg und von Manderscheid-Kail,
1660 an den Herzog von Lothringen abgetreten. Seit 1458 war
dieses Herzogtum an Stelle des Reichs mit der Oberlehnsherrlich-
keit über die eigentliche Grafschaft Falkenstein bekleidet. Es
dauerte aber noch bis 1731, ehe Herzog Franz Stephan alle An-
sprüche der Falkensteinischen Erben an sich gebracht hatte. Durch
seine Heirat mit Maria Theresia wurde die Grafschaft schliess-
lich mit der Habsburgischen Monarchie verbunden.

Das Schloss Falkenstein, mit dem Tal darunter und dem
Gericht Winnweiler (N 23) mit den Dörfern Höringen (M 24),
Schweisweiler (M 24) und Hochstein[1]) 3504 ha Gemarkung, 1594 ha
Ackerland, 12 ha Weinberg, 323 ha Wiesen, 1408 ha Wald, 669
Wohnhäuser und 4003 Einwohner im Jahre 1885, 108 Haus-
gesessene im Jahre 1584.

Dies war der Kern der Herrschaft Falkenstein, er wurde
durch die Erwerbung des Gerichts Lohnsfeld und Potzbach mit
dem Leithof[1]) (MN 24) durch die Rechtsnachfolger der Grafen von
Falkenstein, 1480, 1554, 1580, je ein Viertel von Adligen und
1733 das letzte dem Kloster Otterberg, Kurpfalz, gehörige Viertel,
vermehrt um 1028 ha Gemarkung, 433 ha Ackerland, 1 ha Wein-
berg, 141 ha Wiesen, 368 ha Wald, 170 Wohnhäuser, 875 Ein-
wohner im Jahre 1885, 41 Hausgesessene im Jahre 1584.

Imsbach gehörte zur Hälfte zur Herrschaft Falkenstein, die
andere Hälfte lag im Hohenfelser Burgfriedensbezirk[2]) und dieser
kam 1468 durch Wirich von Daun als Pfandlehen von der Graf-
schaft Sponheim an die Herrschaft. 1531 wurde die Pfandschaft
ausgelöst und der ganze Burgfriedensbezirk dem Amt Bolanden
(Pfalz-Simmern) angegliedert. Es entstanden nun Streitfragen, ob
die Vogteien Marienthal und Münsterdreisen zu dieser Herrschaft
gehörten. 1537 wurde Imsbach und der Burgstadel Hohenfels nebst
dem Dorf Marienthal und dem Wüstgerbacher- oder Obergerbacher-
hof bei Ruppertsecken dem Grafen von Falkenstein überlassen,
Hahnweiler und Münsterdreisen blieben beim Simmerischen Amt
Bolanden. 1539 wurde Marienthal durch das Amt Alzey eingezogen,
1557 wieder an Falkenstein abgetreten. Als das Geschlecht der
Grafen von Daun zu Oberstein und Falkenstein ausging, wurde dem
Freiherrn Johann Casimir Kolb von Wartenberg die Anwartschaft
auf dieses Lehen erteilt (1672), und er ergriff 1682 Besitz davon.
1707 wurde ihm das „plenum dominium" zugesprochen. Imsbach
blieb jedoch bei der Herrschaft Falkenstein. In der neueren Ab-
grenzung enthielt Imsbach 685 ha Gemarkung, 250 ha Ackerland,
2 ha Weinberg, 50 ha Wiesen, 365 ha Wald, 105 Wohnhäuser,
516 Einwohner, 1584 zählte man dort 35 Hausgesessene. Schon da-
mals waren die beiden Hälften zusammengelegt. Marienthal hatte

----

1) Bezirksamt Rockenhausen, Amtsgericht Winnweiler.
2) Siehe oben S. 104*.

1885 688 ha Gemarkung, 177 ha Ackerland, 43 ha Wiesen, 446 ha Wald, 87 Wohnhäuser und 362 Einwohner; 1584 19 Hausgesessene.

Im oberen Teil von Börrstadt[1]) waren bis 1602, und 1610 die Rechtsnachfolger der Herren von Oberstein neben den Herren von Daun zum Oberstein im Besitz der Hälfte der Herrschaftsrechte. Dieser Ort gehörte also zum Besitz der Herrschaft Oberstein, bei der er schon 1364 gewesen ist. In den Urkunden über die Grafschaft Falkenstein wird er erst 1484, nicht schon 1456 erwähnt. Die später Falkensteiner Hälfte stammt also aus dem Besitz Wirichs von Daun. Dieser westliche Teil der Gemarkung Börrstadt (N 24) umfasst etwa 523 ha mit 250 ha Ackerland, 15 ha Wiesen, 250 ha Wald, 80 Wohnhäusern und 380 Einwohnern.

Dagegen war Jakobsweiler[2]) (N 23) immer Falkensteinisch, wenn auch die Herren von Oberstein einige Besitzungen dort hatten; ferner waren Falkensteinisch Anteile an St. Alban[3]) (N 23) und Gerbach[3]) (N 23), die östliche Hälfte von Gaugrehweiler[3]) (N 22) mit dem Gutenbacher-[3]) (N 22) und dem Schneebergerhof[3]) (N 23), die Wüstung Rode bei Kriegsfeld[2]) (N 22), ferner auf dem Gau die Dörfer Ilbesheim[2]) (O 23), Hohensülzen[4]) (P 23), Framersheim bei Alzey[5]) (P 22), ein Anteil an Hillesheim[6]) (P 22) und das Dorf Dalheim[6]) (P 21), die zusammen 5364 ha Gemarkung, 4387 ha Ackerland, 170 ha Weinberg, 191 ha Wiesen, 437 ha Wald, 1196 Wohnhäuser und 5971 Einwohner im Jahr 1885 umfassten.

Ferner gehörte zur Grafschaft Falkenstein das Amt Bretzenheim an der Nahe, Lehen von Kurköln, Bretzenheim[7]), Winzenheim[7]), Biebelsheim[8]), wozu um 1500 noch ein Anteil an Ippesheim[8]) (alles N 21) kam; 1178 ha Gemarkung, 779 ha Ackerland, 244 ha Weinberg, 9 ha Wiesen, 8 ha Wald, 142 Wohnhäuser, 2435 Einwohner im Jahre 1885. Diese Herrschaft wurde 1664 an den Grafen von Vehlen verkauft und gehörte zuletzt dem Fürsten von Bretzenheim, einem Sohne des Kurfürsten Karl Theodor von der Pfalz.

Harxheim[9]) (P 20) war ein Bestandteil der alten Bolander Präfektur zwischen Mainz und Odernheim, zu der auch Dalheim, und wahrscheinlich auch Hechtsheim[10]) und die Mainzer Vorstädte Weisenau[10]) und Vilzbach[10]) gehört haben. Hechtsheim und Weisenau sind bei der Teilung der Falkenstein-Münzenberger Erbschaft 1420 an den Herrn von Isenburg-Büdingen gekommen. 1658 und 1672 erwarb der Kurfürst von Mainz die Hoheitsrechte und die Ansprüche

---

1) Bezirksamt Rockenhausen, Amtsgericht Winnweiler.
2) Bezirksamt und Amtsgericht Kirchheimbolanden.
3) Bezirksamt und Amtsgericht Rockenhausen.
4) Kreis Worms, Amtsgericht Pfeddersheim.
5) Kreis und Amtsgericht Alzey.
6) Kreis und Amtsgericht Oppenheim.
7) Kreis und Amtsgericht Kreuznach.
8) Kreis Alzey, Amtsgericht Wöllstein.
9) Kreis Mainz, Amtsgericht Nieder-Olm.
10) Kreis und Amtsgericht Mainz.

der Grafen von Daun-Falkenstein auf diese Orte, deren Gemarkung 1846 ha mit 1637 ha Ackerland, 52 ha Weinberg, 43 ha Wiesen, 1 ha Wald, 773 Wohnhäuser, 6577 Einwohner im Jahre 1885 umfassten. Harxheim blieb der Grafschaft Falkenstein und hatte eine Gemarkung von 351 ha mit 270 ha Ackerland, 52 ha Weinberg, 17 ha Wiesen, 95 Wohnhäusern, 474 Einwohnern im Jahre 1885 und 40 Hausgesessene im Jahre 1584.

Durch die Herren von Daun zum Oberstein wurden ausser dem Anteil an Börrstadt die folgenden Bestandteile der ehemaligen Raugrafschaft der Grafschaft Falkenstein zugebracht: Kalkofen [1]) (N 22), Eckelsheim [2]) (N 22), Anteile an Neubamberg [2]) (N 22), Wonsheim [2]) (N 22), wozu noch der ehemals Obersteinische Anteil an Volxheim geschlagen wurde, ein Gebiet von 2495 ha mit 1845 ha Ackerland, 124 ha Weinberg, 53 ha Wiesen, 379 ha Wald, 507 Wohnhäusern und 2741 Einwohnern im Jahre 1885. Dazu gehören auch die Anteile an den Gemeinschaften Wöllstein und Stolzenberger Tal [3]).

Die Herrschaft Oberstein im engeren Sinn bestand aus den Burgen und der Stadt Oberstein [4]) (JK 22), den Dörfern Nohbollenbach [5]) (K 22), Mittelbollenbach [5]) (K 22/23), Breungenborn [6]) (K 23), halb Idar [4]) (J 22) und Vollmersbach [4]) (J 22) mit einer Fläche von 4074 ha, 1293 ha Ackerland, 379 ha Wiesen, 1901 ha Wald und dem sog. Idarbann, der östlichen Hälfte von Idar [4]), Algenrodt [4]), Hettenrodt [4]), Hettstein [4]) Mackenrodt [4]), Enzweiler [4]) und Obertiefenbach [4]) (alles J 22), 1933 ha Gemarkung, 668 ha Ackerland, 333 ha Wiesen, 853 ha Wald (mit Einschluss von Kirchweiler [4]), das bis ins 15. Jahrhundert dazu gehörte, 2194 ha Gemarkung, 883 ha Ackerland, 407 ha Wiesen, 908 ha Wald). Hierzu kommt noch die Exklave Niederreidenbach [5]) (K 22) mit 204 ha Gemarkung, 80 ha Ackerland, 14 ha Wiesen, 108 ha Wald.

Dies ist nebst Börrstadt und einem Anteil an Volxheim der Besitz des Hauses Daun-Oberstein im Nahegau gewesen.

---

1) Bezirksamt Rockenhausen, Amtsgericht Obermoschel.
2) Kreis Alzey, Amtsgericht Wöllstein.
3) Siehe oben S. 89* u. 90*.
4) Fürstentum Birkenfeld, Amtsgericht Oberstein.
5) Kreis St. Wendel, Amtsgericht Grumbach.
6) Kreis St. Wendel, Amtsgericht Baumholder.

Topographischer Teil.

Geschichte der Ämter, Gerichtsbezirke und Ortschaften
des Nahegaus.

———

I.

Vordere Grafschaft Sponheim.

———

1. Amt Kreuznach.

Johann Goswin Widder, Versuch einer vollständigen geographisch-historischen Beschreibung der Kurfürstlichen Pfalz am Rheine. Frankfurt und Leipzig 1788. IV S. 1—164. — J. Wagner, Urkundliche Geschichte der Ortschaften, Klöster und Burgen des Kreises Kreuznach bis zum Jahre 1300. Kreuznach 1909.

Staatsarchiv Koblenz: Akten der Grafschaft Sponheim, Vordere Grafschaft, Nr. 1021, 1022, 1048. „Renovation der Truchsefs- und Landschreiberey-Gefällen im Ampt Creutznach de anno 1476"; Nr. 1048 ist die älteste Abschrift aus dem Anfang des 16. Jhdts., und die Vorlage von Nr. 1021 aus der zweiten Hälfte des 16. Jhdts. und von 1022 aus dem Jahre 1767. Bei dem letzteren Exemplar ist ein Stück der Amtsbeschreibung von 1601 beigebunden. Der ursprüngliche Titel lautet: „In dem Jare tausendt vierhundert siebentzig und sechs Jare ist difs Rendtbuch durch die Ambtleut zu Creutznach, mit namen Weigandt von Dienheim und Wilhelm von Randeck auch Truchsefs und Landschreiber daselbst erneuert und beschrieben worden". Eine ältere Aufzeichnung dieser Art scheint nicht mehr vorhanden zu sein. Bei dem Gültbuch der ganzen (vorderen und hinteren) Grafschaft Sponheim von 1438 fehlen die das Amt Kreuznach betreffenden Partien des Einnahme-Etats.

Amtsbeschreibung von 1601: „Verzeichnis aller Herrlich- und Gerechtigkeiten der Stätt und Dörffer der vorderen Grafschaft Sponheim im Ampt Creutznach". von Johann Herrn zu Eltz, Kurf. Rat und Oberamtmann zu Kreuznach Mehrere Exemplare in den Staatsarchiven zu Koblenz, Darmstadt und Karlsruhe.

Die folgende Abhandlung über das Amt Kreuznach gibt bei den einzelnen Ortschaften zunächst das Referat aus dem Rentbuch von 1476 und der Amtsbeschreibung von 1601 (Darmstädter Exemplar), an welches sich das weitere urkundliche Material leicht anknüpfen lässt.

Die Nachrichten über die kirchlichen Verhältnisse habe ich im „Erläuterungsband V 2 zum geschichtlichen Atlas der Rheinprovinz" und in den „Beiträgen zur Hessischen Kirchengeschichte", in denen Aufsätze von mir über die kirchliche historische Geographie Hessens erscheinen werden, im Zusammenhang behandelt. Hier ist nur das aufgenommen, was zur Ergänzung der älteren Ortsgeschichte dienlich schien.

Da das Amt Kreuznach eine schon sehr früh besiedelte Gegend umfasst und die Ortschaften desselben schon in den alten

Traditionen von Lorsch, Fulda und Weissenburg genannt werden, schien es mir geeignet, um daran die Entwicklung der Landeshoheit der Sponheimer Grafen zu studieren. Die Untersuchung musste daher auch auf die Grundherrschaften und Rechte der fremden Herren, die ausser den Grafen von Sponheim in den Dörfern beteiligt waren, näher eingehen.

Nach der Amtsbeschreibung von 1601 gehörten zu dem Amt ausser der Stadt Kreuznach und der darüber gelegenen Burg Kautzenburg (N 21) die Dörfer Auen (Kreis Kreuznach L 21), Bockenau (Kreuznach M 21), Bosenheim (Kr. Alzey N 21), Braunweiler mit dem ehemaligen Kloster St. Katharinental (jetzt Katharinenhof), (Kreuznach M 21), Frei-Laubersheim (Alzey N 21 22), Gensingen (Bingen N 21), Gutenberg (Kreuznach M 21), Hackenheim (Alzey N 21), Hargesheim (Kreuznach M 21), Langenlonsheim (Kreuznach N 20 21), Ober-Hilbersheim (Oppenheim O 20 21), Pfaffen-Schwabenheim (Alzey N 21), Roxheim (Kreuznach M 21), Rüdesheim (Kreuznach M 21), Siefersheim (Alzey N 22), Sponheim (Kreuznach M 21), Sprendlingen (Alzey N 21) mit St. Johann (Alzey O 21), Traisen (Kreuznach M 21), Weinsheim (Kreuznach M 21), Zotzenheim (Alzey N 21) und an den Dörfern Wöllstein, Gumbsheim und Pleitersheim den halben Teil in Gemeinschaft mit den Grafen von Nassau (Amt Kirchheim-Bolanden) und von Falkenstein und dem Herrn von Bellnhofen wegen Neubamberg. Im Rentbuch von 1476 sind davon nicht erwähnt die Dörfer Auen, Oberhilbersheim und Zotzenheim, welche damals nicht zur Grafschaft Sponheim gehört haben, sowie das Amt Gutenberg mit Roxheim und Hargesheim und Braunweiler, welches eine Vogtei der Herren von Coppenstein war.

1. Stadt Kreuznach.

Rentbuch 1476:
(Der Pfalzgraf-Kurfürst hatte 2 Fünftel und noch $1\frac{1}{2}$ Fünftel von des Markgrafen von Baden wegen, der Herzog Friedrich Graf von Sponheim, Pfalzgraf zu Simmern, $1\frac{1}{2}$ Fünftel.)

a) Geldgefälle.

§ 1. 100 Mark, die Mark zu 1 Pfund 16 Schilling Heller gerechnet macht 180 Pfund Heller Beede zu zahlen in zwei Zielen, an St. Jakobstag und Frauentag Lichtmess.

1 Mark oder 1 Pfund 16 Schilling Heller „Beedegeld von der Frawen Marcke" von der Stadt[1]).

§ 2. 20 Pfund Heller Bürgergeld von Waldlaubersheim.

6 Pfund Heller Bürgergeld von Folxheim.

§ 3. Zins: 3 Gulden von 3 Mg Wiesen im Entenpful am Herrenwald.

1 G. 6 A. Erbzins von einem Haus in der Neustadt.

6 Schilling Heller von einem Garten auf der Allerbach.

5 Pfund Heller von dem Haus zur Haberkiste.

4 Sch. H. Meinhard von Coppenstein von einem Haus in der Neustadt.

14 Schilling Heller von einem Garten bei St. Lamprecht.

---

1) Gemäss Vertrages von 1270 sollte die Bürgerschaft 100 Mark Bede an den Grafen, 1 Mark an die Gräfin zahlen. Vgl. S. 11.

207 Pfund 1 Sch. $2^1/_2$ Heller Erbzins laut Zinsbuch, vom Zinsmeister erhoben.

$^1/_2$ Gulden die Herren im Kloster von dem Haus „im Gauchsnest" hinten am Kloster uf der Allerbach, gehört dem Kurfürsten allein.

§ 4. 30 Gulden von der Mahlmühle für Schweinezucht. Diese Mühle gibt ferner 1 Gulden 4 Albus für Wecke. Auch den Amtleuten, dem Truchsess, Landschreiber, Schultheiss, Stadtschreiber und Büttel hat der Müller von der Herrschaft wegen je einen Weck von 2 Albus an Weihnachten zu geben. Ausserdem dem Truchsess und Landschreiber 2 Kälber und für 4 Schilling Wecke halb an Ostern halb an Weihnacht zu reichen.

6 Gulden von der Mehlwage in der Mühle.

15 Gulden von der Walkmühle. 10 Pfund Heller von der Lohmühle.

§ 5. Alle Bäcker in Kreuznach hatten für das Recht, soviele Schweine zu halten, wie sie wollten, 3 Gulden oder ein Mastschwein abzugeben (nach Uebereinkunft mit den Bäckern).

§ 6. 7 Gulden und 15 Pfund 18 Schilling Heller Fischergeld (alle Jahr wird die Fischerei neu verliehen). Niemand darf in der Nahe fischen vom Unkelstein unten an Beckelheim an bis da die Morge in den Rhein fliesst, „er hab dan solche fischerei umb den herrn zu Creutznach bestanden". 1 Gulden und die halben weiden, die auf dem Werth geschnitten werden, geben die Fischer mit dem Fischergeld.

§ 7. 65 Pfund 8 Schilling 6 Heller sind diesjahr gefallen vom „Pfortenzoll" an allen Pforten der Stadt. Sammstags gibt jeder Wagen 4 Pfennig, jeder Karch 2 Pfennig, sonst in der Woche die Hälfte. Landesherren u. Stadt teilen den Ertrag gleich.

§ 8. 23 Pfund 2 Sch. 6 Heller diesjähriger „Samstagszoll" den einer von der Herren wegen erhebt. Jeder Wagen hatte diesmal 1 Albus, jeder Karch $^1/_2$ zu zahlen, was besonders vereinbart wird. Vor Alters her gibt ein Brotschragen $5^1/_2$ Heller, ein Krämer der an der Gasse feilhält 3 Heller. Dieser Zoll ist allein der Landesherrschaft zu zahlen.

§ 9. 12 Pfund 19 Sch. $1^1/_2$ H. diesjähriger Ertrag des „Hellerzolles" nämlich von jedem Brotschragen, Krämer in seinem Laden oder auf der Gasse, und Metzler, der feil hält, 1 Heller. Das fällt halb an die Stadt.

§ 10. 18 Gulden von der Stadtwage, halb an die Stadt (vom Zentner zu wiegen 1 Albus, ein Clude Wolle 4 Pfennig, ein Tuch zu streichen 4 Pfennig).

§ 11. 250 Pfund 14 Schilling 1 Heller fiel diesjahr von Ungeld, das allein der Herrschaft gehört. Die Burgmannen der Grafschaft Sponheim sind davon für ihr eignes Wachstum oder ihren Gültwein frei. Sonst gibt jedes Fuder soviel Binger Heller Ungeld, als ein Viertel desselben Weins wert ist.

§ 12. Geleitsgeld (Summe ausgelassen). Von jedem Schwein, das in die Stadt eingetrieben wird. 2 Heller, von jedem Rind 3 Heller, von jedem Hammel oder Schaf 1 Heller (nur auf der Strasse von Meisenheim nach Bingen).

§ 13. Wer Geleit begehrt, hat den Landesherren für die Meile und Person 2 Schilling Heller zu geben, soweit die Grafschaft sich erstreckt. Ausserhalb der Grafschaft auf den Pfalz-Strassen fällt das Geleit an den Kurfürsten allein.

§ 14. Den Wechsel in der Stadt hat die Landesherrschaft allein.

·§ 15. Wein(zoll): von ausserhalb der Gemarkung Kreuznach gewachsenem Wein, der in die Stadt eingefahren wird, wird für die Landesherren ein Gulden für das Fuder an den Pforten erhoben. Die Amtleute, Burgmannen und Priester sind für ihren eignen Verbrauch frei.

§ 16. An den beiden „Kirweien" zu Johannis Geburt und Enthauptung fällt das Ungeld, Krämerzoll, Karcherzoll, Geleitsgeld und

Unterkauf allein an die Landesherren. Nur die Brotbäcker zahlen die Hälfte an die Stadt, die an diesen Tagen auch die auf Pferdekauf gesetzte Abgabe zur Hälfte bezog.

§ 17. Item das gelt in dem Sahn (Soonwald), von dem gedings und andern nutzen feldt, das wirdt in zweien zeitten ufgehoben, nemlich zu St. Johans tag Bapt. in dem sommer gelegen gefelt in dieser zeitt diese nachgeschrieben und gehet alles uf und abe, also das es uf keine stende gelt zu setzen ist.

53 Pfund heller hat das rechtsgedings das uf den dingtag geschehen ist mit wagnern, felgenhawern, kolern und andern die darin dingen, um diese zeit getragen.

9 Pfund Heller Weidegeld von denen von Dorrenbach.

2 Pfund 3 Schilling Heller für Olei und Wachs.

5 Pfund 6 Schilling Heller Weidegeld von denen von Schonenberg.

13 Pfund 12 Schilling Heller von denen, die insonderheit kolen oder dorne holtz darin machen wollen, als ein iglicher, der vor nit gedingt hat, muss darumb mit den forstern überkommen.

11 Pfund 12 Schilling 3 Heller von den sommer-eckern, also wird iglichs jars was ubrig eckern bifs in den sommer verleibt, verkauft.

Auf das andere Ziel, Sonntag nach der heil. drei Könige Tag fallen: 32 Gulden 13 Albus, 18 Pfund Heller vom Rechtgeding mit Wagnern, Felgenhauern, Köhlern u. s. w.

9 Pfund 4 Schilling Wiesengeld von Mengerschiedt.

54 Pfund 12 Schilling Wiesengeld von Rensweiler.

18 Pfund 16 Schilling von denen, die insonderheit Pfähle zu hauen gedingt haben; jeder muss darum mit dem Förster dingen.

11 Pfund 4 Schilling für dürres Holz und Kohlen ausser dem Geding, nach Uebereinkunft mit den Förstern, wie oben.

Wer Schüsseln oder Narten in dem Soonwald macht, muss solche an das Schloss zu Kreuznach und in der Herren Höfe liefern. Brüchten, Frevel und Bussen im Sahn gehören den Herren zü Kreuznach.

§ 18. Was von Juden oder Spielen fällt, ist allein der Herren, und die Herren haben allein Macht solches zu gönnen oder zu verbieten.

§ 19. Der Lachsfang in der Nahe steht den Herren allein zu, die mögen ihn verleihen, oder sonst damit handeln lassen nach ihrem Gefallen.

§ 22. Alle Frevel, Einung und Bruch und was in der Stadt zu strafen ist, gehört den Herren zu strafen.

§ 23. Wer „Geferdt“ in Kreuznach hat, soll nach Weistum des Jahrgedings den Herren 2 Fahrten Holz auf das Floiss (Schloss?) thun eine zu Weihnachten, die andere an St. Johannis Bapt.

b) Weingefälle und Wingerte: Pfalz allein 9 Mg am Graben bei der Burg, 3 Mg uff dem Lettenberg. 5 Viertel am Mönchsberg. 2 Mg Rodtsweinberg bei St. Kilian am Weg geforch dem Kirschgarten. — Sponheimische Weingärten des Markgrafen von Baden und des Pfalzgrafen von Simmern 11 Mg hinter der Burg, 4 Mg Rodtsweingart oben am Schafborn zwischen den beiden Wegen.

c) Korngefälle: Dem Kurfürsten von der Pfalz fallen 31 Malter Korn vom Hof, der in der Stadt auf der Beun neben dem Hof der Herren (Mönche) von Pfaffenschwabenheim und des S. v. Löwensteln liegt. Dazu gehören $^2/_5$ an folgenden Grundstücken: Obere Beun am Schwabenheimer Weg 40 Morgen. Grosser Acker hinter der Burg 30 Morgen. Am Antoniuskreuz 9 Morgen. Grosses Feld zwischen den zweien Loren ohne Morgenzahl. Bunde zwischen dem Schwabenheimer und Binger Weg 70 Morgen. Bei den langen Bellen 18 Morgen. Im Grackes 10 Morgen. Im Bruckes. Diebsacker am Galgenberg. Grosses Stück Feld auf der Höhe nach Rheingrafenstein zu. Garten bei St. Lamprecht Wiese im Merß.

Am anderen Hof in der Stadt hat Kurpfalz wegen des Markgrafen von Baden die Hälfte, die andere Hälfte stand dem Pfalzgrafen Friedrich von Simmern zu; dazu gehörten die 3 Fünftel an den oben bezeichneten Grundstücken, die 46 Malter Korn ertrugen.

Mühlenpacht 340 Malter Korn. Zinskorn laut Register 99 Malter 2 Dreiling.

d) Weißgefell. Gefälle an Weizen: 10 Malter fallen an Kurpfalz und Pfalz-Simmern in gleichen Anteilen.

e) Hafergefälle: 147 Malter, 1 Sümmer 1 Dreiling Zinshafer.

Weidhafer im Soonwald 50 grosse Malter = 67 gewöhnliche Malter und 5 Sümmern. Davon geben die Waldförster etwas an den Herrn von Dalberg ab, das Uebrige liefern sie in der Herren Hof.

4 Gänse vom Hunenhölzchen.

Die Stadt Kreuznach [1]) hatte 1601 807 Hofstätten. Die Landesherrschaft der vorderen Grafschaft Sponheim teilte den Zoll mit der Stadt, hatte Weggeld und Ungeld und eine Bannmühle für Kreuznach, Hackenheim und Bosenheim, von welcher jährlich 300 Malter Korn und 30 Gulden „Schweinegeld" erhoben wurden. Im Kreuznacher Stadtwald am Gauksberg bei Sponheim hatte die Landesherrschaft das Jagdregal. Von der Stellung von „Reiswagen" war die Bürgerschaft befreit. Die Stadt hatte zwei Jahrmärkte.

Zu Kreuznach war der Sitz eines Landgerichts, welches durch die Dörfer Wald-Böckelheim, Wöllstein, Volxheim, Braunweiler, Mandel und Roxheim besessen wurde, die dafür von dem Zoll zu Kreuznach befreit waren, und darum „Freidörfer" hiessen. Die Schöffen aus den genannten Dörfern hatten zu Kreuznach zusammen mit den Kreuznacher Schöffen über das Blut zu urteilen. Bei der Malefiz-Exekution hatte auch das Dorf Hackenheim mitzuwirken, ohne deshalb zu den Freidörfern gerechnet zu werden.

Die Einwohner von Winzenheim, Volxheim, Wald-Laubersheim und Hargesheim waren Ausbürger von Kreuznach und hatten das Recht, in Kriegszeiten ihre Frauen und Kinder, Vieh und Habe hinter die Stadtmauern zu flüchten, zu deren Instandhaltung sie beizutragen und zu fronen verpflichtet waren. Es waren ihnen dazu besondere Teile der Befestigung angewiesen.

In Kreuznach hatten die Rheingrafen, die Grafen von Falkenstein am Donnersberg, die Herren von Sickingen zu Ebernburg, von Koppenstein und die Ganerben der Burg Leyen bei Rümmelsheim hörige Hintersassen. Die Rheingrafen hatten den grossen Zehnten an Wein und Frucht in der ganzen Gemarkung, mit Ausnahme einiger Stücke Landes, von denen der Zehnte an die Herren von Koppenstein oder an den Glöckner fiel. Auch hatten die Rheingrafen eine grundherrliche Gerichtsbarkeit über einen bestimmten Distrikt in der Gemarkung Kreuznach, genannt „Osterburger Gericht". In der Gemarkung lagen das ehemalige Kloster St. Peter, die Höfe Sulzen (im Besitz der Herren von Leyen), der Neue Hof (von Dienheim) und das Haus im Bangart an der Ellerbach (von Sassenrodt, früher von Koppenstein).

Die Rheingrafen von Kyrburg und von Dhaun hatten in der Neustadt ein Haus mit Kelterhaus und Zehntscheuer, die Rheingrafen von Dhaun auch ein früher Sickingisches Haus in der Altstadt. Die Herren von Eltz ein Burghaus am Schlossberg im Kaltenloch; die von Hunolstein einen Hof und Güter (Burglehen); Wolf von Sponheim ein Burghaus und Güter; die von Koppenstein ein Wohnhaus (Eigentum), ein altes Burghaus, zwei andere Häuser und Güter; die Herren von Leyen ein Burghaus und den Hof Sülzen, von Bellenhofen ein Burghaus und Güter; ebenso die Stumpfen von Waldeck, die Freyen von Dehrn, Göler von Ravensburg, Beysser von Bingen, von Lewenstein, von Cronenberg, Dr. Ph. Fr. v. Eheim, von Sassen-

---

1) Amtsbeschreibung 1—15. — Widder IV 22—48. — Eduard Schneegans, Historisch-topographische Beschreibung Kreuznachs. Koblenz 1839.

rodt. Von Dienheim besass ein eigenes Haus (früher von Winnenburg), den Neuhof und den Breitenfelser Hof.

Kreuznach, Cruciniacum, war ein Fiskalort und Palatium der Deutschen Könige und Kaiser. In Cruciniaco palatio bestätigte Ludwig der Fromme im Jahre 839 einen Tausch zwischen der Abtei Fulda und einem Grafen Boppo[1]). Schon 819 hatte sich der Kaiser auf einer Reise von Ingelheim in den Ardennerwald in Kreuznach aufgehalten[2]). Crucianacum soll nach einer Prümer Urkunde von 835 im Wormsgau[3]), nach einer Schenkung Ludwigs des Deutschen an das Albanskloster in Mainz 868 im Nahegau liegen[4]).

Am 30. August 1065 schenkte König Heinrich IV. dem Hochstift Speyer das Dorf Cruzenachen im Nahgowe in der Grafschaft des Emicho mit dem Lehen des Grafen Eberhard von Nellenburg und allen Zugehörungen: „villam unam Cruzenachen dictam in pago Nahgowe, in comitatu Emichonis comitis sitam, cum beneficio Eberhardi comitis de Nellenburc, omnibus quoque appendiciis, hoc est utriusque sexus mancipiis, villis, vineis, agris, pratis, campis, pascuis, silvis, venacionibus, forestis, forestariis, terris cultis et incultis, aquis aquarumve decursibus, molis, molendinis, piscacionibus, exitibus et reditibus, viis et inviis, mercatis, theloneis, monetis, quesitis et inquesitis"[5]). Als Kaiser bestätigte Heinrich diese Schenkung im Jahre 1101. 1206 liess König Philipp der Schwabe einen angefangenen Burgbau zu Kreuznach einstellen, da er auf

1) Dronke, Codex diplomaticus Fuldensis S. 303, Nr. 655.
2) Einhard, Annalen, MG. SS. I 206.
3) Mittelrheinisches Urkundenbuch I S. 70, Nr. 62.
4) Mittelrheinische Regesten II (Nachtrag zu I) S. 587, Nr. 2134.
5) Mittelrheinisches Urkundenbuch I S. 419, Nr. 363. — F. X. Remling, Urkundenbuch zur Geschichte der Bischöfe zu Speyer I Nr. 52 u. 72. — Die Urkunde vom 30. August 1065 zeigt die Unregelmässigkeit, dass sie unter dem Siegel Heinrichs IV. und unter der Rekognition des Kanzlers Sigehard anstatt des Erzkanzlers Sigefrid noch das „signum domni Henrici tercii regis invictissimi" und die Rekognition „Theodericus cancellarius vice Bardonis archicancellarii" trägt, und hierauf die Datierung „Anno dominice incarnationis millesimo LXV. indictione III. anno autem ordinacionis domni Heinrici IV. regis XI. regni vero VIIII." folgt. Dies hat Anlass gegeben, dass die Urkunde für unecht erklärt worden ist (Bresslau im Neuen Archiv d. Gesellschaft f. ält. deutsche Geschichtskunde 34 S. 88, Anm. 1). Ich glaube an dem Inhalt der Urkunde nicht zweifeln zu sollen, und erkläre die doppelte Rekognition dadurch, dass vielleicht eine um 1045 ausgestellte Urkunde Heinrichs III. über die Schenkung Kreuznachs an Speyer nicht zur Vollziehung und Aushändigung gelangt und dann durch Heinrich IV. vollzogen worden ist. Ich weiss jedoch nicht, wie sich der Befund an dem in Koblenz aufbewahrten Original dazu verhält. Theoderich Kanzler und Bardo Erzkanzler würden für die Zeit von August 1044—1046 Sept. passen (Bresslau, Urkundenlehre I 347 f.). Damals war Heinrich III. von einer Reichsversammlung in Speyer zu einem Winterfeldzug gegen Herzog Gottfried von Lothringen aufgebrochen, und hatte Böckelheim erobert, das später wie Kreuznach im Besitz des Hochstifts Speyer war. Sollte der König dem Bischof von Speyer damals eine Urkunde über Kreuznach ausgestellt haben, deren Vollziehung damals unterblieben war, 1065 aber durch Heinrich IV. nachgeholt wurde?

dem Besitztum der Speyerer Kirche stehe, und versprach, dass dort nie wieder eine Burg erbaut werden solle[1]).

Am 25. Dezember 1237 verpachtete das Speyerer Domkapitel seine Münze zu Crutzenache an zwei Bürger (cives) daselbst[2]), nachdem Graf Simon von Sponheim vor dem Bischof Konrad von Speyer erklärt hatte, dass das Münzrecht dem Domstift zustehe[3]).

Dies ist die erste Stelle in einer Urkunde, die sicher darauf schliessen lässt, dass der Graf von Sponheim obrigkeitliche Rechte in Kreuznach besass oder doch wenigstens zu besitzen glaubte. Denn entweder hat er mit dieser Anerkennung des domkapitularischen Rechtes einen Anspruch aufgegeben, den er auf Grund von Herrschaftsrechten vorher erhoben hatte, oder er hat den Schutz des Rechtes der Domherren von Speyer in seinem Banngebiet übernommen.

Die erste nicht angezweifelte Verbindung der Grafen von Sponheim mit Kreuznach zeigt die Urkunde von 1127 September 21 des „Meginhardus Spanheimensis" für das von den Nellenburger Grafen gestiftete Kloster Allerheiligen in Schaffhausen am Oberrhein, die zu Kreuznach ausgestellt ist. Als Zeugen nennen sich dabei Bernhelmus abbas de Spanheim, Bertoldus clericus, capellanus de castro Spanheim, Herimannus parrochianus de Chiriperg, Gerlacus comes de Veldenze, Rorich de Merchedisheim et frater suus Gerlach et consobrinus eius Drotwin, Odalricus de Steine et filius eius Hugo, Gerlach de Husin, Heinricus de Battinheim, Gotifrit de Imiziswilere (Imiciswilare) et frater eius Gerhart, Odalrich de Brunishorn et alii complures de liberis[4]). Es waren also ziemlich viele Männer aus dem Stand der Freien Herren damals in Kreuznach um den Herrn Meginhard von Spanheim versammelt. Möglicherweise hat schon Meginhard[5]) aus der Sponheimer, nicht aus der Nellenburger Erbschaft die Zwing- und Bannrechte zu Kreuznach besessen. Denn schon die ältesten Urkunden für das Kloster Sponheim, die freilich nur durch den Abt Trithemius gut überliefert sind, sprechen von dem Grafen von Sponheim, der ein Herr zu Kreuznach ist. Die später den Grafen von Sponheim gehörigen Besitzungen der Grafen von Nellenburg und von Mörsberg stehen, wie wir sehen werden, in Zusammenhang mit dem Schloss Dill bei Kirchberg. Die Besitzungen, die mit dieser Burg verbunden sind, werden in den Lehenurkunden des 14. Jahrhunderts

---

1) Remling I Nr. 124.

2) Mittelrheinisches Urkundenbuch III S. 459, Nr. 600. — Remling I S. 215, Nr. 217.

3) Ebd. III S. 463, Nr. 604. — Remling I S. 211.

4) Baumann, Die ältesten Urkunden von Allerheiligen zu Schaffhausen (Quellen zur Schweizer Geschichte III. Basel 1883) S. 108, Nr. 64.

5) Er war vermählt mit Mechthild von Mörsberg, Tochter Adalberts von Mörsberg, Herrn zu Dill (1107: MRUB. I S. 476), der ein Enkel Eberhards des Seligen von Nellenburg war. Auf diese Weise kam ein Teil des Nellenburger Besitzes an das Haus Sponheim.

und in dem Sponheimer Gültbuch von 1438 genau aufgezählt. In der Gegend von Kreuznach gehörte hierzu die Vogtei über das Kloster Pfaffenschwabenheim und ganz geringfügige Besitzungen in der Gemarkung Kreuznach. Mögen die Nellenburg-Mörsbergischen Besitzungen im 11. Jhdt. grösser gewesen sein [1]), so braucht darum die Herrschaftsgewalt zu Kreuznach nicht von dieser Seite an die Sponheimer Grafen gekommen zu sein [2]). Welcher Art die Sponheimischen Rechte zu Kreuznach in der früheren Zeit waren, erfahren wir aus der Eintragung im Verzeichnis der Lehen des Rheingrafen Wolfram, dass er vom Grafen von Sponheim „duos mansus advocatie in Crucenake" zu Lehen habe [3]). Es war also eine Vogtei. Vielleicht war es eine ähnliche Stellung wie sie Werner von Bolanden über das „Ingelheimer Reich" hatte [4]). Es könnte nun sein, dass diese Reichsvogtei aus der Nellenburger Erbschaft an den Grafen von

<hr>

[1]) Namentlich soll auch das Schloss Böckelheim zu dem Reichslehen des Grafen von Nellenburg gehört haben. Man hat die Schenkung des Kreuznacher Reichslehens des Grafen Eberhard von Nellenburg an Speyer in Beziehung gebracht mit der ebenfalls von Heinrich IV. im selben Jahre, 1065 am 22. Mai, vollzogenen Abtretung von Hochfelden und Schweighausen mit dem Heiligenforst bei Hagenau im Elsass an einen nicht näher bezeichneten Grafen Eberhard, deren Original sich seit dem 14. Jahrhundert im Sponheimer Archiv nachweisen lässt (die Dorsualnotiz „wie die hireschafft von Sponheim sit dem ersten gestifft wart" lässt keine weiteren Schlüsse zu, als dass die Urkunde dem damaligen Sponheimer Archivar als ältester Nachweis der Grafen von Sponheim gegolten hat); s. Joh. Meyer-Frauenfeld im Anzeiger f. Schweizerische Geschichte, N. F. 10, 127; Tumbült und Witte in der Zeitschrift für die Geschichte des Oberrheins, N. F. 4, 425 ff.; 12, 215 f. Hochfelden usw. soll dem Grafen Eberhard von Nellenburg, dem Stifter des Allerheiligenklosters zu Schaffhausen am Rheinfall, zur Entschädigung für das ihm entzogene Reichslehen bei Kreuznach abgetreten worden sein. Aber neuerdings hat H. Bresslau im Neuen Archiv der Gesellschaft für ältere Deutsche Geschichtskunde 34, S. 84 ff., den vollen Nachweis geführt, dass Graf Eberhard Hochfelden und Schweighausen mit dem Heiligenforst bei Hagenau zwar als Entschädigung, aber nicht für ein Reichslehen bei Kreuznach, sondern für die dem Bischof von Como am 20. Mai 1065 durch Heinrich IV. zurückgegebene Grafschaft Chiavenna (nördlich vom Comer See) erhalten hat. Auch in der Urkunde über diese Uebertragung ist „Heberhardus comes" ohne nähere Bezeichnung gelassen. Man kann daher ebensogut an Eberhard von Sponheim, als an Eberhard von Nellenburg denken, da sonst nicht überliefert ist, welchem von diesen Zeitgenossen die Grafschaft Chiavenna (Clävenn) übertragen war. Vielleicht geben Urkunden von Chiavenna darüber Auskunft. Die beiden Urkunden über Hochfelden und Chiavenna zeigen auch, dass damals eine nähere Bezeichnung der Grafen nicht gebräuchlich war, wenn über deren Person kein Zweifel obwaltete. Bei Kreuznach war die Hinzufügung des Namens „von Nellenburg" notwendig, weil man den Grafen Eberhard sonst für den Sponheimer gehalten hätte. Uebrigens könnte die Uebertragung des Reichslehens Eberhards von Nellenburg an Speyer auch so verstanden werden, dass nur das „dominium directum" an Speyer überging, der Graf aber keine materielle Einbusse an dem Beneficium erlitt.

[2]) Vgl. meine Ausführungen hierüber bei Pfaffenschwabenheim.

[3]) Trier. Archiv, Ergänzungsheft 12 S. 8, Nr. 15.

[4]) Sauer, Aelteste Lehenbücher der Herrschaft Bolanden S. 17.

Sponheim gekommen ist. Aber der Nellenburger und Mörsberger Graf bezeichnet sich niemals als Vogt oder Herr zu Kreuznach, wohl aber als Herr zu Dill. Ich glaube daher nicht, dass er in Kreuznach bedeutende Besitzungen oder eine obrigkeitliche Stellung innehatte. Dagegen hatte der Graf von Sponheim noch später ein nicht an Speyer gekommenes Reichslehen zu Kreuznach, das Geleitsrecht im ganzen Kreuznacher Bezirk, das noch 1442 als Reichslehen bezeichnet wird.

Der Bischof von Speyer blieb nicht im Besitz der ihm aus dem Reichsgut zugewiesenen Herrschaft. 1241 verkaufte der schon genannte Bischof Konrad V. von Speyer seinen ganzen Besitz um Kreuznach an den Grafen Heinrich von Sayn, den letzten seines Geschlechtes, dessen Besitzungen durch seine Tochter Adelheid an die Grafen von Sponheim gebracht wurden[1]). So war nun auch die ursprünglich dem Reich zustehende Besitzung zu Kreuznach mit dem Markt- und Münzrecht an die Grafen von Sponheim gekommen, die diese Rechte weiter ausbauend aus der „villa" eine Stadt machten. Zwar wird schon 1203 Kreuznach als „oppidum" bezeichnet[2]). 1237 heissen die Einwohner „cives". Trithemius berichtet in seiner Sponheimer Klosterchronik, dass im Jahre 1247 „consulatus Crucennacensis in magna cum civibus dissensione fuit propter quasdam libertates et privilegia civitatis non servata pauperibus, ut multis eo tempore visum fuit, verum postea inter eos concordia facta"[3]).

Bei dieser Gelegenheit ist vielleicht ein Vertrag zwischen dem Grafen Simon von Sponheim und der Bürgerschaft von Kreuznach geschlossen worden, in dem die gegenseitigen Verpflichtungen und die Leistungen der Bürger an den Stadtherrn festgestell worden sind.

Von einem solchen Vertrag ist eine Abschrift auf einem grossen Pergamentblatt erhalten, das längere Zeit als Umschlag zu einem „Gültbuch" der ganzen Grafschaft Sponheim von 1438 gedient hat[4]). Das obere Stück, das den Namen des Ausstellers und Empfängers der Urkunde das Datum und eine Reihe von Bestimmungen, darunter solche über die Bede, den Herdzins (census larium) und eine Weingülte, vielleicht auch solche über die Einsetzung und Verpflichtung der Behörden, Schultheiss, Richter, Schöffen und Juraten enthalten haben muss, ist leider abgeschnitten. Ausserdem fehlen von dem erhaltenen Stück die Enden der ersten 12 Zeilen (je ein bis zwei Worte). Auch sonst ist das Blatt beschädigt und beschmutzt, so dass die Lesung an manchen Stellen nicht sicher ist.

---

1) Johannis Trithemii Chronicum Sponheimense (opera historica II. Frankfurt a. M. 1601) 277.

2) Mittelrheinische Regesten II 969.   3) Trithemius a. a. O. 278.

4) Staatsarchiv Koblenz: Urk. der Grafschaft Sponheim Nr. 2b u. c. Herausgegeben von W. Fabricius in der Vierteljahrsschrift für Sozial- und Wirtschaftsgeschichte 1911, S. 206—213.

Das Stück beginnt mit einer vertragsmässigen Festsetzung von Geldstrafen, die bei hartnäckiger Zurückhaltung einer dem Aussteller zu liefernden Gülte teils ihm, teils dem Gericht (Schultheiss und Schöffen) zu zahlen waren. Der Stadtherr hatte aus solchen Strafgeldern einen Teil der Stadt als Beitrag für ihren „Bau“ (doch wohl der Mauern) zugewiesen. Auf dem gemeinen **Markt** ist ein Kaufhaus und eine Halle errichtet worden, die der Stadtherr nach Belieben gegen Zins verleihen kann. Auch soll er die Oefen oder Bannbackhäuser haben. Zwischen Ostern und Pfingsten hat er fünf Fuder Bannwein in der Stadt zu verkaufen, zu dem Marktpreis der besseren Sorte. Nur der Zehntwein war davon frei. Der Stadtherr behält alle seine eignen Güter, die die Schöffen ihm zusprechen. Die Gemeinde behält ihre Nutzungsrecht im Wald und der Holzmark. Das Ungeld wird bis auf Widerruf der Bürgerschaft zum Stadtbau überlassen. Der Stadtherr wird über diese Abgabe und den Zoll mit Rat der Schöffen und Geschwornen nähere Bestimmungen treffen. Die Gemeinde soll das Gefolge und die Mannschaft des Herren beherbergen, der Herr für sich und seine Nachfolger wird wegen der Herrschaft kein Herbergsrecht mehr beanspruchen.

Wenn der älteste Sohn des Herrn oder seines Nachfolgers, und nur der älteste, den Ritterschlag empfängt, sollen ihm die Bürger 50 Trier. Pfund zahlen als Beitrag zur Ausrüstung. Wenn keine Söhne vorhanden sind, werden diese 50 Pfund der ältesten Tochter als Beitrag zur Aussteuer gezalt. Gewaltsame Selbsthilfe wird verboten, alle Rechtsstreitigkeiten sollen durch das Gericht entschieden werden. Doch scheint es, dass die edelen Vasallen und Ministerialen des Stadtherrn nicht wider ihrem Willen vor dem herrschaftlichen Richter zur Verantwortung gezogen werden konnten. Aufnahme in die und Austritt aus der Bürgerschaft konnten nur mit Genehmigung des Richters und mit Wissen der Schöffen geschehen.

Es folgt eine Bestimmung über die Haftpflicht der Gemeinde für die richtige Zahlung einer Abgabe von 70 Mark an zwei Zielen, von der in dem verlornen Stück die Rede war. Wie sich herausstellen wird, war das die Bede. Auch von dem Hauszins muss in dem verlornen Stück die Rede gewesen sein, der nebst dem „Schaden“ von dem Säumigen oder Weigernden durch Richter und Schöffen mit Zwang eingetrieben werden soll. Es werden dann verschiedene Strafbestimmungen gegen Wortwechsel, Schlägerei usw. bis zu schwereren Verbrechen, wie Mord und Verrat, und andere Anordnungen über die Rechtssprechung getroffen.

Der nächste Abschnitt handelt von der Stellung von Wagen für den Stadtherrn zu zwei Fahrten im Jahr und von der Heeresfolge der Bürger, zu der sie nur dann verpflichtet sind, wenn der Stadtherr seinen Verwandten und Verbündeten zu Hilfe zieht, nicht aber, wenn er seinen Kriegszug im Solde eines Dritten unternimmt.

Die ausziehenden Leute haben sich in den ersten 14 Tagen selbst zu verköstigen, hernach sind sie nur dann verpflichtet zu bleiben, wenn für alles Notwendige Vorsorge getroffen ist. Bei Streitigkeiten über das Futter soll der Herr für den Schaden verantwortlich sein. Der Schultheiss und die Geschworenen sollen die Wagen und Waffen inspizieren und es werden die Geldstrafen festgesetzt, die für dabei zu Tage kommende Mängel zu zahlen sind. Die Frohnfuhren sollen sich nicht über die Entfernung von zwei Meilen erstrecken. Die Beisteuer zum Stadtbau von den Waren, die in der Stadt gekauft und verkauft werden, also die Umsatzsteuer, soll mit Rat des Herrn festgesetzt werden. Der Stadtherr behält sich die Münze und Wechselbank vor.

Mit dieser Bestimmung bricht der Vertrag ab, ohne dass in der Abschrift ein Schluss, über Zeugen, Siegelung, Datum mitgeteilt wird. Vielleicht waren diese Formeln am Eingang des Vertrages angebracht. Es folgt eine Urkunde des Johannes eines Sohnes des Grafen Symon von Sponheim vom 2. Februar 1270, worin er mit Rat seiner Burgmannen von Kreuznach, Böckelheim und Sponheim, zugunsten der Bürgerschaft zu Kreuznach auf den Bannwein, die Bannbackhäuser und Herdzinse von den bewohnten Häusern, sowie auf die Weingülte verzichtet, die in dem Vertrag den sein Vater mit der Bürgerschaft geschlossen habe, ausbedungen seien, wogegen die Bürgerschaft die dem Grafen zu zahlende Bede von 70 auf 100 Mark und ausserdem 1 Mark für die regierende Gräfin (im Rentbuch 1476 „Frauen-Mark") erhöht. Diese Bede ist (wie noch 1476) an den Tagen Purificationis Mariae (2. Februar) und Jacobi (25. Juli) oder in den darauf folgenden 14 Tagen zu zahlen, zu jedem Ziel die Hälfte. Der Graf verspricht, dass er von nun ab keines Bürgers Haus für einen Burgmann in Besitz nehmen wolle, auch dass er von der Inanspruchnahme der Pferde der Bürger abstehen wolle, wenn er nicht den guten Willen des Betroffenen dazu erlangen könne, und im Weigerungsfalle gegen ihn nicht mit Ungunst und Ungnade vorgehen werde. Uebrigens soll jeder Bürger nach seinem Vermögen und nach Anordnung der Geschwornen ein eignes Pferd halten. Die anderen Bestimmungen des Vertrages des Grafen Simon mit der Bürgerschaft, abgesehen von den vier geänderten Artikeln, sollen in Geltung bleiben. Wenn Johann Kreuznach an einen seiner Brüder oder sonst Jemand abtreten würde, sollte der neue Herr zuvor die Verpflichtungen dieser Verträge übernehmen.

Diese Bestimmungen gelobte Johann von Sponheim in die Hände benannter Burgmannen zu Kreuznach, die die Bürgerschaft dazu bestimmt hatte, in Gegenwart seines „Socius" (wohl Oberamtmanns) Ludwig von Tholey und seines Truchsess Ingebrand.

Die beiden Urkunden wurden zwischen 1294 und 1298 durch die beiden Aebte Johann (II. von Sponheim) und Wernher (von Disibodenberg) an einem in dem verlornen Anfang näher bezeichneten Tage zusammen abgeschrieben und beglaubigt.

Da die Siegel der Aebte fehlen, ist die erhaltene Urkunde nicht das Original der Aebte, sondern eine Abschrift oder zweite Ausfertigung davon.

Es ist klar, dass die beiden Urkunden in Beziehung zu einander stehen. Ist auch weder Graf Simon noch auch die Stadt Kreuznach in dem erhaltenen Stück der ersten Urkunde genannt, nur einmal werden Kreuznacher Denare als gangbare Münze erwähnt, so ist doch durch die zweite Urkunde sichergestellt, dass hier der Vertrag des Grafen Simon wirklich vorliegt. Alle im zweiten Vertrag abgeänderten Bestimmungen im Vertrage Simons finden sich in dem ersten Stück wieder: die „Gelte vini", der Bannwein, das Bannbackhaus, die Hauszinse, die Bede von 70 Mk. Andere Bestimmungen des Vertrages, die von der Aenderung nicht getroffen sind, finden sich noch im Rentbuch von 1476: so Ungeld, Zoll, Umsatzsteuer, und „Wechsel". Die eigne Münze war aufgegeben worden.

Wie es anderswo auch geschah, nahm die neue Stadt unfreie Leute in ihre Bürgerschaft auf und geriet dadurch in Streitigkeiten mit dem Grafen und anderen Herren. Am 2. April 1277 erkannten Schultheiss, Schöffen und Bürger zu Kreuznach den Grafen Johann von Sponheim, der sie mit Erlaubnis König Rudolfs mit besonderen Rechten begabt hatte, und dessen Erben als ihre alleinigen Herren an, den sie zu Gehorsam verpflichtet waren, und versprachen dessen Rechte in keiner Weise schmälern zu wollen, namentlich auch nicht dadurch, dass sie Dienstmannen und Hörige des Grafen in die Bürgerschaft aufnehmen würden. Der Graf gab dagegen zu, dass alle die bereits aufgenommenen Neubürger, zwei Personen ausgenommen, die bisherige Freiheit weiter geniessen durften[1]. Aus ähnlichen Ursachen waren mit dem Rheingrafen Siegfried Streitigkeiten ausgebrochen, die 1279 auf gleiche Weise beigelegt wurden[2]. Der Rheingraf besass eine Grundherrschaft unmittelbar bei Kreuznach, das Osterburger Gericht. Die dazu gehörigen Leute scheinen in die Stadt gezogen zu sein. Die Entwicklung der städtischen Freiheit wurde durch die Verleihung des Rechtes von Oppenheim durch Rudolf von Habsburg 1290 zum Abschluss gebracht[3].

Begonnen hatte diese Entwicklung schon unter dem König Pippin, auf den, wie es scheint mit Recht, die Einrichtung des Marktes in Kreuznach zurück geführt wird[4].

Mit dem Markt hängt die Münze, der Zoll, und ferner das Geleitsrecht zusammen. Letzteres war noch in der ganzen mittelalterlichen Zeit Reichslehen der Grafen von Sponheim, hat also mit

----

1) Mittelrhein. Regesten IV 397.   2) Ebd. IV 609.   3) Ebd. IV 1317.

4) Die Urkunde Ottos III. für das St. Irminenkloster zu Trier über Verleihung eines Marktes in quodam loco Crucinaha dicto ad Horrense coenobium pertinenti vom 30. Mai 1000 dürfte sich auf den tatsächlich vom genannten Kloster abhängigen Wallfahrtsort Heiligkreuz bei Trier beziehen, nicht auf Kreuznach, wo Beziehungen zu St. Irmina sich sonst nicht nachweisen lassen (Mittelrhein. Urkundenb. I S. 332, Nr. 278. Monumenta Germaniae, Diplomata regum et imperatorum 2 S. 796, Nr. 367).

dem an Speyer gefallenen Nellenburger Lehen nichts zu tun. Es galt soweit die Strasse in der Grafschaft Sponheim ging, an der Grenze fing das Geleitsrecht des Pfalzgrafen an[1]). Wenn es erlaubt ist, aus den später bezeugten Berechtigungen auf ältere Zustände zu schliessen, so scheint dieses Geleit zu Kreuznach mit dem Grafenamt der Sponheimer in Verbindung zu stehen. Der Fiskus hat wohl nicht ein geschlossenes Territorium, wie der zu Boppard oder zu Ingelheim gebildet, sondern war eine Villikation in Gemenglage mit andern Gütern. Dies ist auch darum wahrscheinlich, weil der Zehnte und der Kirchensatz wenigstens seit 745[2]) nicht mit diesem Reichsbesitz verbunden waren, sondern mit dem Hofe Osterburg, der den Rheingrafen als Lehen von der Grafschaft Veldenz gehörte, also ursprünglich von den Nahegaugrafen abhängig war.

Obgleich es scheint, dass das Bistum Speyer durch den Verkauf an den Grafen von Sayn sich aller Rechte an Kreuznach entäussert habe, machten die Bischöfe später lehensherrliche Ansprüche darauf geltend. 1365 scheint Bischof Lambert von Speyer Mühe gehabt zu haben, den Grafen Walram von Sponheim davon zu überzeugen, dass Kreuznach Speyerisches Lehen sei. Er spricht 1399 aus, dass sich der Graf erst nach „vielen teidingen“ dazu verstanden habe[3]). 1398 hatte sich der Nachfolger Walrams Graf Simon geweigert, Kreuznach als Speyerer Lehen anzunehmen. Da der Bischof keine frühere Belehnung eines Sponheimer Grafen durch Speyer nachweisen konnte, ging man unverrichteter Sache auseinander. Nun belehnte Bischof Raban von Speyer den Pfalzgrafen Stephan mit Kreuznach, da das Lehen an Speyer heimgefallen wäre. Aber dieser politische Schachzug blieb ohne Erfolg[4]).

Die alte Stadt Kreuznach lag auf dem rechten Nahcufer[5]), gegenüber besassen die Grafen ein Jagdhaus mit Kapelle des heiligen Nicolaus (1241), bei welcher 1281 das Karmeliterkloster gestiftet wurde. In dieser Zeit entstand hier die Neustadt. Da bereits 1279 zwei Bürgermeister von Kreuznach erwähnt werden, und später immer je einer für jede der beiden Stadthälften fungierte, kann angenommen werden, dass die Neustadt damals schon als organisierte Gemeinde bestanden hat.

Die Kreuznacher Salzquellen sollen erst 1478 erschlossen

---

1) Gült- und Rentenbuch 1476. 1442, 30. Juli, belehnte Kaiser Friedrich III. den Markgrafen Jakob von Baden und den Grafen Friedrich von Veldenz als Inhaber der Grafschaft Sponheim mit dem Geleit zu Crutzenach bis gegen Gentzingen an den Baum, mit der Meße und Müntze zu Crutzenach und den Juden daselbst (Orig. im Staatsarchiv Koblenz).

2) Uebertragung der Martinskirche zu Kreuznach an das Bistum Würzburg. S. Atlas, Erläuterungen V 2, 343.

3) Remling, Urkundenbuch zur Geschichte der Bischöfe von Speyer I S. 639, Nr. 634 (wo die nähere Bezeichnung der Lehen, Kreuznach und Than, später eingeschoben zu sein scheint). — 699 Nr. 671.

4) Lehmann, Sponheim I 275 ff., 287. — Remling II 79 Nr. 31.

5) Das Folgende nach Widder und Schneegans und J. Wagner, Urkundl. Gesch. d. Kreises Kreuznach 170—190.

worden sein, allein der Name des schon 1203 erwähnten Hofes Sulz beweist, dass sie schon in älterer Zeit bekannt waren. Zu Salinen- und Badezwecken wurden die Brunnen zwischen Ebernburg und Kreuznach auf beiden Seiten der Nahe seit 1490 sicher benutzt. Die grösseren Salinenanlagen Karlshalle und Theodorshalle entstanden 1732 und 1743.

Der Zehnte zu Kreuznach und das Patronatsrecht war ein Lehen des Rheingrafen Wolfram von der Grafschaft Veldenz (Anfang des 13. Jhdts.), ebenso auch die „villa in Osterburch cum omni iure". Es waren daselbst 19 Huben, die 5 Mk. 5 Schilling Zins ertrugen. Der Rheingraf hatte daselbst 11 hörige Haushaltungen mit 30 Personen, dazu noch 11 Haushaltungen mit 31 Personen in Kreuznach [1]). Das Osterburger Gericht [2]) lag auf dem rechten Naheufer gegen Planig hin, wo auch die von den Rheingrafen abhängigen Kirchen St. Kilian [3]) und St. Lambrecht, und das Kloster St. Peter gelegen waren. Rheingraf Werner war im 13. Jhdt. des Letzteren Vogt, und sein Sohn Siegfried verkaufte die Vogtei 1324 an das Kloster selbst, das sie im nämlichen Jahre dem Grafen Johann II. von Sponheim und 1340 dem Grafen Walram auftrug [4]). 1422 wurde wegen dieser Rechte des Rheingrafen und des Grafen von Sponheim verhandelt und festgestellt, dass sowohl das Gericht bei St. Kilian und Osterburg als auch das Gericht bei St. Lambrecht bis zum Kloster St. Peter hin in der Gemarkung von Kreuznach lagen und zum Kreuznacher Gericht gehörten. Doch wurde auch die Zugehörigkeit der Grundherrschaft zur Rheingrafschaft wenigstens für St. Lambrecht annerkannt [5]). Das Osterburger Weistum von 1515 spricht demgemäss dem Rheingrafen nur grundherrliche Rechte zu [6]).

---

1) Güterverzeichnis des Rheingrafen Wolfram im Archiv der fürstlich Salm-Horstmar'schen Rentkammer in Coesfeld. — J. M. Cremer, Orig. Nassoic. II 216 ff. Jetzt auch im Trierischen Archiv, Ergänzungsheft 12 S. 8, Nr. 13b u. c; S. 31 f., Nr. 6 f.

2) Am 28. Juni 1359 trugen die Rheingrafen Konrad und Hartrad ihre Eigengüter um Osterburg bei St. Kilian aussen an der Stadt Kreuznach (44½ Morgen Land) für 500 Gulden dem Grafen Walram von Zweibrücken zu Lehen auf. Diplomata Rhingravica (Habel'sche Sammlung im Staatsarchiv in Marburg) II 333 (Original in Anholt-Fürstl. Rentkammer).

3) Ueber die kirchl. Verhältnisse Kreuznachs und die Beziehungen zum Hochstift Würzburg siehe die Ausführungen in den Erläuterungen zum Geschichtlichen Atlas V 2, S. 343 f.

4) Widder, Beschreibung der Pfalz IV 38.

5) Diplomata Rhingravica III 285. Schon am 23. April 1332 hatten der Graf Georg von Veldenz und die Herren Philipp von Falkenstein und Georg von Heinzenberg eine Tagfahrt nach Bingen angesetzt, um Streitigkeiten zwischen dem Grafen Johann von Sponheim und dem Rheingrafen Johann zum Stein über das Dorf Osterburgk, die Fischerei auf der Nahe und die armen Leute zu Münster am Stein zn entscheiden. Staatsarchiv Koblenz: Urkunden der Wild- und Rheingrafen, Staatsarchiv 306. Regest aus Kindlinger (Manuskript im Staatsarchiv Münster) II 137 p. 154.

6) Diplomatica Rhingravica V 33. Archiv für Hessische Geschichte und Altertumskunde, N. F. III 135 f.

Nach einem Kreuznacher Ratsprotokoll von 1603 lagen die Osterburger Güter bei der Heidenmauer (dem alten Römerkastell), waren Eigentum der Bürger, die aber den Rheingrafen einen dritten Teil von allem, was darauf wächst, abgeben mussten.

Am 19. Februar 1698 wurde das Osterburger Gericht von den Wild- und Rheingrafen an Kurpfalz verkauft.

Das Kloster St. Peter vor Crutzenach, „das etwan was Wolframes von dem Stein und sines Sones Sigfrides" erhielt am 24. Januar 1179 ein Schutzprivileg des Kaisers Friderich I. 1203 schenkte Gernod von Bosinheim demselben Wingerten in der Stadt Kreuznach in „Belece" (Belz), Güter in Ippinsheim und Geldrenten in S u l z e und Hosterburc. Bei diesem Akt waren unter den Zeugen Rheingraf Wulfram, Godebold von Weierbach, Wulfram vom Stein [1]).

Dieser Hof Sulz war teilweise Mainzer Lehen. 1355 war der Edelknecht Rudolf von Ansenbruch vom Erzbischof Gerlach von Mainz mit einem Dritteil am Hause Sultze by Crutzenach gelegen belehnt. 1369 war ein Dritteil des Hauses Sultze als Mainzer Offenhaus im Lehensbesitz des Ritters Hartmann Bayer, der eben erst des Erzstiftes „Mann" geworden war. Demnach war dieses „Haus" befestigt. 1390 und 1420 war Ulrich von Leyen von Erzbischof Konrad mit einem Dritteil des Hauses (oder Hofes) Sulzen gelegen oben an Crutzenach belehnt [2]).

Ein anderer Anteil war ein Lehen der Raugrafen: Am 21. Februar 1316 versprach Georgie der Rugrave dem Rudolf von Ansenbrucg für den Fall, dass er ohne Lehenserben zu hinterlassen sterben sollte, den Rheingrafen Siegfried mit dem Lehen zu Sulczen und Hedensheym zu belehnen [3]) und am 16. Dezember 1354 bekannte Rudolf von Ansenbruch, genannt von Sulzen, dass Raugraf Wilhelm von der alten Beymburg seine Hausfrau Grede, Gyselbrecht Kämmerers von Worms Tochter, auf das Haus Sulzen bewittumt habe [4]). Endlich, am 13. August 1362 überliess der Raugraf Philipp, Herr zu Bolanden und Altenbaumburg, dem Grafen Walram von Sponheim seinen Vasallen Rudolf von Ansenbruch, der bisher das halbe Haus und den Hof zu Selzen bei Kreuznach von der Raugrafschaft zu Lehen gehabt hatte und künftig von Sponheim empfangen sollte, gegen den Sponheimischen Vasallen Ulrich von Leyen. Rudolf

---

1) Mittelrheinische Regesten II 411, 969.
2) Kreisarchiv Würzburg, Mainzer Bücher „libri registri" V 42, 44, 45. Kreisarchiv Würzburg: Mainzer Lehenbuch I 12. 1279 hatte der Graf Johann von Sponheim vor dem Kreuznacher Gericht zwei Grundstücke, genannt Bunden, und zwei andere, genannt Geren oder Frechten, gelegen bei seinem Hofe neben dem Kloster St. Peter und an den Turm anstossend in Kreuznacher Gemarkung, dem Erzbischof Wernher von Mainz überlassen. Diese Grundstücke müssen in der Gegend des Hofes Sulz gelegen haben (de Gudenus, Codex diplomaticus I 771).
3) Schmitz-Kallenberg, Westfäl. Archiv-Inventare, Kreis Coesfeld, Beiheft II S. 198, Nr. 113.
4) Bodmann, Rheingauische Altertumskunde I 351 Anm. c.

blieb wegen des Gutes zu Heddesheim Vasall der Raugrafschaft.
Er willigte am 23. August in diesen Tausch, und wurde Lehenmann
des Grafen von Sponheim[1]). Der Sulzhof ist wohl nicht, wie bisher
angenommen wurde, der später von der Gemahlin des Pfalzgrafen
Ludwig Heinrich von Simmern, Maria von Nassau-Oranien, sogenannte
Oranienhof[2]), sondern eine alte Burg, deren Reste neuerdings bei
Umbauten in Theodorshalle zu Tage gekommen sind[3]).

Der Neuhof gehörte vor der Reformationszeit dem Kloster
der Cistercienser zu Eberbach im Rheingau, dem der Graf Walram
von Sponheim am 5. Juni 1369 für alle in der Grafschaft gelegenen
Besitzungen, unter denen an erster Stelle der Neuhof bei Kreuznach
genannt wird, Steuer- und Abgabenfreiheit gewährte[4]). In den
älteren Urkunden der Abtei ist unter „Nova curia" „Nova grangia"
ein Hof in der Nähe des Klosters, nicht der Neuhof bei Kreuznach
zu verstehen.

2. Auen.

Das Dorf Auen kommt im Rentbuch von 1476 nicht vor. Es hatte
nach der Amtsbeschreibung von 1601 18 Hausgesässe, die nach Monzingen
eingepfarrt waren. Es lag im Umfang des Amtes Böckelheim und in der
Monzinger Gemarkung, war aber doch dem Amt Kreuznach mit aller Bot-
mässigkeit unterworfen.

Nur das Jagdrecht hatte Kurpfalz allein in diesem Dorf wie in der
übrigen Monzinger Gemarkung.

Der Herr Konrad von Coppenstein zu Mandel hatte von 12 Hof-
stätten des Dorfes jährlich 12 Malter Hafer, 12 Hühner und 18 Turnosen
Geld fallen; das musste ihm nach Mandel geliefert werden. Dazu war er
als Vogt des Klosters Sponheim berechtigt und von dem Kloster mit der
Vogtei belehnt. Atzung wird ihm nicht zugestanden, dieses Recht (das
in eine Geldabgabe von jährlich 10 Gulden verwandelt war) hatte früher
der Abt von Sponheim, seit Aufhebung des Klosters die Landesherrschaft.

Der Pfarrer von Getzbach-Eckweiler im Amte Winterburg hatte zu
Auen 7—8 Wagen Heu, 7—8 Morgen Ackerland und Ausfelder. Collator
dieser Pfarrei war Hans Heinrich von Schmidtburg. Die Einwohner von
Auen hatten die Berechtigung, ihre verstorbenen Kinder und Gesinde zu
Getzbach auf dem Kirchhof zu begraben, ihre Hauptleichen mussten sie
nach Monzingen bringen, wohin sie gepfarrt waren. Den Frucht- und
Weinzehnten teilten der Pastor zu Kirn $\frac{1}{3}$, die Herren von Löwenstein-
Kallenfels $\frac{1}{3}$, von Sickingen und von Leyen $\frac{1}{3}$. Dieser Zehnte war Eigen-
tum der Besitzer.

Einige der Einwohner waren Untertanen des Amtes Koppenstein
und diesem zu Leibbede und Frondiensten verpflichtet.

Die früher dem Abte von Sponheim als „oberstem Gerichtsherrn zu
Auen" zustehenden Rechte sind in einem Weistum von 1488 aufgezeich-
net[5]). Er hat Schultheiss und Schöffen ein- und abzusetzen mit Rat des
Gerichtes, zu gebieten und zu verbieten, Atzung im Dorf, so oft er öffent-
lich dort zu tun hat, und zwar von allen, die in Auener Gemarkung be-
gütert sind, gemeinsam auszurichten; einen ungebotenen Dingtag (an St.

---

1) Lehmann, Sponheim I 221 f.
2) Widder IV 40.
3) Mitteilung von Herrn Prof. Kohl in Kreuznach.
4) Lehmann, Sponheim I 236.
5) Grimm II 148 ff.

Brictiustag), an dem das Weistum gesprochen und die Zinsen eingeliefert
werden. Wenn ein Dingpflichtiger ausbleibt, soll die Dinggemeinde ihm
einen Boten schicken, und kommt er dann ohne rechtliche Ursache nicht,
so ist er dem Abt zum höchsten Frevel verfallen und jedem Schöffen ein
Bannsester Wein (mit 15 Heller ablösbar) und dem Schultheissen das
Doppelte schuldig. Die Zinsen (36 Schilling) soll des Abtes Hofmann zu Mon-
zingen erheben und die Hälfte dem Abt abliefern. Aus der anderen Hälfte,
die er behält, muss er dem Gericht „gütlich tun". Die Frevelgelder fallen
an den Abt und den Vogt, der ein Drittel daran hat. Der höchste Frevel
ist 9 Pfund Heller. Der Oberhof war das Gericht im Kloster Sponheim,
wo auch die Eichmaße und Gewichte geholt werden mussten. Der Abt
hatte im Dorf 12 Hofstätten, von denen ihm Besthäupter, dem Vogt aber
jährlich 12 Malter Hafer und 12 Hühner fielen.

Auen war Eigentum der Grafen von Sponheim. Als Graf
Adelbert von Sponheim 1203 vom Kreuzzuge zurückkehrte, schenkte
er dem Abte Rupert von Sponheim, dem er während seiner Ab-
wesenheit die Verwaltung seines Landes anvertraut hatte, ausser
Reliquien und Kostbarkeiten das Dörfchen Auen. Doch hatte das
Kloster Sponheim schon bei seiner Stiftung durch den Grafen Eber-
hard 1044 und deren Ausführung durch den Grafen Meginhard von
Sponheim 1124 Güter in Auen und Monzingen erhalten[1]). Eine
Urkunde des Grafen Simon von Sponheim von 1293 über eine
Rente zu Auen, die von der Grafschaft Sponheim lehenrührig war,
und von dem Edelherrn Johann zu Heinzenberg an das Kloster
Ravengiersburg geschenkt worden war, möchte besser auf das
wüste Auen bei Mengerschied im Amt Simmern als auf das hier
in Betracht kommende Auen bei Monzingen zu beziehen sein[2]).
Die Vogtei über das der Abtei Sponheim gehörige Auen wurde im
Jahre 1325 durch den Abt Willicho von Sponheim an den natür-
lichen Sohn des Grafen Johann II. von Sponheim, den Ahnherrn
des Rittergeschlechtes von Koppenstein, verliehen[3]).

Die Kirche Getzenbach in der Gemarkung Auen ist die von
Erzbischof Willigis auf einer dem Kleriker Wiezelin abgekauften
Hube Landes in der Monzinger Gemarkung im Soonwald gegrün-
dete „Gehinkirche", die der Erzbischof nebst der gleichzeitig ge-
stifteten Filialkirche in Semendisbach (Seesbach) dem Kloster Disi-
bodenberg schenkte[4]). Auen wird damals kaum schon bestanden
haben; die Hufe des Wiezelin war noch nicht ganz in Kultur ge-
nommen, es wurden noch Rodungen im Soonwald gemacht. Auen
kann erst durch den Grafen von Sponheim angelegt sein, nachdem
sich eine Grenze des Monzinger und Getzenbacher Kirchspieles aus-
gebildet hatte, und zwar auf Monzinger Grund und Boden.

---

1) MRR. I 1753.
2) MRR. IV 2156.
3) Lehmann, Sponheim I 154. — Trithemius, Chron. Sponheim 308.
4) MRUB. I S. 519, Nr. 462.

3. Bockenau.

Rentbuch 1476: Atzung und Bede 50 G.   Schreibergeld 1 G. und 1 ß.

Bockenau zählte 1601 34 Herdstätten. In der Gemarkung lag ein alter verfallener Hof Nunkirch, den die Gemeinde von dem Kurpfälzer „Disibodenberger Hof" zu Kreuznach als Eigentum an sich gebracht hatte.

Kurpfalz hatte $1^{1}/_{2}$ Morgen Wiesen „im Spitz" unten am Dorf und 2 Morgen Wiesen „hinter dem Stromberg". Die Sponheimische Landesherrschaft die „Gräbenwiese" (9 Morgen) und die „Weyerwiese" (2 Morgen). Zum Disibodenberger Hof in Kreuznach fielen an Zinsen 27 Gulden 2 Albus (1 Gulden zu 24 Albus gerechnet) und noch 2 Gulden 2 Pfennige. An das Kloster Sponheim wurden an Pacht gezahlt für den Abtshof und für das Präsenzgut je 12 Malter Korn und von der Mahlmühle bei dem Sponheimer Tal, den Gemeinden Bockenau und Sponheim gehörig, 11 Malter Korn.

Zum Disibodenberger Hof in Kreuznach, den damals Kurpfalz allein besass, gehörte ein Wald, die „Walbach" genannt, in welchem die Gemeinde Bockenau die Eckernutzung hatte. Das Holz gehörte Kurpfalz. Andere Bau- und Heckenwälder besass die Gemeinde.

An Atzung und Bede zahlte die Gemeinde der Landesherrschaft 51 Gulden.

Die „Commentherherren" (Johanniterkommende) zu Sobernheim, modo der dortige Schultheiss, hatten 2 Wiesen „unter Stromberg", die 3 Morgen betrugen und für 12 Gulden verpachtet waren. In der gleichen Lage hatte Konrad von Coppenstein $1^{1}/_{2}$ Morgen Wiesen.

Das Amt und Haus Winterburg in der Hintergrafschaft hatte von einigen Aeckern 9 Malter Kornzins.

Der Pfarrer von Bockenau hatte wegen des Klosters Sponheim den ganzen Weinzehnten und den Fruchtzehnten von der Seite der Gemarkung, die an die Gemarkung Sponheim anstosst. Auf der andern Seite der Bach, gegen den Wald hin, fallen $^{2}/_{3}$ des Fruchtzehnten an den Disibodenberger Hof zu Kreuznach und $^{1}/_{3}$ an den Pfarrer zu Getzenbach-Eckweiler.

Das Amt Winterburg hatte an Hintersassen zu Bockenau einen Mann und eine Frau, der Herr von Sickingen auf Ebernburg eine Frau. Die Gemarkung grenzte an das kurpfälzische Amt Böckelheim, das Sponheimsche Amt Winterburg und an Kloster und Dorf Sponheim des Amtes Kreuznach.

Güter zu Bockenau (Bogenau) gehörten zum ältesten Besitz des Klosters Sponheim, womit diese Kirche von ihrem ersten Stifter Graf Eberhard ausgestattet worden war (1044), was durch Graf Meginhard von Sponheim bestätigt und erneuert wurde. 1127 schenkten der Edelherr Udo von Sponheim und seine Gemahlin Juditha dem Kloster ihr Gut in Buckenau, den späteren „Präsenzhof"; Abt Wilhelm (Willicho) von Sponheim kaufte 1341 von seinem Vater, einem Edelknecht von Beckelnheim und Burgmann zu Sponheim, dessen Güter in der Gemarkung Bockenau, wozu der Graf von Veldenz, von dem sie lehenrührig waren, einwilligte. Nach dem Tode des Vaters liess sich Wilhelm in der Teilung mit seinen Brüdern den Besitz bestätigen und schenkte ihm dem Kloster. Diese Güter waren von Anfang an von allen Steuern, Schatzungen, Beden und Diensten, die an den Landesherrn zu leisten waren, befreit. Die übrigen Güter des Klosters in Bockenau erhielten solche Freiheit erst 1343 und 1359.

Das obenerwähnte Ehepaar Udo und Juditha von Sponheim schenkte 1138 dem Kloster die Kirchen und Zehnten zu Bockenau und Gensingen. Diese Pfarrei wurde in der Folge durch Mönche aus dem Kloster verwaltet, bis 1358 durch den Erzpriester Peter von Sponheim „residentia presbyteri secularis" bei ihr angeordnet wurde, dessen Präsentation dem Abt zustehen solle [1].

Die Kirche und der Hof Nunkirchen in der jetzigen Gemarkung Bockenau, Nuwenkirchen mit den Zugehörungen, Zehnten, Aeckern, Wiesen, Wäldern, gebauten und ungebauten Grundstücken, Mühlen usw. war vor 1128 durch den Grafen Meginhard von Sponheim dem Frauenkloster zu Disibodenberg zugewiesen worden, als dessen Schwester Jutta dort Nonne wurde. Vorher hatte es seiner Mutter Sophia gehört, die von Erzbischof Ruthard einen Freibrief für die Kirche erwirkt hatte. Es ist dann bei dem Kloster Disibodenberg geblieben, auch als die dortigen Nonnen nach dem Rupertsberg bei Bingen übergesiedelt waren [2].

Bockenau gehörte zu den alten Stammgütern der Grafen von Sponheim und der Reichsfiskus in Kreuznach scheint dort keine Rechte gehabt zu haben.

Ob Nunkirchen erst durch Sophia an die Grafen von Sponheim gekommen ist oder aus Sponheimschem Besitz ihr als Wittum angewiesen war, ist nicht mehr festzustellen.

4. Bosenheim.

Rentbuch 1476: Bede und Atzung 60 Gulden. 1 G und 1 ß Schreibergeld. Frevel und Bruch.

Korn: Von einem Hof 17 Malter Korn. 2 Malter vom Backhaus. $^1/_2$ Malter Zins von 2 Morgen hat der Schultheiss zu liefern.

Bosenheim hatte 1601 74 Herdstätten. Die Landesherrschaft der Vordergrafschaft hatte ein Hofgut, welches für jährlich 20 Malter Korn erblich verpachtet war. Einige zu den Domänen gehörige Aecker ertrugen noch $^1/_2$ Malter Korn. An Atzung und Bede wurde der Landesherrschaft die Summe von 60 Gulden zu 26 Albus gezahlt.

Das Kloster Sponheim hatte ein Hofgut, das für 44 Malter Korn erblich verpachtet war, und 2 Malter Korn von dem Bannbackhaus, das im übrigen der Gemeinde gehörte.

Die Herren von Sickingen auf Ebernburg besassen ein Hofgut von 107 Morgen 7 Viertel, das in Jahresbestand für 20 Malter Korn verpachtet war.

Philipp von Leyen hatte 45 Morgen, in Jahresbestand verpachtet für 12 Malter Korn.

Johann Meinhard von Schonenburg 61 Morgen, für 24 Malter Korn in Jahresbestand verpachtet.

Philipp von Schönborn besass 10 Morgen Wingert in Eigenbau und 214 Morgen Acker und Wiesen, die für 56 Malter Korn verpachtet waren.

---

1) Trithemius, Chron. Sponheim. 244, 318, 327. — Widder 4, 72 ff. — Lehmann, Grafen von Sponheim I 217 f.

2) MRUB. I S. 521. Ein Weistum des Disibodenberger Hofes Nunkirchen von 1365 habe ich im Archiv für Hess. Geschichte, N. F. III 148, veröffentlicht.

Georg von Oberstein genoss von 7 Morgen Ackerland einen Kornzins von 4 Malter.

Meinhard von Coppenstein hatte 7 Morgen Ackerland.

Johann Meinhard von Leyen hatte von $5^1/_2$ Morgen Wiesen einen Zins von 16 Gulden, und von Wingerten $1/_2$ Fuder Wein.

Die Abtei Rupertsberg bei Bingen besass ein Gut mit einem Hofmann, der ihr jährlich 10 Malter Zinskorn lieferte.

Das Kloster Marienhausen im Rheingau hatte von seinem Hofmann jährlich $7^1/_2$ Malter Zinskorn.

Der Frucht- und Weinzehnte stand dem Rheingrafen ($^2/_3$) und dem Pfarrer ($^1/_3$) zu; von 30 Morgen des Sponheimer Klosterhofgutes fiel der Zehnte an den Glöckner.

Hörige Hintersassen besassen im Dorf die Gemeinschaft Wöllstein 5, Graf von Falkenstein 4 (zu Volxheim gehörig), Herr Boos von Waldeck 1 (zu Fürfeld gehörig), Herr von Löwenstein 2 (zu Planig gehörig), das Amt Stromberg 1 (zu Engelstadt gehörig).

Die Gemarkung grenzte an Kreuznach, Planig, Schwabenheim, Pleitersheim, Wöllstein, Volxheim und Hackenheim.

Bosenheim kommt in älteren Urkunden als Basinheim vor; 1125 findet es sich unter den Gütern, die der Abtei St. Maximin vor Trier, durch den Pfalzgrafen Gottfried entzogen, durch Kaiser Heinrich V. zurückgegeben worden sind[1]). Da in keiner anderen Maximiner Urkunde Güter in Basinheim erwähnt werden, ist es möglich, dass ein Irrtum des Urkundenschreibers vorliegt und Basinbach zu lesen ist, welches (Bosenbach bei Kusel in der Rheinpfalz) in andern Maximiner Urkunden vorkommt.

Nach der Bestätigung der Güter der Abtei Disibodenberg durch Papst Eugen III. 1148 hatte dieses Kloster auch in Basinheim Besitzungen[2]).

1187 bestätigt der Erzbischof Konrad von Mainz dem Kloster Rupertsberg seine Güter u. a. in Basenheim. Nach dem nur wenig späteren Urbar dieses Klosters bestanden diese Besitzungen aus verschiedenen Schenkungen[3]).

Allodium quod Wendelmuth b. Ruperto dedit a) $1/_4$ Hube des Wolfram von $5^5/_6$ Morgen Ackerland, $^2/_3$ Morgen Weinberg, 1 Morgen Wiese. b) $1/_2$ Hufe des Ebernand von $6^1/_2$ Morgen 2 Partikel Ackerland und 2 Partikel Wiesen.

Allodium quod Simon et Wendelmuth nobis dederunt: 1 Hof mit 10 Morgen Ackerland.

Ze Bunnenheim (Bonnheimer Höfe, früher Dorf in der an Bosenheim angrenzenden Gemarkung Hackenheim) $16^2/_3$ Morgen Ackerland).

Item in Basenheim $11^1/_2$ Morgen Ackerland, $3^7/_{12}$ Morgen Wingert, $1^1/_2$ Morgen Wiese.

Noch in Basenheim 2 Höfe, $^2/_3$ Morgen Hofraite, $57^1/_2$ Morgen Ackerland, 6 Morgen Wingert.

Dimidia huba fratrum de Nuhusun[4]): $11^1/_2$ Morgen Ackerland, 1 Morgen Wiese.

Gunderath de Sarmersheim: 2 Morgen Ackerland.

---

1) MRUB. I S. 511, Nr. 452.
2) MRUB. I S. 612, Nr. 552.
3) Ebd. II S. 124 und 276 ff.
4) Stift Neuhausen vor Worms.

Allodium, quod Baldemarus de Eppelnsheim pro 8 libris argenti in Basenheim nobis dedit: 12¹/₃ Morgen Acker, 1¹/₃ Morgen Wiesen.

Im ganzen betrug der Besitz des Klosters Rupertsberg zu Basenheim und Bunnenheim 3 Höfe, etwa 135 Morgen Ackerland über 10 Morgen Wingerten, etwa 5 Morgen Wiesen.

Am 20. Juli 1377 befreite Graf Walram von Sponheim die Güter des Klosters Rupertsberg in den Gemarkungen Genzingen, Lonsheim, Basenheim, Bonheim, Leubersheim und Weitersheim von allen ihm als dem Landesherrn zu entrichtenden Leistungen[1].

Aus derselben Zeit wie das Rupertsberger Urbar stammt das Verzeichnis des Rheingrafen Wolfram, wonach dieser von dem Propst von St. Wido (St. Guido in Speyer) mit der Vogtei über die Güter dieser Propstei in Basenheim, und von dem Grafen von Kassele (Blieskastel oder Kessel?) mit dem Zehnten und Kirchensatz daselbst belehnt war[2]. 1469 wurde die Pfarrstelle durch die Wild- und Rheingrafen Johann und Gerhard von Dhaun dem Stift Flonheim inkorporiert, so dass sie mit einer der dortigen Chorherrenpfründen vereinigt ward[3].

Dem Kloster Aulhausen oder Marienhausen im Rheingau befreite der Graf Walram von Sponheim Besitzungen in der Gemarkung Basenheim für 150 Goldgulden von allen landesherrlichen Abgaben, unter der auch sonst bei solchen Verträgen üblichen Bedingung, dass nach Rückerstattung der Geldsumme durch Schultheiss und Schöffen die Freiheit wieder aufhören solle (16. April 1363[4]).

Diese Güter (200 Morgen Ackerland und 14 Morgen Weinberg) hatte das Kloster nach 2 Urkunden des Erzbischofs Siegfried von Mainz vom 6. April 1210 für 147 Mark von dem Eigentümer Reimbodo de Pinguia gekauft. Der Propst des Klosters hatte aus seinen eigenen Mitteln ¹/₄ davon bezahlt[5].

1396 gewährte Graf Simon von Sponheim dem Ritter Hermann Stumpf von Waldeck ähnliche Freiheit für den Fallysenhof und um dieselbe Zeit auch für ein anderes Gut, „des heiligen Grabes Hof“, die beide Lehen von der Grafschaft Sponheim waren[6]. Das Gut Falleisenhof ging später an die Kessler von Sarmsheim über. 1750 wurde es von den Grafen von Degenfeld-Schönberg an den Pfalzgrafen Friedrich von Zweibrücken und gleich darauf von diesem an die Fürstin von Ysenburg verkauft.

1325 erhielt das Kloster Sponheim im Austausch gegen die Burg Koppenstein von den Grafen Johann und Simon von Sponheim einen Hof in B., der damals einem Ministerialen Philipp von

---

1) Lehmann, Grafschaft Sponheim I 253.
2) Trier. Arch., Ergänzungsheft 12 S. 8, Nr. 12; S. 10, Nr. 23.
3) Würdtwein, Dioecesis Mogunt. II 93.
4) Lehmann, Grafschaft Sponheim I 223.
5) Zwei Urkunden im StADarmstadt, Rheinhessen: Bosenheim.
6) Urkunde im StAKoblenz, Grafschaft Sponheim, und Adel, Stumpf von Waldeck. — GenLAKarlsruhe, Kopialbuch Nr. 1369, VIII.

Bosenheim gehörte, nach dessen Tode aber an das Kloster fallen sollte[1]).

5. Braunweiler.

Der Ort Braunweiler wird im Rentbuch 1476 nicht erwähnt. 1601 waren dort 34 Herdstätten. Die Gemeinde zahlte an Atzung und Bede 25 Gulden. Ausserdem hatte die Landesherrschaft 4 Malter Korn, Fastnachtshühner, 1 Fuder Wein, welches früher an die Kaplanei zu Kreuznach geliefert wurde, und wegen des Carmeliterklosters zu Kreuznach 2 Malter Korn, wegen des Klosters Sponheim 4 Malter Korn, wegen des Klosters St. Katharinen 5 Malter Korn, 5 Gulden und 2 Ohm Wein.

Backhaus und Bannmühle waren mit Roxheim gemeinschaftlich, der Heckenwald auf der „Höhe" mit Roxheim und Gutenberg.

Der Herr von Coppenstein zu Mandel hatte ein Gut, das gegen einen Zins von 8 Malter Korn, 5 Malter Hafer und 12 Albus verliehen war. Der Herr von Leyen zu Argenschwang bezog $^1/_2$ Fuder Wein, die Kirche zu Gebroth 4 Malter Korn.

Vom Zehnten erhielt der Herr von Coppenstein $^2/_3$, das Kloster St. Katharinen $^1/_3$.

Der Herr von Dalberg hatte 5 hörige Hintersassen.

Nach dem Weistum hielt der Vogt des Herrn von Coppenstein zu Mandel jährlich am Dienstag nach Martini einen Dingtag, zu dem er mit dritthalb Mann, einem Pferd, einem Habicht und 3 Hunden (Steubern) einen Imbiss beim Schultheissen hatte, der dafür 3 Turnose erhielt.

Angrenzer an Braunweiler waren Sommerloch und Wallhausen in der Herrschaft Dalberg, Argenschwang (von Leyen), Sponheim Dorf und Kloster, Kloster St. Katharinen und Mandel.

Das Dorf gehörte zu den „Freidörfern" des Landgerichts Kreuznach, die die „Schöffen über das Blut" nach Kreuznach zu schicken hatten und dafür dort Zollfreiheit genossen.

Die Güter des Klosters Sponheim sind 1271 um 200 Mark erworben worden. Nachdem der darauf errichtete Hof abgebrannt war, wurden die Aecker in Parzellen an die Dorfbewohner verpachtet[2]).

Dieses Braunweiler kommt in Urkunden auch unter dem Namen „Weiler bei St. Katharinenthal, Wiler by sante Katherinen" vor[3]) nach dem Kloster Katharinenthal, welches am 23. Oktober 1217 von Godefrid, Propst von Kreuznach, Udo, Erzpriester zu Mannendal, Friderich, Landdechant von Hilbersheim, und deren Mitbrüdern (den Mitgliedern des Landkapitels) gestiftet und fast zwei Jahre später, am 16. Oktober 1219, durch den Erzbischof Siegfried von Mainz als Cistercienser-Nonnenkloster feierlich bestätigt worden war[4]).

6. Frei-Laubersheim.

Frei-Laubersheim oder Cappes-Laubersheim gab nach dem Rentbuch von 1476 100 Gulden Atzung und Bede, 1 ℔ Heller von Gütern,

---

1) Trithemius, Chron. Sponh. 308. — Lehmann 1, 136.
2) Widder IV S. 92. — Trithemius. Chron. Sponh. 289.
3) Lehmann, Sponheim I 104 (Urkunde von 1350). — Rhein. Antiquarius II Bd. 16, S. 764, Nr. 69 (Lehenbuch des Grafen Heinrich von Sponheim-Bolanden nach 1370).
4) MRR. II 1434.

5 Sch. H. Leibbede sowie 30 Malter Bedekorn. Es war nach der Amts-
beschreibung von 1601 ein grosses Dorf mit 92 Haus- oder Feuerstellen.
In der Gemarkung lag noch der Hof Weiler. Die Landesherrschaft be-
zog an Atzung und Bede 100 Gulden und aus Gütern 31 Malter Korn.
Die „Katzensteiner Mühle" war Bannmühle für Cappeslaubersheim und
Siefersheim. Davon hatte die Herrschaft 25 Malter Korn und von einer
andern Mühle 10 Sümmern Korn. Auch ein Zoll an der Landstrasse
Bingen-Kaiserslautern wurde hier erhoben. Die Gemarkung enthielt nur
geringe Waldung.

Der Weilerhof war von 50 Einwohnern des Dorfes erblich bestanden,
davon fielen jährlich 71 Malter Korn, 15 Malter Weizen, 10 Gulden Wiesen-
zins, 10 Kappen und 4 Gänse an das Kloster Pfaffen-Schwabenheim und
12 Malter Hafer an das Kloster St. Peter bei Kreuznach.

Im Dorf waren Hofgüter des Klosters Altenmünster in Mainz
(12 Malter Korn), der Abtei Tholey (30 Malter Korn und 4 Malter Weizen),
Güter des Grafen Emich von Falkenstein (4 Morgen Wiese), des Wild- und
Rheingrafen (2 Morgen Wiese), des Herrn Philipp von Leyen (11 Malter
Korn), der Stumpfen von Waldeck (3 Gänse und etliche Hühner).

Der Abt von Tholey war Collator der Pfarrkirche und hatte den
ganzen Frucht- und Weinzehnten, von dem er dem Pfarrer 2 Fuder Wein
abgab. Den Kleinen Zehnten bezog der Hofmann des Tholeyer Hofes,
der dafür das Faselvieh hielt. Die Abgaben des Hofes wurden damals
(1601) nicht mehr an den Abt, sondern an den reformierten Pfarrer des
Dorfes gezahlt. Die obenerwähnten Hofgüter und adligen Besitzungen
waren vom Zehnten befreit.

Hintersassen hatten zu Freilaubersheim die Wöllsteiner Gemein-
schaft 6, die Herren zu Wonsheim 1, die Grafen zu Falkenstein 12, die
Grafen von Nassau 4, die Herren von Dalberg 1, die Herren von Schwar-
zenberg zu Moschel 1, die Gemeinschaft Neuen-Baumburg (Neubamberg) 3,
von Cronenberg 2, von Wiltburg 6, von Sickingen 1, das Amt Winterburg
in der Hintergrafschaft 1.

Angrenzer waren: die Herrschaft Neuen-Baumberg (Graf von Fal-
kenstein und Herr von Bellenhofen), die Herrschaft Fürfeld (Herr von
Cronenberg und Hans Philipp Boos von Waldeck, Kurpfalz hatte eine
„Vauthei" zum Amt Alzey, Sponheim einige Hintersassen), die Herrschaft
Altenbaumberg (Herr von Cronenberg), Kreuznach und Hackenheim, Volx-
heim (Amt Alzey) und die Gemeinschaft Wöllstein.

Frei-Laubersheim kommt schon in frühen Lorcher Traditions-
urkunden vor. Im 16. Jahre des Königs Pippin (767) schenkte
Wanbert diesem Kloster einen Mansus mit einem Weingarten zu
Leiberesheim im Wormsgau und 10 Morgen Acker und Wiesen zu
Gaginheim. Und 771 schenkte Richlindis ihren ganzen Besitz zu
Leibersheim am Flusse Cherminbitzia [1]).

1261 erlaubte Erzbischof Werner von Mainz, zugleich Dom-
propst, dem Kloster Tholey, die Kirchen, die es in der Mainzer

---

1) Cod. Lauresh. II 31, 898 f. Dass Frei-Laubersheim in diesen Ur-
kunden gemeint ist, ist darum anzunehmen, weil Wald-Laubersheim nach
den Angaben des Cod. Lauresh. in den Nahegau (links des Flusses) fallen
müsste. Vgl. Widder IV 66 Anm. x, wo auch das Bächlein Cherminbitzia
gedeutet wird. Scriba, Regesten, Rheinhessen, Register S. 351, setzt auch
Uffiliubesheim, Hufileibesheim, Huffelesheim im Codex Lauresham. zu Frei-
laubersheim. Diese Reihe scheint mir dem Namen Hüffelsheim zu ent-
sprechen. Noch weniger hängen Lubringowa, Lubringouua, Lubrichenowa
mit Laubersheim zusammen. Wie man gar Uuibileschiricha (Weibels-
kirchen) unter Freilaubersheim stellen kann, ist mir ganz unerklärlich.

Diözese besass, nämlich Freileibersheim, Bonmerkirchen (Alten-Bamberg) und Osterna (Niederkirchen im Osterthal) durch Mönche zu besetzen [1]).

Freilaubersheim und Siefersheim waren Lehen von Kurpfalz [2]), können daher nicht zu dem alten Reichsfiskus in Kreuznach gehört haben.

In der oben mitgeteilten Ortsbeschreibung von 1601 ist als Zubehör der Gemarkung und Gemeinde Freilaubersheim der Weiler-hof genannt, der jetzt nicht mehr vorhanden ist. Er lag im nörd-lichen Teil der Gemarkung, gegen Hackenheim hin, wo noch der „Weilerborn" davon benannt ist. Es ist wahrscheinlich das Wilre iuxta Crucenacum, welches im Verzeichnis der Güter des Werner von Bolanden vorkommt, auf welche der Rheingraf Wolfram An-spruch erhob. Auch gehörten zwei Leute daselbst zu den Hörigen des Rheingrafen Werner [3]).

In späterer Zeit hiess der Ort gewöhnlich Dreckweiler. Es war ein Hofgut des Klosters Pfaffen-Schwabenheim, und nach einer Aufzeichnung vom 29. Juli 1516 hatte der Hof eine besondere Ge-markung, die gegen Freilaubersheim (Steiner Pfadt, auf dem He-ninck — Hönig —, bei St. Katharinenwald, auf dem Sand, am Berk-graben) ebenso abgesteint war wie gegen Volxheim (Folxem; am Berk, beim Leusbaum, bei der Dudelwiese, bei der Auen und auf der Höhe zwischen Volxheim und Hackenheim). Einige Güter scheinen in der Gemarkung Volxheim gelegen zu haben, wie die 100 Morgen bei der Dudelwiese; diese mussten zum Volxheimer Zehnten beitragen, das geschlossene Hofgut zum Zehnten von Frei-laubersheim. Das Gut wurde im Jahre 1480 an ein Ehepaar in Kreuznach in Zeitpacht verliehen [4]).

Nach der Urkunde über die Teilung der Wild- und Rhein-grafschaft vom 29. August 1515 zwischen den Grafen Philipp zu Dhaun und Johann zu Kyrburg sollte „Dreckwiler der Hoife mit der Oberkeit" zum Anteil des Philipp gehören. Die Chorherren zu Pfaffen-Schwabenheim hatten dem Wild- und Rheingrafen 3 Malter Korn zu entrichten, 6 Gulden und 6 Albus zahlten die Hübener des Hofes, kleinere Abgaben hatten der Hofmann zu Dreckweiler und ein Einwohner von Hackenheim zu leisten [5]). Nach dem 1514 aufgenommenen rheingräflichen Weistum [6]) gehörte der Hof Dreck-

---

1) Widder IV 67 Anm. y.

2) Lehenbrief vom 10. April 1331 (Lehmann, Sponheim 1, 139); 1442 (Reichsarchiv in München, Sponheimer Urkunden. E 518, Nr. 5148).

3) Güterverzeichnis des Rheingrafen Wolfram, S. 17 u. 25 der Ori-ginalhandschrift in Coesfeld. — Trier. Arch., Ergänzungsband 12 S. 25, Nr. 20; S. 30.

4) StADarmstadt: Kopialbuch von Pfaffen-Schwabenheim fol. 129 und 25 f.

5) Archiv zu Coesfeld, Wild- u. Rheingrafschaft Dhaun, Nr. 42. — Trier. Arch. a. a. O. S. 40, Nr. 16.

6) Ebd. Nr. 2062. — Trier. Arch. a. a. O. S. 71, Nr. 14.

wyler zum Kreuznacher oder Rheingrafensteiner Amt, „und die Schöffen und Hubner und ihr Schultheiss wissen, dass der Rheingraf zum Stein ihr oberster Grund- und Gerichtsherr, zu richten Dieb und Diebin über Hals und Halsbein, sei. Der ergriffene Verbrecher soll nach dem Rheingrafenstein geliefert werden, wo der Rheingraf über ihn nach seiner Gnade und Ungnade verfügen soll; das Hochgericht soll auf der Dreckweiler Gemarkung aufgeschlagen werden, doch sind die Hübner als solche nicht befugt über derartige Leute zu urteilen, dagegen sollen die Freveltaten (blutige Wunden und dergleichen) am ungebotenen Dingtag am Mittwoch zum halben Mai rügen. Dem Amtmann des Rheingrafen, der zu diesem Dingtag kommt, soll man einen Sessel hinstellen mit einem Kissen darauf, und ihm $^1/_2$ Masz Wein und zwei Hellerwecken geben. Für sein Pferd soll daneben ein Stock eingeschlagen werden, und ein Sümmer Hafer. Dieses ungebotene Ding wird bei dem ‚Hobborn‘ gehalten. Wasser und Weide weisen sie den Hübnern zu, die dafür Weg und Steg gangbar erhalten müssen.

Von Streitigkeiten mit Sponheim habe ich nichts in Erfahrung bringen können; es scheint unter rheingräflicher Hoheit geblieben zu sein, bis das Kloster Pfaffen-Schwabenheim in der Reformationszeit (1566) aufgehoben und die Güter von Kurpfalz und Baden konfisziert wurden.

Aus dem Namen möchte man schliessen, dass es eine bäuerliche Ansiedlung war, die verarmt ist, und von dem Kloster nach und nach aufgekauft wurde. In dem Kopialbuch des Klosters sind jedoch keine Urkunden darüber enthalten. In Wagners Wüstungen ist der Ort nicht behandelt.

7. Gensingen.

Im Rentbuch 1476 lauten die Angaben über Genzingen: Teilung wie bei Kreuznach. Bede und Atzung 250 Gulden, dazu 1 Gulden und 1 Schilling Schreibergeld. Von den Hubzinsen des Abtes von Sponheim 3 Gulden. (Von vorn herein wird 1 Gulden von diesen Hubzinsen an die Landesherrschaft gezahlt, der Rest wird dann geteilt, das an 3 Gulden fehlende muss der Abt noch darauf schlagen.) — Der Müller gibt von der Schweinezucht 5 Gulden; die Mühle ist Erbbestand. — Kein Ungeld. — Frevel und Bruch. Bedekorn 90 Malter $1^1/_2$ Firnzel 3 Sester. Von der Mühle 18 Malter. Vom Backhaus $5^1/_2$ Malter. — Man zählte 1601 124 Hausgesässe oder Herdstätten. An Bede wurden der Landesherrschaft 250 Gulden zu 26 Albus gezahlt, ausserdem eine Kornrente von 101 Malter. Vom Bannbackhaus lieferte die Gemeinde $5^1/_2$ Malter Korn, von der Bannmühle 18 Malter.

Hofgüter besassen das Kloster Sponheim (für 42 Malter Korn an die Gemeinde verpachtet), das Kloster Chumbd bei Simmern (Pachtzins 12 Malter Korn), das Kloster St. Katharinen (Pachtzins 2 Malter 1 Sümmer Korn), das Kloster Disibodenberg zu seinem Hof in Kreuznach (Pachtzins 5 Malter Korn), das Kloster Rupertsberg (Pachtzins 8 Malter Korn), das Hospital zu Bacharach, früher Kloster Ravengiersburg (in 50 Parzellen verpachtet für im ganzen 46 Malter Korn), die Herren von Coppenstein einen freien Hof (64 Morgen, verpachtet für 25 Malter Korn) und die Herren von Leyen ein Gut, welches mit Abgaben an die Besitzer (5 Malter), an die Kirche zu Gensingen (5 Malter) und an die Präsenz zu Kreuznach (5 Malter) belastet war.

Der Weinzehnte fiel an die Domherren zu Mainz, die Hilchen von Lorch [1]) und den Pfarrer zu gleichen Teilen (jeder ungefähr $2^1/_2$ Fuder); der Kornzehnte $^1/_3$ an die Mainzer Domherren, die dem Pfarrer daraus 35 Malter abgaben, $^1/_2$ an die Präsenz zu Mainz, $^1/_6$ an die Brömser zu Rüdesheim.

Hörige Hintersassen: von Dalberg 4 Personen, von Sickingen 2 Personen, Amt Simmern 2 Personen, zu Laubenheim 13 Personen, Graf von Falkenstein 6 Personen, Amt Stromberg 13 Personen, Amt Simmern oder Stromberg 12 Personen, zu Waldalgesheim 3 Personen, Graf von Nassau 1 Person, zu Wöllstein 1 Person.

Angrenzer: Grolsheim, Horweiler und Welgesheim (im Amt Stromberg), Biebelsheim (Graf Emich von Falkenstein), Ippesheim (Graf Emich und Herren zu Leyen), Bretzenheim (Falkensteinisch), Langenlonsheim (Sponheimisch). Zu Ippesheim besass die vordere Grafschaft Sponheim einige Höfe, deren Insassen gewisse Abgaben nach Sprendlingen liefern mussten.

Die Gensinger hatten ein Wachthaus in Bingen und waren verpflichtet, wenn die Stadt Fehde hatte, das Wachthaus mit 2 Personen zu besetzen. Dafür hatten sie Zollfreiheit für alles, was sie ein- und ausführten, ausser Wein, von dem $2^1/_2$ Heller für das Fass Einfuhrzoll erhoben wurde. Falls Krieg im Land war, konnten die Gensinger ihre Kühe in den Binger Stadtgraben in Sicherheit bringen [2]).

---

1) Um 1430 hatte Philipp Hilchin $^1/_3$ des Weinzehnten vom Erzbischof von Mainz zu Lehen. KrAWürzburg: Mainzer Lehenbuch I S. 11.

2) Weistum bei Grimm II 155; IV 607. Vgl. die Urkunden von 1410 und 1552, nach denen eine Anzahl Dörfer verschiedener Territorien auf beiden Ufern der Nahe bei Bingen, nämlich Winzenheim, Bretzenheim, Aspisheim, Gensingen, Langenlonsheim, Münster, Sarmsheim, Rümmelsheim, ferner Grolsheim, Sponsheim, Dietersheim, Büdesheim, Ippesheim, Planig, Kempten, Gau-Algesheim, Ockenheim, Appenheim, Ober-Hilbersheim, Gaulsheim, Drommersheim, Horrweiler, Spiesheim (?) mit Biebelnheim, Laubenheim, Heddesheim, Wald-Algesheim, Genheim mit Wald-Erbach, Warmsroth mit Roth verpflichtet waren, bestimmte Erker, Wichhäuser und Türme der Binger Stadtbefestigung in Bau zu halten, im Falle der Fehde zu besetzen und der Stadt auf Erfordern zu Hilfe zu kommen (Scriba, Regesten, Rheinhessen 5790, 6064. Weidenbach, Regesten von Bingen 39 Nr. 408 und 61 Nr. 628). Dass hier uralte Beziehungen vorliegen, wird auch durch die Vita Sancti Roberti der Heiligen Hildegard vom Rupertsberg (II 7. Acta Sanctorum Mai III. 507 A, zum 15. Mai) bestätigt, wo dem Heiligen Robert oder Rupert ein Allod zugeschrieben wird, welches von Bingen rheinaufwärts bis zu dem Bache Selsa, der bei Freiweinheim mündenden Selz, und diese aufwärts, über Land zur Wiza und Apffla, der Wiesbach und Appelbach, und über die Nahe bis zur Elra (Ellerbach, jetzt im Unterlauf Guldenbach genannt) und diese aufwärts bis an die obere Simmer und durch den Soonwald an die Heienbach (Heimbach) und den Rhein hinauf bis wieder nach Bingen gereicht hat. Wenn auch nicht behauptet werden kann, dass ein solches Gebiet dem Heiligen Rupert zu eigen gehört hat, so scheinen doch auch im 12. Jhdt. (Hildegard starb 82 Jahre alt im Jahre 1179 oder 1180) die Ortschaften um Bingen auf beiden Seiten der Nahe in einer näheren Beziehung zu dieser Stadt gestanden zu haben, wovon das spätere Aufgebotsrecht nur ein Rest ist. Die in den Urkunden genannten Ortschaften liegen sämtlich in dem Gebiet der von Hildegard genannten Bäche.

Der Abt von Sponheim hatte nach dem Weistum von 1491 ein grundherrliches Gericht in Gensingen, das mit sieben Schöffen besetzt war, die aus den 14 Schöffen des landesherrlichen Gerichts ergänzt wurden. Der Sponheimer Klosterhof war mit der Haltung des Faselviehs belastet, obgleich er keinen Teil am kleinen oder grossen Zehnten hatte, auf dem diese Verpflichtung sonst ruhte [1]).

Gensingen kommt schon 768 in einer Schenkung an das Kloster Lorsch vor: Kal. Nov. an. I. Karoli regis schenkte Faginolf was er hat in pago Nahagowe in Gantsinger marka [2]).

Der Abtei Prüm in der Eifel hatte Hererich ein Gut in Wihmundesheim (Weinsheim) mit Zubehör in marcha Genzingas und in Bingen geschenkt, welches von dessen Enkel Wernhar angefochten, durch König Ludwig aber im Jahre 870 (April 12) der Abtei zugesprochen worden ist. Es scheint durch Präkarievertrag 882 (Febr. 26), wo neben andern Orten im Wormsgau Jencingon vorkommt, an Hartmann gekommen zu sein [3]). Im Urbar von 893 ist es nicht aufgenommen.

Eine Schenkung von Gütern zu Bockenau und Gensingen durch den Edelherrn Udo (von Sponheim) und seine Gemahlin Juditha wurde dem Kloster Sponheim 25. Dezember 1127 durch den Erzbischof Adalbert von Mainz bestätigt. 1138 schenkte ein Edelherr von Sponheim mit seiner Frau Juditha (wohl das gleiche Ehepaar) dem Kloster auch die Kirchen mit den Zehnten an den beiden Orten. Am 9. Juli 1265 trat jedoch Abt Peter zu Sponheim dem Mainzer Domkapitel das Patronatsrecht mit dem Zehnten zu Genzingen ab, was am 22. September durch den Erzbischof Wernher von Mainz bestätigt wurde [4]). So ist es auch erklärlich, dass die sonst mit dem Zehnten verbundene Verpflichtung zur Haltung des Faselviehs bei dem Hofe der Abtei Sponheim haften geblieben ist, da der Zehnte ursprünglich auf dem Hof gesammelt worden ist. Das Gut des Klosters Sponheim wurde 1331 März 10 durch den Grafen Johann II. von Sponheim gegen Abtretung des Backhauses zu G. und der Mühle zu Rudesheim von den landesherrlichen Abgaben befreit [5]).

Dem Kloster Disibodenberg wurden durch Papst Eugen III. unter anderm auch Besitzungen in G. bestätigt (1148) [6]). 1220 verkaufte es diese Güter für 16 Mark denar. an die frühere Herzogin von Nanzei (Lothringen) Agnes, und diese gab sie nebst einem Hof zu Bingen und einem Wingert zu Münster bei Bingen dem Kloster Rupertsberg. 1239 verzichtete Philipp, Herr zu Hohinvels, auf alle Rechte, die er an diesen Gütern haben könnte [7]). Nach

1) Grimm IV 609.
2) Codex Lauresh. II 358, Nr. 2016.
3) MRUB. I 117, Nr. 111; 125, Nr. 120.
4) Trithemius, Chronicon Sponheimense 244, 285, 286.
5) Ebd. 311.
6) MRUB. I 612, Nr. 552.
7) Scriba, Regesten, Rheinhessen 1276, 1277, 1425.

dem Urbar des Klosters Rupertsberg um 1200 hatte das Kloster schon vorher durch Franco ein Gut in Genzingen geschenkt bekommen, und durch Franco von Beckelnheim zwei Huben, und besass dort auch sonst beträchtliche Güter [1]). Diese Besitzungen wurden durch Graf Walram von Sponheim 1377 gefreit [2]), nachdem die Gemeinde (Heyntze Hauschat der Fauyt, benannte Schöffen und ganze Gemeinde) die Leistungen an die Landesherrschaft, Atzung, Schatzung, Wagenfuhren, Bede, Steuern und Beihilfen gegen Zahlung von 30 Gulden zu tragen übernommen hatte (1376 25. Mai) [3]).

Die Propstei Ravengiersburg hatte ebenfalls schon im 13. Jhdt. Güter (1293 eine Mühle, 1429 ein Hofgut) in Gensingen [4]), die 1361 durch den Grafen Walram gefreit wurden [5]).

Die Edeln von Walbach besassen in Gensingen einen Hof, der 1202 von dem Edeln Ritter Heinrich an das Kloster St. Peter bei Kreuznach (bei dem Eintritt seiner Tochter) geschenkt wurde [6]).

1304 trug Gerhard von Bleniche (Planig) dem Rheingrafen Siegfried seine Güter in G. für 60 Mark köln. zu Lehen auf [7]).

1347 war Gensingen an den Ritter Johann vom Stein verpfändet, der in seinem Revers versprach, sobald ihm Graf Walram 500 Pfund Heller zahlen würde, das Dorf ledig und los zu sprechen, so dass es wieder zu dem Gebiet des Grafen gehören solle [8]).

Gensingen kann nicht zu dem Reichsgebiet von Kreuznach gehört haben, vielmehr wird es mit Bockenau, Sponheim, Burgsponheim zu den ursprünglichen Besitzungen der Grafen (oder Edelherren) von Sponheim gerechnet werden müssen. Vielleicht sind die Beziehungen zu Bingen ein Rest einer ehemaligen näheren Verbindung mit dieser Stadt; es wäre denkbar, dass das Gebiet, welches sein Absatz- und Schutzzentrum in Bingen hatte, wie es die Urkunden von 1410 und 1552 in Uebereinstimmung mit der Nachricht in der Vita St. Ruperti der heiligen Hildegard darstellen, eine alte Hundertschaft ist. An der Grundherrschaft scheinen mehrere edelfreie Geschlechter beteiligt gewesen zu sein, deren Güter nachher an die verschiedenen obengenannten Klöster gekommen sind.

8. Gutenberg.

Im Dorfe Gutenberg waren 1601 33 Hausgesässe oder Herdstätten und ein altes Schloss. Das der Landesherrschaft zuständige Schlosshofgut war in Erbbestand vergeben für 20 Malter Korn und einen Wiesenzins von 1 Gulden 2 Albus. Für Atzung und Bede wurden der Landesherr-

---

1) MRUB. II S. 373, 383, 386.
2) Lehmann, Sponheim I 253.
3) Disibodenberger Kopialbuch im StADarmstadt fol. 121.
4) Würdtwein, Subsidia diplomatica V 432; XI 221, 294.
5) Lehmann, Sponheim I 219.
6) MRR. II 936.
7) Schott, Codex diplomaticus Rhingravicus 209 (Habel'sche Sammlung im StAMarburg).
8) Lehmann, Grafschaft Sponheim I 198.

schaft 25 Gulden zu 26 Albus gezahlt. Ausserdem 4 Malter weniger 1 Sümmer „Mäudeskorn", 3 Malter 1 Sümmer von dem der Gemeinde zustehenden Bannbackhaus, und 15 Malter Korn von den beiden Bannmühlen, die gemeinschaftlich mit Roxheim, Hargesheim und Braunweiler waren.

Kurpfalz hatte ein Hofgut (Pachtzins 14 Malter Korn). Das Kloster St. Katharinen hatte von seinen Gütern zu Zins 2 Malter 6 Sümmer. Der Herr von Dienheim hatte aus dem Sponheimer Schlosshofgut 6 Malter Korn jährlicher Rente, die früher zum Neuenhof des Klosters Eberbach im Rheingau gehörten; davon wurde 1 Malter den Armen gespendet.

Die Gemeinde hatte den Wald „Höhe" am Gauchsberg gemeinschaftlich mit Roxheim und Braunweiler.

Vom Wein- und Fruchtzehnten fielen $^3/_6$ an die Landesherrschaft, $^2/_6$ an das Kloster St. Katharinen und $^1/_6$ an das Kloster Rupertsberg bei Bingen.

Vier Männer und eine Frau waren Hintersassen des Freiherrn von Dalberg, Kämmerer zu Worms.

Angrenzer der Gemarkung waren Windesheim (Kurpfalz und Rheingrafen), Heddesheim (Kurpfalz), Hargesheim und Roxheim (Sponheimisch), Wallhausen (Dalbergisch).

Im Kreuznacher Rentbuch von 1476 wird Gutenberg nicht erwähnt; ob die Einkünfte dieses kleinen Amtes in einem besonderen Rentbuch verzeichnet waren, habe ich noch nicht feststellen können.

Der Name Gutenberg hat sich ursprünglich nur auf die Burg bezogen, das darunter gelegene Dorf hiess Weitersheim. Als Besitzer der Burg und des Dorfes erscheinen in Urkunden des Klosters Eberbach betreffend den angrenzenden Hof Breidenvahs (Breitenfelser Hof bei Heddesheim) der Herr Wolfram vom Stein und seine Familie, die 1213 auf der Burg Weithersheim gewohnt haben. 1227 gab der Ritter Wolfram vom Stein dem Kloster Eberbach 30 Morgen Wildland, die an den Hof Breidenvas anstossen sollten (darunter 12 am Weitersheimer Weg), welche er von seinen Geschwistern (seinen Schwägern Eberhard von Trisse und Peter von Elze, seinem Bruder Wolfram dem Jungen, seiner Mutter Adelheid und deren Schwester Lutgard, sowie der Frau Guda von Cella) gegen andere Güter ertauscht hatte, die durch deren Verwalter (dispensatores), unter denen ein Gerlach von Weitersheim genannt wird, ausgeschieden worden waren. Einer dieser Wolframe scheint der Gemahl einer Agnes von Gudenberg zu sein, die 1248 beurkundete, dass sie mit ihm dem Kloster Eberbach zum Schadenersatz für die beim Hofe Breidenvas weggenommenen Schweine 10 Morgen am Wege nach Weitersheim und 5 Morgen an der Bundin geschenkt habe [1]). Später nannten sich die Kämmerer von Mainz aus dem dem hohen Adel angehörigen Geschlechte vom Turm

---

1) K. Rossel, Urkundenbuch der Abtei Eberbach I S. 161, Nr. 84, II S. 412, Nr. 573; S. 417, Nr. 577, nach den Auszügen im Oculus Memoriae I der Abtei Eberbach. — MRUB. II S. 21, Nr. 17; S. 269, Nr. 336, nach Abschriften Kindlingers, der einmal Weilersheim für Weitersheim hat, aber den Text vollständiger wiedergibt. — Die dritte Urkunde, die der Agnes von Gudenberg, ist von Schaab, Geschichte der Erfindung der Buchdruckerkunst, 2. Ausg., Mainz 1855, II S. 360, Nr. 205, nach dem Original herausgegeben. — Wolfram vom Stein (de Lapide) gehört zu dem Geschlecht, aus dem auch der Rheingraf Wolfram stammt.

(de Turri) nach der Burg Gudenberg (zuerst am 28. Juli 1298 Philipp Sohn des Kämmerers Eberhard von Mainz) [1]. 1318 machten die Ritter Eberhard Cammerer von Gudenburg und Johann Buscr ihre Veste und ihr Dorf Weitersheim mit Wäldern, Wiesen, Aeckern, Weinbergen usw. zu einem Lehen und Offenhaus des Grafen Johann von Sponheim, des Koppensteiners. Und am 1. Februar 1334 verkaufte Eberhard Kemmerer seine Burg Gudenburg nebst dem Dorf Weitersheim mit Gericht vor Schultheiss und Schöffen zu Weitersheim [2].

Weitersheim kommt zuerst in einer Bestätigung der Besitzungen des Klosters Rupertsberg durch Erzbischof Arnold von Mainz 1158 Mai 22 vor: eine Wendela hatte 4 Hufen in Weitersheim, 1 Hufe in Harwesheim, $^{1}/_{6}$ des Zehnten in Rochesheim und 20 Hörige geschenkt [3]. In der Bestätigung der Besitzungen des Klosters durch Erzbischof Konrad von 1187 kommt das Dorf als Wertdersheim vor [4]. Im Urbar des Klosters wird die Schenkung der Wendela näher beschrieben:

Das „Selegut" betrug $31^{1}/_{2}$ Jug. Ackerland, $5^{3}/_{4}$ Jug. Wingert, $2^{1}/_{2}$ Jug. Wiesen, wozu noch 1 Jug. Wiese des Meginbold kam, die das Kloster für 13 Unzen Geld und 3 Malter Frucht gekauft hatte. Dann die „huba integra Wicnandi" von $34^{1}/_{8}$ Jug. Ackerland und 1 Jug. Wingert. Die halbe Hufe des Ruppert $15^{1}/_{2}$ Jug. Die halbe Hufe des Wolfram $15^{1}/_{8}$ Jug. Die halbe Hufe des Wernher $13^{1}/_{12}$ Jug. Endlich die halbe Hufe des Rudolf Messehe $14^{7}/_{12}$ Morgen [5].

1377 wurden diese Besitzungen durch den Grafen Walram von Sponheim von den landesherrlichen Abgaben gefreit. Dieselbe Freiheit gewährte der Graf schon 5. Juni 1369 dem Cistercienserkloster Eberbach im Rheingau für seine Güter in Weittersheim [6].

Unter den Grafen von Sponheim war Gutenburg zeitweilig Sitz eines besonderen Amtes. Dieses scheint seinen Ursprung davon zu haben, dass im Jahre 1350 Graf Walram die Burg samt dem darunter gelegenen Tale und Dorf Weittersheim, sowie den dreien beim Nonnenkloster St. Katharinenthal gelegenen Orten Roxheim, Hargesheim und Weiler (Braunweiler) seiner Gemahlin Elisabeth zur Besserung ihres Wittums zuwies [7].

Weitersheim oder Gutenberg erscheint mit Orten des Kreuznacher Landgerichts in gemeinschaftlichem Wald-Almende-Besitz.

---

1) Schaab a. a. O. S. 25, 266—268.
2) Lehmann, Sponheim I 132, aus Kopialbuch in Karlsruhe, worin der Ortsname Weichersheim verschrieben ist.
3) MRUB. II S. 31, Nr. 46.
4) Ebd. S. 124, Nr. 86.
5) Ebd. S. 375 ff. Unter den zum Saalgut gehörigen Wingerten liegt einer „retro ecclesiam". 1488 wurde dem Peter Pistoris von Waldenhusen Kaplan der Kapelle St. Margaretae zu Weitersheim et sub castro Gudenberg, Konsens erteilt, diese Stelle dem Joh. Craz zu überlassen. Widder Pfalz IV 98 Note p. Diese Kapelle war wohl Filiale von Roxheim.
6) Lehmann, Sponheim I S. 236 und 253.
7) Ebd. I 204.

Es scheint also ein alter wirtschaftlicher Zusammenhang mit dem Landgericht bestanden zu haben.

9. Hackenheim.

Hackenheim hatte 1601 40 Feuerstellen oder Herdstätten. Die Gemeinde zahlte damals noch an Atzung und Bede 32 Gulden, wie schon im Rentbuch 1476 bestimmt war. Die Landesherrschaft hatte ein Hofgut, Friedelberger Gut, welches für 5 (1476: 5) Malter Korn, 13 (1476: 12) Malter Hafer und 26 Pfund Oel (1476 nicht erwähnt) in Erbbestand gegeben war. 1476 hatten die gemeinen Herren zu Kreuznach noch von weiteren Gütern zu Hackenheim und Bonnenheim 10 Malter Korn und vom Backhaus 2 Malter Korn.

Kurpfalz allein hatte das „Diessenberger" (Disibodenberger) Gut, dessen Pachtzins 16 Malter Korn, 100 Bund Stroh, 100 Kappen betrug, und dazu die Verpflichtung hatte, jährlich eine Fuhre Holz aus dem Wald Walbach bei Nunkirchen in den Disibodenberger Hof zu Kreuznach zu liefern.

Ein zweites Hofgut von Kurpfalz lieferte jährlich $7\frac{1}{2}$ (1476: 8) Malter Korn.

Das Kloster Pfaffenschwabenheim besass ein Hofgut „Capeller Gut", das $14\frac{1}{2}$ Malter Korn zinste.

Der Mainzer Hofjunker Jakob Wacholder hatte ein Hofgut für 22 Malter Korn verpachtet.

Die Wild- und Rheingrafen besassen in der Gemarkung Hackenheim ein Stück Wald von 6—7 Morgen; wegen der Nutzung hatte die Gemeinde einen Rechtsstreit mit den Besitzern vor dem Hofgericht zu Kreuznach.

Die Gemeinde besass mit Bosenheim zusammen geringen Heckenwald auf Kreuznacher Gemarkung. 1476 wird dieser Wald „Hunrewald" genannt und beide Gemeinden hatten davon 12 Malter Hafer, jede die Hälfte an die Landesherrschaft zu zahlen.

Bei Hackenheim lagen zwei Höfe Bonnenheim, die mit aller Dienstbarkeit, hohen und niedern Obrigkeit zur Gemeinde Hackenheim gehörten. Der untere Hof war von den Besitzern, den Junkern von Dalberg und von Leyen zu Argenschwang, für 38 Malter Korn verpachtet, der obere Hof zahlte an die Herren von Schmidtburg, Philipp Friedrich (Witwe), und Johann Philibert 20 resp. 28 Malter Korn als Pachtzins.

Der Zehnte an Frucht und Wein fiel an das Kloster Pfaffenschwabenheim (nun an die Landesherren), 30 Morgen Wingert waren dem Pfarrer zehntpflichtig, der im übrigen vom Kloster besoldet wurde.

Hörige Hintersassen waren einer des Grafen von Falkenstein, und zwei des Rheingrafen.

An die Gemarkung Hackenheim stiessen die Stadt Kreuznach, Frei-Laubersheim, Volxheim (Amt Alzey) und Bosenheim.

Hackenheim hat schon ältere Beziehungen zu den Grafen von Sponheim. Güter zu Hagenheim gehörten zu der Stiftung des Grafen Meginhard an das Kloster Sponheim (nach der Urkunde des Erzbischofs Adelbert von Mainz, 7. Juni 1124) [1]).

Im November 1221 wurde ein Streit zwischen dem Grafen von Sponheim und dem Werner von Runa (Rhaunen) geschlichtet wegen des Patronatsrechtes zu Hackenheim, welches 1240 und nochmals 1249 durch Graf Simon von Sponheim dem Kloster Pfaffenschwabenheim geschenkt wurde [2]). 1367 August 16 verpfändeten

---

1) MRR. I 1753.   2) Würdtwein, Dioec. Moguntina I 95, 97, 297.

Peter und Friedrich von Bosinheim, Wepelinge, dem genannten Kloster ihren Zehnten zu Hackenheim [1]).

Güter des Klosters Disibodenberg in der Gemarkung von Hackenheim und Bonheim wurden 1364 Januar 13. von den Abgaben und Leistungen an den Landesherrn befreit [2]).

Bei Exekutionen des Kreuznacher Landgerichts hatte auch die Gemeinde Hackenheim mitzuwirken, ohne deshalb zu den „Freidörfern" gerechnet zu werden [3]).

Die Bonheimer Höfe bei Hackenheim sind der Rest eines Dorfes, das noch das ganze 15. Jhdt. hindurch bestanden zu haben scheint. Dort waren ein oder zwei Rittergeschlechter ansässig, die in Urkunden des Klosters Pfaffenschwabenheim häufig genannt werden [4]). Eine Kapelle mit Altar St. Nikolaus in Bonnheim sub limitibus parrochie in Hackenheym sita hucusque per secularem presbiterum regi solita wurde dem Kloster im Jahre 1485 inkorporiert, da sie zu geringe Einkünfte hatte und von den letzten Inhabern und den Bauern vernachlässigt und baufällig geworden war [5]). Das Rittergeschlecht der Stelin von Bonnenheim lässt sich zurückführen auf Godefrid dictus Stelin, dem Simon Herr von Sponheim am 15. März 1256 ob meritum probitatis, quod in nostris servitiis fideliter declaravit, seine Güter in Bonheim als freies Allod zu unbeschränktem Eigentum verkauft hat [6]).

10. Hargesheim.

Hargesheim ist im Rentbuch 1476 nicht aufgenommen (s. Gutenberg). Das Dorf hatte 1601 30 Feuerstellen, von denen aber 6 ledig und unbewohnt waren. Die Atzung und Bede betrug 25 Gulden. Dazu zahlte die Gemeinde an die Landesherrschaft 10 Malter „Bürgerhafer", dafür hatten die Einwohner die Rechte der Bürger in Kreuznach, und zahlten auch an den Stadttoren daselbst kein Weggeld. Die Gemeinde gehörte mit Roxheim, Braunweiler und Gutenberg zu der Roxheimer Bannmühle, hatte aber ihr eignes Backhaus. Jeder Gemeinsmann, ausser den Gerichtspersonen, hatten den Landesherrn ein Fastnachtshuhn zu entrichten.

Nicht weit vom Dorf lag der Hof Breitenfels, den Herren von Dienheim zuständig, „sonsten aber mit aller Botmässigkeit gen Hargesheim gehörig". Der Amtmann von Stromberg „unterstehet sich", von Heddesheim aus, in dem Breidenfelser Wäldchen das Jagdregal auszuüben.

Die Herren von Dienheim besassen ausser dem Breitenfelser Hof noch 240 Morgen Ackerland und Wiesen, die sie zum Neuenhof bei Kreuznach gezogen hatten und durch den dortigen Hofmann bewirtschaften liessen. Ehemals waren alle diese Güter, wie die Höfe Breitenfels und Neuenhof, Besitz des Klosters Eberbach im Rheingau. Von einigen Gütern fielen 4 Malter 2 Sümmer Zinskorn und 5 Gulden an die Kinder des Hans

---

1) Scriba, Regesten, Rheinhessen 3211.
2) Lehmann, Sponheim 1, 126.
3) Amtsbeschreibung von 1601; siehe unter Kreuznach.
4) Wagner, Wüstungen, Rheinhessen 173 Nr. 111.
5) Würdtwein, Monast. Palat. V S. 250 ff. — StADarmstadt: Pfaffenschwabenheimer Kopialbuch fol. 99.
6) StADarmstadt: Disibodenberger Kopialbuch I 52.

Friedrich von Dienheim. Andere Güter zinsten zum Disibodenberger Hof in Kreuznach 2 Malter Korn.

Der Frucht- und Weinzehnte fiel zu gleichen Teilen an die Landesherrschaft, das Kloster St. Katharina und einige Personen in Meisenheim.

Hintersassen waren des Amtes Simmern eine Frau mit 3 Söhnen, des Herrn von Sickingen auf Ebernburg 2 Männer, des Grafen von Falkenstein 1 Mann, des Amtes Winterburg 1 Mann, des Rheingrafen 1 Frau mit 6 Kindern, des Herrn von Dalberg 1 Frau, des Grafen von Nassau (nach Wöllstein gehörig) 1 Mann.

Die Gemarkung grenzte an Kreuznach, Roxheim, Gutenberg und Heddesheim im Amt Stromberg.

Nach dem Weistum von 1505 hatte der Burggraf zu Gutenberg das Gericht zu halten. Der Bruder von Breitenfels war dingpflichtig bei doppelter Busse für das Ausbleiben, und hatte ein Einspruchsrecht bei der Wahl der Flurschützen.

„als man hie weist den Herren von Erbach (Cistercienser von Eberbach im Rheingau) das weist man gen Breitenfels und bis auf den Neuenhof. Item die Herren von Erbach haben zween Flüer (darauf sind sie frei), wäre es Sach, dass ein Bruder etwas sehet auswendig der zweyer Flüer, so soll er ein Seil geben, alss ein Nachpaur." Die Eberbacher Mönche hatten auch zwei Wiesen. Auf den Eberbacher Gütern hatten die Hargesheimer Viehtriftrecht nicht nur in der eignen Gemarkung und auf dem Breitenfelser Hof, sondern auch auf der Heddesheimer Gemarkung. Auf Breitenfels war von dem Kloster ein Leienbruder als Gutsverwalter angesetzt [1]).

Die Eberbacher Güter in der Grafschaft Sponheim, der Neue Hof bei Kreuznach und in den Gemarkungen Hargiszheim, Roxheim, Weittersheim, Breidinphas, Dadinburn (Dadenborn bei Münchwald im Amt Winterburg) wurden am 5. Juni 1369 durch den Grafen Walram von Sponheim von allen landesherrlichen Lasten und Abgaben gefreit [2]).

Der Breitenfelser Hof hiess früher Bridenvahs, Breidenvas und kommt zuerst 1213 als Besitz des Klosters Eberbach vor. Schon damals wird ein frater Heinricus als Verwalter erwähnt, der später den Titel magister oder magister curie führte. Im Januar 1261 verglichen sich Johann der Schultheiss, die Schöffen und die „universitas civium de Cruzennachen" mit dem Kloster Eberbach wegen der Dienstbarkeit, Steuerpflicht und Weideberechtigung des Hofes Breidenvas. Die Stadt gibt ihre Ansprüche auf Dienste des Hofes gegen Abtretung eines Hauses in Kreuznach, das früher einem Mönche Bauwarus gehört hatte, und für $^1/_2$ Mark Geld auf. Von jedem Morgen Landes der Klostergüter in der Gemarkung Kreuznach soll ein leichter Denar Steuer gezahlt werden, und diese Abgabe nicht in eine Weinabgabe verwandelt werden, wie es die Stadt zu tun berechtigt war. Das Vieh des Hofes soll in allen städtischen Grundstücken, wo dies bisher üblich war, weiden dürfen [3]).

---

1) Grimm, Weistümer II 162; vollständig in der Amtsbeschreibung.
2) Lehmann, Sponheim I 236.
3) Rossel, Urkundenbuch des Klosters Eberbach I S. 161, 190, 240, 312; II 422. — Baur, Hessische Urkunden II S. 712. In der Beschreibung

11. Langen-Lonsheim.

Kurpfalz hatte nach dem Rentbuch 1476 an dem Dorf Lonsheim $\frac{1}{5}$ und wegen des Markgrafen von Baden $\frac{2}{5}$, Pfalzgraf Friedrich von Simmern $\frac{2}{5}$.

Bede und Atzung 500 Gulden fällig zu Jacobi und Purificationis Mariae; dazu 1 Gulden und 1 Schilling Heller Schreibergeld.

Ungeld wird nicht erhoben, wenn es fiele, gehörte es den Herren. Frevel und Bruch. Ein „schlechter Frevel" beträgt 9 Pfund Heller.

Langen-Lonsheim zählte 1601 166 Feuerstätten. Die Gemeinde hatte an die Landesherrschaft 500 Gulden Atzung und Bede zu zahlen. Die Mahlmühle an der Guldenbach stand der Gemeinde zu. Dinghöfe besassen das Pfälzische Amt Stromberg, der Graf von Nassau wegen der Herrschaft Kirchheim-Bolanden, weitere Höfe gehörten dem Kloster St. Katharinen, dem Kloster Rupertsberg, dem Herrn von Bellenhofen. Kirchensatz und Zehnten hatte Nassau-Saarbrücken als Pertinenz zu dem erwähnten Dinghof.

Es wohnten in Langen-Lonsheim folgende Hörige fremder Herrschaften, die ihren „Leibesherren" nur die Leibbede (der Mann 3 Albus, die Frau 1 Albus) abgaben: des Amtes Stromberg (zu verschiedenen Ortschaften gehörig, wie Heddesheim, Grolsheim, Windesheim, Stromberg, Genheim, Waldlaubersheim) 12 Personen, des Grafen von Falkenstein (zu Bretzenheim) 8 Personen, des Grafen von Nassau (zur Herrschaft Wöllstein gehörig) 3 Personen, des Pfälzischen Amtes Simmern (zu Laubenheim gehörig) 13 Personen, zur Herrschaft Seibersbach 1 Person, zum Amt Alzey nach Münster an der Nahe 1 Person, den Rheingrafen gehörten 1 Person zu dem Dorf Windesheim und 1 Person nach Münsterappel. Den Freiherren von Dalberg waren 4 Personen verpflichtet, den Freiherren von Sickingen 2 Personen, dem Erzstift Mainz und der Wöllsteiner Gemeinschaft je 1 Person.

Nach dem Weistum erstreckte sich die Kompetenz des Gerichts auf Todschlag und blutige Wunden und andere Frevel. Die Landesherrschaft hatte 30 Malter Bedekorn, und wer nicht zu dieser Steuer beitrug (wahrscheinlich waren ausser dem Pfarrer und den Gerichtspersonen auch die Hintersassen der auswärtigen Herrschaften davon frei), hatte ein Fiernzel Rauchhafer von seiner Feuerstätte zu geben. Von der Gemeinde-Mühle soll die Gemeinde 10 Malter Korn geben, darum sollen alle Einwohner in dieser Mühle zu malen verbannt sein.

Wasser und Weide, Weg und Steg, also die Almende, werden der Gemeinde zugewiesen, „damit sie der Landesherrschaft desto bafs dienen können". Jedes Haus gibt ein Fastnachtshuhn, nur Schöffen und Priester sind davon frei; „und lege als ein fraw kindts innen, so soll der büttel das hun fordern und soll dem hun den hals umbdrehen und soll ihr das huen wieder geben, dafs sie das esse. Wer es sach, dass die oberamptleuth hie weren, so sollen die schöffen ihre hüner bringen und mit dem amptleuten essen".

Die Gemarkung Langen-Lonsheim grenzte an Bretzenheim (Grafschaft Falkenstein), Heddesheim (Pfalz, Amt Stromberg), Wald-Hilbersheim (Flachen von Schwarzenberg), Windesheim (Pfalz und Rheingrafen), Wald-Laubersheim (Graf von Nassau, Herrschaft Kirchheim-Bolanden), Rümmelsheim (Ganerben der Burg Leyen, Faust von Stromberg, von Eltz, Eyler von Dieburg), Dorsheim (Amt Stromberg), Laubenheim (Amt Simmern), und jenseits der Nahe an Grolsheim (Amt Stromberg) und Gensingen (Amt Kreuznach).

---

des Amtes Stromberg 1589 wird der Breitenfelser Hof schon zu diesem Amt und zu Heddesheim gerechnet. Siehe weiter unten in der Abhandlung über dieses Amt.

Langen-Lonsheim kommt in Urkunden des Klosters Lorsch 770 und 776 als Longistheim, und in einer Fuldischen Schenkung von 832 Longastesheim vor und lag im Nahegau und Wormsgau [1]).

Güter zu Longesheim wurden 1187 dem Kloster Rupertsberg bestätigt. Nach dem Güterverzeichnis des Klosters von etwa 1200 bestand der Besitz aus einem Hof bei der Kirche St. Nicolaus, 2 anderen Höfen, und verschiedenen von den Einwohnern geschenkten Grundstücken, zu denen später noch die Schenkung der Herzogin Agnes von Lothringen kam. Aus den Flurnamen ist eine Wüstung zu erkennen: ze Ennensheim, uff Enhensheim, ze Ensheim, an Ensenheimer wege, ze Ensensheim uffe demo reine, zu Endesheim, uffe Hensensheim, die zur Gemarkung gehörte und vielleicht damals schon nicht mehr bewohnt war [2]).

1377 erhielt das Kloster auch für seine Güter zu Lonsheim Abgabenfreiheit durch den Grafen Walram von Sponheim [3]).

Den Kirchensatz, Zehnten und einige Huben hatte um 1200 Werner von Bolanden von dem Grafen von Loon zu Lehen, sein Vorgänger in diesem Besitz war ein Gerhard von Imezeswilre, der einen Teil davon an andere verliehen hatte. 2 Mansus in Longesheim iuxta flumen quod dicitur Na hatte Werner vom Pfalzgrafen zu Lehen [4]). Im Bolander Lehenbuch des Grafen Heinrich von

---

1) Codex Lauresham, II 108, Nr. 1092 (769: in pago Wormatiense in Longistisheim marca könnte sich auch auf Lonsheim bei Alzey [O 22] beziehen, das jedoch 775 Laonisheim heisst II 179, 1322), 776 liegt Longistheim im Nahgowe: II 358, Nr. 2015. — Dronke, Cod. dipl. Fuldensis 95, Nr. 168 (Kartula traditionis Edirammi vom 31. Mai 801) zählt Longastesheim dem Wormser Gau zu; S. 162, Nr. 335 (ohne Datum, Kartula Edrammi et Uualtrada, nach Schannat von 832 Trad. Fuld. 162, Nr. 405) hat keine Gaubezeichnung. Dronke S. 271, Nr. 604 (Traditio Gundrahmi ohne Datum) handelt von Gütern in provincia Wormazfeldono zu Apfloa (Münsterappel) Flanhemmero marcu (Flonheim) und Loneshemmaro marcu (Lonsheim bei Alzey). Es ist also zu scheiden zwischen Longistesheim, Longastesheim = Langenlonsheim und Laonesheim, Lonesheim = Lonsheim bei Alzey. Dass Longistesheim einmal im Nahe-, ein anderes Mal im Wormsgau liegen soll, ist bei der Lage an der Nahe, die die Grenze der beiden Gaue in der älteren Zeit gebildet hat, nicht zu verwundern. Auch die Bingermark lag in den beiden Gauen, wie sie noch jetzt (in die Gemarkungen Bingen und Bingerbrück verteilt) zur Rheinprovinz und Rheinhessen gehört. Der Binger Stadtwald liegt auf preussischem Gebiet. Sollte auch Langenlons-heim mit Teilen seiner Gemarkung auf dem rechten Naheufer gelegen haben?

2) MRUB. II S. 124, Nr. 86; S. 371, 382, 387, 390. (Diz ist daz nuwe gut daz die hirzogen covfte zu Longesheim St. Ruperto. Vgl. hierzu Scriba Regesten, Rheinhessen 1374 = Günther, Cod. dipl. Rheno-Mosell. II 176, Nr. 82. Erzbischof Siegfried III. von Mainz bestätigt dem Kloster Rupertsberg die von der Herzogin von Nancey geschenkten Güter zu Lohengesheim 13. September 1234.)

3) Lehmann, Sponheim I 253.

4) Sauer, Die ältesten Lehenbücher der Herrschaft Bolanden 27 und 23 (an der letzteren Stelle wird auch Lonsheim iuxta Flanheim von Longesheim iuxta flumen, quod dicitur Na deutlich geschieden).

Sponheim (um 1370) wird gesagt, dass Jakob von Kaldenfels einen Teil des Zehnten zu Lehen hatte [1]).

Die Herrschaft im Dorfe wurde 1335 durch den Grafen Johann von Sponheim, Herrn zu Kreuznach, für empfangene 1000 Pfund guter Heller dem Erzbischof Walram von Köln zu Lehen aufgetragen. 1416 stellte die Pfalzgräfin Elisabeth, Gräfin von Sponheim, 1464 der Pfalzgraf Friedrich einen Revers über dieses Lehen aus [2]).

Auch die Starkenburger Linie der Grafen von Sponheim war zu Langenlonsheim begütert, und zwar gehörten diese Besitzungen zum Schlosse Dill, wie aus dem Lehenauftrag des Schlosses an Kurfürst Baldewin von Trier vom 19. September 1338 durch den Grafen Johann von Sponheim, Herrn zu Starkenburg, hervorgeht [3]), wo Laynsheim an zweiter Stelle neben Dille genannt ist. 1383 verpfändete Graf Johann von Sponheim-Starkenburg dem Heinrich Eckbrecht von Durckheim verschiedene Güter und Gefälle, unter anderm das Gut zu Lonsheim [4]). Es ist das „Starkenburger Gut", welches 1344 der Gräfin Blanzeflor von Veldenz und ihrem Sohne, Georg verpfändet war [5]).

Mit dem Reichsfiskus zu Kreuznach wird Langenlonsheim nicht in Verbindung zu setzen sein. Die Grafen von Sponheim haben das Dorf als allodialen Besitz betrachtet und an Kurköln als solchen aufgetragen. Ausser ihnen waren auch die Herren von Bolanden (als Vasallen ursprünglich der Stadtgrafen von Mainz und der Pfalzgrafen) und die Herren von Dill (Grafen von Nellenburg, dann von Mörsberg, seit Graf Meginhard die von Sponheim) in dem Dorf begütert.

Das bei den Gütern des Klosters Rupertsberg erwähnte ausgegangene Dorf Endesheim kommt auch als Walddistrikt in § 14 des Langenlonsheimer Weistums vor, wo es heisst: „Item der Gemeinde Eychenwald, den man ziehen will für den Herren, uff Endeſzheim, in den Aspen und an anderen Ortthen, wo die Gemeind nach nothdurfft ziehen wird, so manchen Stamm eyner darin abhauen wird, soll derselbig der Gemeind von dem Stamm 5 Gulden geben, derselbig sey frembd oder heymisch."

---

1) Rheinischer Antiquarius II 16, S. 760, Nr. 47.
2) Lacomblet, NRUB. III S. 238, Nr. 290.
3) Günther, Cod. dipl. Rheno-Mosellanus III S. 384, Nr. 240.
4) Lehmann, Sponheim II 80.
5) Widder, Beschr. der Pfalz IV 99 Anm. s. — Act. Acad. Pal. IV hist. pag. 369. Ein Weistum über die Starkenburger Höfe in L. Clas Snyders Hof und Peter Doylters Hof (rein grundherrliche Rechte über Teil-Wingerte, Wegschnitt auf bestimmten Wegen, soweit man mit einem Fuss im Gleiss stehend mit einer Sichel schneiden kann, Abgaben von den Flurschützen, Imbiss, den der Herr oder sein Vertreter dem Gericht und den Hofhörigen zu geben hat) in den Demonstrationes iurium V, pars 2 der Sammlung „Horstmanniana" im Kreisarchiv zu Speyer S. 15 ff.

12. Ober-Hilbersheim.

Nach dem Rentbuch von 1476 hatte das Amt Kreuznach nur Hofgüter zu Ober-Hilbersheim (damals Falkensteinisch), von denen 15 Malter Korn und 5 Malter Weizen fielen.

Ober-Hilbersheim hatte im Jahre 1601 79 Herdstätten. Die Gemeinde zahlte 62½ Gulden Bedegeld und 25 Gulden für Atzung. Ausserdem lieferte sie 38 Malter Bedekorn, wozu der Bäcker 6 Malter, der Müller 12 Malter, der Schultheiss 2 Malter beizutragen hatte. Diese Kornbede war damals an die Junker Andreas von Leyen und von Honstein (Vogt von Hunolstein?) verpfändet.

Das Hofgut des Mainzer Domkapitels, „Koppenhof“, war von ·der Bede gefreit, zahlte aber 32 Gulden für Atzung. Sein Areal betrug 300 Morgen Ackerland.

Die Deutsche Ordenskommende zu Mainz besass ein Hofgut von 245 Morgen Ackerland, von der Bede befreit, wovon ihr 50 Malter Korn und 10 Malter Hafer Pachtzins geliefert wurde.

Heinrichs von Coppenstein Erben besassen das „Halstergut“ von 33 Morgen und 7 Malter Korn Pachtzins, welches nicht gefreit war.

Die Karthaus in Mainz hatte 45 Morgen und 15 Malter Kornpacht. Ebensoviel Caspar Bacharach. Dietrich Hohesteiner besass 89 Morgen und 28 Malter Korn Pachtzins und Jost vom Riedt 144 Morgen und 54 Malter Pachtzins. Der Fruchtzehnte fiel an die Landesherrschaft. Die Weinberge der Gemeinde lagen in der Gemarkung Sprendlingen. Wald war keiner in der Gemarkung vorhanden, und die Gemeinde besass auch keinen Wald ausserhalb.

Zu auswärtigen Aemtern und Herrschaften gehörten 25 Hintersassen, davon zum Amt Stromberg 15, zum Ingelheimer Grund 5, zur Fauthei Flonheim 2 und zum Amt Alzey, zum rheingräflichen Gericht Flonheim sowie zu Nassau (Herrschaft Kirchheim-Bolanden) je einer.

Der Bezirk des Dorfes geht an auf Heynigen, wo die Gemarkung mit Aspisheim und Niederhilbersheim zusammentrifft, von dort standen zur rechten Hand hinunter 34 Grenzsteine bis zum Stein an der hohen Angewand, wo Engelstadt an die beiden Hilbersheim grenzt, von dort 23 Steine bis zum Stein am Jugenheimer Weg, wo die Gemarkung Jugenheim anfängt, darauf 3 Steine bis zur Heerstrasse an den Wolfsheimer Weg, hier grenzt Wolfsheim an, dann folgen 2 Steine bis zum Dreimärker am Dürckheimer Weg, wo Sprendlingen mit Oberhilbersheim und Wolfsheim zusammenstösst, von hier 31 Steine bis zum Barckheimer Lachbaum, bei dem die Gemarkung Aspisheim angeht, die durch 21 Steine von O.-Hilbersheim geschieden ist. Hierauf kehrt die Grenze zum Anfang zurück.

Das Gut des Deutschen Ordens scheint nach und nach zusammengekauft zu sein, so wurden 1303 68 Morgen für 100 Köln. Mark erworben [1]). Am 2. März 1358 wurde das Gut vom Grafen Walram von Sponheim, seiner Frau Elisabeth und ihrem Sohn Symon von Sponheim, Graf zu Vianden, für 450 Florentiner Gulden von den Abgaben und Leistungen an den Landesherrn gefreit, nämlich von Atzungen, Herbergen, Forderungen (Beden), Wagenfahrten und Beisteuer zu den Baulasten für Kirche und Kirchhof [2]). 1371 versprach der Schultheiss zu Hilbersheim, Johann

---

1) Scriba, Regesten, Rheinhessen 2267. — Gudenus, Cod. diplom. IV 1054.

2) Baur, Hessische Urkunden V S. 384, Nr. 414. — Lehmann, Sponheim I S. 216 legt diese Freiung auf den 20. September nach dem Kopialbuch in Karlsruhe.

Schuler, das Deutschordensgut auch bei Brandschatzungen freihalten zu wollen [1]).

Einen Hof mit Gerichtsbarkeit (Dinghof) besass 1358 ein
Edelknecht Pauwels Velkener von Rudensheim [2]).

Das Kloster Disibodenberg erlangte für sein Gut in der Hilbersheimer Gemarkung vom Grafen Walram gegen Zahlung von
850 Heller am 8. Juli 1355 Abgabenfreiheit [3]).

Die Kirche zu Ober-Hilbersheim war eine Filiale der Laurentiuskirche zu Bergen; sie wurde am 11. Dezember 1219 durch
den Erzbischof Siegfried II. von Mainz und den Scholaster von
St. Maria im Feld diesem Stift inkorporiert, was Papst Honorius III.
am 17. Juni 1220 bestätigte [4]). Den Zehnten verkaufte das Stift
nach der Reformation (wodurch die Verbindung mit der Mutterkirche zu Bergen gelöst wurde) im Jahre 1570 an den Kurfürsten
Friedrich III. von der Pfalz [5]).

13. Pfaffen-Schwabenheim.

1476 wurden in Pfaffen-Schwabenheim [6]) 100 Gulden Bede und Atzung,
1 Gulden 1 Schilling Schreibergeld und ausserdem 1 Mark (= 1 ℔ 1 ℔)
gezahlt; ferner erhob das Gericht 1 Fuder Bedewein und 2 Malter Korn
von der Gemeinde, wozu noch 14 Sümmer Korn von verschiedenen Gütern und 1 Malter Salz von den Backhäusern kamen. Dieses Dorf war
1601 mit 46 Herdstätten bewohnt, von denen an Atzung und Bede 100 Gulden, 1 Fuder Wein und $3^{1}/_{2}$ Malter Korn erhoben wurden. Das dortige
Kloster, seit 1566 unter landesherrlicher Verwaltung, besass ein Gut von
721 Morgen Ackerland, das für 3 Sümmer Korn für den Morgen parzellenweise verpachtet war. Das Ganze brachte also 270 Malter, 3 Sümmer Korn
ein. 99 Morgen Wiesen, jeder Morgen für 2 Gulden verpachtet, 70 Morgen
Wingert, gegen den dritten Teil des Ertrages verliehen. Ausserdem waren
einige Erbbestandsgüter für 70 Malter Korn verpachtet. Damit wird so
ziemlich die ganze Gemarkung (1786: 1006 Morgen Ackerland, 180 Morgen
Wingert, 104 Morgen Wiesen, 2 Morgen Garten) dem Kloster eigen gewesen sein, dem auch eine Mühle ohne Bannrecht gehörte, die für 50 Malter
Korn verpachtet war. Das Backhaus der Gemeinde lieferte 1 Malter Salz
nach Kreuznach und $1^{1}/_{2}$ Malter Korn ins Kloster. Der Zehnte (230 Malter
allerlei Frucht) gehörte dem Kloster.

Bernhard von Coppenstein besass $2^{1}/_{2}$ Morgen Wiesen.

Hintersassen gehörten zu der Gemeinschaft Wöllstein 2, zu Falkenstein 1, zum Amt Stromberg gen Grolsheim 1, zur Ausfauthei in Alzey 5,
zur Herrschaft Badenheim und den Rheingrafen je 1.

Die Gemarkung grenzte an Planig (Bleinich, von Löwenstein), Biebelsheim (Graf von Falkenstein), Sprendlingen (Sponheimisch), Badenheim

---

1) Gudenus, Cod. dipl. IV 1050.
2) Baur, Hess. Urk. III S. 403, Nr. 1310.
3) Staatsarchiv Darmstadt, Disibodenberger Kopialbuch fol. 133.
4) Scriba, Regesten Rheinhessen 1259, 1268, 2293.
5) Joannis, rerum Mogunt. II 687.
6) Amtsbeschreibung 120—128. — Widder IV 56—62. — Stephanus
Alexander (Würdtwein), Monasticon Palatinum V, Mannheim 1796, 126 bis
308. — Wagner, Die vormaligen geistlichen Stifte im Grossherzogtum
Hessen II, Provinz Rheinhessen von Fr. Schneider 30—40. — StADarmstadt, Kopialbuch des Klosters Pfaffen-Schwabenheim, 15. Jhdt. und bis
1520 weitergeführt.

(Faust von Stromberg), Pleitersheim (zur Gemeinschaft Wöllstein), Volx-
heim (Kurpfalz, Amt Alzey) und Bosenheim (Sponheim).

Nach dem Weistum[1]) war der Graf von Sponheim Oberlandvogt in
Feld und Dorf; der Missetäter, der dort ergriffen wurde, soll zur Abur-
teilung nach Kreuznach geliefert werden. Dem Grafen steht auch das
sogenannte Wildfangsrecht zu, wie an allen Orten des Amtes. Wer in
Schwabenheim sesshaftig ist, darf seinen Holzbedarf aus dem Soonwald
holen, doch nicht zum Verkaufen in fremde Dörfer; wer das tut, ist die
höchste Wette verfallen. Die sesshaften Einwohner waren zu Kreuznach
zollfrei ausser den Handwerkern, die Kaufmannsgut feilhalten wollten.
Das Backhaus ist ein Bannbackhaus. Die Mühle ist keine Bannmühle,
doch soll der Müller bei den Dorfgenossen nur von 20 Malter eines als
Molter behalten, bei Fremden von 16 Malter eines.

Es folgen Bestimmungen über das Verhältnis der Gemeinde zum
Propst, über die Verpflichtungen der Gemeindsleute auf den Brühel und
Beunden (Herrenwiesen und Herrenacker des Klosters) und die Weidebe-
rechtigung, über die Einsetzung der Flurschützen durch den Propst und
die Gemeinde (wobei die Gegenpartei ein zweimaliges Verwerfungsrecht
hat), und besondere Verpflichtungen der Propstei gegenüber den Schöffen.

Ein Schwabenheim (es kann auch Sauerschwabenheim damit
gemeint sein) kommt schon in einer Schenkung des Grafen Cancro
an das Kloster Lorsch 765 vor (in pago Wormt. in villa Suaboheim)[2]).

Im Jahre 1130 beurkundete der Erzbischof Adalbert von
Mainz, dass Graf Meginhard von Sponheim das Kloster Suaben-
heim, welches Graf Eberhard und dessen Mutter Hadewig gegründet,
und Methilde, die Gemahlin Meginhards, von ihren Vorfahren ge-
erbt hatte, an das Erzstift Mainz zur Besetzung mit Augustiner-
Kanonikern übertragen habe. Die Vogtei soll Graf Meginhard und
nach dessen Tode derjenige Nachfolger haben, der das Schloss
Dille besitzen würde[3]).

Da Graf Meginhard von Sponheim das Kloster nicht von
seinen Vorfahren, sondern von denen seiner Frau Mathilde ererbt
hatte, kann der als Stifter genannte Eberhard nicht der Graf Eber-
hard von Sponheim sein, der das Kloster Sponheim gegründet hat.
Die Bestimmung, dass die Vogtei mit der Burg Dill verbunden
sein sollte, führt auf den freien Herrn Adelbert von Dill, der 1107
neben Theoderich von Are und Emich von Smitheburch die Grün-
dung des Klosters Springiersbach bezeugt[4]). Dieser Adelbert von
Dill ist also ein Vorfahre der Gräfin Mathilde. Aber Dill kann
nicht sein eigentlicher Stammsitz und Geschlechtsname gewesen
sein, da er sonst öfter unter den rheinischen Edelherren in Ur-
kunden erscheinen würde. Dieser Adalbert von Dill ist kein an-
derer als Graf Adalbert von Mörsberg bei Winterthur[5]), der als

---

1) Grimm IV 614.   2) Codex Laur. II 1390.

3) Würdtwein, Mon. Pal. V 126, teilt einen Auszug aus de Gudenus,
Cod. dipl. I pag. 89, mit. Die Urkunde ist auch im Chron. Sponh. des Joh.
Trithemius abgedruckt: Opera hist. II 245.

4) MRUB. I 475, Nr. 415.

5) Das Folgende nach dem Aufsatz von H. Witte, Ueber die älteren
Grafen von Sponheim in der Zeitschrift für die Geschichte des Oberrheins
XI 1896, 161 ff. Vgl. die Ausführungen auf S. 41 ff., 48 ff.

Vater der Mathilde und Schwiegervater des Grafen Meginhard von Sponheim in Urkunden des von Graf Eberhard V. von Nellenburg und seiner Mutter Hedwig gestifteten Klosters Allerheiligen in Schaffhausen [1]) vorkommt und auch in einer Urkunde des Erzbischofs Hillin von Trier als früherer Besitzer eines Lehens bei Zell an der Mosel unter dem Namen Graf Albert von Morsberh [2]) erwähnt wird. Er war ein Neffe (vielleicht Schwestersohn) des letzten Nellenburgers und wird auch Graf von Winterthur und von Kiburg genannt.

Meginhard von Sponheim erscheint in einer Urkunde über die Beilegung eines Streites, den sein Schwiegervater mit dem Kloster Saint-Denis bei Paris wegen Güter in der Blies- und Saargegend gehabt, als „Meynardus comes Morspercensis" (25. August 1125, bei der Wahl Lothars von Sachsen), der in dieser Grafschaft kraft Erbrechts seiner Gattin, der Gräfin Mathilde, Tochter des Grafen Adalbert, gefolgt war [3]). Adalbert war 1124 noch am Leben, eine damals von ihm gemachte Schenkung an das Allerheiligenkloster wurde am 21. September 1127 durch Meginhard und Mathilde zu Kreuznach bestätigt [4]).

Man sieht daraus, dass das Kloster Schwabenheim erst mit der Erbschaft aus dem Nellenburger und Mörsberger Nachlass zusammen mit der Burg Dill zu der Grafschaft Sponheim gekommen ist. Und der Zusammenhang mit dieser Burg zeigt sich noch 1338, da Graf Johann von Sponheim, Herr zu Starkenburg, das Swabeheim claustrum als zu der Burg Dylle gehörig bezeichnet, als er seine Hälfte dieser Burg dem Erzbischof Baldewin zu Lehen auftrug [5]).

Das Kloster war durch den Schenkungsakt Meginhards einzige Grundherrschaft im Dorf, nur nahm Meginhard die Güter aus, welche er seinen Ministerialen zu Lehen gegeben hatte. Das zeigt sich in den oben beschriebenen Besitzverhältnissen. Die Einwohner waren zu bestimmten Fronden und Leistungen an das Kloster verpflichtet. Am 8. Juli 1490 wurde zwischen dem Kloster und der Gemeinde ein Vertrag geschlossen [6]). Die Gemeinde hatte laut ihrem Weistum das Recht, wenn die Wiese „der Bruel" oberhalb des Klosters gemäht und das Heu eingefahren ist, ihr Vieh mit dem des Klosters darauf weiden zu lassen [7]). Als das Kloster einen Zaun quer über diese Wiese ziehen liess, fühlte die Gemeinde sich dadurch beeinträchtigt, und nun entschieden die Amtmänner zu

---

1) Baumann, Die ältesten Urkunden des Klosters von Allerheiligen in Schaffhausen, Quellen zur Schweizer Geschichte III.
2) MRUB. I S. 657, Nr. 599.
3) Vielhard, Docum. . . . à l'histoire du territoire de Belfort 201, 206.
4) Baumann 107--109.
5) Günther, Cod. dipl. Rheno-Mosell. III S. 384, Nr. 240.
6) Würdtwein, Monasticon Palatinum V 281 LXXII.
7) Vgl. das Weistum bei Grimm IV S. 616, § 11.

Kreuznach, Albrecht Göler von Ravensperg und Friedrich Frey von Dehrn, dass der Zaun bleiben und seine Lage für immer durch Grenzsteine festgelegt werden, die Gemeinde aber für die Verkleinerung des Weideplatzes durch Geld entschädigt werden sollte.

Am 4. August 1508 hatten die Kreuznacher Amtmänner Franz von Sickingen und Meinhard von Coppenstein abermals zwischen dem Kloster und der Gemeinde zu vermitteln[1]): Es handelte sich diesmal um Fronden. Jeder, der in Pfaffenschwabenheim haushält, sollte beim Heumachen auf dem Brühl helfen[2]), und zwar sollte jedes Hausgesess einen Haufen machen, so gross, als ihn zwei Ochsen ziehen können, und ein Fastnachtshuhn geben. Wer einen Pflug hat, soll zwei Tage auf der Bunen (Beunde) ehren und zackern, das Kloster soll dafür jedem Arbeiter einen Pfennigweck und einen Becher Wein geben; in der Ernte sollen die Gespannbesitzer drei Fuhren Frucht einfahren gegen Käse und Brot. Alle „leistigen Leute“ sollen in des Klosters Wingert einen Tag lesen. Diese Leistungen gestehen der Schultheiss und die Schöffen zu. Aber das Kloster forderte noch, dass die „leistigen Leute“ ihm in der Ernte einen Tag Frucht schneiden und im Frühling einen Tag in den Weinbergen graben sollten gegen die Kost (früh eine Suppe, nach der Nonezeit Speck und Erbsen, und am Abend ein kleines Brot), wie in seinem alten Weistumsbuch stand. Die Einwohner wünschten für diese Arbeiten mit Geld entlohnt zu werden, für den Tag dem Mann 20 Heller, der Frau 16 Heller. Man kam schliesslich überein, dass die Leute, die keine Pferde hatten, einen Tag in der Beunde Frucht schneiden sollten, ohne Lohn, doch für die Kost. Die Wingertarbeiten werden erlassen. Das soll in das Ortsweistum aufgenommen werden[3]).

Das Kloster wurde 1468 durch Erzbischof Adolf der Windesheimer Kongregation unterstellt[4]), 1566 aufgehoben, im 30 jährigen Krieg vorübergehend, seit 1697 dauernd wiederhergestellt[5]).

Ueber die Stiftung des Klosters Pfaffenschwabenheim liegt ausser der Urkunde des Erzbischofs Adelbert I. von Mainz von 1130 noch der Bericht in der deutschen Uebersetzung der Lebensbeschreibung des Grafen Eberhard des Seligen von Nellenburg aus dem von ihm gestifteten Allerheiligenkloster in Schaffhausen vor (Mone, Quellensammlung der Badischen Landesgeschichte. Karlsruhe 1848. S. 85, § 4). Danach war Hedwig Gemahlin des Grafen Eppo von Nellenburg und Schwestertochter des „hohen kaisers Hainrich“ bereits Witwe, als ihr Sohn Eberhard noch jung war. „Ir sun graf Eberhart bûte ain closter mit ir gûte, in dem bistum zu Megentz, das haisset Swabenhaim, uf ir aigenem guote“, in das sie sich als Nonne zurückzog und wo sie ihr Leben beschloss. Nach einem Kollektenbrief für die Klosterkirche (im Darmstädter Kopialbuch des Klosters fol. 91, jetzt 79, undatiert, wohl nur Formular), an welcher gegen Ende

---

1) Kopialbuch Pfaffen-Schwabenheim fol. 90.
2) Weistum § 12, bei Grimm fehlerhaft wiedergegeben.
3) Ist geschehen; vgl. Weistum Grimm IV 616, § 20.
4) Würdtwein, Monast. Pal. V 228 f.
5) De Gudenus IV 405. — Würdtwein a. a. O. 307 f.

des 14. Jhdts. Wiederherstellungsarbeiten gemacht wurden, war diese
Kirche vom Papst Leo IX. geweiht. Dies kann im Herbst 1049 geschehen
sein, als der Papst eine Synode in Mainz hielt (Gisebrecht, Kaiserzeit
II 462). Bei einer späteren Anwesenheit in Deutschland 1052 weihte er
auch die ebenfalls vom Grafen Eberhard von Nellenburg gestiftete Auf-
erstehungskapelle in Schaffhausen (Mone a. a. O. S. 87, § 13). Daraus lässt
sich schliessen, dass dieser dem Elsässer Etichonenhaus angehörige Papst
nähere Beziehungen zu dem Grafen Eberhard von Nellenburg gehabt und
gepflegt hat.

Wie kommt nun aber Hedwig, Eberhards Mutter, zu Eigengut in
Pfaffenschwabenheim bei Kreuznach und Graf Eberhard selbst zu einem
Reichslehen in Kreuznach? Welchem Geschlecht ist Hedwig entstammt?
Diese Fragen sind verschieden beantwortet worden. Nach der Legende
Eberhards war sie des Kaisers Heinrich „Schwestertochter". Nach einer
Notiz zum Jahre 1009 im Autographon der Chronik Bernolds von St. Bla-
sien († 1100) „temporibus his Ebbo comes de Nellenburc consobrinam Hen-
rici regis (also Heinrichs II. (1002—1024)[1]) Hedewigam nomine de curia
regis duxit uxorem". Viele Vermutungen sind über die Abstammung die-
ser Hedwig aufgestellt worden. Wohl nicht mehr ernstlich vertreten wird
die Ansicht Murers (Helvetia sancta Luz. Hautt. 1648 p. 250), dass sie eine
Tochter Stephans des Heiligen von Ungarn und der Gisela, der Schwester
Kaiser Heinrichs II., gewesen sei. Dagegen kann man wählen zwischen
der Annahme Neugarts (Episc. Const. I 379), die von Johann Meyer-Frauen-
feld (Anzeiger für Schweiz. Geschichte 1879 S. 117) wiederaufgenommen
ist, und der Hypothese W. Gisis (ebd. 1885 S. 347 ff., wo die gesamte Lite-
ratur zu dieser Frage besprochen wird). Erstere halten Hedwig für die
Tochter des Herzogs Hermann II. von Schwaben und der Mutterschwester
Heinrichs, Gerberga von Burgund, während Gisi nachzuweisen versucht,
dass sie die Tochter des Grafen Gerhard aus dem Etichonenhaus[2]) und
der Eva von Luxemburg, Schwester der Kaiserin Kunigunde, Gemahlin
Heinrichs II. gewesen sei. Bei der letzteren Annahme erklären sich die
nahen Beziehungen des Grafen Eberhard des Seligen von Nellenburg zum
Papste Leo IX., der ein Enkel eines Bruders oder Stiefbruders des Grafen
Gerhard war.

Wenn man Hedwig für eine Tochter des Herzogs von Schwaben
erklärt, ist es wunderlich, dass dies nicht in der Legende Eberhards ge-
sagt ist, die doch sonst aus ihm einen schwäbischen Stammesheiligen
machen will. Ich wage hierüber kein endgiltiges Urteil auszusprechen
und bemerke nur, dass Witte (Zeitschr. f. d. Gesch. des Oberrheins, N. F.
11 S. 174) sich für Gisi entscheidet. Aber bei einer Ableitung von den
Konradinern würde sich der Besitz Hedwigs im Worms- und Nahegau
leichter erklären.

Der neueste Bearbeiter dieser schwierigen Frage, J. Wagner (Gesch.
d. Kreises Kreuznach 1910 S. 208 ff.), scheint mir eher Verwirrung als Klar-
heit in das Verhältnis der Nellenburger und Sponheimer gebracht zu haben.

Er macht den ersten Grafen Eberhard von Sponheim zu einem Bru-
der des Grafen Becelin, dem Kaiser Otto III. 995 das Gut Denzen ge-
schenkt hat, und zum Gemahl einer Tochter Hedwigs des Herzogs Cuno

---

1) Man kann hier wohl nur an diesen denken; Heinrich III. 1059
bis 1056 oder Heinrich IV. 1056—1106 kämen nur dann in Betracht, wenn
man annehmen wollte, Bernold hätte den zur Zeit seiner Arbeit an der
Chronik regierenden König gemeint. Dagegen spricht der Zusatz „de
curia regis".

2) Freiherr Schenk zu Schweinsberg (Arch. f. Hess. Gesch., N. F. 3
S. 365) nimmt jedoch an, dass dieser Gerhard (Mosellensis, Graf von Metz)
selbst kein Etichone, aber von der Mutter her Stiefbruder des Etichonen
Gerhard, Grafen in Elsass war.

von Beckelnheim, den er nach der gewöhnlichen Annahme für den Salier
Konrad von Kärnten hält. Diese Hedwig von Böckelheim lässt sich nir-
gends urkundlich nachweisen und wird einer Hypothese über die Stifterin
von Pfaffenschwabenheim, der man ja irrtümlich auch eine Mitwirkung
bei der Gründung vom Kloster Sponheim zugeschrieben hat, entsprungen
sein. Die Hedwig von Nellenburg lässt er nach dem Tode ihres Gemahls
in zweiter Ehe einem Grafen Eberhard II. (Sohn der Hedwig von Böckel-
heim) die Hand reichen und begründet so die Beziehungen des Nellen-
burgers zu Kreuznach und Umgebung.

Eine Verbindung der Sponheimer mit den Becelinen ist zwar nicht
direkt nachzuweisen, wird aber wahrscheinlich durch die beiderseitigen
Stammgüter an der Mosel, worin die Sponhelmer den Becelinen gefolgt zu
sein scheinen (vgl. Witte a. a. O. 191 ff., besonders 198).

14. Roxheim.

Das Dorf Roxheim[1]) zählte 1601 70 Feuerstellen, die mit 50 Gulden
Atzung und Bede besteuert waren. Jedes Hausgesäss hatte ein Fast-
nachtshuhn zu geben, wovon nur der Pfarrer, der Schultheiss und die
Gerichtsschöffen gefreit waren. Die beiden Bannmühlen waren auch für
Braunweiler, Gutenberg und Hargesheim berechtigt, das Backhaus nur
für Roxheim. Den Wald „Höhe" am Gauchsberg besassen die Dörfer
Roxheim, Hargesheim und Gutenberg gemeinschaftlich.

Von den Höfen und Gütern besassen die Landesherren der Vorder-
grafschaft Sponheim das Freihofgut, das für 14 Malter Korn verpachtet
war. Niemand durfte etwas daraus versetzen und verpfänden.

Das Kloster Sponheim hatte ein Gut von 15 Malter Korn, das Kloster
Katharinenthal eines von $18^1/_2$ Malter Korn Zins. Wegen der Filialkirche
Gutenberg hatte der Pfarrer von Roxheim einen Dinghof, der für 36
Malter Korn und $5^1/_2$ Ohm Wein verpachtet war. Hans Dietrich von
Ellenbach hatte aus einem Hofgütchen 8 Malter Korn, 3 Hühner und
1 Kappen, Caspar von Eltz 7 Malter Korn zu Zins.

Am Zehnten hatten die Landesherren $2/_{24}$, das Kloster Katharinen-
thal $11/_{24}$, die Präsenz zu Kreuznach $3/_{24}$, das Kloster Rupertsberg $4/_{24}$, Herr
von Dienheim (früher Paul Faust von Stromberg) $4/_{24}$.

3 Hintersassen waren am Ort, je einer gehörte dem Junker von Dal-
berg, von Sickingen und dem Amt Stromberg an.

Angrenzer waren die Dalbergischen Gemeinden Sommerloch und
Wallhausen, die Sponheimischen Dörfer Gutenberg und Hargesheim und
das den Freiherren von Koppenstein gehörige Mandel, wo Sponheim Hof-
güter besass, und der Kreuznacher Stadtwald am Gauchsberg.

In Roxheim war das Kloster Fulda schon begütert, als Hruod-
bald oder Rotbold ihm am 3. März 773 einen Hof mit 15 Morgen
Ackerland, Wiesen für 8 Wagen Heu und einen Wingert schenkte,
alles in pago Nainse in villa Hrocchesheim. 781 4. März schenkten
die Eheleute Rotbod und Hruodlind dem Kloster eine „Hovastat"
in Hrocchesheim und einen Wingert neben dem hl. Bonifazius und
dem hl. Petrus. Das nämliche Ehepaar schenkte auch auf der
Reichsversammlung in Paderborn (Juni 785) ein Areal mit Haus,
Wingert, 10 Morgen Ackerland und Wiesen für 3 Wagen Heu in
Hrocchesheimo marcu. Dass die Ueberschrift diese Güter in den
Wormsgau zu verlegen scheint, ist wohl ein belangloses Versehen

---

1) Amtsbeschreibung 191 ff. — Widder 94. — Grimm II 165, IV 726 f.

des Klosterarchivars oder des Kopisten in Fulda. Der gleiche Schenker vermachte endlich am 13. August 790 dem Kloster Fulda zum Besitz nach seinem und seiner Frau Tod einen weiteren Hof in Hrocchesheim in pago Navinse, dessen Nachbar auf der einen der Bischof Uuimadus (Weomad von Trier, 753—791) war, und was er in der Mark an Liegenschaften hatte und noch erwerben würde, nebst 4 Hörigen. Da der Bischof von Trier dort Besitzungen hatte, wird auch die Nennung des hl. Petrus, dem der Trierer Dom geweiht ist, erklärt. In einer weiteren Schenkung an Fulda heisst der Ort Roghesheim (813)[1]. 10. September 835 erwarb auch das Kloster Prüm grossen Besitz in Roccesheim in pago Nawinse, nämlich einen Herrenhof, 82 Morgen Herrenland, 6 Bifänge von 200 Morgen, einen Gemeindewald sowie 6 Diensthufen mit den darauf wohnenden Hörigen und 120 Morgen Land durch Tausch mit zwei Brüdern Herbarius und Herbrardus, denen es dafür Güter in pago Andegavinse (bei Angers in Frankreich) abtrat[2]. Jene Roxheimer Güter müssen bald wieder in andere Hände gekommen sein; denn im Prümer Urbar von 893 ist keine Rede mehr davon.

Bei den Gütern, die dem Kloster Rupertsberg vor 1158 durch Wendela in Weitersheim (Gutenberg) und Harwesheim (Hargesheim) geschenkt worden waren, ist auch der sechste Teil des Zehnten in Rochesheim erwähnt[3].

1282 besass der Ritter Udo von Dalberg zu Rockesheim allodiale Güter, von denen er 8 Mark Rente dem Erzstift Mainz für seine Befreiung aus Kriegsgefangenschaft zu Lehen auftrug[4]. 1350 gehörte Roxheim wie Gutenberg zum Wittum der Gräfin Elisabeth von Sponheim[5].

15. Rüdesheim bei Kreuznach.

Die gräflichen Gefälle zu Rüdesheim waren nach dem Rentbuch von 1476: 15 Gulden Atzung und Bede, 5 Gulden von der Mühle und einer Wiese, 34 Malter Korn von der Mühle auf der Ellerbach; nach der Amtsbeschreibung umfasste das Dorf im Jahre 1601 30 Feuerstellen, von denen 15 Gulden für Atzung und Bede erhoben wurden. Die Bannmühle gab 32 Malter Korn und 3 Gulden Schweinegeld.

Zum Disibodenberger Hof in Kreuznach (damals Kurpfalz zuständig) wurden 16 Malter Korn, 1 Fuder Heu, 1 Fuder Pfähle und eine Wagenfahrt Holz aus der Walbach bei Bockenau geliefert.

Dem Kloster Sponheim musste man 62 Malter Korn, 1 Karren Heu, 200 Gebund Stroh abgeben.

Das Katharinenkloster hatte 14 Malter Korn Pacht und 10 Sümmer Zins.

Das Kloster Rupertsberg 5 Malter Korn.

Weltliche Herren besassen: Hans Moritz Stumpfen Erben von einem Hofgut 16 Malter Korn; von Koppenstein (vorher Hans Meinhard von

---

1) Dronke, Cod. dipl. Fuldensis Nr. 42, 71, 95, 96, 283.
2) MRUB. I S. 71, Nr. 63.
3) Daselbst II S. 52, Nr. 46.
4) MRR. IV 894.
5) Lehmann, Sponheim I 204.

Schönberg) 3 Malter Korn; von der Fels (modo von Koppenstein) 2½ Malter Korn und 2 Gänse; die Junker von Leyen von einer Wiese 6½ Gulden, und die Kirche zu Hüffelsheim von zwei Wiesen 6 Gulden.

Der Wein- und Fruchtzehnte fiel an den Pfarrer, an Hartmann von Cronenberg und an die Vormünder der Junker von Schönborn (Johann Friedrich von Eltz und Hans Endres von der Leyen) zu gleichen Anteilen.

Zum Amt Winterburg gehörten 5 Hörige, dem Herrn von Dalberg 1 und dem Rheingrafen 2 Hintersassen.

Angrenzer waren die Stadt Kreuznach, Hüffelsheim, Weinsheim, Mandel, Roxheim und Hargesheim.

Drei Herrenhufen nebst 4 Hufen, die von Bauern besessen waren, und ¼ Hufe in Rudersheim gehörten zum ältesten Besitz der Kirche und Abtei zu Sponheim [1]). Der abteiliche Dinghof war nach dem Weistum von 1488 ganz frei von „aller beswernis, atzung, wagenpferd, bede und aller ander oberlast, als wir des auch brief han von den graven von Sponheim geben und versiegelt". Dieser Hof hatte ein Asylrecht wie das Kloster selbst. Das Bannbackhaus gehörte dem Kloster. Die 5 Schöffen [2]) waren den Grafen von Sponheim ebenso verpflichtet wie dem Abt. Den Schultheissen setzten die Grafen ein. Um 1286 soll Graf Heinrich von Sponheim das Dorf von der Abtei zu Lehen genommen haben [3]). 1331 trat das Kloster die Bannmühle an den Grafen Johann ab [4]).

Die Güter des Klosters Disibodenberg zu Rüdesheim wurden am 4. September 1362 durch Graf Walram von Sponheim für 260 Pfund Heller von den herrschaftlichen Lasten gefreit [5]). 1324 bereits wird der Disibodenberger Hof zu Rudersheim urkundlich erwähnt [6]).

Rüdesheim gehörte wohl zu den ältesten Besitzungen der Grafen von Sponheim, da schon Graf Eberhard von Sponheim seine Stiftung auf dem Feldberg bei Sponheim mit dortigen Herrengütern und Hörigen beschenkt hat. Mit dem Kreuznacher Fiskus lässt sich kein Zusammenhang wahrnehmen.

Das in einer Schenkung an das Kloster Lorsch vom 12. Juni 774 genannte Lefritesheim [7]) scheint mir nichts mit Rüdesheim zu tun zu haben, da dieser Ort in älteren Urkunden, wo er sicher vorkommt, immer Rudersheim, Rodersheim heisst. Eine genügende Erklärung von Lefritesheim vermag ich noch nicht zu geben.

16. Siefersheim.

In dem Dorfe Siefersheim wurden 1476 100 Gulden Atzung, 20 Malter Bedekorn und 4 Malter Fachkorn nebst 4 Malter Korn von einem Back-

---

1) Trithemius, Chron. Sponh. (Opera hist. II) 239. — MRR. I 1753.
2) 1331 waren es 7, darunter einer gleichzeitig Schöffe in Kreuznach. — StADarmstadt, Disibodenberger Kopialbuch 97.
3) Grimm, Weistümer II 261, IV 74, 733 f.
4) Trithemius II S. 311.
5) Lehmann, Sponheim 1, 222. — StA.Darmstadt, Disib. Kopialb. 134.
6) Daselbst fol. 97.
7) Cod. Lauresh. II S. 360, Nr. 2025.

haus, das noch erbaut werden sollte, gegeben. Der Müller zahlte von der Katzensteiger Mühle und einer Wiese 25 Malter Korn und für Schweinezucht 3 Gulden und 3 Albus. — 1601 gab es dort 48 Häuser oder Herdstätten die 100 Gulden Atzung und Bede, 24 Malter Vogt- und Bedekorn und 48 Rauch- oder Fastnachtshühner entrichten mussten. Vom Backhaus (Eigentum des Bäckers) wurden 4 Malter Korn, von der Katzensteiger Mühle, die Bannmühle für Siefersheim und Frei-Laubersheim war, 24 Malter Korn erhoben.

Güter von Klöstern und Adligen waren folgende am Ort: Das Spital zu Kreuznach hatte ein Hofgut, von dem ihm jährlich 16 Malter Korn, 1 Malter Erbsen und 8 Kapaune geliefert wurden. Das Hofgut des Klosters Pfaffen-Schwabenheim ertrug 23 Malter Korn; das der Karmeliten in Kreuznach 10 Malter; der Cistercienser von Disibodenberg 1 Malter, 2 Sümmer, der Nonnen von Dalen bei Mainz 8 Malter, der Nonnen von Daimbach bei Mörsfeld (Pfalz, an der hessischen Grenze) 5 Malter, 5 Sümmer; der Kirche zu Siefersheim 29 Malter, der Kirche zu St. Johann bei Sprendlingen 27 Malter; an das Zweibrückische Amt Landsberg fielen $26\frac{1}{2}$ Malter Korn und 12 Gänse; Hans Meinhard von Schonenburg und Konsorten hatten 24 Malter Korn und $\frac{1}{2}$ Malter Erbsen; der Rheingraf von Rheinrafenstein 10 Malter Korn; der Rheingraf Otto (zum Amt Flonheim) 5 Malter Korn; von Gemmingen zu Oppenheim $7\frac{1}{2}$ Malter Korn Mainzer Mass; Christian von Morsheim 7 Malter Korn, Junker Schorr zu Meisenheim 12 Malter Korn; Junker Philipp von Partenheim 10 Sümmer Korn, die Fausten von Stromberg 10 Malter Korn.

Der Zehnte gehörte dem Pfarrer ($\frac{3}{8}$), dem Collator, Herren von Wiltberg ($\frac{1}{8}$), dem Herrn von Bellenhofen ($\frac{2}{8}$), zwei weitere Achtelshaufen waren unter verschiedene Personen verteilt. Von einem Teile der Gemarkung hatten die Herren von Bellenhofen und Christian von Wonsheim (oder von Morsheim?) den Zehnten.

Hintersassen gehörten zu den Ortschaften Wonsheim, Grolsheim, Wöllstein, Wendelsheim, Meisenheim, Ebernburg, Planig und den Grafen von Nassau und Falkenstein, den Herren von Cronenberg und von Wiltburg.

Die Gemarkung stiess an Neubamberg, Wonsheim (Amt Alzey), Wöllstein und Eckelsheim.

Im Weistum[1]) wird die Hochgerichtsbarkeit und die Rügen der Landesherrschaft zugeschrieben, die Almende der Gemeinde.

Siefersheim war Lehen von Kurpfalz. Am 10. April 1331 belehnten die Pfalzgrafen Rudolf II. und Ruprecht I. den Grafen Johann von Sponheim mit den Dörfern Suffersheim und Leubersheim sowie mit dem dritten Teil an der Burg Megelsheim. Am 20. Juli 1348 wurde auf Veranlassung des Kurfürsten Ruprecht I. von der Pfalz zu Alzey durch ein Manngericht eine gütliche Vereinbarung zwischen den Grafen Walram von Sponheim und Johann von Falkenstein herbeigeführt, die beide auf das Dorf Suffersheim Anspruch erhoben hatten. Graf Walram sollte im lehenbaren Besitz des Dorfs bleiben, hierüber aber in bestimmter Frist ein feierliches öffentliches Zeugnis ablegen. Dieser Verpflichtung ist er am 16. August zu Alzey nachgekommen[2]).

1330 stifteten der Ritter Simon Stelin von Bonnheim und seine Gattin Jutta eine Vikarie an dem Altar St. Johannis in der Münster-

---

1) Grimm IV 617.
2) Lehmann, Grafschaft Sponheim I 139 und 200.

kirche zu Pfaffen-Schwabenheim, die aus bezeichneten Gütern in Suffersheim ihr Einkommen haben sollte. Unter dem Flurnamen, die diese Urkunde bietet, sind bemerkenswert „ynnewig der strassen, zu Getzolnheim, uff der borch" [1]).

1270 kommt Heinrich von Siefersheim als Ministerial der Grafen von Sponheim (Burgmann zu Kreuznach) vor.

Siefersheim hat nicht zum Kreuznacher Fiskus gehört. Am 6. Juni 1714 wurde Siefersheim von Kurpfalz an Kurmainz abgetreten.

17. Sponheim.

Zu Sponheim[2]) waren 1601 45 Haushaltungen oder Herdstätten, die mit 61 Gulden Bede und Atzung und 45 Fastnachtshühnern belastet waren. 1476 wurden 60 Gulden Atzung und Bede, 1 Gulden 1 Schilling Schreibergeld sowie 2 Schilling 6 Heller Zins von einem Stück Feld abgegeben.

Dem ehemaligen Benediktinerkloster gehörten 3 Höfe, die um 116 Malter Korn verpachtet waren. Die Bannmühle der Gemeinde Sponheim zahlte an das Kloster 14 Malter Korn, die Bockenauer Gemeinde-Bannmühle 11 Malter Korn, des Klosters Backhaus war für 4 Malter Korn verpachtet.

Die Gemeinde hatte 200 Morgen Bauwald und 500 Morgen Heckenwald, das Kloster einen Bauwald und 300 Morgen Heckenwald. Nutzung an Wasser und Weide sowie die Eckernutzung in den Bauwäldern war gemeinschaftlich zwischen dem Kloster ($^1/_3$) und der Gemeinde ($^2/_3$). Auch die Weideberechtigung im Kreuznacher Stadtwald am Gauchsberg und die Schaftrift durch die Gemarkung Burg-Sponheim war dem Kloster und der Gemeinde zusammen zuständig.

Ausser dem Kloster Sponheim war weiter keine Grundherrschaft an den Gütern in der Gemeinde beteiligt.

Der Zehnte gehörte dem Kloster, Ertrag: 60 Malter Korn, 50 Malter Hafer und $2^1/_2$ Fuder Wein.

Hintersassen wohnten zehn dort, nämlich einer des Amtes Simmern, drei des Herrn von Koppenstein, fünf des Herrn von Sickingen, und einer des Herrn von Dalberg.

Die Gemarkung grenzte an Winterburg, Burg-Sponheim, Weinsheim, Braunweiler, Bockenau, Böckelheim-Mandel und den Kreuznacher Stadtwald am Gauchsberg.

Nach dem Rentbuch 1476 hatte das Amt Kreuznach folgende Zinsen zu Burg-Sponheim: von 4 Morgen Acker auf der Beun 1 ℔ H., desgl. 9 ß. Von 8 Mg Acker beim Born 1 ℔ H. Von einem Wingert am Gobel 9 ß. Von 3 Viertel Acker am Rittergrasse 5 ß. Von $1^1/_2$ Mg Acker und Wingert 8 ß 8 H. Von 3 Mg Acker auf der Beune 9 ß. Von $^1/_2$ Mg Wingert an Steckenhelle 4 ß. Von 1 Mg Wingert am Sumber 5 ß. Von 1 Viertel Wingert 2 ß. Von Wingert 4 ß. Von 1 Mg Wingert 8 ß. Auf dem Schelenacker 2 ß. Von $^1/_2$ Mg Wingert an Steckenhelle 4 ß. Desgl. 4 ß. Von 2 Hofstätten 7 ß. Von einer Hofraithe 12 H. Die Gemeinde gibt von einem Platz, wo früher ein Backhaus gestanden hat, 2 ß. Von 1 Mg Wingert am Barkberg 6 ß. $^1/_2$ Malter Korn von einer Wiese und 7 Gänse Gütern in der Stickenhelle.

Nach der dem Dorf benachbarten Burg Spanheim, oder wie es später geschrieben wird, Sponheim, benannte sich seit dem an-

---

1) Würdtwein, Monast. Palat. V 149 ff.
2) Amtsbeschreibung 207—10. — Widder, Kurpfalz 75, 88. — Weistum von 1488 bei Grimm VI 494—498 und Feldweistum V 1491, IV 731.

gehenden 11. Jhdt. ein sehr vornehmes Geschlecht des fränkischen
Adels, das von seinem ersten Bestehen an wenigstens für sein Ober-
haupt den Grafentitel führte.

Es ist noch nicht aufgeklärt, aus welchem Geschlecht der
Graf Eberhard oder Eppo stammte, der 1044 das Kloster Sponheim
(die Kirche auf dem Feldberg — in loco, qui mons campi dice-
batur antiquitus) gegründet hat [1]). Als sein Sohn wird 1058 ein
Graf Friedrich von Sponheim bezeichnet, der in naher Beziehung
zu Erzbischof Hertwig von Salzburg († 1023) gestanden und durch
seine Frau Christine im Pustertal Besitzungen hatte. Gleichzeitig
tritt ein auf der Burg Sponheim geborener Graf Siegfried von Spon-
heim auf [2]), der von Erzbischof Hertwig mit Richardis von Lavant
in Kärnten getraut wurde und Stammvater des dortigen Herzogs-
hauses geworden ist. Die vornehme Abstammung dieser rhein-
fränkischen Grossen wird ausdrücklich hervorgehoben. Sie führen
schon bei ihrem ersten Auftreten den Grafentitel, ohne dass sich
ein sicherer Zusammenhang mit bekannten Gaugrafengeschlechtern
der Nachbarschaft, wie den Emichonen oder den Bertholden, nach-
weisen lässt. Sollten sie etwa dem Salischen Geschlecht beizuzählen
sein, in welchem der Name Eberhard vorkommt? 937 war ein
Salier Eberhard Graf im Nahegau. Auch die 966 als geächtet er-
wähnten Eberhard und Konrad, denen ausser Kesselheim und Ober-
wesel vielleicht auch Hüffelsheim gehört hat [3]), mögen Salier ge-
wesen sein. Wahrscheinlich war diese Aechtung eine Folge des
Aufruhrs in Oberlothringen von 959, womit mir auch der Ueber-
gang der Nahegaugrafschaft von den Saliern auf die Emichonen
zusammenzuhängen scheint [4]). Sollten damals die Vorfahren des
Grafen Eberhard von Sponheim ihr Grafenamt verloren und nur
ihren Hausbesitz gerettet haben? Aber man bedenke, dass der
Name Eberhard viel zu verbreitet war, um aus dem Vorkommen
desselben in einer Familie Schlüsse auf deren Abstammung ziehen
zu dürfen.

O. Witte hat mit mehr oder weniger Sicherheit nachzuweisen
versucht, dass die Grafen von Sponheim mit den Grafengeschlechtern
der Bertholde oder Beceline im Trechirgau und Mayenfeld, sowie mit
den Zeizolfen im Wormsgau und Kraichgau blutsverwandt gewesen
sein müssen, ohne die Stammbäume direkt verbinden zu können. Am
ehesten ist dafür zu halten, dass die Grafen von Sponheim mit den
Becelinen stammverwandt seien. Das geht unter anderm aus den
Verhältnissen in dem Gebiet um Kirchberg auf dem Hundsrück her-

---

1) Trithemius, Chron. Spon. op. hist. II 237.
2) Witte, Ueber die älteren Grafen von Sponheim und verwandte
Geschlechter, Zeitschr. f. d. Geschichte des Oberrheins N. F. XI 1896, 161 ff.
3) MRR. I 973, 1015, 1036.
4) 956 wird Otto, Sohn des auf dem Lechfeld gefallenen Konrad des
Roten, 960 Emicho, 973 Emicho und Otto als Nahegaugrafen bezeichnet.
MRR. I 962. — MGH. Dipl. regum et Imper. I 285; II 66. 70.

vor, dessen Pfarrsprengel dem 955 dem Grafen Becelin von König Otto III. geschenkten „praedium Donnissa" (Denzen) zu entsprechen scheint. Nach 1074 (Schenkung des Hofes Denzen — predium Tonnense — an das Kloster Ravengiersburg durch Graf Berthold) erscheint dieses Gebiet geteilt zwischen der Propstei Ravengiersburg und der Grafschaft Sponheim[1]). Schon 1128 begegnet uns der Pastor zu Kirchberg im Gefolge des Grafen Meginhard. Es scheint also eine Teilung des Pfarrsprengels und Hofes von Denzen-Kirchberg zwischen 955 und 1075 stattgefunden zu haben.

Auch im Besitz von Trarbach und Enkirch scheinen die Sponheimer den Bertholden erblich gefolgt zu sein[2]).

Graf Eberhard hat seine Stiftung nicht vollendet. Zwar wurde die von ihm errichtete Kirche durch Erzbischof Bardo von Mainz 1047 geweiht, und von dem Grafen mit vielen Gütern, darunter dem Zehnten und dem Herrenland zu Sponheim und der „familia" auf dem Herrenhof ausgestattet, auch mehrere Kleriker dabei angestellt, so dass wir uns diese erste Gründung als ein kleines Kollegiatstift zu denken haben[3]). 1101 wollte der Nachkomme (Enkel?) Eberhards, Graf Stephan von Sponheim, die Stiftung zu einem Kloster ausbauen. Bei seinem Tode 1118 war dieser Plan noch nicht ausgeführt. Erst seine Söhne, der schon bei Pfaffenschwabenheim genannte Meginhard und Rudolf, brachten das Werk zur Vollendung. 1123 wurde der Neubau. durch Bischof Buggo von Worms geweiht und 1124 den Benediktinern von St. Alban und St. Jakob vor Mainz übergeben, was der Erzbischof Adelbert von Mainz am 7. Juni bestätigte[4]). In der Urkunde darüber wird „dominus Megenhardus de Sponheim" an erster Stelle, an zweiter „comes Rudolfus" genannt. Also scheint der Grafentitel in dieser Zeit nur dem Rudolf zugestanden zu haben. Damals erhielt das Kloster die Grundherrschaft über 40 Huben in dem benachbarten Dalen. Von 1125 ab führt auch Meginhard den Grafentitel von Sponheim, nachdem er die Grafschaft Mörsberg im Zürichgau und die Herrschaft Dill von seinem Schwiegervater geerbt hatte[5]). Er liess damals die uralte Pfarrkirche für Sponheim zu Dalen (nord-östlich vom Kloster gelegen), die vor Alter eingestürzt war, als Kapelle wiederaufbauen und den Pfarrsitz nach Sponheim verlegen[6]). Diese Kirche zu Dalen war dem hl. Georg geweiht, und noch erinnert der Flurname „auf St. Görgen" in der von Trithemius angegebenen Lage am Fuss des Gauchsberges[7]) an die Kirche und das Dorf, welches 1234 ab-

---

1) Vgl. Fabricius in der Westd. Zeitschr. 28, 111 ff.
2) Witte a. a. O. S. 198.
3) Trithemius a. a. O.   4) Ebd. S. 239.
5) Aber noch 1127 überschreibt er sich in einem Brief an den Bischof Ulrich von Konstanz „M. Spanheimensis". Quellen zur Schweiz. Geschichte III S. 110, Nr. 65.
6) Trithemius S. 242 f.
7) Flurkarte der Gemarkung Sponheim.

brannte, worauf die Einwohner nach Sponheim übersiedelten [1]). Es ist seitdem Wüstung, und auch die Kirche blieb bis 1296 Ruine. In diesem Jahre liess Hedwig, Witwe des Ritters Hermann von Sponheim, den begonnenen Neubau der Georgenkirche auf ihre Kosten vollenden und stiftete zu dieser Kapelle eine Rente von 30 Malter Korn aus ihrem Gut zu Welgesheim, wofür ihr der Abt das Präsentationsrecht in der Weise einräumte, dass sie und ihre Nachkommen für die Kaplansstelle einen Sponheimer Mönch präsentieren sollten. Dieses Recht wurde 1471 dem Abt wieder zurückgegeben [2]).

Da in den Gründungsurkunden des Klosters nur von Herrenland und der „familia" zu Sponheim, dagegen von 40 Hufen zu Dalen gesprochen wird, ist anzunehmen, dass Sponheim damals nur ein Herrenhof in der Gemarkung Dalen gewesen ist.

Bei dem Kloster entstand 1125 eine Klause für einige Nonnen, die aber 1206 schon wieder aufgelöst werden sollte. 1224 wurden die letzten vier Schwestern veranlasst, in das Kloster Rupertsberg bei Bingen einzutreten. Ihre Lage ist noch bekannt [3]).

Ein Hof Gauwershausen am Gauchsberg brannte 1237 ab und wurde nicht wieder aufgebaut [4]).

Die Abtei Sponheim trat 1470 der Bursfelder Kongregation bei, und wurde 1565 durch die Landesherrschaft aufgehoben, nachdem der Abt Spira sich mit der letzten Aebtissin des Katharinenklosters vermählt hatte. Er blieb als erster protestantischer Pfarrer in Sponheim.

Unter dem Schutz der spanischen Waffen kamen 1622 Mönche aus St. Martin in Köln nach Sponheim, die während des 30jährigen Kriegs sich dort festzusetzen versuchten. 1687 wurde das Kloster unter französischer Protektion durch Mönche von St. Jakobsberg vor Mainz eingenommen, die Klostergüter wurden ihnen 1699 auf bestimmte Zeit, 1732 erblich verpachtet [5]).

Nach dem Weistum von 1488 hatte das Kloster Sponheim ein grundherrliches Gericht im Dorf Sponheim, das am Tage nach Martini ungebotenen Dingtag hielt. Dingpflichtig waren alle Einwohner des Dorfes, und „Alle, die of dem Dale bi der borg (Burgsponheim) mit dinkgelde dem apt zinspar sin." Schultheiss und Schöffen setzt der Abt ein, die Schöffen haben mit Zutun des Abtes den Ausgeschiedenen durch Wahl zu ersetzen.

Das Gericht ist für alle Zins- und Gütersachen der abteilichen Grundherrschaft in Sponheim und Burgsponheim zuständig. Von diesem Gericht konnte an den Oberhof im Kloster appelliert werden, den der Abt auf Kosten des Appellanten versammelte. Zu diesem Oberhof konnte der Abt einen oder zwei Beisitzer aus seinen übrigen Schöffen- und Hubengerichten berufen.

Die der Abtei gehörigen zinspflichtigen Güter zu Burgsponheim sollen aus Gütern von Adligen (Burgmannen des Grafen?) hervorgegangen

---

1) Trithemius S. 275.　　　2) Ebd. S. 296 und 388.
3) Ebd. S. 242, 267 f.　Flurkarte.　　　4) Ebd. S. 276.
5) Widder, Kurpfalz IV 81 f.

sein, die als solche frei von Zins gewesen, da sie aber an Klosterbauern gekommen, mit Zins belastet worden seien.

18. Sprendlingen und St. Johann.

Nach dem Rentbuch von 1476 war zu Sprendlingen die Teilung der Gefälle wie bei Kreuznach. — Bede 500 Gulden. — Der Müller zahlt von seiner Schweinezucht 5 Gulden (die Mühle liegt oben im Dorf bei der Kapelle, gehört den Herren, ist Erbbestand). — 4 Pfund 6 Schilling Zins von einem Morgen Wiese „Neuwies" neben dem Bruhl. 1 Gulden vom „Keeßzehnten", nicht erblich verliehen, die diesen Zehnten liefernden Güter liegen vor dem Hasche in Bettenheimer Feld. Sie zinsen u. gn. Herren, gehen an gegen Zotzenheim zu in ihrer Gemark, und bis auf den Hanßberg, und wenden unten zu an dem Zwerchweg, der da leit vor der Langengassen: 24 Morgen. Ferner $1^2/_3$ Morgen vor der Langengassen. 4 Zweitel Weingart bei der Hollerhecken. 4 Morgen vor dem Altenberg am Weg. 5 Zweitel auf dem Ebendt. 3 Zweitel bei Bettenheim zwischen dem Pastor zu Bettenheim und St. Gertrud.

Zu Sankt Johann wurde erhoben 1 ℔ Heller vom Backhaus bei der Kirche. — 6 ß H. von 3 Mg Weingart zu Megelßheim in dem Gerinne und bei Kramborner Weg. — Kein Ungeld. — Frevel und Bruch.

Weingefälle: Bedwein $11^1/_2$ Fuder, davon gibt man jährlich 2 Fuder an Meinhard von Coppenstein, 1 Fuder dem Burgkaplan von Kreuznach, 1 Fuder dem Pfarrer zu St. Johann, 1 Fuder dem Kaplan des Johannisaltars in der Pfarrkirche zu Sprendlingen, 4 Ohm dem Kaplan des Altares St. Michaelis daselbst.

Am Weinzehnten haben die Herren zu Kreuznach, Grafen von Sponheim $2/_3$, der Pastor $1/_3$, nur 9 Mg Wingert zu Dürckheim gelegen gehören zum St. Gertraudenzehnten. Die Wingerten in St. Johannsfeld zehnten den Herren zu Kreuznach allein.

Zu Sprendlingen und St Johann fiel an Korn (Nota: der Nivellische Hof ist darin nicht beschrieben): Bedekorn 85 Malter. Vom Krappen- oder Frohnhof der neben dem Gerichtshaus liegt.... Malter. (Genaue Beschreibung der zu diesem Hof gehörigen Grundstücke.) Von der Nonnen Gut zu (Ober)Wesel $6^1/_2$ Malter Korn. Vom Fruchtzehnten gehört in der ganzen Gemarkung Sprendlingen den Herren zu Kreuznach $2/_3$, dem Pastor $1/_3$. Ausgeschieden waren hiervon 11 Zweitel Ackerland in der Frecht, eine Gewann jenseits der „Rechen" zwischen der Krommen Gewann und dem Wedum. Eine Gewann neben der Frauen von Nebeln (Nivelles) Acker zu Dorckheim. Dies alles zehntet den Herren von Kreuznach allein. Von einigen genau bezeichneten Grundstücken fällt der St. Getraudenzehnte zur Beleuchtung (geluht) der Kirche.

Der Hofmann von St. Johann liefert in einem Jahr 100 Malter, in anderen nur 60 Malter Korn von der ganzen Gemarkung, ausser von 80 Morgen, die andere Leute besitzen, welche davon 20 Malter „Erdenkorn" geben, jeder ein Firnzel. Der Zehnte gehört den Herren zu Kreuznach allein.

Ferner fielen 20 Malter Weizen und 30 Malter Hafer, sowie 1 Malter Salz vom Hof, und der Zehnte an Korn, Weizen, Gerste und Hafer mit der Sprauw zu St. Johann.

Sprendlingen [1]) mit 187 Feuerstellen im Jahre 1601 bildet mit St. Johann, 38 Herdstätten, eine Gemeinde, welche unter einem „Faut" (Vogt) stand. Es wurden in St. Johann zwei Jahrmärkte gehalten, an den Tagen Johannis nativitatis und decollationis (24. Juni und 29. August). Die sponheimische Landesherrschaft hatte davon Ungeld, Zoll, Geleit und Standgeld. Ausserdem wurden ihr für Atzung und Bede 600 Gulden zu 26

---

1) Amtsbeschreibung Bl. 50—63.

Albus, 12½ Fuder Wein und 132 Malter Korn und von der Gemeinde im einen Jahr 100 Malter Korn und im andern Jahr 60 Malter geliefert.

Die Landesherren hatten das „Krappenhofgut" von 207 Morgen Ackerland, von denen nur 30 Morgen Bede und Zehnten gaben. Es war erblich verpachtet für 60 Malter Korn, 20 Malter Weizen und 30 Malter Hafer. Der Beständer musste zwei Faselochsen halten und den herrschaftlichen Weinzehnten zur Kelter fahren.

Das landesherrliche Hofgut „Nieveler Hof" umfasste 127 Morgen Ackerland, davon nur 18 Morgen zehntbar, welche für 40 Malter Korn und 25 Malter Hafer verpachtet waren.

Das Kloster St. Katharinen besass ein Hofgut zu Sprendlingen von 127 Morgen, von dem 50 Malter Kornzins und eine Ohm Bedewein gegeben wurden.

Dem Kloster Schwabenheim fielen 12 Malter Zinskorn.

Das Altargut von 14 Morgen zehntbaren Landes war mit einer Ohm Bedewein und 4 Malter Kornzins und 10 Viertel Weinzins belastet.

Dem Kloster Schwabenheim gehörten 3 Wiesen, der Brühl, die Propstwiese und noch eine Wiese.

Von der Bannmühle mit 3 Gängen mussten 40 Malter Korn und 4 Gulden Schweinegeld entrichtet werden. Auch gab es 2 Bannbackhäuser in der Gemeinde. Der Wirt im Rathaus hatte das Recht des Brotkaufes.

Das Hofgut des Kaspar von Eltz, 54 Morgen, hatte Zehnten und Bede zu geben.

Den Nonnen von Oberwesel wurden 12 Malter Zinskorn in ihren Hof zu Bingen geliefert.

Die Gemeinde war verpflichtet, für die beiden Oberamtmänner, die Truchsessen und Landschreiber zu Kreuznach jährlich zusammen 132 Wagen Holz zu fahren, was für je 1 Gulden verrechnet wurde.

Die Gemeinde besass keinen Wald.

Nicht fern vom Flecken Sprendlingen lag der Hof Bettenheim, dem Herrn Hans Jakob von Ingelheim zuständig, davon wurden für die Sponheimer Landesherrschaft wegen des „Glockamptes" 12 Malter Korn erhoben, von denen 4 einem Einwohner von Sprendlingen zustanden, der dieses Amt gerade innehatte.

Den Zehnten im Sprendlinger Feld, der Hälfte der ganzen Gemarkung, sowohl der Frucht- wie der Weinzehnte, fiel an die Landesherren ($\frac{2}{3}$) und den Pfarrer ($\frac{1}{3}$); im St. Johanner Feld hatten die Landesherren allen Zehnten allein. Von bestimmten Aeckern wurde der Gertraudenzehnte gegeben, der durch die Kirchengeschwornen für die Kirche zu Sprendlingen erhoben wurde. Im Bettenheimer Feld hatte Hans Jakob von Ingelheim den Zehnten zu Lehen von den Brömsern von Rüdesheim.

Als Hintersassen gehörten an Kurpfalz zu Wolfsheim 7, zu Wonsheim 3, zu Münster bei Bingen 1, zum Ingelheimer Grund 3, zum Amt Stromberg 3 Personen — zur Herrschaft Neuenbamberg (Falkenstein und Bellenhofen) 5 Personen —, dem Grafen von Falkenstein allein 2 Personen; zum Dorf Flonheim (Wild- und Rheingrafen) 1; zum Dorf Wallertheim (Graf von Leiningen) 1; zu Kurmainz 1; dem Herrn von Löwenstein zu Bleinich oder Planig 1; dem Herrn von Dalberg 1, den Stumpfen von Waldeck oder von Simmern (?) 1 Person.

Der Ort Sprendlingen hatte eine Ringmauer und befestigte Tore.

Die Gemarkung grenzte an das Kurmainzische Gau-Bickelheim, das den Rittern Faust von Stromberg gehörige Badenheim, Pfaffenschwabenheim, das Falkensteinische Biebelsheim, die Sponheimer und Pfälzer Orte Zotzenheim, Aspisheim, Oberhilbersheim, Wolfsheim und Gau-Weinheim.

Sprendlingen muss schon früh ein bedeutender Ort gewesen sein. Der Codex Laureshamensis enthält 13 Schenkungen von Gütern von 3 Morgen bis zu mehreren Huben aus den Jahren

766—820[1]). Der Ort Sprendilingen, Sprendilinger marca, wird darin dem Wormsgau zugezählt. Am 9. Juli 877 verlieh Kaiser Karl der Kahle dem Kloster der hl. Gertrud zu Nivelles in Süd-Brabant unter anderm „villam Sprendelingam cum vineis in comitatu Wormacensi[2])." Während Lorsch seine Besitzungen bald wieder aufgegeben zu haben scheint, hat Nivelles seinen Hof mit allen Ländereien, den zinspflichtigen Leuten und allen andern Rechten noch lange behalten. 1393 30. April verlieh die Aebtissin des weltlichen Damenstiftes St. Gertrud zu Nivelles in Lütticher Diözese, Katharina von Hallwin, dem Konrad, gen. Soltzheymer, und seiner Frau Katharina die Güter ihres Klosters in Sprendelinge und Binge gegen einen jährlichen Pachtzins von 40 oboli aurei auf 12 Jahre. Von diesen Gütern sollen dem Grafen von Sponheim 24 Schilling Heller als Lehengeld gezahlt werden. Von dem Ehepaar Soltzheymer scheint der Graf die Pacht schon vor Ablauf der Frist übernommen zu haben, denn am 10. November 1399 stellte dieselbe Aebtissin für den Grafen von Spaenheim eine gleichlautende Einweisung in die Güter und Renten und Zinsen in den Dörfern und Gemarkungen (villis et territoriis) von Sprendelinge und Binge auf 15 Jahre aus. 1409 wiederholt sie die Uebertragung auf unbestimmte Zeit[3]). Es ist der in der Amtsbeschreibung als landesherrlich bezeichnete „Nieveler Hof."

Das Trierer Domkapitel war ebenfalls in Sprendlingen begütert. 1230 war dieser Hof für 13 Pfund 10 Schilling Trierischer Währung an einen Chorherrn von St. Castor zu Koblenz auf Lebenszeit verpachtet. 1251, am 6. Juli vertauschte das Domkapitel seinen Hof und seine Güter zu Sprendlingen, mit denen das Patronatsrecht der Kirche verbunden war, an den Herrn Simon von Sponheim gegen dessen Güter und Kirchenpatronat zu Rile — Reil und Reilkirch an der Mosel — und der Kardinallegat Hugo von St. Sabina gab am 25. Juli 1252 seinen Konsens zu diesem Tausch. Es ist wohl der Hof, den Graf Simon später dem Bischof von Worms zu Lehen aufgetragen hatte, auf den der Elektus Eberhard von Worms am 6. November 1258 dem Grafen eine Anleihe von 500 köln. Mark bewilligte[4]).

Güter des Klosters Pfaffenschwabenheim werden 1492 beschrieben[5]): 10 Mg. in Langelufsen, 6 Mg. daselbst, 3 Mg. an Beckelnheimer Weg, 1 Zweiteil an dem Hanbügel, 1 Zweiteil an Guppenstrich, 4 Zw. unten an Buchborn, 3 Mg. hinsyt Flofsbrucken, 3 Mg. uf Sonnenborn, an der Landstrasse, 2 Zw. uff Sonnenborn, 1 Zw. Wiesen zu Buchburn, eine Wiese

---

1) Codex Laureshamensis ed. Mannheim II 1904—1916.
2) Miraeus, Opera diplomatica I 502. — Bestätigung durch König Zwentibold vom 26. Juli 897. Regesta imperii, Karolinger 1971.
3) Drei Originalurkunden im Staatsarchiv Darmstadt, Rheinhessen, Sprendlingen.
4) MRUB. III S. 323, 832, 861, 1061. — Baur, Hessische Urkunden II S. 121, 150. Originale in Darmstadt, Staatsarchiv.
5) StADarmstadt, Pfaffenschwabenheimer Kopialbuch fol. 77.

am Wag. Im andern Feld: 1 Zw. vor St. Johanns Pforte, 2 Mg. uff dem
Dorfgraben, 2 Mg. uf dem Hellweg, 2 Mg. uff den Richen, 1 Zw. hinter
den Richen, 4 Zw. zu Brömmerich, 2 Mg. am Kambornsweg, 2 Mg. unden
am Kamborn, 1 Firtel Wiesen zu Turckem, 2 Zw. uff Muerweg, 1+2¹/₂ Mg.
uff dem Muerweg, 1¹/₂ Zw. am Johannsweg, 3 Mg. uff dem Ebent, 4 Mg.
1 Zw. vor dem alten Berg, 2 Zw. am Kieselbornsweg, 2 Zw. uff dem Berg
über der Steingrub, 2 Zw. uffwerters uff dem Berg, 1 Mg. am Buchborn
am Weg, 1 Zw. am Buchbornsweg, 1 Zw. 1 Mg. am Schrimol, 1 Mg. uf
den Richen, 2 Mg. am Beckelnheimer Weg, 1 Mg. in Langenhellen, 2 ein-
zelne Mg. zu Schrimol, 1 Mg. in Hargisheim, 2 Zw. zu Buchborn, 3 Mg.
am Beckelnheimer Weg beim grossen Markstein, 2×1 Mg. uff dem alten
Berg, 1 Zw. vor dem alten Berg, 1 Zw. uff dem Muerweg.

In einer Urkunde von 1623 kommen folgende Flurnamen vor: Auf
dem Ebenthal, am Raumbornsweg im Megelsheimer Feld, auf der Graben-
wiese, auf der Dorwiese, an der Draitzen, im Steinacker, zu Langenhellen,
zu Schrömühlen, über Floſsbrück, in der Frecht, in der Luſs, auf der
Gründen, vor der Langes, am Somborn, zu Klingelborn, im Allenthal, am
Aroch, am Sülzbornsweg, am Schwabenheimer Weg, an der Kaulbrück[1].

Dem Kloster Schwabenheim schenkte die Witwe des Grafen
Symon von Sponheim, Margareta, am 5. April 1265 eine Korn-
rente aus ihrem Bannbackhaus zu Sprendlingen [2].

Das Kloster Allerheiligen zu Oberwesel besass 1435 bereits
Güter und Gülten zu Sprendlingen [3].

Eine Klause zu Sprendlingen wurde durch Graf Johann von
Sponheim am 12. November 1311 mit gewissen Gefällen beschenkt,
als er die Kapelle auf der Burg zu Kreuznach dotierte [4].

Sprendlingen hatte auch ein Rittergeschlecht, von dem 1226
der Ritter Alardus, zwei Gerlache, Sibodo und Hermann, als Zeugen
in einer Urkunde vorkommen [5].

Das Dorf St. Johann hiess früher Megelsheim [6]. Unter diesem
Namen kommt es in dem Lehen- und Güterverzeichnis des Rhein-
grafen Wolfram vor [7]. Neben der Wallfahrts- und Marktkirche zum
hl. Johannes dem Täufer bestand dort eine Burg, von der die
Pfalzgrafen Rudolf II. und Ruprecht I. dem Grafen Johann von
Sponheim 1331 einen dritten Teil zu Lehen reichten (zusammen
mit Siefersheim und Frei-Laubersheim) [8].

Eine besondere Gemarkung St. Johann besteht erst seit 1863.

Ausgegangen ist jetzt der Hof oder Weiler Bettenheim in der

---

1) StADarmstadt, Urkunden Rheinhessen, Sprendlingen. Diese und
andere Flurnamen kommen auch im Rentbuch von 1476 vor. Grössten-
teils lassen sie sich noch jetzt in den Gemarkungen Sprendlingen und
St. Johann nachweisen.

2) Ebd. Pfaffenschwabenheimer Kopialbuch 111 v. — MRR. III 2064
(Lehmann, Sponheim 1, 235).

3) StADarmstadt, Urkunden Rheinhessen, Sprendlingen.

4) Würdtwein, Dioec. Mogunt. I 103.

5) A. Heintz, Die Urkunden des Klosters Wörschweiler 41 (Auto-
graphie München 1882).

6) Würdtwein, Dioec. Mogunt. I 249, 294. — Wagener, Wüstungen
Rheinhessen S. 180, Nr. 117.

7) Trier. Archiv, Ergänzungsheft 12. S. 13, 6; 15, 11; 31, 5.

8) Regesten der Pfalzgrafen I 2105.

Sprendlinger Gemarkung. In älterer Zeit waren es zwei Frohn-
höfe, von denen der eine der Abtei zu Weissenburg im Elsass, der
andere der Abtei Altenmünster in Mainz gehörte. Der „liber pos-
sessionum" des Weissenburger Abtes Edelin (um 1280) enthält unter
Nr. 154 [1]) folgende Angaben „ad Betdenheim: area dom. de terra
salica mansi duo, vinea ad carratas duas, prata ad carratas XX,
mansi vestiti quinque, ad pasche frixingum 1, pullum 1, ova 10,
pro ligno den. 2, bis 14 dies facere, aut solidum 1 dare, edificium
meliorare, arare in partes iurn. 1, avene mod. 2, in messe 3 dies
facere, vindemiam colligere, scaras 2, in sepe quintam partem.
mansi absi 5, de hiis singulis uncias 3. Nach Nr. 311 gehörte
Bettenheim zu den Abteigütern, die um 991 durch Herzog Otto,
Konrads Sohn, dem Kloster entfremdet und an Ritter verliehen
worden seien. Damit stimmen die Angaben im Lehenbuch Werners
von Bolanden (1194) vortrefflich überein: „De filio imperatoris
(Herzog Konrad von Schwaben, Sohn des Kaisers Friedrich I.)
habeo curiam unam apud Bettenheim cum omni iusticia pertinentem
abbatie de Wizenburg." Und ferner: „De abbatie in Wizenburg
... decimam in Bettenheim de bonis que dicuntur selegut [2])."

Rheingraf Wolfram vom Stein hatte vom Grafen von Zwei-
brücken zu Lehen: „Advocatiam super vetus monasterium ... ab
eodem comite advocatiam in Bettenheim super VII mansus beate
Marie (von Altenmünster in Mainz)." Von der Aebtissin von Alten-
münster hatte der Rheingraf „vicedominatum et iusticiam que sol-
vunt VII mansus in Bettenheim." Die Einkünfte des Grafen aus
diesem Lehen werden genau aufgezeichnet, dann die dem Kloster
Altenmünster hörigen Leute, über die der Rheingraf die Vogtei
hatte, darunter solche aus Bettenheim, Sprendlingen, Megelsheim
und andern Orten.

Seinen Zehnten zu Bettenheim und Uzzenheim (Zotzenheim)
hatte der Rheingraf der Frau (domina) Gertrud von Basenheim ver-
pfändet [3]).

1355 verkaufte der Ritter Friedrich Valysen (Falleisen) von
Leyen vor dem Ding des Edelknechts Hennekin Veissten zum Ding-
hof in der Mark zu Bettenheim gehörig eine Gülte von 12 Malter
Korn auf Güter zu Bettenheim, die dem Dinghof der Herren von
Weissenburg in Bettenheim jährlich 10 Schilling Heller zu reichen
verpflichtet waren, sonst aber von niemand zu Lehen rührten oder
sonst abhängig waren. Diese Güter lagen:

$\frac{1}{2}$ Morgen am Zotzenheimer Weg uff des Greven Stück, $3\frac{1}{2}$ Mg.
an dem Kennelborn unter Alharte, 1 Mg. an der Vehetrifft, 2 Zweitel neben

---

1) Zeuss, Traditiones Wizzenburgenses, Speyer 1842, S. 289.
2) Sauer, Die ältesten Lehenbücher der Herrschaft Bolanden, Wies-
baden 1882, S. 18, 22.
3) J. M. Kremer, Originum Nassoic. pars altera, Wisbadae 1779,
S. 218 f., 225, 230. Original in Coesfeld. Trier. Archiv, Ergänzungsheft 12,
S. 6, 21; 7, 7; 8, 14; 12, 5; 13, 6 u. 7; 17, 12.

Hennekin Veifste, 3½ Morgen vor Hausperge neben an Alhart, item in dem Felde gen Bettenheim 8 Morgen an dem Kelwege, neben Hennekin Veifsten und Alhart, 2½ Mg. uf Watzenhelden neben Alhalde, 2 Morgen Wingert im Aldendal neben H. Veisten, 2 Zweitel Erden [1]).

Am 5. November 1396 vertauschte Christian von Assenheim, „Pastor der Pastorie Bettenheim," diese Stelle an Otto von Scharpenstein unter Zustimmung des einen Collators, des Ritters Philipp von Ingelnheim, und die andern Collatoren, die Gebrüder Bragefs von Budensheim bekundeten, dass sie die von Ingelnheim bei der nächsten Erledigung der Pastorie Bettenheim an der Ausübung der Kirchengift nicht hindern wollten, vorbehaltlich ihres und ihrer Lehenserben Anteils an diesem Rechte [1]).

Am 18. Januar 1401 beurkunden Schultheiss und Hubner zu Bettenheim in Spieszes Hofe, der von dem Rheingrafen lehenrührig ist, „daz Friderich von Wynthern und Clas Stoltze von Beckelnheim mit eyne in gemeynschaft hant gesessen; und hat Friderich von Wynthern eyn fuder wingulde und ist eyn gemeynschaft". Um diese Zeit war Clas Stoltze von Udenheim vom Rheingrafen mit dem „Hubhof in Bettenheimer Gericht gelegen, der heisset Spieszs Dinck", belehnt. Am 2. Oktober 1426 wird das Rheingräfliche Lehen des Clas Stoltze von Beckelnheim so beschrieben: 12 Malter Korn und 1 Fuder Weingült aus den Huben zu Bettenheim, „daz genant ist Spieszs dincke, und waz mee darzu gehorig ist". 1458 ging dieses Lehen an Eberhard Stolz von Beckelnheim über [2]).

Später gehörte der Hof Bettenheim als reichsritterschaftliches Gut den Herren (zuletzt Grafen) von Ingelheim, die deswegen mit der vordersponheimischen Landesherrschaft Streit hatten. Da im Mittelalter eine Pastorei mit Zehntenbezirk dort war, ist auch wohl anzunehmen, dass eine eigne Gemarkung dazugehört hat, die nach der Anzahl der Weissenburger und Altenmünsterer Huben [3]) nicht unbedeutend gewesen sein kann und 1355 ausdrücklich erwähnt ist. Vielleicht ergeben die im Werk befindlichen Arbeiten zur Sammlung der hessischen Flurnamen etwas näheres über den Umfang dieses Hofgebietes. In Flur 21 heisst ein Distrikt „im Bettenheimer Feld" und daneben in Flur 22 „Barkheim"; in Flur 14 deuten die Namen „am Hof", „ober dem Hof" die Lage des verschwundenen Hofes Bettenheim an [4]), daneben, nach

---

1) StADarmstadt, Urkunden, Rheinhessen, Bettenheim.
2) Mannbuch der Wild- und Rheinschaft, Archiv für Hessische Geschichte und Altertumskunde N. F. IV (1907), S. 443 ff., Nr. 11, 23, 179, 286.
3) Weissenburg: 2 mansi de terra salica, 5 mansi vestiti, 5 mansi absi; Altenmünster 7 mansi.
4) Herr Lehrer Huth in Sprendlingen, der mit der Sammlung der Flurnamen dieser Gemarkung beauftragt ist, schreibt mir: „Der Hof lag auf einer kleinen Anhöhe, etwa 500 m vom Ausgang des Dorfs nach Norden. Er gehörte bis zur Franzosenzeit dem Grafen von Ingelheim und war von einem Hofmann bewohnt, wurde jedoch gegen Ende des 18. Jhdts.

Sprendlingen zu, findet sich am „Sieghaus". In der Gemarkung St. Johann, Flur 2, 3 und 4, heisst ein Distrikt „zu Dürkheim"; andere „Dürkheimer Klauer", „Dürkheimer Wiese", „am Dürk heimer Weg". Diese Namen deuten auf wüstgewordene Ortschaften, die aber als bewohnt in Urkunden nicht nachzuweisen sind.

Sprendlingen hat wohl nicht zum Fiskalgut in Kreuznach gehört, höchstens kann das Hofgut des Klosters Nivelles aus karolingischem Hausbesitz stammen. Die Landeshoheit zu Bettenheim wird nach der Urkunde von 1440 24. Mai der Grafschaft Sponheim zugelegt werden müssen, in welcher unter den Ortschaften der Vordergrafschaft auch Bettenheim ausdrücklich genannt wird [1]).

19. Traisen.

Nach dem Rentbuch zahlte Treisen 1476 31 Gulden Atzung und Bede, und von einer Hofraite fielen 4 Schillinge zu Zins. Die Herrschaft hatte 14 Morgen Wingerte gegen den vierten Teil des Ertrags verliehen. Von der Herren Hof fielen 25 Malter Korn und 5 Malter Hafer, ausserdem noch 2 Malter Pachtkorn.

Traisen, Treyfsen [2]), hatte 1601 24 Herdstellen. Kurpfalz besass den „Starkenburger Hof", der an Zins 20 Malter 4 Sümmer Korn gab. Die Landesherren der Vordergrafschaft hatten einen Hof von 25 Malter Korn und 5 Malter Hafer Pachtzins. Das Kloster Ravengiersburg besass ein Gut (Zins 20 Malter Korn und 200 Gebund Stroh), ebenso das Kloster St. Katharinenthal (Zins 12 Malter Korn und 6 Sümmern Erbsen).

An Bede und Atzung wurden 31 Gulden gezahlt.

In der Gemarkung gab es nur geringen Heckenwald.

Traisen war wie Weinsheim in die Bannmühle zu Rüdesheim zu mahlen gezwungen.

---

nicht musterhaft bewirtschaftet, so dass besonders die Gebäulichkeiten in Verfall gerieten. Zuletzt hielt sich noch allerhand Gesindel dort verborgen auf, und es erfolgte in den 90er Jahren des 18. Jhdts. deshalb eine Beschwerde des badischen Amtmannes bei seiner Regierung. Die Gebäude wurden nach der französischen Zeit auf Abbruch verkauft und es blieb zuletzt nur noch eine Kapelle bestehen, bis etwa 1830. Um diese Zeit wurde nämlich der Umbau der Simultankirche zu Sprendlingen beendigt und die Kapelle hatte während des Baues gottesdienstlichen Zwecken gedient. Auch sie wurde dann abgebrochen. Der spätere Besitzer grub vor vielen Jahren nach und fand Reste von Gebäuden und viele menschliche Knochen, besonders von Kindern, auch einen Steinsarg, der jedoch schon früher einmal geöffnet und seines Inhaltes beraubt worden war. Eine Inschrift fehlte. Es erscheint mir nicht wahrscheinlich, dass hier einmal ein Dorf gelegen haben sollte. Die Gemarkungsgewann, welche Bettenheimer Feld heisst, liegt über eine halbe Stunde von Sprendlingen, näher bei Ober-Hilbersheim, hinter dem Walde. Einen Zusammenhang dieses Gemarkungsteiles mit dem Hof vermochte ich noch nicht zu finden." Die im Gemeindearchiv befindlichen Urkunden reichen nicht über 1700 hinauf. Vielleicht sind Urkunden, Flurkarten und Akten über Bettenheim im Besitz des Herrn Grafen Philipp von Ingelheim in Geisenheim (Archiv in Aschaffenburg).

1) StAKoblenz, Urkunden, Grafschaft Sponheim, Staatsarchiv.

2) Amtsbeschreibung 159—163. — Widder, Beschreibung der Pfalz IV 68—70.

Den Zehnten hatte der Mainzer Dompropst ($^2/_3$) und der Pfarrer zu Norheim ($^1/_3$).

Dem Herrn von Sickingen auf Ebernburg waren 30 Personen in 11 Haushaltungen hörig, dem Herrn von Coppenstein 3 Personen, dem Rheingrafen, den Herren von Dalberg, von Schönenberg, von Schwarzenberg, Boos von Waldeck je eine Person.

Die Gemarkung grenzte an Kreuznach, Münster am Stein, Ebernburg, Norheim (letztere beiden Orte Sickingisch), Hüffelsheim (Boos von Waldeck). In Hüffelsheim waren die Grafen von Sponheim Schirmherren und hatten dafür 50 Malter Schirmhafer jährlich zu beziehen.

Ein Gut in Treisa und Huffelsheim im Gau Nachgowe in der Grafschaft Emichos gehörte 1112 zu einem Hof zu Ober-Wesel, welchen der Erzbischof von Magdeburg an den Erzbischof von Mainz abtrat, was der Kaiser Heinrich V. am 16. Juni bestätigte [1]). Um 1194 hatte der bekannte Werner von Bolanden die „advocatia super Treise" von dem Grafen von Sponheim zu Lehen [2]). Diese Vogtei scheint mir die über den Besitz des Klosters Bleidenstadt im Rheingau zu sein, der durch die Urkunde vom 18. November 1275 bezeugt ist, mit der das Kloster als Lehensherrschaft den Verkauf von Gütern zu Treysen seitens des Ritters Herebert von Schalleiden an die Propstei Ravengiersburg unter Verzicht auf seine Lehensrechte genehmigte. Auf diese Güter verzichtete am 11. Februar 1294 Savilia von Westhoven, die Witwe des Ritters Florentin von Narheym, der sie ihr als Wittum verschrieben hatte [3]).

Das Starkenburger Gut scheint dasjenige zu sein, das die Gräfin Blanzflor (Witwe des Grafen Friedrich I. von Veldenz) im Jahre 1344 von ihrem Bruder, dem Grafen Johann von Sponheim zu Starkenburg wiederkäuflich an sich gebracht hat [4]). 1383 wurde das Gut von Graf Johann an Heinrich Eckbrecht von Dürckheim versetzt [5]).

Auch andere Herrschaften waren zu Treisen begütert; 24. Juni 1225 verkaufte Godebold, Herr zu Wierbach, dem Rheingrafen Embricho sein Allod zu Dreyse prope Crucenache [6]).

Das Weistum von 1526 über die grundherrlichen Rechte des Klosters Ravengiersburg (Reversperg) zu Treysen gehört sicher zu diesem Dorf [7]). Aber auch ein Bruchstück einer Gerichtsverhandlung vom 16. Oktober 1346, in welchem ein Theodericus dictus de Gudenberg armiger eine Weistumsfrage an das Gericht stellt [8]),

---

1) MRR. I 1652. — MRUB. I S. 482. Diese Güter waren den (wohl im lothringischen Aufstand 959) geächteten fränkischen Grossen (Saliern?) Konrad und Eberhard abgenommen und 966 an das Erzstift Mardeburg geschenkt worden (MRR. I 1014 und 1015).
2) Sauer, Aelteste Lehenbücher der Herrschaft Bolanden 23.
3) Würdtwein, Subsid. dipl. V 418, 434.
4) Acta Acad. Palat. IV hist. 369, Nr. XIII. — Widder IV 69.
5) Lehmann, Sponheim II 80.
6) MRUB. III S. 207, Nr. 250.
7) Grimm IV 643.
8) Grimm I 810. — Bodmann, Rheingau 676.

scheint mir hierher gezogen werden zu müssen. Th. von Guden-
berg wird als Vogt gefragt haben.

Ein Zusammenhang mit dem Kreuznacher Fiskus ist für Trai-
sen nicht nachzuweisen; die Güter des Erzstifts Magdeburg können
vielleicht aus dem 966 konfiszierten Besitz des Eberhard und Kon-
rad herstammen [1]). Neben diesem Stift muss auch Bleidenstadt dort
früh Besitz gehabt haben.

20. Weinsheim.

Weinsheim, Weimbsheim [2]), hatte 1601 60 Feuerstätten, die für Bede
und Atzung 65 Gulden 16 Albus zahlten. 1476 betrug die Bede und Atzung
zu Weimbsheim 112 Pfund Heller und 1 Gulden 1 Schilling Schreibergeld.
Die Sponheimer Landesherren besassen 2 Wiesen, jede von 3 Morgen.
Der Schultheiss musste sie bebauen und mähen lassen und das Heu nach
Kreuznach liefern, dafür hat er das Grummet. Die Einwohner waren zur
Rüdesheimer Mühle gebannt, hatten aber ein Backhaus am Ort, das 1476
als Bannbackhaus 2 Malter Korn zu liefern hatte. Von einem Gut (den
oben erwähnten Wiesen?) fiel damals 1 Gans. Bauwald war 1601 nur
wenig in der Gemarkung vorhanden.

Kurpfalz hatte allein den ehemals Disibodenberger Klosterhof, der
für 15 Malter Korn, 15 Malter Hafer, 12 Gulden Wiesenzins, 7 Kappen,
1 Huhn, 10 Albus, 7 d Zins verpachtet war.

Die Freien von Dehrn hatten $1^1/_2$ Morgen Wiese. Caspar von Eltz
$3^1/_2$ Morgen Wiese. Johann Schweikart von Hunolstein und Hans Enders
von Eltz hatten ein Hofgut, das ihnen an Pacht und Zins 19 Malter Korn,
12 Malter Hafer Martinsteiner Mafs, 4 Gulden 1 Albus 6 Pfennig Zins, 19
Kappen, 3 Hühner zu Martini, und von einem Wingert 2 Gulden und von
5 Morgen Wiesen 12 Gulden einbrachte. Die Junker von Schönberg be-
sassen den „Schwalbacher Hof“, dessen Zins 7 Malter Korn, 7 Malter Hafer,
Kappen und 2 Hühner betrug und ausserdem 2 Morgen Ackerland, die
für 1 Sümmer Korn und 1 Sümmer Hafer ausgetan waren. Dem Johann
von Dalberg wurden 18 Malter Korn, 1 Pfund Heller und 4 Kappen ge-
zinst. Caspar von Eltz hatte auch einen Hof, „Wolfshof“, verpachtet für
18 Malter Korn und 18 Malter Hafer. Der Hof des Herrn von Coppen-
stein brachte ihm 17 Malter Korn und 17 Malter Hafer nebst einigen Kappen
und Geld ein. Philipp Langwerth von Simmern hatte $3^1/_2$ Malter Korn,
die Fausten von Stromberg $2^1/_2$ Malter Korn, das Kloster Katharinental
5 Malter Korn jährlicher Gülten.

Am Zehnten hatte der Pfarrer $1/_8$, der Rest wird in 6 Teile geteilt, von
denen die Fausten von Stromberg 4, der Herr von Löwenstein 2 erhielten.

Von Sickingen hatte 2 Hintersassen, der Rheingraf 1, von Dalberg 2,
von Coppenstein 5, Blick von Lichtenberg 2.

Angrenzer waren Hüffelsheim, Böckelheim, Sponheim, Mandel und
Rüdesheim.

Dem Kloster Lorsch wurde im zweiten Jahr des Königs Karl
des Grossen durch Haribald eine Besitzung in pago Nachgowe in
Wigmundisheimer marca geschenkt [3]). 868 schenkte Heririch, vir
illuster, im Begriff, eine Wallfahrt nach Rom anzutreten, mit Zu-

---

1) Amtsbeschreibung fol. 200—206. — Widder, IV 88. — Grimm, Weis-
tümer IV 732.

2) MRR. I 973, 1015, 1036.

3) Cod. Lauresham. II S. 359, Nr. 2020.

stimmung seines Bruders, des Bischofs Hunfrid von Therouan, in öffentlicher Versammlung zu Wimundasheim vor dem Gaugrafen Megingaud und den Vornehmsten und Schöffen des Gaues zu seinem, seiner Eltern Albrich und Huna sowie seiner Brüder Hunfrid, Heinrich und Albrich Almosen der Abtei Prüm in den Ardennen, sein Eigentum, villam, quę vocatur Wimundasheim, quę michi ex paterna maternaque successione hereditario iure obvenit, quę sita est infra Naago, in confinio seu pago Vurmacense, super fluviolum Elera, cum omni integritate eius et re inexquisita in mansis, casticiis, edificiis, arboribus superpositis, perviis legitimis, appendiciis, adiacentiis, cum omnibus terminis suis, terris cultis et incultis, vineis, silvis, pratis, pascuis, communiis, aquis aquarumve decursibus, farinariis, quicquid dici vel nominari potest, et curtiles ac vineas in diversis paginulis in Binge super fluvium Hrenum . . . silvam quoque nostre ditionis in silva Sane; mancipia etiam 70“, indem er sich die lebenslängliche Nutzniessung in Form einer Precärie vorbehielt gegen jährliche Abgabe von einem Fuder Wein, 10 Scheffel (modios) Mehl und 10 Schilling Silber, um Fische zu kaufen zu einer. Mahlzeit der Prümer Mönche an seiner Anniversarienfeier. Diese Schenkung wurde schon sehr bald angefochten. Am 12. April 870 bestätigte König Ludwig der Deutsche dem Kloster die Schenkung des Hererich zu Glena und Uuihmundesheim mit den Zubehörungen in der Mark von Genzingas und in Bingen, die Hererichs Neffe, der Graf Wernharius, der Abtei zu entziehen trachtete [1]). Dieser Wernharius könnte der damalige Graf dieses Namens im Speiergau gewesen sein. Das Prümer Urbar von 893 besagt, dass in Wimesheym „terra dominicata“ für 130 Scheffel Aussaat vorhanden sei, dazu zwischen dem Ort und Bingen Weinberge für 4 Fuder Wein. Es finden sich dort 16 Hufen; jede hat ein Schwein für 6 Denare, ein Huhn und 13 Eier abzugeben und genau bestimmte Frondienste zu leisten. Nach Caesarius hatte 1222 der Graf von Sponheim dieses Gut zu Lehen von Prüm, und die Chorherren von St. Goar den Zehnten von der terra salica daselbst. Es liegt an der Nahe in der Gegend von Bingen bei Beccillenheim, dem Schloss des Grafen [2]).

1118 wurde dem Kloster Disibodenberg ein zur Zeit des Erzbischofs Ruthard von Mainz (1088—1109) geschenktes Gut zu Wymundesheim restituiert [3]). Dieses Gut wurde 1353 durch den Grafen Walram von Sponheim für 300 Pfund Heller von Abgaben gefreit; nur an den Arbeiten an den Gräben und Zäunen, den Wegen und Stegen im Dorf soll sich der Hofmann wie die andern Bauern beteiligen [4]).

---

1) MRUB. I S. 115, Nr. 110. S. 117. Nr. 111.
2) MRUB. I 161, Nr. ccc XXXII.
3) MRUB. I S. 497, Nr. 436.
4) Lehmann, Gr. Spanheim I 209. — Disibod. Kopialb. im StADarm-

Ausser den Gütern der beiden Klöster Prüm und Disiboden-
berg gab es zu Weinsheim noch mehrere Höfe, die einigen Ritter-
familien gehörten, die dort ansässig gewesen zu sein scheinen. Sie
beanspruchten eine gewisse Jurisdiktion über ihre Hörigen und eine
Exemtion ihrer Höfe von der Gerichtsbarkeit des Grafen, die ihnen
auch 1295 zugestanden wurde, wie aus dem damals geschlossenen
Vertrag hervorgeht:

Nos Johannes comes de Spanheim tenore presentium publice pro-
fitemur, quod de gwerra que inter nos ex una et milites de Wymsheim
dictos Leinherren ex parte altera vertebatur, per arbitros ad hoc electos
scilicet Philippum dictum Paffin, Emichonem et Albertum fratres de Beckeln-
heim, necnon Sybedonem dictum Gauwere de Lichtenberg est concorda-
tum finaliter in hunc modum, videlicet quod curie ipsorum militum in
eadem villa Wymsheim site cum omnibus bonis eisdem curiis attinentibus
sint ab omni impeticione nostra et vexacione totaliter absolute. Preterea
si in eisdem curiis alique discordie, homicidia, furta, sive qualescunque
rixe acciderint, ipsi milites cum perceptione emende infra ipsas curias iu-
dicabunt, hoc excepto, quod si ipsi rixatores de dictis (curiis) exeuntes
nostro iudicio ostenterint conquerendo, vel saltem si alias in villa sive in
terminis ville Wymsheim supradicte insolencie acciderint, noster officiatus
mediante officiato militum dictorum ipsas iniurias iudicabit, dividens emen-
das exinde provenientes in tres partes, quarum unam nobis inservabit,
et alias duas eisdem militibus reddet totas.
Si eciam ipsi milites emerunt vel emerint aliqua bona eiusdem ville,
que ipsorum militum feodacioni attinuerint, omnia empta erunt ipsorum
libera ipso facto. Si autem coloni ipsorum ex ipsis bonis aliquid compa-
raverint, tenentur nobis servire de ipsis bonis, sicut ceteri ibidem homines
residentes. Quod si non fecerint, ostenso ipsorum militum officato possu-
mus ipsorum colonorum extra curias dictorum militum pignora pro nostro
servicio recipere, et non infra. Si vero ipsi coloni nobis non attinuerint,
nec bona ibidem habuerint nostre advocatie, sicut domini ipsorum sunt
a nobis liberi et soluti. Silva, nichilominus sita iuxta Wymsheim ipsorum
militum colonis sicut ceteris ibidem hominibus conversantibus est communis.
Preterea si dicti milites in redditibus ad eos ibidem pertinentibus
defectum aliquem paterentur, officiatus ipsorum cum nostro officiato et
scabinis ad eos ordinatos repetet ut est iustum. In qua impeticione, si
defecerit noster officiatus, defectum totaliter adimplebit et emendas exinde
provenientes sicut supra. Supradicti eciam milites eligent tempore ad hoc
statuto tres viros de Wymesheim, ex quibus ipsa universitas unum ad cus-
todem campi sui acceptabunt, si volunt. Sin autem, alios tres et tercios
tres eligent coram eis, de quibus autem novem velint nolint sint astricti
unum eligere. Qui electus dictis militibus tres solidos denariorum Mogunt.,
solvere tenebitur ipso facto. De iure vero ipsorum militum quod dicitur
vulgariter vorsniden et vorlesin facient secundum sentenciam scabinorum.
Homines eciam universe ville supradicte possunt et debent molere in omni
iure hactenus conservato.
Supra hiis rite et racionabiliter conservandis nos Johannes comes

---

stadt fol. 21, 133 v. 1376 freien der Schultheiss Cuntze und die Schöffen
und die ganze Gemeinde von Wimesheim mit Willen und Gehengnis des
Grafen Walram von Sponheim dem Abt und Konvent auf dem Disiboden-
berg benannte Güter in der Gemarkung Wymesheim, welche ehemals dem
Grafen 6 Malter Kornzins zu zahlen hatten, nachdem der Graf das Kloster
davon losgesprochen hatte. Ebd. fol. 21 a.

supradictus ipsis militibus presens scriptum contulerimus sigilli nostri munimine roboratum. Datum anno domini 1297, Kalendis Maii[1]).
Wilhelmus Grutz habet autenticum.

Die Nachkommen dieser „Lehenherren“ sind die in der Amtsbeschreibung genannten adligen Gutsbesitzer, deren Rechtsnachfolger bei Widder 4 S. 89 aufgezählt werden. 1427 wurden vom Abt zu Sponheim ohne Einwilligung des Konventes zwei Höfe zu Weinsheim an Jakob von Gemünden veräussert, von dem sie an Meinhard von Koppenstein gekommen sind; der eine war 1405 von dem Kloster erworben worden. Es war ein gewöhnliches Bauerngut[2]).

Weinsheim gehörte sicher nicht zum Königsgut in Kreuznach. Vielleicht ist es möglich, die Familie des Alberich und Heririch zu den Vorfahren der Grafen von Sponheim zu rechnen. Der von Heririch für sich vorbehaltene Nutzniessungsbesitz in Form der Präkarie kann sich für einen Teil der Schenkung in erblichen Lehensbesitz verwandelt haben, vielleicht als Abfindung der Ansprüche des Grafen Wernher. Aber die vielen sonstigen nicht von Sponheim lehenbaren Grundherrschaften im Dorf rechtfertigen die Annahme, dass von vornherein ausser der Familie Alberichs auch andere Herrengeschlechter und freie Männer an dem Dorf beteiligt waren.

Zur Gemarkung Weinsheim wird bei Widder und noch nach jetzigem Gebrauch der Scholländerhof gerechnet[3]). Dieser Hof scheint früher ein selbständiges Dorf gewesen zu sein. Er erscheint zuerst im Lehenbuch Werners von Bolanden, der um 1194 curiam Schaleite iuxta Bechelnheim cum omni iusticia von dem Grafen von Katzenelnbogen zu Lehen hatte[4]). Im Jahre 1372 verkauften Peter von Schaleiden und seine Frau Lene dem Grafen Walram von Sponheim ihr Dorf Schaleiden mit Gericht, Herrschaft und Zugehör für 100 Pfund Heller (11. April), wozu der von Saulheim am 26. April vor dem Mainzer geistlichen Gericht in Eltville eine Bestätigung ausstellte[5]). Später war es zu Lehen verliehen: So 1454 dem Hermann von Spanheim, 1461 dem Johann von Aldendorf, 1466 dem Heinrich von Sternenfels als Nachfolger des von Sponheim[6]). 1786 war dieses Lehen in den Händen eines Herrn von Chatkar und des Hofkammerrats Greis.

21. Wöllstein, Gumbsheim, Pleitersheim.

Nach dem Rentbuch des Amts Kreuznach waren die Gefälle der Grafschaft Sponheim in der Gemeinschaft Wellstein: Der Kurfürst hatte

---

1) StADarmstadt, Dissibodenberger Kopialbuch fol. 98 v.
2) Trithem. Chron. Sponheim S. 342, 349.
3) Widder, Kurpfalz IV 89.
4) Sauer, Aelteste Lehenbücher S. 24.
5) Lehmann, Sponheim I 248.
6) Geh. Staatsarchiv in München, Kasten blau, 388/2: Mannbuch beider Grafschaften für Herzog Friedrich von Simmern (1464) fol. 60 v. 197, 275.

20 ß H zum voraus von einer ausgelösten Pfandschaft des Thomas Knebel. Bede 76 G. Erbzins auf St. Andreastag durch den Schultheissen zu erheben 32 ß H. Vom Backhaus im Obergericht 18 ß H. Vom Backhaus in Gumbsheim 19 ß H. Vom Backhaus in Bleitersheim 3 ß H. Zins von Gütern zu Montzenfeld gelegen, die zu Wellstein gehören, 4 Gulden zu 24 Albus, die der Schultheiss erhebt. Ferner zu Montzenfeld 26 ß H. zu Wellstein. Von einem Wassergang daselbst 1½ (ß). Von Schauben dieses Jahr 4 Gulden. Zu Badenheim gibt die Gemeinde 3 G von der Weide zu Diesenheim, das ist ein „sunder Bezirk" zwischen Badenheimer und Wellsteiner Gemark gelegen.

Wein zu Wellstein: 2 Fuder Bedewein. 5 Morgen Wingerte.

Korn zu Wellstein: Bedekorn 65½ Malter, von Gütern 30 Malter. Von der Mühle oben am Dorf 7 Malter Korn. Ein Drittel des grossen Fruchtzehnten. Beunden der Herren zu Kreuznach: 24 Morgen beim Dorfgraben, 16 Morgen auf dem Feld nach Folxheim zu, 8 Morgen am Badenheimer Weg. Zu Pleitersheim 8 Malter von Gütern.

Hafer zu Wellstein. 25 Malter vom Hof. 5 Malter Zins. Zehnte und Spreu. Von der Gemarkung Heyenheim zwischen Flonheim und Eckelsheim beim Grossberg 28 Malter gegeben von 6 Eckelsheimer Bauern. Die von Merßfeld geben von der Gemarkung Mantzenfeld zur Schultheisserei Wellstein 18 Malter Hafer.

Ausserdem hatte Sponheim ⅛ Zehnten von Weizen und Gerste und einige Gänse.

An diesen drei Ortschaften hatte Sponheim die Hälfte, die Grafen von Nassau (wegen der Herrschaft Kirchheim-Bolanden) und Falkenstein und Herr von Bellenhofen (1669 ohne Erben gestorben, worauf sein Anteil an Kurpfalz gefallen war und zur Pfälzer Amtskellnerei Neubamberg gehörte), die andere Hälfte in ungeteilter Gemeinschaft[1]).

Zu Wöllstein waren 1601 ungefähr 130 Herdstätten.

Kurpfalz hatte eine Zehntscheuer, 48 Morgen Ackerland (halb Saatland, halb Brachland).

Backhaus und Badstube gehörten der Gemeinde, die auch eine Wiese „der Jeche" genannt, und Weidengehölz, und mit den beiden anderen Dörfern zusammen einen Wald zwischen Hochstätten und Fürfeld im Rheingräflichen Gebiet besass. Der Waldhüter hatte jährlich 18 Malter Korn und ein grünes Kleid zur Besoldung. Das Jagdrecht übten Pfalz-Zweibrücken und der Rheingraf aus.

Die Landesherren der vorderen Grafschaft Sponheim besassen den „Sponheimer Hof" von 150 Morgen, davon fielen an Kurpfalz 30 Malter Korn und 25 Malter Hafer. Ferner das „Waltersgut" von 23 Morgen, davon fielen 6 Malter Korn und 6 Malter Hafer. Von der Mahlmühle oben am Dorf 7 Malter Korn. Die Grafen von Sponheim hatten ⅓ des Fruchtzehnten.

Die Bede betrug 80 Gulden zu 26 Albus, 1 Fuder 3 Ohm 12 Viertel 1½ Mass Wein, 62 Malter 2 Sümmern 3 Sester Korn.

Jedes Haus, das auf der Grafen von Sponheim abgesteintem Bezirk im Obergericht des Dorfes lag (1601 waren es etwa 40 Herdstätten), gab eine Erntegans und ein Fastnachtshuhn.

Wildfangsrecht (wenn eine fremde Person sich in Wöllstein niederliess ohne nachfolgenden Herrn), Schatzung, Brüchte, Frevel, Jagd und Fischerei und ähnliche Rechte der hohen Obrigkeit in den drei Dörfern gehörten den gemeinen Gerichtsherren.

Der Herzog von Zweibrücken hatte einige Korngefälle.

Die Grafen von Nassau waren zu einem Viertel Gerichtsherren, besassen ein Hofgut von 70 Morgen und ausserdem 24 Morgen Beunden-

---

1) Amtsbeschreibung 64—93. — Grimm, Weistümer 2, 157.

acker. Ihre Bede betrug 28 Gulden und 1 Fuder 12 Viertel Wein, nebst
37¹/₂ Malter Korn. Von der Weide zu Diefsenheim hatten sie 3 Gulden.
Ausserdem verschiedene Zinse; die Mühle unten am Dorf war gemein-
schaftlich mit den Junkern von Mertenstein (Martinstein) und hatte jedem
Teilhaber 5 Malter Korn zu liefern.

Graf Emich von Falkenstein besass ein Hofgut mit 48 Morgen Acker-
land. Er und der Herr von Bellenhofen hatten aus den drei Dörfern 25
Gulden für Atzung und Bede, 41¹/₂ Malter Korn, 10 Ohm 22 Maß Wein,
und verschiedene Zinse.

Meinhard Beyer von Bellenhofen hatte 48 Morgen Ackerland.

Der Rheingraf Otto hatte ein altes verfallenes Schloss oben an Wöll-
stein und viele Güter, die er aber für 8000 Gulden bar an mehrere Ein-
wohner von Wöllstein samt der Pacht verkauft hatte. Von der Oelmühle
hatte er 18 Malter Korn und 6 Malter andere Gefälle.

Wolfgang von Kellenbach hatte ein Gut von 120 Morgen als Reichs-
lehen und verschiedene Gefälle.

Der Zehnte an Frucht verteilte sich in gleichen Teilen auf die Grafen
von Sponheim, die Herzöge von Zweibrücken und die Grafen von Falken-
stein. Der Weinzehnte wurde allein von Sponheim erhoben und betrug
je nach dem Wachstum 10 bis 20 Fuder Wein. Von gewissen Aeckern
hatte Hans Christoph von Wonsheim Fruchtzehnten.

Die Leute im Dorf waren Hörige der Gemeiner, nur 2 Sponheimische
und 2 Rheingräfliche Hintersassen.

Aus dem Weistum geht hervor, dass das Dorf Wöllstein in drei ab-
gesteinte Quartiere zerfiel, in derem jedem einer der drei Gemeinerstämme,
Kreuznach, Kirchheim-Bolanden und Neuenbaumburg die niedere Obrig-
keit (Polizeigewalt usw.) ausübte. Früher hatte jeder Herr seinen eignen
Schultheiss und Büttel im Dorf, aber durch einen Vertrag ist beschlossen,
diese Beamten künftig gemeinschaftlich einzusetzen. Von der Weide auf
der Wüstung Diessenheim hatten die Gemeinerherren 10 Gulden, davon
drei aus dem Dorf Badenheim.

Angrenzer waren Badenheim, das die Fausten von Stromberg von
Pfalz-Zweibrücken zu Lehen trugen, Gauböckelheim, Kurmainzisch, Gumbs-
heim, Siefersheim, Neuenbaumberg (Falkenstein und Bellenhofen), Frei-
Laubersheim, Volxheim (Amt Alzey) und Pleitersheim.

Gumbsheim hatte 1601 36 Herdstätten. Der Graf von Nassau hatte
3 Pfund Wachs vom Backhaus.

Die Abtei Eberbach im Rheingau hatte eine Behausung mit Kelter
für ihren Zehntwein. Dieser Weinzehnte und der Fruchtzehnte auf der
ganzen Gemarkung fiel an die Abtei, nur wurde an den Pfarrer zu Eckels-
heim wegen der Gumbsheimer Kapelle 4 Ohm Wein jährlich gegeben, und
Hans Christoph von Wonsheim hatte Fruchtzehnten von gewissen Aeckern
und Gewannen. Den Kleinzehnten bezog der Pfarrer von Gosselsheim zu
Eckelsheim wegen' der Gumbsheimer Kapelle.

Angrenzer waren Gau-Böckelheim (Kurmainzisch), Armsheim (Kur-
pfälzisch), Flonheim (Wildgräflich), Eckelsheim (Falkensteinisch). Kurpfalz
hatte eine Fauthei zu Flonheim und die ehemals den Klöstern Disiboden-
berg und Marienpfort gehörigen Höfe zu Eckelsheim.

Pleitersheim (Pleutersheim) hatte 1601 22 Herdstätten, die alle von
Sponheimischen Hörigen bewohnt waren. Nur zwei Personen waren den
Gemeinern zu Wöllstein angehörig.

Die vordere Grafschaft Sponheim hatte ein Hofgut, 41 Morgen
3 Viertel Ackerland, für 8 Malter Korn und 6 Malter Hafer verliehen.
Junker Philipp von Partenheim hatte 2 Malter Korn. Das Kloster Pfaffen-
Schwabenheim hatte den ganzen Zehnten.

Die Gemarkung grenzte an Volxheim, Bosenheim, Pfaffen-Schwaben-
heim, Badenheim und Wöllstein.

Wöllstein kommt 18. Juli 828 in einem Gütertausch des Bischofs

Samuel von Worms als Abt zu Lorsch mit dem Grafen Adelbard als Provisor des Klosters St. Maximin bei Trier vor, in welchem der Graf die Besitzungen des hl. Maximin in Hagenheimer Mark im Wormsgau an Lorsch, der Bischof dagegen in Gozolfesheim mansum unum et iurnales 48 et prata ad carradas 4, et in Welthistein mansum unum et iurnales 21 et vineas 4 et iurnalem 1 et dimidium, et in Folchesheim mansum unum et iurnales 16 an St. Maximin abtritt [1]). Da der Vertrag geschlossen ist, „ut res suas inter se pro oportunitate locorum commutarent", ist anzunehmen, dass St. Maximin schon damals an den genannten Orten begütert war. In der Tat gehörten die Kirchen zu Gozolvesheim und Wieldistein 962, 1026, 1044 (ecclesias cum villis) 1051, 1066 der Abtei St. Maximin. Sie wurden ihr auch 1113, nachdem sie von dem Grafen Emich und seinem Sohne Gerlach unrechtmässig der Abtei entzogen waren, durch Heinrich V. restituiert. Einige Jahre später waren sie jedoch von dem Pfalzgrafen Gottfried abermals okkupiert und wurden 1125 der Abtei vom Kaiser wiederum zugesprochen, und 1140 durch den Papst Innozenz II. bestätigt. Nach dem Güterverzeichnis der Abtei St. Maximin aus dem Anfang des 13. Jhdts. gehörten die Besitzungen des Klosters zu Weldestein zur Villikation in Münsterappel. Es fielen dort 13 Schilling 4 Denare Pacht. Das Kirchenpatronat mit dem Zehnten hatte der Raugraf (comes hirsutus) zu Lehen von der Abtei [2]).

Aus der Urkunde vom 24. Juni 1326 [3]) geht weiter hervor, dass der Raugraf auch andere Güter zu Weldestein von St. Maximin zu Lehen hatte, denn der Abt Dietrich gibt darin als Lehensherr seinen Konsens dazu, dass Raugraf Heinrich der Aeltere seiner Tochter Lysa in ihre Ehe mit Philipp, Graf von Sponheim, Herrn zu Bolanden und Dannenfels, eine Mitgift von jährlich 70 Köln. Mark auf die Güter in Dorf Weldestein anweisen möge, was am 18. September mit Einwilligung der Raugrafen Konrad des Aelteren und Heinrich des Jüngeren geschah [4]). 1347 übergab Raugraf Georg von der Alten-Baumburg seinem Sohn Wilhelm Wildestein und Wansheim [5]). Am 24. Juni 1367 verpfändete Raugraf Philipp von der Nuwenbaimburg für 3000 kl. Gulden von Florenz dem Grafen Walram von Sponheim ein Viertteil der Burg Nuwenbaimburg und des Tales darunter (Städtchen Neubamberg), sowie des Dorfes Sarlisheim (Wüstung beim Neubamberger alten Kirchhof „zu Sergelsheim"),

---

1) Cod. Lauresh. ed. Mannheim II 331, Nr. 1922. Der Abdruck ist nicht fehlerfrei; besonders muss es statt „provisor monasterii sancti Nazarii" heissen: „sancti Maximini", wie im Original des Cod. fol. 131 v. auch steht.

2) MRUB I S. 269, 350, 352, 375, 357 f., 421, 489, 511, 573; II S. 20, 91, 455, 472.

3) Baur, Hessische Urkunden III S. 4, Nr. 932.

4) Scriba, Regesten Rheinhessen 5430.

5) Wigand, Wetzlar. Beiträge II 245.

nebst der Hälfte des Gerichts und Hofes zu Weldistein mit dem halben Teil der Dörfer Gummesheim, Blitirsheim, Dyesinheim und des Hofes zu Heyenheim (Wöllstein, Gumbsheim, Pleitersheim, Wüstung Desenheim zwischen Wöllstein und Badenheim, Wüstung Heienheim zwischen Flonheim und Eckelsheim)[1]. 1375 oder 1376 verpfändete Raugraf Heinrich dem Grafen Heinrich von Sponheim-Dannenfels seinen Anteil an Wöllstein und der Abt Rorich von St. Maximin willigte in den Verkauf eines Teiles von Wöllstein durch den Grafen Ludwig von Rieneck und dessen Gattin Kunigunde von Sponheim an den genannten Heinrich von Sponheim, ihren Bruder[2]. 1377 verkaufte dieselbe Gräfin von Rieneck dem Grafen Walram von Sponheim zu Kreuznach ihren Anteil an der Veste Numburg (Naumburg an der Nahe) mit Gericht und Herrschaft und dazu die Dörfer Wöllstein, Wansheim, Gümsheim, Manzenfelt (Wüstung bei Mörsfeld) und alle Zugehörungen, wie sie dieselben von ihrem Schwager, dem Raugrafen Georg und von ihrem ersten Gatten, dem Raugrafen Wilhelm von der Altenbaumburg als Wittum erhalten und bisher genossen hatte, mit Zustimmung des Grafen Ludwig von Rieneck für 1600 Gulden[3]. Die Grafen von Sponheim sollen die verpfändeten Anteile an der Naumburg und was der von Grasewege an Wonsheim als Pfandschaft innehabe, auslösen dürfen. Durch diese Verpfändungen und Verkäufe waren Anteile an den ursprünglich Raugräflichen Dörfern Wöllstein, Gumbsheim, Pleitersheim, Desenheim usw. an die Grafen von Sponheim-Dannenfels, Besitzer von Kirchheim-Bolanden, und an die Grafen von Sponheim-Kreuznach gekommen. Mit der Herrschaft Kirchheim vererbte sich der Sponheim-Dannenfelser Anteil an Wöllstein auf die Grafen von Nassau-Saarbrücken, der Raugräfliche Anteil teilte die weiteren Schicksale von Neubaumburg, oder wie es jetzt offiziell geschrieben wird, Neubamberg, der Sponheim-Kreuznacher Anteil wurde 1714 gegen das Amt Böckelheim an Kurmainz vertauscht, das damals auch den Neubaumburger Anteil besass, und sich 1733 mit dem Grafen von Nassau wegen der Regierung dieser Gemeinschaft verständigte[4].

Mit den Anteilen an der Herrschaft und Obrigkeit zu Wöllstein war eine Hochgerichtsbarkeit nicht verbunden. Die Gemeinde gehörte zu denjenigen Orten, welche zu Kreuznach über das Blut urteilten[5]. Auch nachdem der Sponheimische Anteil an Kurmainz abgetreten war, konnte zwischen den beiden Oberschultheissen zu Wöllstein, dem Mainzischen und Nassauischen Streit herrschen, welcher von beiden die Aktuarstelle beim Blutgericht zu Kreuznach innehabe[6]. Es muss also dieser Ort schon in älterer Zeit zum Kreuznacher Landgericht gehört haben.

---

1) Baur, Hessische Urkunden III S. 463, Nr. 1378.
2) Ebd. S. 511 Anm.
3) Lehmann, Sponheim I 253.
4) Widder IV 105. — Ad. Köllner, Kirchheim-Bolanden 282 f.
5) Amtsbeschreibung. 6) Köllner a. a. O.

Von diesen Besitzungen in Wöllstein ist strenger als bisher in den Handbüchern von Köllner, Schaab, Brilmayer geschehen ist, zu unterscheiden die **Wildgräfliche Burg zu Wöllstein.** Freilich war diese Burg zeitweilig im Pfandbesitz der anderen Herren zu Wöllstein. So versprach am 12. Mai 1317 der Raugraf Konrad, dass der ihm von Wildgraf Friedrich von Kyrburg auf Lebenszeit eingeräumte Anteil an der wildgräflichen Burg zu Weldestein nach seinem Tode wieder an die Wildgrafen fallen solle [1]. Am 21. Dezember desselben Jahres verpfändete der Wildgraf ein Viertteil an der Burg Weltstein seinem Schwager, Graf Heinrich von Sponheim, dem ausserdem noch jährlich 100 Gulden Rente hier oder in Dannenfels gezahlt werden sollten, und 20 Malter Korn- und 20 Pfund Geldrente aus dem Kloster zu Flonheim, 60 Malter Kornrente aus dem Zehnten zu Weltstein und allem dem, was Raugraf Philipp daselbst hat, und dazu den Hof, der zur Burg Weltstein gehörte, als Unterpfänder für die richtige Auszahlung der Rente zur Verfügung gestellt wurden. Beide Kontrahenten schlossen einen Burgfrieden für die Dauer der Pfandschaft, die mit 1500 Gulden ablösbar sein sollte [2]. Am 23. Juni 1323 machte Wildgraf Friedrich seine „burch und hus zu Wellestein, dat gelegen ist bi Cruzenache, deme selve erzebischofe (Baldewin) und sinen nakomen erzebischoffe von Triere eweliche sin offen und ledich hus" und nahm es somit von Kurtrier zu Lehen [3]. Am 25. Mai 1327 wurde die Burg Weldestein dem Wildgrafen Friedrich von Kyrburg und nicht dem Wildgrafen Heinrich von Schmidtburg zugesprochen [4]. 1372 (15. April) genehmigte der Trierer Erzbischof Cuno von Falkenstein, dass der Wildgraf Friedrich ein Viertel an der Burg um 1500 Gulden an den Grafen Heinrich von Sponheim verkaufe oder verpfände [5]. Am 27. März 1373 wurde nach dieser Verpfändung zwischen Heinrich von Sponheim und dem Wildgrafen Otto von Kyrburg der Burgfriede vereinbart [6].

In der Teilung der Wildgrafen Friedrich und Otto von Kyrburg am 11. November 1375 erhielt Friedrich in Wellnstein auf der Burg das neue Haus vor den beiden Türmen, den langen Stall, die Küche, die Kapelle und das Mühlhaus, dazu verschiedene genau bezeichnete Grundstücke und Güter in der Gemarkung, zur Burg und zum Hof Wellnstein gehörig. Otto erhielt auf der Burg den alten Saal, den Spinngadem, das Mehlhaus und andere Gebäude in

---

1) Diplomata Rhingravica (Habelsche Sammlung im Staatsarchiv Marburg) II 39.
2) Schmitz-Kallenberg, Westfäl. Inventare, Kreis Coesfeld, Beiheft S. 200, Nr. 125.
3) Günther, Cod. diplom. Rheno-Mosellanus III 212 Nr. 117.
4) Scriba, Regesten Rheinhessen 5019.
5) Regesten der Trierer Erzbischöfe S. 107. — StAKoblenz, Diplomataria archiepiscoporum Trevirensium VIII 441; IX 688.
6) Scriba, Regesten Rheinhessen 5563.

der Burg und in der Vorburg und die übrigen genau beschriebenen Güter, die in der Gemarkung zur Burg und zum Hof in Wöllstein gehörten [1]). Es muss demnach eine grössere Burg gewesen sein.

Im 15. Jhdt. wurde die Burg den Wildgrafen ganz entzogen und vom Erzbischof Werner von Trier dem Herrn Johann von Westerburg und am 1. November 1410 dem Reinhard von Westerburg, darauf zum Teil als Pfandschaft dem Grafen Philipp von Nassau-Saarbrücken zugewiesen (26. Juni 1411). 1415 übergab Reinhard von Westerburg dem Erzbischof Werner das ihm auf Lebenszeit eingeräumte Schloss Wöllstein, auf dem Gau bei der Neuen Baumburg gelegen [2]). Am 12. Juni 1432 war das Schloss Wellstein Lehen von Kurtrier, und ein Dritteil davon von den Grafen Johann und Philipp von Nassau an den Erzbischof Konrad von Mainz, und ein weiteres Dritteil an Pfalzgraf Stephan und Graf Friedrich von Veldenz versetzt; zwischen diesen Teilhabern wurde ein Burgfriede geschlossen, in den der Umkreis der Burg auf Armbrustschussweite einbegriffen ward. Noch in der Teilungsurkunde von 1515, in welcher eine ganz genaue Aufstellung der Wildgräflichen Gefälle enthalten ist, wird bei Welstein nur 1 Malter 2 Sümmer Korn vermerkt [3]). Erst in der Teilung zwischen den Wild und Rheingrafen Johann und Thomas von Kyrburg erscheint 1545 das Schloss Wellstein wieder im wildgräflichen Besitz [4]). Bald darauf ist es, wie die Amtsbeschreibung der Grafschaft Sponheim angibt, als verfallen von den Wild- und Rheingrafen aufgegeben und nebst den Hofgütern an Wöllsteiner Einwohner verkauft worden.

Pleitersheim scheint (wenigstens zum Teil) länger im Besitz der Raugrafen geblieben zu sein als Wöllstein.

Am 31. Oktober 1377 versetzten Ruhegrave Philippes Herr zu der neuen und alten Baymburg und seine Gattin Anna dem Kloster Pfaffenschwabenheim ihren Teil des Gerichts, Vogtei und Herrschaft des Dorfes Blitersheym für 50 Gulden gut an Gold und 30 Malter 1 Firnzel Korn Binger Masz und wiederholen die Verpfändung zehn Jahre, später für 31 Malter Korn und 2 Fuder Hunnischen Weines. Am 1. März 1412 wurde der Rest der Rechte des Raugrafen durch Raugraf Otto und seine Frau Maria von Salm gegen

---

1) Diplomata Rhingravica III 60.

2) Baur, Hessische Urkunden IV S. 35 f., Nr. 39; S. 113, Nr. 120. — Diplomat. Archiepiscop. Trev. IX 494, 522, 526. 1393 wird der Burgfriede zwischen Graf Philipp von Nassau-Saarbrücken und der Wildgräfin Witwe Anastasia von Leiningen erneuert (Scriba, Regesten Rheinhessen 5679), die 1390 sich mit ihrem Schwager, dem Wildgrafen Otto von Kyrburg, über denselben verglichen hatte (Rennenberger Archiv). Noch 1417 erkaufte Graf Philipp von Nassau $\frac{1}{4}$ an der Veste Wöllstein vom Wild und Rheingrafen Johann für 1000 Gulden mit Konsens des Erzbischofs Werner von Trier (Scriba, Regesten Rheinhessen 5717).

3) Archiv der fürstl. Rentkammer in Coesfeld Nr. 42. — Fabricius im Trier. Archiv, Ergänzungsheft 12, S. 55, Nr. 65.

4) Scriba, Regesten Rheinhessen 4649.

8 Malter Korn und 1 Fuder Wein sowie 17 Gulden an das Kloster verkauft, und das Dorf vor dem Gericht zu Wöllstein dem Kloster für immer aufgegeben [1]).

20. Zotzenheim.

1476 war Zotzenheim noch in der Pfandschaft des Grafen von Falkenstein, wurde also nicht zum Amt Kreuznach mit Abgaben herangezogen.

Zotzenheim [2]) hatte 1601 60 Feuerstellen. Die Gemeinde besass ein Bannbackhaus, wovon an die Landesherrschaft jährlich 6 Malter Korn gegeben wurden. Von der Bannmühle fielen 88 Malter Korn an die Truchsesserei Kreuznach. Für Atzung und Bede zahlte die Gemeinde 57 Gulden 10 Albus und für Bannwein 5 Gulden.

Klösterlicher und adliger Grundbesitz war in der Gemarkung ein Gut des Mainzer Domkapitels (13 Malter Korn und 7 Malter Weizen), des Klosters Pfaffen-Schwabenheim (9 Malter Korn, 3 Gulden Zins), des Klosters Rupertsberg bei Bingen (3 Malter Korn).

Der Weinzehnte fiel zur Hälfte an die Wild- und Rheingrafen (die daraus an den Pfarrer 4 Ohm überliessen) und zur andern Hälfte an Hans Friedrich von Ingelheim. Der Fruchtzehnte wurde ebenso verteilt, und jeder Anteil betrug gewöhnlich 34 Malter Frucht.

Als Hintersassen gehörten zu Kurpfalz: zum Dorf Wolfsheim 3 Leute, zu Wonsheim 1 Person, zum Amt Stromberg 9, zur nassauischen Herrschaft Kirchheim 2 Personen, zum Dorf Planig (von Löwenstein) 1, zur von Schönenbergischen Herrschaft 1, zur Grafschaft Falkenstein 1 Person.

Das Dorf grenzte mit seiner Gemarkung an Sprendlingen, Welgesheim (Amt Stromberg), Biebelsheim (Falkensteinisch).

Nach dem Weistum gehörte Wasser und Weide in der Gemarkung der Herrschaft, „der soll sich der arm Mann gebrauchen, dass sie den Herrn desto bafs gedienen mögen an Schatzungen und andern Ungnaden". Alle Güter in der Gemarkung sind „bedthaftig" ausser dem Pfarrerwittum. Die Bede betrug 42 Goldgulden, Atzung 15 Goldgulden und 15 Albus, „stehet der Herrschaft zu uf und abzusagen", 5 Gulden schlecht Geld für Bannweinschank, und 8 Malter Korn, davon 2 aus dem Backhaus und von etlichen Gütern.

Zotzenheim kommt wenig in Urkunden vor. 1133 erwarb Erzbischof Adalbert von Mainz von einem Freien namens Hugo, Sohne des Gerlach Volans ein Gut in villa que dicitur Zozenheim, in pago Nachowe in comitatu Emichonis comitis de Smedeburch und schenkte es dem Domkapitel [3]).

In den Güterverzeichnissen des Klosters Rupertsberg [4]), Werners von Bolanden und des Rheingrafen Wolfram kommt es ohne das anlautende Z als Ozenheim, Uzzenheim, vor. Zotzenheim ist also gleich „ze Ozzenheim".

Werner von Bolanden hatte das Patronatsrecht und den Zehnten zu Otzenheim und den Zehnten zu Welgesheim zu Lehen von dem Grafen von Lon [5]).

---

1) StADarmstadt, Pfaffen-Schwabenheimer Kopialbuch fol. 10 f. — Würdtwein, Monasticon Palatinum V 179, 182, 188, 202.
2) Amtsbeschreibung 94—102. — Widder IV 53.
3) De Gudenus, Cod. dipl. I 110. — MRR. I 1859.
4) MRUB. II S. 380.
5) Sauer, Aelteste Lehenbücher der Herrschaft Bolanden 27.

Rheingraf Wolfram war mit der „comecia in Uzenheim et in Wilre" von dem Grafen (Wildgrafen) zu Dhaun belehnt und vom Grafen von Lon mit dem Zehnten und der Kircheninvestitur zu Huzzenheim [1]).

Am 16. Januar 1404 schenkte der Wild- und Rheingraf Johann III. und sein Bruder Friedrich dem Stift St. Johannesberg bei Dhaun das Patronatsrecht zu Zotzenheim, und am 31. Mai 1404 wurde die Pfarrei dem Stift inkorporiert, was 1406 durch Erzbischof und Papst bestätigt wurde [2]).

1354 wies Graf Walram von Sponheim seiner Tochter Margarete bei ihrer Verlobung mit Philipp dem Jüngsten von Falken-stein-Münzenberg eine Rente von 300 Pfund Heller jährlich auf die Einkünfte der Dörfer Zotzenheim und Hilbersheim an [3]). 1369 2. Oktober versetzte der Graf Simon von Sponheim-Vianden dem Reichskämmerer Philipp VI. von Falkenstein für 1490 Gulden in Gold die Dörfer Hilbersheim und Zotzenheim, um mit dieser Summe seinen Vater, den Grafen Walram, aus der Haft seiner Feinde zu lösen [4]).

So kommt es, dass sich diese beiden Dörfer bis ins 16. Jhdt. hinein unter den Besitzungen der Grafen von Falkenstein am Donnersberg finden, z. B. in der Urkunde vom 21. Mai 1456, worin der Graf Wilhelm von Virneburg, Herr zu Falkenstein, sein ge-samtes Falkensteiner Land an Wirich von Daun, Herrn zum Ober-stein, abtrat [5]), und noch in der Sammlung von Weistümern der Grafschaft Falkenstein von 1534 begegnen die der Orte Zotzenheim von 1480 und Oberhilbersheim aus der Zeit der Alleinregierung Melchiors von Daun 1501—1517 [6]), nicht wesentlich abweichend von dem in der Sponheimer Amtsbeschreibung von 1601 über-lieferten Formular, das nur statt der Falkensteiner die Fürsten und Grafen von Sponheim als Herren nennt. Die Renovation der Truch-sess- und Landschreiberei-Gefälle im Amt Kreuznach 1476 erwähnt in Oberhilbersheim nur einen Hof und Zotzenheim gar nicht, was mit den Angaben der Falkensteiner Urkunden übereinstimmt.

Wie die Grafen von Sponheim in den Besitz von Zozenheim gelangt sind, da doch um 1200 die Grafengewalt den Rheingrafen zustand, und wann sie nach 1534 das Dorf nebst Oberhilbersheim von den Falkensteinern zurück erhielten, habe ich noch nicht fest-stellen können.

---

1) Archiv der fürstlichen Rentkammer zu Coesfeld. — Trier. Archiv Ergänzungsheft 12, S. 9, Nr. 16 b und 22 b.

2) Würdtwein, Dioecesis Moguntina I 73, 248. — Archiv der fürst-lichen Rentkammer zu Coesfeld 21/341/2205—2219.

3) Lehmann, Sponheim I 211.

4) Mitteil. d. histor. Vereins d. Pfalz 3 (1872). J. G. Lehmann, Ur-kundl. Gesch. d. Herren u. Grafen v. Falkenstein am Donersberge S 53.

5) Mitteilungen des historischen Vereins der Pfalz 3 (1872) S. 113. — Senckenberg, Selecta iuris et historiarum II 699 ff.

6) KrASpeyer, Falkensteiner Codex II (Weistümer) fol. 59 v. ff, 67 ff.

2. Herrschaften, die früher zu Kreuznach in Beziehung standen.

1. Herrschaft Ebernburg.

Mit dem Amt Kreuznach verbunden war die Herrschaft Ebern-burg, die in der Haupturkunde über die vordere Grafschaft Spon-heim vom 24. Mai 1440 mit allen ihren Bestandteilen, nämlich „Ebernburg burg und dale ... den dorffern ... Fyle, Bingarten, Narheim", ausdrücklich erwähnt ist [1]).

Ebernburg (N 21), Feil und Bingart (M 22) liegen im jetzigen Bezirk Kirchheim-Bolanden, Norheim (M 21) im Kreis Kreuznach.

Die ältesten Nachrichten über Ebernburg ergeben, dass das Stift Neuhausen bei Worms dort begütert war. Der Propst dieses Stiftes, Heinrich, Sohn des Grafen Simon II. von Saarbrücken, über-liess vor dem 2. Dezember 1212 die Kirche zu Ebernburg dem Kapitel seines Stiftes [2]). Da damals der Rheingraf Wolfram den dritten Teil der Vogtei in Heberenburch vom Grafen von Sar-bruchen zu Lehen hatte [3]), und die Grafen von Saarbrücken Stadt-präfekten und Schirmvögte des Hochstiftes Worms und wahrschein-lich auch des Stiftes Neuhausen waren [4]), ist die Beziehung zu Worms und Neuhausen sichergestellt.

Graf Friedrich von Saarbrücken, ein Bruder jenes Propstes Heinrich von Neuhausen, erbte 1214 von dem Bruder seiner Mutter Luccarde, dem Grafen Friedrich von Leiningen, diese Grafschaft, und nahm den Namen eines Grafen von Leiningen an [5]). Mit seinem ältesten Bruder, dem Grafen Simon III. von Saarbrücken, hatte er bis dahin die Grafschaft Saarbrücken gemeinschaftlich be-sessen, und scheint bei der Auseinandersetzung mit ihm die näher an Leiningen als an Saarbrücken gelegenen Besitzungen behalten zu haben. So kam die Vogtei Ebernburg an die Grafen von Lei-ningen aus dem Hause Saarbrücken. In der Teilung zwischen den Grafen Friedrich und Emich von Leiningen 1237 fiel die Vogtei zu Binegardin, Ebernburc und Vilde dem letzteren zu [6]).

1312 erscheint Ebernburg als Besitz des Raugrafen Heinrich von der Altenbaumburg, der dem Johann Ulner von Böckelheim

---

1) StAKoblenz, Grafschaft Sponheim, Urkunden.

2) de Gudenus, Cod. dipl. 1, 421.

3) Güterverzeichnis in der fürstl. Rentkammer zu Coesfeld. — Trier. Archiv, Ergänzungsheft 12, S. 9, Nr. 18.

4) MRR. II 151, 157, 256.

5) A. Brinckmeier, Genealog. Geschichte des ... Hauses Leiningen. Braunschweig 1890. I 39, 53, 58. — A. Ruppersberg, Geschichte der Graf-schaft Saarbrücken. Saarbrücken 1901. I 111 f.

6) Widder, Beschreibung der Pfalz IV 153. — Lünig, Spicilegium saeculare des Teutschen Reichsarchivs I u. II. Leipzig 1719. S. 381 (mit falschem Jahr 1232). — F. X. Remling, Urkundenbuch zur Geschichte der Bischöfe von Speyer. Mainz 1852—54. I S. 213.

300 Mark gezahlt hatte, um ihn als Burgmann zu Ebernburg zu gewinnen, wofür dieser eigne Güter zu Narheim zu einem Burglehen auftrug[1]). 1325 am 12. August werden Ewernburg, Felde und Wingarten (wofür vielleicht Filde und Bingarten zu lesen ist) „und alle die lude, die in den hof horen zu Ewernburg, und was wir in dem gericht han" als allodiale Besitzungen des Raugrafen Heinrich des Alten angeführt, über welche der Raugraf zu Gunsten seines Stieftochtermannes, des Grafen Philipp von Sponheim, Herrn zu Bolanden und Dannenfels, seiner Gemahlin Katharina (deren Wittum dort lag) und seiner eignen Kinder verfügte[2]). Demnach haben die Leininger, vorher die Saarbrücker Grafen, mit der Vogtei über die Neuhauser Güter nicht die ganze Gerichtsbarkeit in den drei Dörfern besessen. Auch dieser Anteil ging später an die Raugrafen über. Kunigunde von Leiningen war mit einem Herrn von Blamont in Lothringen vermählt, und 1338 hatte sich der Raugraf Ruprecht, Sohn jenes Heinrich des Alten, mit einer Tochter dieser Eheleute verlobt. Er verabredete mit dem Grafen Johann von Sponheim-Kreuznach zusammen (wenn die Ehe zustande käme) zu Ebernburg eine Burg und Stadt zu erbauen, wofür er dem Grafen 4000 Pfund schwarzer Turnosen zahlen und ihm die Mitregierung der Burg und Stadt samt der Hälfte der Einkünfte und Anteil an der Gerichtsbarkeit einräumen wollte[3]). Es scheint, dass der Graf von Sponheim früher solche Versuche der Leininger und Raugrafen bekämpft hatte, da sie der Stadt Kreuznach nachteilig sein konnten.

Die Gemeinschaft ist wirklich eingeführt worden, aber wie so oft bei derartigen Kompromissen, geschah es auch hier, dass aus dem Gemeinbesitz Streitigkeiten und Fehde entstanden. Am 16. Januar 1347 wurde durch Freunde der beiden Grafen Walram von Sponheim und Raugraf Ruprecht von der Altenbaumburg, die wegen der Ebernburg in Fehde geraten waren, vereinbart, dass die bisher bestehende Gemeinschaft aufgelöst werde, Veste und Dorf Ebernburg an Sponheim, Feil und Bingart an den Raugrafen fallen solle[4]). Der Graf von Sponheim zahlte dem Raugrafen 2500 Gulden, nach deren Rückerstattung der frühere Zustand wieder hergestellt werden sollte. Der Graf von Sponheim hatte zur Erwerbung der Ebernburg auch die Hilfe seines Schwagers, des Grafen Heinrich von Veldenz, gewinnen wollen und diesem versprochen, die Hälfte der von ihm erbauten Burg und des Berges einzuräumen. 1371 beschwerte sich der Graf von Veldenz darüber, dass Graf Walram seines Wortes später nicht mehr geständig

---

1) Dipl. Rhingr. (Habelsche Sammlung in StAMarburg II 26.
2) Köllner, Geschichte von Kirchheim-Bolanden S. 122 nach Kremers (handschriftlicher) Urkundensammlung.
3) Lehmann, Geschichte der Grafen von Spanheim I 147. — Wigand, Wetzlarsche Beiträge II 36.
4) Wigand a. a. O. — Lehmann, Sponheim I 197.

gewesen wäre [1]). Der Streit mit den Raugrafen wegen der Ebern-
burg führte zehn Jahre später abermals zu einer Fehde, in der
Raugraf Heinrich von der Altenbaumburg gefangen wurde. Bei
seiner Entlassung, am 21. Sept. 1381, erneuerte er mit Graf Simon III.
von Sponheim die Verträge, die ihre Väter, die Grafen Ruprecht
und Walram, über die Ebernburg geschlossen hatten. Und am
21. Oktober verzichtete der Raugraf vor dem Gericht im Tale zu
Ebernburg „mit Halme und mit Munde" auf diese Burg und das
Dorf und ebenso auch vor dem Gericht zu Vilde auf das Dorf
Vilde zugunsten des Grafen Walram von Sponheim [2]). So war
die ganze Herrschaft an die Grafen von Sponheim gekommen, und
erscheint nun in den Verträgen wegen der sponheimischen Erbfolge
als Bestandteil der vorderen Grafschaft.

Allein sie wurde 1430 für eine Schuld von 1200 Gulden an
Hans Winterbecher als Amt verpfändet. Hans Winterbecher über-
liess die Pfandschaft an Dietrich Knebel von Katzenelnbogen [3]).
Am 22. Oktober 1448 bewilligten Pfalzgraf Friedrich und Mark-
graf Jakob von Baden als Grafen von Sponheim, dass Reinhard
von Sickingen die Pfandschaft Ebernburg von Dietrich Knebeln
an sich bringen möge [4]). 1482 erweiterte Kurfürst Philipp von
der Pfalz die Pfandschaft für Reinhards Sohn Schwicker von
Sickingen, seinen Obersthofmeister und Amtmann zu Kreuznach,
dem er 2100 Gulden schuldig war, dergestalt, dass sie nicht nur
in männlicher, sondern auch in weiblicher Nachfolge vererbliche
Unterherrschaft wurde. Formell wurde die Herrschaft auch nach-
her noch zur Grafschaft Sponheim gerechnet. So ist Ebernburg
an den Grossvater und Vater des Ritters Franz von Sickingen
gekommen. Wie die Herrschaft von den Nachkommen Franzens
in den Jahren 1750 und 1771 an Kurpfalz abgetreten worden ist,
ist in den „Erläuterungen zum geschichtlichen Atlas der Rhein-
provinz" II, S. 449 bereits erzählt.

Norheim scheint ursprünglich nicht mit Ebernburg in Be-
ziehung gestanden zu haben. Der Ort kommt zuerst in den Lorcher
Urkunden von 766 (Adalger verkauft dem Abt Gundeland seinen
Besitz im Nahgowe zu Narheim, nämlich eine Hufe mit Haus und
Hof, Feldern Wingerten, Wäldern für 2 Pfund Silber) 771 Juni 1.
(Sigehard schenkt dem Kloster Lorsch locum ad vineam faciendam
in fluvio Nawa, in pago Wormat. in Naraheim marca), 782 April 26.
(Sigilach schenkt 2 Morgen Wald in pago Nahgowe in Naarheimer
marca und $^1/_6$ Hube in Uffiliubesheim) [5]). Nach den „notitiae
hubarum" besass Lorsch in Nareheim 2 hubae serviles et 12 jur-

---

1) StAKoblenz, Grafschaft Sponheim, Urkunden, Staatsarchiv.
2) Lehmann, Sponheim I 264 f.
3) Widder IV 154.
4) Dipl. Rhingr. IV 73.
5) Cod. Lauresham. II Nr. 2006, 2007, 1255.

nales in dominico, et hubae solvunt pullos 2, ova 20" [1]). Ausser Lorsch war, wie unten bei Mandel bemerkt werden wird, die Abtei St. Maximin vor Trier zu Narheim im Nahegau begütert. Am Ende des 12. Jhdts. hatte Werner von Bolanden vom Reich zu Lehen: „curiam Narheim cum juramento et banno et omni justicia" [2]).

Die erste Beziehung zu Ebernburg stammt aus dem Jahr 1312, Februar 27., indem Johann Ulner von Beckelnheim das Burglehen zu Ebernburg im Wert von 300 Mark Pfennigen, welches er vom Raugrafen Heinrich empfangen hatte, auf eigne Güter und Gefälle in der Gemarkung Narheim verlegte [3]).

Norheim zeigt in älterer Zeit mehr Beziehungen zu Mandel als zu Ebernburg.

<h3 align="center">2. Volxheim.</h3>

Zu den Freidörfern des Gerichts Kreuznach gehörte auch Volxheim, das wie die andern Freidörfer verpflichtet war, einen Blut-schöffen am Gericht zu Kreuznach zu stellen und jährlich 9 Gulden Blutgeld an das dortige Amt zu zahlen; hiergegen sind die Ein-wohner von dem Kreuznacher Zoll an den Stadttoren und dem Wegegeld befreit gewesen [4]).

Volxheim kommt in vier Schenkungen des Lorscher Codex als Folkesheim in pago Wormaciensi vor.

Im 14. Jahre Karls des Grossen, mithin von Herbst 781 bis Herbst 782, schenkten Sveidinc und seine Frau Ratdrud ihren Besitz in Folkes-heim an Wiesen, Wald, Huben, Weingarten, Feld und Ackerland, sowie Gerhard 15 mg. Ackerland, ein „hubestath" und was er sonst dort besass. Am 12. Juni 782 schenkte Hunolf in pago Wormat. in Folkesheim marca 1 mansus mit Zubehör. Am 11. Juni 786 schenkten Irminheith und ihr Sohn Erkanbald einen Morgen Ackerland in Folkesheim marca. Diese Güter (1 Hube, 16 Morgen Acker und Zubehör) wurden am 18. Juli 827 an St. Maximin bei Trier vertauscht, wie bereits bei Wöllstein erwähnt ist [5]).

Rheingraf Wolfram hatte um 1200 vom Grafen von Kassele (Blieskastel) neun Hufen in Volkesheim zu Lehen [6]). Diese Huber-schaft war noch im 16. Jhdt. im Besitz der Wild- und Rhein-

---

1) Cod. Lauresham. III S. 191.

2) Sauer, Aelteste Lehenbücher der Herrschaft Bolanden S. 17.

3) Dipl. Rhingr. II 26.

4) StADarmstadt XIV 1, Saal- u. Lagerbücher, Rheinhessen, Alzey Nr. 3. Regalienbuch 1683 S 316.

5) Cod. Lauresham. II 1264—66, 1289, 1622.

6) Güterverzeichnis des Rheingrafen Wolfram in der fürstl. Rent-kammer zu Coesfeld. Kremer, Origines Nassoici II 221. Trier. Archiv, Erg.-Heft XII S. 10, Nr. 23. Die Leistungen dieser 9 Hufen sind S. 12, Nr. 2 verzeichnet. Am 10. Dezember 1357 bescheinigte der Rheingraf Johann, Wildgraf zu Dhaun, in seinem Sühnungsvertrag mit dem Erzbischof Boe-mund von Trier den Empfang der Lehen vom Erzstift Trier, die schon sein Vater innehatte, darunter das Gut zu Volkesheym mit einer Gerichts-barkeit. (Die Grafschaft Blieskastel war an Kurtrier gefallen.) Dipl. Rhingr. II 317. Archiv in der Rentkammer zu Coesfeld (Schmitz-Kallen-berg, Inventare, Beiheft II S. 255, Regest 411).

grafen. Im Weistum von 1515 wird die hohe Obrigkeit in dem rheingräflichen Teil der Gemarkung der genugsam „bestockt und gesteynt ist, als wytt und ver das (Gericht) ghett", auch der Angriff auf den Verbrecher und die volle Hochgerichtsbarkeit, dem Rheingrafen als obersten Gerichtsherrn zugesprochen. Im Weistum von 1526 sind die Abgaben der Hubner genau beschrieben [1]).

Einen anderen Anteil an Volxheim hatten die Antoniter zu Alzey. Diese Mönche schlossen am 29. Juli 1373 mit ihren Hörigen zu Volxheim einen Vertrag über ihre gegenseitigen Leistungen und Rechte. Das Kloster darf das Dorf nicht verkaufen oder einem Edelmann als Lehen überlassen, auch keinen Burgbau dort aufführen. Schultheiss, Schöffen und ganze Gemeinde sollen immer zur Grafschaft Sponheim gehören und Bürger der Stadt Kreuznach bleiben wie zuvor [2]). 1538 verkauften die Antoniter das Dorf Volxheim an Kurpfalz, worauf der Ort dem Amt Alzey angegliedert wurde. 1715 ward er an Kurmainz abgetreten [3]).

Noch eine dritte Grundherrschaft bestand während des Mittelalters zu Volxheim. Über diese Gerichtsbarkeit in „Junker Wirichs sel. Hof" [4]) wurde am 15. Mai 1391 ein Weistum aufgenommen durch Junker Emich von Dhun, Herrn zum Obernstein, der Schultheiss, Schöffen und Hübener fragte, was er nach dem Tode seines Vaters Emich Rechtes da hätte oder haben möchte? Der Schultheiss antwortete, „das in drien geziden in dem jar (Johannis Bapt., Martini, Gertrudentag), wer hubener were und in den hof gehorte, komen solte zuo ungebotten dingen. Anderwerbe so wiseten sy, wie man den hern ire korner schniden und dreschen solt, mit namen mit der huebenner gelde und kost und mit der hern brode; und wan der hern arbeit vollenschiet, so sollte der amptman oder hoffman komen und die kost rechen, und sie sollen die huebener bezalen". Der jährliche Zins von der Hufe betrug $1^1/_2$ Malter Korn und $1^1/_2$ Malter Hafer. Wenn einer in der Lieferung säumig ist, darf der Hofmann die Hube an sich nehmen, und als (Ersatz für den) Schaden Korn und Hafer behalten und das kehren an Christen oder Juden. Die Einlösung musste innerhalb Jahresfrist gegen Zins und Schaden geschehen. Die Wingerte waren in Mannwerken auf Teilung verliehen; der dem Herrn zustehende Teil des Wein-

---

1) Weistümer im Archiv für hess. Geschichte und Altertumskunde, N. F. III 130 f., und Rentkammer zu Coesfeld, Weistümer der Wild- und Rheingrafschaft, gesammelt von P. Streuffen 1515. Trier. Archiv, Ergänzungsheft XII S. 70 f.

2) Lehmann, Geschichte der Grafen von Spanheim 1, 250.

3) Alzeyer Regalienbuch 1683.

4) In einem Sühnungsvertrag der Agnes von Dunen, Frau zu dem Obernsteine, und ihrer Söhne Wyrich und Emich mit dem Wildgrafen Friedrich von Kyrburg und seiner Familie vom 5. Februar 1344 gab der Wildgraf den Obersteinern den Hof zu Volxheim, den er während der Fehde besetzt hatte, zurück Rentkammer in Coesfeld, Archiv Grumbach, Kopialbuch von 1500 (Schmitz-Kallenberg, Inventare, Regest 281).

wachstums musste auf Kosten und Gefahr der Winzer bis an den Bach bei Weiler (wohl das oben erwähnte Dreckweiler zwischen Volxheim und Freilaubersheim) geliefert werden. Junker Emich lässt noch bestätigen, dass der Hof früher dem Junker Joh. Schweuffkreußellen versetzt war. Auf die Frage, in welcher Form und Massen Herr Antelmann sel. (v. Grasewege, Burggraf von Böckelheim) zu dem halben Hof Folxheym gekommen wäre und ihn inne gehabt hätte, und ob Antelmann die Pastorei zu Folxheym an jemand verliehen, antwortete das Gericht, dass ihm dies nicht bekannt sei[1].

In den 1580er Jahren hatte die Grafschaft Falkenstein zu Volxheim acht Hörige mit Pferden, vier Weibspersonen, vier „ausländische" Hörige, die drei Tage Frohnen leisten mussten, ein Hubengericht, die alleinige Ausübung der Kollatur (trotzdem hatte Kurpfalz schon drei Pfarrer dort eingesetzt) und den dritten Teil an Wein- und Fruchtzehnten, woraus dem Rheingrafen $^1/_8$ (also vom ganzen Zehnten $^1/_{24}$) gegeben werden musste[2].

3. Mandel.

Unter den Besitzungen von St. Maximin, welche diesem Kloster so oft bestätigt und restituiert wurden, findet sich seit 962 Mannendal oder Manneldal[3].   1107 gab der Kaiser Heinrich V. dem genannten Kloster unter anderm den Hof Mannendal im Gau Nahgowe zurück, den Cuno von Schwaben mit Unrecht einbehalten hatte[4]. Zu diesem Hof gehörte auch das Maximinsche Gut zu Narheim (Norheim).

Die Vogtei über diese Güter war später unter den Lehen, welche die Rheingrafen von der Abtei St. Maximin besassen[5].

Davon verschieden war ein Reichslehen, welches um 1194 Werner von Bolanden innehatte: „curiam Mannendal cum iuramento et banno et positionem ecclesie cum decima et cum omni iure"[6].

Um 1370 hatte Heinrich Zymar von (Spanheim, genannt von) Mannendal von dem Nachfolger Werners, dem Grafen Heinrich von Sponheim-Dannenfels zu Lehen: den Kirchsatz und die Bunde zu Mandel; und Philipp Meisewin „sin deil an dem korn- und winzehinden zu Mandel, und ist gefallen uf herrn Spessart, und ist das halb deil des zehinden an win und frucht; das ander halb teil horet zu der pastorie, die auch von uns rurt, und Ziemer Spanheim hait"[7].

---

1) KrASpeyer, Falkensteiner Cod. II (Weistümer, geschrieben 1537) 151.

2) StADarmstadt, Akten des geheimen Staatsarchivs XIV, I, Saal-, Grund- und Lagerbücher, Rheinhessen, Conv. 7. Grafschaft Falkenstein, Baumberger Amts Oberherrlich- und Gerechtigkeiten 1584—1588.

3) MRUB. I 269, 350, 352, 375, 387, 388, 421, 472, 496, 511, 573; II 20, 91.

4) Ebd. I S. 472.

5) Ebd. II 472. — Günther, Cod. dipl. Rheno-Mosellanus IV S. 526; V S. 189. Vgl. Trier. Archiv, Ergänzungsheft XII, S. 17, Nr. 10.

6) Sauer, Aelteste Lehenbücher 18.

7) Rheinischer Antiquarius II 16, S. 759, Nr. 44; S. 783, Nr. 178.

Seit dem 15. Jhdt. erscheint das Dorf und Gericht Mandel als Lehen von den Kämmerern von Worms, Herren zu Dalberg, im Besitz der Ritter von Koppenstein, bis nach Aussterben dieses Geschlechtes Wolfgang Heribert, Kämmerer von Worms, Freiherr von Dalberg für sich und seine Agnaten am 1. Juni 1786 den reichsfreien und allodialen Flecken Mandel für 110 000 rheinische Gulden an den Reichsgrafen Karl August von Bretzenheim (Sohn des Kurfürsten Karl Theodor von der Pfalz) verkaufte[1]).

Mit Kreuznach hatte Mandel die Beziehung, dass es zu den „Freidörfern“ gehörte, die in Kreuznach „über das Blut“ zu urteilen hatten, und dafür von der Zollabgabe an den Toren befreit waren. Auch wurde noch 1563 ausdrücklich durch die Gerichtsherren von Koppenstein anerkannt, das Mandel in der Grafschaft Sponheim liege und dass hier die sponheimische Untergerichtsordnung zu gelten habe. Ausserdem hatte die Gemeinde einen Wald hinter dem Gauchsberg, wo auch die Stadt Kreuznach einen Hochwald besass. Der Mandeler Wald war sowohl gegen den Stadtwald, als auch gegen die Gemarkungen Argenschwang, Spall, Gebroth, Allenfeld, abgesteint.

Es scheint, dass Mandel teilweise dem alten Reichsfiskus von Kreuznach beigezählt werden muss. Das Reichslehen des W. von Bolanden, der Zusammenhang mit dem Kreuznacher Blutgericht und die Lage des Waldes im Bereiche des Kreuznacher Markbezirks lassen diese Vermutung als berechtigt erscheinen.

4. Hüffelsheim.

Zum Amt Kreuznach wird mitunter auch das Dorf Hüffelsheim gerechnet.

---

1) Lehenreverse des Walrab von Koppenstein gegen Philipp, Kämmerer von Worms, vom 9. März 1477; des Meinhard von Koppenstein gegen denselben, vom 28. Juli 1484; des Meinhard von Koppenstein des Aelteren gegen Wolf, Kämmerer von Worms, 17. Oktober 1532, bei den Urkunden der Reichsherrschaft Dalberg im StAKoblenz. Lehenbrief des Friedrich Anton Christoph, Kämmerer von Worms, Freiherrn von Dalberg, für Jakob Adolf von Koppenstein als einzigen und letzten seines Geschlechts (1759 Aug. 22) bei den Urkunden derer von Koppenstein in der Abteilung „Adel“ des StAKoblenz, Kopie bei der „Rhein. Reichsritterschaft, Kanton Niederrhein, Reichsherrschaft Mandel“, Nr. 68. Der Verkaufsbrief in Kopie in derselben Abteilung Nr. 113. — Daselbst auch Weistümer, Dorfordnungen usw. Waldweistum von etwa 1500, Gerichtsweistum vom 25. November 1563. Abschied vom 9. Februar 1604 (Verordnung der „gemeinen Junckhern von Koppenstein“ über Sonntagsruhe, Wirtshausbesuch, Feuerlöschwesen u. dgl.) Im Weistum werden „die von Koppenstein samptlich und niemands anderst vor oberste Gerichts Junckern, Gebot und Verbot in ihre Gewalt und Hand gewiesen; item zu richten uber Dieb und Diebinnen, uber Halß und Halßbein. Wo es sach were, daß ein Mißthettiger oder Mißthetterin zu Mandel erfunden wurde, dafs die von Koppenstein dieselbige zu greifen, vorzunemen und zu richten haben.“ Also waren damals die Beziehungen zu dem Blutgericht zu Kreuznach schon ziemlich vergessen.

Hüffelsheim kommt in Schenkungen an das Kloster Lorsch aus den Jahren 766 bis 790 vor als Uffiliubesheim, Uffilebesheim, Uffilesheim, in pago Nachgowe gelegen[1]). Ob in der Urkunde Kaiser Ludwigs des Frommen für das Kloster Prüm von 835 über den Tausch des Abtes Markwart mit den Brüdern Heberarius und Hebrardus (Eberhar und Eberhard) „Husfileidesheim"[2]) richtig abgeschrieben ist (man würde Huffileibesheim erwarten), wage ich nicht zu entscheiden.

Am 5. Juni 973 bestätigte Kaiser Otto II. dem Erzstift Magdeburg unter anderen Besitzungen, die dasselbe von seinem Vater geschenkt erhalten hatte, auch solche in Rheinfranken, bei Mainz in pago Nagonis zu Huffilesheim sowie in comitatu Magunensi (Maifeld) zu Wesila und Kezelenheim (Hüffelsheim, Oberwesel und Kesselheim[3]). 1112 wurden die Besitzungen des Erzstifts Magdeburg im Nahgowe in der Grafschaft Emichos zu Gugenheim, Huffelesheim und Treisa an das Erzstift Mainz abgetreten[4]).

Um 1200 waren 24 Huben in Huffelsheim mit allem Recht und der Zehnte mit der Kircheninvestitur Reichslehen im Besitz des Rheingrafen Wolfram, der es dem Konrad Specht und seinen Brüdern verliehen hatte. Auch hatte der Rheingraf vom Grafen von Zweibrücken die Vogtei über die Güter der Abtei St. Maria-Altenmünster in Mainz zu Huffelnsheim und Leibersheim zu Lehen, womit er seinerseits einen Godebold belehnt hatte[5]).

Dieses Lehen war nach dem alten wild- und rheingräflichen Mannbuch in Coesfeld[6]) 1383 teilweise im Besitz des Werner gen. Hundesruck, Wäpeling von Hüffelsheim (Haus, Hof und Garten im Dorf Hüffelsheim, $20^1/_2$ Mg. Ackerland, 2 Mg. Wiese, Dinghof und Dingleute; dazu 10 Ml. Beedekorn, 3 Ml. Weidehafer, $3^1/_2$ Ml. 9 Süm. Zinshafer, Wildgefilde auf der Hart). 1396 des Henne Futtersack vom Stege in Gemeinschaft mit Kindelins Erben von Sien (den halben Zehnten zu Hüffelsheim und zu Nossbach, Kirchensatz zu Hüffelsheim, halbe Teil des Hofes zu Hüffelsheim mit Schultheiss, Schöffen, Hübnern und Zubehör: 20 Ml. Korn, 47 Mg. Ackerland und Wiesen, 6 Ml. Hafer, Besthäupter, Fastnachtshühner,

---

1) Cod. Lauresham. II 2001—2006; III 3660.
2) MRUB. I S. 71, Nr. 63.
3) MRR. I 1036. — Nach MRR. I 1014 und 1015 waren diese Güter zu Kesselheim und Oberwesel den (vermutlich bei dem Lothringischen Aufstand 959) geächteten Konrad und Eberhard abgenommen und 966 dem neuen Erzbistum Magdeburg geschenkt worden. Ueber Hüffelsheim usw. ist keine besondere Urkunde ausgestellt oder erhalten. Da aber 1112 diese Güter als Pertinenzstücke der curia Wesele bezeichnet sind, darf angenommen werden, dass sie als solche an das Erzstift gekommen sind.
4) MRUB. I S. 482, Nr. 422.
5) Güterverzeichnis des Rheingrafen Wolfram. — Trier. Arch., Erg.-Heft XII S. 6 (1 b) u. 8 (14 j.).
6) Archiv f. hess. Geschichte u. Altertumskunde, N. F. IV S. 445 ff., Nr. 14, 15, 16, 162, 228, 245, 246.

Vogtpfennige; die andere Hälfte vermannte der Hundesrucker einer).
1408 wurde Traboit von Syende mit dem halben Lehen des Werner
Hundesrucke belehnt, dessen andere Hälfte der Rheingraf (Johann
Wildgraf zu Dhaun) für sich zurückbehalten hatte. 1426 war
Traboit von Sien belehnt mit dem Kirchensatz und Zehnten zu
Hüffelsheim und dem Zehnten zu Nossbach. Ferner mit einem
freien Hof zu Hüffelsheim, mit 9 Ml. Bedekorn und Gütern, darunter
der Acker „die Bunde" und die Wiese „der Bruel"; dann mit dem
halben Teil des Hundesruckschen Mannlehens. Im gleichen Jahre
wurde Heinrich Futtersack mit $\frac{1}{4}$ am Zehnten und Kirchensatz
belehnt, was 1439 an Heinrich von Morsheim und Godfrid von
Schmidtbur überging, während das Lehen des Trabolt von Sien
1430 an Friedrich von Sien und 1439 an Johann Boos von Waldeck
den Jungen und dessen Brudersohn Hermann verliehen wurde.

Von diesem Lehen verschieden war ein Lehen von der wild-
gräflichen Herrschaft Kyrburg, „das Gericht zu Hüffelsheim hoch
und nieder, Wasser und Weide", das 1426 dem Johann Boos von
Waldeck Ritter, vorher dem Hermann von der Pforten, und 1439
dem schon genannten Johann Boos von Waldeck dem Jungen ver-
liehen war[1]).

Ein dritter Teil an diesem Gericht (Lehen vom Wildgrafen
Friedrich von Kyrburg) wurde am 22. Februar 1367 mit Erlaubnis
des Lehensherrn (12. Februar) durch Kindeln von Sien Wäpeling
an den Grafen Walram von Sponheim verkauft mit der Bedingung,
dass nach Kindelins Tod der Graf von Sponheim dem Wildgrafen
einen Lehenmann stellen sollte[2]). Dieser Teil war noch 1435 bei
der Grafschaft Sponheim, und wurde bei den Verhandlungen über
das an Kurpfalz abzutretende Erbfünftel nach dem Antrag des
Grafen Johann von Sponheim nicht in die „Gemeinschaft" gezogen,
sondern dem Grafen Johann allein zugewiesen. Dagegen sollten
die 50 Ml. Schirmhafer, welche die Gemeinde Hüffelsheim an das
Amt Kreuznach zu zahlen hatte, in die Gemeinschaft fallen[3]). Nach
einer Urkunde vom 1. April 1380 hatte nämlich die Gemeinde
Hüffelsheim den Grafen Simon III. von Sponheim und Vianden, wie
früher seinen Vater Walram und seinen Oheim Johann, zu ihrem
Schutz- und Schirmherrn angenommen und versprochen, ihm jähr-
lich 50 Ml. Hafer nach Kreuznach zu liefern[4]). Diese Abgabe
wurde noch 1601 erhoben.

Hüffelsheim ist also, was einige Güter und Huben betrifft,
ursprünglich zu dem Kreuznacher Fiskalgut gehörig gewesen.

---

1) Dasselbe Mannbuch a. a. O. Nr. 101, 154, 228.
2) Lehmann, Spanheim I 232. — Dipl. Rhingr. III 4. Vgl. Schmitz-
Kallenberg, Inventare der nichtstaatl. Archive der Provinz Westfalen. Bei-
band I S. 17, Nr. 39, 80 (Anholt, Schloss I.) S. 511*, Nr. 501 (Coesfeld, Fürstl.
Kammer, Rhein- u. Wildgräfl. Archiv).
3) KrASpeyer, Veldenz-Zweibrückisches Kopialbuch 9 fol. 140.
4) Lehmann, Spanheim I 280.

Ein Teil dieser Reichshuben ist im 12. Jhdt. den Wolframen vom Stein, später den Rheingrafen zu Lehen gegeben worden. Mit diesem Reichslehen war die Kirchengift und der Zehnte verbunden. Die eigentliche Gerichtsbarkeit (abgesehen von der über den Dinghof der Rheingrafen und ihrer Lehenmannen) war in den Händen wildgräflich kyrburgischer Vasallen. Sie wird also zu den Besitzungen der Emichonen, der Nahegaugrafen, gehört haben. Graf Walram von Sponheim erwarb $^1/_3$ dieser Gerichtsbarkeit, nachdem seine Vorgänger schon einen Vertrag mit der Gemeinde abgeschlossen hatte, durch welche sich dieselbe unter ihren Schutz gestellt und verpflichtet hatte, eine Haferabgabe, „Schirmhafer“, nach Kreuznach zu liefern. Schon die ältesten Urkunden in den Lorscher und Prümer Urkundensammlungen lehren, dass es in Hüffelsheim eine Anzahl freier Grundbesitzer gegeben hat, die mit dem Fiskalgut nichts zu schaffen hatten. Solche gab es dort auch später: So schenkte der Ritter Wolfram jun. von Lewenstein dem Kloster Disibodenberg am 27. Oktober 1279 eine Jahresrente von $^1/_2$ köln. Mark aus seinen Gütern zu Hüffelsheim[1]). 1390 verkaufte der Edelknecht Johann von Reipoltskirchen seine Güter, die er von seinem Oheim Egenolf von Kellenbach geerbt hatte, nämlich zu Hüffelsheim, Nosbach, Gaubickelheim und Gaugenheim, an seinen Bruder Reinfried; um 1390 verkaufte Peter von Fürfeld dem Ritter Johann Ullner von Spanheim für 55 Gulden Güter und Gefälle zu Huffelsheym vor dem dortigen Gericht[2]). Da bei allen diesen Veräusserungen einer lehensherrlichen Einwilligung nicht gedacht ist, werden die Güter freies Eigentum gewesen sein.

Das in der Urkunde des Johann von Reipoltskirchen genannte Nosbach ist eine Wüstung bei Hüffelsheim, die auch in Disibodenberger Urkunden vorkommt. 1375 (Sonntag Invocavit 11. März) bekundete Johann Knychgin, gesessen zu Nosbach und seine Hausfrau Irmel dem Abt und Konvent auf dem Disibodenberg schuldig zu sein, ein Ml. Korn jährlich zwischen den beiden Frauentagen, in der Ernte zu geben. Für die richtige Zahlung dieser Abgabe, die Arnold Smyt von der Bach vor Beckelnheim und Osanne seine Ehefrau zu ihrem Seelgerede in den Rebender der Mönche von Disibodenberg gestiftet hatten, sind 3 Mg. Acker in dem Gericht zu Hüffelsheim zu Unterpfand gesetzt, darunter $^1/_2$ Mg. zu Noßbach an Frauwen Katharinen Garten. Vor dem Schultheiss Betzelin in der Rugraven Gericht zu Hüffelsheim und zwei Schöffen daselbst[3]). Dieses Nossbach oder Nussbach lag in der Gemarkung Hüffelsheim, gegen Schlossböckelheim hin zwischen Niederhausen und dem Schölländer Hof.

----

1) MHR. IV 652.
2) Dipl. Rhingr. III 155, 182.
3) StADarmstadt, Disibodenberger Kopialbuch 102. Für Rugraven würde besser Ringraven stehen. 1309 (2. Aug.) gaben die Raugrafen Gott-

5. Amt Böckelheim.

Zu den Ortschaften, welche das Kreuznacher Blutgericht zu besetzen hatten, gehörte Waldböckelheim[1]), aus welchem der Richter an diesem Gericht genommen zu werden pflegte.

Der Name Becchilenheim wird zum erstenmal genannt als Ausstellungsort einer Schenkung der Waltrada und Uoto von Boppard an das Kloster Fulda, die von dem Grafen Albrich beglaubigt war. (824, Februar 14)[2]).

Um die Jahrtausendwende nannte sich ein Herzog „Cuno von Beckelnheim"[3]), wahrscheinlich entweder der 1012 verstorbene Herzog Konrad von Kärnten aus dem Salischen (Wormsgauischen) Hause, oder aber der 983 zum Herzog von Schwaben erhobene Konradiner Konrad, Bruder des Grafen Udo von der Wetterau[4]).

Im Winter 1044/5 „Beggelinheim, castellum Godefridi (des Bärtigen, Herzogs von Lothringen) a rege (Heinrich III.) captum destruitur", meldet die Reichschronik Hermanns des Lahmen von Reichenau[5]). Diese bei Wald-Böckelheim gelegene Burg (Schloss Böckelheim) ist 1065 mit dem Reichsgut zu Kreuznach an den Bischof von Speyer gekommen.

---

fried und Konrad dem Wildgrafen Konrad Höfe in Nozbach und Sobernheim, die ihnen verpfändet waren, nach Auszahlung der schuldigen Geldsummen zurück. Ob hier an dieses Nossbach zu denken ist oder an Nussbaum bei Sobernheim, das auch Nussbaum genannt wird, lasse ich unentschieden (Rentkammer in Coesfeld, Archiv von Dhaun 503; Schmitz-Kallenberg, Regest 95).

1) Heinrich Hahn, Bürgermeister zu Waldböckelheim, Geschichte des Böckelheimer Kirchspiels, der Burg Böckelheim und des Ursprungs der Sponheimer Grafen. Kreuznach 1900. — Widder, Beschreibung der kurfürstl. Pfalz IV 101—152.

2) Dronke, Cod. dipl. Fuldensis S. 192, Nr. 429.

3) MRUB. I S. 519, Nr. 462.

4) Auf diese Möglichkeit hat Herr Archivdirektor Frhr. Schenk zu Schweinsberg mich aufmerksam gemacht. Der verwandtschaftliche Zusammenhang zwischen diesen Herzogen ist folgender (nach Giesebrecht, Kaiserzeit, Bd. II[4] S. 119, 276, 319, 510): Friedrich II., Herzog von Ober-Lothringen, war verheiratet mit Mathilde, Tochter des Herzogs Hermann II. von Schwaben, Enkelin oder Grossnichte des Herzogs Konrad von Schwaben, des Konradiners, Witwe des obengenannten Saliers, Herzogs Konrad von Kärnten und Franken. Aus dieser Ehe stammt Beatrix, die in erster Ehe mit dem Markgrafen Bonifacius von Tuscien, in zweiter mit Herzog Gottfried dem Bärtigen von Lothringen vermählt war, aber erst seit 1054, daher kann der Besitz des Schlosses Böckelheim nicht durch diese Heirat auf ihn übergegangen sein. Da der Sohn Herzog Hermanns, Hermann III., 1012 ohne Nachkommen starb, kann Böckelheim an seine Schwester Mathilde und den Herzog Friedrich von Lothringen gekommen und als lothringische Burg 1034 von Herzog Gozelo von Nieder-Lothringen und seinem Sohn Gottfried dem Bärtigen besetzt worden sein.

5) Mon. Germ. Script. V 125. Der Herausgeber, Pertz, denkt an Bechtolsheim an der Selz in Rheinhessen. Giesebrecht (Kaiserzeit II 392 und Script. XX 801, Anm. 3) entscheidet sich für Böckelheim bei Kreuznach. Heinrich III. scheint beabsichtigt zu haben, Böckelheim und Kreuznach schon damals dem Bischof von Speyer zuzuwenden (s. ob. S. 6 Anm. 5).

Ende 1105 liess Heinrich V. seinen Vater, den Kaiser Heinrich IV., auf die Burg Böckelheim verbringen, wo ihn Bischof Gebhard von Speyer zu bewachen hatte[1]). Um 1222 kennt Caesarius von Heisterbach das castrum Becillenheim bereits als Burg des Grafen von Sponheim[2]). Dieser hatte es vom Hochstift Speyer zu Lehen.

In der Auseinandersetzung zwischen Graf Simon I. von Sponheim und dem Domstift zu Speyer 1237 wird erwähnt, dass der Graf von Gütern zu Bechelnheim dem Kapitel $13^1/_2$ kölner Mark Zins zahlen müsse, und sich verpflichten, falls die Summe nicht gezahlt würde, sich dem Kapitel in Speyer mit zwei seiner Burgmannen zur Haft zu stellen[3]).

Die Speyerer Rechte waren mit denen zu Kreuznach verbunden und kamen mit diesen 1241 an den letzten Grafen Heinrich von Sayn und 1246 an dessen Tochter Adelheid, des Grafen Gottfried III. von Sponheim Witwe und ihre Kinder[4]).

In der Teilung zwischen den Brüdern Johann und Heinrich von Sponheim, Söhnen des Grafen Simon II., vom 1. September 1277, fiel die Burg Bekelinheim dem Heinrich zu, doch sollte bis zur Ordnung der Lehenfolge Johann einen Anteil behalten[5]). Mit der Burg fielen an Heinrich die dabei gelegene Mühle und der Hof vor der Burg, der Hof des verstorbenen Edelknechts Bulo in Nosbach, Güter im Dorfe Hüsen unterhalb der Burg, die Dörfer Winnesheim, Bekelnheim, Munzichen, Semisbach, Anteil an der Abtei (Sponheim), Machsein und Seltherse, alles mit Ausnahme der zu dem Hofe Crucenache gehörigen Leuten. Von den in diese Teilung fallenden Leuten solle Johann oder dessen Nachfolger in Kreuznach oder Kirchberg nichts beanspruchen, wenn sie nicht schon vor der Teilung als Bürger daselbst aufgenommen worden sind; ebenso auch Heinrich nichts von den Leuten seines Bruders. Die Gemeinden der Dörfer Spachbruchen, Walbenrot, Sclierscheit und anderer Orte sollten das hergebrachte Beholzigungsrecht im Gemeindewald von Winnesheim, und die Burgleute des Grafen Johann auf der Burg Sponheim das in den Wäldern von Bekelnheim behalten. Die Türme und Tore der Burg Böckelheim sollen von den Nachkommen der jetzigen Burgmannen bewacht werden. Burg und Dorf sollten nach dem Tode des Heinrich, wenn keine Leibeserben da sind, wieder an Johann fallen, doch soll der Gemahlin Heinrichs Kunigunde von Bolanden eine lebenslängliche Rente von 80 Mark daraus verbleiben. Sollte Heinrich die Burg Böckelheim oder die Dörfer mit ihren Gefällen einmal verkaufen wollen, so musste er sie zuvor dem Johann oder dessen Erben anbieten. Heinrich verzichtete auf seine Rechte auf die übrige Grafschaft Sponheim.

---

1) MRR. I 1591. — Mon. Germ. Script. 3, 109. — Giesebrecht 3, 715 ff.
2) MRUB. I S. 161 Anm. 1.   3) Ebd. III S. 463, Nr. 604.
4) Siehe oben S. 9.
5) MRR. IV 446.

Schon am 25. Juli 1278 verkaufte Heinricus nobilis vir natus quondam Symonis comitis de Spanheim die Burg Beckelnheim mit aller Zubehör an den Erzbischof Werner von Mainz für 1040 Aachener Mark, was er am 25. Juni 1279 beurkundete [1]).

Infolge dieses Verkaufs kam es, wie in der Urkunde vorausgesehen, zu einer Fehde zwischen dem Grafen Johann, der sein Vorkaufsrecht geschmählert sah, einerseits und dem Erzbischof Werner von Mainz und Heinrich anderseits. Zwischen Gensingen und Sprendlingen wurde die Schlacht geschlagen, in der Graf Johann verwundet und nur durch den Kreuznacher Metzger Michel Mort vor Gefangennahme gerettet wurde. Er musste am 14. März 1281 in Aschaffenburg einen Präliminarvertrag mit dem Erzbischof schliessen, in welchem er auf alle Rechte und Ansprüche auf die Burg Beckelnheim für sich und seine Erben verzichtete. Am 11. und 12. Dezember 1281 wurde in Mainz unter der Vermittelung König Rudolfs von Habsburg der endgültige Friede geschlossen [2]). Graf Johann und sein Bruder Eberhard verzichteten auf die Burg Beckelnheim, die nun an den Erzbischof Werner ($^2/_3$) und Heinrich von Sponheim ($^1/_3$) abgetreten wurde; und in Ergänzung dieser Verträge gaben auch der Bischof und das Domkapitel zu Speyer am 11. Januar 1282 die Genehmigung zu dem Verkauf der Burg Beckelnheim an das Erzstift Mainz und verzichteten auf alle Rechte als Lehenherren über diese Burg.

So war die Burg Böckelheim mit den in der Urkunde von 1277 beschriebenen Zugehörungen an Kurmainz gekommen. Dem hieraus gebildeten Amt wurde auch die damals schon längst dem Erzstift Mainz gehörige Stadt Sobernheim unterstellt.

Dem Grafen Heinrich von Sponheim sollte ein Drittel der' Burg und der zu derselben gehörigen Dörfer, sowie in Gemeinschaft mit seinem Bruder die zu der „Eppetige" (dem Sponheimer Abteigut) gehörigen Dörfer nebst Wimesheim und Rudensheim (Weinsheim und Rüdesheim bei Kreuznach) verbleiben. Dies wurde in einem Vertrag 1282 näher ausgeführt [3]).

Die nun folgenden Verpfändungen der Burg und des Amtes Böckelheim an Adlige und Domkapitulare entfremdeten sie nicht dem Erzstift Mainz. Als Zubehörungen werden 1403 Sobernheim,

---

1) MRR. IV 628. Original im Allgem. Reichsarchiv in München, Urkunden des Mainzer Domkapitels, Fasz. 282. — 283: Vollmacht des Verkäufers für den Ritter Heinr. v. Waldeck zur Erhebung und Empfang von 400 Mark Teilzahlung, 27. Sept. 1279. — 285: Endquittung des Heinricus frater comitis de Spanheim über 1600 Mark Kaufgeld für Beckelnheim, 5. Mai 1282.

2) MRR. IV 786, 788, 865, 866.

3) Hahn 21 ff. Die Originalurkunden sind im Allgem. Reichsarchiv in München. Heinrich quittiert am 1. Dez. 1282 u. a. über Rückzahlung von 38$^1/_2$ Mark, die die Mainzer Amtleute in einigen seiner Dörfer, nämlich in Wimesheim, Rudensheim et in villis quibusdam Eppetige irrtümlich erhoben hatten (285).

Monzingen und Nussbaum, 1441 auch das Dorf (Wald-)Böckelheim genannt [1]).

1466 verkaufte der Erzbischof Adolf von Mainz die Burg Böckelheim mit den zugehörigen Ortschaften für 40 000 Gulden an den Pfalzgrafen Ludwig Graf von Veldenz, behielt aber sich und seinen Nachfolgern und dem Domkapitel zu Mainz das Wiederkaufsrecht vor [2]). In der Fehde des Pfalzgrafen Ludwig mit dem Kurfürsten Friedrich von der Pfalz 1471 wurde Sobernheim am 24. August, darauf auch Monzingen und Nussbaum, Waldböckelheim und schliesslich die Burg Böckelheim erobert und am 2. September musste Ludwig im Friedensschlusse darauf zugunsten Friedrichs verzichten [3]).

Zwar protestierte der Kurfürst Diether von Mainz nach Friedrichs Tode 1478 gegen die Besitzergreifung durch Kurpfalz, und scheint diesen Protest auch später wiederholt zu haben. 1487 erwiederte Kurfürst Philipp von der Pfalz, dass er den Verlust des Erzstifts Mainz sehr bedauere, aber doch seinen Besitz so behalten wolle, wie er ihn überkommen habe [4]).

1576—1592 waren die Aemter Böckelheim und Kaiserslautern im Besitz des Pfalzgrafen Johann Casimir, eines jüngeren Sohnes des Kurfürsten Friedrich III. 1611 kam Böckelheim an den jüngeren Bruder des Kurfürsten Friedrich IV., des böhmischen „Winterkönigs", den Pfalzgrafen Ludwig Philipp, der nach dem Westfälischen Frieden wieder in den Besitz seines Landes (Aemter Simmern und Böckelheim) gesetzt wurde, und es 1654 seinem Sohne Ludwig Heinrich hinterliess [5]).

Unter seiner Regierung kündigte der Erzbischof Johann Philipp von Mainz die Pfandschaft von 1466 auf. Der Pfalzgraf musste 1663 am 11. September einen Vertrag schliessen [6]), worin er das Amt Böckelheim (Sobernheim, Monzingen, Böckelheim, das Schloss und das Dorf mit den dazu gehörigen Dörfern und Höfen) mit aller landesfürstlichen Hoheit, Obrigkeit und Herrlichkeit behielt, aber als Mannlehen von Kurmainz anerkennen sollte. Alle Untertanen des Amtes und die Besatzung des Schlosses sollten dem Erzstift Mainz die „Eventual-Erbhuldigung" leisten, damit nach dem Tode des Pfalzgrafen und seiner Erben der Anfall an Kurmainz gesichert sei. Diese Enventual-Erbhuldigung wurde 1664 und 1671 von allen Untertanen geleistet.

Der Kurfürst Karl Ludwig von der Pfalz erhob im Oktober 1664 Einspruch hiergegen und verlangte von Kurmainz als Erbe Ludwig Heinrichs anerkannt zu werden. Am 4. Januar 1674 starb dieser, ohne dass es zu Einigung über die Erbfolge des Kurpfälzers

---

1) Hahn 23 ff. (nach Urkunden im Kreisarchiv Würzburg).
2) Ebd. 36. — Widder IV 103.
3) Hahn 41 f.   4) Ebd. 75 ff.
5) Widder IV 104.
6) Hahn 78 ff.

gekommen war. Sofort liess Kurmainz das Amt besetzen. Um einen Krieg zwischen den beiden Kurfürsten zu verhindern, liess der Kaiser Leopold das Amt am 15. Mai 1675 unter Sequester stellen, bis am 25. Januar 1715 ein Vergleich zwischen beiden Kurfürsten zustande kam, durch den das Amt Böckelheim gegen Abtretung von Wöllstein und anderer Ortschaften des Amtes Kreuznach von Kurmainz an Kurpfalz überlassen wurde[1]). So wurde Böckelheim wieder mit Kreuznach verbunden, von dem es im 13. Jhdt. getrennt worden war.

Während der Sequesterverwaltung liess König Ludwig XIV. von Frankreich im Pfälzer (Orleanischen) Krieg am 14. November 1688 die Burg Böckelheim besetzen und in Trümmer legen.

Das Amt Böckelheim hat also bis 1278 als sponheimisch, dann bis 1466 als mainzisch, bis 1471 als pfalz-zweibrückisch und bis 1798 als kurpfälzisch zu gelten, mit Ausnahme der Zeiten, wo es in Händen kurpfälzischer Nebenlinien und der Sequesterverwaltung war.

Kirchlicher und gerichtlicher Hauptort des Böckelheimer Kirchspiels war das Dorf Waldböckelheim. Zum Kirchspiel gehörten noch die Ansiedlungen im Burgfrieden der Burg, Thal- und Schloss-Böckelheim, Teile der Dörfer Boos und Obenstreit, die Königsfeldsmühle, der Niederthäler Hof, der Heimberger Hof, der Rother Hof, der Hahner Hof, die Hälfte des Steinhardter Hofs, und das Kloster Marienpfort.

Die Kollatur über die Pfarrkirche Waldböckelheim stand dem Mainzer Dompropst zu. 1351 inkorporierte der vom Papst Clemens VI. ernannte Dompropst Wilhelm Pintchon (ein Franzose) die Gefälle des Pastorats der Burgstadt Beckelnheim dem Mainzer Domkapitel[2]).

Thal Böckelheim wird zuerst im Jahre 1429 in einer Urkunde als „Dail" genannt. Es war ebenso wie Schloss Böckelheim eine Ansiedlung von Hörigen und Burgmannen der Burg innerhalb der „Burgfreiheit". In diesem Bezirk genoss ein verfolgter Verbrecher ein befristetes Asylrecht[3]).

In dieser Burgfreiheit lag auch der Heimberger Hof, der 1393 als Burglehen von Böckelheim vorkommt[4]).

Der Niederthäler Hof oder Nahethäler Hof war im 18. Jhdt. im Besitz der Grafen von Degenfeld und der Freiherren von Warsberg, 1857 wurde er beim Bau der Nahebahn abgebrochen und 100 Meter südöstlich der alten Stelle wieder aufgebaut. Der Rotherhof gehörte der Kurpfälzer Hofkammer und dem Freiherrn von Stein-Kallenfels. Der Hahnerhof ist im Anfang des 19. Jhdts. abgerissen und nicht wieder aufgebaut worden. Er lag auf der

---

1) Hahn 85.
2) Ebd. 27 (Urkunden in München und Würzburg).
3) Ebd. 42.   4) Ebd. 57.

Höhe zwischen dem Rother- und Schollländerhof und gehörte der Kurpfälzischen Hofkammer [1]).

Die beiden Steinhardter Höfe, der eine seit 1316 dem Kloster Disibodenberg, der andere dem Kloster Marienpfort gehörig, lagen gerade auf der Grenze zwischen Waldböckelheim und Sobernheim, durch die von Süd nach Nord führende Strasse gebildet wird. Nach dem Weistum von Waldböckelheim hatten sie Teil an den Rechten und Pflichten der Gemeinde [2]).

An der Stelle des Marienpforter Klosters soll eine römische Niederlassung gestanden haben. Das Kloster Porta sanctae Mariae in der Mainzer Diözese wird in der Bulle des Papstes Clemens IV. von 1266 über die Zurücknahme der Vereinigung des Wilhelmitenordens mit den Augustiner-Eremiten durch den Papst Alexander IV. im Jahre 1256 genannt [3]).

1559 wurde das Kloster aufgehoben und 1570 an Philipp Cratz von Scharfenstein verkauft. Im 17. Jhdt. ging das Gut, zu dem 300 Morgen Wald gehörten, an Friedrich Wilhelm von Schellart und dann an einen Herrn von Petry über. Im 18. Jhdt. besass es die Familie de Latere de Feignies.

Die nördlichen Teile der Dörfer Boos und Obenstreit gehörten von jeher zum Kirchspiel Waldböckelheim und auch zum dortigen Gericht, während die südlich des durchfliessenden Bächleins und des Dorfwegs gelegenen Teile zum Kirchspiel der Nicolauskirche auf dem Disibodenberg gehörten.

Boos wird schon früh genannt. Unter Erzbischof Willigis von Mainz (975—1011) schenkte der Herzog Kuno von Beckilnheim dem Kloster Disibodenberg zum Seelenheil seiner verstorbenen Tochter Uda ein Gut von 20 Morgen salischen Landes und zwei besetzten Huben in Boys [4]). Dieses Gut ist wohl auf der Böckelheimer Seite zu suchen. Dagegen ist die Vogtei des Wilhelm von Sponheim, wegen deren das genannte Kloster 1231 Streit hatte, auf der südlichen Hälfte des Dorfes gelegen gewesen [5]). 1266 verzichtete der Ritter Willicho von Sponheim mit Zustimmung seines Sohnes, des Ritters Philipp und dessen Frau Albrade auf alle Renten aus dem Disibodenberger Hof zu Boys, auf die er wegen der dortigen Vogtei Anspruch erhoben hatte [6]).

Die Vogtei über diese südliche Hälfte von Boos war Lehen der Grafen von Zweibrücken. Dies geht aus einer Urkunde von 1283 Febr. 22 hervor, in der die Grafen Eberhard und Walram von Zweibrücken den Verkauf eines Teiles dieser Vogtei durch ihren Vasallen, den Ritter Philipp Pfaffe, an das Kloster Disiboden-

---

1) Hahn 57.
2) Ebd. 58. StADarmstadt: Disibodenberger Kopialbuch 106.
3) Hahn 61 f.
4) MRUB. I S. 519, Nr. 462.   5) MRR. II 2003.
6) MRR. III 2218.

berg genehmigten [1]). 1446 war das „Nydergericht zu Bois" halb im Besitz Friedrichs von Lewenstein in Gemeinschaft mit Johann vom Stein Ritter. Friedrich trug seine Hälfte an den Herzog Stephan von Pfalz-Zweibrücken zu Lehen auf. 1454 wurde Emmerich von Lewenstein damit belehnt [2]). Später war ein Anteil im Besitz der Herren von Eltz. Diese verkauften ihr Recht an die Gemahlin des Pfalzgrafen Ludwig Heinrich von Simmern, geborene Prinzessin von Nassau-Oranien, von der es ihre Schwester, die Fürstin von Nassau-Diez erbte, die es an die Herren von Steinkallenfels verkaufte [3]).

1272 nahmen Dietrich, Sohn des Ritters Peter, Geybold und Everhard, Söhne des Ritters Walter von Boys, Güter des Klosters Disibodenberg in Boys, die früher zu dem Besitz des Stifts Maria ad Gradus in Mainz gehört hatten, gegen den halben Ertrag in erblichen Bestand. Da Graf Johann von Sponheim siegelt, handelt es sich hier vielleicht um Güter auf der Böckelheimer Seite [4]). Auf derselben Seite haben wohl auch die Güter gelegen, die Johann Ulner, Ritter zu Böckelheim, im Jahre 1314 für 30 köln. Mark zu einem Mainzer Burglehen der Burg Böckelheim gemacht hat: 40 binger Malter Hafer, 30 Hühner und vier Kapaunen im Dorf Bos, und das „servitium quod dicitur acht" [5]).

Andere Güter zu Boos hatte der Ritter Gerhard von Sponheim im Jahre 1393 von der Herrschaft Oberstein zu Lehen: zehn Malter Korn, nicht ganz drei Pfund Geld, vier Hühner und vier Kapaunen, ausserdem das sogenannte Beltzershaus, zum Hof der Herren von Oberstein in Boos gehörig [6]). Ausserdem waren auch die Klöster Marienpfort und Ravengiersburg sowie die Vögte von Hunolstein in Boos begütert und besassen Höfe.

Auf der südlichen Seite von Boos lag auch eine Kirche, die im 12. Jhdt. erbaut sein soll. Sie war Filiale der Pfarrkirche St. Nicolaus auf dem Disibodenberg, wurde in der Reformationszeit lutherische Pfarrkirche und als solche mit Abtweiler kombiniert. Im Orleanischen Krieg (1695) wurde sie zerstört bis auf den romanischen Turm. Seit 1685 war sie Filiale von Waldböckelheim [7]).

Obenstreit kommt in einer Disibodenberger Urkunde vom 23. Oktober 1305 vor, nach welcher der Ritter Joh. Ulner von Beckelnheim als Grundherr einige Rechte (besonders das Besthaupt) auf Gütern in Obenstryt oder Ebenstryt hatte, die der Abt und Konvent des Klosters anerkennt und für seinen Kolonen zu leisten

---

1) MRR. IV 1036. Disibodenberger Kopialbuch im StADarmstadt 106. Ioannis Specileg. 178.
2) KrASpeyer, Zweibrück-Veldenzer Kopialbuch V zu fol. 187.
3) Hahn 45.
4) Baur, Hessische Urkunden V. 390 (irrtümlich auf Bös-Köngernheim bezogen).
5) Würzburger Kreisarchiv, Mainzer Bücher, Libri registri V 172.
6) StAMarburg, Habelsche Sammlnng, Diplom. Rhingravica III 177.
7) Hahn 46 f.

verspricht. Auch soll das Kloster nicht ohne Einwilligung des Ritters weitere Güter daselbst erwerben. Hingegen verspricht Johann Ulner, die Disibodenberger Güter, die früher dem Jakob von Ebenstritt gehört hatten, nicht über Gebühr zu belasten [1]). Der Disibodenberger Hof war 80 Morgen gross, der Spitzhof hatte 30 Morgen, der Grosshof 120 Morgen. Im 18. Jhdt. gehörten alle diese Güter dem Grafen von Degenfeld-Schomburg.

Die südliche Hälfte des Ortes gehörte zur Gemeinde Staudernheim. Auf der nördlichen Seite lag eine Kapelle, die unter der Kollatur der Herrschaft der Burg Böckelheim stand. Dabei wurde ein Jahrmarkt gehalten.

Ausser der Burg Böckelheim und den zugehörigen Ortschaften gehörte zu den früher Sponheimischen Besitzungen, die 1279 an Kurmainz abgetreten wurden, auch der Flecken Monzingen. Zum erstenmal erwähnt findet er sich in einer Lorscher Tradition vom 26. Mai 778, in der Ulfrid vier Morgen Ackerland und einen Wingert in pago Nachgowe in Munzaher marca schenkte [2]). 1061 schenkte der Erzbischof Eberhard von Trier dem Simeonsstift in der Porta nigra ein Gut zu Munzecha und Merkedesheim im Nahgowe und in der Grafschaft des Emicho [3]), welches ihm ein Hunold gegeben hatte, mit Hörigen, Hofstätten und anderen Zubehörungen. 1074 werden unter den Stiftungsgütern des Klosters Ravengiersburg, die Graf Berthold gab, auch neun Wingerte zu Munzichun erwähnt. Auch zu den Stiftungsgütern der Abtei Sponheim gehörten Güter zu Monzecha nach der Urkunde des Erzbischofs Adelbert von Mainz 1124 [4]).

1197 am 12. September belehnte Kaiser Heinrich VI. den Grafen Albert von Sponheim und dessen Erben mit dem Königsgut zu Munziche, wo derselbe und sein Bruder schon Rechte besassen [5]). 1223 erliess der Graf Johann von Sponheim dem Kloster Ravengiersburg die schuldigen Abgaben und „Nachtselde" aus dessen Hof im Dorf Munziche, wofür das Kloster jährlich drei Soliden Zins zu zahlen hatte [6]).

Man ersieht hieraus, dass das an den Grafen Albert von Sponheim verliehene Reichsgut nicht das ganze Dorf umfasste, sondern nur wie die andern allodialen Güter in Streubesitz bestand, während die Herrschaftsrechte den Grafen von Sponheim schon vor 1197 zugeschrieben werden können, wie sie 1223 sicher ihnen zugestanden haben.

Diese landesherrlichen Rechte gingen mit denen zu Böckelheim an Mainz über und teilten fortan das Schicksal des übrigen Amtes.

---

1) StADarmstadt, Disibodenberger Kopialbuch 155 v. — Hahn 52 f.
2) Cod. Lauresham. II S. 361, Nr. 2036. — MRR. 1, 270.
3) MRUB. I S. 412, Nr. 355.
4) MRUB. I S. 431, Nr. 374. — MRR. I 1438. 1753.
5) MRUB. II S. 212, Nr. 169. — MRR. II 808.   6) MRR. II 1604.

Sonst waren zu Monzingen noch begütert Boemund von Hunolstein, von dem ein Hof zu Monzingen an Thilemann von Heinzenberg gekommen war, der ihn 1308 an den Rheingrafen Siegfried verkaufte [1]). Die Wildgrafen trugen Güter zu Monzingen mit dem Patronatsrecht von der Pfalz zu Lehen. 1332 gestattete der Pfalzgraf Adolf dem Wildgrafen Johann, seiner Gemahlin Margareta von Sponheim von der Pfalz lehenrührige Güter zu Montzgen und Langendal zum Wittum zu verschreiben [2]). 1331 Juli 15 belehnten die Pfalzgrafen Rudolf II. und Ruprecht I. den Wildgrafen Johann von Dhaun mit den von Heinrich von Schmidtburg ledig gewordenen Lehen und mit dem Zehnten zu Monzingen [3]). Das Präsentationsrecht scheint im ersten Drittel des 14. Jhdts. zwischen den drei Stämmen des Wildgräflichen Hauses, Dhaun, Kyrburg und Schmidtburg, abgewechselt zu haben. Seit 1336 herrschte Streit zwischen Kyrburg, Dhaun und Kurtrier, da Erzbischof Baldewin als Rechtsnachfolger des Wildgrafen Heinrich von Schmidtburg auf dessen Anteil Anspruch erhob. Es wurde bis 1346 vor dem Offizialatsgericht in Mainz verhandelt. Eine Entscheidung ist nicht erfolgt [4]). Es scheint aber, dass Kurtrier seine Ansprüche schliesslich aufgegeben hat.

Monzingen hatte ein eigenes Blutgericht, dessen Richtstätte sich auf dem Klafsteinberg befand. Immer mit Monzingen vereinigt war der nordwestlich davon gelegene Weiler Langenthal (1322 Langendal), der erst im 18. Jhdt. davon getrennt wurde, aber noch bis zuletzt unter dem Stadtmagistrat stand. Widder gibt die Grösse der gemeinsamen Gemarkung zu 957 Morgen Acker, 179 Morgen Wingert, 73 Morgen Wiesen, 8 Morgen Gärten, 20 Morgen Weiden und 935 Morgen Wald an. Wann Monzingen zur Stadt erhoben worden ist, ist nicht bekannt; Widder vermutet, es sei unter Ludwig dem Bayer oder Karl IV. geschehen [5]).

Das Dorf Nussbaum soll ehemals zwischen den Gerichten Monzingen und Sobernheim geteilt gewesen sein. Ob es in älterer Zeit auch „Nosbach", geschrieben wird oder ob darunter immer ein ausgegangener Ort bei Hüffelsheim zu verstehen ist, müsste noch festgestellt werden.

Auf Nussbaum bezieht Widder die Erwähnung von Nosbach in Trithemius, Chronicum Sponheimense 267, wonach der Ritter Heinrich Spon von Beckelnheim dem Kloster Sponheim für 25 Mark einen Hof verkauft hat, und in der Urkunde über die Abtretung der

---

1) Diplomata Rhingravica I 216.
2) Widder IV 124.
3) Regesten der Pfalzgrafen I 2113. — Schmitz-Kallenberg, Inventare der nichtstaatlichen Archive der Provinz Westfalen, Beiband I S. 210 (452*), Coesfeld Nr. 181.
4) Ebd. S. 219 (462*), Nr. 225, 226, und ferner Nr. 241, 270, 271, 272, 273, 274, 276, 277, 286, 295, 297.
5) Widder, Beschreibung der Pfalz IV 123—127.

Herrschaft Böckelheim an Heinrich von Sponheim 1277. Auch hat Abt Willicho von Sponheim einen von seinem Vater ererbten Hof zu Nussbach 1341 an sein Kloster geschenkt, den Abt Krafto II. mit dem ersten Hof daselbst seinem Vetter Heinrich Wolf von Sponheim verkaufte (1385) und Abt Johann Trithemius 1486 wieder auslöste [1]).

Von Nussbaum nannte sich ein ritterliches Geschlecht, von welchem 1306 Emich und Philipp, 1391 Emmerich genannt wird. Letzterer war von Graf Johann III. von Sponheim-Starkenburg mit dem grossen und kleinen Zehnten an Frucht und Wein und andern Nutzungen und Gütern im Banne von Nussbaum, und vom Grafen Simon von Sponheim-Kreuznach mit Gericht (Hofgeding), Aeckern, Zinsen usw. zu Langenthal belehnt, worin ihm Klaus von Allenbach oder Ellenbach folgte [2]). 1399 wurde Emmerich von Nofsbaum mit dem Zehnten zu Noifsbaumen belehnt, den der verstorbene Graf Johann um Philips von Spanheim gekauft hatte. Diese Lehen sind also auch nach der Einverleibung des Amtes Böckelheim durch Kurmainz sponheimisch geblieben. Davon verschieden war das Lehen, welches 1390 Lamprecht Fust von Stromberg, Ritter, von dem Erwählten Konrad von Mainz zu Lehen erhielt: $^1/_8$ des Zehnten an Korn und Wein zu Nussbaum in den Fluren umme Ruderstich als ver als Nussbaumer Mark geht, in Emmerichswingert, an der Helden, die man heisst Halis, soweit Nussbaumer Mark geht, am Hasberg (oder Harsberg), am Erberg und Sunberg, im langen Wingert vor Steinrath und die Wüste, die man heisst „breite Erde" längs Sobernheimer Mark.

Ein Teil dieses Lehens ging 1421 an Johann Fust von Stromberg über [3]).

Zur Herrschaft Böckelheim gehörte auch Seesbach. Dort, in Semendisbach, hatte Erzbischof Willigis eine Kirche gebaut, die er der ebenfalls von ihm gegründeten Gehinkirche (zu Getzbach bei Auen) unterordnete und an das Kloster Disibodenberg schenkte [4]). 1091 schenkte Heinrich IV. ein Gut in Semundesbach im Gau Nahcouwe dem Hochstift Speyer [5]).

Dass Seesbach zu den Sponheimischen Dörfern gehörte, die 1279 an Kurmainz abgetreten wurden, ist oben gesagt. 1298 war Streit zwischen dem Erzbischof und den Grafen von Sponheim, Simon und Johann, wegen des Waldes beim Dorfe Semesbach, der von dem Ritter Johann von Randeck entschieden werden sollte [6]).

---

1) Widder IV 127 ff. Vgl. jedoch oben S. 80.
2) Rhein. Antiquarius II 18, 526 f. — General-Landesarchiv in Karlsruhe, Kopialbuch 1368, fol. xxiii f.
3) Kreisarchiv Würzburg, Mainzer Bücher, Liberi registri V 46. — Lehenbuch I 64.
4) MRUB. I S 519.
5) MRR. I 1519.
6) Ebd. IV 2707.

Auf das der Mainzer Kirche gehörige Dorf Semsbach war 1331 eine Rente von 20 Mark Böckelheimer Burglehensgelder verlegt, die Ysenbard und Georg, Herren von Heinzenberg, von dem Erzbischof erhalten sollten, bis die Rente mit 200 Mark abgelöst würde [1]).

Am 14. Februar 1362 bescheinigte Ritter Antelmann von Grasewege, Burggraf zu Böckelheim, dass der Graf Walram von Sponheim den ihm verpfändeten Leuten zu Semisbach gestattet habe, im Soonwald liegendes Holz zu lesen [2]).

Die weitere Geschichte von Seesbach zeigt diesen Ort mit der Mainzer Pfandherrschaft Martinstein verbunden.

6. Die Stadt Sobernheim.

Sobernheim kommt zuerst vor in verlorenen Schenkungsurkunden der Erzbischöfe von Mainz an das Kloster Disibodenberg seit Willigis (977—1011), der die Kirche von Sobernheim, die er geweiht hatte, mit dem ganzen Pfarr-Wittum und Zehnten und den Leistungen der Dörfer Odernheim, Studernheim, Boys, Husen, Rode und Robura für den dortigen Kirchenbau [3]) schenkte, und Lupold (1051—1059), der je zwei Mansus zu Sobernheim und Crebezhul gab, von denen in den Urkunden des Erzbischofs Adalbert von 1128 und des Papstes Eugen III. von 1148 berichtet wird. Aus der Stiftungsurkunde des Klosters Ravengiersburg 1074 geht hervor, dass das Erzstift Mainz einen Frohnhof in Sobernheim hatte, aus welchem dem neuen Kloster 10 Pfund jährliche Renten angewiesen wurden. 1108 schenkte Erzbischof Ruthard dem von ihm wieder hergestellten Kloster Disibodenberg den ganzen Salischen Zehnten von den Herrenäckern in Sobernheim, den er von dem Probst Ebo und dem Stift St. Victor vor Mainz ertauscht hatte [4]).

Nach den Aufzeichnungen des Schreibers Berthold, welcher unter dem Erzbischof Siegfried III. von Eppenstein (1230—1249) allerlei Notizen über die erzstiftliche Verwaltung, Verpfändungen, Burglehengelder und andere Verpflichtungen des Erzbischofs zusammentrug, scheint es, dass damals die Besitzungen des Mainzer Erzstifts an der mittleren Nahe, Sobernheim, Meddersheim, Glan-

---

1) Töpfer, Urkundenbuch d. Vögte v. Hunolstein I S. 158, Nr. 204. — Würdtwein, Nova subsidia diplomatica V 58. — Kreisarchiv Würzburg, Liberi registri V 171.

2) Lehmann, Geschichte der Grafen von Sponheim I 220.

3) Diese Kirche kann nicht die sein, deren Kollatur und Provision bis 1309 dem Erzbischof von Mainz zustand und die Erzbischof Heinrich dem Mainzer Domkapitel inkorporierte. Es muss die Kapelle auf dem Disibodenberger Hof gewesen sein. Das damit zur Zeit des Willigis verbundene Kirchspiel hatte später seinen Mittelpunkt in der Kirche St. Nicolaus auf dem Disibodenberg.

4) MRUB. I S. 518 ff., Nr. 462; S. 612, Nr. 552; S. 431, Nr. 374; S. 473, Nr. 413 (wegen „indictione I“. in das Jahr 1108 zu setzen; vgl. II S. 671, Nr. 460).

Odernheim, Niederhausen, von einem Burggrafen auf dem Disibodenberg (in monte sancti Tisbodi oder Thisebodi) verwaltet wurden, der
dem Vizedominus des Rheingaues untergeordnet war. Erzbischof
Siegfried II. (1208—1230) hatte villam in Soverhem dem Arnold von
Heidensheim, dem Williko, Sohn der Hedewig, und dem Kindelin
für 200 köln. Mark versetzt. Unter den Burgmannen in monte
sancti Tisbodi war Wikenandus miles de Soverenheim. Sibodo gen.
von Medirsheim hatte die Einkünfte des Dorfes Medirshem für
200 Mark in Pfandschaft, die der Erzbischof früher dem Grafen
von Sponheim als Burglehen von Disibodenberg versetzt hatte [1]).

Ausser dem Erzstift Mainz, das als Besitzer der Banngewalt
in Sobernheim angesehen werden muss, hatten auch die Wildgrafen
und die mit ihnen stammverwandten Raugrafen Höfe in Sobernheim. 1269 schenkte Wildgraf Emicho vor dem Gericht Sobernheim (Schultheiss Gerlach bi dem Born und drei Schöffen) dem
Ritter Philipp Natirnzal seinen halben Hof zu Sobirnheim im Dorf
und was er sonst dort an Gütern und Zinsen besass „vor recht
eigen gut" [2]). Auch der Raugraf hatte einen Hof zu Sobernheim,
den er 1260 an das Kloster Disibodenberg verkaufte [3]).

1292 am 23. Dezember erhob König Adolf von Nassau auf
Bitte des Erzbischofs Gerhard von Mainz dessen Dorf Sobernheim
zu städtischer Freiheit mit dem Rechte von Frankfurt, erlaubte auch
dem Erzbischof dort einen Wochenmarkt zu errichten und die
Stadt mit Mauern und Wällen zu umgeben [4]). Am 9. Januar 1325
wiederholte Ludwig der Bayer dieses Privileg [5]).

Die Erzbischöfe von Mainz unterstellten nach der Erwerbung
von Böckelheim (1281) die Stadt dem dortigen Burggrafen. 1336
bekannte der Burggraf zu Böckelheim, Johann von Stein, eine
Verordnung aus der Kanzlei des Erzbischofs Baldewin von Trier,
Pflegers des Erzstifts Mainz, an Schultheiss, Schöffen und Gemeinde
zu Sobernheim gelesen zu haben, wodurch denselben verboten
wird, die Besitzungen der Abtei Disibodenberg mit Diensten mehr
zu belasten, als es der Bescheid des Amtmanns Johann vom Stein
vom Lucientag (13. Dezember) 1335 zulässt. Dieser hatte zu Bingen in einer Konferenz mit dem Amtmann Eberhard Brenner von
Lahnstein, dem Herrn von Braunshorn und andern Kurmainzischen Beamten bestimmt, dass der Abt und Konvent von Disibodenberg von ihrem diensthaften Gut in der Sobernheimer Mark
jährlich nur 12 Pfund Heller zu zahlen hätten, die zu Volleiste in
die 220 Pfund Heller fallen sollten, die dem Erzstift Mainz von
der Bürgerschaft jährlich als Bede zu zahlen waren. Weil das
Kloster zum Bau der Gräben und Mauern und zu andern städtischen

---

1) Zeitschr. f. Vaterländ. Geschichte u. Altertumskunde, hrsg. von
dem Verein f. Gesch. u. Altertumsk. Westfalens. III. Münster 1840. S. 6 ff.
2) MRR. III 2476 (Original im Rennenberger Archiv).
3) Ebd. III 1614.   4) Ebd. IV 2106.
5) Günther, Codex diplomaticus Rheno-Mosellanus III 225.

Bauten beigetragen hatte, wurden ihm alle weitere Leistungen an das Erzstift Mainz erlassen. 1339 und 1343 ergingen neue Befehle in dieser Angelegenheit an die Sobernheimer Stadtbehörden [1]).

1355 befreien der Schultheiss Jakob, der Rat, die Schöffen und die ganze Gemeinde der Stadt Sobernheim das Disibodenberger Gut von allen Leistungen, Beden und Diensten; nur soll das Kloster in Kriegszeiten zwei Wächter auf die Stadtmauer stellen und den Frohnwein fahren helfen. Die Verpflichtungen des Klosters gegen das Erzstift und den Erzbischof von Mainz und dessen Amtmann bleiben durch diese Freiheit unberührt. Das Kloster hatte nämlich die Zahlung von 1000 Pfund Heller an Antilmann von Grasewege, den Burggrafen von Böckelheim, übernommen, die die Stadt für den Erzbischof Gerhard von Mainz als Beisteuer zur Auslösung des Amtes und der Pflege Böckelheim aufbringen musste. Wenn die Stadt zu Mariä Lichtmess die Summe zurückzahlen würde, sollte die Freiheit des Disibodenberger Gutes aufhören [2]).

Wie an andern Marktorten, wurde auch zu Sobernheim ein landesherrlicher Zoll für den Erzbischof erhoben. 1342 war derselbe dem Ulrich, genannt Rennewart, Knecht von Mannebach, verliehen, unter der Bedingung, dass er den Kindern des verstorbenen Ritters Heintzel von Strumborg daraus zwei Brabanter Mark (zu 36 Schilling Heller) als erzstiftliches Manngeld auszahlen sollte [3]).

Die Schöffen von Sobernheim hatten ihren Oberhof in Gau-Algesheim. Dies geht aus einer Disibodenberger Urkunde hervor, worin Meingoz von Dirmstein auf die Bitte des Herrn Antilmann von Grasewege, Burggrafen zu Böckelheim, auf eine Klage gegen das Kloster verzichtete, die von den dortigen Schöffen nach Algensheim gewiesen war, „do sie ir recht holent" [4]).

Um 1375 wurde ein Weistum [5]) in Sobernheim aufgenommen. Darnach bildeten Sobernheim und Ygelsbach ein Gericht. Dieses Igelsbach lag in dem Teil der Gemarkung Sobernheim, der sich auf dem jenseitigen Ufer der Nahe, der Stadt gegenüber, zwischen die Gemarkungen Staudernheim, Hene, Lauschied und Meddersheim einschiebt, an dem gleichnamigen Bächlein. Eine Ladung vor das Gericht zu Sobernheim oder ein gerichtliches Gebot wurde zu Igelsbach für sechs Heller durch den Sobernheimer Büttel ausgerichtet, da dieser Ort zur Sobernheimer Mark gehörte und die von Igelsbach kein anderes Gericht hatten als das Sobernheimer. Erfällt ein Frevel zu Igelsbach auf dem Hause oder in der Mark Sobernheim, da Igelsbach gelegen ist, so erfällt derselbe demjenigen Herrn, dem die Frevel von den Vorältern her gegeben sind worden.

Igelsbach war nämlich Eigentum der Herren vom Obernstein

---

1) StADarmstadt, Disibodenberger Kopialbuch fol. 13 v. und 14.
2) Ebd. fol. 10 v. und 11.
3) Kreisarchiv Würzburg, Mainzer Bücher, Liber registri V.
4) StADarmstadt, Disibodenberger Kopialbuch fol. 15 r.
5) Auszüge daraus im Rhein. Antiquarius II 17, S. 607 ff.

und an die ritterliche Familie Lander von Sponheim verliehen. 1520 (28. Mai) stellte Philipp von Rüdesheim namens der Anna Landerin von Sponheim, Witwe Peters Wulffskellen von Fetzburch, gegen Philipp von Dhaun, Grafen zu Falkenstein, Herrn zu Obernstein, einen Lehensrevers aus über das Dorf und die Vogtei Ygelsbach mit dem Hof, der Länderei und Zubehör, gelegen zwischen der Nahe und den Sobernheimer, Meddersheimer, Lauschieder, Henner und Staudernheimer Gerichten, ausgenommen ihr Haus Nahfels, den Wald Kammerforst und das Stück bei dem Born zu Igelsbach, von dem man nicht weiss, ob es eigen oder Lehen ist[1]).

Das Haus Nahfels hatten die Lander von Sponheim bereits im 14. Jhdt. als Lehen und Offenhaus vom Erzstift Mainz[2]).

1585 wurde das Schloss Nohefels und die Vogtei Igelsbach sowie den Wald Ploche an die Stadt Sobernheim durch den Freiherrn von Sickingen verkauft; die 13 in Igelsbach ansässigen Haushaltungen wurden darauf in die Stadt aufgenommen, die Wohnungen und Gehöfte abgebrochen[3]).

Nach dem alten Sobernheimer Weistum war auch die Bannmühle zu Sobernheim den Lander von Sponheim durch Kurmainz verliehen; sie sollte drei Räder haben, zwei für Sobernheim, eines für Igelsbach.

Sobernheim und Igelsbach sollten einen gemeinen Hirten halten und die Weide auf der ganzen Sobernheimer Gemarkung gemeinschaftlich geniessen.

Wer auf dem Sobernheimer Gericht im Steinhardter Hof wohnte, dem sollte der Sobernheimer Büttel gebieten, an das Gericht nach Sobernheim zu kommen, und dafür sollen ihm sechs Denare werden. Der Hof Steinhardt lag und liegt noch auf der Grenze zwischen Sobernheim und Waldböckelheim.

Unter Kurmainzischer Herrschaft blieb Sobernheim bis 1466 bei dem Amt Böckelheim und teilte dessen Geschicke, bis es 1471 durch Kurfürst Friedrich I. von der Pfalz belagert und erobert wurde. 1689 wurde es von den Franzosen in Brand geschossen und die Stadtbefestigung geschleift. Auch eine Burg, welche Kurfürst Philipp 1477 an sich gekauft, Pfalzgraf Johann Casimir wiederhergestellt hatte (ausserhalb der Stadt gegen Süden zu gelegen), wurde damals zerstört[4]). Sie soll ehemals den Cratzen von Scharfenstein gehört haben.

1480 erweiterte Kurfürst Philipp die Marktprivilegien der Stadt, indem er ihr einen freien Wochenmarkt und drei Jahrmärkte gewährte[4])

---

1) Auszüge aus einem Mannbuch der Grafschaft Falkenstein (an Bayern abgegeben, jetzt KrASpeyer, Falkenstein Nr. 50², S. 82) bei den Urkunden der Reichsherrschaft Oberstein im StAKoblenz.
2) Kreisarchiv Würzburg, Liber registri V 17 u. 153. Lehenreverse von Wirich Lander, Vater und Sohn, 1325.
3) Widder, Beschreibung der Pfalz IV S. 118.   4) Ebd. IV 117 f.

7. Herrschaft Martinstein.

In der Fehde der Erzbischöfe Heinrich von Mainz und Baldewin von Trier gegen den Wildgrafen Johann von Dhaun wegen der Erbschaft des Wildgrafen Emich von Schmidtburg errichteten die Erzbischöfe 1340. auf Wildgräflichem Gebiet zwei Burgen, Martinstein und Johannisberg, durch die sie dem Wildgrafen das Nahetal unter- und oberhalb von Dhaun zu sperren beabsichtigten [1]). Es waren Stützpunkte für die Belagerung von Dhaun. Am 21. Juli schlossen die beiden Kurfürsten einen Vertrag, dass sie beide Burgen gemeinschaftlich besitzen, durch gemeinschaftliche Beamte, Torhüter, Turmwächter und Kriegsknechte besetzen und verwalten lassen wollten. Auch die übrigen Kriegsverbündeten sollten an den Burgen teilhaben. Später wurde diese Gemeinschaft aufgelöst, denn bei dem Frieden mit dem Wildgrafen erhielt dieser 1342 9. Juli die Burg Johannisberg als Kurtrierisches Lehen zurück, während sich der Erzbischof von Mainz nur verpflichtete, dem Wildgrafen aus der Burg Martinstein und der Stadt, die man angefangen darunter zu bauen, keinen Schaden mehr zuzufügen [2]). 1343 wurde Hugo Bube von Synden um die Summe von 40 Brabanter Mark (drei Heller für den Pfennig), wofür ihm jährlich vier Mark aus der Bede zu Sobernheim gezahlt werden sollten, Erbburgmann zu Martinstein. 1344 wurde Friedrich vom Stein zum Erbburgmann gewonnen für 200 Pfund Heller, die er auf Mertinstein verbauen soll; was er damit erbaut, soll sein Burglehen sein. Der Erzbischof versprach, dass er keine Untertanen des Friedrich vom Stein als Bürger zu Martinstein oder Sobernheim aufnehmen wollte [3]). Schon 1347 wurde aber die Burg zusammen mit Böckelheim, Sobernheim und den zugehörigen Dörfern dem Grafen Walram von Sponheim verpfändet. 1359 erhielt der Burggraf von Böckelheim, Ritter Antelmann von Grasewege, die Burg Martinstein als Pfandschaft, für deren Ausbau er schon 800 Gulden aufgewandt hatte und noch 1000 Gulden aufwenden sollte. Antelmann war noch 1368 im Besitz dieser Pfandschaft [4]). Nach seinem Tode (1383) gab Erzbischof Adolf von Mainz (1373—1390) die Burg und das Tal Martinstein für 739 Gulden an Frank von Lewenstein und seine Frau Schönette von Emersdorf, nebst einer Jahresrente

---

1) F. Toepfer, Urkundenbuch des ... Hauses der Vögte von Hunolstein. Nürnberg 1867. II 460 f. Exkurs über die Herrschaft Martinstein.

2) Original im Wild- und Rheingräflichen Archiv der Rentkammer zu Coesfeld (Schmitz-Kallenberg, Inventare der nichtstaatlichen Archive, Beiband I S. 467*, Regest 264).

3) Kreisarchiv Würzburg, Mainzer Bücher, Liber registri V 124, 125.

4) 1365 gestattete Erzbischof Gerlach von Mainz, dass Antelmanns Frau, Katharina von Homburg, nach ihres Ehemanns Tode die Burg so lange als Wittum behalten durfte, bis sie sich wieder verheiraten würde (Reg. rer. Boicarum XIV 119). Am 12. Nov. 1383 war Antelmann noch am Leben (ebd. X 123).

von 70 Gulden aus dem Zoll zu Ehrenfels, doch sollten sie des Erzstifts Dorf Seynsbach für 400 Gulden von Emmerich von Lewenstein an sich lösen [1]).

Um dieselbe Zeit erwarb Frank von Lewenstein einen Hof im Tal Martinstein [2]) und Teile der Dörfer und Gerichte Weitersborn und Horbach (Lehen von den Herren von Kellenbach?) sowie einen Teil der Vogtei zu Simmern unter Dhaun. Dieser Frank von Lewenstein hatte eine Tochter Katharina, die ihrem Gemahl Simon Boos von Waldeck die allodialen Erwerbungen ihres Vaters zubrachte. Simon Boos erwarb auch einen Teil an der Pfandschaft Martinstein, während ein anderer Anteil an Rorich von Merxheim [3]) gekommen war. Simon Boos kaufte 1431 und 1482 weitere Anteile an Weitersborn [4]), und löste nach 1434 auch das Dorf Seynsbach (Seesbach) mit 400 Pfund Heller. 1483 ging die Mainzer Pfandschaft über Martinstein und Seynsbach an den älteren Friedrich von Rüdesheim über. Dessen Sohn Melchior war damals schon mit Ursula von Waldeck, der Tochter des Simon Boos von Waldeck und der Katharina von Lewenstein, verlobt, der ihre Eltern bei der Verheiratung 1490 das Haus und den Hof zu Martinstein und alle Gerechtigkeit, die Frank von Lewenstein an den Dörfern und Gerichten Weitersborn und Horbach besessen, nebst allen Zinsen, Zehnten, Mühlen und Grundstücken zu Martinstein, Merxheim, Weiler, Auen, Gonrott [5]), Horbach, Weitersborn, Hochstetten, Büchenbeuren, Hirschfeld und Simmern unter Dhaun mitgaben.

Melchior von Rüdesheim geriet 1510 in heftige Fehde mit dem Wildgrafen von Dhaun wegen der Grenze zwischen Simmern unter Dhaun und Horbach. Seine Hinterlassenschaft wurde am 5. April 1541 geteilt zwischen seiner Tochter Barbara, Gemahlin

---

1) 1396 (Jan. 10) gelobte Rorich von Merxheim, die Hälfte der Burg und Stadt Martinstein, welche ihm Erzbischof Konrad von Mainz von Margareta von Waldenfels zu lösen erlaubt hatte, dem genannten Erzbischof um 820 Gulden zur Lösung zu überlassen (Regesta rerum Boicarum XI 62).

2) Wie es mir scheint, ist das der Hof, den 1391 Emmerich, Vogt von Simmern, von Kurmainz zu Lehen hatte (Liber registri V 125). Die Anteile an Horbach und Weitersborn, die Frank von Lewenstein gleichzeitig erwarb, mögen ebenfalls von dieser Familie herkommen.

3) 1403 überliess Rorich von Merxheim seinen Teil an Burg und Städtchen M. dem Wildgrafen Otto von Kyrburg auf dessen Lebenszeit, zum Behelfe gegen Jedermann, ausser gegen die Erzbischöfe und das Erzstift Mainz (Rennenberger Archiv).

4) Rhein. Antiquarius II 18, S. 534. — StAKoblenz, Waldeck auf dem Hunsrück 135.

5) Auf den Gourather Hof bezieht sich wohl eine Urkunde von 1370, worin der Ritter Ludwig Zant von Merle dem Rheingrafen Johann, Wildgrafen von Dhaun, verspricht, den ihm versetzten Hörigen Peter, wohnhaft zu Gunnerait, zurückzugeben, wenn der Rheingraf ihm 40 Pfund Heller auszahle (Schmitz-Kallenberg, Archiv Coesfeld, Regest 568. Dhaun 858. Dass die Zandt von Merl in der Gegend von Simmern unter Dhaun und Martinstein begütert waren, geht aus dem Regest 472 von 1363 hervor).

des Endres von der Leyen, und seiner Enkelin Marie, verwitwete
Vogt von Hunolstein, Tochter der zweiten Tochter Melchiors, die
einen Johann Hilchin von Lorch geheiratet hatte. Dabei erhielt
Marie das Haus zu Weiler, Barbara das Haus zu Martinstein im
Tal. Unverteilt blieben die Oberherrlichkeit, hohe und niedere
Gerichtsbarkeit, Frohndienste und eigne Leute zu Weiler, Seisbach,
Weitersberg (l. -born), Horbruck (l. -bach) und auf dem Hause
Gunderoit (Gonrather Hof bei Weiler). Ebenso sollte das Schloss
Martinstein gemeinschaftlich verbleiben [1]).

1564 erwarb der Sohn der Marie, Johann Vogt von Hunol-
stein, den Leyenschen Anteil an Martinstein als Pfandschaft. Eine
Tochter des Enders von der Leyen war mit Georg von Schönborn
vermählt, der Ansprüche auf Martinstein geltend machte. Seine
Nachkommen kauften 1655 die Mainzer Pfandschaft und Kurfürst
Johann Philipp von Mainz, ein Sohn Georgs, überliess dieselbe
seiner Familie als Eigentum und reichsunmittelbare Herrschaft, die
der Reichsritterschaft angeschlossen war. 1716 kam dieser Anteil
an die Markgräfin Franziska Sybilla, Regentin von Baden.

Der Hunolsteinische Anteil ging 1555 als Mitgift der Barbara,
Mariens Tochter, an den Enkel des Franz von Sickingen, Georg
Wilhelm, über; um 1660 an einen von der Leyen, nach 1732 an
die Familie von Ebersberg, genannt von Weyers-Leyen, und wurde
1779 an den Markgrafen von Baden verkauft.

Die Orte Martinstein und Horbach lagen im Bezirk des Maxi-
minischen Hofbannes von Simmern unter Dhaun, der unter der
Vogtei und Landeshoheit der Wild- und Rheingrafen zu Dhaun
stand. Sie waren zunächst noch nicht als eigene Gemarkungen
abgetrennt. Es herrschte darüber, wie über die Weideberechtigung
und Waldnutzung der Einwohner von Horbach Streit, der mit Ur-
sache einer heftigen Fehde zwischen den Wild- und Rheingrafen
und Johann Hilgin von Lorch war. Der Ritter überzog die Dörfer
Simmern unter Dhaun, Hochstätten und Wickenroth mit Raub und
Brand und wurde dafür in die Reichsacht erklärt [2]), erlangte aber
dennoch am 17. Februar 1513 eine Anerkennung der Forderung
einer gesonderten Gemarkung für das Dorf Horbach, die nun durch
18 Grenzsteine von der Gemarkung Simmern unter Dhaun ge-
schieden wurde [3]).

---

1) Toepfer, Hunolstein. Urkundenbuch III S. 92, Nr. 114.
2) Prozessakten und Correspondenzen in der Rentkammer in Coes-
feld, Archiv Dhaun Nr. 2080 (Ausführliche Inhaltsangabe im Repertorium).
Toepfer a. a. O.
3) Abschrift von 1686 im StAKoblenz, Urkunden der Wild- und Rhein-
grafschaft, Aemter und Orte, Simmern unter Dhaun 7. Gleichzeitig wur-
den durch die Schiedsleute, Heinrich von Schwarzenberg Ritter, Emich
von Randeck Amtmann zu Winterburg, Diether Kämmerer, gen. von Dal-
berg, und Heinrich Brömbser von Rüdesheim Streitigkeiten zwischen den
Gemeinden Simmern unter Dhaun und Horbach und deren Herrschaften
Wild- und Rheingrafen Johann und Philipp und Johann Hilchin von Lorch

Von den in der Urkunde genannten Oertlichkeiten konnte ich folgende feststellen:

Stein 1 am Kirschner (Simmern, Flur 16);

Stein 3, auf dem Kopf zu Engen genannt (auf Ungen Simmern, Fl. 16);

Stein 5 am Hübel, oben am Blackweg gegen dem Kreuz (Blackweg in Horbacher Gemarkung, Plackweg in Simmern 14);

Stein 6 an Huldrigswiese (Hellerichswiese, Simmern 14);

Stein 9, Kreuz oder Bildstock an der Weitersborner Strasse am Wald Heisterscheid (Heisterheck);

Stein 13 in Heisterscheid im Horn (aufm Horn, Brauweiler Flur 1);

Steine 14 und 15 zum Tiergarten zu im Grund bei der alten Eiche und im Tiergarten am Wege, da der Wald wendet (im Tiergarten Brauweiler Flur 3);

Stein 16 auf Birk in der Dellen (auf Birk, am Berg, Horbacher Gemarkung (im Tal daselbst und Brauweiler Flur 3);

Stein 17 am Kirchenpfad, der von Brauweiler auf Simmern zu führt;

Stein 18 am Scheidberg vor der Hecken (Scheidberg in der Horbacher Gemarkung, Schettberg in der Flur 4 von Brauweiler).

Aus diesen Ermittelungen lässt sich erkennen, dass damals die noch jetzt bestehende Grenze festgesetzt worden ist.

8. Weiler bei Monzingen.

Das Dorf Weiler bei Monzingen war ein Lehen von der Grafschaft Salm in den Vogesen. 1383 erlaubte Graf Johann von Salm dem Hermann von Ippelbrunn, dass er das von ihm zu Lehen tragende Dorf Weiler bei Monzingen dem Johann von Steyer (? vielmehr Stein!) auf drei Jahre verpfänden möge [2]); und belehnte den Ritter Johann von Stein(-Kallenfels) mit dem Gericht, dem Gut und den Leuten, die dessen Mutter Alheit von dem Stein zu Wilre in dem Dorfe hatte. 1418 bestand das Lehen des Johann vom Stein, welches dessen Vater schon besessen hatte, in $^1/_4$ am Dorf Weiler [1]). 1508 werden vom Wild- und Rheingrafen wegen der Grafschaft Salm belehnt: Melchior von Rüdesheim mit dem halben Dorf Weiler bei Monzingen auf der Nahe mit dem Gericht; Johann von Stein-Kallenfels und Fritz von Schmidtburg wegen seiner Kinder, die es von ihren Vorfahren ererbt hatten, mit einem Vierteil am Dorf Weiler [3]).

---

betr. ein Ort Waldes am Heysterbergk und wegen des Weidganges entschieden, den die von Simmern an der Strasse bei den Phulen in der Horbacher Gemarkung zu haben vermeinten. Der Waldort wird dem Hilchin und denen von Horbach zugesprochen, soweit er in die neu versteinte Grenze fällt. Beide Gemeinden sollen nur auf ihrer Gemarkung Weidgang haben. Doch soll jeder Gemeinde der Viehtrieb nach dem Soonwald durch die andere Gemarkung auf bestimmten Wegen offenstehen. Des Ingerichts halber sollen die Wild- und Rheingrafen von ihrer Fordederung abstehen und dem Hilchen und den Hornbachern das unbeschwert lassen (StAKoblenz, Urk. der Wild- u. Rheingrafen, Staatsarchiv 570).

1) J. Wagner, Urkundliche Gesch. des Kreises Kreuznach 71, nach einem Schottschen Manuskript im StAKoblenz (B I 7d, f. 278v.).

2) Toepfer, Hunolstein. Urkundenbuch III S. 94 Anm.

3) Archiv in Coesfeld, Mannbuch der Wild- und Rheingrafschaft von 1506—1509.

Sämtliche Gerichtsherren werden im Weistum von 1525 ge-
nannt: Melchior von Rüdesheim (der die Hälfte), Johann von Lewen-
stein (der ein Vierteil), Fritz von Schmidtburg und Johann von
Stein-Kallenfels (die zusammen das letzte Vierteil besassen).

1363 1. Mai hatte Ulrich vom Steine, Friedrichs Sohn, dem
Grafen Walram von Sponheim die Hälfte seines Dorfes Weiler mit
Gericht, Leuten, und der Gemark für 400 Gulden versetzt, und
1395 übergab der Ritter Johann vom Steine dem Grafen Simon
seinen Anteil am Dorfe Wilre gelegen off der Nahe obenwendig
Monzingen nebst der Pfandeschaft derer von Yppelborn darin und
mit allen Zugehörungen zu lebenslänglichem Besitz[1]).

Im Jahre 1456 überliess Johann vom Stein die Hälfte seines
Anteils unentgeltlich auf Kündigung dem Pfalzgrafen Ludwig zu
Zweibrücken, der 1467 den Friedrich von Rüdesheim als Bevoll-
mächtigten seines Vaters Ulrich wegen des Brandschadens usw.
entschädigte, der bei der Einnahme des Dorfes Wyler von den
Kriegsleuten des Pfalzgrafen den armen Leuten derer von Rüdes-
heim zugefügt worden war[2]).

9. Die Herrschaft Merxheim.

Merkedesheim in pago Nahgouue in comitatu Emechonis
kommt urkundlich zuerst im Jahre 1061 vor. Damals schenkte Erz-
bischof Eberhard von Trier das Gut, welches ein gewisser Hunold
daselbst und zu Monzingen besessen hatte, dem Stift St. Simeon
in der Porta Nigra in Trier. Es scheint ein grösseres Besitztum
gewesen zu sein[3]). Seit Erzbischof Ruthard von Mainz (1107)
besass auch das Kloster Disibodenberg ein solches Gut in villa
Merchidisheim, que est juxta fluvium Naa, das frühei dem Ludwig
von Hochsteden gehört hatte. Diese Schenkung wurde 1128 durch
Erzbischof Adalbert bestätigt[4]). Ein anderes Gut besass der Abt
Werner von St. Alban vor Mainz, der 1145 seinem Kloster unter
anderm Zinsen und Wingerten zu Mergesheim vermachte[5]). Diese
Güter waren um 1206 an den Rheingrafen Wolfram verliehen,
der seinerseits den Albert damit belehnt hatte[6]).

Im 14. Jhdt. war die Landeshoheit über Merxheim im Besitz
der Raugrafen. 1325 überliess der Raugraf Heinrich der ältere
seinem Stiefschwiegersohn Grafen Philipp von Sponheim-Dannen-
fels die Administration seiner Güter diesseits des Rheins, die ge-

---

1) Lehmann, Grafen von Sponheim I 223, 274.
2) Zweibrück-Veldenzer Copialbuch in Speyer XV 64 f.; 80.
3) MRUB I S. 412, Nr. 355.
4) Ebd. I S. 474, Nr. 413; S. 521 (1128 schon Merxheim geschrieben).
5) MRR. I 20.7. Auch Adlige besassen Höfe in Merxheim, wie Ja-
kob der Sohn des Herrn Th. von Kellenbach. der 1261 einen Hof in Mircs-
heim an Wilhelm, den Sohn weiland Herrn Ulrichs vom Stein, verkauft hat.
Toepfer, Hunolstein, Urkundenbuch I 358; MRR, III 1691.
6) Trier. Archiv, Erg.-Heft XII S. 7, Nr. 6 b.

nau aufgezählt werden, darunter kommt bei den Ortschaften des Amtes Naumburg an der Nahe auch Merksheim vor [1]). Nach einer Urkunde vom 19. Juni 1371 hatte Heinrich von Merxheim dem Wildgrafen Otto von Kyrburg für 100 Pfund Heller eine Korngült von 10 Malter verschrieben, und trug ihm als Unterpfand vor den Schöffen und dem Gericht zu Merxheim, wo die 10 Malter Korn geliefert werden sollen, seinen Teil der Güter zu Merxheim auf, die er mit seinen Brüdern „gemeyne kaufft zu eygenscheffe" von Herrn Philipp von Bolanden, und die vormals dem Raugrafen Georg (Grossvater des Philipp) gehört hatten: nämlich das Dorf Merxheim mit den Leuten und das Gericht daselbst hoch und nieder, mit Wasser, Weide, Äckern, Wingerten, Wiesen, Wäldern, Büschen, Heiden, Zinsen, Gülten, Freveln, Besserungen usw. Diese Gült hatte Henne vom Stein mit 100 Mark Pfund Heller an sich gebracht, der nun versprach, dem Wildgrafen Otto vollkommene Sicherheit zu leisten, falls von den Gemeinern von Merxheim irgendwelche Forderungen gestellt würden [2]).

Philipp von Bolanden hatte um 1358 seine Mutter Laurette, Tochter des Raugrafen Georg, beerbt, auf welche nach dem Tode ihres Bruders Wilhelm dessen Besitzungen gekommen waren [3]). Es ist derselbe, der auch die Stadt Simmern aus dieser Erbschaft überkam und an Kurpfalz verkaufte. Von ihm also hatte die Familie der Ritter von Merxheim die Dorfherrschaft gekauft und besass sie nun als freies Allod. Diese Ritter von Merxheim scheinen Nachkommen des Adalbert von Mirchedesheim oder Mirkedesheim und seines Sohnes Gerlach (neben denen auch schon ein Rorich genannt wird) zu sein, die 1075 in einer Urkunde des Erzbischofs Udo von Trier über eine Schenkung des Hugo von Hachenfels (bei der Naumburg an der Nahe) an das Simeonsstift in Trier neben andern Adligen aus der Nahegegend als Zeugen vorkommen. 1128 stehen die Namen des Rorich von Merxheim und seines Bruders Gerlach und des Adalbero von Hachenfels an erster Stelle unter den Freien in der Zeugenreihe der Urkunde des Erzbischofs Adalbert von Mainz für das Kloster Disibodenberg [4]).

Ein Rorich von Merxheim räumte am 25. November 1390 dem Grafen Simon III. von Sponheim auf dessen Lebenszeit seinen Teil der Burg Merxheim ein [5]). Er war der Letzte seines Geschlechts und hinterliess die Herrschaft den Nachkommen seiner Schwester Adalheid, die mit Hermann Bube von Geispizheim vermählt war: das waren ihre Tochter Schonette, vermählt mit Johann Vogt von Hunolstein, und ihre Enkelin Gertraud Boosin von Waldeck, vermählt mit Weirich von Hohenberg dem Jungen [6]).

---

1) Köllner, Kirchheim-Bolanden 159 f.
2) Rennenberger Archiv (Original).
3) Köllner, Kirchheim-Bolanden 74.   4) MRUB. I S. 433, 434, 522.
5) Lehmann, Grafen von Spanheim I 270.
6) Toepfer, Hunolstein. Urkundenbuch II S. 227, Nr. 278.

1440 setzten Schonette und Johann Vogt von Hunolstein ihrer Schwiegertochter Else von Hagen u. a. das halbe Haus auf der Burg Merksheim und das halbe Gericht als Wittum an, und 1442 machten Johann Vogt und Weirich von Hohenberg einen Burgfrieden für die Burg, das Dorf, die Mark und Bann zu Merxheim, der 1450 wiederholt, aber auf den näheren Umkreis der Burg beschränkt wurde, als weit und ferre ein Mann mit einer guten Armbrust von der Burg geschiessen mag [1]). Das Ehepaar von Hohenberg hatte nur eine Tochter Margareta, die den Schweickart von Sickingen heiratete. Ihr Sohn war der berühmte Ritter Franz von Sickingen. Dieser überliess seinen Anteil an Merxheim seiner Schwester Barbara, vermählt mit Dietrich von Braunsberg. Ihr Sohn Augustin erscheint 1528 im Weistum von Merxheim [2]):

„Das erbar gericht zu Merxheim weyset die von Hunolstein und Augustinus von Braunspergk anstatt seiner Mutter vor oberst gerichtsherren zu Merxheim über wasser, über weyde, über weldt und felt, die von der gemeind gesteckt und gesteindt seindt. Auch weysen wir ihnen zu geboth und verboth, zu hohen und zu niedern, nach ihrem wollgefallan zu thun. Darzu weysen wir ihnen zu jagerey und fischerey. Zum andern weyset das gericht zu Merxheim zu einer gelegenen zeytt, so es der herrschafft zu Merxheim gelegen ist, zu heben die futterhaber, so weysen wir ihnen zum ersten von wegen der futterhabern dem jungen junckhern zu vorab $\frac{1}{2}$ malter in der futterhabern und darnach das viertteyl in der futterhabern. Item in den alten bruchen, das ist 15 turnos, auch das viertteyl. Furtter mehr haben die obgen. gerichtsherrn, mit namen die von Hunolstein und Augustinus von Braunspergk instatt seiner mutter zu hohen und nidern nach ihrem wollgefallen. Zum dritten weysen die gerichtsglieder die obgen. öbrist herrn vor richter über hals und halsbein, über dieb und diebin, die es verdient han. Und furtter mehr, were es sach, dafs gebrech were in mafsung, in fafsung, truckhen oder nafs, in gewicht, so seindt solche den herrn verfallen nach ihrem gefallen. Dann geben sie dem gericht in Merxheim ein imbs.“

Es ist charakterisch für die Zeit bald nach dem Bauernkrieg, wie in solchen kleinen Herrschaften die Herrenrechte bis zur Willkür gesteigert erscheinen. Alle Gebote und Verbote, Brüchten und Abgaben haben die Herren zu erhöhen und zu erniedern nach ihrem Wohlgefallen. Auch die Bestrafung von Vergehen in bezug auf Mass und Gewicht wird in das Gefallen der Herren gestellt.

Von den Nachkommen des Augustinus von Braunsberg ging dessen Anteil an die Familie von Bourscheid zu Büllesheim über (1625) während der Anteil der Vögte von Hunolstein bis zuletzt bei dieser Familie geblieben ist.

---

1) Kreisarchiv in Speyer, Zweibrück-Veldenzer Copialbuch IX 156. Toepfer II S. 232, Nr. 284; S. 301, Nr. 356.
2) Toepfer III S. 79, Nr. 99.

3. Amt Kirchberg.

Zinsregister der Grafschaft Sponheim im StAKoblenz: 1. Register der Sponheimischen Zinse und Renten um Kastellaun und Kirchberg zur Zeit des Grafen Simon II. und seines Bruders Gottfried, erstes Drittel des 14. Jhdts. (bei den Urkunden der Grafschaft Sponheim); 2. Gültbuch von 1438 (bei den Akten 291); 3. Gültbuch von allen Renten und Zinsen in der Gemeinschaft zu Kirchberg, Gemünden und Koppenstein, 1464 von Walraff zu Kirchberg Truchsessen (366); 4. Rentenbuch des Amtes Kirchberg und Koppenstein, erneuert durch Wygand von Dienheim, Amtmann zu Kreuznach, und Lorenz Flade, Truchsess zu Kirchberg 1476 (367). — StADarmstadt: Kopialbücher 37, Beschreibung der vorderen Grafschaft Sponheim 1600, S. 230 ff. Verzeichnusz beyder Aembter Kirchberg und Koppenstein.

1. Stadt Kirchberg.

Am Kreuzungspunkt zweier alten Strassen, der römischen Heerstrasse von Mainz nach Trier und einer von der mittleren Nahe (Kirn) nach der unteren Mosel (Treis) führenden Strasse, lag die römische Station Dumno oder Dumnissus, deren Name sich in dem benachbarten Dorf Denzen erhalten hat. Im Mittelalter war hier ein Königsgut, das praedium Tonnense, dessen wirtschaftlicher Mittelpunkt der Haupthof im Dorfe Denzen war. Unmittelbar an der Strassenkreuzung lag die Pfarrkirche eines sehr ausgedehnten Kirchspiels, dessen Umfang wohl ursprünglich auch das Gebiet des Königsgutes entsprochen haben mag, das aus einer römischen Domäne hervorgegangen zu sein scheint. Bei diesem auf dem „Kirchberg" gelegene Heiligtum muss sich schon früh ein Marktverkehr entwickelt haben, wodurch die dort entstandene Ansiedlung städtischen Charakter bekam. Eine Burg hat in Kirchberg nie bestanden.

Nach Ausonius, der im Jahre 370 von Bingen über den Hunsrück nach Trier gereist ist, waren kurz zuvor in der Gegend von Dumnissus Sarmaten angesiedelt worden. Wenn das die 359 vom Kaiser Constantius besiegten Sarmaten sein können, würde man den Namen des Dorfes Constantia, Constantiacum, das heutige Kostenz, mit dieser Besiedlung in Verbindung bringen dürfen[1]). War doch dieser Ort in späterer Zeit Sitz des Schultheissen über den mit Kirchberg verbundenen Landbezirk.

. Wie der Königshof Denzen, das „praedium Domnissa" von Otto III. an Bezelin oder Bernhoh (995, 996) und von dem Grafen Berthold an das Kloster Ravengiersburg geschenkt worden ist (1074), ist an anderer Stelle, in dem Aufsatz über das pfälzische Oberamt Simmern, erwähnt. Dort war auch schon die Vermutung

---

1) Ausonius, Mosella ed. Hosius. Marburg 1895. Vers 7—9. Dazu Bonner Jahrbücher XVIII 1 ff. (Heep: „Wo lagen die Tabernae und arva Sauromatarum des Ausonius?"). Dass sich der Name der Sarmaten in Sohren erhalten habe, ist nicht wahrscheinlich. Eher ist Kostenz hier anzubringen.

ausgesprochen, dass die Schenkung an das Kloster nicht das ganze Königsgut Domnissa umfasst habe, dass dazu auch die andere Hälfte des Kirchspiels Kirchberg gehört habe, die in späterer Zeit als „Pflege" oder „Gericht Kirchberg" zur vorderen Grafschaft Sponheim gehörte[1]).

Kirchberg muss schon 1225 zur Grafschaft Sponheim gehört haben, denn in einer Urkunde der Gräfin Alleidis von Sponheim, des Grafen Godefrid Witwe, werden der Pfarrer daselbst und mehrere Einwohner als Zeugen genannt[2]). In der Teilung, die ihre Söhne gemacht hatten, waren die Burgen Kestelun und Neve sowie die „munitio" Kirberg an den zweiten der Brüder, Heinrich, gefallen, der von seiner Gemahlin die Herrschaft Heinsberg bei Aachen erbte. Von dem Bruder ihrer Mutter, dem Grafen Heinrich von Sayn, hatten die sponheimer Grafen die Grafschaft Sayn, die Herrschaften Blankenberg, Löwenburg (im Oberbergischen und Siebengebirge), Hülchrath (bei Neuss) und Saffenburg an der Ahr geerbt. 1248 trat der Herr von Heinsberg die aus der väterlichen Erbschaft ihm zugefallenen Stücke der Grafschaft Sponheim, darunter Kirchberg an den dritten Bruder Simon, Grafen von Sponheim zu Kreuznach ab, und erhielt dafür dessen Anteil an den genannten Saynischen Herrschaften[3]). Seitdem ist Kirchberg bei der Kreuznacher Linie der Grafen von Sponheim geblieben.

Bald nach der Erwerbung von Kirchberg gab Graf Simon I. der Stadt einen Freiheitsbrief, den er im Jahre 1259 erneuerte[4]). Die jüngere Fassung weicht in einzelnen Punkten zu Gunsten der Bürgerschaft von der älteren ab. Auch dieser muss eine Vorurkunde zugrunde gelegen haben, die nicht mehr erhalten ist.

Darnach war die Stadt aus dem Verbande des Gerichtes der „Landveste" herausgehoben, dieses Gericht durfte nicht mehr innerhalb der Stadt gehegt werden, und nur im Falle der Widersetzlichkeit gegen die Vollstreckungsgewalt des Stadtschultheissen konnte dieser mit dem Zeugnis zweier Schöffen das „höhere Gericht" anrufen.

In bürgerlichen (Schuld-) und Frevelsachen, Beleidigungen, Zänkerei, Schlägerei richtet der „villicus civitatis" mit den Schöffen, über blutige Wunden und Totschlag unter dem Vorsitz und der Mitwirkung des Grafen.

Wenn einer innerhalb der Stadt oder des zu ihrer Jurisdiktion

---

1) Westd. Zeitschr. XXVIII 1 (1909), S. 110 ff.

2) MRUB. III S. 218, Nr. 264. Schon fast 100 Jahre früher (1127) war Herimannus parrochianus de Chiriperg im Gefolge des Grafen Meginhard zu Sponheim. Quellen z. Schweiz. Gesch. III. Basel 1883, S. 308, Nr. 64.

3) MRUB. III S. 725, Nr. 967.

4) Zeitschr. f. d. Gesch. d. Oberrheins XVI (1864) S. 46 ff. — MRUB. III S. 1075 ff., Nr. 1491. In der obenstehenden Inhaltsangabe sind nur die für die Verfassung der Stadt und des Gerichts wichtigen Bestimmungen enthalten.

gehörigen Burgbannes Aufruhr erregt oder einem andern ungehörige Gewalt antut, sollen die Bürger den bei geschlossenen Toren in Haft halten und vor den Grafen bringen. Der Villicus soll ihn in Gegenwart des Grafen richten.

Die Ernennung des Villicus civitatis ist in der ersten Fassung dem Grafen als dem dominus civitatis vorbehalten; nach der zweiten Urkunde sollen die Bürger unter ihren Mitbürgern drei dafür geeignete Männer wählen, und sie dem Grafen zu diesem Amte vorschlagen. Ernennung und Einsetzung bleiben Sache des Grafen.

Die Ergänzung des Schöffenstuhles geschieht durch Kooptation durch die übrigen Schöffen. Der neue Schöffe hat die Gerichtsverfassung anzuerkennen und wird vom Grafen in sein Amt eingesetzt ohne ihm eine Gratifikation zahlen zu müssen.

Rechtsgeschäfte, wie Kauf, Verkauf, Vererbung von Liegenschaften, Zeugnisse und Bürgschaften können nur vor den Schöffen abgeschlossen werden.

In der Stadt besteht ein Jahrmarkt und ein Donnerstags-Wochenmarkt. Der Graf hat das Recht Zoll zu erheben und den Bannwein (5 Fuder innerhalb 14 Tagen, ausser der Zeit des Jahrmarktes) zu verkaufen. An den Markttagen darf kein Bürger gerichtlich belangt werden, die Verhandlung gegen ihn ist auf den nächsten Tag zu verschieben.

Der Zoll erscheint in dem Stadtrecht als Platzgeld. Im 15. Jhdt. betrug dieses auf dem Wochenmarkt zwei Pfennig, auf dem Jahrmarkt sechs Pfennig. Kirchberger Kaufleute, die ihre Waren in oder vor ihren Häusern feil hielten, waren von dieser Abgabe frei. Daneben wurde damals unter dem Namen „Zoll" eine Marktumsatzsteuer erhoben, für welche im Rentenbuch 1476 ein ausführlicher Tarif mitgeteilt wird. Diese Steuer soll jährlich 15—17 Gulden ertragen haben. Als eingeführte Waren werden genannt: Vieh aller Art, Wein, Frucht, Wolle, fertige Wagen, Karren und Pflüge, Brot, Honig, Butter, Heringe, Unschlitt, Schmalz, Oel, Felle und Häute, Käse, Salz und Eier. Dieser Zoll musste auch von alle dem, was in der Kirchberger und Sohrer Pflege gekauft und verkauft wurde, entrichtet werden. Für die Bewohner dieser Distrikte und einiger Dörfer in der Umgebung war die Abgabe von der eignen Produktion und Verbrauch in einen feststehenden Haferzins verwandelt. Jedes Hausgesess mit Mann und Frau gab drei Fernzal, jeder Witwer oder Witwe drei Sümmern Zollhafer. Die auswärts gelegenen Ortschaften sind Gemünden, Gehlweiler, Woppenrodt, Oberkirn, Schwerbach, Sohrschied, Lindenschied, Gösenroth, Laufersweiler und das jetzt wüste Sonnenbach. Es scheinen die Dörfer zu sein, die den Kirchberger Wochen- und Jahrmarkt zu beschicken oder als Käufer zu besuchen pflegten. Die Abgabe wurde auf den Dörfern selbst durch die sponheimischen Zollknechte erhoben, die bei ihrem Umritt an gewissen Orten in bestimmten Höfen Kost oder Nachtquartier hatten. Da die Abgabe auf die Hausgesesse bezogen war, gehörte sie zu den in ihrem Ertrag schwankenden Abgaben.

Das Recht, den Bannwein zu verzapfen, war im 15. Jhdt. den Bewohnern des „Bannweinhauses" zu Kirchberg gegen 40 Gulden überlassen, dafür musste das „Land" ihnen den Wein heimfahren, der von auswärts bezogen wurde. Sie hatten auch freien Holzhau in den Wäldern, und die Sohrer und Cappeler Bezirke zahlten, anstatt das Holz einzufahren, sechs Gulden. Ausserdem genossen sie eine Rente von zweieinhalb Malter Korn und zwei Fuder Heu. 1464 wurden die 40 Gulden als Ablösung dieser Fuhrfrohn vom Land der Herrschaft gezahlt und die Weinschankgerechtigkeit um sechs Gulden oder zehn Pfund acht Sch. verliehen. Der Bannweinwirt hatte auch die Aichgewichte und Masse in Verwahrung.

Die Bürger werden gegen Eingriffe fremder Gerichte und gegen Ausforderungen zu gerichtlichem Zweikampf in Schutz genommen; Forderungen Auswärtiger müssen zuerst bei dem Stadtgericht eingeklagt werden und dürfen nur im Falle dieses sich Recht zu geben weigert, vor fremde Gerichte gezogen werden. Dabei bleiben die als Bürger aufgenommenen Hörigen fremder Herren zu den bisher ihnen geleisteten Diensten verpflichtet.

Bei einem Todesfall geht die Erbschaft ganz und ungeschmählert an die Berechtigten über, ohne dass dafür ein Buteil, Besthaupt oder Bestgewand abgegeben wird.

Die Güter der Bürger sollen frei von allen Diensten an den Grafen sein, nur den Zins zahlen. Von ausserhalb der Stadt gelegenen Gütern soll auch keine Steuer, „Geschoss", gezahlt werden. In der ersten Ausfertigung war jedoch beigefügt, dass die Güter, die nach der Ausstellung der Freiung erworben würden, bei den alten Verpflichtungen bleiben sollten.

Nach dem älteren Dokument hatten die Bürger propter libertatis tradicionem dem Grafen 30 Kölnische Mark in zwei Zielen (Mai und Herbst) zu zahlen und dem Amtmann 1 Mark. Diese Abgabe lastete auf den damals schon eingeschätzten Gütern der Bürger.

Nach dem „Gültbuch von allen Renten und Zinsen in der Gemeinschaft zu Kirchberg" von 1464 und dem „Rentenbuch des Amtes Kirchberg und Koppenstein" 1476 wurden in der Stadt von ganz bestimmt bezeichneten Grundstücken, Häusern, Scheuern, Gärten in der Stadt erhoben:

1. 1464 44 ℔ hall. (1476 44 ℔ 15 ß 7 hl) „freie Zinse" zu Walpurgis und Martini;

2. 1464 5 ℔ 6 ß 4 hl und 1476 5 ℔ 8 ß 4 hl „alte Zinse" zu Walpurgis und Martini;

3. 1 ℔ 18 ß resp. 3 ℔ 5 ß „gebesserte Zinse".

Das Rentenbuch von 1476 enthält das genaue Schatzungsregister dieser drei Arten von Zinsen.

„Freie Zinse" hiessen diese Abgaben offenbar darum, weil sie „propter libertatis traditionem" zu zahlen waren und die damit belasteten Güter von Diensten befreit waren. Die „alten Zinse" werden den schon vor der Freiung erhobenen Abgaben entsprochen haben; die „gebesserten Zinse", die zwischen 1464 und 1476 verhältnismässig am meisten zugenommen haben, sind wohl durch den Wertzuwachs einiger Grundstücke, auf denen etwa neue Gebäude errichtet wurden, zu erklären.

Wenn die Kölnische Mark zu 3 ℔ hl gerechnet wird, entsprechen die 1464 und 1476 angegebenen 44 ℔ hl der Hälfte des Ansatzes von 1259.

In der älteren Fassung des Stadtprivilegs hatte der Graf sich das Recht des Mühlenbannes, die Heeresfolge, das Verbot des Connubiums mit Untertanen fremder Herrschaft und der Auswanderung der Bürger vorbehalten, wovon in der jüngeren Ausfertigung nicht mehr die Rede ist.

In den sponheimischen Zinsregistern tritt neben das Bannweinrecht das Ungeld, eine Besteuerung des Schankgewerbes auch für die von dem Bannweinrecht unberührte Zeit nach dem Umsatz (von jedem Fuder Wein, das man schenkt, 1 Pfund 4 Schilling oder 1476 12 Schilling), die jedoch zur Hälfte der Stadt zugute kam. Auch die Fleischscharren der Metzger und die Krämerstätten wurden für den Grafen besteuert.

Die Aufnahme fremder Untertanen zu Bürgerrecht war nach dem älteren Privileg Sache des Grafen, doch wollte derselbe in einigen Fällen, wo die Bürger ohne seine Mitwirkung solche Leute aufgenommen hatten, Nachsicht üben.

Durch solche Erteilung des Kirchberger Bürgerrechts an Untertanen des Klosters Ravengiersburg waren Streitigkeiten mit dessen Propst und dem Vogt entstanden, die am 24. August 1288 dahin beglichen wurden, dass der Graf versprach solche Leute nicht mehr aufzunehmen, und dass die, welche das Bürgerrecht bereits erlangt hatten, zu den 100 trier. Pfund, die das Kloster dem Vogt Herrn Johann von Heinzenberg zu zahlen hatte, ihren Beitrag liefern sollten[1]). Die neuen Bürger blieben zum Teil in den Dörfern sitzen, so entstand eine Pfahl- oder Aussenbürgerschaft. 1600 waren solche Ausbürger, „Leibesunterthanen der Stadt“, zu Obercostentzigh 2, zu Niedercostentzigh 3, zu Dillendorf 16, zu Schönborn 10, zu Oppertzhausen 4, zu Sohren 1, zu Denzen 4 und zu Biebern 3. Diese Leute konnten zu Arbeiten für die Stadt aufgeboten werden, genossen aber sonst die Freiheit der inneren Bürger[2]). 1775 wohnten auch in Maitzborn und Rödern äussere Bürger.

Wie sich für einen Handelsplatz wie Kirchberg von selbst versteht, wohnten auch Juden dort, die 1332 erwähnt werden[3]).

Die Stadt war wie die ganze Pflege Kirchberg „zwischen der Steinstrasse, der Simmerbach und dem Walde Lützelsane oder Lützelsoon“ pfälzisches Lehen[4]). 1322 wurde aber bestimmt, dass die Stadt aus dem pfälzischen Lehensverband in den des Erzstifts Trier übergehen sollte (26. August), worauf Graf Simon II. von Sponheim von Erzbischof Baldewin belehnt wurde (28. August) und der junge Pfalzgraf Adolf seine Einwilligung gab (4. September)[5]). Das Gericht und Amt ist immer pfälzisches Lehen geblieben.

In der Stadt hatte die Landesherrschaft der vorderen Grafschaft zwei Häuser, die von den kurpfälzischen und simmerischen Truchsessen bewohnt wurden, und drei Hofgüter.

Der Haupthof zu Kirchberg ertrug der Herrschaft 1464

---

1) MRR. IV 1571.

2) Amtsbeschreibung in Darmstadt.

3) J. G. Lehmann, Die Grafschaft und die Grafen von Spanheim. Kreuznach 1869. I 177.

4) Wenck, Hess. Landesgesch. I. Urk. S. 131, Nr. 194.

5) Lehmann, Spanheim I 168. — Regesten der Pfalzgrafen bei Rhein I 1981 und 1985.

18 Malter Korn und 56 Malter rauhe Frucht (1476 10 Malter Spelz und 30 Malter Hafer), Prammels Hof 7 Malter Hafer, Swynenfleysch's Hof $6^1/_2$ Malter Hafer. Ausserdem fielen von der Mühle zu Lotzen, der Lätscher Mühle bei Rödern, 24 Malter Korn, von Rottfeldern 7 bis 8 Malter Korn, und von 10 zu Erbschaft verliehenen Gütern in Kirchberger Gemarkung 18 Malter 7 Sümmern Hafer. In dem Register des Grafen Simon II. (1301—1337) sind vier Höfe erwähnt, einer von 15 Malter, der zweite von 50 Malter, der dritte von 6 Malter, der vierte von 7 Malter rauher Früchte. Ausserdem fielen von Rodungen 34 Malter Korn und 14 Malter Hafer, sowie 2 Malter Spelz.

Die Herren von Coppenstein besassen in Kirchberg einen Burgsitz mit einem „bauenden" Hofgut, dem Recht seinen Bedarf an Holz aus dem herrschaftlichen Wald Bauschied zu beziehen, und für das dort wohnende Mitglied der Familie Jagdrecht in der Kirchberger Gemarkung und der Kostenzer Pflege [1]).

2. Kirchberger Landveste, Kostenzer Pflege.

Das ursprünglich mit der Stadt verbundene Gebiet, aus dessen Gerichtszwang sie nach 1249 herausgehoben worden ist, bestand aus den Dörfern: Altlay, Würrich, Belg, Rödelhausen mit der Wüstung Silz, Hahn, soviel davon in Kirchberger Pflege gehört, Kappel (mit den Wüstungen Kir, Kirweiler, Rickelhausen oder Riehlsen, Mörsburg), Kludenbach mit der Wüstung Lampert, Todenroth, Metzenhausen, Schwarzen, Ober-Kostenz, Nieder-Kostenz, Dillendorf, Hecken, Rödern mit der Lätscher Mühle, Schönborn, Oppertshausen, die Wüstungen Seckenhausen und Reitsteg bei Ravengiersburg, Wallenbrücken, Womrath (mit den Wüstungen Hof Hunweiler, Sulzbach, Ralsbach und Dorweiler), Maitzborn, Panzweiler, die Gemarkung von Gemünden mit der Wüstung Reichweiler, Dickenschied mit der Wüstung Werchweiler, Rohrbach und Schlierschied [2]).

Dieser Bezirk hatte im 15. Jhdt. 400 Gulden Bede zu zahlen, halb im Mai, halb im Herbst.

Die sonstigen Leistungen der Gemeinden an die Landesherrschaft sind nach den ausführlichen Angaben des Rentenbuches von 1476 in der folgenden Tabelle verzeichnet (im ganzen 90 ℔ Heller, 10 Malter Korn, 575 Malter Hafer und Spelz, 190 Hühner, 10 Gänse).

Die Gemeinden scheinen schon im 14. Jhdt. die dem Grafen zustehenden Rechte der Nachtselde und des Bannweines in Geldabgaben verwandelt zu haben. Das Verzeichnis aus der Zeit des

---

1) Rentenbücher, Amtsbeschreibung.
2) Am besten ist das Ortschaftsverzeichnis im Rentenbuch von 1476 zu benutzen. Vergl. das in den Vertrag vom 24. Mai 1440 (Orig. StAKoblenz, Urkunden der Grafschaft Sponheim, Staatsarchiv) aufgenommene Ortschaftsverzeichnis.

Grafen Simon II. enthält die Berechnung dieser Abgabe in Kölner Münze.

Im 15. Jhdt. waren diese Ansätze in Pfund, Schilling und Heller umgerechnet (1438 auch in Turnosen, die zu zwei Schilling berechnet werden).

Die Grafen von Sponheim besassen in der Kirchberger oder Kostenzer Pflege Wiesen bei Kirchberg, zu Ober und Niederkostenz, Hahn, Kappel, in der Sohrbach und den Brühl bei Dill, die 60 bis 70 Fuhren Heu ertrugen.

Fischweiher waren zwei bei Kirchberg, einer bei Womrath.

Herrschaftliche Waldungen waren: Brunschyt, Bannholtz, Hallschyt, Rodderheck, Strassheck, in der Kurtze, Cappeller Wald, der Schachen bei Selz, Ewerstrut oder Jungenwald, Schachen bei Enkirch und Schwarzerstrut.

Von dem Widemarksrecht in diesen Wäldern zahlten die Gemeinden Holzhafer und Forsthafer sowie Försterbrote. Im Walde Schwarzerstrut hatten die Dörfer Oberkostenz, Schwarzen, Würrich, Bärenbach und Sohren dieses Recht, in Halscheid Denzen, Womrath, Maitzborn, im Brauschied Niederkostenz, im Bannholz Hecken und Dickenschied. Nach dem Register des Grafen Simon II. waren die Einwohner von Lampinraid und Cludinbach zu einem Anhau in dem Wald Gunzelstrut berechtigt, wofür sie etwas über 25 Malter Hafer zu entrichten hatten. 1476 wurde der Holzhafer zu Kludenbach von dem Herrenwald (jetzt in der Gemarkung Kappel) gegeben. Wahrscheinlich hiess der Herrenwald und die angrenzenden Wälder ehemals Gunzelstrut. Zur Zeit des Grafen Simon II. wurde dort noch gerodet; es kommen im Register die Posten vor: de agris in Gunzelstrut 20 maldra avene, item notandum quod de novalibus in G. dantur 38 ml. avene cum fercella. Der Wald wird sich früher weiter ausgedehnt haben wie der Herrenwald.

Die Stadt Kirchberg sowie die fünf Gemeinden Dickenschied, Hecken, Rohrbach, Schlierschied und Womrath hatten ihre Waldungen im südlichsten Teil des Amtes, im Lützel-Soon, südlich von Schlierschied. Der Kirchberger Stadtwald erscheint schon im 18. Jhdt. von dem Fünfgemeindenwald abgetrennt. Auf einem Teile aber hatten die fünf Gemeinden noch das Weiderecht[1]).

Ueber die Lage der Wüstungen im Amt Kirchberg, Kostenzer Pflege, liess sich folgendes ermitteln:

Silz, in Sils, ist ein Talgrund im östlichen Teil der Gemarkung Rödelhausen, Flur 4, zwischen Würrich und Todenroth.

Kir, Kere, Kyren oder Kiren, lag nach Back in der Gemarkung Kappel, nordwestlich vom Dorf, in der Nähe der Neumühle, wohl in der Wiese „in den grossen Bitzen“, Flur 9, da die Bezeichnung „Bitzen“ sonst am häufigsten von Wiesen in der nächsten Umgebung von Ansiedlungen gebraucht wird. Eine an-

---

1) Karte im StAKoblenz.

dere Wiese, östlich der Neumühle, in Flur 13, heisst „im Bangert". Auch die Baumgärten pflegen sich den Dorfhofraiten unmittelbar anzuschliessen. Im Lagerbuch von 1476 ist folgendes Grenzweistum von Kappel und Kyre aufgenommen: „Diß ist das wystumb, das unsern gnedigen hern gewyst wirt zu Cappell und zu Kyre: Zum ersten get unser gnediger hern wystum an dem Huckenberge an, ist es wit, das man uff der rugen unser gnediger herren herlicheyt und gericht wyste, von dem Huckenherge an biß an den Hane, von dem Hane zu dem rech heruß zu Bennhusen zu, da der Capeller zehenden wendet, zu Bennhusen unden an der lynden her, den rech herlangs, biß an das bechelgin, und die bach herab biß uff Uttzenreche, und den rech herlangs biß uff Haßen Hennen wiesen, die Hasenwieß heruß biß an des scholtheysen wieß, und die bach heruß biß an Kirwiler anspann, von der Kirwiler anspanne an biß an die Hoestrudt, und die Hoestrudt herabe, hinder Romstrudt den rich herlangs vor Romstrudt heruß, uff Rabenbruche die angewande heruß biß an die hohe strayß, die alt strayß heruß biß gein Morßbergk, biß an die Leyenkudt, die strayß herabe biß an Rusellsteyn, von dem Ruselsteyn herabe die alt strayß biß an Sonenbacher crutze." Der Huckenberg liegt in der Gemarkung Rödelhausen, Flur 2. Den hier gemeinten „Hane" kann ich nicht feststellen; Bennbausen, Benneschen oder Beinhausen liegt in dem Wiesengrund, der die Gemarkung Kappel (Flur 16 Bennhauserheid und Benneschen) und die Gemarkung Löffelscheid (Flur 1 unten, mitten, oben in Beinhausen) trennt, das untergegangene Dorf ist wohl auf der Löffelscheider Seite zu suchen. Das Bennhäuser Bächelchen hinab bis beinahe zur Mündung in den jetzt Bingerbach, ehemals Kirerbach oder Kire genannten Bach, dann längs einem Feldrain (Utzenrech, jetzt Weg durch die „Strang" genannte Gewann in Kappel, Flur 14 und Löffelscheid, Flur 1 — im Strang, Strangwies) zur Hasenwies (Kappel, Flur 14 an Löffelscheid angrenzend), wo der Bingerbach aufwärts die Grenze bildet. Ganz am Ursprung dieses Baches liegt die Wiese „in Karbel" (Kappel, Flur 13), die auf der Löffelscheider Seite „Kerwelt" und „im Kerwelt" genannt wird. Hier ist Kirweiler Anspann und die Lage des ausgegangenen Dorfes Kirweiler anzunehmen. Die nun folgenden Waldnamen Hoestrudt, Romstrudt, Rabenbruch lassen sich auf den Katasterkarten nicht mehr feststellen; die Grenze des hier anstossenden Amtes Kastellaun wird aber im 18. Jhdt. auf dieser Strecke so dargestellt, wie sie jetzt zwischen den Gemarkungen Kappel einer-, Leideneck und Völkenroth andererseits verläuft. Doch scheint es, dass das östlich der alten Hochstrasse, die nachher am Faaswald die Grenze zwischen den Gemarkungen Kappel und Reckershausen bildet, gelegene Stück der jetzigen Gemarkung Kappel (Flur 13 „ober dem Wald") damals zum Amt Kastellaun gehört habe. Mit der erwähnten alten Strasse ging die Grenze nun an dem wüsten Dorf Mörsberg vorbei. Dieses ist

durch Distriktnamen in der Flur 1 der Gemarkung Kappel, „Mörs-
burger Bitzen" (greift auf Flur 3 über), „Mörsburg in der Mittel-
gewann", und in Flur 13 „Mörsburger Anspann" seiner Lage nach
genau bekannt. Etwas östlich davon liegt unmittelbar an der
Strasse eine Gewann „an Rödelheim". Von einem Dorf dieses
Namens ist sonst nichts bekannt. Das „Sonnenbacher Kreuz", der
Endpunkt dieser Grenzbeschreibung, hat seinen Namen ebenfalls
von einer Wüstung, „Sonnenbach" bei Reckershausen (s. West-
deutsche Zeitschrift 28 S. 109 Anm. 163). Die Südgrenze der Ge-
markung Kappel ist nicht beschrieben.

Im südlichen Teil der Gemarkung Kappel lagen noch zwei
ausgegangene Ortschaften, Lampenrode und Ruchelnhusen.
Lampenrode oder Lamperait lag in Flur 8 an der Gemarkung
Kludenbach, wo die Lamperter Mühle liegt. Der Platz heisst jetzt
„auf Lampert". Die Erinnerung an das Dorf Ruchelnhusen ist in
Flur 6 in der Ackergewann „auf Rittelhausen" und in dem daran-
stossenden (Flur 5) Wiesengrund „im Rielsen" am Rielserbach er-
halten. Dieses Ruchelnhusen ist zu unterscheiden von dem in der Soh-
rer Pflege gelegenen gleichfalls untergegangenen Orte dieses Namens.

Dohrweiler, Dorwilre, liegt in der Gemarkung Womrath,
Flur 2, nördlich vom Hauptort, auch Dohrwell, und in Flur 15
Thorweiler geschrieben. In derselben Gemarkung in Flur 3 heisst
ein Distrikt Sulzbacher Flur, nach dem untergegangenen Dorf
Sulzbach, das an dem gleichnamigen Bach unter dem Walde Hall-
schied gelegen hat. In der gleichen Gemarkung sind noch die
Wüstungen Ruchweiler in Flur 10 (in Ruchweiler, unten in
Ruchweiler) und Rolzbach (nicht Bolzbach, wie auf der Kataster-
karte steht) in Flur 7 „in Rolzbach" an dem Bache der südlich
von Womrath zur Simmer hinabfliesst. Früher hiess dieser Ort
Radelsbach oder Ralsbach.

Im nördlichen Teil der Gemarkung Dickenschied, in Flur 1
liegen zwei Distrikte „Werrigweiler, oben in Werrigweiler", nach
einer Wüstung, die in den urkundlichen Nachrichten als „Werch-
wiler" vorkommt.

In dem zur Kostenzer Pflege gehörigen Stück der Gemarkung
Ravengiersburg, auf dem rechten Ufer der Simmer, in Flur 10,
liegen die Wüstungen Reitsteg, in Urkunden Rytsteg, neben
der „Reitsteger Bitze", beim Einfluss der Kauer oder Bieberbach
in die Simmer und etwas oberhalb davon an der Kauerbach
Sickenhausen, Seckenhausen, im „Seckenhauser Flürchen",
bei der Pfeifersmühle, die auch Seckenhauser Mühle genannt wird.

In der Gemarkung Gemünden liegen ebenfalls mehrere
Wüstungen. die hier erwähnt werden müssen, nämlich Reich-
weiler in Flur 12 gegen Dickenschied hin und ein zweites Werch-
weiler auf dem rechten Ufer der Simmer, in der Richtung auf
Gehlweiler in der Flur 6. In der Nähe dieser Wüstung heisst
eine Stelle „Burg" und „auf Burg".

Bei **Womrath** muss noch ein Hof **Hunwiler** gelegen haben, der auf den Katasterkarten nicht verzeichnet ist. An **Hauweiler** an der Simmer bei Belgweiler (Flur 1) und Schönborn (Flur 3 „in den Hauweiler Bitzen" „im Hauweiler Berg") ist wohl nicht zu denken.

Besitz und Rechte auswärtiger Grundherren in den Dörfern der Kostenzer Pflege
(nach der Amtsbeschreibung von 1600).

Altley: Zehnte: Pastor zu Kirchberg $^1/_3$, Amt Dill $^2/_3$. Gefälle: Amt Dill 3 Albus Geld, 1 Malter Korn, 1 Malter Hafer. — Bäcker Matheis Erben zu Enkirch von Gütern $5^1/_2$ Malter Hafer. — Kurtrierische Kellnerei zu Zell an der Mosel 10 Kaimter Sümmern Hafer. — Der Bürgermeister zu Zell $3^1/_2$ Malter Hafer.

Würrich: Zehnte: Pastor $^1/_3$, Konrad von Coppenstein zu Mandel $^2/_3$. Gefälle: Amt Dill 11 Malter Hafer von Gütern, 2 Malter 3 Sümmern von einem Wald. — von Coppenstein zu Kirchberg 2 Malter 3 Sümmern Hafer von dem nämlichen Wald. — Cratz von Scharffenstein zu Enkirch 7 Malter Hafer.

Belg: Zehnte: Pastor $^1/_3$, die Gemeinde Belg $^2/_3$. Gefälle: Amt Dill von Hofgütern 20 Malter $6^1/_2$ Sümmern Hafer; vom Weidgang in einem Wald in der Gemarkung Belg, der zum Amte Dill gehört, 11 Malter Hafer.

Rödelhausen: 6 Hintersassen zum Amt Dill. — Zehnte: Pastor $^1/_3$, Bernhard von Metzenhausen $^1/_3$, die Landesherrschaft $^1/_3$, wovon wieder $^1/_5$ an Metzenhausen abgegeben wird. Die Herren von Metzenhausen und Cratz haben von Gütern $2^1/_2$ Malter Hafer, 10 Hühner und 2 Pfund Heller gemeinschaftlich. Cratz allein $2^1/_2$ Malter Hafer.

Kappel: Amt Dill $^1/_2$ Zehnte und von 8 Lehen 40 Malter Hafer, 4 Gulden, 4 Albus. Waldbott von Bassenheim 40 Malter Hafer.

Mörsberg: 1 Höriger der Herren Hürt von Schönecken. $^2/_3$ Zehnten hat der markgräflich badische Truchsess zu Kirchberg, Johann Eich.

Kludenbach: Zehnte: Pastor $^1/_3$, Junker von Wiltberg $^2/_3$. Gefälle: Cratz von Scharffenstein zu Enkirch 8 Albus 3 Pfennig, $1^1/_2$ Hühner von einigen Zinsgütern.

Metzenhausen und Todenroth: Der Junker von Metzenhausen hat im Dorf einen Hörigen, der ihm nur Frohndienste zu leisten hat, und sein Stammhaus mit einem Baugut und einem Wald, aber keine adlige Freiheit, noch obrigkeitliche Rechte (kein Gebot und Verbot). Ausserdem hat er $^2/_3$ am Zehnten. Dem Junker Cratz von Scharffenstein fallen von zwei Gütern (hinter Eichholz und auf der Masholder) 21 Albus, 1 Huhn und 1 Hahn. Der Truchsess Johann Eich hat 9 Malter Hafer.

Schwarzen: Zehnte: Pastor $^1/_3$, Bernhard von Metzenhausen $^2/_3$, daraus fallen 6 Malter an das Amt Dill. Gefälle von Gütern: Amt Dill $2^1/_2$ Malter Hafer, Cratz von Scharffenstein zu Enkirch 4 Malter Hafer, Truchsess Johann Eich (früher Junker von Coppenstein) 20 Malter Hafer.

Oberkostenz: Amt Dill $^1/_3$ Zehnten.

Niederkostenz: Zehnte: Pastor $^1/_3$, Amt Dill $^2/_3$. Gefälle: Amt Dill 13 Malter Hafer von einem Hofgut. Truchsess Johannes Eich 7 Malter Korn, $5^1/_2$ Malter Hafer, 4 Hühner von einem Hofgut. Cratz zu Enkirch 18 Pfennig und 1 Huhn von seinem Lehensmann.

Dillendorf: Amt Dill 4 Hintersassen. Zehnte: $^2/_3$ Bernhard von Löwenstein. Gefälle: Amt Dill: 1. 12 Malter Hafer, 2 Pfund Heller, 10 Gänse; 2. 8 Malter Korn und 12 Malter Hafer. Hürt von Schönecken $12^1/_2$ Malter Hafer, 1 Gulden, $17^1/_2$ Albus. Bernhard von Löwenstein 6 Albus von einer Wiese.

Hecken: Herr von Schmidtburg zu Gemünden hat einen Hintersass. Gottfried von Schmidtburg Sohn hat $2^1/_2$ Malter Hafer, Cratz von Scharffenstein und von Sötern haben 8 Schilling und 2 Hühner.

Schönborn: Amt Kastellaun 3 Leibesangehörige, Amt Simmern 5. Hans Heinrich von Schmidtburg 22 Malter Hafer.

Oppertshausen: Der Pfarrer zu Gemünden hat 6 Malter Hafer.

Wallenbrücken: Junker von Eltz zu Sobernheim hat 8 Malter Hafer, Kloster Ravengiersburg 2 Sümmern Hafer.

Womrath: Amt Dill 6 Hintersassen. Gefälle: von Schmidtburg zu Gemünden 21 Malter Hafer, von Sötern $4^1/_2$ Malter Hafer, Amt Dill 10 Malter Hafer, Schmidtartz und Consorten zu Gemünden $12^1/_2$ Malter Hafer.

Maitzborn: Amt Dill 6 Hintersassen.

Dickenschied: Amt Dill 22 Hintersassen. Gefälle: die Junker Cratzen und von Sötern 16 Malter Hafer, 13 Schilling, 11 Hühner, Herr von Schmidtburg zu Gemünden $4^1/_2$ Malter Hafer.

Rohrbach: Amt Dill 6 Hintersassen. Gefälle: Hürt von Schönecken 11 Malter Hafer, von der Leyen zu Argenschwang 6 Malter Hafer, Cratz von Scharffenstein und von Sötern insgemein $9^1/_2$ Malter.

Schlierschied: Amt Dill 8 Hintersassen, Amt Schmidtburg 6 Hintersassen, Christoph von Schmidtburg 1 Hintersass. Gefälle: Amt Dill von der Huberschaft 20 Malter Korn, 4 Pfund Heller, 20 Hühner, 16 Kappen. Junker von Leyen zu Argenschwang 21 Malter Hafer von einem Hofgut (Lehen der vorderen Grafschaft Sponheim) Junker Hürt von Schönecken 9 Malter 2 Sümmern Hafer. Das Kirchengut geniesst der Pastor zu Gemünden.

Über den zum Amt Dill gehörigen Besitz innerhalb der Kirchberger Pflege wird bei der Besprechung dieses zur Grafschaft Sponheim gehörigen Amtes gehandelt werden. Hier sind noch einige urkundliche Nachrichten über die Güter der adligen und geistlichen Grundherren in der Kirchberger oder Kostenzer Pflege zu erwähnen.

Altlay: 1409 verlieh Graf Simon III. von Sponheim an drei Frankfurter Goldschmiede das Recht auf Erz zu graben im St. Petersberg bei Altlay gegen den zehnten Teil des Gewinnes[1]).

Belg und Würrich: 1295 gingen mit Consens des Grafen Simon II. zu Belliche und Werriche gelegene Lehengüter von Hermann von Savershusen an Hermann, Sohn des Ritters Willekin von Kestelun über, und wurden der Gemahlin des Käufers als Heiratsgut verliehen[2]),

In Kappel (Capella im Nahegau) war ein Königsgut, welches 1091 durch Kaiser Heinrich IV. an das Hochstift in Speyer geschenkt wurde (1091, Sept. 21)[3]). Es steht jedoch bei dem Mangel anderer Nachrichten über diesen Speyerer Besitz nicht ganz fest, ob hier das in der Kostenzer Pflege genannte Kappeln gemeint ist.

Die Zugehörigkeit des „Kappler Waldes" bei Kappeln und Lamperod zum Amt Kirchberg wurde in den Verhandlungen wegen Ausscheidung des Kurpfälzischen Fünftels 1434 bestritten[4]).

Wegen des Rittersitzes zu Metzenhausen erkannten am 29. Dezember 1338 der Truchsess Jakob zu Kirchberg und die dortigen Schöffen zu Recht: Das Haus Meytzenhusen sei unter den Vor-gängern des Grafen Walram unter solchen Rechtsverhältnissen an die Grafschaft Sponheim gekommen, dass man während der 14 Jahren der bisherigen Amtsführung des Truchsessen Jakob alle in diesem Hause verübten Frevel vor ihn und das Gericht zu Kirchberg zur Aburteilung gebracht habe. Überhaupt sei jeder Dieb oder sonstige Verbrecher, den man in Metzenhausen ergriffen habe, bisher an das Kirchberger Gericht zur Bestrafung nach dem dortigen Rechte abgeliefert worden[5]). Der Besitzer des Hauses Metzenhausen be-sass demnach keine eigne Jurisdiktion in Frevelsachen.

Zwei Drittel des Zehnten zu Altlay, Niedersohren, Schwarzen, Niederkostenz und Oberkostenz, auf der Seite wo die Kirche steht, gehörte zu einem Hof in Sohren, der vom Grafen Johann III. von Sponheim 1391 dem Ritter Bertolf von Sötern, 1391 der Anna (Engin) von Geispitzheim, Heinrich Bubenheimers Ehefrau, 1411 dem Johann Boos von Waldeck verliehen war[6]).

Ein Hof zu Schwarzen war bis 1301 dem Johann von Schonen-

---

1) Urkunde im StAKoblenz, Grafschaft Sponheim (Orig.).
2) MRR. IV 2457.
3) Ebd. I 1519.
4) Zweibrück-Veldenzer Copialbuch im KrASpeyer IX 99.
5) Lehmann, Spanheim I 182.
6) Ebd. II 218, 98. General-Landesarchiv in Karlsruhe, Copialbuch 1368 xxvii v. xxx v. Ein Teil dieses Lehens war 1361 als Burglehen der Grevenburg bei Trarbach in der Hand des Gebel, gen. Vait von Ryle. Ferner im gleichen Copialbuch fol. xxxix ff.

berg verliehen, der damals dem Grafen Simon II. das Auslösungs-
recht um 10 Kölner Mark zugestand[1]).

Am 21. März 1348 machte der Ritter Bertolf von Sötern
seine rechtlichen Eigengüter zu Dickescheit, Rorbach und Rychwilre
zu einem Lehen von Wildgraf Johann von Dhaun: 1. zu Dickescheit
aus Meisters Hof $2^1/_2$ Malter Spelz, $2^1/_2$ Malter Hafer, 27 Pfennig,
5 Hühner; aus Ginemans und Filmans Hof $2^1/_2$ Malter Spelz,
$2^1/_2$ Malter Hafer und 5 Hühner; Hesse von seinem Gut 1 Sümmer
Spelz und 10 Sümmer Hafer; Ailbrechtz Sohn von seinem Gut
2 Malter Spelz und 2 Malter Hafer. Stempel und seine Gemeiner
30 Kölnische Pfennige und 6 Besthäupter. 2. zu Rorbach Torsen-
Gut $4^1/_2$ Schilling Kölner Währung und ein Besthaupt. 3. zu
Rychwilre 18 Kölnische Pfennige, 2 Hühner, 1 Besthaupt[2]). Dies
scheint das Guut zu sein, welches 1600 in den Händen der Cratz
von Scharffenstein und von Sötern war.

1398 hatten Dieter Broch und sein Neffe Peter Broch von
Lorich Streit mit dem Kloster Ravengiersburg vor dem Gericht zu
Kirchberg, wegen 1 Mark ewiger Gülte, die sie von Franken von
Rudeln-Gut zu Womerait zahlen mussten. Die Parteien haben sich
vor dem Truchsessen Jakob Humbrecht und File Starckolff und
den übrigen Schöffen zu Kirchberg vertragen, dass die Brochen
dem Kloster ihr Gut „Kesslers Gut“, gelegen zu Radelsbach (der
Wüstung Ralsbach), abtreten, dafür aber ihr Gut zu Womerait von
der Verpflichtung frei sein sollte. Noch im gleichen Jahre ver-
kauften die beiden Broch (diesesmal mit dem Beinamen von Ru-
deln) die Hälfte ihrer eignen Güter zu Wamenrad, Dorwilr, Radils-
bach, Herchilnhusen mit Huben und Besthäuptern usw. (also be-
sassen sie eine vollständige Villication) an die Kirche zu Kirchberg[3]).

1290 wurde ein Hof zu Schönborn vor dem Gericht zu Kirch-
berg und zwei Schöffen von Kostencia dem Kloster Ravengiers-
burg geschenkt[4]). 1308 machte der Graf Simon II. von Sponheim
den Hof der Jungfrauen in der Clusen bei Ravengiersburg, gelegen
zu Schonenborn, der früher dem Ritter Gerhard von Meizenhusen
gehört hatte, frei von Bannwein und Nachtselde, so lange er im
Besitz der Jungfrauen ist; kommt er in anderer Leute Hand, so
soll der Graf wieder in seine Rechte eintreten[5]).

Ein Gut zu Dorweiler wurde 1290 vor dem weltlichen Ge-
richt zu Kirchberg an die Propstei Ravengiersburg verkauft[6]).

---

1) Lehmann, Sponheim I 154.
2) Altes Mannbuch in der Rentkammer zu Coesfeld; s. Inventare
der nichtstaatlichen Archive Westfalens, Regierungsbezirk Münster, Bei-
band I S. 465*, Nr. 251. — Arch. f. Hess. Gesch. u. Altertumskunde. Neue
Folge IV S. 455, Nr. 66.
3) Würdtwein, Subsidia diplomatica XI 203. — Diplomata Rhingra-
vica (Habelsche Sammlung in Marburg) III 207.
4) MRR. IV 1801.
5) Würdtwein, Subsidia diplomatica V 448.
6) MRR. IV 1784.

1299 schenkte vor dem Gericht zu Kirchberg (Jakob Truchsess und fünf Schöffen) der Ritter Sibodo von Schmidtburg zum Seelenheil seines Bruders Bertold seine Güter zu Werchwilre, deren Pacht 4 Malter Hafer und 3 Malter Spelz betrug, an das Kloster Ravengiersburg. Es wird ausdrücklich gesagt, dass die Güter in jurisdictione domini comitis de Spanheim liegen[1]).

Von den 1398 durch die Kirche zu Kirchberg erworbenen Gütern verkauften 1487 der Pfarrer zu Kirchberg und die vier in die dortige Präsenz gehörigen Geistlichen nebst den Gemeindevertretern den Wald zu Hirchelnhusen gelegen an das Kloster Ravengiersburg[2]).

Aus diesen Urkunden geht hervor, dass in der Pflege Kostenz oder dem Kirchberger Gericht eine grössere Anzahl adliger Herren teils als Eigentum, teils als Lehen Güter besessen haben. Der Graf von Sponheim mag freilich der grösste dieser Grundbesitzer gewesen sein. Allein aus der geschlossenen Grundherrschaft können seine Rechte in dem Gericht nicht abgeleitet werden. Es hat eine solche geschlossene Grundherrschaft in Kirchberg nicht existiert

3. Sohrer Pflege.

Der zweite Bestandteil des Amtes Kirchberg, die „Sohrer Pflege", kommt als „Sororo marca" neben Migelinbach, Simera, Richelswillere (Simmern, Michelbach, Wüstung Reichweiler) im Nahegau schon am 21. Juni 846 in der Schenkung des früheren Grafen Adilbert an das Kloster St. Alban bei Mainz vor. Er hatte die hier geschenkten Güter von seiner Schwester Ranhild geerbt[3]).

Am 27. Oktober 1301 gestattete der römische König Albrecht dem „nobilis vir" Eberhard von Spanheim (jüngerer Bruder des Grafen Johann von der Kreuznacher Linie) seiner Gemahlin Elisabeth des Truchsessen von Alzey Tochter das Dorf Soren und

---

1) Würdtwein, Subsidia diplomatica V 443.
2) Ebd. XI 290. Im Sponheimer Mannbuch 1369 in Karlsruhe findet sich eine Notiz: „Gedenke an die 50 malder habern zu Capellen und 24 malder fruchtgelts vallend uff der molen und hof zu Roitzweiler uff der Siemer by Gemonde, und was darzu gehoret, ob daz (zu Lehen) empfangen sey?" und dabei wird auf ein „Creutznacher Mannbuch fol. LXVI" hingewiesen. Das wäre noch eine Wüstung „Roitzweiler" bei Gemünden, die sonst nicht genannt wird. — Auch Herchelnhausen kommt in den Zins- und Rentenbüchern nicht vor. Vielleicht ist es identisch mit einem Hircherhausen, das nach dem Weistum zu Kellenbach (Grimm IV 720) an der Grenze des Hochgerichts Kellenbach an einer Stelle auf der Strecke zwischen dem Steinsberg (Steisberg bei Mengerschied) und der Altenburg im Soonwald (Forst Entenpfuhl) mit seinem Acker angestossen hat. Dann wäre diese Wüstung identisch mit dem später „Steinhausen", „Steinhäuser Schlag" genannten Distrikt im Soonwald; vgl. Westd. Zeitschr. XXVIII 109 Anm. 163.
3) MRR. I 561.

andere Dörfer, die dazu gehörten, nämlich Bernbach superiorem, Bernbach inferiorem, Vockenrode, Buchenburn, Ruckenhusen, Niderwilre et Niderwilre, Walnowe et Walnowe, Nidersorn und Niderhoven cum judiciis, hominibus et aliis pertinentiis, quos, quas et que idem Eberhardus a nobis et imperio tenere dinoscitur titulo feodali als Heiratsgabe (donatio propter nuptias) zuzuwenden[1]).

1442 wird dieses Reichslehen dem Markgrafen Jakob von Baden und dem Grafen Friedrich von Veldenz als den Erben der Grafschaft Sponheim verliehen: „Soren und andere dorffere dartzu gehorende, mit namen Obernbernbach, Undernbernbach, Volkenrode, Buchinbiren, Nidernwilr und Nidernwilr, Walnaw, Nidersoren, Nidernhoven und Wuntental mit allen und yeglichen iren und irs yclichs zugehorungen[2]).

Dieses Reichslehen wird in dem alten Register aus der Zeit des Grafen Simon von Sponheim noch nicht unter den Bestandteilen des Amtes Kirchberg angeführt. Es ist erst nach dem Tode der Kinder des Herrn Eberhard von Sponheim (nach 1349) an die Grafen von Sponheim gekommen.

Die späteren Gült- und Rentenbücher rechnen zur Pflege Sohren die Dörfer Soren, Niedersoren, Niederwiler, Walenauwe, Buchenburen, Lutzenhusen, Bernbach und zum Hane. Letzteres Dorf „hort eyns teyls mit betten und diensten in Sorner pflege, und das ander teyll in Kirchperger pflege, in mayssen das von alter her kommen ist". 1600 gehört das Dorf ganz zu Sohren.

Die Landesherrschaft hatte hier 240 Gulden Bede von allen Dörfern der Pflege. Ungeld war 1434, also unter den Grafen von Sponheim, noch nicht üblich. 1476 wurden vom Weinschank 12 Schilling Heller für das Fuder erhoben. Nur der Schultheiss zu Sohren mag von der Herren wegen Weinschank treiben, so lange es ihm die Herren gönnen, als Lohn für die Eintreibung und Abführung der Herrschaftsgefälle. Zu Sohren und Niedersohren sind 15 Zinshühner fällig, die mit 16 Schilling 6 Heller bezahlt werden. Herrschaftliche Wälder sind in der Sohrer Pflege Grevenheck und Wehrhölzchen. Bärenbach war zu Weidemarknutzung in der Schwarzerstrut, Niedersohren in Brunschyt berechtigt, wofür die dortigen Hausgesesse Holzhafer und Forsthühner zahlen mussten.

Die übrigen Gefälle der Herrschaft sind in der Tabelle (S. 117) eingetragen.

---

1) Lehmann, Sponheim I 75. — Zeitschr. f. d. Gesch. des Oberrheins 12, 198. Am 9. September 1303 gestatteten Graf Symon von Sponheim und seine Gemahlin Elisabeth dem Grafen Johann von Sponheim, die Güter zu Soren, welche ihr Oheim Eberhard dem Juden Isaak von Kyrburg (Kirchberg) verpfändet hatte, an sich zu bringen, falls er sie nicht wieder einlösen oder verkaufen will. Dabei ist wohl nur an ein Hofgut, nicht an das Reichslehen zu denken (StAKoblenz, Grafschaft Sponheim, Urkunden, Orig.).

2) Günther, Cod. dipl. Rheno-Mosellanus IV S. 417, Nr. 195.

Einkünfte der Grafen von Sponheim aus der Sohrer Pflege.

Jetzige Namen	Alte Namen	Kreis; Quadrat der Karte	Zins vom Lande			Vom Zehnten		Marschallsfutter Malter Hafer	Von Höfen und Erbzinsgütern	Geld			Hafer		Holzhafer und Forsthühner vom Walde	Malter	Hühner	
			Pfund	Schill.	Heller	Gulden	Malter Hafer	Malter Hafer		Pfund	Schill.	Heller	Malter	Sümmer		Malter	Hühner	
Sohren	Soren		3	8	—	2	6	11	1 Hof	1	9	—	8	—	Brunschyt		5	von 5 Lehen
																	4	v. einerWiese
Niedersohren	Nedersoren u. zumBerg		1	2	4½	—	32	3	2 Höfe	—	—	—	15	—	„	7½		
Niederweiler	Nederwiler		2	7	—	—	—	4½	1 Hof und Güter	—	9	—	5	2				
Wahlenau	Walenauwe	Zell (J 20)	1	—	—	—	6	4½	2 Güter	—	—	—	1	6				
Büchenbeuren	Buchenboren		—	—	—	—	—	4¼	1 Hof	—	—	—	10	—				
Lauzenhausen	Lutzenhusen		—	—	—	—	—	4	3 Höfe	—	—	—	62	—				
Bärenbach	Berenbach		2	6	—	—	—	10	—	—	—	—	—	—	Schwarzer Strut			
Hahn	zumHane		—	12	—	—	—	5	3 Güter	—	10	—	5	—				

Fremdherrschaftlicher Besitz in der Sohrer Pflege
(nach der Amtsbeschreibung von 1600).

Sohren: Die Stadt Kirchberg 1 Ausbürger, das Amt Dill 3 Hörige. Zehnte: Amt Dill $^2/_3$, v. Bellnhofen $^1/_3$.

Das Amt Dill hat von einem Hofgut 20 Malter Hafer und sonst 8 Malter Hafer.

Herr von Metzenhausen 31 Malter Hafer und 1 Malter Korn.

Herr von Wiltberg zu Enkirch 6 Malter 3 Sümmer Hafer, 8 Hühner, 4 Hahnen.

Ein Lehenmann zu Enkirch 6 Sümmer Hafer, 1 Huhn.

Herr von Coppenstein wegen seines Hofes zu Kirchberg 45 Hühner aus dem Walde Schwarzerstrut.

Niedersohren: Amt Dill 10 Hörige.

Zehnte: Pfarrer zu Dill $^4/_6$, Pfarrer zu Sohren $^1/_6$, Herr von Bellenhofen $^1/_6$.

Herr von Coppenstein zu Kirchberg hat im Dorfbezirk einen Hof, der vom Kurfürsten von Trier zu Lehen rührt, es ist nur ein gemeiner Bauernhof, doch will der Junker daraus einen freien adligen Hof machen.

Herr von Wiltberg hat die Wiese „Brühl“.

Büchenbeuren: Zehnte: Amt Dill $^3/_6$, von Bellenhofen $^1/_6$, Waltbott von Bassenheim wegen des Hofes zu Sevenich $^1/_6$.

Amt Castellaun hat wegen des Gutes Rüthelhausen 21 Malter Hafer, $3^1/_2$ Gulden Geld, dazu gehören 10 zu Abgabe von Best-häuptern verpflichtete Lehenmannen.

Amt Dill vom Walde Scheid: 4 Malter Weidhafer, 4 Malter Hofhafer; jedes Hausgesess ausser dem Pfarrer gibt 3 Sümmer Rauchhafer, und ein Huhn von dem Wald. Wenn der Wald Scheid Ecker hat, müssen die Dörfer Büchenbeuren und Lauzenhausen das Nutzungsrecht von dem Amt Dill kaufen. Windfälliges Holz haben die beiden Gemeinden frei.

Die Ganerben von Weiler, Martinstein und Kallenfells haben 11 Malter Hafer, 4 Hühner, 1 Gulden 11 Albus Zins.

Das Kloster Wolf an der Mosel 14 Malter $3^1/_2$ Sümmer Hafer, 6 Hahnen, 25 Schilling Zins.

Niederweiler: Herr von Bellenhofen hat $^1/_6$ Zehnten.

Das Amt Dill hat den Wald Eichholz, davon haben die Dörfer Niederweiler und Walenau den Ecker gegen eine Abgabe an den Amtmann zu Dill. Windfälliges Holz haben sie frei. 3 Albus für Laubgeld, jedes Haus ein Holzhuhn. Ausserdem noch 15 Malter Hafer, 30 Pfennig, 15 Hühner und 15 Hahnen von zinsbaren Gütern zu Niederweiler.

Die Herren von Schmidtburg und von Wiltberg zu Enkirch haben 15 Malter Hafer und etliche Schillinge.

Der Pfarrer zu Oberkostenz hatte $2^1/_2$ Malter Hafer, 7 Schilling.

Walenau: Am Zehnten: Bellenhofen $^1/_6$.

Amt Dill 18 besthauptpflichtige Lehen, von jedem 9 Sümmern Hafer und ein Huhn (zusammen 20 Malter, 2 Sümmer Hafer und 18 Hühner) und von einem Hof 10 Malter 3 Sümmer Hafer, 3 ₰ Heller. 1 Malter Holzhafer. Weidgang im Eichholz haben die Walenauer allein. Waldfrevel werden zu Dill gerichtet.

Lauzenhausen: von Bellenhofen hat $^2/_6$ am Zehnten.

Amt Dill hat 18 Malter Hafer von 16 Lehen. 4 Malter Weidhafer.

Herr Hurt von Schönecken hat 11 Lehenmänner und von jedem 5 Albus 2 Pfennig, 1 Hahn und 1 Huhn.

Hahn: Amt Dill hat 2 Leibesangehörige. Der Graf von Daun-Oberstein 1 Leibesangehörigen.

Zehnten: von Bellenhofen $^1/_6$, Propst in der Clause und Kaplan zu Enkirch $^1/_6$.

Junker Augustin Haust von Ulmen hat eine Wiese „Pruell“, davon 12 Fahrten Heu. Er hat 12 geschworene Lehenleute, die das Heu machen und eine Meile Weges führen müssen. Dort muss es der Junker in Empfang nehmen oder mit den Leuten handeln, dass sie es weiter führen. Dafür gibt ihnen der Junker 1 Gulden 7 Albus, $2^1/_2$ Maß Wein, ein Brot und einen Käs. Dem Junker fallen weiter 50 Malter Hafer, die müssen ihm die 12 Lehenleute ebenfalls eine Bannmeile weit führen; dafür bekommen sie 2 Gulden 8 Albus. Jeder dieser Leute muss dem Junker 3 Albus 6 Pfennig, 1 Huhn und 3 Sommerhahnen geben. Der Pfarrer gibt dem Junker 2 Kappen vom Scheuerplatz. Der Junker hat ferner von 2 Höfen 5 Schilling, 5 Hahnen und von einem dritten Hof 9 Schilling. Die Lehenleute geben dem Junker Besthäupter. Der Schultheiss des Junkers hat ein wenig Zehnten auf zwei Fluren.

Amt Dill hat 2 Malter, 1 Sümmer Hafer, 1 Schilling, 1 Huhn und 2 Hahnen.

Das Trierische Amt Zell hat 4 Gulden von einigen Erben wegen des Wäldchens Riesberg.

Ober- und Niederbärenbach: Zehnte: Junker von Wiltberg $^1/_3$, Gerhard Patrik, Landschreiber zu Kreuznach $^1/_6$ zu Lehen von Sponheim, Herr von Bellenhofen $^1/_6$.

Amt Dill hat 15 Malter, 3 Sümmer Hafer, 5 Hühner und 6 Hahnen.

Der Pfarrer zu Büchenbeuren 15 Malter, 5 Sümmer Hafer, 1 Huhn.

Das Gut der Hausten von Ulmen zu Hahn ist offenbar das „halbe Gericht zu dem Hane“, welches früher Dietrich und Clais Huste, 1423 der Vormund des jungen Clais (des Dietrich Sohn) und 1432 dieser Clais selbst als Leben der Grafschaft Sponheim empfing [1]).

---

1) General-Landesarchiv Karlsruhe, Copialbücher Nr. 1368 xxvi; Nr. 1369 xvi.

Die Grenzen der Sohrer Pflege werden in dem Rentenbuch von 1476 nach einem Weistum mitgeteilt.

Diß hernachgeschrieben ist unser gnedigen herren herlicheyt, begriff und weydgangk in Sorer gericht, als hernach geschrieben steet. Item zum ersten an Brunschyt an der Steynstrayß uff bis in Walenauwer bach und further biß an Hirschfelder Sange, und further zuschen Hirschfelder walt und Walenauwer walt uff die strayß, biß an Irmenacher gericht, in den syffen innen an der Strudtwiese, und in Morßborner floß, und das floß heruff biß an Ruchelhusener zehenden, biß an den doren, von dem doren biß in die Helmerstrudt, und further zuschen Buchenborner heck und Loytzborner welde under Knebels wieße hin, und fur der wießen uff zuschen Lutzburner gefylde und an die angewandt, als wydt als Lutzenburener zehenden geet, und further biß an den birbaume also her, als Schnider Hennen felder wenden, und die angewandt her und further als die Lehengutter angeent, die fure herlangs, und further die angewandt unden zu Kaldenborne zu und further zu dem doren, und die angewandt unden ober den Borner wegk innen, biß an den steyn under dem Stepelfelde, und vor Heyntzen acker innen gleich uber die wieße, die angewandt ussen zu dem bogelgin zu, und further in die Wolberßbach und further, als der zehenden von dem Hane geet, vor dem Roßberge uff die fure her biß an den Ziegelßberge, und hoher uff biß an den Altleyer wegk, und further an die angewandt

Der Anfangspunkt ist am Wald Brauschied (Gemarkung Dillendorf) an der alten Römerstrasse von Kirchberg zum Stumpfen Turm, mit der es bis an den Wahlenauer Bach an der Grenze zwischen Wahlenau, Krummenau und Horbruch ging. Nördlich davon in der Gemarkung Hirschfeld, Flur 3 liegt der Distrikt „in der Sang“. Die Strasse von Büchenbeuren nach Irmenach wird überschritten, an den Quellen des Lommersbachs (Strudtwiese und Morsborner Floss) vorbei, das Gebiet der Wüstung Ruchenhausen zwischen Wahlenau und Büchenbeuren an der Grenze mit Lötzbeuren erreicht, wo Helmerstrudt lag. Hierauf ging die Grenze zwischen den Waldungen von Büchenbeuren und Lötzbeuren hin, darauf durch jetzt angeforstete Aussenfelder, zwischen den Gemarkungen Raversbeuren einer- und Lauzenhausen und Hahn andererseits bis an die Briedeler Hecken, nördlich von dem Kaltenborn in der Gemarkung Hahn (Flur 7), aus dem der Wackenbach gegen die Mosel hin abläuft. Von dem Übergang über den Abfluss des Kaltenborns erreichte die Grenze den Beurnerweg, der von Hahn her in einem andern Quellgraben des Wackenbaches ging (Hahn, Flur 7). Die Wolbersbach ist die jetzige Wilwersbach, die aus dem Wiesengrund, worin Hahn liegt, zwischen Brieleler Hecken einer- und den Gemarkungen Hahn und Altlay andererseits in den Altlayer Bach fliesst. Rossberg und Ziegelsberg sind auf den Karten nicht ein-

vor Schnider Hennen felder, biß uff die Schiffwiese, und vor der Schiffwießen die angewandt heruff biß an das Slymme stucke und further zu Knechtfelde zu dem Sehepule, und als wyt, als der Bernbacher zehenden geet, und further in das Schelandt, das floß innen, das durch Schwartzen geet, biß an den Steynwegk, biß in Schillinksloch, und further den Rennewegk heruß vor dem Walde uff zu den byrcken zu, und den graben innen biß an Costentzer wegk, herlangs bis an die Dufelsacht, und die Dufelsacht innen biß an Brunschydt, den trauff langs biß widder an die strayß, als der begriff des gerichts zu Soren eyn anfangk hait, als obgeschrieben steet.

getragen. Ebensowenig die Schiffwiese. „Am Schlimmerstück" findet sich auf die Flur 4, „am Knechtsfeld" und „am Seepfuhl" in der Flur 5 der Gemarkung Hahn, an der Ecke zwischen den Gemarkungen Würrich und Bärenbach. Das Seeland liegt zwischen Würrich und Bärenbach, am Schwarzer Bach. Steinweg, Schillingsloch und Rennweg, finden sich auf den Katasterkarten nicht. Der Rennweg ist vielleicht der Weg, der den ehemals zur Schwarzer Struth und in die Kostenzer Pflege gehörigen Fünfgemeindenwald von der Birkenhöhe (beide jetzt in der Gemarkung Sohren) scheidet. Teufelsacht heisst ein Stück Wald in der Gemarkung Niederkostenz an der Grenze mit Niedersohren in der Nachbarschaft des Waldes Brauschied, längs welchem die Grenze wieder zum Ausgangspunkt an der Römerstrasse zurückkehrt.

Auch in diesem Bezirk sind mehrere Orte ausgegangen: Vockenrode entspricht dem Distrikt „auf Fuckert" und „Fockerterheide" bei Niedersohren, Flur 7, am südwestlichen Ende der Gemarkung, neben der Flur 5 von Sohren, wo „Fockert" und „in Fockert" vorkommen.

Ruckenhusen oder Ruchenhusen lag an der Grenze zwischen Wahlenau und Büchenbeuren, auch der eingreifende Zipfel von Niederweiler hat dazu gehört. In Flur 2 von Wahlenau „auf Ruchenhausen" oberste, mittelste, unterste Gewann; in Flur 1 von Niederweiler „in Ruchenhausen"; in Flur 9 von Büchenbeuren „in Ruchenhausen" und „im Dörfchen". Der letztere Name bezeichnet die Ortslage[1]).

In der Gemarkung Sohren, Flur 7, zwischen Sohren und Lauzenhausen ist noch ein „Litzelsohren" eingetragen.

---

1) Ob das 1072 von Graf Berthold an die Mutterkirche, von der Ravengiersburg abgetrennt wurde, geschenkte Gut zu Ruochenhusun in diesem Ruchenhausen gelegen hat, kann ich nicht mit Bestimmtheit nachweisen (MRR. 1, 1427).

Dass in den Urkunden über die Belehnung mit Sohren manche Dörfer doppelt genannt werden, scheint seinen Grund in der unzusammenhängenden Form der Ansiedlung gehabt zu haben, die auch auf den Messtischblättern und Katasterkarten zu erkennen ist.

4. Hottenbacher Pflege.

Die Sponheimischen Hörigen, Rechte und Besitzungen zu Hottenbach, Hellertshausen, Bruchweiler, Sensweiler, Schauren (Kreis Bernkastel, J. 20, 21), werden als „Hottenbacher Pflege“ zum Amt Kirchberg gerechnet. Die Ortschaften liegen im wildgräflichen Amt Wildenburg, bei dessen Beschreibung näheres über sie vorzubringen ist. Diese Sponheimischen Rechte und Anteile werden als Zugehörungen von vier freien Höfen zu Bruchweiler angesehen, die schon 1279 in Händen des Grafen Johann von Sponheim (Kreuznacher Linie) waren. Am 3. August 1331 wurden diese Besitzungen für 500 Gulden dem Erzbischof Baldewin von Trier zu Lehen aufgetragen. Am 2. Mai 1333 erwarb Junggraf Walram dazu noch den Anteil des Johann von Schmidtburg, Pastors zu Hottenbach, an dem Gericht und den Wäldern daselbst[1]). Seitdem ist nicht mehr Bruchweiler, sondern Hottenbach der Mittelpunkt dieser Besitzungen.

Die Einkünfte dieser Villication werden in dem Lehensauftrag 1331 auf 50 Gulden geschätzt. 1434 war allein der Betrag der Bede von 140 Gulden auf 100 Gulden herabgesetzt worden, da „sie in den Kriegen verbrannt waren“. So viel hatte die Pflege auch 1465 und 1476 aufzubringen. Ausserdem bestanden die Abgaben der 24 Hausgesesse, die zu der Pflege gehörten, in 3 Pfund Heller stehender Gülte, 1 Malter Korn und 1 Malter Hafer vom Zehnten zu Hottenbach, ebensoviel und ein Huhn von einem Hof zu Wickenroth. Ferner 5 Malter Vogthafer und 24 Fastnachtshühner von den Hausgesessen. 1 Malter Hafer von den vier Höfen zu Bruchweiler. 1 Malter Hafer vom Weinschankrecht, und jedes zweite Jahr das Recht im Spürkelmonat ein Fuder Bannwein zu verzapfen.

1464 waren die Hausgesesse auf 34—35 angewachsen, die an das Amt Kirchberg Fastnachtshühner liefern mussten. Zins: 5 Pfund Heller, 6 Heckenhühner; Vogthafer: 8 Malter 2 Sümmern; 1 Malter 7 Sümmer Korn von den Rodländereien; Zehnten und Hof zu Wickenroth noch wie oben veranschlagt. Zur Hottenbacher Pflege gehörten die Anteile am Hottenbacher Wald, dem Wald Vogelscheid bei Schauren und eine gewisse Berechtigung im Walde Kompf bei Allenbach.

1600 waren Hottenbach und Hellertshausen gemeinschaftlicher

---

1) Lehmann, Sponheim I 178.

Besitz des Amtes Kirchberg (vordere Grafschaft Sponheim), des Amtes Schmidtburg (Kurtrier), des Amtes Wildenburg (Wild- und Rheingraf Otto von Kyrburg) und der Junker Kaspar Cratz von Scharffenstein. Sponheim hatte zu Hottenbabh 25, zu Hellertshausen 7 Leibesangehörige, Rheingraf Otto zu Hottenbach 8, zu Hellertshausen 5 Hörige, Junker Cratz 1 Untertanen zu Hottenbach. Sponheim hatte ausserdem noch 7 Leibesangehörige zu Schauren, 12 zu Bruchweiler, 8 zu Seesweiler, 1 zu Sulzbach im Hochgericht Rhaunen, 12 zu Asbach, 8 zu Limbach im Amt Naumburg [1]).

Diese verhältnismässig hohe Zahl von „Ausleuten“ der Hottenbacher Pflege geht wohl auf das der Grafschaft Sponheim zustehende „Wildfangrecht“ in dem um Hottenbach liegenden Bezirk zurück, über welches das in dem Rentenbuch von 1476 mitgeteilte Weistum ausführlich handelt. Diese Berechtigung gilt innerhalb des Bezirks von der Gladebach (Zufluss der Idarbach zwischen Wirschweiler und Sensweiler) hinab in die Waldbach (Idarbach), mit dieser an den Breitenfels (beim „Katzenloch“), von dort der „Horst“ nach bis zum Turm der Wildenburg, und weiter mit der Horst (Mörschieder Burr) bis oben an Mörschied an den Roten Baum. Von dort an den Bilstein, von diesem dem Eselspfad nach durch den Wald Hardt bei Wickenrodt, zu dem auch in der Grenzbeschreibung des Hochgerichts Rhaunen genannten Melbaum, vom Melbaum in den Farenstollen bei Bruschied, dann zu dem im Rhauner Weistum genannten Lichten Bühel (Lichtenkopf). Hier macht die Grenzbeschreibung einen grossen Sprung bis Heinzenbach und Kludenbach nördlich von Kirchberg. Von Kludenbach (wahrscheinlich mit der an Kostenz vorbeifliessenden Kehrbach) bis in die Steinstrasse (Römerstrasse von Kirchberg nach dem Stumpfen Turm), der man bis Krummenau im Hochgericht Rhaunen folgte. Von Krummenau ging die Grenze mit der Pfaffenstrasse (aus der Gegend von Bischofsthron in die Gegend westlich von Allenbach) über die Höhe des Idarwaldes wieder zur Gladenbach zurück. Wer aus dem Erzstift Trier (dem Lande von St. Peter) in diesen Bezirk kommt und sich dort niederlassen will, soll keinen andern Herrn kiesen, als den Grafen von Sponheim. Er soll zu dem Sponheimischen Schultheissen gehen und vor ihm dem Grafen hulden. Will er dann wieder auswandern, soll er dem Schultheissen Eid und Huld aufkündigen und seine Schuldigkeit bezahlen; so kann er ziehen, wohin er will. Das gleiche Einzugsrecht und

---

1) Nach einer Zählung vom 23. April 1776 waren in der Pflege Hottenbach Badische (Sponheimische) Untertanen: zu Hottenbach 64 (darunter fünf ohne Haus, ein Rheingräflicher und ein Wartensteinischer Ausmärker); zu Hellertshausen 24 (fünf ohne Haus, darunter vier Ausmärker); zu Schauren zwei und ein Rheingräflicher (der von Sponheim Güter besitzt); zu Bruchweiler zwölf und zwei Rheingräfliche; zu Sulzbach einer und zu Sensweiler vier (einer ohne Haus) und sechs Rheingräfliche (StA. Koblenz, Sponheim, Akten 2896).

die gleiche Verpflichtung gegenüber dem Kurfürsten von Trier gilt auch, wenn einer aus dem Hottenbacher Bezirk in das Land von St. Peter übersiedelt. Streitfälle darüber sollen die 14 Schöffen des Amtes Hottenbach und die 14 Schöffen des Hofes von Dronen (Bischofsthron) in gemeinsamer Versammlung bei der „Springe" entscheiden. Die gleiche Beziehung bestand auch mit den Sponheimischen Ämtern Allenbach und Birkenfeld, die ursprünglich zum Stiftsland von St. Peter in Trier gehört hatten. Die Versammlung der Schöffen fand am Grenzbach, Gladenbach statt. Dieses Wildfangrecht der Grafen von Sponheim wurde von den andern Landesherren nicht mehr unbedingt anerkannt.

5. Amt Gemünden.

Die Grafen von Sponheim hatten zu Gemünden an der Simmer gegenüber dem Einfluss der von Mengerschied kommenden Lamet oder Brühlbach eine Burg mit einigen Gütern, bei der sich ein Städtchen und ein Amt gebildet hatte.

Dieses Amt war zugleich mit dem Amt Koppenstein im 15. Jhdt. an die Ritterfamilie von Koppenstein (Nachkommen des Grafen Johann von Sponheim, des Bruders des Grafen Simon II.) verpfändet und erst kurz vor Anfertigung des Gültbuches von 1464 ausgelöst worden, weshalb es damals neu aufgenommen werden musste.

Gemünden wurde am 9. Februar 1514 durch Kurfürst Philipp von der Pfalz und Pfalzgraf Johann von Simmern für 950 Gulden an Fritsch von Schmidtburg vorbehaltlich des Oeffnungsrechtes in Kriegszeiten und des Wiederkaufs nach des Käufers Tode verkauft. Dazu erhielt der Käufer 125 Gulden Baugeld zur Herstellung des Schlosses. 1517 wurde das Baugeld um 100 Gulden erhöht und die Nichteinlösung auch dem Sohne des Fritz, Nicolaus, zugesichert. 1521 erhielt Nicolaus die Ermächtigung noch 500 Gulden an dem Schloss zu verbauen und die Zusicherung, dass die Pfandschaft nicht ausgelöst werden sollte, so lange noch männliche Leibeserben von ihm am Leben sein würden. Am 3. Dezember 1545 übertrug Pfalzgraf Johann dem Nicolaus von Schmidtburg seine $^4/_5$ an Gemünden zu vollem Eigentum und am 13. Februar 1560 wurde ihm auch das kurpfälzische Fünftel ganz zu eigen gemacht[1]). Die hohe Obrigkeit, welche die Herren von Schmidtburg hierdurch erworben hatten, war anfangs nur auf den Raum inner-

---

1) Günther, Cod. dipl. Rheno-Mosellanus V S. 181, Nr. 73. — Rhein. Antiquarius II 6, 674. — 1469 hatte der Markgraf Karl von Baden seinen Anteil an Gemünden ($^2/_5$) an den Pfalzgrafen Friedrich von Simmern gegen dessen Anteil an Stadecken in Rheinhessen vertauscht (Dipl. Rhingravica Habelsche Sammlung im Staatsarchiv Marburg IV 150, 151). Vgl. Scriba Regesten Rheinhessen 4281. Daher war dieser Teilhaber an der Grafschaft Sponheim hier ausgeschieden.

halb der Stadtmauern beschränkt. Ausserhaib hatte er nur eine Huberschaft mit besonderem Bezirk, doch in der Kostenzer Pflege gelegen. Erst nach 1560 erhielt der Junker von Schmidtburg zu Gemünden auch in der Gemarkung die Hochgerichtsbarkeit und Obrigkeit, doch hatten die Fürsten-Grafen von Sponheim sich die Landesherrlichkeit, Zollregal, Bergregal, Angriffsrecht vorbehalten [1]). Am 10. August 1668 wurden die Grenzen des Schmidtburgischen Gerichts in Gemünden genau festgestellt [2]).

In den Gült- und Rentenbüchern des 15. Jhdts. erscheint das Städtchen ganz als Eigentum der Grafen von Sponheim. Sie hatten dort das Ungeld vom Weinschank; es war zu 17 Turnosen für das Fuder verzapften Weines veranschlagt und ertrug jährlich ungefähr 20 Gulden. Auch die Bede von 20 Gulden war gräflich. Sie war früher höher, aber „als Gemünden verbrannt war", wurde sie herabgesetzt.

Von gräflichen Gütern fielen 3 Pfund 9 Schilling Heller, 2 Gulden Schüsselgeld, 12 Malter (2 Sümmer) Schüsselkorn, $4^1/_2$ Malter Hafer und 18 Hühner. Von der Mühle zu Gemünden fielen 25—28 Malter Korn, 1 Malter „brymels" (Breimehl) und 5 Gulden für ein Schwein. Zum gräflichen Gut gehörten 6 Morgen Wiesen, die 3 Fuhren Heu ertrugen, 68 Morgen Ackerland in vier Stücken und zwei Holzungen, der Forst und der Delleberger Wald. Die Ländereien wurden durch Frohnden der Gemeinde gegen die Ver-köstigung bewirtschaftet. Auch für Bauten zur Instandhaltung der Burg wurden Frohndienste gefordert.

Die gräflichen Güter scheinen dem Amtmann zur Nutzung eingeräumt gewesen zu sein.

6. Amt Koppenstein.

Als Zubehör zum Amt Koppenstein nennen die Rentenbüchei die Ortschaft Thal-Koppenstein, das Dorf Gehlweiler, das Dorf Brau-weiler, einen Anteil am Gericht Kellenbach, Rechte und Güter zu Gemünden, Mengerschied, Riesweiler und Holzbach.

Die Burg Koppenstein gehörte schon zu den ältesten Burgen der Grafschaft Sponheim. Sie liegt auf der Wasserscheide des Soonwaldes zwischen den Dörfern Gehlweiler und Henau und sollte wahrscheinlich den Uebergang eines alten Weges beherrschen, der aus dem unteren Simmertal von der Nahe her nach Mengerschied führte. Auch scheint dort ein Zufluchtsplatz bestanden zu haben, wohin die Umwohner in Kriegszeiten ihr Vieh trieben. Dem zweiten Abte des Klosters Sponheim, Craffto, Sohn des Grafen Meinhard von Sponheim, scheint die Burg mit einigen zugehörigen Dörfern vor seinem Eintritt in das Kloster von seinem Bruder

---

1) Amtsbeschreibung von 1600.
2) Rhein. Antiquarius II 6, 575.

Gottfried I. zu seinem Unterhalt und Wohnsitz angewiesen gewesen zu sein. 1155 ging sie in den Besitz des Klosters über, von dem sie Graf Johann II. von Sponheim-Kreuznach im Jahre 1325 am Laurentiustag (10. August) gegen ein Gut im Dorfe Bosenheim eintauschte. Mit dem „Felsen" Koppenstein erwarb der Graf auch die zugehörigen Dörfer Gemünden, Geilwiler, Richwiler und deren Zubehörungen. 1330 Juli 14. erteilte Kaiser Ludwig der Bayer dem Grafen Johann die Erlaubnis, zwei Städte zu Wintherberge und zu Coppensteyne zu „zymmern, gebuwen und machen mit graben und muren". 1339 war bereits eine Kapelle im Tale unter dem Koppenstein errichtet, die der Pfarrei Getzbach unterstand [1]).

Die Renten- und Gültbücher des Oberamts Kirchberg enthalten folgende Einnahmen des Amtes Koppenstein:

	Geldzins		Korn		Hafer				Heu-Fuhren von Wiesen	Bede	
	Pfund	Schilling	Malter	Sümmer	Malter	Sümmer	Kappen	Hühner		Pfund	Heller
Geylwiler 1464 . .	12	12	—	—	} 18	—	—	9	—	—	—
1476 . .	3	—	—	—		—	—		—	—	—
Mengerschied u. Ri-miszwiler . . .	2	—	—	—	1½	—	—	—	—	—	—
Gemünden											
Hübner	1	8	—	—	6	—	18	9	—	—	—
Zehnte 1464 . .	—	—	10—12	—	10—12	—	—	—	—	—	—
1476 . .	—	—	18	--	18	—	—	—	---	—	—
Coppenstein im Dale	1	4	—	—	9	2	—	—	—	—	—
vom Walde . . .	—	—	—	—	5—6 ²)	—	3	12	—	—	—
Kellenbach											
Hübner	1	6	—	—	1½	—	2	13	—	—	—
Zehnte	—	—	6	—	—	—	—	—	—	—	—
1464 . .	21	—	34—36	—	51—54	2	23	43	10—12	40	—
1476 . .	8	18	—	—	-	—	—	—	—	—	—

Zum Schloss gehörten 17 Morgen Ackerland in 12 Parzellen, 8 Morgen Wiesen in 3 Parzellen (2 im Brühl bei Panzweiler, 1 beim Gemündener Born), der Eichenwald zwischen Koppenstein und Gemünden, der Enzborner Wald, der Wald Heisterscheid bei Brauweiler (Heisterheck), Hecken und Gewälde um den Berg Koppenstein. Dazu der Frauenwald bei Mengerschied, der von dem Kloster Ruppertsberg bei Bingen an die Grafen ven Sponheim verkauft worden war.

---

1) Trithemius, Chronicum Sponheimense (Opera, Frankfurt 1601) II S. 253, 308. — Rhein. Antiquarius II 6, 691 f. — Lehmann, Sponheim 1, 11, 136, 138, 149.
2) Wenn Ecker liegt.

Die Amtsbeschreibung von 1600 zählt zu Gehlweiler 18 Sponheimische Amtsuntertanen. Junker Hans Heinrich von Schmidtburg hatte den Zehnten und das Recht, wenn Ecker im Walde liegt, 30 Schweine einzutreiben.

Zu Brauweiler hatte Wild- und Rheingraf Adolf von Dhaun den Zehnten und Brandholz im Walde Heisterscheid. Er erhob aber Ansprüche auf die Obrigkeit in dieser Gemarkung, sowie auf die Jagd im Walde Heisterscheid, da sie Zubehör des Amtes Simmern unter Dhaun seien.

Schon 1418 beklagte sich der Graf von Sponheim, dass der Wildgraf das Dorf und Gericht Brauweiler zu Simmern unter Dhaun ziehe und dass das Dorf ausserhalb der Bannzäune keine Sonderung von Simmern habe. 1422 wurde durch Schiedsleute bestimmt, dass der Wildgraf die von Brauweiler bei Wasser und Weide, Wäldern und Feldern verbleiben soll lassen, so lange bis er sie mit Recht davon bringt. Bei Verhandlungen von 1576 erklärten die Vertreter des Wildgrafen, dass die Einwohner von Brauweiler ausserhalb der Bannzäune keine eigene Gemarkung und Obrigkeit hätten, sondern mit denen von Simmern Wasser und Weide gemeinsam benutzten. Es hat auch der Wildgraf in der angeblichen Brauweiler Gemarkung Jagd, Hegerecht, Fischerei bis an den Klausfels, Holzhauen im Gewälde zu bauen oder zu brennen, Schweineeckern und Viehtrift seit über 130 Jahre hergebracht und ruhig gehandhabt. Dagegen erklärten die pfälzischen Abgeordneten, die Grafen von Sponheim hätten diese Rechte ausgeübt, die Gemarkung Brauweiler grenze an Horbach und nicht an Simmern; Auflassungen von Gütern würden in das Koppensteiner Amtsbuch eingetragen. Auch leistete die Gemeinde keine Frohndienste zu dem St. Maximiner Hof zu Simmern [1]).

In dem Rentenbuch von 1476 sind keine Einkünfte der Grafschaft Sponheim aus Brauweiler (Brunwilern) verzeichnet und nur gesagt, dass dieses Dorf mit Gemark und Gericht und dem Walde Heisterschytt (jetzt Heisterheck) zum Schloss Koppenstein gehöre.

Die von den Wild- und Rheingrafen bestrittene Gemarkung Brauweiler ist im Koppensteiner Weistum von 1548 [2]) beschrieben. Sie beginnt am Tiergarten an der Grenze mit Horbach (Flur 3) und fort den Berg hinauf „auf Birk" (Gemarkung Horbach), dann über den Schadberg (der jetzt auf Horbacher Seite Scheidberg, auf Brauweiler Seite Schetberg geschrieben wird) hinab in das Brauweiler Bächelchen (Graben), bei seinem Einfluss in die Simmer (im Weistum Fisbach oder Kellenbach genannt) und mit diesem Bach aufwärts bis an den Klausfels, wo an dem Bach ein Stein

---

1) Fürstl. Rentkammer in Coesfeld, Wild- und Rheingräfl. Arch. II. Archiv Daun C 2129: Acta Rheingrafen zu Dhaun contra Gemeinde Prauweiler 1418—1608.
2) Grimm, Weistümer IV 729 f.

die drei Gerichte Hennweiler, Kellenbach und Brauweiler scheidet, von dem Stein auf Ruscheid (auf der Brauweiler Flurkarte Ruhrscheid) in die Mitteleich, von dieser in das Floss Genserloch (Geiserloch), von dort über Erburger und Kühstäbel in die Birwiese (in der Gemarkung Simmern unter Dhaun, Flur 1, Boorwiese hinter der Heisterheck)“. Hier springt die Grenzbeschreibung über das strittige Stück (eben die Heisterheck) hinweg und fängt wieder zwischen Brauweiler Wald (Heisterheck) und Horbacher Wald an, um über den Eselspfad den Ausgangspunkt am Tiergarten wieder zu erreichen. Was darinnen verbrochen und gefrevelt, soll zu Koppenstein abgetragen werden.

7. Hochgericht Kellenbach.

Zum Amt Koppenstein wurde noch ein Viertel am Hochgericht Kellenbach gerechnet, welches im Jahre 1403 (8. Januar) durch den Grafen Simon III. von Sponheim von Johann von Tryss (Treiss an der Mosel) gekauft wurde[1]. Das Gericht umfasste die Dörfer Henau, Schwarzerden, Königsau und Kellenbach im jetzigen Kreis Simmern. Die anderen Viertteile gehörten den Rittergeschlechtern von Stein-Kallenfels, von Schmidtburg, Wolf von Kellenbach. Von den Insassen waren um 1600 zu Henau 16 Sponheimische Untertanen, zu Schwarzerden 14, zu Kellenbach 10; ausserdem hatten die Herren von Warsberg und die Vögte von Hunolstein damals zwei Leute zu Königsau, und zu Kellenbach wohnten vier Hörige der Herren von Kellenbach und je einer derer von Greifenclau und von Schmidtburg[2].

Im Weistum von 1560[3] wird die Grenze dieses Gerichts beschrieben. Sie beginnt beim Klausfels an der Simmer, südlich von Kellenbach, geht dann westlich in die Taufenbach (im Weistum Conbach geschrieben), von dort zwischen dem Hennweiler und Warsberger Wald auf die Höhe des Lützel-Soonwaldes, dann mit der Wasserscheide nach Nordosten zu bis an den Langenstein an der Simmer, südlich von Gehlweiler, und gegenüber gleich wieder

---

1) Lehmann, Sponheim 1, 280. — 1435 klagte der Graf Johann V. von Sponheim gegen den Kurfürsten Ludwig IV. von der Pfalz, dass das Hochgericht Kellenbach nicht zu den Orten gehöre, die mit Pfalz gemeinschaftlich besessen werden sollen, da der Anteil an diesem Gericht erst durch Graf Symond erworben sei. Die Schiedsmänner urteilten aber, da in der Kundschaft in Erfahrung gebracht sei, dass die Leute zu Kellenbach, zur Bürgerschaft zu Koppenstein gehörig, beiden Herren unterstehen, und dahin auch zu Lebzeiten der Pfalzgräfin Elisabeth, Gräfin von Sponheim, vor Gericht geladen und sonst aufgeboten worden seien, sind sie zur Gemeinschaft zu ziehen. Das gekaufte Gericht hingegen soll nicht zum Burgfrieden der Vordergrafschaft gehören (Kreissarchiv Marburg, Zweibrück-Veldenzer Copialbuch IV 145 f.).
2) Amtsbeschreibung 1600.
3) Grimm, Weistümer II 143; IV 720.

der Wasserscheide nach in die Höhe bis an den Turm der Burg
Koppenstein und auf der Wasserscheide weiter über den Stein-
berg bis in den Hircherhäuser Acker (vielleicht an der Grenze der
Gemarkungen Schwarzerden, Pferdsfeld — Forst Entenpfuhl —
und Mengerschied, wo aus dem Soonwald ein kleiner Bach kommt,
der sich in die Lamet ergiesst), und ferner über eine alte Strasse
auf den Berg „Alte Burg", nördlich von Seesbach, dann an den
Götzelstein (auf der Flurkarte Schwarzerden 1 „Götzsteiner Reeg")
der Wasserscheide nach über St. Anton-Rhodt an den Weiters-
borner Wasem (auf der Flurkarte Weitersborn 5 „auf dem grossen
Wasem") und an verschiedenen Grenzsteinen vorbei an den Seibel-
bach in die Wiese („Seibelwiese" Simmern unter Dhaun, Flur 1,
und Kellenbach, Flur 5). Von hier aus zieht die Grenze über den
Drachenborn unter dem Simmerberg her nach Ruscheid (Kellen-
bach Flur 5) und kehrt wieder zum Klausfelsen an der Simmer
zurück. Diese Grenzbeschreibung deckt sich vollständig mit den
äusseren Gemarkungsgrenzen der zum Hochgericht gehörigen Dör-
fer, die zum grossen Teil ein Stück von der Grenze der jetzigen
Kreise Simmern und Kreuznach bilden.

Das Weistum nennt die Herren von Stein-Kallenfels und ihre
Miterben als Oberherren über Hals und Halsbein, Gebot, Verbot,
Fischen, Jagen, Frevel, Bussen und Obrigkeit des Ortes. Der
„arme Mann", so im Bezirk sitzt mit Feuer und Flamme, der hat
Wasser und Weide zu gebrauchen, einen Hasen zu fangen und
einen Fisch zu fangen, in sein Haus zu gebrauchen zu seiner Not-
durft. Wird man aber gewahr, dass er Fische oder Hasen ver-
kauft, so ist er den Gerichtsherren verfallen für $8^1/_2$ Pfund Heller,
doch mit Gnaden. Verhaftete Missetäter wurden nach dem Kallen-
fels in das Gefängnis gebracht und der Galgen auf dem Weiters-
borner Wasem aufgestellt.

Zins wurde an das Sponheimische Amt Koppenstein gegeben
an Geld 15 Albus 1 Pfennig 1 Heller, Korn 4 Malter $7^1/_2$ Sümmer,
Hafer 1 Malter 5 Sümmer, 4 Kappen und 7 Hühner [1]).

Innerhalb dieses Gerichts waren die Dörfer Schwarzerden und
Königsau (oder Anteile daran) seit 1325 Lehen des Erzstifts Trier.
Am 25. August jenes Jahres übertrug der Ritter Fridericus de La-
pide (von Stein-Kallenfels) alle seine bona, redditus, pensiones,
dominia, jura, jurisdictiones altas et bassas in villis Schwarzerden,
Echenberg, Kunigesauwe ac terminis earundem villarum et silvam
in Hainrot, quam a Johanne comite de Spanheim divisi, ac pratis
meis in der Aitzbach, que omnia allodialiter ad me pertinent",
dem Erzbischof Baldewin von Trier für 120 Pfund Heller zu
rechtem Mannlehen. Unter Erzbischof Jakob wurde 1439 am
16. Oktober Ulrich von Rüdesheim wegen seiner Frau Gertrud von
Eltz, unter Erzbischof Johann 1502 Melchior von Rüdesheim, unter

---

1) Amtsbeschreibung 1600.

Erzbischof Johann Ludwig 1543 Andreas von der Leyen mit diesem Lehen belehnt [1]).

Echenberg ist der Weiler oder Ortsteil „Ackeberg" bei Henau; der Wald Hainroth heisst jetzt Hareth und liegt nördlich von Henau an der Grenze mit Gehlweiler. Dass Friedrich von Stein-Kallenfels ihn von dem Gebiet des Grafen Johann von Sponheim abgegrenzt hat, wird eine Folge der Erwerbung des Koppensteins durch diesen Grafen gewesen sein, die 15 Tage vor dem Lehensauftrag geschehen war. Die Aitzbach ist die jetzige Asbach, die die Gemarkung Henau von Schwarzerden und Kellenbach trennt und zwischen den Gemarkungen Königsau und Kellenbach in die Simmer fliesst.

Hiervon verschieden ist der Wald Schwartzerdyn prope castrum Coppenstein, der zugleich mit Gütern in den Dörfern Windecke (an der Winnheck bei Henau) und Molkenrode (unbekannt) und einem Mühlenplatz zu Kongesouge an der Simmer am 26. Juli 1334 durch den Wepeling Friedrich von Kellenbach an den Erzbischof Baldewin von Trier um 600 Pfund Heller verkauft wurde. Am 17. Juli 1355 wurde der Ritter Tilmann von dem Steine mit diesen Gütern belehnt [2]).

Die Edelknechte Wilhelm und Johann von Symern empfingen 200 Pfund Heller vom Erzbischof von Mainz und trugen ihm dafür am 7. Dezember 1360 ihr Gericht zu Hene bei Koppenstein zu einem Burglehen des Erzstifts Mainz auf [3]). Am 16. Dezember 1390 stellte Wilhelm von Symern dem Erzbischof Konrad von Mainz einen Lehenrevers aus über das Gericht zu Henen bei Coppinstein (Henau) und alle Gülten und Güter, die ihm dort gehörten [4]).

Aus diesen Urkunden geht hervor, dass das Gericht Kellenbach im Mittelalter eine adlige allodiale Ganerbschaft gewesen sein muss, in der die Grundherrschaft früh in verschiedene, wie es scheint vier, Stammteile zersplittert ist, während die hohe Gerichtsbarkeit gemeinschaftlich geblieben war. Die Stammteile scheinen mit dem Besitz der Haupthöfe und bestimmter Güter in den einzelnen Dörfern verbunden gewesen zu sein.

4. Amt Winterburg im Soonwald.

Eingeschlossen von den Forsten des Soonwaldes mit seinen die Höhe von 600 m weit übersteigenden Kuppen und dem gegen

---

1) Günther, Cod. dipl. Rheuo-Mosellanus III S. 233, Nr. 155. — Original im StAKoblenz, Kurtrier, Urk. — Abschriften in der Abteilung Steinkallenfels. — Dipl. archiep. Trev. XII 50. — Dipl. Rhingr. IV 246; V 81.

2) Günther, Cod. diplom. Rheno-Mosellanus III S. 319, Nr. 200. — StAKoblenz, Dipl. archiep. Trev. V 74.

3) Kreisarchiv Würzburg, Mainzer Bücher, Liber registri V 9.

4) Regesta rerum Boicarum XIV S. 28.

Kreuznach hin gelegenen Waldgebiet am Gauksberg (437 m), das sich von Waldböckelheim und Monzingen bis Waldlaubersheim erstreckt, liegt eine Gruppe von Dörfern, deren Mittelpunkt das Städtchen Winterburg ist. Die ältesten Erwähnungen von Ortschaften dieses Amtes stammen erst aus dem 14. Jhdt., wenn man von den Wüstungen Wolfenroth und Schlierscheid im östlichen Zipfel des Landes absieht, die schon 1277 vorkommen. Es waren hier keine alten Klöster begütert, deren Urkunden sonst die ältesten Nachrichten über die Ortschaften zu enthalten pflegen.

In dem Sponheimer Gültbuch von 1438[1]) werden als zu dem Amt der Burg Winterburg gehörig die folgenden Ortschaften genannt: Yppenscheit, Repach, Daupach, Eckwiler, Persfelt, Winterbach, Gebenrot, Spalde, Aldenfelt, und das damals schon unbewohnte Wolfenrat, jetzt Ippenschied (L 21), Rehbach (L 21), Daubach (L 21), Eckweiler (L 21), Pferdsfeld (L 21), Winterbach (L 21), Gebroth (L 21) in der Bürgermeisterei Winterburg, sowie Allenfeld und Spall (M 21) in der Bürgermeisterei Wallhausen des Kreises Kreuznach.

Die Burg gehörte zum Anteil der Kreuznacher Linie der Grafen von Sponheim. 1325 trug Graf Johann von Sponheim (Koppenstein) „domus seu fortalicium Winterburg una cum valle et molendino adiacente, nec non cum allodio ac dominio ad ipsum castrum ad presens aut imposterum pertinente, ac omnibus fidelibus ac castrensibus eiusdem castri" dem Erzbischof Baldewin von Trier zu Lehen auf und wurde am 7. August damit belehnt[2]). Nachdem Kaiser Ludwig der Bayer dem Grafen Johann die Erlaubnis zur Erbauung und Befestigung der Städte Koppenstein und Winterburg unter Verleihung des Stadtrechtes von Oppenheim erteilt hatte (14. Juli 1330), verlieh der Graf am 13. Januar 1331 der neuen Stadt die Privilegien. Er behielt sich die Ernennung des Schultheissen und jährlich zwei Wagenfuhren vor[3]). Graf Johann setzte seinen Neffen Walram zum Erben seines Anteils ein, der hierdurch zu seinen Burgen Kastellaun und Kirchberg, auch Kreuznach, Gutenburg, Winterburg, Koppenstein und einen Anteil an Dill erhielt[4]). Am 12. März 1340 erneuerte Graf Walram den Freiheitsbrief seines Oheims für die Bürgerschaft der Stadt Winterburg[5]).

In der Stadt Winterburg scheinen auch Einwanderer aus dem Gebiete des Wild- und Rheingrafen Johann zu Dhaun Aufnahme gefunden zu haben. 1372 verpflichteten sich die Schultheiss, Schöffen und Bürgermeister bezüglich solcher Leute, „daz wir daß verantwerten sollen vor allermenlich, als ander unser burger, ane vor dem vorgenannten hern (dem Rheingrafen) und vor den sinen",

---

1) StAKoblenz, Akten der Grafschaft Sponheim 291, III.
2) Günther, Cod. dipl. Rheno-Mosellanus III S. 230, Nr. 133.
3) Lehmann, Sponheim I 138 f. — Kremer, Diplomatische Beiträge 358 Nr. 31.
4) Lehmann, Sponheim I 151.
5) Ebd. I 184.

dass also der Schutz, den die Stadt solchen Leuten gewährt, sich nicht gegen den eignen Herrn der Leute richten soll [1]).

Obwohl Winterburg unzweifelhaft zur Grafschaft Sponheim-Kreuznach gehörte, wurde der Anspruch der Kurfürsten von der Pfalz auch dieses Amt zu der „vorderen Grafschaft" zu ziehen, von der ihm ein Fünftel gehören sollte, 1428 zurückgewiesen [2]) und Winterburg ist bei der „hinteren Grafschaft" geblieben, und nur der nach dem Gültbuch von 1438 damit verbundene Soonwald erscheint später als Bestandteil der „vorderen Grafschaft" und des Amtes Kreuznach [3]).

Das Weistum des Amtes Winterburg bezieht sich auf die Zinspflicht der Einwohner, sodann auf die Mühle zu Winterburg, die für das ganze Amt Bannmühle und vom Malter Mahlgut $^1/_2$ Sümmer Molder zu nehmen berechtigt ist. Das ganze Amt hatte Wasser und Weide im Soonwald, als weit die drei Waldförster hüten. Die Einwohner hatten das Recht, Holz zu hauen nach ihrer Notdurft auch zu Stecken, nur nicht im „verbotenen Wald"; Unholz zu Drüttern und Pfählen durften sie auch zu Markt fahren, doch nicht von Eichen und Buchen.

Die vier Dörfer Winterbach, Gebroth, Spaldt und Allenfeld sind der Grafen von Sponheim frei eigen, sind von Holzhafer und Claggeld frei, dafür sind sie schuldig zu dem Hochgericht zu dienen mit der Leiter zum Galgen, dem Steil, dem Rad, und Holz zum Scheiterhaufen zu fahren.

Die drei Dörfer Rehbach, Daubach und Eckweiler haben drei Viehtriften im Soon [4]).

Im 14. Jahrhundert bestand im Amt Winterburg eine grundherrliche Gerichtsbarkeit, die wahrscheinlich in Pferdsfeld ihren Sitz hatte. In der Urkunde, womit sie durch den Junker Wilkin von Spanheim, genannt von Sobernheim und seine Ehefrau Jutta an den Grafen Walram von Sponheim (ihrem Herrn) verkauft wurde, 10. August 1341, werden als Zubehör bezeichnet „alle die recht, gerichte, lüde, gulte, gude, zinse, herschafft in den dorffern marken und hofen Perdsvelt, Eckwilre, Sputswilre, Sprendilbach, Yppinscheit und waz wir da han vor dem walde, uß genommen unser wiesin, die wir han in Perdsvelder marken, die sulen wir han und halden mit allem dem rechten, als wir sie bither gehabit han, sunder des, daz die lude in den dorffern vor dem walde uns nit sulnt unser howe machin noch infüren, iz gesche danne mit willen des vorgen unsirs herrin greve Walramen und siner

---

1) Archiv auf Schloss Anholt, Lade 112, 14. — Schmitz-Kallenberg, Invent. d. nichtstaatl. Archive, Regest 90.

2) Lehmann, Sponheim II 150 f.

3) Vgl. den Auszug aus dem Rentbuch des Amts Kreuznach von 1476 oben S. 4.

4) KrASpeyer, Sammlung „Horstmanniana" V. Demonstrat. jurium (Weistümer) 2, 179 ff.

erben". Dafür soll der Graf ihnen jährlich an zwei Zielen je 11 Pfund Heller geben, die er auf die Bede des Amtes Winterburg verlegt hat. Diese Rente soll mit 220 Pfund Heller abgelöst werden können [1]. „Dörfer vor dem Wald" ist wohl die ältere Bezeichnung dieser Gegend. Zwei von ihnen sind schon im 15. Jahrhundert wüst gewesen, im Gültbuch 1438 geschieht ihrer keine Erwähnung mehr. In den „Nachrichten von abgegangenen Orten in der hinteren Grafschaft Sponheim und Umgebung 1773" werden Spützweiler und Sprendelbach mit der Bemerkung aufgeführt, dass Wiesengründe im Amt Winterburg noch den Namen davon führen. Auch ein „Callweiler in der Gegend des verbottenen Soones" wird in dieser Zusammenstellung genannt [2].

Auf den modernen Flurkarten lassen sich diese Wüstungen ebenfalls nachweisen: in Flur 2 der Gemarkung Pferdsfeld heisst ein Distrikt „im Spitzweiler", ein anderer „im Spitzweilerberg", und in der Ippenschieder Gemarkung, Flur 4, liegt der Distrikt „in der Sprengelbach".

Ausserdem liegt in der Gemarkung Rehbach, Flur 4, „in Katzweiler" und Daubach, Flur 1, „auf Katzweiler" und Flur 2 „Katzweilerheck". In derselben Gemarkung, Flur 3, liegt eine Oertlichkeit „im Hämel", die wohl mit dem dem „Heymyle" gleichzusetzen ist, wo ein Gut lag, welches 1366 am 1. Oktober von dem Wäpeling Johann, gen. Hullenzappe von Spanheim, für 160 Gülden vor den Gerichten zu Sponheim und Winterburg an den Grafen Walram von Sponheim verkauft wurde.

In der Gemarkung Pferdsfeld, Flur 12, liegen noch die Wüstungen Kuhweiler und Waalem, von denen ich noch keine Urkunden vorlegen kann, ferner in Flur 13 der Molkenroder Hof, der vielleicht in den Urkunden über das Gericht Kellenbach-Schwarzerden als Molkenrode vorkommt.

In dem Gültbuch von 1438 werden noch Wolfenrod (damals schon unbewohnt) und das „nuwe dorf" genannt. Von dem letzteren scheint noch kein Zinsregister aufgenommen gewesen zu sein, denn es heisst nur am Schluss der dort aufgenommenen Beschreibung des Soonwaldes: „gedenk an das nuwe dorf". Wolfenrod kommt in dem Teilungsvertrag zwischen den Söhnen des Grafen Simon II. Johann und Heinrich wegen der Burg Böckelheim 1277 vor: es wird darin bestimmt, dass die Gemeinden der Dörfer Spachbruchen, Walbenrot, Schlierscheit und anderer Dörfer das Beholzigungsrecht in den Wäldern der Gemeinde Winnesheim behalten sollen. Am 21. August 1347 traten die Ritter Heinrich Fust von Stromberg,

____

1) Lehmann, Sponheim I 189. — Günther, Cod. dipl. Rheno-Mosellanus III 457. Original im StAKoblenz, Grafschaft Sponheim, Urkunden, Staassarchiv. Kurz vorher hatte derselbe Wilkin diese Dörfer an den Erzbischof Baldewin von Trier veräussert; s. ebd. III 50.

2) KrASpeyer, Horstmanniana E 2 (II) fol. 225 ff.

Philipp und Heinrich von Montfort dem Grafen Walram von Sponheim ihre bisher besessenen und ausgeübten Rechte, Gericht, Gülten, Zinse, Wälder usw. in den beiden Dörfern Wolfenrod und Schlierscheit für 380 Pfd. Heller ab, für welche Summe ihnen der Käufer eine jährliche Rente von 38 Pfd. anwies, bis er die ganze Summe erlegen würde.

Diese Urkunden lassen darauf schliessen, dass diese Orte nahe beieinander und in der Nähe von Spabrücken zu suchen sind. In Flur D dieser Gemarkung finden sich nebeneinander die Distrikte „in Schlierscheid“, „im Kirchgarten“, „auf Wallgeroth“, „hinter der Wallgerother Wiese“, „am Wallgerother Stein“, und in Flur E „am Schlierscheider Weg“ und „in der Kirchgass“. In der Flur G derselben Gemarkung findet sich auch das untergegangene „Neudorf“ mit den Distrikten „am Neudorf“ und „Neudorfer Hohl“.

Dass zu Weinsheim ein Stück Wald im Soon gehört hat, geht aus der Urkunde über die Schenkung des Helfrich, des Sohnes des Albrich, an das Kloster Prüm über die villa Wimundasheim von 868 hervor. Aus der Urkunde von 1277 erfährt man, dass dieses Stück in der Gegend des jetzigen Forstreviers Neupfalz gesucht werden muss, wo Schlierschied und Wolfenrod lagen.

Der Soonwald.

Das „Gültbuch von 1438“ enthält bei dem Amt Winterburg neben Notizen über die Wälder „gein Winterburg gehorig“ auch eine Beschreibung des sponheimischen Teiles des grossen Soonwaldes. Der Wald, genannt „der Sane“, beginnt demnach zu Pferdsfeld an der Hoxhulen, dort ist er genannt „der verbotene Wald“, und diesen Namen hat er bis an die Strasse, die von Winterburg nach Kirchberg führt. Von dort erstreckt er sich weiter bis gen Schöneberg an den Grenderich, und an das „Lehen“ des Konrad von Schöneberg, gegenüber Dörrebach. Hier scheiden „Lauchbäume“ den Soon von anderem Gewälde, bis auf den „Opel“, wo der Wald von Ellern im Amt Simmern angrenzt, hinab in die Grebenbach (Gräfenbach), mit dieser zu ihrem Ursprung und weiter in derselben Senkung zum Ursprung der Lamet und mit der Lamet hinab, die den Sponheimer Soonwald und Simmerer Märkerwald scheidet, bis an des Propstes Wald von Ravengiersburg (bei Mengerschied) und an einige Waldstücke, die den Herren von Stein (wohl Stein-Kallenfels) zugehören. Im Wald, östlich der Winterburg-Kirchberger Strasse, hatten die Gemeinden des Amtes Winterburg die Nutzniessung der Eckerweide mit ihrem „erzogenen“ Vieh. Ausserdem hatten andere Dörfer in der Umgebung des Soonwaldes den Weidgang in dem Wald jährlich zu pachten, davon kamen gewöhnlich 16 Pfund Heller und 33 Malter Hafer ein.

Von dieser Weidebenutzung war der „verbotene Wald“, der westliche Teil des Soonwaldes, ausgeschlossen. Einige Gemeinden, so Dörrebach am östlichen und Weiler bei Monzingen am westlichen Ende, besassen im Soonwald Wiesen und mussten dafür bestimmte Abgaben an den Grafen von Sponheim nach Winterburg zahlen. Was die Holznutzung betraf, so konnten Stücke niedern Waldes zu Kahlschlägen oder Röder zu machen morgenweise auf Jahres- oder Halbjahresfrist verpachtet werden, ebenso auch Brennholz zu schlagen oder zum Kohlenbrennen, doch durften die Pächter solcher Stücke keine grossen Bäume und Eichen fällen, wie sie etwa zum Bau von Weinkeltern nötig waren, wenn es nicht ausdrücklich bedungen war. Zwei Wagner in Gebroth gaben jährlich 24 Gänse ab, für die Erlaubnis, das zu ihrem Handwerk nötige Holz zu schlagen. Man sieht, dass namentlich der Hochwald im Soon besonders geschützt werden sollte.

Der Wildbann im Soonwald war ein Lehen der Grafen von Sponheim von Kurpfalz. 1382, Maria Magdalena, entschied Kurfürst Ruprecht der ältere mit Rat der Grafen Wilhelm und Eberhard von Katzenelnbogen, Friedrich von Leiningen, Heinrich von Sponheim, Johann von Nassau und Wildgraf Friedrich von Kyrburg, dass die Amtleute des Pfalzgrafen Ruprecht des Jüngern den Grafen Simon von Sponheim an der Jagd im Soonwald nicht hindern noch selbst dort jagen durften, weil der Graf den Wildbann auf dem Soon von Kurpfalz zu Lehen habe. Die abgenommenen Seile und Garne solle man dem Grafen auf seinem Haus Winterburg wieder aushändigen. Der schuldige Schultheiss des Pfalzgrafen soll abgesetzt werden und sich nebst 25 Mann dem Grafen zur Haft in Kreuznach stellen. Der Amtmann Brenner vom Stein und die Untertanen Ruprecht des Jüngern sollen sich unter ihrem Eid entschuldigen [1]).

In den Verhandlungen wegen Ausscheidung eines Fünftteils an der „vorderen Grafschaft" Sponheim für Kurpfalz 1435 beklagte sich Pfalzgraf Ludwig, dass der Schultheiss von Winterburg alle Gefälle aus dem Walde Sane allein einziehe. Der Wald sei Eigentum der Pfalz und rühre von ihr zu Lehen, also gehöre er in den Burgfrieden der vorderen Grafschaft. Graf Johann von Sponheim erwiderte hierauf, nicht der Sane mit Wäldern, Feldern und dem Boden sei Eigentum der Pfalz, sondern nur der Wildbann darin und nur dieser gehöre in den Burgfrieden, wie die Urkunden ausweisen. Der Grund und Boden, Wälder und Felder im Sane sei gräfliches Eigentum. Obgleich damals der Auffassung des Grafen von Sponheim Recht gegeben wurde, erscheint später nicht nur das Jagdrecht, sondern auch das territoriale Hoheitsrecht mit dem Amt Kreuznach der „vorderen Grafschaft" verbunden [2]). Eine Notiz in einem Kopialbuch erwähnt eines Briefes, „wie Herzog Friedrich grave zu Spanheim bekennt, als Pfaltzgrave Fride-

---

1) StAKoblenz, Handschr. A I 4, Nr. 2, fol. LXXV (85).
2) Kreisarchiv Speyer, Zweibrück-Veldenzer Copialbuch IX fol. 95.

rich bewillig hab, zwey hundert stuck holtzes uss den verbotten welden in dem Sane den burgern zu Crutzenach zum buwe zu sture ze geben, das es fur keyn gerechtigkeyt furgezogen soll werden" [1]).

Die Burg Argenschwang.

Als ursprünglich zum Amt Winterburg gehörig ist das Dorf Argenschwang (M 21) zu betrachten, welches nach Trithemius im Jahre 1195 durch das Kloster Sponheim dem Grafen von Sponheim um 20 Mark abgekauft und dessen Vogtei dem Ritter Erenfried von Sponheim verliehen wurde [2]). Später war es wieder im Besitz der Grafen von Sponheim von der Kreuznacher Linie, die eine Burg dort errichteten. Am 25. Juli 1332 verpfändete Graf Johann von Sponheim-Koppenstein dem Ritter Simon von Arinswancke für 2000 Pfund Heller die Burg Arinswancke mit dem Tal darunter, nebst Gericht, Bann, Leuten, Rechten und Renten, sowie einer Gült von 100 Malter Korn, 6 Fuder hunnischen Wein, 40 Pfund Heller von der Bede zu Sprendlingen und 30 Malter Hafer zu Spach-brücken [3]).

War diese Veräusserung blos zeitweilig, so wurde Argen-schwang am 10. Februar 1416 durch die Erben der Vordergraf-schaft, Herzog Ludwig, Pfalzgraf bei Rhein und Kurfürst, Elisabeth, Gräfin von Sponheim und Vianden, Herzogin in Bayern, Witwe, und Johann, Graf zu Sponheim, der Grafschaft fast ganz und dauernd entfremdet, indem sie Arnswang das Schloss mit dem Tale dar-unter, genannt Husen, mit allen Gülten und Zinsen, mit den Bür-gern und armen Leuten, der Mühle und mit allen anderen Zu-behörungen dem Ulrich von Leyen und seiner Frau Goste von Call zu rechter Erbschaft übertrugen, da sich Ulrich um die Grafschaft verdient gemacht hatte, unter der Bedingung, es nie an andere Hände zu veräussern und unter Vorbehalt des Oeffnungsrechtes. Ulrich und seine Untertanen zu Argenschwang hatten das Recht, ihren Bedarf an Brenn- und Bauholz im Soonwald zu beziehen [4]).

Die Herren von Leyen behielten die Herrschaft und ver-erbten sie auf die von Ebersberg, gen. Weyhers und Leyen. 1747 verpfändete Freiherr Ernst Friedrich von Ebersberg, gen. Weyhers und Leyen, der Kapitalien vom Domstift in Speyer aufgenommen hatte, diesem dafür „die mit keinem nexu feudi, fideicommissi, dotalicii aut vidualicii behaftete, sondern durchaus freiadliche, bei der niederrheinischen reichsfreien Ritterschaft immatrikulierte, unter

---

1) StAKoblenz, Handschr. A I 4, Nr. 2, fol. CXXXI (141).
2) MRR. II 748.
3) Lehmann, Gesch. der Grafen von Sponheim 1, 140. Vgl. auch den S. 137, Anm. 1, genannten Bericht.
4) Lehmann, Gesch. der Grafen von Sponheim 1, 311. Original im Reichsarchiv München. Regest im StAKoblenz, Reichsritterschaft Kanton Niederrhein, Herrschaft Leyen bei Bingen.

sonst keines Reichsfürsten noch Reichstandes Jurisdiktion stehende Herrschaft und Schloss Argenschwang mit aller Zugehörung nebst dem Dorf Thalhausen, sodann mit den drei Erbbestandmühlen, Dathenborn, obere und untere Mühle bei Argenschwang mit allen dazu gehörenden Gütern".

Ausser der Familie von Ebersberg machten auch die Herren von Hoheneck auf Argenschwang Ansprüche geltend, die durch ein kaiserliches Urteil vom 24. Januar 1757 als berechtigt anerkannt wurden. Aber erst 1769 wurde diese Familie in den Besitz der Hälfte der Herrschaft gesetzt.

Der Markgraf von Baden glaubte als Graf von Sponheim berechtigt zu sein, die Herrschaft wieder an sich zu bringen. Er meinte zuerst, dass sie nur verpfändet sei, und kaufte dann den Ebersbergischen Anteil am 5. März 1783 und den Hoheneckischen am 30. März 1785 an. Aber die Reichsritterschaft, besonders der Kanton im Odenwald, protestierte, da der Verkauf nicht vorher nach der Ritterordnung bekannt gemacht und zunächst den Mitgliedern der gesamten Reichsritterschaft angeboten worden sei. Die Verhandlungen zogen sich hin, bis der Gegenstand, die Herrschaft Argenschwang, von den Franzosen besetzt und vom Reich abgetrennt ward[1]).

Ausserhalb des Nahegaues besassen die Grafen von Sponheim-Kreuznach noch das Amt Kastellaun im Tracharigau[2]). Dagegen lag von den Aemtern der Starkenburger Linie, der „hinteren Grafschaft Sponheim", das Amt Herrstein im Nahegau.

---

1) StAKoblenz, Reichsritterschaft, Kanton Niederrhein, Herrschaft Argenschwang. Bericht des Archivars Beyer an die Regierung zu Koblenz 1844. Akten der Fränkischen Ritterschaft, Kanton Odenwald, im StADarmstadt.

2) Seit dem Anfall der Grafschaft Sponheim an Pfalz und Baden und der Ausscheidung des „Erbfünftels" für Kurpfalz (1440) gehörte es wie Winterburg zur „hinteren Grafschaft".

II.

Hintere Grafschaft Sponheim.

1. Amt Herrstein.

Das Amt Herrstein im jetzigen Fürstentum Birkenfeld (J/K 22) umfasste zwei Gerichte:

I. Gericht Herrstein: Stadt und Schloss Herrstein, Nieder-Wörresbach, Ober-Wörresbach, Niederhosenbach (zum grössten Teil), Morschiedt, Fischbach.

II. Gericht „Abtei": Gerach, Göttschiedt, Hintertiefenbach, Regulshausen.

Hintersassen zu Dickesbach, im Kirchspiel Bergen, im Amt Naumburg, zu Georg-Weierbach[1]).

Als ursprünglicher hofrechtlicher Mittelpunkt des Gerichts Herrstein hat Nieder-Wörresbach zu gelten, das als solcher 1279 und 1288 an erster Stelle vor Herrstein (dem militärischen Mittelpunkt) genannt wird: am 9. April 1279 und am 23. Juni 1288 wurden zwischen dem Grafen Heinrich von Spanheim und dem Wildgrafen Emicho bzw. Gotfrid Royff Verträge wegen der Hintersassen, „Sanct Petersleute" genannt, in dem „underzogk" des Hofes Weringesbach und Herrestein (Werinsbach und Herinstein) geschlossen[2]).

1314 wurde die Veste Herrstein als Wittum für Loretta von Salm, Gemahlin des Junggrafen Heinrich von Spanheim, angesetzt. Hierzu erteilte der Erzbischof von Mainz 1319 seine lehensherrliche Genehmigung[3]).

1340 war Herrstein an den Ritter Werner von Schönenberg, gen. von Randeck, 1348 Werresbach und Heredisenbach an Wildgraf Friedrich von Kyrburg verpfändet; 1386 hatte Wildgraf Otto von Kyrburg eine jährliche Rente aus der Pflege Werrisbach in Pfandschaft[4]).

Eine dauernde Entfremdung von der Herrschaft der Grafen

---

1) Erläuterungen zum geschichtl. Atlas der Rheinprovinz II 444.
2) MRR. 4, 599, 1559.
3) Lehmann, Spanheim 2, 27.
4) Ebd. 2, 47. 54. 82.

von Spanheim zu Starkenburg und ihrer Rechtsnachfolger ist nicht eingetreten, ebensowenig lassen sich Aenderungen im Bestand des kleinen Amtes nachweisen. Nur die ausserhalb des Amtsterritoriums wohnenden Hintersassen wechseln ihren Wohnort.

Das Gericht „Abtei“ war eine Besitzung der Benediktinerabtei Mettlach an der Saar, eine Schenkung eines Grafen Udo, der auf der Rückseite eines Reliquiars als Schenker des Hofes Getsceit dargestellt ist [1]). Wer dieser Graf Udo gewesen und wann die Schenkung erfolgt ist, ist nicht sicher zu ermitteln. Vielleicht war es der Graf in der Wetterau, der Bruder des Stammvaters der schwäbischen Konradiner. Der Hof zu Jascheit und die „Eppedie“- (Abtei)Güter waren schon 1271 im Besitz des Grafen Johann von Sponheim [2]).

Die Grenzen des Amtes sind aus den Weistümern von Herrstein und Göttschied zu bestimmen [3]).

Bezirk und Gemark des Hochgerichts zu Herrstein, von dem Gericht daselbsten in nachfolgender Gestalt gewiesen, erneuert in anno 1509.

Fangt an oben aus [4]) Herrsteiner Bach, die [5]) von Mörschied herunter kompt, zwischen dem obern und niedern Briel, da die am Schulenbacher Weg zusammenstossen, biß in Schulenbach, die Schulenbach hinauf biß in den Klopf, da stehet ein Marckstein, aus dem in den Stein, der da stehet an dem Weg, der nach Breidenthal gehet, von dem die Angewandte uffen, biß in die zweite Eich an Gammerswäldgen, aus der Eich [6]) in den spitzen Stein, vom selbigen Stein die Strass innen bis an die Angewand, und den Wasserfall innen die Strudt herein biß gen Hoßenbach in die Bach, und die Hossenbach uffen bis an die Geilenbach, den Wasserfall innen biß in Grundtsborn, biß an Hirckenbusch, da der Marckstein stehet, außer selben Stein in die alte Strasse, vor Hirkenbusch innen in einen Marckstein [7]) jenseit dem Seepful, aus dem Stein in den Buchenbusch jenseit des Hundtsbaum, der gar vergangen, aus dem Busch (so auch vergangen und die Gelegenheit noch wohl bekandt) die rechte alte Straß innen bis in Ochßenpful, den man nennet die Leimkaul, aus der Leimbkaulen die Regelsbach innen biß in die Hanbuch, die [8]) da stehet oben an Steinheckswies unter

---

1) Lager, Gesch. der Abtei Mettlach. Trier 1875. Taf. 6.

2) MRR. 3, 2572.

3) Gr. Haus- und Centralarchiv zu Oldenburg: mehrere Abschriften, die eine (B) mit Korrekturen aus dem 17. Jhdt., die andere (C) erneuert am 16./17. April 1640, die dritte (A) von 1710. Der Text B ist zugrunde gelegt. Zusätze und Korrekturen aus A in den Anmerkungen.

4) Gehet erstlich an in Schuhlenbach oben in

5) da der weg

6) richt zu in den neuen Stein, so auf der Höhe stehet, von demselben richt zu

7) Nota: zwissen diessen beiden Steinen seind noch vier neue Stein in anno 1710 gesetzt worden.   8) den Stein, der

dem Schaffpfuel, ausser derselben Buchen [1]) in die [2]) weiße Borr
jenseit der Hosenbach, von der Borr uf die Borr gegen [3]) Watzwiesen aussen, da dannen bis uf die Ringmauer, von der Ringmauer uf den Stein [4]) bey der Wildfrauen Loch, außer dem Stein [5])
das Floß aussen bis in die Weywiese, ausser der Wiesen in Sintelsfell aussen biß in die fünf gewapnete Stein, biß auf der Herren
von Sponheim Waldt, genannt Bannheck, da der Herren Wald
hinten wendet, den Wasserfall innen biß an den Marckstein, der
da stehet in Subenau, ausser demselben Marckstein in den Nohestrom, ausser der Nohe [6]) die Straß aussen bis an die alte Mühl
gestanden uf der Herren von Sponheim [7]), von der Mühlen biß an
den Stein oben an der Dickesbach, außer selbigem Stein biß in
den alten Deich an der Nohe, da der Deich oben wendet, bey der
großen Ellern in die Nohe, den Nohstrom wieder herab biß an den
Stein der da stehet an der Nohe in Golbesau, aus demselben Stein
in den Stein der da stehet in Sudtsfeld, von dannen in die Borr
oben an Golbesaue unter der Weiden da die Hanbuch gestanden
hat, davon dannen in den Holler der da stehet bey Heintzen
Scheuer, von der Holder in den Stein unten an der alten Mühlen
im Feldt [8]), von dannen in den Stein der da stehet unten am
Umbwege hiezu der Fischbach, aus dem bis an den Stein der
stehet an der Wiedemhuben von Weyerbach, furter bis an den
Stein obenwendig der Wiedemhuben jenseits der Fischbach, aus
demselbigen Stein biß in den Stein der da stehet oben in der
Diffenbach und ist ein Dreylingsstein, scheydet unsere gn. Herren
von Sponheim, die Herren Rheingraffen, daß Gericht uff der Ab·
tey. — Da die Abtei wendet, by der Hanbuchwies stehet ein
Stein [9]) scheidet wie vorgedacht [10]), unsere gn. Herrn von Sponheimb und Herren Rheingraffen, die Weyerischen und die Abtey,
außer dem Stein in den Liebenhüebel, von dem Liebenhüebel [11])
bis in den Stein. der da stehet unter der Helden in der rohten
Hecke [12]), aus dem Stein in den Stein, stehet [13]) an Roder Pfad [14]),

---

1) demselben Stein
2) deu Stein unter der weissen Borr
3) der Lochwiesen auffen, davon dannen in den Stein auf dem Flossberg, von dar auf den Stein auf dem Watzwiesenkopf
4) in der Lersbacher Wies
5) in das oberst Hoßenberger Mundtloch, von dar
6) C. vor Reidenbach
7) Grundtgebieth
8) von dem bis den Stein, der da stehet im Himelrich
9) C. (am Rand). NB. achte, weil von dem ersten Dreyling bis an
den andern kein Frembder angrenzet, hat man die Gemarkung hieher
nicht verzeichnet.
10) der vier Herren Gericht
11) die Fuhr hin under Hollenwald
12) Rodthecken — C gegen Rodt, ist ein grosser Waldtwacken,
13) in der Dellen
14) ist ein blauer Waldtstein.

aus dem [1]) in den Stein an dem Marckbaum [2]), ausser dem Marckbaum [3]) in Wolffeskaul, ausser dem in den Stein der da stehet auf dem Klebe im Berg in den zweyen Eichen, von dennen bis auf den Stein auf Klebe zwischen den zweyen Büchen, aus dem in den Stein, der da stehet an Kottlersberg zwischen den Wegen, forter bis an den Stein, der da stehet an Rödtlinger Bach, von dem Stein bis in den Stein, stehet an der Wiedenhuben gein Wörnsbach [4]), ausser dem die Bach aussen bis in Wammersborn, aus dem bis in den Marckstein in der Sahlweiden oben an dem Born, forter bis in den Stein, der da stehet uf Herborner Fluer an dem Weg, aus dem in den gewapneten Stein unter dem Weg, aus dem gewapneten Stein in den Rehestein, aus dem bis in den Abwinkelsborn, von dem Born in ein Stein, ist ein Dreyling, scheidet unsere gn. Herren von Sponheim, die Herren Rheingraffen und die Warttensteinische, jenseit dem Strudtwasem, von dannen bis in den Stein oben an Scheurers Bitz, forter bis in den Stein der da stehet uf Mörschiedter Wahrt, aus dem bis in den Stein jenseit Mörschiedter Heiligenhäußgen, ausser dem bis in den Stein vor der Strudt, von selbigem biß an die Locheich, die da stehet vor Lutkinders Heck, von der Locheichen uffen in ein Stein, stehet auf dem Bruch, aus dem Stein uffen stehet noch ein Stein in den Bircken, aus dem Stein in ein Stein, stehet vor meines gn. Herrn Jungenwald, aus dem Stein die Boern hin bis an den Lochbaum, ein Dreyling, scheidet meine gnädigsten Fürsten und Herren von Sponheim, Herren Rheingraffen und Warttensteinische, unden an dem Wildenburger Weg stehet ein Buch, stehen zwey Stein darin, scheiden u. gn. F. und Herren von Sponheim und Warttenstein, fortter aus der Fitzruhten hin bis mitten gegen die Fitzruht, da stehet ein Stein,. unter dem Lietwege ausser bis in die Borr, die da stehet von Wildenburg herab, der Borren nach bis in den Lodenpfadt, da stehet ein Buch, stehen zwey Stein darin, ausser den gegen Keyfeldt zu in den rohten Marckstein unter der Eichen, ausser dem in ein Büchenwaldt, stehet ein Stein in einer Büchen, von dannen bis uff das Schwartzebruch, stehet auch ein Stein in einem Buchbaum, forter bis in den Schwartzborn, ausser dem Born den Wasserfall innen bis in die Bach obenwendig der Hütten, die alte Bach aussen in m. gn. F. und H. Wiesenwehr, das Wehr herab bis da m. gn. F. und H. Wiese wendet, davon dannen hinauf in den Alberichtsborn, ausser dem selben Born hinauf bis in die hohe Fuhr, die Fuhr hin [5]) bis in m. gn. F. und H. Wäldtgen, den Rück uf und den Rück wiederumb herabe bis in Asbacher Mühlenwehr, den Wasserfall innen bis in Schülenbach, worselbst zuvor angewiesen.

Appendix (nur in C): in ietzberührtem Bezirk haben höchst-

---

1) in den Berg gegen den Waldt uff der rechten Seite uffen
2) (ist umbgefallen) 3) den Berg uf 4) gehörig
5) nach Außweis der 3 neugesetzte Stein

gedachte unsere gnädigsten Fürsten und Herren die Fürsten Gra-
ven zue Sponheim aus obrigkeitlicher rechtlicher Gewaldt ohn-
mittelbahr die Verbrecher zu richten über Kopff und Halß, über
Leib Guht und Bluht, auch Gnad anzuwenden und den Verbanden
frey zu machen, Ingleichen Frevel, Buß und Straff hoch und nie-
der, wie daß beide II. FF. GG. belieben. Nit weniger mit allen
Bünden, Waldt, Hecken, Gefilde, Bösch, Fuhren und Bäche, deren
Gerechtigkeit, mit allem zu jagen und fischen ohne einigs Benach-
barten Intrag. §

Der Ausgangspunkt dieser Grenze findet sich an der Stelle,
wo jetzt die Gemarkungen Herrstein, Mörschied und Breitenthal
zusammentreffen, wo der Schielenbach in den Fischbach (Herr-
steiner Bach) mündet, wo jetzt der Bannstein Nr. 1 von Herrstein
steht. Sie folgt nun dem Schielenbach und der jetzigen Grenze
Herrstein-Breitenthal bis zum Bannstein 20 am Weg nach Breiten-
thal, wo Nieder-Hosenbach angrenzt. Dieser Teil der Gemarkung
Nieder-Hosenbach bildete ehemals ein besonderes zur Herrschaft
Wartenstein gehöriges Hofgebiet. Die Eiche an Gammerswäldchen
heisst jetzt Jammerseich (Bannstein 23). Am Spitzen Stein (Bann-
stein 28) vorüber folgt die Grenze einer Strasse, die von Breiten-
thal nach Berschweiler geht. Dann verlässt die alte Grenze des
Amts die jetzige Gemarkungsgrenze und wendet sich links ab in
die Struthsheck (Nieder-Hosenbach Flur 5) und folgt einer Senkung,
die im nördlichen Teil des Dorfes Nieder-Hosenbach in die Hosen-
bach mündet. Einige Häuser des Dorfes ausserhalb (auf Warten-
steinischem Gebiet) lassend, geht die Grenze den Hosenbach auf-
wärts bis zum Gehlenbach (Nieder-Hosenbach Flur 1), der aus dem
Grundborn kommt, wo wieder die Gemarkung Breitenthal erreicht
wird. An der Grenze mit Wickenrodt liegt der Distrikt „vor
Hirtenbüsch", an der Ecke gegen Griebelschied die Seen, von
denen der im Weistum erwähnte Seepfuhl den Namen hat. Weiter
wird die Grenze wie noch jetzt durch die Strasse gebildet, die
von Sonnschiedt nach Bergen und Kirn geht. Am Ochsenpfuhl
(Lehmgrube nahe bei der Ochsenheck in der Gemarkung Griebel-
schiedt) wendete sich die Grenze wieder nach dem Hosenbach zu,
den sie durch den Wiesengrund „in Reilsbach" (Regulsbach) in den
Fluren 17 und 18 von Nieder-Hosenbach erreicht. Mit dem Hosen-
bach ging die alte Grenze abwärts bis zur Lochwiese, wo die Ge-
markung Fischbach anfängt. Zwischen dem Hosenbach und dem
Reilsbach liegt ein grösseres Stück Land, welches jetzt zu Nieder-
Hosenbach gehört, früher unterstand dasselbe der Wildgrafschaft
Kyrburg. Bei der Lochwiese (Fischbach Flur 1) verlässt die Grenze
den Hosenbach, geht mit der jetzigen Gemarkungsgrenze von
Fischbach über den Watzwieserberg, an der Ringmauer vorbei in
das Tälchen des Lerschbaches (Fischbach Flur 2 und 3) den Weih-
wiesgraben hinauf (Flur 5) um die Bannheck (Flur 8) herum, hinab
zur Suppenau (Flur 9) an der Nahe. Wie das Weistum vorschrieb,

folgt die Grenze noch heute anfangs der Nahe, dann der Strasse von Oberstein auf dem rechten Ufer des Flusses, geht dann wieder in die Nahe an der Mündung des Dickesbaches vorbei zur Golbesau rechterhand von der Mündung der Fischbach (Flur 11). Die Grenze zwischen Fischbach und Georg-Weierbach wird auf alten Karten etwas einfacher dargestellt als sie jetzt verläuft, doch im allgemeinen ist der Zug heute noch wie früher auf dem rechten Ufer des Fischbachs, wo die im Weistum genannten Destrikte unter, auf Sutzfeld (Flur 13 und 14), auf Hümmerlich (Flur 16) zu finden sind. Bei der Mündung des Tiefenbachgrabens in die Fischbach beginnt das Gebiet der „Abtei", das in diesem Weistum übersprungen wird.

Die Grenzbeschreibung setzt wieder ein an einer Stelle, wo damals vier Gerichte, jetzt noch vier Gemarkungen zusammentreffen: 1. Gericht Herrstein, Gemarkung N.-Wörresbach, 2. Gericht Wildenburg, Gemarkung Veitsrodt (Wild- und Rheingräflich), 3. Herrschaft Oberstein (im Weistum als „Weyerische" bezeichnet, womit Wirichisch gemeint ist, nach Wirich von Daun Herrn zu Oberstein), Gemarkung Vollmersbach, 4. Gericht Abtei, Gemarkung Regulshausen bei der Hanbuchswiese (jetzt Hammeswiese Regulshausen Flur 13). Hellerwald und Rodterheck finden sich in der Flur 17 von Nieder-Wörresbach, die Wolfskaul ist auf der Karte des Amtes Wildenburg von 1750 am Walde Kleib (jetzt der Kleb Veitsrodt Flur 13) an der Veitsrodter Grenze eingetragen. An der Köttelbacher Brücke (Ködtlinger Bach des Weistums) grenzt der Wartensteinische Ort Herborn an Nieder-Wörresbach. Etwas weiter ist der Wammersborn auf den älteren Karten eingetragen. Am Walde „Fitzruth" (Mörschiedt Flur 12) biegt die alte Grenze nach rechts ab; durch das jetzige Gebiet von Mörschiedt ziehend, umgeht sie die Distrikte Fitzruth und Wenzelwald, von denen der erstere früher zur Herrschaft Wartenstein, der letztere zum wildgräflichen Amt Wildenburg gehörte. Vorn am Wenzelwald stand die Mörschieder Warte, nach welcher noch jetzt ein Distrikt „an der Warth" genannt wird (Flur 10). In der Nähe laufen mehrere Strassen zusammen, wo das Heiligenhäuschen gestanden haben kann. Hier ist man ganz nahe beim Dorf Mörschied. Es geht nun längs des Wenzelwaldes am herrschaftlich Sponheimischen Wald (dem jetzigen Mörschieder Staatswald) her bis zum Weg nach der Wildenburg, dann wieder an der Fitzruth her bis wieder an die jetzige Gemarkungsgrenze von Mörschied, welche von der Wildburger Borre (dem hohen felsigen Grate, auf dem die Wildenburg liegt) ab noch heute wie früher Landesgrenze ist. Hinter dem Schwarzenbruch wird sie bis zum Fischbach durch den Abfluss der Schwarzenborns gebildet. Sie überschreitet den Fischbach, bleibt aber nahe bei dem Bach, in den sie beim Asbacher Hüttenwerk wieder hinabsteigt. So erreicht sie wieder den Anfangspunkt bei dem Schielenbach.

Das Gericht „auf der Abtei“, der Mettlacher Hof Göttschied, bildet den südwestlichen Teil des Amtes. Das Weistum von 1479 uf sant Clementz tagh zu Getschitt uf der Abdien von Mettloch, aufgenommen durch den dortigen Abt Thilmann von Prume, weist dem Abt von Mettlach den Vorsitz im Gericht zu und der Herrschaft von Sponheim den zweiten Platz. Der Vogtschultheiss soll die Schöffen um alles dasjenige fragen, was der Abt von Mettlach oder sein Vertreter gefragt will haben, und nicht aus (seinem eigenen) Recht. Dingpflichtig waren alle, die von dem Abteihofe empfängliche Güter innehatten.

Item haint die Scheffen darnach das Hochgericht bezuget und gewyst, wie weit wie breit und wo es keret und wendet:

Item haint sie furter an gewyst zu dem ersten an der Ringelbach an zwischent jonkher Wyrich von dem Stein in der Hartz[1]), da furt ober den ruck bis in die gemein wiese, da furt bis an den Stein zwischent Selempt[2]) und dem heiligen acker, dafurt an ein stein an die Wyre, dafurt an ein stein an die Scherre auch an die Wyre, dafurt an ein stein an die Schelde[3]), dafurt an ein wyde an die groiß wiese, dafurt den graben in bis in die bach niden an der Lensenwiese, dafurt herin bis in das fluß in Hinnerlochsborn, dafurt bis in Schleklopp[4]), dafurt in die Ider, dafurt bis in Folmersbach, dafurt bis an die linde an dem boesen weck, dafurt bis an den stein in der Payffwiese[5]), dafurt bis in Schertlinswiese[6]) bis an mins hern wiese von Mettloch, dafurt bis an Pyfferswiese an ein stein, dafurt ist ein baum gefallen nebent der Pyfferswiese, dafurt an den stein an den Holhacher[7]), dafurt an ein stein, ist usgeworfen, nebent der Hernwiese, dafurt an ein Eller an der Langerwiese[8]), dafurt an ein eich, die da stehet mitten gein der Langerwiese, dafurt an ein stein in der Lehensfurt, dafurt an die wyde obent der Langerwiese, dafurt an die borre, die da stehet obent an der Langerwiese, dafurt an Hargartzborn, dafurt die bach aus bis an Regelswiese, dafurt an ein staude an ein stein, dafurt an ein stein in den Pullen, dafurt in Hainbuchswiese, dafurt an die Durrewiese an ein stein, heysset der Drylantzstein, dafurt oben an Nimmenning[9]), dafurt neben in die Walbach, dafurt die Walbach in bis in die Stoißbach[10]), da in bis under den Himberg, bis in den den stein, den rech herin bis in den Kaldenborn, dafurt bis in die Mertinsbach, dafurt bis in den Wyseborn, den rech herin bis in Regeldich in ein eiche, dafurt in die Brostwyde (Brochwyde)[11]), dafurt die bach in bis nebent die furt an der Langerwiese, dafurt die bach aus an ein wyde, dafurt in

---

1) 1491 Hartzenbach.   2) 1491 Solempt.   3) 1491 im Schilde.
4) 1491 Schicklop.   5) 1491 Pfaffenwiese.
6) 1491 Schertimpswiese.   7) 1491 Holländer.
8) 1491 Langwiese.   9) 1491 Mynnink.
10) 1491 Fueßbach (Fischbach).   11) 1491 Brostwiede.

Dyffenbach, dafurt in ein stude uf Uppennuck[1]), dafurt die stude uss an ein stude, heisset die Frustude zu Kunicksberg[2]), dafurt an ein eich, stehet in dem Kaldenborn, dafurt an ein wyde by Syntzenbach, da die Dompbach[3]) zusammen gehnt, dafurt an ein haynbuchenstude uf de Dompe, dafurt an Krelkop[4]), dafurt an ein stein uf Wyrerbergh[5]), dafurt uf Wassemheck[6]) an die buch, dafurt über den ruck an die Ringelbach da herus an den Hartzenbach.

In diesem Bezirk ist der Abt von Mettlach rechter Lehen- und Grundherr, das Gotteshaus hat Bann und Mann, Flug und Zug, Wasser und Weide, Gebot und Verbot, gross und klein. Der Graf von Sponheim ist oberster Vogt. Die Zinsen aus dem Abteigebiet stehen dem Abt zu Mettlach zu, daraus sollen dem Vogt 18 Malter Hafer gegeben werden, dass er die armen Leute in der Abtei vor Gewalt beschirme. Des Vogts Schultheiss hat $4^1/_2$ Hufen Land, dafür soll er den armen Leuten auf ihr Rufen helfen. Das Gotteshaus Mettlach hat neun Pfund weniger ein Turnos Geldzins und bei jedem Todesfall ein Besthaupt, sowie die Besserung für Zinsversäumnis. Die höchste Busse ist dabei auf drei Pfund zu 15 Albus normiert. Von diesen Strafgeldern erhält der Vogtherr nichts. Von andern Rügen bekommt er den dritten Teil. Einen ergriffenen Missetäter soll der Schultheiss von Mettlach auf den Berg in der Abtei (dem Abteigebiet) drei Tage halten und soll dann dem Schultheissen zu Herrstein entbieten, dass er an die Walbach kommen solle, und dort soll der Mettlacher Schultheiss den Verbrecher dem Vogtschultheissen ausliefern. Auf Ersuchen des Letzteren soll der Abteischultheiss mit seiner Mannschaft den Gefangenen noch bis Herrstein abführen helfen, wenn die Herrsteiner Mannschaft zu schwach ist. Von den Gefällen des Hochgerichts an Bürgschaften und Bussen hat der Vogtherr zwei Teile, der Abt nur einen.

Mit Gütersachen und Flursteine zu setzen hat nur der Abtei-Mettlacher Schultheiss, nicht der Herrsteiner Vogtschultheiss zu tun; wenn aber Steine im Umkreis (an der Grenze) des Abteigebietes zu setzen sind, sollen der Schultheiss von Herrstein und die Umstänuder (Grenznachbarn) zur Mitwirkung aufgefordert werden[7]).

Das Weistum von 1491 spricht innerhalb des Bezirks dem Abt von Mettlach die Grundherrschaft zu. Auf die Frage des Abts, ob sie ihm auch zuwiesen Mann und Bann, Zug und Flug, Wasser und Weiden, Gebot und Verbot, das Gericht zu setzen und zu entsetzen, Fund unter und auf der Erde, erbitten sich die Schöffen Bedenkzeit. Das ganze Land war in 32 Hufen eingeteilt, von denen vier Freihufen dem Kloster keinen Zins zahlten, aber ver-

---

1) 1491 Uppeneck.   2) 1491 freie Staud auf Königsberg.
3) 1491 Setzenbach und Dombach.   4) 1491 Krellecop.
5) 1491 Wirrerberg.   6) 1491 Weissenheck.
7) KrASpeyer, „Horstmannia" V. Demonstrationes jurium, 2 fol. 133 ff. (Abschriften aus dem 18. Jhdt.)

pflichtet waren, dem Schultheissen zu Herrstein, als Vertreter des Vogtes, jährlich 12 Schilling Geld und ein Malter Korn und ein Malter Hafer zu liefern, sowie dem Vogtherrn Atzung und Herberge zu stellen, wenn er zum Dingtag (Clemensabend) mit einem Knecht und einem Hund einritt, damit er die armen Leute in der Abtei vor Unrecht und Gewalt schützen und ihnen zu ihrem Recht verhelfen möge.

Die andern 28 Hufen waren der Abtei Mettlach zinsbar, jede sechs Schilling Heller uud sechs Fass Hafer, doch musste diese eine Abgabe von 18 Malter Schirmhafer in das Schloss Herrstein entrichten, wofür die Grafen von Sponheim die Leute schützen und schirmen mussten, aber keine Frohnden, Schatzungen und Beden auferlegen durften. Die Abtei Mettlach hatte von den Gütern der 28 Huben das Besthaupt, von den Rügenbussen für Scheltworte, blutige Wunden, Helfengeschrei, Gewalt und Hochgerichtssachen $^2/_3$, der Vogtherr $^1/_3$. Wem der Vogtherr die Strafe erliess, dem konnte der Abt sie nicht wieder auferlegen. In einer Fehde gefangene Insassen des Abteigebiets hatte der Abt auszulösen.

Den Angriff der Missetäter hatte der Schultheiss des Abtes, doch musste er die Verhaftung dem Schultheissen zu Herrstein melden und ihm nach drei Tagen den Gefangenen am Wahlenbach ausliefern.

Diese Rechte wurden in einem Weistum von 1560 der Abtei wieder bestätigt, aber im folgenden Jahre am 1. September für 600 Taler an die Fürsten-Inhaber der hinteren Grafschaft Sponheim verkauft [1]).

Das Weistum von 1491 nennt die Ortschaften im Abteigebiet „Gettscheidt, Underdefenbach, Richelshusen, Hoewiler, Ritzenberch, Gheerech". Hoewiler und Ritzenberch (Reintzenberg) sind Wüstungen. Höhweiler liegt in der jetzigen Flur 6 und 7 von Regulshausen und in Flur 12 von Hinter-Tiefenbach; „Reisberg" (im, auf'm) in Regulshausen, Flur 8. In Flur 6 von Regulshausen heisst ein Distrikt „aufm Kloster"; sollte hier in ältester Zeit ein von Mettlach abhängiges Priorat bestanden haben?

Besser, als die alten Weistümer, lässt sich das folgende jüngere einer Erklärung der Grenzbeschreibung zugrunde legen: Bezirck und Gemarck des Hochgerichts uff der Abtey Mettloch, begangen und erneuert durch mich den Ambtmann Heinrich Baerwardten in Beysein der jetzig Abteyer Gerichten als Peter Kieselbach Schultheiß &c. 6. May anno 1641.

Erstlich gehts an in der Wahlbach, dafurt die Wahlbach innen bis in die Fischbach, da innen bis unter den Heimberg bis an den Stein, den Rech herinnen bis an den Kaldenbronnen, dafurt bis in die Märckersbach, dafurt bis in die Weisse Borre, den Rech herinnen bis in Regelsdeiche in ein Eiche, daherin bis in die

---

1) Lager, Abtei Mettlach S. 388.

Bruchweide, dafurt die Bach innen bis an die Furt gen der Langenwiesen, aus derselbigen Furt in ein Hässelstaude bey der Neuwiese bei der Holtzrütschen, von dannen bis an den Dreylingsstein, scheidet die Fürsten-Grafen von Sponheim, die Herren Rheingraffen und die Abtey, dafurt die Pach aus bis an die Dieffenbach, dafurt den Rück aus an ein Staudt uff Oppenick, dafurt die Staudt auß in ein Staudt, heißet die Fruestaudt im Kincksberg, dafurt an eine Eiche stehet bey dem Kaldenbronnen, die „Gerichtseiche" genannt, dafurt an ein Weide bey Seizenbach, da die Dhombach zusammengehet, dafurt an ein Hainbüchenstaude uff dem Domppen, dafurt an Krehkopf, dafurt an ein Stein stehet uff Weyerbach, dafurt uf Waschenbach uf die Büche, dafurt über den Ruck in die Ringelbach, daheraus in die Harttenbach zwischen Juncker Weirich von dem Stein, in die Harz, dafurt über den Rück, wie die neuen Gerichtsstein gesetzt, dafurt in den Stein, da der Hartzberg wendet, dafurt in einen Stein bey der alten Wiesen, dafurt in den Stein bey der Schefferey, in den Stein, bis an den Stein zwischen Siehlen under den Heiligenacker, dafurt an ein Stein bey der Weyerwiese, dafurt an ein Stein in Löschen, dafurt an eine Weide an die grosse Wiese, dafurt den Graben innen bis in das Fluß in Hammerschlagsborren, dafurt bis in Zinckklopf in ein Stein unten an der Geckenbach an der Geracher Hofwiese da sie wendet, dafurt in die Iderbach, da weider in ein Stein obendran an der Bach an der Herren Guht, dafurt in ein Stein unten an der Vollmersbach, daraus auch in ein Stein an Pfaffwies, dafort an ein Furt, die Bach aus, in ein Stein in der gezeunten Wiese, von dar in ein Stein bey der Langwiesen, noch in ein Stein oben am Endt an den beiden Wegen, die Bach aus bis in Regelswiese an den Stein, dafurt bis in die Hüttenbach, von dannen in ein Stein uf der Pfingstweiden, von dar in ein Stein bey den Kirchenfeldern, von dar in ein Stein, da die Kirchenfelder wenden, dafurt an die Durrewiese an ein Stein heisst der Dreyling, dafurt in ein Stein oben der Immenich, wieder in den Wahlbach, da vor angelesen.

Die Grenze beginnt demnach am Wahlenbach, der noch jetzt die Gemarkungen Nieder-Wörresbach und Gerach scheidet („in der Wahlenbach" Nieder-Wörresbach Flur 13, „an der Wahlenbach" Gerach Flur 9), geht dem Graben nach hinab in den Fischbach, dem sie bis zum Holzrütschgraben („in, unter der Holzrütsch" Gerach Flur 4) und zum Tiefenbachergraben folgt, wo der wildgräfliche Ort Georg-Weierbach mit Hintertiefenbach und Fischbach („Abtei und Herrstein") zusammentrifft. Hier wendet sich die Grenze vom Fischbach ab, geht am Kallen-

---

1) Grossherzogl. Haus- und Centralarchiv zu Oldenburg. Die Abdrucke der Weistümer von 1491 und 1560 bei Lager, Abtei Mettlach S. 282 ff. geben die Grenzbeschreibungen nicht vollständig wieder. Sie gehen nicht von der Wahlenbach, sondern von der Ringelbach aus, wie das Wcistum von 1479.

born, Seizenbach, Dumbengraben, Ballenhübel, Ballendell (Georg-Weierbach Flur 1 und Hintertiefenbach 8) vorbei bis in den Ringel-bach, wo die Herrschaft Oberstein (und jetzt die Gemarkung Noh-bollenbach) angrenzt. Der Ringelbach und Herzgraben bildet die Grenze der Gemarkungen Göttschiedt und Oberstein. Nach Ueber-schreitung des Herzberges („auf der Herz“, „Herzberg“ Göttschied Flur 1) geht es bei „aufm Siele“ zwischen dem Dorf und dem Hof Göttschied hindurch, an „Löschen“ (Göttschied Flur 5) vorbei, an den Hammerschlagsborn, wo der Göttenbach die Grenze unter dem Zinnklopf (Oberstein Flur 1) her in die Idar führt. Es geht nun ein kleines Stückchen die Idar aufwärts bis zur Mündung des Vollmersbaches, dann diesen aufwärts bis zur Gemarkung Vollmersbach, bei der Regelswiese (Regulshausen Flur 10. Voll-mersbach Flur 3 „in, auf Regelswies“). Von hier weiter an die Pfingstweide (Regulshausen Flur 10) und von da an den Punkt, wo nach der Herrsteiner Grenzbeschreibung die vier Gerichte Herr-stein, Abtei, Herrschaft Oberstein und Amt Wildenburg zusammen-treffen und schliesslich wieder in den Wahlenbach zum Anfangs-punkt zurück. Abweichungen von jetzigen Gemarkungsgrenzen lassen sich weder nach der Grenzbeschreibung noch aus den älteren Karten feststellen.

2. Amt Dill.

Das Schloss Dill ist, wie oben (S. 39) nachgewiesen wurde, der mittelrheinische Sitz der oberrheinischen Grafenfamilie von Nellenburg und Mörsberg, deren Besitzungen durch die Ehe mit Mathilde von Mörsberg an den Grafen Meginhard von Sponheim gekommen sind. Unter den Sponheimer Grafen blieb die Burg und der zu ihr gehörige Grundbesitz ungeteiltes Eigentum der bei-den Linien von Kreuznach und von Starkenburg.

Das Schloss Dill (Kreis Simmern K 20) liegt im Umfang der Pflege Sohren des Amtes Kirchberg, hart an der Grenze des Hoch-gerichts Rhaunen, nicht weit von der Römerstrasse von Kirchberg zum Stumpfen Turm, auf der Route von Bingen nach Trier, und wird auf drei Seiten vom Sohrerbach umflossen.

Die Besitzungen, welche zu dieser Burg gehörten, bildeten kein geschlossenes Territorium. Ein solches ist erst 1776 geschaffen worden, indem Niedersohren aus der Pflege Sohren mit dem Ge-biet des Städtchens Dill vereinigt wurde[1]), zu welchem schon 1711 gewohnheitsmässig die Gemarkung von Sohrschied im Hochgericht Rhaunen gerechnet wurde[2]).

Diese Besitzungen werden in der Urkunde vom 19. September 1338, womit die Hälfte davon durch den Grafen Johann von Spon-

---

1) Atlas-Erläuterungen II 461.
2) Ebd. III 78 f.

heim, Herrn zu Starkenburg, zu einem Lehen des Erzstifts Trier
gemacht wurde, angegeben: mediam partem castri Dylle et quic-
quid habuimus seu habere poteramus in ipso castro et eius sub-
urbio, villis et curiis Dylle, Laynsheim, Dreyse, Crutzenach, Swa-
beheim claustro, Aldenfeld, Perdesfeld, Capellen apud Kirberg,
Kyren, Ymtzenrodern, Gemunde, molendino zu den Hecken, Ker-
wilre, Dilledorf, curia ante castrum Dylle, molendino et valle ibi-
dem, Selbach, Belche, Keltrod, Ruchenhorn (für -husen), Buchen-
buren, Soren, Walenowe, molendino in Hunwilre, Lutzenhusen,
Nydernwilre, et quinque silvis, videlicet Belgerstrut, Steinbersrod,
Dylle, Eichholtz et memore dicto der Scheyt" mit allen zugehörigen
Rechten, Burgmannen, Leuten und Gerichtsbarkeiten [1]). Man sieht,
es sind Orte der Sponheim-Kreuznacher Aemter, Kreuznach, Kirch-
berg, Winterburg genannt, die auch dann, wenn die ganzen Ge-
markungen zu dieser Herrschaft gerechnet werden müssten, nir-
gends ein zusammenhängendes Territorium gebildet haben würden.
Bei der Beschreibung dieser Aemter ist das Amt Dill schon wieder-
holt als Besitzer von Grundstücken, zinspflichtigen Leuten, Höfen
und Huben vorgekommen, und in den Verzeichnissen der Renten
und Gülten des Amtes Dill ist dieser Besitz genau beschrieben.
Nirgends eine Banngrundherrschaft über einen grösseren Distrikt,
geschweige denn eine höhere Gerichtsbarkeit in einer Hundertschaft.

Ich kann nicht einmal feststellen, ob die Gemarkung Dill in
ihrem jetzigen Umfang, die zum Teil im Hochgericht Rhaunen und
zum Teil in der Sohrer Pflege gelegen ist, einen alten Ingerichts-
bezirk gebildet hat; es scheint mir vielmehr, dass nur eben der
Burgberg und das anschliessende Städtchen im Sohrertal den gan-
zen „Burgfrieden" ausgemacht habe. Es geht dies aus den Ver-
handlungen über den Pfälzischen Anteil an der Grafschaft Spon-
heim von 1435 hervor, in denen der Graf Johann von Sponheim
sich beklagte, dass die Pfälzischen Amtleute zu Kirchberg einige
zum Amt Dill gehörige Stücke, wie die Huberschaft zu Dillendorf,
die zwei Höfe zum Hane, den Zehnten am Rossberg, den Wald
Brunscheid, den Wald Schachen bei Enkirch, die Grefenhecke bei
Sohren, die Elberstrut, den Schachen bei Selzen, die Wiesen bei
Dill, zum Amt Kirchberg zögen [2]).

Im Gültbuch von 1438 werden als zum Amt Dill gehörig auf-
gestellt:

1. die 28 Bürger im Tal zu Dille, deren jeglicher dem
Grafen mit einem halben Gulden dienen solle („dasselb gelt hant
sie bifher nit gegeben");

2. Geldzins von 15 Lehen in Walenau, von einem Gute zu
Ruchenhusen, von einem Gute zu Selebach (in Dill erhoben),
von acht Lehen zu Kappeln, von Lehengütern zu Dillendorf und

---

1) Günther, CDRM. 3, 384; 4, 427.
2) KrASpeyer, Veldenz-Zweibrücker Copialbuch IX fol. 61—151.

zu Gemünden, von einem Hof zu Persfelt (Pferdsfeld), von einem Hof zu Aldenfelt, von Hofstätten an dem Ruenborn zu Kreuznach, von einer Wiese zu Belgweiler, von den Herdstädten im Diller Tal; ferner Leibbede von den armen Leuten in Diller Pflege, Ungeld zu Dill, Backhausgeld daselbst, aus der Leiengrube zu Dill, von einigen Feldern Zehnten, zwei Pfund Heller von der Beunde zu Kreuznach;

3. Korn von einem Hof in Dillendorf, Schüsselkorn zu Gemünden, vom Hof zu Pferdsfeld, von Feldern zu Gösenrod, vom Hof zu Dill, von der Mühle daselbst;

4. Hafer von 14 Lehen zu Niederweiler, von 18 Erben zu Walenau, von einem Hof daselbst, von Gütern zu Ruchenhusen, von sechs Häusern zu Büchenbeuren, von 16 Lehen zu Lauzenhausen, von Höfen zu Sohren, Hahn, Schwarzen, Kappeln, von acht Lehen zu Kappeln, von einem Hof zu Niederkostenz, von einem Hof und Gütern zu Dillendorf, zu Gemünden, zu Pferdsfeld, zu Würrich, von Grundstücken bei Dill, vom „Seeland" oberhalb der Schwarzer Strut, von dem herrschaftlichen Bauhof zu Dill. Wacht- und Holzhafer zu Büchenbeuren;

5. Gänse und Hühner: von Zinsgütern zu Dillendorf, Forsthühner zu Dillendorf, Walenau, Dill, Niederweiler, Büchenbeuren, Lauzenhausen. Zinshühner von Dillendorf, Walenau, Gemünden, Pferdsfeld;

6. Besthäupter von denen, die der Herrschaft Leibbede geben oder empfängliche Güter von ihr haben;

7. Frevel und Einungen;

8. Fastnachtshühner;

9. Wiesen bei Dill und am Sohrschieder Steg, sowie in den Wäldern;

10. Wälder: Anteil in den Heistern (von zwei Privatleuten durch die Herrschaft erworben), der halbe Teil am Walde Strut (Schwarzerstrut), Teil an den Hecken, Dillerholz, Schach bei Enkerich (Enkirch), Scheid, Grevenhecken bei Sohren, Eychholz, Elberstrut, Belcherstrut, Schachen bei Seltz, Stebersrod [1]).

Einige Höfe im Amt Kirchberg werden dem Amt Dill durch die Amtleute zu Kirchberg bestritten.

Mit der Burg Dill war also kein Territorium, sondern nur eine Villikation von Herrschaftsgütern verbunden, die in anderen Sponheimischen Aemtern zerstreut lagen. Die Besitzungen der Nellenburger Grafen mögen grösser und noch weiter zerstreut gewesen sein [2]). Aber innerhalb der Grafschaft Sponheim wird sich

---

1) StAKoblenz, Akten der Grafschaft Sponheim, vorläufige Nummer 291 III 3.

2) Graf Albert von Morsbergh hatte nach der Urkunde Erzbischof Hillins von Trier von 1157 Wingerte in der Pfarrei Kaimt vom Erzstift Trier zu Lehen, die nach seinem Tode heimgefallen waren. MRUB. I S. 657.

der Nellenburger Besitz mit dem Amt Dill gedeckt haben, da sonst die Ausscheidung eines solchen Besitzes aus den Sponheimer Aemtern unerklärlich wäre.

Die Burgen Dill und Sponheim wurden als Stammburgen des Gesamthauses der Grafen von Sponheim angesehen und verblieben daher in gemeinschaftlichem Besitz, worüber es dann und wann zu Streitigkeiten kam. So genehmigten am 24. Februar 1287 die Grafen Heinrich und Johann von Sponheim die Entscheidung in ihrem Streit wegen der Teilung ihrer Burgen Spanheim und Dylle und ihrer gemeinschaftlichen Burgmannen daselbst, sowie des Allods vor diesen Burgen durch ihre Vettern, die Grafen Eberhard und Walram von Zweibrücken, die ausgesprochen hatten, dass alles in gleiche Teile geteilt werden sollten; und am 8. April 1292 schlichteten die Grafen Friedrich von Leiningen und Johann von Sponheim Streitigkeiten ihrer Muhme, der Gräfin von Sponheim und deren Kinder mit ihrem Neffen Everard von Sponheim wegen dessen Anteils an der Grafschaft, namentlich an den Burgen Sponheim und Dille und am Kirchensatz zu Sohren [1]). Am 16. Oktober 1299 schlichtete Heinrich von Solms einen Streit seines Vetters Johann, eines Sohnes des Grafen Heinrich von Sponheim, mit den Grafen Simon und Johann, Söhnen des Grafen Johann von Sponheim, wegen der Besitzungen und Gerichtsbarkeiten zu Dille, wie auch über die vogteilichen Rechte über die Klöster Sponheim und Schwofheim. Alle drei sollen fernerhin keine Rechte in den festgesetzten Grenzen zu Dille haben, sondern die Burgmannen der Vesten Sponheim und Dille sollen in den ihnen von den Vorfahren der Grafen überkommenen Freiheiten und Rechten verbleiben, auch soll Johann, Heinrichs Sohn, keine Rechte über die beiden Klöster haben [2]).

Der Starkenburger Anteil am Schloss Dille war vor 1323 dem Pantaleon, einem natürlichen Sohn des Grafen Johann II. von Sponheim-Starkenburg, eingeräumt worden. Dieser hatte darauf eine Pfandsumme von 2000 Pfund Heller bei dem Grafen Walram von Sponheim-Kreuznach aufgenommen, der auf diese Weise das ganze Besitztum zu erwerben trachtete. Es kam darüber zu einem Streit mit dem Grafen Johann III. von der Starkenburger Linie, der 1333 vor dem Kaiserlichen Hofgericht verhandelt und am 5. August dahin entschieden wurde, dass der Anteil wieder an Johann III. fallen sollte, wenn dieser dem Walram die Pfandsumme und das Geld, welches während der Pfandschaft an dem Anteil verbaut worden war, zurückerstattete. Graf Walram verlangte noch, dass Graf Johann einen Eid darüber ablegen sollte, dass er von der Verpfändung während seiner Minderjährigkeit nichts gewusst hätte. Nachdem dieser Eid geleistet, erging am 7. August an den Grafen

---

1) MRR. 4, 1407. 1996.
2) Ebd. 4, 2943.

Walram die gemessene Weisung, den Johann in dem Besitz der
Hälfte von Dill nicht mehr zu hindern oder zu stören[1]). Nach
dem Aussterben der Kreuznacher Linie 1414 kam auch deren
Hälfte an Graf Johann V. von der Linie zu Starkenburg. Am 8. Ja-
nuar 1427 gaben Johann und seine Gemahlin Walburgis von Lei-
ningen dem Tale Dill einen Freiheitsbrief, womit sie die Bürger
daselbst von Beden, Diensten und anderen Lasten freiten, nur
sollten sie ihre Zinsen und Pächten bezahlen und ausserdem eine
Schatzung, doch nicht höher als einen halben Gulden auf jedes
Hausgesess[2]). Diese Steuer ist nach dem Gültbuch von 1438 bis
dahin noch niemals erhoben worden.

-----

1) Lehmann, Grafen von Spanheim 2, 45.
2) KrASpeyer, Horstmannia V. „Demonstrationes iurium" 2 fol. 92
bis 95.

III.

Pfalzgrafschaft bei Rhein.

Die Rheinischen Pfalzgrafen aus dem Hause Wittelsbach besassen im 14. Jhdt. im ehemaligen Nahegau ausser dem Amt Rheinböllen-Simmern, das schon in der Abhandlung in der Westdeutschen Zeitschrift XXVIII S. 70—131 beschrieben worden ist, die Aemter Stromberg und Alzey, sowie die Reichspfandschaften Oppenheim mit dem Ingelheimer Grund und Kaiserslautern mit Wolfstein.

1. Amt Stromberg.

Johann Goswin Widder, Versuch einer vollständigen geographisch-historischen Beschreibung der kurfürstl. Pfalz am Rhein. Frankfurt und Leipzig 1787. III 338—369. — StAKoblenz, Kurpfalz, Akten, Amt Stromberg 1: Stromberger Amtsbeschreibung 1589 (von S. 86 v. ab eine etwas ältere Beschreibung desselben Amtes; im folgenden sind diese zwei Amtsbeschreibungen mit A und B bezeichnet).

Wo die alte Landstrasse von Bingen nach Simmern und Kirchberg den ersten bedeutenderen Taleinschnitt überschreitet, an der Stelle, wo von rechts der Welschbach, von links der Dörrebach in den Guldenbach münden, stehen sich zwei Burgen gegenüber, Stromberg und Goldenfels. Zwischen beiden im Guldenbachtal liegt das Städtchen Stromberg, ehemals Sitz eines pfälzischen Oberamtes, jetzt eines Amtsgerichts im Kreise Kreuznach.

Im Jahre 1056 wird in einer Urkunde des Kaisers Heinrich III. der Graf, der damals den Tracharigau, Moselgau und Maienfelder Gau verwaltete, Berhdolf von Strumburg genannt[1]). Doch liegt Stromberg in keinem dieser Gaue, sondern im Nahegau in der Grafschaft der Emichonen. Um 1116 berichtet der Bamberger Udalrich in einem (fingierten?) Brief, dass die kaiserliche Burg Strumburg in der Erhebung der kirchlichen Partei gegen Heinrich V. von Erzbischof Adalbert von Mainz zerstört worden sei[2]). Als Pfälzer Burg kommt sie zuerst 1287 vor, als der Graf Johann von Spanheim Burgmann des Pfalzgrafen Ludwig II. auf der Strum-

---

1) Görz, MRR. I 1362—1365.
2) MRR. I 1689.

borg ward[1]). 1311 (Okt. 21) verpfändete der Pfalzgraf Rudolf I. dem Grafen Simon von Spanheim für 2000 Pfund Heller, die dieser ihm zur Fahrt gegen Lamparthen geliehen, die Burg Stromberg, Schimelsheim, Wyhenheim, Anshain, Engelstatt, Appenheim, Horwilr, Grawelsheim und andere zu dieser Burg von Alters gehörende Dörfer und Gerichte[2]). Hier werden uns zum erstenmal die Zugehörungen des Amtes genannt.

In der zweiten Hälfte des 16. Jhdts. gehörten zu diesem Amt die Ortschaften Stromberg mit dem Schindelhof, Warmsroth, Eckenroth, Roth, Genheim (alle M 20), eigne Leute zu Waldlaubersheim (MN 20), Teile an Windesheim (M 20) und Waldalgesheim (N 20), ferner die Dörfer Heddesheim (N 21) und Dorsheim (N 20, alle im Kreis Kreuznach), sowie die sieben Dörfer auf dem „Gau“ im jetzigen Rheinhessen: Appenheim (O 20, Kreis Bingen), Engelstadt (O 20, Kreis Bingen), Ensheim (O 21, Kreis Oppenheim), Grolsheim (N 20, Kreis Bingen), Horrweiler (N 21, Kreis Bingen), Niederhilbersheim (O 20, Kreis Bingen) und Welgesheim (N 21, Kreis Alzey)[3]).

Die oben genannten Ortschaften Schimsheim und Gau-Weinheim (O 21, Kreis Oppenheim), sind damals schon bei dem Amt Alzey gewesen. Wann und unter welchen Umständen diese Änderung erfolgt ist, ist unbekannt.

Es fragt sich nun, ob die in der Verpfändungsurkunde von 1311 ungenannten „anderen Dörfer und Gerichte“ die in dem zweiten Verzeichnis allein aufgeführten Orte Schindelberg, Warmsroth, Eckenroth, Roth, Genheim, Waldlaubersheim, Windesheim, Waldalgesheim, Heddesheim, Dorsheim, Niederhilbersheim und Welgesheim sein können?

Von diesen Ortschaften gehörte **Warmsroth** gegen Ende des 14. Jhdts. dem Werner von Lewenstein, der damit von dem Stift Neuhausen vor Worms belehnt war. Da die dortige Kirche dem heiligen Cyriacus, dem Heiligen des Klosters, geweiht war, so wird der Ort früh in dessen Besitz gewesen sein. Ob die Beziehung zu Worms auch schon im Namen ausgedrückt ist, wage ich nicht zu entscheiden. Das Dorf wurde mit allen Rechten, dem Kirchenpatronat, Gericht usw. am 10. März 1398 an den Pfalzgrafen Ruprecht II. (den Jüngeren) verkauft[4]).

Heddesheim war bis 1389 als Lehen von der Familie von Lewenstein, genannt Randeck, im Besitz des Edelknechts Gerhard von Gulpich, genannt von Heddesheim und des Rudolf von Gulpich,

---

1) a. a. O. IV 1424.
2) Regesten der Pfalzgrafen bei Rhein 1 1674. — Lehmann, Gesch. der Grafen von Spanheim I 161, 167 (die Pfandschaft wurde 1323 ausgelöst).
3) Amtsbeschreibungen A und B.
4) Regesten der Pfalzgrafen I 5879. — StAKoblenz, Handschrift A I 4, Nr. 2: Pfälzer Copialbuch pag. 180.

„die gleich gewesen sind als Richter über alle gebrechliche Dinge, die man ihnen von Rechts wegen klagen sollte". Der Anteil des Gerhard wurde 1389 März 24 mit Einwilligung des Lehensherrn Emmerich von Lewenstein an den Pfalzgrafen Ruprecht II. verkauft[1]). Der andere Anteil scheint sich bald darauf an mehrere Erben zersplittert zu haben; 1427 kommt Claus von Böckelnheim, genannt Heddesheim, 1497 Wilhelm Stomp von Symern als Gerichtsherren zu Heddesheim vor[2]), und im Weistum werden die Junker von Obentraut, als Erben des Junkers Ernst von Vheinum (?), Wilhelm Stompf und Erhard von Roßau neben dem Pfalzgrafen als Lehenherren des Gerichts bezeichnet, „die mit ihm in einer gemeinsamen Herrschaft und Herrlichkeit sitzen" und einen gemeinen Schultheissen haben sollen[3]). Einer dieser Anteile war von von den Raugrafen lehenbar, die den Kirchensatz von dem Kloster Hornbach bei Zweibrücken zu Lehen hatten[4]). 1506 ersuchte Johann Sohn von Eltz, Lehensmann der Raugrafschaft, den Kurfürsten von der Pfalz, ihn gegen die Ansprüche des Amtmanns von Stromberg wegen der Vogtei und des Gerichts zu Heddesheim in Schutz zu nehmen[5]).

Der Wildgraf war hier Hochgerichtsherr wegen der „comicia", wie aus den Pfälzischen Lehensbriefen für die Wildgrafschaft hervorgeht[6]). Als Rheingraf Johann Wildgraf zu Dunen am 13. Juni 1377 für 106 Mainzer Gulden dem Wynand von Waldecken den Zehnten und Gefälle zu Hedensheim versetzte, nahm er das Gericht und die armen Leute daselbst aus[7]). Sein Nachfolger hatte aber 1515 nur noch das Herbergs- und Atzungsrecht als Rest seiner Befugnisse behalten[8]).

Ähnlich wurden die pfälzischen Rechte zu Waldalgesheim erst nach 1311 erworben. Hier war eine Ganerbschaft von vier Stämmen im Besitz der Hochgerichtsbarkeit. Im ersten Stamm waren die Hunde von Saulheim, im zweiten die Schwarze von Kriesheim und die Flache von Schwarzenberg, im dritten die Kämmerer von Dalberg und das Kloster Marienberg bei Boppard,

---

1) StAKoblenz, Pfälzer Copialbuch pag. 182. — Regesten der Pfalzgrafen I 5176 f.

2) Widder III 356.

3) Amtsbeschreibung A 20—38.

4) Mitteilungen des histor. Vereins der Pfalz 27 (1904). Neubauer, Regesten des ehemal. Cistercienserklosters Hornbach 494.

5) Universitätsbibliothek in Heidelberg, Deutsche Handschriften 369, 147. Histor. Notizen über die Raugrafschaft und einige zu derselben gehörige Ortschaften, aus den Kurpfälzischen Archiven (XVIII. Jahrh.), Fol. 59 v.

6) Schmitz-Kallenberg, Inventare der nichtstaatl. Archive der Provinz Westfalen, Beiband I S. 436*, Nr. 96; S. 484*, Nr. 352.

7) Ebd. a. a. O. Nr. 614.

8) Archiv der fürstl. Rentkammer in Coesfeld, Archiv Dhaun, Fach 18, Paket 238, Nr. 2072: Weistümer der Wild- und Rheingrafschaft 1514, Nr. 19. — Trier. Arch., Ergänzungsheft 12 S. 74 f.

im vierten Frau „Getz von Saulheim und Peter Bornheuser von Mauchenheim"[1]). Am 30. Dezember 1455 verkaufte Gerhard Salentin von Sauwelnheim dem Kurfürsten Friedrich von der Pfalz den 12. Teil an dem Dorf und Gericht Waldalgesheim um 200 rh. Gulden. Am 29. Januar 1465 übergaben Hermann und Friedrich Hunde von Sauwelnheim dem Kurfürsten ihr Sechstel an diesem Dorf[2]). Damit war der erste Stamm an Kurpfalz gekommen. Im zweiten Stamm hat Kurfürst Philipp von der Pfalz das Drittel des Johann Schwartz 1496 und ebenso auch im vierten Stamm ein Drittel an sich gebracht. Die anderen zwei Drittel in diesem Stamm waren an die von Dalberg gekommen. Nach der Stromberger Amtsbeschreibung von 1589 war der Kurfürst von der Pfalz Schutz- und Schirmherr und hatte alle Rechte der hohen Obrigkeit (der Wildbann über das hohe Wild wird ihm auch im Weistum allein zugeschrieben, Heerzüge, Schatzung, Landsteuer, Dienste der Untertanen zur Befestigung und Verteidigung der Burg Stromberg, Ungeld). Doch können diese Rechte durch einen Vertrag erworben sein, wodurch der Ort in den Schutz und Schirm der Stromburg gestellt worden ist. Für diesen Schutz musste die Gemeine jährlich 15 Pfund Heller und 6 Malter Hafer in die Kellerei Stromberg liefern.

In der Urschrift des Weistum im Auftragsbuch des Gerichts Waldalgesheim[3]) heisst es: „Uffzeicheniß und wysthum des scholthyssen und gerichts zu Walt-Algyßheym gesscheen uff mandag nach dem sondag Remyniscere in anno &c (14)86.

Dyß sint die herren zu Waltalgißheym, die mir scholtiſ und scheffen daselbest erkennen vor unſer gerichtsherren, der namen hernach geschrieben steet:

der erst stame, daß ist unſer gnediger herre der Pfalczgrave, hat eyn ferteyl des gerichts zu aller gereichtigkeyt. [Auch hat unser gnediger here kaufft eyn drytthel an eym fyrtheyl umb Johann Schwarczen, das wisen wir sinen gnaden auch zu][4]).

Der ander stame, das sint die Flachen von Schwarzenberg, neymlich juncker Philips, juncker Jorge, und juncker Hans Flach [und juncker Frederich Flach], die hant auch eyn ferteil des gerichts zu aller gerechtigkeyt.

Der dryt stame, daß ist die herschafft von Dalberg und die eptissen uff sant Mergenberg by Bopparten, die hant auch eyn ferteil aller gerechtigkeit.

Der veird stame, daß ist frauw Getz von Sauwelnheym und Peter Borhuſer von Maychenheym, von syner husfrauwen, junffrauw Lieben von Wynheym wegen, die hant auch eyn fertel des

---

1) Amtsbeschreibung A 54 ff.
2) Originalurkunden im StAKoblenz, Kurpfalz, Urkunden, Staatsarchiv.
3) StAKoblenz, Kurpfalz, Akten B IV, Nr. 135.
4) Spätere Zusätze und Aenderungen in [ ].

gerichts mit aller Gerechtigkeyt. [Molwalden[1]) und frauwe Getze von Sauelnheim, Hermann Thommyſ (?) sel. dochter, und Anthiß Wolff von Lansteyn, ire son, ydem zu sinem rechten, die hant auch eyn firtil des gerichts zu aller gerechtigkeit.]

Die vier Stämme haben zu richten über Hals und über Halsbein, Gebot und Verbot zu setzen und zu machen. Bußen und Frevel fallen den Herren zu, Wasser und Weide ist der Herren, für den Gebrauch gibt die Gemeinde Atzung und leistet Frohndienste. Die Atzung ist auf 16 Pfund Heller veranschlagt; falls die Gemeinde zu sehr beschwert wird durch die Gerichtsherren, so mag die Gemeinde geben dem Schultheissen 16 Pfund Heller auf St. Martinstag. Falls etwas übrigbleibt, so mögen es die Herren mit sich wegführen, gebricht etwas, so sollen sie zulegen.

Der Herren Zinse sind freie Zinse und auf Martinstag fällig. Die Herren sollen dann den Schreiber entlohnen und die Gemeinde die Kosten bezahlen.

Wenn kein Hofmann auf dem Herrenhof ist, sollen die Dorfgesessenen die beiden Bunen, die Bachtelbune und die andere Bune hinter dem Dorf gegen (Wald-)Erbach hin, mit allen im Dorf vorhandenen Pflügen bestellen.

Von dem Waldalgesheimer Wald Heymbusch oder Hambusch geben die Einwohner von Weiler jährlich etwas für die Holznutzung. Finden die Schützen von Waldalgesheim oder Weiler einen Fremden darin (der einen Frevel begangen hat), so mögen sie ihn pfänden. Findet ein Schütze von Waldalgesheim einen dortigen Einwohner, soll er ihn zu Waldalgesheim rügen und die Einung gehört den dortigen Gerichtsherren. Findet aber der Schütze von Weiler einen solchen, so soll er ihn zu Weiler rügen, und die Einung ist alsdann halb der Gemeinde Weiler und halb der Herren von Waldalgesheim. (1483 wurde mit der Sperrung des Waldes Hambusch gedroht, als ein Weilerer eine Schuld bei einem Waldalgesheimer anstehen hatte und nicht zahlen wollte. Falls der Gläubiger bei dem Gericht zu Weiler sein Recht nicht finden könnte, sollte der Wald den Einwohnern von Weiler gesperrt und verboten werden.)

Den Hubnerwald haben die Hubner und die Äbtissin zu Rupertsberg, davon geben sie 10 Malter Hafer Martinszins[2]). Diese Hubner sollen der Herrschaft gehorsam sein, wie die andern Einwohner von Waldalgesheim. Sie haben aber keinen Anteil an der Nutzung von Wasser und Weide. Ihr Vieh darf nur auf wüsten Äckern oder Drischern grasen.

Waldalgesheim scheint unter dem Namen Alagastesheim im

---

1) Wohl die Familie von Milwald.

2) Ein Hubnerwald findet sich in der Gemarkung Waldalgesheim auf den Katasterkarten nicht mehr verzeichnet, wohl aber ein Nonnenwald, der nach den Rupertsberger Nonnen so genannt sein könnte. Er liegt nordwestlich von Waldalgesheim zwischen dem Bingerwald und Waldalgesheimer Gemeindewald.

Nachgowe verstanden werden zu müssen, wo Willebald dem Kloster Lorsch 2 Mansus und 30 Morgen Ackerland geschenkt hat [1]). Gaualgesheim kommt in den Lorscher Urkunden als Alagastesheim in pago Wormatiensi ebenfalls vor [2]).

Sicher ist jenes gemeint in der Schenkung der Hazecha und ihres Bruders Siegelo an das Martinsstift zu Bingen über Güter zu Wilre, Haspenesheim, Holzhuson, Alginesheim, Munzindale und Camuntis im Gau Nahgowe in der Grafschaft des Grafen Emicho, die der Erzbischof Bardo von Mainz am 2. Oktober 1032 bestätigt hat oder haben soll nach einer Urkunde, die zunächst Schott in den Diplomata Ringravica, und dann Bodmann in der Abhandlung über die Landgrafschaft im Nahegau (5 Note 14) mitteilt [3]).

1150 verzichtete der Binger Stiftspropst Anselm auf seinen Zehnte in den Filialdörfern von Bingen, nämlich Wilre, Algesheim, Holzhusen und Munzedale zugunsten der Stiftsherren [4]).

Die erste Nachricht über die Herrschaft zu Algesheim findet sich im Lehenbuch Werners von Bolanden, der von dem Erzstift Mainz zu Lehen hatte: „villam quoque Algesheim iuxta silvam, que dicitur San, cum aliis villis et silva sibi pertinente cum omni justicia" und ferner noch „curiam in Walt-Algesheim, cum omnibus appendiciis cum omni justicia" [5]).

Wie es dann kam, dass diese Herrschaft so zersplittert wurde, wie sie im 15. Jahrhundert erscheint, konnte ich nicht feststellen. In den Mainzer Lehenbüchern des Würzburger Kreisarchivs ist keine Notiz darüber aufzufinden gewesen.

Eigentümlich ist die Stellung der Hubner des Klosters Rupertsberg in Waldalgesheim. Sie mussten vom Hubnerwald eine Abgabe zahlen. den Herren gehorsam sein, wie alle andern Einwohner, hatten aber keinen Teil an der Almenbenutzung. Ihr Vieh durfte nur auf wüsten Aeckern und Drieschern grasen. Sie waren ein fremdes Element in der Gemeinde. Nun haben zu Waldalgesheim früher, wie aus der Eintragung in dem Lehenbuch Werners von Bolanden zu ersehen ist, einige andere Wohnplätze gehört. Wenn dann unter den Orten die Hazecha dem Binger Martinsstift geschenkt haben soll und unter den nach Bingen zehntpflichtigen Ortschaften seit 1150 neben Waldalgesheim und Weiler auch die untergegangenen Dörfer Holzhusen und Munzedal genannt werden, so darf man vielleicht die Vermutung wagen, dass sich die Einwohner dieser Orte teilweise in Waldalgesheim niedergelassen haben. Da ein Dyle von Münzedal 1351 und ein Martin von Müntztale 1436 erwähnt wird, ist anzunehmen, dass dieses Dorf damals noch be-

---

1) Codex Laureshamensis II S. 360, Nr. 2022.
2) Ebd. II 125, 1142 ff.
3) MRR. II S. 599, Nr. 2159.
4) Weidenbach, Regesten der Stadt Bingen S. 6, Nr. 67.
5) Sauer, Aelteste Lehenbücher der Herrschaft Bolanden S. 20, 21.

standen hat. Mit Herrn Pfarrer Wagner in Ehrenbreitstein (Kreis Kreuznach S. 44) annehmen zu müssen, dass Münzthal erst 1632 zugrunde gegangen sei, liegt keine Veranlassung vor. Aus der Erwähnung des Münzthaler Grundes in einer Urkunde des Klosters Rupertsberg über den Viehtrieb 1558[1]) ist viel eher auf eine Wüstung, als auf ein noch bestehendes Dorf zu schliessen, wenn man überhaupt auf etwas daraus schliessen will. Wenn die Nonnen von Rupertsberg ihr Vieh nicht in den Binger Wald, sondern den Münzthaler Grund hinauf nach Weiler treiben sollen, kann der Münzthaler Grund nur zwischen Weiler und der Nahe gesucht werden.

Wo Holzhausen lag, ist nicht sicher nachzuweisen, der Ort wird nach 1267 nicht mehr genannt. Die von Wagner vorgebrachte Vermutung Schotts, dass der Ort da gestanden habe, wo der Grabstein des römischen Legionars Solinus gefunden ist, lässt sich doch nicht ernstlich verfechten. Zwischen dem Dorf und dem Gemeindewald von Waldalgesheim liegt ein Feld „auf dem Häusel" — ob vielleicht damit Holzhausen zusammengebracht werden darf?

Die Pfälzischen Rechte zu Waldlaubersheim im nassauischen Amt Kirchheim gehen wenigstens teilweise auf einen Kauf vom 16. Mai 1380 zurück, wodurch Pfalzgraf Ruprecht II. den Anteil des Edelknechts Bruniche von Spanheim an der (niederen) Gerichtsbarkeit mit Zinsen und Gütern erwarb. Auch in diesem Besitz war der Pfalzgraf nur Teilhaber in einer Ganerbschaft mit Brömser von Rüdesheim, Meinhard von Schonburg und Hans Dietrich von Ellenbach. Einige Einwohner des Dorfes waren Hintersassen des Amtes Stromberg[2]).

Windesheim war ein Rheingräflicher Ort. Die eine Hälfte trug Rheingraf Wolfram um 1200 von dem Pfalzgrafen, die andere Hälfte von einem Herrn Konrad Vitulus zu Lehen[3]). Im ausgehenden 14. Jhdt. war die Hälfte an Herrn Brenner von Stromberg verpfändet. 1390 versetzte Rheingraf Konrad die übrige Hälfte an den erwählten Erzbischof Konrad von Mainz[4]). 1409 verzichtete der Wild- und Rheingraf Johann von Dhaun zugunsten des Königs Ruprecht auf das Viertteil an Windesheim, welches Kurpfalz von Emmerich von Löwenstein und Brenner von Stromberg erworben hatte[5]). So wiesen noch 1514 die Schöffen des Gerichts zu Windesheim die „Ringraven vor grondtoberherrn, u.

---

1) J. Wagner, Urkundl. Gesch. des Kreises Kreuznach S. 43—45.

2) Amtsbeschreibung A 14 f. — Pfälzer Copialbuch in Koblenz fol. 14. Originalurkunde daselbst. — Regesten der Pfalzgrafen I 5133.

3) Güterverzeichnis des Rheingrafen Wolfram um 1200; Original in der fürstl. Rentkammer in Coesfeld, Archiv Dhaun 1499, S. 2 und 5. — Trier. Arch., Ergänzungsheft 12 S. 7, Nr. 10; S. 10, Nr. 29.

4) Schmitz-Kallenberg, Westfäl. Archivinventare, Beiband I, S. 588, Nr. 76. — Allgem. Reichsarchiv München, Rep. D. 7, fol. 119, Nr. 22.

5) Staatsarchiv Marburg, Habelsche Sammlung, Diplomata Rhingravica III 247.

gn. herrn von Mentz vor cyn pfantgerichtsherrn zum halben deill
des geriechts, und unsern gn. herrn Pfaltzgraven vor eynen schyrm-
herrn zum vierten deill des geriechts, also das u. gn. h. die Rin-
graven auch zum vierten deill vor gerichtsherrn erkent sind, doch
erkent man sie wyther ir gnaden allein vor ire grontherrn. Diese
herren all sammptlich wyszen sie vor gerichtsherrn, iglichen nach
siner verschribong inhalt"[1]). Der Mainzer Anteil ist bald darauf
wieder an die Wild- und Rheingrafen zurückgekommen, denn im
Weistum von 1552 heisst der Absatz: sie weisen die „Ryngraffen
vor grondtherrn zu Windeßheim zu richten uber hals und hals-
bein, item u. gn. herrn Pfaltzgraven zum fyerden deyl des gerichts
vor ein schirmherrn"[2]). Am 24. Februar 1707 belehnte Kurfürst
Johann Wilhelm von der Pfalz den Rheingrafen, Fürsten Karl
Theodor Otto von Salm-Salm, mit dem Pfälzischen vierten Teil an
Windesheim samt dem dortigen Zoll, Geleit und anderen zuge-
hörigen Rechten, wodurch das Dorf wieder ganz mit der Rhein-
grafschaft vereinigt ward[3]).

Welgesheim wurde am 20. Januar 1382 nebst Biebelnheim
bei Gau-Odernheim von Herrn Hermann von Hohenfels an den
Pfalzgrafen Ruprecht II. abgetreten[4]).

Auch Nieder-Hilbersheim hat nicht ursprünglich zum
Amt Stromberg gehört. Nach der Amtsbeschreibung 1589 ist es vor
Zeiten schirmweise an das Amt gekommen. Die Grundherren, Dom-
herren zu Mainz und einige Junkern, beanspruchten noch Mit-
gerichtsherren zu sein, was man ihnen aber nicht mehr zugestand[5]).
Es muss also seitens der Grundherren ein Auftrag an Kurpfalz zu
Schutz und Schirm stattgefunden haben. Die Urkunde darüber ist
mir noch nicht bekannt geworden[6]).

Zu den neuen Erwerbungen der Pfalzgrafen gehörte sodann
auch der Schindelhof bei Stromberg, welcher den letzten Rest
eines untergegangenen Dorfes Schindelberg darstellt. Dieses hatte
Karl von Ingelheim nebst dem jetzt gleichfalls wüsten Haus Steyr
oder Steiger und dem Dorf Schweppenhausen zu Lehen von
den Herren v. Brule (Burgbrohl in der Eifel), Syfrid und Kune,
die diese Lehenschaft am 14. Sept. 1331 an den Wildgrafen Jo-

---

1) Weistümer der Wild- und Rheingrafschaft 1514, Nr. 18, in der
fürstl. Rentkammer zu Coesfeld. — Trier. Arch., Ergänzungsheft 12 S. 73.
2) Grimm, Weistümer II 166.
3) Rheinischer Antiquarius II 16, 160.
4) Regesten der Pfalzgrafen I 5143.
5) Amtsbeschreibung B fol. 109.
6) Auf die älteren Herrschaftsverhältnisse zu Nieder-Hilbersheim
fällt einiges Licht durch eine Urkunde der Johanniterkommende (zum
heiligen Grabe) in Mainz im Staatsarchiv zu Darmstadt: Am 18. Dez.
(dominica ante festum b. Thome apostoli) 1295 geben Heinrich Schola-
sticus von St. Stephan in Mainz und Heinrich Schultheiss und Thilmann
dictus de Juveni (zum Jungen) Bürger zu Mainz als Schiedsrichter ihren
Spruch in dem Streit des Bruders Hermann von Hoynloch (Hohenlohe)

hann von Dhaun abtraten[1]). Die Herren von Brohl waren Vasallen der Pfalzgrafen. 1371 versetzte Johann Boos von Waldeck das Dorf Steygerkirche bei Schöneberg dem Wildgrafen Otto von Kyrburg und dessen Gemahlin Agnes von Veldenz[2]). Von diesen Gütern scheint nur Schweppenhausen im Besitz der Wildgrafen und ihrer Vasallen, der Herren von Ingelheim, geblieben zu sein. Schindelberg und Steiger finden sich um 1400 unter den von der Pfalzgrafschaft abhängigen Lehen. Der Ritter Johann von Stockheim hatte Gericht und Kirchensatz zu Steyger halb, und die Hälfte zu Schindelberg an Gütern und Wald; der Ritter Heilmann von Prumeheim, die Pastorei zu Schindelberg bei Stromberg, das Gericht zu Steyger bei Sweppenhusen und Korngeld zu Geynheim. Ferner war Henne Huchelnheimer zu Huchelnheim mit einer Mühle zu Schweppenhausen und einem Hof unterhalb Steyer belehnt und Karl von Buches hatte sein Lehen zu Steyer gegen andere Güter zu Lindheim vertauscht[3]). Im 16. Jhdt. war der Hof Schindelberg aus dem Besitz der Herren von Eltz zu Burg-Leyen in den der Gemeinde Stromberg übergegangen[4]). Das Weistum der Steyer-Mark von 1576 nennt den Pfalzgrafen und Kurfürsten als einen Grundherren und obersten Herrn zu richten über Dieb und Diebin, über Hals und Halsbein, über Bruch und Frevel und was darinnen zu strafen ist. Das Land des ausgegangenen Dorfes gehörte Einwohnern zu Eckenroth, Schweppenhausen, Windesheim, Genheim, Stromberg, Schöneberg, Hergenfeld, Wallhausen und Waldalgesheim[5]). Später gehörte die Steiger Gemarkung zu den Gräflich Ingelheimischen Besitzungen und zum Dorf Schweppenhausen[6]).

Komtur des Johanniterhauses zu Mainz und seiner Mitbrüder einerseits und der Ritter Jakob von Appinheim, Billung von Olmene und Emercho genannt Humel von Wackernheim andererseits wegen der Abgaben von einem Gute von 12—14 Morgen und einem Hofe zu Hilbersheim im Dorf und der Gemarkung gelegen, das den Johannitern jure proprietatis zusteht. Die genannten drei Ritter erheben Anspruch auf 20 Mainzer Denare Zins und 6 Denare „Fautpennege" und $^1/_2$ Mine Hafer als zu ihrem Lehen von Herrn E. Kämmerer zu Mainz gehörig. Nach dem Schiedsspruch verzichten die drei Ritter vor ihrem Lehensherrn mit dessen Zustimmung auf diese Abgabe. Zeugen: Godefrid Scholasticus von St. Johann in Mainz, Peter Crugelin Ritter von Winoldesheim und der Meisier Orbelin Notar der Stadt Mainz. Mit dem Reitersiegel des Herrn E. Kämmerer zu Mainz und denen der drei Schiedsleute. Das Dorf war also im Besitz einer ritterlichen Ganerbschaft als Lehen der Kämmerer von Mainz.

1) Schmitz-Kallenberg, Westfäl. Archivinventare, Beiband I, S. 453*, Nr. 182. — Diplomata Rhingravica in Marburg II 106.

2) J. Wagner, Kreis Kreuznach 70 (nach Schott).

3) Regesten der Pfalzgrafen I 6104, 6105, 6106, 6285, 6408.

4) Amtsbeschreibung B fol. 89.

5) Grimm, Weistümer III 769.

6) Flurkarten von Schweppenhausen 5, 6 und 7: Steyerkirch und Steyergrund, Steyerbach, Steyermark, in, aufm Steyerberg, in und auf Steyerfeld.

Von Eckenroth, Genheim, Roth und Dorsheim kann nicht nachgewiesen werden, dass sie aus anderen Händen an Kurpfalz gekommen sind, diese Orte mögen daher als ursprüngliche Zubehörungen des Schlosses und Amtes Stromberg gelten. Liegen doch die erstgenannten drei Orte in unmittelbarer Nachbarschaft der Burg. Für Dorsheim, 1481 Donrsheim, wird der Zusammenhang mit Stromberg für 1349 durch das Vorhandensein eines älteren Burglehens bezeugt (Pfalzgraf Ruprecht bessert das Stromberger Burglehen des Ritters Ulrich von Leyen mit drei heimgefallenen Wingerten zu Dunrsheim)[1]. Auch zu Genheim waren solche Güter.

Das Amt Stromberg umfasste zwei Gruppen von Ortschaften, eine westlich der Nahe, die man „Walddörfer" nennen könnte, am Soonwald gelegen. Stromberg, Warmsroth, Roth, Eckenroth, Genheim, Waldalgesheim, Waldlaubersheim, und näher der Nahe Heddesheim an der Guldenbach und Dorsheim — und eine östlich der Nahe, die „Gaudörfer" Appenheim, Engelstadt, Ensheim, Grolsheim, Horrweiler, Niederhilbersheim und Welgesheim.

1. Walddörfer:

Stromberg war im Mittelalter Filiale von Warmsroth; im Tal waren zwei Kapellen, deren eine, zu St. Stephan, das Stift Bingen, die andere, zu St. Jakob, der Pfalzgraf verlieh. Drei Mönche aus Germersheim hatten in der zweiten Hälfte des 15. Jhdt. den täglichen Messedienst in dieser Kapelle[2]. Den Zehnten bezog der Pfarrer zu Warmsroth. Ausserdem lag beim Schindelhof eine Kapelle Schindelberg mit einem besonderen Bezirk, auf welchem der Pfarrer zu Schweppenhausen zehntberechtigt war. Von den an Waldlaubersheim angrenzenden Teile der Gemarkung, „am Hahn", waren dieselben Dezimatoren, wie im Kirchspiel Waldlaubersheim (Junker von Schönburg $2/3$, und Kloster Rotenkirchen bei Kirchheim-Bolanden $1/3$)[3], dieser Teil ist also dem Kirchspiel Waldlaubersheim zuzuzählen.

Im nördlichen Teil der Gemarkung finden sich einige Flurnamen, die auf ausgegangene Wohnorte deuten, wie „die alte Hütte", „an Schorweiler"[4]. Es scheint in alter Zeit, wie bei anderen Städten auch, ein Synoikismos in Stromberg stattgefunden

---

1) Originalurkunde in Koblenz, Staatsarchiv, Reichsritterschaft, Kanton Niederrhein, Herrschaft Leyen bei Bingen, Nr. 4.

2) Widder III 347.

3) Amtsbeschreibung A und B. Vgl. das Lehenbuch des Grafen Heinrich von Sponheim-Dannenfels über die Leben der Herrschaft Kirchheim-Bolanden 1370—1380 (Rhein. Antiqu. II 16, 764), Nr. 68: „Item Friedrich Rudolfes selgen son zu Schonenborg hat von uns zu lehin den zehinden zu Leubersheim ... und in den selben zehinden hort der zehinde zu Strumberg uff dem haus" (lies „uff dem Hane").

4) Flurkarte, Katasterarchiv Koblenz.

zu haben. Vielleicht hiess die Ansiedlung unter der Burg in älterer Zeit Strunfeld oder Stro[m]velth [1]).

Anders verhält es sich mit der Flurbezeichnung eines Waldstückes „im Trommersheimer Schlag". Es hatten nämlich verschiedene Dörfer an- und jenseits der Nahe in dieser Gegend Waldbesitz, so Ingelheim den grossen „Ingelheimer Wald" bei Daxweiler, Bretzenheim und Winzenheim den „Bretzenheimer Wald", der jetzt zur Gemarkung Schöneberg, 1589 aber zu der von Stromberg gehörte, der Wald von Büdesheim in Rheinhessen lag auf dem linken Naheufer hinter der Gemarkung Münster bei Bingen [2]). So hatte also auch Dromersheim in Rheinhessen Waldbesitz in der Stromberger Gemarkung. Über den Bretzenheimer Wald gibt die Amtsbeschreibung A Folgendes: das Gehölz ist Eigentum der Gemeinden Bretzenheim und Winzenheim; die Schlösser Stromberg und Gollenfels sowie das Burgmannshaus des Herrn von Schönenburg auf der Burg Stromberg, haben ein Beholzigungsrecht für eigenen Bedarf an Brennholz. Hagen und jagen war landesherrliches Regal von Kurpfalz und Pfalz-Simmern. Doch hielt der Herr zu Bretzenheim, Graf von Falkenstein, einen Schützen für diesen Wald. Die Bürgerschaft Stromberg und die Gemeinden Eckenroth und Schöneberg hatten den Weidgang.

Die der Burg Stromberg gegenüber liegende Burg G o l d e n f e l s gehörte offenbar dem gleichen Befestigungssystem an, welches die Heerstrasse von Mainz nach Trier beherrschen sollte. Daher war auch sie Eigentum der Pfalzgrafen, welche dort Burggrafen einsetzten. Diese Würde war im 14. Jhdt. erblich im Besitz der Herren (nicht wie Widder S. 346 angibt der Rheingrafen) vom Stein(-Kallenfels), die noch Ende des 16. Jhdt. damit belehnt waren [3]). Sie verkauften die Burg Goldenfels 1618 an die von Hammerstein, von denen sie weiter an die Wölfe von Sponheim überging. 1687 wurde die Burg der Frau von Pöttger geb. Wolf von Sponheim zugeteilt. Sie verkaufte das Gut 1705 an den Grafen Franz Adolf Dietrich von Ingelheim [4]). (Zubehör 30 Morgen Acker, 10 Morgen Wiesen, ein Garten an St. Stephans Kirche und das Beholzigungsrecht im Bretzenheimer Wald.) Der Burgfriedensbezirk gehörte zum Kirchspiel Dörrebach, in dem der dortige Ortsherr Wolf von

---

1) J. Wagner, Kreis Kreuznach S. 97 u. 104 f. Um 1206 Arnoldus in Strunfelt im Wolfram'schen Verzeichnis (Trier. Archiv, Ergänzungsheft 12 S. 32, Nr. 7) und „Schultheiss, Schöffen und ganze Bürgerschaft von Strovelth" in einer Urkunde vom 3. Juni 1268 (StAKoblenz).

2) Hiernach scheint es, dass die Dörfer auf der „Gauseite" ihre (ursprünglich ungeteilte) Waldmark auf der „Waldseite" gehabt haben, so dass Waldalgesheim, Waldlaubersheim, Waldhilbersheim usw. von den entsprechenden „Gaudörfern" angelegt sein können, die die ihnen zugefallenen Waldparzellen gerodet und besiedelt hätten.

3) Regesten der Pfalzgrafen I 2521, 2396, 6120. Amtsbeschreibung A. Widder III 346.

4) Rhein. Antiquarius II 16 S. 134.

Spanheim den Zehnten hatte. Auch in den Gerichtsbezirk von Dörrenbach war der Goldenfels eingeschlossen, da dieser nach dem Weistum die Güldenbach hinab bis zur Mündung der Dörrebach und zur Stromberger Brücke und die Dörrebach hinauf gehen sollte, was von Kurpfalz bestritten wurde.

Warmsroth hatte 1589 11 Hausgesessene. Den Zehnten hatte der Pfarrer, der 1589 zu Stromberg wohnte. Vom „Reudenacker" hatte Junker Richard Faust von Stromberg $^2/_3$, der Kaplan zu Stromberg $^1/_3$. Meinhard von Schonburg hatte Wiesen, die Kirche zu Schweppenhausen einige Renten. Die Dörfer Warmsroth, Genheim, Roth und Erbach (Walderbach, Dalbergisch) hatten einen gemeinschaftlichen Wald zwischen dem Waldalgesheimer Herrenwald und dem Ingelheimer Wald bei Daxweiler[1]).

Zu Roth (1589 10 Hausgesessene) hatte der Junker v. Schönburg $^2/_3$, Kaplan zu Stromberg $^1/_3$ des Zehnten. Das Drittel des Kaplans gehörte vor der Reformation dem Kloster Rodenkirchen, der Ort zur Pfarrei Waldlaubersheim. Hofgüter besassen das Kloster Rupertsberg bei Bingen und bis 1417 der Herr von Brandenburg zu Klerf im Luxemburgischen. Das des Klosters Rupertsberg wird schon in der Güterbestätigung von 1187 und in dem wenig später entstandenen Güterverzeichnis genannt[2]).

Eckenroth, im Lehensregister Werners von Bolanden (um 1190) Ogelenrode, später Oeckenroth geschrieben, gehörte vor der Reformation, wie Roth, zum Waldlaubersheimer Kirchspiel und Zehnten. Es hatte 1589 21 Herdstätten. Für Weide im Soonwald zahlten die Einwohner jährlich zwei Malter Weidhafer nach Kreuznach. Ausserdem hatten sie wie auch Genheim Brennholz aus dem Bretzenheimer Wald, doch besass die Gemeinde auch eignen Wald. Die Nutzunge aus der Almende, Wasser und Weide, weisen und erkennen die Schöffen der Gemeinde zu von der Gnade Gottes und von keinem andern Herrn[3]).

Zu Genheim waren um 1589 30 Hausgesessene. Der Ort gehörte vor der Reformation zur Pfarrei Waldlaubersheim, im Lehensregister Werners von Bolanden wird er Gugenheim genannt. Wie die übrigen zu diesem Kirchspiel gehörigen Ortschaften, gehörte das dem Pastor zuständige $^1/_3$ des Zehnten seit 1438 dem Kloster Rotenkirchen bei Kirchheim-Bolanden, die übrigen $^2/_3$ waren an Junker Philipp Reinhard Faust von Stromberg zu Leyen verliehen, als Lehen der Nassauischen Herrschaft Kirchheim.

---

1) Amtsbeschreibung A fol. 9; B fol. 96 (10 Hausgesässe). Ueber den Viergemeindenwald auch das Weistum von Genheim 1608 Febr. 20. (StAKoblenz, Kurpfalz, Urkunden, Aemter und Ortschaften, Amt Stromberg, Dorf Genheim 5.) — Grimm, Weistümer II 185.

2) Amtsbeschreibung A 12; B 97 (9 Hausgesässe). Ueber den Rupertsberger Besitz Mittelrhein. Urkundenbuch II S. 124, 380, 384.

3) Amtsbeschreibung A 16, 42 v.; B 98 (25 Herdstätten). — Sauer, Aelteste Lehensbücher der Herrschaft Bolanden S. 27.

Freie Hofgüter besassen die Nonnen des Allerheiligenklosters bei Oberwesel, die Kirche zu Spachbrücken, die Herren des Niedergerichts Waldlaubersheim (Hans Diether von Ellenbach und Meinhard von Schönburg); Zinsen und Renten hatten das Spital zu Bingen, Kirche zu Waldlaubersheim, die Herren von Euler, von Ingelheim, von Schönburg, Faust von Stromberg. Das „Rauchkorn" war von den Pfalzgrafen an die Herren von Löwenstein verliehen. Ein herrschaftliches Gut war im Besitz von Kurpfalz [1]).

Heddesheim umfasste 90 Hofstätten. Das Kloster Ravengiersburg hatte ein Hofgut, ebenso auch der Herr von Obentraut. Die Gemeinde war diesem Herrn und denen von Partenheim, von Coppenstein und von Wolfskehl auf der Beunde und jährlich in einem Flur zu schneiden, zu binden, und die Frucht heimzuführen verpflichtet. von Obentraut hatte auch eine Bannmühle.

Die Stiftsherren zu Bingen sind Collatoren der Kirche, die Rheingrafen und die Junker von Eltz und von Leyen haben $^2/_3$, die Stiftsherren zu Bingen $^1/_3$ des Weinzehnten; der Fruchtzehnte wird in 9 Haufen geteilt. Davon haben die Herren zu Bingen 3 Haufen, von den sie 2 an den Pfarrer geben, die Rheingrafen 4 Haufen, von Leyden den 8. Haufen und von Eltz den 9. Haufen. Einige Äcker in der Gemarkung geben nur die 15. Garbe. Der „Reidesheimer Zehnte" (wohl von einem ausgegangenen Dorf) fällt zur Hälfte dem Stift Bigen, die andere Hälfte verteilt sich, wie der grosse Zehnte.

Die Bede wurde verteilt an die Rheingrafen (11 Malter Korn), von Leyen (11 Malter Korn), von Eltz (11 Malter), von Obentraut, von Partenheim, von Wolfskehl und von Coppenstein ($3^1/_2$ Malter). Schatzung war nur an Pfalz zu zahlen [2]).

Der Breitenfelser Hof gehörte schon 1589 zur Heddesheimer Gemarkung. Der Hofmann des Herrn von Dienheim musste auf Erfordern durch den Büttel vor dem Heddesheimer Gericht erscheinen. Den Zehnten hatte um 1400 Hans Reyde von Schonenberg von Kurpfalz zu Lehen [3]). Nach der Kreuznacher Amtsbeschreibung von 1601 gehörte dieser Hof zum Oberamt Kreuznach.

Zu Dorsheim war Pfalz Grundherrschaft und Herr der Markalmende, der Junker Caspar von Eltz hatte $9^1/_2$ Morgen Weingarten und 126 Morgen Ackerland. Ausserdem waren die Junker Philipp Reinhard Faust von Stromberg, Ulner von Dieburg und von Coppenstein begütert, Heinrich von Coppenstein hatte den Weinzehnten und Bernhard von Coppenstein den Fruchtzehnten [4]).

---

1) Amtsbeschreibung A 17 v. (ohne Angabe der Häuserzahl); B 97 (hieraus die Häuserzahl). — Im Lehenbuch Werners von Bolanden (1190) „Gugenheim". Sauer a. a. O.

2) Amtsbeschreibung A 20 v.; B 99 (100 Hofstätten).

3) Regesten der Pfalzgrafen II 6118. Vgl. oben S. 33.

4) Amtsbeschreibung A 38. Das Weistum spricht dem Pfalzgrafen grundherrliche Rechte und die Herrschaft über Wasser und Weide (Markalmende) zu.

2. Gaudörfer:

In **Appenheim** (1589 90 Hofstätten) wird 1132 durch den Erzbischof von Mainz dem Kloster Bischofsberg (Johannisberg im Rheingau) Besitz zugewiesen; 1148 hatte das Kloster Disibodenberg dort ein Gut[1]); 1184 war Streit zwischen den Klöstern Altenmünster in Mainz und Rupertsberg bei Bingen über den widerrechtlich geschehenen Verkauf von Gütern zu Appenheim, die zum Hof des Klosters Altenmünster in Gencingen gehörten[2]). 1158 und 1185 werden dem Kloster Rupertsberg Güter bestätigt[3]). 1190 hatte Werner von Bolanden die Vogtei über 15 Hufen in Appenheim von dem Grafen von Lon zu Lehen und andere Güter, womit er den Giselbert von Rudensheim und den Iring von Geisbotesheim belehnt hatte[4]). 1311 schenkte Elisabeth von Idstein Güter in Appenheim an das Kloster Eberbach im Rheingau. In der Zeit um 1370 war Wolf von Spanheim von der Herrschaft Bolanden mit einer Korngült zu Appenheim belehnt[5]).

1589 besass ausser den Wolf von Spanheim nur das Mainzer Domkapitel einige Gülten. Der Kirchensatz (Pfarrkirche im Partenheimer Landkapitel, nach der Reformation in der reformierten Klasse Horweiler) stand den Herren von Klingelbach (1589 von Coppenstein) und von Oberstein zu, von denen der erstere $^5/_8$, der letztere $^2/_8$ des Zehnten hatte. Der Pfarrer bezog das letzte $^1/_8$[6]).

1368 wurde festgestellt, dass die Güter des Mainzer Stephansstifts in Appenheim nur $3^1/_2$ Malter Korn (von 29 Malter, die das ganze Dorf zu liefern hatte) auf das Haus Stromberg zahlen müsse. Das übrige war von aller Beede, Atzung und sonstigen Lasten frei „als fry eygen gut"[7]).

Engelstadt (1589 100 Hausgesässe) war schon 1197 im Besitz des Pfalzgrafen Heinrich, der es nebst dem Dorfe Hedenesheim (wohl nicht Heddesheim an der Guldenbach, sondern eher das benachbarte Hedensheim-Stadecken) an die Sponheimer Grafen verpfändet hatte[8]). Die Grundherrschaft gehörte dem Stift St. Ursula in Köln und die Kirchengift und der Zehnte dem Andreasstift

---

1) Scriba, Regesten, Rheinhessen 1046, 1091.
2) Baur, Hessische Urkunden V S. 6.
3) MRUB. II S. 32, 116, 124, 374 f., 383. Des Klosters Prüm Güter im Wormsgau zu Uckenheim, Jencingon, Appenheim, Druhtmaresheim und Asmundesheim (Ockenheim, Genzingen, A., Dromersheim und Aspisheim) wurden am 26. Februar 886 einem gewissen Hartmann zu lebenslänglicher Nutzniessung (Präkarie) verliehen. MRUB. I 125 (und dazu II 602 und MRR. I 747). Güter des Klosters Disibodenberg wurden 1148 bestätigt. MRUB. I S. 613.
4) Sauer, Aelteste Lehenbücher der Herren von Bolanden.
5) Scriba, Regesten, Rheinhessen 2358, 5161, 5680, 38.
6) Amtsbeschreibung A 63; B 103.
7) Baur, Hessische Urkunden III 467.
8) MRR. II 801.

daselbst. Erzbischof Wichfried von Köln hatte am 23. November 941 dem Kloster der heiligen Jungfrauen vor den Mauern von Köln „in villa vel marka que Engilestat nominatur in pago Wormacensi in comitatu Kuonradi comitis curtem unam cum casa diversisque aliis edificiis, cum terra salaricia, cum 33 mansis" und anderer Zubehör geschenkt[1]). Woher das Andreasstift seine Rechte bekommen hat, weiss ich nicht. Am 4. Mai 1324 vertauschte das Andreasstift seinen Besitz zu Engelstadt, Stadecken und Ockenheim an das Mainzer Mariengredenstift, das am 16. September die Gegenurkunde ausstellte und am 18. Februar 1325 in den Besitz eingesetzt wurde[2]). Die Äbtissin zu St. Ursula Agnes von Isenburg verkaufte am 21. Juli 1454[3]) dem Kurfürsten Friedrich von der Pfalz das Dorf Engelstatt uff dem Gauwe by Ingelheim gelegen mit allem Begriff und zugehörungen, hohen und niedern Gerichten, Zwingen, Bännen, Leuten, Gütern, Boeden, Steuern usw., ferner ihre Lehenmannen Karl und Henne von Ingelstatt, die mit Gütern zu Langenlonsheim und Engelstadt belehnt sind, Gülten zu Langenlonsheim, Winternheim, Schwabenheim, Essenheim, Wörrstadt, alles für 1200 Gulden, die bis auf Einlösung als jährliche Gülte von 60 Gulden auf die Stadt Bacharach und die Täler des Amts gelegt werden. Die Äbtissin hat in der Urkunde sich offenbar Rechte beigelegt, die ihr von Kurpfalz niemals zugestanden worden sind. Dass Kurpfalz nach 1311, aber vor 1454, wieder in den Besitz der Hoheitsrechte gelangt war, geht hervor aus der Verleihung von Steuer- und Lastenfreiheit an das Stephansstift in Mainz für seine Güter in Engelstadt durch Pfalzgraf Ruprecht II. 1367 und die Bestätigung dieses Privilegs durch Pfalzgraf Ludwig III. 1419[4]). Dass das Pfälzische Gericht zu Engelstadt ursprünglich kein grundherrliches war, sondern sich auf die Grafenrechte beschränkte, geht aus dem Weistum hervor, in welchem dem Pfalzgrafen die Rechte eines Richters über Hals und über Halsbein, und seinem Schultheissen die Strafgelder für gewöhnliche Frevel (Messerzücken, Faustschlag, Steinwurf) zugewiesen werden. Auch war der Pfalzgraf Obereigentümer der Markalmende. Von grundherrlichen Rechten des Pfalzgrafen und dementsprechenden Lasten der Einwohner ist nicht die Rede[5]). Nach der Amtsbeschreibung B[6]) bestanden die von Kurpfalz angekauften Gefälle der „Jungfrauen zu den dreien Vilgen" in Köln in 90 Malter Korn auf dem grossen Flur, 70 Malter vom kleinen Flur, 6 Malter von den Baugütern

---

1) Lacomblet, NRUB. I S. 52, Nr. 94.

2) Scriba, Regesten, Rheinhessen 2521, 2543, 2552, 2555, 2558, 2560.

3) Ebd. 4084. Pfälzer Copialbuch in Koblenz fol. 192.

4) Regesten der Pfalzgrafen I 5018. — Baur, Hessische Urkunden III 417; IV 55.

5) Amtsbeschreibung A fol. 58. Abschrift daraus in Darmstädter Staatsarchiv, Saal- u. Lagerbücher, Rheinhessen, Lit. E.

6) fol. 102.

des Hofmannes, ausserdem gab die Gemeinde (100 Hausgesessene) 25 Malter Bedkorn und 88 Gulden Bedgeld, und von jedem Haus, das Rauch hat, ein Fastnachtshuhn. Die Güter des Mainzer Domstifts, der Fausten von Stromberg, der Stumpfen von Waldeck, der Köthen von Wanscheid, der von Obentraut waren gefreit, die des Petersstiftes zu Mainz und ein Teil der Stumpfischen Güter mussten zur Bede und Landsteuer beitragen[1].

Frucht- und Weinzehnten hatten die Stiftsherren von Mariengreden in Mainz, auf dem zu der Gemarkung gehörigen „Hauserfeld" die Kellerei Stadecken, Junker Greiffenclau zu Vollrads und die Stiftsherren von St. Moritz in Mainz. Die Junker im Ingelheimer Grund und zu Partenheim hatten das Recht freien Durchrittes; die Jagd war landesherrlich.

Ensheim hatte im Jahre 1589 40 Hausgesessene. 1357 (Februar 28) befreite der Pfalzgraf Ruprecht II. den dortigen Hof der Cisterciensernonnen zu St. Johann vor Alzey von der Steuer und Schatzung, ausgenommen eine Korngülte, die ihm von dem Hofe geliefert werden musste[2]. Nach dem Weistum hatten die Pfalzgrafen in diesem Hofe ein Herbergsrecht mit Stallung für ihre Pferde. Essen und Trinken und Futter musste die Gemeinde liefern. Der Hofmann leistete $\frac{1}{3}$ aller der Gemeinde von der hohen Obrigkeit auferlegten Dienste zu Heerwagen und Unterhalt der Wege und Steege. Nach Aufhebung des Klosters 1560 ist der Hof von der Gemeinde angekauft worden.

Die Familie Ulner (Euler) von Dieburg besass den Hahnhof, die Ganerben von Niedersaulheim das Saulheimer Gut. Vom Zehnten hatte nach der Amtsbeschreibung das Domkapitel zu Mainz $\frac{2}{3}$, das Kloster St. Johann in Alzey $\frac{1}{3}$. Der Anteil des letzteren war an die Kurpfälzische Kellerei zu Alzey gekommen[3]. Der Anteil des Domkapitels scheint von dem aufgehobenen Stift Flonheim herzurühren, das im Besitz des Patronatsrechtes gewesen war[4].

Mit Ensheim verbunden war die „Kronkreuz(nach)er Gemarke", die von dem alten Hofe Crahencruze[5] herrührt, bei dem die Pfarrkirche gestanden hat, zu der Ensheim gehörte. 1258 war die Pfarrkirche Chrancruzen mit der Kapelle zu Ensinsheim dem Stift Flonheim inkorporiert worden[6]. 1299 verzichteten Bischof Emich von Freising, Propst Hugo, Domherr zu Mainz und Propst Gerhard zu Freising, Söhne weiland des Wildgrafen Emich, ferner

---

1) Güter des Stephansstiftes (erworben 1295 und 1284); Scriba, Regesten, Rheinhessen 1919. — Baur, Urkunden II 500.

2) Wagner, Geistliche Stifte im Grossherzogtum Hessen II 116.

3) Amtsbeschreibung A 73 v.; B 108.

4) Durch Schenkung des Grafen Gerlach von Veldenz 1294. Scriba, Regesten, Rheinhessen Nr. 1297.

5) Amtsbeschreibung A 78. Widder III 369. Wagner, Wüstungen, Rheinhessen 128; Wagner, Geistl. Stifte II 332; de Gudenus, Cod. dipl. IV S. 980 f.; Ioannes rerum Magont. II 410.

6) Archiv für Hess. Geschichte, N. F. 2 (1899), 532.

Gerhard, Domherr zu Mainz und Graf Friedrich I., Söhne weiland des Wildgrafen Gottfried Raub, gegen das Mainzer Domkapitel (die Kirche St. Martin) auf alle ihre Rechte, Vogtei, Dienstbarkeit und Herberge, die sie auf dem Hofe Crahencruze bei dem Dorfe Ensentheim gehabt hatten, und die früher dem Kloster Flonheim zustanden[1]. 100 Jahre später, 1398, verschrieb das Mainzer Domkapitel dem Pfalzgrafen Ruprecht III. ein jährliches Seelgeräthe wegen der Befreiung seines Hofes bei Alzey, „das Craencrutze" genannt, von Atzung und Herberge[2]. Der Kirchensatz und Zehnte scheint mit dem Hofe und jenen Rechten an das Domkapitel gekommen zu sein.

Nach der Amtsbeschreibung von 1589 waren die Güter auf der Kronkreuzer Gemarkung vom Kloster St. Johann bei Alzei und zwei anderen an die drei Gemeinden Ensheim, Bermersheim und Spiesheim verpachtet. 1474 verlieh ein Einwohner von Bermersheim einem Ehepaar von Ensheim 10 Morgen in Kroncruzer Gemark zu Erbbestand[3].

Grolsheim hatte gegen Ende des 16. Jhdts. 36 Häuser. Der Ort wird schon in Lorscher Traditionen 772 und 782 Graulfesheim, 801 Graolfesheim genannt. Es wird zum Wormsgau und zum Nahegau gerechnet[4]. Die Landesherren hatten einen Hof, der in Kriegszeiten ein Pferd und einen Wagen zu stellen hatte. Die Knebel von Katzenelnbogen und die von Steinkallenfels hatten gewisse Gefälle. Der Zehnte an Wein und Frucht gehörte den Herren von Reipoltskirchen. Die Kirche war Filiale von Laubenheim. Alle andern Rechte waren Landesherrlich[5].

Horrweiler mit 90 Hausgesessenen; alle Hoheitsrechte waren Pfälzisch nach Weistum von 1456. Die Nonnen zu Allerheiligen (zu Oberwesel?) hatten einen Hof; Sponheim, Amt Kreuznach hatte eine Korngült. Der Kirchensatz und grosse Zehnten war vor etlichen Jahren (1518) von den Herren des St. Petersstiftes zu Mainz angekauft worden. Auf zwei Weinbergen und einem Flürchen im Ottenthal hatten die Vögte von Hunolstein einen Zehnten, der von der Grafschaft Sponheim (oder von Kurpfalz) lehenrührig war. An beiden Zehnten hatte der Pfarrer $^1/_3$[6].

Zu Niederhilbersheim hatten die Pfalzgrafen nur die Schutz- und Schirmgewalt, Leibbede, Schirmgeld, Atzung, Brüchte, Frevelgelder und Ungeld, aber keine grundherrlichen Gefälle[1].

---

1) Vgl. S. 168 Anm. 5.
2) Regesten der Pfalzgrafen I 5924.
3) Widder a. a. O.
4) Scriba, Regesten, Rheinhessen 235, 462, 687. Codex Lauresham. II S. 164, Nr. 1273 f. (Graulfesheim marka in pago Wormatiensi); S. 360, Nr. 2024 (Graolfesheimer marka in pago Nahgowe).
5) Amtsbeschreibung A 84; B 110 v.
6) Ebd. A 64; B 100 v.
7) Ebd. A 78 v.; B 109.

Die Güter gehörten[1]) den Stiftsherren zu Liebfrauen in Mainz, 190 Morgen bedbar und zehntpflichtig, die zum Teil 1303 vom Kloster Gottesthal, zum Teil (Vogtei und Gericht) 1344 von Johann Humel von Wackernheim, der damit von Dietrich von Gutenberg belehnt war, an das Stift verkauft worden waren[2]);

2. der Johanniterkommende zum heiligen Grab in Mainz Hofgut, zahlte Bede und Zehnten[3]);

3. dem Mainzer Domkapitel 100 Morgen, zahlte Bede, aber keinen Zehnten;

4. dem Kloster Engelthal bei Oberingelheim 100 Morgen, nicht befreit;

5. dem Junker Wilhelm Frey von Dehrn ein Hofgut von 80 Morgen.

Ausserdem hatte der Wild- und Rheingraf zum Amt Wörrstadt jährliche Korn- und Hafergülten und der Pfarrer zu Bubenheim 2 Morgen Landes.

Das Dorf Welgesheim hatte um 1589 50 Hofstätten. Die Kirche war Filiale von Zotzenheim, Amt Kreuznach[4]). 1316 gehörte das Patronatrecht dem Rheingrafen Syfrid vom Stein, dessen Nachkommen, die Wild- und Rheingrafen zu Dhaun, 1589 den halben Zehnten hatten. Um 1194 hatte Werner von Bolanden den Kirchensatz als Lehen von dem Grafen von Lon, dem Rechtsnachfolger des Mainzer Stiftsvogts und Stadtpräfekten[5]). Um 1380 war Ulrich von Leyen mit dem halben Zehnten von Graf Heinrich von Sponheim-Dannenfels, Herrn zu Bolanden belehnt[6]). Diese Hälfte besassen 1589 die Junker Philipp von Leyen und Caspar von Eltz auf der Burg Leyen.

Das Dorf ist, wie schon bemerkt, durch den Kurfürsten Ruprecht II. 1382 erworben. Vorher gehörte es den Herrn von Hohenfels in der Pfalz[7]).

Grössere Güter besass das Kloster Rupertsberg bei Bingen (zwei Höfe 1589), die ihm schon 1187 (Wellengesheim) bestätigt wurden und auch in dem alten Güterverzeichnis beschrieben sind[8]). 1260 befreite Philipp von Hohenfels diese Güter von allen Lasten an Geld und Wein, die bis dahin an ihn zu entrichten waren, was 1278 durch seine Nachfolger wiederholt wurde[9]). 1589 waren die

---

1) Vgl. S. 169 Anm. 6.
2) Baur, Hess. Urkunden II 627. Scriba, Regesten Rheinhessen 2856.
3) Vgl. oben S. 160 Anm. 6
4) Amtsbeschreibung A 81; B 110.
5) Scriba, Regesten, Rheinhessen 2451. — Sauer, Aelteste Lehenbücher der Herren von Bolanden 27.
6) Scriba, Regesten, Rheinhessen 5680, 27. Auch Rudolf von Ansenbruch hatte einen Zehnten zu W. von demselben Grafen. Rhein. Antiqu. II 16. 756, 20; 775, 153.
7) Regesten der Pfalzgrafen I 5143.
8) MRUB. II 124, 1; 380 f.; 383.
9) Scriba, Regesten, Rheinhessen 5236, 1885.

Höfe verkauft, die Güter verpachtet. Andere Güter hatte das Kloster Disibodenberg, das Kloster Sponheim (1296 wurde der diesem Kloster gehörigen St. Georgskapelle zu Dalen bei Sponheim ein Hofgut in Welgensheim geschenkt, von der Witwe Hermanns von Sponheim und deren Sohn), das Kloster Eberbach im Rheingau, dem 1338 durch Philipp von Falkenstein Güter in Welgensheim verkauft wurde[2]). Schon 770 hatte das Kloster Lorsch Besitzungen in Welingesheim im Wormsergau zum Geschenk erhalten[3]).

Die Pfalzgrafen waren seit 1382 Richter über Hals und Halsbein, hatten Brüchten und Frevel, Wildfangsrecht, Atzung, Bede, Schatzung, Ungeld.

Das Amt Stromberg kam in der Landesteilung von 1410 an Pfalzgraf Ludwig III. zu $^2/_3$ und an Pfalzgraf Stephan zu $^1/_3$ in Gemeinschaft. Pfalzgraf Stephan verpfändete die Hälfte seines Drittels 1416 an Kurfürst Johann II. von Mainz, der sich am 20. August verpflichtete, diesen Anteil dem Kurfürsten Ludwig gegen Zahlung des Pfandschillings von 4000 rhein. Gulden zur Lösung zu überlassen. Gleichzeitig wurde ein Burgfriede zwischen den beteiligten Parteien beschworen. 1424 bewilligte Herzog Stephan seinem Bruder, dem Kurfürsten Ludwig, nicht nur die Einlösung des an Kurmainz versetzten Teiles an Stromberg, sondern verpfändete ihm auch noch seinen eignen Anteil, so dass Kurpfalz nunmehr im Besitz des ganzen Amtes war. Die Anwartschaft auf das Stephanische Dritteil wurde 1444 dem Pfalzgrafen Friedrich von Simmern zugeteilt. Die Pfandschaft blieb aber gemäss einer testamentarischen Bestimmung des Pfalzgrafen Ludwig III. bei der Kurpfalz, noch 1468 ist die Auslösung des Simmernschen Dritteils nicht erfolgt. Erst als die Kurwürde an den Pfalzgrafen Friedrich von Simmern (Kurfürst Friedrich III.) kam, wurde die neugegründete Simmerer Linie (der jüngere Bruder Friedrichs, Pfalzgraf Georg) auch mit dem Simmerischen Anteil an Stromberg ausgestattet[5]).

Wie im 18. Jhdt. die Pfalzgräflichen Rechte zu Waldalgesheim erweitert und ausgebaut wurden, ist im II. Band der Atlaserläuterungen S. 414 dargestellt.

---

1) Ebd. 2154.

2) Baur, Hess. Urk. II 164.

3) Scriba, Regesten, Rheinhessen 177. Codex Lauresham. II S. 163, Nr. 1267 ff.

4) Widder a. a. O. III 340 f.

5) StAKoblenz, Pfalz, Urkunden, Staatsarchiv, und Mainz, Urkunden, Staatsarchiv. — KrAWürzburg, Mainz, Weltlicher Schrank, Lade 17, Nr. 21.

2. Herrschaften in Strombergs Umgebung.

1. Amt Schweppenhausen.

In der näheren Umgebung Strombergs finden sich mehrere Ortschaften, welche verschiedene Familien des Ritterstandes von den Pfalzgrafen, Wild- und Rheingrafen, den Erzbischöfen von Mainz, den dortigen Stiftsvögten und Stadtpräfekten (Grafen von Rieneck am Main in Unterfranken) und den Herren von Bolanden zu Lehen trugen, oder auch als freie Allodien innehatten.

1. Schweppenhausen war seit dem Anfang des 18. Jhdts. Vorort eines gräflich Ingelheimischen Amtes, welches noch die Dörfer Schöneberg, Hergenfeld, Dörrebach, Seibersbach mit der Ruine der Burg Goldenfels und Waldhilbersheim umfasste[1]).

Ursprünglich besassen die von Ingelheim nur das Wildgräfliche Lehen zu Schweppenhausen. 1331 am 14. September traten Syfrid und Kûne Herren von Brule (Burgbrohl auf dem Maienfeld) dem Wildgrafen Johann von Dhaun das Haus Steyr, das Dorf Schindilberg und das Dorf Sweppinhusen, welche Stücke bisher Karle von Ingillinheym von ihnen zu Lehen trug, nebst einer Anzahl anderer Vasallen (Burgmannen auf dem Hause Steyr?) ab. Die sie diese Güter und Vasallen von Kurpfalz zu Lehen trugen, so baten sie die Pfalzgrafen Ruprecht und Rudolf, den Wildgrafen damit zu belehnen. Am 23. März 1332 belehnten die beiden Pfalzgrafen den Wildgrafen zu Dhaun mit den Lehen, die bisher die Herren von Brule innehatten, welche sie ihnen zu Stromberg aufgegeben hatten, die gelegen waren in dem Dorf Steyre, in Sweppenhusen und zu Symdelberg[2]). Diese Übertragung gab Veranlassung zu einem Rechtsstreit vor dem Kaiserlichen Hofrichter Herzog Ludwig von Tekke, in dem die Herren von Brohl 1339 zu einer Geldentschädigung von 1000 Mark Silber verurteilt wurden[3]). Vielleicht konnte der Wildgraf nicht in den Besitz der abgetretenen Güter kommen. Dies scheint auch der Fall zu sein, denn nachher findet sich im Wild- und Rheingräflichen Mannbuch Schindelberg gar nicht, Steiger nur noch einmal 1408 (Mühle zu Sweppenhusen, ein Morgen Wiese gelegen unter

---

1) Vgl. Fabricius, Erläuterungen z. geschichtlichen Atlas der Rheinprovinz II S. 540 f, Nr. 94—99, und S. 562.

2) Archiv der Fürstl. Rentkammer zu Coesfeld (Inv. der nichtstaatl. Archive der Prov. Westfalen, Beibd. I S. 453*, Nr. 182. 185). Dipl. Rhingr. (Habelsche Sammlung im Staatsarchiv Marburg) II 106. Am 1. Oktober 1332 bekundeten die Herren von Brule ihre Aussöhnung mit dem Wildgrafen; dieser hatte sie vor den Kaiser geladen, da sie den ihm verkauften Mannen verboten hatten, „daz si yme nicht hulden ensoldin". Sie versprechen die Huldigung anzuordnen und treten dem Wildgrafen noch drei weitere Lehnmannen ab. Dipl. Rhingr. II 121.

3) Archiv Coesfeld (a. a. O. S. 454, Nr. 189; S. 464*, Nr. 247). Dipl. Rhingr. II 169.

Steiger — Revers des Johann, gen. Rockenstroe von Partenheim gegen Rheingraf Johann Wildgraf zu Dhaun) vor, während Schweppenhausen Gericht und Zehnte fortwährend als Lehen der Wildgrafschaft Dhaun im Besitz der Herren von Ingelheim blieb[1]). Ausserdem wird nur im alten Mannbuch einmal einer Belehnung des Emmerich von Heppendorf mit dem halben Gericht zu Schw. ohne ein Sechstel und zwei Stücken Acker bei dem Dorf (1400 am 2. März) gedacht[2]).

Die Mühle zu Schweppenhausen und das Gut unterhalb Steyer kommen in Pfälzer Belehnungen vor: 1391 als Besitz des Henne Reid von Schonenberg, und 1400 als Besitz des Henne Huchelnheimer von Huchelnheim.

Einen Anteil am Gericht zu Schw. hat Pfalzgraf Ruprecht II. 1374 und 1380 von Claus Snelle erkauft. 1395 versetzte ihm Philipp von Ingelheim seinen Anteil am Gericht Schw.[3]).

Diese Urkunden widersprechen sich zum Teil. Einige Aufklärung über die Verhältnisse bringen die Angaben des Weistums von 1407[4]): darnach hatten die Schöffen und Dingleute zu Sweppenhusen „Hern Pflips von Ingelnheym bizher vor einen obirsten herren daselbst gehalden, nu hett er daßelbe sin gerecht offgegeben hern Hirten vorgen. (von Sauwelnheim): den und sine gemeyner halden sy nu da vor iren obirsten herren und richter uber hals und heupt in feld und in dorffe, als verre als ire gerecht gee".

Die Bannmühle im Dorf „haben juncker Johann Huchelnheimer und die sinen, als lange yen verdencke, alwege gehabt, und die nu uff unsern gnedigen hern den Römischen konig als einen pfaltzgraven by Rine und die sinen bracht, und haben her Pflips von Ingelnheim noch sine gemeyner deyl oder gemeyn an derselben banmülen nye gehabt". — Demnach hatte der Wildgraf kein Recht, diese Mühle 1408 an Johann Rockenstroe von Partenheim zu verleihen, sondern sie war, wie die Wiese oder der Hof unter Steyger, ein Kurpfälzisches Lehen.

„Me so wyesten sye, umb daz sie zu den banmülen und banbackhuse (das dem Herrn Philipp von Ingelheim und zur Zeit dem Hirt von Saulheim zustand) also gedrungen sin, darumb sollen die dru gerechte wasser und weide gebruchen als verre, als

---

1) Archiv für Hess. Geschichte u. Altertumskunde. Neue Folge IV (1907) 445—510. Nr. 65, 24, 164, 217, 290.

2) Ebd. Nr. 58. Spätere Belehnungen von Herren von Ingelheim auch in den Mannbüchern der Wild- und Rheingrafen von 1506 (1508 Karl von Ingelheim) in Coesfeld und von 1609 im StAKoblenz.

3) Regesten der Pfalzgrafen I 5345, 6285, 5068, 5087, 5647, 6757.

4) Grimm II 184 (die hier in Betracht kommenden Angaben über die Person des Gerichtsherrn sind bei Grimm fortgelassen und dem Original des Notariatsinstrumentes über das Weistum im StAKoblenz; Reichsritterschaft Kanton Niederrhein, Amt Schweppenhausen) entnommen.

Sweppenhuser mark und Steyger gerecht gehe". Hier ist von
drei Gerichten die Rede, die gemeinschaftliche Almendenutzung
in der Schweppenhäuser und der Steyger Gemarkung (also in dem
ganzen Umfang der jetzigen Gemarkung Schweppenhausen, vgl. oben
S. 161 Anm. 6) hatten. Es gab also ausser dem Steygergericht zu
Schw. zwei Gerichte, deren eines mit dem Blutbann ausgestattet
war und den Herren von Ingelheim als Lehen von der Wildgraf-
schaft Dhaun zustand.

Die beiden Lehen zu Schweppenhausen bestanden neben-
einander fort, bis im Jahre 1701 Graf Franz Adolf Dietrich von
Ingelheim zu dem Wildgräflichen Anteil auch den Pfälzischen von
Jost von Reubern ankaufte und zu dem von dem Mainzer Kur-
fürsten Anselm Franz. von Ingelheim gestifteten Familienfideikommiss
schlug. Derselbe Graf kaufte im gleichen Jahr die Dörfer Dörre-
bach und Seibersbach von der Familie Wolff von Sponheim[1]).
Dieses Rittergeschlecht war schon zur Zeit des Pfalzgrafen Stephan
(1410—1459) Gerichtsherrschaft der beiden Dörfer, bei welchen
ehemals noch zwei kleinere Ansiedelungen, Udenhausen und Vil-
bach lagen[2]). Um 1400 empfingen Hermann von Katzenellnbogen
zu Leibersheim und Wilhelm Pfaff von Blenichen (Laubersheim
und Planig) das Vogtrecht, nämlich von jeder Hausstätte einen
Rauchpfennig, zu Dornbach, Syferspach, Dudenhusen, Wyndesheim
sowie von dem Hof Vilbach zu Lehen Pfalzgraf Ruprecht III.[3]).

Nach dem Mainzer Lehenbuch I. im Kreisarchiv Würzburg[4])
hatte um 1420 Johann von Friesenheim, den man nennt von
Wachinheim Durrenbach Sibersbach die Dorffer, Udenhusen und
Vilbach die Hoiffe mit den Gerichten und Zugehörungen es sy an
Wassern, Welden, Weyden und allen andern ihren Zugehorungen"
zu Lehen vom Erzbischof Konrad I. aus dem Hause der Wild-
grafen. Von demselben Erzbischof wurden 1425 drei Glieder der
Familie Wulff von Spanheim, Konrad. Werner und Heinrich, jeder
mit einem „Viertel an diesen hernachgeschreben Dorffern, mit
Namen Dornbach, Sifersbach, Villebach, Udenhusen, Gerichten,
Wasser und Weyde, Felde, Welde, Fogtie, und Herschafft in den
obgen. Dorffern Zweiteil an dem Zehenden, Atzunge, Leger, Fron-
dienste zu denselben Dorffern gehorende, mit eynem vierden Teyle
aller irer Zugehorunge in Gemeynschafft ander siner Ganerben"
belehnt[5]). Johann von Friesenheim gen. von Wachenheim hat
also auch nur einen vierten Teil an dieser Herrschaft besessen.

---

1) Rhein. Antiquarius II 16, S. 132 ff.
2) KrASpeyer, Zweibrück-Veldenzer Copialbuch X 169.
3) Regesten der Pfalzgrafen I 6251.
4) Mainzer Lehenbücher I S. XXV, CXXVII, 161, CCI, CCLXII (die
Folien sind links mit römischen, rechts mit arabischen Ziffern bezeichnet).
5) Nach dem Tode des Werner W. v. Sp. geht dessen Anteil an
Heinrich über (1433). 1432 wurde Henichin W. v. Sp. mit einem Halbteil
in Gemeinschaft mit andern Gewerben belehnt.

Nach den Weistümern von 1508 und 1559 waren die Wölfe von Sponheim „oberste Fauthherren, denen die Fauthey in diesen Dörfern lehenshalb zuständig ist", während als „rechter Grundherr" der Erzbischof von Mainz erscheint. Die Rechte des Vogtherrn bestanden in Atzung und Herberge bei dem Schultheissen (auf Gemeindekosten), Frohnfahrten zwischen Ingelheim und Böckelheim, hoher und mittlerer Gerichtsbarkeit (Blutbann und Frevel), Zins von jedem Gutsbesitzer, zwei Bannbackhäusern. Gegen gewalttätige Eintreibung der Zinsen und Strafgelder durch die Herren ohne Mitwirkung des Gerichts wird im Weistum 1508 Verwahrung eingelegt. Auch sonst scheint es nicht an Streitigkeiten zwischen den Gemeinden und ihrer Herrschaft gefehlt zu haben. Am 31. Dezember 1565 erfolgte vor Kurmainzischen Räten eine Schiedsverhandlung zwischen diesen beiden Parteien, worin unter vielen andern Punkten auch bestimmt wurde, dass die Beholzigung mit Bau- und Brennholz, die Viehtrift, die Beforstung und die Waldrügen im Gemeindewald „Gretingsburgk" den beiden Gemeinden zustehe, die Junker haben nur das Recht, Bau- und Brennholz aus dem Wald zu entnehmen und zwar nur für ihre Häuser in den beiden Dörfern [1]).

Eine brauchbare Karte der Herrschaft Dörrebach und Seibersbach mit Eintragung des Burgfriedens Goldenfels, der als strittig mit der Stadt Stromberg bezeichnet wird, des Alten Schlösschens, der Höfe Aulenhausen und Vilbach, sowie der Rudera des Klosters Atzweiler im Wald an der Römerstrasse aus dem Anfang des 18. Jhdts., befindet sich in der Kartensammlung des Kreisarchivs zu Würzburg, Mainzer Serie Nr. 246. In den Erläuterungen am Rand der Karte ist von Grenzstrittigkeiten aus dem Jahre 1681 die Rede. Das auf der Karte erwähnte Kloster Atzweiler soll eine Niederlassung von Tempelherren gewesen sein. Indessen ist von einer solchen urkundlich nichts überliefert. An der Stelle stand vielmehr eine grössere römische Villa [2]).

Auch die Dörfer Schöneberg und Hergenfeld rührten von Kurmainz zu Lehen. Sie waren im Besitz eines Rittergeschlechtes von Schonenberg mit den drei silbernen Kreuzen im schwarzen Wappenschild. Später waren die von Schönenburg bei Oberwesel Besitzer dieser Herrschaft. Nach dem Tode des Grafen Emanuel Maximilian Wilhelm von Schomburg fiel das Lehen an das Erzstift Mainz zurück, und Kurfürst Anselm Franz verlieh es seiner Familie, die dafür 7000 Gulden entrichtete. Es wurde zu dem Fideicommiss der Gräflich Ingelheimischen Familie geschlagen [3]).

---

1) St A Koblenz, Reichsritterschaft, Kanton Niederrhein, Amt Schweppenhausen. — Grimm, Weistümer II 806.
2) J. Wagner, Kreis Kreuznach 112.
3) Rhein. Antiquarius II 16, 132 f.

Die älteste Nachricht über dieses Schöneberg, die ich auffinden konnte, ist in der Urkunde vom 6. Dezember 1335 enthalten, mit der der Wäpeling Peter, genannt von Schonenburg dem Grafen Johann von Sponheim, Herrn zu Kreuznach, seinen Teil am Schloss Schonenburg als ein lediges offenes Haus verschrieb, um sich daraus gegen Jeden zu behelfen, nur nicht gegen den Erzbischof und das Erzstift von Mainz, von dem er diese Veste zu Lehen hatte[1]).

Nach dem Weistum (undatiert, 16. Jhdt.)[2]) war der Junker von Schoenbergk ein Herr dieses Orts, soweit das Gericht gehet, zu richten über Hals und Bein, auch zu binden und zu entbinden. Wasser und Weide durch diese Gemarken soll der Junker aus Gnaden seinen Hintersassen zu gebrauchen vergünstigen, wie vor Alters. Der Junker und der Pfarrer haben sich zu ihrer Notdurft im „Bretzenheimer Wald" zu beholzigen, der Gemeinde stand nur Gebbel- oder Giffelholz, Dörner und liegendes Holz zu „aus Gnaden der Junkern" und „wo ein Nachpaur im vorgen. Wald ein ghrün Holtz hawen thet und damit vom Schützen erfunden (wird), der soll verfallen sein 15. Albus unsern gn. Junkern". Die Gemeinde musste dem Junker frohnen, wenn ihm ein Haus zu bauen von Nöten war.

Eine Schenkung Ottos des Grossen an das Kloster St. Alban vor Mainz über den Königshof Hergiesfeld in der Grafschaft des Grafen Emicho im Nahegau ist von seinem Sohne König Otto II. am 21. Juli 963 beurkundet worden, während der Kaiser in Italien weilte[3]).

Im Lehenbuch des Erzbischofs Konrad von Mainz[4]) findet sich die Notiz, dass am 9. März 1420 Peter, Heinrich und Konrad, Gevetter von Schonenberg, ihr Mainzer Mannlehen empfangen haben, nämlich „zum ersten daz Sloß Schonberg Burg und Dorff, als verre daz Gericht geet, und den Kirchsaße daselbst. Item eyn Burnwiese und die Wiese zuschen den Wyhern; item eyn Bergwiese und eyn Schaffwiese. Item Herchenfelt den Kirchensatze und daz Gerichte mit siner Zugehorunge. Item den Hettelnberg. Item den Banne der Welde. Item Gysemanshusen mit siner Zugehor".

Der „Hetzelberg" liegt nordwestlich von Hergenfeld, links vom Fahrweg nach Schöneberg. Westlich davon finden sich auf einer Heidenfläche die Namen „in Göbushausen, auf Göbushausen", und nördlich von Hetzelberg „Göbushausen am Grohphul" auf den

---

1) Lehmann, Grafen von Spanheim I 143.
2) Bei den Akten und Urkunden des Amtes Schweppenhausen im StAKoblenz.
3) Mon. Germ., Dipl. II S. 17, Nr. 9. Vgl. die Erläuterungen Sickels zu dieser Urkunde in den Mitteilungen des Instituts für Österr. Geschichtsforschung. Erg.-Bd. II, 1888, S. 82.
4) Fol. 11 (KrAWürzburg).

Katasterkarten der Gemarkung Hergenfeld (Fluren 4 und 5) eingetragen. Der westlich daranstossende Wald heisst „Göbus". Ob dieses Göbushausen mit dem „Gysemannshusen" der Urkunde auch sprachlich in Verbindung gesetzt werden darf, ist zweifelhaft. Dennoch glaube ich, dass der in der Urkunde genannte Ort hier zu suchen ist. Der Name des anstossenden Waldes „Göbus" kann den ersten Teil des Ortsnamens verdrängt haben.

Eine andere Wüstung scheint mir in der Gemarkung Schöneberg Flur 1—3 zu liegen. Dieser Distrikt heisst jetzt „im Lehen" und die dort gelegene Mühle an der Grenze mit Dörrebach, die durch die Lehnbach gebildet wird, „Lebenmühle". Ich glaube darauf die Lehensurkunden über ein Dorf und Gericht Hedwilre, Hedewilre, Hidewilre bei Schonenberg beziehen zu dürfen, welche im Zweibrück-Veldenzer Kopialbuch des Kreisarchivs zu Speyer[1]) enthalten sind. 1328 bekundet Ruprecht von Spanheim Edelknecht, er wolle wegen des Dorfes Hedwilre Lehensmann des Grafen von Veldenz bleiben. Sein Lehengut zu Bockenau hatte er an den Ritter Johann Bruder von Spanheim abgetreten und den Grafen gebeten, diesen zu belehnen. 1388 hatte Wilhelm von Schonenberg das Dorf Hidewilre bei Schonenberg von der Grafschaft Veldenz zu Lehen. 1422 war das Dorf und Gericht Hedewilre im Besitz des Heinrich von Schonenberg. 1454 war Konrad von Schonenberg mit Hedewiler unter Schonenberg und 1462 dessen Sohn Philipp mit Dorf und Gericht Hedwiler von der Grafschaft Veldenz belehnt.

Waldhilbersheim gehört zu den Besitzungen der Grafen von Rieneck am Main, die nebst den Grafen von Looz oder Loon in Belgien Erben der alten Stadtgrafen und Stiftsvögte von Mainz waren. Anfangs des 16. Jhdts. waren damit drei Rittergeschlechter belehnt, die Flachen von Schwarzenberg, die Stumpfen von Waldeck und die Marschalke von Waldeck, gen. von Ueben. Am 18. Dezember 1519 wird das Lehen zu Waldhilbersheim gelegen mit Gerichten, Leuten, Gütern, Zinsen, Kirchsatz, Vogtei, Weingarten, Hölzern, und was darzu gehört und soviel ihnen daran zustehet oder gebühret, es sei wenig oder viel, durch Georg Flach von Schwarzenberg von Graf Philipp von Rieneck empfangen, und 16. April 1521 belehnte der Graf den Johann Stumpf von Waldeck mit 3 Morgen in dem Hofweingarten, stossen auf den Mühlenteich, 6 Morgen hinter den Zäunen nieden an dem hohlen Weg, 3 Morgen stossen an Simons Lande von Sponheim, 4 Morgen, da der Herrenpfad durchgeht, dem Mannwerk, ihrem Teil des Gerichts, $^1/_4$ des niedern Steinthal zugehörig, ihrem Teil des Zehnten, des Kirchsatzes, des obersten Gerichts — Alles zu Hilbersheim gelegen. Eine Belehnungsurkunde eines Marschalks von Waldeck habe ich bisher noch nicht aufgefunden[2]).

---

1) I 316 v., 327 v.; XII 150, 196.
2) de Gudenus, Cod. dipl. V S. 596, 600. Arch. d. hist. Vereins von

1533 [1]) hatten Eberhard, Hans, Friedrich, Johann und Sebastian Flachen von Schwarzenberg Irrungen mit Konrad Stumpf von Waldeck für sich und neben Ulrich Landschad von Steinach als Vormünder der Kinder wailand Wolfen Marschalks von Waldeck, gen. von Ueben wegen der Vogtei Waldhilbersheim, mit deren Beilegung Dietrich von Schonburg, Amtmann zu Stromberg, und Friedrich Kämmerer von Worms, gen. von Dalberg, Amtmann zu Oppenheim, betraut wurden. Die von Schwarzenberg wollten die Vogtei zu W. von der Grafschaft Rieneck zu Lehen getragen und seit 40 Jahren ruhig besessen haben; doch nun würden sie von denen von Waldeck in diesem Besitz angefochten. Die Stumpfen und Marschalke von Waldeck beriefen sich dagegen auf einen Vertrag zwischen ihrer Familie und den Flachen des Inhaltes, dass Friedrich Flach und seines Bruders Sohn Philipp für ihre Lebenszeit im Besitz der Vogtei bleiben, jedoch den Rechten der Herren von Waldeck keinen Eintrag tun sollten. Nach ihrem Tode sollten die von Waldeck in den Genuss der Vogtei gelangen, und dann wieder ein Flach die Nutzniessung haben. Die Flachen erklärten von diesem Vertrag nichts zu wissen und verlangten Vorlegung der Urkunden. Schliesslich entscheiden die beiden Schiedsrichter, dass zunächst Konrad Stumpf die Vogtei zu verwalten habe; nach seinem Ableben solle sie an die Marschalke von Waldeck-Ueben übergehen, und erst dann wieder an die Flachen von Schwarzenberg kommen. Doch solle von jedem Stamm immer nur eine Person die Vogtei innehaben, und diese solle den Untervogt oder Gerichtsschultheissen ernennen und in Eid nehmen, der jedoch allen Stämmen gleichmässig verpflichtet sein soll. Auch die Einnahmen aus der Vogtei sollen den drei Stämmen in Gemeinschaft zugehören. Diesen Vergleich soll der Graf von Rieneck bestätigen.

Ende des 17. Jhdts. besassen die Flachen diese Vogtei in Gemeinschaft mit dem Grafen von Schönburg und dem Freiherrn von Eltz. Der Schönburger Anteil fiel mit deren Aussterben an den Lehenhof der Grafschaft Rieneck (damals in Händen des Kurfürsten von Mainz) zurück; Kurfürst Anselm Franz reichte ihn seinem Verwandten, dem Grafen Franz Adolf Dietrich von Ingelheim, dem er auch den von den Flachen ihm verkauften zweiten Anteil zuwandte. Das Eltzische Dritteil kam an den Freiherrn von Greiffenclau, und wurde 1733 für 20 600 Gulden an den Grafen von Ingelheim verkauft [2]).

Unterfranken 20 (1870) S. 320. — Nach der Urkunde im StAKoblenz, Kurpfalz, Staatsarchiv 216, verkaufte Johann Stumpf von Waldeck am 20. Februar 1429 dem Pfalzgrafen Ludwig seinen Halbteil an Waldhilbersheim für 25 Gulden (!).

1) Dipl. Rhingr. V 67.
2) Rhein. Antiquarius II 16, S. 132.

2. Herrschaft Dalberg.

Südlich von Schöneberg und Hergenfeld lag die Herrschaft Dalberg, bestehend aus dem Schloss und Tal Dalberg (M 21), den Dörfern Wallhausen (M 21), Sommerloch (M 21), Spabrücken (M 20, 21) mit der Wüstung Schlierschied, den Höfen Eschborn, Obere und Untere Hub. Dazu gehörte auch der Weiler Münchwald, die Dadenborner Mühle und der nördlich von diesem Komplex getrennt gelegene Weiler Wald-Erbach. Auch ein Anteil an Wald-Algesheim hat eine Zeitlang dazu gehört.

Das Schloss Dalberg ist um 1170 von Godebold (III), Herrn zu Wirbach (Weierbach, Georg-Weierbach an der Nahe) erbaut worden[1]). Sein Enkel Johann, der 1235 und 1239 vorkommt, nannte sich von Dalberg. Dessen Sohn Otto von Dalberg traf am 23. April 1292 für seinen Todesfall bei Mangel an Söhnen Bestimmungen, über den Anfall seines vom Hochstift Speyer zu Lehen rührenden Schlosses Dalburg und des Dorfes Waldenhusen an seine Gemahlin Agnes und seine Verwandten, die Ritter Godefrid und Johann von Randeck, seinen Schwager Winand von Waldeck und Rudolf von Ansenbruch, sowie Godefrid, den Sohn der Schwester der genannten von Randeck[2]). Er scheint aber doch noch einen Sohn bekommen zu haben, den Anton von Dalberg, der 1304 und 1315 genannt wird. 1315 nahm er den Johann Kämmerer von Worms in die Gemeinschaft des Schlosses Dalberg auf und bat den Bischof von Speyer, denselben zu belehnen[3]).

So gelangte die Burg Dalberg in den Besitz des Geschlechts der Kämmerer von Worms, die ihrem Namen bald den Zusatz „genannt von Dalberg" hinzufügten. 1367 einigt sich der Kurfürst Ruprecht von der Pfalz mit den Gemeinern von Dalberg, Diether Kemmerer und Peter Kemmerer, Rittern von Worms, Emmerich von Waldeck, Edelknecht, und den Brüdern des Peter Kemmerer, Wolf und Johann, über die Oeffnung der Burg Dalburg gegen jedermann, ausgenommen den Bischof von Speyer, von dem sie zu Lehen rührte[4]). Ein Lehenbrief des Bischofs Reinhard von Speyer für Diether Kämmerer von Worms über die Burg Dalberg und das Dorf Wallhausen (Talburg und Walldenhusen), datiert vom 21. April 1439[5]).

Zum Kirchspiel Wallhausen gehörte der Hof Dadenborn,

---

1) Bodmann, Rheingauische Altertümer I 100: „Dominus Godeboldus de Wirbach, qui castrum Dalburch primo edificavit". — Rhein. Antiquarius II 16, S. 160—253 gibt die Beschreibung der Herrschaft Dalberg, ihrer Rechtsverhältnisse, Verwaltung usw. nach Sittel, und die Geschichte der Kämmerer von Worms Freiherren von Dalberg bis zum Fürsten-Primas.
2) Gudenus, Cod. dipl. V 602. — MRR. IV 2003.
3) Rhein. Antiquarius II 16, S. 172.
4) StAKoblenz, Reichsritterschaft, Kanton Niederrhein, Herrschaft Dalberg, Originalurkunde 17.
5) Remling, Urkundenbuch zur Gesch. d. Bischöfe v. Speyer II 213.

den einst der ältere Godebold, der Gründer der Burg Dalberg, zur Sühne für die Unterlassung eines Kreuzzuges, den er gelobt hatte, dem heiligen Bernhard, und dieser dem neugegründeten Kloster Eberbach im Rheingau geschenkt hatte. Da die Cistercienser für ihre Güter von der Abgabe des Zehnten befreit waren, entstanden um 1195 Streitigkeiten zwischen dem Abt Meffrid von Eberbach und den Zehntherren zu Waldenhusen, Godebold dem Jüngeren als Kollator und dem Kleriker Godefrid als Pastor, wegen des „Nuweroth"-Zehnten vom Hofe Dadenburn, den der Abt mit einer Geldrente, welche ein Bruder des Godebold, Eberhard, dem Kloster vermacht hatte, ablösen musste. Das Kloster erweiterte seinen Besitz durch Erwerbung daranstossender Grundstücke. Unter anderm hatte der genannte Eberhard und seine Gemahlin Lugardis ein Grundstück geschenkt. 1219 wurde zwischen den beiden Parteien ein neuer Vergleich geschlossen. Vor den Schöffen zu Waldenhusen sprachen der Schultheiss und sämtliche Einwohner dieses Dorfes mit ihrem Pastor Godefrid die Abtei von der Entrichtung des Zehnten von dem Hofe Dadenburne frei, nachdem der Edle Godebold von Wierbach ihre Kirche durch Uebergabe zweier Weingärten „in Breitwiesen" entschädigt habe. Godebold bekundete als „Vogt zu Waldenhusen" seinen Verzicht auf die ihm zustehende Hälfte des Zehnten und der Bischof Konrad von Speyer gab dazu seine Einwilligung als Lehensherr (21. Febr.) [1]).

Andere Güter bei Dadenborn hatte das Kloster Eberbach gegen Erbzins von dem Kloster Sponheim erworben. Das Kloster Sponheim verkaufte diese Güter später dem Grafen von Sponheim, der sie für sich behielt. Eberbach erlangte 1255 durch das geistliche Gericht zu Mainz die Herausgabe der Güter gegen Zahlung einer Geldentschädigung an den Grafen Simon von Sponheim [2]). Wahrscheinlich lagen diese Güter im Gebiet der Grafschaft Sponheim, zu der der anstossende Soonwald gehörte. Aus dieser Lage des Hofgutes von Dadenborn in den Territorien der Aemter Dalberg und Winterburg ergaben sich allerlei Grenzstreitigkeiten. 1476 stellten die Schöffen des Dalbergischen Gerichts zu Spabrücken fest, dass sowohl der Hof als auch die Mühle zu Dadenborn zu ihrem Gerichtsbezirk und somit zur Herrschaft Dalberg gehörten. Das Kloster Eberbach hatte den Hof an Junker Ulrich von Leyen verpfändet, der dort einen Hofmann einsetzte und die Güter bewirtschaften liess. Daran hinderte ihn der Junker Hans Kämmerer von Dalberg, so dass der Hof damals wüst lag [3]). Zwischen den Inhabern der Grafschaft Sponheim (Pfalz und Baden) und den Herren von Dalberg wurden wiederholt wegen der Zu-

---

1) MRR. II 750, 1416, 1417, 1422.
2) Ebd. III 1250.
3) StAKoblenz, Reichsritterschaft, Kanton Niederrhein, Reichsherrschaft Dalberg. Urkunden 46, Original.

gehörigkeit der Dadenborner Mühle zu dem Amt Winterburg oder zur Herrschaft Dalberg Verträge geschlossen. So 1484 und 1513, in welchem den Herren von Dalberg die Ausscheidung der Mühle aus dem Gerichtszwang zu Winterburg und das Jagd- und Fischrecht in dem dort gelegenen Münchwald zugestanden wurde [1]).

Dieser Streit lebte nach dem dreissigjährigen Krieg wieder auf, als die Herrschaft Dalberg im Münchwald eine neue Ansiedelung errichtete und dieser Nutzungsrechte im Soonwald übertrug, die früher das ausgegangene Dorf Schlierscheid bei Spabrücken hatte. Sponheim reklamierte die sechs dort angesiedelten Haushaltungen als seine Untertanen. 1784 erkannten die Freiherren von Dalberg die Sponheimische (Badische) Landeshoheit und Lehensherrlichkeit über Münchwald an [2]).

Spabrücken hatte um 1338 eine Kapelle, der der dort ansässige Edelknecht (armiger) Udo, und seine Frau Agnes, Güter bei Kirchheim-Bolanden schenkten [3]). 1483 (April 24) gestattete der Administrator des Erzbistums Mainz, Albrecht, dass für die Filialisten von Wallhausen, die zu weit von der Mutterkirche entfernt wohnten, ein Taufstein zu Spabrücken aufgestellt werde [4]). 1486 erscheinen die Kämmerer von Worms als Pfleger der Kirche Spabrücken und der Bischof Johann von Worms, Pastor zu Wallhausen, als deren geistlicher Oberer. Es scheint eine Art Stift mit mehreren Geistlichen (Vikarien) dort bestanden zu haben.

Sommerloch gehörte nicht zur Pfarrei Wallhausen, sondern zur Pfarrei Roxheim in der vordern Grafschaft Sponheim. 1241 wurde der Pfarrer David von Roxheim von den Bauern zu Sommerloch erschlagen, weil er die Rechte der Kirche gegen sie verfochten hatte [5]). Nach dem Amtsprotokoll der Herrschaft Dalberg von 1574 stand die Collatur der Kaplanei zu Sommerloch dem Klösterlein St. Catharinenthal zu, das sie dem Pfarrer zu Roxheim zu verleihen pflegte. Am Zehnten hatten die Freiherren von Dalberg ein Sechstel [6]).

Wald-Erbach kommt schon in der Urkunde des Kaisers Otto III. über den Binger Wald als Eberbach vor (996, Nov. 6) [7]). Es scheinen dort mehrere Adlige angesessen gewesen zu sein. Am 11. November 1227 gestattete Graf Simon von Sponheim als Lehensherr, dass der Ritter Heinrich von Sarmsheim seine Güter zu Erbach und Hilbersheim dem Nonnenkloster St. Katharinen schenke, nachdem derselbe andere Güter ihm zu Lehen aufgetragen hatte [8]).

---

1) StAKoblenz a. a. O. Urkunden 51, Orig. Nr. 80, Abschrift.
2) (von Stramberg) Rhein. Antiquarius II 16, 162.
3) StAKoblenz, Reichsritterschaft, Herrschaft Dalberg (Dorf Spabrücken). Urkunde 10, Orig.
4) Würdtwein, Nova subsidia diplomatica IX S. iv.
5) Trithemius, Chron. Spanh. 277.
6) StAKoblenz a. a. O. Urkunde 135, Kopie.
7) Gudenus, Cod. dipl. I 24. Mon. Germ. Dipl. II S. 648, Nr. 233.
8) MRR. II 1822.

Am 25. Mai 1374 einigten sich die Ritter Peter, Wolf, Johann und der Edelknecht Diether, Kämmerer von Worms, mit Heinrich Bottendal von Drethlingeshusen wegen der beiden Parteien gemeinschaftlich zustehenden Collatur der Kapelle zu Erbach bei Stromberg. Die Ausübung dieses Rechtes sollte darnach künftig dreimal hintereinander den Kämmerern gesamter Hand, das vierte Mal dem Heinrich Bottendal zustehen „in alle der Massen, als wir (Teil) han an dem Gerichte zu Erbach vorgenannt" [1]). Diese Verteilung der Richtergewalt ist noch im 16. Jhdt. die gleiche: nach dem Weistum 1555 erkennt man für Oberherren „die strengen, edlen und ehrenfesten Herren und Junker von Worms gen. Dalberg drey Theile und Johann Hilchin von Lorich zum vierten Theil ... also dass sie oder wen sie verordnen zu strafen haben Dieb und Diebin, auch Bruch und Frevel zu setzen ein jeglicher zu seinem Theil" [2]). Im Jahr 1577 war der Anteil des Hilchen von Lorch an Johann Vogt von Hunolstein übergegangen [3]). Dieses Viertel am Dörflein Walderbach wurde am 16. Januar 1642 mit aller Obrig- und Gerechtigkeit durch Otto Philipp Christoph, Vogt von Hunolstein, und seine Frau, geb. von Degenfeld, an Friedrich Dietrich, Wolfgang Hartmann und Johann Kämmerer von Worms, Freiherren zu Dalberg, Gebrüder, für 375 Gulden Frankfurter Währung verkauft [4]).

Ausser den Gerichtsherren waren noch andere Adlige an den Gütern zu Walderbach beteiligt. Die Kämmerer von Dalberg brachten auch diese Besitzungen nach und nach an sich, so 1504 den Hof des Volpert von Schwalbach und seiner Frau Anna von Döring, gen. Biedenkopf, und 1549 den Hof des Heinrich von Handschuchsheim und der Margareta von Stauffenberg.

1650 erhielt Jean Marioth, Patrizier von Lüttich, der in Walderbach ein Hüttenwerk anlegen wollte, die dem Hause Dalberg gehörigen adligen Höfe in Erbbestand mit der Befugnis, auch die Bauerngüter aufzukaufen; nur sollte das Dorf „in esse" verbleiben, die Häuser und Güter in gutem Stand und Bau erhalten werden, alle Abgaben sollten nach wie vor dem Amt Wallhausen zugeführt und diejenigen, welche die Güter bauen würden, als Dalbergische Untertanen angesehen werden.

Dass Walderbach mit Roth, Genheim und Warmsroth an dem Viergemeindewald beteiligt war, ist schon oben erwähnt. 1577 wird bei der Verlesung des Weistums besonders darauf hingewiesen [5]). Damals wurde auch die Grenze des Gerichtsbezirks, der ein eigenes Hochgericht besass, festgestellt. Diese begann bei

---

1) Rhein. Antiquarius II 16, S. 220 f.
2) StAKoblenz, Kurpfalz, Aemter und Orte, Oberamt Stromberg, Dorf Walderbach. Urkunde 3, Abschrift.
3) Ebd. Nr. 6.
4) Rhein. Antiquarius II 9, S. 721 f., woher auch die folgenden Angaben entnommen sind.
5) S. oben S. 164 Anm. 1.

der Warmsrother Heide an einem Kappesacker, umschloss dann
die Vogtshecke (Fauthshecke, jetzt Geishecke), am sechsten Stein
scheiden sich die Gemarkungen Walderbach, Warmsroth und Wald-
algesheim, dann ging die Grenze über Warmsloch durch einen
Wiesengrund (Cromwiese, jetzt krumme Wiese) Kellerhecke zum
Hasselpfad (der durch die Hasselwiesen zieht) und zur Landstrasse
von Stromberg nach Waldalgesheim, mit dieser Strasse auf Strom-
berg zu, bis zum Stromberger Gericht (auf dem Platz, der noch
jetzt „hinter dem hohen Gericht" genannt wird), von dort im
rechten Winkel über die Höhe an den Weg, der von Stromberg
nach Walderbach führt, unterhalb dieses Weges wende die Grenze
sich nach Walderbach zu bis zu einem Stein am genannten Weg,
wo wieder eine Wendung nach links gemacht wird und es dann
ziemlich gerade aus durch das Ackerland und an einer Wiese
(Hinter-, jetzt Kirchenwiese) vorbei nach dem ersten Stein zurück-
kehrt[1]). Streitige Punkte waren damals nicht vorhanden.

Dass die Kämmerer von Worms, genannt von Dalberg, auch
Anteile an Waldalgesheim hatten, ist bereits S. 156 bei der Be-
schreibung des Amtes Stromberg gesagt. Wann diese Anteile an
die Herren (Grafen) von Schomburg (Schonenburg bei Oberwesel)
gekommen sind, muss noch ermittelt werden.

3. Die Burg Leyen und das Dorf Rümmelsheim.

Nach einer nur in einer Schottschen Abschrift in den Diplo-
mata Rhingravica erhaltenen Urkunde des Erzbischofs Adalbert
von Mainz bestätigte dieser am 20. März 1125 dem Kloster Disi-
bodenberg die Güter zu Rimmelisheim, im Gau Nahgowe, in der
Grafschaft des Grafen Emecho von Smedeburc, welche der Freie
Godebold von Leye ohne Widerspruch seiner Söhne dem Kloster
geschenkt hatte, als er dort als Mönch eintrat[2]). Unter den Zeugen
sind genannt die Brüder Graf Emich von Schmidtburg und Ger-
lach von Veldenz, Graf Meinhard von Sponheim und Wolfram vom
Stein und sein Sohn Wolfram. Um 1206 zählt Rheingraf Wolfram
das allodium Rimmilsheim cum castro Leiga unter den Besitzungen
seines Schwiegervaters Werner von Bolanden auf, an denen er
Teil zu haben beanspruchte[3]). Er scheint sich wirklich in den
Besitz gesetzt zu haben, denn am 27. März 1217 verpfändete er
das Dorf Rimilsheim mit der Burg Leiga an den Raugrafen Ger-
hard, dem er seine Hilfe aus dieser Burg versprach[4]). Nach dem
späteren Bolander Lehenbuch (vor 1268) war das Schloss Leigen

---

1) Auszug aus den Katasterkarten im Katasterarchiv der Königl.
Regierung zu Koblenz.
2) MRR. II. Nachträge zu I, Nr. 2221.
3) Trier. Arch., Erg.-Heft 12 S. 26, Nr. 50.
4) MRR. II 1317.

wieder im Eigentum der Herren Werner V. und Philipp von Bolanden. Sie hatten es aber an verschiedene Ritter verliehen[1]).

Am 22. August 1430 schloss der Erzbischof Heinrich von Mainz mit Zustimmung des Domkapitels einen Vertrag mit den Ganerben des Hauses Leyen, nämlich Philipp gen. Valysen, Konrad gen. Fust, Johann von Bleyneche (Planig), Schylies von Leyen, Philipp von Ingelnheym, Heinrich gen. Fust von Stromberg, Johann Marschalk von Waldecken, Ulrich von Leyen und Heinrich von Stromberg, Rittern, und Philipp gen. an der Pforten, dessen Bruder Johann, Emmerich gen. Eynolf, dessen Bruder Philipp, Siegfried von Stromberg und Friedrich gen. Capple Knechten, Rittergenossen von Leyen. Diese Rittergenossen sind vom Erzbischof zu des Erzstifts Mainz besonderen Dienern gewonnen und als solche in Schutz genommen worden. Das Haus Leyen soll des Erzstifts offnes Haus sein, doch nicht wider die Herren, von denen es zu Lehen rührte, und gegen die Ganerben und ihre Magen. In einem Krieg des Erzbischofs gegen solche bleibt das Haus Leyen neutral. Neu aufgenommene Ganerben sollen diesen Vertrag beschwören und ihre Briefe darüber geben[2]).

1366 waren die Gemeiner: Ulrich von Leyen, Heinrich und Hedwin von Stromberg, Philipp von Ingelheim, Johann von Planig, Pfaffe, und sein Bruder, Jost und Johann von Waldeck. und sein Bruder, Johann Faust und Lamprecht, sein Bruder von Stromberg, Johann Marschalk, sämtlich Ritter, Friedrich Cappell, Siegfried von Stromberg, Karl von Ingelheim, Philipp Valyſsen, Friedrich sein Bruder, Herrn Eynolfs Söhne, Edelknechte. Sie machten einen Burgfrieden des Inhalts, dass ihrer keiner jemand enthalten soll, es sei Fürst, Stadt, Herr, Ritter oder Knecht, ausser gegen einen Beitrag zur Verbesserung des Hauses: ein Fürst soll 20 Gulden, vier Armbrüste, acht Wächter geben, so lange sein Krieg währt, und den Torknechten zwei Gulden, eine Stadt ebensoviel, ein Herr halbsoviel, ein Ritter oder Knecht fünf Gulden, eine Armbrust und zwei Wächter, so lange sein Krieg währt, und dem Pförtner oder Torknecht ein Gulden. Wer von den Gemeinern einen solchen aufnimmt, soll für alles einstehen, und daran sein, dass solches dem Bauwner (dem Vorstand der Ganerbschaft) gehandreicht werde[3]). Die Ritter und Gemeiner zu Leyen vermieteten also ihre Burg an die kriegsführenden Parteien.

Um diese Zeit war die Burg Leyen Lehen vom Grafen Hein-

----

1) Sauer, Aelteste Lehenbücher der Herrschaft Bolanden. — Köllner, Herrschaft Kirchheim-Boland 53 (Giselbert von Birstadt, Friedrich, Heinrich und die Söhne Philipps von Ockenheim).

2) KrAWürzburg, Mainzer „Libri registri" V 54.

3) StAKoblenz, Rhein. Reichsrittersch. Canton Niederrhein, v. Leyen, an der Nahe Nr. 5: Ein Fascikel Urkundenabschriften und Auszüge betr. die Burg Leyen a. d. Nahe und die Gemeiner daselbst (geschrieben 30. Jan. 1653).

rich von Sponheim-Dannenfels, Herrn zu Bolanden. Als Teilhaber
an der Burg werden im Lehenbuch dieses Grafen noch genannt
Lamprecht Fust von Stromberg, Georg von Leyen, Philipp und
Karl von Ingelheim [1]).

1384 23. Juni schlossen die Gemeiner von Leyen, Johann von
Blenchen, Emmerich Rost, Marschalk von Waldeck, Johann Fust
und Lamprecht Fust, Gebrüder von Stromberg, Ritter, Philipp und
Friedrich Falysen, Gebrüder von Leyen, Henne und Brenner von
Stromberg, Gebrüder, Henne von Leyen, Ulrich und Philipp von
Leyen, Gebrüder, Georg und Friedrich von Leyen, Enolf von Leyen,
Gebrüder, die man nennt Capelle, Philipp von Ingelheim und
Wilhelm von Bleynchen, Edelknechte, alle Gemeiner zu Leyen,
einen Burgfrieden und Oeffnungsvertrag mit dem Erzbischof Adolf
von Mainz [2]).

Es hat keinen Zweck, hier die Gemeiner des Burgfriedens
von 1393 aufzuzählen. Zu den bisher genannten Familien von
Leyen, Falleisen, Faust von Stromberg, von Ingelheim, von Planig,
Marschall von Waldeck, ist darin auch die Mainzer Familie zum
Jungen vertreten. Es wird dann der Bezirk des Burgfriedens an-
gegeben. Derselbe soll angehen am Garten des Philipp Falleisen,
in den Binger Weg hinaus und den Pfad am Hötzborn wieder
hinein, um den Hof, und von da an des Philipp Falleisen Weide,
um den grossen Nussbaum, und daherum die wüste Erde neben
Ulrichs Weingarten heraus, gleich durch des Friedrich Capellen
Weingarten an Philipp Apfelbaum, und auf dem Bongert längs
wieder auf den Binger Weg. Dieser Bezirk scheint nur die engere
Umgebung der Burg umfasst zu haben. Wie aus den Bezeich-
nungen hervorgeht, waren die Grundstücke unter die Gemeiner
verteilt [3]).

Zuwiderhandlungen wider die Bestimmungen des Burgfriedens,
besonders hinsichtlich der Verpflichtung zu Geldzahlungen, konnten
zuletzt zu Verlust des Anteils an der Ganerbschaft führen. Die
einzelnen Anteile konnten verpfändet, verkauft und sonst ver-
äussert und geteilt werden. So bekennt 1408 Philipp von Leyen,
dass er den Anteil seines Bruders Friedrich, den die anderen Ge-
meiner wegen rückständigen Baugeldes an einen Juden verpfändet
hatten, wieder eingelöst und von den Gemeinern zu lebensläng-
lichem Besitz empfangen habe. So kommt es, dass immer neue
Rittergeschlechter in den Burgfrieden aufgenommen wurden. 1413
tritt die Familie von Frechenbach, 1441 von Albich, 1450 von
Schwalbach und von Rüdesheim, 1467 von Eltz, 1501 Göler von

---

1) Köllner, Kirchheim-Boland 168. — Rhein. Antiquarius II 16, S. 779,
Nr. 152, 780, Nr. 161.

2) Urkundenabschriften und Auszüge in Koblenz. Libri Registri in
Würzburg V 57.

3) Ebd. Original in Koblenz a. a. O. Nr. 7.

Ravensberg, 1516 Ulner von Dieburg, 1522 von Schonenburg, 1534 Mauchenheimer von Zweibrücken, 1541 Schütz von Holzhausen, in die Gemeinschaft ein, während andere austreten, wie 1500 die von Ingelheim [1]). So ist ein beständiger Wechsel in den Namen der Ganerben zu verzeichnen.

In den Bolandischen und später Nassauischen Lehensurkunden über Burg-Layen wird Rümmelsheim nicht mehr erwähnt. Die Ganerbschaft der Burg war jedoch immer im Besitz dieses Dorfes. Es wird als freies Eigentum behandelt. Dies geht aus dem Umstand hervor, dass Bartholomäus Fust von Stromberg, als er sein Dorf Eschenau, das ihm durch Heirat mit Johannette von Ramberg zugekommen war, ohne zu wissen, dass es Lehen von der Wildgrafschaft sei, verkauft hatte, dem Wild- und Rheingrafen Philipp Franz am 9. September 1558 sein Viertteil an Rummelsheim, das er als Eigentum besass, zu Lehen auftrug [2]). Einige Jahre vorher, am 17. April 1553, hatten sich die Gerichtsjunker zu Rümmelsheim, Philipp Ulner von Diepurg, Bartholomäus und Lamprecht Faust von Stromberg Gebrüder, Jörg und Christoph, Herren zu Eltz Gebrüder, Bernhard Mauchenheimer von Zweibrücken, Ebert und Philipp von Leyen (die damals auch Ganerben auf Burg-Layen waren), über Backhaus-Zins und Weinschank zu Rümmelsheim geeinigt [3]).

Kurz vor der französischen Revolution ging die Burg und Herrschaft Layen mit Rümmelsheim an die Vormundschaft des Fürsten von Bretzenheim über [4]).

4. Das Dorf Waldlaubersheim.

Ob sich die Schenkung von Gütern zu Leibersheim und Gaginheim an das Lorscher Kloster von 767 auf Waldlaubersheim und Genheim oder auf Freilaubersheim und Jugenheim bezieht, hängt damit zusammen, wie die Grenze des Wormsgaues und Nahegaues damals zu ziehen ist, da die beiden Dörfer als zum Wormsgau gehörig bezeichnet werden. Im allgemeinen ist wohl anzunehmen, dass diese Grenze durch die Nahe gebildet wird. Wenn die Binger Mark in Urkunden von 766—773 und Gensingen 776 zum Nahegau gerechnet wird, kann Waldlaubersheim unmöglich zu dieser Zeit im Wormsgau gelegen haben [5]).

---

1) Originalurkunden (Belehnungen durch Grafen von Nassau und Burgfrieden), Urkundenabschriften und Auszüge in Koblenz a. a. O.

2) Mannbuch der Wild- und Rheingrafschaft von 1609 im StAKoblenz, Akten der Wild- und Rheingrafschaft III 6, fol. 65 im Exemplar I und 83 im Exemplar II.

3) StAKoblenz, Rhein. Reichsritterschaft, Canton Niederrhein, Herrschaft Leyen an der Nahe Nr. 34.

4) Atlaserläuterungen II S. 549.

5) Cod. Lauresham. II S. 30 f., Nr. 898 f.; S. 356 f., Nr. 2008—2010; S. 358, Nr. 2015. Vgl. jedoch J. Wagner, Kreis Kreuznach S. 73.

Die erste sichere Nachricht über Waldlaubersheim findet sich in dem Güterverzeichnis Werners II. von Bolanden. Demnach hatte dieser Herr den Kirchensatz zu Leibersheim mit den Filialen und zehntpflichtigen Ortschaften Gugenheim (Genheim), Rodc (Roth), Sueppenhusen (Schweppenhausen), Rencenberg (Wüstung) und Ogelenrode (Eckenroth) zu Lehen vom Grafen von Lon [1]). In der Verzeichnung der Allodialgüter Werners, auf die Rheingraf Wolfram nach dessen Tod Anspruch erhob, findet sich über Waldlaubersheim: „Allodium in Leibeirsheim cum hominibus et banno in villa, bundis, mansis censualibus, vineis dominicalibus et aliis vineis multis, que terciam vel quartam partem vini curie subserviunt, silvis, pratis et omni iuris dominatione totius ville" [2]). Die Herren von Bolanden hatten also eine Banngrundherrschaft zu Waldlaubersheim als freies Eigentum. Unter Werner V. war die Vogtei zu Leibersheim an den Burggrafen von Schoneberg verliehen und derselbe belehnte 1282 den Ritter Emmerich von Schoneberg mit dem dritten Teil des Fruchtzehnten, dem dritten Teil des kleinen Zehnten, dem sechsten Teil des Weinzehnten, der Hälfte des Patronats im Dorf Leybersheim, was früher Hubert der Jüngere von Schönberg zu Lehen hatte, mit Einwilligung Hugos und seines Neffen Merbodo [3]).

In dem Lehenbuch des Grafen Heinrich von Sponheim, Herrn zu Dannenfels und Bolanden, werden folgende Belehnungen, die etwa in die 1370er Jahre fallen, verzeichnet [4]): 1. Zorn von Schonenberg hat die Lehen, die Herr Lamprecht von Schonenberg, sein Bruder, hatte, zum ersten ihr Teil zu Leubersheim mit allem Rechte, das dazu gehört, und solche Lehen, als Merbodo von Schonenberg, gen. von Schornsheim, von den Herren von Bolanden zu Lehen hatten und worinnen sie in Gemeinschaft mit Merbodo sassen: den Kirchensatz zu Leubersheim mit allem Rechte, acht Morgen an den Bundenäckern, zwei Morgen Fronwingerten und andere Wingerten, die genauer angegeben sind. 2. Johann Rost von Schonenberg sein Teil an dem Dorfe zu Leubersheim, alle Nutze und Gefälle, die er dort hatte, zwei Wingerte und drei Morgen Acker. 3. Heinrich Zorn von Schonberg sein Teil zu Leubersheim, sein Teil an drei Wingerten zu Cübe und zwei Wingerten zu Leubersheim. 4. Johann Rost von Schonberg und Heinrich von Schonberg der Junge zu Leibersheim im Dorf und Gericht Wingerten, Acker, die Bede und alles, was zu dem Dorf gehörig ist. Sie haben es auch für ihre Brüder und Mage empfangen, die an dem Dorf berechtigt waren. Johann Rost ist noch besonders mit dem Kirch-

---

1) Dr. Sauer, Aelteste Lehenbücher der Herrschaft Bolanden S. 27.
2) Trier. Arch., Erg.-Heft 12 S. 26, Nr. 36.
3) A. Köllner, Gesch. d. Herrschaft Kirchheim-Boland S. 285.
4) Rhein. Antiquarius II Bd. 16, S. 757, Nr. 29; S. 762, Nr. 57; S. 764, Nr. 68 (für zu Strumberg uff dem Haus ist zu lesen uf dem Hane); S. 784 f., Nr. 182; S. 792, Nr. 202.

satz und seiner Zubehör belehnt worden. Endlich 5. Friedrich Rudolfs Sohn zu Schonenborg den Zehnten zu Leubersheim mit dem dazu gehörigen Zehnten zu Strumberg auf dem Hane (die Aecker, die der Herzog, nämlich der Kurfürst von der Pfalz, dort hatte, gaben keinen Zehnten, wodurch den Herren von Bolanden und ihren Vasallen Unrecht geschah).

Diese Lehen müssen zum Teil wieder an die Herrschaft Kirchheim-Bolanden zurückgefallen sein, denn 1438 übergaben die damaligen Besitzer dieser Herrschaft, die Grafen Philipp II. und Johann III. von Nassau-Saarbrücken, das Patronatsrecht zu Waldlaubersheim dem Kloster Rotenkirchen, von dem es nach der Reformation und Auflösung des Konvents 1551 wieder an den Landesherrn fiel [1]).

Wie Kurpfalz einige Rechte zu Waldlaubersheim erworben hat, ist oben gezeigt worden [2]). 1601—1608 herrschten Streitigkeiten zwischen Kurpfalz und Nassau wegen der Landeshoheitsrechte und des Wildfangsrechtes zu Waldlaubersheim [3]). Ein Nassauischer Bericht aus dieser Zeit ist erhalten in einer

Copia Extractus [4])

aus einer Verzeichnuß zu Kircheim sich befindend, alles dessen was Nassaw in's Ampts Kircheim Dörfern berechtiget vnd herbracht. (um 1575.)

Waldlauberßheim.

Hat 70 Hausgesäß oder Rauchstätte vnd erkennen die Inwohner meinen gnedigen Herren für obersten Gerichtsherrn so Gebott vnnd Verbott ober Hals vnnd Halsbein zu richten, wie auch der ends ein Hochgericht.

Der Fruchtzehenden wird in vier Theil getheilt, darahn mein gnediger Herr ein Theil, Pfarr ein Theil vnd Meinhard von Schönburg zwey theil, thut meinem gnedigen Herrn zu gemeinen Jahren etwan an Geld...

Der Weinzehenden wird zu dreyen theilen, Meinhard zwey vnd Nassaw ein Theil.

Der kleine Zehenden wirdt wie Fruchtzehenden getheilt.

Haben ein Eichenwald genanndt der Ronnberg, achten solchen für ihr aygenthumb, wie sie dann solchen bißhero ihres Gefallens gebraucht und genossen, vnd bisher Gebott vnd Verbott drin angelegt, haben auch das Ecker ihres Gefallens beschlagen. Die einigung druff fallend hält die Gemeind für sich, vnd was solche seind, weist das Gerichtsbuch. Sonsten haben Sie noch ein Gesträuch mit Hecken vff der Heydt, zugleich vff Haart genandt, darauß beholtzen sie sich ganz oben zum Brennen. Da einer will bawen, muß ers an andern Orten kaufen.

In dießem Flur hatt mein gnediger Herr zu jagen, ist aber nichts als Haasen-Jagt.

Schatzung und Stewer hatt mein gnediger Herr.

Ist bißhero der ends kein Ungeldt geweßen.

---

1) Köllner a. a. O. S. 286.
2) S. oben S. 159.
3) Köllner.
4) StAKoblenz, Reichsherrschaft Waldlaubersheim, Urk. 45. Das Original dieser Beschreibung der Herrschaft Kirchheim-Bolanden (mit Nachträgen und Berichtigungen von 1579 ab) befindet sich im KrASpeyer, ist aber nicht vollständig.

Haben bißhero diß Orths nit weiter gefronet, alß gen Wolstein gefahren vnd sey das das vornehmbste, daß sie Saltz zu Bingen geladen.

Mein gnediger Herr hat Bruch vnt freuell zu besetzen.

Hatt fallbare Leuth, vnd so es zum fall kömpt, giebt es das Besthaupt.

Pfarr zu verleyhen, hiebeuor Rodenkirchen, aber jetzt mein gnediger Herr.

An der Kirchen bawet Rodenkirchen die Gueb ob dem hohen Altar; das Corpus oder mittel der Kirchen Meinhardt von Schönburg, den Thurm vnd die Flügel mit sampt der Mawer haben hiebeuor die fünff Dorf gethan, nemlich Lauberßheim, Schweppenhaußen, Geheim, Eckenrodt, vnd Rodt; nun aber, nachdem die drey nechst gemeldte Dörffer nicht mehr darzu gehörig, muß Lauberßheim zwey theil vnd Schweppenhaußen einen theil thun.

Das Pfarrhaus soll Rodenkirchen zu bawen schuldig sein.

Mein gnediger Herr hat den Glöckner zu setzen vnd zu entsetzen.

Die Innwohner berichten, daß derends kein sonder Altar Gefäll, allein sagt alt Faust, daß ausm Glocken Zehenden, welches der vierte Theil ist, vnd wie obgemeldt, der Pfarrherr geneust, 9 Malder genommen, und bißhero Hans Jägers Sohn genossen, die mein gnediger Herr noch hat zu vergeben oder zu verschenken.

Im Gericht hats sieben Personen, die von der Obrigkeit oder deren Beampten erwehlet werden.

So hats auch den Büttel zu ordnen.

Item hatts in diesem Dorf vier Geschworne Steinsetzer.

Die Gerichte erkennen vff Nassaw und haben drey vngebottene Ding, darinn weisen sie, innhalt Gerichtsbuch, was mein gnädiger Herr allda hatt vnnd vornehmlich Wasser, Weyd, Weg vnd Steg.

Der Ends hatts ein klein Bächlein, Welgbach genent, giebt Krebs und allerley klein Fisch, in welchem vermög Weisthumbs jeder Innwohner darinn zu fischen.

Zinß vnd Gülten zu erneuen pflegen die Gerichte zu thun.

Wer Zins giebt, wieviel vnd wovon, weiset sonder Register.

Ihr Gemarck vnd derselben Anstößer seindt Langen-Lonsheim, Windesheim, Schweppenhausen, Stromburg, Rodt, Gehnem, Rümmelsheim, Algesheim vnd Dursheim, so alles ziemlichermaßen versteint.

Die Bannzeun werden vermög Weisthums gehandhabt.

So erstreckt sich Ihr Weydgang vf vorgesetzte Dorf.

Haben ein Halßgericht, so aber einer zuegreift, liefert man solchen nacher Kircheim, wirdt doch zu Laubersheim gerichtet.

Vnd fällt mein gnediger Herre deß Orths an Erbzins 3 Fl. 18 Alb. 3 ₰ 2 Hllr. Der ends hatt Nassaw vnd Rodenkirchen einen Atz; geben jetziger Zeit, so lang mein gnediger Herr will, 25 Fl.

In bemeldtem Dorf wird durch die Gemeind vom Backhauß (so sie vor 38 Jahren, als es abgebrannt, erblich bestanden vnd von neuem gebauet) Jahrs geben 8 Mldr. Binger, thut Kircheimer messung Korn 9 Mldr.

So werden an Erbzinsen vngeraden Jahrs Creutznacher mass Korn 2 Mldr. thut 2 Mldr. 1 Virntzel. Im geraden Jahr 1 Mldr. 5 Simmern 1 Dreyling, thut Korn...

Item giebt Schutheiß aus einem Acker genandt die Beundt, so 16 Morgen zu klein vnnd großem Feld, und hats, so lang mein g. Hl. will, 12 Mldr. Kreuznaher thut Kircheimer Korn 13½ Mldr.

Infolge von Verträgen vom 8. September 1615 und 3. April 1617, sowie vom 1. September 1625 wurde Waldlaubersheim nebst den Nassauischen Zehnten, Renten und Gefällen zu Langenlonsheim und Wöllstein an die Freiherren Dietrich, Johann Otto und Johann Eberhard von Schonberg, wiederkäuflich für 29309 Gulden überlassen, wobei sich der Verkäufer das Exercitium religionis und die Pfarrbestellung einschliesslich des Patronatsrechts, die Reichssteuer und Landrettungssteuer vorbehielt[1]). Die Freiherren von Schomburg wurden 1719 von den Grafen von Degenfeld beerbt und behielten bis 1785 den Ort, den sie infolge Kammergerichtsurteil vom 25. Mai 1787 an Nassau-Weilburg zurückgeben mussten[2]).

3. Oberamt Alzey.

Widder, Beschreibung der Pfalz III 1—260.

StADarmstadt, Abt. XIV, Saal- u. Lagerbücher, Rheinhessen, Conv. 2 und 3: 1. Alzeyer Saalbuch für Kurfürst Ludwig III. von der Pfalz, 1429—1432 (nicht vollendet). — 2. Saalbuch über die eigenen Menschen (Wildfänge in der Ausfauthei zu Alzey) von 1494. — 3. Saalbuch über die Ausfauthei zu Alzey 1576. — 4. Zinsbuche von Gelte, Kappen und Hünern des Amptes zu Altzey (nicht datiert, doch findet sich einmal die Notiz, dass die Veranschlagung im Jahre (14)62 erneuert worden sei. Da die Eroberungen des Kurfürsten Friedrich I. von 1470 noch nicht mit aufgenommen sind, ist die Herstellung des Zinsbuches in die acht Jahre 1462 bis 1470 zu setzen. — 5. Regalienbuch des Amts Alzey 1683. — 6. Kopialbuch über die Urkunden des Amts Alzey 1508. Nach den damals im Briefgewölbe des Heidelberger Schlosses aufbewahrten Originalen.

Als Kaiser Friedrich I. die durch den Tod des Pfalzgrafen Hermann von Stahleck erledigte Pfalzgrafschaft bei Rhein seinem Stiefbruder Konrad zuwandte (1155), scheint er ihm auch die alte Stadt Alzey überlassen zu haben, als Hauptort für das aus der Salischen und Konradinischen Erbschaft neu ausgestattete und umgestaltete Fürstentum. So kommt es, dass im Alzeyer Weistum die Bestimmung enthalten ist, dass der Pfalzgraf auf dem Stein zu Alzey fünfzehenthalbe Grafschaften zu verleihen habe[3]).

Zu Alzey scheint anfangs, abgesehen von den Lehen, nur ein sehr kleines und zerstreutes Gebiet gehört zu haben, in dem der Pfalzgraf unmittelbar Herr war. Erst im 14. und 15. Jhdt. haben die Kurfürsten die meisten Dörfer des nachher so grossen Amtes erworben.

Im Alzeyer Saalbuch von 1429 lautet der Abschnitt über die Amtsdörfer:

fol. 49. Diß sint die dorffer, die da dienent und gebent alle jar mime gned. herren, hertzog Ludwig dem pfaltzgraven zinse,

---

1) Ebd. Urk. 33. — Köllner a. a. O. S. 286 f.

2) Wegen der Wiedereinlösung hatten sich die Fürsten Carl August, Carl und Wilhelm Heinrich von Nassau schon am 30. Oktober 1749 sowie am 27. Januar und 13. Februar 1750 verglichen. StAKoblenz, Waldlaubersheim, Urk. Nr. 80, Orig.

3) Nach dem Abdruck bei Widder III 3 sollen es sein: Bergen, Cleve, Sayn, Wied, Virneburg, Nassau, Katzenelnbogen, Sponheim, Veldenz, Leiningen, Zweibrücken, Rheingrafen, Wildgrafen, Raugrafen, Falkenstein halber. In der ältesten erhaltenen Abschrift, nach welcher Freiherr Schenk zu Schweinsberg das Weistum im Archiv für Hessische Geschichte XIV 1879, S. 711 ff., herausgegeben hat, fehlen die Namen. Es lassen sich auch manche Bedenken dagegen geltend machen.

gulde, bede, sture und anderst, als sie herkommen sint, off die burg zu Altzey:

Primo Munster by Byngen ist myns gnedigen herren des pfaltzgraven, und daz halp deyle daran hant die Rynegraven von der Pfaltz zu lehen nach lude der brieffe daruber sagende.

Item myn obgen. gnediger herre hat 3 pfund 12 sch. von wyngerten daselbs gelegen zu zynse. Item 1 pfund heller von den Bunden zu zinse [1]).

Item Engelstad gybt alle jar 2 ℔ 8 ß zu zynse von husern daselbst.

Item Aspisheim hat sin sture an gelde an wyne und an korne viel jar gein Alczey geben, das fellet nu geyn Crutzenach [2]).

Item Wolffsheim das dorffe gibt alle jar 35 gulden vor atzunge; item 4 gulden von den wiesen daselbes; item zwene gulden von der hotten by saut Katherin; item von myns herren zehende daselbes; item bündenkorn daselbes [3]).

fol. 50. Item Nackam off dem Ryne, die vauthie daselbis, die ist halp myns herren des pfaltzgraven, und daz darzu gehoret [4]).

Item der huphoffe zu Selse, und sine hubener hant bit dem eyde gewiste, wanne myn gnediger herr der pfaltzgrave siner zinse daselbis nit wyse were, so sal ym der hubener by syme eyde rechnunge dun, und werez, das ir eyner eyn morgen hinderhielde, daz hieß eyn verstolen morge, der were myns gn. herren, und mochte sin gn. damit dun wie er wolle. (Im weiteren Verlauf dieses Weistums wird ein altes Saalbuch erwähnt.) Item 2 gulden 6 ß und 14 fierteyl wynes sint alle jar von obgen. huphoffe gefallen [5]).

Gogenheim. Item Gotfrit und Philips von Randecke gebrodere hant ir deyle an dem geriechte zu Gogenheim dem Pfalzgrafen halb verkauft um 310 Gulden [6]).

---

1) Zinsbuch 1462—70. Alzey: Martinszinse von Häusern und Grundstücken, fol. 1—7. Monster by Bingen: 4 Pfund 12 Schilling von Bunden und Wingerten, fol. 73.

2) Aspisheim: Korngülten und Weinzinsen von einzelnen Grundstücken, Korn und Geldzinsen von namentlich aufgeführten Einwohnern und Grundstücken, fol. 94—114.

3) Wolfsheim: 70 Gulden für Atzung, 8 Gulden von einer Wiese, 2 Gulden von der Hutten zu St. Katharinen usw. Zinsen von Grundstücken, fol. 72 v. Bunden: im Oberfeld 94 Malter 1 Firnzel 1 Kumpf, im Niederfeld 119$^{1}/_{2}$ Malter 1 Sümmer, fol. 122.

4) Nackheym: Pfalz und Philipp Boif sind oberste Faude, Pfalz hat $^{1}/_{6}$ von den Freveln, von jedem Haus 1 Huhn, 1 Malter Hafer und 3 Schilling. Edelleute, Priester, Schultheiss, Schöffen und Büttel geben nichts. Fautkorn. — Zins von Grundstücken, fol. 29.

5) Selse: Pfalz hat ein Hubgericht. Die Domherren zu Worms haben ein Wegegericht und $^{3}/_{4}$ am Dorfgericht. Palz hat davon 1$^{1}/_{2}$ Teile, fol. 39.

6) Gugenheim: Pfalz hat $^{1}/_{8}$ an Herrn-Symonsgericht: 7 Malter

Undenheim und Nordelsheim gehören zu der Pfalz, und dienen gen Alzey zu allen geboten.

Spiesheim. Friederich Wilche zu Spiesheim hat sin deyle geriechts daselbs myn gn. herren halp zu eigenschafft ingeben.

Item zu Ensheim wyne- und kornzehende ein teil dienet gen Altzey.

fol. 51. Kyngernheim by Odernheim ist myns herren des pfaltzgraven eygen, und dem Anthis von Hilnsheim zu lehen verliehen. Gibt Holzkorn.

Frittenheym ist myns herren des pfaltzgraven eygen und dienet gein Altzey zu allen gebotten [1]).

Dittelsheim. Der Pfalzgraf hat ein deyle zu Dittelsheim am Gericht, bede und fastnachthunre [2]).

Gymsheim off dem Ryne. Der von Rypelskirchen hat Gymsheim halb dem Pfalzgrafen verpfändet. Der pfälzische Bauhof daselbst ist um das Stift St. Katharina zu Oppenheim gekauft. Anthis Gale hat dem Pfalzgrafen einen Theil ($2^1/_2$/16) am Wynezehenden und am Fruchtzehnten, sowie an einem Gute verkauft [3]).

fol. 52. Eyche off dem alden Ryne hat der Pfalzgraf gekauft von Heinrich zum Jungen und seinen Ganerben mit allem Zubehör. Der Pfalzgraf hatte alldort drei „buwehoffe“, Bede und Zinse und darzu den Santhoffe mit aller seiner Zubehör [4]).

fol. 53. Hamman off dem gende (gehenden, fliessenden) Ryne gelegen [5]).

Ubersheim off dem Ryne. Das Stift St. Paulus in Worms hat dieses Dorf halb dem Pfalzgrafen übergeben.

fol. 54. Osthoven.

Westhoven. Das dorff mit dem halben geriecht gehört dem Pfalzgrafen.

fol. 58 v. Gondromsheim und Onsheim dienent gein Alczey. — 65 ß Geld [6]).

$3^1/_2$ Firnzel Korn, $2^1/_2$ Malter 1 Sümmer Hafer, 17 ſ 3 h Zins, 1 Kappen, 2 Hühner, $1^1/_2$ Gänse, fol. 15 v. 16.

1) Frittenheim: 2 Gänse von einem Stück Land, fol. 74. Zins und Gütten fol. 150 v.

2) Dittelsheim: Pfalz hat $^1/_4$ am Hubgericht, fol. 16.

3) Gymfheim: Pfalz hat das halbe Ungeld, die halbe Weydemiede und Reyen (25 Pfd. hllr.), alle Brüchten und Frevel halb, $2^1/_2$/16 an Frucht und Weinzehnten, Hof und Grundstücke, fol. 16 v.

4) Eyche: Zinsen am Jakobstag von dem Muleackere u. s. w. — Martinszinse zu Eyche. — Ferner zu Eyche 100 Mannsmaht Wiesen geforch Almand uf einer seit und of der andern seiten Anthis Basen von Bechtheim; 20 Mannsmaht of den Sehe stossend, das Lynenbruche, 12 Mannsmaht am Waddehoiche in der Auwen, 63 Morgen Wiesen beim Santhofe. — Ungeld zu Eyche von jedem Fuder Wein 1 ₰ h. Bede zu Eyche 4 ₰ 6 ß h, fol. 7 v—14.

5) Hamme: Maibede und Remigiusbede je 4 ₰ 6 ß. 6 ₰ 6 ß für Riserholz, geht auf und ab. 1 Gulden von Nawen (Nachenfähre). Zins von Grundstücken, fol. 17.

6) Gondersheim: 130 Pfund für Atzung Heller, fol. 18 v.

fol. 59. Guntheim. Burg und Dorf ist des Pfalzgrafen nach Laut der Briefe darüber [1]).

fol. 60. Niederflersheim. Das Dorf und Gericht ist halb des Pfalzgrafen.

Freynsheim.

fol. 61. Agersheim hat der Pfalzgraf verpfändet.

fol. 62. Uberflersheim dienet mym gnedigen herren mit allen geboten. Der Hof gibt 100 Malter Korn in den Kasten zu Alzey.

Flanborne dienet zu allen gebotten.

fol. 63. Eppelsheim dienet zu allen gebotten.

Heppenheim by Altzey dienet zu allen gebotten.

Esselborne.

fol. 64. Ulversheim gibt 2 Pfund Heller von der Vogtei.

Steden. Dort hat der Pfalzgraf einen „huphoiffe".

Walleheim dienet zu allen gebotten.

Frymersheim dienet zu allen gebotten [2]).

fol. 65. Kyedenheim gibt sture und bete mit denen von Altzey.

Wonsheim dienet auch gein Altzey [3]).

fol. 66. Krießfelt [4]).

Morsfelt [5]).

fol. 67. Rockenhusen [6]).

Imbswiler das sloß.

fol. 68. Alsentze [7]).

Altenbeymburg das sloß und dale [8]).

---

1) Gontheym: Pfalz hat ein Fünftel am Gericht, Bede, Ungeld, Kaufwein und Hühnern; Schotz 6 schilling 6 Heller, Zins von Grundstücken, 4 Haufen vom Zehnten, fol. 20 v. Wingerte um das Dritteil verliehen, fol. 149.

2) Freymersheim: Zinse, die früher Wernher Winther von Alzey zu Lehen hatte. Hubhof, Abgaben von Grundstücken (erneuert im Jahr 1462), fol. 74 v.—80.

3) Wonsheim: Pfalz drei Viertteile am Gericht, 9 Sümmer Korn Wegschnitt, 21 Gulden Bede, wovon 20 an Herrn Erkinger gezahlt werden, fol. 19 v. Zins von Grundstücken.

4) Krießfelt: Pfalz hat die Häfte am Gericht, der Graf von Nassau ein Viertteil. Pfalz hat 11—12 Schilling Heller, 7 Malter Hafer Zins, 18 Malter Holzhafer, $10^{1}/_{2}$ Malter Hafer von Wiesen, 1 Kappen, fol. 19.

5) Mersfelt: Zinsen von Grundstücken, fol. 30 v.—36.

6) Rockenhusen: freie Zinse (fol. 81 v.), Erbzinse (85), Hoiffezinse (88 v.), Kappenzinse (89), Salzzinse (91), Zehnten 81 Malter Korn, Hafer und Spelz, Bannkorn $5^{1}/_{2}$ Malter. 10 Malter Holzhafer zu Dirnbach, 25 Malter Holzhafer zu Katzenbach, 25 Malter Hafer vom Zehnten daselbst (fol. 93 und 93 v.).

7) Alsenz: Weizen- und Haferzins aus der 2 Herren Gericht von best. Grundstücken, davon hat Herzog Ludwig (der Schwarze von Zweibrücken) die Hälfte, fol. 21 v.—28.

8) Altenbeymburg: Raugrafen Ruprechts Zinsen (Pfalz $^{3}/_{4}$, Raugraf $^{1}/_{4}$), Zinsen der zwei Herzogen allein, gleich zu teilen, des Pfalzgrafen allein, des Pfalzgrafen und Raugrafen, jeder die Hälfte. Oleygülte des Pfalzgrafen u. s. w. (fol. 2, 38—70), Aecker und Wiesen (fol. 115 v.), Raugraf Ruprechts Haferzins (fol. 118). 1 Malter Korn und 9 Malter Hafer

fol. 69. Wynheim by Altzey.

Heymersheim dienet zu allen gebotten.

fol. 70. Albiche gibt Zins und Gülte, dienet zu allen Geboten [1]).

Schaffhusen. Der Zehnte ist dem Pfarrer von Alzey von der withumhobe wegen, die mein gn. herr innehat.

Und dann in dem Abschnitt „Bedekorn zu Alczey off die burg". Albich 80 Malter und 4 Pfund Heller (davon hat Heinrich Winter 20 Malter und 10 Schilling). Ausserdem 6 Pfund „Achtengeld". — Bledensheim 26 Malter Korn und zu jedem Malter 8 Heller. Montzenheim ebensoviel [2]).

Diese beiden Verzeichnisse bieten keine rechte Gewähr auf Vollständigkeit. Die nächsten Saalbücher in Darmstadt, das von 1494 und von 1576, handeln nicht von den eigentlichen Bestandteilen des Amtes Alzey, sondern von den auf dem ganzen „Gau" von Alzey bis Worms und Mainz, zwischen Nahe und Rhein zerstreut wohnenden pfälzischen Hörigen, die kraft des „Wildfangrechtes" und „Bastardfalles" dem Pfalzgrafen untertänig waren, ihm Leibbede zahlten und zu anderen Leistungen verpflichtet waren, und von etwa sonst dem Pfalzgrafen in diesen „Ausdörfern" zustehenden Rechten und Gefällen. Die Rechte und Einnahmen wurden als „Alzeyer Ausfauthei", Aussenvogtei, verwaltet und der darüber gesetzte Beamte war der „Ausfauth". Wenn ein solches Dorf zur überwiegenden Mehrzahl mit Pfälzischen „Ausleuten" besetzt war und der Pfalzgraf dort auch sonstige Rechte hatte, konnte es geschehen, dass auch die Banngewalt ganz allmählich in seine Hände überging und der Ort dem früheren Gerichtsherrn entwunden ward, ohne dass ein Vertrag darüber abgeschlossen worden wäre. Solche Orte finden sich dann später bei dem Amt Alzey als unmittelbare Amtsbestandteile.

Im folgenden soll der Versuch gemacht werden, die Zeit und Art der Erwerbung eines jeden Ortes des späteren Amtes durch Kurpfalz in Kürze festzustellen.

1. **Albig** (O 22, Kreis Alzey). Am 16. August 1354 übergaben Konrad und Johann, die Truchsessen von Alzey, dem Pfalz-

---

hat der Pfalzgraf von der Raugrafschaft wegen vom Hof zu Fallenbücken, den der Raugraf erblich verliehen hat (fol. 120 v.). Schirmgeld von Eckelsheim 20 Malter Hafer wurden früher nach Altenbeymburg geliefert.

1) Albich: 16 Schilling vom Hubhof, 3 Pfund 10 Schilling für Bedekorn, 6 Pfund Achtergeld, fol. 73.

2) Monzernheim und Bledensheim: jedes Dorf zahlt 17 Schilling 3 Heller für Bedekorn. Zu Albisheim hatte der Kurfürst Zins von einem Hof und Gut, das Werner Winter, Ritter von Alzey, zu Lehen hatte, fol. 72; zu Mauchenheim gehörten zu diesem Lehen 7 Kappen, fol. 74; zu Hoensteyn (Hochstätten an der Alsenz) hatte der Pfalzgraf mit dem Rheingrafen gemeinschaftliche Zinsen von Grundstücken, fol. 36. Das Bonengut in Gymmersheimer Mark gehörte dem Pfalzgrafen gemeinschaftlich mit Friedrich von Flersheim, einem Pastor und dem Herrn von Reipoltskirchen, die bestimmte Einkünfte davon hatten, fol. 150.

grafen Ruprecht II. das Dorf Albich mit 60 Malter Korngülte, das sie von ihm zu Lehen gehabt hatten und empfingen dafür zu rechtem Mannlehen die zwei Zehnten am Hoenborn und vor St. Johann in Alzeyer Gemarkung.

Widder 3, 201. — Regesten der Pfalzgrafen 1, 4490. — Wimmer, Geschichte der Stadt Alzey 56.

2. **Alsheim** (Q 22, Kreis Worms). 1393 verkaufte Graf Friedrich von Leiningen dem Pfalzgrafen Ruprecht II. einen Teil an der Burg zu Alsheim. Am 30. Dezember 1398 machten Johann und Peter Elsesser, Gebrüder von Erffenstein und Johann Esel von Bussesheim dem Pfalzgrafen ihre Veste Alsheim zwischen Worms und Oppenheim zu rechtem Mannlehen. Am 9. März 1463 verkaufte Konrad von Schweinheim an Kurpfalzgraf Friedrich einen Teil des Gerichts Alßheim für 80 Gulden. 1468 wird bezeugt, dass ein Viertteil an dem Gericht Alsheim dem Landgrafen Hesso von Leiningen zugestanden habe, dessen Erben die Gräfin Margareta von Westerburg und Pfalzgraf Friedrich seien. 1481 verkaufte Graf Reinhard von Leiningen-Westerburg seinen Anteil an den Pfalzgrafen Philipp. Indessen wurde noch 1532 das Gericht zu Alsheim als Leiningen-Westerburgisches Lehen den Gebrüdern von Flersheim (früher Adam von Randeck) verliehen.

Widder 3, 73. — Regesten der Pfalzgrafen 1, 5939. 6074. — StADarmstadt, Alzeyer Copialbuch fol. 25.

3. In **Alzey**, dem vicus Altiaiensis der Römer, soll Ada, die Schwester Karls des Grossen, begütert gewesen sein. 897 hat Kaiser Arnulf den Zehnten seines salischen Landes in Alceja, Scafhuson, Ulvenusheim et Rogkenhuson et in villis ad Rogkenhuson pertinentibus, dem Wormser Domstift (zum Altare des heil. Petrus in der Stadt Worms) geschenkt, de Gunzenfurdi usque in mediam Liutram decimum maltrarium de silva, et si quando exstirpata fuerit, decimum manipulum, et in pratis decimam carradam foeni, von den Gütern, die früher dem Grafen Erinfrid und seiner Gemahlin Adalgunde gehörten, bis sie auf einer Gerichtsversammlung in der Frankfurter Pfalz mit dem königlichen Fiskus vereinigt worden waren. Da die Stiftung zum Seelenheile des Erinfrid und der Adalgunde gemacht wurde, scheinen diese Güter durch Erbschaft an den Kaiser gefallen zu sein. 1074 war Alzey (urbs et ecclesia) im Besitz des Grafen Bertold und lag in der Grafschaft des Emicho vom Nahegau, und dieses Gut wurde damals dem Kloster Ravengiersburg geschenkt. Nach Trithemius soll nach mehreren Jahren ein Raugraf die Stadt von dem Kloster eingetauscht haben. Raugrafen gibt es aber erst seit 1140, wenn man nicht schon dem Nahegaugrafen Emich, dem Stammvater der Wildgrafen und der Raugrafen, diesen Titel beilegen will. 1103 vertauschte das Kloster Ravengiersburg die Kirche in Alzey mit dem Pfarrgut und dem Zehnten an das Stephansstift in Mainz. 1185 ging diese Besitzung an den Erzbischof von Mainz über.

1107 war Alzey im Besitz des Grafen Heinrich von Zütphen, von welchem es König Heinrich V. tauschweise erwarb. 1146 scheint es Residenz des Herzogs Friedrich II. von Schwaben gewesen zu sein, da berichtet wird, dass er dort von seinem Bruder, dem König Konrad III., in schwerer Krankheit besucht wurde. Aus der Salischen Erbschaft war Alzey an die Hohenstaufen gekommen.

Wann Alzey an die Pfalz gekommen ist, ist nicht überliefert; man hält es für wahrscheinlich, dass die Stadt durch Kaiser Friedrich Barbarossa dem Pfalzgrafen Konrad übergeben worden sei (1155). 1209 ist Wernherus dapifer de Alcei unter den Vasallen des Pfalzgrafen Otto genannt. König Rudolf verlieh am 24. Oktober 1277 auf die Bitte des Pfalzgrafen Ludwig II. der Stadt Alzey reichsstädtische Rechte, jedoch so, dass die dem Landesfürsten schuldigen Dienstleistungen bestehen bleiben sollten, und ordnete 1287 die Rechte des Pfalzgrafen, der Ritterschaft und der Bürgerschaft von Alzey im Alzeyer Stadtwald, was er den Truchsessen am 6. Juli bekannt machte. Die Alzeyer Ritterschaft scheint damals in Streit mit dem Pfalzgrafen gewesen zu sein, denn obgleich die Truchsessen Werner und Gerhard und die Wintronen Werner und Philipp am 30. Januar 1288 einen Frieden mit dem Pfalzgrafen geschlossen hatten, übergaben diese Ritter am 9. Juni 1289 ihre Burg in Alzey [1]) den Grafen Friedrich und Emich von Leiningen zu Lehen, mit dem Recht, den Winterischen Anteil im Falle eines ungerechten Angriffs des Pfalzgrafen zu besetzen. 1292 vermachte Gerhard Truchsess von Alzey seinem Schwiegersohn, dem Grafen Eberhard von Sponheim, seinen Teil an der Burg Alzey und am Truchsessenamt, Zins von Häusern in Alzey, Zehnten in Alzey, Ulvensheim, Rockenhausen und Schafhausen, Patronat zu Wolfsheim, Korn und Geld von der Bede zu Gundramsheim und Oensheim mit Einwilligung des Pfalzgrafen Ludwig II., von dem er das alles zu Lehen hatte, und Eberhard versprach am 8. September 1296, den ihm zugehörigen Teil der Burg Alzey nicht zu verkaufen, ohne ihn vorher dem Pfalzgrafen oder seinem Statthalter angeboten zu haben. Die Anteile des Wenz und Konrad sowie des Gerhard Truchsessen von Alzey und des Eberhard Grafen von Sponheim an der Burg Alzey wurden dann auch 1305 (20. April) von den Pfalzgrafen Rudolf I. und Ludwig angekauft. Nachdem Alzey 1316 an den Erzbischof Peter von Mainz verpfändet war, wurde es 1354 in der Teilung zwischen den Pfalzgrafen Ruprecht dem Aelteren und dem Jüngeren zu des Letzteren Anteil geschlagen. 1366 erlaubte Ruprecht II. den Bürgern das halbe Ungeld zum Bau ihrer Befestigung zu verwenden. 1391 gab der Kurfürst eine Ordnung über die Einschätzung und Erhebung der Bede durch den Amt-

---

1) Von dieser Burg ist der pfalzgräfliche Hof, „zum Saal" genannt, zu unterscheiden. Die pfälzische Ministerialenfamilie von Heppenheim bei Alzey trug davon ihren Beinamen vom Sale.

mann mit einer Kommission aus Rat und Gemeinde, über die Befugnis des Amtmannes, Rats und Bürgermeisters, die Wälder zu verbieten und die Bestrafung von Uebertretungen dieses Verbots, über die Kompetenz der Gerichte bei Streitigkeiten zwischen Bürgern und Auswärtigen, wobei das Gericht, wo der Beklagte wohnt, die Sache zu behandeln hat, aber verboten wird, die Sache an fremdherrliche Gerichte zu bringen.

An dem Alzeyer Wald, der in der jetzigen Gemarkung Kriegsfeld in der Bayerischen Pfalz, zwischen diesem Dorf und dem Hessischen Wald Vorholz, gelegen ist, waren ausser der Stadt noch 17 Dörfer zur Beholzigung berechtigt, mussten aber dem Pfalzgrafen Holzkorn und andere Abgaben zahlen, die von den einzelnen Pflügern in diesen Dörfern nach einem bestimmten Modus erhoben wurden, wie in einem Weistum genau beschrieben ist. Zu dieser „Forstschaft" gehörten Uffenheim, Wynheim, Heymersheim, Bornheim und Lonsheim, Bermersheim, Albeche, Geispesheim, Biebelnheim, Kungernheim, Freymersheim, Esselborn, Walheim (Grafengericht und Pfalzgrafengericht), Frymersheim, Kettenheim und Spiesheim, wozu als siebenzehntes Dorf wohl Schafhausen bei Alzey zu zählen ist.

Carl Wimmer, Geschichte der Stadt Alzey. Alzey (1874). — MRUB. I S. 429, 431, 466. — Regesten der Pfalzgrafen I 1011, 1166, 1199, 1278, 1366, 1511, 1950, 4956, 5984. — Baur, Hessische Urkunden II 284, 390, 403, 466, 518; III 354, 460. — Grimm, Weistümer I 798; IV 623, beide vollständiger in den Saalbüchern von 1429 und 1494 im StADarmstadt. Aus letzterem ist das für die staatsrechtliche Stellung der Pfalzgrafen bei Rhein wichtige „Weistum des pfalzgräflichen Hofes zu Alzey", neu herausgegeben von Frhr. Schenk zu Schweinsberg, im Archiv für Hessische Geschichte XIV, 1879, 711—717. Es ist darin noch nicht von der Stadt die Rede, nur von dem Fürstenhof, aus dessen Ministerialen die Schöffen genommen sind, die alle Ritter sein sollen. 1344 bestanden die 14 Schöffen zu Alzey bereits zur Hälfte aus Bürgern. Es ist daher anzunehmen, dass der Inhalt des Weistums weit älter ist, und teilweise bis auf die Zeit zurückreicht, in der Friedrich I. die Pfalzgrafschaft seinem Bruder Konrad überliess. „An die alte Pfalz Alzey scheint damals die Gesamtheit der pfalzgräflichen Rechte angeknüpft worden zu sein." Die reichsstaatsrechtlichen Vorrechte der Rheinischen Pfalzgrafen werden im Weistum ähnlich dargestellt, wie im Schwabenspiegel. — Ueber den Wald Vorholz noch die Urkunden: 1308 Aug. 16; Pfalzgraf Rudolf I. gestattet dem Kloster St. Johann bei Alzey, dürres Holz aus seinem Wald Fürholz zu holen (Regesten der Pfalzgrafen I 1585); 1477 erteilte Pfalzgraf Philipp dem Kloster Sion die gleiche Berechtigung (Scriba, Regesten, Rheinhessen 3282, wohl irrtümlich zum 12. Nov. 1377: Kurfürst Philipp reg. 1476—1505).

4. Armsheim (O 21, Kreis Oppenheim) war aus der Veldenzer Erbschaft an den Pfalzgrafen Ludwig den Schwarzen zu Zweibrücken gekommen und wurde am 30. Juni 1470 vom Kurpfalzgrafen Friedrich I. erobert und im Frieden vom 2. September 1471 behalten. Pfalz-Zweibrücken verzichtete nochmals 1489.

Widder 3, 199. — Brilmayer, Rheinhessen 38. Näheres wird ein Aufsatz über die Grafschaft Veldenz in den „Mitteilungen des historischen Vereins der Pfalz" bringen.

5. Aspisheim (N 20, Kreis Bingen). Aspisheim, Dromersheim und Wolfsheim waren Lehen von Kurpfalz im Besitz der Ritter von Montfort. Dromersheim wurde 1391 an Kurmainz abgetreten. 1430 verkaufte Friedrich von Montfort Aspisheim ganz und Wolfsheim halb an seinen Lehensherrn, den Kurfürsten Ludwig III. von der Pfalz.

Widder 3, 193. — Regesten der Pfalzgrafen I 3831, 4760, 5594, 5896, 5909, 6100. 1383 verpfändete Friedrich von Montfort die Dörfer Aspisheim und Wolfsheim für 400 Goldgulden an den Grafen Simon III. von Sponheim und wiederholte diese Pfandschaft 1389. Lehmann, Sponheim I 267. 269.

6. Bechenheim (O 22, Kreis Alzey) war aus Raugräflichem Besitz an die Grafen von Sponheim-Dannenfels und von diesen an die Grafen Nassau gekommen und gehörte zum Amt Kirchheim. 1579 wurde der Ort durch die Grafen Philipp und Albrecht von Nassau an den Kurfürsten Ludwig VI. von der Pfalz abgetreten.

Widder 3, 246. — Köllner, Kirchheim-Boland 122, 197.

7. Bermersheim (P 23, Kreis Worms) war Lehen der Grafschaft Leiningen und wurde 1464 durch den Inhaber Nagel von Dirmstein an Kurpfalz verkauft.

Widder 3, 114.

8. Biebelnheim (P 22, Kreis Oppenheim). Die Grundherrschaft daselbst gehörte dem Erz- und Domstift zu Mainz, die Vogtei und hohe Gerichtsbarkeit den Herren von Hohenfels. Am 20. Januar 1382 verkaufte Hermann von Hohenfels dem Pfalzgrafen Ruprecht II. seine Herrschaft und Vogtei des Dorfes Bibelnheim by Gawodernheim (mit Ausnahme der Lehenmannen, die zum Schilde geboren sind) und Wilgesheim, das Dorf bei Zotzenheim, mit Leuten, Grundeigentum, Markt und Wildbann für 500 Gulden. Am 22. März 1384 verkaufte Gerhard Vetzer, Ritter von Geispitzheim, dem Pfalzgrafen seine Burg und Veste im Dorfe Bibelnheim, die er als Lehen zurückempfing, und verzichtete auf die Herrschaft und Vogtei daselbst. Am 15. November 1391 vertauschten der Erzbischof Konrad von Mainz und sein Domkapitel ihr Dorf Bibelnheim an den Pfalzgrafen Ruprecht II. gegen das Dorf Dromersheim. In der Pfälzischen Erbteilung von 1410 kam Bibelnheim an Pfalzgraf Stephan und 1457 an Pfalzgraf Ludwig von Zweibrücken und Veldenz, der es 1471 an den Kurpfalzgrafen Friedrich überlassen musste. Seitdem war der Ort dauernd mit dem Amt Alzey verbunden.

Widder 3, 50. — Regesten der Pfalzgrafen I 5143, 4527, 5158, 5159, 5376—5378, 5391, 5922, 5923.

9. Blödesheim (P 22, Kreis Worms) war schon 1277 pfälzisch und 1395 belehnte Kurfürst Ruprecht II. den Johann June von Lorchin mit 15 Malter Korngült auf der Bede zu Bledensheim. Ruprecht III. (der König) verlieh 1401 das Dorf und Gericht Bledesheim dem Hans von Rossheim. 1429 wurden 26 Malter Bedekorn in den Kasten zu Alzey geliefert.

Widder 3, 91. — Regesten der Pfalzgrafen I 5609, 6412. — Scriba, Regesten, Rheinhessen 3539. Darf nicht mit der Wüstung Bleidensheim bei Hahnheim verwechselt werden.

10. Dalsheim (P 23, Kreis Worms). Am 27. August 1395 verzichtete Graf Friedrich von Leiningen auf alle seine Ansprüche auf Dalsheim zugunsten des Pfalzgrafen Ruprecht II., der ihn am 3. September mit einem Viertteil daran belehnte und einen Burgfrieden mit ihm schloss. Am 10. September befreiten beide die Edelleute, welche in Dalsheim begütert waren, von den Steuern und Abgaben, damit sie desto getreulicher den Burgfrieden wahren möchten.

Widder 3, 115. — Regesten der Pfalzgrafen I 5630, 5633, 5636, 6175, 6176 (Alzeyer Burglehengüter in Dalsheimer Mark, um 1400).

11. Dautenheim (O 22, Kreis Alzey). Die meisten Güter und die Obrigkeit in dieser Gemarkung gehörten dem Kloster Weidas oder Marienborn südwestlich vom Dorf. Am 20. Februar 1531 beurkundete Kurfürst Ludwig V., dass er die Aebtissin Apollonia von Frankenstein und den Konvent zu Weidas in deren Gerechtigkeiten im Dorfe Dautenheim, das sie ihm zur Hälfte abgetreten hatten, schützen wolle. Die Zustellung des halben Dorfes erfolgte mit Willen des Abtes zu Eberbach, des über das Kloster gesetzten Visitators, vorbehaltlich der Einkünfte des Klosters, am 22. Oktober 1531. 1551 wurde das Kloster Weidas, wie andere Pfälzer Klöster, mit Bewilligung des Papstes Julius III. aufgehoben und die Gefälle und Güter der Universität in Heidelberg überwiesen, aber durch Vergleich 1563 von dieser an die kurfürstliche Rentkammer abgetreten. Kirchensatz und Zehnten zu Dudenheim bei Weidas hatte um 1432 Syfrid Bocke von Erffenstein zu Lehen von der Grafschaft Sponheim.

Widder 3, 88. — Würdtwein, Monast. Palat. VI 93, 96. — Wagner, Geistl. Stifte 2, 123 f. — Generallandesarchiv Karlsruhe, Copialbuch 1369, fol. XIX v.

12. Dienheim (Q 21, Kreis Oppenheim). Am 24. August 1495 verkaufte Weigand von Dienheim dem Kurfürsten Philipp von der Pfalz die Vogtei von Dienheim mit aller Ober-, Herrlich- und Gerechtigkeit, die er von Wirich von Daun, Herrn zu Falkenstein zu Lehen trug, als erbliches Eigentum und wies die Untertanen zur Huldigung an den Käufer.

Widder 3, 59.

13. Dintesheim (O 22, Kreis Alzey). Der Grundbesitz in der Gemarkung gehörte den Klöstern Weidas und Gommersheim. Die Pfälzer Rechte leiten sich aus der Schirmvogtei über diese Klöster her.

Widder 3, 93.

14. Dittelsheim (P 22, Kreis Worms). Um 1200 hatte Wer-

ner II. von Bolanden den „comitatus" in Heseloch und Ditelns-
heim zu Lehen vom Grafen von Katzenelnbogen. Daraus ergaben
sich Rechte des Hauses Bolanden, die 1579 durch die Grafen von
Nassau an Kurpfalz abgetreten wurden. Einen Anteil am Hubgericht
besass nach dem oben mitgeteilten Eintrag in die Saalbücher von
1429 und 1462 bereits der Kurfürst Ludwig III. von der Pfalz.
Auch die Raugrafschaft scheint an dem Dorfe beteiligt gewesen zu
sein. Nach dem Niedergang des Raugräflichen Geschlechtes be-
lehnte Kurfürst Philipp 1477 den Eberhard Vetzer von Geispitzheim
mit dem Anteil an Dorf und Gericht Dittelsheim, den die Vetzer
und ihre Ganerben bis dahin vom Raugrafen Otto zu Lehen gehabt
hatten. 1489, 1571, 1603 und 1606 brachte Kurpfalz auch die An-
teile derer von Wachenheim und der Kämmerer von Worms an sich.

Sauer, Aelteste Lehenbücher S. 24. — Köllner, Kirchheim-Boland
S. 197. — Widder 3, 70. — Vergl. unten bei der Beschreibung der Herr-
schaft Bolanden, wo die ausführlichere Darstellung erfolgt.

15. Dorndürkheim (P 22, Kreis Worms). Um 1279 hatte

Werner V. von Bolanden die Vogtei über dieses Dorf, das sonst
Beziehungen zum Hochstift Worms und zum Stift St. Paul daselbst
hatte. Schon Werner II. von Bolanden hatte einen Burgmann von
Odernheim, Hertwin von Durincheim, mit Gütern in diesem Dorf
belehnt, die den Mönchen zu Otterberg gehörten. Das Gericht und
ein Gut von 50 Morgen Acker soll von den Bolandern an die Rau-
grafen gefallen sein, die die Schlüchterer von Erfenstein damit be-
lehnten. Dieses Lehen wurde 1502 durch Kurpfalz vergeben. 1579
überliessen die Schlüchterer die St. Georgskapelle in Dorndürkheim
der pfälzischen Verwaltung.

Baur, Hess. Urkunden II S. 293, Nr. 318. — Sauer, Aelteste Lehen-
bücher S. 32. — Heidelberger Handschrift üb. d. Raugrafschaft fol. 57 v., 58.

16. Eich am Altrhein (Q 22, Kreis Worms) ist von den

Herren von Hohenfels aus dem Stamme Bolanden nach mehreren
Besitzwechseln an Heinrich zum Jungen Schultheiss zu Oppenheim
gekommen, dessen Witwe 1406 versprach, das Gericht dem König
Ruprecht für die Pfalz zu verkaufen, falls der Graf Simon von
Sponheim von seinem Auflösungsrechte keinen Gebrauch machen
würde. Das Stift St. Paul in Worms hatte die Grundherrschaft
und überliess 1413 die Hälfte des Dorfes an Kurfürst Ludwig III.,
damit derselbe die Huben des Stiftes in Schutz und Schirm nehmen
möchte. 1418 und 1420 erwarb der Kurfürst auch die an Werner
Füllschüssel von Nierstein, Friedrich Jost von Bechtolsheim und
Hermann von Udenheim vererbten Anteile aus dem Nachlasse Hein-
richs zum Jungen und vereinigte so die Gemarkung Eich nebst
den Höfen zum Sand und Mückenhausen mit dem Amt Alzey, wie
das Saalbuch bemerkt.

Baur, Hessische Urkunden II 791; III S. 45, Nr. 976; S. 57, Nr. 997;
S. 373, Nr. 1282; S. 389, Nr. 1298. — Widder 3, 79. — Vgl. die Ausführungen
unten in der Beschreibung der Herrschaft Hohenfels-Reipoltskirchen.

17. Eimsheim (P 22, Kreis Oppenheim). Eberhard Kämmerer von Gutenberg überliess am 11. November 1357 den Brüdern Werner und Johann Rost das Dorf Ymesheim, das sie bisher von ihm zu Lehen getragen, als eigenen Besitz, was Kaiser Karl IV. 1359 bestätigte. Solche Uebertragungen pflegten dann zu geschehen, wenn die Belehnten das Beneficium veräussern, besonders einem Kloster schenken wollten. Dies scheint hier der Fall zu sein, denn später war das Dorf im Besitz des Klosters Weidas, das am 23. August und am 17. September 1485 mit dem Pfalzgrafen Philipp Verträge schloss, durch welche es die Hälfte des Dorfes und Gerichts Imsheim demselben abtrat, damit er die dortigen Höfe und Güter des Klosters in Schutz nehmen sollte, welche das Kloster sich ausdrücklich vorbehielt. 1551 wurde Eimsheim mit dem übrigen Weidasser Besitz der Heidelberger Hochschule, und 1565 der kurfürstlichen Hofkammer zugewiesen, wodurch es ganz mit dem Amt Alzey vereinigt ward.

Widder 3, 63. — Scriba, Regesten, Rheinhessen 2748.

18. Einselthum (O 23, Bezirksamt Kirchheimbolanden). Um 1194 hatte Werner II. von Bolanden die Präfektur über Ensilsheim von dem Grafen von Leiningen zu Lehen. 1467 war Hans von Wachenheim vom Landgrafen Hesso von Leiningen mit der Vogtei zu Einselthum belehnt. Aus dem Nachlass des Landgrafen kam der Ort an Kurpfalz (1481).

Sauer, Aelteste Lehenbücher 24. — Widder 3, 160. — 1234 wurden 306 Juchert Acker, 156 Mannsmaht Wiesen und 9 Höfe an die Domkapitel zu Speyer und Worms geschenkt; 1237 verkaufte das Wormser Domstift seinen Anteil an das zu Speyer.

19. Eppelsheim (OP 22, Kreis Worms). Werner IV. von Bolanden hatte 1257 die Vogtei und Gerichtsbarkeit zu Eppelnsheim, wegen deren Ausübung er sich damals mit dem Wormser Domkapitel vertrug. 1378 erwarb Pfalzgraf Ruprecht I. das Dorf Eppalheim von Konrad von Hoheim [1]).

Widder 3, 94. — Baur, Hess. Urkunden II S. 142; V 1, 31. — Sauer, Aelteste Lehenbücher 24. — Werner II. von Bolanden hatte vom Grafen von Dagesburg die Vogtei über Güter von St. Salvator in Metz zu Lehen, die diesem Stift von einem Freien namens Gerhard im Jahre 1070 geschenkt worden waren. 1230 wurden die Güter des Salvator-Domstifts zu Metz an das Wormser Domkapitel verkauft. Scriba, Regesten, Rheinhessen 1330.

---

1) Diese Notiz (Scriba, Regesten, Rheinhessen 3298, nach Tolner, Additiones ad historiam palatinam 46, Thucelius, Reich Staatsacta III 248, Chlingensperg, Acta Comprom. in causa praetens. Aurel. 92) ist nur in schlechter, französischer Schreibweise überliefert. Sie fehlt in den Regesten der Pfalzgrafen. Herr Oberbibliothekar Wille in Heidelberg glaubt die Notiz, wie Widder, auf Eppelsheim und nicht auf Eppelheim bei Heidelberg beziehen zu müssen. Ein Konrad von Hoheim ist sonst nicht bekannt.

    .20. **Erbesbüdesheim** (O 22, Kreis Alzey). 1255 genehmigte Graf Emich IV. von Leiningen, dass das Kloster Marienmünster zu Worms seine Güter zu Büdesheim verkaufe und befreite diese Güter von allen Dienstleistungen. 1333 willigte Graf Friedrich von Leiningen darin ein, dass Gottfried von Randeck die von ihnen zu Lehen rührenden Güter zu Budensheim, Rode, Ulnheim und Nache von Graf Johann von Sponheim und dessen Erben empfangen mochte. Am 12. Juni 1336 trugen Godefrid von Randecken Ritter und seine Frau Schonette von Flersheim mit Genehmigung des Grafen Friedrich von Leiningen dem Grafen Johann von Sponheim ihre Höfe und Dörfer Munchwilre, Erweißbudinsheim, Ulenheim, Nacte und Rode zu Lehen auf. Am 30. Dezember 1382 baten Schultheiss, Schöffen und Gemeinde zu Erwißbudensheim „ihren Junker", den Edelknecht Godefrid von Randecke, eine Urkunde für sie zu besiegeln, in welcher sie erklärten, dass sie wegen der Zwistigkeiten mit „ihrem Herrn, dem Herzog" (Pfalzgraf Ruprecht II.), und seinem Burggrafen Ulrich Salzkern und denen, die mit ihm des Tages im Felde waren (also nach einem Ausmarsch pfälzischer Truppen gegen sie unter des Burggrafen Befehl) „gantz und gar versunet und verracht seien". Als Graf von Sponheim belehnte im Jahre 1438 der Graf Friedrich von Veldenz den Godefrid von Randeck und seinen Bruder Philipp, nach Inhalt des Briefes, den er von dem Grafen von Leiningen hatte. Demnach war das Dorf und Gericht Erbesbüdesheim zuerst Leiningisches, dann Sponheimisches Lehen im Besitz der Ritter von Randeck. — Eine Burg daselbst besassen in der Mitte des 14. Jhdts. der Ritter Diez Birkenfelder und seines Bruders Sohn Philipp von Budensheim, die 1354 die eine Hälfte davon dem Wildgrafen Friedrich von Kyrburg zu Lehen und offnem Hause auftrugen, doch nicht wider Herzog Ruprecht von Bayern, den Pfalzgrafen, Grafen Walram von Sponheim, Raugrafen Georg, die Kinder von Sponheim und Herrn Gottfried von Randeck Ritter. Dieses Lehen ging 1373 an Dietrich von Morsheim über, der 1375 einen andern Teil an der Burg dem Pfalzgrafen Ruprecht II. zu Lehen aufgab. Mit der wildgräflichen Hälfte wurde 1461 Hans von Guntheim belehnt. In späterer Zeit findet sich in den wildgräflichen Lehenbüchern nur noch eine Rente von 30 Gulden in Erbesbüdesheim im Besitz der Herren von Morsheim, welche bis ins 17. Jhdt. zwei Burgen in Erbesbüdesheim, die Weisse Burg und die Rote Burg, mit beträchtlichen Gütern besassen. Durch Heirat kamen sie 1640 an Wolf Adolf von Karben, später (1699) an Samuel Friedrich von Rochau († 1727) und 1729 an die Frau von Laroche, Edle von Starkenfels, 1789 an den Grafen von Saint-Martin.

    Pfalzgräfliche Rechte scheinen nach dem Lehensauftrag des Diez-Birkenfelder schon 1354 bestanden zu haben, doch erst mit dem Lehensauftrag von 1375 und der Sühnung von 1382 lassen sie sich bestimmter formulieren. 1486 hat Kurfürst Philipp von der Pfalz bereits das Bergregal ausgeübt, indem er ein „Ysenerz und Bergwerk by Erwisbüdesheim und in derselben Gemarkung an dem Berg, uff der Blatten genannt, an Wendelsheimer Mark stossend“, an zwei Unternehmer verliehen hat. 1537 verglichen sich Pfalzgraf Johann II. von Simmern, Graf von Sponheim, und Kurpfalzgraf Ludwig V. wegen des hergebrachten kurpfälzischen Erbschutz- und Schirmrechtes zu Erbesbüdesheim, dass nämlich die Untertanen jährlich 50 Malter Schirmhafer nach Alzey liefern, sie auch bey erforndernder Nothdurft Kurpfalz allein und sonst niemand die Frohnen zu leisten, Reise-, Folge- und Schatzungsgebühren dahin zu entrichten schuldig und dem zeitlichen Burggrafen unterworfen sein sollten.

Als die Simmerische Linie nach dem Tode des Kurfürsten Otto Heinrich die Kurwürde erhielt, wurde Erbesbüdesheim nebst einigen andern Orten dem Pfalzgrafen Georg, dem im Fürstentum Simmern nachfolgenden Bruder des nunmehrigen Kurfürsten Friedrich III., überlassen und blieb auch bei Erneuerung dieses Nebenfürstentums für Pfalzgraf Ludwig Philipp bis 1673 dabei. Hernach wurde es als Vorort eines Unteramtes mit dem Oberamt Alzey verbunden.

Die Pfälzischen Rechte scheinen aus einem nicht mehr bekannten Schutz- und Schirmvertrag, sowie aus dem Wildfangs- und Bastardsfallrecht sich ableiten zu lassen. In den Saalbüchern über die Ausfauthei wird Erbesbüdesheim beschrieben.

Ein Weistum von 1633 nennt als Gerichtsherren Ludwig Philipp, Pfalzgraf bei Rhein, Churfürstlicher Pfalz Vormund und Administrator, Georg Wilhelm, Pfalzgraf (zu Birkenfeld), Georg Friedrich, Markgraf zu Baden (also die Inhaber der hinteren Grafschaft Sponheim) und einen Lehenträger der Grafschaft Sponheim. Diese Herren haben zu richten über Hals und Halsbein, über Dieb und Diebin. Sie haben Bruch und Frevel, soweit als ihr Gericht geht, sie fallen hinter den Herd oder vor den Herd, auch Gebot und Verbot von Gerichts wegen. Die Strassen weisen sie dem heiligen Römischen Reiche. Wasser und Weide gehören einer armen Gemeinde. Es gab keine Bannmühle, kein Bannbackhaus, keinen Bannwein. Die Herren von Morschheim und von Venningen hatten die Dorfbede, 100 Pfund Heller oder $62^1/_2$ Gulden, 30 Malter Hafer, die Hälfte von Brüchten und Frevel, das halbe Ungeld. Der Landesherr (Pfalzgraf von Simmern) hatte Gebot und Verbot (Polizeiverordnungsrecht), Frohn und Reise, Leibeigenschaft und Bastardfälle, Schatzung und Steuer.

Ein Teil der Morschheimer Güter (besonders neuere Erwerbungen) sind bedpflichtig. Erbesbüdesheim und Nack bildeten nur eine Gemeinde und eine Gemarkung. Der „Thöngeshof“ zu Nack ist frohnfrei, zahlt aber Bede, hat einen Zehnten in der Gewann „Bauernforst“ und gibt Gült und Zins in den Propsteihof zu Erbesbüdesheim.

Am Zehnten haben die Herren von Morschheim $^1/_3$, der Graf von Falkenstein $^1/_3$, das Stift St. Peter in Mainz $^1/_6$, der Pfarrer zu Erbesbüdesheim $^1/_6$. Auf dem Feld „der Hessler" fällt der Zehnte zur Pfarrei Wendelsheim den Herren von Löwenstein, von einem andern Feld den Wild- und Rheingrafen. Erbesbüdesheim hatte 80 Hausstätten, Nack nur 12.

Widder 3, 240. — Brilmayer 130. — Brinkmeier, Gesch. der Grafen von Leiningen 1, 95. — Scriba, Regesten, Rheinhessen 2692, 2728, 3947. — Regesten der Pfalzgrafen I 5097. — Arch. f. Hess. Gesch., Neue Folge IV S. 492, Nr. 321; S. 487, Nr. 297. — Kurzgefasste Geschichte des Wild- und Rheingräfl. Hauses 58. — Baur, Hess. Urk. 3 S. 541, Nr. 1450. — StADarmstadt, Saal- und Lagerbücher Rheinhessen, Erbesbüdesheim, Weistum. — 767 schenkte Audulf dem Kloster Lorsch eine Kirche St. Martini in Botinesheimer Mark. Diese Schenkung wurde 817 durch Giselhard und Thiodold wiederholt; Cod. Lauresham. II S. 324, Nr. 1893. Der Zehnte, und zwar zwei Haufen im Dorf und Mark zu Erwifbudesheim, ein Teil zu Nacke, zu Rode und zu Uwelnheim war Lehen der Herrschaft Hohenfels und 1444 in Händen der Brüder Symond und Godfrid und ihres Vetters Adam (Wolfs Sohn) von Gundheim und kam im 16. Jhdt. an Morschheim (Reipoltskircher Arch. im Schloss Heltorf, II. Conv. 2, Nr. 14). Ueber die Wüstungen Aulheim und Rode, die Kirche zu Eich und die Rote und Weisse Burg vgl. C. W. J. Wagner, Die Wüstungen im Grossherzogtum Hessen 3: Rheinhessen, S. 1, Nr. 1, Aulheim (bei den Aulheimer Mühlen, im „Aulheimer Grund" und beim „Aulheimer Holz", nördlich von Erbesbüdesheim, an der Gemarkungsgrenze mit Heimersheim); S. 32 Rode (etwa, wo sich die Wege von Niederwiesen nach Bermersheim und von Weinheim nach Bornheim und Flonheim schneiden); S. 34, Nr. 25 über die Rote Burg und die Weisse Burg zu Erbesbüdesheim.

21. Esselborn (O 22, Kreis Alzey). 1315 versprach Johann von Metz (Verwandter der Herren von Hohenfels-Reipoltskirchen), das Kloster Otterberg gegen die Ansprüche des Ritters Johann von Scharfeneck in seinem Besitz zu Esselborn zu schützen, woraus man folgern kann, doch nicht mit genügender Sicherheit, dass er eine Vogtei dort gehabt hat. In dem oben mitgeteilten Saalbuch von 1429 ist der Abschnitt unter der Ueberschrift Esselborn unausgefüllt geblieben. In den Saalbüchern über die Ausfauthei findet sich Esselborn unter den Ausdörfern. Nach dem Saalbuch von 1576 hatte Kurpfalz alle hohe und niedere Oberkeit und Gebot und Verbot, den Angriff und andere Hoheitsrechte durchaus. Die Uebeltäter wurden vom Landgericht Alzey „berechtigt". Nur hatte sich Kurmainz etwas an gerichtlicher Obrigkeit, Freveln und Bussen angemaßt, was ihm aber von Kurpfalz nicht zugestanden wurde. 1420 war nach dem Mainzer Mannbuch Werner Winther von Alzey von Kurfürst Konrad von Mainz mit dem Gericht zu Eschelborn belehnt. Derselbe war auch vom Erzbischof Otto von Trier mit Haus und Hof zu Eschelborne und $43^1/_4$ Morgen Ackerland in der Gemarkung belehnt (Revers von 1419). Die „Frankenäcker" zu Esselborn waren von der Herrschaft Falkenstein am Donnersberg lehenrührig und 1519 im Besitz Hans Mias des Jungen von Oberstein, und 1531 des Hans Siegfried von Oberstein (des Ymias Sohn).

Am Ausgang des 12. Jhdts. sagt Werner von Bolanden bei der Aufzählung seiner Lehen vom Grafen von Leiningen: de marcha Eschelburnen per totam plateam usque ad manicam fontis, que est iuxta Hagenbuche, iudicium omne ne respicit.

Am 2. Juli 762 schenkte Ropert dem Kloster Lorsch den dritten Teil seiner Erbschaft in Escilebrunner Mark im Wormsgau, wozu noch andere Schenkungen 765, 766, 789, 877 kommen. Nach den Notitiae Hubarum besass das Kloster schliesslich in Esgilenbrunnen 14 Hufen, die am Remigiustag 5 solidos, 2 manipulos et 1 denarium et integrum panem advocato zu zahlen hatten. Sollten die von Pfalz bestrittenen Mainzer Rechte auf diesen Lorscher Besitz zurückgehen?

Zu den Gütern, mit denen Graf Meginhard sein Kloster Sponheim ausstattete, gehörten auch solche zu Escelbrunnen.

Widder 3, 145. — Scriba, Regesten, Rheinhessen 3677, 4838, S. 327 Anm. *. — Alzeyer Saalbücher im StADarmstadt. — Regesten der Pfalzgrafen I 6135. — Mainzer Lehenbuch I im KrAWürzburg fol. cxlv. — Diplom. archiepisc. Trev. im StAKoblenz, Bd. 10, fol. 14. — Falkensteiner Mannbuch im KrASpeyer (Nr. 50²) n. 59, S. 254, und Auszüge daraus im StAKoblenz bei den Urkunden der Herrschaft Oberstein. — Sauer, Aelteste Lehenbücher S. 24. — Cod. Lauresham. 2 S. 49 ff., Nr. 946 – 948. (Ob Aschibrunnen und Haschinbrunnen in den Nummern 946 und 947 von dem Schreiber des Codex Lauresham. richtig auf Esselborn bezogen sind, ist noch zu untersuchen.) 3 S. 188. — MRR. 1, 1753.

22. Flomborn (O 23, Kreis Alzey). 1424 entschied der Pfalzgraf Ludwig eine Zwistigkeit zwischem dem Wormser Domkapitel einer- und Schultheiss, Schöffen nnd Gemeinde „unseres Dorfs zu Flanbronnen" andererseits wegen des Kirchenbaus daselbst. Das Schultheissenamt, das Recht einen (Flur-)Schützen zu setzen, und der Hubhof waren Lehen vom Bischof von Worms und 1406 wurde damit nach dem Tode des Berthold von Flamborn dessen Sohn Syfrid in Gemeinschaft mit Philipp Gauwer von Flamborn durch den Bischof Mathias von Worms belehnt. Noch 1463 ist Johann von Rodenstein als Nachfolger des Philipp Gauwer mit dem Dorf Famborn, dem Hubhof und anderen Gütern durch Bischof Johann belehnt worden. Sollte Worms ursprünglich die „Banngrundherrschaft" in dem Dorf gehabt haben? Das Saalbuch von 1495 enthält ein Weistum, nach welchem der Kurpfalz hier nur die aus der hohen und Rügegerichtsbarkeit und Grafengewalt ableitbaren Rechte des Landesfürsten zustanden.

Widder 3, 146. — Baur, Hess. Urkunden IV S. 84, Nr. 91. — Saalbücher 1429 fol. 62; 1495 fol. 98.

23. Freimersheim (O 22, Kreis Alzey) (im Unterschied von Framersheim, das früher auch so hiess, als Freimersheim hinter der Warte — vom Alzeyer Standpunkt aus — bezeichnet), ist das Frecmaresheim oder Frigmersheim der Lorscher Schenkungen des 8. Jhdts. Um 1190 hatte Werner II. von Bolanden den „comitatus" vom Grafen von Leiningen zu Lehen. 1375 war es bereits

im Besitz von Kurpfalz, da Pfalzgraf Ruprecht II. seinem Koch
einen Hof daselbst auf 14 Jahre von Steuern befreite; und im
Lehenbuch von 1400 Güter in der Gemarkung und Gülten vom
Hubhof daselbst als Alzeyer Burglehen erscheinen. Wie die
Landeshoheit oder der „comitatus" von Bolanden und Leiningen
an Pfalz gekommen, entzieht sich der Feststellung. Wahrschein-
lich gehörte der Hubhof mit der Grundherrschaft schon früh zur
Burg Alzey.

In einem Alzeyer Landschreiberei-Saalbuch findet sich ein
Weistum von Freimersheim, welches beweist, dass die Pfälzischen
Rechte aus der Grundherrschaft über den Hubhof herzuleiten sind.

Es ist ein rein grundherrliches Weistum, abgesehen von der
Formel, dass der Schultheiss die Güter vor Dieben schützen soll,
ein Anzeichen dafür, dass die Pfälzische Landeshoheit aus der
Grundherrschaft verbunden mit dem Alzeyer Wildfangsrecht her-
zuleiten ist. Die Leininger, bzw. Bolander Grafengewalt, ist von
dem mächtigeren Grundherrn einfach bei Seite geschoben worden.

Cod. Lauresham. II 1402, 1649. — Regesten der Pfalzgrafen I 5092,
6128, 6305, 6311, 6432, 6456. — StADarmstadt, Saal- u. Lagerbücher, Rhein-
hessen, Freimersheim.

24. Frettenheim (P 22, Kreis Worms), Frittenheim marca,
Fruttenheim im Wormsgau kommt in Lorscher Schenkungen von
766, 772—775 und 779 vor. 1429 war es beim Amt Alzey, und
die niedere Gerichtsbarkeit trug ein adliges Geschlecht bis zu
seinem Aussterben am Ende des 16. Jhdts. von Kurpfalz zu Lehen.

Widder 3, 69. — Cod. Lauresh. II 75/1011, 139/1182—1184, 140/1186.

25. Gimbsheim (Q 22, Kreis Worms). Von Gimbsheim kam
eine Hälfte 1414 von Eberhard von Hohenfels an Herrn zu Rei-
poltskirchen, die andere 1662 von den Grafen von Nassau an Kur-
pfalz. Siehe unten bei der Beschreibung der Herrschaft Hohenfels.

Widder 3, 77.

26. Gundersheim und **Enzheim** (P 23, Kreis Worms). Gun-
tramesheim im Wormsgau wird in Lorscher Urkunden 777 genannt.
Enzheim kommt damals unter dem Namen Omensheim oder Umins-
heim vor. Beide Orte gehörten als Lehen von der Pfalz bereits
1292 zum Truchsessenamt von Alzey, als Gehard Truchsess dieses
Amt mit den Getreide- und Geldgefällen aus der Bede zu Gun-
dransheim und Onesheim dem Grafen Eberhard von Sponheim ver-
machte, wozu Pfalzgraf Ludwig II. seine Einwilligung gab. Diese
Pfälzer Rechte werden zurückgeführt bis auf eine Verfügung Kö-
nigs Ludwigs des Deutschen, der 849 seine Eigenleute zu Gunde-
ramesheim, Onesheim, Bischovesheim und Gundenheim von aller
Gewalt der Grafen und Vögte befreit und lediglich dem Pfalzgrafen
zu Dienstleistungen verpflichtet haben soll. Neben dem Truchsess
von Alzey finden sich die Raugrafen bereits im 13. Jhdt. im Besitz

von Rechten in Gundersheim, namentlich eines Teiles am Patronat und Zehnten. Im 14. Jhdt. finden sich die Raugrafen als Nachfolger der Truchsesse von Alzey im Besitz der Orte, die durch Verpfändungen an verschiedene Leute kamen und von Kurpfalz nach und nach zurückerworben wurden. Noch 1399 wurde Raugraf Wilhelm mit diesen und andern zur Raugrafschaft und zum Truchsessenamt gehörigen Orten belehnt, ebenso 1437 Raugraf Otto, der 1439 dem Kurfürsten Ludwig die Auslösung der verpfändeten Hälfte gestattete, und 1457 den ganzen Rest der Raugrafschaft, den er noch hatte, für 4000 Gulden an den Kurfürsten Friedrich von der Pfalz verkaufte.

Widder S 93. — Schaab, Geschichte der Stadt Mainz 4, 235. — Regesten der Pfalzgrafen 1, 1278, 4506, 4518, 4742, 5052, 5081, 5088, 5281, 5585, 5942. — Scriba, Regesten, Rheinhessen 825. — Lerch, Ord. equestr. Germ. 25. — Burgermeister, Bibl. equestr. 5. — Cod. Lauresham. 2 S. 167/1272 (Guntmaresheim in pago Worm.), 326/1902, 39/920 (Guntirsheim vom Jahre 768). Guntmarsheim könnte auch Gommersheim bei Gau-Odernheim sein.

27. Hamm am Rhein (Q 22, Kreis Worms). Kurfürst Ludwig III. von der Pfalz erkaufte 1420 von den Gebrüdern Henne und Peter Elsasser von Erfenstein eine Aue gegen Hamme über jenseits Rheins, das Fahr und den Nachen zu Hamme, ein Dritteil der Freveln und den Zins von 32 Hubrechten auf dem Worth, benebst einem Hubhof zu Hamme. Die eine Hälfte der Dorfherrschaft war ein Wormser Lehen der Grafen von Leiningen und kam nach 1468 an Kurpfalz, indem der Bischof den Kurfürsten Friedrich I. mit der Hälfte an der Burg und Stadt Neuleningen, an dem Dorf Rheindürkheim nebst der Leiningischen Gerechtigkeit zu Hamme und dem Gericht zu Ubersheim belehnte. Andere Anteile waren nachher Pfälzische Lehen im Besitz der Dunen von Leiningen und der Herren von Flersheim, nach deren Aussterben sie an Kurpfalz heimfielen.

Widder 3, 82 f.

28. Hangen-Wahlheim (Q 22, Kreis Worms). 1467 hatten dieses Dorf Claus von Dienheim und Bauersheimer vom Landgrafen Hesso von Leiningen. Aus dessen Erbschaft kam es 1481 an Kurpfalz.

Widder 3, 67.

29. Hangen-Weisheim (P 22, Kreis Worms). Am Ende des 12. Jhdts. hatte Rudewic de Flanburne seine Güter in Wisun für 30 Pfund als Burglehen von Werner II. von Bolanden. Als 1283 am 25. Juni die von der Abtei Ellwangen damit belehnten Konrad von Reichenbach und Genossen den Zehnten zu Wißenheim an das Wormser Domstift verkauften, hatte Werner V. von Bolanden dagegen Einspruch erhoben in der Meinung, diesen Zehnten selbst von der Abtei zu besitzen, uud verzichtete am 3. Juli auf seinen Anspruch. Auch die Johanniterkommende (zuerst erwähnt 1306)

soll mit Bolandischem Gut ausgestattet sein. Nach dem Saalbuch
der Alzeyer Ausfauthey von 1576 hatte dieses Ordenshaus einen
Anteil an den Gerichtsfreveln, doch kein Gebot und Verbot. Sollte
sich die Kommende irgend wann einmal unter den Schutz des Kur-
fürsten gestellt, und diesem nach dem Muster anderer geistlichen
Stifter die Gerichtsbarkeit überlassen haben?

Widder 3, 97. — Baur, Hess. Urkunden 2, 353/30 f. — Sauer, Aelteste
Lehenbücher 35. — Wagner, Wüstungen, Rheinhessen 190/125. — Ders.,
Geistl. Stifter 2, 270.

30. **Heimersheim** (O 22, Kreis Alzey). Vor 1200 hatte Wer-
ner II. von Bolanden zu Lehen vom Wildgrafen „cometiam super
Heimersheim" und vom Grafen von Saarbrücken „advocatiam in
Heimersheim super bona sancti Cyriaci" (des Stifts Neuhausen bei
Worms). 1369 gehörte das Dorf bereits dem Pfalzgrafen Ruprecht
dem Jüngeren.

Sauer, Aelteste Lehenbücher 24. — Baur, Hess. Urkunden 3, 475,
1390. Ein von der Herrschaft Bolanden herstammendes Lehen hatte um
1370 Peters Sohn von Ulfenheim vom Grafen Heinrich von Sponheim-
Dannenfels: 6 Malter Korn und 1 Pfund Geld zu Heimersheim uf dem
gerichte. Rhein. Antiquarius II 16, 764/66.

31. **Heppenheim im Loch** (Gau-Heppenheim, P 22, Kreis
Alzey). Wie der Ort an Kurpfalz gekommen ist, lässt sich nicht
nachweisen. 1456 verkaufte Pfalzgraf Friedrich I. das Dorf und
Gericht Heppenheim bei Alzey für 1000 Gulden dem Andres von
Heppenheim, genannt off dem Sale, also, dass die Gemeinde da-
selbst dem Käufer zu Martinstag als Bede und Steuer 30 Gulden
und 30 Malter Hafer geben solle.

Widder 3, 86. — Baur, Hess. Urkunden IV 177/186.

32. **Hochheim, Leiselheim** und **Pffligheim** (P 23, Kreis
Worms) gehörten als Lehen von den Bischöfen von Worms zur
Herrschaft Stauf. 1427 schloss der Bischof Friedrich von Worms
einen Vertrag mit dem Inhaber von Stauf, dem Grafen Philipp I.
von Nassau und Saarbrücken, dass die Dörfer Mörs, Roxheim,
Bobenheim, Winsheim, Bös-Oppenheim, Pfefflenkeim, Luselnheim
und Hochheim gemeinschaftlich sein sollten. In Hochheim und
Pffligheim war das Wormser Domstift Untergerichtsherrschaft,
1384 auch in Leiselheim. 1683 war der Kurfürst von der Pfalz
völlig im Besitz der drei Dörfer, ohne dass man erfährt, wie er
dazu gelangt ist. 1705 überliess der Bischof von Worms und
1706 der Fürst von Nassau seine Rechte an den drei Dörfern an
Kurpfalz.

Widder 3, 132. — Köllner, Kirchheim-Boland 308 ff.

33. **Ibersheim** (Q 22, Kreis Worms) gehörte zu dem Worm-
ser Lehen der Grafen von Leiningen, die der Bischof 1468 dem
Kurfürsten Friedrich I. von der Pfalz zuwandte. Nun hatten die

Grafen von Leiningen schon 1285 und dann nochmals 1362 die Vogtei mit Gerichtszwang und Salmenfang an den Deutschen Orden (Komtur zu Koblenz) versetzt. Der Orden besass auch Häuser und Güter in Uebersheim, die er 1465 dem Landgrafen Hesso von Leiningen verkaufte. Nachdem das Wormser Lehen an Kurpfalz gefallen, erhoben der Deutsche Orden und der Graf von Leiningen Ansprüche darauf, die der Erzbischof Johann von Trier als Schiedsrichter zurückwies, doch musste Kurpfalz der Kommende Koblenz 4600 Gulden zahlen. Der Hof Ibersheim wurde dann an die Herren von Sickingen verpfändet, aber nach einem Vertrag von 1519 zurückgekauft. Im 17. Jhdt. wurde der Hof an Mennoniten verpachtet.

Widder 3, 64. — Das Stift St. Paulus in Worms hatte seine Güter und eine Gerichtsbarkeit zu Ibersheim 1417 dem Kurfürsten Ludwig III. überlassen, was in dessen Saalbuch angemerkt ist.

34. Kettenheim (O 12, Kreis Alzey) wird schon alter Pfälzischer Besitz gewesen sein. Im Lehenbuche Werners II. findet sich, dass dieser Herr 7 talenta cum banno in Kittenheim von der Pfalzgrafschaft zu Lehen gehabt hat. Und im Lehen-Mannbuch des Pfalzgrafen Ruprecht III., des späteren Königs, sind mehrere Lehen in Kydenheim oder Kiedenheim aufgezeichnet; der Pfalzgraf hatte um 1400 von Heinrich Bock von Lonsheim Eigentum und Lehenschaft erkauft, darunter $2/3$ des Zehnten zu Kiedenheim und Walheim, die als Pfälzer Lehen dem Brendel und Ensel von Kiedenheim gegeben werden sollten. Brendel hatte schon die Mühle und Güter zwischen Ergersheim und Kydenheim und Wingerte zu Kydenheim zu Lehen. Diese Lehen sind 1662 an Kurpfalz zurückgefallen.

Sauer, Aelteste Lehenbücher 22. — **Widder 3, 143.** — Regesten der Pfalzgrafen I 6175, 6183, 6214, 6311. Ueber die Wüstung Ergersheim, wo sich die Pfarrkirche befand, s. Wagner, Wüstungen, Rheinhessen S. 4 ff.

35. Köngernheim (P 22, Kreis Alzey), früher auch Bös-Köngernheim, neuerdings Gauköngernheim genannt, war nach dem Saalbuch von 1429 des Pfalzgrafen eigen und an Anthis von Hillesheim zu Lehen verliehen. Später besass dieses Lehen der Graf von Löwenstein wegen der Herrschaft Scharfeneck.

s. oben S. 192.

36. Kriegsfeld (N 22, Bezirksamt Kirchheimbolanden) war 1325 als Bestandteil der Raugrafschaft von Raugraf Heinrich dem Alten an den Raugrafen Heinrich den Jungen überlassen worden, und wurde 1376 zum Teil dem Grafen Heinrich von Sponheim-Dannenfels und 1431 an Hermann von Udenheim verpfändet. Damals muss auch schon der Pfalzgraf Ludwig III. Rechte gehabt haben, wie aus der offengelassenen Rubrik in seinem Alzeyer Saalbuch hervorgeht. 1457 wurde der bei der Raugrafschaft verbliebene und 1579 der an die Herrschaft Dannenfels-Kirchheimbolanden gekommene Anteil mit der Kurpfalz vereinigt. Bei Kriegsfeld lagen einige Höfe, von denen der Wasenbacher Hof dem Kloster Weidas bei Dautenheim gehörte, und 1306 vom Kurfürsten Pfalzgrafen Rudolf I. dem Schutze des Vogtes (Ausfauts) zu Alzey empfohlen ward. Den Schniftenberger Hof trugen um 1464 die Herren von Morsheim, hernach die Vögte von Hunolstein von Pfalz (wegen der Raugrafschaft?) zu Lehen.

In der jetzigen Gemarkung Kriegsfeld liegt ein kleiner Bezirk, genannt „zu Roth“, westlich vom Dorf, gegen den Gutenbacher Hof hin. Dieser Distrikt, eine Wüstung, wird von der alten Kriegsfelder Grenze ausgeschlossen. Nach einer Grenzbeschreibung aus dem 18. Jhdt. stiess die Kriegsfelder Gemarkung im Norden an die Gemarkung Niederwiesen, bis an die Rohrbach, wo der Flonheim-Uffhofen-Wendelsheimer Dreigemeindewald bis zum Daimbach angrenzte; dann folgt die Mörsfelder Gemarkung; darauf der dem Grafen von Bretzenheim gehörige Gutenbacher Hof und hierauf das Falkensteinische „Roder Gericht“ bis auf's „Horn“ (jetzt Hörnchen), von wo sich die Grenze am Eichholz (in der jetzigen Gemarkung Gaugrehweiler) an Falkensteinischem Gebiet weiter in den Eichenfahrter Bach fortzieht. Beim „Höfchen“ in der Gemarkung Kriegsfeld an der „Holzgemark“ fängt noch jetzt, wie ehemals, die Gemeinde Gerbach (Falkensteinisch) an. Die Grenze geht dann auf den Schiefersberg (Schiffertsberg nördlich vom Schneebergerhof in der Gemeinde Gerbach) und am Schiessacker her zur Neuholder Wiese (Naunholder Wiese, Gemarkung Kriegsfeld; Langholder Wiese, Gemarkung Gerbach) und zwischen Wartenberger Hag („im Hag“, Gemarkung Gerbach) und der Kriegsfelder Holzgemark hin, zum Daubenhag (Tauberenheide, Gemeinde Kriegsfeld) und Heilerenhag (daran erinnert entfernt von den jetzigen Flurnamen „Hilgersgrund“ in der Gerbacher Gemarkung) zu den Gerbacher Aeckern, wo die Grenzbeschreibung abbricht.

Wegen des Schniftenberger Hofes, der ebenfalls einen besonderen Bann hatte, war Streit mit dem Herrn von Morsheim, welcher behauptete, dass dieser Hof ein gefreites reichsritterschaftliches Gut und adliges Haus sei; ursprünglich scheint er, wie Gutenbach, Rode und Niederwiesen zur Herrschaft Falkenstein gehört zu haben [1]).

Die Stadt Alzey besass auf jetzigem Kriegsfelder Bann den Wald Hahnenkamm. Der Wald „Holzgemarke“ stand einer Märkerschaft zu, die für die Beholzigung und Weidenutzung an Kurpfalz und die Herren von Löwenstein jährlich 48 Malter Holzhafer zahlte; es gab 24 Anteile (Haucke). Diese Herren von Löwenstein hatten ein Herbergsrecht, die von Morsheim ausser dem Schniftenberger Hof ein besonderes Hubgericht zu Kriegsfeld.

Der Zehnte in der Feldgemarkung wurde in drei Teile geteilt, einen erhielt der Pfarrer, den andern der Herr von Morsheim, der dritte fiel zur Hälfte an den Kurfürsten von der Pfalz, zur Hälfte an den Herrn von Löwenstein. Von den Gütern des Gutenbacher Hofes (unter dem Grafen von Bretzenheim) und vom Wasenbacher Feld (südlich von Kriegsfeld) fiel der Zehnte an den Pfarrer zu Kriegsfeld, Kurpfalz und Morsheim, auf der Rohrbach an den Pfarrer, Kurpfalz und Löwenstein. Im Distrikt auf der Neidheck (wo eine alte Burg gestanden haben soll) beim Schniftenberger Hof hatte die Herrschaft Falkenstein einen Zehnten.

Widder 3, 251. — Regesten der Raugrafen in Töpfer, Urkundenbuch der Vögte von Hunolstein II S. 383—414. — KrASpeyer: Ortsbeschreibung und Weistümer von Kriegsfeld (Abschrift von 1770). Vgl. Mitteilungen des histor. Vereins der Pfalz 16 (1892) S. 32 f.

---

1) Vgl. Mitteilungen des histor. Vereins der Pfalz 3 (1872) S. 112.

37. Kriegsheim (P 23, Kreis Worms). 1137 schenkte der Bischof Burchard II. von Worms seinem Domkapitel curtim nostram in Crigisheim et quicquid in eadem villa habuimus in comitatu prefecture civitatis nostre sitam curtim dominicalem cum terra salica. 1194 hatte Werner II. von Bolanden vom Bischof von Worms den Kirchensatz und Zehnten zu Criechesheim zu Lehen. 1309 trat Otto von Bolanden diese Rechte, mit denen er die dortigen Ganerben belehnt hatte, an den Bischof wieder ab. 1335 war ein Turm der Brüder Jakob und Johann von Kriegsheim von der Wormser Bürgerschaft zerstört worden. 1361 versprachen der Ritter Werner von Ruprechtsburg als Muntbar Werners und Annen, seiner Schwester Kinder, sowie Johann Schwarz und sein Sohn Johann, Edelknechte, das Wormser Domstift zu schirmen und zu halten in allen seinen Rechten und Zehnten und Kirchensatz „zu Crisheim in unserm Gerichte". 1494 und 1576 war Kriegsheim noch unter den Ausdörfern (s. unten S. 230 und 235).

Widder 3, 125. — Sauer, Aelteste Lehenbücher 21. — Baur, Hess. Urkunden V 188 f.; III 113, 423.

38. Lonsheim bei Alzey (O 22, Kreis Alzey) wurde in dem Vertrag der Wildgrafen und Rhein mit Kurpfalz am Ende des „Wildfangskriegs" 1679 an Kurpfalz abgetreten.

Widder 3, 182. — Vgl. unten bei der Beschreibung der wild- und rheingräflichen Aemter.

39. Mauchenheim (O 22, Bezirksamt Kirchheimbolanden). Dieser Ort gehörte, wie Kriegsfeld, zur Raugrafschaft und hatte gleiches Schicksal, wie jenes Dorf. Doch muss schon König Ruprecht als Pfalzgraf einen Anteil erworben haben, den er 1404 an Diez von Wachenheim verpfändete. Diez verzichtete zwei Jahre später auf alle Forderung an den Ort wegen einer Schuld der Pfalzgrafen Rudolf und Ruprecht und der Loretta von Bolanden. Im Jahre 1419 trat Hadamar von Labern das Recht, Mauchenheim von Werner von Appenheim zu lösen, dem Kurfürsten Ludwig von der Pfalz ab, der 1428 einwilligte, dass Raugraf Otto (Linie Neuenbaumburg) seinen Anteil an Dorf und Gericht zu Mauchenheim nebst 50 Malter Korngült zu Gundramsheim und Onsheim an Andreas von Heppenheim, gen. uf dem Sale, versetzen möge, doch so, dass die Auslösung dem Kurfürsten freistehen solle. Dieser Anteil war später als pfälzisches Lehen in den Händen des Philipp Euller (Ullner) von Diepurg, der 1576 mit dem Grafen von Nassau als Ortsherrschaft genannt wird. 1579 ging der Nassauische, 1599 der Ullnerische Teil an Kurpfalz über. Bei Mauchenheim lag ein Cistercienser-Nonnenkloster Sion, das, wie es scheint, von den Truchsessen von Alzey gegründet worden ist und 1232 zuerst genannt wird. In der zweiten Hälfte des 14. Jhdts. wurde das etwas ältere Kloster zum Paradies in Mauchenheim damit vereinigt.

Widder 3, 169 ff. — Köllner, Kirchheim-Boland 121 f. — Töpfer, Re-

gesten der Raugrafen im Hunolsteiner Urkundenbuch. — Regesta Boica
9, 352. — Scriba, Regesten, Rheinhessen 3271. — Universitätsbibliothek
Heidelberg: Cod. Germ. 369, 147, darin „hist. Notizen über die Raugraf-
schaft und einige zu derselben gehörige Ortschaften, aus kurpfälzischen
Archivalien im 18. Jhdt. zusammengestellt", fol. 5. — Remling, Abteien und
Klöster 1, 262 u. 294.

40. Mölsheim (OP 23, Kreis Worms). 1512 verkaufte der
Abt von Hornbach die Hälfte von Melsheim mit Vorbehalt seiner
grundherrschaftlichen Rechte an den Kurfürsten Ludwig V. von der
Pfalz. Einen anderen Anteil besass damals die Witwe Friedrichs
von Dalberg, und der Kurfürst verglich sich mit ihr und dem Abt
wegen der Behandlung der Hörigen und Wildfänge. Durch den
Selzer und Hagenbacher Vergleich von 1768 brachte Kurpfalz auch
die übrigen, seit der Reformation von Pfalz-Zweibrücken verwal-
teten Rechte der Abtei an sich.

Widder, Kurpfalz 3, 151. — Vgl. Wagner, Wüstungen, Rheinhessen
181, Nr. 119.

41. Mörsfeld (N 22, Bezirksamt Kirchheimbolanden). Das
Gericht allda nebst dem Hof Deyenbechinberg war vom Raugrafen
Ruprecht dem Diez Birkenfelder für 160 Pfund Heller versetzt und
wurde 1381 von dessen Witwe mit Einwilligung des Raugrafen
Heinrich weiter an Wilche von Dille verpfändet. Im Jahre 1426
löste der Pfalzgraf Ludwig III. das Dorf von Eberhard Compan
von Bickelnheim ein, und nun erscheint es schon in dem Saalbuch
von 1429 unter den Orten des Amtes Alzey. In der Gemarkung
lag das Cistercienser-Nonnenkloster Daimbach, das 1551 aufgehoben
und mit der Universität Heidelberg vereinigt wurde. Dabei lag
ein Quecksilberbergwerk, das 1403 durch König Ruprecht an Kon-
rad Sommer verliehen wurde. Später erhob der Kurfürst Diether
von Mainz Anspruch auf die Landeshoheit, aber Kurpfalzgraf Frie-
drich I. erwies durch eine Kundschaft, dass das Kloster Daimbach
in der Pfalz gelegen sei, worauf Diether nachgab (1459—1461).
Das Bergwerk Reichenberg zu Daimbach wurde dann dem Ober-
bergmeister und Bergvogt Jakob Bargsteiner verliehen. — Zu Mörs-
feld gehörte der mit den wild- und rheingräflichen Dörfern Wen-
delsheim, Uffhofen und Flonheim gemeinschaftliche Wald, 1437
Morgen gross, worin eine Quecksilbergrube Karl Theodor und Eli-
sabeth lag. Auch lag hier eine Ritterburg Weissenstein, die den
Herren von Randeck gehörte. Der Wald ist jetzt hessisch, während
die Gemarkung Mörsfeld jetzt zur Pfalz gehört. In derselben liegt
ausser der Ruine Daimbach noch die Wüstung Monzenfeld, die in
den Urkunden der Raugrafen über Wöllstein vorkommt.

Widder 3, 248. — Heidelberger Handschrift über die Raugrafschaft
38 v., 39. — Remling, Abteien und Klöster I 255. — Wagner, Wüstungen
3, 40 Nr. 28.

42. Mörstadt (P 23, Kreis Worms). Mergestat gehörte im
Jahre 1275 zur Jurisdiktion des Ritters Schirlitz von Montfort.

1369 hatte das Stift St. Paulus in Worms eine Gerichtsbarkeit daselbst. An die Pfalz kam Mörstadt erst 1467 und 1481 aus dem Nachlass des Landgrafen Hesso von Leiningen.

Widder 3, 123. — Scriba, Regesten, Rheinhessen 1826. — Cod. Lauresham. 2 S. 217, Nr. 1464 (763 Merstat in pago Wormac.). — Baur, Hess. Urkunden V 443.

43. Monzernheim (P 22, Kreis Worms) war schon 1277 pfälzisch.

Regesten der Pfalzgrafen 1, 992. — Widder 3, 92.

44. Münster bei Bingen (N 20, Kreis Kreuznach) stand schon 1189 in Beziehung zu der Pfalzgrafschaft. Es war als pfälzisches Lehen an die Wildgrafen und die Raugrafen verliehen, und kam im 14. Jhdt. auf dem Wege von Pfandschaften ganz an die Wildgrafen. 1409 scheint jedoch der König Ruprecht bei dem Uebergang des Lehens an die Rheingrafen die Hälfte der Raugrafen zurückbehalten zu haben; so erklärt sich der im Saalbuch Ludwigs III. (s. oben) beschriebene Zustand. 1493 kaufte der Pfalzgraf Philipp auch die wildgräfliche Hälfte. 1636—1668 war das Dorf nebst Sponsheim im Besitz der Brömser von Rüdesheim.

Widder 3. 187. — Näheres in der Beschreibung der Wild- und Rheingrafen unten.

45. Nieder-Flörsheim (P 23, Kreis Worms) gehörte den Stiftern am Dom zu Worms und zu Neuhausen. Das Domstift nahm 1349 den Grafen von Leiningen als Schirmherrn an, trat jedoch 1400 seine Hälfte an den Pfalzgrafen Ruprecht III. ab. Die andere Hälfte kam unter pfälzische Hoheit, als Kurfürst Friedrich I. das Stift Neuhausen am 9. Mai 1465 besetzte und mit der Pfalz vereinigte. Das Stift wurde 1565 zu einer Adelsschule verwendet und erst 1708 an das Bistum Worms zurückgegeben, nachdem es schon 1566 dem Bischof zugesprochen und 1616 von ihm in Besitz genommen worden war.

Wagner, Geistl. Stifte 2, 463, 429 f. 1260 hatte sich Philipp von Falkenstein ein Vogteirecht über das dem Wormser Domstift und dem Stift Neuhausen gehörige Dorf Flersheim angemasst und war exkommuniziert worden. — Baur, Hess. Urkunden V 32. — Widder 3, 117. — Cod. Lauresham. 2 S. 121, Nr. 1130; S. 217, Nr. 1466 f. (769 Fletersheim, 783 Flaridesheim in pago Wormac.).

46. Nieder-Weinheim, Weinheim bei Wallertheim, jetzt Gau-Weinheim (O 21, Kreis Oppenheim), ist altpfälzischer Besitz, kommt 1311 als zur Burg Stromberg gehörig vor. Im Saalbuch der Burg Alzey von 1429 ist dieses Weinheim nicht erwähnt, nur das Weinheim bei Alzey. Wann es zum Alzeyer Amt geschlagen worden ist, ist mir unbekannt.

Regesten der Pfalzgrafen 1, 992, 1674. — Widder 3, 196.

47. Ober-Flörsheim (O 23, Kreis Worms), auch Herren-Flörsheim. Werner von Bolanden hatte am Ende des 12. Jhdts.

den comitatus über Oberflörsheim von dem Grafen von Leiningen zu Lehen. 1262 bestätigten Werner V. und Philipp IV. von Bolanden die Veräusserung der Gerichtsbarkeit und Herrschaft zu Oberflörsheim an die dort begüterten Edlen und Ritter, die ihr Vater vor Antritt seines Kreuzzuges 1227 verfügt hatte. Die drei Söhne des Ritters Johann von Flörsheim empfingen die gerichtlichen Herrschaftsrechte von den beiden Brüdern von Bolanden zu Lehen, doch durften sie dieselben nicht in fremde Hände kommen lassen. Mit der Ausübung der Vogteirechte sollte jährlich abgewechselt werden. Nach der Eintragung im Saalbuch von 1429 war der Ort damals ganz bei dem Amt Alzey, ohne dass man erfährt, wann und wie er dazu gekommen ist. Ueber die seit 1237 nachweisbare Niederlassung des Deutschen Ordens daselbst vgl. Wagner, Geistl. Stifte 2, 298.

Sauer, Aelteste Lehenbücher 24. — Lehmann, Burgen in der Pfalz 4, 80. — de Gudenus, Cod. dipl. 4, 902.

48. Oberndorf (M 22, Bezirksamt Rockenhausen) trugen die Ritter von Randeck und die Marschalke von Waldeck zu Lehen von der Raugrafschaft, die durch Raugraf Otto an Kurpfalz abgetreten wurde. Kurfürst Friedrich I. belehnte 1458 den Konrad Marschalk von Waldeck mit dem Anteil an Oberndorf, darin er mit seinem Bruder Adam in Gemeinschaft sitzen sollte, wie sie und ihre Vorfahren diesen Teil ehemals von Raugraf Otto zu Lehen hatten. 1477 wurde Gottfried von Randeck von Kurpfalz wegen der Raugrafschaft belehnt mit einem Teil am Gericht und 5 Morgen Wingert zu Oberndorf, und mit dem Gericht Nussweiler und der Weydelbach mit ihrer Zubehör und. Bezirk. Adam von Randeck überliess diese Stücke 1514 an Kurpfalz; sie kamen zum Amt Rockenhausen. 1660 brachte Kurfürst Karl Ludwig auch die Waldeckische Hälfte durch einen Tausch mit dem damaligen Inhaber des Lehens, Herrn von Landsberg, an sich und vereinigte das ganze Dorf unter dem Amt Erbesbüdesheim.

Widder 3, 255 — Heidelberger Handschrift über die Raugrafschaft fol. 73.

49. Odernheim, Gau-Odernheim (P 22, Kreis Alzey). Die Grundherrschaft zu Odernheim gehörte schon früh zum Bistum und Domkapitel zu Metz (871 oder 863 in pago Wormacinse ex villis St. Stephani Partennesheim atque Honterheim in der Urkunde König Ludwigs des Deutschen für das Stift Neumünster bei Ottweiler). Um 1194 hatte Werner II. von Bolanden vom Grafen von Dagesburg zu Lehen 30 mansos in Otternheim et decem in Petternsheim et advocatiam in Otternheim; dazu vom Bischof von Metz curiam in Odernheim, quam proprio predio Hoveldingen comparavi [1]), et du-

---

1) Hobeldingen, jetzt Habudingen im Kreis Château-Salins, wurde 1166 von Werner II. von Bolanden an den Bischof Theoderich von Metz abgetreten; s. das Werk Elsass-Lothringen, Ortslexikon.

centis quinquaginta marcis solvi, et hereditario iure sine aliquo debito servicii possideo, in beneficio suscepi. 1261 am 8. Februar versprachen Werner IV. und Philipp von Bolanden, sie wollten das Mainzer Domkapitel mit dem Hofe und dessen Zubehör zu Odernheim (Patronatsrecht, Zehnten und Einkünften), den es vom Metzer Domstift gekauft hatte, nicht belästigen. 1282 wurde der Ort von König Rudolf von Habsburg für das Reich erworben[1]), erhielt 1286 das Stadtrecht von Oppenheim und einen Steuererlass. 1287 ward der bei der Kapelle auf dem Petersberg gehaltene Jahrmarkt in die Stadt verlegt. Seit 1315 wurde diese Reichsstadt mit Oppenheim zusammen verpfändet und kam auf diese Weise 1375 und 1407 an Kurpfalz. Längere Zeit wurden Odernheim und Weinolsheim als besonderes Amt verwaltet; erst nach 1706 wurde die Amtmannsstelle (damals schon in Personalunion mit dem Alzeyer Stadtschultheissenamt) nicht wieder besetzt und das Amt dem Oberamt Alzey angegliedert. Ausser der Kapelle auf dem Petersberg gehörte zu der Gemarkung Odernheim das jetzt wüste Dorf Gommersheim (771 in einer Lorscher Tradition als Gommirsheim neben Heimradesheim-Heimersheim genannt), wo 1146 Graf Ludwig III. von Arnstein an der Lahn mit Gut und Leuten, die ihm vom Domstift Metz abgetreten waren, ein Frauenkloster Prämonstratenser Ordens gründete. Der Petersberg wurde zwischen 1255 und 1283 von Werner II. der Gemeinde Bechtolsheim abgekauft, um die dortige Kapelle zu einem Kloster auszustatten. Es ist aber nicht zu der Ausführung gekommen und so wurde die Kapelle mit der Stiftung in Gommersheim verbunden, der sie die Herren von Bolanden wiederholt bestätigten. Seit 1347 lässt sich eine Prämonstratenser-Propstei unter dem Abt von Arnstein auf dem Petersberg nachweisen. 1563 wurde die Kapelle an die Stadt Odernheim verkauft, 1565 das Kloster Gommersheim aufgehoben.

H. Gredy, Geschichte der ehemaligen freien Reichsstadt Odernheim. Mainz 1883. — MRR. 1, 683. — MRUB. 1, 103 zu 863 (nur nach schlechter und neuerer Abschrift). — Sauer, Aelteste Lehenbücher 13. — Wagner, Wüstungen, Rheinhessen S. 10 f., 30. — Ders., Geistl. Stifte 2, 74 ff., 78.

50. **Offenheim** (O 22, Kreis Alzey) gehörte zu den Orten, in denen Werner II. von Bolanden den „Comitatus" vom Grafen von Leiningen zu Lehen hatte. Um 1250 waren Waldmann und sein Bruderssohn Herdegen mit dem Gericht (iudicium) zu Uffenheim von den Bolander Brüdern belehnt. 1296 hatte Herdegen Busch von Offenheim die dortige Vogtei zu Lehen. Im selben Jahre verzichtete Philipp von Bolanden auf die Dienste, die er auf Gütern hatte, welche Konrad von Durincheim damals dem Kloster Sion verkaufte. 1303 erwarb dieses Kloster von den Brüdern

---

1) Letzte Regierungshandlung des Herrn von Bolanden am 30. Januar 1281. 1283 20. Februar königlicher Vogt zu Odernheim erwähnt. Gredy 11 u. 12.

Bosch von Offenheim mit andern Gütern das halbe Gericht daselbst, das sie mit ihrem Vetter Herdegen gemeinschaftlich besessen hatten. Am 15. Mai 1304 übertrug Otto Herr von Bolanden dem Kloster seine Rechte an den Gütern zu Offenheim. Am 1. Oktober 1304 genehmigten die Vormünder des Anton von Dalburc den Verkauf eines von ihnen zu Lehen gehenden Gutes zu Offenheim und Bechenheim mit dem halben Gericht zu Offenheim durch die Gebrüder Heinriche, genannt die Buschen von Offenheim, an das Kloster Sion. So war also auch die Familie von Dalberg damals an Offenheim beteiligt. 1473 verkaufte Margareta von Lewenstein, Aebtissin, und der Konvent von Sion dem Kurpfalzgrafen Friedrich I. das halbe Dorf Offenheim, das in der Folge ganz zum Amt Alzey gerechnet wurde.

Sauer, Aelteste Lehenbücher 22, 39. — Widder 3, 174. — Würdtwein, Monasticon Palatinum 6, 137, 145. — Acta Academiae Palatinae 7, 443, 447. — Scriba, Regesten, Rheinhessen 2128, 2129, 2272, 2284, 4251. — Kremer, Gesch. Kurfürst Friedrichs I. 647.

51. **Osthofen** (P 22, Kreis Worms). Der Ort kommt als Ostowa in der Schenkung des Gerold und der Imma an das Kloster Lorsch 784 zuerst vor. 1195 beurkundete Kaiser Heinrich IV., dass Heinrich von Wartenberg dem Bischof Heinrich von Worms und dem Stift St. Peter daselbst den Berg zu Osthoven mit dem Versprechen übertragen habe, zur Befestigung des Berges Hilfe zu leisten und den Bischöfen von Worms das Oeffnungsrecht in der neuen Burg gestatten zu wollen. Die späteren Besitzer dieser Burg, Konrad von Wartenberg und Wirich von Daun, erlaubten sich Räubereien und Bedrückungen; daher zog der Bischof Landolf von Worms gegen sie und zerstörte die Burg im Jahre 1241. 1269 hatte Eberhard von Erenberg (nicht von Ebernburg, Sohn eines Ritters Gerhard zu Worms) die Vogtei zu Osthofen zu Lehen von den Grafen von Leiningen, und bedrückte die Güter und Hörigen der Abtei Hornbach, des Stiftes Maria ad gradus in Mainz, des Templerhauses und der Nonnen in Mühlen, und wurde gezwungen, von seinen Forderungen abzustehen. Nachher waren die Grafen von Leiningen selbst mit dem Gericht und Dorf Osthofen von der Abtei Hornbach belehnt. 1349 wiesen der Schultheiss und die Schöffen von Osthofen, dass das Kloster Hornbach und das Marienstift zu Mainz Gerichtsherren zu Osthofen seien, welche die Grafen von Leiningen mit der Vogtei daselbst belehnt haben. Am 18. März 1351 versetzten die Grafen von Leiningen das Gericht Osthofen an Heinrich Hornbach von Erlenkeim, der versprach, die Besitzungen und Rechte des Klosters Hornbach zu wahren und zu schützen. Am 22. März desselben Jahres befreiten die Grafen von Leiningen den Hornbacher Klosterhof von Atzung, Herberge, Schatzung und allem Dienst. 1394 nahm Pfalzgraf Ruprecht der Aeltere das Hornbacher Klostergut in Osthofen in seinen Schutz und Schirm, bis das Kloster dieses Verhältnis kündigen würde,

und zwar besonders den dem Kloster von Simon Brendel versetzten
Teil am Gericht. 1435 belehnte der Abt von Hornbach den Grafen
Hesso von Leiningen mit dem Dorf und Gericht Osthofen, verkaufte
aber gleichzeitig dem Kurfürsten Ludwig III. von der Pfalz den
dortigen Klosterhof mit Mannlehenschaft und Kirchensatz für 8500
Gulden. Auch die Vogtei über den Besitz von Liebfrauen in Mainz
war damals an die Grafen von Leiningen verliehen. Das Stift ver-
kaufte jedoch 1436 seine Rechte an den Erzbischof Dietrich von
Mainz, der nun den Grafen Hesso belehnte. Nach dieses, des „Land-
grafen" von Leiningen, Tode nahm Kurpfalzgraf Friedrich I. 1468
das Dorf und Gericht in Besitz und liess sich vom Bischof von
Worms mit der Vogtei belehnen. Graf Emich von Leiningen wurde
zwar von Kurmainz mit der Hälfte des Dorfes belehnt, aber dieser
Akt blieb ohne Folge.

Bei Osthofen lag ein Weiler Mülen oder Mühlheim, wo am An-
fang des 12. Jhdts. (1119—1132) Erkenbert, der Stifter des Klo-
sters Frankenthal, ein Nonnenkloster des gleichen Ordens wie jenes
(Augustiner-Chorfrauen) gegründet haben soll. Später hörte das
anfängliche Subjektionsverhältnis zu Frankenthal auf, und die
Nonnen nahmen die Cistercienserregel an. Daneben kommt in Ur-
kunden von 1269—1302 ein Haus der Tempelherren vor, welches
nach der Aufhebung des Ordens 1312 an die Johanniter kam, die
1317 einen Komtur dort hatten; nachher schwindet jede Kunde
von beiden Ordenshäusern.

Widder 3, 107 ff. — Schaab, Geschichte von Mainz 4, 218 ff. — Mit-
teil. d. histor. Vereins der Pfalz 27 (1904). Neubauer, Regesten der Abtei
Hornbach Nr. 96, 97, 102, 230, 246, 248, 249, 250, 324, 381. — StADarm-
stadt, Alzeyer Copialbuch 36. — Grimm, Weistümer 4, 634; 5, 635. — Wag-
ner, Geistl. Stifte 2, 156. 283. 523.

52. Pfeddersheim (P 23, Kreis Worms), Paterno villa, wurde
am 25. März 754 von Pippin und Bischof Chrodegang dem Kloster
Gorze bei Metz geschenkt [1]). Die Abtei unterhielt in der Folge
eine Propstei auf dem Georgenberg, etwas nördlich von der Stadt,
die seit 1316 vorkommt und bis zur Reformationszeit bestand.
1308 wird Pfeddersheim als „oppidum" erwähnt. 1304 heisst es
noch „villa". 1327 verpfändete Kaiser Ludwig der Bayer das
Reichsschultheissenamt zu Pfeddersheim an den Sohn des Reichs-
schultheissen zu Oppenheim. 1330 gestattete der Kaiser dem Pfalz-
grafen Rudolf die Wiederauslösung dieser Pfandschaft, und be-
willigte 1348 der Stadt, ein Ungeld zu erheben. 1363 war Pfed-
dersheim noch im Pfandbesitz der Herren von Falkenstein, von
deren Erben sie 1451 an den Erzbischof Diether von Mainz über-
ging. Endlich verkaufte Erzbischof Adolf von Mainz die ehemalige
Reichsstadt 1465 an den Kurfürsten Friedrich von der Pfalz und

---

[1]) Die Schenkungsurkunde von 765, 25. Mai, mit genauen hofrecht-
lichen Bestimmungen ist gefälscht.

seitdem ist sie bei dem letzteren Lande und dem Amt Alzey geblieben.

Schaab, Geschichte von Mainz 4, 257 ff. — Widder 3, 126 ff. — Daniel Bonin, Urkundenbuch der früheren freien Reichsstadt Pfeddersheim. Frankfurt a. M. 1911. Nr. 1, 2 (Phetersheim 765), 3 usw. — Wagner, Geistl. Stifte 2, 105.

53. Rheindürkheim (Q 22/23, Kreis Worms) kam aus der Erbschaft des Landgrafen Hesso von Leiningen an Kurpfalz und das Hochstift Worms (1468) und wurde 1705 ganz an letzteres abgetreten. Nur die Rheinfähre blieb pfälzisch.

Widder 3, 111.

54. Ruprechtseck, Ruppertsecken (N 22, Bezirksamt Rockenhausen). Diese Burg am Donnersberg soll ursprünglich den Raugrafen gehört haben, allein sie muss in der Mitte des 14. Jhdts. bereits bei der Pfalzgrafschaft gewesen sein, als deren Zubehör sie in der Teilungsurkunde vom 17. Dezember 1353 genannt und dem jüngeren Ruprecht zugewiesen wird. Bereits 1344 hatten die beiden Ruprechte den Ritter Werner von Hohenfels und den alten Hermann von Hohenfels mit dem Hause Frauenstein bei Ruppertsecken belehnt, doch so, dass sie den Herzögen oder deren Amtleuten rechtlich unterstehen sollten. 1410 kam Ruprechtseck an den Pfalzgrafen Stephan, 1444 an Ludwig den Schwarzen von Zweibrücken. In der Fehde dieses Pfalzgrafen mit seinem Vetter, dem Kurfürsten Friedrich I., wurde auch Ruprechtseck von den Kurpfälzern erobert und geschleift (1470) und 1472 mit Kurpfalz vereinigt. 1474 erbot sich Friedrich I., es wieder zurückzugeben, die Verhandlungen zerschlugen sich aber, und die Zweibrücker Linie verzichtete 1489 auf jeden Anspruch daran.

Widder 3, 257. — Regesten der Pfalzgrafen 1, 2782, 2519. -- Lehmann, Burgen 4, 144. — Ortsbeschreibung v. 1601 im KrASpeyer, Weistümer.

55. Schimsheim (O 21, Kreis Oppenheim). Schimelsheim war bereits 1277 bei der Pfalz, 1311 beim Amt Stromberg, später beim Amt Alzey.

Regesten der Pfalzgrafen 1, 992, 1674. — Widder 3, 198.

56. Selzen (P 21, Kreis Oppenheim). Am 14. August 1294 beurkundete der Graf Friedrich der Aeltere von Leiningen, dass Peter, der Vogt von Selsen, und Jakob von Hagenheim, seine Vasallen mit Einwilligung des Otto von Beckelnheim und des Grafen selbst dem Domkapitel in Worms drei Teile des Gerichts Selsen verkauft hätten, die sie vom Grafen zu Lehen hatten. Den vierten Teil behielt der Vogt für sich und seine Neffen Heinrich und Johannes zurück. Das Domkapitel stellte dem Grafen zwei Lehensmannen, Sigelo von Wachenheim und Johann von Frysenheim, zum Empfang des Lehens und zur Leistung der Lehenspflicht für die angekauften drei Achtel. 1453 gaben Dekan und Kapitel des

Wormser Domstifts eine Hälfte des Dorfes, Gerichts und der Gemarkung Selsen dem Kurfürsten Friedrich I. von der Pfalz um des Schutzes willen zu Eigentum. Bereits Kurfürst Ludwig III. hatte nach seinem Alzeyer Saalbuch einen Dinghof mit einer Villikation an diesem Ort. 1413 hatte ihm Jeckeln Orlenheupt von Sauwelnheim drei Hubhöfe zu Selsen, die Kapellenhufe, Herrn Eckenbolds Hufe und Herrn Cunemanns Hufe, verkauft.

Baur, Hess. Urkunden 2 S. 482, Nr. 499. — Widder 3, 55. — Alzeyer Copialbuch (StADarmstadt) fol. 11.

57. Spiesheim (O 21, Kreis Oppenheim). An diesem Ort hatte nach dem Alzeyer Saalbuch von 1429 Friedrich Wilche sein Teil Gerichts dem Pfalzgrafen Ludwig III. halb zu Eigentum abgetreten, andere Anteile kamen 1579 und später von den Grafen von Nassau-Saarbrücken, den Herren von Oberstein und zum Jungen an Pfalz. Siehe unten in der Beschreibung der Herrschaft Bolanden.

Widder 3, 46.

58. Sponsheim (N 20, Kreis Bingen). Spansheim war ein von der Pfalz lehenbares Dorf. Am 14. August 1369 bewilligte Pfalzgraf Ruprecht I. dem Ritter Friedrich von Schonenberg, seine Frau Grete auf das Dorf Sponsheim zu bewidmen. Und von Kurfürst Ruprecht III. hatte um 1400 Emich Wolf von Spanheim das Dorf Spansheim bei Bingen in Gemeinschaft mit Friedrich von Schonenburg dem Alten zu Lehen. Mit Münster wurde das Dorf 1630 durch Kaiser Ferdinand, der nach der Niederlage des „Winterkönigs" die Pfalz okkupiert hatte, dem Heinrich Brömser von Rüdesheim verpfändet.

Regesten der Pfalzgrafen 1, 3840, 6126. — Widder 3, 191.

59. Standenbühl (N 24, Bezirksamt Kirchheim-Bolanden) gehörte den Klöstern Münsterdreisen und Limburg an der Hardt, durch deren Säkularisation in der Reformationszeit das Dorf nebst dem Oberweilerhof (Wüstung) an Kurpfalz kam.

Widder 3, 259.

60. Stetten (O 23, Bezirksamt Kirchheim-Bolanden). In Stetten waren die Markgräfinnen von Tuscien, Beatrix (Tochter des Herzogs Friedrich von Lothringen und der Mathilde von Schwaben aus dem Konradinerhaus) und ihre Tochter Mathilde von Canossa begütert, die dem Kloster Münsterdreisen bei dessen Wiedererrichtung ein Gut mit zugehörigen Leuten und dem Patronatsrecht über die Kirche nebst dem Zehnten schenkten (1144). Der Ort gehörte zu den Dörfern, in denen Werner II. von Bolanden den „comitatus" von dem Grafen von Leiningen zu Lehen hatte. Von Werners Nachkommen scheint die Hohenfelser Linie diese Rechte geerbt zu haben; denn 1291 verkaufte Isengard von Hohenfels, Philipps Witwe, mit Einwilligung ihrer Söhne Werner und Hermann und ihrer Tochter Agnes, die mit Johann von Metz vermählt war, alle ihre Besitzungen und Rechte zu Stetten für 230 Pfund Heller an das Kloster Münsterdreisen, da sie in ihrem Gewissen darüber beunruhigt war, ob diese Güter nicht schon ohnedem dem Kloster gehörten. Auch erklärten im Jahre 1333 die Herren Werner und Hermann von Hohenfels sowie Konrad, Herr von Reipoltskirchen, keine Rechte an und über die Güter zu Stetten zu haben, welche das Kloster Marienthal dem Abt von Arnstein überliess, um sie dem Kloster Münsterdreisen zuzuwenden.

Zu Stetten bestand ausser diesen Gütern eine Burg, deren Besitzer ein allodiales Hubengericht hatten. 1330 machten die Ritter Johann, Heinrich und Wilhelm von Stetten ihre Burg zu Stetten zu einem Lehen von Kurpfalz. 1368 war die Feste Stetten bei Zell am Donnersberg Eigentum der Pfalz und als Mannlehen an den Ritter Wilhelm von Stetten, den Propst Wolf von Neuhausen bei Worms und dessen Bruder Werner von Lewenstein verliehen; doch wurde ein kleiner Platz zwischen den Gräben ausgeschieden, damit der Schultheiss und die Hubner nach der Vorschrift ihres Weistums auf dem Eigentum der Herren Recht sprechen konnten. 1414 kaufte Kurfürst Ludwig III. einen Viertteil dieses Hubhofes von Wolf von Lewenstein.

Mit der Vogtei über Münsterdreisen ist auch der übrige Teil von Stetten pfälzisch geworden. 1579 traten die Grafen von Nassau auch den letzten Rest aus der Erbschaft Werners von Bolanden, die Bede, an den Kurfürsten von der Pfalz ab.

Widder 3, 162 f. — Köllner, Kirchheim-Boland 362. — Remling, Abteien und Klöster 2, 104. — Acta academiae Palatinae 1, 292; 3, 84. 88. — Regesten der Pfalzgrafen 1, 2094. 2408. 3766. 6136.

61. **Undenheim** (P 21, Kreis Oppenheim) mit der Wüstung **Nordolfsheim** (1516 durch eine Wasserflut zerstört, $^{1}/_{4}$ Stunde südöstlich von Undenheim) kommt in dem Schiedsspruch zwischen den Truchsessen von Alzey und Pfalzgraf Ludwig II. vom 12. April 1277 vor: Nordoltsheim und Undenheim sollten danach nicht von den Truchsessen, denen sie verpfändet waren, sondern von den Herren von Hohenfels, die sie verpfändet hatten, durch den Pfalzgrafen zurückgefordert werden. Am 29. Januar 1349 schlossen die Pfalzgrafen Ruprecht der Aeltere und der Jüngere mit der Gemeinde von Undinheim und Nordelsheim einen Vergleich „umb fauthie und gerichtes wegen, di wir do haben solden, der si uns nicht geben noch jehen wolden", dass diese Dörfer zweien Burgmannen zu Alzey, Hermann Hund Ritter von Saulheim und Philipp Ritter von Wonnenberg und deren Erben, jedem 20 Malter Korn Wormser Maß jährlich liefern sollten, die diese Ritter zu einem Alzeyer Burglehen empfangen sollten. Undenheim sollte $^{2}/_{3}$, Nordelsheim $^{1}/_{3}$ an dieser Abgabe zahlen, und kein Burgmann darf mehr fordern. Im übrigen sollen die alten Rechte und Gewohn-

heiten und Marken der beiden Dörfer erhalten bleiben. Man ersieht daraus, dass die Dörfer altpfälzer Besitz waren.

Widder 3, 52. — Wagner, Wüstungen, Rheinhessen S. 134 ff. — Baur, Hess. Urk. 3 S. 317, Nr. 1223. — Regesten der Pfalzgrafen 1, 992. 2604.

62. Volxheim (N 21, Kreis Alzey). Die Antoniter zu Alzey traten, wie oben S. 75 nachgewiesen, das Dorf Volxheim 1538 an Kurpfalz ab; 1715 vertauschte der Kurfürst den Ort an den Erzbischof von Mainz.

63. Wahlheim (O 22, Kreis Alzey) gehörte wohl von jeher zum Amt Alzey. Um 1400 hatte Henne Schaffrad von Eppelsheim Güter zu Walheim bei Alzey und Margarete Wolfs von Partenheim Witwe Güter in Freimersheimer und Waldheimer Mark als Alzeyer Burglehen. Wolf (früher Henne) Lette war von Kurfürst Ludwig III. mit einer Hofstatt, einer Mühle und drei Morgen Acker zu Wahlheim belehnt. Eine (grundherrliche?) Gerichtsbarkeit, das Grafengericht zu Wahlheim wird im Alzeyer Weistum über das Holzkorn (im Saalbuch von 1429) neben dem dortigen Pfalzgrafengericht erwähnt (s. S. 197) und ist vielleicht mit dem 1579 an Kurpfalz abgetretenen Nassauischen (Kirchheim-Bolander) Anteil identisch.

Widder 3, 166. — Regesten der Pfalzgrafen 1, 6173. 6311.

64. Weinheim bei Alzey (O 22, Kreis Alzey). Wyenheim gehörte zu den Dörfern, in denen Werner II. von Bolanden den „comitatus" von dem Grafen von Leiningen zu Lehen hatte. Eine andere (nicht die hohe) Gerichtsbarkeit zu Weienheim hatten die Herren von Falkenstein aus dem Hause Bolanden in den siebziger und achtziger Jahren des 13. Jhdts. von den Pfalzgrafen Heinrich und Ludwig II. zu Lehen und hatten sie an einen Ritter Werner, Sohn des Ritters Heinrich von Alzey, zu Afterlehen vergeben. Dieser Werner hatte einen Turm zu Weinheim von dem Pfalzgrafen unmittelbar zu Lehen. Er schenkte im Jahre 1273 seinen ganzen Besitz zu Wigenheim den Brüdern vom Deutschen Ordenshause bei Frankfurt (in Sachsenhausen) mit der Bedingung, dass die Ordensritter nach seinem Tode den Kindern seiner Schwestern von dem Gute 200 Mark zahlen, um damit Güter und Renten zu kaufen, die dem Herrn Philipp von Falkenstein zu Lehen aufgetragen werden sollten zum Ersatz dafür, dass er dem Ordenshaus das Dorfgericht als Eigentum überlassen möge. Geht Herr Philipp nicht darauf ein, so sollen des Schenkers Neffen das Gericht zu Lehen von ihm haben, doch sollen sie nur „Raithabern" und die Frevelgelder erheben, ohne den Ordensbrüdern an Gut und Hörigen zu schaden. Wenn die Neffen das Gericht zu Weinheim veräussern, sollen die Häuser in Alzey, die ihnen der Schenker gegeben hat, und die Güter, die sie für die 200 Mark kaufen würden, an den Orden fallen.

Werner bat den Pfalzgrafen Heinrich, zu der Schenkung
seines Turmes zu Weienheim einzuwilligen, und Herr Philipp von
Falkenstein und Minzenberg übertrug das Gericht zu Weinheim
am 24. März 1283 dem Deutsch-Ordenshaus zu Sassenhusen apud
Franckenfort, und versprach, bis zur Einwilligung des Oberlehens-
herrn die aus dem Lehenbesitz sich ergebenden Pflichten seiner-
seits zu erfüllen. Diese Bestätigung durch den Pfalzgrafen erfolgte
am 5. April 1287. 1292 verzichtete der Pfalzgraf auch auf die Güter,
die Werner von Weyenheim erst dem Ordenshaus, dann aber ihm
selbst übertragen hatte. Am 6. Februar 1300 beurkundete auch
Werners Bruder Berlewin, Domscholaster zu Worms und Propst zu
Neuhausen, dass dieser omne ius iurisdictionis, quod habuit in villa
Weyenheim predicta, necnon et possessionem omnium bonorum
suorum tam in villa quam in terminis ville eiusdem commendatori
et fratribus domus Theutonice in Franckenfort contulit, donavit et
legavit. 1305 April 20 bestätigten die Pfalzgrafen Rudolf und
Ludwig die Schenkung ihres Vaters an das Deutschordenshaus in
Sachsenhausen betr. das Gericht des Dorfes Weinheim, ita tamen,
ut positum nostrum tutorem seu defensorem in predicta villa non
debeant eligere ullo modo, sed nostri advocati tenentur eos specia-
liter protueri[1]). Im Saalbuch über die Alzeyer Ausfauthei und
die Wildfänge 1494 ist ein Weistum aufgenommen, in dem es
heisst: „wan zwen sich schlugen und gebut der schultheiss myns
gn. f. u. h. (des Pfalzgrafen) frieden, wer den frieden nit helt,
verbricht lib und gut. Item die tutschen herren sint auch gerichts-
herren da, haben auch von gerichts wegen zu gebieten und vor-
bieten. Item hundert X . . . (Gulden? Pfund Heller? geben) si jars
mym gn. herrn (dem Pfalzgrafen) zu bede und miche[lstur], hat
m. gn. h. zu meren und zu myndern“[2]). Der Deutschordensmeister
verkaufte am 28. Juni 1495 das dem Ordenshause zu Sachsenhausen
bei Frankfurt zustehende hohe und niedere Gericht in dem Dorf
zu Wyenheim, bei Alzey gelegen, dem Pfalzgrafen Philipp (zum
halben Teil)[3]).

Die Pfalz hatte nach der Urkunde von 1305 die Schutz- und
Schirmgewalt in dem Banne von Weinheim im Besitz, so dass es
dem Deutschen Orden nicht freistand, einen Vogt zu wählen, son-
dern er seinen Besitz, sein Ingericht, unter den Schutz des pfälzi-
schen Vogtes stellen musste.

Bolanden hatte also seine Grafenrechte (comitatus) nicht be-

---

1) J. F. Böhmer, Cod. diplom. Moenofrancofurtanus. Urkundenbuch
der Reichsstadt Frankfurt. Neubearbeitung von Fr. Lau. Frankfurt a. M.
1901. I S. 157, Nr. 316; S. 225 f., Nr. 468 f.; S. 229, Nr. 475; S. 254, Nr. 527;
S. 296, Nr. 607; S. 376, Nr. 752; S. 440, Nr. 860.

2) StADarmstadt: Saal- u. Lagerbücher, Rheinhessen, Alzeyer Saal-
buch über die eignen Menschen 1494, fol. 100.

3) Regest im Urkundenrepertorium des StADarmstadt, aus Pfälzer
Copialbuch in Karlsruhe 18, fol. 393.

haupten können. Um 1250 war Markward von Wunnenberg, Schultheiss zu Oppenheim, von den Brüdern Werner IV. und Philipp von Bolanden mit dem halben Burgstadel zu Wunnenberg und einer Rente von 30 Schilling Heller zu Weinheim belehnt. Noch um 1370 war dieses Lehen vom Grafen Heinrich von Sponheim-Dannenfels an die Brüder Werner und Philipp von Wunnenberg verliehen. Diese Burg Wunnenberg oder Windberg liegt in der Gemarkung Weinheim und wird auch Burg Weinheim genannt. 1373 räumte die Tochter des Grafen Heinrich, Kunigunde Gräfin von Rieneck, dem Pfalzgrafen Ruprecht I. ein Oeffnungsrecht auf dieser Burg ein. Um 1400 waren Güter zu Weinheim Burglehen von Alzey. 1410 wurde Weinheim, soweit es pfälzisch war, dem Pfalzgrafen Stephan von Simmern und Zweibrücken zugeteilt. 1455 beklagte sich Pfalzgraf Ludwig der Schwarze von Zweibrücken, dass Kurpfalzgraf Friedrich I. das Dorf Weinheim bedrücke. Nach der Fehde von 1470 behielt Pfalzgraf Friedrich unter anderm Ruppertsecken, Weinheim und Biebelnheim, auf welche Pfalz-Zweibrücken 1489 endgültig verzichtete.

Sauer, Aelteste Lehenbücher 23 f. — Widder 3, 177. — Rhein. Antiquarius II 16 S. 761, Nr. 54; S. 771, Nr. 113; S. 778, Nr. 148. — Baur, Hess. Urkunden 3, 1543. — Wagner, Wüstungen, Rheinhessen S 43, Nr. 28.

65. Weinolsheim (P 21, Kreis Oppenheim).

Zu Winoldesheim hatte Werner II. von Bolanden am Ende des 12. Jhdts. eine Burg als Eigentum und einen Hof mit der Kirche und dem Zehnten, der zum „palacium" gehörte, als Lehen von der Grafschaft Veldenz. In früherer Zeit hatten die Klöster Lorsch und Fulda dort, in Winolfesheim, Schenkungen erhalten. Am 4. April 1257 schenkte Werner von Bolanden, Reichstruchsess, das Patronatsrecht der Kirche dem Domkapitel zu Worms. Als letzter Rest der Bolandischen Besitzungen kam das Hubengericht zu Weinolsheim im Jahre 1579 an Kurpfalz.

Im späteren Mittelalter war Weinolsheim mit der Reichsstadt Odernheim verbunden und wurde mit Oppenheim, Ingelheim, Odernheim usw. 1407 an Kurpfalz verpfändet.

Sauer, Aelteste Lehenbücher 38. — Trier. Archiv, Ergänzungsheft 12 S. 26, Nr. 52. — Widder 3, 57.

66. Westhofen (P 22, Kreis Worms)

gehörte der Abtei Weissenburg im Elsass und die Vogtei über diese Banngrundherrschaft war an die Herren von Hohenfels aus dem Bolander Stamm, die Raugrafen und die Herren von Bolanden (letztere — wenigstens ihr Ahnherr Werner II. — waren vom Kaiser belehnt) verliehen. Im Jahre 1400 und 1412 ging der Anteil des Raugrafen, 1575 der des Herrn von Hohenfels-Reipoltskirchen, 1579 der Bolandische, zuletzt Nassauische, Anteil an Kurpfalz über und der Abt von Weissenburg verzichtete auf den Rest seiner Rechte im Jahre 1613. So wurde das Ganze mit allen Hoheitsrechten mit

Kurpfalz und dem Amt Alzey vereinigt. Näheres wird bei der Beschreibung der Herrschaften Kirchheim-Bolanden und Hohenfels-Reipoltskirchen gebracht werden.

Widder 3, 103.

67. Wintersheim (P 22, Kreis Oppenheim). Ein Teil des Dorfes, welches schon in Lorscher Traditionen 765 genannt ist, wurde 1414 durch Eberhard von Hohenfels an den Kurfürsten Ludwig III. verkauft; der Rest war 1467 als Pfandschaft vom Grafen Hesso von Leiningen im Besitz des Peter von Albich, und wurde 1481 durch Reinhard von Westerburg, Graf von Leiningen, an Kurfürst Philipp abgetreten.

Widder 3, 65.

68. Wolfsheim (O 21, Kreis Oppenheim). Das Patronatsrecht zu Wolfsheim gehörte 1292 dem Gerhard Truchsess von Alzey als pfälzisches Lehen. 1361 war der Zehnte im Besitz des pfälzischen Erbtruchsesses Johann von Scharfeneck. 1388 bewilligte Pfalzgraf Ruprecht I. dem Anthis von Montfort, die von Pfalz lehenbaren Dörfer Wolfsheim, Aspelsheim und Dromersheim zu verpfänden. Um 1400 hatte Anthis von Montfort Aspesheim und halb Wolfsheim von Kurfürst Ruprecht III. zu Lehen.

Widder 3, 197. — Regesten der Pfalzgrafen 1, 1278, 3333, 4760, 6100.

69. Wonsheim (N 22, Kreis Alzey). Dort hatten um 800 bereits die Klöster Fulda und Weissenburg Besitzungen erworben (Wanesheim in pago Wormacinse) und an Vasallen verliehen. Die Wildgrafen hatten Rechte daselbst: am 18. Februar 1257 gaben Wildgraf Konrad und seine Söhne Emicho und Gozzo dem Ritter Godelmann von Wanesheim und seiner Frau Kunigunde den Zehnten zu Wanesheim zu Lehen mit dem Vorbehalt des Rückkaufsrechtes um 120 Pfund Trierischer Denare, und 1309 gehörte Wonsheim zu der „comicia", die Wildgraf Friedrich von dem Pfalzgrafen zu Lehen hatte. Sollte hier ein Grafengericht gewesen sein, da im Weistum von 1454 Eckelsheim, Morßfelt, Mantzenfelt, Rodde und Kriegßfelt als „Gericht, die ir recht hollen zu Wonßheim", genannt werden? Später war der Ort im Besitz der Grafen von Sponheim-Dannenfels (1346 bewies Graf Philipp seiner an den Raugrafen Wilhelm vermählten Tochter Kunigunde eine jährliche Gülte von 600 Pfd. auf die Dörfer Wonsheim und Wöllstein) und der Raugrafen (1346 gab auch Raugraf Georg, Wilhelms Vater, einen Anteil seiner Schwiegertochter Kunigunde). 1373 versetzte am 9. Juli Raugraf Heinrich von der Altenbaumburg ein Viertel an Wonsheim und am 26. September die Gräfin Kunigunde (inzwischen in zweiter Ehe vermählt mit Graf Ludwig von Rieneck) ihren Anteil an den Ritter Antelmann von Grasewege, Burggraf zu Böckelheim. Raugraf Philipp von der Neuenbaumburger Linie hatte ebenfalls Anteil an Wonsheim, und erklärte am 25. Juni 1367, dass auch das halbe Dorf Wanßheim zu den an den Grafen von Sponheim versetzten Ortschaften gehöre. Im Jahre 1389 wurden diese Pfandschaften durch den Grafen Simon III. von Sponheim-Kreuznach erworben, und der Ritter Jakob von Kaldenfels und seine Schwester Katharina, vermählt mit Eitelwolf von Sponheim, bekannten als Erben (Antelmanns von Grasewege?), dass Graf Simon die Dörfer Wansheim, Edelsheim (Eckelsheim?) und Kalkofen an sich ziehen und deren Einwohner in Eid und Pflicht nehmen dürfe, gemäss den Verschreibungen Philipps von Bolanden und des Raugrafen Philipp von der Neuenbaumburg.

Von Sponheim und Bolanden muss der Anteil der Raugrafen nachher an Kurpfalz gekommen sein; denn im Saalbuch des Amts Alzey von 1429 findet sich der Eintrag: „Wonsheim dienet auch gein Alzey." Nun war noch ein Anteil frei: der der Herrschaft Falkenstein am Donnersberg. 1494, Montag nach Quasimodogeniti (7. April), wiesen die Schöffen von Wonsheim den Pfalzgrafen zu Alzey $^3/_4$ und den Wirich von Daun, Herrn zu Falkenstein und Oberstein, $^1/_4$ für ihre obersten Gerichtsherren. Für Atzung und Lager zahlten die Einwohner nach einer Verordnung des Kurfürsten Friedrich 65 Gulden. Junker Wirich mag von seiner Atzung nach Herkommen Gebrauch machen. Dem Pfalzgrafen fielen 20 Gulden Bede, die damals an Erkingers von Rodenstein Witwe verpfändet waren. Falkenstein hatte nur sechs Gulden Bede. Uebeltäter wurden nach Alzey geliefert, da Kurpfalz den grösseren Anteil hatte. Beide Herren hatten den Schultheissen, die Schöffen und den Büttel zu setzen. Geleit ausserhalb des Dorfes und Wildbann hatte der Pfalzgraf allein. Wasser, Weide und Allmende hatte die Gemeinde.

Wonsheim und Steinbockenheim hatten einen gemeinschaftlichen Wald, zu dem ausser den Einwohnern beider Dörfer auch einige „Ausleute" holzberechtigt waren. Solche waren 1454 die Jungfrauen im Kloster Deymbach bei Mörsfeld, die dafür an die beiden Gemeinden 5 Malter Hafer und 24 Schilling „Pinst-(Pfingst-) Geld" und den Förstern 3 Turnose und einen Schweinebraten geben mussten. Ferner der Hof zu Mantzenfelt, der Herren-Hof zu Morßfelt, die Mühle zu Dieffenbach, das Kloster Uben (Hof Iben bei Fürfeld, ehemals dem Tempelorden gehörig), zwei Leute zu Niedernhusen, Eulnerhof zu Suffersheim, Herrenhof zu Dieffendellen (Tiefenthal). Freitag nach Mattias apost. (26. Februar) 1451 bekundeten die Uſlute, die doch recht haint in Wonſheim- und Buckenheimer Wald (2 von Nederhusen, 1 von Diffendale, 1 von Weldesteyn, 1 von Crutzenachen, 1 von Suffersheim, 1 von Leibersheim und 1 von Moresfelt), „wann die von Wonsheim und die von Bockenheim Waldförster setzen, so virboten sie uns darzu by zu kommen, und wann sie ire hauwe uf dunt und wysent, do faren wir inne und dan lonen wir den furstern der zweyer gemeynden W. und B." Dagegen hätten sie niemals die von Nuwenbeymburg dabei gesehen, Förster zu setzen und Haue auf- oder zuzutun, und haben auch nie von ihren Alten gehört, dass die von Nuwenbeymburg Recht an diesem Wald hätten.

1553 und 1560 stellte der Wild- und Rheingraf Philipp Franz dem Pfalzgrafen Friedrich Reverse aus, wegen des ihm von der Kurpfalz verliehenen Jagdrechtes in den Wonsheimer Waldungen.

Die Falkensteiner Rechte zu Wonsheim scheinen nach dem Aussterben der Familie von Daun (Wilhelm Wirich † 1682) erloschen oder vergessen zu sein. Schon in dem Gefällebuch der Herrschaft von 1584 ist nicht mehr davon die Rede.

Eine Grenzbeschreibung von 1503 bei dem Weistum im Falkensteiner Codex II nimmt ihren Ausgang vom Mollenberg (Mühlberg, Wonsheimer Flur IV), wo Siefersheim angrenzt, überschreitet den Herrweg (Heerweg, der von Steinbockenheim in nordwestlicher Richtung durch die Gemarkung Wonsheim zwischen den Fluren IV und III hindurch in das Appeltal bei Neubamberg geht) und den Sarlnsheimer Weg (die jetzige Landstrasse von Wonsheim in das Appel- oder Apfeltal, nach dem verschwundenen Dorf Sarlesheim oder Sergelsheim am Neubamberger Kirchhof hinführend), geht dann weiter unter Hereferigen (wohl verschrieben, wahrscheinlich ist der mit Weinreben bepflanzte Abhang Heerkretz in Siefersheimer Gemarkung gemeint) oben an dem Eigen her (jetzt mit herübergezogenem m auf dem Mayen [auf Mayen für auf'm Eigen] Wonsheim Flur III) durch den Wingertsberg an den Weingarten oben an der Hellen (an der Höll, Wonsheim Flur II) und den Siefersheimer Weg auf die Sieffersheimer Angewand (auf der Angewann, Wonsheim Flur I und II), am Martensberg (Martinsberg bei Siefersheim) und an der Mockenhalde (Mocken- oder Mackenhöll, Wonsheim Flur XIII) vorbei in die Gellerswiese (die Wiese an der Dunzelbach, bei welcher auf der Wonsheimer Flurkarte XIII der Name Mockenhöll steht), an deren unterem Ende der Dreimärker Wonsheim-Siefersheim-Eckelsheim zu finden ist, oder wie das Weistum sagt, Ußganck der von Siffersheim und Einganck der von Eckelsheim war. Nun überschreitet die Grenze den Bach (Dunzelbach) und den Fluotgraben (Hintergraben), macht bei den neun Morgen eine scharfe Ecke (Wonsheim Flur XII), die auch im Weistum erwähnt ist, und geht mit dem Floss des Flutgrabens (Hintergrabens) an den Bellen (der Beller oder Böller Kirche bei Eckelsheim, einer alten Marktkirche; vgl. Wagner, Wüstungen, Rheinhessen 2) vorbei, an eine Sandkaule, da man's nennt unter Steigen (hinter Steigen, Wonsheim Flur XI) und an den Eckstein an Steigerberg, ·wo damals, wie noch immer, Wendelsheim (Flur XVI) anstösst. Nun geht die Grenze an Steinen oben an der Pastorie von Wendelsheim in dem schwarzen Felde und auf Bass in der Pastorie von Wonsheim vorbei, oben am Wirßbacher Grund her (diese Namen fehlen auf den Flurkarten von Wonsheim und Wendelsheim; die Sammlung der hessischen Flurnamen wird hoffentlich bald auch diese Gegend erreichen), zum Felde „auf dem Rindertanz“ (Wonsheim Flur XI und XII). Hierauf überschreitet man den „Helligen Pfad“, der von Wendelsheim nach Wonsheim führt (die Flurnamenforschung wird hier festzustellen haben, was es mit diesem „heiligen Pfad“ für eine Bewandtnis hat) und kommt an dem Flennysen vorbei (auf den Karten nicht zu finden) zum Klenckhoden (die jetzt Klunkhoden genannte Gegend liegt zu weit südlich in der Gemarkung Steinbockenheim, die nach dem Weistum hier angehen soll. Es kann jedoch sein, dass die Weinberge auf dem Roten Feld bis an den Wonsheimer Fichtenwald früher auch mit unter dem Namen Klenkhoden zu verstehen sind. Der Fichtenwald scheint mir neueren Ursprungs zu sein). Hinter dem jetzigen Fichtenwald (Wonsheim Flur IX) macht die Grenze wieder eine Ecke, bei der das Weistum den Wierbruch verzeichnet. Von dort auf den grossen Graben (heutzutage Langer Graben in Wonsheimer Flur VIII) bis zwischen dem Floss (Dunzelbach) und dem (Stein-)Bockenheimer Weg, wo jenseits die Rittwiese erwähnt wird, und weiter die Kappuswiese. Nun kommt die Grenze bei den neun Morgen (in der Bockenheimer Muhl) wieder an den Herreweg oder Heerweg (in Wonsheimer Flur VIII) und weiterhin an die Scheffers-Halde (woraus bei der Katasteraufnahme eine „Schäfer-Schell“ geworden ist; Wonsheim Flur VI) und von da an die Ecke oben am Ysselspade (Eselspfad, von Steinbockenheim in den Wald Nollkaut ziehend, durch Fluren V und VI von Wonsheim), nachdem dieser Pfad weiter unten nochmals und sodann der Holzweg gekreuzt ist, wird ein Eckstein unten an den Fochslechern (Fuchslöchern) und schliesslich der Wald Korwinkel und der Uebener Weg (nach dem Hofe Iben bei Fürfeld) erreicht, wo die Wonsheimer Grenzbeschreibung abbricht, ohne dass das Stück längs den Gemarkungendes Ibener Hofes und von Neubamberg behandelt wird.

Hier war der von Neubamberg beanspruchte Teil des Zweigemeindewaldes, wovon oben die Rede war.

Dronke, Cod. dipl. Fuldensis S. 92, Nr. 162. — Zeuss, Traditiones Wizzenburgenses S. 263, Nr. 275. — Durch den Abt Jakob von Disibodenberg (um 1300) beglaubigte Abschrift im „Rennenberger Archiv“, jetzt in Anholt. — Scriba, Regesten, Rheinhessen 1633. — Regesten der Pfalzgrafen I 1619; Scriba, Regesten, Rheinhessen 2341. — KrASpeyer, Falkensteiner Codex II, Weistümer fol. 144, 150. — Scriba, Regesten, Rheinhessen 2889. — Universitätsbibliothek Heidelberg, Handschriftl. Regesten der Raugrafschaft fol. 37 f.; Baur, Hess. Urkunden III S. 502. — J. G. Lehmann, Geschichte der Grafen von Sponheim 1, 233. — Heidelberger Handschrift, Regesten der Raugrafschaft 37 f. — Rhein. Antiquarius II 19, S. 349. Eckelsheim und Kalkofen gehörten später zur Herrschaft Falkenstein. — KrASpeyer, Falkensteiner Codex II p. 144 f. — Urkunden im StADarmstadt, Rheinhessen, Wonsheim.

70. Zell, Harxheim und Niefernheim (O 23, Bezirksamt Kirchheimbolanden).

975 liess der Abt Adelbert von Hornbach das zerstörte Kloster des heiligen Philipp mit Erlaubnis des Erzbischofs Rubert von Mainz, zu dessen Diözese es gehörte, wiederherstellen. Der Erzbischof Adalbert von Mainz bestätigte 1135

die bis dahin von den Aebten Albert Ernst und Ludolf von Horn-
bach zugunsten der Propstei Zell im Nahegau gemachten Schen-
kungen, die Kirchen und Zehnten zu Harawesheim und Busenes-
heim, den Zoll zu Zell, das Dorf und die Kirche zu Rorbach. 1179
erklärte der Graf Emich von Leiningen die Güter und Hörigen der
Zeller Propstei innerhalb der landgerichtlichen Vogtei für frei von
Abgaben und Diensten. 1400 verpfändete Graf Friedrich VIII. von
Leiningen dem Burggrafen Salzkorn zu Alzey die von der Abtei
Hornbach lehenrührigen Orte Zell, Harxheim und Niefernheim samt
seinen dort gelegenen allodialen Dörfern Immesheim und Otters-
heim. 1435 belehnte Abt Reinhard von Hornbach den Grafen
Hesso von Leiningen mit den Dörfern und Gerichten Zell, Hergs-
heim und Niefern mit ihren Zugehörungen und mit dem weltlichen
Schirmrecht des Klosters Zell und mit dem Dorf und Gericht Ost-
hofen, und gestattete dem Grafen 1440, die Dörfer Zell, Hergsheim
und Niffern an den Ritter Wernher Winter von Alzey zu ver-
pfänden. Nach Hessos Tode ging das Lehen an dessen Schwester
Margarete von Leiningen, Gemahlin Reinhards von Westerburg,
über, die ihren Enkel Reinhard von Leiningen-Westerburg zum
Empfang des Lehens 1471 nach Hornbach schickte. Reinhard trat
aber 1481 wie andere Dörfer aus Hessos Erbschaft auch Zell, Harx-
heim und Niefernheim an den Kurpfalzgrafen ab.

Widder, Kurpfalz 3, 153—160. — Neubauer, Regesten von Hornbach
Nr. 26, 37, 381, 391, 439. — Brinckmeyer, Leiningen I. — J. G. Lehmann,
Diplomatische Geschichte des Stifts des heil. Philipp zu Zell. Speyer 1845.

3a. Die Alzeyer Ausfauthei.

Zum Amt Alzey wurden auch die Rechte der Pfalzgrafschaft
in den nicht zum Territorium der Pfalz gehörigen benachbarten
Ortschaften gerechnet. Ausser den besonderen pfälzischen Rechten,
die sich aus der Grundherrschaft und dem Besitz von Höfen,
Hufen und Grundstücken oder aus der Vogtei ergeben, war es be-
sonders das Wildfangsregal, d. h. die ursprünglich dem deutschen
König zustehende Befugnis, zuwandernde Leute, die sich in der
Umgebung von Alzey niederliessen und Jahr und Tag dort blieben
ohne nachfolgenden Herrn, als Untertanen zu behandeln, sie mit
der Leibbede zu belegen, Frohn- und Reisedienste von ihnen zu
fordern, was das Machtbereich der Pfalzgrafschaft über die Gren-
zen des Territorialstaates hinaus erstreckte; ferner auch das Ge-
leitsrecht und der Strassenzoll. Diese Befugnisse wurden durch
einen besonderen Beamten, den Ausfauth (Aussenvogt), verwaltet,
die dazu gehörigen Dörfer hiessen die „Ausdörfer“. Es liegen
hierüber zwei Saalbücher im Haus- und Staatsarchiv Darmstädt
aus den Jahren 1494 und 1576 vor. Ersteres enthält neben nament-
lichen Verzeichnissen über die pfälzischen „leibeignen Menschen“
einige wertvolle Weistümer, das andere bietet Nachrichten über

die Territorial- und Gerichtsherrschaften in einer grossen Anzahl von Dörfern Rheinhessens und der Nordpfalz, die sich teilweise als sehr wichtig für die Bearbeitung der historischen Karten ergeben haben.

Die Rechte des Pfalzgrafen an den Wildfängen und „Königsleuten" treten zuerst unter Pfalzgraf Ruprecht I. hervor, dem König Wenzel 1368 die Pflege Kaiserslautern mit den „Königsleuten" überliess. 1371 verfügte der Pfalzgraf über die zu Bullinkeim und Steynwilre gehörigen „Königsleute". 1378 erlaubte König Wenzel dem Pfalzgrafen, die zu Schefflenz gehörigen Königsleute an sich zu lösen. Im gleichen Jahre stellte auch Karl IV. die zur Zent Reichartshausen gehörigen Königsleute unter den Schutz des Pfalzgrafen. 1398 gestattete König Wenzel dem Pfalzgrafen Ruprecht II., die Eigenleute, die man nennt die Königsleute, zwischen Mosbach und Luden, die von reichswegen dem von Rosenberg verpfändet waren, an sich zu lösen. 1398 gehörte das Wildfangrecht in den Idarwaldungen zum pfälzischen Lehen der Grafen von Sponheim [1]) (Regesten der Pfalzgrafen I 3789, 3949, 4000, 4208, 4221, 5863, 5894). In der Goldnen Bulle ist von einem pfälzischen Wildfangsregal ausserhalb des engeren Territoriums noch nicht die Rede. Aber Kaiser Maximilian I. bestätigte es 1518 dem Kurfürsten. Nach der pfälzischen Konstitution von 1582 hatte der Pfalzgraf dieses Recht, Wildfänge, Königsleute, Hagenstolzen und Bastarde als Untertanen zu behandeln, als Vikarius des heiligen Römischen Reiches. Später (nach dem dreissigjährigen Kriege) gab dieses Wildfangsregal Anlass zu heftigen Streitigkeiten zwischen Kurpfalz und den übrigen Reichsständen (K. Brunner, Der pfälzische Wildfangstreit unter Kurfürst Karl Ludwig [1664—1667]. Innsbruck 1896).

In dem Saalbuch über die „leibeignen Menschen", zusammengestellt 1494 vom Junker Hans Jette von Mengsperg, Ausfaut des Amts Alzey, werden die pfälzischen Wildfänge, Bastarde, Schirmleute und ausserhalb des Territoriums sitzenden Hörigen (nach einer von Herrn Wilhelm Müller in Darmstadt ausgeführten Zählung 6121 Personen) in den folgenden Dörfern aufgezählt:

Erweßbudeßheim, Wendelsheym, Crießfelt, Wonßheym, Fenderßheym, Werstat, Eychenloch, Waldertheym, Beckelnheym, Offhofen, Flonheym, Bornheym, Lonßheym, Bermeßheim, Spießheym, Enßheym, Geyspießheym, Schornßheym, Udenheym, Obersauwelnheym, Nyddersauwelnheym, Stadecken, Badenheym, Nackheym, Momenheym, Solgeloch, Zornheym, Harxheym, Lurtzwiler, Bischheym, Eberßheym, Nydder-Ulm, Cleyn-Winternheym, Esenheym, Hexheym, Mentz, zu den guden luden zu Mentz, Dexheym, Hanheym, Selsen, Kungernheym, Friesenheym, Dalheym, Dienheym,

---

1) Damit hängt der S. 123 besprochene Zustand in der „Hottenbacher Pflege" zusammen.

Guntersblumen, Walheym, Rudelsheym, Giemßheym, Hammen, Alß-
heym, Bechtheym, Mettenheym, Osthoffen, Rindorckheym, Hernß-
heym, Nuhusen, Hocheym, Worms, Pfiffelckeym, Luselnheym, Horg-
heym, Winßheym, Böß-Oppenheim, Krießheym, Hornsultzen, Cleyn-
und Großbockenheym, Kyndenheym, Melßheym, Albßheym, Buben-
heym, Bissesheym, Brunchwiler, Suppersfelt, Birſstat, Steynbach,
Steynetenbohel, Dreysen, Jaxwiler, Bolanden, Rudersheym, Gau-
wersheym, Mauwenheym, Stedden, Ulvesheym, Morßheym, Urbas,
Mauchenheym, Eschelborn, Duntzelßheym, Wissheym, Guntheym,
Westhoffen, Freymersheym, Kungernheym.

In der 1576 verfassten „Beschreibung, was die Churf. Pfaltz
dero leybsangehörig aignen leuthen und was sonst in den flecken
und dorffern des ampts Alzy bezürck, die ihre Churf. gnaden niet
aigen, für regalien, freyheit und gerechtigkeiten als Chur- und
Landesfürsten von alters hergebracht und noch in besitz und ge-
nieß haben“, von Paulus Burgkmeister, dieser Zeit Ausfauth des
Ampts Alzey, werden zunächst die pfälzischen Rechte in den „Rein-
grevischen Dörfern“ behandelt, als da sind Lonsheim, Bornheim
(Dhaunisch), Flonheim, Uffhoven (Kyrburgisch), Wendelsheim, Stein-
bockenheim (Dhaunisch), Werstatt (Kyrn, Dhaun und Lewenstei-
nisch) und Eychloch (Dhaunisch). Es folgen die Falkensteinischen
Dörfer: Freimersheim unter Alzey (Framersheim), Hielßheim (Hil-
lesheim, Falkenstein und Kloster Rosenthal, und Junker von Gau-
spitzheim an das Kloster statt), Hohensülzen, Wald-Ilversheim,
Eckelsheim [1]); Kurmainzisch: Gau-Beckelheim.

Sodann die Vogtei (Fauthey) Mommenheim:

Mommenheim [2]) (acht vom Adel haben die Gerichtsbarkeit
und Obrigkeit lehensweise von der Herrschaft Hohenfels, zeitiger
Oberschultheiss ist Philipp Schlichterer von Erpfenstein, Pfalz hat
Zollstätte und Geleitstrasse, auch das „Schirmrecht“);

Zornheim [3]) (Obrigkeit gehört den Nonnen von St. Claren in
Mainz);

Lortzweyler [4]) (Jakob Hund und andere von Adel, Lehen der
Herrschaft Reipoltskirchen, Zoll und Geleit Pfälzisch);

Ober- und Nieder-Olm, Ebersheim, Bischofsheim, Weissenau
zum Teil [5]) (Kurmainzisch, Pfälzische Ansprüche bestritten);

Hexheim (Hechtsheim) und Teil von Weissenau [6]) (Ysenbur-
gisch);

Sörgenloch [7]) (die Obrigkeit, Gerichtszwang, Frevel und Bussen

---

1) Vgl. unten in den Abschnitten „Wild- und Rheingrafschaft und
Falkenstein“.
2) Vgl. den Abschnitt „Hohenfels und Reipoltskirchen.
3) Vgl. Abschnitt „Erzstift Mainz“.
4) Vgl. Abschnitt „Hohenfels und Reipoltskirchen.
5) Vgl. Abschnitt „Erzstift Mainz“.
6) Vgl. Abschnitt „Herrschaft Falkenstein“.
7) Vgl. Abschnitt „Erzstift Mainz“.

haben von Bechtolsheim, soll Lehen vom Stift St. Alban zu Mainz sein);

Harxheim [1]) (Falkensteinisch);

Essenheim [2]) (Zweibrückisch);

Klein Winternheim (Kurmainzisch); Stadt Mainz.

Vogtei Nackenheim (die Stephansherren zu Mainz haben Schultheiss und Gericht zu setzen, Kurpfalz hat die Oberfauthey und ein Drittel an den Freveln, eine Steuer von 21 Pfd. Heller, muss aber am ungebotenen Dingtag dem Gericht einen Imbs geben; als Schirmherr hat Kurpfalz von jedem Hausgesess ein Fastnachtshuhn, ein Malter Hafer und drei Schilling Heller. Davon sind Priester, Adlige, Gerichtspersonen und Hübner befreit. Alles nach Weistum).

1258 trat das Kölner Gereonsstift seinen Besitz in Nackenheim an das Mainzer Stephansstift ab. 1263 verzichtete Philipp von Hohenfels auf die Besteuerung der Güter des Stephansstifts in Nacheim. 1361 waren nach dem Weistum Dechant und Kapitel von St. Stephan in Mainz oberste Herren des Dorfs und Gerichts zu Nachheim, und haut dieselben Herren zu St. Stephan in diesem dorfe und in des dorfes marken zu Nachheim zu richten oder dun richten obir hals und hoibit und niemand anders. Darum haben sie auch einen Schultheissen nach Gefallen zu setzen. Die Einkünfte aus Freveln und Bussen gehörten damals $^2/_3$ dem Schultheissen und $^1/_3$ dem Vogt. Sobald aber der Schultheiss den Vogt gegen einen Uebeltäter zu Hilfe ruft, hatte der Vogt $^2/_3$. 1374 überliess der Vogt Wynand von Dienheim seinen Anteil an der Vogtei dem Stephansstift für 500 Gulden, und am 4. November 1413 trat auch Volgmar von Wachenheim dem Pfalzgrafen Ludwig III. seinen Anteil an Dorf und Gericht zu Nackheim, das ist die Hälfte, käuflich ab. — Schaab, Geschichte der Stadt Mainz III 256—264. Alzeyer Copialbuch fol. 5 v.

Nieder-Saulheim (die gerichtliche Obrigkeit ist halb der Junkern, als jetzund derer von Dienheim, Philipps Stoltzen von Budesheim, Jacobs Hunden von Saulheim, Hermanns von Bechtolsheim genannt Mauchenheimers, Philipps von Hohenstein, Wilh. Franzen von Flersheim, und aller der, so allda begütert, als des Orts halbes Rittergericht, und das ander Halb der Gemeinde, und wird das Gericht besetzt mit 5 vom Adel und 5 von der Gemeinde; von solchen wird der Schultheiss angenommen; haben des Orts ein Hochgericht; Frevel und Bussen sind halb derer vom Adel, halb der Gemeinde; haben ein sonderlich Weistum. Kurpfalz ist Schirmherr, hat die Bede auf der ganzen Gemeinde edel und unedel, 220 Malter Korn, und etlich Geld, der Rheingraf hat 100 Malter von Pfalz zu Lehen. Pfalz hat auch einen Fauth sowie Zollstatt und Geleitstrasse).

Schon 1277 mussten die Truchsessen von Alzey zugestehen, dass ihre Einkünfte zu Salunheim vom Pfalzgrafen verliehen seien. Diese Ein-

---

1) Vgl. „Herrschaft Falkenstein“.

2) Ursprünglich Hohenfelsisch und Bolandisch, seit 1354 Veldensisch. Eine Beschreibung der Grafschaft Veldenz werde ich in den Mitteilungen des histor. Vereins der Pfalz veröffentlichen.

künfte (18$^1/_2$ Malter Korn, 16 Pfd. Heller, 13 Schilling) zu Sauwelnheim gingen 1360 von Konrad Truchsess von Alzey an Philipp von Wonnenburg über, dem der Pfalzgraf Ruprecht I. auch die vom Edelknecht H. Eck ledig gewordenen 2 Malter Korngült und 4 Schilling auf der Bede zu Sauwelinheim zu Lehen gab, und ausserdem 5$^1/_2$ Malter Korn und 11 Schilling auf derselben Bede, die bis dahin Herbert Kutzer gehabt hatte. Aus diesen Belehnungen geht hervor, dass Pfalz schon damals im 15., 14. und vielleicht im 13. Jhdt. zu Niedersaulheim die Bede erhob (Regesten der Pfalzgrafen 1, 992. 3228. 3231. 3719).

Stadecken (der Herzog von Zweibrücken hat das Dorf von den Quaden erkauft. Die Pfälzer Leibesangehörigen stehen unter der Fauthey Nieder-Saulheim).

Stadecken war 1563 von Johann Quadt, Herrn zu Wickrath, an den Pfalzgrafen Wolfgang von Zweibrücken verkauft worden (Scriba, Regesten, Rheinhessen 4695).

Ober-Saulheim (Rheingräflich).

Udenheim (Gerichtsherren sind Friedrich Wilhelm und Christoph von Lewenstein, die das Dorf von der vorderen Grafschaft Sponheim zu Lehen tragen).

Einige ältere Urkunden und Nachrichten über Udenheim habe ich in der Vierteljahrsschrift für Sozial- und Wirtschaftsgeschichte 1907, 553 ff. veröffentlicht. Am 3. Februar 1367 übertrug der Edelknecht Johann von Heinzenberg das Dorf Udenheim, welches er von der Grafschaft Sponheim zu Lehen hatte, an die Ritter Wolfram von Lewenstein und Richard Limelzun, indem er auf alle Mannschaft und jedes „Verbundnis", womit ihm dieselben bis dahin verpflichtet waren, verzichtete, und ihnen gebot, das Lehen künftig vom Grafen Walram von Sponheim und seinen Nachfolgern als Herren zu Kreuznach zu empfangen. 1415 wurde der Ritter Johann von Lewenstein der Alte belehnt (J. G. Lehmann, Geschichte der Grafen von Sponheim 2, 182). Im Sponheimer Kopialbuch im General-Landesarchiv in Karlsruhe 1369 (Anfang 15. Jhdts.) ist ein Lehenrevers der Elige von Than, Witwe Herrn Johanns von Lewenstein, in Momparschaft ihrer Söhne über die Lehen ihres „hufwirts" aufgenommen, nämlich ein Tal bei Lewenstein, einen Wald „Bockelnhalde by der Rotscheit gelegen", item das Dorf Uodenheim mit Gericht, Wasser, Weide usw. als das in Gemeinschaft herkommen ist. 1454 waren Emmerich, Brenner, Heinrich und Emmerich von Lewenstein mit dem halben Dorf Udenheim und Frank von Lewenstein mit Gericht, Vogtei und Dorf Udenheim von Pfalzgraf Friedrich von Simmern wegen der Grafschaft Sponheim belehnt (Geh. Staatsarchiv München, Kasten blau, 388/2, fol. 100 und 162). Einen steinernen Turm in Udenheim (eigen Gut) trugen am 5. März 1364 Hermann und Diele von Udenheim dem Erzbischof Kuno von Trier zu Lehen auf (StAKoblenz, Dipl. archiep. Trev. V 304). Am 17. März 1257 beurkundete Conradus silvester comes, dass Berlewinus dictus Zurno de Alzeia und dessen Frau Berthe ihr ganzes Allod, quod in nostra iurisdictione in villa Udenheim habuerant dem Kloster Wörschweiler verkauft und in Gegenwart der Konsuln und Bürger der Stadt Worms aufgelassen haben. 1260 wurde dem Kloster von diesen und anderen Gütern, die es gekauft hatte, die Bede (precaria) sowohl durch Gernod und seinen Vetter Johannes dictus comes, beide von Udenheim, als auch durch Wolfram von Lewenstein erlassen (Heintz, Urkunden des Klosters Wörschweiler [autographiert 1882] 106). Der 1253 vom Grafen von Diez an das Kloster verkaufte Hof war vorher Reichslehen und bedefrei.

Münch-Walheim (Wahlheimer Hof, Grundherr das Kloster Eberbach im Rheingau, unter Pfälzer Schirmherrschaft. Pfalz hat Atz und Frevel dieses Bezirks).

Hannheim (Junker Albrecht von Dienheim hat dieses Dorf mit Kirche und Pfarrrecht umb weiland Chr. Jetten erkauft; Pfalz hat Zollstatt und Geleitstrasse).

Am 12. Juli 764 schenkte Graf Cancor zu seiner Stiftung, dem Kloster Lorsch, die villa Hagenheim super fluvium Salusiam (Codex Lauresham. I Nr. 1, S. 3; andere Schenkungen daselbst II S. 332). Der in der Gemarkung Hahnheim im Kreis Oppenheim gelegene Wahlheimer Hof, kommt schon 1227 als Besitzung des Cistercienserklosters Eberbach im Rheingau vor (Waleheim). In der nämlichen Gemarkung lag noch das Dorf und die Kirche Bleidensheim, von deren Zehntem ein Dritteil dem Werner Hependib, einem Ritter zu Alzey, zustand, bis er dasselbe am 9. August 1253 nebst einer Geldabgabe, Diensten und Vogteirecht auf dem Wahlheimer Hof dem Kloster verkaufte. Zwei Nachkommen dieses Ritters, die Brüder Jakob und Werner Hependip, Edelknechte, wurden 1311 samt dem Schultheiss, den Hübnern und der Gemeinde des Dorfes Hainheim exkommuniziert, weil durch sie das Kloster Eberbach an der Brücke und den Wegen bei seinem Hofe Walheim gewaltsam geschädigt worden war. Ausser der Familie Hependib scheinen noch andere Rittergeschlechter an Wahlheim, Hahnheim und Bleidesheim beteiligt gewesen zu sein. 1258 wurde ein Streit des Klosters Eberbach und seiner Hofleute zu Walheim mit dem Ritter Heinrich Freyso und seinem Bruder Dudo wegen der Weidegemeinschaft un der Mühlen zu Hagenheim vor dem Herrn Philipp von Hohenfels entschieden. 1313 verkaufte ein Sohn des Ritters Eberhard von Geispizheim (Gabsheim) dem Kloster Eberbach zwölf Malter ein Firnzel Korn und zwölf Schilling drei Heller Mainzer Währung jährliche Gült, die er von Hermann von Hohenfels zu Lehen hatte, im Banne der curia Walheim et villa Hainheim, mit allen Herrschaftsrechten (dominiis) und namentlich dem Herbergsrecht, wozu der Herr von Hohenfels einwilligte. Es war also eine Ganerbschaft, die wenigsteus teilweise Lehen von der Herrschaft Hohenfels gewesen zu sein scheint (Baur, Hess. Urk. II 719 ff., 737, 757; III 97, 598 ff., 603; V 199).

Schornsheim [1]) (Gerichtsherren sind Georg Köth von Wanscheid, Heinrich von Bechtolsheim, Eberhard, Flach, Jacob Hund von Saulheim, Grorodt zu Nierstein, haben das Gericht mit den halben Freveln und Bussen von Nassau zu Lehen, die andere Hälfte hat die Gemeinde. Pfalz hat die Zollstatt und Geleitstrasse).

Dalheim [2]) (Albrecht von Dienheim hat des Dorfes Obrigkeit von der Herrschaft Falkenstein pfandweise. Zoll und Geleitstrasse sind pfälzisch).

Rudolfsheim (jetzt Ludwigshöhe bei Oppenheim; Gerichtsherr ist Albrecht von Dienheim, doch hat der Ort kein eigenes Halsgericht. Kurpfalz hat Zollstatt und Geleitstrasse).

Rudolfsheim lag etwa 25 Minuten fast genau östlich vom jetzigen Dorf Ludwigshöhe, 100 Schritte vom Rheindamm westlich. Seit Ende des 18. Jahrhunderts war dieser Ort von Ueberschwemmungen heimgesucht (1784, 1795, 1799, 1803, 1816), so dass es notwendig war, das Dorf auf einen höher gelegenen Platz an der Strasse von Oppenheim nach Worms zu verlegen. Zu dieser neuen Gründung wurde 1821 das Terrain ab-

----

1) Vgl. unten bei der Herrschaft Bolanden.
2) Vgl. unten bei der Herrschaft Falkenstein.

gesteckt und 1822 (25. August) der Grundstein gelegt. Rudolfesheim kommt seit 765 in Lorscher, seit 802 in Fuldaer Traditionen vor (Codex Lauresham. II Nr. 922, 1411, 1733, 1851—53, 1855, 1860; Dronke, Dipl. Fuldensis Nr. 174: Hruodolfesheim), es lag im Wormsgau. Noch 1497 waren dort Fuldaische Lehengüter. Pfalzgraf Ludwig III. erwarb 1418 Teile von Rudelsheim und Heidesheim von Heinrich Bock von Lambsheim. Das Dorf war bis zur Okkupation durch Frankreich 1797 im Besitz der Freiherren von Dienheim (Wagner, Wüstungen, Rheinhessen 138, Nr. 88).

Köngernheim uf der Selsen (ist dem Herrn Hans Schweikart von Sickingen zuständig).

Köngernheim auf der Selz (Kreis Oppenheim) war Veldenzer Lehen, 1364 im Besitz des Emmerich Lymelzun von Lewenstein, 1433 des Heinrich von Lewenstein, 1445 des Brenner, Friedrich, Heinrich und Siegfried von Lewenstein, 1453 des Gottfried von Randeck, 1454 des Brenner, Emmerich, Richard, Heinrich und Siegfried von Lewenstein, 1457 des Gottfried von Randeck, 1471 wieder der Familie von Lewenstein, seit dem 16. Jhdt. den Herren, später Grafen von Sickingen (KrASpeyer, Veldenz-Zweibrücker Kopialbuch I 145, 199; V 49, 99, 151; XII 132, 217 und 289).

Friesenheim [1]) (Nassauisch Lehen im Besitz der Erben Johanns von Dienheim).

Bechtolsheim (die dortigen Gemeiner haben das Dorf von der Herrschaft Hohenfels zu Lehen. Pfalz hat einen Fauth, Zollstatt und Geleitstrasse) [2]).

Weinolsheim (gehört zum pfälzischen Amt Odernheim; die Ausfauthey Alzey hat Hörige und einen Fauth, auch Zollstätte und Geleit) [3]).

Köngernheim bei Odernheim (Bös- oder Gau-Köngernheim; die Gerichtsherrschaft hat Philipp Kessler von Sarmsheim zu Lehen von dem Grafen von Löwenstein als von der Herrschaft Scharfeneck wegen; ist Afterlehen von Kurpfalz) [4]).

Bermersheim bei Alzey (die Herrschaft ist des Klosters Rupertsberg bei Bingen; gemeine Sachen werden vorm Amt Alzey verhandelt, wie in den pfälzischen Eigendörfern).

Bermersheim wird in der Urkunde des Erzbischofs Arnold von Mainz vom 22. Mai 1158 als Gut des Klosters Rupertsberg bestätigt, ebenso in der des Erzbischofs Konrad von 1187. Das wenig später begonnene Güterverzeichnis des Klosters enthält eine Menge Angaben über Güter in Bermersheim, die später noch vermehrt wurden (MRUB. II 31, 124, 367 f.; J. Wagner, Kreis Kreuznach 7, 9, 15). Das Mainzer Albanskloster erhielt 1154 durch seinen Abt Heinrich ebenfalls Besitzungen daselbst zugewiesen (Scriba, Regesten, Rheinhessen 1097). Am 1. Mai 1276 überliess das Albanskloster dem Kloster Rupertsberg einen dortigen Hof zur beständigen Nutzniessung (ebd. 1855). Ein Weistum von 1495 ist im Saalbuch von 1494 über die „liebeignen Menschen" fol. 108 enthalten. Zu Bermersheim nächst Alzey „ist das Gericht der Closterjungfrauwen uf sant Rupersberg, aber min gn. Herre (Kurpfalzgraf Philipp) hat die inwoner daselbst jahrs mit der bede hoch und nieder zu besetzen", ferner ein „Herzogshuhn", Reise

---

1) Vgl. unten bei der Herrschaft Bolanden.
2) Vgl. unten bei der Herrschaft Hohenfels.
3) Vgl. oben S. 223.
4) Vgl. oben S. 192.

und Frohn, Wildfangsrecht („were jare und tag da sitzet unverhert und unerfordert sins libsherrn, der ist der Pfalz libeigen“), Bastardsfälle, $4^1/_2$ Unzen Heller auf dem Rupertsberger Hof und 18 Schilling Heller auf St. Albanshof und von beiden Höfen je einen Reisewagen. Nach einem Weistum von 1400 (Brilmayer, Rheinhessen S. 49) waren Aebtissin und Konvent zu Rupertsberg oberste Grund- und Gerichtsherren über Hals und Halsbein, hatten alle Gewalt im Dorf und im Feld, Gebot und Verbot, von jedem Haus ein Fastnachtshuhn, und drei ungebotene Dingtage.

Gundheim (Gerichtsherren sind die Herren von Oberstein. Ein Fünftel tragen sie von der Pfalz zu Lehen. Pfalz hat ein Oeffnungsrecht am Schloss, einen gefreiten Hof mit zugehörigen Gütern, einen Fauth, Hörige, Zollstatt und Geleitstrasse) [1].

Gauersheim (Obersteinisch, Geleitstrasse pfälzisch).

Gauersheim kommt in der Urkunde des Kaisers Ludwig des Frommen für die Abtei Prüm vom Jahre 835 über Albisheim als Gouuirkesheim vor (MRUB. I S. 69, Nr. 61). Dann hatte um 1200 der Rheingraf Wolfram dimidietatem ville in Gowersheim cum omni jure vom Erzbischof von Mainz zu Lehen (Trier. Arch., Erg.-Heft 12 S. 6, Nr. 2 b). 1409 hatte Henne Monsheimer von Ysinborg ein Viertteil, und Gerlach von Gauwersheim drei Viertteile an Gauwersheim mit Gericht, Weide, Wasser usw. zu Lehen von der Wildgrafschaft Kyrburg. 1426 war Gerlach von Gauwersheim allein mit dem Dorf Gauersheim mit Gericht, Wasser und Weide sowie mit 7 Morgen Acker bei Ulfersheimer Bann belehnt (Altes Mannbuch der Wild- und Rheingrafschaft im Archiv Coesfeld; Archiv für Hessische Geschichte, N. F. IV 445 ff., Nr. 96, 326). Am 14. Mai 1434 schlichteten Pfalzgraf Stephan und Graf Friedrich von Veldenz Streitigkeiten zwischen dem Wild- und Rheingrafen Johann und Gerhard von Gauwersheim dahin, dass das Schloss Gauwersheim nicht von der Wildgrafschaft zu Lehen rühre (Regest aus dem „Rennenberger Archiv“ (jetzt in Anholt) im StAKoblenz). Wann und wie Gauersheim an die Herren von Oberstein und schliesslich an die Herren von Wallbrunn gekommen ist, muss noch untersucht werden.

Offstein (Obersteinisch, Stift Neuhausen hat das Patronatsrecht).

Die von Oberstein waren von der Herrschaft Lichtenberg im Elsass (Hanau-Lichtenberg) belehnt. Nach dem Aussterben der Herren von Oberstein 1661 brachte Pfalz das Dorf Offstein durch Tausch gegen die Schaffnerei Hagenau an sich. Als Pfälzer Dorf gehörte es zum Unteramt Freinsheim.

Lindesheim (Wüstung) in der Gemarkung Offstein (Westerburg versucht, Wildfänge anzunehmen).

Lydrichsheim oder Lindesheim trugen die Grafen von Zweibrücken vom Domstift Worms zu Lehen, verkauften es aber mit dem Gericht 1298 an das Kloster Nonnen-Münster daselbst (Widder 230; Wagner, Wüstungen. Rheinhessen 153).

Kriegsheim (Leiningen-Hartenburg hat die Hälfte, von Rodenstein die andere Hälfte an der Gerichtsbarkeit, Freveln und Bussen laut des Weistums; Pfalz hat von den Untertanen Reise- und Frohndienste durchaus, Schatzung strittig mit Leiningen) [2].

Mölsheim (das Kloster Hornbach hat Schultheiss und Gericht

---

1) Vgl. unten bei der Herrschaft Hohenfels.
2) Vgl. oben S. 211. — Ein Weistum vom 30. Oktober 1587 im StA. Darmstadt, Saalbücher Konvolut, 12.

zu setzen, der Kämmerer von Dalberg ist Vogt und hat über Hals und Bein zu richten, der Pfalzgraf ist Schirmherr, hat Gebot und Verbot, zwei Teile an den Gerichtsfreveln und durchaus Schatzung, Reiswagen, Huldigung) [1]).

Waldfauthey: Alsensbruck (Kloster Otterberg), Münchweiler, Steinbach (von Oberstein), Bierstatt (Börrstadt, halb von Oberstein, halb Grafschaft Falkenstein), Lonsfeld, Potzbach, Imbsbach und Jaxweiler (Falkensteinisch), Weitersweiler (von der Leyen, modo von Wambold), Kerzenheim, Eysenberg, Gelheim, Rosenthal, Dannfels (Nassauisch), Sippersfeld (Nassau und andere). Pfalz hat auch den Zoll in Alsensbrück [2]).

Fürfeld, Fauthey (von Cronberg und Antonius Boos von Waldeck) mit Dieffendal (Nassauisch).

Fürfeld gehörte ursprünglich der Abtei St. Maximin bei Trier und zu deren Hof Münsterappel; die Vogtei mit dem Kirchsatz und Zehnten war an zwei Adlige verliehen (Maximiner Urbar, MRUB. II 472). Nach dem Weistum von 1506 (StADarmstadt) waren damals Junker Philipp Beusser von Ingelnheim zur einen und Junker Konrad von Waldeck, genannt von Ueben, und die Junker Philipp und Simon Boosen von Waldeck zur andern Hälfte oberste Vögte, Herren und Richter im Dorf. Den Ingelheimischen Anteil erbte der Ritter von Cronberg.

Auch Tiefenthal hat ursprünglich zu dem Maximiner Hof zu Münsterappel gehört, die Herrschaftsrechte kamen von den Raugrafen an die Herren von Bolanden und später an die Grafen von Nassau. Das Nähere wird bei der Abhandlung über die Wild- und Rheingrafschaft kommen.

Das jetzt zur Gemarkung Fürfeld gehörige ehemalige Schloss und Dorf Iben oder Ueben, heute nur ein Hof, war nach Nachrichten von 1253 und 1296 im Besitz der Tempelritter. Zur Zeit Erzbischofs Baldewin war das Schloss mit einigen Gütern Trierisches Lehen im Besitz des Raugrafen Ruprecht. 1356 übergaben Raugraf Ruprecht II. von Altenbaumburg und sein Sohn Heinrich dem Grafen Heinrich II. von Sponheim-Dannenfels die Hälfte vom Dorf Ubin nebst einem Anteil an Altenbaumburg, was im folgenden Jahre näher ausgeführt wurde. Die ihm verbliebene Hälfte verkaufte der Raugraf 1362 an den Ritter Emmerich von Waldeck. 1429 bekennen die Gebrüder Adam, Johann und Kunz von Waldeck, sie hätten bisher geglaubt, nur das halbe Schloss Uben bei der Nuwen Beumburg sei Trierisches Lehen, die andere Hälfte aber frei eigen. Nun aber seien sie belehrt worden, dass das ganze Schloss Lehen sei, und so hätten sie das ganze Schloss mit der Aue von der Brücke bis an das Ende des grossen Berges, da die Wingerte gelegen sind, 30 Morgen Acker an Beyersgraben, 15 Morgen Wingert am Mulenberg, 25 Morgen Wald am Mulenberg, 14 Morgen Grosse Wiese benieden der Brücke, 2 Morgen Kennelwiese, 3 Morgen Wiese und Baumgarten zwischen den Deichen und einer Mühle, die 20 Binger Malter Roggen jährlich gibt, vom Erzbischof Otto von Trier zu Lehen empfangen. 1515 überliess Konrad Boos von Waldeck Ueben vorübergehend an Kurpfalz (Brilmayer, Rheinhessen 232; Wagner, Wüstungen, Rheinhessen 19 f.; StAKoblenz, Dipl. Archiep. Trev. I. Balduineus; X 415; XIII 96; Heidelberger Handschrift über die Raugrafschaft S. 35). Nachher ist das Schloss und der Hof im Besitz der Herren von Cronberg und zuletzt der Freiherren von Schmidtburg gewesen.

---

1) Vgl. oben S. 212. — Weistum von 1527 im StADarmstadt, Saalbücher, Konvolut 22.

2) Vgl. unten bei den Herrschaften Bolanden und Falkenstein.

Fendersheim, Fauthey (Fausten von Stromberg. Pfalz hat ausser Hörigen, Wildfängen usw. noch das Kirchenrecht und Verleihung der Pfarrei).

Vendersheim (Kreis Oppenheim) war ein Lehen der Herrschaft Kempenich in der Eifel, wie aus einem Lehensrevers hervorgeht, worin Brenner und Rudewin, sowie deren Neffen Sifrid und Henne, alle von Stromberg, am 17. April 1426 beurkundeten, dass das Dorf und Gericht zu Fendersheim (in der Vorlage verschrieben „Sendersheim“, Dipl. archiep. Trev. im StAKoblenz X 296) mit allem Zubehör, daran sie alle zusammen einen vierten Teil haben, seit alter Zeit von der Herrschaft Kempenich lehenrührig sei, die damals an den Erzbischof Otto von Trier gefallen sei, von dem sie damit belehnt wären. Später waren die Fausten von Stromberg mit dem Dorf von den Grafen von Eltz-Kempenich belehnt, an welche es im 18. Jhdt. zurückfiel. Das Patronatsrecht, welches nach der Aufzeichnung im Ausfauthey-Saalbuch pfälzisch war, war im Mittelalter ein Lehen von der Grafschaft Sponheim-Kreuznach, um 1430 im Besitz des Clais Stoltze von Beckelnheim, vorher des Rusing Bocke von Beckelnheim.

Partenheim [1]) (tragen die Partenheimer und der von Wallborn vom Bischof von Trier zu Lehen).

Partenheim (Kreis Oppenheim, O 21) war eine Besitzung des Trierer Erzstifts. Am 9. März 1158 trat Erzbischof Hillin durch die Hand seines Vogtes, des Grafen Folmar von Castel (Blieskastel), an das Domstift Worms 19 Huben aus der curia de Pardenheim und einen Platz vom Herrenhof selbst ab, auf dem Gericht gehalten werden konnte, um dafür die Burg Nassau zu erhalten. Werner II. von Bolanden hatte den Kirchensatz, Zehnten, 5 Fuder Wein und das Recht, das zu einer Hube gehörte, vom Erzbischof, die Vogtei vom Grafen zu Blieskastell zu Lehen (Sauer, Aelteste Lehenbücher der Herrschaft Bolanden 21 und 25). Seit etwa 1191 war ihm auch der Hof selbst vom Erzbischof Johann von Trier verpfändet. Später waren die Herren von Ingelheim von Kurtrier mit Teilen des Dorfes Partenheim, Gericht hoch und nieder, Vogtei, Wasser, Weide, Wäldern usw. belehnt, den andern Teil hatten ebenso die Herren von Partenheim (MRUB. I S. 665, Nr. 605; II S. 197, Nr. 155; StAKoblenz, Dipl. archiep. Trev. V 98; X 220; XIII 34). Auch der Kirchensatz gehörte später diesen Gerichtsherren. Der Zehnte gehörte den Herren von Hohenfels-Reipoltskirchen, von denen er als Pfandlehen an verschiedene Ritter und Edelknechte verliehen war (Archiv des Grafen von Spee auf Schloss Heltorf bei Angermund, Archiv Reipoltskirchen, Lehenssachen, Conv. 2, Nr. 12).

Orte im Amt Alzey, an denen einige Rechte zur Ausfauthey gehören [2]):

Westhofen (Kurpfalz hat Gebot und Verbot, Schatzung, Atz, Reise und Frohn; Ungeld und Marktgeld hat die Gemeinde; am Gericht gebührt der Pfalz $^2/_3$ und dem Herrn von Hohenfels $^1/_3$).

Osthofen [3]) (ist der Kurpfalz eigen, Malefizsachen kommen vor das Amt Alzey, Kurmainz hat eigne Leute und einige sonstige Rechte).

---

1) Weistum (1666) im StADarmstadt, Saalbücher, Konvolut 23.
2) Diese Ortschaften sind alle spätere Erwerbungen der Pfalzgrafen.
3) Weist. 1338; Grimm V 635. 636; Weist. 14. Jhdt.; Grimm V 634. 635 (vgl. auch Grimm V 739. 740 und Baur II 18); Weist. von 1499 im StADarmstadt, Urkunden. Ein ferneres Weistum im KrArch. zu Würzburg.

Rheindürkheim [1]) (Pfalz hat Gebot und Verbot, Frohn, Reise, Folge, die Schatzung, Atzung, zu richten über Hals und Bein; Frevel, Bruch und Ungeld gehören der Pfalz nur $^2/_5$, dem Bischof von Worms $^2/_5$ und dem Grafen von Leiningen $^1/_5$. Aehnlich auch in Hamma und Alsheim am Rhein).

Gimbsheim (der Herr von Hohenfels-Reipoltskirchen hat Teil an den Freveln).

Hangenwalheim (alle Rechte Pfalz zugehörig).

Eimbsheim (ebenso, früher Kloster Weidas Gerichtsherrschaft).

Wintersheim (alle Rechte pfälzisch).

Selzen (Pfalz und Domstift Worms haben zusammen $^3/_4$ an Freveln und Bussen, von Scharfenstein $^1/_4$; Pfalz allein hat Schatzung, Frohn, Reise, Zoll, Geleitstrasse, Gebot, Angriff).

Esselborn (die Hoheitsrechte hat Pfalz allein; an Freveln, Bussen und gerichtlicher Obrigkeit will sich Mainz etwas anmassen, was aber nicht herkömmlich ist).

Stetten (die Paulusherren zu Worms haben sonst Teil an den Gerichtsfreveln zu Stetten).

Dintesheim (gehört zum Schultheissenamt Eppelsheim, alle Rechte stehen allein Kurpfalz zu).

Hangenweisheim (Kurpfalz hat hohe und niedere Obrigkeit; die Commenthurey St. Johannisordens daselbst hat zum halben Teil Frevel und Inzug, aber sonst weder Gebot und Verbot. Auch in der Commenthurey hat Kurpfalz Atz und Reiswagen).

Dittelsheim (Pfalz hat die Halbscheid von den Sturmfedern als verfallen Lehen und einen weiteren Anteil von Hans Martin von Wachenheim kaufweise überkommen. Werden die Frevel mit Nassau, Dalberg und von der Leyen, nach eines jeden Gebühr, geteilt. Kloster Hornbach hat Schultheiss und Gericht zu setzen, aber keine Frevel).

Neuhausen (Kurpfalz hat nunmehr Schultheiss und Gericht zu setzen und alle Frevel, es ist auch ein Fauth dort).

Kriegsfeld (Kurpfalz hat die hohe und niedere Obrigkeit, Gebot und Verbot, Schultheiss und Gericht allein zu setzen, über Hals und Bein zu richten; nur an gemeinen Freveln haben Nassau und Lewenstein Anteil).

Wonsheim (pfälzer Rechte wie oben, Falkenstein hat $^1/_3$ an Freveln, Ungeld, Atzgeld, Kirchenrechnung, 6 Gulden Bede von der Gemeinde. Schatzung hat Pfalz allein).

Sponsheim (Pfalz hat alle Rechte; die Leibbede gehört zur Ausfauthey; die Morgenbede in der Gemarkung von etwa 620 Morgen wird von der Gemeinde zu des Dorfs Notdurft gebraucht).

Münster bei Bingen ist ganz zur Landschreiberei geschlagen worden.

---

1) Weistum von 1548 im StADarmstadt, Saalbücher, Konvolut 24; Atzordnung von 1601 ebenda.

Ruprechtseck, dabei wohnen auswärtige Leute, die Pfalz zugehören, in St. Alban und Gerweiler (Falkenstein und Oberstein) und Würzweiler.

Zu Alzey stand in älteren Zeiten Rockenhausen in nahen Beziehungen.

4. Amt Rockenhausen.

Dieser Ort wird schon in der Schenkung des Kaisers Arnulf an den Altar des heiligen Petrus in der Stadt Worms vom 9. Juni 897 in Verbindung mit Alzey genannt, es wird der Zehnte vom ganzen salischen Lande des Kaisers in den Orten Alceja et Scafhuson et Ulvenusheim et Rogkenhuson et in villis ad Rogkenhuson pertinentibus, ... de Gunzelfurdi usque in mediam Liutram dem Wormser Domstift geschenkt [1]). Dieselben Orte kommen sodann in der Auseinandersetzung zwischen den Truchsessen von Alzey und dem Pfalzgrafen Ludwig II. von 1276 April 12. vor. Die Truchsessen erkannten darin an, dass ihnen die Zehnten zu Alzey, Schafhausen, Rockenhausen und Ulvensheim vom Pfalzgrafen übertragen seien [2]). 1292, Nov. 26, vermachte Gerhard Truchsess von Alzey seinem Schwiegersohn Grafen Eberhard von Sponheim sein Recht am Truchsessenamt, wobei wiederum die genannten Zehnten aufgeführt werden [3]). Nach dem Alzeyer Weistum aus dem 14. Jhdt. [4]) war der Zusammenhang zwischen Alzey und Rockenhausen auch ein gerichtlicher: „Es sollen sin vierzehen scheffen, die des pfaltzgraven recht sprechen, die sollen ritter sin, der soll einer ein schultheiss sin, die sollent alle des pfaltzgraven dinstman sin. Zudem sollen von Rockenhusen zween scheffen sin und von Ulveszheim zween". Und am Ende des Weistums: „Es soll auch ein druchsesse sin, der soll den scheffen ein essen geben, in nuwen schusseln ... davon hat der druchsesse den zehenten zu Rockenhusen, zu Ulveszheym, und den bundenzehenten zu Alczey und zu Schafthusen. — Es horet auch zu der Pfaltzen und rugen wir Scheffen das, Rockenhusen, Hupholcz, Ruszwiler, We[r]szweiler, Gerbach disit der bach, Gunderszwiler, Etwiler (Gerweiler), Filtzbach (lies Viltzberch = Felsberger Hof), Undenheim, Nordoltsheym, Gundarmsheim und Onszheim und Muckenhusen".

Nach demselben Alzeyer Weistum „soll auch ein fryhe [Rugrave] des Pfaltzgraven faut sein, der soll mit zween fryhen mannen zu gericht sitzen by dem schultheiszen und soll hören des Pfaltzgraven bresten und soll den richten da ine der schultheisz nicht gerichten mag". Der Raugraf hatte Rockenhausen von der

---

1) Carl Wimmer, Geschichte der Stadt Alzey. Alzey 1874, 215. — Schannat, Historia episcopatus Wormatiensis II 10.
2) Regesten der Pfalzgrafen I 907.
3) Baur, Hessische Urkunden II S. 468, Nr. 476.
4) Archiv für Hessische Geschichte XIV S. 711—715.

Pfalz zu Lehen, und 1369 bewilligte Pfalzgraf Ruprecht I. dem Raugrafen Philipp, Herr zu der Neuenbaumburg, seinen Anteil an diesem Ort, der von der Pfalz zu Lehen rührte, an den Erzbischof Kuno von Trier zu verpfänden[1]). Im selben Jahre, am 7. Sept., öffnete Raugraf Philipp den Erzbischöfen Gerlach von Mainz und Kuno von Trier, den Pfalzgrafen Ruprecht dem Aelteren und dem Jüngeren, dem Grafen Heinrich von Veldenz, Hauptmann des Landfriedens bei dem Rheine, den rheinischen Städten seine Burgen Rockenhusen, Imeswilre und Nuwenbeumburg[2]). 1379, Oktober 7, wurde in einem Vertrag, in dem sich die drei Pfalzgrafen Ruprecht mit dem Erzbischof Adolf von Mainz wider die Raugrafen und ihre Helfer verbündeten, bestimmt, dass Rockenhausen halb Ruprecht dem Jüngsten, halb dem Mainzer Erzbischof gehören solle[3]). Nachdem der Mainzer Anteil wieder durch Pfalz ausgelöst worden war[4]), wurde der Raugraf Wilhelm, Herr zu der Alten und Neuen Baumburg, am 24. Febr. 1399 wieder belehnt mit der Raugrafschaft, dem Truchsessenamt zu Alzey, der Stadt Rockenhausen, den Dörfern Gunterswilre, Gerwilre, Katzenbach, Rurswilre, Gerbach, Gondersheim und Onesheim, einem Anteil an Sweinswilre, mit der Gemeinschaft zu Flanheim und allen Teilen, die er in Gemeinschaft mit der Wildgrafschaft hatte[5]). Obgleich die Raugrafen nicht mehr in den Besitz des ganzen Städtchens gekommen sind, vielmehr noch weitere Anteile nach und nach an Pfalz verpfändet haben, ist doch noch 1437 Raugraf Otto mit dem oben angegebenen Lehen belehnt worden. Nachdem 1457 der Raugraf auch auf den letzten Rest seiner Rechte und Besitzungen verzichtet hatte, zog der Pfalzgraf dieselben ein und bildete daraus ein Amt Rockenhausen[6]).

Zu diesem Amt gehörten 1786:

1. die Stadt Rockenhausen[7]) mit dem Schacher-, Winterthaler und Rußweiler Hof und zwei Mühlen (M 23);

2. die Schultheisserei Imsweiler mit dem Spreiterhof (M 23/24) und dem Felsberger Hof (M 23);

3. die Schultheisserei Guntersweiler mit Gehrweiler und dem Messersbacher Hof (M 24);

---

1) Regesten der Pfalzgrafen I 3818.

2) Ebd. I 3843.

3) Ebd. I 4312.

4) Regesten der Pfalzgrafen I 4692.

5) Ebd. I 5912. Am 29. April 1399 verkaufte der Raugraf ein Viertteil von Schloss und Stadt Rockenhausen, das zuvor das Erzstift Mainz innegehabt, dem Pfalzgrafen Ruprecht III. Wie dann unter Ruprecht und Ludwig allmählich weitere Anteile an Pfalz versetzt und verkauft wurden, ist ausführlich bei Widder IV 318 ff. berichtet. Auch das Alzeyer Copialbuch im StADarmstadt, und die Heidelberger Handschrift über die Raugrafschaft enthalten diese Urkunden.

6) Widder IV 313—346. Sämtliche Ortschaften gehören zum jetzigen Bezirksamt Rockenhausen

7) Weistum: Nordpfälzische Geschichtsblätter. (Monatliche Beilage zum Kirchheimbolander Anzeiger.) 1904. S. 28—30.

4. die Schultheisserei Katzenbach mit dem Mittweilerhof und der Kolbenmühle;

5. die Schultheisserei Mannweiler mit dem Reigersbergischen und Randecker Hof und der Burgruine Randeck (M 23).

Nach Rockenhausen nannte sich 1299 Raugraf Konrad IV. hirsutus comes de Rockenhusen. Auf Antrag des Raugrafen Heinrich von der Neuen Baumburg erteilte Kaiser Ludwig der Bayer 1332 dem Orte Frankfurter Stadtfreiheit[1]).

Russweiler war früher ein Dorf mit eignem Bezirk bei der Russmühle[2]).

Die Burg Imsweiler scheint im 12. Jhdt. Herrensitz eines Geschlechts gewesen zu sein, von dem Gotifrit de Imiciswilare et frater eius Gerhart am 21. Sept. 1127 bei Graf Meginhard von Sponheim in Kreuznach waren[3]). Später gehörte es dem Truchsess Königs Konrad IV., Werner IV. von Bolanden, der 1236 für 150 köln. Mark, die er vom Grafen Heinrich von Sayn erhalten hatte, sein dortiges Gut diesem zu Lehen auftrug[4]). Den Burgberg und den Hof nahm Werner 1242 von der Gräfin von Lützelburg zu Lehen[5]). Im 14. Jhdt. findet sich Imsweiler im Besitz der Raugrafen: Am 12. Juni 1336 versetzte Raugraf Heinrich von der Neuenbaumburg dem Grafen Johann von Sponheim, Herrn zu Kreuznach, die Burg Imsweiler mit dem darunter liegenden Dorf und dem Hof Münchweiler am Glan zu gemeinschaftlichem Besitz unter gewissen Bestimmungen, worunter die, dass nicht mehr als vier Judenfamilien zu Imsweiler geduldet werden sollten[6]). 1409 gab Anna von Bolanden, Witwe des Raugrafen Philipp, dem König Ruprecht für die Pfalz das Dorf, Gericht und Schloss Imsweiler ein gegen eine Rente von 70 Gulden. 1411, 1412, 1413 und 1415 verpfändete Raugraf Otto Imsweiler an den Pfalzgrafen Ludwig III. und verzichtete schliesslich auf die Wiedereinlösung. Der Pfalzgraf überliess das Schloss mit seinen Zugehörungen (Teil am Weinzehnten zu Rockenhausen, 20 Malter Holzhafer zu Catzwilre, Usszehnten und Bannkorn zu Rockenhausen, 30 Schilling auf der Walkmühle und 25 Pfd. Heller auf der Oelmühle daselbst, 8 Pfd. Heller Zins, 11 Pfd. Heller auf der Bede usw.) an seinen Burggrafen zu Alzey, Werner von Albich, mit der Befugnis, 400 Gulden daran zu verbauen, was 1431 bereits geschehen war. Nachdem Imsweiler 1457 nochmals dem Raugrafen Otto und später dem Wirich von Daun lebenslänglich eingeräumt war, wurde das Schloss

---

1) Aus dem Exkurs über die Raugrafen bei Töpfer, Hunolsteiner Urkundenbuch II 383—414.
2) Widder IV 325.
3) s. oben S. 7.
4) MRR. II 2241.
5) Lehmann, Burgen IV 72. — Böhmer, Regesta imperii 262 Nr. 40.
6) Lehmann, Sponheim I 145.

denen von Flersheim erblich verliehen, ist aber unter dem Kurfürsten Friedrich IV. und Karl Ludwig heimgefallen [1]).

Guntersweiler und Gehrweiler gehörten zu den pfälzischen Lehen des Raugrafen Georg von der Altenbaumburg, der 1343 mit seinem Sohn Wilhelm versprach, dass diese Dörfer, wenn sie ohne Leibeserben blieben, wieder an die Pfalz fallen sollten. Als Wilhelm 1357 gestorben war, erbte seine Tochter Mena, Gemahlin Philipps von Bolanden. Die Dörfer waren damals an Wilhelm von Randeck versetzt, dem das genannte Ehepaar 1360 bewilligte, beide Dörfer mit ihren Zugehörungen, es sei Gericht, Herberg, Bede, Gülte, Zins, ausgenommen die Vogtei des Dorfes Maßhulderbach, an seinen Schwager Johann von Bleinichen (Planig) zu versetzen. 1362 gab Philipp dem Pfalzgrafen Ruprecht II. Vollmacht, diese Dörfer von Wilhelm von Randeck zu lösen und versprach, solche an niemand anders zu versetzen, mit Ausnahme des Hofs Masholderbach. 1367 löste denn auch der Pfalzgraf die zwei Dörfer von Johann von Planig. Sie kamen dann an die Linie Zweibrücken-Veldenz und wurden dann nach dem Kriege von Kurpfalzgraf Friedrich behalten (1470) [2]).

Der Masholderbacher (jetzt Messersbacher) Hof gehörte nebst dem Mönchwald dem Kloster Otterberg [3]).

Der Wald zu Katzenbach gehörte 1347 zum Wittumsgut, welches Raugraf Georg seiner Sohnsfrau Kunigund verschrieb und wurde 1377 an den Grafen Walram von Sponheim verkauft. Das Dorf war den Herren von Randeck verliehen. 1514 errichtete Kurfürst Ludwig V. mit dem Ritter Adam von Randeck einen Vertrag, dass der von Randeck die drei Dörfer Katzenbach, wo er allein, Mannweiler und Oberndorf, da er mit andern Gerichtsherr gewesen, an Pfalz abtrat. 1517 wurde diese Abtretung durch einen Vertrag mit Berthold von Flersheim, Erbe des Adam von Randeck, bestätigt. Zu diesen Dörfern, die, was Zins und Gülten auf eignen Gütern betrifft, den Flersheimern verbleiben sollten, gehörte auch der Russweiler oder Russmühler Hof mit bestimmtem Bezirk [4]).

Ob auch Mannweiler [5]) zur Raugrafschaft gehört hat, kann

---

1) Heidelberger Handschrift über die Raugrafschaft 14 ff. — Alzeyer Copialbuch im StADarmstadt 113. — Widder IV 329 f.

2) Heidelberger Handschrift über die Raugrafschaft 23 v. ff. — Widder IV 335 ff. — Regesten der Pfalzgrafen I 5026 f., 5050, 5942, 6206, 6422, 6429.

3) Ein Hof daselbst war von einem Ritter Cuno von Massholdersbach an das Kloster Otterberg geschenkt worden, dem er von Heinrich von Randeck 1207 bestätigt wurde. 1247 schenkte Raugraf Heinrich und seine Frau Agnes demselben Kloster weitere Güter daselbst. 1252 schenkte Werner von Bolanden seinen Anteil am dortigen Zehnten. Frey und Remling, Otterberger Urkundenbuch S. 4, 59, 80.

4) Heidelberger Handschrift über die Raugrafschaft 25 f. — Widder IV 338 f.

5) Widder IV 342 ff.

ich nicht feststellen. Die hier gelegene Burg Randeck war Reichslehen. 1519 wurde ein Weistum aufgenommen, nach welchem Kurfürst Ludwig V. und Hans von Flersheim Gerichtsherren waren. An der niedern Gerichtsbarkeit hatte 1538 Wolf von Thurn teil. Im dreissigjährigen Krieg wurde der Flersheimische Anteil durch den Kaiser an den Kurmainzischen Kanzler Niklaus Georg von Reigersberg verliehen, dessen Nachkommen das Dorf in Gemeinschaft mit Pfalz bis zur Auflösung des alten Reiches behalten haben.

Das Amt Rockenhausen wurde unter den Pfalzgrafen an verschiedene Adlige verpfändet, 1587 mit Imsweiler, Guntersweiler, Gehrweiler, Katzenbach, den Teilen an Oberndorf und Mannweiler samt dem Hof zu Schweinsweiler (Raugrafenhof[1]), oberhalb des zur Grafschaft Falkenstein gehörigen Dorfes) und dem Bezirk Russweiler an den Pfalzgrafen Georg Johann von Veldenz überlassen. 1610 kam es nebst dem Amte Wolfstein an den Pfalzgrafen Ludwig Philipp von Simmern und fiel 1673 wieder an die Kurlinie, und wurde wie auch Wolfstein dem Oberamt Kaiserslautern angeschlossen.

Im 14. Jhdt. hat zu Alzey und Rockenhausen auch das Dorf Würzweiler (N 23) bei Ruppertsecken gehört. 1345 wurde eine Kundschaft über die Rechte des Pfalzgrafen und eines Herrn Werner von Schonenburg erhoben, in der die 14 Schöffen zu Alzey, von denen sieben Ritter und sieben Bürger waren, und die 14 Schöffen zu Rockenhausen nebst den Schöffen zu Ulvensheim und den Burgmannen zu Alzey feststellten, dass Wertzwiler das Dorf zur Pfalz gehöre und ihr eigen sei, dass aber der von Schonenburg das Gut zu Wertzwiler als Eigentum besitze[2]).

Zuletzt gehörte Würzweiler dem Freiherrn von Kerpen als reichsritterschaftlicher Ort.

5. Oberamt Oppenheim.

Der Ingelheimer Grund.

StADarmstadt, XIV J. Saalbücher, Rheinhessen, Conv. 22a: Ordentliche Beschreibung und Renovation aller Recht, Oberherrlich- und Gerechtigkeiten, auch Zugehorungen deß Churfürstl. Ambts Oppenheim. 1587 von J. G. Reutlinger.

Das Dorf Daxweiler (M 20) im Kreis Kreuznach stand früher in engerer Verbindung mit dem Reichsgebiet des Ingelheimer Palatiums, so dass es nötig ist, hier auf die Territorialgeschichte dieses „Ingelheimer Grundes" einzugehen. Im unteren Selztal

---

1) Raugraf Philipp II. und seine Gemahlin Anna von Bolanden gaben 1384 dem Ritter Siegfried Schneeberg von Wartenberg den Brühl obwendig Schweinswiler gelegen um 55 Gulden auf Wiederlösung. Heidelberger Handschrift über die Raugrafen fol. 29 v.
2) StADarmstadt, Copialbuch des Amts Alzey fol. 207.

zwischen Bingen und Mainz hatten die Frankenkönige einen Saalhof, den Karl der Grosse und Ludwig der Fromme zu einer grossartigen Pfalz ausbauten. Das zu diesem Palatium gehörige Reichsgebiet wird in dem Lehenbuch des Herrn Werner II von Bolanden beschrieben: Er gibt an (um 1194) vom Reiche zu Lehen zu haben: „advocaciam super utrumque Ingelheim et super Wintherheim, super Bubenheim in superiori platea, super Wakernheim quoque et Wigenheim, super claustrum Husen. Et meum beneficium est neminis (nemoris) inter Appenheim et Ingelnheim, et villam Dahswilre et totum, quod adiacet silve, que vocatur Sano, ad illam curiam pertinens. Monetam in Ingelnheim“ [1]).

Also Ober- und Nieder-Ingelheim, Gross-Winternheim, ein Teil von Bubenheim, Wackernheim, Frei-Weinheim, das Kloster Ingelheimerhausen (jetzt Haxthäuser Hof), alle im hessischen Kreis Bingen und im Kartenquadrat O 20 gelegen, und Daxweiler am Soonwald (Kreis Kreuznach, M 20).   .

Später gehörte der Ingelheimer Grund als Reichsschultheisserei zum Reichsamt Oppenheim. Oppenheim selbst war 774 von Karl dem Grossen ʼan das Kloster Lorsch geschenkt worden [2]). 1008 hatte Kaiser Heinrich II. dem Abt Poppo von Lorsch das Recht verliehen, in Oppenheim einen Markt zu errichten [3]). 1147 gab der Abt Folknand von Lorsch den Flecken wieder an den König Konrad III. zurück [4]). Der Ort wurde nun zur Stadt erhoben und erhielt 1234 die Rechte der Stadt Frankfurt am Main [5]). Noch im 11. Jhdt. wurde die Reichsburg Landskrone (corona regionis) über der Stadt errichtet [6]).

Ludwig der Bayer verpfändete Oppenheim mit den zugehörigen Orten Schwabsburg, Nierstein, Dexheim (Kreis Oppenheim, in den Quadraten P und Q 21), Gau-Odernheim (Kreis Alzey P 22) und dem Ingelheimer Grunde am 16. Januar 1315 an den Erzbischof Peter von Mainz. Bis 1353 behielt nun der Erzbischof, 1356—1367 die Stadt Mainz diese Pfandschaft. Seit dem 12. Februar 1375 war die Pfandschaft dauernd bei den Kurfürsten von der Pfalz, denen sie 1407 definitiv zugesprochen wurde [7]). 1648

---

1) Dr. Sauer, Die ältesten Lehenbücher der Herrschaft Bolanden. Wiesbaden 1882, 17 f.

2) Cod. Lauresham. dipl. I S. 19, Nr. VII „villam Obbenheim sitam in pago Wormatiense super fluvium Rhenum“, und dazu „et illam terram jacentem in campo, qui pertinet ad Thechidesheim (Dexheim), sicut … pertinere videbatur ad ecclesiam, quae est in Obbenheim constructa“).

3) Ebd. I 152, Nr. 91.   4) Ebd. I 245, Nr. 150.

5) Scriba, Regesten, Rheinhessen 1373.

6) Ueber die Burgen Landskron und Schwabsburg vgl. Wagner, Wüstungen, Rheinhessen S. 129 (wo auch die alte Verfassung der Reichsstadt beschrieben ist) und 142 ff. Auf Swabesberg residierte 1274 und 1276 Philipp der Aeltere von Hohenfels. Am 31. Mai 1689 wurden beide Burgen durch die Franzosen zerstört.

2) Ebd. 2421, 2423, 2426, 2427, 3009, 3072, 3187, 3188, 3189, 3190, 3193, 3198, 3203—3206, 3212, 3258, 3263, 3266, 3267, 3286, 3290, 3292, 3304, 3661, 3665.

wurde durch den Westfälischen Frieden die Unablösbarkeit der Pfandschaft festgestellt.

So ist Kurpfalz in den Besitz des Reichsgebietes um Ingelheim gekommen, zu dem nach einer Urkunde von 1382 auch das Dorf Elsheim (Egelsheim) gehörte[1]).

Pfaffenhofen, Sauer-Schwabenheim und der untere Teil von Bubenheim dagegen haben seit dem 10. Jhdt. dem Kloster St. Maximin vor der Porta Nigra in Trier gehört[2]) und die Vogtei darüber hatten die Wildgrafen (die auch die Vogteien über die andern Besitzungen des Klosters im Nahegau besassen) an die Rheingrafen vom Stein verliehen[3]). Am 23. März 1276 verkaufte Rheingraf Siegfried dem Abte von St. Maximin, Heinrich, Bruder des Wildgrafen Emich, seine Vogtrechte zu Sauer-Schwabenheim, die er von der Abtei zu Lehen zu haben angibt[4]). Am 13. Dezember 1309 geschah eine Wiederholung des Verkaufes durch den Rheingrafen, diesmal mit lehenherrlicher Einwilligung seitens des Wildgrafen Friedrich von Kyrburg, wobei ausdrücklich erwähnt wird, dass sich der Verkauf lediglich auf die Vogtei über den Hof, den Zehnten, die Felder und Güter des heiligen Maximin beziehe, „salva per omnia advocatia et dominio nostro in hominibus et mansibus dicte ville et apud Hilbersheim", und dass der Verkäufer in dem Hofe des Klosters kein Herbergsrecht mehr beanspruche, auch wenn die Bewohner des Dorfes verpflichtet sein sollten, ihn und die Seinen zu beherbergen.

Aus dieser Urkunde geht unzweifelhaft hervor, dass der Rheingraf die Banngewalt und Schirmvogtei über das Dorf und die Einwohner hatte.

Das von der Abtei erworbene Vogteirecht über die Güter des heiligen Maximin (Hof Pfaffenhofen mit einer Propstei des Klosters, 8 Hufen Landes, jede zu 32 Morgen in der Gemarkung Sauer-Schwabenheim, 7 Hufen zu 42 Morgen in Nieder-Hilbersheim und $1\frac{1}{2}$ Huben oder 48 Morgen in Bubenheim) wurde nun an Ritter verliehen: am 14. Hartmond 1398 wurde dem Joh. Kopp von Sauwelnheim im Weistum zuerkannt, dass er der oberste Vauth und Gerichtsherr des Gerichts und der Huben sei, die in des Abtes Dinghof zu Surswabenheim gehören, der da heisset Pfaffenhofen, und dass er die Huben schätzen möge hoch oder nieder und mit Ungnade belegen (Dienste und Abgaben fordern) wie er es wollte. Im Maximiner grundherrlichen Weistum[5]) vom 12. Januar 1407 wird als Vogt, der dabei zu sein hatte, der strenge Ritter, Herr Henrich von der Sporen, erwähnt[5]).

---

1) Regesten der Pfalzgrafen bei Rhein I 4434.
2) MRUB. I S. 269, Nr. 209.
3) Trier. Arch., Erg.-Heft 12, S. 10, Nr. 33.
4) MRR. V, IV 267. Schon 1272 hatte ein solcher Verkauf stattgefunden (13. Juli: ebd. III 2732).
5) Stadtbibliothek zu Trier, Handschrift Nr. 1644 „Archivum Maxi-

In pfalzgräflichen Urkunden bis 1400, wie sie im ersten Band der Regesten des Pfalzgrafen bei Rhein verzeichnet sind, ist von Sauer-Schwabenheim und Pfaffenhofen nirgends etwas zu finden. Auch ist nirgends etwas von Beziehungen dieser Orte zum Ingelheimer Fiskus nachzuweisen. Die Bannherrschaft über das Dorf muss man nach der Urkunde von 1309 dem Rheingrafen zuschreiben.

Nachdem der Ingelheimer Grund, der die Gemarkung Sauer-Schwabenheim ringsum einschloss, an Kurpfalz gekommen war, wurde die pfälzische Hoheit über den Ort durch den Schirmvertrag mit Schultheiss und Gemeinde vom Jahre 1413 begründet. Die Gemeinde verpflichtete sich, dem Kurfürsten Ludwig 20 Gulden Schirmgeld zu zahlen, nach dem Aufgebot zu reisen und Huldigung zu leisten. Der Kurfürst erhielt das Recht, den Schultheiss zu setzen und zu entsetzen[1]). Am 26. Dezember 1443 wurde der Ort in den Verband des Ingelheimer Gerichtes förmlich aufgenommen[2]). Bis dahin hatte er also noch nicht zum „Ingelheimer Grund" gehört. Der Ingelheimer Grund hatte eine besondere Verfassung. Drei adlige Schultheisse zu Nieder- und Ober-Ingelheim und Winternheim und ein „Grundsrat" von 100 Mitgliedern standen diesem Gemeinwesen vor.

In Nierstein, Dexheim und Schwabsburg, die eine Gemeinde und ein Gericht ausmachten, waren die Schöffen adlig und traten der Pfälzischen Regierung manchmal entgegen. 1569 wurden sie abgesetzt und Bauern als Schöffen eingesetzt. 1578 wurde der Streit beigelegt und die adligen Schöffen wieder aufgenommen.

Wie andere Ortschaften auf dem „Gau" besassen auch beide Ingelheim ein Stück des Soonwaldes. Hier entstand das Dorf Daxweiler, das schon in dem Verzeichnis Werners von Bolanden als Zubehör der Ingelheimer Reichsvogtei genannt wird. Über sein Verhältnis zu Ingelheim liegt ein Vertrag vom 20. Juni 1419 vor. Daxweiler soll wie früher den beiden Gemeinden zu Ingelheim zu St. Martinsnacht einen „imbs" geben, jedes Haus soll ein Fastnachtshuhn und ein Sümmer Hafer und an Johannistag im Sommer 3 Gulden Geldzins nach Ingelheim zahlen. Dafür sollen die von Daxweiler Wasser und Weide gebrauchen und im Ingelheimer Wald die Beholzigung geniessen. Sie haben „Stücke und Zaunseil, Windfall und Afterschläge", auch Holz zum Hausbau, aber nicht zum Verkauf ausserhalb der Gemarkung. Ihr Vieh dürfen sie in den Wald treiben und weiden lassen, aber nicht in den jungen Hauwen (Schlägen) unter 3 Jahren alt. Die Gerichtsherren (Schöffen

---

minianum" (Abbatis Alexandri Henn, geschrieben nach 1690); XII S. 193 (Vertrag von 1276, 381 Nachtrag dazu); 195 f. (Vertrag von 1309); 387 (Notariatsinstrument von 1398); Handschrift 1641 „Maximiner Urbar von 1484", fol. 6 und 7. Weistum von Sauerschwabenheim 1407.

1) Widder, Beschr. d. kurfürstl. Pfalz III 324.
2) Brilmayer, Rheinhessen 408.

des Adelgerichts zu Ingelheim) hatten das Herbergsrecht. Im Dax-
weiler Weistum heisst es im Eingang: „Item zum ersten weisen
wir mit Recht vor unser oberste Herren aller Obrigkeit mit Namen
beyde Gemeind Ingelheim und Ingelheim Gebot und Verbot über
Hals, Haupt und Halsbein, über Dieb und Diebin." Ein späterer
Bericht (1775) sagt: „dass Daxweiler beiden Flecken Ober- und
Nieder-Ingelheim, deren Räten, Gemeinden, Adel und Unadel, als
ein Peculium und sonderbares Eigenthumb zugehöre, dasselbe von
undencklichen Jahren in Possess, auch sowohl ecclesiastiam als
politicam jurisdictionem beweisstet, herbracht und geruhiglich
exercieret haben. Dergestalt dann und in alleweg, wann ein
Pfarr daselbst gemangelt, von denselben nach einem getrachtet,
durch beide Pfarrer in Ober und Nieder Ingelheim examiniert,
und forters den Kurpfälzer Räten oder Superintendenten präsentiert
wird. Beider Flecken Räte, Adel und Unadel, haben alle hohe
und niedere Ober-, Herrlich- und Gerechtigkeit zu Daxweiler und
in der ganzen Gemarkung, und haben auch zu hagen, zu jagen,
Forellenfang, Krebsen und Fischen" [1]). Die Amtsbeschreibung von
Reutlinger 1587 erwähnt einer Streitigkeit zwischen dem Kurfürsten
und der Pfälzischen Regierung einer- und den Räten und Ge-
meinden der beiden Ingelheim andererseits, wegen der Hoheits-
rechte zu Daxweiler. Beide Ingelheim behaupteten, dass Dax-
weiler nicht zur Reichspfandschaft gehöre, somit auch nicht unter
der Hoheit von Kurpfalz stehe, da der Ort als besondere Herr-
schaft von einer „Weibsperson von Adel" den Städten oder Pfarr-
kirchen von Ingelheim geschenkt worden sei. 1581 wurden von
der Regierung Repressalien gegen die beiden Gemeinden angewen-
det, zwei Bürger in der Landskron gefangen gesetzt, 1000 Taler
Strafe auferlegt.

Ein Gut zu Daxweiler (Daswilre) wurde 1281 durch den
Pleban Wilhelm von Diebach an das Kloster Otterberg geschenkt
und 1297 bestätigt [2]). 1441 verkaufte das Kloster diesen Hof an
den Pfalzgrafen Ludwig IV. [3]).

6. Oberamt Lautern.

Das Reichsland um Kaiserslautern.

J. G. Lehmann, Urkundliche Geschichte der Bezirkshauptstadt Kai-
serslautern und des ehemaligen Reichslandes. Kaiserslautern 1853.
D. Häberle, Das Reichsland bei Kaiserslautern. Quellen zur Heimat-
und Familienkunde im Gebiete des Bannforstes Lutra. Kaiserslautern 1907.

---

1) Urkundenabschriften, Weistümer und Berichte über Daxweiler
im StADarmstadt, XIV, Saal-, Grund- u. Lagerbücher, Rheinhessen, Con-
volut 7, unter Sachen der Grafschaft Falkenstein am Donnersberg — Ver-
wechslung mit Jaxweiler (Jakobsweiler); — sollte zu Ingelheim gehören.
2) Frey und Remling, Otterberger Urkundenbuch S. 165 u. 209.
3) Widder, Beschr. d. kurfürstl. Pfalz III 330 ff.

Derselbe, Das Kurpfälzische Oberamt Lautern im Jahre 1601. Pfälzische Heimatkunde 1906, 141—145.

Am 2. Dez. 882 beurkundete Karl der Dicke, dass sein Vater, Ludwig der Deutsche, der königlichen Salvatorskapelle (dem späteren Stift St. Bartholomäus) in Frankfurt die Nona (einen zweiten Zehnten) von den Königshöfen Franconofurt, Triburias, Ingelinheim, Crucinacha, Gerinesheim, Lutra, Neristein et quicquid pertinet ad Wormacia et ex partibus Uosagi geschenkt habe[1]). Am 6. Febr. 985 schenkte König Otto III. seinem Vetter Otto forastum nostrum Vuasago nuncupatum et curtem Luthara nominatam in pagis Vuormazvelde et Nachgowe dictis atque in comitatibus Ceizolfi et Emichonis comitum sitam exceptis decimis, quae pertinent ad aeclesiam Vuormaciensem et nonis, quae pertinent ad Franconofurt[2]). Nach dem Indiculus curiarum ad mensam regiam pertinentium von 1064—5 hatte der Königshof Luthera acht Servicien zu leisten, soviel wie Aachen[3]). Daraus kann man auf den Umfang dieses Reichsgebietes schliessen.

In der Tat zeigt die Grenzbeschreibung dieses Gebiets, die in zwei voneinander unabhängigen Fassungen von etwa 1330 und 1357, in einem Weistum des Hofes des heiligen Pirminus (des Klosters Hornbach bei Zweibrücken) zu Münchweiler am Glan und einem Reichsspruch zu Lautern von 1407 erhalten ist, dass das ganze Land von Krottelbach bis zur Burg Falkenstein am Donnersberg und dem Stumpfwald bei Ramsen und vom Staffelhof bei Rodalben bis nach Kusel und Lichtenberg dazu gehört haben muss[4]). Die nördliche Hälfte gehörte zum Erzbistum Mainz und zum Nahegau (Grafschaft Emichos), während die südliche zur Diözese und zum Gau von Worms (Ceizolfs Grafschaft) zu rechnen ist.

Innerhalb der Grenzen dieses Reichsforstes liegen ausser dem später noch als Reichs- oder Königsland bekannten Gebiet die Herrschaft Münchweiler am Glan, das Remigiusland, das Essweiler Tal, die Herrschaft Reipoltskirchen, das Stolzenberger Tal und das Amt Rockenhausen, die Herrschaft Falkenstein und die Herrschaft Landstuhl nebst einigen kleineren Enklaven. Von den geistlichen Herrschaften Remigiusland und Münchweiler lässt sich der ursprüngliche Zusammenhang mit dem Wasgauer Königsforst um Lautern nachweisen, die weltlichen Herrschaften waren meistens Reichslehen.

Das eigentliche, unmittelbar dem König und Reich unterstehende Gebiet der curia ad mensam regiam pertinens zerfiel nach den Burglehensurkunden der Landvogtei im Speyergau von 1277

---

1) Fr. Lau, Urkundenbuch der Stadt Frankfurt 1901 S. 4, Nr. 8. — Häberle 146, 1.
2) Lau a. a. O. 10, 13. — Häberle 146, 2. Emicho ist jedoch nicht ein Vorfahre der Grafen von Leiningen, die vielleicht als Nachfolger Ceizolfs zu bezeichnen sind, sondern der Wildgrafen.
3) Monumenta Germaniae, Constitutiones I 647 f. — Häberle 147, 3.
4) Häberle 154—163 (mit Karte).

bis 1349 in verschiedene Amtsbezirke (officia), von denen folgende
acht mit Namen überliefert sind: Katzweiler, Kübelberg, Labach,
auf der Lauter, Lautern, Reichenbach, Theisberg und Wiesbach;
in einem Lauterer Burglehenbrief von 1394 wird auch ein „Ambt
Wilrebach" erwähnt. In diesen Aemtern waren vier Reichsburgen,
zu Kübelberg, Wolfstein, Lautern und Theisberg [1]). Mit dem Büttel-
amt zu Kaiserslautern war schon 1287 ein kleiner Distrikt ver-
bunden, dessen Einkünfte zur Entlohnung des Büttels verwendet
wurde [2]).

1. Theisberger Amt.

Von diesen Reichsämtern war Theisberg oder Reichenbach
schon unter Ludwig dem Bayern an die Grafen von Veldenz ver-
pfändet: am 10. Febr. 1332 [3]) und nochmals am 18. Febr. 1346 [4])
erlaubte der Kaiser dem Wildgrafen Johann, die Kirchspiele Deyns-
berg und Rychenbach von den Grafen Georg und Heinrich von
Veldenz auszulösen für dieselbe Summe, womit sie diesen vom
Reich verpfändet waren. Die Auslösung hat nicht stattgefunden,
denn am 25. März 1393 bewittumte Graf Friedrich von Veldenz
seine Gemahlin Margareta von Nassau auf die zum Richenbecher
und Deinsberger ampt gehörigen Dörfer:

Matzenbach mit der Mühle (K 25), Gymsbach (jetzt Gimsbach,
K 24), Bottenhusen (Bettenhausen, K 25), Deinsberg (Theisberg-
stegen, K 24), Rutzwilr (Rutsweiler a/Glan, K 24), Molenbach (Mühl-
bach a/Glan, K 24), Fridelnhusen, unser teil, was wir da haben
(Friedelhausen, K 24), Oberstauffenbach (Oberstaufenbach, L 24),
Einode (Wüstung), Nunkirchen (Neunkirchen, K 24), Antzwilr (Wü-
stung Nanzweiler, südlich von Neunkirchen), Limpach (Limbach,
KL 25), Fockenberg (Fockenberg, KL 25), Richenbach (Reichenbach,

---

1) Die Burg Deinsberg — jetzt Alteburg — lag oberhalb des heutigen
Dorfes Theisberg auf einem Ausläufer des Potzberges und ist bis auf
wenige Reste verschwunden. Vgl. darüber Häberle, Burgruine Deinsberg
bei Theisbergstegen. Pfälz. Gesch.-Blätter 1909, S. 84—86. (Mitteilung
von Herrn Kais. Rechnungsrat Dr. Häberle in Heidelberg, dem ich noch
mehrere wichtige Hinweise verdanke.)

2) H. Schreibmüller, Reichsburglehen in dem Gebiete der Landvogtei
im Speiergau, Pfälzische Geschichtsblätter 1910, September, S. 81 f. — Re-
gesten der Pfalzgrafen I 5529.

3) Schon durch König Wilhelm waren Königsgüter in Richinbachere-
dail, que nobis Rupertus comes irsutus libere resignavit und das Dorf
Mensenbach (Miesenbach) an den Wildgrafen Konrad verpfändet worden
(1255 März 23). Orig. im Coesfelder Archiv. — Schmitz-Kallenberg, West-
fäl. Archivinventare, Beiband I S. 421*, Nr. 17. — MRR. III 1181. — Dipl.
Rhingr. II 123. Am 23. März 1339 belehnte der Kaiser den Wildgrafen
Johann von Dhaun mit dem Gute und dem Burgsess (zu Lautern), das
von Georg Graf von Veldenz erledigt war: nämlich mit dem Kirchspiel
Richenbach und dem Kirchspiel Deynsberg, und bestimmte ferner, dass
keine Reichs- oder andere Stadt, die zu diesem Gut gehörigen Leute, als
Bürger aufnehmen dürfe. Schmitz-Kallenberg a. a. O. Reg. 245, 256.

4) Schmitz-Kallenberg a. a. O. Reg. 301.

L 24), Nider-Stegen und Oberstegen (Reichenbach-Stegen, L 24/25), Alfzbach (Albersbach, L 24), Kolwilr (Kollweiler, L 24), Gofzenberg (Gossenberger Hof, L 24), Obergittenbach und Nidergittenbach (Jettenbach, L 24), Richartswilr (Teil von Rehweiler, K 25), Swanden (Schwanden, L 25) (alle im Bezirksamt Homburg bis auf Theisberg-Stegen, Rutsweiler und Mühlbach, die zu Kusel gehören) [1]).

Diese Ortschaften bildeten noch in späterer Zeit die Pfalz-Veldenzische Schultheisserei Reichenbach oder das Jettenbacher Gericht. Seit 1600 war Reichardsweiler mit dem Zweibrückischen Rehweiler verbunden, wogegen Haschbach mit Stegen bei Theisberg und dem ehemaligen Kloster Remigiusberg dem Gericht Reichenbach-Jettenbach im Amt Lauterecken angeschlossen war.

Am 17. Dez. 945 überliess Kaiser Otto der Grosse dem Franco sechs Königshufen zwischen Basenbach und Richenbach im Königsforst Lutara im Nahegau und in Cuonrads Grafschaft [2]). Derselbe Kaiser schenkte am 30. Mai 937 auf Bitte des Grafen Eberhard dem Wormser Domstift die basilica Nivunchiricha mit einer beigelegenen Königshufe, zu welcher Schenkung er am 22. Okt. 942 acht weitere dort gelegene Königshufen mit 20 Hörigen auf Antrag des Grafen Konrad hinzufügte. Am 8. März 958 schenkte der Kaiser der Wormser Domkirche einen bestimmt abgegrenzten Wald zu Niunchiricha in forasto nostro Wasago in pago Nahgowe. Die Angaben dieser letzteren Urkunde über die Lage des geschenkten Waldes lassen sich am besten auf den 12 km südlich von Neunkirchen zwischen Kübelberg, Waldmohr, Vogelbach und Miesau gelegenen Peterswald deuten, der ja auch den Namen des Patrones der Wormser Domkirche trägt [3]). Die Urkunde sagt:

„quandam partem silve prope Cheuilunbach, in loco qui dicitur Niuunkiricha, ab orientali plaga incipientem a via, que ducit a domo Vódonis, usque ad pontem Richemos, et exinde ad Môrbrugga, et sursum Moraha usque ad monachorum viam et ad praedium Rauangeri, et in septentrionali parte usque ad campestria in pago Nahgouue in forasto nostro Vuasago."

Chevilunbach ist von Lamey (Acta Academiae Palatinae V. pars histor. 154) auf Kübelberg bezogen worden, das in alten Urkunden Kebelenberg heisst. Gemeint ist der Köhlbach, an dem Kübelberg liegt. Die Ostgrenze geht von dem Wege, der von dem Hause Uodons (ich denke an Hütschenhausen, Hitzenhusen) ausgeht, zur Brücke Richemos und von dort nach Morbrugga (in der Gegend zwischen Nieder-Misau und Bruchmühlbach), dann mit der Moraha, dem von Waldmohr kommenden Quellbach des Glan, gegen Westen zu aufwärts (der bei Kirchmohr und Niedermohr fliessende Mohrbach hat die entgegengesetzte Richtung, als wie die Grenzbeschreibung zu fordern scheint) bis zum Mönchsweg, der etwa die Verbindung zwischen dem Kloster Hornbach mit seinem Gute Münchweiler

---

1) Acta Academiae Palatinae IV pars histor. p. 396. Eine Abschrift der Urkunde in einem Veldenzer Copialbuch nennt auch Niederstaufenbach, das aber zum Wildgräflichen Gericht Bosenbach gehört hat.

2) MRR. I 921.

3) MRR. I 894, 910, 963. — Mon. Germ. Dipl. I S. 259, Nr. 178. — Vgl. Christ im Pfälz. Mus. 1901, S. 180, der die Urkunde nicht völlig erklären konnte.

am Glan hergestellt haben könnte, und zum Gute des Ravanger (das nichts mit Ravengiersburg bei Simmern zu tun hat!), und davon gegen Norden bis an die Blachfelder.

Da Neunkirchen im Gericht Reichenbach-Theisberg keine Pfarrkirche war, noch irgendwelche Beziehungen zum Domstift Worms gehabt hat, glaube ich annehmen zu sollen, dass dieses Neunkirchen im Gericht Kübelberg zu suchen ist, wo es ja auch ein Altenkirchen gibt. Es war eine Neugründung im Wald und Bruchland, die nur kurze Zeit bestanden hat, nur den Namen des Peterswaldes[1]) hinterliess, und der älteren Kirche im Gerichtsbezirk den Namen „Altenkirchen" verschafft hat. Die Burg Kübelberg (Kevelenberg am Kevelenbach, vgl. Urberg und Auerbach an der Bergstrasse) ist wohl erst später entstanden, und das darunter gelegene Dorf hat sich dann zu einem gerichtlichen und kirchlichen Mittelpunkt entwickelt. Natürlich ist dies alles nur Vermutung.

2. Kübelberger Amt.

Die Burg zu Kevelenberg, Kübelberg, kommt 1297 zuerst vor. Das Gericht Kübelberg wurde 1312 an den Utrechter und Aachener Propst Heinrich von Sponheim versetzt[2]) und befand sich beim Tode des letzten Grafen von Sponheim, Johanns V. 1429, im Pfandbesitz dieser Grafschaft: eine Uebersicht der dortigen Einkünfte ist in das Sponheimer Gültbuch von 1438 aufgenommen. Danach gehörten zu diesem Gericht die Ortschaften[3]):

Kebelenberg (Kübelberg, K 25), Elspach (Elschbach, K 25), Munsauwe (Ober- und Nieder-Miesau, K 25), zum Sande (Sand, K 25), Schollenberg (Schönenberg, K 25), Schmidwilre (Schmittweiler, K 25), Dudwilr (Dittweiler, K 25), Altkirch (Altenkirchen, J 25), Fronhoff (Frohnhofen, J 25), Ovenbach gensyt der bach (Nieder-Ohmbach, K 25) und Brucken (Brücken, K 25) (alle im Bezirksamt Homburg).

Fast die ganze Westgrenze des Kübelberger Amtes war durch Landwehren und Gebück gesichert[4]). Nach der Regelung der Sponheimischen Erbschaft findet sich Kübelberg wieder in der Hand des Kurfürsten von der Pfalz und teilte die Schicksale der Stadt und des Oberamtes Kaiserslautern, bis es 1779 an Pfalz-Zweibrücken abgetreten und mit dem Amt Homburg vereinigt wurde.

3. Amt auf der Lauter zu Wolfstein.

Das Königsland.

Wie Kübelberg war auch das Gericht Wolfstein vom Reiche versetzt. Am 13. Sept. 1310 nahm Kaiser Heinrich VII. den Grafen Georg von Veldenz zum Burgmann auf der Reichsburg

---

1) Der Peterswald gehörte nach der „Beforchung des gantzen Kübelberger Gerichtskrayß" von Ph. Vellmann, 1600 (KrASpeyer, Kurpfalz fasc. 32a) der Landesherrschaft (Kurpfalz), und der Deutschordenskomtur zu Einsiedeln hatte ⅔ der Weide- und Eckernutzung.
2) Mon. Germ. Consit. imperii III 567 f., Nr IV S. 2, Nr. 743.
3) StAKoblenz, Akten der Grafschaft Sponheim Nr. 291 III.
4) Vgl. Pfälz. Museum 1910 S. 148ff.

Wolfstein an, mit Besoldung von 30 Mark Silber, colligendas de rectoribus officiorum in Kebelnberg, Richenbach et Dinsberg de proventibus avene &c. [1]). 1323 verzichtete Heinrich von Sponheim, Propst zu Aachen, zugunsten der Gräfin Loretta von Sponheim und ihrer Kinder auf alle Ansprüche auf die Veste Wolfstein [2]). Am 9. Juni 1325 verpfändete Johann, König von Böhmen und Graf von Luxemburg, dem Grafen Georg von Veldenz die Burg und des Reiches Land um Wolfstein, wie solches bisher Heinrich von Sponheim, Propst zu Aachen, innehatte, für 1200 Mark Silber oder 500 Pfund Heller [3]). Von dieser Summe hatte Erzbischof Baldewin von Trier die Hälfte gezahlt und erhielt nun die Hälfte der Pfandschaft [4]). 1377 erlaubte der Kaiser Karl IV. dem Kurfürsten Ruprecht I. alle und jede, zur Burg Neuen-Wolfstein gehörigen Lehen und Pfandschaften anzukaufen und so lange zu besitzen, bis das Reich sie zurückkaufe. 1378 bestätigte der Kaiser dem Kurfürsten nochmals den Pfandbesitz der Burg Neuwolfstein und der beiden zugehörigen Aemter Kübelberg und auf der Lauter, die derselbe von Götz und Heinz zum Jungen in Mainz für 5000 Goldgulden an sich gebracht hatte. Im folgenden Sommer 1378 versetzte der Pfalzgraf diese beiden Aemter für 2000 Gulden dem Grafen Johann von Sponheim. 1383 vereinigte König Wenzel diese Reichspfandschaft mit den übrigen an Pfalz versetzten Gebieten, so dass sie nur zusammen, nicht stückweise, vom Reiche zurückgekauft werden durften. 1410 kamen diese Pfandschaften an Kurfürst Ludwig IV., der 1419 den Grafen von Sponheim gemäss eines Schiedsspruchs des Erzbischofs Otto von Trier mit Neuwolfstein belehnte. Nach dem Tode des Grafen 1437 fiel diesem Vertrage zufolge das Lehen an Pfalz zurück [5]). Nach dem im folgenden Jahre aufgenommenen Sponheimer Gültbuch gehörten zu Wolfstein folgende Dörfer:

Wolfstein das Tal (Bezirksamt Kusel, L 24), Rode (Rode am Selberg, Rothselberg, Bezirksamt Kusel, L 24), Zweikirchen bei Wolfstein (Bezirksamt Kusel, L 24), Rutzwilre, Rutsweiler an der Lauter (Bezirksamt Kusel, L 24), Kulbach (Kaulbach, Kusel, L 24), Kreppach oder Kritbach (Wüstung), Kreimbach (Kusel, L 24), Frankelbach (Kusel, L 24), Sulzbach (Ober- und Unter-Sulzbach, Kaiserslautern, L 24), Alsbrug (Olsbrücken, Kaiserslautern, L 24), Katzwilr (Katzweiler, Kaiserslautern, M 24/25), Honrescherre (Hirschhorn,

---

1) Veldenzer Copialbuch in Speyer I fol. 1.
2) Lehmann, Grafen von Sponheim 2, 28.
3) Original im StAKoblenz, Urkunden der Grafen von Veldenz.
4) Daselbst, Kurtrier, Staatsarchiv. Ausserdem mehrere Quittungen des Propstes Heinrich von Sponheim und des Königs Johann über vom Grafen von Veldenz geleistete Zahlungen.
5) J. G. Lehmann, Urkundliche Geschichte der Burgen und Bergschlösser der Bayerischen Pfalz, Kaiserslautern. V S. 88 ff. — Regesten der Pfalzgrafen I 3049. 1357 Okt. 5 war Wolfstein mit Kaiserslautern an den Pfalzgrafen Ruprecht I. versetzt, in dessen Besitz es bis 1369 blieb. 3058, 3060, 3285, 3695, 3758, 4192, 4193, 4202, 4222 (1378 25. Juni), 4511.

Kaiserslautern, M 24), Brambach (Wüstung Brombacher Hofgut bei Sulzbach). Hierin nicht genannt Mehlbach mit dem Volzenhof (Kaiserslautern, M 24).

König Rudolf von Habsburg legte 1275 etwas aufwärts von der alten Burg an der Lauter eine neue Burg Wolfstein mit einer Stadt[1]) darunter an, und die Burgmannen der alten Burg blieben während der Zeit der Verpfändungen sich selbst überlassen und bildeten eine Ganerbschaft, die zuerst 1363 bezeugt ist. 1400 erzwangen sich König Ruprecht und Herzog Karl von Lothringen die Abtretung eines Viertteils an der Veste und die Aufnahme in den Burgfrieden der Ganerbschaft, „der angeen soll in der Luter gliche der burg, und richen die Luter uff gliche dem bronnen der da heysset Labezers, und furbass glich uff biß an den wege, der do kommt von Rode herynne, und furbaß die strasse herwidder abe biß an den pade, der do geet gen Offenbache, und den wege herynne biß an den Taubenborne glich inne biß in die Luter, uff biß an die statt, da er angnet". Pfalz hielt einen besonderen Amtmann in Altwolfstein. In der Bayerischen Fehde (seit 1504) hatte der Herzog Alexander von Zweibrücken sich in Altwolfstein festgesetzt, worauf Kurfürst Philipp die Burg stürmte und zerstörte. Der letzte Ganerbe, Johann von Nackheim, verkaufte die Ruine 1509 an den Kurpfalzgrafen Ludwig V. mit dem Grund und Boden und dem Leihungsrecht der dort gewesenen Kapelle[2]).

Der Kurfürst Friedrich II. verpfändete das Amt Wolfstein 1549 an Schwicker von Sickingen und seine Frau, in deren Händen es bis 1566 blieb. Dann wurde es dem Pfalzgrafen Georg Hans, darauf bis 1600 dem Amtmann Nicolaus Segmüller überlassen, 1653—1673 gehörte es dem Pfalzgrafen Ludwig Heinrich von Simmern. Seitdem ist es als Unteramt des Amtes Kaiserslautern bei Kurpfalz geblieben.

Es zerfiel ausser dem Städtchen Wolfstein in zwei Gerichte, Rothselberg (Rutsweiler, Zweikirchen, Kaulbach, Frankelbach und Kreimbach) und Katzweiler (Olsbrücken, Ober- und Unter-Sulzbach, Hirschhorn und Mehlbach)[3]).

---

1) Wunder, Wolfsteins Entstehung und Entwicklung bis ca. 1600 (mit Faksimile der Urkunde Kaiser Rudolfs von 1275). Pfälz. Geschichtsblätter 1912 S. 17 ff.

2) Ausser Lehmann, Burgen 89—96, Veldenzer Copialbuch in Speyer VIII fol. 7 und 8.

3) Widder IV 290—309. — D. Häberle, Das Königsland im Jahre 1600 (Pfälzische Heimatkunde 1906 S. 69—71), wo über die Bestandteile und Grenzen des Amtes nach der Beschreibung von Ph. Vellmann näheres berichtet ist. 1768 kam hierzu noch das ehemals Veldenzische Gericht Einöllen.

4. Die Stadt Kaiserslautern, der Reichswald und die Gerichte Ramstein, Steinwenden und Weilerbach.

Das Reichsland.

Die Stadt Lutren erhielt am 18. August 1276 durch König Rudolf dieselben Privilegien, Freiheiten und Rechte, wie sie ehemals der Stadt Speyer von den Kaisern und Königen verliehen worden waren. Sie hatte ihre eigne hohe Gerichtsbarkeit innerhalb ihres durch die „Ramsteine" abgegrenzten Weichbildes [1]), und seit 1303 einen vom Reichswald abgetrennten eignen Walddistrikt, Spitzrain, „sicut via ducit de Lutra versus Aspach in der Wegnerdal directe usque ad locum qui dicitur Luterspring, item de Luterspring usque in Nenterswiler, item de Nenterswiler directe per viam usque Bremerein" [2]).

Der Reichswald ist begrenzt von dem Weichbild und Wald der Stadt Lautern, dem Willenstein-Trippstädter Wald, den Herrschaften Hohenecken und Sickingen-Landstuhl, dem Gut des Deutschen Ordenshauses Einsiedel, dem Gericht Kübelberg (am Mohrbach), den Bännen von Hütschenhausen, Spesbach, Katzenbach, Ramstein, Miesenbach, Mackenbach, Weilerbach oder reichte nach der „Beforchung des ganzen Reichs Gewäld im Ambt Lautern", von Philipp Vellmann, Forstmeister in Germersheim, aus dem Jahre 1600, mit Einschluss der Gerichte Ramstein, Steinwenden und Weilerbach bis an den Glan und die Herrschaft Münchweiler, und die Gerichte Reichenbach und Wolfstein (die Grenze ging durch das Dorf Eulenbiss); darauf grenzten die Herrschaften Hohenecken, Flörsheim (Otterbach), Stift Lautern und endlich wieder die Stadt Lautern an den Reichswald an [3]).

Die in diese Begrenzung eingeschlossenen Gerichte Ramstein, Steinwenden und Weilerbach gehörten wohl zu dem Reichsdorf Wilrebach, das 1245 durch König Konrad IV. an den Wildgrafen Konrad verpfändet worden ist: „villam que Wilrebach dicitur cum officiis ad eam spectantibus et aliis eius pertinenciis universis pro quadrigentis et sexaginta marcis" [4]). Später ist das Amt Weilerbach noch 1394 bezeugt [5]).

---

1) Lehmann, Kaiserslautern S. 18. — Häberle, Reichsland 151. — Beschreibung des Oberamts Lautern Recht und Gerechtigkeit de anno 1601, vom Amtmann Stephan Quadt von Wickrath und dem Landschreiber Jacob Schwab. Häberle, Reichsland 106 f. — Ders., Das Weichbild von Kaiserslautern mit seinen Ramsteinen (Pfälz. Heimatkunde 1906 S. 1—4).

2) Häberle, Reichsland 153.

3) Häberle, Reichsland 3—32. Im 12. Jhdt. entstand im Reichswald das Dörfchen Dansenberg.

4) Archiv in Coesfeld. Schmitz-Kallenberg, Inventare, Beiband I, S. 419*, Regest 13.

5) Regesten der Pfalzgrafen I 5394, 5529.

Ramsteiner Gericht.

Ramstein (L 25), Spesbach (KL 25), Katzenbach (KL 25), Hitzenhausen, Hütschenhausen (K 25), Hof Elschbach (K 25), Scheidenberger Mühle (jetzt Schanzermühle, K 25), drei Häuser zu Nanzweiler (Nanzdiezweiler, K 25), Niedermohr, Kirchmohr (K 25), Hof Schrollbach (K 25), Obermohr (L 25), Porbacher Hof (L 25), Reuschbach (jüngere Gründung in der Gemarkung Obermohr, L 25), Hof Weltersbach (L 25) (alle jetzt Bezirksamt Homburg, Amtsgericht Landstuhl), Hof und Deutschordenshaus zum Einsiedel (jetzt zur Gemarkung Weilerbach, Bezirksamt und Amtsgericht Kaiserslautern gehörig).

Steinwender Gericht.

Steinwenden, Kottweiler, Hof Schwanden, Miesenbach und Mackenbach (alle L 25, im Landgericht Landstuhl).

Weilerbacher Gericht.

Weilerbach (L 25), Pörrbach (L 24), Schwedelbach (L 25), Erzenhausen (L 24/25), Eulenbiss (L 24) und Rodenbach (L 25, alle im Bezirksamt und Landgericht Kaiserslautern) [1]).

Am 4. Juni 1214 gab König Friedrich II. dem Reinhard von Lautern (der in andern Urkunden als Reichsschultheiss vorkommt) das Patronatsrecht der Pfarrkirche Ramestein und ihrer Filialen Wilrebach und Spesbach (1253 Spechtisbach) zu Lehen. Ein Nachkomme dieses Reinhard, Siegfried von Hohenecken, schenkte am 18. Okt. 1253 dieses Recht dem von seinen Vorfahren gegründeten Deutschordenshaus zum Einsiedel, in domo ad Heremitam dicta quae sita est in strata regia inter opidum Lutrae et castrum Nannenstuhl [2]).

Zu diesen Aemtern kommt noch das

5. Büttelamt.

Das „Bödilampt" wird 1287 in dem Lauterer Burglehensbrief des Merbodo von Wilenstein erwähnt. Kurfürst Friedrich I. (1451 bis 1476) belehnte den Dune Eckbrecht von Dorinckem als Vormund der Kinder des verstorbenen Symont von Lautern mit dem Budelampt in den Dörfern zu Erlenbach, Reichenbach und Nunkirchen [3]). Nach dem Saalbuch des Amtes Lautern aus dem Anfang des

---

1) Nach den Amts- und Forstbeschreibungen von Vellmann und Schwab bei Häberle, Reichsland (mit Karten), und im Aufsatz „Das Kurpfälzische Oberamt Lautern im Jahre 1601" (Pfälzische Heimatkunde 1906 S. 141—145).
2) Häberle, Reichsland 149 f.
3) Schreibmüller in den Pfälzischen Geschichtsblättern 1910, 82 f.

17. Jhdts. bestand das Büttelamt aus den drei kleinen Gerichten Erlenbach, Neukirchen und Alsenborn [1]).

Das Praedium Erlenbach hatte ein Reichsministeriale Herr Degenhard, Sohn einer Tante Stephans, des ersten Abtes von Otterberg, bei seinem Eintritt in das Kloster diesem zugewendet. Er war erst fünf Jahre lang in Otterberg Mönch, dann begab er sich nach dem Kloster Enkenbach, da es ihm in Otterberg wegen der strengen Disziplin nicht gefiel, und schenkte sein Gut Erlenbach zum zweitenmal an die Enkenbacher Mönche. Sein Bruder Arnold liess sich durch seinen Oheim Brunicho bereden, diese Schenkung zu vollziehen. Er wurde nun von den Otterbergern verklagt und gerichtlich exkommuniziert. Nach einiger Zeit gab er das Gut gegen zwei Talente an Otterberg zurück. Als er aber sah, dass er sein Gut, das er statt dessen an Enkenbach hatte geben müssen, nicht wieder erlangen konnte, nahm er Erlenbach wieder weg und wurde zum zweitenmal exkommuniziert. Darauf wurde ein Schiedsgericht in Rohrbach gehalten, in welchem mehrere Reichsministerialen einen Vergleich zustande brachten, dass das Kloster Otterberg dem Arnold acht Talente Silber zu den beiden schon früher gegebenen zahlen sollte, wofür er das Gut Erlenbach dem Kloster überliess. Auch andere Edelleute, die dem Arnold beigestanden, musste das Kloster entschädigen. Die von Abt Stephan ausgestellte Urkunde hierüber ist nicht datiert. Sie muss vor 1185 fallen, da in diesem Jahre schon der zweite Abt Albero urkundete. Unter den Gütern, die dem Kloster 1195 bestätigt wurden, findet sich villa Erlebach. Doch erhoben später die Brüder Merbod und Werner von Sauelnheim Anspruch auf das Dorf, welches sie vom Reich zu Lehen zu haben behaupteten. 1209 sagten sie es dem König Otto IV. auf und dieser stellte es mit einigen Höfen dem Kloster Otterberg wieder zu [2]). 1324 wurde durch Nicolaus von Kindenheim, Schultheiss zu Lautern, als er an des Königs Gerichte sass, ein Streit zwischen einer edlen Frau von Spanheim mit den beiden Prälaten zu Otterberg (Cistercienser-Abtei) und Kaiserslautern (Prämonstratenser-Propstei) dahin entschieden, dass das Gericht zu Moorlautern dem Kloster zu Kaiserslautern, das Dorf Erlenbach dem Kloster zu Otterberg von Alters her gehört haben, ihnen auch frei verbleiben sollten. Nur die Frevel und peinlichen Verbrechen sollten dem Schultheissen zu Lautern vorbehalten bleiben [3]). Wahr-

---

1) Lehmann, Kaiserslautern 121. Saalbuch von Kaiserslautern: „Beschreibung des Oberamts Lautern Recht und Gerechtigkeit", vom Landschreiber Jakob Schwab (vom Jahre 1601, im KrASpeyer, Kurpfalz f. 140). Auszug daraus von Häberle, Pfälz. Heimatkunde 1906, S. 141—145.

2) Widder IV 228. — Stephanus Alexander (Würdtwein) Monasticon Palatinum. Mannheim 1793, I Nr. 37, S. 254; Nr. 39, S. 259. — Frey u. Remling, Otterberger Urkundenbuch S. 4, Nr. 5.

3) Widder IV 226. — Frey u. Remling, Ottenberger Urkundenbuch S. 342, Nr. 393.

scheinlich hatte die Gräfin von Sponheim das Büttelamt als Pfand-
schaft oder Lehen inne. 1467 bewilligte der Kurfürst Friedrich I.
dem Kloster Otterberg das Hubengericht zu Erlenbach mit zwei
andern Hubgerichten, dem zu Reichenbach (jetzt Hof Reichenbach
in der Gemarkung Otterberg) und Gersweiler (jetzt Gersweilerhof
in der Gemarkung Erlenbach) zusammenzulegen, was 1489 näher
ausgeführt wurde. Das Gericht (vom Abt ernannt, Schultheiss und
sieben Schöffen) hielt seine drei ungebotenen Dingtage abwechselnd
zu Erlenbach, Reichenbach und Gersweiler [1]). Nach dem Weis-
tum [2]) war der Pfalzgraf oder wer das Büttelamt innehatte, in
Erlenbach und im ganzen Büttelamt ein oberster Castenvogt, zu
richten über Hals und Halsbein, auch Dieb und Diebin, jeglichen
nach seinem Verdienst. Er ist ein „Sameler“ von des Reichs
wegen, d. h. er hat das Recht, die über Berg und Tal herkommen-
den Leute ohne nachfolgenden Herrn anzunehmen, also das Wild-
fangsrecht. Den Gewalttätigen soll der Schultheiss von Lautern
greifen oder greifen lassen und ihn dem Amtmann in die Burg
überantworten. Wenn sich im Büttelamt zwei oder mehr auf den
Strassen schlagen und einer mit dem Haupt auf die Strasse fällt,
gehört die Frevelbusse (30 Pfund Heller von jedem Teilnehmer
der Schlägerei) dem Pfalzgrafen oder Inhaber des Büttelamtes,
fällt er aber über das Wagengleiss, gehört die Strafe dem Grund-
herrn. Auch die Strafe für Jagen mit gewaffneter Hand über des
Reichs Strasse fällt an den Pfalzgrafen zum Büttelamt.

Das Gericht Neukirchen und Baalborn (Bezirksamt Kaisers-
lautern, N 24/25) war nach dem Weistum ein „Königsgericht“. Es
lag an der Königsstrasse [3]), für die ähnliche Bestimmungen galten,
wie auf der Strasse bei Erlenbach [4]). Der in der Gemarkung ge-
legene Fröhnerhof gehörte dem Kloster Otterberg (1185 Fronden)
und kam später durch Kauf an das Spital Kaiserslautern.

Beide Orte kommen in einer Abgrenzungsurkunde über die
„Waldmarken“ um das Kloster Otterberg als Nunkirchen und Bal-
bornen 1185 zum erstenmal vor. Das Kloster Enkenbach hatte
einen Hof zu Nunkirchen, womit ein Nutzungsrecht an dieser Wald-
mark verbunden war und verzichtete 1254 auf sein Recht, doch
sollte der Hof von dem Holzkorn frei sein, das er bisher den Wald-
märkern gegeben hatte [5]). Das Niedergericht zu Neunkirchen ge-
hörte zum Kloster Otterberg (1488 auch Schwander Gericht ge-
nannt), das obere Gericht zur Propstei von Enkenbach [6]).

---

1) Monasticon Palatinum I S. 475, Nr. 151; S. 485, Nr. 155.
2) Grimm, Weistümer V 663.
3) Ueber diese Königsstrasse vgl. Häberle, Ueber Königsstrassen
in der Rheinfalz, Pfälz. Museum 1911.
4) Ebd. V 710.
5) Widder IV 231 ff.
6) Häberle, Neukirchen und Neunkirchen (Pfälzische Heimatkunde
1906, 19). „Schwanden“ bedeutet soviel als „Rodung“. Es lag unterhalb
des Neunkircher alten Kirchofes gegen den Fröhnerhof hin.

Dieses Kloster lag in dem Gericht Alsenborn, das im 16. Jhdt. ebenfalls zum Büttelamt gerechnet wurde. Dies war nicht immer der Fall, vielmehr hatte Alsenborn mit Enkenbach (Kaiserslautern, N 25) früher einen Teil des Leiningischen Landgerichts auf dem Stampe gebildet. Dortige Güter wurden 1148 von Heinrich und Hunfried von Alsenceburnen dem Grafen Ludwig von Arnstein zur Gründung eines Klosters in Enkenbach überlassen. Es scheint aber, dass Hunfried später auch mit dem Kloster Otterberg wegen dieser Stiftung in Verbindung getreten ist. Es kam daher zu einer Auseinandersetzung zwischen den Prälaten zu Otterberg und Münsterdreisen, in der schliesslich das Recht der Beaufsichtigung des Nonnenklosters E. dem Propst von Münsterdreisen zugesprochen wurde. Ein von Münsterdreisen als Propst eingesetzter Mönch stand der Meisterin in der Güterverwaltung zur Seite. 1420 verkaufte der Propst und Konvent die Hälfte an den Dörfern an den Pfalzgrafen Ludwig III.[1]). Noch 1560 wird im Alsenzbrücker Weistum dem Propst von Enkenbach und dem Kurfürsten jedem die Hälfte der Gerichtshoheit in beiden Dörfern zugesprochen.

Das Schloss Frankenstein (Lehen vom Kloster Limburg an der Hardt) und ein Teil von Hochspeyer wurde 1414 und 1416 vom Grafen Johann von Leiningen und Rixingen an Graf Philipp von Nassau-Saarbrücken, Graf Emich von Leiningen und Ritter Diether von Einselthum verkauft. Zuletzt besass Kurpfalz $\frac{1}{6}$, der Freiherr von Walbrunn $\frac{1}{6}$ und der Fürst von Leiningen-Dachsburg $\frac{2}{3}$ an Hochspeyer, während Frankenstein den drei Teilhabern in gleichen Anteilen zustand, da Nassau sein Recht 1706 an Kurpfalz abgetreten hatte[2]).

6. Abtei und Stadt Otterberg.

Michael Frey und Franz X. Remling, Urkundenbuch des Klosters Otterberg in der Rheinpfalz. Mainz 1845. — Widder IV 210—225 (benutzte ein anderes Copialbuch des Klosters, wie das von Frey und Remling veröffentlichte). — Stephanus Alexander (Würdtwein) episcopus Heliopolensis, Monasticon Palatinum, Mannhemii 1793, I 212—502 (gibt den Text der bei Widder angeführten Urkunden. Druck schlecht korrigiert). — Weitere Literatur (von mir hier nicht benutzt) siehe bei Häberle, Pfälzische Bibliographie III S. 182.

Auf der Otterburg gründete ein Syfrid (Sohn des Grafen Bébo von Kesselburg?)[3]) ein Cistercienserkloster unter dem Abt von Eberbach im Rheingau, das später in das Tal verlegt wurde. 1144 erteilten der Erzbischof von Mainz und der Archidiakonus loci, Propst zu St. Viktor, ihre Einwilligung dazu, jedoch sollte die Seelsorge über die wenigen im Gut wohnenden

---

1) Widder IV 234 ff. — Remling, Abteien und Klöster 2, 138—152.
2) Köllner, Kirchheim-Boland 185, 204.
3) Eher wohl ein Reichsministeriale, Verwandter derer von Wartenberg oder derer von Hohenecken.

Einwohner dem Pfarrer zu Sambach gegen einen Gehalt von jährlich 30 Schilling anvertraut werden. Das Kloster wurde schon im nächsten Jahre zu Ehren der heiligen Jungfrau eingeweiht. Das Kloster Otterberg (Amtsgerichtssitz im Bezirksamt Kaiserslautern, M 24/25), anfangs nur mässig ausgestattet, vergrösserte seinen Besitz in den umliegenden Waldmarken. Dieser Wald gehörte einer Märkerschaft, woran neben einigen Rittern und Dörfern der Umgegend auch der Sattelhof des Klosters St. Lambrecht bei Alsenbrück beteiligt war. 1185 wurde ein Vertrag zwischen den Aebten zu Otterberg und St. Lambrecht, den Rittern Merbodo von Bilenstein (Beilstein im Kaiserslauterer Stadtwald, N 25), Hunfried von Falkenstein und Landolf von Wilenstein und den am Wald beteiligten Dörfern geschlossen. Es waren wegen der Grenzen des Grundstückes, auf dem das Kloster erbaut war, Streitigkeiten mit den Nachbarn ausgebrochen, die durch einen Grenzumgang certis limitibus et metis hinc inde dispositis beigelegt wurden. Otterberg gab sein Recht auf Nutzung der Waldmarken und im Brandwald durch diese Abgrenzung keineswegs auf, zumal da das Kloster seinen Hof Wenchels-ſuuanden (jetzt Münchschwander Hof) zu gemeinschaftlicher Nutzung zur Waldmark gegeben hatte. Die hier an beteiligten Ortschaften waren, wie aus der Zeugenreihe hervorgeht, Nunkirchen, Rohrbach, Santbach, Balbornen, Alsenzen, medium Rorbach (Sembach, Rohrbach, Neukirchen, Baalborn, der Sattelhof bei Alsenbrück [früher Alsenz bei Winnweiler] und das wüste Mittel-Rohrbach) [1].

1209 erkannte der Abt von St. Lambrecht an, dass das Kloster Otterberg und die ihm benachbarten Höfe Swanden und Wilre [2] seit alter Zeit (omni retro tempore) Beholzigungsrecht in der Waldmarke und im Brandwalde hatten [3]. Die Otterberger Mönche hatten einen Förster, wie St. Lambrecht und seine Vögte, und von den Einkünften, die für die Nutzung des Waldes von den Nachbarn gehoben wurden, gehöre ein Teil der Abtei Otterberg ex antiquo jure castri, in quo monasterium constructum fuit. Da jedoch bei der Eintreibung dieser Waldabgaben auch die Aermsten nicht verschont wurden, habe der Abt von Otterberg auf seinen Teil daran verzichtet, sich aber den Anteil an der sonstigen Waldnutzung vorbehalten. Auch bei der Abgrenzung der Otterberger Besitzung sei dies vorbehalten und anerkannt worden. Aber die Vögte von St. Lambrecht, Heinrich von Wartenberg und Werner Colbo, versuchten gelegentlich, die Brüder von Otterberg an der Benutzung des Waldes zu hindern. Das wurde auf Klage des Klosters abgestellt und das Recht des Klosters anerkannt. Es wurde auch den Leuten von Erlenbach die Vergünstigung erneuert, im Walde

---

1) Monasticon Palatinum I 256—259.
2) Wüstung Weiler, auf der Höhe südlich von Otterberg.
3) Monasticon Palatinum Nr. 40, S. 261—265.

Brando Holz für Feuerung und Zäune zu hauen, die ihnen von den Waldmärkerdörfern früher de gratia et non de jure zugestanden, aber von den Vögten wieder entzogen worden sei. Dafür müssten die Erlenbacher in der Bittwoche mit ihrem Kreuz und Reliquien die Kirchen in Nuenkirchen und Rorbach besuchen, wie das früher üblich war. Dieser Vergleich wurde unter andern von den Vögten Heinrich von Wartenberg und Werner Colbo und dem Pfarrer von Rohrbach bezeugt[1]) und von König Friedrich II. 1219 bestätigt[2]). 1225 erfolgte eine abermalige Bestätigung durch König Heinrich VI.[3]). Am 26. Juli 1242 bezeugte Konrad von Wartenberg, Burggraf von Leiningen, in Alt-Leiningen, dass unter seiner und seines Vetters Merbodo zu Wartenberg Mitwirkung Konrad von Lichtenstein seinen Hof in Alsenzen, wie ihn vor ihm sein Vater und vor diesem der Abt von St. Lambrecht besessen haben, der Abtei Otterberg verkauft habe[4]). Dieser Verkauf wurde 1245 wiederholt: allodium et curiam nostram in Alsenze, quae est et dicitur Seidelhof, consentiente et presente predicto Merbodone cui advocatia eiusdem allodii attinere dignoscitur, ... cum omnibus suis attinentiis et juribus, videlicet scabinis curie attinentibus, proprietate mansum cum omni jure ex quarta parte sylvae, quae dicitur Waldmarcke, cum pensione novalium quae dicitur medeme, cum censibus caseorum et pullorum de ipsis novalibus cedentibus, et aliis frugibus ex ipsa sylva provenientibus, quae holtzcorn nominantur, de aliis specificatis universis et non specificatis[5]). In der Einweisung des Klosters Otterberg in den Besitz des verkauften Gutes wird dasselbe folgendermassen beschrieben: curiam quae dicitur Seidelhof (Sattelhof) cum proprietate eiusdem ville Alfenzen prope Windewilre (also Alsenzbrück bei Winnweiler) nec non et proprietatem villarum Ganenbach, Wisenbach (Gonbach und Wäschbacher Hof) cum omnibus juribus &c. item cum omni iurisdictione scabinatus et sculteti, proprietate mansuum et quartae partis sylvae, quae dicitur Waldmarke, cum pensione novalium atque nemorum, que dicitur Medeme, Deheme, et censibus tam in pullis quam in caseis et denariis de ipsis etiam novalibus et nemoribus provenientibus, cum annona que dicitur Holzcorn[6]).

Am 13. April 1250 verkündete Emmerich von Randeck, der als Richter an Stelle des Merbodo von Wartenberg auf dem Hügel über der Kapelle vor dem Schloss[7]) Wartenberg in einem Rechtsstreit des Klosters Otterberg gegen das Kloster Enkenbach, dem Gericht vorsass, dass die Schöffen und Waldmärker durch Urteilsspruch feststellten, dass der Hof zu Alsenz ein Seidelhof sei (und in dieser Eigenschaft die von Enkenbach angefochtene Berechtigung

---

1) Monasticon Palatinum Nr. 44, S. 270 ff.
2) Nr. 48, S. 277 ff.   3) Nr. 48, S. 277 f.   4) Nr. 50, S. 281 ff.
5) Nr. 51, S. 282.   6) Nr. 53, S. 286.
7) Statt claustro in dem Abdruck ist sicher castro zu lesen; ein Kloster hat bei Wartenberg nicht bestanden.

zu Holzkorn und Medem aus einem Viertel der Waldmark habe) [1]).
Am 1. Nov. 1253 wurde dieser Anspruch durch eine neue Verhandlung vor Schöffen, Hübnern und Waldmärkern durch den Richter Ritter Merbodo Colbo von Wartenstein bestätigt. Die Verhandlungen wurden im Frühjahr 1254 in Mainz weitergeführt und am 20. August 1254 unter Vermittlung des Vogtes von Enkenbach, Wirichs von Daun, zu Otterbergs Gunsten beigelegt, worauf der Domdechant und der Erzpriester zu Mainz als Konservatoren der Abtei Otterberg dem Kloster Enkenbach den Vollzug der Bestimmungen des Vertrages befahlen. 1256 hatten die Grafen von Leiningen einen Streit des Klosters Otterberg mit den Herren von Wartenberg wegen der Weide und Beholzigung in der Waldmarke und Brand zu schlichten [2]). Das Kloster musste für die Nutzung den Herren von Wartenberg 120 Pfund Heller zahlen. 1262 und 1265 gestatteten Reinhard, Schultheiss der königlichen Stadt Lautern, und Heinrich von Hoheneck dem Kloster Otterberg dasselbe Nutzungsrecht auf dem zu ihrem Hofe Rohrbach gehörigen Anteil an den Waldmarken [3]). Eine entsprechende Bewilligung erteilte der als Vogt von Enkenbach schon genannte Wirich von Daun in Bezug auf seinen ebenfalls zu einem Hof zu Rohrbach gehörigen Anteil an den Waldmark- und Brandwäldern [4]). Im Jahre 1272 wiederholte Werner Colbo von Wartenberg die Bewilligungen von 1256 [5]) und Wolfram von Lewenstein versicherte, dass er kein Recht auf den Hof zu Alsenz habe [6]). 1274 befahl König Rudolf, um dem Streit zwischen dem Kloster Otterberg und Konrad und Werner Kolben von Wartenberg ein Ende zu machen, eine Abgrenzung und Steinsetzung in der Waldmark vorzunehmen [7]), in welchem Streit Graf Emich von Leiningen und Dietrich von Hohenfels als königliche Richter dem Kloster sein Recht zusprachen [8]).

1276 erwarb das Kloster die Anteile des Konrad und Werner Kolb, mit Einwilligung der Grafen von Leiningen als Lehenherren zu Eigentum und damit auch die Abgaben, welche Einwohner von Santbach (Sembach), Melingen, Alsenz (Alsenbrück) den Rittern von Wartenberg in ihren Hof zu Rohrbach wegen der Waldnutzung zu zahlen hatten, ausserdem mit Bewilligung des Königs von Konrad von Wartenberg dessen Güter in Mittelrorbach und Swanden (südlicher Teil von Neukirchen, s. S. 257) sowie in Balbornen mit dem Gericht und den Einkünften aus der Waldmark, Brand, Fronden und Calberg (Kahlenberg bei Drehenthalerhof), wie sie das alles von Reinhard von Hohenecken gekauft hatten, wofür der Verkäufer dem Reich seine Besitzungen in Ganenbach (Gonbach), La-

---

1) Nr. 55, S. 289 f. bis Nr. 60, S. 300.
2) Nr. 62, S. 302 und 63, S. 303.
3) Nr. 69, S. 318 bis 71, S. 320.   4) Nr. 72, S. 321 f.
5) Nr. 75, S. 324.   6) Nr. 76, S. 326 f.   7) Nr. 78, S. 329 f.
8) Nr. 79, S. 330 f. bis Nr. 81. S. 335.

newelt (lies Lanesvelt = Lohnsfeld) und Alsenz zu Lehen auftrug.
Dies wurde am 12. April 1276 durch Rudolf von Habsburg be-
stätigt [1]). Nachdem Wirich von Daun seinen Teil gegen die des
Klosters und der Kolben von Wartenberg und des Heinrich von
Hohenecken abgesteint hatte (17. Mai 1276) [2]), wurde durch den
Raugrafen Ruprecht in Vertretung der Grafen von Leiningen von
den Schöffen des Kirchspiels Rohrbach (aus Santbach, Balbornen,
Melingen) ein umfängliches Weistum der Rechte des Klosters
Otterberg in der Waldmark, Fronde, Brand und Bulbeck auf-
genommen [3]), nach welchem jeder, der mit einem Pflug und
zwei Ochsen oder mehr an der Nutzung des Waldes teilnimmt,
dem Kloster drei Malter Hafer zu liefern hat. Wer nur einen
oder keinen Ochsen hat, muss für seine Beholzigung $1^1/_2$ Malter
Hafer zahlen. Jedes berechtigte Haus muss an Martini ein Huhn
und einen Denar abgeben. Für Rodungen im Wald wurde der
Zehnte, genannt Medem, an das Kloster gezahlt. Das Kloster hat
das Recht, zur Zeit der Eicheln und des Eckers seine Schweine
auch von entfernten Höfen einzutreiben. Wenn andere Leute das
tun, müssen sie dem Kloster den Dehem zahlen. Bei Weigerung
der Abgaben tritt die Fronung des Hauses durch Aufstellen eines
Stecken ein, wenn die Pfändung nicht genügt. Auf frevelhaftes
Entfernen des Stecken stehen 30 Schilling Lauterer Pfennige Strafe
für jeden einzelnen Fall. Ausserdem sagen die Schöffen für sich
und die Hübner (mansionarii) und andere an dem Wald Beteiligten
aus, dass jeder von diesen Waldgenossen dreimal im Jahr im Früh-
ling, Mai und Herbst mit Vorwissen der Förster der Herren von
Otterberg drei Wagenfuhren Holz fällen darf, um es zu seiner Not-
durft zu verkaufen. Wer diese Erlaubnis überschreitet, wird in
die Rügestrafe von drei Schilling für die Herren von Otterberg
und 20 Pf. für die Schöffen und Hübner verurteilt. Wenn Un-
berechtigte im Wald von den Förstern gefunden werden, unter-
liegen sie der genannten Strafe und ihr Vieh oder ihre Pferde
sollen nach Rohrbach gebracht werden. Ausserdem haben die
Waldmärker Brennholz und ersichtlich nötiges Bauholz für Häuser
und Scheuern und Pflüge aus dem Wald zu beziehen. Während
der Eckerzeit haben die Waldmärker von ihren Nachwuchsschweinen
keinen Dehem zu zahlen, sondern nur von neu eingeführten oder
hinzugekauften Schweinen.

Nachdem das Benediktinerkloster St. Lambrecht in ein Nonnen-
kloster des Dominikanerordens verwandelt war, beurkundete dessen
Priorissin den Verzicht der Witwe des Ritters Conrad von Lichten-
stein (1277), die auch selbst mit ihrem Sohn Konrad darüber eine

---

1) Nr. 87, S. 342 f. bis Nr. 92, S. 359.
2) Nr. 93, S. 359 f.
3) Nr. 94, S. 360—365. Vgl. auch Ney, Weistum der Ottenberger
Waldgemark von 1567 (Mitt. d. hist. Ver. d. Pfalz, Heft IX, S. 235—240).

Urkunde ausstellte und weitere Versicherungen gab (1277—1282) [1]). Konrad von Wartenberg beurkundete 1277 eine Grenzabsteinung zwischen seinem Hof Fronden (Fröhnerhof) bei Breitenborn (ein-gegangene Burg beim heutigen Daubenbornerhof) und den Mönchen von Otterberg in den Waldmarken Brand und Fronde [2]). 1279 verkauften Heinrich von Hohenecken und seine Frau Margareta dem Kloster ihre zum Hof Mittelrohrbach gehörigen Güter und das Gericht mit den Anteilen an den Waldmarken, das sie unter den Schutz des Königs und seines General-Justitiars, des Grafen Friedrich von Leiningen, stellten [3]), und baten den König Rudolf um seine Zustimmung, die dieser am 29. Januar 1283 erteilte [4]). Endlich trat am 2. Februar 1285 auch der letzte Teilhaber, Wirich von Daun, seinen Anteil an der Waldmark, Brand, Fronden und Kalenberg an das Kloster Otterberg ab [5]) und der König erteilte auch hierzu seine Genehmigung, nachdem ihm von Wirich andere Einkünfte zum Ersatz für dieses Reichslehen aufgetragen waren [6]).

1299 pridie Idus Junii wurde dieser Zustand in einem Weis-tum vor Schultheiss und Gericht zu Kaiserslautern festgestellt. Doch erhoben die Schöffen und Waldmärker in den Dörfern, nament-lich zu Sentenbach (Sembach) und Balburn, noch 1306 den Anspruch, was rechtes die scheffen uber die welde sprechen, des sollen die von Otterberg volgen, während das Kloster die Schöffen der Waldmarke nur insoweit Recht sprechen lassen wollte, als es mit den Urkunden und dem Ausspruch der alten Schöffen von 1299 übereinstimmte. Der Schiedsrichter, Siegfried von St. Alban, urteilte zugunsten des Klosters [7]).

Die in diesem Wald gelegenen kleinen Ortschaften Wilre, Swanden (Münchschwander Hof oder Neukirchen), Ungenbach, Metzelswanden (Messerschwanderhof) wurden ausser andern Gütern dem Kloster 1195 von Kaiser Heinrich VI. und 1215 durch Papst Innocenz III. bestätigt. Reichenbach wurde ihm 1227 durch Wern-her Kolb von Wartenberg geschenkt, und das dortige Gut „Herrn Everhards Rot" 1324 durch Johann von Montfort vor Schultheiss und Hubern des Gerichts zu Reichenbach verkauft [8]).

Otterberg ist also auf Reichsboden entstanden, innerhalb einer Waldmark, die den Grafen von Leiningen zu Lehen gegeben und

---

1) Nr. 95, S. 366 f. bis Nr. 98, S. 372.
2) Nr. 99, S. 373.　　　3) Nr. 100, S. 374 ff. bis Nr. 102, S. 390.
4) Nr. 104, S. 382 f. und Nr. 105, S 385 f.　　　5) Nr. 107, S. 389 f.
6) Nr. 109, S. 394 f. Das Kloster hatte also die Waldmark nach und nach durch Kauf fast ganz in seinen Besitz gebracht: 1245 von Konrad von Lichtenstein $\frac{1}{4}$; 1276 von Wartenberg $\frac{1}{8}$; 1279 von Hohenecken $\frac{1}{3}$ und 1285 von Daun $\frac{1}{4}$, also zusammen $\frac{23}{24}$. Vgl. Häberle, Leininger Geschichtsblätter 1906 S. 68.
7) Ausser Widder a. a. O. Ottenberger Urkundenbuch S. 82, 111, 137, 141, 148, 274.
8) Wilre und Ungenbach sind Wüstungen und bestanden noch 1579. Ottenberger Urkundenbuch S. 3, 4, 5, 11, 59, 80, 152 f. Ebd. 37, 343.

von diesen an die Besitzer von vier Sattelhöfen verliehen war. Der angrenzende Bezirk der Dörfer Sambach und Otterbach mit dem Burgstall auf dem Sterrenberg dagegen kam wohl schon 1086 aus den Gütern der Mathilde von Tuscien an das Hochstift Speyer und wurde nachher von diesem an die Ritter von Breitenborn, später an die von Flörsheim, zuletzt an die Grafen v. d. Leyen verliehen [1].

Da das Reichsland an Kurpfalz kam, betrachtete sich der Pfalzgraf als Kastenvogt und Schirmherr des Klosters, das nach der Einführung der Reformation 1561 durch den letzten Abt Wendel Merbot der kurfürstlichen Verwaltung übergeben und säkularisiert wurde. Herzog Johann Casimir siedelte dort vertriebene französische und niederländische Reformierte an und legte den Grund zu der Stadt Otterberg (15. Juni 1579). 1634 wurde zwar das Kloster durch die Spanier den Cisterciensern wieder eingeräumt, allein im westfälischen Frieden wurde alles im Zustand vor dem Kriege dem Pfalzgrafen zurückgegeben [2].

7. Kellnerei Hoheneck.

Mit dem Reichsland in näherer Verbindung stand noch die Herrschaft Hoheneck [3], die als Reichslehen dem Geschlechte gleichen Namens gehörte, aus dem die Reichschultheisse zu Lautern genommen wurden. Sie umfasste die Burg Hoheneck, die Weiler Espensteig und Vrondau (Breitenau) [4], die Dörfer Siegelbach, Erfenbach und Kollenbach (Wüstung) (alle Bezirksamt Kaiserslautern, M 25). 1668 wurde die Burg und Herrschaft sowie der Hof Stockborn durch Kurpfalz in eigne Verwaltung genommen, da sich der letzte Inhaber Philipp Franz Adolf und sein Vetter Reinhard Freiherren von Hohenecken der pfälzischen Landeshoheit zu entziehen versucht hatten, indem sie sich vom Kaiser Leopold 1659 belehnen liessen. Sie waren dann mit dem Gegner des Pfalzgrafen im Wildfangsstreit dem Herzog Karl von Lothringen in Verbindung getreten und hatten diesem die Burg und Herrschaft verkauft. Hierauf liess der Kurfürst Karl Ludwig die Burg besetzen. 1669 wurde dies von Lothringen anerkannt.

Die Vogtei in Erfenbach wurde von demselben Kurfürsten nach dem Aussterben des Geschlechtes von Flersheim, genannt Monsheimer, als erledigtes Lehen eingezogen.

---

1) Vgl. darüber Häberle, Pfälz. Museum 1912, Märzheft, und Pfälz. Gesch.-Blätter 1910.

2) Vgl. den Aufsatz von Pfarrer Stock: „Wie aus einem Kloster ein Städtlein ward", in den Nordpfälzischen Geschichtsblättern (Beilage zum Kirchheimbolander Anzeiger) 1904 S. 33 und 41.

3) Widder IV 250 ff.

4) Vgl. Häberle, Die Huneburg bei Erfenbach und andere Reichslehen (Kollenbach, Vrondau [= Breitenau]), und Lauterbann, Der Ritter von Hohenecken (Pfälz. Gesch.-Blätter 1909 S. 18).

8. Schultheisserei (und Herrschaft) Wartenberg und Alsenbrück.

Aus den Otterberger Urkunden über die Waldmark ist die ältere Geschichte dieses Bezirks zu ersehen, der aus dem Schloss und Tal Wartenberg, den Dörfern Rohrbach, Sembach, Obermehlingen und dem Weiler Niedermehlingen, ferner Alsenbrück, Langmeil, Sattelhof, und Wäschbacher (früher Wiesbacher) Hof bestand (alle N 24, bis auf Obermehlingen, N 25, und im Bezirksamt Rockenhausen, Amtsgericht Winnweiler, beide Mehlingen im Bezirksamt Kaiserslautern, Amtsgericht Otterberg gelegen).

Wartenberg, im 12. Jhdt. bereits Sitz eines Rittergeschlechts, Reichsministerialen und Leiningische Vasallen, aus dem sich die Familie der Kolben von Wartenberg absonderte, scheint im 14. Jhdt. zu einem Ganerbenschloss und Raubnest geworden zu sein. 1378 und in den folgenden Jahren standen die beiden Pfalzgrafen Ruprecht mit den Bischöfen von Mainz und Speyer gegen die Wartenberger in Fehde[1]). 1385 erzwang der Kurfürst von Mainz einen Burgfrieden und Aufnahme eines Amtmanns von den Ganerben, unter denen neben den Wartenbergern auch die Kämmerer von Worms, Stein (Kallenfels und Oberstein), Ingelheim, Scharfenstein, Randeck und andere Geschlechter vertreten waren. 1456 erneuerten die Ganerben, unter denen sich nur noch einer aus der Familie Kolb von Wartenberg befand, den Burgfrieden, „und get der an an der roden were, und zugt dawider uber den tal uſ vor bruder Wernhers huss uff den weg, der get uber das Oberland dahin, uber den wallen acker, den weg vor biß an das holtz, das da heisst Kauffholtz und zwischen dem Kauffholtz hin und der nuwen burg[2]) glich uff den nuwen weg, und geet daruber uff die strass, wider uff das rode wer“.

In der Fehde gegen Franz von Sickingen wurde die Burg am 13. Dezember 1522 durch den kurpfälzischen Hauptmann Wilhelm von Habern, Faut zu Heidelberg, eingenommen und verwüstet. Sie scheint dann bei Kurpfalz geblieben zu sein, denn am Jahrgeding des Büttelamtes vom 25. April 1560 (im Kloster Enkenbach gehalten) wiesen die Nachbarn zu Wartenberg den Kurpfalzgrafen „zu einem Grund- und Gerichtsherrn über das Schloss und Thal und den Burgfrieden zu Wartenberg, als weit derselbig Bezirk gehet“. Der Kurfürst war auch Schutz- und Schirmherr über das Schloss und Tal und alle Einwohner, und richtete über Blut und Fleisch, über Stock und Stein, über Hals und Halsbein, alle Uebeltäter zu strafen und das Recht zu handhaben. Von jedem Hausgesess hatte er ein Fastnachtshuhn, von jedem, der drei Pferde hatte, ein Malter, von zwei Pferden $3/4$ Malter, von einem

---

1) Regesten der Pfalzgrafen 1, 4202. 4311.
2) 1380 Feste Neu-Wartenberg, ebd. 4387.

Einspännigen $^1/_2$ Malter Rauchhafer und von jedem Hausgesäss drei Albus Schaffgeld.

Ihren Weidgang hatten die Einwohner im Gericht Baudweiler, im Heinberg und im Gemeinen Wald (Waldmark?) Rauhe Weide hatten sie mit allem ihrem Vieh auf der edlen und ehrenvesten Junkern, der Kolben (von Wartenberg) Gerechtigkeit, die sich ausserhalb des Burgfriedens über Rohrbach, Sembach und Mehlingen erstreckte. Auch die Einwohner dieser Dörfer waren infolge des Wildfangrechts zum Teil pfälzische Hörige [1]).

1699 erhob Kaiser Leopold den Freiherrn Johann Casimir Kolb von Wartenberg in den Reichsgrafenstand mit Sitz und Stimme bei dem Wetterauer Grafenkollegium. 1707 verzichtete Kurpfalz auf die Landes- und Lehensherrlichkeit über Schloss und Tal Wartenberg und halb Mehlingen. Die Grafschaft bestand nun aus Wartenberg, Rohrbach, Sembach, Mehlingen, Ellerstadt, Hof Aschbach, Burg Diemerstein, Hof (ehemals Kloster) Fischbach, Dorf Marienthal (früher Kloster), Oranienhof bei Kreuznach und Mettenheim in Rheinhessen [2]).

Der Hof Aschbach[3]) gehörte zur „Flörsheimer Hufe" in der Herrschaft Wilenstein, und kam durch drei Töchter des 1655 verstorbenen Philipp Frauz von Flörsheim an Konrad Blarer von Geyersberg, Arnoldt von Virmundt und Johann Casimir Kolb von Wartenberg. Letzterer kaufte 1675 und 1684 die Anteile seiner Schwäger an. An die Flörsheimer soll Aschbach 1564 von Philipp von Aschbach verkauft worden sein. 1788 kaufte der Graf von Sickingen von der Grafschaft Wartenberg die Orte Aschbacher Hof und Ellerstadt.

Die Burg Diemerstein und Fischbach (Bez. Kaiserslautern, N 25) waren aus dem Besitz Rudigers und Niblungs von Diemerstein (1216 und 1221) an die Raugrafen (1250) gekommen, von diesen im Jahr 1401 an Philipp von Daun, Herrn zum Oberstein, Schwager des Raugrafen Otto, und andere Ganerben. 1418, 1422, 1445 und in den folgenden Jahren brachte Kurpfalz die einzelnen Anteile nach und nach an sich, so dass das Ganze 1456 pfälzisch war. Seit 1478 war es an die von Weingarten, seit 1527 an Bonn von Wachenheim verliehen, 1638 fiel die Herrschaft wieder an Kurpfalz zurück und wurde 1707 dem Grafen von Wartenberg abgetreten [4]). Ueber Marienthal wird in der Beschreibung der Grafschaft Falkenstein das Nähere mitgeteilt werden.

---

1) Grimm, Weistümer 1, 781. Die Wüstung Baudweiler bei der Eichenbacher Mühle im „Bauter", einem Seitentälchen der Alsenz, war aus dem Besitz der Herren von Randeck in den der Herren von Flörsheim gekommen, die neben den Kolben von Wartenberg 1554 und ·1593 als Hochgerichtsherren gewiesen wurden (Mitteilungen des histor. Vereins der Pfalz 16 S. 8. Pfälzisches Museum 1903, 164 ff.).

2) J. G. Lehmann, Burgen 5, 11 ff. — Frey, Rheinkreis 3, 175. Auch das Dorf Imsbach wurde 1682—1731 der Grafschaft Falkenstein durch die Grafen von Wartenberg strittig gemacht. Wartenstein behauptete seine Rechte von der Herrschaft Hohenfels überkommen zu haben.

3) Bei Trippstadt (M 26), südlich von Kaiserslautern. Frey, Rheinkreis 83. Ueber die dortige Pfarrkirche vgl. Lehmann, Burgen 5, 66 ff.

4) Lehmann, Burgen 5, 1 ff. — Remling, Abteien u. Klöster 2, 72 ff. Bei der Kapelle Fischbach (ursprünglich Filiale von Hochspeyer) bestand 1471—1564 ein Nonnenkloster (Augustiner Chorfrauen).

Mettenheim (Kreis Worms, P 22) wurde vom Grafen Emich Christian von Leiningen am Ende des 17. Jahrhunderts an den Bankier Jakob Compoing in Frankfurt und von dessen Erben 1709 an den Grafen Johann Casimir von Wartenberg verkauft, dessen Sohn hier 1726 ein grosses Schloss erbaute[1]).

Der Sattelhof bei Alsenbrück[2]) war, wie schon bei der Beschreibung der Otterberger Waldmark gezeigt wurde, von dem Kloster St. Lambrecht an den Ritter Konrad von Lichtenstein gekommen und wurde 1245 an das Kloster Otterberg abgetreten. Am 5. April 1304 genehmigte Pfalzgraf Rudolf I. die Uebertragung der von ihm zu Lehen gehenden Gerichtsbarkeit über den Hof im Dorfe Alsenz und in den Weilern Ganenbach und Wiesenbach an das Kloster Otterberg durch Johannes de sancto Albino und seine Frau Katharina[3]). Nach dem Lehenbuch des Pfalzgrafen Ruprecht III. war die Vogtei zu Alsentzenbrücken, Wissbach und Gonenbach kurpfälzisches Lehen des Johann von Warthenberg[4]). Seit der Aufhebung des Klosters Otterberg (1564) war die kurpfälzische Administration der geistlichen Güter Eigentümerin des Sattelhofes und das Oberamt Kaiserslautern mit der Ausübung der Hoheitsrechte betraut. Bei dem Aussterben der Familie von Flörsheim (1655) fiel das Vogtgericht Alsenbrück an Kurpfalz heim und wurde 1733 an die Grafschaft Falkenstein abgetreten. 1507 wurde zu Heidelberg vor dem Hofgericht des Kurpfalzgrafen ein Streit zwischen der Abtei Otterberg und Ymias von Oberstein, bzw. nach dessen Tode Hans von Oberstein, als Vogt zu Alsentzbruck entschieden. Es wurde ein Weistum aufgenommen, nach welchem der Abt und Konvent von Otterberg (die Herren von Otterburg) oberste Gerichtsherren über gerechte Sachen waren und von Bussen und Freveln zwei Teile hatten, während das Dritteil dem Vogt zustand. Der Sedelhof des Klosters war frei von aller „Beschwernus und Dienste"; wenn sie ihn selber bauen, „so seint sie niemant schuldig davon ufz zu thun, wan sie ihn aber verleihen in frembde hant, derselbe sol dinen und gemeintschaft haben, gleich ein anderer gemeinsmann". Wie andere derartige Herrenhöfe hatte dieser Sedelhof ein Asylrecht. Die Herren von Otterberg hatten Wasser und Weide, zu fischen und zu jagen. Sie hatten das Gericht, Schultheiss, Schöffen und Büttel zu setzen und zu entsetzen mit Rat der Schöffen.

Der „Carstvaut" (der junge Junker Hans von Oberstein) ist Strafrichter über ungerechte Leute und hat davon seine Vogtei, das ist 24 Malter Hafer und 24 Schilling Heller und von jedem Hausgesess mit Feuer und Flamme ein Fastnachtshuhn und zwei Scharfahrten, Jagd und Fischerei in fliessenden Bächen[5]).

---

1) Brilmayer, Rheinhessen 304.   2) Frey, Rheinkreis 3, 139.
3) Regesten d. Pfalzgrafen I 1494. — Würdtwein, Monast. Palat. 1, 412.
4) Regesten der Pfalzgrafen I 6167.
5) Grimm, Weistümer 1 S. 789—794.

9. Gericht Waldfischbach.

Nicht zum Reichsland von Lautern hat von den Bestandteilen
des Oberamtes Kaiserslautern gehört das im Wormsgau gelegene Ge-
richt Waldfischbach; es gehörte als Zubehör zu der von Kurpfalz
lehenbaren Herrschaft oder Grafschaft Pfeffingen lange Zeit den
Herren und Grafen von Hohenberg (Homburg in der Pfalz), die
1437 dem Kurfürsten Ludwig IV. als ihrem Schirmherrn einen
Teil an der Pfarrei Fischbach einräumten, bald darauf aber aus-
starben. Nun trat der nächste Erbe, Klas Blick von Lichtenberg,
dem Pfalzgrafen Philipp die Grafschaft Pfeffingen mit aller Ge-
rechtigkeit an der Pfarrei Waldfischbach und anderen Zubehö-
rungen 1451 ab.

Zu diesem Gericht gehörten die Orte Waldfischbach (L 27),
Heltersberg, Schmalenberg, Geiselberg mit der Wüstung Tiefen-
thal (alle M 26), Schopp und Steinalben (L 26), die unter dem Namen
„Das Holzland“ zusammengefasst werden [1]).

10. Gericht Einöllen.

Im Jahre 1768 wurde von Pfalz-Zweibrücken das Gericht
Einöllen mit Hohenöllen (L 23), Tiefenbach-Oberweiler (L 23/24),
Reckweiler (= Röckweilerhof; L 23) und Rossbach (L 24) (alle im
Bezirk Kusel), das damals zum Amt Meisenheim gehörte, an Kur-
pfalz abgetreten und mit dem Unteramt Wolfstein vereinigt [2]).

Ausserdem war in der letzten Periode auch das Amt Rocken-
hausen dem Oberamt Lautern unterstellt.

---

1) Widder IV 258 ff. — Regesten d. Pfalzgrafen I 2621, 3277, 4859. —
Bilfinger, Das Holzland vor 300 Jahren und jetzt. Kaiserslautern 1899.
2) Widder IV 2, 309 tf. Näheres werde ich in den Mitteilungen des
histor. Vereins der Pfalz veröffentlichen.

Nachtrag zu S. 258. Die Lage der Burg Alsenzburne (Die-
burg) hat Häberle festgestellt (Pfälzisches Museum 1909, 128—135,
156--158). Das Geschlecht kommt 1315 in amtlicher Stellung in
Worms vor. 1324 schenkte Gudelmann von Alsenzeborn Güter in
A. an das Kloster Enkenbach. Die Burg und das damit verbun-
dene Hubengericht ging dann an die Herren von Randeck und
1437 an die von Flörsheim über, die 1522 Anspruch auf die Vogtei
und Hoheit zu Enkenbach erhoben. Sie behielten aber nur das
Jagdrecht in dem sogenannten Flörsheimer Wald. Wegen der
Vogtei über das Kloster Enkenbach war schon 1225 Streit zwischen
Wirich von Daun und Heinrich von Wartenberg.

IV.

Erzstift Mainz.

---

1. Amt Bingen.

A. J. Weidenbach, Regesta Bingiensia, Regesten der Stadt Bingen, des Schlosses Klopp und des Klosters Rupertsberg. Bingen 1853.

An dem wichtigen Uebergang über die Nahe bei Bingen haben die Römer unter Drusus ein Kastell angelegt. An dieser Stelle fand in dem Bataverkrieg im Jahre 71 ein Kampf zwischen den aufständischen Trevirern unter Julius Tutor und den römischen Truppen des Sextilius Felix statt[1]). Im Jahre 355 wurde Bingen durch Alemannen zerstört, 359 durch den nachmaligen Kaiser Julian wieder aufgebaut, 405 abermals zerstört.

Unter der Frankenherrschaft wurde Bingen, wie die andern Römerfestungen, königliches Kammergut[2]). Doch hatten auch andere Herren hier und in der Binger Mark, die zum Teil im Wormsergau, zum Teil im Nahegau gelegen war, Häuser und Liegenschaften, wie zahlreiche Schenkungen an die alten Klöster Fulda, Lorsch und Prüm erkennen lassen. Ein zum königlichen Gut gehöriger Hof wurde 832 durch Ludwig den Frommen an das Kloster Hasenried geschenkt[3]).

Auch das Erzstift Mainz hatte schon früh dort Besitz erworben. Kaiser Otto II. bestätigte am 14. Juni 983 dem Erzbischof Willigis von Mainz alles, was dieser oder seine Vorgänger in Bingen erworben hatten, und fügte hinzu, was er selbst dort noch besass, namentlich auch den Bann und den „Bannpfennig" von der Brücke über die Selz bei Ingelheim bis Heimbach und

---

1) Tacitus Hist. IV 70. Tutor hatte die Nahebrücke bei Bingen abgebrochen.

2) Der Binger Heilige, Graf oder Herzog Rupertus, soll ein grösseres Gebiet um Bingen besessen haben. Vgl. darüber die Anmerkung auf S. 26.

3) Dronke, Cod. dipl. Fuld. 17, 26; 62, 105. Cod. Lauresh. II S. 177 f., Nr. 1316—1821 und S 356 f., Nr. 2008—2011. Diesen Urkunden zufolge lag das castellum oder castrum Pingense im Wormser, die Binger Mark wenigstens teilweise im Nahegau, wie ja noch jetzt der Binger Wald, der hessischen Stadt gehörig, auf preussischem Gebiet liegt. MRUB. I S. 117, Nr. 111. Bodmann, Rheingauer Altert. I 111 Anm.

jenseits des Rheins von der Mündung des Elzbaches bei Oestrich
bis Kaub mit allen Nutzbarkeiten, als Münzrecht, Liegenschaften,
Schiffszoll auf dem Rhein und auf der Nahe, Wäldern, Jagd, Fi-
schereien usw.[1]). Am 6. Nov. 986 schenkte Kaiser Otto III. dem
Willigis und seinem Erzstift den Binger Wald innerhalb der Gren-
zen von dem Wege, der von Eberbach (Walderbach) zu der Murga
(Morgenbach) führt, von diesem Weg auf der Heerstrasse in die
Gegend des Dorfes Cantei (unter dem Berg Kanterich), von hier
nach dem Dichtelbach, dann diesen Bach hinauf bis zur Quelle,
von der Höhe bei dieser Quelle bis zur Strasse, welche nach dem
Eskiresfeld führt, von dieser Strasse bis zur Quelle des Heimbachs,
dann die Höhe daselbst hinab bis an den Rhein und diesen auf-
wärts bis zum Morgenbach[2]).

Durch diese Verleihungen kamen die Hoheitsrechte des Reiches
an das Erzstift Mainz, von dem sie während des 15. Jhdts. an das
Domstift übergingen. 1392 bereits hatte Erzbischof Konrad II.

------

1) Monumenta Germaniae, Diplomata regum et imperatorum II S. 363,
Nr. 306. Der Kaiser schenkte „quicquid proprii iuris ibidem hucusque
continuimus, in proprium mancipando donavimus, hoc scilicet tenore, quod
prenominatus archiepiscopus aliique post eum eiusdem ecclesie prothopre-
sules prefatum ius potestative infra et extra Pinguiam civitatem in omni-
bus rebus ubicumque positis vel cuiuscumque beneficio detentis illuc iure
pertinentibus possideant, et banno sub territorio eiusdem civitatis et in
locis contiguis dehinc eo banno, quod vulgariter banpennic dicitur, cis
Renum a ponte super Salisum rivum extento usque Heinbach, ac citra
Renum ubi Elisa rivulus influit, usque ad Cubam villulam, ceterisque
utilitatibus omnibus, in moneta, vinctis, mancipiis utriusque sexus, curti-
bus, edificiis, silvis, venatu, omnique silvatica utilitate, pratis etiam et
pascuis, aquis aquarumve decursibus, piscationibus et naulo ab utrisque
fluviis et Reno ac Nava accipiendo, quod illam traditionem respiciat, nec-
non terris cultis et incultis, molendinis iam motis vel movendis, viis et
inviis, exitibus vel reditibus quesitis et acquirendis, cunctis pertinentiis.“
In der Urkunde ist nicht gesagt, wie weit sich die dem Willegis ver-
liehene Banngewalt in das Hinterland der Rheinstrecke von Ingelheim bis
Heimbach ausdehnte. Man kann sich aber aus dem Umfang des Gebietes,
welches die heil. Hildegard dem heil. Rupertus zuschreibt, und aus den
Nachrichten über Ortschaften, welche zur Bewachung der Binger Stadt-
mauern in Kriegszeiten aufgeboten wurden (oben S. 26), eine Vorstellung
von der Ausdehnung jenes Banngebietes machen. Reste dieser Bannherr-
schaft scheinen die Mainzer Lehenrechte über Dörrebach, Seibersbach,
Schöneberg, Hergenfeld zu sein.
2) Monumenta Germaniae, Diplomata regum et imperatorum II S. 648,
Nr. 233: „a semita que de Eberbach ducit in rivolum qui dicitur Murga,
item de eadem semita per publicam plateam iuxta villam que vocatur
Cantei, hinc in rivolum qui dicitur Dahdilebach, deinde eundem rivulum
sursum usque ad ipsius fontem, a capite autem fontis ad plateam que
ducitur iuxta (G usque) campum, qui dicitur Eskiresfelt, ab illa autem
platea in fontem qui dicitur Heinbach, a capite eius deorsum usque in
Rhrenum, Rhrenum autem sursum usque ad Murgam.“ Eine ganz un-
mögliche Deutung dieser Grenzbeschreibung auf den Bienwald bei Ra-
stadt und die gegenüberliegenden Gegenden in der Rheinpfalz (Murga =
Murg im Schwarzwald oder Lauter) hat Mone in der Zeitschrift für die
Geschichte des Oberrheins 20 S. 127 f. aufgestellt.

seinem Domkapitel solche Rechte eingeräumt, die sein Nachfolger Johann II. (1397—1419) nicht anerkennen wollte [1]). Der beiderseits zum Schiedsrichter erkorene Bischof Johann von Würzburg schlichtete am 5. Febr. 1416 diesen Streit, indem er das Kondominium zwischen Erzbischof und Domkapitel anerkannte; die Stadt Bingen sollte beiden zugleich huldigen und von beiden geschirmt werden. Weitere Streitigkeiten sollten durch das Gericht zu Bingen entschieden und wenn dieses das Recht nicht finden konnte, an ein Schiedsgericht gewiesen werden [2]). Am 25. Mai 1420 bestätigte das Domkapitel seiner Stadt Bingen ihre hergebrachten Rechte und Freiheiten [3]) und am 3. Nov. verglichen sich die Mitglieder des Domstifts unter sich wegen ihres Schlosses Klopp und der Stadt Bingen [4]). Erzbischof Konrad III. bestätigte am 2. Juni 1423 die Binger Privilegien, trat aber am 7. Sept. 1424 die Hälfte der Stadt Bingen und des Schlosses Klopp gegen die Dörfer Hochheim und Flersheim am Main, Bischofsheim auf dem Gau, Bierstadt bei Miltenberg ab [5]). Am 29. Aug. 1434 bestätigte das Domkapitel, dass die Stadt Bingen auch jetzt noch gegen den Rheingau zu Reise und Folge verpflichtet sei, wie von Alters her [6]). Am 15. Dez. 1438 trat Erzbischof Dietrich gegen Ueberlassung der Dörfer Hochheim, Birgstadt, Bischofsheim, der Hälfte von Flersheim, und vorbehaltlich des Mühlenkorns des Klosters Rupertsberg, des Fischwassers auf der Nahe, der Zinse zu Beckelnheim und Wyler, des Hauses zu Bingen, genannt der alte Saal, des Münzhauses und sechs Hausgesessen (Juden) daselbst, an sein Domkapitel die ganze Stadt Bingen mit der Burg Klopp und mit allen Zugehörungen, Herrlichkeiten, Freiheiten, Märkten, Hütten, Gerichten, Wingerten, Zinsen, Gülten, Kolonen, Mauerwerken, Zöllen, Ungeldern, Kranen, Bussen und Gefällen endgiltig ab [7]). So unterstand die Stadt seitdem der alleinigen Hoheit des Domkapitels zu Mainz.

Unter den Kaisern und ersten Erzbischöfen, die in Bingen zu gebieten hatten, wurde die Verwaltung der landesherrlichen Rechte durch einen Vogt besorgt, der aus der Familie der Reinboden von Bingen genommen wurde. Später wurden die Mainzer Rechte von einem Amtmann auf der Burg Klopp wahrgenommen, der auch in Algesheim auf dem Gau residierte. Von den Beziehungen zum Rheingau war schon die Rede. Im 13. Jhdt. unter-

---

1) Scriba, Regesten, Rheinhessen 5713. — Weidenbach 365.
2) Brilmayer, Rheinhessen 60.
3) Scriba 5824. — Weidenbach 391.
4) Scriba 5830. — Weidenbach 436.
5) Scriba 3833. — Weidenbach 439.
6) Scriba 5860. — Bodmann, Rheingauer Altert. 1, 61.
7) Scriba 3954. — Bodmann 2, 917. 1485 brach zwischen dem Domkapitel und der Stadt ein Streit aus, wegen der Hoheitsrechte und städtischen Freiheit. Kurfürst Berthold schlichtete als Schiedsrichter den Streit und gab der Stadt eine neue Verfassung (26. Jan. 1488). — Weidenbach 537, 542, 543, 546.

standen die Besitzungen des Erzstifts Mainz im Nahegau bis Sobern-
heim, Meddersheim, Disibodenberg dem Vizedominus und Land-
schreiber des Rheingaues [1]). Der Domkapitularische Amtmann zu
Bingen war zuweilen ein Ritter, zuweilen ein Domherr. Er resi-
dierte oft auf dem Schloss Ehrenfels. Im Jahre 1730 nahm der
Amtmann den Titel Vizedominus an.

Jener Forst, den Kaiser Otto III. dem Erzbischof Willigis
und dem Erzstift geschenkt hatte (6. Nov. 996), ist später in den
Besitz der Stadt Bingen übergegangen; der an Oberheimbacher
Gemarkung angrenzende Teil, die Struth, wurde am 14. Aug. 1304
durch Schöffen und Bürger zu Bingen der Gemeinde Oberheimbach
gegen die Hälfte des zu fällenden Holzes lehensweise überlassen [2]).
Der Vertrag wurde am 13. Nov. 1341 [3]) und am 22. März 1367 er-
neuert und am 23. Okt. 1758 genehmigte das Domkapitel die
Ueberlassung des bisherigen Lehenwaldes Struth seitens der Stadt
Bingen als Eigentum an die Gemeinde Oberheimbach [5]). Der Stadt

---

1) P. Richter, Geschichte des Rheingaus, in: „Der Rheingau". Gesch.
u. statist. Beschreibung. Hrsg. vom Kreisausschuss des Rheingaukreises
Rüdesheim. 1903. S. 84. Vgl. Zeitschrift f. Vaterländische Geschichte und
Altertumskunde. Münster 1840, III, S. 5 ff.

2) Weidenbach, Regesta Bingiensia 226. Wenn die von Oberheim-
bach Holz fällen wollten, mussten sie es drei Wochen vorher in Bingen
anzeigen. Für die Waldnutzung hatten die Oberheimbacher jährlich drei
Mark Frankfurter Währung zu zahlen und auf Aufgebot zehn bewaffnete
Männer zur Verteidigung der Stadt zu stellen. Müssen die Binger aus-
ziehen, so stellt Oberheimbach zwei berittene Schützen.

3) Am 1. Juni 1332 erschienen vor dem Notar der Domdechant Jo-
hannes von Mainz als Kommissar des Kurfürsten Baldewin von Trier, da-
mals Provisor und Defensor des Erzstifts Mainz, Schultheiss, Altschultheiss,
Meier und Schöffen zu Bingen im Namen der Stadtgemeinde, Friedrich
von Beldirsheim, Ritter, und einer genannt Burnekorn, Edelknecht, der
Plebau, der Unterschultheiss und die Schöffen des obern Dorfes Heimbach
für die dortige Gemeinde wegen Streitigkeiten über den Wald Struth,
der den Einwohnern von Heymbach von der Stadt Bingen unter gewissen
Bedingungen überlassen ist. Bingen behauptet, der Wald sei an die Stadt
zurückgefallen, aber Heymbach sagt aus, die Ueberlassung sei jure here-
ditario geschehen. Beide werden auf Einhaltung der alten Verträge hin-
gewiesen. Bei Feldzügen der Stadt Bingen haben die von Heimbach zwei
„sagittarios equestres" zu stellen. Am 19. Nov. 1341 wurde der Vertrag
von 1304 erneuert: Die Schöffen und Bürgen von Bingen überliessen der
Gemeinde Oberheimbach den Wald Strüt innerhalb folgender Grenzpunkte:
Laichinburnen, Scharpinburnen, Genreburnen, Dominsweg, Schinkinburnen,
usque ad semitam juxta puteum. Heimbach soll die Hälfte des Waldes
hegen, darf auch Rodungen anlegen, aber nicht die andere Hälfte be-
rühren. Wenn Heimbach im verbotenen Teil des Waldes Holz fällen will,
muss es das drei Tage zuvor in Bingen melden. Dafür wird eine Taxe
von Gebühren aufgestellt, von jedem Pferd oder Maultier, das Holz trägt
oder zieht, 18 Denare, vom Esel ein Solidus, sonst werden die Bestim-
mungen von 1304 wiederholt. Allgemeines Reichsarchiv München, Main-
zer Domkapitel 330, 339.

4) Weidenbach 327. Oberheimbach hatte den Wald zu behegen und
zu behüten.

5) Weidenbach 802.

Bingen hatte Erzbischof Johann II. am 17. Aug. 1401 die Privilegien, Freiheiten und Rechte, darunter die auf den Binger Wald, bestätigt[1]). Diese Urkunde liess das Domkapitel 1752 gewaltsam wegnehmen und die Stadt führte einen schweren Prozess mit dem Kapitel darüber und über den Wald.

Mit Bingen waren im 18. Jhdt. die Orte Kempten, Niederheimbach, Trechtingshausen, Weiler, letztere drei dem Domkapitel und dem Liebfrauenstift zu Mainz (ad gradus b. Mariae virginis) zusammen gehörig, das der Dompropstei unterstehende Oberheimbach, und der Hof Nenters oder Lendershof zu einem Domkapitularischen Amte oder Vizedominat verbunden, das im Jahre 1785 2812 Einwohner zählte[2]).

Kempten ist mit Bingen zusammen an das Erzstift Mainz gekommen, wie alle hier aufgezählte Ortschaften innerhalb des von Otto II. an Willigis geschenkten Bannbezirks liegen. Aber es kam nicht gleichzeitig mit Bingen an das Domkapitel. Noch 1462 gehörte es zum Besitz des Erzstifts und wurde zugleich mit Schloss und Stadt Gau-Algesheim, Gau-Bickelheim, Dromersheim und Ockenheim an Markgraf Karl von Baden verpfändet und von diesem an den Grafen Philipp von Katzenellnbogen übertragen (1466). Der Graf übergab die Pfandschaft seiner Tochter Ottilie als Heiratsgabe bei ihrer Verlobung mit Christoph von Baden. 1480 löste Kurfürst Diether von Isenburg die Pfandschaft wieder ein. 1538 trat das Stift Bleidenstatt dem Domkapitel gegen zwei Höfe und den Zehnten zu Birgstadt die Grundherrschaft zu Kempten ab und im Mai 1546 überliess der Erzbischof Sebastian von Mainz ihm auch die Vogtei[3]), so dass das Domkapitel nunmehr alle Rechte dort hatte und sie durch seinen Amtmann in Bingen ausüben liess.

Die erste Erwähnung von Weiler[4]) geschieht in der Schenkung der Hacecha an das Binger Martinsstift 1028, die auf dem Volksding (zu Bingen) geschehen ist[5]). Hazecha schenkte auch 1032 Güter zu Wilre, Haspinesheim, Holzhuson, Alginesheim, Munzindale und Camuntis (Weiler, Aspisheim, Wüstung Holzhausen bei Wald-Algesheim, Wüstung Münztal bei Weiler, Kempten)[6]). 1124 war ein Streit um diese Güter zwischen dem Stift Bingen und dem Stift Disibodenberg zu schlichten[7]). Nach der Güterbestätigung für Disibodenberg 1128 besass diese Abtei aus der Schenkung der

---

1) Weidenbach 385.
2) v. d. Nahmer, Rhein. Provinzialrecht III 412.
3) K. J. Brilmayer, Geschichte d. Stadt Gau-Algesheim, 1883. — Urkunden im KrAWürzburg (Repertorium über die Kur-Mainzischen Originalurkunden, Weltl. Schrank, Lade 46, Nr. 31). Repertorium VII (Ingrossaturbuch 45, 49). Domkapitel Rep. III B 34$^1/_2$ (K 13). — Scriba, Regesten, Rheinhessen 4136, 4150, 4650.
4) J. Wagner, Kreis Kreuznach 34 ff.
5) Weidenbach, Regesta Bingiensia Nr. 43.
6) MRR. I 1243.
7) Ebd. II S. 599, Nr. 2159.

Berta und ihres Sohnes Engelbold einen Hof zu Weiler mit einer Kapelle[1]). Weiler scheint zur Stadt Bingen gehört zu haben, wenigstens kommen 1235 Heinrich und Konrad von Wilre als Binger Bürger vor[2]). Jedenfalls gehörte es, wie Münzthal, Holzhausen und Waldalgesheim, zum Binger Kirchspiel[3]). Das Binger Schöffengericht beurkundete 1250 die Erklärung des Ritters Burckhard von Drechdinshusen, dass ein Zins aus dem beim Hofe des Klosters Rupertsberg gelegenen Wingert zu Wilre künftig aus einem vor dem Gauburgtor gelegenen sollte entrichtet werden, da er diesen für jenen vom Kloster in Tausch erhalten habe[4]). Am 6. Dez. 1522 wurde durch Konrad von Liebenstein, Mainzer Domherrn und Amtmann zu Bingen, ein Vergleich zwischen Adelheid von Ottenstein, Aebtissin, und dem Konvent auf St. Ruprichtsberg einer- und den Bürgermeistern, Geschwornen und der ganzen Gemeinde zu Weiller uf der Mögen (1772 heisst der Ort Weiler auf der Mühe bei Bingen), andererseits wegen der Viehweide, Holzfuhren nach dem Schiff zu Bingen und anderer auf der Gemeinde lastender Servitute vermittelt[5]).

Heimbach wird zuerst in der Urkunde des Kaisers Otto II. über die Uebertragung des Bannes zu Bingen an Erzbischof Willigis als Grenzpunkt der Ausdehnung des Bannbezirks genannt. 1092 übertrug Erzbischof Ruthard dem Domstift (St. Martin) in Mainz die Vogteien zu Heinbach, Findene, Ulmene, Badenheim und Ebernsheim, sowie Gefälle zu Bingen und einen Hof zu Bleiniche im Nahegau; am 14. Juni 1108 wiederholte der Erzbischof diese Schenkung[6]). Am 6. August 1219 verzichtete der Wildgraf Konrad vor dem Mainzer Dom in Gegenwart des Erzbischofs Sifrid von Mainz auf seine prätendierten Rechte auf die Vogtei zu Heim-

---

1) MRR. I 1760.
2) Ebd. II 2147.
3) Weidenbach, Regesta Bingiensia Nr. 67.
4) MRR. III 831.
5) StAKoblenz, Kurfürstentum Mainz, Kloster Rupertsberg und Dorf Weiler, zwei Originale. Ich muss hier noch darauf aufmerksam machen, dass die bei J. Wagner, Kreis Kreuznach, aus den Papieren Schotts wiedergegebene Erörterungen über Heimoniswilre (S. 40), Acheim (S. 45) und Kantrich-Canthey (S. 108) auf einer falschen Auslegung von Codex Laureshamensis III S. 182, Nr. 3657, beruhen, wo unter Orten, die im Breisgau (also bei Freiburg am Schwarzwald) liegen sollen, auch ein Bingen, Heidresheim, Heimonis Wilre, Cantero und Acheim genannt werden. Schott hat nur den ersten Absatz über Bocheim zur Ueberschrift „de pago Brisachgowe" bezogen. Dass es sich auch bei den andern Namen um Orte des Breisgaues handelt, ergibt sich aus dem Vergleich mit Cod. Laur. II S. 530, Nr. 2639 (Bihinger Mark im Breisgau); II 538, 2668 und II, 529, 2628. Es sind nach A. Krieger, Topographisches Wörterbuch des Grossherzogtums Baden 2 A. die jetzigen Orte Bingen (Staufen), Wüstung Heimenhausen? (Freiburg), Heitersheim (Staufen), Kandern (Lörrach), Wüstung Achheim bei Getzhausen (Breisach).
6) Scriba, Regesten, Rheinhessen 996 und 1012. de Gudenus, Cod. Dipl. I 386 u. 388.

bach, wegen deren er auf die Klage des Mainzer Domstifts durch den Erzbischof mit der Exkommunikation und sein Land mit dem Interdikt belegt worden war [1]). Dieses Heimbach ist Oberheimbach, wo später der Dompropst allein die Herrschaft hatte. Im März 1234 überliess der Dompropst Gerbodo von Mainz dem Domkapitel zur Verbesserung der Pfründen bona in Heienbach que longis temporibus a prepositura nostra distracta, pecunia nostra revocavimus a [Theoderico] milite eiusdem loci [2]). 1268 genehmigte der Wildgraf Konrad die Schenkung der Güter des Berwich in Heimbach an das Kloster Otterberg [3]) Am 19. Januar 1275 verglich sich der Mainzer Domprobst Sifrid mit den Klöstern Eberbach, Otterberg und Aulhausen, welche Güter in seinem Dorf Oberheimbach hatten, wegen der ihm als Herrn und Vogt daselbst schuldigen Dienste. Also war die Stelle eines Vogtes nach Wildgraf Konrad nicht wieder besetzt, sondern mit der des Grundherrn vereinigt worden [4]). Der Dompropst liess seine Dörfer als besonderes Amt verwalten; 1490 entband der seitherige Dompropsteiverweser Berthold, nunmehr Erzbischof von Mainz, die Einwohner der Dörfer Oberheimbach, Finthen, Gunzheim (Gonzenheim) und Eddernheim (Heddernheim) von allen Verpflichtungen gegen ihn, vorbehaltlich der Reise und Folge, die sie ihm als Erzbischof von Mainz leisten mussten [5]).

Ein Weistum aus dem 15. Jhdt. über die Rechte und Gewohnheiten, die ein Dompropst von Mainz zu Oberheymbach hatte, beginnt: „Ctzum ersten were, wer von Gots gnaden eyn herre zu Heymbach ist, den wiset [man] herre ubir hals und heubt, als ferre als der scheffen wyset". Der Einritt zu den drei ungebotenen Dingen erfolgte mit zwölf Mannen und dreizehnthalbem Pferde, und die Gemeinde soll ihm tun, was sie vermag mit der Kost vom Abend bis zum andern Mittag, und das Gericht soll diese Kost mit dem Herrn zusammen haben. Wenn ein Gespänn wäre zwischen dem Herrn und der Gemeinde, soll nur in Gegenwart des Herrn Recht darüber gesprochen werden, wenn der Dompropst selbst verhindert ist, so soll der oberste Kellner zum Dom zugegen sein und ihn vertreten. Wer hier ein Amtmann wird, soll schwören, das Gericht nur in Oberheimbach an der Gerichtsstätte zu halten und nit furter zu fahren dann als der Schöffen weiset, als recht ist. Es folgen genaue Bestimmungen über die grundherrlichen Abgaben und die Bebauung der Weingärten. „Item wyset man, wanne is noit were, das eyn buddel nit enwere, so sollent die scheffen eynen kyesen und unser herre yne lonen, und sal yme geben in dem huntschen hirbst ein huntsches fuder wyns, wan die kelter eyns czugegangen ist und eyn ame wyns von dem wingarten an dem Ryche gelegen an dem Hanborn und eynen rocke, die ele (zu)

---

1) MRR. II 1427.

2) AllgRAMünchen, Mainzer Domkapitel 259, 57. Scriba, Regesten, Rheinhessen 1369. Joannes, Rerum M. II 273. W. Wagner, Geistl. Stifte II 384 (beide Originalurkunden in München, Allg. Reichsarchiv, Mainzer Urkunden (Repert. D 7 fol. 514 v. 56 u. 57).

3) MRR. III 2345.

4) MRR. IV 146.

5) KrAWürzburg, Mainzer Repertorium VII. Stifter und Klöster S. 41, Nr. 486.

18 Pfenning“. Auch die Schützen erhielten ein Ohm fränkischen Wein
und, wenn man das Dritteil liest, einen Imbiss im Hof¹).

Aus Verhandlungen zwischen den Gemeinden Niederheimbach
und Trechtingshausen einer- und den Bürgern und Einwohnern des
Nidderndorfs zu Obernheymbach andererseits (1496 Sept. 12) wegen
des Unterkaufs geht hervor, dass dieses Niederdorf von Oberheim-
bach zu Niederheimbach und zur Herrschaft des Domkapitels und
Liebfrauenstifts, nicht zu der des Dompropsts gehörte²).

Das Kloster Kornelimünster an der Inde bei Aachen, hatte
schon früh Güter zu Niederheimbach und Trechtingshausen. 1135
schenkte Volburgis mit Genehmigung ihres Ehemanns Godebold
ihren Wingert „Gere“ zu Drotenshusen diesem Kloster, nachdem
dasselbe den Vogt und die Verwandten mit ihren etwaigen An-
sprüchen durch Geld abgefunden hatte, in Gegenwart des Abts
Anno, des Vogts Walbert und sechs anderer Zeugen nebst der
ganzen Familie des Hofes Drotenshusen³). Es war also ein Fron-
hof mit Hofgeding und Vogt an dem Ort. Diese Vogtei war nur
eine Untervogtei; die Obervogtei hing mit dem Besitz der Burg
Reichenstein zusammen. Diese war 1217 noch Eigentum des Kö-
nigs, aber dem Rheingrafen Wolfram verpfändet, nachdem der
Vogt Gerhard von Bingen, der zugleich auch Untervogt des Klo-
sters Kornelimünster auf der Burg Reichenstein war, 1213 seines
Amtes entsetzt worden war, da er sich Bedrückungen hatte zu schul-
den kommen lassen⁴). Am 17. April 1217 versprach der Kaiser Fried-
rich II., sie dem Philipp von Bolanden zurückzustellen, sobald er
sie von dem Rheingrafen eingelöst haben würde, was in der Woche
nach Pfingsten geschehen sollte⁵). Da 1241 Philipp von Hohen-
fels die Burg Reichenstein innehatte, so ist auch jener Philipp von
Bolanden für den Hohenfelser (Bruder oder Grossneffe? Werners II.
von Bolanden) zu halten⁶). Am 6. Okt. 1245 übergaben der Abt
Albert, der Dekan Thomas und das ganze Kapitel der ecclesia sti.
Cornelii Indensis, die einen grossen Verlust und Schaden an den
Besitzungen ihrer Kirche zu Drechtingeshusen·und Heimbach zu
erdulden hatten, den Erzbischöfen S. von Mainz und C. von Köln
die Hälfte des Kastrums Richenstein und der Dörfer Drechtinges-

---

1) StAKoblenz, Erzstift Mainz, Urkunden des Domkapitels Nr. 53.
2) Ebd. Dörfer Ober- und Niederheimbach Nr. 19. Schon 1268 fand
eine Aufgabe von Gütern zu Oberheimbach vor dem Gericht zu Trech-
tingshausen statt. MRR. III 2344.
3) MRR. I 1668.
4) Weidenbach, Regesta Bingiensia Nr. 112.
5) MRR. 2, 1318.
6) MRR. 3, 233. Der Rheingraf Embricho verzichtete vor Philipp
von Hohenfels und dem Abt von Eberbach auf die Vasallenschaft eines
Hohenfelsischen Burgmannes von Richenstein, den er mit Wingerten be-
lehnt hatte, die er nicht recht vergeben konnte, da sie dem Kloster
Eberbach und andern gehörte. Er hatte diesen Vasallen wohl noch aus
dem Nachlass des Rheingrafen Wolfram überkommen.

husen und Heimbach, damit sie zusammen mit ihnen in diesen
Dörfern die Herrschaft führen und ihre Besitzungen daselbst in
Schutz nehmen sollten, die Zurno und Philipp von Hohenvels und
ihre Komplizen okkupiert hatten, vorbehaltlich des Patronatsrechtes
über die Kirche in Drechtingeshausen und ihrer Grundherrschaft
daselbst, Leute, Zehnte, Wälder und Liegenschaften [1]). Philipp II.
von Hohenfels gestattete am 27. Januar 1248, dass dem Kloster
Otterberg in seinem Bezirk (in nostro districtu) bei Drechtinges-
husen und Heymbach Güter geschenkt, verkauft oder vermacht
werden dürften [2]). In einer Urkunde von 1257 wird ein Dudo,
Sohn Herrn Embrichos, Vogts von Drechtingeshusen, erwähnt [3]).
Im Mai 1261 vertauschten Philipp von Hohinvels und seine Söhne
Philipp und Thiderich auf dem Schlosse Reichenstein einen Win-
gert in der Ersbach an das Kloster Eberbach gegen dessen
Hof in Tredingeshusen, welcher früher dem Kloster Aulhausen ge-
hörte. Als Zeugen waren dabei die Burgmänner auf Reichen-
stein, Holtebra, Dudo und Morhard, und der Hohenfelser Vogt von
Tredingeshusen zugegen [4]). Am 3. Oktober 1267 beurkundeten Phi-
lipp von Hohenvels und das Gericht von Tredigeshusen die Schen-
kung eines Wingerts „Liebenhelden" in der Ersbach in seiner Ge-
richtsbarkeit von Tredigeshusen, wobei Crafto der Schultheiss,
Heinrich der Hohenfelser Vogt, die Schöffen und die ganze Ge-
meinde zugegen waren [5]). Vigilia Martini 1267 wurden in Trech-
tingshausen Verträge zwischen dem Edelherrn Philipp von Hohen-
fels und dem Abt und Konvent von Kornelimünster ausgewechselt,
worin Philipp versprach, die Güter der Abtei in den Dörfern Drcht-
dingishusen und Heimbach nicht zu beschweren, sondern zu be-
schützen, entgegengesetzten Falls jedoch dem Kloster freies Ver-
fügungsrecht darüber zu lassen; dagegen versprach die Abtei, diese
Güter nicht zu veräussern, so lange sie nicht ungebührlich bedrückt
würden [6]).

Schon damals scheint die Abtei diese entfernten Besitzungen
als lästig und unrentabel empfunden zu haben und der Vertrag
mit Philipp von Hohenfels konnte den Verkauf der Güter nur auf
drei Jahre hinausschieben. Am 6. Sept. 1270 verkaufte der er-
wählte und bestätigte Abt, der Kantor und der Kellner des Klo-
sters Kornelimünster als Bevollmächtigte des Dechants und Kon-
vents ihres Klosters, dessen sämtliche Besitzungen in den Dörfern
Drethingishusen, Ober- und Nieder-Heymbach, Wilre und in der
Burg Richenstein um 1423 köln. Mark an die Dechanten und Kapitel

1) Reichsarchiv München, Domkapitel zu Mainz, Urk., Fasc. 261, Nr. 1.
2) MRR. III 597. — Frey und Remling, Urkundenbuch des Klosters
Otterberg Nr. 83.
3) MRR. 3, 1446.
4) Ebd. 3, 1695.
5) Ebd. 3, 2304. — Rossel, Eberbacher Urkundenbuch 2, 177.
6) MRR. 3, 2311.

des Mainzer Dom- und Mariengradenstifts unter Mitbesiegelung des
Erzbischofs von Mainz, der dabei anwesend war [1]. Sie übergaben
eine Aufzeichnung über die auf dem verkauften Besitz ruhenden
Lasten: „videlicet magistro Ernfrido duas caratas, magistro Gysel-
berto sex, Jacobo Camerarij duas, Waltero unam, et magistro Cun-
rado duas franci vini, sancti Petri et sancte Marie canonicis Ma-
guntinis ad tempora vite sue; item nomine feudi dapiferis de Alzeya
duas caratas, et duobus militibus apud Drechtingesbusen duas. De
hijs quatuor caratis erit hunica carata úna".

Am 11. Mai 1271 erteilte Philipp von Hohenfels seine Ein-
willigung als Vogtherr zu diesem Verkauf, und am 25. Jan. 1272
trat der Erzbischof von Mainz seinen Anteil an Trechtingshausen
an das Domkapitel ab, was 1274 und 1275 wiederholt wurde, wo-
bei der Erzbischof auch $1/_3$ des Kaufpreises zu zahlen übernahm [2].

Nach dem Tode Philipps von Hohenfels fiel die Herrschaft
Reichenstein an Dietrich (Tilmann) von Hohenfels, der am 6. März
1290 den Burgberg zu Reichenstein mit sechs Burgmannen, und
die Vogtei zu Trechtingshausen, Ober- und Niederheimbach um
1050 Pfund an Pfalzgraf Ludwig, Herzog in Bayern, verkaufte [3].
Diesem versprach Herzog Albrecht von Oesterreich für den Fall,
dass er zum römischen König gewählt werde, am 25. März 1292,

---

1) MMR. 3, 2533. 2534. 2563 (nachträgl. Einwilligung eines der Mönche
von Kornelimünster). — Originalurkunden in den Staatsarchiven von Kob-
lenz und München (Reichsarchiv): 1. der Konvent des Klosters Korneli-
münster erteilt dem Abt und Cellerarius Vollmacht zum Verkauf von
Reichenstein, Trechtingshausen (Dreytinshusen) und Heimbach, 1270 Juli 7.
München, Mainz, Nachträge 188, 36; 2. die Verkaufsurkunden vom 6, 7.
u. 9. Sept. München, Mainzer Domkapitel, Fasc. 277, 3, 5 u. 6; 3. Quittung
über 100 köln. Mark; 4. Spezifikation über die Lasten: München 277, 4
und Koblenz; 5. Entlassung der Einwohner aus der Verpflichtung gegen
die Abtei.

2) Urkunden im Reichsarchiv München (Repertorium D 7 fol. 539,
Nr. 8—12). — Ratifikationen durch Dechant und Konvent von Korneli-
münster, 24. Sept. 1270, und durch Philippus senior de Hoenvels (dominium
proprietatem, iurisdictionem, homines, vasallos et homines infeodatos ab
eis, castra Richenstein et Sanecke, villas Drechtingishusen, Heimbach in-
ferius et superius), womit auch das Bekenntnis verbunden ist, dass er
die beiden Burgen und die Vogtei, die er früher von der Abtei Korneli-
münster und sein Vater vom Abt Florentius zu Lehen getragen hatte,
nun vom Erzbischof Wernher und den beiden Mainzer Stiftern empfangen
habe, 26. April 1271 (ebd. 277, 7 und 278, 8). — Der Erzbischof Wernher
von Mainz hatte sich an dem Kauf mit einem Dritteil beteiligt und sollte
500 Mark zahlen. Da er aber diese Summe nicht bar bereit hatte, wies
er die Stifter an die Judenschaft des Erzstifts. 1272 vermachte er diesen
Anteil dem Domkapitel (279, 9). 1274 wurde bestimmt, dass, wenn der
Erzbischof vor dem zweiten Termin sterben sollte, die schon empfangenen
100 Mark zu seinem Anniversar verwendet werden sollten. Unter den
weiteren Bestimmungen auch die, dass der Wein aus der gekauften Herr-
schaft nach Bingen gebracht und dort verteilt werden soll (280, 10. —
Mainzer Nachträge 188, 39). Am 10. Oktober 1275 übergab er seinen An-
teil (280, 11).

3) MRR. 4, 1743.

unter anderm die Anerkennung seiner Rechte auf die vom Reiche zu Lehen rührende Burg Reichenstein [1]). Eine Verpfändung der Burg an den Grafen Eberhard von Katzenelnbogen durch König Adolf von Nassau ist am 24. Dez. 1297 [2]) erfolgt, konnte aber Ludwig den Bayern nicht aus dem Besitz drängen, denn dieser entliess am 26. Juni 1317 die Untertanen zu Trechtingshausen, Gross- und Kleinheimbach ihres Eides gegen ihn und verwies sie an den Kurfürsten Peter von Mainz [3]).

So wäre die Herrschaft der Pfälzer Kurfürsten hiermit beendet gewesen, wenn sich nicht am 22. Juli 1311 zu Frankfurt der Pfalzgraf Rudolf durch den Abt Reinhard von Kornelimünster mit der Burg Reichenstein und der Vogtei zu Drechtingshusen und Heimbach und mit allen Rechten, die zu jenem Kloster gehörten, welche früher Philipp der Aeltere von Hoenvels und sein Sohn Tilman (so anstatt Dietrich) von dem Kloster zu Lehen getragen, und die auf den Pfalzgrafen und seine Erben käuflich übergegangen seien, belehnen hätte lassen [4]). Diese eigentlich nicht rechtmässige Belehnung, die wohl ohne das notwendige Urkundenmaterial zustande gekommen ist, da ja sonst der Verkauf von 1270 an den Tag gekommen wäre (dass also die Abtei gar nicht mehr in der Lage und berechtigt war, über das Benefizium zu verfügen) — diese Belehnung wurde nun neben andern Streitpunkten [5]) Ursache zu einer Fehde zwischen Kurpfalz und Kurmainz. Der Pfalzgraf Rudolf wurde aus dem Besitz der Vogtei verdrängt, die Heimburg gegen ihn erbaut (Baurechnungen des Ritters Simon von Rüdesheim 1326/7) [6]), auch die Burgen Saneck und Fürsteneck wurden damals wieder in Benutzung genommen. In dem Bayerisch-Pfälzischen Hausvertrag von Pavia vom 4. Aug. 1329 zwischen Kaiser Ludwig dem Bayer für sich und seine Söhne Ludwig, Markgraf von Brandenburg und Stephan, Herzog von Bayern einer-, und den Pfalzgrafen Rudolf, Ruprecht dem Aelteren und Ruprecht dem Jüngeren andererseits, werden Heimbach, Trechtershusen und

---

1) MRR. 4, 1990.

2) Ebd. 4, 2696.

3) Kreisarchiv Würzburg, Urkunden des Mainzer Domkapitels, Repert. III T 13. Schon bei Verhandlungen im Dezember 1313 hatten die Unterhändler Ludwigs und seines Bruders, des Pfalzgrafen Rudolf, dem Kurfürsten Peter die Abtretung oder Schleifung der Burg Reichenstein in Aussicht gestellt, wenn er seine Stimme bei der Wahl einem von ihnen geben würde (Bericht der Unterhändler an Kurfürst Peter). J. P. Schunck, Cod. dipl., Mogontiae 1797, S. 191; vgl. J. Heidemann, Peter von Aspelt. Berlin 1875. S. 207 f.

4) Regesten der Pfalzgrafen I 1213.

5) Kampf um den Lorscher Territorialbesitz, Heppenheim, Starkenburg, Weinheim, Lindenfels usw.

6) Kreisarchiv Würzburg, Urkundenrepertorium des Mainzer Domkapitels III 60. — Weidenbach, Regesta Bingiensia 268 (Anweisung an den Zöllner zu Ehrenfels wegen Beschaffung von Ausrüstungsgegenständen, Pfeilen, Wurfmaschinen, Holz für die Heimburg, Januar 1340).

Richenstein als Bestandteile der Pfalz erwähnt [1]). Indessen waren die Dörfer im Jahre 1341 im Besitz des Dom- und Liebfrauenstifts zu Mainz, wie aus einer Urkunde vom 3. Mai hervorgeht, worin der Domdechant Johann und die Ritter Conrad von Rudinsheim und Gotfrid Stahel von Bygin in Irrungen zwischen den Gemeinden Drechtingishusen und Nydernheimbach, die obwendig der Bach gesessen sind, im Gericht des Domkapitels und des Stifts Unser Frauen zu den Graden zu Mainz und den Einwohnern von Nydernheymbach, die gesessen sind unterhalb der Bach, im Tryrer Bistum, im Gericht der beiden Ruprechte, Herzogen in Bayern, Pfalzgrafen (im Amt Bacharach), um den Trechtingshäuser Wald und die Weidenutzungen darin einen Schiedsspruch taten [2]).

Am 29. Mai 1344 traten Pfälzische und Mainzer Unterhändler in Bingen zu Friedensverhandlungen zusammen. Seitens Kurpfalz wurden nochmals Rechte auf Reichenstein geltend gemacht und nachgewiesen, und daraus die Wiedereinsetzung in den Besitz der Vogtei Trechtlingshusen und Heimbach verlangt. Auch sollte die Heimburg niedergerissen werden. Die Vertreter des Kurfürsten von Mainz verlangten dagegen Anerkennung ihrer Ansprüche auf die genannte Vogtei und Auslieferung der Burg Reichenstein oder deren Schleifung [3]). Sie haben ihre Ansprüche durchgesetzt, denn am 16. Juli 1344 gebot Konrad von Rüdesheim, Vizedom im Rheingau, den beiden Pfalzgrafen im Namen des Kurfürsten von Mainz die Niederreissung des Schlosses, auf welches die Pfalzgrafen am 21. Juli Verzicht leisteten [4]).

Zehn Jahre später, am 3. Januar 1354, schlichtete König Karl IV. Streitigkeiten zwischen dem Erzbischof Gerlach von Mainz und dem bisherigen Stiftsverweser Kuno von Falkenstein, der sich geweigert hatte, das Land dem neuen Kurfürsten einzuräumen [5]). Der Erzbischof soll den Stiftsverweser mit 40000 Gulden abfinden, bis zu deren Zahlung er ihm die Burg Klopp, die Stadt Bingen, die Burgen Ehrenfels, Reichenstein, Fürsteneck und Heimburg mit den Burgmannen, den Zoll zu Ehrenfels, alle Dörfer von Bingen bis Niederheimbach, und vom Lonenstein oberhalb Ehrenfels bis Lorchhausen verpfändet. Wenn diese Sühne besiegelt und beschworen und Kuno in seine Pfandschaften eingesetzt ist, soll er dem Erzbischof alle Vesten und Schlösser, Land und Leute des Erzstifts übergeben, mit Ausnahme von Fautzberg, welches ihm auf Lebenszeit überlassen bleibt. In dieser Urkunde werden fast alle Burgen genannt, die damals auf dem Gebiet von Trechtingshausen und Heimbach standen. Es fehlt noch Saneck oder Soon-

------

1) Regesten der Pfalzgrafen I 2038.
2) Ebd. I 2482. — Kreisarchiv Würzburg, Neuregistrierte Urkunden des Mainzer Domkapitels (Zettelkatalog).
3) Regesten der Pfalzgrafen I 2509, 2510.
4) Ebd. I 2518—2520.
5) Gudenus, Cod. dipl. 3, 365. — Weidenbach, Reg. Bingiensia 298.

eck. Von diesen Burgen ist Reichenstein sicher die älteste. Den
bereits oben mitgeteilten Nachrichten ist hier noch nachzutragen,
dass die Burgmannen auf Reichenstein sich öfter arge Räubereien
zuschulden kommen liessen, so dass im Jahre 1254 ein Heer von
den verbündeten Städten gegen sie ausgeschickt wurde und sie
eroberte, und 1282 König Rudolf von Habsburg sie und die Burg
Sooneck brechen und die Raubritter unschädlich machen musste [1]).
Daher der Ausdruck „Burgberg Reichenstein" in der Urkunde von
1290. König Rudolf beurkundete am 1. Juni 1290 in Erfurt den
vor ihm ergangenen Rechtsspruch, dass Burgen, die infolge eines
Rechtsspruches zerstört wurden, wie namentlich Saneck und Reichen-
stein, nicht wieder aufgebaut werden durften [2]). Wie Reichenstein [3])
findet sich im 14. Jhdt. Sooneck wieder als Burg: am 19. April
1346 bekennt Johann von Waldecke Ritter, Marschall des Stiftes
von Mainz, vom Erzbischof Heinrich und den Prälaten des Mainzer
Domkapitels das Haus Sanecke empfangen zu haben, das dem-
selben Stift zugehört und gelegen ist zwischen Heimbach und
Trechtingshausen. Er sollte das Haus bauen, behüten und be-
wachen als Offenhaus des Erzstifts und Domkapitels. Es hat
Wasser und Weide und Beholzigung zu Brennholz. Wenn ein an-
derer Anspruch darauf erhebt, soll der Erzbischof und das Dom-
kapitel den Marschall dagegen schützen. Nach dem Tode Johann
Marschalls soll das Haus an vier seiner Erben übergehen. Die In-
haber der Burg durften die Einwohner von Heimbach und Trechtings-
hausen nicht drängen oder Dienste von ihnen fordern und umge-
kehrt [5]). Am 22. April wurde auch das Mariengradenstift als Teil-
haber der Herrschaft Trechtingshausen und Niederheimbach in den
Vertrag aufgenommen, und Johann von Waldeck versprach, wenn
das Domkapitel sich mit dem Stift darüber verständigen würde,
dass die Burg Saneck beiden Kapiteln zu öffnen sei, dies aner-
kennen zu wollen. Das Liebfrauenstift sollte ihm eine Urkunde
darüber ausstellen, wie das Domkapitel und der Erzbischof getan
hatten.

Aber noch war die Burg seit 1282 zerstört und der Spruch
des königlichen Gerichts von 1290 in Geltung. Erst 1349 wurde
von Kaiser Karl IV. dem Johann von Waldeck, Marschall von
Lorch, und seinen Erben erlaubt, „dass sie das Haus, Saneck ge-
nannt, das etwan von des Reichs wegen gebrochen ist, wieder
bauen sollen und mögen, und es mit Gräben, Mauern und Türmen

---

1) Vgl. S. 280 Anm. 5.
2) Trithem. Chron. Hirsaug. I 592. — Rhein. Antiquarius II 9, S. 136.
3) MRR. 4, 1779.
4) Schon 1313 (vielleicht schon 1292) muss Reichenstein wieder auf-
gebaut gewesen sein: s. oben die S. 279 Anm. 3 zitierte Relation an den
Mainzer Kurfürsten Peter von Aspelt.
5) Kreisarchiv Würzburg, Liber registri V 64 v., 56. Weiter die Aus-
führungen über Sooneck im Rhein. Antiquarius II 9, S. 129—135.

versehen.“ Im folgenden Jahre schon konnte Johann Marschall einen Burgmann und Hüter für das Haus Saneck bestallen, 1355 vereinbarten seine Söhne Johann Marschalk, Emmerich Rost und Johann von Saneck, Gebrüder von Waldeck, den Bau der zwei Ringmauern zu Saneck auf gemeinsame Kosten bis Martini 1356 zu vollenden. Seit 1449 war auch die Familie von Breidbach (Gerlach von Breidbach war Schwiegersohn des Johann Saneck von Waldeck) beteiligt, was zuerst bestritten, 1483 aber anerkannt wurde. Die von Waldeck, genannt Saneck, wurden von den Marschalk von Waldeck zu Iben beerbt, die 1555 ausstarben, worauf die von Breidbach zu Bürresheim allein mit der Burg belehnt wurden. Die verfallende Burg Sooneck soll 1686 im Orleanischen Krieg durch die Franzosen vollends zerstört worden sein.

Die Burg Fürsteneck wurde durch Erzbischof Gerhard 1295 gegründet, der für den Bauplatz über dem Dorf Heimbach dem Kloster Aulhausen einen Wald abtrat [1]). Sie war mit Burgmannen besetzt, unter denen namentlich die Namen der Lorcher Ritterfamilien sich finden. Nach 1354 wird sie nicht mehr in Urkunden erwähnt.

Erbauer der Burg Faitzberg [2]) (seit dem Wiederaufbau durch den Prinzen Friedrich von Preussen 1825—9 Rheinstein genannt) ist wohl Erzbischof Peter von Aspelt, 1306—1320. Sein Nachfolger, Matthias von Bucheck, schenkte sie 1323 dem Mainzer Domkapitel [2]). 1370 10. Juli schloss der Rheingraf Konrad vom Stein einen Dienstvertrag mit dem Erzbischof Gerlach: Der Rheingraf soll dem Erzbischof für 1200 Gulden dienen und die Veste Voytsberg wieder an das Erzstift ausliefern, samt allem Inventar und mit dem Archiv; wegen der Geschichte, wie der Rheingraf das Schloss gewonnen hatte, und wegen des Schadens, den er von seiten des Erzstifts während der Besetzung erlitten hatte, sollen die beiderseitigen Ansprüche nicht weiter verfolgt werden [3]). Offenbar hatte sich der Rheingraf wegen irgend einer Forderung gewaltsam in den Besitz der Burg gesetzt, und hatte, von Truppen des Erzbischofs belagert, unter den angegebenen Bedingungen kapitulieren müssen. Nach dem Tode Kunos von Falkenstein fiel sie an das Erzstift zurück (1388) und wurde nun an verschiedene Domherren verliehen, die als kurfürstliche Räte damit belohnt werden sollten. Seit 1585 war die Burg Faitzberg im Besitz Antons von Wiltberg, Domkustos zu Mainz, Propst zu Worms, Erfurt und Bingen, Statthalter auf dem Eichsfeld, der erwirkte, dass sie 1594 an seinen Bruderssohn, Anton von Wiltberg, überging und Mannlehen des Erzstifts wurde. 1779 kaufte der Geheimrat Freiherr Matthias von Eyss Faitzberg und den Lendershof von Franz Georg von Wiltberg.

---

1) MRR. 4, 2455. — Rhein. Antiquarius II 9, S. 82.
2) Rhein. Antiquarius II 9, S. 256 f. 296 f. 304—306.
3) Diplomata Rhingravica 3, 170.

Der Lendershof[1]) im Binger Wald ist aus einer Einsiedelei hervorgegangen, um welche sich nach dem Tode des Eremiten Rudhard die Mönche von Eberbach und die Bürger von Bingen stritten. 1134 erklärte Erzbischof Albert von Mainz, dass die Bürger von Bingen die auf ihrem Bann gelegene Kapelle an dem Orte, der Nenthres heisst, dem Kloster Eberbach überlassen hätten. Also damals bereits gehörte der „Binger Wald" der Stadt Bingen. Das Kloster legte einen Hof an, der dann in den Urkunden von 1162, 1163, 1178, 1205 und 1238 neben den Höfen zu Heddensheim (Breitenfahs, jetzt Breitenfels bei Heddesheim), Dadenbure und Heienbach in päpstlichen Bestätigungen vorkommt. Später ist auf dem Hof ein Kloster St. Leonhard, angeblich von Leonhardsherren, entstanden, das zur Reformationszeit verlassen wurde. Von da ab war das Gut (nach Angabe des Freiherrn von Eyss 78 Morgen 1 Ruthe Ackerland, 12 Morgen 3 Viertel 28 Ruthen Wiesen, 1 Viertel 28 Ruthen Garten, 55 Morgen 5 Ruthen Wald) mit dem Faitzberger Gut vereinigt. Nach dem Vademecum des Herrn von Eyss hatte er in dem Distrikt um die Burg und in dem um den Lendershof, der mit Steinen ringsum abgemarkt war, die Territorialhoheit in ihrem ganzen Umfang; bei der Burg und dem Hof Faitzberg lagen 5 Morgen 2 Viertel 8 Ruthen alter und 8 Morgen 2 Viertel 8 Ruthen neuer Weinberg, der noch auf 10 Morgen vergrössert werden sollte, beim Hofraum 1 Viertel 7 Ruthen Garten, 41 Morgen 1 Viertel 2 Ruthen Ackerland, 3 Morgen 2 Viertel 2 Ruthen Wiesen und 27 Morgen 2 Viertel 26 Ruthen Hofwald (verpachtet), ebensoviel Hochwald, 58 Morgen 39 Ruthen Hecken und Schälwald.

Das Gut war in die Matrikel der Niederrheinischen Reichsritterschaft aufgenommen.

Die Heimburg blieb im Besitz des Domkapitels bis zu ihrer Zerstörung 1686. 1438 wurde Konrad von Lamersheim Landschreiber im Rheingau, als Amtmann auf der Heimburg eingesetzt[2]).

Bingen, Burg Klopp, Kempten (Kreis Bingen, N 20); Weiler, Rupertsberg, Bingerbrück, Lendershof (Kr. Kreuznach, N 20); Faitzberg (Rheinstein, Kr. St. Goar, N 20); Trechtingshausen, Burg Reichenstein (Falkenburg, Kr. St. Goar, N 19); Ober- und Nieder-Heimbach, Burgen Sooneck, Fürsteneck, Heimburg (Kr. St. Goar, M 19).

2. Amt Gau-Algesheim.

K. J. Brilmayer, Geschichte der Stadt Gau-Algesheim. Mainz 1883.

Mit dem Bann über Bingen ist auch Gau-Algesheim (Kr. Bingen, O 20) durch die Urkunde Ottos II. von 983 dem Erzbischof Willigis ver-

---

1) J. Wagner, Urkundliche Geschichte des Kreises Kreuznach 45 f. — Rossel, Urkundenbuch der Abtei Eberbach. Wiesbaden 1862. I S. 14, 43, 61, 186. Ein Godescalcus de Nentres kommt 1226 vor. — MRR. II 1760 f. — Rhein. Antiquarius II 9, S. 318 f. 356.
2) Rhein. Antiquarius II 9, S. 81 f.

liehen worden. Dort zu Alagastesheim im Wormsgau wurden zwischen 766 und 777 mehrere Güter an die Abtei Lorsch geschenkt [1]. 1109 schenkte der Graf Richolf im Rheingau 3 Mansus in Algensheim in pago „Gaucgia" dem Kloster Bischofsberg oder Johannisberg im Rheingau [2]. Die Gegend zwischen Mainz und Bingen bis Alzey wurde also schon damals einfach als „Gau" bezeichnet. Bei der Bestätigung des Bischofsberger Besitzes durch Erzbischof Adalbert, 16. Okt. 1112, gehörte Algesheim bereits zum Nahegau [3], und 1133 lag es in pago Nachgowe in comitatu Emichonis comitis [4]. 1200 wurde Algesheim mit vielen andern Dörfern zur Stellung von Mannschaft für die Mainzer Stadtmauern aufgeboten [5]. Am 2. April 1209 verlieh Erzbischof Siegfried dem Kloster Jakobsberg Steuer- und Schatzungsfreiheit für seine Güter in Lorch und Algesheim [6]. Damit ist die Hoheit des Erzstifts Mainz über den Ort für diese Zeit erwiesen. Am 23. August 1332 erteilte Kaiser Ludwig der Bayer dem Ort Algensheim sub patrocinio sedis Moguntinae das Stadtrecht von Frankfurt. 1355 Febr. 11 wurde diese Verleihung von Karl IV. wiederholt und dem Erzbischof die Befestigung des Platzes gestattet [7].

Wie Bingen und die andern Mainzer Besitzungen an der Nahe unterstand auch Algesheim dem Rheingauer Vizedominus und Landschreiber, wie auch Erzbischof Diether 1459 [8] und Erzbischof Jakob 1505 bestätigten. Erst durch die Neuordnung der Verfassung des Rheingaues nach dem Bauernkrieg, 1527, wurde diese Verbindung gelöst und Algesheim mit dem Amt Niederolm vereinigt [9].

Erzbischof Adolf verpfändete am 21. Jan. 1462 das Schloss („Ardeck", erbaut 1444) und die Stadt Algesheim mit den Dörfern Dromersheim, Gau-Bickelheim, Ockenheim, Windesheim und Kempten an Markgraf Karl von Baden, der diese Pfandschaft mit Konsens des Erzbischofs und Domkapitels 1466 dem Grafen Philipp von Katzenelnbogen abtrat; dieser überliess sie seiner Tochter Ottilie bei der Eheberedung mit dem Markgrafen Christoph von Baden am 20. Juni 1468 als Mitgift [10].

1590 zählte man im Flecken Algesheim 190 bewohnte und unbewohnte Herdstätten, darunter 2 Edelhöfe, 2 Backhäuser, die Badstube, den Pfarrhof und 4 Altaristenhäuser. Die Gemarkung umfasste 712 Morgen 1 Viertel Wingert, 1313 Morgen $2^1/_2$ Viertel Ackerland auf beiden Fluren und zwischen den Wingerten, 695

---

1) Cod. Lauresham. II S. 125 f., Nr. 1142—1144.
2) Scriba, Regesten, Rheinhessen Nr. 1013.
3) Ebd. 1021.
4) Ebd. 1049, 1067.
5) Ebd. 1185. Auch nach Bingen wurden solche Dienste geleistet.
6) Scriba, Regesten, Rheinhessen Nr. 1210.
7) Scriba, Regesten, Rheinhessen 2675, 3044.
8) Ebd. 4113.
9) Brilmayer, Rheinhessen 156 f.
10) Scriba, Regesten, Rheinhessen 4136, 4142.

Morgen Ausfelder (geringes Ackerland), 230 Morgen 1 Viertel „gute und böse" Wiesen, 97 Morgen $2^1/_2$ Viertel Klauern (Gestrüpp), 134 Morgen $3^1/_2$ Viertel Heckenwald, 31 Morgen $3^1/_2$ Viertel Baumfelder.

Zum Amt Gau-Algesheim gehörten in der letzten Zeit vor der Besetzung des linken Rheinufers durch die Franzosen die Ortschaften Büdesheim (N 20, Kreis Bingen) mit einem Wald im Kreis Kreuznach hinter dem Dorf Münster a. d. Nahe, Dietersheim, Dromersheim, Ockenheim und Gaulsheim (alle Kreis Bingen, N 20) und Gau-Bickelheim (O 21, Kreis Oppenheim) sowie Sarmsheim (Kreis Kreuznach, N 20). Zur Vogtei Algesheim (der „Fautei", die mit der Amtskellnerei verbunden war) gehörten die unmittelbar dem Erzstift untertänigen Orte Gau-Algesheim, Dietersheim, Dromersheim und Ockenheim[1]).

Von Anfang an erzstiftlich Mainzisch scheint hiervon nur Ockenheim gewesen zu sein. An diesem Ort waren zwar 1250 zwei Ritter von Sponheim, Willecho, Sohn der Hedewich, und Philipp, genannt Papho, Vögte, und freiten als solche die Güter des Klosters Rupertsberg von Abgaben[2]), aber, wie es scheint, waren sie Burgmannen des Erzstifts, wie die im Jahre 1314 vom Erzbischof Peter belehnten Ritter[3]). Die Burg lag nordöstlich vom Dorf. 1577 hatte Ockenheim 85 Herdstätten, davon waren drei Lehen vom heil. römischen Reich, zwei gehörten Ausmärkern. Die Allmende war mit Bergen (Laurenziberg, Hof, einst Dorf, südlich von Gau-Algesheim, Lehen von der Grafschaft Veldenz) und Dromersheim gemeinschaftlich[4]). Die Pfarrei und der Zehnte gehörten dem Andreasstift in Köln, das seine Rechte 1325 an das Liebfrauenstift in Mainz abtrat[5]). Auch die Abteien Prüm in der Eifel und St. Maximin bei Trier waren in Ockenheim begütert[6]).

Dietersheim erscheint zunächst als Lehen der Herrschaft Bolanden im Besitz des Friedrich von Hepenheft (Mitte 13. Jhdts.)[7]). 1364 war die Hälfte des Gerichts Dydersheim Lehen des Mainzer Domkapitels im Besitz des Fritz von Becheln, 1489 verkaufte Ludwig von Andernach $^1/_4$ an Kurpfalz, $^1/_4$ hatte der Kurfürst von

---

1) Mainzer Ortschaftsverzeichnisse und Jurisdiktionalbücher in den Archiven in Darmstadt und in Würzburg. — v. d. Nahmer, Rhein. Provinzialrechte III 412.

2) Weidenbach, Regesta Bingiensia Nr. 141.

3) Scriba, Regesten, Rheinhessen Nr. 2389, 2397.

4) Kreisarchiv Würzburg, „General- u. Spezialrisse über die Aemter Bingen und Algesheim, samt Beschreibung der Dörfer und Flecken in gedachten Aemtern und derselben Gerechtigkeiten, 1577 dem Erzbischof Daniel von Mainz gewidmet von Petrus Kraichius" (vgl Mainzer Journal 1896, Aug.), liegt bei den Karten, Mainzer Serie 123 (Wandgestell 10). — Jurisdiktionalbuch Nr. 27: Olm u. Algesheim 1590 (mit vielen Weistümern).

5) Annalen des histor. Vereins f. d. Niederrhein 76 S. 17, Nr. 78. — Scriba, Regesten, Rheinhessen 2552, 2556, 2558, 2560.

6) MRUB. I 144, 199, 350, 352.

7) Sauer, Aelteste Lehenbücher der Herrschaft Bolanden S. 40.

Mainz 1488 von Paul von Leyen erworben, und die übrige Hälfte noch ein Fritz von Becheln zu Siersberg in Lothringen [1]). 1515 waren $^3/_4$ Kurmainzisch und $^1/_4$ Kurpfälzisch. Später, bereits im 17. Jhdt., wird die ganze Landeshoheit dem Kurfürst von Mainz zugeschrieben. 1577 hatte das Dorf 28 Herdstätten, von denen eine Pfälzisch und eine zum Ingelheimer Reichsland gehörig war. Collator der Pfarrei war der Dompropst von Mainz. Am Zehnten hatte Kurmainz $^1/_3$, die Herrschaften Hohenfels-Reipoltskirchen und Falkenstein $^1/_3$, und der Pfarrer $^1/_3$.

Dromersheim wird als Truhtmaresheim bereits 756 in einer Schenkung an das Kloster Fulda als Ort mit Kirche erwähnt [2]). Auch in Lorscher Traditionen kommt Truchmaresheim im Wormsgau vor [3]). Die Kirche und den Zehnten zu Drutmarisheim hatte bereits 874 28. Sept. das Kölner Cunibertsstift als Zubehör seines Hofes, zu dem auch Güter in Asmundisheim, Willengisheim und Bendirdisheim gehörten (Aspisheim, Welgesheim und Vendersheim) [4]). Auch das Kloster Sponheim wurde mit dortigen Gütern ausgestattet [5]). 1139 wird ein Fronhof des Mainzer Stephansstiftes erwähnt [6]), dem hundert Jahre später die Güter und das Patronatsrecht des Cunibertsstifts verkauft wurden [7]). Ein Weistum über die Rechte des Stephansstifts wurde am 25. Mai 1335 aufgenommen [8]).

Die Vogtei mit dem Bann hatten damals die Ritter von Montfort zu Lehen von Kurpfalz. In den Jahren 1340 bis 1342 hatten diese Herren Streit mit dem Stephansstift [9]). Am Ausgang des 14. Jhdts. war der Ort befestigt, 1390 wurde dem Erzbischof Conrad von Mainz zugestanden, diese Befestigung abzubrechen, und die Pfalzgrafen Ruprecht verpflichteten sich, sie nicht wieder auf-

---

1) Baur, Hess. Urkunden III 443; IV 365. — KrAWürzburg, Mainzer Urk., weltlicher Schrank, Lad. 65, 131 f.

2) Dronke, Cod. diplom. Fuldensis S. 6, Nr. 9; S. 17, Nr. 26; S. 141, Nr. 283; S. 154, Nr. 320. Auf diese Güter bezieht sich die Eintragung im Lehenbuch Werners von Bolanden (um 1194): „De comite de Dietsa habeo beneficium in Dromersheim, quicquid Vuldam pertinet". 1430 hatte Emmerich von Ingelheim ein Dritteil am Zehnten und einen Kirchensatz zu Dromersheim von der Grafschaft Diez zu Lehen. Nun war 756 die Kirche mit dem Gut, worauf sie errichtet war, an Fulda geschenkt worden. Wenn nun Diez die Fuldaischen Güter vergab, so war dieses Dritteil am Zehnten und Anteil am Kirchensatz einbegriffen. — Sauer, Aelteste Lehenbücher der Herrschaft Bolanden S. 28. — Scriba, Regesten, Rheinhessen 3868.

3) Cod. Lauresham. II S. 109, Nr. 1094.

4) Lacomblet, Niederrhein. Urkundenbuch I S. 32, Nr. 66.

5) Trithemius, Chronicon Sponheimense 237.

6) Scriba, Regesten, Rheinhessen 1062.

7) Würdtwein, Dioec. Mogunt. I 234, 237. — Joannis, Scriptores rerum Mogunt. II 534. — Scriba, Regesten, Rheinhessen 1420.

8) Schaab, Geschichte von Mainz III S. 406.

9) Scriba, Regesten, Rheinhessen 2808, 2817, 2838 f., 2842. — Regesten der Pfalzgrafen I 3831, 4760 (1388: Anthis von Montfort erhält Erlaubnis des Pfalzgrafen, Aspisheim, Dromersheim und Wolfsheim, Pfälzische Lehen, zu verpfänden).

zubauen [1]). Am 15. Nov. 1391 vertauschte Kurpfalz Dromersheim gegen Biebelnheim im Kreis Alzey an Kurmainz. Die von Montfort wurde mit einer Geldsumme abgefunden [2]).

So kam der Ort an das Erzstift Mainz. Im Jahre 1577 hatte der Ort 81 Herdstätten, von denen 72 kurmainzisch, acht reichsländisch und eine kurpfälzisch waren.

1668 betrug die Bevölkerung der Algesheimer Fautei:

	Herdst.	Männer	Weiber	Söhne	Töchter
Gau-Algesheim	122	91	39	63	58
Ockenheim	62	48	51	19	10
Dromersheim	42	39	42	11	8
Dietersheim	25	6	7	2	4
zusammen	251	184	139	95	80

In dem Register des Mainzischen Schreibers Berthold, unter dem Erzbischof Siegfried III. (von Eppenstein 1230—1249) [3]) erscheint der Erzbischof als Besitzer grundherrlicher Zinse und Zehnten nur allein in Algensheim. Drei Ministerialen von Ockenheim sind für 33 Mark Dienstlehengeld gewonnen, wofür ihnen $^1/_4$ des Wein- und Fruchtzehnten zu Algensheim verpfändet ist. Das Erzstift scheint damals eine Grundherrschaft in Ockenheim nicht besessen zu haben. Die andern Dörfer werden nicht genannt, da sie damals noch nicht dem Erzstift angehörten.

Unter dem Titel „Hec sunt bona que inpignorata sunt in Vicedominatu Rinekowie“ folgt dann eine Notiz über zehn Pfund Zins in Beckilnhem, die Erzbischof Siegfried II. (1200 resp. 1208 bis 1230) dem Raugrafen Rupert (II.) verpfändet hat, als er die Tochter des Herrn von Bolanden (Hohenfels) heiratete. Weitere Verpfändungen waren daselbst unter Siegfried III. als Burglehen von der Burg in monte sancti Tisboti, dem Disibodenberg bei Odernheim am Glan, für 100 Mark dem Philipp vom Walde, Gottfried von Randeck und andern gegeben worden. Da Wald- und Schloss-Böckelheim zur Zeit Siegfrieds III. noch Sponheimisch waren, ist nur an Gau-Bickelheim [4]) zu denken. Zu diesem Amt auf dem Disibodenberg gehörten wohl auch die Dörfer Meddersheim, dessen Einkünfte für 200 Mark an den Grafen von Spon-

---

1) Regesten der Pfalzgrafen I 5280. Im Jurisdiktionalbuch von 1590 (fol. 157 ff.) wird eine „alte Burg“ erwähnt.

2) Scriba, Regesten, Rheinhessen 3417, 3418. — Regesten der Pfalzgrafen 5376, 5377, 5378, 5391, 5428, 5430, 5435, 5436, 5922, 5934.

3) Zeitschrift für Vaterländische Geschichte und Altertumskunde, herausgegeben von dem Verein f. Gesch. u. Altertumsk. Westfalens, III. Münster 1840, 5.

4) Die von Brilmayer, Rheinhessen S. 163 zusammengestellten Daten über Gau-Bickelheim beziehen sich zum grössten Teil auf die Stadt und Burg Böckelheim im Kreis Kreuznach (Wald-, Schloss- und Thal-Böckelheim). Auf Gau-Bickelheim ist nur die Verpfändung an Philipp Erwin von Schönborn 1648—82 und an das Bonifatius-Seminar in Mainz zu beziehen.

heim und später an Gerlach von Medirshem ebenfalls als Disibodenberger Burglehen vergeben waren, und Sobernheim, das Siegfried II. dem Arnold von Heidensheim, dem Willeko, Sohn der Hedewig und dem Kindelin verpfändet hatte. Auch die an den Grafen von Veldenz verliehenen Dörfer, wie Meisenheim, Odernheim, Niederhausen mögen ursprünglich hiermit in Verbindung gestanden haben.

In Gau-Bickelheim waren später eine Anzahl Adliger und Geistlicher begütert, die in einem Schiedsspruch des Grafen Friedrich von Veldenz von 1436 als „richer-lute" den „armen luten" entgegengestellt werden, so dass „die edellute und phaffheit zu Gauwebeckelnheim ein halp gemeinde sint, und auch die arme lute of die ander syte keinen gemeynen knecht weder gesetzen oder zu entsetzen konnent, ane die ander halp gemeynde mit namen priester und edellude" [1]). Es war also wie in der Stadt Köln eine „Richerzeche" in dem Dorf ansässig. Solche Verhältnisse finden sich in dem gesegneten Rheinhessen noch öfter; so begegnet man unter der Huberschaft eines Hofes zu Undenheim im Jahre 1265 auch Edelleuten [2]). Ebenso waren in Büdesheim bei Bingen zehn Ritter an der Gemeinde beteiligt, wie gleich gezeigt werden soll.

Diese reiche und arme Gemeinde in Gaubickelheim unter besonderen Bürgermeistern erscheinen noch im Jurisdiktionalbuch von 1590. Nach dem Weistum war der Herr von Mainz (der Erzbischof) oberster Herr über Wasser und Weide. Das Wasser soll gehen „ohnbestrembt und ohnbehembt, usgeschieden off den Sambstag von der None abn mit uff den Sonntag zu der Nonezeit, die Zeit aus mag sich der arme Mann gebrauchen, wo das Noit ist". Verschiedene Adlige hatten hier Manngelder von der Bede: Philipp von Stockheim, Johann Erlenheupt von Sauleim modo Hans Hund von Saulheim, Wilhelm Stumpf von Simmern modo Hans Wilhelm Knebel von Katzenelnbogen, und Philipp von Lindau, auch jeder Schöffe hatte davon 5 Schilling. 123 Herdstätten, davon 10 unbewohnt. Wegen der Weide am Wiesberg war Streit mit Sprendlingen und Weinheim bei Wallertheim.

Die bisher behandelten Orte waren oder wurden Eigentum des Erzstiftes. Nicht so Büdesheim, Gaulsheim und Sarmsheim.

In Büdesheim war 1154 das Albanskloster vor Mainz begütert. 1184 und 1213 wurde ihm die Kirche und das Patronatsrecht bestätigt. Vor 1158 hatte ein Mainzer Ministeriale Marcwart einen dortigen Wingert an das Kloster Rupertsberg geschenkt [3]). Dieses Kloster hatte 1221 eine Mühle auf einem Acker gebaut, der zu dem Hofe des Mainzer Stephansstiftes in Buedensheim gehörte, und

---

1) KrASpeyer, Veldenzer Kopialbuch Bd. 13, fol. 148.
2) Vierteljahrsschrift für Sozial- u. Wirtschaftsgeschichte 1907, 557.
3) Scriba, Regesten, Rheinhessen 1097, 1135, 1144, 1231. — MRUB. II S. 31.

brachten ihn durch Tausch an sich[1]). Im April 1260 befreite
Philipp von Hohenfels die Güter des Rupertsberger Klosters von
Abgaben an Geld und Wein, die ihm zu leisten waren[2]), und 1263
verzichtete Philipp auf alle Servitutsrechte, die er von des Stephans-
stiftes Hof in Büdesheim zu fordern hatte[3]). Am 5. Nov. 1289
erklären vor dem geistlichen Richtern zu Mainz mehrere Ritter
und Ritterssöhne für sich und die Gemeinde zu Büdesheim, dass
sie immer Vasallen des Edlen Mannes Thilmann, Herrn von Hohen-
fels sein sollen, der sie wegen der Vogtei zu Büdesheim mit fünf
Mainzer Schilling jährlich zu zahlen aus dem Hofe des Stephans-
stiftes belehnt habe. Diese Vogtei habe Thilmann von Hohenfels
als erbliches Lehen von dem Stephansstift besessen, nun aber habe
er darauf zugunsten des Stiftes verzichtet, und nur noch die fünf
Schillinge jährlicher Gülte zu Lehen behalten, die er den zehn
Edelleuten weiter als Afterlehen verliehen habe. Die Vogtei ge-
höre jure dominii dem Stift, die zehn Edelleute sind für die Gülte
verpflichtet, das Stift in seinen Besitzungen und Rechten zu schir-
men, ohne irgendwelche Jurisdiktion oder Herrschaft auszuüben.
Das Stift erklärte, damit einverstanden zu sein, und keinen Vogt
mehr annehmen zu wollen. Auch sollen die „homines solivagi,
qui einlouftege lute vulgariter nuncupantur", die von jetzt ab in
das Dorf Budensheim kommen und sich dort niederlassen werden,
mit allen Diensten, Gewohnheiten, Rechten und Zubehörungen
dem Stift angehören und nicht den Rittern und Ritterssöhnen.
Jetzt im Dorf wohnende Solivagi sollen dem Ritter Konrad von
Bleyneche (Planig) und seinem Sohn dienstbar sein, so lange diese
leben. Die Empfänger der fünf Schillingsgülte sollen immer zehn
Mannen sein und diese Rente immer an Martini empfangen[4]).

Am 12. März 1346 wurde in Büdesheim eine Kundschaft von
den ältesten Männern der Gemeinde aufgenommen, welche Rechte

.1) J. Wagner, Kreis Kreuznach 11. — Weidenbach, Regesta Bin-
giensia 117.

2) Scriba, Regesten, Rheinhessen 5236. — Weidenbach, Regesta Bin-
giensia 165.

3) Scriba, Regesten, Rheinhessen 5245. — de Gudenus, Codex di-
plom. I 696.

4) Baur, Hess. Urkunden II S. 431, Nr. 449. — Werner II. von Bolan-
den hatte um 1190 die Vogtei zu Budensheim iuxta Pinguiam vom Grafen
von Saarbrücken zu Lehen. Sauer, Aelteste Lehenbücher der Herrschaft
Bolanden 25. — Nach Baur V S. 97, Nr. 111, muss am 16. Mai 1281 auch
Werner von Falkenstein obrigkeitliche Rechte in B. besessen haben. 1290
schenkte Werner von Falkenstein dem Stephansstift von seinen Gütern
zu Budinsheim bei der Burg Winecke gelegen einen Hof, eine Hofstätte
und drei Huben, was er von seiner verstorbenen Schwester Gute von
Klingenberg, Gattin weiland Conrads von Bickenbach, erworben hatte.
Die Burg Winecke lag südlich von der Kirche zu Büdesheim an dem nach
Ockenheim führenden Weg. Sie gehörte im 17. Jhdt. der Familie Frey
von Dehrn. Wagner, Wüstungen, Rheinhessen S. 66, Nr. 42. — Bril-
mayer 89.

Herr Dylman von Hohinvels dort besass und von wem er sie hatte [1]). Die Aeltesten sagten aus, dass Dylmann ein Dritteil der Vogtei zu Budinsheim vom Stephansstift zu Lehen hatte, „an den stift auch die eigenschaft, vautye, herschaf und gericht des vorgen. dorfs zu Budensheim gehort hat und noch gehort“, und dass Herr Dylman vor mehr als 50 Jahren vor Schultheiss und Schöffen feierlich und mit gewissen Förmlichkeiten (Austrinken und Zerschmettern eines Kruges Wein) auf die Vogtei verzichtet habe. Darauf wären die zehn Edelleute, die in dem Dorfe ansässig waren, in ein Lehensverhältnis zu Dilmann getreten wegen der fünf Schillinge, und auch Dilmann selbst wäre Vasall des Stephansstiftes wegen dieser Gülte geblieben. Seitdem sind die Herren von St. Stephan rechtliche Herren des Dorfes Büdesheim, denen alle Herrschaftsrechte allein zustehen. Das Stift hat einen Amtmann, der auch die Gült alle Jahre den zehn Mannen reichen soll. Der Schultheiss und die Schöffen bestätigten diese Aussagen mit dem Hinzufügen, dass der Ritter, Herr Johann von Bleynchen, der das Gericht und die Vautie zu Büdesheim von der Herren von St. Stephan wegen besitze auf Lebenszeit, alle Jahre am Martinstag, so er der Herren Zins und Recht einnimmt, kundlich geboten habe, und biete die fünf Schilling Gült in Empfang zu nehmen. Das Stephansstift hatte am 23. Mai 1321 seine Zinsen und gesamten Güter in Büdesheim den Rittern Johann zu Blenchen und Heinrich von Selsen auf Lebenszeit verpachtet, die dafür jährlich neun Fuder hunnischen und drei Fuder fränkischen Wein, 132 Malter Korn, zwölf Pfund Mainzer Pfennige, 30 Malter Hafer auf eigne Kosten an das Stift zu liefern hatten. Bei späteren Verpachtungen, 1354, 1367, 1376, werden die Beträge etwas anders angegeben [2]).

Am 22. Januar 1363 empfahl der Kaiser Karl IV. dem Erzbischof Gerlach von Mainz, das dem Reich widerrechtlich entzogene Dorf Budensheim bei Bingen, und wies die Einwohner an, dem Erzbischof zu huldigen [3]). Von Hoheitsrechten des Reiches ist bis dahin in den Urkunden nirgends die Rede; waren etwa die Herren von Hohenfels hier, wie in der Herrschaft ReichensteinHeimbach-Trechtingshausen, von den Königen mit dem Blutbann belehnt? Das Stephansstift blieb indessen auch nachher noch im Besitz seiner unabhängigen Herrschaftsrechte, die ihm in Weistümern 1385 und 1441 zuerkannt wurden, und scheint erst 1676 und 1716 die Kurmainzischen Ansprüche auf die Oberhoheitsrechte (Heerfolge, Musterung, Schatzung) anerkannt zu haben [4]).

Büdesheim besass einen Wald auf dem linken Naheufer, zwischen dem Gebiet von Sarmsheim, Münster und Rümmelsheim-

---

1) Baur, Hess. Urkunden III S. 267 ff., Nr. 1190.
2) Ebd. II S. 855, Nr. 858.
3) Regesta rerum Boicarum XIV 74. — de Gudenus, Cod. diplom. III S. 458.
4) Brilmayer, Rheinhessen S. 87.

Burg-Leyen. 1447 wurde durch das Stephansstift mit Einwilligung der Gemeinde Büdesheim ein „hueszteyll“ der Holzberechtigung an diesem Walde dem Adam von Leyen überlassen. 1549 wurden die Grenzen dieses Waldes amtlich festgestellt [1]).

Gaulsheim gehörte bis 1573 mit allen Hoheitsrechten den Brömsern von Büdesheim als ein Lehen von den Herzögen von Jülich. 1573 nahmen die Vormünder eines Brömser die Herrschaft irrtümlich von dem Kurfürsten von der Pfalz zu Lehen. 1644 wurde das Lehen vom Kaiser Ferdinand III. vergeben und zwar an den Reichshofrat und kurmainzischen Geheimrat, Hofrichter und Vizedom im Rheingau, Heinrich Brömser von Rüdesheim, der, als Kurfürst Karl Ludwig von der Pfalz am 2. Juni 1655 seine Oberlehensherrlichkeit über Gaulsheim an Franz Mercurius von Hellmund für 18000 Gulden verkauft hatte, bei dem Kaiser zur Wahrung seiner Rechte das Einschreiten des Kurfürsten von Mainz veranlasste, und den von Hellmund mit den 18000 Gulden abfand, die er durch einen Vorschuss aufbrachte, den ihm Kurfürst Johann Philipp von Mainz gewährte. Aus Dankbarkeit für diese Unterstützung trug Heinrich Brömser die so erworbene Oberherrlichkeit dem Erzstift Mainz zu Lehen auf (22. April 1659). Nach seinem Tode fiel die Herrschaft an die Söhne seiner Schwester Anna Eleonore, die mit Wilhelm von Metternich-Winneburg-Beilstein vermählt war. 1717 ging das unter erzstiftlicher Hoheit stehende Dominium utile an den kaiserlichen Geheimrat und Kammergerichtspräsident Franz Adolf Dietrich von Ingelheim über [2]).

Die Vogtei über Sarmsheim war ein Lehen der Abtei St. Alban vor Mainz, im Besitz der Rheingrafen. Der Ort wird bei der Wild- und Rheingrafschaft besprochen werden.

3. Amt Nieder-Olm.

Nieder-Olm, Ober-Olm, Klein-Winternheim, Gaubischofsheim, Ebersheim, Laubenheim (alle P 20, Kreis Mainz), Zornheim (P 21, Kreis Mainz), Sulzheim (O 21, Kreis Oppenheim), Drais (P 20, Kreis Mainz), Nackenheim (Q 20, Kreis Oppenheim), Marienborn, Brezenheim, Zahlbach, Finthen (alle P 20, Kreis Mainz), Gonzenheim (P 19/20, Kreis Mainz), Mombach (P 19, Stadt Mainz), Budenheim (P 19, Kreis Mainz), Heidesheim (OP 20, Kreis Bingen), Bodenheim (P 20, Kreis Mainz), Sörgenloch (P 21, Kreis Mainz), Lörzweiler (P 20, Kreis Mainz).

994 gab Kaiser Otto III. dem Erzbischof Willigis von Mainz

---

1) Baur, Hess. Urkunden IV S. 151, Nr. 158. — Kreisarchiv Würzburg, Mainzer Landkarten 128 (XIII 112): Riss über den Büdesheimer Wald (dem St. Stephansstift gehörig) 1733.

2) Brilmayer, Rheinhessen 169. — K. A. Schaab, Geschichte der Stadt Mainz, III. Mainz 1847. 420 f. — St. A. Würdtwein, Nova subsidia diplom. XIV praef. 14—18.

den Hof Ulmena zurück, den Erzbischof Hatto I. (891—913) der
Uta, Gemahlin Kaiser Arnulfs, auf Lebenszeit überlassen hatte. In
den Jahren 1092 und 1108 übertrug Erzbischof Ruthard die Vogtei
zu Olm dem Domkapitel zu Mainz, von dem sie an den Dompropst
gekommen sein muss, denn 1187 veranlasste Erzbischof Christian
den Dompropst, diese Vogtei wieder an das Kapitel zurückzugeben,
was der Kaiser Friedrich I. bestätigte.

Später war der Ort wieder unmittelbar unter dem Erzbischof,
der hier eine Burg angelegt hatte. 1301 wurde dieselbe von
König Albrecht genommen. Adolf von Nassau hatte in seinem
Streit um das Erzbistum mit Diether von Isenburg die Veste an
den Pfalzgrafen Ludwig des Schwarzen von Zweibrücken verpfän-
det, der sie im Krieg mit Kurfürst Friedrich I. von der Pfalz
wieder verlor. Im Lager vor Nieder-Olm wurde am Jakobstag
1471 der Friede geschlossen, durch den die Stadt wieder an Kur-
mainz kam [1]).

Kurfürst Bertold von Henneberg erbaute 1503 ein neues
Schloss zu Nieder-Olm, die Laurenzburg; Nieder-Olm war Amts-
sitz, das Amt meist mit dem zu Algesheim vereinigt.

Immer zu Nieder-Olm gehörten Klein-Winternheim und Ober-
Olm. Seit 1782 unterstanden die drei Orte dem Vizedomamt zu
Mainz als Amtsvogtei.

Auch Ober-Olm war bis 1348 befestigt [2]). 1312 vertauschte
Hermann von Nieder-Olm 25 Morgen Acker, die er zu Burglehen
hatte, zu Winterheim bei Ober-Olm, mit Einwilligung des Amt-
manns Volcmar und der Schöffen und Geschworenen zu Nieder-
Olm gegen 20 Morgen Acker, sita in terminis ville Olmen inferioris
dicta zu Ruchelnheymer velde. Im 17. Jahrhundert hatte der
Pfarrer von Nieder-Olm den Zehnten im Reichelheimer Feld,
während er in der übrigen Gemarkung dem Domkapitel, und in
den Aeckern neben dem Beynengut dem Dompropst zustand.
Das Reichelheimer Feld hat offenbar früher eine besondere Ge-
markung mit Ansiedlung gebildet, die früh (schon vor 1312) wüst
geworden ist [3]).

Nach dem Jurisdiktionalbuch von 1590 waren zu Nieder-Olm
100 bewohnte und 3 unbewohnte Hausstätten, 1 Einwohner war
Hintersass des kurpfälzischen Amts Alzey, 2 des Ingelheimer Grundes.
Der Gemeinde standen 2 Bürgermeister und 4 Ratspersonen, dem
Gericht ein Schultheiss und 7 Schöffen vor. Bei Ober-Olm lag der

---

1) Schaab, Geschichte der Stadt Mainz III 209. — de Gudenus,
Cod. dipl. I 363, 386, 388. — Brilmayer, Rheinhessen 336.

2) StADarmstadt, Saalbücher, Niederolm: Zinsbücher von Weissen
Frauen in Mainz von 1505 ab. — Schaab, Geschichte der Stadt Mainz
III 213. — Brilmayer, 358.

3) KrArchiv Würzburg, Mainzer Bücher, Liber registri V fol. 127. —
Jurisdiktionalbücher von Olm und Algesheim von 1590 und 1677 im KrA.
Würzburg und StADarmstadt.

Birkerhof in dem Walde Birkehe, der in der Grösse von 20 Huben dem Kloster Eberbach im Rheingau durch den Mainzer Erzbischof Heinrich I. im Jahre 1144 geschenkt worden war. Das Kloster erwarb dazu auch Grundstücke in der Nachbargemarkung Essenheim, und die Territorialgewalt über diesen Komplex war im 17. und 18. Jhdt. strittig zwischen Kurmainz und Pfalz-Zweibrücken. Nach dem Weistum von Ober-Olm hatte das junge Volk (Knaben und Knechte) daselbst das Recht, in der Walburgisnacht im Birker Wald Maien und zu Pfingsten einen „Kronbaum" zu hauen, wobei der Bruder auf dem Hofe (der Eberbacher Leienbruder und Gutsverwalter) sie mit einem Pfannenkuchen aus Eiern und Wein bewirten musste [1]).

G au - B ischofsheim war 1263 im Besitz des Domkapitels, dem Philipp von Hohenfels in seiner grossen Auseinandersetzung mit den Mainzer Stiftern und Klöstern die Steuern, die er zu haben meinte, erlassen musste. 1424 wurde Bischofsheim auf dem Gau im Austausch gegen Bingen vom Domstift an den Erzbischof Konrad III. abgetreten [2]). 1590 besondere Richtstätte auf dem Wahlstein. 37 Häuser, davon eins nicht bewohnt.

E bersheim war im 14. Jahrhundert im Besitz des Albans-Klosters vor Mainz und stand unter der Vogtei der Herren von Bolanden, die ihr Recht von der Abtei zu Lehen trugen. Nach manchem Besitzwechsel durch Verpfändung gelangte es 1383 an die Antoniter zu Alzey, von denen es Erzbischof Konrad III. am 14. April 1420 mit Bewilligung des Albansstifts ankaufte [3]). Da das Albansstift sein vorbehaltenes Rückkaufsrecht niemals ausübte, blieb das Dorf beim Kurmainzer Amt Nieder-Olm.

Das Jurisdiktionalbuch von 1590 erwähnt in Ebersheim zwei Hubgerichte ausser dem kurfürstlichen Gericht: das eine gehörte dem Junker Manfried Flach von Schwarzenberg, das andere, „Vollgericht" genannt, war seit 10 Jahren nicht mehr in Uebung. Es waren im Dorf 72 Herdstätten, von denen drei oder vier nicht bewohnt waren.

L aubenheim mit einem Teil von Weisenau scheint im späteren Mittelalter immer zur Amtsvogtei Nieder-Olm gehört zu haben. 1782 kam das Dorf zur Amtsvogtei Weisenau. Im Jurisdiktionalbuch von 1590 wird eine Grenzbeschreibnng mitgeteilt.

Z ornheim war am 9. Juni 1339 von Vasallen der Herrschaft Hohenfels an das Reichklarenkloster in Mainz gekommen, dessen

---

1) Wagner, Wüstungen, Rheinhessen S. 72 f. — Jurisdiktionalbuch von 1580 (Nr. 27) fol. 43 f., und Karte des Birkerhofes von 1716 (Mainzer Serie Nr. 218) im KrAWürzburg.

2) Scriba, Regesten, Rheinhessen 996, 1012, 3833, 3954, 5245. — de Gudenus, Cod. dipl. I 194, 196. — Baur, Hessische Urkunden II 176. vgl. oben S. 271.

3) Arch. für Hess. Geschichte 1 (1836) S. 102. — Schunck, Codex diplom. 334. — Wagner, Geistl. Stifter II 2.

Aebtissin es mit aller Obrigkeit und Herrschaft am 2. September 1579 dem Erzstift Mainz überliess[1]). 1590 wird auch hier ein Dinghof des Junkers Dietrich Greiffenclau von Volraths erwähnt mit einem Schultheissen und 11 Hübnern. Der in diesem Hofe wohnende Hausmann war frei von Steuer und Bede, die an das Kloster Reichklaren zu zahlen waren, und hatte nur einen Zins von 3 Schilling Heller zu entrichten.

Sulzheim gehörte den Raugrafen[2]). Am 9. August 1360 traten Philipp von Bolanden, Herr zur Altenbaumburg, seine Gemahlin, die Raugräfin Mena, und sein Bruder Konrad dem Mainzer Domstift den Kirchensatz zu Sulzheim ab, der ihnen vom Raugrafen Wilhelm zugefallen war[3]), und verkauften am 20. September die Hälfte des Gerichts und Dorfes an den Dompropst und sein Kapitel zu Mainz, die es für 800 Pfund Heller nach zwei Jahren wieder zur Lösung zu geben versprachen. Am 29. Januar 1361 verkauften Raugraf Ruppert, Herr zur Altenbaumburg, Katharina seine Gemahlin und sein Sohn Heinrich ihren vierten Teil an dem Dorf, und am 23. Juni auch die Witwe des Raugrafen Philipp von der Neuenbaumburg, Agnes von Lyningen und ihr Sohn Philipp das letzte Viertteil an das Domkapitel. Dieses behielt das Dorf, bis es dasselbe 1486 an den Erzbischof Berthold überliess[4]). Die Raugrafen hatten das Dorf (oder einen Anteil daran) von der Abtei Hornbach bei Zweibrücken zu Lehen, die noch 1488 den Wirich von Daun, Herrn zu Oberstein und Falkenstein mit einem Viertteil daran belehnte, was aber ohne wirkliche Folgen blieb[5]).

Drais gehörte im 13. Jhdt. den Kämmerern von Mainz aus dem Geschlechte zum Thurn. 1317 belehnte Hermann Kämmerer den Mainzer Ratsherrn Johann zum Gedanken mit der Vogtei Drais, die früher Peter zum Jungen und Reinhold zum Guldenschafe von ihm zu Lehen gehabt hatten, verkaufte aber seine Rechte daran schon 1318 an das Reichklarenkloster in Mainz. Die Herren von Gutenberg bestätigten dies (Eberhard und Johann gleich 1318, Dietrich erst 1325, machte aber noch 1340 Ansprüche darauf geltend, auf die er erst 1347 verzichtete). 1586 ver-

---

1) Arch. für Hess. Geschichte I 205. — Schunck, Cod. dipl. 367. — Wagner, Geistl. Stifter II 216, 217.

2) Archiv f. Hess. Gesch. 1. 211 f. Dorf und Gericht Solzheim gehörte zu den Alloden des Raugrafen Heinrich des Aelteren, die derselbe am 12. Aug. 1325 dem Grafen Philipp von Sponheim-Dannenfels zur Verwaltung überwiesen hat. — Köllner, Kirchheim-Boland 122.

3) Urkunde in der Habelschen Sammlung in Marburg (früher München). Der Erzbischof Gerlach von Mainz bestätigte diese Schenkung am 8. Dezember. — Köllner a. a. O. 75. — de Gudenus, Cod. dipl. III 449, 451, Note 1. — Reg. Boica IX 21, 28. — Scriba, Regesten, Rheinhessen 3120, 3132, 3140, 3144.

4) Urkunde im Würzburger Kreisarchiv. Mainzer Rep. III, Domstift 69/80. Geistl. Schrank Lad. 1 37 Copialbuch 41 fol. 79, 146.

5) Mitteilungen des Histor. Vereins der Pfalz, Bd. 27. Neubauer, Regesten des Klosters Hornbach, Nr. 494.

äusserte die Aebtissin von St. Klaren die Vogtei an den Erzbischof Wolfgang von Mainz. Dem Kurfürsten von Mainz wurden
1680 Reise, Folge, Leibesstrafe (als zur Landesfürstlichen Obrigkeit gehörig) allein, die übrigen Rechte in Gemeinschaft mit
der Aebtissin zugewiesen. — Drei Höfe zu Drais wurden 1332 von
Philipp von Beldersheim und Konrad Colbendensel von Berstadt
dem Erzbischof zu Lehen aufgetragen. Diese Höfe müssen bald
darauf an das Kloster Hirzenach (Siegburger Propstei) gekommen
sein, dem Erzbischof Johann I. 1372 die Güter freite, sich aber
einen halben Dienstwagen und die Lieferung von 100 Siegburger
Steinkrügen jährlich vorbehielt. Er hat also schon damals die
landesherrlichen Rechte ausgeübt[1]).

Von Nackenheim ist schon oben (S. 231) die Rede gewesen.
Hier ist den dortigen Ausführungen noch hinzuzufügen, dass das
Stephansstift seine Rechte 1615 dem Erzbischof überliess[2]). Die
Pfälzer Vogteirechte wurden seitdem nicht mehr respektiert.

Marienborn war ein Lehen der Herrschaft Hohenfels-Reipoltskirchen, wie später näher zu zeigen sein wird. In den Wirren
nach dem Ableben des letzten Herrn aus diesem Hause wurde
das Dorf an einen Dr. H. Rosenthal verkauft, der es 1631 dem
Erzbischof abtrat[3]).

Bretzenheim vor Mainz, 754 villa Britanorum foris murum
civitatis Moguntiae, 770 mons Britanorum in marca Moguntiae
und Zahlbach, wurden 1318 durch den Papst dem Kloster Mariendahlheim bestätigt dem im Weistum 1578 die Obrigkeitsrechte in
beiden Dörfern zuerkannt wurden. Wahrscheinlich hatte aber der
Erzbischof die höchsten landesherrlichen Rechte. Nach der Aufhebung des Klosters 1781 wurde Bretzenheim und Zahlbach ganz
mit Kurmainz vereinigt[4]). Seitdem war Bretzenheim Sitz einer
Vogtei mit Marienborn, Zahlbach, Finthen, Gonsenheim, Mombach,
Budenheim, Drais.

Finthen und Gonsenheim gehörten seit 1092 dem Domstift zu Mainz und zwar dem Dompropst. 1490 entliess der Erzbischof Berthold als bisheriger Dompropst die Dörfer der Dompropstei, Oberheimbach, Finthen, Gunzenheim, [H]Eddernheim, ihrer
Pflichten gegen ihn, vorbehaltlich der Reise und Folge, die sie
ihm als Erzbischof zu leisten schuldig waren[5]).

Mombach war ein vom Erzstift Mainz lehenrühriges Dorf,
welches 1341 nach dem Tode des Giselbert von Selnhofen, gen.

---

1) Schaab, Gesch. der Stadt Mainz III 180 und 184. — Scriba,
Regesten, Rheinhessen 2473 f., 2476 f., 2789, 2893.
2) Mainzer Jurisdiktionalbuch von Olm und Algesheim im Staatsarchiv Darmstadt.
3) Ebenda.
4) Schaab, Geschichte der Stadt Mainz III 173 f., 177.
5) Schaab a. a. O. III 195. — KrAWürzburg, Ingrossatur-(Copial)buch
41, 286.

Grozze, auf Lebenszeit dem Arnold, gen. Unbescheiden von Lechenich, verliehen wurde, nach dessen Ableben es an das Domkapitel fallen sollte. Arnold Unbescheiden trat jedoch schon 1337 sein Recht für 200 Pfd. Heller mit Genehmigung des Erzbischofs an das Domkapitel ab. Seine Erben überliessen 1355 ihre Anrechte dem Erzbischof Gerlach, der dem Domstift den Besitz bestätigte. Zu dem Ort gehörte die obere Hattenmühle. Die untere Hattenmühle, ebenfalls Lehen des Mainzer Erzstifts, ging 1359 an das Domkapitel über. Seitdem war einer der Domherren Amtmann zu Mombach[1]).

Zu **Budenheim** war das Kloster Altenmünster in Mainz unter der Vogtei der Rheingrafen begütert. 1272 überliess Rheingraf Siegfried II. die Vogtei der Aebtissin und deren Oberem, dem Abt von Eberbach. Der letztere verkaufte 1292 seinen Anteil an die Aebtissin, die 1321 das Dorf Budenheim dem Ritter Wolfgang von Lewenstein auf Lebenszeit zu Lehen gab. 1563 am 19. Juni überliess die Aebtissin Katharina von Lindau und der ganze Konvent von Altenmünster ihr Dorf Budenheim dem Mainzer Kurfürsten Daniel[2]).

Auch **Heidesheim** gehörte zu den Besitzungen des Klosters Altenmünster; die Vogtei war an Adlige (von Biegen und als Aftervasallen von Heidesheim) verliehen, von denen das Kloster sie 1285 zurückerwarb, um sie dann nur als Amt zu verleihen. Am 17. Januar 1414 überliess die Aebtissin ein Dritteil des Dorfs und Gerichts Heidesheim dem Erzbischof Johann von Mainz gegen Befreiung von Subsidien und Prokurationen und Inschutznahme der übrigen Besitzungen des Klosters. 1609 wurde auch der Rest der Gerichtsbarkeit dem Erzstift Mainz überlassen, jedoch unter Vorbehalt des Güterbesitzes für Altenmünster[3]).

Sörgenloch war ein Lehen vom Kloster St. Alban zu Mainz und 1293 in Händen des Eberhard Kämmerer von Mainz. Später war das Lehen im Besitz wechselnder Adelsfamilien, zuletzt der Köthe von Wanscheid. Kurmainz hatte ein Sechstel der Schatzung und seit 1629 12 Malter Schirmhafer[4]).

In **Weisenau** und der Mainzer Vorstadt **Vilzbach** hatte das Geschlecht von Bolanden mit seinen Zweigen von Hohenfels und von Falkenstein Herrschaftsrechte, die weiter unten besprochen werden müssen.

---

1) Schaab a. a. O. III 461.
2) Ebd. III 435.　　　3) Ebd. III 455.　　　4) Ebd. III 214 f.

V.

Wild- und Rheingrafschaft.

___

1. Amt Kyrburg.

Zu der Wildgräflichen Burg Kyrburg gehörten vor der Teilung von 1515 [1]:

1. der Kyrburgische Anteil an Kirn und Sulzbach;

2. der Kyrburgische Anteil an Rhaunen, Bollenbacher Hof, Krummenau, Weitersbach, Stipshausen, Schwerbach, Sohrschied;

3. Woppenroth und Blickersau, Gösenroth;

4. Teil an Bergen, Griebelschied, Berschweiler und Staufenberg (letzteres jetzt Wüstung);

5. Teil an Georg-Weierbach;

6. Gerichtsbarkeit zu Wieselbach;

7. Schultheisserei Sien mit Oberhachenbach zum Teil und Otzweiler, Oberreidenbach, Löllbach und Schweinschied, Ilgesheim, Niederhundsbach, Hof zu Buborn;

8. Essweiler Tal Hundheim mit der Kirche Horschau, Nerzweiler, Aschbach, Hinzweiler, Oberweiler im Tal, Essweiler, Elzweiler, Horschbach und Hachenbach;

9. Teil an Niederkirchen und Rudolfskirchen;

10. Desloch;

11. Bärweiler;

12. Meckenbach;

13. Meddersheim und Kirschroth;

14. Anteil an Staudernheim.

Die Amtsortschaften liegen sehr zerstreut und gehören ausser den Hochgerichten der Kirner Marktmeile, Rhaunen und Siener Heide, noch anderen Hundertschaften des Nahegaues an [2].

___

1) Urkunde über die Teilung der Wild- und Rheingrafschaft und Streuffens Weistümer (Archiv der Fürstl. Salm-Horstmarschen Rentkammer in Coesfeld Nr. 42, und 2062 des Dhaunschen Archivs, veröffentlicht im „Trierischen Archiv", Ergänzungsheft 12. Trier 1911).

2) Hier ist nur von den in der näheren Umgebung der Kyrburg gelegenen Ortschaften Kirn und Sulzbach, Meckenbach, Bergen, Griebelschied, Berschweiler und Staufenberg, Georg-Weierbach, Bärweiler, Meddersheim und Kirschroth, sowie Staudernheim zu handeln. Ueber die übrigen Ortschaften siehe meine Arbeiten über die Hochgerichte Rhaunen und Sien und über die Grafschaft Veldenz.

1. Die Stadt Kirn (Kr. Kreuznach, K 22) und ihre Umgebung.

Die Kyrburg bei Kirn wird für die Burg gehalten, welche 926
durch die Edlen Nortpolt und Franco und Humpert auf einem Berge
und Felsen an dem Flusse Kira auf einem Grundstück von fünf Hu-
ben und acht Morgen, welches sie von dem Kloster St. Maximin
ertauscht hatten, angelegt wurde[1]).   Nun ist aber von einem Maxi-
miner Besitz in der Gegend von Kirn und der Kyrburg sonst
nichts bekannt; der Güterkomplex des Klosters an der Kirnerbach
(Hahnenbach) liegt weiter oben, bei Hausen, so dass die Urkunde
eher auf die Schmidtburg bezogen werden könnte, die in der Tat
im Maximiner Grundgebiet liegt.

Unter den Gütern, welche gegen jenen Burgberg an das
Maximinskloster gegeben wurden, befinden sich des Nortpolt fünf
Huben und vier Morgen zu Beregon in der Grafschaft Naahcgouuc.
Das ist das hierhergehörige Bergen.

Kirn scheint in einer Tradition an das Kloster Fulda vom
20. Mai 841 zuerst vorzukommen, wo es Chira genannt wird[2]).
Die Kirero marca und Bergero marca werden in den Urkunden
Ottos I. für den Mainzer Dompropst Theoderich, nachher Erzbischof
von Trier (von 961 und 966), erwähnt[3]).   Es scheint sich um eine
Grundherrschaft zu handeln, deren Bestandteile in den Marken
Kirn, Bergen, Potzweiler (soll bei Rhaunen-Sulzbach liegen), Ober-
hosenbach und Wickenrodt (oder Battenforst, Bettenhofen) lagen,
und welche durch den Grafen Emicho zwei räuberischen Brüdern
nach Urteil der Franken entzogen war; ein Drittel war dem dritten
Bruder verblieben, zwei Drittel wurden dem Theoderich geschenkt,
der damit das Gangolfstift in Mainz ausstattete.

Alle diese Gemarkungen waren später im Besitz der Wild-
grafen, der Nachkommen des Nahegaugrafen Emicho, der damals
das Urteil gegen jene Brüder fällte.

Von den Grenzen der Kirner Hundertschaft hat sich eine
Aufzeichnung in dem Weistum der „Kirner Marktmeile" (nach
Schott von 1417) erhalten, die bereits in einer Urkunde von 1377
erwähnt ist: „als wyt und ferre die banmyle und die gerichte da-
selbs umb und umb get".   Das Weistum lautet[4]):

„Dis ist die martmyle und get an zu Oberhosenbach an dem
crutze, und gein Wapenrot an den lichten bule, und vort gein
Sessebach an die velse, vort zu Viller an die Ruhe, und vort gein
Berwiller an den langen stein, von dannen an Limbachs crutz,

---

1) MRR. 1, 867 — MRUB. I S. 230 f., Nr. 166 f.
2) MRR. I 532.
3) Ebd. 978 und 1009.
4) Schott, Diplomata Rhingravica (Habelsche Sammlung im Staats-
archiv zu Marburg) III Nr. 273. — Schneider, Geschichte des Wild- und
Rheingräflichen Hauses 129. — Staatsarchiv Koblenz, Akten der Wild-
und Rheingrafschaft, VI d. Nr. 170, fol. 290.

und vort gein Perich an den hane, von dannen bitz zu Nuwenburg uff den halß, und vort die Nahe uffen an den Goltbuhel
und die Hosenbach uss an Bernheller steeg und fort wider gein
Hosenbach an das crutz, und wer da bynnen angrieff mortelich
oder rauplich, oder sunst gewaltlich, do hant unser gerichtsherren
macht uber zu richten uber hals und halsgebeyn, zu binden und
zu entpinden".

Das Weistum nennt nur die Hauptpunkte der Grenzen eines
Bezirks, innerhalb dessen den Wildgrafen die Hochgerichtsbarkeit
über Räuber und Mörder, also der Blutbann zustand. Vom Kreuz
bei Oberhosenbach bis zum Lichtenbühl bei Woppenroth grenzte
das ebenfalls wildgräfliche Hochgericht Rhaunen an das Kirner
Gericht. Von dem Lichtenbühl ging die Grenze östlich durch das
Waldgebirge Lützel-Soon an einen Felsen nördlich von Seesbach,
hierauf an die Nahe (so ist vielleicht für „Ruhe" zu lesen) bei
Weiler, wahrscheinlich zwischen diesem Ort und Monzingen, hierauf gegen Bärweiler an den Langenstein, von dort an das Kreuz
bei Limbach, darauf an den Hahn bei Perrich (wohl der Hahnenberg bei Krebsweiler), dann auf den Bergrücken hinter der Naumburg bei Bärenbach, und in die Nahe zum Goldbühl (Golbesau)
bei Fischbach, und die Hosenbach aufwärts bis zu einem Steeg
und weiter bis zum Ausgangspunkt zurück.

Nach einem Aktenstück von 1579 über den wegen des Marktes zu
Kirn an die Ganerben von Steinkallenfels zu zahlenden Zoll sollen die
Orte Schwarzerden, Brauweiler, Kellenbach, Hennweiler, Oberhausen,
Nahe-Sulzbach, Bergen, Staufenberg, Griebelschied, Berschweiler, Niederhosenbach, Wörresbach, Fischbach, Gerach, Enckenbergk, Oberwörresbach,
Niedertiefenbach innerhalb, dagegen Horbach, Weitersborn, Hanne
(Henau?), Mörschied, Regulshausen, Göttschied, Vollmersbach, Veitsrodt,
Herborn, Kirschweiler, Asbach, Hottenbach und Hellertshausen ausserhalb
der Marktmeile liegen. Dies kann meines Erachtens nach dem Grenzweistum nicht richtig sein, oder die Grenzbeschreibung bezieht sich auf
einen anderen Gegenstand als die Marktmeile. Die erstgenannten Dörfer
Schwarzerden bis Niedertiefenbach, zahlten von jedem Haus jährlich
2 Simmer Zollhafer, die dem M. von Steinkallenfels, und Bernhard von
Löwenstein gehörten, während die anderen Dörfer (Horbach bis Hellertshausen) nur 1 Simmer Zollhafer vom Haus zu zahlen hatten. Simmern
unter Dhaun gab zu dem Zoll 3 Maß oder einen „Dippen" Wein, und
Weiler an der Nahe 3 Malter Hafer. Auf dem rechten Naheufer waren
noch zur Abgabe von Zollhafer verpflichtet Oberreidenbach, Mittelreidenbach, Schmidthachenbach, Bärenbach, Thal, Heimberg, Becherbach, Limbach, Krebsweiler, Mauer-Reidenbach (der Nieder Reidenbacher Hof),
Mittelbollenbach, Dickesbach, Zaubach, Kebersheim, Kirchenbollenbach,
Georg-Weierbach, Martinweierbach und Meckenbach[1]). Zur Lieferung
von Zollhafer waren aber in dieser Gegend diejenigen Landgemeinden
verpflichtet, die eine Stadt auf dem gewöhnlichen Markt mit ihren Produkten zu versorgen pflegten. Es war eine Abgabe, die an Stelle des

---

1) StAKoblenz, Wild- und Rheingrafschaft, Akten VId 170, fol. 119
bis 133. Wegen dieses Zollhafers war 1566 und 1575 Streit zwischen
den Stammherren der Veste Kallenfels und dem Wild- und Rheingrafen
Otto. Daselbst fol. 23 und 46.

Einfuhrzolles und der Verkaufsabgabe zu zahlen war. Jene Grenzbeschreibung gibt sich selbst nicht als die eines Zollbezirks, sondern als die eines Hochgerichtsbezirks.

Diese Grenze scheint mir die Gegend zwischen den Hochgerichten Rhaunen, Kirchberg, Kellenbach, dem Bannforst Soonwald, Monzingen, Sobernheim, Becherbach, Abtei, Herrstein und Kempfeld einzuschliessen. Doch war diese Hundertschaft längst in mehrere Gerichtsbänne zerfallen, als die Grenzbeschreibung zuerst schriftlich festgelegt wurde.

Nach jenen ältesten Erwähnungen des Ortes Kirn im 10. Jhdt. erfährt man erst wieder etwas davon im Güterverzeichnis des Rheingrafen Wolfram (um 1206), der den Zehnten und die „investitura ecclesie in Kire" vom Grafen von Lon (dem Rechtsnachfolger des Mainzer Stiftsvogtes und Stadtpräfekten) zu Lehen hatte und damit seinerseits den Ingebrand und dessen Brüder belehnte [1]). Auch die nächste Urkunde über Kirn, vom 30. Oktober 1315, handelt von diesem Patronats- und Zehntenrecht: vor den Richtern des Mainzer Stuhles verkaufte damals der Ritter Arnold von Schonenburg mit Zustimmung seiner Söhne den Zehnten der Kirche in Keren mit dem zugehörigen Patronat für 175 köln. Mark dem Rheingrafen Siegfried, dem Lehensherrn, während er am 26. November auf seinen ganzen Lehensbesitz zu Kyra, den er von dem Rheingrafen hatte, zugunsten des Wildgrafen Johann von Dhaun (de Duna) verzichtete. Nach seinem Tode verzichteten seine Söhne, Bertold und Arnold, vor dem Erzbischof Peter von Mainz nochmals auf alle Rechte auf diese Zehnten und Besitzungen [2]). 1333 belehnte der Graf Ludwig von Lon (Los) und Chiny den Rheingrafen Johann, Wildgrafen zu Dhaun, mit dem von seiner Grafschaft lehenrührigen Weinzehnten von allen Wingerten „circa Lapidem castrum" (Burg Stein) bei Kirin, und um die Burg Kirbergh, und trat ihm 1334 April 4 den Getreide- und Heuzehnten um Kyren und das Patronatsrecht ab, wofür der Wild- und Rheingraf einen Lehensträger zu stellen hatte [3]). Am 19. Juli 1365 verkauften Rheingraf Johann, Wildgraf zu Dunen, und seine Frau Margareta, dem Wildgrafen Friedrich von Kereberg ihren Zehnten zu Kere und Brucke um 800 Pfund Heller und gaben ihm aus Freundschaft dazu den Kirchensatz, die Pastorei und die Kirche zu Keren, behielten sich aber vor, innerhalb der nächsten 16 Jahre alle diese Stücke wieder an sich zu lösen. 1382 wurde das Präsentations-

---

1) Original in Coesfeld. Archiv der Fürstl. Rentkammer, darnach von mir herausgegeben im Trier. Archiv, Ergänzungsheft 12, S. 9, Nr. 22.

2) Archiv der Fürstl. Rentkammer in Coesfeld, Kyrburg ad. Nr. 95, Dhaun Nr. 1379. — Schmitz-Kallenberg, Inventare der nichtstaatlichen Archive der Provinz Westfalen, Beiband I Heft 2, S. 197 (439*), Nr. 109 bis 111. Urkunden (Originale) im Rennenberger Archiv (jetzt in Anholt, Regesten und Abschriften im Staatsarchiv Koblenz).

3) Rennenberger Archiv.

recht auf die Kirner Pfarrei durch den Wildgrafen zu Dhaun, Rheingraf Johann, unbeanstandet ausgeübt [1]).

Am 22. Juli 1335 machte der Wild- und Rheingraf Kirn die Stadt und das Dorf zu einem Lehen des Herzogs von Lothringen, Brabant und Limburg, von dem er 2000 Pfund Heller erhalten hatte. Am 27. September 1350 belehnte der Herzog von Lothringen den Rheingrafen Johann II. mit dem Schlosse Grumbach und der Stadt oder dem Dorf Kirn, und mit dem Kirchensatz daselbst, welche Güter der Wildgraf Konrad den Herzögen von Lothringen zu Lehen aufgetragen hatte [2]).

Ein weiteres Lehensverhältnis bestand mit Kurpfalz:

1351 zählt Wildgraf Friedrich unter den Pfälzischen Lehen, welche zwischen den beiden Stämmen von Dhaun und von Kyrburg geteilt waren, „Leute zu Kirn, Bergen und Rhaunen" auf [3]). Derselbe sagt jedoch in einer Uebersicht seiner Erwerbungen, die er um diese Zeit für seine Tochter Margareta zusammengestellt hat, dass der ganze Besitz um Kirberg eigen sei, nur die Burg Kirberg, die oberste Mühle zu Kirn, die Leute und die gemeinen Zinsen seien Lehen [4]).

Am 21. März 1341 übergab der Wildgraf Friedrich von Kyrburg und sein Sohn Gerhard dem Erzbischof Baldewin von Trier das Dorf und die Leute von Keren und ihr Gut auf vier Jahre in Schirm, wofür die Einwohner des Dorfes dem Erzbischof jährlich 80 Gulden zahlen sollten [5]). Am 7. März 1367 verpfändete Wildgraf Otto von Kyrburg seinen Anteil an Keren und Medersheim (Kirn und Meddersheim) mit dem hohen und niederen Gericht und allen sonstigen Zubehörungen für 1000 Goldgulden Mainzer Währung an den Grafen Walram von Sponheim [6]). Diese Veräusserung wurde am 15. Februar 1377 erneuert und die Herrschaft vor den Schultheissen und Schöffen der genannten Gerichte übergeben. Graf Walram versprach am Sonntag Laetare, die ihm „in Schirmes Wisze" anvertrauten Dörfer Kirn und Meddersheim (Anteil des Wildgrafen Otto von Kyrburg) und die Gerichte daselbst hoch und nieder „als wyt und ferre die banmyle und die gerichte daselbs umb und umb get" und was darinnen gesessen und gehörig ist, auf Rückforderung des Wildgrafen Otto oder seiner Erben unweigerlich zurückzugeben. Der Pfandbrief, wonach Otto diese Stücke für 1000 Mainzer Gulden an Walram versetzt hatte, solle

---

1) Orig. in der Rentkammer zu Coesfeld. — Schmitz-Kallenberg a. a. O. Nr. 488, 489, 659, 660, 661.
2) Diplomata Rhingravica II 141 und 262. — Orig. in Coesfeld, Rentkammer. — Schmitz-Kallenberg a. a. O. Nr. 210, 339, 345.
3) Diplomata Rhingravica II 275.
4) Ebd. 274. — Schmitz-Kallenberg a. a. O. Nr. 354.
5) StAKoblenz, Kurtrier, Urkunden, Staatsarchiv 260, 1127.
6) Lehmann, Sponheim 1, 132.

„kein moge noch macht enhaben"[1]); also Umwandlung der Pfandschaft in ein Schutzverhältnis.

Gleichzeitig war der Dhaunsche Anteil seit dem 3. Februar 1368 durch Wild- und Rheingraf Johann von Dhaun an den Kurfürsten Ruprecht I. von der Pfalz verpfändet, nämlich das Schloss Brunkenstein und seinen Anteil an Kirn mit den Dörfern Hochstätten, Bergen und Sulzbach für 2000 Gulden[2]).

Als der König Ruprecht von der Pfalz nach dem Aussterben des Wildgräflichen Hauses von Kyrburg den Wildgrafen Johann von Dhaun Rheingrafen zum Stein mit dem Pfälzer Lehen des verstorbenen Wildgrafen Otto und mit dem Erbmarschallamt belehnte, musste derselbe ein Viertteil an der Vogtei, Dorf und Gericht zu Kirn mit Leuten, Freveln hoch und nieder, Bann und Zwing, Atzung, Frohnden und Diensten, das Halbteil an der Vogtei, Dorf und Gericht zu Münster bei Bingen, ein Dritteil an der Vogtei, Kirchensatz, Zehnten und andere Güter zu Monzingen abtreten, und geloben, die Pfalz in der erworbenen Vogtei zu Rebendespurg (Ravengiersburg) und dem Viertel zu Windesheim stets ungehindert zu lassen[3]). Das Viertteil an Kirn wurde am 14. Dezember 1512 den Wild- und Rheingrafen wieder zurückgegeben, als die Summe, für welche der Kurfürst von der Pfalz im Jahre 1493 die Wildgräfliche Hälfte an Münster bei Bingen gekauft hatte, von 4000 Gulden Kapital, von der der Wild- und Rheingraf eine jährliche Gülte von 200 Gulden als Pfälzisches Lehen empfing, auf 3000 Gulden Kapital und 150 Gulden Gülte herabgesetzt wurde[4]).

Die Grafschaft Sponheim-Starkenburg hatte zu Kirn eine Anzahl Hintersassen, die Graf Johann von Sponheim am 25. Juni 1398 dem Wildgrafen Otto von Kyrburg verpfändete für 565 Mainzer Gulden, die er ihm bei einer Abrechnung noch schuldig geblieben war. Der Wildgraf soll die Bede von diesen Leuten erheben (50 Gulden jährlich halb im Mai, halb im Herbst). Einen etwaigen Fehlbetrag soll der sponheimische Amtmann zu Werisbach ersetzen[5]).

Kirn war der vornehmste Ort der Wildgrafschaft, und wurde bei Teilungen derselben meist in der Gemeinschaft gelassen. Man unterschied im Mittelalter zwischen der Stadt Kirn, dem am Fusse des Kyrberges gelegenen Teile, jetzt Altstadt genannt, und dem Dorf Kirn auf den beiden Ufern des Kirn- oder Hahnenbaches.

In der Gemarkung lag die Kyrburg, nach der sich der ältere Stamm der Wildgräflichen Familie nannte.

---

1) Lehmann Sponheim 1, 252. — Diplomata Rhingravica III 75. — Orig. im Rennenberger Archiv.

2) Regesten der Pfalzgrafen bei Rhein I 3762. — Alzeyer Copialbuch im StADarmstadt. — Diplomata Rhingravica III 14.

3) Original im StAKoblenz, Kurpfalz, Urkunden, Staatsarchiv Nr. 193. — Diplomata Rhingravica III 247.

4) StAKoblenz, Wild- u. Rheingrafen, Urkunden, Staatsarchiv Nr. 569.

5) Rennenberger Archiv in Anholt. — Archiv der fürstl. Rentkammer in Anholt Schloss. R. I 143, 142.

Schon 1128 werden unter den Grafen Emicho de Kirberc et frater eius Gerlach genannt. 1147 waren am Hofe König Konrads III. in Speyer Cunradus comes de Kirberg und Gerlacus comes de Veldence. 1157 bei Kaiser Friedrich Cunradus comes de Cherberc und Gerlachus comes de Veldenze. 1158 wird neben diesen beiden Grafen unter den Freien ein Fredericus de Cherberc genannt, im gleichen Jahr Conradus comes de Kerebergk et frater eius Emicho de Baumburgk und Conradus comes de Kirberch und Emicho comes de Veldenza[1]).

Bei der Teilung der Wildgrafschaft in der letztwilligen Verfügung des Wildgrafen Konrad II. erhielt der ältere Sohn Wildgraf Emich die Schlösser Kirberch und Schmidburg, der jüngere Gottfried Dhaun und Grumbach. Der ältere Stamm erlosch mit Wildgraf Otto von Kirburg 1409, worauf dieser Teil an den Wild- und Rheingrafen Johann III. von Dhaun fiel. Bis 1515 ist er dann mit dem Dhaunischen Teil der Wild- und Rheingrafschaft vereinigt geblieben.

1239 überwiesen der Wildgraf Konrad und seine Gemahlin Gisela bei der Vermählung ihres Sohnes Emicho die Burg Kierberc mit 50 Pfund Rente der Braut, Gräfin Elisabeth von Saarwerden, als Mitgift[2]). In dem Frieden, den die Bischöfe von Köln und Speyer zwischen dem Erzbischof Siegfried von Mainz einer- und den Raugrafen Konrad und Heinrich, dem Wildgrafen Konrad und dem Grafen Symon von Sponheim andererseits vermittelten (1242, 27. März), mussten die vier Grafen dafür, dass der Erzbischof seine Befestigungswerke auf dem Disibodenberg schleifen lassen sollte, ihre Burgen dem Erzstift Mainz zu Lehen auftragen, und zwar der Wildgraf Konrad die Burg Cirberc, die Raugrafen die Burg Buhinberc (Alten-Bamburg) und der Graf Symon die Burg Sponheim[3]). Dass dieses Lehensverhältnis ein dauerndes war, geht daraus hervor, dass im Jahre 1310 Erzbischof Peter von Mainz dem Wildgrafen Friedrich die Erlaubnis zu erteilen hatte, das Wittum seiner Frau Agnes von Schonecke auf die Burg Kirberc, die er vom Erzstift Mainz zu Lehen hatte, zu verlegen[4]). 1409 nahm Erzbischof Johann von Mainz den Wild- und Rheingrafen Johann zu dem Wildgrafen Otto von Kyrburg in die Gemeinschaft des Lehensbesitzes am Schlosse Kyrburg auf und setzte denselben in den Besitz des Anteiles des verstorbenen Wildgrafen Gerhard (Schwiegervater des Rheingrafen Johann) an dem Schlosse, und versprach ihm, dass er nach Ottos Tode auch dessen Anteil erhalten sollte[5]).

---

1) MRUB. I S. 522, 601, 657, 667, 677 f.; II 32.
2) MRR. III 108.
3) Ebd. 284.
4) Original vom 27. Januar 1310 im Rennenberger Archiv. — Druck einer Urkunde vom 1. Februar 1316 in der Wild- und Rheingräflichen Deduktion „Die Verwandtschaft und Nähe des Grades" (1761), S. 343.
5) Diplomata Rhingravica III 242 f.

Auf der Burg war eine Kapelle, deren Frohnaltar (St. Jacobus) am 11. November 1332 von Wildgraf Friedrich und seiner Frau Agnes und ihrem ältesten Sohn Gottfried mit 20 Malter Korn und 5 Pfund Heller jährlicher Renten aus der von ihnen erworbeuen Gülte zu Wyerbach beschenkt wurde. Diese Rente soll Niklas der zeitige Kaplan zu Kyren lebenslänglich geniessen[1]).

Die Kyrburg ist im Jahre 1734 durch die Franzosen geschleift worden[2]).

Eine zweite Burg, Hohenbrücken, entstand 1356 auf dem rechten Ufer der Nahe, etwas oberhalb der Stadt Kirn[3]). Am 27. Juni 1356 kamen der Wildgraf Friedrich von Kyrburg und der Rheingraf Johann II., Rheingraf zum Stein, Herr zu Dhaun, überein, auf einer Höhe bei Kirn, zu Brücken of dem Berge, auf gemeinschaftliche Kosten eine Burg zu erbauen, und darauf einen rechtsgiltigen Burgfrieden zu errichten, welchen die von beiden Grafen zu erwählenden Burgmannen beschwören sollen. Die Burgmannen sollen beiden Grafen den Treueid leisten, und alle, welche den Burgfrieden gefährden, sollen von der Burg entfernt werden. Dieser Burgfrieden wurde am 31. Juli von beiden Wild- und Rheingrafen beschworen und dafür folgender Bezirk bestimmt: von der Burg bis auf den Berg Hoinberg, von dort herab bis in die Kele uff der kuppen, genannt Blaissauge (Blaissauwe), von dort herab durch die Weingärten über die Wiesen zum Graben, genannt Berhartzdich (Bernhartsdich), durch diesen Graben über die Bruckerbach, durch den Bach hin zum Pfad genannt des Koniges Strasse, bis an die Nahe, und über diesen Fluss bis in den Weg unter Huppenfeld (Huppenfels), der von Soltzbach herabkommt, den Weg längs durch Plomenwiese (Phuncswiesc) über den Mülenteich an das Wehr und das niedere Wehr und vom Wehr wieder über die Nahe den Berg aus bis wieder auf den Hoinberg. Der Brückerbach ist der von Krebsweiler herkommende in der Gemarkung Kirn jetzt „Hombrückerbach“ genannte Bach. Huppenfels heisst jetzt Haubenfels. Das Wehr in der Gegend der Mündung des Hombrückerbaches in die Nahe ist auf dem Messtischblatt 3481 Kirn leicht zu finden. Die übrigen Namen sind auf den Karten nicht verzeichnet[4]). Auflauf, Scheltworte und Totschlag unter den

---

1) Original im Rennenberger Archiv.

2) Franz Offermanns, Geschichte der Stadt Kirn, 1900, S. 36 ff.

3) Archiv der fürstlichen Rentkammer in Coesfeld, Archiv der Wildgrafen von Dhaun, Fach 11, Fasc. 137, Nr. 732—736. Ausführliche Regesten im Repertorium. — Schmitz-Kallenberg, Inventare der nichtstaatl. Archive. Beiheft 2, S. 250, 492* f. Nr. 388, 389, 390, 396. Beiheft 1, S. 14, (14*), Nr. 63. — Offermanns, Geschichte der Stadt Kirn, S. 43. — Das unter der Burg gelegene Dorf Brucken kommt in einer Auseinandersetzung zwischen den Wildgrafen Godefrid Roub von Kirberc und Konrad von Duna im Juli 1291 vor. Es sollen genannte Hörige in Diffenbach, Bergen und Brucken, dem Wildgrafen Konrad überlassen werden (MRR. IV 1920).

4) Der Hoinberg kann nur der jetzige „Gauskopf“ sein. Von dort

gemeinschaftlich gedungenen Knechten sollen nach Landesrecht bestraft, Gefangene nicht auf der Burg verwahrt, sondern nur zur Nacht bewirtet werden, und die ältesten Söhne der beiden Häuser Dhaun und Kyrburg nur dann den Besitz der Burg antreten können, wenn sie sich zuvor auf den Burgfrieden eidlich verpflichtet haben. In den Weihnachtstagen 1356 verzichtete Philipp Flach von Schwarzenberg auf alle Ansprüche an dem Boden, worauf Hohenbrücken erbaut sei, und auf die umliegenden Aecker, Wiesen und Wälder, die ihm bisher gehört hatten.

1377 wurde der Dhaunische Anteil an den Grafen Heinrich von Veldenz versetzt, der den Burgfrieden mit dem Wildgrafen Otto von Kyrburg beschwor und ihm das Recht einräumte, nach zwei Jahren die Pfandschaft mit 350 Mainzer Gulden lösen zu können. Die Grafen von Veldenz haben diese Pfandschaft noch im 15. Jahrhundert besessen. Seitdem „verliert sich jede Nachricht von der Burg“, an die jetzt nur noch wenige Mauerreste erinnern[1]).

Im Norden des rechts der Nahe gelegenen Teiles der Kirner Gemarkung lag früher das Dorf Niedermeckenbach, welches 1375 noch bewohnt gewesen sein muss, da damals Thylmann, Herr zu Heyntzenberg dem Wildgrafen Otto von Kyrburg unter anderm 2 hörige Männer und 2 Frauen zu Nyedermeckinbach verkauft hat[2]).

Sulzbach bei Kirn (Fürstentum Birkenfeld, K 22) scheint noch im 14. Jahrhundert zu der Raugräflichen Burg Naumburg gehört zu haben, die dieser Gemarkung gerade gegenüber liegt. 1325 verfügte der Raugraf Heinrich der Alte zugunsten seines Stieftochtermannes Philipp von Sponheim und seiner Frau Katharina über seine Allode, darunter die Burg Nauwenborg, Merksheim, Becherbach, Lembach, Solzbach und Leybelbach, die Dörfer und Gerichte[3]). 1368 und 1427 wird Soltzpach mit anderen wildgräf-

---

ging die Grenze in das Krebsweiler Tal hinab und kam bei der jetzigen Ackvas Mühle (bei Kilometerstein 199) an den Brückerbach. Der Pfad, genannt Königsstrasse, ist der Weg, welcher vom rechten Naheufer zum Königsforst (Winterhauch) führte. Das auf dem Messtischblatt 3481 verzeichnete Wehr liegt oberhalb des Haubenfels. Das in der Urkunde genannte Wehr hat aber wohl unterhalb des Haubenfels, mehr nach der Stadt zu gelegen; jedenfalls etwas oberhalb der früheren Bann-, jetzigen Stadtmühle. Mitteilung von Herrn Lehrer Offermanns in Kirn.

1) Urkunden in der Rentkammer Coesfeld: Schmitz-Kallenberg, Inventare, Beiheft 2, S. 291 (533*), Nr. 620, 621, 622. — Veldenzer Kopialbuch im KrASpeyer VII 18 f. — Diplomata Rhingravica II 78. Der Burgfriedensbezirk ist in diesen Urkunden derselbe, wie 1356. Nach einem Vertrag zwischen den Wildgrafen Gerhard und Otto von Kyrburg von 1387 sollte der Burgfrieden um die Burg herumgehen, „als weit und verre ein gut gurtelarmbrost von der burgmuren zu geschieszen mag.“ — Diplomata Rhingravica III 137.

2) Original im Rennenberger Archiv; Druck Acta acad. Palat. IV pars hist. 450 f.

3) A. Köllner, Geschichte der Herrschaft Kirchheim-Boland und Stauf, Wiesbaden 1854, S. 122.

lichen Orten genannt, von denen der den Wildgrafen zu Dhaun
und Rheingrafen zum Stein gehörige Anteil unter die Pfandherr-
schaft oder den Schutz des Kurfürsten von der Pfalz gestellt wurde[1]).

Das Amt Naumburg griff auch später noch an zwei Stellen
auf den Bann von Sulzbach über, wie aus den Grenzbeschreibungen
hervorgeht[2]).

Meckenbach (Kreis Meisenheim, L 22) scheint immer zur
Wildgrafschaft gehört zu haben, es wird selten in Urkunden er-
wähnt. Ein Edelknecht Hermann von Meckinbach wurde am
30. Oktober 1337 Burgmann des Wildgrafen Friedrich von Kyr-
burg, indem er 3 Pfund Rente jährlich auf seinem Eigentum dem
alten Brule an der Mühle zu Meckinbach als Burglehensrente an-
wies[3]).

2. Das Dorf Bärweiler.
(Kreis Meisenheim, L 22.)

Bärweiler war eine Herrschaft, die als Lehen von der Herr-
schaft Kyrburg im Besitz einer Ganerbschaft war; unter den Gan-
erben finden sich die Familien von Stromberg und von Merxheim.

Am 19. April 1382 verkauften die Brüder Johann und Brenner
von Stromberg ihren Anteil an dem Dorf, Gericht und Leuten zu
Berwilre an die Wildgrafen Otto und Friedrich zu Kyrburg[4]).
1426 waren Brenner und Rudewyne von Strumberg von der Wild-
grafschaft Kyrburg wegen belehnt mit dem Dorf und Gericht zu
Berwilre mit seinem Zubehör, darinnen sie mit andern ihren Gan-
erben daselbst in Gemeinschaft sassen. Ausserdem hatte Lamprecht
Fuste von Stromberg 24 Malter Korngülte daselbst[5]). Wegen die-
ser 24 Malter war am 6. Dezember 1363 vereinbart worden, dass
Wildgraf Friedrich von Kyrburg dem Ritter Johann Fuist, Lam-
precht und Conrad, Gebrüdern von Stromberg, nach Ablauf von
vier Jahren die Wiederlösung dieser ihm verkauften Gülte, die
mit dem Lehen zu Berwilre verbunden war, gestatten wollte,
in der Voraussetzung, dass sie ihm bis dahin wegen der 220 Pfund
und 220 Turnosen genug getan haben. Lösen sie in vier Jahren
die Korngült nicht ab, so können dies tun Heinrich, Rudwin, Ritter
und Siegfried, Gebrüder von Stromberg, oder ihre Lehenserben,
oder die Herren Konrad und Emmerich, Ritter, und Heinrich, Ge-
brüder von Mirksheim[6]). Diese Korngült wurde 1434 dem Johann

---

1) Diplomata Rhingravica IV 2, und oben unter Kirn.
2) Westdeutsche Zeitschrift XXIV S. 186.
3) Rennenberger Archiv.
4) Original im Archiv des Schlosses zu Anholt, Lade 35, 2. — Re-
gest bei Schmitz-Kallenberg, Inventare I 112.
5) Altes Mannbuch in Coesfeld (von mir herausgegeben im Archiv
f. Hess. Gesch., N. F. IV 445 ff., Nr. 109, 117).
6) Archiv Anholt, Lade 112, 1. — Regest bei Schmitz-Kallenberg
Inventare I 74.

Fuste und 1457 dem Lamprecht Fuste als Pfandlehen verliehen[1]). Die Einlösung der Rente von 24 Malter Korn durch die Nachkommen der genannten geschah erst 1556[2]). Der Merxheimer Anteil fiel nach Rorichs von Merxheims Tode an die Wildgrafschaft zurück. Die von Stromberg erhoben jedoch Ansprüche darauf, und 1461 erhielt Lamprecht Fust als Entschädigung des Siegfried von Stromberg Lehen zu Bärweiler, das aus einem Kyrburger Burglehen in ein Mannlehen verwandelt wurde[3]). Auch das Lehen des Rudwin von Stromberg wurde damals nicht wieder verliehen; so ist die Gerichtsbarkeit des Dorfes wieder ganz und unmittelbar an die Wildgrafen von Kyrburg gekommen.

Am 1. März 1593 wurde die Grenze des Bärweiler Bezirks begangen[4]) Der Ausgangspunkt war an der Schmalzgrube, jetzt Schmalzkaul in der Gemarkung Lauschied, Flur 1, wo sie mit Bärweiler und Meddersheim zusammentrifft. Auf der Strecke an der Meddersheimer Gemarkung überschritt die Grenze den Schleienweg, der aus der Flur 18 von Bärweiler nach Norden führt, ging dann zwischen Bärweiler und Meddersheimer Wäldern an einen Bach (Sparbach) und durch eine Wiese zu einer alten Strasse (Römerstrasse von Kirn auf Meisenheim zu über die Limbacher Höhe), trat vor den Wald und ging an einen Weg oberhalb Strubacher Grund (Stribach in der Gemarkung Limbach, also muss das den Schwarzenberg einschliessende Stück der Gemarkung Kirschroth damals zu Bärweiler gehört haben). Am Schwarzenberg stand eine Eiche als Scheidbaum. Hierauf wird ein Scheidstein im Grund erwähnt, der Niederhundsbach und Langert voneinander trennen soll. (Ueber diese Stelle vergleiche das in der Abhandlung über das Heidegericht Gesagte: Westd. Zeitschr. XXIV S. 150). Langert, in Flur 15 und 16 der Gemarkung Bärweiler, war ein Hof, der zu Bärweiler gehörte und im Besitz der Herren von Sponheim, gen. Bacharach, war. Niederhundsbach lag an der Grenze zwischen Bärweiler und Hundsbach und der dazugehörige Distrikt reichte bis Langert und an den Langenstein, der als Grenzmal des Heidegerichts von Sien und der Markt- und Bannmeile von Kirn erwähnt wird (er liegt, auch auf dem Messtischblatt 3482 Sobernheim eingetragen, in der Gemarkung Bärweiler, Flur 9). Von hier ging die Grenze von Bärweiler durch einen Graben (Katzengraben, Flur 15) und den Wiesengrund (Grummelcheswiesen, Flur 12) zur Klingelbach, die noch jetzt die Grenze zwischen Hundsbach und Bärweiler bildet. Am Hohnknöpfchen, das auch als Grenzpunkt des Heidegerichts genannt wird, stiessen die Gemarkungen Bärweiler, Niederhundsbach, Hundsbach, Jeckenbach und Lauschied zusammen. Die Grenze zwischen Bärweiler und Lauschied ging dann in ziemlich gerader Linie an den Distrikten Heimbach, über der Kirner Strasse, Galgenberg, Judenkopf vorbei bis hinter das Dorf Lauschied, und von hier an die Minnigwiese (Mynchwiese, Lauschied, Flur 5) an den Bach, der von Bärweiler herkommt (Auerbach), zur Bärweiler Spitz (Lauschied, Flur 5), dann zur Hottenmühle an der Hottenbach (Bärweiler Flur 2) und wieder zur Schmalzkaul zurück.

---

1) Altes Mannbuch Nr. 231 und 280.
2) Mannbuch der Wild- und Rheingrafen von 1609 im StAKoblenz, Akten der Wild- und Rheingrafschaft III 6; I S. 13 v.
3) Altes Mannbuch Nr. 305.
4) Archiv in Coesfeld Nr. 2196; mit einer Kartenskizze.

3. Das Gericht Bergen.
(Fürstentum Birkenfeld, K 22.)

Das Dorf oder die Mark Bergen zwischen Kirn und Herrstein kommt schon im 10. Jhdt., zuerst im Jahre 925, vor. 961 und 966 wird es in den bei Kirn erwähnten Urkunden Ottos des Grossen genannt[1]). Am 9. April 1279 verglich sich zu Kastellaun der Wildgraf Emicho mit dem Grafen Heinrich von Sponheim wegen des Herbergrechtes auf dem Ebbenhoge zu Bergen: der Wildgraf versprach bis zum nächsten 15. Mai auf dem Houge bei Runa (Rhaunen) eidlich zu bekunden, wie oft er Herbergen in Bergen zu empfangen habe, und vor dieser Zeit keine zu beanspruchen. Ferner solle er den St. Petersleuten des Grafen von Sponheim, die zu dessen Höfen Weringesbach (Wörresbach) und Herrestein mit „Underzuch" verpflichtet sind, kein Hindernis in den Weg legen; von den Leuten des Grafen Heinrich und des Ritters Ruther, die in der Gerichtsbarkeit von Griebelscheit wohnen, soll er weder Hafer noch Heu, sondern nur Marschalls- und Zollfutter sowie Fastnachtshühner erheben. Die Leute des Grafen von Sponheim, die auf dem wildgräflichen Territorium wohnen, sollen zur Landesverteidigung dem Waffengeschrei und Glockenschall folgen[2]). Diese Urkunde ist von Wichtigkeit, weil sie zeigt, dass die „Landeshoheit" bereits im 13. Jhdt. in dem Sinne, den sie im späteren Mittelalter hatte, entwickelt war, und dass die eigentlichen Hoheitsrechte nicht auf die Personen, sondern auf die Territorien bezogen wurden.

Das Gericht bestand 1515 aus den Dörfern Bergen, Bersswiller, Grubelschitt und einem jetzt ausgegangenen kleinen Dorf Stauffenberg[3]) (unter dem noch jetzt so genannten Berg in der Gemarkung Bergen). In den Jahren 1484 und 1486 fanden Güterauflassungen zu Berschweiler bzw. Griebelschied vor dem Gericht zu Bergen statt[4]). Die Pfarrkirche dieses Bezirks liegt von allen Dörfern abgesondert und hatte den Namen Wassenach oder Westernard. Das Patronatsrecht war Lehen der Grafen von Sponheim und 1418 im Besitz des Bernhard Meysewyn von Sponheim. Dazu gehörten die Zehnten zu Bergen, Grobelscheit, Berswilr und Stauffenberg[5]).

4. Das Dorf Georg-Weierbach.
(Fürstentum Birkenfeld, K 22.)

Georg-Weierbach (zum Unterschied von dem im Sponheimischen Amt Naumburg gelegenen Martin-Weierbach so beibenannt)

---

1) MRR. I 863, 978, 1009. S. oben S. 298.
2) Ebd. IV 599.
3) Teilungsurkunde vom 29. Aug. 1515. — Weistümersammlung von Streuffen (Trier. Archiv, Ergänzungsheft 12, S. 46, Nr. 12; S. 93, Nr. 39).
4) Diplomata Rhingravica IV 211, 221.
5) Sponheimer Copialbuch in GenLAKarlsruhe Nr. 1368 fol. xvii.

war der Sitz eines Rittergeschlechtes, das mit den Herren von
Stein (Rheingrafenstein) verwandt und verschwägert war. Nach
Bodmanns Ausführungen [1]) stammte es von einem Godebold von
der Leyen ab, der um 1125 vorkommt. Dessen Enkel, Godebold III., erbaute um 1170 das Schloss Dalberg bei Stromberg,
das später an die Kämmerer von Worms kam, und diesem Geschlecht den nachmals bekannteren Beinamen gab. Weierbach
kam nach dem Aussterben des dortigen Mannesstammes an die
Herren von Randeck in der Pfalz, Nachkommen einer Schwester
des Johann von Dalberg und des Godebold V. zu Weierbach (um
1277) Am 17. Juni 1327 verkauften Yde von Randeckin und ihre
Söhne Gottfried, Eberhard und Wilhelm ihren Besitz zu Wirbach
und was dazu gehörte, mit dem Gericht dies- und jenseits der
Wälder (ausser dem Kirchensatz) um 565 Pfund Heller an den
Wildgrafen Friedrich von Kirberg. Am 11. September quittierte
Yde, Witwe des Eberhard von Randeckin, über die erlegte Kaufsumme und versprach, binnen eines Monats die Auflassung vor
Gericht zu bewirken [2]). In der Folge hatten die Rheingrafen zu
Kyrburg an der Jurisdiktion und dem Territorium sowie an den
Hubgütern die Hälfte und von der anderen Hälfte wiederum die
Hälfte (dies lässt auf zweimalige Erwerbung schliessen, von der
sonst nichts weiter bekannt ist). Das übrige Viertel gehörte den
Grafen von Sponheim und den Herren von Hagen, jedem Teil die
Hälfte. Der Wild- und Rheingraf war „Vorgänger und oberster
Gerichtsherr". Der verhaftete Verbrecher wurde nach Kyrburg in
das Gefängnis geliefert, und dort bis auf Wissenschaft der andern
Mitgerichtsherren gehalten, die sich in die Kosten zu teilen hatten.
Das hinterlassene Gut des Verurteilten wurde ebenso verteilt. Das
Hochgericht sollen die Herren auf dem Hübel gegenüber von Fischbach gemeinschaftlich aufrichten lassen. „Wobei die Rheingrafen
ein jegliches lassen, damit sollen die andern Herren ein Begnügen
haben", mit andern Worten das Bestimmungsrecht über die Art
der Bestrafung und das Begnadigungsrecht stand dem Wild- und
Rheingrafen zu. Alle Zinsen, Besthäupter, Frevel usw. sollen nach
den oben angegebenen Verhältnissen verteilt werden. Diese Gefälle
wurden vom rheingräflichen Schultheissen erhoben und dann verteilt [3]).

Der Sponheimische Anteil an der Gerichtsbarkeit zu Georg-Weierbach hatte dem Johann von Nackheim gehört. Dieser hatte
am 25. August 1500 dem Johann von Oberstein, Pastor zu St.
Jorgen-Wyerbach, seinen Teil an aller der Gerechtigkeit, die er
an und in dem Gericht zu St. Jorgen-Wyerbach hatte, mit Ge-

---

1) Rheingauer Altertümer 1 101.
2) Originale im Rennenberger Archiv. Abschr. in Diplomata Rhingravica, Anhang, Cod. dipl. A, fol. 58.
3) KrASpeyer, Horstmannia V. Demonstrationes jurium 2, 182 ff.

richtsbarkeit, Zinsen, Gülten, Pächten, Zehnten, Leuten, Häusern, Höfen, Hofraiten, Hofstätten, Aeckern, Wiesen, Gärten, Wäldern, Feldern, Stock und Steinen, Vogtrechten, Hauptrechten, Gebot und Verbot, Grund und Boden für 100 rheinische Gulden verkauft. Der Pastor überliess diese Rechte 1504 am Dienstag St. Georgen, 23. April, den Sponheimer Landesherren, die dafür eine jährliche Rente von fünf Gulden aus dem Amt Herrstein zu zahlen übernahmen, die der Pastor zu einem Jahresgedächtnis für seine Eltern gestiftet hatte. Davon sollten immer vier Gulden an den zeitigen Pastor und ein Gulden an die Kirchmeister und den Glöckner und die Kirchenfabrik für die Beleuchtung der Kirche fallen [1]).

5. Das Gericht Meddersheim und Kirschroth.
(Kreis Meisenheim, L 22.)

Meddersheim gehörte in älterer Zeit zu den Besitzungen der Mainzer Kirche in der Gegend von Sobernheim, die von der Burg auf dem Disibodenberg bei Glan-Odernheim aus verwaltet wurden (vgl. oben S. 287 u. 288). 1239 verzichtete Conradus silvester comes zugunsten des Erzbischofs Siegfried von Mainz in einer Sühne auf die Güter ville Medersheim et eorum attinentiis universis, sive liberis sive in feodo concessis, und versprach, den auf diesen Gütern von ihm seit dem Tode des Grafen Simon von Saarbrücken (Winter 1234/5) angerichteten Schaden bis nächste Weihnachten wieder gutzumachen, wofür er nach der Abschätzung Theoderichs von Kellenbach und dreier anderen Bürgen stellte. Diese Schätzung soll bis zum Martinitag beendet sein, widrigenfalls jene Bürgen, nämlich Graf Gerhard von Ditse, Symon, der Bruder des Grafen von Sponheim, Godefrid von Bikenbach, Raugraf Konrad, Eberhard vom Stein, Wernher von Bolanden, Philipp von Falkenstein, Philipp von Hohenfels, Rheingraf Embricho und Theoderich von Kellenbach Einlager zu Mainz leisten sollten. Für sonstige Schäden, welche das Erzstift Mainz durch ihn erlitten, verpflichtete sich der Wildgraf, demselben mit 60 Rittern und 40 Edelknechten 5 Jahre lang zu dienen. Auch hierfür verbürgten sich die genannten und andere Edelherren [2]).

Man ersieht, dass der Wildgraf, der mit der Schwester des Grafen Simon III. von Saarbrücken, Gisela, vermählt war, die Besitzungen des Erzstifts Mainz zu Meddersheim nach dem Tode seines Schwagers (sein Schwiegervater Simon II. starb schon 1218, dürfte hier kaum gemeint sein) an sich gebracht und die Einkünfte eingezogen hatte, worüber es zur Fehde mit dem Erzbischof gekommen war. Schliesslich besiegt, musste sich der Wildgraf zu der Verzichtleistung und Wiedererstattung der widerrechtlich ein-

---

1) Geheimes StAMünchen, Kasten blau, 388/3. — Sponheimisches Copialbuch, fol. 96 f.

2) MRUB. III S. 508 ff., Nr. 670. — de Gudenus I 559. — Orig. in München, Allg. Reichsarchiv, Rep. D 7 fol. 118, Nr. 1.

gezogenen Einkünfte verstehen. Das Streitobjekt muss grossen Wert gehabt haben, da die vornehmsten Edeln des Nahegaues sich verbürgten.

Noch klarer wird dieses Verhältnis aus einem Zeugenverhör, welches am 26. Januar 1320 vor den Richtern des Mainzer Stuhles vorgenommen wurde [1]. Diesen hatte der Prokurator des Erzbischofs Peter von Mainz eine Klage gegen den Edelmann Wildgrafen Friedrich wegen Okkupation und Detention des Dorfes Medensheim und dessen Rechte und Zugehörungen angekündigt und beantragt, schon vor Beginn des Prozesses die Zeugen zu vernehmen, da deren nur noch wenige am Leben und diese alt und kränklich seien. Den Wildgrafen könne man nicht vorladen, die Zeugen schwören zu sehen, da er der erbitterte offne Feind des Erzbischofs sei und auch kein Bote es wage, in dessen Land zu ziehen und ihm die Ladung zu überbringen, seit er den Pleban zu Kyrchperg, Clericus des Erzbischofs, gefangen gesetzt und mehrere andere Boten des Erzbischofs in seinem Gebiet mit Belästigungen verfolgt habe. Daraufhin wurden folgende geladenen Zeugen vernommen:

1. Der Ritter Dietrich, genannt Randecker, der aussagt, er sei dabei gewesen, als Wildgraf Gottfried, der Vater des Wildgrafen Friedrich, vom Erzbischof Gerhard verlangt habe, dass er seine Gemahlin, Ormunda von Vinstingen, auf die villa Medensheim bewittumen möge, dass aber der Erzbischof dies nicht zugeben wollte, wenn der Wildgraf nicht nachwiese, mit welchem Recht er das Dorf besitze, und ihm die Urkunde vorlegte, wodurch das Dorf ihm von seinem Vorgänger verpfändet worden wäre. Er, Dietrich Randecker, habe darauf diese Urkunde in die Kurie des Domdechanten gebracht, wo sie durch den jetzigen Domkantor, E. de Lapide, vor dem Erzbischof und mehreren Domherren und Prälaten geprüft worden sei. Es habe sich daraus erfunden, dass das Dorf M. durch den Vorgänger des Erzbischofs dem Wildgrafen Gottfried, Vater des Wildgrafen Friedrich, für 1000 Mark Kölnischer oder Aachener Pfennige verpfändet worden sei. Demnach habe E. Gerhard der Bitte des Wildgrafen stattgegeben unter dem Vorbehalt des Rückkaufsrechtes. Der Zeuge erzählte auch, dass der Erzbischof einmal die erledigte Pfarrstelle zu M. dem Symont von Randeck gegeben habe; der Wildgraf habe einen andern dafür präsentiert. Der Streit wurde durch den Domkantor dahin entschieden, dass nach dem Pfandbrief das Collationsrecht dem Erzbischof zustehe.

2. Der Domkantor bestätigt die Aussagen des Dietrich Randecker, dass das Dorf M. Eigentum der Mainzer Kirche sei und

---

1) Allg. Reichsarchiv München, Repert. D 7 fol. 118, Nr. 3. — Nr. 4: ein Register der Zinsen zu Meddersheim, auf welche Erzbischof Peter Anspruch erhob, war nicht aufzufinden.

für 1000 Mark Kölner oder Aachener Währung, was gleichwertig sei, dem Wildgrafen Gottfried vom Erzbischof Siegfried verpfändet worden sei. Auch über den Streit wegen der Pfarrei stimmt der zweite Zeuge mit dem ersten überein. Früher sei der Ort einmal an den Grafen von Saarbrücken verpfändet gewesen, Erzbischof Siegfried habe ihn ausgelöst und an den Wildgrafen Gotfrid Roop verpfändet.

Gottfried Raub war der Enkel des Wildgrafen Konrad, der im Jahre 1239 verzichtet hatte, und regierte von 1280 bis 1298. Ein Siegfried hatte damals den Mainzer Bischofsstuhl nicht inne. Die beiden Siegfriede von Eppenstein, Erzbischöfe von Mainz (1200—1225 und 1225—1249) waren Zeitgenossen des Wildgrafen Konrad II. Wenn daher die Wiederverpfändung durch Siegfried geschah, muss sie an diesen Wildgrafen erfolgt sein. Geschah sie aber an den Wildgrafen Gotfried Raub, so war, wie der erste Zeuge richtig angibt, der Vorgänger Gerhards II., Heinrich II. (1284—1288), der betreffende Erzbischof. Siegfried hat das Dorf vom Nachfolger des Grafen Simon III. von Saarbrücken ausgelöst, war aber dabei auf den Widerspruch des Wildgrafen Konrad gestossen, der vielleicht mit seinem Schwager eine diesbezügliche Vereinbarung hatte. Nach Konrads Verzicht 1239 war das Dorf einige 40 Jahre lang in unmittelbarer Verwaltung des Erzstifts Mainz[1]), wurde dann wieder an Gotfried Raub verpfändet. Als Erz‑ bischof Peter es wieder einziehen wollte, war er in Fehde mit dem Wildgrafen Friedrich.

Wie der Erzbischof später dazu kam, keine Ansprüche mehr auf dieses entfremdete Dorf zu erheben, kann ich nicht angeben. 1356 am 15. März bekannte Antelman, Ritter von Grasewege, Burggraf von Beckilnheim, von Herrn Friedrich, Wildgraf zu Kyrburg, begnadet zu sein, „bit dem dorfe und gerichte zu Medersheim, daz ich daz schirmen und virantwerten sal diese neheste seis jare von diesem datum … gelich anderm mime gude, in alle wys, als ich daz auch diese neheste vier jare, die virgangen sint, beschirmet und virantwertet han; und darumb sal mir die gancze gemeynde diese selbe neheste seis jare alle jarliche uszer dem vorgen. dorfe Medersheim seszig malder haveren dienen und geben." Er verspricht, die Einwohner nicht höher zu belasten, den Wildgrafen nicht zu schädigen an seinen Rechten und Gülten im Dorf, als Korn, Hafer, Wein und Geld, und den Wildgrafen auf Ersuchen zu beherbergen[2]). Das Dorf war also vollständig unter die Landeshoheit der Wildgrafen gestellt.

---

1) In dieser Zeit waren Burglehen vom Disibodenberg im Werte von 200 Mark auf das Dorf angewiesen und an den Grafen von Sponheim (später an Gerlach von Meddersheim) verliehen (s. oben S. 287 f.).

2) Original im „Rennenberger Archiv", jetzt in Anholt. Nach dem Regest im StAKoblenz. Der Vertrag wurde am 27. Februar 1360 auf Antelmanns Lebenszeit erstreckt. Orig. in Coesfeld, Rentkammer: Schmitz-Kallenfels, Inventare, Beiheft 2, S. 259 (501*), Nr. 437.

Der Graf Heiurich von Veldenz hatte hörige Hintersassen zu Meddersheim, die er 1376 an seinen Schwiegersohn, den Wildgrafen Otto, für eine schuldige Summe von 324 Pfund Heller überliess. Nach ihrer beider Tode sollen die Leute wieder an Veldenz fallen, ohne dass eine Ablösung stattfindet[1]). Von einem wildgräflichen Amtmann zu Meddersheim erfährt man 1390, dass er dem Kloster Disibodenberg ein Malter jährliche Kornrente zu liefern hatte[2]).

Die Grenze des Meddersheim-Kirschrother Gerichts erstreckte sich nach dem Weistum von 1515 „von der Sobernheimer Gemark, als der Stein steht, ungefährlich bis gen Hunspach bei die Kirche uf den Markstein daselbst, und von demselbigen Markstein herauser auf bis den Stein, da eine Eiche gestanden ist, als wir von unsern Vorältern gehört haben und fürter·von Stein zu Steinen, als uns unsere Aeltern geweiset haben". Eine genauere Grenzbeschreibung liegt aus den Jahren 1601 (14. September) und 1662 (28. August) vor. Demnach war der Ausgangspunkt bei der Haulenmühle an der Nahe bei Sobernheim. Von da ging es zunächst an der Nahe abwärts, nicht im damaligen Flussbett, sondern an bestimmten Grenzmalen (Steinen, Hecken, Ackerrainen und Sandbänken oder Werdern) her bis zur Lütgeswiese (jetzt Niederwiese in der Gemarkung Sobernheim), die an der Mündung der Hottenbach liegt. Diese Wiese wird umgangen und eine Strasse am Blocherberg erreicht. Mit dieser Strasse ging die Grenze über den Blocherberg, zu der Stelle,· wo Lauschied an Meddersheim und Sobernheim angrenzt. Die Grenze zwischen Meddersheim und Lauschied berührte dann den Welkersdeich bei dem Beilstein (vgl. eine Urkunde des Klosters Disibodenberg 1365 im Darmstädter Copialbuch fol. 27 v.), Krummenacker, den Münchwald, den Limberg, Eulendeich, ging bei Bayerswiese über die Hottenbach (bei der jetzigen Hottenmühle in der Gemarkung Bärweiler). Das folgende Stück der Grenze ist nicht beschrieben, da es an den Ort Bärweiler, also an wildgräfliches Gebiet, stösst, und zudem nicht genau festgestellt und teilweise strittig war. Erst am Klingelbacher Grund (jetzt Grenzbach zwischen Bärweiler und Hundsbach) beginnt wieder die ausführlichere Beschreibung. Von dort ging die Grenze mitten durch die jetzige Gemarkung Hundsbach zum Dorf an die Kirche, in deren Mauer ein Grenzstein eingesetzt war, dann wieder durch den Grund und zur Strasse auf der Höhe. Die Meddersheimer Gerichtsgrenze schliesst dann noch ein Stück der jetzigen Gemarkung Limbach ein, das zu dem Fürsthof (Wüstung) gehört hat. Sie berührt den Dillerwald, Säenpfuhl (Sephul) bei Limbach, geht dicht an diesem Dorf vorbei über Geisendell

---

1) KrASpeyer, Veldenzer Copialbuch VII 169 v. Orig. in Coesfeld, Rentkammer: Schmitz-Kallenberg, Inventare a. a. O. Nr. 600.
2) Diplomata Rhingravica III 157.

und Mittelwiese. den Atzelskopf zwischen Selzendell und den heiligen Feldern her auf Herscheid an die Kirner Strasse, wo Merxheim und Kirschroth an Limbach und den Fürsthof angrenzen. Von hier bis zur Nahe ist die Grenze wieder die jetzige Gemarkungsgrenze zwischen Kirschroth und Meddersheim einer- und Merxheim andererseits. Auf dieser Strecke liegen der Kirnberg, Kramers dell, Mühl und Wingertschied, Eisendeller Höhe, von der man wieder in das Nahetal hinabsteigt. Hier stand der Meddersheimer Galgen. Bei den Wiesen ober und unter Lachen wird die Monzinger Gemarkung berührt, mit dieser und der Nussbaumer Gemarkung geht es dann an den Mühlen und Gräben, Weiden und Wiesen im Nahetalboden wieder zur Haulenmühle bei Sobernheim zurück.

Das südliche Stück der Grenze an Bärweiler, Hundsbach und Limbach vorbei ist nicht mit jetzigen Gemarkungsgrenzen übereinstimmend beschrieben. Es sind hier grössere Verschiebungen vor sich gegangen. Die Wüstungen Nieder-Hundsbach und Fürsthof (vgl. Westdeutsche Zeitschr. XXIV S. 150 u. 182 f.) erscheinen 1611 als Bestandteile des Meddersheimer Gerichtsbezirks.

Ausser diesen Orten und dem jetzt noch bestehenden Dorfe Kirschroth, 1364 Rodde bei Sobernheim genannt [1]), liegen noch einige Wüstungen in dem Meddersheimer Kirchspiel. Am 9. September 1367 erhielten Peter von Notwilre und seine Frau Katharine vom Kloster Disibodenberg in Erbpacht Aecker oben an Notwilre, unter dem Wege, das Feld gen Notwilre usz vor Meddersheimer Wald, einen Morgen off Berke, und das Feld off Clopp. Sie haben Herrn Hartmut, ihren Pfarrer zu Meddersheim, gebeten, den Pachtrevers zu besiegeln. Schon 1359 verkaufte Hertwin, ein Schöffe zu Meddersheim, der Abtei Disibodenberg ein Malter Korngült, auf den Hof des Klosters zu Sobernheim zu liefern, für $16^1/_2$ Pfund Heller und setzt zu Unterpfand einen Morgen Acker oben zu Notzwilre, und $^1/_2$ Morgen nyden zu Notzwilre, die dem Grafen drei Heller Zins gaben. Die Urkunde ist ausgestellt vor dem Schultheissen und zwei Schöffen zu Meddersheim und besiegelt vom Pfarrer Johann daselbst [2]).

Auf der Höhe ssw. von Meddersheim und ö. von Kirschroth liegt am Meddersheimer Gemeindewald ein Felddistrikt „Otzweiler und Klein-Otzweiler", der genau den Angaben des Peter von Notz-

---

1) Rennenberger Archiv 1364 April 15. — 1393 werden Meddersheim und Rode zusammen als zu derselben (bedepflichtigen) Gemeinde gehörig erwähnt (StADarmstadt, Disibodenberger Copialbuch fol. 28 v.). Indessen war 1426 ein Teil des Gerichts zu Kirsrodde als Mannlehen der Wildgrafschaft Kyrburg im Besitz der Familie von Kaldenfels und als Wittum von des Wilhelm von Kaldenfels Mutter in Händen des Johann Boos von Waldeck (Altes Mannbuch Nr. 102, 172). Es handelt sich wohl um eine niedere Gerichtsbarkeit.

2) Disibodenberger Copialbuch fol. 27 und 28.

weiler entspricht. Dass das anlautende n oder m in solchen Namen wegfällt, ist nicht ungewöhnlich. — Eine weitere Wüstung im Banne von Meddersheim ist in einer Disibodenberger Urkunde von 1365 erwähnt, in einem Erbbestandsbrief über eine Gülte von Gütern des Klosters, die, wie in den andern hier zitierten Urkunden, genau aufgezählt werden, darunter „die hofested zu Dorenberg" mit dem Feld und den Aeckern ohne Maſs (soll heissen: unvermessen), das an ein ander lieget, den rych und das felt unter Herrn Jakobs Wingert von Grasewege, davon wir dem Pfarrer von Medersheim eine Gans reichen sollen, alles Gebäume auf dem vorgenannten Gut, ausgenommen Eichen und Ellern, und den Wald des Klosters, wo niemand, auch nicht der Gutspächter, ohne besondere Erlaubnis des Abtes und Konventes, graben darf. Dieses Gut gab zu Zins nur 3 „Köllsch" freie Zinse, die die Pächter alle Jahre zu Meddersheim reichen sollen, und die Schöffen erkennen, dass dies „frihe zinse" seien. Dem Grafen sollen 2 Gänse gegeben werden. Die Ellern und den Wald des Klosters sollen die Pächter hüten, wie wenn es ihr eigen Gut wäre. Der hier genannte Dornberg liegt östlich von Meddersheim zwischen dem Dorf und der Hottenbach. Hier muss 1365 ein Hof gestanden haben. Weiter oben an der Hottenbach liegt der Beilstein, der in den Disibodenberger Urkunden über Meddersheimer Güter ebenfalls als Bylstein vorkommt. Auch dort scheint ein Hofgut gewesen zu sein; vielleicht ist hier der Hof zu Bilenstein oder Bilstein zu suchen, der als Veldenzer Lehen mit anderen Gütern in der Gegend von Hundsbach, Berwilre, Meddersheim, Langenhard (Langert, Wüstung bei Bärweiler), Studernheim 1422 und 1430 den Gebrüdern Johann und Philipp Boosen von Waldeck gehört hat [1]).

6. Staudernheim.

(Kreis Meisenheim, M 22.)

Das Dorf Staudernheim kommt in Urkunden des benachbarten Klosters Disibodenberg zuerst vor. Es gehörte in älterer Zeit zur grossen Pfarrei Sobernheim, von der sich später die Pfarrkirche beim Kloster Disibodenberg ablöste, der Staudernheim als Filiale unterstand. In dieser Gegend hatte das Erzstift Mainz und die von ihm ausgegangenen anderen Mainzer Stifter einen ziemlich zusammenhängenden Grundbesitz.

Als Erzbischof Heinrich von Mainz am 20. November 1146 die Präbenden seines Domkapitels verbesserte, gab er dem Domscholaster eine Rente von 10 Pfund Pfennige zu Studernheim [2]). 1154 gab Abt Helnger von Disibodenberg seinem Vogt Franko von Studernheim als Ersatz des Lehens, das er von seinem Vorgänger,

---

1) KrASpeyer, Veldenzer Copialbuch I 127.
2) MRR. 1, 2034.

dem Abte Kuno, erhalten, aber durch den Abt Siger von St. Maximin und den Vogt Emicho wieder verloren hatte, die Mühle unter dem Fuss des Berges (Disibodenberges) bei Studernheim und eine halbe Hufe bei Wymendisheim (Weinsheim) unter den früheren Bedingungen zu Lehen [1]. Das dem Franko von Studernheim durch den Abt von St. Maximin und den Wildgrafen Emicho entzogene Lehen ist bei Simmern unter Dhaun oder bei Münsterappel zu suchen.

Rheingraf Wolfram gibt um 1206 in seinem Güterverzeichnis an, er habe vom Grafen Arnold de Scowenburch einen Hof in Staudernheim zu Lehen, den Wilhelm vom Turm und seine Brüder vom Rheingrafen zu Lehen haben. Das Saalgut dieses Hofes habe Hermann Krobe zu Lehen [2]. In demselben Dorfe hatte der Rheingraf 2 Mühlenstätten. Dieses Lehen ist wohl dasselbe, das 1411 Johann Wolf von Sponheim der Junge mit seinem Vetter Heinrich Wolf von Sponheim hatte, ein Hof mit einem Garten und Baumgarten, 37 Morgen Ackerland. Hingegen waren Wasser und Weide, Feld, Wald, Vogtei und Gericht des Dorfs zu St. sowie Wingerten und Aecker daselbst 1384 Lehen der Rheingrafschaft im Besitz eines Edelknechts Johann Bruder von Sponheim [3]. Nur ein liegendes Gut, das sein Vater, Johann Bruder, von „armluden" daselbst gekauft hatte, also ein Bauerngut, war eigen. 1351 hatte Christine, Witwe Heinrichs von Sponheim, genannt Bacharach, zu Lehen von der Rheingrafschaft ihren ganzen Besitz zu Staudernheim in dem Dorf, in der Mark und in dem Gericht, alles, was von ihrem Vater an ihren Gemahl gekommen war.

Der Familie von Sponheim, genannt Bacharach, hat in der Folgezeit die Gerichtsherrschaft gehört. 1437 stellte Henne von Randeck als Vormund des Sohnes seiner Schwester, Johann von Sponheim, genannt Bacharach, dem Wild- und Rheingrafen Johann einen Lehensrevers aus über das Dorf Studernheim mit Gerichten hoch und nieder, Wasser und Weide, Feldern und Wäldern, Fischerei, Häusern, Höfen, Mühlen und Backhäusern, Atzungen, Herbergen, Fronden und Diensten, Gülten an Wein, Korn, Hafer, Geld, Kapaunen, Hühnern und Gänsen, und dazu über Grundstücke und andere Zubehörden, wie es früher seine Schwäger, die Brüder Henne und Wilhelm von Sponheim, genannt Bacharach, gehabt hatten. Am 2. Dezember 1450 empfing der als Mündel genannte Johann das Lehen selbst. Doch machte nachher Gelfrich von Nackheim (Nack in Rheinhessen) Ansprüche auf das Lehen geltend, zu deren Bekämpfung Johann die Hilfe des Lehensherren anrufen musste. Er musste 1452 diesem das Recht einräumen, wenn deswegen eine Fehde entstünde, sich durch Einziehung eines Viertteils an dem

---

1) MRR. 2, 54.
2) Trier. Archiv, Ergänzungsheft XII S. 10, Nr. 24.
3) Fabricius, Altes Mannbuch der Wild- und Rheingrafschaft Nr. 3, 4, 32, 235, 268, 281 (Arch. für Hess. Geschichte, N. F. IV S. 445 ff.).

Lehen schadlos zu halten. Da der Fall eintrat, wurde Johann von Sponheim-Bacharach am 24. März 1457 nur mit drei Vierteln des Lehens belehnt, so dass das Dorf jetzt als Condominium zwischen dem Wild- und Rheingrafen und seinem Vasallen verwaltet wurde. So wurde auch 1508 wieder ein Johann von Sponheim-Bacharach belehnt, während am 11. November 1609 Johann Kaspar von Sponheim, genannt Bacharach, nach einem Vertrag von 1601 nur das halbe Teil an dem Dorf Staudernheim, mit Gericht hoch und nieder, Wasser, Weide, Wäldern, Feldern, Fischerei, Haus, Höfen, Atzung, Herbergen, Backhaus, Frondiensten, Gülten an Wein, Korn, Hafer, Geld, Kappen, Hühnern, und allen Gütern und Rechten, wie sie sein Vater von den Rheingrafen getragen hatte, laut der Verschreibung, ohnschädlich des halben Teiles, welches der Rheingrafschaft an dieser Lehenschaft zusteht[1]).

Später gehörten den Herren von Steinkallenfels (zuletzt Vogt von Hunolstein) nur $^3/_8$, während die Rheingrafen $^5/_8$ daran besassen.

Ueber die Rechte des Vogtes zu Staudernheim in älterer Zeit gibt eine Urkunde des Rheingrafen Siegfried vom 15. August 1312 Auskunft, wonach in seiner Gegenwart vor Schultheiss und Schöffen des Gerichts zu Staudernheim sein getreuer Vogt, der Ritter Johann von Staudernheim, und seine Frau Elisabeth einen Hof in Staudernheim dem Abt und Konvent des Disibodenberger Klosters verkauft und auf alle darauf lastenden Abgaben (darunter hospiciis, vecturis, pullis carnisprivii, omnique genere servicii ausdrücklich erwähnt) für sich und ihre Nachfolger in der Vogtei verzichtet hätten, mit Ausnahme der ihnen und ihren Ganerben in dem Dorfe fälligen Pesthäuptern[2]).

Bei Staudernheim ging eine Brücke über die Nahe, die von der Gemeinde unterhalten werden musste. Die Vögte Werner und Johann und die Gemeinde beanspruchten, dass das Kloster Disibodenberg dazu beitragen müsste. Nachdem schon 1265 ein Schiedsspruch in dieser Sache ergangen, sprach am 26. Mai 1267 der Wildgraf Emicho nach einem in Sobernheim am 26. April stattgefundenen Zeugenbeweise die Abtei von der Verpflichtung frei[3]). Sollte der Wildgraf hier noch als Gaugraf des Nahegaues gehandelt haben?

Staudernheim hatte Waldgemeinschaft mit den benachbarten Dörfern Abtweiler und Hene (beim jetzigen Hühnerhof). Am 28. Oktober 1333 bekundeten Schultheiss, Schöffen und Gemeinde zu Staudernheim die Beilegung ihres Streites mit der Gemeinde von Appilre und Hene. Die von St. sollen demnach 2 Mannen

---

1) Jüngere Mannbücher der Wild- und Rheingrafschaft in den Archiven zu Coesfeld und Koblenz.
2) StADarmstadt, Disibodenberger Copialbuch 107 v. und 109 v.
3) MRR. III 2128, 2269 aus dem Copialbuch in Darmstadt.

schicken, ebensoviel die beiden anderen Dörfer, die den Medem
und Nutzen aus den gemeinen Rodungen in zwei Teile teilen sollen;
die beiden Parteien sollen je eine Hälfte erhalten, die von Staudern-
heim für ihren Brückenbau, die von Abtweiler und Hene zu ihrem
Kapellenbau zu Appwilre. Der Wald solle beiden Teilen zur
Pfingsweide und Beholzigung ganz gleich zustehen. Haue im Wald
dürfen nur von beiden Teilen gemeinsam gemacht werden. Die
in den Wald führenden Fahrwege sollen von beiden Parteien in-
stand gehalten werden. Wenn Staudernheim vertragsbrüchig wird,
muss diese Gemeinde der von Abtweiler und Hene 100 Mark Strafe
zahlen und den Ratleuten (Schiedsrichtern) 12 Mark. Johann von
Staudernheim, der älteste Vogt daselbst, beglaubigte den Vertrag
mit seinem Siegel [1]).

2. Herrschaften in Kyrburgs Umgebung.

1. Die Wüstung Hene (Hühnerhof bei Abtweiler).

Der jetzige Hühnerhof bei Abtweiler (Kreis Meisenheim, L 22)
ist an der Stelle einer alten Dorfschaft entstanden, die unter dem
Namen Hegene schon in der Urkunde des Erzbischofs Adalbert
von Mainz für das Kloster Disibodenberg von 1128 vorkommt. Erz-
bischof Ruthard habe dem Kloster geschenkt in Hegene hubam unam
et quatuor jugera vinearum in eodem termino, que fuerunt Diderici
servientis eius de Studernheim [2]).

Wie Staudernheim, war auch Hene später von der Rhein-
grafschaft lehenbar: 1426 hatte Wilhelm von Kaldenfels zu Lehen
von der Rheingrafschaft daz wuste vergangen dorffe genannt Hene
mit syn zugehorde. Er verzichtete nachher auf dieses Gut, und
der Wild- und Rheingraf gab das Lehen dem Friedrich von Lewen-
stein, der am 7. Januar 1436 über Hene daz dorfgin, geriechte.
waßer, weyde, gulte, zinse und gefell, mit aller syner zugehorde,
... als daz Wilhelm von Caldenfels myn vetter bisher zu Mann-
lehen gehabt hat, Revers ausstellte. 1507 wurde Johann von
Lewenstein mit „Henne dem Dörfgen" als Erblehen belehnt. Nach-
her war es im Besitz der Familie von Eltz-Wecklingen [3]).

Nach dem Tode des Johann Philipp von Eltz liess der Wild-
und Rheingraf Johann Ludwig von Dhaun das Lehen einziehen [4]),

---

1) Disibodenberger Copialbuch in Darmstadt 5 v.
2) MRUB. I S. 521. Im Jahre 1342 gehörte Hegene zum Kirchspiel
der Pfarrkirche St. Nicolaus auf dem Disibodenberg. StADarmstadt, Disi-
bodenberger Copialbuch, fol. 123.
3) Altes Mannbuch der Wild- und Rheingrafschaft in Coesfeld. (Arch.
f. Hess. Gesch. N. F. IV 445 ff., Nr. 136, 168, 172.) — Jüngere Mannbücher
in Coesfeld und Koblenz.
4) Das Folgende nach dem Aktenheft im StAKoblenz: Wild- und
Rheingrafschaft VIa, Amt Dhaun 39. Mit dem Allodialerben des Johann
Philipp von Eltz, Claus Eberhard Bock von Gerstheim, wurde 1628—1661

und von der Gemarkung Henen mit Patent vom 8. Oktober 1659
durch Johann Cauer, Verwalter zu Staudernheim, Besitz ergreifen.
Am 22. Februar und am 12. April 1662 kaufte der Wild- und
Rheingraf Johann Ludwig die Anteile der übrigen Wild- und
Rheingrafen an dem aperten Lehen ($^3/_4$) für 520 Reichstaler an.

Unter den Eltz-Wecklingen unterstand die Wüstung dem
Schultheissen des benachbarten Dorfes Abtweiler, welches dieser
Familie als Allod gehört zu haben scheint. Daher war das Weistum
mit dem von Abtweiler verbunden, es wurde jedoch 1576 der
Grenzbegang besonders gewiesen.

Extract Appweiler Weißthumbs de anno 1576.

Gleicher Massen begehret auch der wohlgedacht Jüncker
Emmerich Weissung Heener Gemarken. Da weißten Schulteiß
und Schöffen vom abgeschlagen Stein biß herauf zu den Burcken
off der Heyde, da stehet ein Stein, scheidet Rampach und Henen;
weiter biß herauff an Desseler Bauwalt, da stehet ein Stein
Desselech, Hene und Rampach scheidende, von dannen biß unter
die Bürcken hin, da stehet ein Stein, scheidet Hene und Lauschet,
von dannen herab biß uff Lauscheter Nachtweyde, Hene und
Lauschet scheydende; von dannen biß uff das Adelbrünnlein, von
dannen biß uff die böß Angewand, da stehet ein Stein Henen
und Lauschet scheidende, forter herab biß uff den Tiefniger Wege,
biß hinaus auff den Idelbaum, da stehet ein Stein Henen und
Lauschet scheidende; weiter von diesem biß uff den Bandelborner
Graben, von dannen von dem Graben biß ober Difenich, von
dannen herauf biß uffen Diefeniger Weg, da stehet ein Stein,
scheidet Henen und Lauschet, förter biß uff die Langwiesen, da
stehet ein Stein Henen und Lauschet scheidende, von dannen
herauf biß uff Hener Creutz, das scheydet Henen und Lauschet,
von dannen den rothen Weg heraus, da stehet ein Stein, scheidet
Henen und Lauschet, förter unter dem Bauwald hin, da ligt ein
Stein, Sobernheim, Hene und Lauschet scheydend, förter biß an den
Staudernheimer Waldt, da stehet ein Stein drey Gemarck scheidende,
nemlich Sobernheim, Hene und Staudernheim; weiter von diesem
Wald an biß auf die Wiesen Weidenborn genannt, da stehet ein
Stein, Staudernheim und Hene scheidend, von diesem biß uff
unserer lieben Frauen Walt, da stehen zwey Stein, Hene und
Staudernheim scheidende, förter biß uff den Sperbaum, da stehet
ein Stein, Staudernheim und Hene scheidend, von dannen biß uff

---

verhandelt. Archiv in Coesfeld, Fach 9, Fasc. 427, Nr. 1412. Friedrich
von Eltz war vermählt mit Dorothea von Löwenstein zu Randeck, deren
zweiter Sohn Philipp Jakob Wecklingen bei Blieskastel, Oberwürzbach
und andere Dörfer, und auch Boos und Appenweiler erhielt. Dessen
Enkelin Eva Wilhelmina, Tochter des Joh. Philipp von Eltz-Wecklingen,
war die Frau des Nikolaus Eberhard Bock von Gerstheim. Roth, Gesch.
der Herren und Grafen von Eltz, I. Mainz 1889. 372, 393.

den Rammelsteiner Graben, da stehet ein Stein, Hene und Staudernheim scheydend, von dannen von dem Graben hin biß in die Steinwiese, von dannen bis uff den Stein, bis uff Jetzmanns Graben, von dannen biß uff die Sandhecken, da stehet ein Stein, Hene und Appweiler scheydende, von dannen bis uff den Stein bei dem Birnbaum, von dannen bis uff die Acht, da stehet ein Stein Henen und Appweiler scheydend, von dannen bis uff den abgeschlagenen Stein.

Die Grenzbeschreibung beginnt am „abgeschlagenen Stein", wie noch jetzt ein Distrikt in Flur 11 der Gemarkung Abtweiler heisst. Sie geht von hier nach Westen weiter, zwischen den jetzigen Gemarkungen Abtweiler und Raumbach her bis zu dem Viermärker Abtweiler-Lauschied-Raumbach-Desloch, am Deslocher Wald. Hier scheint die Hener Grenze noch weiter nach Westen gegangen zu sein, wie auch eine Grenzbesichtigung der Hoener Gemarkung vom 2. November 1661 ausweist, wo zwei Grenzsteine einer unterm, der andere im Deslocher Wald genannt werden. Die Hener Grenze schliesst hier ein Stück der Gemarkung Lauschied ein, welches die Nachtweide, 1661 und noch jetzt Pfingsweide genannt wird (an der Strasse von Lauschied nach Meisenheim etwa 200 Meter oberhalb ihres Austrittes aus dem Dorf in Flur 8 der Lauschieder Gemarkung gelegen), bis zur Bösen Angewann (ebenfalls Lauschied, Flur 8) und an einen Weg, der in nordöstlicher Richtung zwischen den Distrikten „Birkenloose und auf der Heid" (beide in dem Protokoll von 1661 erwähnt) in den Talboden „im Tiefenich" (Abtweiler, Flur 14) führt. Hier ging die alte Grenze wieder in die heutige Gemarkungsgrenze von Abtweiler (und Lauschied) über. Sie berührte dann die Langwiese (Lauschied, Flur 7; Abtweiler, Flur 14) und das Hener-, jetzt Rote Kreuz (Lauschied, Flur 6) und ging durch den Wald zur Ecke des Sobernheimer Stadtwaldes.

In derselben Richtung weiter ging (und geht) die Grenze bis an den Staudernheimer Wald. Auf dieser Strecke überschreitet die Grenze die Strasse Sobernheim-Meisenheim, wie 1661 erwähnt wird. Am Staudernheimer Wald macht die Grenze eine scharfe Ecke nach SW, geht über den Grund Katzenloch (1661 erwähnt) und kommt wieder an die genannte Strasse. Etwas weiter kommt sie dann an den Reimenstein (1576 Rammelstein, 1661 Reymelstein genannt), wo sie sich in der Richtung nach Südosten in das Innere der jetzigen Gemarkung Abtweiler zurückzieht. Jetzmannsgraben (1661 Getzemannsgraben) wird der jetzige Tissemsgraben sein, der von der Wiese am Reimenstein auf die Sandheck führt. Der jetzige Distrikt auf der „Acht" scheint mir zu weit nach links abgelegen zu sein. Es könnte sein, dass die Distrikte „in und auf Binsewies" zu dieser „Acht" (d. h. Herrenland) zuzurechnen sind; dann würde sich ein glatter Verlauf der Grenze von der Sandheck in einem Bogen zwischen der Abtweiler- und der Hühnerheide bis zum „abgehauenen Stein" ergeben, wie er in den Grenzbegängen beschrieben ist.

Der Hener Distrikt war schon 1426 wüst und unbewohnt. Unter den Eltz-Wecklingen wurde er von den Gemeinden Lauschied und Abtweiler benutzt, die sich am 8. August 1580 wegen der gemeinschaftlichen Nutzung zu Weide und deren Begrenzung vertragen haben. Für diese Nutzung hatte die Gemeinde Lauschied dem Herrn von Eltz-Wecklingen 23 Albus Geld, 7 Malter Korn und 15 Malter Hafer, 2 Tage Fuhrfronden und 3 Tage Handfronden zu leisten.

Unter den Rheingrafen beanspruchten die beiden Gemeinden die Anerkennung ihrer Nutzungsrechte, und rissen einmal das von den Rheingrafen zu Hoene errichtete Hofgebäude gewalttätig ein.

1712 war ein wild- und rheingräflicher Hofmann auf dem Hehner Hof ansässig, und wurde die jetzige Gemarkungsgrenze zwischen dem Hofbann und der Gemeinde Lauschied durch einen Vergleich am 12. Dezember festgesetzt, da sich Missstände ergeben hatten, „weillen die Hehner Gemarcken mit einem Theil, sonderlich gegen der sogenanten Nachtweyd zu, allzunahe gegen Lauschied stoßet, hingegen derselben Bezirck sich wider bey dem Adelsborn (bei der jetzigen Auelswiese) und Dieffenicher Graben in die Hehner Gemarcken mit einer Ecken erstrecket, kein Theil das seinige recht oder ohne Betrettung des andern Grentzen genieszen könne".

2. Das Dorf Lauschied.

Werner von Bolanden hatte zu Lehen vom Grafen von Diez „villam Lubescheid juxta Mettersheim, et hoc beneficium fuit domini Petri de Maguntia"[1]. Wie die Grafen von Diez zu diesem Besitz gekommen sind, muss noch aufgeklärt werden. Sie hatten zerstreute Besitzungen in Rheinhessen, die vielleicht mit der Vogtei über irgendein Stift oder Kloster (vielleicht Fulda?) zusammenhingen.

Im 14. Jahrhundert hatte von dem Grafen von Sponheim-Dannenfels, Inhaber der Herrschaft Bolanden, Heinrich Wolf von Sponheim zu Lehen das halbe Gericht zu Luscheid mit seinen Zugehörungen[2]. Nach dem Weistum von 1541 6. Dezember[3] (aus dem Gerichtsbuch von 1463 verlesen) war der Wolf von Sponheim

---

1) Sauer, Aelteste Lehenbücher der Herrschaft Bolanden S. 28.
2) Rheinischer Antiquarius II 16, S. 793 f., Nr. 210.
3) Diplomata Rhingravica V 79. Grimm III S. 749 teilt nur einige Stellen aus diesem Weistum mit. Ortsstatuten vom 16. November 1602, erlassen durch Bernhard von Coppenstein, als Vormund des von Sponheim, Hans Dietrich von Ellenbach, Johannes Metzler, im Namen des von Scharffenstein, und Wolfgang Schwarzenberger, Schultheiss zu Sobernheim, anstatt des Edlen von Eltz. im StAKoblenz, Reichsritterschaft, Kanton Niederrhein, Reichsherrschaft Lauschied. Daselbst auch die Verträge zwischen Lauschied und Hene von 1580 und 1712.

der oberste Gerichtsherr über Hals und Halsbein, und die übrigen Herren (1541 Johann Meinhard von Coppenstein für Wolf von Sponheim, Philipp Cratz von Scharffenstein, Niclas von Schmidtburg, Erbschenk, und Niclas von Ellenbach als Mitvögte) nur Mitgerichtsherren, ein jeder, nach dem er Gült hebt. Strafbar war es, wenn einer das Gebot oder Verbot eines der Herren verachtete oder brach, wenn einer eine Klage, die vor das Lauschieder Gericht gehörte, vor einem andern Gericht anbrachte, wenn einer, der zum Schöffen gekoren wurde, „sich des freventlich erstund zu erwehren“.

Wenn misstätige Leute bei ihnen erfunden werden, hat der Schultheiss sie mit Hilfe der „Nachpauern“ zu greifen, und die erste Nacht zu bewahren, und in das nächste Schloss der Wolfen zu führen. Die Exekutionskosten sollen alle Gerichtsjunker tragen, jeder nach seiner Gebühr, wenn das Vermögen des Verurteilten nicht dazu ausreicht.

Die Wolfen haben auch allein den Schultheissen zu setzen und zu entsetzen, der aber auch den andern Gerichtsherren eidpflichtig sein soll. Der Schultheiss mit Rat der andern Schöffen hat Macht Schöffen zu kiesen, wobei auch die Wolfen einen stimmberechtigten Vertreter schicken dürfen.

Wenn die Obrigkeit (die Gerichtsherren oder ihre Vertreter) nach Lauschied kommt, soll der Abt von Disibodenberg den Leuten und Hunden Wein und Brot geben. Die Herren haben das Recht auf Lager und Atzung beim Schultheissen, wenn sie mit zwei oder drei Pferden kommen, für mehr Pferde hat die Gemeinde beizutragen.

Ausser den Gerichtsherren hatte niemand Eigengut in Lauschied.

Wenn der Herren Zinse bezahlt sind, soll die Gemeinde Wald, Wasser, Feld und Weide und Brandholz geniessen bis zum nächsten Zinstag. Da sich dieser Punkt nicht in dem alten Weistum des Lauschieder Gerichtsbuches (das auch an manchen Stellen „zergänzt“ und von verschiedenen Handschriften gewesen sein soll) gefunden hat, wollen die Gerichtsherren ihn nicht anerkennen.

Lauschied war also eine von der Herrschaft Bolanden lehenbare Ganerbenherrschaft, in der die Familie Wolf von Sponheim als Besitzer des Blutbannes gewisse Vorrechte genoss.

Die Grenze zwischen Lauschied und Meddersheim wurde 1781 neu versteint. Sie berührte die Gewanne Schanzengraben, wo Sobernheim mit den beiden Gemarkungen zusammentraf, im Sumpf, Krummenacker, Münchwald, Beilstein, auf dem Kahlen Hahn (Callhan), Eulendeich und endigte an der Hottenmühle, wo die Gemarkung Bärweiler anfängt. Diese Grenze entspricht vollkommen der jetzigen Gemarkungsgrenze zwischen den beiden Orten.

3 Das Dorf Abtweiler.

Ueber das Dorf Abtweiler konnte ich bisher nur feststellen, dass es zur Pfarrei St. Nikolaus auf dem Disibodenberg gehörte,

1333 eine Kapelle baute und in Waldgemeinschaft mit Staudern-
heim und Hene stand (damals wird es Appilre oder Appwilre ge-
schrieben), wie Hene von denen von Löwenstein an die von Eltz-
Wecklingen kam (aber als freies Allod), von deren Erben, von
Bock, es der Herzog von Pfalz-Simmern an sich brachte.

4. Die Burgen Stein und Kallenfels.

Schloss Stein-Callenfels. Seine Ganerben, sein Burgfriede. Wetzlar-
sche Beiträge für Geschichte und Rechtsaltertümer, herausgegeben von
Dr. Paul Wigand. II. Wetzlar 1845. S. 129–174. — Pfarrer Schneider in
Kirn, Die Ganerbenschlösser Stein und Kallenfels, mit besonderer Berück-
sichtigung der daran Theil habenden Gemeiner. Wetzlarsche Beiträge III.
Giessen 1851. S. 146–183 u. 269–297. — Urkundenbestand im StAKoblenz,
Rheinische Reichsritterschaft, Canton Niederrhein, Herrschaft Stein-Kallen-
fels Vgl. Ausfeld, Uebersicht, S. 67, Nr. 46. — Vgl. auch den Artikel von
Weidenbach: „Die Burgen Stein und Kallenfels", im Rhein. Antiquarius
der II. Abteilung 19. Bd., S. 298–358.

Oberhalb der Stadt Kirn verengert sich das Hahnenbachtal,
durch welches der Weg auf den Hunsrück führt, zu einer engen
Schlucht, die durch nicht weniger als drei auf einem steilen Felsen
gegründete Burgen, Stein, Kallenfels und Stock-im-Hane, gesperrt
wird. Hier war ein Ganerbenverein angesessen, der aus der Fa-
milienverbindung der Herren vom Stein (de Lapide, vielleicht ver-
wandt mit den gleichnamigen Herrengeschlechtern vom Obernstein
und vom Rheingrafenstein) und der Ritter von Kaldenvels hervor-
gegangen, in späteren Zeiten infolge von Erbteilung, Einheirat
und Ankauf von Anteilen viele rheinische Rittergeschlechter um-
fasst hat.

Als Haupteinnahme hatten diese Ritter den Marktzoll im
Dorfe Kirn, und dieser Umstand gibt eine Erklärung für den ur-
sprünglichen Zweck der Anlage: es war eine Zollstätte. Das
unterste, an der Strasse gelegene Haus, „der Stock-im-Hane" war
wohl von dem Zollstock so genannt. Für den Zoll wurde in vielen
Dörfern, die den Wochenmarkt in Kirn gewöhnlich beschickten,
eine Hafer- oder Kornabgabe erhoben, wie schon S. 299 nachgewiesen
wurde. Hierfür mussten die Herren von Stein-Kallenfels acht Ge-
leitsreiter zum Schutz des Marktes unterhalten.

Der Marktzoll war ursprünglich überall königliches Recht,
daher war auch die Zollburg vom Reich lehenrührig.

Wie in andern Ganerbenburgen musste auch in Stein-Kallen-
fels ein Burgfriede beschworen und ein Vorstand der Gesellschaft
bestellt werden[1]. Der Burgfrieden ist nach den Urkunden von
1371 und 1514 für den folgenden Bezirk gültig: Diß ist der
burchfrede, als er begryffen ist: der geit an uff der velße genant
Schayffsteine (1514 Scharpfenstein), von der velße gelich uf die
leymgrobe, van der leymgroben an den alden hof zu Roede, van

---

1) Rheinischer Antiquarius II 19, S. 283.

dem hoif tuschen Enßebusch wyngart (1514 Eisenbruchs wingart)
under der nesten velſe oben daran hen durch die klamme tuschen
der groißer velße und der velße, die da lyt an hern Hermans
und Ulrichs weldgin, und under der groiſſer velße hyn byt an
den born, der da heisset Trachenpuil (1514 Drachenpfuell), der da
lyt nydden an der groißer velßen, unde van Trachenpuil bit an
den wingart, der da heiſſet der alde wyngart, der dae ist herren
Hermans und frauwen Alleyden, und die heghe yn mit uf den
wech, der vom Steine ghen Kyrne geyt, von dem wege uf den
pait, der uysßwendig Hennen Weberß wyngart hene geyt zo
Kirberch, von dem paide, da er angeit, glychs bit ober den vort
(1514 die furt), dae die Trubenbagg (1514 Driebenbach)[1]) fluisset
in die Kyre (Kierne), unde darnach gensyts der Kyre henne under
dem reche henne bit an den kalckoben, den rucke uß bit uff die
velße gehem dem Haen uber, oben uf dye kuppe unde velße ghen
den Haen (Hane) gelegen, und van der velße uf dye kuppe und
die velße gelegen über dem müllenweg [van der vels bit uf den
graben, an Naden wise (Nottenwiessen), da er in dye bach] geyt,
und danne uber dye bach byt an den steyn der uf dem buel
(1514 Bogell) lyt under Wartenstein, von dem stein ussen an Meyn-
hartz wyngart hene den ruck uß durch hern Theilmans weldechin
so da hene, da der wàlt wendet wieder uff Schaffsteyn.

Die Erklärung dieses Bezirks ist etwas schwierig, weil bei
vielen Grenzpunkten die damaligen Besitzer genannt werden, so
dass jetzt die Auffindung nicht mehr möglich ist.

Der Scharpfenstein liegt an der Grenze der Kallenfelser und
Oberhauser Gemarkung bei dem Distrikt Schafstall und heisst im
Volksmund „Geissenfels". Es ist ein mächtiger, zackiger Stein,
weithin sichtbar. Von dort fällt die Grenze des Burgfriedensbezirks
mit der Gemarkungsgrenze zusammen bis zu den Lehm- und Sand-
gruben. Dann biegt die Grenze rechts ab, geht den Feldweg ent-
lang an der „Roederwiese" (alter Hof zu Rode) und an den Distrikt
„Am Burgfrieden" (zur Gemeinde Oberhausen gehörend) vorbei
bis an die Kallenfelser Felsen. Unter dem obersten derselben lief
sie durch in die Klamm zwischen den beiden Felskämmen und
durch diese abwärts bis an den Drachenpfuhl, an dessen Stelle
sich seit einiger Zeit ein Wasserleitungsreservoir befindet. Weiter
abwärts gelangt man durch einige Wiesen (früher Weinberge) auf
den Weg, welcher von Stein nach Kirn führt. Davon zweigt
später rechts ein Pfad ab, welcher aber früher nicht wie jetzt
rechts, sondern links an der jetzigen Villa Böcking vorbei bis an
den Hahnenbach (Kyrbach) führt. Gerade gegenüber mündet der
Trübenbach in den Hahnenbach. Ungefähr 200 Meter oberhalb
seiner Mündung fliesst der Trübenbach an dem Distrikt Kalkofen
vorbei. Von dort ging die Grenze den Bergrücken am rechten

---

1) Trübenbach in der Gemarkung Kirn, direkt unter der Kyrburg.

Hahnenbachufer hinauf und über diesen Bergrücken an Kallenfels vorbei bis zum „Erlengraben". Dem Erlengraben gegenüber liegt auf der linken Hahnenbachseite (fast an dem Wege, der von der Landstrasse aus nach Wartenstein führt) auf einem kleinen Hügel ein mächtiger Felsblock. Von dort läuft die Grenze über den Bergrücken hinauf zum Ausgangspunkte, dem Scharpfensteine[1]).

5. Herrschaft Wartenstein.

Im Jahre 1357 errichtete der Ritter Tilmann vom Stein (-Kallenfels), Herrn Ulrichs Sohn, auf einem Berg zwischen Kaldenfels und Hennewilre eine neue Burg, und liess sich von seiner Mutter Irmgard und seinen Geschwistern Ulrich, Jutta, Ida, Irmgard, Anna und Hildegard und seinem Schwager Richard von Esch, Gemahl der Ida, deren Anteile und Rechte an diesem Berg am 24. Juni abtreten[2]). Am 11. Februar 1359 trug der Erbauer für 800 Gulden die neue Burg, die er beim Stein (-Kallenfels) begriffen und „Wartenstein" genannt hatte, mit dem Berg zwischen dem innersten grossen Graben, der Kire und der Ramsbach mit allen dort gelegenen Häusern, Mühlen, Befestigungen, Grundstücken, Wald, hohem und niederem Gericht und Herrschaft dem Erzbischof Boemund von Trier zu Lehen auf[3]). 1373 (Febr. 2) verzichteten die Söhne einer der Schwestern Tilmanns, Johann und Hugel, Vögte von Hunolstein, auf die Burg und willigten in den Lehensauftrag an Kurtrier[4]). 1381 ging die Herrschaft Wartenstein an Herrn Dietrich von Manderscheid über, der die älteste Tochter Tilmanns von Wartenstein geheiratet und einen Vertrag mit dem Gemahl der zweiten Tochter, Johann von Than, geschlossen hatte[5]). Um 1409 geriet Dietrich jedoch in Fehde mit den Herren von Daun, Vogt von Hunolstein, Boos v. Waldeck, v. Ulmen und v. Clotten, infolge deren er die Burg verlor; denn am 15. Mai 1414 belehnte der Erzbischof Werner von Trier den Johann von Swarczenberg mit der Burg Wartensteyn, wie sie bisher dessen Frau Katherine von Dane besessen hatte[6]). 1428 war ein Teil der Burg an Yliane von Thane, Witwe des Ritters Johann von Lewenstein, verliehen[7]), der 1441 an ihren Sohn Wolfram von Lewenstein überging[8]). 1457 wurde Henrich von Swartzenberg mit einem Teil an Wartenstein belehnt[9]).

---

1) Diese Erklärung ist mir von Herrn Lehrer Offermanns in Kirn mitgeteilt worden.

2) Töpfer, UB. der Vögte von Hunolstein 1 S. 234, Nr. 289. — StA. Koblenz, Dipl. Arch. Trev. 5, 129.

3) StAKoblenz, Reichsritterschaft Kanton Niederrhein, Urk. der Herrschaft Wartenstein 1. — Dipl. Arch. Trev. 5, 130.

4) Dipl. Rhingrav. 3, 47.

5) Töpfer a. a. O. 2 S. 136, Nr. 151. Eiflia illustr. 1, 2 S. 508.

6) Dipl. Archiep. Trev. 9, 627.

7) Ebd. 10, 441.   8) Ebd. 13, 209.

9) StAKoblenz, Urk. d. Herrschaft Wartenstein 20.

Am 26. April 1461 verkauften Dietrich, Herr zu Manderscheid, und Dietrich, Graf zu Manderscheid, Herr zu Dune und zur Sleyden, dem Erzbischof Johann von Trier, dem Grafen Johann von Nassau-Saarbrücken und dem Herrn Wirich von Daun-Falkenstein die Hälfte des Schlosses Wartenstein bei Kallenfels [1]). Nassau und Daun überliessen schon am 15. Mai die Hälfte ihres Viertels dem Herrn Johann von Criechingen, der von Erzbischof Johann belehnt und in den Burgfrieden aufgenommen wurde [2]). Die vier Teilhaber bestellten am 14. Februar 1463 einen gemeinschaftlichen Amtmann für ihre Hälfte (Heinrich von Schwarzenberg, der einen andern Anteil als Lehen besass) [3]). Der Anteil des Grafen von Nassau-Saarbrücken fiel 1574 dem Erzstift Trier heim und Kurfürst Jakob liess sich am 17. März daselbst huldigen [4]). Anfang 1583 war auch Ludwig von Schwarzenberg gestorben und dessen Anteil wurde nun gleichfalls von Kurtrier als erledigtes Lehen eingezogen und am 19. und 20. Februar von den Untertanen der Herrschaft in den Dörfern Hanenbach, Weiden, Herborn, Niederhosenbach, Griebelscheid und Königsau die Huldigung entgegengenommen, wogegen Johann von Warsberg, Schwiegersohn des Ludwig von Schwarzenberg, am 20. und 23. Februar Protest einlegte [5]). Dieser erreichte auch am 4. März 1585 die Belehnung nicht nur mit der Hälfte, die dem Ludwig von Schwarzenberg gehört hatte, sondern auch mit die mit den vormals Nassauischen und Obersteinischen Anteilen. Doch wurde dem Erzstift Trier die landesfürstliche Obrigkeit, Appellation, Musterung, Reisefron, Folge und Schatzung ausdrücklich vorbehalten [6]). Wie es dann kam, dass 1654 Wilhelm Wirich, der letzte Herr von Daun-Oberstein-Falkenstein, mit einem Teil der drei Teile des halben Schlosses Wartenstein belehnt wurde, weiss ich nicht anzugeben [7]). 1656 wurde auf Bericht des Warsbergischen Amtmannes dem Amt Wartenstein oder Weiden die landesherrliche Kriegskontribution seitens des Kurfürsten erlassen. Es waren damals nur 13 verarmte Untertanen im Amt. Diese Leute sollten ferner nur 15 Gulden in die kurfürstliche Rentkammer zahlen.

Die zu dem Amte Wartenstein oder Weiden gehörigen Orte werden in einem Weistum vom 17. November 1478 benannt und ihre Grenzen beschrieben. Es sind die Dörfer Hahnenbach bei dem Schloss Wartenstein (K 21, Kreis Kreuznach), Herborn (J 22), Weiden (J 21) und ein Anteil an dem Dorf Niederhosenbach (K 22, Fürstentum Birkenfeld).

---

1) StAKoblenz, Urk. d. Herrschaft Wartenstein 22, 22a, 24.
2) Ebd. 25, 25a. Dipl. Rhingrav. 4, 118.
3) Urk. d. H. Wartenstein 27; vgl. auch Nr. 40, 41, 46, 47, 48, 48a.
4) Ebd. Nr. 90, 91.
5) Nr. 96, 97.
6) Nr. 98.
7) StAKoblenz, Trierer Lehenhof.

Grenze des Gerichtes Hahnenbach in der Herrschaft Wartenstein.

A Weistum vom 17. November 1478. B späteres Weistum [in eckigen Klammern]:

A die Grenze beginnt am Kynnenfels [B an Wällenfeltz [1]), aus der Wällenfeltz in den Meußborn] A uf Bertriche [2]) uf Cunemansfeld, von dannen uff Wolffscloppe [3]) uff das hoest, [B aus dem Born in Wolffsklobshell [4]),] A von dem hoesten herabe in den born, der in Erlbach [4]) stet, von dem born aus uff Hilbersberg [5]) uff das hoest [B uf den Hilbersberg [5]) in das Steingerüll,] A von dem höchsten herabe in die zwoe bech, die zusammen gent, genannt die Wiltbache, Gruebelschiedter bach [6]), inne Winantswyse [B aus dem Steingerüll in Wendtz wieß,] A da sie oben wendet, von der wiesen uff das höchst in Hanencloppe [7]) [B ausser der Wiesen in das hinderst Haneklöbgen [7]),] A von Hanencloppe in den hagendorn, der uff Fronnenberg stet, von dem dorn herüber mit an den dorn, der da stet inne Schisshecke, von dem dorn herüber mit in das beimchen, da der born stet in Hilmansgrund [8]), von dem beimchin in den baum, der unden an der Haseln stet, von dort in Trauden-baume [B ausser dem Haneklöbchen in den Handorn in Struterberg [9]), von dem berg in Trautebeumgen [10])] A der in der Abeseitten stet, als innen in die bach als die zwoe bech [11]) zusammen gent, in den grund, [B vom Trautenbeumgen bis in die klein bach,] A das bechelin herinne in die Grossbach [B die kleinbach innen bieß in die recht bach,] A die gross bach herus in die Rinde [12]) [B die recht bach aussen bis in die Rin [12]),] A von

----

1) „auf dem Wehlenfels", im äussersten Süden der Gemarkung Hahnenbach, wo Kirn und Bergen angrenzen.

2) „in Bertrich, auf der Bertrichswies", westlich vom Wehlenfels.

3) „auf'm Wolfskopf" (Feld), „Wolfskopf" (Holzung), nw. von Bertrich.

4) „Erlgraben", unter dem Wolfskopf.

5) „Helfersberg", auf dem Messtischblatt 3460 „Hülfersberg".

6) An der Grenze mit Griebelschiedt unter dem Helfersberg fliessen zwei Bäche zusammen, die weiter als „Dinsenbach" durch die Gemarkung Hahnenbach fliessen.

7) „Hahnenkopf" oder „Hahnenknopf".

8) „in Hermesgründchen", Hahnenbach, Flur 4.

9) „oben in der Stried" daselbst.

10) Dieser Baum muss in der „Habichtsheck", Hahnenbach, Flur 1, gestanden haben.

11) Diese beiden Bäche sind der „Dielenhellsgraben" zwischen den Gemarkungen Griebelschiedt und Sonnschiedt und der „Streichgraben", die weiter längs der Habichtsheck in den Kirn- oder Hahnenbach fliessen. Die Grenze folgt dann diesem Bach aufwärts an den Wiesen „unten, mitten und oben in Bachhausen" (Wüstung?) vorbei bis an die Stelle, wo die Gemarkungen Hennweiler und Bruschied mit Hahnenbach und Sonnschiedt zusammentreffen, die auch im Weistum von Bruschied (Fabricius, Hochgericht Rhaunen S. 43) als Renne oder Rinne (12) vorkommt. Diese Rinne kommt vom Rodenberg (im W. Röderheck, im W. Bruschied

der Rindeflos herabe, under dem berg herabe, bis an den graben
[B aus der Rinnen in den Rast, aus der Rast uff der Röderheck
hien, bis in Grafengründchen, aus Grafengründchen bis in Steinbach [1]),] A der da liegt an dem Klebe [2]), bey dem wingarten
[B aus Steinbach bis in Schotzweingart,] A von dem graben vort
heruff bis in die Horst [3]), von dem Horsten vort als die mauer
stet in Paffenberg [4]) [B von da uf Pfaffenthell] A die mauer langes als hienne mit ine den cloppe, heisset Argensane, von dem
cloppe in ein baum uf Binenberg [5]) [B bey einen eichenstrunk,
vom Strunk an bis auf Bummelberg [6]),] A von dem Baume herab
in die Aue [7]), vorter an der wiesen langes mit in des scholthessen
feld, in den markstein, da hat vor ein baum gestanden, von dem
markstein das floss vort aus bis an den obersten Heinzenberg [7]),
[B und die Mauer herin bis in Bingellersborn, vom Bingellersborn
in den Heintzenberg [8]),] A vom Heinzenberg den rück herab in
den stein, der da stehet unden an Wartenstein an dem Schreckh,
von dem Schreckh [9]) in das hoest uff die Abiche heck [10]), das hoest
her mit in die trenckh zum Stein-Kallenfels [11]), von der trenken
in den obersten burgweeg, der vor der porten inne get, von demselben weege als inne die Lutterbach, und die Lutterbach hinabe
bis in die Grossbach und so wieder zum Anfangspunkt zurück

Rodenberg) herab, hier macht die Grenze von Hahnenbach eine spitze
Ecke, geht, wie das ältere Weistum vorschreibt, unten am Fuss des Berges
am Waldrande herum und durch Ginseldell zum Steinbach (1).

2) Kleb ist ein Wäldchen, gleich daneben liegt das Wäldchen
„Hürst" (3).

4) Es folgt das Gehölz „am Pfaffenberg".

5) Unter Binenberg oder Bummelberg (6) ist wohl der durch die Win
tersbach vom Pfaffenberg getrennte „Bubenberg" zu verstehen.

7) Diese Au hat wahrscheinlich am Hengelgraben gelegen, bei dessen
Mündung in den Hahnenbach die Wiese „mitten in der Au" zu finden ist.

8) Dieser Heinzenberg ist nicht der an der Simmer gelegene Burgberg dieses Namens, sondern muss unmittelbar hinter dem Schloss Wartenstein gesucht werden. Das Schloss ist jetzt zur Gemarkung Oberhausen
gezogen; damals hat es zusammen mit Hahnenbach zu der Herrschaft
Wartenstein gehört. Die nächste Umgebung ist die Waldabteilung „im
Gebück". Darunter ist eine Wehranlage aus dicht verflochtenen Hecken
zu verstehen.

9) „Im Schrick" ist eine an das Wartensteiner Gebück angrenzende
Wiese in der Gemarkung Steinkallenfels. Die ältere Grenzbeschreibung
geht nun längs dieser Gemarkung auf der Höhe des Habichtwaldes
(Abicheheck) (10) und von dort hinunter in die „Tränkpütz" (11) bei dem
Ort Steinkallenfels, den Burgweg bis vor die Burgpforte hinauf und wieder
hinab in die Lauterbach, an der Grenze der Gemarkungen Steinkallenfels
und Kirn mit diesem Bach in den Kirnerbach und dann wieder zum Ausgangspunkt zurück. Es wird also ein grosser Teil von Steinkallenfels
mit eingeschlossen. Der jüngere Grenzumgang scheint den Bezirk zwischen Habichtswald und Steinkallenfels nicht mehr zur Herrschaft Wartenstein zu rechnen. Beachtenswert ist, wie die beiden Grenzbeschreibungen
auch da, wo sie andere Punkte als Grenzmale angeben, sich gegenseitig
ergänzen. Ueber die Wüstung, die man bei Bachhausen vermuten muss,
habe ich keine Erwähnung in Urkunden gefunden.

[B vom Heintzenberg hïnab bis in der Wescherschen Haus in das
Schlitzfenster, aus dem Schlitzfenster in die Wällenfeltz].

Auch von den übrigen Dörfern der Herrschaft sind Grenz-
beschreibungen überliefert, deren befriedigende Erklärung mir je-
doch nicht gelungen ist. Da diese Dörfer zwischen den Aemtern
Herrstein und Wildenburg eingeschlossen sind, für welche gute
Karten vorliegen, ist die Erklärung dieser Grenzen nicht erforderlich.

6. Herrschaft Heinzenberg.

Eine bedeutende Herrschaft hatten die Edelherren von Heinzen-
berg[1]) von den Grafen von Veldenz zu Lehen. 1278 verlieh der
Graf Heinrich von Veldenz die Lehen seines Blutsverwandten Wil-
helm von Heinzenberg an dessen Bruder Johann[2]). Woraus diese
Lehen bestanden, erfährt man erst aus dem Lehensrevers von 1380
vollständig: die Vogtei zu Henwilre mit den Dörfern Henwilre, Obern-
husen, Guntzelnberg, den Hof den man nennt „Eygen", „den Dale
zu Heintzenberg", mit allen Einwohnern der genannten Ortschaften,
ausgenommen die Leute, die von dem Hunsrück in das Gericht
Hennweiler einziehen; auch der Zehnte im Kirchspiel Hennweiler,
je ein Hof zu Hennweiler und zu Oberhausen, zwei Waldstücke,
und das Stück Landes, das um Heinzenberg zwischen den beiden
Bächen liegt, gehörten nicht zu dem Veldenzer Lehen. Ausserhalb
der Vogtei Hennweiler trugen die Herren von Heinzenberg von den
Grafen von Veldenz ferner zu Lehen: das Gericht Heuchelheim,
Leute zu Hottenbach, Hellertshausen und Bruchweiler vor den
Wäldern, den Kirchensatz und Zehnten zu Rhaunen, Leute zu
Kirn, Horbach, Simmern (unter Dhaun) und Brauweiler, Hof und
Unterzug zu Wieselbach, Gericht zu Wieselbach und Ehlenbach[3]).

Die Herren von Heinzenberg erscheinen im 14. Jahrhundert
in wirtschaftlichem Rückgang begriffen, da die meisten der von
ihnen ausgestellten Urkunden Versatz und Verkauf ihrer Güter
enthalten[4]). So versetzte 1342 Georg Herr zu Heinzenberg dem
Erzbischof Baldewin von Trier die Dörfer Hennweiler, Obernhusen,
Guntzelnberg, Huchelnheim, den Hof zum Eygen, mit allen Gütern,
Rechten, Herrschaften, Gerichten, hoch und nieder, Schöffen, Leuten
usw. mit alleiniger Ausnahme des Zehnten zu Hennweiler, der zu
dem Wittum der Mutter Georgs gehörte[5]). Eine Einwilligung des
Grafen von Veldenz zu dieser Veräusserung scheint nicht nach-
gesucht worden zu sein; doch muss ein Einspruch von dieser Seite

---

1) Ueber die Herren von Heinzenberg vgl. den Aufsatz von Joh.
Adam Grüsner in den Acta Academiae Palatinae VI. pars histor. S. 402
bis 473 mit 26 Urkunden.

2) KrASpeyer, Veldenzer Copialbuch I 284.

3) Ebd. I 285 v., 286.

4) Vgl. die oben erwähnte Abhandlung von Grüsner.

5) Günther, Cod. dipl. Rheno-Mosellanus III 448.

her erfolgt sein; denn im Veldenzer Lehensarchiv findet sich ein Weistum der Schöffen zu Hennweiler von 1346[1]), worin ganz besonders die Lehensabhängigkeit von der Grafschaft Veldenz hervorgehoben wird: Ich Johan ein scholtes zu Henwilr und wir die scheffen gemeinlich daselbis mit namen Ennenman von Guntzelnberg, Peter Metzen son, Peter Probist, Niclais Ludwigs son, Petir Kauffman, Herman von Obirnhusen, und Johan genant Keiser sprechen off unsern eyt vor ein recht willigen und unbetwungen, daz ein herre zu Heintzenberg, der ein faugt zu Henwilr ist, demselben teilen wir vor ein recht dar zu Henwilr manne und banne, wasser und weide, velt, felse und welde und alles, das in dy marck und gericht Henwilr gehort, hoh und nyeder, nusz nit uszgenomen ane geverde, dann allein den zenden zu Henwilre, da wussen wir nit um, abe er eigen, abe lehen sy, und sprechen auch daraff nit, want es ein geistlich gab ist. Me sprechen wir, da ist ein hoiff zu Henwilr, der ist eigen, den hant die herrn von Heintzenberg fur langer zyt geteilt, also das jeder herre sin bescheit darobe woil weiss. Und was anders gutis daselbis zu Henwilr ist, is sin zinse, gulte, gericht, gewonde und dy faugdy besucht und unbesucht, wie wir das furbenant haben, das ist alles lehen, und rort von eym graven von Veldentzen, uszgenomen den zenden und den hoiff, als wir furbegriffen haben; und sprechen auch off unsern [eyt], fur ein recht das wir disz gehort haben von unsern altfordern, und hant is auch off uns bracht, das dem also ist und nit anders; und wer uns des nit glauben wylt, wir wollen die henden off die heiligen legen und is war machen. Und darumbe so meren orkunde und gezugnis so hain wir gebetten und bitten samentlich an dissem briffe den erbarn man hern Walther den ertzpriester zu Argendail, das er sin ingesiegel zu merer stedekeyt hat gedruckt uff dissen brieff uff den ruck. Und ich Walther, ein ertzpriester zu Argendail, hain dorch bede willen scholtis und scheffen obgenant myn ingesiegel uff dissen briff uff den ruck gedrucket, want ich und vyl erbar priester ritter und edellude hy by waren, dy disse vorgeschr. stuck uff iren eyt fur ein recht hant geteylt. Datum anno domini 1346 feria prima post festum exaltationis crucis (17. September).

In der Folge ist dann auch gemäss dieser Feststellung dem Grafen von Veldenz Mitteilung von der Verpfändung der Vogtei oder einiger Zugehörungen gemacht worden, wie schon daraus hervorgeht, dass die Pfandbriefe in das Veldenzer Mannbuch abgeschrieben wurden. 1366 verpfändete Georg von Heinzenberg mit seiner Gemahlin Johannette dem Tilmann vom Stein zuerst für 20 Pfund Heller 20 Malter Korn und 20 Malter Hafer aus den Gerichten und Dörfern Henwiler, Obernhusen und Guntzelnberg, die als Veldenzer Lehen ausdrücklich bezeichnet sind; dann auch

---

1) Copialbuch I 286 v.

alles Gut, das zur Vaygdie und parre zu Henewilre gehort, mit namen dasselbe dorffe Henewilre, Obernhusen, Guntzelnberg, den dale zu Heintzenberg und den hoff, den man spricht Eygen, und darzu alle die lude, die in dissen dorffern und hoffen sitzent und gehorig sint und noch darkommen mogent, mit gerichte, hohe und nyeder usw. für 600 Pfund Heller (25. Februar)[1].

Als diese Verpfändung 1370 durch Georgs Sohn Tilmann wiederholt wurde (mit Ausnahme der armen Leute, die im Tale zu Heinzenberg gesessen und der Pacht von der Mühle und einiger Gefälle, die T. von Heinzenberg um seine eigne Zinsen und Zehnten in der Pfarrei Hennweiler durch Tausch von Tilmann vom Stein erworben hatte), musste der Ankäufer dem Grafen von Veldenz einen Revers darüber ausstellen, dass, falls die Pfandschaft durch die Brüder Tilmann Wilhelm und Georg von Heinzenberg nicht binnen sechs Jahren ausgelöst würde, dieses Recht dem Grafen zustehen sollte. Die genannten drei Brüder waren die Letzten ihres Geschlechts, sie verschwinden nach 1395 spurlos.

Die Herrschaft Hennweiler wurde nun eine Zeitlang strittig zwischen dem Grafen von Veldenz, der sie als heimgefallenes Lehen betrachtete, und den Nachkommen einer Schwester jenes Georgs von Heinzenberg, die mit Ulrich(?) vom Stein verheiratet war, Dietrich und Wilhelm von Manderscheid, Heinrich von Than und Johann von Schwarzenberg. 1403 übertrugen die Herren von Manderscheid die Dörfer dem Grafen Symond von Sponheim, um sie vor Eingriffen des Grafen von Veldenz besser zu sichern[2]. 1409 wurde zu Martinstein, 1416 zu Koblenz verhandelt. 1417 kam ein Vertragsentwurf zustande, demzufolge der Graf von Veldenz ein Viertel an der Vogtei Hennweiler behalten, die Heinzenbergischen Erben aber drei Viertel zu Lehen tragen sollten. Beide Parteien sollten die Güter in rechter Gemeinschaft besitzen und geniessen. Beiderseits wird auf jeden Anspruch wegen des Schadens verzichtet. Über die Burg Wartenstein sollte in diesem Vertrag nichts bestimmt werden (30. Juni, ratifiziert am 10. Juli 1417)[3]. Da aber der letzte Herr von Heinzenberg, Wilhelm, früher Pastor zu Rhaunen, in seinem Testament seinen Neffen Nikolaus Vogt von Hunolstein zum Erben des Schlosses Heinzenberg eingesetzt hatte (20. April 1395)[4], machte auch dessen Sohn Johann Ansprüche

---

1) Cop. I 284 v.; IV 1 ff. Dieser Georg von Heinzenberg war Mönch zu Weissenburg; da er der letzte seines Stammes war, erhielt er päpstliches Dispens, auszutreten und sich zu vermählen, damit das Lehen nicht an Veldenz heimfallen möge. „Wanne er lehenserben gewonne, so sulte er zu stunt wieder in sin closter zu Wissenburg kommen und dan forbasser darinne sin und geistlich verliben." Daraus soll hervorgehen, dass das Lehen nicht als Erblehen verliehen war. Georg „gewann" wirklich drei Söhne, Tilmann, Wilhelm und Georg, aber mit diesen ist das Geschlecht erloschen.

2) StAKoblenz, Grafschaft Sponheim, Urkunden, Staatsarchiv, Orig.

3) Copialbuch I 287—289.

4) Töpfer, Urkundenbuch der Vögte von Hunolstein II S. 69, Nr. 95.

auf das Lehen Hennweiler geltend, und wurde 1419 belehnt[1]). Er ist aber nicht in den Besitz gekommen, vielmehr blieben die Manderscheider und Schwarzenberger bei diesem Lehen. 1459 gestattete der Herzog von Zweibrücken dem Grafen Dietrich von Manderscheid, Herrn zu Schleiden, seinen Anteil am Lehen Hennweiler zu verkaufen[2]); nachher finden sich nur noch Belehnungen von Herren von Schwarzenberg, bis das Geschlecht mit Ludwig von Schwarzenberg 1583 ausstarb. Nun finden sich Lehenbriefe für Johann von Warsberg, Ludwigs Schwiegersohn[3]), und für Philipp Franz von Daun, Grafen von Falkenstein, Herrn zu Oberstein und Bruch vor (1585)[4]). Noch 1652 verglichen sich Pfalzgraf Friedrich und der letzte Sprössling aus dem Hause Daun-Oberstein Graf Wilhelm Wirich, wegen des Lehens Hennweiler[5]). An die Erben Wilhelm Wirichs, die Grafen von Leiningen-Heidesheim, ist nichts davon gelangt.

Wie oben erwähnt, wurde im Lehenrevers von 1380 die unmittelbare Umgebung der Burg Heinzenberg (was zwischen den Bächen lag) von der Veldenzer Lehenschaft ausgenommen. Die Burg war seit 1278 kurtrierisches aufgetragenes Lehen[6]). Nach dem Aussterben der Herren von Heinzenberg wurde sie trotz des Testamentes Wilhelms von Heinzenberg von 1395 von Kurtrier eingezogen und erscheint 1414 unter den Burgen des Erzstifts. 1452 war die Burg verbrannt, und Erzbischof Jakob I. übertrug dem Wilhelm Sunder von Sienheim den „burglichen Berg" Heinzenberg als Amt, mit der Verpflichtung, den Bau auszubessern. Aber die Burg verfiel weiter, so dass 1464 der Gottesdienst der Burgkapelle zu Heinzenberg in die Burgkapelle zu Wartenstein verlegt werden musste, der auch die Gefälle jener Kapelle inkorporiert worden sind[7]).

Das von den Grafen von Veldenz zurückbehaltene Vierteil an Hennweiler wurde 1450 dem Cuntz Phile von Ulenbach als lebenslängliches Amt überlassen[8]).

3. Amt Dhaun.

Das wildgräfliche Amt Dhaun bestand im Jahre 1515 aus der Burg und dem Städtchen (Thal) Dhaun, dem Dorf und der Vogtei Simmern unter Dhaun, den Dörfern Ober- (Über-) und

---

1) Copialbuch I 291.
2) Ebd. XII 202.
3) Günther, Cod. dipl. Rheno-Mosellanus V S. 388, Nr 192.
4) Original im StAKoblenz, Urk. der Reichsherrschaft Oberstein 59.
5) Vid. Copie daselbst.
6) MRR. IV 578.
7) Görz, Regesten der Erzbischöfe von Trier S. 195 u. 218.
8) Copialbuch XII 67.

Nächst-Hochstätten, und den Dhaunschen Anteilen an Kirn, Bergen, Rhaunen und Hausen[1]).

Dhaun und Simmern unter Dhaun waren Lehen von der Abtei St. Maximin bei Trier. Simmern wird schon früh als Besitz dieses Klosters erwähnt. Seit der Bestätigung von König Arnulfs Schenkungen durch König Karl III. 912 kommt Simera, Symera oder Siemera, auch Semmera in den König- und Papsturkunden für St. Maximin regelmässig vor. Nach dem älteren Urbar von St. Maximin hatte das Kloster im Hofgebiet Symera den Bann. Dazu gehörten $8^1/_2$ „scarmansi“ und $3^1/_2$ „serviles mansi“. Der „scarmansus“ hatte jährlich zu drei Zielen je 23 Denare zu zahlen, der „mansus servilis“ an Martini 23, an Epiphanias 2 und Mitte Mai 5 Denare. Zu Ostern gab der „scarmansus“ 1 Huhn und 10 Eier, der „servilis mansus“ doppelt soviel ab. Der Wildgraf war mit der Vogtei über diese Villikation belehnt[2]).

Mit der Untervogtei zu Simmern war eine Ministerialenfamilie belehnt, wegen deren Stellung zum Wildgrafen im Jahre 1215 Streit herrschte[3]). Wildgraf Konrad, Grafen Gerhards Sohn, war nämlich der Meinung, dass ihm wegen der Vogtei Simmern eine „castrensis consessio in castro Dune“ geleistet werden müsse. Durch seine Mutter, den Vogt Cuno und seine anderen „Consessores“ (also die Burgmannen auf Dhaun) wurde ihm aber wahrhaft nachgewiesen, „quod ipsa advocacia iustum esset feodum et non consessorium“. Demgemäss belehnte der Wildgraf den Vogt Cuno mit der Vogtei Simmern als einem rechten erblichen Lehen. In den späteren Lehenbüchern ist von der Vogtei zu Simmern als einem Lehen der Wildgrafschaft Dhaun nicht mehr die Rede, obwohl die Familie Vogt von Simmern erst 1431 zum letztenmal erwähnt wird[4]). Ob die in dem Verzeichnis der Erwerbungen des Wildgrafen Friedrich von Kyrburg von 1351 genannte Pfandschaft des Cuno von Simmern zu Simmern unter Dhaun auf diese Vogtei zu beziehen ist, weiss ich nicht.

Im Jahre 1426 hatte der Vogt Johann von Simmern nicht

----

1) Teilungsurkunde vom 29. August 1515   Trier. Archiv, Ergänzungsheft 12 S. 35 ff.

2) Dipl. Rhingr. III 196. Lehensrevers des Wild- und Rheingrafen Johann, 1396. III 41. Einwilligung des Abts Roerich von St. Maximin zur Versetzung von $^1/_4$ an Burg, Veste und Tal Dune, 1372. — IV 32. Lehenbrief des Abtes Lambrecht von St. Maximin, 1434. — StAKoblenz, Wild- und Rheingrafen, Urkunden 532. Lehenbrief des Abtes Otto von St. Maximin, 1483. In den verschiedenen Diplomen der Kaiser und Päpste für St. Maximin im Mittelrhein. Urkundenbuch Bd. I, S. 220 (König Karl III.), 269 (Kaiser Otto der Grosse, 962), 350 (Kaiser Heinrich II., 1023), 352 (König Konrad II., 1026), 375 (König Heinrich III., 1044), 387 (Papst Leo IX., 1051), 388 (Kaiser Heinrich III., 1051), 421 (König Heinrich IV., 1066), 573 (Papst Innocenz II., 1114). Im Maximiner Urbar, daselbst II S. 455. 472.

3) Original im Wild- u. Rheingräfl. Archiv in der fürstl. Rentkammer in Coesfeld, Inventare der nichtstaatl. Archive der Prov. Westfalen, Nr. 10.

4) Dipl. Rhingr. II 274.

die Vogtei zu Simmern, sondern das halbe Dorf und Gericht zu
Oberhoisteden mit den zugehörigen Gülten, Wasser, Weide, Wäl-
dern zu Lehen von der Wildgrafschaft Dhaun[1]). 1431 am 14. Mai
wurde Contze von Soren, genannt Dollendorf, mit dem wildgräf-
lichen Lehen des Vogtes Johann belehnt, das ihm dieser wieder-
löslich versetzt hatte. Die Pfandsumme betrug 242 Mainzer Gulden,
für welche der Wild- und Rheingraf, wenn er wollte, das halbe
Gericht an sich bringen durfte. Dies scheint geschehen zu sein[2]).

Erben der Familie Vogt von Simmern wurden die von Gein-
heim, indem Wilhelm von Geinheim sich mit Katharina von Sim-
mern vermählt hatte. Dieser Wilhelm von Geinheim erhob Anspruch
auf die Vogtei Simmern, die Obrigkeit zu Hochstätten, und die
Mühle zu Martinstein. Vor dem Hofgericht zu Heidelberg wurden
nun Zeugen vernommen, ob das alles ein Mannlehen sei oder nicht.
Am 2. August 1486 kam ein Vergleich zustande, durch welchen
Wilhelm bis zur Mündigkeit seines Sohnes Melchior statt des Lehens
jährlich 9 Goldgulden erhalten, der letztere aber nach erreichtem
16. Jahre um die Belehnung bei dem Wild- und Rheingrafen nach-
suchen sollte. Melchior führte nun seit 1494 einen Prozess um
das Lehen, ebenfalls beim Heidelberger Hofgericht, durch welchen
am 14. Januar 1512 ein zweiter Vergleich geschlossen wurde,
wonach M. gegen eine Rente von jährlich 30 Gulden auf das
Lehen verzichtete. Am 25. Juli wurde ihm jedoch die Vogtei
Simmern für 300 Gulden verpfändet. Der Prozess ging aber
weiter und am 31. Mai 1518 wurde der Wild- und Rheingraf zur
Zahlung der aufgelaufenen Zinsen und der jährlichen Geldrenten
von 30 Gulden verurteilt, die Vogtei selbst verblieb aber in seinen
Händen[3]).

Der Prozess wurde auch nach dem Tode des Melchior von
Geinheim mit dessen Erben weitergeführt und endlich 1578 die
Eigenschaft der Vogtei als Mannlehen seitens der Wildgrafen an-
erkannt und die Herren von der Leyen und von Sickingen damit
belehnt. 1609 lauteten die Lehenbriefe für Hans Enders von der
Leyen und für Bernhard von Löwenstein auf die Anteile an der Vogtei
zu Simmern, und was ihnen von der Vogtei wegen gebührt, samt
ihren Zubehörden, Zinsen und Gülten an Geld, Hühnern, Kappen,
Früchten, Weingefällen und Teilweingärten, nebst der Mühle zu

---

1) 1335 hatte Georg, Herr zu Heinzenberg, den Wilhelm, Vogt von
Simmern, mit Gut zu Uberhoesteden belehnt, das er nun am 14. Februar
als Wittum an dessen Ehefrau Agnes verlieh. Rennenberger Archiv.
Dipl. Rhingr. II 143.

2) Mannbuch der Wild- und Rheingrafschaft Nr. 150, 209, 210, 230.
Eine andere (niedere) Gerichtsbarkeit und arme Leute zu Simmern unter
Dhaun hatte die Familie Stomp von Simmern von der Wildgrafschaft
(Kyrburg?) zu Lehen. Mannbuch Nr. 108, 278 (1426 u. 1455).

3) Prozessakten im Archiv der fürstlichen Rentkammer in Coesfeld,
Archiv der Wild- und Rheingrafen; Dhaun, Fach 18, Fasc. 329, Nr. 2073,
2074 a—d, 2076, 2077 (nach den Regesten im Repertorium).

Märtenstein, dem Kirschgarten und den Werden, und allem anderm,
was in derselben Vogtei Simmern Gemarken gelegen, fällig, ihnen
zuständig, und dazu gehörig ist[1]).

Mit Friedrich von Löwenstein war seit 1551 ein Prozess vor
dem Reichskammergericht in Speyer anhängig, der 1559 zu einem
Vertrag führte, in dem bestimmt war, dass der Löwensteinsche Hof-
mann zu Martinstein den Weidgang mit 7 Kühen auf der Simmerer
Gemarkung bis zu gewissen Grenzpunkten geniessen sollte. Diese
Bestimmung wurde 1609 auch in die Lehenbriefe aufgenommen[2]).

Die Grundherrschaft der Abtei St. Maximin vor Trier, die
zu ihrem Haupthofe Simmern gehörte, war von folgenden Grenzen
eingeschlossen[3]).

Dis hernach geschrieben ist der becirck des gerichts zu Se-
mern, wo und an wilchen enden [das] uß- und angeth, nach wystumb
des erbarn gerichts zu Symern, inmaßen sie das von iren altern
und vorfaren besessen, gebrucht und mit recht gewiesen haben,
und von alter her uff sie komen ist: am ersten uff dem Flaßberg,
da stet eyn marcksteyn, da stoffent die von Wiler an, von dem
steyn in Honeßiger graben innen, zu der Nah zu in den Steyn-
becher unden an Myrtensteyn gelegen, von dem Steynbecher heruff
in daz gefgin, da stet eyn steyn, von dem steyn herabe hie zu
der Nahe uff eynen steyn, von dem steyn uber die Nahe biß uff
den steyn, der da steth by dem nuwen steyn, vom selben steyn
under der straffen her biß uff eynen steyn, steth under eym nuf-
baum, von dem steyn am wage her uff biß gehen Sibolt Contzen
garten, durch die Nahe in eyn yff, von der yffen biß in daß uster
molenratt, von dem rade den dyge heruß biß uber die Semerbach,
den wege ußen uber den Kreyß biß an daß crucz oben an dem großen
graben, da brift eyn steyn, von dem crucz den berg ußen biß in
den sliffer wege, den sliffer wege hien durch den pale wingarten
biß in den ufter porten-angen, von dem angen biß in den boren,
von dem boren daz floß innen bis in die bach, die bach uffen
biß in Clufauwe, da steet eyn steyn unden am ende.

Item an dem ende by Pruwiler erkennen wir von Semeren
waffer, walt und weyde gemeyn mit den von Pruwiler, und wir
gemeyn erkennen auch den von Pruwiler waffer walt und weyde
gemeyn mit uns.

Item vorter von dem steyn, der da stet in Clußauwe unden
am ende, die bach ußen biß an Cluffels, da stet eyn steyn, von
dem steyn biß uff Ruffenauwe uff den hohen rech, den hohen rech

---

1) Mannbuch der Wild- und Rheingrafschaft im StAKoblenz. Wild-
und Rheingrafschaft III 6 I, fol. 7 u. 27.

2) Prozessakten in Coesfeld, Fasc. 330, Nr. 2079.

3) StAKoblenz, Urkunden der Wild- und Rheingrafen, Aemter und
Ortschaften, Amt Dhaun, Dorf Simmern unter Dhaun. Dieses Weistum
ist angeblich von 1370, die Niederschrift soll von 1489 sein. Das Weistum
von 1542 nennt dieselben Grenzpunkte.

uſſen biß in die mittel eych, da sint die von Kellenbach anstoſſer, von der mittel eych her uber uf den Semerenberg, in den born genant Erth-born von dem borne daß floß innen biß in die Sibelbach, die Sibelbach uſſen biß uff sant Anthoniuswiese, von der wiesen uber den ruck ußen biß by Krehenfelß in die straß, die straß uſſen biß an den alten zolle, von der zolle die alte straß heruß biß in die eychenheck in die wolbskule, von der wolbskulen durch die eychenheck biß uff die buch oben an Eppellenbach, von der bügen bis an Rechellenhuser gericht.

Item daß gericht Rechellenhusen erkennen (wir) gehorich gehen Semern, doch waſſer und weydde mit den von Gonderat gemeyn.

Item diß sint die steyn, Rechellenhuser gericht abescheyden von den von Gonderait: von der bugen oben an Eppellenbach uff den steyn oben zu Gonderait oben an Hadersborn, von dem steyn biß in Hadersborren, von dem boren uff den steyn by dem Schafflingen in der dellen, von dem steyn biß uff den steyn, der da steth hinder Eckart Hennen huß, von dem steyn herabe uff die wesen steth eyn steyn, von dem steyn wieder heruber in den holderstüch, da steth eyn steyn, von dem steyn oben an Gonderader walde her und vort am walde herin biß uff eynen steyn, alß der walt unden wendt, von dem steyn herabe biß in die nüßbaum, thüschen den zweyen nüßbaumen hait gestanden eyn steyn, ist verlorn, von den nußbaumen biß uff den hobel unden am brüwel, da steth eyn steyn, von dem steyn uff dem hobel biß uff eynen steyn, steth unden am anspan, von dem steyn uffen biß uff den steyn uff dem Flaſberg.

Der Anfang ist am Flachsberg an der Grenze zwischen Simmern, Dhaun und Weiler, etwa einen Kilometer nördlich von der Nahe. (Simmern Flur 8.) Am Humscher Flöz (Homelsgraben, Honessiger Graben in der Gemarkung Weiler, Flur 8) war 1542 Streit zwischen Simmern und Weiler. Steinbecher und Gässgen sind auf einer alten Karte der Simmerer Gemarkung eingetragen, die in Handzeichnung und Druck (letzterer wohl aus einer Deduktion) bei den Akten im Koblenzer Staatsarchiv liegt; diese Punkte liegen zwischen dem Flachsberg und der Nahe östlich von Martinstein. Von hieraus geht die alte Grenze über den Fluss, schneidet also in das Gebiet von Merxheim ein. Unter dem Mühlenberg an einem Felsen stiessen die drei Gerichte Simmern, Merxheim und Hochstädten zusammen. Bis kurz vor der Mündung der Simmer oder Kellenbach blieb die alte Grenze auf dem rechten Naheufer und berührt dann eine ehemals an der Simmer gelegene Mühle, die auf der Karte eingetragen ist. Hier überschreitet die Grenze die Simmer, geht dann zwischen dem Brunkenstein (alte Arken) und der jetzt „im Grees“ genannten Gewann der Gemarkung Hochstetten (Flur 1), die in den Weistümern als „der Kreis“ bezeichnet wird, wo 1542 ein Galgen stand. An den grossen Graben, wo die

Weistümer ein Kreuz erwähnen, erinnert die Gewann „im Graben-
acker“ (Hochstetten, Kreis Kreuznach Flur 1). Der „Sliffer Weg“
führte über den jetzigen Schlifferberg von Dhaun nach Hochstetten.
„Pale Wingert“ oder „Poelwingert“ muss in der Gegend der jetzigen
Pholwiese und Pholwiesberg gelegen haben. Hier macht der Weg
zum Schloss Dhaun eine Kehre, die im Weistum 1542 erwähnt
wird. Die Grenze berührte nun eine „äusserste Pfortenangel“ am
Schloss Dhaun, von wo sie an den Dhauner Brunnen im jetzigen
„Brunnergarten“ hinabging. Mit dem Abfluss dieses Brunnens er-
reichte sie bei der Breitwiese die Simmer. Von da ab folgte die
Grenze der Simmer an der jetzigen Gemarkung Brauweiler ent-
lang, die hierdurch wie das Schloss Dhaun eingeschlossen wird.
Dieses Gebiet war damals unter der Jurisdiktion von Simmern.
aber die Gemeinde Brauweiler war zur gemeinsamen Weidenutzung
berechtigt. Zwischen dem alten Weiher und der Schmalau griff
die Grenze etwas über die Simmer hinüber, indem ein jenseits des
Baches gelegener Acker zu Simmern gehörte. Bei der Klausau
und dem Klausfelsen verliess sie den Bach, ging durch den Wald
Heisterheck oder Heisterscheid an die auch im Kellenbacher Weis-
tum vorkommenden Punkte Ruscheid oder Russenau (Kellenbach
Flur 5), Mitteleich, Simmerberg, Erdborn zur Seibelbach in die
Wiese (Seibelwiese, Simmern unter Dhaun Flur 1 und Kellenbach
Flur 5), hier in der Franzenwiese stossen die drei Gerichte (wie
heute noch die Gemarkungen) Simmern unter Dhaun, Kellenbach
und Weitersborn zusammen. Die Grenze geht nun weiter längs
der Gemarkung Weitersborn über den Hungerberg, auf den Crefels
(eigentlich Krähenfels, Simmern Flur 4), wo die Grenze in einem
starken Winkel links herausspringt und mit einer von Horbach in
die Gegend der Alteburg im Soonwald führenden Strasse zum
„alten Zoll“ bei Weitersborn (in der Nähe der noch heute „Zoll-
wies“ genannten Wiese, W. Flur 3), wo eine Strasse von Monzingen
nach Simmern die vorhin genannte schneidet. An dieser Strasse
liegt nach jener alten Karte die Wolfskaule und nach der Flur-
karte 4 von Simmern unter Dhaun die „Eichenhecke“. In der
Flur 5 folgt dann ein Distrikt „hinter Aepfelbach“, an den die
Gemarkung Seesbach angrenzt. Hier ist die Buche zu suchen, die
nach dem Weistum am Rechelnhäuser Gericht stehen soll. Der
folgende Abschnitt der Grenze verläuft in der jetzigen Flur 11 der
Gemarkung Seesbach, wo der Konrader Hof (im Weistum Gon-
derait) und der Hadersborn zu finden sind und unmittelbar bei
dem Hof in Flur 10 der „Schäfling“. Das im Weistum genannte
Haus wird zum Konrader Hof gehört haben. Die nun folgende
Wiese muss an der Rankenbach gelegen haben. Der Gonderader
Wald ist jetzt verschwunden, doch heisst eine Gewann neben der
Rankenbach jetzt „Gackelerwald“. An der Grenze der Flur 9 von
Seesbach liegt eine kleine Heide „Asbaum“, die wohl dem „Anspan“
des Weistums und dem „Asborn“ der alten Karte entspricht. Hier

ist man unmittelbar wieder in die Nähe des als Ausgangspunkt
genannten Flachsberges in der Gemarkung Simmern unter Dhaun
angelangt. Im Weistum von 1542 wird das Stück der Grenze
von der Wolfskaul und der Eichenheck nur summarisch behandelt:
„von einem Stein zum anderen bis zum Anfang (Flachsberg) zurück“.
Es ist demnach anzunehmen, dass diese Strecke damals neu ver-
steint worden ist, aber die Schöffen diese Abgrenzung noch nicht
in das Weistum aufgenommen hatten. Dass hier nicht alles in der
richtigen Ordnung war, lässt auch der Name „Hadersborn“ er-
schliessen.

Innerhalb dieses Bezirks liegen jetzt die Wohnplätze Simmern
unter Dhaun, das Schloss Dhaun, einige Mühlen, Brauweiler, Horbach,
Martinstein. Die drei zuletzt genannten Ortschaften scheinen zu-
nächst anderen Herrschaften zugehörige Enklaven ohne bestimmte
eigne Gemarkungen gewesen zu sein. Brauweiler gehörte zum
Sponheimischen Amt Koppenstein, Horbach und Martinstein zur
Herrschaft Martinstein. Die Gemarkungsgrenzen wurden hier ver-
hältnismässig spät festgestellt. Ueber Brauweiler und den Wald
Heisterscheid vergleiche die Ausführungen in der Beschreibung des
Sponheimischen Amtes Kirchberg und Koppenstein. Wegen des
Waldes Heisterscheid gaben die von Simmern im Jahre 1502
folgende Artikel zu Protokoll:

„Item wir von Symern haben eynen besaß langer dan menschen
gedechtniß gerucklichen gefortten und gebruch biß uff eyn kortz zyt.

„Item wir erkennen auch waſſer, walt und weydde gemeyn
mit den von Pruwiler.

„Item wir erkennen, daß der walt Heysterschytt lyt im bezirck
der von Symmern.

„Item wir von Symmern haben macht, ober den walt Heyster-
schyt schuczen zu seczen, zu hüdden und die von Pruwiler nit.

„Item wir von Symmern haben zu penden in dem walde II.
die von Pruwiler und andere, die da brochich synt, und die
pender ghen Symmern dragen und foren; solichs hant nit macht
die von Pruwiler zu thun.“

Als die von Brauweiler vor kurzem einmal einen Einwohner
von Heinzenberg im Wald Heisterscheid gepfändet und die Pfänder
nach Koppenstein geliefert hatten, seien die Amtleute der Rhein-
grafen zugefahren und hätten die Pfänder im Schloss Koppenstein
abgeholt.

Franz von Sickingen (Junker Franziscus) hat als Oberamt-
mann der Wild- und Rheingrafschaft, als die Rheingrafen Philipp
und Johann unmündige Kinder waren, feststellen lassen, dass die
Einwohner von Heinzenberg keine Berechtigung in dem Wald H.
hätten, der denen von Simmern und Brauweiler allein zustehe.

Nach einem Vertrag zwischen den beiden Gemeinden vom
18. Januar 1535 sollen die von Pruwiler im Wald Heysterscheit
nach ihrer Notdurft für ihre Höfe hauen, doch ohne sonder-

lichen Schaden. Sie durften jedoch kein Holz verkaufen, ausser
an den Pfarrer zu Simmern, es wären denn Windfälle, die sie zu
Simmern, und nirgends anderswo verkaufen durften. Die von
Simmern sollen im Wald H. „unruchbar" Holz hauen dürfen. Ob
Holz ruchbar oder unruchbar sei, sollen die Schützen auf ihren
Eid entscheiden. Holz zu Bauzwecken zu hauen, unterliegt der
vorherigen Erlaubnis des Schultheissen und Bürgermeisters zu
Simmern unter Dhaun. Auch mit den Untertanen des Frank von
Lewenstein und des Symont Boyß von Waldeck (zu Horbach)
herrschte 1470 Streit über das Holzfällrecht im Heysterschitt[1]).

Ausser den heute noch vorhandenen Wohnplätzen lagen inner-
halb des Bezirks des Simmerer Weistums noch einige jetzt aus-
gegangene Orte, die 1542 genannt werden: „erkennen und weisen
obgen. Schöffen, daß in allen diesen nachgemelteten Dörfern und
Orten, als nemblich Symeren, Reckelhausen, Wellenburg, Wedern-
auwe, Kredenpoel uff den Poelen, Ramersweiß, Weitersborn unter
dem Zoll ein obbenennter Herr Abt (von St. Maximin) ist ein
rechter Grund- und Lehenherr und alle Insassen dieser Dörfer sind
ihm besthauptpflichtig."

Diese Wüstungen lassen sich auf den jetzigen Flurkarten nur
zum Teil noch auffinden. Einige sind unter sehr veränderten
Namen auf jener alten Karte eingetragen.

Reckelhausen entspricht dem Rechellenhuser Gericht, von dem
im älteren Weistum Erwähnung geschieht. Dieser Teil des Simmerer
Bezirks grenzte an den Konrader Hof. Die alte Karte des Simmerer
Bannes verzeichnet in der Gegend zwischen Flachsberg, Asborn
und Judenwald einen „Hof Rechenberg", dessen Gebiet als be-
sonders abgegrenzter Distrikt an den Distrikt des „Hofes Kunroth"
angrenzt. Hier ist wahrscheinlich Rechelenhausen zu suchen. Auf
der jetzigen Flurkarte finde ich nichts, was an diesen Hof oder
seinen Namen irgendwie erinnerte.

Wellenburg ist wohl dasselbe wie Hof Welcheborn auf der
Karte des Simmerer Bezirks. Es liegt darnach in der Nähe des
Crefelsen in der Gegend, die heute „Mauern" und „am Suppen-
born" heisst.

Wedernauwe scheint dem „Hof Niterau" der alten Karte zu
entsprechen, der in der jetzigen Gewann „Niederau" in Flur 5
der Gemarkung Brauweiler gelegen haben muss.

Kredenpoel uff den Poelen, Ramersweiß und Weitersborn
unter dem Zoll sind auch auf der alten Karte nicht mehr ange-
geben. Wenn man will, kann man das erstere an dem Pholwies-
berg bei Dhaun annehmen. Weitersborn unter dem Zoll könnte
da gelegen haben, wo jetzt die Gewann „an der Ziegelhütt" in
Flur 4 von Simmern unter Dhaun liegt.

---

1) StAKoblenz, Urkunden der Wild- und Rheingrafschaft, Aemter
und Orte, Simmern unter Dhaun, und Staatsarchiv 512.

Auf dem Distrikt Welchenborn sollte 1719 wieder ein Hof errichtet werden. Der Abt von St. Maximin gab dem Lorenz Andressen aus Tholey Vollmacht, sich der Klostergüter zu Welchenborn bei Simmern anzunehmen und darauf ein Haus zu bauen. Dieser Distrikt war besonders abgesteint. Die Wild- und Rheingrafen haben aber dieses Hofgut, als zu Simmern gehörig, mit Schatzung belegt und den Hofmann oder Erbbeständer vertrieben[1]).

Nächst Hochstädten.

Ueber die Rechtsverhältnisse des Dorfes Hoisteden und der Wüstung Itzbach bei Johannisberg gibt ein Vertrag zwischen den Wild- und Rheingrafen Friedrich und Johann (Schiedsspruch) vom 18. Juni 1419, genauere Auskunft. Demnach verlangte Friedrich die Teilung der dortigen Gefälle als elterliches Erbe, während Johann sie ganz innehatte, da sie seiner Meinung nach zu der von St. Maximin lehenrührigen Burg Dhaun gehörig wären. Dies gehe aus einem zur Zeit ihres Vaters angefertigten Zinsbuche des Schlosses Dhaun hervor, in welchem die Gefälle zu Hoisteden und Idzbach einen besonderen Abschnitt bildeten. Friedrich bestritt hingegen die Zugehörigkeit zu den Maximiner Lehen — sofern Johann sich nicht auf einen Lehenbrief berufen könne —, da die Ortschaften im Zehntbezirk der Kirche auf St. Johannisberg liegen, und nicht, wie das Schloss und Tal Dhaun, in dem von Simmern. Der Johannisberger Zehnte gehöre dem Gyselbrecht und Wilhelm Stumpen als Veldenzer Lehen. Er erstrecke sich bis in das Tal Dhaun, so dass einige Häuser daselbst in das Kirchspiel Johannisberg mit allen „Gottesrechten" gehören; ebensoweit reichen auch Hoisteder und Itzbacher Gerichte. Auch dass beide Gerichte ihr Recht zu Kirn holen, was das von Simmern unter Dhaun nicht tue, spräche gegen Johanns Ansicht. Die Schiedsrichter traten der Anschauung des Wild- und Rheingrafen Friedrich bei: die Schöffen von Hochstädten und Itzbach sollten binnen 14 Tagen einen Grenzbegang ihres Gerichts halten, und was diese dabei als Zubehör ihres Gerichtes eidlich erweisen würden, davon sollen beide Parteien gleichen Anteil haben; was aber nach diesem Weistum draussen liegen würde, das soll als Maximinisches Lehen nach dem Entscheid des Grafen Simon von Sponheim behandelt werden[2]).

Das Dorf Hochstätten war seit 17. August 1342 Trierisches Lehen, indem es bei dem damaligen Friedensschluss durch den Wildgrafen Johann von Dhaun dem Erzbischof Baldewin von Trier anstatt einer Kriegsentschädigung zu Lehen aufgetragen wurde[3]).

1361 Nov. 23. trug Heinrich, genannt Bube von Dunen,

---

1) Deduktion „Dokumentierte Geschichtserzählung von 1741" S. 102.
2) Dipl. Rhingrav. III 274, 277.
3) StAKoblenz, Urkunden der Wildgrafen, Staatsarchiv Nr. 48.

Edelknecht, dem Wildgrafen Friedrich von Kyrburg seinen Wein-
garten in Etzgindich bei Dunen und seine Wiesen in der Ytsbach
vor dem Gericht zu Hoestede (Schultheiss und drei Schöffen),
worunter der Weingarten und die Wiesen gehörten, zu Lehen auf[1]).

Die Grafschaft Veldenz hatte in Hochstätten gewisse Güter
und Rechte, von welchen die folgenden Nachrichten vorliegen.

Am 30. November 1259 verzichtete Graf Gerlach von Veldenz
auf seinen Rechtsstreit mit dem Wildgrafen Konrad wegen der
Güter zu Hostedin, Ettigesbach und Werigesbach (Hochstetten,
Itzbach und Wörresbach), indem er ihm alles Recht abtrat, das er
und seine Vorfahren an diesen Gütern bisher gehabt hatten[2]).

1289 (oder 1292) hatte Else von Heinzenberg, Witwe des
Herrn Buben sel. von Ulmen, das Dorf Hoesteden mit Leuten,
Gülten, Zinsen, Gerichten, Aeckern, Wiesen, Wassern, Weiden als
Wittum zu Lehen vom Grafen von Veldenz, solange sie lebte.
Später hatte Heinrich Bube von Olmen nur noch einen Hof zu
Hoestede (zu welchem Wingerte, Wiesen und Aecker gehörten) und
den Zehnten zu Dunen, Hosteden und Edesbach vom Grafen von
Veldenz zu Lehen. Auch Philipp, genannt Walthase Ritter von
Duna, gibt Anfang des 14. Jhdts. $\frac{1}{4}$ des Zehnten zu Dunen und
Hosteden und den Hof zu Hosteden als Veldenzer Lehen an.
1388 und 1389 hatten den Hof und Zehnten zu Hosteden by sant
Johansberg und umb Dunen Gyselbrecht von Symern und Heinrich
Bube von Ulmen in Gemeinschaft (mit den zugehörigen Gütern,
Gülten, Zinsen und Wald)[3]).

Nachher finden wir das Lehen im Besitz der Familie Stumpf
von Simmern[3]), von der es im 16. Jhdt. an den Pfalzgrafen Johann
zurückfiel, der es wieder an Konrad Teuffel von Bürckensee ver-
lieh, 1575 aber zurückkaufte, und es endlich am 11. Januar 1591
dem Wild- und Rheingrafen Adolf Heinrich von Dhaun überliess[4]).

Die Burgen bei Simmern unter Dhaun: Dhaun, Rodenberg, Brunkenstein, Johannisberg.

Nach dem Maximiner Urbar hatte der Wildgraf von der
Abtei St. Maximin das „castrum de Dune" zu Lehen[5]). Wie die
Simmerer Grenzbeschreibung zeigt, lag das Schloss in der Bann-
grundherrschaft dieser Abtei, die zu deren Hof zu Simmern unter
Dhaun gehörte.

---

1) Rentkammer in Coesfeld, Wild- und Rheingräfl. Archiv Dhaun
729, 1361. Schmitz-Kallenberg, Inventare, Beiheft 2, Regest 446.
2) MRUB. III S. 1089, Nr. 1057.
3) Kreisarchiv Speyer, Veldenzer Copialbuch I 122, 123 v., 229, 230;
V 150; XII 137 v. Das Datum der Urkunde der Else von Heinzenberg
ist so abgeschrieben: MccLxxxIXII feria IV post festum b. Johannis ante
portam Latinam.
4) Kremer, Wild- und Rheingräfl. Vertragsbuch I 18, 153 f.
5) MRUB. II S. 472.

Im Jahre 1221 nennt sich Wildgraf Conrad „Conradus comes de Dunen, qui dicor silvester comes". Im Jahre 1243 kommt ein Burgkaplan Johannes in einer Urkunde des Wildgrafen vor: Johannes capellanus de Dunen. Der Wildgraf verteilte 1258 seine Burgen unter seine zwei Söhne, dem jüngern, Gotdefrid, fielen dabei Duna und Grunenbach zu[1]). Am 18. Oktober 1303 bekundete der Abt Godefrid von St. Maximin, dass der Wildgraf Conrad wie seine Vorfahren die Burg Duna und die Vogtei des Hofes Münsterappel von ihm und dem Kloster zu Lehen empfangen habe[2]).

1336 gestattete der Abt Dyderich von St. Maximin, dass Wildgraf Johann von Dune seine Frau Margarete mit der Hälfte des Hauses zu Dune, der Burg, der zugehörigen Burgmannen und des Tales, sowie mit den Dörfern Husen und Caffelt bewittumen möge, die alle von der Abtei zu Lehen rühren[3]).

1340 in der Fehde wegen des Nachlasses des Wildgrafen von Schmidtburg wurde die Burg Dhaun von den Erzbischöfen Heinrich von Mainz und Baldewin von Trier belagert und die Gegenwerke Martinstein, Geyersley und Johannisberg errichtet, die dem Wildgrafen die Zufuhr auf der Nahe und der durch das Nahetal führenden Strasse abschneiden sollten[4]).

1428 überliessen die Wild- und Rheingrafen Friedrich, Johann und Gerhard ihrem Bruder, dem Erzbischof Konrad von Mainz, auf Lebenszeit ihre Feste Dhaun; der Erzbischof versprach, dass nach seinem Tode die Burg mit allem Hausrat und Ausrüstung, auch was er etwa noch dazu anschaffen würde, wieder an die Wild- und Rheingrafen fallen sollte[5]). Erzbischof Konrad bekannte am 8. Juni 1434 seinem Bruder Friedrich, Wildgraf zu Dune, Rheingraf zum Steine, 1800 rheinische Gulden schuldig zu sein, darunter 1200 Gulden für die lebenslängliche Verpfändung seines Anteils am Schloss Dune mit den zugehörigen Leuten und Gerichten, das er nun schon 6 Jahre innehatte. Dafür sollte dem Rheingrafen eine jährliche Rente von 200 Gulden gezahlt werden[6]).

Am 16. Juni 1434 teilten die Wild- und Rheingrafen ihre Burg Dhaun: gemeinschaftlich zu unterhalten bleiben der Turm und die Zisterne in der Innerburg, ferner bleiben die Büchsen, Armbrüste, Geschütz und sonstige Armatur gemeinschaftliches Eigentum. Der Wild- und Rheingraf Friedrich soll einen Teil des

---

1) MRUB. III S. 153, 577, 612 (comes dictus silvester, dom. de Duna) 1065.

2) Rentkammer in Coesfeld, Rhein- und Wildgräfl. Archiv, Dhaun 1622 (Schmitz-Kallenberg, Inventare, Regest 83). Deduktion „Dokumentierte Geschichtserzählung 1741" S. 46.

3) Rentkammer in Coesfeld, Arch. Dhaun 1624 (Schmitz-Kallenberg, Regest 224).

4) Siehe unter Martinstein.

5) Dipl. Rhingrav. IV 7.

6) Original im Rennenberger Archiv. Rentkammer in Coesfeld, Archiv Dhaun.

Backhauses, die Seil- und Pfeilkammer, die Saalkammer, eine grosse Stube und einen Keller erhalten. Alle übrigen Räume der Burg bleiben den Wild- und Rheingrafen Johann und Gerhard vorbehalten. Die Nebengebäude der Burg, Vieh- und Pferdeställe, Back- und Kelterhäuser, werden geteilt. Es wird beschlossen, ein gemeinschaftliches Backhaus, einen Marstall und eine Mantelmauer neu zu erbauen[1]).

Die Burg muss also in den 8 Tagen zwischen 8. und 16. Juni vom Erzbischof wieder zurückgegeben worden sein.

In einer Urkunde über ein Bündnis der Wildgrafen Johann und Hartrad mit dem Erzbischof Baldewin von Trier gegen den Erzbischof von Köln und den Propst von Bonn zur Besetzung des Erzstifts Mainz vom 25. April 1329 wird „das neue Haus auf dem Rodenberge bei Dune" zuerst erwähnt. Es soll so lange Trierisches Lehen werden, bis eine Burg bei Rhaunen gebaut sei, die die Wildgrafen nach zwei Jahren als Lehen nehmen sollen[2]). Am 29. Juli 1330 erteilte Kaiser Ludwig dem Tal unter dem Rotenberg bei Dhaun auf Ersuchen des Wildgrafen Johann die Freiheiten und Rechte der Stadt Frankfurt[3]). Am 30. November 1340 gab Wildgraf Johann von Dunen seine Burg Rodinberg dem Ritter Symon von Argenschwang (Arnswang) als Erblehen, das als Burggrafschaft nach seinem Tode auf den ältesten Sohn, oder wenn keine Söhne vorhanden sind, auf die älteste Tochter übergehen soll. Aus diesem Hause darf Symon nichts unternehmen gegen den Wildgrafen und den Grafen Walram von Sponheim. Er hat die Berechtigungen der Burgmannen zu Dhaun in bezug auf Beholzigung und Viehweidenutzung, nur darf er keine Schäferei halten. Er soll auch ebenso wie diese den Burgfrieden zu Dhaun halten und diese Burg schirmen helfen. Die Burg Rodenberg darf der Erbburggraf nicht veräussern und sie soll immer Offenhaus des Wildgrafen bleiben. In seinem Revers verpflichtete sich Symon noch besonders gegen die Wildgräfin Margaretha „daz sie irn wiedeme behalde" und gegen den Abt von Sankt Maximin, dem er keinen Schaden aus der Burg zuzufügen verspricht[4]). 1480 wurde die Burg in der Fehde des Erzbischofs Diether von Mainz gegen den Grafen Heinrich den Jüngern von dem letzteren erstiegen und in Brand gesteckt[5]) und ist seitdem nicht wieder aufgebaut worden. Der Rote Berg, auf welchem die Stelle der Roten Burg noch zu erkennen ist, liegt auf der rechten Seite des Simmerbaches, ober

---

1) Archiv Dhaun in der Rentkammer in Coesfeld 1, 4, 29. Inhaltsangabe im Repertorium.
2) Dipl. Rhingrav. II 88.
3) Rentkammer in Coesfeld, Archiv Dhaun 450. Schmitz-Kallenberg, Inventare, Regest 171. Lünig, Reichsarchiv 23, 1920.
4) Rentkammer Coesfeld, Archiv Dhaun 189, 729. Schmitz-Kallenberg, Regest 257 f.
5) Ioannis rerum Mogunt. I 753.

halb des bei der Brücke, auf welcher die Landstrasse von Simmern unter Dhaun nach Gmünden den Bach überschreitet, gelegenen Sägewerkes, zwischen diesem und der Bergmühle[1]).

Etwas oberhalb der Burg Rotenburg lag seit 1336 die Burg Brunkenstein[2]). Im Frieden von 1342 wurde den Wildgrafen auferlegt, sie schleifen zu lassen[3]). Es scheint aber nicht ausgeführt worden zu sein; denn am 24. April 1368 wurde die Burg an den Pfalzgrafen Ruprecht den Aelteren verpfändet, und am 9. September 1377 nebst der darunter an der Simmer gelegenen Mühle und einem Weinberg dem Grafen Walram von Sponheim versetzt. 1381 war Bertolf von Rabensberg vom Wild- und Rheingrafen Johann von Dhaun mit einem Viertel am Schloss Brunkenstein belehnt. 1398 beschworen die Gemeiner und Burgmannen von Brunkenstein, nämlich Johann und Friedrich, Wildgrafen zu Dhaun, Rheingrafen zum Stein, Endris vom Obernstein, Gottfried, Clais, Henne Sperchin von Ellenbach, Johann Vogt von Simmern den Burgfrieden[4]). In einer Fehde wurde der Brunkenstein von Emich und Philipp von Daun, Herren zu Oberstein, 1410 eingenommen und im folgenden Jahre durch den Wild- und Rheingrafen Friedrich geschleift.

In der Schmidtburger Fehde von 1340 entstanden noch die Burgen Geyersley (Gyrsley) auf dem unmittelbar südwestlich an Dhaun stossenden Höhenzug und Johannisberg, auf dem Sattel zwischen der Kirche Johannisberg und der nördlich davon gelegenen Höhe, wo es jetzt noch „an der Burg" heisst[5]). Diese Burgen sollten nach dem Frieden vom 12. Juli 1342 im Eigentum des Erzstifts Trier bleiben, Johannisberg jedoch dem Wildgrafen Johann als Lehen eingeräumt werden[6]). 1355, Febr. 27., söhnte sich der Erzbischof Boemund von Trier mit dem Rheingrafen Johann zum Rheingrafenstein wegen des Niederbrechens von St. Johannisburg dahin aus, dass von beiden Seiten je zwei Personen bestellt werden sollten, die bis Ostern festzusetzen hatten, was er zur Entschädigung tun sollte[7]).

Von der Burg auf der Geyersley, die wohl nur ein Belagerungswerk gegen das Schloss Dhaun war, ist eine weitere urkundliche Erwähnung mir nicht bekanntgeworden.

---

1) Mitteilung von Herrn Lehrer Offermanns in Kirn.
2) J. Jüngst, Chronik von St. Johannisberg. Kirn 1902. S. 85.
3) Hontheim, Hist. Trev. dipl. II 149. Rentkammer Coesfeld, Archiv Dhaun 751 f. (Schmitz-Kallenberg, Regest 266 f.) Kremer, Diplomatische Beiträge I 101 ff.
4) Rentkammer in Coesfeld, Archiv Grumbach. (Schmitz Kallenberg, Regest 526.) Archiv Dhaun 729. (Schmitz-Kallenberg, Regest 618.) Lehmann, Grafen von Sponheim 1 S. 254. Dipl. Rhingrav. III 77, 91, 202.
5) Jüngst, Chronik von St. Johannisberg S. 36.
6) S. Anm. 4.
7) Rentkammer Coesfeld, Archiv Dhaun 2290. (Schmitz-Kallenberg, Regest 375.)

Ueber die in der Schmidtburger Fehde durch den Erzbischof von Mainz errichtete Burg Martinstein siehe den besonderen Artikel S. 95 ff.

4. Das Kreuznacher oder Steiner Amt der Wild- und Rheingrafen.

Nach der Weistümersammlung von P. Streuffen bildeten die Gerichte Münster am Stein, Rheingräflicher Anteil, Münsterappel mit Oberhausen, Niederhausen und Winterborn, Steinbockenheim, Dreckweiler bei Freilaubersheim, Volxheim, Rheingräflicher Anteil, Osterburg bei Kreuznach, Sarmsheim und Windesheim, nebst Rheingräflicher Gerechtsamen zu Heddesheim, Hochstätten an der Alsenz, Norheim und Hüffelsheim, ein Amt, das von der Burg Rheingrafenstein den Namen hatte.

Münster am Stein (N 21, Kreis Kreuznach).
Münsterappel (N 22, Amtsgericht Obermoschel).
Oberhausen (N 22, Amtsgericht Obermoschel).
Niederhausen (N 22, Amtsgericht Obermoschel).
Winterborn (N 22, Amtsgericht Obermoschel).
Steinbockenheim (N 22, Kreis Alzey).
Dreckweiler (N 21, Kreis Alzey; s. S. 24).
Volxheim (N 21, Kreis Alzey; s. S. 74).
Osterburg (N 21, Kreis Kreuznach; s. S. 14).
Sarmsheim (N 20, Kreis Kreuznach).
Windesheim (M 20, Kreis Kreuznach).
Heddesheim (N 21, Kreis Kreuznach; s. S. 165).
Hüffelsheim (N 21, Kreis Kreuznach; s. S. 77).
Norheim (N 21, Kreis Kreuznach; s. S. 73).
Hochstätten (MN 22, Amtsgericht Obermoschel).

Sitz der Verwaltung war wohl der Rheingräfliche Hof zu Kreuznach, polizeilich-militärischer Mittelpunkt die Burg Rheingrafenstein.

1. Burg Rheingrafenstein und Münster am Stein.

Ob die Herren vom Stein, die den Namen Wolfram führen, wirklich mit dem Geschlecht der Gaugrafen Zeizolf im Worms- und Speyergau blutsverwandt sind, wie J. Wagner meint[1]), kann ich nicht nachprüfen. Doch kommt in der Urkunde von 1072 für Ravengiersburg wohl der Graf Ceizzolf, aber nicht dessen Bruder Wolfram vor, und in der von 1074 werden zwei Wolframe, aber kein Zeizolf genannt[2]).

Der erste Wolfram vom Stein, der wirklich unter diesem

---

1) Urkundliche Geschichte des Kreises Kreuznach 122 ff.
2) MRUB. I S. 429, Nr. 372; S. 432, Nr. 374.

Namen in den Zeugenreihen der Urkunden vorkommt, ist der Wolframus de Petra in dem Diplom Kaiser Friedrichs I. für Erzbischof Hillin von Trier 1157[1]). Ob Eberhard de Petra (vom Oberstein) zu dieser Familie zu zählen ist, wage ich nicht zu entscheiden. Durch die Verfügung des Rheingrafen Embricho († 1194), wurde der Sohn von dessen Schwester Luccardis, die mit Siegfried vom Stein verheiratet war, Wolfram vom Stein, sein Nachfolger in der Rheingrafschaft[2]). So wurde seitdem das Schloss Stein zum Unterschied von Stein-Kallenfalls und Oberstein „des Rheingrafen Stein" genannt. In der Böckelheimer Fehde hatte Rheingraf Siegfried auf der Seite des Grafen Johann von Sponheim gegen den Erzbischof Werner von Mainz gefochten und war in der Schlacht bei Sprendlingen 1279 gefangen worden. In dem Friedensvertrag vom 14. März 1281 mussten die Rheingrafen Siegfried und Werner, dessen Sohn, die Burg Stein dem Erzbischof öffnen und versprechen, dessen Feinde nicht mehr darin aufzunehmen und schützen[3]). Aus der Urkunde vom 10. Februar 1292 ist zu entnehmen, dass die Veste Rheingrafenstein nicht mehr allein den Rheingrafen gehörte, sondern noch mehr Ritter Teil daran hatten[4]). 1328 waren Gemeiner des obersten Hauses Rheingrafenstein der Rheingraf Johann, Enders von dem Stein (Oberstein) und die Gebrüder Wernher, Sifrid und Giselbrecht genannt die Wintere (von Alzey), die am 27. Juni ihre Burg Rheingrafenstein dem Erzbischof Matthias und dem Stift zu Mainz, dem Grafen Johann von Sponheim, und dessen Erben in der Herrschaft Kreuznach und den Städten Mainz, Strassburg, Worms, Speyer und Oppenheim als lediges, offenes Haus übergaben[5]). Seitdem nahmen die Erzbischöfe von Mainz auch andere Adlige als Gemeiner zu Rheingrafenstein auf: z. B. 1343 Sifrid von Metze, 1344 Wentze Kriegeler und Jakob von Grasewege, 1345 Dietrich, Johann und Sifrid von Morsheim und Eberhard vom Stein, Sohn des Enders, 1347 Clas von Wissen, 1356 Wolf und Wernher Gebrüder von Löwenstein, 1357 Wentze Foys Ritter seinen Bruder Wilhelm und ihren Schwager Wernher Antze, 1358 Clas von Wissen und Hennechin und Peter von Montfort, 1370 Johann und Contze genannt Brageß, und 1377 Henne von Morsheim, die sich alle auf den Vertrag von 1328 verpflichten mussten[6]). 1362, am 10. Nov., wurde durch die Grafen Walram von Sponheim und Heinrich von Veldenz eine Erneuerung des Burgfriedens zwischen den Hauptinhabern der Burg, dem Rhein-

---

1) Ebd. I S. 657, Nr. 598.
2) Trier. Archiv, Ergänzungsheft XII S. 11.
3) MRR. IV 788.
4) Ebd. IV 1974.
5) Wild- und Rheingräfl. Archiv in Coesfeld, Dhaun 25½. (Schmitz-Kallenberg, Regest 155.) Gedruckt in der Deduktion „Die Gemeinschaft usw." von 1755 S. 445 f.
6) KrAWürzburg, Mainzer „Libri registri" V 64, 73, 74.

grafen Johann Wildgrafen zu Dhaun, Konrad und Hartrad Ge-
brüdern (Rheingrafen) von dem Stein, Johann Herrn von dem
Obernstein und Heinrich Winter von Alzey vermittelt[1]), unter dessen
Bestimmungen sich folgende Grenzbeschreibung befindet: „Der
Burgfride get ane unten an Huinstein of der Nahe, und do heruf
um Huhinstein, allis den grund heruf, und usswendig die garten
umb, bis in den Foegelsang, und do in die Kerenbach, und umb
den born, und den born of umb die hobstatt, do Alzeyer hus offe
stund, und den rucke wyder yn umb den Altarstein und in die
Nahe, und uber die Nahe, zum Duphus, und die rechte strasse
umb Monster das dorf, und dann wyder uber die Nahe zu Huhin-
stein" [2]).

Demnach umfasste der Burgfriede des Rheingrafensteins auch
die Hofraiten des Dorfes Münster. Dieses war Lehen von der
Veldenzer Grafschaft. In dem Verzeichnis der Lehen des Rhein-
grafen Wolfram findet sich der Eintrag, dass der Rheingraf vom
Grafen von Veldenz die Hälfte des Dorfes Munstere und die Hälfte
des Zehnten mit der Kircheninvestitur (Patronatsrecht) zu Lehen
trage[3]). Der andere Teil war ebenfalls Lehen von der Grafschaft
Veldenz, aber im Besitz der Ritter von Löwenstein; um 1400 war
Johann von Lewenstein mit dem Gericht und dem Hof zu Munster
unter dem Steine und den St. Pirmondesleuten jenseits der Nahe,
wo die sitzen, belehnt; und 1419 hatte Johann von Levenstein der Alte
den Hof Munster under des Ringravin Steine zu Erblehen[4]). Die
„St. Pirmondesleuten", die offenbar zu diesem Hof zu Münster am
Stein gehören, weisen auf einen uralten Zusammenhhang mit dem
Pirminskloster zu Hornbach bei Zweibrücken hin. Vielleicht hat
dieses Kloster in dem Hof eine Propstei (Cella) gehabt, die dem
Ort den Namen „Monasterium" gab.

In welchem Verhältnis die beiden Lehen, das Rheingräfliche
und das Löwensteinische, zu einander standen, geht aus dem Weis-
tum von 1515 hervor[5]): Darnach waren die Rheingrafen oberste
Gerichtsherren über Dieb und Diebin und über alle ungerechten
Leute im Dorf und in der Gemarkung. Ergriffene Uebeltäter
waren nach Rheingrafenstein abzuführen. Das Wasser ist des
Rheingrafen, wer es brauchen will, muss es vom Rheingrafen haben.
Der Rheingraf allein hat zu gebieten und zu verbieten. Im unteren
Teil des Dorfes von bestimmten Häusern ab haben die Rhein-

---

1) Dipl. Rhingrav. II 357.

2) Eine Burg Affenstein unter Rheingrafenstein war 1426 Lehen
der Rheingrafschaft im Besitz des Henne von Loynßheim und des Johann
von Waynßheim (Altes Mannbuch 112, 171). Die Burg Rheingrafenstein
wurde im Jahre 1688 durch die Franzosen zerstört.

3) Trier. Archiv, Ergänzungsheft XII 8, 13. In späterer Zeit wird
Münster, Rheingräfl. Anteil, nicht mehr als Lehen von Veldenz angeführt.

4) KrASpeyer, Veldenzer Copialbuch I 134, 151. Spätere Belehnungen
1421, 1428, 1436.

5) Trier. Archiv, Ergänzungsheft XII 68 ff., Nr. 11.

grafen die Strafgewalt über Rügesachen, Bruch und Frevel, was im oberen Dorfteil den Herren von Löwenstein zusteht. Auf den öffentlichen Strassen im Dorf und auf der Feldflur ist die Rügegerichtsbarkeit beiden Teilhabern gemeinschaftlich, in gleichen Anteilen. Der Schöffenstuhl ergänzt sich dadurch, dass die überlebenden Schöffen einen aus der Huberschaft hinzuwählen. Der Oberhof ist das Rheingräfliche Gericht zu Osterburg bei Kreuznach. Mit diesem Gericht zu Münster am Stein ist ein Hubgericht zu Hochstätten an der Alsenz verbunden. Es sollen vier Schöffen aus Münster und einer aus Hochstätten sein. Die zu dem Hof zu Hochstätten gehörigen Hubener sollen in Alten-Bamberg und Hochstätten gesucht werden. Der Münsterer Bezirk geht an Sulzer Gemark[1]) und reicht bis Traiser Gemark, und von da auf Oberrott, und dann wieder an Sulzer Gemark. Diesen Bezirk hat die Gemeinde in Gebrauch ohne allen Eintrag. Nach Ebernburg und Traissen zu haben sie bisher ohne Eintrag Holz und Weide gebraucht, nach dem Schloss Rheingrafenstein zu nur mit Gnaden der Rheingrafen.

2. Das Münstertal an der Appel.

Seit der Schenkung des Königs Arnulf vom 11. Februar 893 erscheint Appula im Besitz der Benediktinerabtei St. Maximin vor Trier. In der Urkunde Ottos des Grossen vom 4. Juni 940 ist von einer „Cella, que Appula dicitur" die Rede. Die Abtei hatte also eine Celle, eine Propstei in Appel angelegt, die auch noch am 30. Juni 1056 erwähnt ist. „Monasterium in Apula" kommt erst im Maximiner Urbar des beginnenden 13. Jahrhunderts vor. Von einem Kloster ist später nicht mehr die Rede.

In dem Urbar werden auch die zu Münsterappel gehörigen Orte Overshusen, Winterbure, genannt.

Von einem Eingreifen der Nahegau- oder Wildgrafen ist schon 1113, 6. April, die Rede. Damals restituierte Kaiser Heinrich V. dem Kloster 12 Talente Zins in Apula, die ihm Graf Emicho und sein Sohn Gerlach bis dahin entzogen hatten. Später war die Vogtei Münsterappel von der Abtei an die Wildgrafen zu Lehen verliehen. „Monasterium in Apula: Silvester comes habet advocatiam et curiam in Allenze" heisst es in der dem Urbar angefügten Aufzeichnung über die Lehen der Abtei St. Maximin[2]). 1303 bekundete

---

1) Hieraus geht hervor, dass das Haus Sulz wirklich in der Gegend der jetzigen Saline Theodorshall gelegen hat. Vgl. S. 15 f.

2) MRUB. I S. 140: Arnulf 893 11/2; S. 207: Zwentibold 897 13/6; S. 220: Karl d. Einf. 912 1/1; S. 238: Otto d. Grosse 940 4/6; S. 269 derselbe 962; S. 350: Heinrich II. 1023 30/11; S. 352: Konrad II. 1026 11/1; S. 375: Heinrich III. 1044 25/7; S. 387: Leo IX. 1051 16/1; S. 388: Heinrich III. 1051 21/1; S. 401: Heinrich III. 1056 30/6; S. 421: Heinrich IV. 1066 13/7; S. 489: Heinrich V. 1113 6/4; S. 573: Innocenz II. 1140 6/5; S. 629: circa 1152 Engebrandus scultetus de Apela erwähnt. Die Stellen in Bd. II: S. 20: 1023 10/12; S. 91: Friedrich I. 1182 31/5; S. 430: Anf. 13. Jhdt.; S. 455: Urbar der Abtei St. Maximin; S 472: Lehenbuch aus dem 14. Jhdt.

Abt Godefrid von St. Maximin, das Wildgraf Konrad von Dhaun die Burg Duna und die Vogtei des Hofes Munsterappella ebenso, wie seine Vorfahren, von ihm zu Lehen empfangen habe [1]).

1358 versetzten der Wild- und Rheingraf Johann und seine Frau Margareta dem Grafen Heinrich von Veldenz für 1080 kleine Gulden von Florenz das Gericht zu Alsentzen und die Dörfer und Gerichte Niedernhusen und Wintherborn mit allen den luden, die Baltze bisher da gebedet und gescheffet hat, und mit allen Rechten und Gütern und die Leute, die sie haben sitzen in dem Dorf Doryngenbach (Dörnbach bei Rockenhausen?) mit Leib und Gut, von denen zu Martini 60 Pfund Heller Bede fällt, und dazu einige Abgaben zu Münsterappel und Niederhausen. Der Wild- und Rheingraf sollte binnen Jahresfrist die Bestätigung dieser Pfandschaft durch den Abt von St. Maximin als Lehensherren einholen [2]). 1414 verpfändete Wildgraf Konrad von Dhaun, Rheingraf zum Stein, dem Grafen Friedrich von Veldenz eine Rente von 40 Gulden jährlich aus der Bede von Monsteraplan und Obernhusen, abzulösen mit 300 Gulden [3]). 1450 waren drei Vierteile an den Dörfern Munsterapeln, Nidernhusen, Obernhusen, alle drei uf der Apeln gelegen, und Winterborn, $^3/_4$ an den armen Leuten, die zu diesen Dörfern gehören, in- und ausserhalb der Dörfer wohnend, mit aller Zubehör, ausser den Backhäusern von Münsterappel, Nieder- und Oberhausen, der Mühle zu Niederhausen, dem Gauchsberger Zehnten, gewissen Grundstücken für 2000 Gulden der Vormundschaft des Pfalzgrafen Philipp versetzt [4]).

Die Rechte des Wildgrafen werden im Weistum von 1515 beschrieben [5]). Damals hatte Münsterappel 28 Hausgesesse, Obernhusen 12, Nydernhusen 31, Wynterborn 9. Der Wildgraf zu Dhaun war oberster Herr zu richten über Dieb und Diebin, über Hals und Halsbein. Er hatte das oberste Gebot und Verbot, hoch und nieder, und die Gewalt auf der Strasse und Kreuzstrasse, soweit die Gemarkungen der vier Dörfer reichten. Einen ergriffenen Missetäter soll man dem Schultheiss des Abtes von St. Maximin liefern, der ihn dann weiter in des Wildgrafen Gewalt übergibt. Der Abt zu St. Maximin wird in diesem Weistum nur als Grundherr anerkannt. Ueber Frevel und blutige Wunden richtet das Wildgräfliche Gericht. Dem Wildgrafen steht auch die Bannmühle und das Bannbackhans zu. Einwanderer (Wildfänge) haben die Amtleute anzunehmen. Das ist mit Absicht so unbestimmt ausgedrückt, da dieses Recht nicht nur von der Grundherrschaft und der Vogtherrschaft, sondern auch vom Amt Alzey für Kurpfalz in

---

1) Wild- und Rheingräfl. Archiv in der fürstl. Rentkammer in Coesfeld, Dhaun 1622. (Schmitz-Kallenberg, Regest 83.)
2) KrASpeyer, Veldenzer Copialbuch VII fol. 880 f.
3) Ebd. VII 94 f.
4) StADarmstadt, Copialbuch für das Amt Alzey fol. 21.
5) Trier. Archiv, Ergänzungsheft XII S. 66.

Anspruch genommen wurde. Frohndienste willigen sie den Herren, beklagen sich aber, von der Pfalz damit beschwert zu werden. Heimliche Fund- und Bergwerke weisen sie dem Wildgrafen soweit, als die Gemarken der vier Dörfer gehen. Das Abteiliche Gericht hat drei ungebotene Dingtage auf des Abts Kosten. Ausser den genannten vier Dörfern stehen noch Fürfeld und Dieffendell mit dem Gericht Münsterappel in Verbindung.

Die Rechte des Klosters St. Maximin werden 1484 im Urbar des Klosters beschrieben[1]). Item in Monsterappell et suis membris est dominus abbas fundi dominus, et collator ecclesie parochialis et aliorum beneficiorum et altarium.

zu dem ersten wysent die 14 scheffen myn hern den apt und syme goitzhuß zu sent Maximin bie Triere gelegen man und ban, wasser und weide, berich und daill vor eygen. Item wysent och die vorgen. scheffen dem apt und sym goitzhuß dru ungeboden dynckdage und sall des aptz scholtiß die beczitzen und dyngen von wegen des aptz vorgen. und das gericht betzitzen und nymant anders. Und man sall och nyt dyngen und gedyngen umb eygen und umb erbe, dan vor des abtz scholtiß und gericht; und were ymann der das dede, sall in der vorgen. scholtiß bussen mit scheffen-urtell.

Item wysent och die scheffen, daß des aptz scholtiß vorgen. macht hat zu erben und zu enterben von myns herren aptz gemelden wegen.

Item wysent die scheffen och eynen herren zo Donne vor eynen obersten fauyt, und derselbige ist des abtz und syns goitzhuß man davon und hait das, mit namen die foitdie zu Monsterappel und noch anders viel von dem apt und sym goitzhuß zu lehen und sall dar umb den apt und syn vorgen. goitzhuß syn gerichte, syn luden und guder schirmen und beschuren.

Der Abt hatte als Collator ein Drittel des Zehnten zu Münsterappel, $^2/_3$ des Zehnten zu Nyderenhusen (80 ml. beider Frucht), Wynterborren (30 ml.), Kalcoben (12 ml.), Murßfelt (40 ml), „decima campanatoris" (16 ml.) und den Hellynger Zehnten (3 ml.). Der Heuzehnte war für Geld verpachtet und ertrug zu Nidrenhusen 2 ℔ heller, zu Wynterborren $1^1/_2$ ℔ hell., zu Kalcoben 1 ℔ h, zu Murßfeld 2 ℔ h, die bache offen zu Monsterappel 18 ß, die bache abe zu Monsterappel 19 ß, und zu Zeygernhusen (Wüstung bei Münsterappel, vgl. S. 353 f.) van dem grumme 1 ℔ hell[2]).

---

1) Grosses Urbar von St. Maximin, Trierer Stadtbibliothek, Handschrift 1641, fol. 17.

2) $^1/_3$ des Zehnten zu Münsterappel hatte Junker Diether von Rockenhausen und Junker Seyfrid der Junge von Randeck; $^1/_3$ des Zehnten zu Oberhausen war vom Abt dem Junker Morsheimer, das zweite Drittel daselbst an Siefert von Lynichen verliehen; der Abt hatte dort nichts. Der Gauchsberger Zehnte zu Winterborn und Niederhausen gehörte zu dem Lehen der Wildgrafen als Vögten der Abtei. Der Hellinger Zehnte ge-

Das Stangengut zu Winterborn war in unmittelbarem Besitz des Abtes Dazu gehörte die Stangenwiese zu Kalkofen, die für 1 ℔ 2 ß heller verpachtet war, die Froynewyse zu Münsterappel ertrug 7 ℔ heller, ebensoviel eine andere Stangenwyse. In Monsterappel, Grewiler, Obernhusen, Wynterborren und Nyderhusen gingen 60 Mainzer Schilling Zins ein, in Fürfelt 17 ß, vom Fronhof zu Münsterappel 19 ß, von Stangengütern zu Winterborn 6 ß.

Ferner wurden 10 Zinshühner, 6 Cappen und 60 Eier geliefert. An „Holzhafer" wurden erhoben vom „Forst" 11 ml., „im Spreyde" 7¹/₂ ml., „im Bureholtz" 7¹/₂ ml., von der „obern Sange" ¹/₂ ml., von der Huben zu Obernhusen 1 Fernzel Hafer Pacht von 27 mg. Acker, 7—8 ml. Korn, zu Winterborn 8 ml. Vom Acker bei dem Crutzwegen hatte der Abt die siebente Garbe. In einem andern Urbar, das den Schreibern des Archivum Maximinianum des Abtes Alexander Henn (1696) in einer Abschrift von 1564 vorlag, werden die Rechte aus den Wäldern genauer angegeben:

Der Abt hat alle Jahre aus den Wäldern Furst und Sang 11¹/₂ Malter Hafer und das ist Erbschaft der armen Leute. In diesen Wäldern sind jährlich 13 „Hauck" Holz auszugeben, davon geben 11 je ein Malter Hafer, und einer nur ¹/₂ Malter, einer gehört dem Förster, der keinen Hafer gibt.

Spreidt und Bauwerholtz im Assendall enthalten 10 Hauck, davon hat der Abt 1¹/₂ für sich, die übrigen geben jeder drei Fernzel Hafer.

Vom Buverholtz zu Winterborn über der Strasse von acht Hauck je 1¹/₂ Sümmer Hafer, macht zusammen 21 Malter Holzhafer [1]).

Im 13. Jahrhundert unterstand die Güterverwaltung der Abtei St. Maximin in den Höfen Symeren, Monasterium Apula und Sursuabheim einem Administrator, zu welchem ein Mönch von St. Maximin von dem Convent gewählt wurde.

Als sich vor 1286 ein solcher Administrator, der Mönch Nikolaus von St. Maximin, mit einer Klage gegen den Raugrafen Heinrich, der den Hof zu Münsterappel beraubt hatte, an das geistliche Gericht zu Mainz gewandt hatte, erschien im Laufe der Verhandlung der Mönch Heinrich von St. Maximin, leiblicher Bruder des Raugrafen und behauptete, von dem grösseren und vernünftigeren Teile des Kapitels zum Administrator der genannten Güter erkoren zu sein. Die Richter baten den Prior von St. Maximin und den Dechant zu St. Paulin vor Trier um Auskunft, welcher von den beiden Administratoren der richtige sei [2]).

---

hörte zu einem Lehen, welches 1409 durch Hensgin vom Stein mit Erlaubnis des Abtes Rorich an den Wild- und Rheingrafen Conrad zu Dhaun versetzt und 1444 von zwei Brüdern von Boyß an den Pastor zu Münsterappel verkauft wurde. Nachher ist er wieder mit den Gütern der Abtei vereinigt worden. Stadtbibliothek Trier, Handschrift „Archivum Maximinianum" des Abtes Alexander Henn, X 1003—1006, 1116—1119, 1134.

1) Archivum Maximinianum Abbatis Alexandri Henn X 1113 f.
2) Ebd. X 1001.

Auch Streitigkeiten mit dem Vogtherrn werden gemeldet. Im 17. Jahrhundert war die Vogtei den Rheingrafen eine ganze Reihe von Jahren hindurch entzogen, und das gesamte Hoheitsrecht wurde von der Abtei St. Maximin ausgeübt. Im Weistum von 1657, 10. April, n. St.[1]), erscheint Münsterappel als kaiserlich freies Stift in dem Besitz des Abtes von St. Maximin. Gericht und Schöffen erkennen einen Herrn Abt von St. Maximin von wegen seines Goteshauses zu das oberst und Hochgericht, Bann und Mann, Wasser und Weide, Berg und Tal (davon geben die armen Leute ihre Zinsen, dass sie sich dessen gebrauchen sollen zu ihrer Notdurft), Flock und Zock, Fund und Prund, Hals und Halsbein.

Der Schultheiss hat von des Abtsgerichts wegen Macht zu erben und zu enterben. Der Wildgraf, Herr zu Dhaun, ist oberster Vogt und des Abts Mann davon. Er soll den Abt, das Gotteshaus und die armen Leute im Münstertal in- und ausserhalb dem Bann gesessen, vor aller Gewalt und tätlichen Verhinderung schirmen und handhaben. Alle seine Rechte hat er zu Lehen vom Abt und Gotteshaus zu St. Maximin.

Wer in den Orten Münsterappel, Niederhausen, Oberhausen, Winterborn sitzt oder mit 5—6 Schilling Wert begütert ist, ist dem Abt ein Besthaupt schuldig.

Der Abt hat vier Wälder, Forst und Sang (jeder Hau gibt 1 ml Hafer), Spreit und Bauholz (jeder Hau gibt drei Viertel Hafer).

Zu den zwei Zinstagen der Abtei sollen alle, die Güter von dem Hof Münsterappel besitzen, kommen, sie sitzen zu Wald oder zu Gau, und ihre Zinsen entrichten. Die Schöffen sind des Zinses frei, geben aber dem Wildgrafen zwei Heller Vogtrecht. Die Ausbleibenden werden mit 20 Pfund Heller bestraft. Wenn des Abts Schultheiss diese Strafgelder allein nicht eintreiben kann, soll ihm des Vogts Schultheiss dabei helfen.

Einen Missetäter soll des Abts Schultheiss ergreifen und bis zum nächsten Morgen bewahren, und ihn dann an des Wildgrafen Schultheiss abliefern. Das Gericht soll aufgeschlagen werden am Sauerweg am Kerff, wo jetzt eines steht.

Mühlen und Wasserläufe gehören dem Abt.

In Münsterappel gilt Kreuznacher Maß, das in Kreuznach zu holen und zu aichen ist.

In diesem Weistum erscheint der Wild- und Rheingraf fast nur als Beauftragter des Abtes, dem die Hoheitsrechte ganz zugesprochen werden.

Im weiteren Verlauf scheint der Abt einmal den Wildgrafen ganz und gar verdrängt zu haben, er verfügt über die Landeshoheit, setzt Amtleute ein und gibt seinen Besitz in „Admodiation“.

---

1) Archivum Maximinianum Abbatis Alexandri Henn X 988. Andere Abschrift im KrASpeyer, „Horstmanniana“ V. Demonstrationes jurium P. 1, 186.

Nach langen Verhandlungen vor dem Kaiserlichen Hofrat und dem Reichskammergericht kam am 8. April 1682 zu Trier ein Vertrag zwischen Alexander (Henn), Abt des Gotteshauses und kaiserlichen Stiftes St. Maximin und den Wild- und Rheingrafen Leopold Philipp Wilhelm, Friedrich Wilhelm und Johann Georg wegen des Münstertales zustande[1]).

§ 1. Dem Abt und seinem Gotteshaus soll die Grundherrschaft zustehen mit der Befugnis, Schultheiss und Schöffen zu setzen, die Grundstücke zu versteinen, Streitigkeiten über Grund und Boden zu entscheiden, Arrest auf die Früchte im Feld zu legen, zu rügen und zu büssen, geringe Geldstrafen einzutreiben. Wenn er aber dabei des Wildgrafen Schultheiss anrufen muss, ihm zu helfen, sollen die Wild- und Rheingrafen von den Strafgeldern zwei Dritteile haben.

Den Rheingrafen steht die Macht zu, Polizeiverordnungen zu erlassen, der Schirm und das Geleit auf Land- und Kreuzstrassen, Bergwerk und heimliche Funde, Konfiskation und Appellation, Abnahme von Vormundschaftsrechnungen, Bannmühlen und Bannbackhäuser, Weinschankrecht und Ungeld Jäger- und Fischerei, Krametsvogelfang, Strafen in criminnalibus et civilibus, Frevel und Bussen, Gebot und Verbot und Cognition in civilicis et ecclesiasticis (salvo jure patronatus), Ehesachen, Dispensationes, Zehnten-Pfennig, Bede, Schatzung, Atz, Huldigung, Folge, Reys, Musterung, Heerwagen, Incarcerationes und dergleichen Jura, folglich das Jus superioritatis et territoriale, merum et mixtum impercium &c. &c.

§ 2. Mit der Huldigung soll es so gehalten werden, dass die Untertanen den Abt als ihren Grundherrn, die Wild- und Rheingrafen als ihre Landesherren anerkennen.

§ 3. Das Besthauptrecht soll beiden Teilen gemeinschaftlich zustehen.

§ 4. Weinschank und Ungeld soll den Wild- und Rheingrafen verbleiben, doch darf auch der Abt von seinem Zehntwein solches erheben.

§ 5. Die Leibbede von sämtlichen Leibeignen und deren Manumissionsgelder sollen gemeinschaftlich sein.

§ 6. Die Ausübung von Jagd und Fischfang durch dafür eingesetzte Personen ist beiden Herrschaften gestattet, den Untertanen strengstens verboten.

Durch diesen Vertrag sind die Wild- und Rheingrafen als Landesherren im modernen Sinne anerkannt worden.

Eine Wüstung wird in den Zinsbüchern von Münsterappel erwähnt: Ziegernhausen; es war dies ein besonderer Zehntebezirk im Banne von Münsterappel. 1472 gab Brants Henne 1 Pfennig

---

1) Archivum Maximinianum Abbatis Alexandri Henn X 1230—1239. Andere Abschriften in den „Horstmanniana" V P. 1, 191, und in Kremer, Vertragsbuch I S. 487 ff.

von einer Hecke zu Zigernhusen. „Mein Herr (der Abt von St. Maximin) hat ein gross Holtz, ein Waldt zu Ziegernhausen, uff dem Wege am Bergh gevor unden zu unserer lieben Frauwen, und geht den Bergh ausser das Wostfeldt nobe bis an den Graben, stehet ein Stein, uff der ander Seithe herusser genannt am Grafenbergh“. 1662 gaben einige Leute „von einem Wald, genannt Krausselsheck zu Ziegernhausen am Schoferberg uf den Wiesen 2 Heller“ [1]).

Dem Maximiner Hof in Münsterappel waren noch drei kleine „Gerichte“ unterstellt, die nur einige Grundstücke und Gewanne in den Gemarkungen Gaugrehweiler, Alsenz und Fürfeld umfassten. Die Besitzer der Grundstücke waren nach Münsterappel dingpflichtig. Die Abtei hatte davon das Besthaupt und den Zehnten und Zinse. Das Stück in der Gemarkung von A l s e n z hiess B o ß w e i l e r oder in Oberhauser Loch. Es heisst darüber in dem Zinsbuch: Der Abt „hat ein eigen Gericht, das da horet ghen Munsterappel, gnannt Bossweiler oder in Oberhauser Loch, welch Gericht gehet von der Strassen bis an Beckers Hennen Wack und von der Wack wieder uff die Strass, und liegt dieser Zunck in Oberhauser Gemarck und Widdengangk, sonder der Zehenden horet ghen Alsentz, und wer darin hat, gibt Besthaupt und soll gehorsamen der ungebodden Dingh zu Munsterappel [2])“. Der Distrikt Oberhauser Loch (Wüstung Boßweiler) liegt in der jetzigen Gemarkung Alsenz.

„Zu F ü r f e l d hat ein Herr Prälat (Abt von St. Maximin) sein eigen Gericht und wer darin hat, gibt Besthaupt und soll der ungeboten Ding zu Munsterappel gehorsam sein; und ist ein Herr Prälat darin Grundherr, und fallen noch guter Zins demselben, und alle Zehnten und Freiheiten kommen von meinem Herrn Prälaten von St. Maximin. $^2/_3$ des grossen Zehnten tragen zu Lehen von der Abtei die Boos von Waldeck, Freyen von Dehrn und die von Monsheim, laut ihrer Lehenbriefe, tum separatim tum coniunctim. Pastori cedet tertia. Die Kirchengift tragen die von Schonenbergh auch von dem Herrn Prälaten zu Lehen. NB. das Morßheimer Lehen ist ausgestorben und dem Gotteshaus wieder heimgefallen, bestehet in einem Zehnten auf gewissen Gütern von Rauschabshof und St. Katharinenhof in Fürfelder Gemark usw. [3]).

Diese Güter zu Furnivelt werden der Abtei zuerst in dem Privileg K. Zwentibolds von 897 zugeschrieben [4]). Sie waren nach dem Lehensregister der Abtei verliehen: „in Furnevelt uxor

---

1) Arch. Max. Abbatis Alexandri Henn X 1115, 1141, 1152. Güter in Cigerenhusen im Nahegau wurden 1130 vom Erzbischof von Mainz dem dortigen Domkapitel geschenkt. Wille, Regesten der Erzbischöfe von Mainz 1 S. 290, Nr. 226.

2) Archivum Maximinianum Abbatis Alexandri Henn X 1121, 1157.

3) Ebd. X 1161.

4) MRUB. I 207, 220 (Karl III. 912); 350 (Heinrich II. 1023); 352 (Konrad II. 1026); II 91 (Friedrich I. 1182); 472 (Urbar).

Heinrici de Dalen habet patronatum ecclesie et septem mansos, Herimannus de Bukenheim terciam partem decime et septem mansos"[1]).

Nach dem Weistum zu Förfeldt von 1506[2]) waren damals Junker Philipp Beusser von Ingelnheim zum halben Teil und Junker Conrad von Waldeckh gen. von Ueben und Junkers Johann Boßen verlassene Söhne Philipp und Simon Gebrüder zum andern halben Teil, „oberste Faut und Herren und Richter im Dorf." Es wird ihnen der Blutbann zugeschrieben: „Item forter hat der Schulte begert, mit Recht zu bescheiden, ob ungerecht Leut in diesem Gericht gefielen, es wäre im Feld und im Dorf, wer die greifen soll, wo man sie hin liebern soll, uf dass dem Land sein Recht geschehe und den armen Leuten nit Unrecht? Item daruber hat der Scheffen geweist mit Recht, obe ungerecht Leut darin fielen, es were Frau oder Man, die das Leben verpflicht hetten, die sollen der Hern Knecht greifen und liebern in unser Hern nechst Behalt gehn Uben, und darnach sie verpflicht hetten, darnach soll man ihr Recht thun. Und wer es Sach, dass der arm Man soviel Guts hette, es were Frau oder Man, so sollten die Hern greifen in dasselb Gut, und sollt davon die selb Person richten. Ist etwas überentztg, das weisen wir in der Hern Gnade. Wer aber nit soviel da sollten die Hern greifen in ihren Bütten, und sollen dem Meister seinen Lohn geben, dass dem Land sein Recht geschehe und dem armen Man nit unrecht."

Es ist zu vermuten, dass diese Hochgerichtsbarkeit nicht ursprünglich diesem aus zwei Hofgedingen mit je sieben Hufen hervorgegangenen Gericht zugestanden hat, sondern vielmehr einem Wildgräflichen Landgericht, dass vielleicht in Münsterappel oder in Alsenz seinen Sitz hatte. Vielleicht haben zu diesem Landgericht auch der ursprünglich ebenfalls der Abtei St. Maximin gehörige Ort Tiefenthal und die zum Kirchspiel Münsterappel gehörigen Dörfer Mörsfeld und Kalkofen gehört.

Tiefenthal, 1319 dem Raugrafen Heinrich von der Alten Baumburg gehörig, ging 1325 an den Grafen Philipp von Sponheim über, der eine Stiftochter des Raugrafen geheiratet hatte und von diesem zum Miterben seiner Güter eingesetzt war. So wurde es mit der Herrschaft Bolanden vereinigt und kam mit dieser an das Haus Nassau. Die Wild- und Rheingrafen hatten von 1532 bis 1600 mit dem Hause Nassau-Ottweiler einen Rechtsstreit vor dem Reichskammergericht zu Speyer und citierten noch 1625 die Untertanen vor das Gericht Münsterappel[3]).

Kalkofen, wo die Abtei St. Maximin einige von Münsterappel

---

1) Anhang zum Urbar von St. Maximin MRR. II 472.

2) StADarmstadt, Saal- und Lagerbücher, Rheinhessen, Fürfeld (Abschrift). Um 1560 hatten Hartmann und Walther von Cronberg den halben Teil an Fürfeld von Hans Karl Büsser von Ingelheim und noch $\frac{1}{4}$ von Ludwig Haußner von Windbuchen angekauft; der Rest war an Antoni Boos von Waldeck gekommen.

3) A. Köllner, Kirchheim-Bolanden 277 f.

abhängige Güter und Gefälle besass, gehörte ursprünglich zur Rau-
grafschaft, später zur Herrschaft Falkenstein. Mörsfeld war ein
Besitztum der Raugrafen und wurde durch Kurfürst Ludwig III.
von der Pfalz 1426 erworben und dem Amt Alzey unterstellt[1]).

3. Das Dorf Stein-Bockenheim.

Am 15. Februar 1283 genehmigte Wildgraf G[ottfried], gen.
Raup, auf Bitte des Ritters Dietrich von Lonsheim und seiner Frau
Agnes, dass sie ihren Teil des Zehnten bei Bockenheim (worauf
Agnes bewittumt war) dem Ritter Johann von Morisbach und
seiner Frau verkaufen möchten. Von diesem Zehnten sollte
Dietrichs Bruder Bertram, wie das von des Wildgrafen Vater
E[micho] bestimmt war, sobald eine Burg bei Vlanheim gebaut
sein würde, als dortiges Burglehen $^2/_3$ tragen, Johann alsdann $^1/_3$
als Mannlehen; doch solange keine Burg bei Vlanheim errichtet
würde, sollte jeder Teil die Hälfte des Zehnten zu Mannlehen
haben[2]). In der Urkunde vom 14. März desselben Jahres, in der
die Wildgrafen Emicho und Gottfried ihre Besitzungen bei Flonheim
teilten, war bestimmt, dass Emicho dem Gottfried für 20 Pfund
die Hälfte des Dorfes Bochenheim abtreten sollte[3]). Am 5. Juni
1331 verkauften die Söhne des Heinrich Schieles von Montfort,
Ulrich Schieles und Heinrich Zolnhere, dem Wildgrafen Friedrich
von Kyrburg ihren gesamten Besitz in Bockinhem im Dorf und
im Felde, den sie bisher von dem Wildgrafen zu Lehen hatten,
für 130 Pfd. Heller[4]). Am 10. April 1355 erklärte der Edelknecht
Johann Schweufcroseln von Partenheim, dass die Briefe, die er von
Wildgraf Friedrich von Kyrburg habe, wegen des Dorfes und
Gerichts zu Bockinheim und der Mühle zu Weldesteyn, keine
Gültigkeit mehr hätten, und auf dessen Wunsch mitsamt dem Dorf,
Gericht und der Mühle zurückgegeben werden sollen[5]).

Aus diesen Urkunden geht hervor, dass Stein-Bockenheim
zur Wildgrafschaft gehörte, und zwar seit 1283 zum Kyrburgischen
Teil des vorher gemeinschaftlichen Amtes Flonheim. Im Weistum
von 1515 wird dann auch der Wildgraf zu Kyrburg als Hoch-
gerichtsherr und Oberster Vogt des Gerichts anerkannt. Wer
Haus und Hof hat und $3^1/_2$ Morgen Acker, hat den Herren fünf Fern-
zal Hafer und ein Fastnachtshuhn zu geben. Wer aber nicht
soviel Acker hat, gibt 6 Pf. zu allen ungebotenen Dingen, ein Fast-
nachtshuhn und den Förstern ein Fernzal Hafer. Nach der
Teilungsurkunde vom 29. August 1515 wurde Steinbockenheim dem
Wild- und Rheingrafen Philipp von Dhaun zugesprochen[6]). Der

---

1) Widder, Beschreibung der Pfalz III 248.
2) Original im „Renneberger Archiv" in der fürstl. Rentkammer in
Coesfeld; Regesten davon im StAKoblenz.   3) MRR. IV 1041.
4) Rentkammer Coesfeld, Archiv der Wildgrafschaft Dhaun 812.
(Schmitz-Kallenberg, Regest 180.)
5) Renneberger Archiv.   6) Trier. Archiv, Ergänzungsheft 12.

Wildgraf hatte einen Hof, den Zehnten und zinsbare Güter in der Gemarkung. Von Gütern von Klöstern und auswärtigen Herrschaften ist mir nichts bekannt geworden[1]).

4. Das Dorf Sarmsheim.

Sarmsheim gehörte schon im 9. Jahrhundert dem Benediktinerkloster St. Alban vor Mainz, dessen Besitzungen zuerst in einer undatierten Verfügung genauer bezeichnet werden, in der der Propst Reginhard auf Veranlassung des verstorbenen Abtes Ekbert dem Kloster gewisse Nutzungen zuweist „redditus ex variis huobis et aliunde quotannis provenientes in Strazheim, Fuirbach, Doreveldon, Ruozcelenesheim, Seilenvort, Batenheim, Frickelo, Geisbodosheim, Sarmundesheim, Wendelenesheim, Gouwelibeshuson, Stettin, Nordenstat, Wilere et Moguntia", nämlich im ganzen 1 uncia und 5 Talente, die zur Beschaffung verschiedener Gebrauchsgegenstände für das Kloster und die Mönche verwendet werden sollten[2]). Wann dieser Abt Ekbert gelebt hat, ist nicht mehr genau festzustellen. Er ist aber in das 9.—10. Jahrhundert zu setzen.

Mit dem Gut war die Kirche verbunden, die dem Kloster 1184 durch Papst Lucius III. und 1213 durch Erzbischof Siegfried von Mainz bestätigt wurde[3]). Die Herren von St. Stephan in Mainz, denen das Patronatsrecht der benachbarten Kirche zu Münster bei Bingen zustand, hatten eine zeitlang in Streit wegen dieser Kirchen mit dem Albanskloster gelegen, als am 19. März 1266 Erzbischof Wernher bestimmte, dass die Kirche in Sarmsheim nach der nächsten Erledigung der Pfarrstelle dem Kapitel zu St. Stephan incorporiert werden sollte[4]). Die Abtretung der Sarmsheimer Kirche ans Stephansstift seitens des Abtes und Konventes zu St. Alban geschah am 21. Juli desselben Jahres. Später erhob sich ein neuer Streit. Am 31. Oktober 1298 hatten die geistlichen Richter zu Mainz in einer Klagesache wegen der Zehnterhebung von den Eigengütern des Albansklosters gegen das Stephansstift in den Pfarreien Sarmsheim und Münster zu erkennen. Am 31. Mai 1334 entschied der Kanoniker Heinrich von St. Maria ad Gradus in Mainz, dass das Albanskloster von seinen Gütern in den Pfarreien Sarmsheim und Münster, sowohl von denen, die es in eignem Bau hatte, als auch von den an andere Leute gegen Zins überlassenen berechtigt sei, den Zehnten zu erheben. Der

---

1) Was für Hoheitsrechte in der letzten Zeit vor 1789 Kurbaden in Stein-Bockenheim besessen hat, habe ich aktenmässig nicht feststellen können. Vgl. Brillmayer, Rheinhessen 427.

2) Joa. Pet. Schunck, Cod. dipl. Mogunt. 1792 S. 362.

3) Joannis rer. Mog. II 574. Original in München, Allgem. Reichsarchiv, Repertorium D. 7. Mainzer Urkunden S. 574, Nr. 5 u. 6.

4) Joannis rer. Mogunt. II 538. Kreisarchiv Würzburg, Mainzer Urkunden, neuregistrierte Urkunden von Stiftern und Klöstern, Albansstift. Daselbst liegen auch die folgenden Urkunden (Zettelregesten).

Streit kam aber nicht zur Ruhe, noch aus den Jahren 1361 und 1386 liegen Urkunden darüber vor.

Die Vogtei über diese Güter hatten die Rheingrafen zu Lehen von den Herren vom Stein (Rheingraf Wolfram von Herrn Theodericus de Petra). Später waren die Wild- und Rheingrafen direkt von der Abtei mit der Vogtei belehnt[1].

Nach dem Rheingräflichen Weistum von 1515 waren die Rheingrafen „oberste Gerichtsherren und Vögte zu Sarmsheim", hatten Gebot und Verbot, zu richten Dieb und Diebin wie's dieselben verdient haben. Die Rheingrafen oder ihre Diener haben das Herbergsrecht in drei bestimmten Höfen des Dorfes, wenn sie zur Ausübung der hohen Gerichtsbarkeit hineinkommen. Wer auf den Hubgütern der Abtei begütert ist, darf sich dem ihm angetragenen Amt als Schöffe bei Strafe nicht entziehen[2].

Einige Einkünfte aus dieser Vogtei hatten die Rheingrafen an andere verliehen, so bereits Wolfram zwei Fuder Wein an Anselm von Rudelne und seinen Sohn Heinrich. 1380 war Wilhelm von Scharpensteyn in Gemeinschaft mit seinem Schwager Bechtold, gen. Stanghen von der Nuwenbeymborg mit zwei Fudern Wein, und um dieselbe Zeit auch Arnold Kesseler von Sarmsheim mit zwei Häusern und einem Garten in Sarmsheim vom Rheingrafen Konrad belehnt. Andere, in dem Lehenrevers genau angegebenen Güter hatte 1396 Heinrich Bray von Büdesheim vom Wild- und Rheingrafen Johann zu Lehen, und ausserdem $\frac{1}{2}$ Fuder „frentsche luters wins" aus der Abtei St. Alban Kelter zu Sarmsheim, von dem der Abt meint, dass es von ihm zu Lehen rühre[3].

Wie und wann die Landeshoheit später an Kurmainz gekommen ist, kann ich nicht angeben. Das Albansstift blieb bis 1797 Grundherrschaft zu Sarmsheim[4].

Ein Rittergeschlecht benannte sich nach Sarmsheim: Heinrich von Sarmsheim kommt in einer Urkunde von 1227, und als verstorben 1234 vor. Er war demnach in Walderbach, einem der drei Hilbersheim und in Münster bei Bingen begütert[5]. Später tritt ein oft genanntes Adelsgeschlecht, die Kessler von Sarmsheim auf.

---

1) Trier. Archiv, Ergänzungsheft 12 S. 10, Nr. 32. Fürstl. Archiv in Coesfeld, Wild- und Rheingrafschaft, Dhaun 1650—1651 (Inventare der nichtstaatlichen Archive, Kreis Coesfeld, S. 44 [260*], VIII).
2) Trier. Archiv, Ergänzungsheft 12 S. 72.
3) Archiv f. Hess. Gesch., N. F. 4, 445 ff. Mannbuch der Wild- und Rheingrafschaft Nr. 31, 52, 59, 182, 184, 242, 249, 299, 306.
4) Vgl. Archiv f. Hess. Gesch. 1, 187. Im 15. Jhdt. galt das Lehen als verfallen und erst 1497 wurde durch den Kurfürsten von der Pfalz im Namen des Propstes von St. Alban, seines Sohnes, wieder ein Lehenbrief für Wild- und Rheingraf Johann V. über die Vogtei Sarmsheim ausgestellt. Im Jahr 1568, in welchem der Ort noch rheingräflich war, bestand er nur aus neun Häusern.
5) MRR. II 1822.

5. Das Dorf Münster bei Bingen.

Das Kloster Rupertsberg bei Bingen erwarb vor 1158 Weingärten in Munstre von einem Mainzer Ministerialen Engelschalk in Bingen[1]).

Dies ist die erste Erwähnung des Dorfes, dessen Kirche durch den Erzbischof Konrad von Mainz 1189 an das Stephansstift gegen die zu Alzey vertauscht wurde, nachdem Pfalzgraf Konrad auf seine Lehensrechte daran (das Patronat) verzichtet hatte[2]).

Vom Pfalzgrafen ging auch die hohe Gerichtsbarkeit, die „cometia" über Münster zu Lehen. 1309 bestätigte Pfalzgraf Rudolf I. das Wittum, welches Wildgraf Friedrich seiner Frau Agnes von Schönecken bestimmt hatte, und das in der Höhe von 2000 Kölnischen Mark auf die Orte und Gerichte Münster oberhalb von Bingen, Heidensheim, Flanheim und Wansheim angewiesen war[3]). Aber nicht nur die Wildgrafen hatten an Münster Teil, sondern auch der andere Zweig des Emichonengeschlechtes, die Raugrafen. Am 7. Sept. 1347 versetzten Raugraf Georg und sein Sohn Wilhelm für ein Darlehen von 160 Pfd. Hr. dem Wildgrafen Friedrich von Kyrburg das Dorf Münster bei Bingen zu ihrem Teil, den sie gemein mit ihm hatten, mit Gericht, Leuten, Wasser, Weide, Wiesen, Zinsen, Herbergen und allem was sie da Rechtes haben, mit Vorbehalt des Rückkaufes bis zum folgenden St. Georgentag[4]). 1355 verpfändete der Raugraf abermals dem Wildgrafen seinen Anteil an Münster für 100 Malter Korn Binger Maß. 1353 entlieh der Raugraf Wilhelm vom Wildgrafen Friedrich 60 Malter Korn, die er ihm zwischen den beiden nächsten Frauentagen (15. August und 8. September, also in der Erntezeit) zurückgeben will; wenn er das nicht tun würde, möge der Wildgraf an dem ihm vom Raugrafen versetzten Gerichten und Dorfteilen zu Flonheim und Münster sich schadlos halten[5]).

Nach dem Aussterben der Kyrburger Linie der Wildgrafen belehnte der König Ruprecht als Pfalzgraf bei Rhein die Dhauner Linie der Wild- und Rheingrafen, doch musste Wild- und Rheingraf Johann die Belehnung mit einigen Abtretungen erkaufen, darunter auch die Hälfte an der Vogtei Dorf und Gericht zu Münster bei Bingen[6]). Von dem Anteil der Raugrafen ist damals

---

1) MRUB. II S. 32, Nr. 48.

2) MRR 2, 609. Joannis Rer. Mog. II 522; Würdtwein, Dioec. Mogunt I 365. de Gudenus, Cod. dipl. II 853; Widder, Kurpfalz III 187. — Vgl. über die Kirche und Pfarrei noch MRR. 3, 1723.

3) Günther, Cod. dipl. Rheno-Mosellanus III S. 125, Nr. 33.

4) Dipl. Rhingrav. II 233; StAKoblenz, Urkunden d. Wildgrafen 56; Wigand, Wetzlarische Beiträge II 245.

5) Dipl. Rhingrav. II 282, 295. Wild- und Rheingräfl. Archiv in der fürstl. Rentkammer zu Coesfeld, Dhaun 644 (Schmitz-Kallenberg, Regesten 382.)

6) Dipl. Rhingrav. III 247.

schon keine Rede mehr. Es scheint aber, dass der König-Pfalzgraf eben diesen Anteil als heimgefallenes Lehen betrachtet hat.

Der so erworbene Anteil an Münster wurde dem Amt Alzey unterstellt. In dem Alzeyer Saalbuch des Pfalzgrafen Ludwig III. von 1429 heisst es: „Diß sint die dorffe die da dienent und gebent alle jar myn gned. herren hertzog Ludwig pfalczgraven zinse, gulte, bede, sture und anderst, als sie herkommen sint, uff die burg zu Alczey. Primo Munster by Byngen ist myns gnedigen herren des pfalczgraven und daz halpdeyle daran hant die Rynegraven von der Pfalcze zu lehen." Es werden dann noch 3 Pfd. 2 Sch. Zins von Wingerten und 1 Pfd. Heller Zins von der Bunde erwähnt[1]).

Am 4. Januar 1493 verkaufte der Wild- und Rheingraf Johann V. dem Kurpfalzgrafen Philipp seinen halben Teil an Dorf und Gemark zu Monster an der Noe by Bingen gelegen mit allen Zu- und Ingehörungen, Eigen- und andern Leuten und Gütern, mit aller Obrigkeit, Freiheit, Herrlichkeit, Gerichten und Rechten, das er bisher von der Pfalz zu Lehen getragen hatte, für 4000 Gulden, an derenstatt ihm der Pfalzgraf 200 Gulden jährlicher Gült verschrieben hat, die er von nun an zu Lehen empfangen soll. 1512 wurde dieser Vertrag dahin abgeändert, das die Hauptsumme für den Verkauf von Münster auf 3000 Gulden, die Gült auf jährlich 150 Gulden herabgesetzt wurde, dafür aber durch Kurpfalz das Viertteil an Kirn, welches in den Lehenbriefen seit 1409 vorbehalten war, dem Wild- und Rheingrafen überlassen wurde[2]).

So war Münster nunmehr ganz unter kurpfälzische Landeshoheit gekommen. Der Kurfürst richtete in Münster einen Markt ein, der mit dem in Bingen konkurrierte. Zum Schutz gegen die daraus entstehenden Feindseligkeiten seitens Kurmainz wurde der Thurm Trutzbingen erbaut[3]). Im Verlaufe des 30jährigen Krieges, als Kaiser Ferdinand die Pfälzischen Lande in seiner Gewalt hatte, verpfändete dieser die beiden Dörfer Münster und Sponsheim mit hoher und niederer Obrigkeit an Heinrich Brömser von Rüdesheim, der auch 1636 in den Besitz der Dörfer eingeführt wurde. Beim Westfälischen Frieden 1648 musste er die Dörfer von Kurpfalz zu Lehen nehmen und erst 1668 fielen beide Dörfer wieder an die Pfalz zurück. Die Abgabe von 150 Gulden an die Rheingrafen wurde gegen sonstige Vorteile durch Vertrag von 1698 ganz aufgehoben.

Freie Güter waren keine am Ort (1786), nur besass das Kloster St. Alban in Mainz im Jahre 1325 einen Hof[4]).

---

1) StADarmstadt, Saal- u. Lagerbücher, Rheinhessen, Alzey fol. 49.
2) StAKoblenz, Urkunden der Wild- und Rheingrafen 545, 569.
3) Ein älterer Turm war schon vorhanden. Widder, Kurfürstl. Pfalz III 189 f.
4) Widder III 191. — Würdtwein, Subs. dipl. I 267. 1253 verurteilte das Gericht zu Mainz die Gemeinde Münster bei Bingen wegen Besteuerung der Besitzungen des Klosters Eberbach im Rheingau zu einer Geldbusse. MRR. 3, 1081.

6. Das Dorf Windesheim.

Nach der (unechten) Stiftungsurkunde für das Kloster zu Deutz von 1019 hatte der Erzbischof Heribert von Köln vom Kaiser Otto III. den Königshof zu Windense mit allen Zubehörungen ererhalten, den er seiner neuen Stiftung zuwandte. Nach dem „Aedituus Tuitiensis" lag dieser Hof im Mainzer Bistum, in der Grafschaft des Pfalzgrafen, dem auch die Vogtei darüber zustand[1]). Vom Pfalzgrafen hatten später die Rheingrafen vom Stein die Hälfte dieser Vogtei zu Lehen, die andere Hälfte war ein Lehen von einem Herrn Konrad Vitulus. Ihre Einkünfte sind in dem Güterverzeichnis genau beschrieben, 40 Malter Weizen, 6 Mark Geld, jeder, der ein Erbgut besitzt, gibt 1 Galeta Wein, eine Garbe und einen Denar dem Vogt. Aus dem Hofe des Abtes hatte der Rheingraf ein Fuder Wein fränkischer oder zwei Fuder hunnischer Art, 18 Schilling köln. Währung und 6 Malter Hafer „ze scuzze". Ausserdem hatte er eine Anzahl höriger Leute, die zum Teil in anderen Dörfern wohnten[2]). Die Abtei Deutz verkaufte ihre Besitzungen (allodium et bona nostra que hactenus habuimus in villa nostra Windense Maguntine diocesis) mit Urkunden vom 13. oder 23. Dezember 1249 dem Kölner Bürger Matthias, gen. von Bingen[3]). Da die beiden Urkunden sich in den Wild- und Rheingräflichen Archiven befinden, werden auch die Güter in den Besitz der Rheingrafen gelangt sein, vielleicht war Matthias von Bingen nur ein Beauftragter des Rheingrafen. Am 11. August 1310 machte Rheingraf Siegfried 20 Malter Weizen und 20 Malter Korn von seinen Allodialgütern zu Wyndinsin jährliche Rente zu einem Mannlehen des Erzstifts Trier, wobei die Schöffen und Geschworenen des Dorfes bestätigten, dass dem Rheingrafen das freie Verfügungsrecht über diese Gülten zustehe[4]). Am 21. Dezember desselben Jahres überwies der Rheingraf dem Edelmanne Heinrich, Ritter von Grasewege aus Erkenntlichkeit für früher auf Bitte geleistete Dienste eine Rente von 12 Malter Weizen jährlich in villa nostra Windesheym de precaria nostra solange, bis er oder seine Erben dem Ritter 30 Mark kölner Pfennige bezahlt hätten. Demnach hatte der Rheingraf in dem Ort die Bede[5]). Einen Hof hatte er dem Ritter Dietrich von Waldeck verliehen und gefreit. Im Jahre 1321 waren Streitigkeiten zwischen

---

1) Lacomblet, NRUB. I S. 95, Nr. 153.
2) Trier. Archiv, Ergänzungsheft 12 S. 7, 10; 10, 29; 12, 1; 32, 7.
3) Inventare der nichtstaatlichen Archive der Provinz Westfalen, Beiheft I. Kreis Borken, fürstl. Archiv im Schloss Anholt, R. I. 5 (Lade 38, 1). Beiheft II. Kreis Coesfeld, fürstl. Rentkammer, Rhein- und Wildgräfl. Archiv, Regest 15. Archiv Salm-Grumbach, MRR. III 739.
4) Günther, Cod. dipl. Rheno-Mosellanus III 137. Dipl. Rhingr. 1, 218.
5) Fürstl. Rentkammer in Coesfeld, Rhein- und Wildgräfl. Archiv, Dhaun 931, Regest 100.

dem Rheingrafen und Herrn Dietrichs Kindern, vorgefallen, die durch Conrad von Vorninfeld (Fürfeld) als Obmann am 30. November 1321 dahin beigelegt wurden, dass diesem Hofe die Rechte eines grundherrschaftlichen Dinghofes zustehen sollten. Wer sich eines zu diesem Hofe gehörigen Gutes will enterben oder erben, das soll geschehen in Herrn Dietrichs Hofe vor seinen Kindern oder vor ihrem „gewaltigen" (bevollmächtigten) Boten, und der Rheingraf soll nichts damit zu tun haben. Auch die Frevelstrafgelder auf Herrn Dietrichs Gut sollen an dessen Kinder fallen, und nicht an den Rheingrafen [1]).

Nach einem Schiedspruch des Emmerich vom Stein (Kallenfels) in der Zweiung zwischen dem Rheingrafen und Herrn Fuchs von Bacharach wird von den Schöffen zu Windesheim bekundet, dass nur drei solcher freieignen Höfe in Windesheim vorhanden seien. Bezüglich des Zehnten wurde festgestellt, dass der dritte Teil zu der Kirche gehöre und den habe der Pastor von dem Rheingrafen. Ein weiteres Dritteil habe Karl von Ingelheim und seines Bruders Sohn Philipp zu Lehen gehabt. Das letzte Dritteil gehörte denen von Winterauwe, die daraus einem (ungenannten) Edelmanne jährlich ein Fuder Wein abgaben, der es vom Rheingrafen zu Lehen habe [2]). Johann von Schonenburg hat in dieser Angelegenheit ebenfalls gesprochen. Obmänner waren der Mainzer Domdechant und Friedrich von Schonenburg der ältere [3]).

Auf Windesheimer Gemarkung besitzt die Gemeinde Waldhilbersheim den Busch „Waldhilbersheimer Stöckert". Über die Herkunft dieses Besitzes liegen zwei Urkunden des Disibodenberger Klosterarchivs vor: am 10. Mai 1351 bekundeten Schultheiss, Schöffen und die Gemeinde Hilbersheim, dass Frau Kunegund, Herrn Enders sel. Witwe von Steyne, mit Einwilligung ihrer Söhne, des Proptes Clas (vom Disibodenberg?), Johann und Eberhard ihnen ihren Busch, genannt „Stocke", in Windinsheimer Mark gelegen, erblich verliehen hat gegen eine jährliche Gülte von 10 Malter Hafer Binger Maß, die in ihre Häuser zu Kreuznach oder Windesheim geliefert werden sollten. Am 1. August 1367 verkaufte Johann vom Obernsteyne diese Hafergülte an das Kloster Disibodenberg, und die Gemeinde Hilbersheim stellte dafür ihren Busch „Stocke" als Unterpfand [4]).

Am 4. Dezember 1390 versetzte der Rheingraf Konrad vom

---

1) StAKoblenz, Akten der Wild- und Rheingrafschaft VI h 57, fol. 1 (Abschrift).

2) Vgl. Altes Mannbuch (Archiv für Hess. Gesch., N. F. IV) S. 471, Nr. 164; S. 478, Nr. 217; S. 482, Nr. 249. Der ungenannte Edelmann war nach Lehenrevers von 1439 Degenhard Stump von Waldeck.

3) StAKoblenz, Akten der Wild- und Rheingrafschaft VI h 57, fol. 2. Die Urkundenabschrift hat kein Datum. Einige der darin genannten Personen kommen zwischen 1390 und 1430 in Urkunden vor.

4) StADarmstadt, Disibodenberger Copialbuch fol. 55 u. 56.

Rheingrafenstein dem erwählten Erzbischof Konrad von Mainz für
400 Gulden seinen Anteil an dem Dorf und Gericht Windensheim
mit allem Zubehör, ausgenommen, was er seiner Tochter Else und
ihrem Ehemann Claus, seinem Schreiber, die dort ansässig waren,
jährlich zu geben pflegte. Für den Fall, dass er oder seine Erben
von Herrn Brenner, dessen Bruder, oder deren Ganerben, oder wem
sonst immer, die andere Hälfte von Windesheim beanspruchen
würde, sollte der Erzbischof ihn dabei unterstützen. Am 10. Dezember
stellte der erwählte Erzbischof und Vormund des Stifts Mainz
einen Revers zu dieser Verpfändung aus, indem er die Auslösung
der Pfandschaft gegen Rückzahlung der 400 Gulden zu gestatten
versprach[1]. Wie die Brenner von Stromberg in den Besitz eines
Anteiles an Windesheim gelangt waren, kann mit dem vorliegenden
Material nicht festgestellt werden. Später wurde dieser Teil von
Kurpfalz erworben, und bei der Belehnung des Wild- und Rhein-
grafen Johann von Dhaun mit dem Kyrburgischen Anteil der
Wildgrafschaft durch den König Ruprecht, musste er verzichten
auf das Viertteil an Windesheim, welches Kurpfalz von Emmerich
von Lewenstein und Brenner von Stromberg erworben hatte[2].
Schon 1395 hatte der Pfalzgraf Ruprecht II. den Ingelheimischen
Anteil am Zehnten pfandschaftsweise erworben[3].

So war zur Zeit der Aufnahme der Wild- und Rheingrafschaft
vor der Teilung von 1515 die Verteilung der Gerichtsbarkeit so,
dass der Wild- und Rheingraf als „Grund-Oberherr" nur ein Viert-
teil, der Kurfürst von Mainz als „Pfandgerichtsherr" die Hälfte,
Kurpfalz als „Schirmherr" das letzte Viertteil innehatte, jeder nach
seiner Verschreibung, die er darüber hatte[4]. Der Mainzische Anteil
ist dann bald wieder an die Wild- und Rheingrafen gekommen.
1552 ist im Weistum von dem Anteil des Kurfürsten von Mainz
nicht mehr die Rede. 1707 wurde auch das Pfälzische Viertteil
als Lehen wieder an die Wild- und Rheingrafen abgetreten. Es
ist davon schon oben bei dem Pfälzischen Amt Stromberg die
Rede gewesen[5].

Eine Aufnahme der Grenze mit einer sehr schematisch aus-
geführten Zeichnung stammt aus dem Jahre 1591[6]. Demnach
stiessen am Romberger Wald (jetzt Römerberg) die drei Gerichte
Windesheim, Wald-Laubersheim und Langen-Lonsheim zusammen.
Der dritte Stein von diesem, ebenfalls am Römerberger Wald, war

---

1) Fürstl. Rentkammer in Coesfeld, Archiv Dhaun Nr. 976. Regesten
761 u. 762. Die Gegenurkunden im Allg. Reichsarchiv zu München, Re-
pertorium D 7 (Mainzer Urkunden), fol. 119, Nr. 22.
2) Dipl. Rhingrav. III 247.
3) Koch u. Wille, Regesten der Pfalzgrafen bei Rhein I 5647.
4) Trier. Archiv, Ergänzungsheft 12, 73.
5) S. oben S. 159 f. Vgl. Rhein. Antiquarius II 16, S. 160.
6) StAKoblenz, Urkunden der Wild- und Rheingrafen, Aemter und
Ortschaften, Windesheim. Auch in dem obenerwähnten Aktenstück VI h 57.

(wie auch noch jetzt) der Dreimärker zwischen Windesheim, Langen-Lonsheim und Wald-Hilbersheim. Beim „Witten" (in dem Weden) und der Schleifmühle wird der Guldenbach überschritten, und hier war 1519 ein Grenzstein von den beiden Gemeinden gesetzt worden, der aber nur provisorische Geltung haben sollte. Die Grenze folgt nun dem Wald-Hilbersheimer Wassergraben, bog dann nach aussen um (bei einem damals „Hönig" genannten Stein), ging an der kurzen Gewann (jetzt noch so genannt) her an die Huben (jetzt „in der obersten Hub, in der untersten Hub"), wo, wie noch immer, Heddesheim und bald darauf Gutenberg mit Windesheim angrenzen. Nun geht die Grenze, der „hohen Strasse" folgend, über die Gutenberger Höhe (an der „Altstadt" vorbei) zum Wallhäuser Gericht und zur „Stockwiese" (jetzt „vor Stock"), wo Hergenfeld mit Wallhausen und Windesheim zusammenstösst. Bis zum Heddesheimer „Buchholz" auf der Gemarkung Hergenfeld und am „Hochwald" in der Windesheimer Gemarkung vorbei bis zu einem Dreimärker Hergenfeld-Windesheim-Schönenberg, worauf bald der „Steuergrund" (eigentlich „Steiger" Grund) die Grenze mit dem jetzt mit Schweppenhausen vereinigten Bann des Steiger Gerichtes bildete. Diese Grenze macht bei der „Bubenhölle" eine Ecke, geht in das Tal des Guldenbaches hinab und überschreitet die „alte Heerstrasse", wo damals Schweppenhausen mit dem Steiger Gericht und Windesheim zusammentraf. Jenseits der Gutenbach folgte die Gewann „auf der Wolfschlick", dann ging es zum „Kimler Humrich", jetzt „Homberg", wo Schweppenhausen aufhört und Waldlaubersheim beginnt. Dort liegt „die Galgengewann". Daneben liegt eine Stelle, die jetzt „auf Mayen" geschrieben wird, diese entspricht dem auf der Grenzkarte genannten Platz „auf'm Eigen". Es folgt „Robeser", jetzt „Roverser". Dem „Daudinckel" entspricht sowohl „im Taubentiegel" in der Gemarkung Windesheim, als auch „im Tauwinkel" in der Gemarkung Waldlaubersheim [1]). Am Laubersheimer Wald, dem jetzigen „Mühlenwald", geht die Grenze dann wieder zum Ausgangspunkt auf dem Römerberg zurück. Es ist keine Abweichung von dem jetzigen Verlauf zu konstatieren. Auf der Seite gegen Hergenfeld hin scheint die Grenze in dieser Beschreibung wenig genau festgestellt zu sein. Es werden dort zu wenig Punkte angegeben. Es ist möglich, dass das nordöstlich des Dorfes Hergenfeld gelegene, vorspringende Dreieck der Windesheimer Gemarkung ehemals zu Hergenfeld gehört hat.

Einer genauen Ortsbeschreibung von Windesheim aus dem 17. Jahrhundert entnehme ich folgendes [2]).

1. Die Wild- und Rheingrafen haben einen Hof in Windes-

---

1) Man sieht hier, wie die Flurnamen bei der Katasteraufnahme verballhornt werden können.

2) StAKoblenz, Akten der Wild- und Rheingrafen VI h 59, fol. 12.

heim, von dem ihnen 18 Malter Korn geliefert werden, und ausserdem 10 Gulden von einer Wiese.

2. Der Zehnte steht allein den Wild- und Rheingrafen zu, davon hat Marsilius Gottfried von Ingelheim vier Haufen und der Pfarrer (Pastor) zwei Haufen.

3. Frondienste werden auf die Schlösser Stromberg, Kirn und Dhaun geleistet.

4. Die Pastorei (Pfarrsatz) ist allein den Wild- und Rheingrafen zuständig.

5. Die Atzung ebenso, doch, wenn gemeine Amtleute zusammenkommen, haben sie den Atz gemein.

6. Schatzung haben die Herren gemein, Pfalz hat $^1/_4$, die Wild- und Rheingrafen $^3/_4$.

7. Bede beträgt 40 Malter, halb Korn und halb Weizen, davon hat Pfalz 2 Malter $2^1/_2$ Sümmer.

8. Rauchgeld an die Wild- und Rheingrafen 9 Albus, an Pfalz 3 Albus.

9. Rauchhafer an die Wild- und Rheingrafen 15 Sümmer, an Pfalz 5 Sümmer.

10. Frevel an die Wild- und Rheingrafen $^3/_4$, an Pfalz $^1/_4$.

11. Die Pacht von der Bannmühle gehört den Wild- und Rheingrafen allein.

12. Die Pacht vom Bannbackhaus ist gemeinschaftlich.

Berechtigungen auswärtiger Grundherren.

13. Die Flachen von Schwarzenberg und Hans Reynhard Wallbrunn von Partenheim haben Bergzins (vom Morgen 1 Albus) Hühner, Kappen, Korn und Hafer von einigen Hofgütern.

14. Die Flachen haben eine Wiese (nicht gefreit).

15. Meinhard von Schonberg hat eine Wiese gekauft.

16. Die Gemeinherrschaft zu Kreuznach hat eine Wiese von 16 Morgen, die von Bede und Zehnten gefreit ist.

17. Dieselbe hat ein Hofgut, das in den Disibodenberger Hof zu Kreuznach gehörig ist und 26 Malter Korn abgibt, und ein anderes Gut.

18. Die Komturei zu Sobernheim hat ein Hofgut.

19. Hofgut der Junker von Leyen.

20. Hofgut der Dienerherren zu Kreuznach.

21. Hofgut der Junker von Dalberg.

22. Die Gemeinde (Wald-) Hilpersheim hat den Wald „Stockwald" in der Windesheimer Gemarkung, Wasser und Weide ist darin den Windesheimern zuständig, davon geben sie jährlich 16 Malter 4 Sümmer den Junkern von Sickingen zu Weiler.

7. Das Dorf Hochstätten an der Alsenz.

Hochstätten an der Alsenz gehörte den Herren von Hohenfels-Reipoltskirchen. Am 15. Januar 1543 liess Johann von Hohenfels, Herr zu Reipoltskirchen und Rixingen ein Weistum aufnehmen und von der Gemeinde im Beisein des Niclas Lewenstein, Amtmann zu Reipoltskirchen, beschwören [1]). Dasselbe Weistum mit dem gleichen Datum erscheint auch in einer anderen Ausfertigung, als für den Wild- und Rheingrafen Philipp Franz von Dhaun aufgenommen, und sollte so in das Gerichtsbuch eingetragen werden [2]). Der Ort war 1553 von Johann von Hohenfels, Herrn zu Reipoltskirchen, an den Wild- und Rheingrafen Philipp Franz gegen die Wildgräflichen Ortschaften Schönborn und Nussbach und Rechte auf der Hundheimer Hube bei Reipoltskirchen und zu Seelen vertauscht worden [3]).

In dem Abdruck bei Grimm fehlt die Grenzbeschreibung:

§ 1. Zum ersten weissen wir, dass die Hochstetter Gemark und Bann angehen, nemlich gegen Alsentz zum ersten an eim langen Markstein, so unden an Pfosten-Wag [4]) steth, der da scheydt zwischen Alsentz, Hallgart und Feyel, und zeicht forther ußwendig der Herren Waldt biß uff die Roll [5]), so wir uff die von Beumberg anstoßen, und dann weiter von der Rollen den Etzinger [6]) herin bis uff den Markstein in die Au [7]), zeugt über den Nackenberg und geht uff den Bollmersberg [8]), durch den Volxheimer Waldt [9]), stösst wieder das Furfelder Hinderfelt [10]), von dannen uff den ersten Markstein, der vier zwischen uns und den von Furfeld bis gein Fallprucken nach einander stehen, und von dem vierten Stein zwischen den von Falbrucken und uns inwendig der Strassen des Gemarksteins herab biß uff den Flus [11]) biß in die Neuwies,

---

1) Dipl. Rhingrav. 5, 85.

2) Grimm, Weistümer 5, 639 f. Originale in Speier, Kreisarchiv, Weistümer, Hochstätten an der Alsenz, 1. Vgl. Mitteilungen des historischen Vereins der Pfalz XVI, 91.

3) Mitteilung aus dem Kreisarchiv zu Speyer vom 31. Jan. 1905.

4) In der Nähe des jetzigen Dreiweiher-Hofes, bei welchem Niedermoschel, Alsenz, Hochstätten, Feil-Bingert und Hallgarten zusammentreffen.

5) Die „Roll“ ist auf den Karten nicht verzeichnet, muss am Südende des Maiwaldes gelegen haben.

6) Itzinger oder Metzinger Flur in der Gemarkung Alten-Bamberg, eine Wüstung. Vgl. Regesten der Pfalzgrafen 1, 4126: 1376 wird der Hof zu Etzingen als Zubehör der Altenbaumburg erwähnt.

7) Die „Au“ liegt jenseits der Alsenz in der Gemarkung Hochstätten.

8) Wohl der Ackerberg und Holzenberg in der Gemarkung Alten-Bamberg.

9) Volxheimer Schlag in den beiden Gemarkungen Alten-Bamberg und Hochstätten.

10) Fürfeld in Rheinhessen grenzt an Hochstätten bis in die Gegend des Fallbrücker Hofes.

11) Die Strasse über den Löschenberg hin bis zum „roten Graben“, der dem „Erckenbach“ entspricht. Dieser Bach fliesst zwischen den Fallbrücker und Wöllsteiner Wäldern in der Gemarkung Winterborn hindurch.

und further die Erckenbach uß biß an den Eichenscheydt[1]), den Walt, und an den Furuff uff (wohl zu lesen: und an dem [Wald] fur uff = vorn hinauf) den Horenweg[2]) biß in den Anrech im Bruell[3]), uber die Alsentz, uff die Wühlersgrube, biß uff den Markstein oben zu Pfostenwogk und von demselben Stein uber den Dam biß uff den obangefangenen Markstein.

Der Herr von Reipoltskirchen und nachher der Wild- und Rheingraf wird als des Dorfs und Gerichts Eigentümer und Grundherr bezeichnet. Er hat alle Brüchten, Frevel, Bussen hoch und nieder, das hohe Halsgericht über Hals, Bein, Leib und Leben, den Misthätigen zu richten. Wasser, Weide und Wald sind dem Herrn zugehörig, doch allen Einwohnern notdürftigen Gebrauch mit Weide, Beholzigungen und Eckern mit Rat und Wissen des Herrn vorbehalten. Er hat zu hagen, zu jagen, zu fischen, das Gericht jederzeit zu ordnen, zu setzen, zu entsetzen, den Mühlen und Backhausbann, Aufsicht über Maß und Gewicht. Es war also im 16. Jahrhundert eine völlig freie Allodialherrschaft.

Wie der Ort durch den Vertrag von 1755 an den Herzog von Zweibrücken, und 1768 an den Kurfürsten von der Pfalz gekommen ist, habe ich bereits in Band II der „Erläuterungen" S. 407 dargestellt[4]).

5. Wildgräflich Dhauner Amt auf dem Gau.

Unter der Bezeichnung „der Gau" ist im Mittelalter die Gegend zwischen Rhein, Donnersberg und Nahe von Alzey bis Mainz zu verstehen. Es ist im wesentlichen das jetzige Rheinhessen, mit den anstossenden Gemarkungen der Pfalz, bis an die Waldungen, die den Donnersberg umgeben.

Das Dhauner Amt auf dem Gau umfasste vor der Teilung von 1515 die Dörfer:

Alsenz (M 22, Bezirksamt Kirchheim-Bolanden).

Bornheim (O 22, Kreis Alzey).

Eichloch (O 21, Kreis Oppenheim).

---

1) Der Wöllsteiner Wald hat den Namen „Eichelscheid". Nördlich daneben liegt in der Gemarkung Alsenz der „Hornwald". Die Gemarkung Hochstätten geht am „roten Graben" hinauf bis zum Eichelscheid, wo sie eine südwärts gewendete Spitze bildet neben einer nordwärts gerichteten des Waldes, die sich zwischen die Gemarkung Hochstätten und den Hornwald einschiebt.

2) Der „Hornweg" des Weistums scheint nicht der Hornweg der Katasterkarte, sondern der Weg, welcher aus der Hochstätter Flur („auf der Flur") in den Hornwald führt, zu sein.

3) Beim „Brühl" wird die Alsenz wieder erreicht und überschritten, worauf die Grenze in ziemlich gerader Linie durch die Wälder wieder an den Dreiweiher-Hof zurückgeht.

4) Widder, Beschreibung der Pfalz IV 146, bringt Angaben, die sich zum Teil auf Hochstätten an der Nahe beziehen.

Flonheim (O 22, Kreis Alzey).
Lonsheim (O 22, Kreis Alzey).
Ober Saulheim (O 21, Kreis Oppenheim).
Uffhofen (O 22, Kreis Alzey).
Wendelsheim (N 22, Kreis Alzey).
Wörrstadt (O 21, Kreis Oppenheim).

Die Ortschaften liegen in zwei Gruppen: Flonheim mit Lons-
heim, Wendelsheim und Uffhofen, Wörrstadt mit Eichloch und Ober-
Saulheim; und davon abgesondert im Südwesten Alsenz.

1. Das Dorf Alsenz.

Am 25. Dezember 775 (sub die 8. kal. Januarii anno 8.
Karoli regis) schenkte das Ehepaar Richolf und Guta dem Kloster
Lorsch seinen Besitz in Bingen, Aribimesheim, Wendilsheim, Laonis-
heim im Wormser Gau und ein Haus in Alisentia (acdificium
nostrum Alsentia) nebst fünf Hörigen[1]). Am 7. Januar 791 erhielt
Lando, der sein Gut Uluinisheim dem Kloster Lorsch geschenkt
hatte, dafür das Gut des Klosters in Freinsheim und Alsenzen in
Prästarie[2]).

Seit der Schenkung des Königs Arnulf (893 Febr. 11) lässt
sich Besitz des Klosters St. Maximin vor Trier in Alsontia nach-
weisen. Der Wildgraf hatte den Hof zu Allentze in späterer Zeit
von der Abtei zu Lehen, als Zubehör der Vogtei zu Münsterappel[3]).

1100 erhielt die Abtei Sinsheim bei ihrer Stiftung durch den
Bischof Johann I. von Speyer auch Güter zu Alezenzi in pago
Nachowi in comitatu comitis Emechonis[4]).

Im Jahre 1398 bestanden in Alsenz (Alsentzen) drei ver-
schiedene Gerichte: 1. St. Peters-Gericht, 2. zweier Herren-Gericht,
3. des Ringraven-Gericht. Diese drei Gerichte erstrecken sich,
wie es scheint, auf verschiedene Teile der Gemarkung, da in der
Urkunde (Pachtrevers über Güter des Klosters Disibodenberg vom
12. März 1398) in jedem Gericht andere Flurnamen genannt
werden: im St. Peters-Gericht Windelberg, Eytershelde, auf Golz-
graben, zu Baswilre (Wüstung Boßweiler s. S. 354); im Zweiherren-
Gericht Sadel und Luffe; in des Ringraven-Gericht Meldenberg[5]).

Das St. Peters-Gericht gehörte dem Raugrafen und wurde in
einzelnen Anteilen an die Grafen von Veldenz verpfändet: so am
12. März 1363 durch Philipp von Bolanden, der von seiner Mutter

---

1) Codex Laureshamensis II S. 179, Nr. 1322.
2) Ebd. II S. 469, Nr. 470.
3) MRUB. I S. 140: Arnulf (893 11/2); S. 207: Zwentebolch (897 13/6);
S. 269: Karl III (912 1/1) usw. — II 472.
4) F. X. Remling, Urkundenbuch zur Geschichte der Bischöfe von
Speyer I 70. Bei diesen älteren Erwähnungen von Alsenz muss darauf
aufmerksam gemacht werden, dass das Dorf Alsenbrück damals ebenfalls
Alsenz genannt wurde. S. oben S. 260.
5) StADarmstadt, Copialbuch d. Klosters Disibodenberg S. 111v, 112r.

Laurette, Raugräfin zur Altenbaumburg, einen Anteil der Raugrafschaft ererbt hatte, an Graf Heinrich von Veldenz für 100 Gulden (Leute, Gülten, Gericht, Wasser, Weide, Zinse, Gefälle zu Alsentzen Dorf und Gemark); am 4. Juli 1380 durch Raugräfin Agnes, Frau zur Nuwenbaimburg, an die Grafen Heinrich und Friedrich von Veldenz (das Gericht zu Alsentzen mit zugehörigen armen Leuten, Wasser, Weide, Frohndiensten, Freveln und Bussen usw. für 90 Gulden und 7 Pfund Heller); am 27. Mai 1408 durch Raugraf Otto dem Grafen Friedrich von Veldenz (sein Teil am Dorfe zu Alsentzen, Gericht und arme Leute, die er noch da hatte, deren Nachkommen und Zuzügler, dazu Wasser, Weide, Wälder, Felder, Wege, Stege, Beden, Zinse, Fastnachtshühner, Atzung und Lager usw. für eine Schuld von 350 Gulden, die sein Vater Philipp, und 43 Gulden, die sein Bruder Wilhelm aufgenommen hatte, sowie für eine neue Anleihe von 200 Gulden, zu denen er 1414 noch 150 Gulden nahm.) 1430 wurde der letzte Pfandbrief erneuert[1]).

Das zweiherrische Gericht kommt in einer Urkunde vom 17. März 1443 vor, in der die Eheleute Henne von Randeck und Else von Stromburg dem Pfalzgrafen Stephan ihren Anteil an Recht und Erbschaft des Gerichts zu Alsentzen verkauften, wie das ihre Voreltern hergebracht, innegehabt und mit Herrn Johann von Lewenstein und dessen Vorfahren in Gemeinschaft besessen hatten. Dieser Anteil am Gericht war freies lediges Eigentum[2]).

Auf diese Weise sind die zwei der drei Gerichte zu Alsentzen mit der Grafschaft Veldenz und Pfalz-Zweibrücken vereinigt worden. Von dem Wild- und Rheingräflichen Gericht in Alsenz handelt ein Burglehenbrief des Wildgrafen Johann von Dhaun für Heinze von Randeck, 21. Oktober 1349[3]) und eine Urkunde vom 24. Juni 1358, in welcher Rheingraf Johann Wildgraf zu Dune seiner Frau Margarete das ihr von ihrem Vater, dem Wildgrafen Friedrich von Kyrburg mitgegebene Heiratsgeld von 1000 Pfund Heller auf allen seinen Allodialbesitz im Gericht Alsentzigen bewies, mit Ausnahme des Gerichts selbst und der armen Leute im Dorf[4]). Am 12. Mai 1409 berichteten Schultheiss und Schöffen zu Alsenz an die Junker Emich und Philipp von Daun und Oberstein, welche als nächste Verwandte auf den Nachlass des Wildgrafen Otto von Kyrburg Anspruch erhoben, dass im Namen des Wildgrafen schon ein Bote gesendet worden sei, die wildgräflichen Gefälle zu erheben. Am vorhergehenden Freitag habe auch der Graf von Veldenz darüber vor dem Gericht Klage erhoben[5]).

Die Rechte des Wild- und Rheingrafen und der Grafen von

---

1) KrASpeyer, Veldenzer Copialbuch VII fol. 78 v., 84; X fol. 233.
2) Im selben Copialbuch XIII fol. 112.
3) Altes Mannbuch der Wild- und Rheingrafschaft, im Archiv für Hess. Gesch., N. F., S. 457, Nr. 76.
4) Renneberger Archiv (jetzt in Anholt).
5) Dipl. Rhingrav. III 244.

Veldenz, Pfalzgrafen von Zweibrücken waren im 15. und 16. Jahrhundert nach den Weistümern:

Der Wildgraf von Dhaun war nach dem Weistum von 1514 oberster Herr und Vogt über Dieb und Diebin, und über alle Ungerechten, darüber rechter Richter zu sein und niemand anders, der ungerechte Mensch werde angetroffen, in welchem Gericht es wolle, so weit das Dorf und die Gemark geht.

Es wird ihm also der Blutbann allein, mit Ausschluss der anderen Gerichtsherren zugesprochen.

Er hat das Herbergs- und Atzungsrecht auf Kosten der Gemeinde; der Wildgräfliche Schultheiss und seine Schöffen sollen die Kosten auf die einzelnen Haushaltungen verteilen, wobei ein „gehorsman" doppelt so viel zu zahlen hat, als ein „gedingkman".

Er ist ferner Schutzherr der ganzen Gemeinde gegen fremde Eingriffe, und soll sie helfen handhaben bei alle dem, da sie Gerechtigkeit dazu hat, insbesondere auch bei Streitigkeiten mit den „Andörfern" und „Anmärkern" (Grenznachbarn), bei welchen die wildgräflichen Schultheissen und Schöffen denen der andern Gerichte vorangehen sollen, das heisst doch wohl, dass sie die Leitung der Verhandlungen haben. Darum ist der Wildgraf Vorgänger und Vogt der Gemeinde und hat Teil an den Rechten der Gemeinsmannen.

In seinem Eigentum und Sondergericht hatte der Wildgraf die Strafgewalt über Schlägerei, für die von jedem Beteiligten $7\frac{1}{2}$ Schilling Strafe (Frevel) zu zahlen war und drei ungebotene Jahrgedinge, auf denen die Rügen vorgebracht und die Zinsen gezahlt wurden.

Das Wildfangrecht übte jeder Herr auf seinem Gericht aus, so dass die Einwandernden dem Herrn zufielen, auf dessen Gebiet im Dorf sie sich niederliessen.

Im 17. Jahrhundert wurde wegen der Gerichtsbarkeit zu Alsenz zwischen Pfalz-Zweibrücken und den Wild- und Rheingrafen verhandelt. Zweibrücken hatte dem Grafen in der Gemeinschaft Alsenz die „Obrigkeit, und wann würklichen die Missethätige mit Leib- und Lebensstraff belegt worden", zugestanden, aber nicht, wenn eine Geldstrafe verhängt wurde. In einem Vertrag vom 13/23. März 1684 wurde bestimmt, dass die Untertanen einer jeden Herrschaft wie bisher zugehörig sein sollten, auch Schatzung, Bede, Frohnden, Reiswagen, Folge, Musterung und dergleichen unverändert bleiben, ebenso Zehnten, Zinsen, Gülten und Pächte. Jedoch soll das „exercitium der hohen und niederen Obrigkeit über das ganze Gericht" von nun ab gemeinschaftlich sein und Kriminal- und Zivilfrevel und -Bussen jedem Teil zur Hälfte zufallen. Beide Gerichte sollen kombiniert und nach Abgang der jetzigen auf acht Mitglieder reduziert und von beiden Herrschaften konfirmiert werden. Die beiderseitigen Schultheissen sollen abwechselnd präsidieren. Den Pfarrer und Schuldiener installiert auch fernerhin Zweibrücken ohne Zutun der Rheingrafen, doch muss sich der neueingesetzte Kandidat vor dem Amtsantritt bei dem Rheingrafen melden[1].

Am 11. Juli 1701 wurden diese Verhältnisse nochmals geordnet: Die vier Zweibrückischen und das Rheingräfliche Ingerichte sollen zusammengelegt werden. Die Amtstage sollen sechs Monate hindurch vom Rheingräflichen, und die andern sechs Monate vom Zweibrückischen Beamten gehalten werden. Die Untertanen und ihre Abgaben sollen gemeinschaftlich werden und Rechte und Einkünfte so verteilt, dass Zweibrücken $^2/_3$, die Rheingrafschaft $^1/_3$ davon erhält. Die Bestimmung des früheren Vertrages über Pfarrer und Schuldiener wird wiederholt[2]

Dieser Zustand blieb bis 1755 bestehen, am 22. und 29. Dezember wurde der Rheingräflich Grumbachische Anteil an Zweibrücken abgetreten, welches das ganze Dorf am 27. Januar 1756 an Nassau-Weilburg vertauschte.

2. Die Dörfer Flonheim, Eichloch, Bornheim, Lonsheim, Uffhofen, Wendelsheim.

Flonheim hatte schon im Jahre 764 eine Kirche, die am 29. Oktober nebst einem Mansus an das Kloster Lorsch geschenkt wurde. Andere Schenkungen an dieses Kloster geschahen 769, 770, 772, 773, 780, 782, 784, 787, 791 und 793. Zuletzt hatte das Kloster dort $7^1/_2$ Huben, deren eine Herrenland war. Der Ort lag im Wormsgau, und wird im Codex Laureshamensis Flaanheim, Flanheim und Flannenheim geschrieben[3].

Auf Flonheim wird wohl auch der Name eines Dorfes Flaconheim im Wormsgau zu beziehen sein, wo das Kloster Prüm in der Eifel zwei Mansus besass, die es 823 an Fulbert abtrat[4].

Seit 1023 findet sich das Kloster St. Maximin vor Trier als Besitzer von Gütern zu Flonheim, namentlich der Pfarrkirche bezeugt[5], die es mit dem Kloster St. Alban vor Mainz gemeinschaftlich hatte, dem sie noch 1184 bestätigt wurde. 1181 hatte jedoch der Abt Heinrich von St. Alban und im gleichen Jahre auch der Abt Konrad von St. Maximin auf Verwendung des Wildgrafen Gerhard sein Recht an der Pfarrkirche dem Marienstift in Flonheim abgetreten[6].

Flonheim ist ein alter Sitz des Wildgräflichen Hauses. Schon

---

1) Kremer, Wild- und Rheingräfliches Vertragsbuch I Nr. 49, S. 505 ff.
2) Im gleichen Manuskript I Nr. 53, S. 628.
3) Cod. Lauresham. (Mannheimer Ausgabe) II 48, Nr. 940; 47, 937; 938; 46, 935; 272, 1690; 170, 1293; S. 45—49, Nr. 933—943. III S. 189 zu Nr. 3660.
4) MRUB. I S. 62, Nr. 56.
5) Ebd. I S. 350, Nr. 300; S. 388, Nr. 334; S. 573, Nr. 516.
6) Originale beider Urkunden in der Rentkammer in Coesfeld, Wild- und Rheingräfl. Archiv (Schmitz-Kallenberg, Inventar, Regest 3, 4, 5). MRR. II 468, 469.

1098 nannte sich der Nahegaugraf Emicho „comes de Vlanheim“, und wiederum 1139 [1]).

Am 2. Februar 1274 versetzte Wildgraf Godefrid mit Consens seines Sohnes Konrad und seines Lehensherrn des Herzogs Ludwig von Bayern (Pfalzgraf bei Rhein) seine Weingülten zu Flonheim, Uffenhoven, Wendelsheim, Eichenloch und Alsenz im Werte von 50 Mark an seinen Schwager den Raugrafen Konrad und seine Gemahlin Ida [2]).

Bei der Teilung der Wildgräflichen Besitzungen zwischen den Brüdern Emicho und Gottfried am 14. März 1283 erhielt Emicho den oberen Teil des Dorfes Flonheim mit Osthofen (wofür Offhofen zu lesen ist) und Boedenheim, Gottfried aber den unteren Teil von Flonheim mit Bornheim, Eychenloch und Wendelsheim [3]).

Gemäss dieser Teilung berichtete Wildgraf Friedrich von Kyrburg am 1. Mai 1351 dem Pfalzgrafen über die „geteilten“ Pfälzischen Lehen der Wildgrafen, dass das Haus Kyrburg einen Hof zu Flanheim, einen Teil der Leute daselbst nebst den Dörfern Budensheim und Uffhofen habe. Dagegen gehöre ein Hof zu Flonheim, ein Teil der Leute daselbst mit Bornheim, Eichenloch und Wendelsheim zu den Besitzungen des Hauses Dhaun [4]).

Grundherrliche Rechte im Amt Flonheim hatten ausser dem Nazarius-Kloster zu Lorsch auch die Raugrafen. Am 25. März 1348 verkauften Raugraf Georg, seine Frau Margareta und sein Sohn Wilhelm, dem Wildgrafen Friedrich von Kyrburg alles ihr Recht das sie haben zu Flanheim, oder das gehörig ist in das Amt zu Flanheim, es seien Leute, Güter, Gülten in Korn und Hafer oder Hühnern, Herberge, Gefälle klein und gross, und dazu ihre Leute zu Offhoven und Borrinheim, für 205 Pfund Heller, vorbehaltlich des Rückkaufes [5]).

Nach dem Aussterben der Dhauner Linie der alten Wildgrafen entstand Streit zwischen dem Wildgrafen Friedrich von

---

1) MRUB. I S. 451, Nr. 395; S. 568, Nr. 512.
2) MRR. IV 37. Scriba, Regesten, Rheinhessen 5004, 5270. Standhafte Widerlegung der gründlichen Ausführung des Rheingräfl.-Grumbach- und Rheingrafensteinischen Erb- und Lehenfolgerechtes (Deduktion von 1751), Beilage 134.
3) MRR. IV 1401.
4) Dipl. Rhingrav. II 275.
5) Ebd. II 251. 1337 hatte Raugraf Konrad einen Hof zu Flonheim zu Lehen von den Wildgrafen und musste davon 4 Mark jährliche Gülte an die Truchsessen von Alzey zahlen (Univ.-Bibl. Heidelberg, Handschriftliche Regesten über die Raugrafen fol. 30). 1353 übernahm Raugraf Wilhelm noch eine Anleihe von 60 Maltern Korn auf die dem Wildgrafen verpfändeten Gerichte zu Münster und Flonheim und lieh auf dieselbe Pfandschaft 1359 noch 200 Gulden und 200 Malter Korn (Wigand, Wetzlarer Beiträge II 247, 250; Original im Rennenberger Archiv). 1594 verkaufte Wild- und Rheingraf Otto den Raugrafenhof zu Flonheim an Johann Knebel von Katzenelnbogen mit Vorbehalt des Rückkaufsrechts innerhalb 10 Jahren (Heidelberger Handschrift a. a. O.).

Kyrburg und dem Rheingrafen Johann Wildgrafen zu Dhaun, der am 4. September 1358 durch Georg Herrn von Heinzinberg, Eberhard, Wynand, Thylmann vomme Steyne, Ritter und Johann von Heinzinberg als Schiedsrichter dahin ausgetragen wurde, dass der Wildgraf solange im Besitz der Vogtei gelassen werden solle, bis der Rheingraf sein Anrecht erweisen könne[1]).

Der Dhauner Hälfte von Flonheim mit Wendelsheim, Eichloch und Bornheim war im Jahre 1370 als Wittum der zweiten Gemahlin des Wild- und Rheingrafen Johann, Jutta von Leiningen[2]), und 1374—1381 für 1400 Gulden als Pfandschaft an den Pfalzgrafen Ruprecht den Jüngeren verschrieben[3]), während Wildgraf Friedrich seinen Teil an Flonheim, Uffhoven und Lonsheim 1368 für 1000 ₰ Heller an den Pfalzgrafen Ruprecht I. versetzt hatte[4]).

Im Weistum 1590[5]) wird die Hochgerichtsbarkeit zu Flonheim den Wild- und Rheingrafen Johann, Johann Casimir und Otto, Grafen zu Salm und Herren zu Vinstingen zugeschrieben. Es ist von einem Viehmarkt die Rede; die Gemeinden Uffhoven, Bornheim und Wendelsheim sind zollfrei. Die zwei Gerichte der Teilung von 1283 treten noch als Bezirke des Mühlenbannes der oberen und unteren Mühle hervor. Flonheim ist Oberhof für Gumbsheim, Ebersheim, Bechtolsheim, Eichloch, Bermersheim, Lonsheim, Bornheim, Uffhofen, Steinbockenheim. Es muss noch untersucht werden, ob hier Reste einer ehemaligen Hundertschaft vorliegen.

Die Besitzer der Güter von St. Nazarien (Kloster Lorsch) müssen die herrschaftlichen Güter der Wildgrafen in Frohndienst bestellen. Sollten diese Güter aus dem Herrenmansus des Klosters hervorgegangen sein?

Wie die Benennung der ersten Wildgrafen als Grafen von Flonheim vermuten lässt, besassen diese dort eine Burg, die auch noch in einer Urkunde von 1357 (4. Mai) vorkommt, wonach sie durch die Wildgrafen Friedrich zu Kyrburg und Johann Rheingraf zum Stein und Herr zu Dhaun dem Kurfürsten Ruprecht dem Aelteren von der Pfalz geöffnet wird. Sie lag südwestlich von Flonheim, gegen Uffhofen hin, wo die Flurbezeichnung „im Burggraben" die Erinnerung festhält[6]).

Bornheim, Uffhofen, Eichloch und Wendelsheim haben von jeher zu Flonheim gehört, wie die Urkunden ergeben.

---

1) Rentkammer Coesfeld, Dhaun 649. Schmitz-Kallenberg, Regest 419.

2) Dipl. Rhingrav. III 28, 29. Rentkammer Coesfeld, Dhaun 193. Schmitz-Kallenberg, Regest 557, 558.

3) Rentkammer Anholt, Rep. I 95 (Lade 35, 1). Regesten der Pfalzgrafen I 4056.   4) Widder, Beschreibung der Pfalz III 182.

5) Archiv f. Hess. Gesch., N. F. III (1904), 138 ff.

6) Original im StA Darmstadt, Urkunden von Rheinhessen, Flonheim. Wagner, Wüstungen III 9. Regesten der Pfalzgrafen I 3029. Gleichzeitig machte der Wildgraf Friedrich seine Burgen Kirberg, Wildenburg, Tronecken und Wellstein zu Offenhäusern der Pfalz. Baur, Hess. Urkunden III 385, Nr. 1293.

Bornheim kommt in Lorscher Traditionen von 767, 782 (neben Flonheim), 791 (neben Flonheim), 792 und 798 als Brunheim oder Bruniheim vor [1]). 1019 Dez. 15 bestätigte K. Heinrich II. dem Albanskloster vor Mainz seine Besitzungen in den Dörfern Flanheim und Brunneheim in Naggowe [2]).

Wie der Trierer Archidiakon Rudolf (aus dem Geschlecht der Ritter von der Brücken, de Ponte, zu Trier) zu dem Besitz des Patronatsrechtes zu Bornheim kommt, das er 1241 dem Kloster Chumbd bei Simmern auf dem Hunsrück schenkte, kann wohl kaum mehr ermittelt werden [3]). 1249 wurde diese Pfarrkirche (St. Martinus) durch den Kölner Erzbischof Konrad von Hochstaden dem Kloster ganz inkorporiert [4]).

Später als diese Orte kommt Uffhofen zuerst in den Urkunden vor: 1240 schlichtete Raugraf Konrad im Kloster Flonheim den Streit zwischen dem Cistercierserkloster Otterberg in der Pfalz und dem Ritter Berthram von Lonsheim über Güter zu Offhofen. Diese Güter scheinen auch auf das Gebiet der Gemarkung Flonheim hinübergegriffen zu haben, wie aus einem Zeugnis des Propstes Eberhard zu Flonheim hervorgeht, dass Otto von Ufhoven und zwei Einwohner von Flonheim verpflichtet seien, dem Kloster Otterberg von Gütern zu Flonheim eine Korngült zu entrichten (1304, Mai) [5]).

Eichloch kommt im Lorscher Kodex mit einer Schenkung von 824 als Heichinloch vor [6]). Ob es aber in einem Vertrag zwischen dem Erzbischof Luitpold von Mainz und dem Abt Meginher von Hersfeld über einige Zehnte und Kirchenpatronate vom 27. August 1057 unter dem Namen „Einlohun" gemeint ist, und das Präsentationsrecht damals an das Mainzer Domstift gekommen ist, müsste noch genauer untersucht werden [7]). Uebrigens war das Domstift 1335 und später dort begütert [8]).

Auch der Graf von Veldenz besass einen Hof und Niedergericht zu Eychenloch, womit Ende des 14. Jahrhunderts die Ritter von Sante Elben (St. Alban in der Pfalz), vorher die von Warten-

---

1) Cod. Lauresham. II S. 47, Nr. 939; S. 48, Nr. 943; S. 142, Nr. 1192; S. 146, Nr. 1207; S. 323, Nr. 1891.

2) Mon. Germ. Dipl. regum et imperat. 3 S. 533, Nr. 419.

3) Scriba, Regesten, Rheinhessen 5200 zu 1243, aus Würdtwein, Monast. Palat. V 455 (Rudolf irrtümlich als Erzbischof bezeichnet). Richtig mit der Jahreszahl 1241 im Lagerbuch des Klosters Chumbd von 1602 im StAKoblenz, Kurpfalz B, III 137, fol. 48. MRR. III 265.

4) Original im StADarmstadt, Urkunden, Rheinhessen, Bornheim. StAKoblenz, Lagerbuch des Klosters Chumbd, fol. 48, wo auch Bestätigungen durch den Papst Clemens IV. (1265—68) und den Erzbischof Gerhard II. von Mainz 1299 erwähnt sind.

5) Frey und Remling, Urkundenbuch des Klosters Otterberg 57, Nr. 74, 258; Nr. 312, 260; Nr. 314.

6) Cod. Lauresham. II 163 Nr. 1276.

7) Scriba, Regesten, Rheinhessen 975.

8) Urkunden im StADarmstadt, Rheinhessen, Eichloch.

berg, und 1429 Siegfried von Wartenberg, genannt von Sneberg, belehnt waren. 1435 warenVeldenzer Güter zu Eychenloch im Dorf und in der Mark an den Schultheissen und drei andere Einwohner daselbst für 25 Malter Korn verpachtet, die sie an den Kellner zu Armsheim liefern sollten[1]). Im Weistum des Gerichts zu Eichloch von 1514/15 wird von der Wildgräflichen Hochgerichtsbarkeit der Bezirk ausgenommen, „als wyt das hobgeding der hern von Armsheym reycht; doch ob imants in solichen 9 husern, so drin gehorig sint, mit ubeldait wirdig zu riechten, haben gedachte u. gn. h. die Ringraven zu riechten, und die hern von Armsheym nit“, mit dem Zusatzt, dass die Herren von Armsheim die Wild- und Rheingrafen darum bitten müssen, die Verhaftung und Exekution vorzunehmen. Das Veldenzer Gut scheint demnach zu dem Hof zu Armsheim zu gehören, den die Herren (Benediktiner) von St. Jakobsberg vor Mainz unter der Vogtei der Grafen von Veldenz (seit 1470 Kurpfalz) besassen.

Wendelsheim wird in 21 Schenkungen an das Kloster Lorsch erwähnt, die von 766 bis 870 gemacht worden sind. Es müssten, wenn das Kloster sie behalten hätte, viele Hufen, Weinberge und einzelne Grundstücke gewesen sein. Die Notitiae hubarum erwähnen jedoch in Wandilesheim im Wormsgau nur drei Hufen, darunter eine Herrenhufe[2]).

Die Kirche scheint eine Gründung von Lorsch zu sein, da sie zwar in den Traditionen nicht genannt wird, aber im 16. Jahrhundert das Patronatsrecht und der Zehnte von der Propstei Lorsch zu Lehen rührten (im Besitz der Ritter von Lewenstein[3]).

1072 erhielt die Mutterkirche, von der die Kapelle Ravengiersburg getrennt wurde (die Nunkirche bei Sargenroth), durch den Gründer dieser Kapelle, Graf Berthold, Besitzungen in Wendelnesheim[4]). Da diese Mutterkirche später an das Kloster Ravengiersburg gekommen ist, erklärt es sich, wie dieses Kloster 1262 eine Mühle in campis Wendelinsheym an das Kloster zum Paradies bei Sion in der Gemarkung Mauchenheim verkaufen konnte, das sie 1271 an den Ritter Peregrinus Schartat von Alzey verlieh[5]).

Nach dem Weistum von 1526 für die Wildgrafen Philipp Franz und Philipp Hans zu Dhaun und Kyrburg, Rheingrafen zum Stein, Grafen zu Salm, Herren zu Vinstingen, Gebrüder[6]), wies der

---

1) KrASpeyer, Veldenzer Copialbuch I fol. 321 v., 322; IX fol. 32.
2) Cod. Lauresham. II S. 299—304, Nr. 1798—1815, ausserdem S. 179, Nr. 1322; S. 198, Nr. 1393. III S. 189. Schenkung des Gunthram an Fulda 841: Wentilesheim. MRR. I 532. Auch das Kloster St. Alban vor Mainz hatte im 9. Jhdt. Besitz in Wendelenesheim. J. P. Schunck, Cod. dipl. Mogunt. 1792, 362.
3) Scriba, Regesten, Rheinhessen 4587, 4630, 4680.
4) MRR. I 1427.
5) Baur. Hess. Urkunden III S. 606, Nr. 1541; S. 610, Nr. 1546.
6) Grimm, Weistümer VI 509 f.; Ergänzung: Archiv f. Hess. Gesch. N. F. III S. 140.

Schöffe einen Wildgrafen von Dhaun als einen obersten Vogt, Grund- und rechten Gerichtsherrn dieses Dorfes Wendelsheim. Er hat über übeltätige Leute zu richten, über Hals und Bein zu urteilen. Er hat aus dem Dorf jährlich 20 Malter Korn Steuer oder Bede, davon sind der Wittumshof des Pfarrers, der Schultheiss und der Büttel gefreit. Ferner hat der Wildgraf 3 Mark Geldbede, jede Mark zu 18 Turnosen Mainzer Münze gerechnet. Ausserdem haben drei Höfe, Dambacher Hof, Schönauer Hof[1]) und Saalshof[2]) dem Wildgrafen je eine Wagenfahrt zu leisten. Von jedem, der hinter dem Wild- und Rheingrafen sesshaftig und hausrauchend ist, hat er ein Fastnachtshuhn, davon sind die Schöffen befreit, darum, dass sie pflichtig sind an den drei ungebotenen Dingtagen die Weisung zu tun. Es folgen sehr eingehende Bestimmungen über die Rechte und Pflichten des Bannbäckers und Bannmüllers, die Sätze für die Straf- und Frevelgelder, Angaben über Wege, Triften, Wassergräben, Lehmgruben, die erkennen lassen, dass das Dorf damals in Ober- und Nieder-Wendelsheim geteilt war.

Eine Grenzbeschreibung hat sich aus dem Jahre 1611 erhalten[3]):

Stein 1 auf der Mosbach nebich der Strassen[4]).
2 am Eicher Wäldchen[5]).
3 gegen der Riedtmühle.
4 herab unter der Riedmühlen[6]) gegenüber am Arenberg[7]).
5 auf dem Arenberg bei Nacker Steinkaut.
6 hoher Stein auf dem Arenberg, auf der drei Gemeinen Feld.
7 ebendort.
8—15 weiter auf dem Arenberg.
16 uf der Göppen.
17 den Berg in der Göppen hinab[8]) bei der Pfingstwiesen.
18 unterste Gemark, Dreimärker Wiesen-Wendelsheim-Nack[9]).
19 in der Pfingstweiden.
20 in der Kirchwiesen.
21 die Wiesen hinab in die Bach[10]).

---

1) Demnach waren die Klöster Daimbach und Schönau hier begütert.

2) Scheint dem Junker von Heppenheim, genannt vom Sale, gehört zu haben.

3) StADarmstadt, Akten des geheimen Staatsarchivs XIV 1, Saal- und Lagerbücher, Rheinhessen, Conv. 7 (Grafschaft Falkenstein).

4) Mosbach an der Grenze zwischen Wendelsheim, Flur 20, und Erbesbüdesheim, Flur 10, südlich der Chaussee von Alzey nach Kreuznach.

5) Eicher Wäldchen (Wüstung Eich), Erbesbüdesheim, Flur 10, Mosbacher- und Riedmühle dabei.

6) Bei der Riedmühle (Rieth) fängt Nack an.

7) Armberg oder Irmberg, auch Ahrenberg, in der Gemarkung Dreigemeindenwald (14—17) und Nack (2—4). Dort sind auf dem Messtischblatt 3484 auch Steinbrüche zu erkennen.

8) Ueber die Kuppe des Ahrenberges jäh hinab in das Tälchen beim Pfingstkopf, westlich von Nack.

9) Hier treffen sich jetzt die Gemarkungen Niederwiesen, Dreigemeindenwald und Nack.

10) Der Wiesbach, an dem Niederwiesen liegt.

22 zwerch über die Wiese, auf den Berg zu in Lentheler Wiese [1]), Dreimärker, Wendelsheim-Dreigemeindenwald-Wiesen.

23 am Lentelberg herab bis Hübschen Tal [2]).

24 stracks den Berg hinaus.

25 im Hübschen Tal.

26 auf dem Hübschen Tal neben dem Weg.

28 dem Hübschen Tal aussen an der Kriegsfelder Strasse [3]) nächst bei einem Birnbaum.

29—31 auf der Lenthäl an Bossengut.

31 ein Eckstein.

32, 33 hinauf an der Kriegsfelder Strasse.

34 auf Diepoltskopf.

35 in Diepoltsloch.

36 hinauf auf Diepolt [4]), am Dreigemeindenwald bei einem Eichenstrunk.

37 oben auf Diepolt.

38 den Diepolt hernieder.

39 bei dem Dachsloch.

40 am Dreigemeindenwald am Diepolt.

41, 42 am Diepolt.

43 an der Hasenwiese [5]) an der Hecke am Mühlenteich.

44 zwischen dem Dreigemeindenwald und den Wiesen stracks hinauf in den Morsfelder Grund und zur Försterwiese [6]).

45 hinauf in Steimell [7]).

46 am Wald hinauf im Steimell in einem Graben.

47 an Steimel hinauf, nit weit vom Weg oben am Graben.

48 am Steimel.

49, 50 an Steimelspitzen.

51 ebendaselbst, Eckstein, Dreigemeindenwald - Wendelsheim - Steinbockenheim-Wonsheimer Gemeindewald [8]).

52 in Bockenheimer Crotzen.

53 durch die Crotzen bis an das Ackerfeld.

54 bis 57 auf der Huben [9]).

58 auf der Huben an Bockenheimer Hochgericht.

59 und 60 am Wendelsheimer Weg auf der Steinbockenheimer Höhe.

61 auf den Ackerschlägen Dreimärker Steinbockenheim-Wendelsheim-Wonsheim [10]).

---

1) Lenntal im Dreigemeindenwald, Flur 12 und 13.

2) Das Hübsche Tal ist wohl der Einschnitt, der nördlich der Mündung des Lenntals in das Tal der Wiese nach Westen geht.

3) Die „alte Kriegsfelder Strasse" kommt von Wendelsheim und geht zum Dreigemeindenwald durch Flur 7 dieser Gemarkung.

4) Diepert oder Diebert ist ein Wäldchen in Wendelsheimer Flur 8 am Dreigemeindenwald.

5) Hasenacker in der Wendelsheimer Flur 8. Die Wiese liegt wohl daneben am Finkenbach. Der Mühlgraben hat wohl zur Finkenmühle gehört.

6) In dem Finkenbachtal aufwärts gegen Mörsfeld hin bis unterhalb der Vorhecke.

7) Dann auf die Höhe „Steimel", „auf Steimel", die sich von der Flur 1 im Dreigemeindenwald zwischen den Gemarkungen Wendelsheim und Steinbockenheim nach Nordosten hinzieht.

8) Demnach muss der Jungenwald (Steinbockenheim, Flur 9—12) mit dem Hinterwald zum Wonsheimer Wald gehört haben.

9) „Auf der Hub" in der Gemarkung Wendelsheim, Flur 10 und 11, und Steinbockenheim, Flur 7.

10) „Ackerschläge", Wendelsheim, Flur 12. Hier stossen noch jetzt die genannten Gemarkungen zusammen.

62 daselbst.

63 von oben herab in Rennesdanz [1]).

64 herab in Mörsfelder Grund [2]) am Weinpferch [3]).

65 beim Pfaffencreutz [4]) in Wonsheimer Pfarracker.

66 ein Ueberstoss, von den Wendelsheimern „über Riedborn" genannt [5]).

67 oben auf der Gewanden, an Wendelsheimer Pastoreigut, über Riedborn, in der Staige [6]).

68 an der Beller Strasse. Dreimärker Wonsheim-Wendelsheim-Eckelsheim [7]).

69, 70 auf Staigerberg. Dreimärker Eckelsheim-Wendelsheim-Uffhofen.

71 auf Staigerberg.

72 in Steigerloch [8]).

73 bis 79 Mark- und Ecksteine auf dem alten Geriss [9]).

80 bis 82 auf dem Himmelreich [10]).

83 im Schleifacker.

84 hinüber über die Bach bei der Schleifmühl [11]) den Berg hinauf, Dreimärker Wendelsheim-Uffhofen-Erbesbüdesheim. In Erbesbüdesheimer Gemarkung liegt hier ein besonders abgesteinter Bezirk, von welchem der Herr von Löwenstein und der Pfarrer von Wendelsheim den Zehnten ziehen, und die Gemeinde Wendelsheim 2 Malter Bedehafer bekommt, was von den Vertretern der Gemeinde Erbesbüdesheim für richtig erklärt wird.

85 Stein unten an der Rübenmühle oben am Weg.

86 nächst oben an der Rübenmühle.

87 oben an der Bannmühle [12]), am Erbesbüdesheimer Weg.

88 oben an der Schaffbrücken am Berg.

89 an der Mosbach, und von hier wieder an den ersten Stein zurück.

Die Grenzbeschreibung von 1611 zeigt sich überall übereinstimmend mit der jetzigen Gemarkungsgrenze von Wendelsheim, nur nicht auf der Strecke, wo sich jetzt der Dreigemeindenwald am Ahrenberg oder Irmberg (Fluren 14 bis 19) mit einem schmalen Zipfel zwischen Wendelsheim und Nack hineinschiebt. Da hier die Wüstung Eich gelegen hat, die ehemals ein Kirchdorf gewesen

---

1) „Auf dem Rindertanz", Wendelsheim 15, und Wonsheim 9 u. 11.

2) „Mörsfelder Grund", Wonsheim 9.

3) „Auf dem Weinberg", Wendelsheim 15, an der Landstrasse von Erbesbüdesheim nach Wonsheim.

4) Nördlich davon liegt „Pfaffenkreuz" in Wonsheim 11.

5) „Am Riedborn", wo der Ueberstoss leicht zu bemerken ist.

6) Steigerloch und Steigerberg am steilen Abhang jenseits des nach Eckelsheim gehenden Abflusses des Riedborns.

7) Längs dem auch die Strasse zur Ruine der Böllerkirche bei Eckelsheim führt. An dieser Strasse stossen auch jetzt die Gemarkungen Wonsheim und Eckelsheim, und oben auf dem Steigerberg Eckelsheim und Uffhofen mit Wendelsheim zusammen.

8) Hier macht die Grenze eine Ecke, senkt sich zum Steigerloch.

9) „Auf dem alten Gries", in Wendelsheimer Flur 17.

10) Jetzt „Himmrich", Uffhofen, Flur 3.

11) „Schliefacker", „Schliefmühle" liegen bei der Rübenmühle, an den Gemarkungen Uffhofen und Erbesbüdesheim.

12) Rübenmühle und Bannmühle am Wiesbach.

war[1]), können an dieser Stelle allerlei Veränderungen im Laufe der Grenze leicht stattgefunden haben. Ausserdem gehörte und gehört noch jetzt der Dreigemeindenwald (483 ha) den Gemeinden Flonheim, Uffhofen und Wendelsheim gemeinschaftlich. Auf dem Schlossberg über dem Forsthaus Weissenstein liegen die Trümmer einer Burg Weissenstein, die im 14. Jahrhundert einem Zweige der Ritterfamilie von Randeck gehörte[2]).

Die Weistümer von Bornheim, Eichloch, Flonheim, Uffhofen und Wendelsheim, in der Sammlung von Peter Streuffen 1514/15[3]), sprechen den Wild- und Rheingrafen die Hochgerichtsbarkeit und andere Rechte der hohen Obrigkeit zu, als da sind Jagd und Fischfang, Bannmühlen und Bannbackhäuser, Herberge und Atzung, Frondienste, Gebot und Verbot, Bussen und Frevel von Schlägerei und Verwundung, Wegschnitt, auch das Wildfangsrecht, obgleich dieses in dieser ganzen Gegend von Kurpfalz beansprucht und wirklich ausgeübt wurde, wie auch in den Weistümern von Flonheim („item wiltfeng sagen sie, der vaut zu Alzeyen underzieg sich derselbigen") Bornheim, Uffhofen und Wendelsheim ausdrücklich bemerkt ist. Dieses Recht von Kurpfalz wird in einem Lonsheimer Weistum von 1494 so beschrieben: „wer jar und dag da sitzt unerfordert sins libshern, ist pfaltzgrevisch und hort in die hertzogsbede". Ausser der Bede hatte der Pfalzgraf auch die Frondienste zur Burg Alzey (von den hier in Betracht kommenden Dörfern namentlich Holzfuhren dorthin) und Reiswagen von den „Wildfängen".

Diese Berechtigung der Pfalzgrafen erstreckte sich über die meisten Dörfer in der weiteren Umgebung von Alzey, auch wo die Obrigkeit sonst gar nicht zur Kurpfalz gehörte. Es war die sogenannte „Alzeyer Ausfauthey", die in mehrere Untervogteien zerfiel[4]). Natürlich wurden die Ansprüche der Kurfürsten durch die Territorialherren der betreffenden Ortschaften bekämpft. Seit 1560 treten die Streitigkeiten wegen dieses auf kaiserlichen Privilegien beruhenden Rechtes in der Gegend um Alzey deutlich hervor, und 1580 fing das Wild- und Rheingräfliche Haus Prozesse vor dem Reichskammergericht und dem Reichshofrat an, die beim Westfälischen Frieden 1648 noch nicht entschieden waren und 1664 zu einem „Wildfangskrieg" führten, in dem die Bischöfe von Mainz, Trier, Köln, Speyer, Worms und Strassburg, der Herzog von Lothringen, die rheinischen Grafen und Reichsritter gegen Pfalz standen. Durch Vermittlung der Könige von Frankreich und Schweden, Ludwig XIV. und Karl XI., kam zu Heilbronn 7./17. Februar 1667 ein für die Rheingrafen ungünstiger Entscheid zustande, der dahin führte, dass das Wild- und Rheingräfliche Haus am 19. Dezember 1679 auf die Dörfer Lonsheim und Schiersfeld und 1698 18. Februar auf den Kreuznacher Zehnten (von dem $\frac{1}{6}$ als Lehen im Besitz des Grafen Cratz von Scharffenstein war), das Osterburger Gericht bei Kreuznach, das Patronatsrecht daselbst, das Dorf Rheingenheim verzichten mussten, um die Wildfänge in den Dörfern der Wild- und Rheingrafschaft und das Patronat zu Uffhofen zu erwerben.

---

1) G. W. J. Wagner, Die Wüstungen im Grossherzogtum Hessen, Provinz Rheinhessen. Darmstadt 1865, S. 8.

2) Ebd. S. 40 ff.   3) Trier. Archiv, Ergänzungsheft 12, S. 61—66.

4) S. oben S. 228—239.

2. Lonsheim bei Alzey.

Im Unterschied von Langenlonsheim, das ursprünglich Longistesheim und Longastesheim hiess, wird dieses Lonsheim in den Lorscher Traditionen von 775 Laonisheim, 792 Lonesheim genannt[1]).

Güter in Lonsheim bei Flanheim hatte Werner von Bolanden um 1194 vom Pfalzgrafen zu Lehen. Ein Viertel des Zehnten hatte Werner an Konrad von Flomborn als Burglehen gegeben[2]).

Aus späteren Urkunden erst ist zu ersehen, dass die Gerichtsbarkeit im Dorf Lonsheim den Wildgrafen zu Kyrburg zustand, die die Hälfte daran an Adlige verliehen hatten. In der Teilung von 1375 zwischen den Wildgrafen Friedrich und Otto von Kyrburg fielen die Güter zu Flonheim, Uffhofen, Lonsheim und Wendelsheim und Bornheim dem Otto zu[3]). Am 3. September 1398 gab Heinrich Bock von Lonsheim das halbe Dorf und Gericht zu Lonsheim, womit er belehnt war, den Wildgrafen von Kyrburg zurück, welche nun den Werner von Albich damit belehnten. Dieser stellte 1426 August 3. Revers aus über: „das halbe teil an dem dorffe Lonßheim uf dem Gauwe gelegen, gerichte, zinse, gulte, vagthie, wasser, weide, welde, velde und alle gefelle.“

Die vom Wildgrafen zurückbehaltene Hälfte wurde 1439 von Johann Wildgraf von Dhaun und Kyrburg, Rheingraf zum Stein, seiner Frau Elisabeth von Hanau und seinem Bruder Gerhard dem Anthis von Heppenheim für 1000 schwere Mainzer Goldgulden versetzt (Dorf und Gericht Lonsheim, bei Bornheim gelegen, mit aller Zugehörung und aller seiner Freiheit, ausser den 46 Malter Korn [Bede], welche die Gemeinde den Wildgrafen zu liefern schuldig ist), und dem Schultheiss, den Schöffen und der Gemeinde aufgetragen, dem neuen Herrn zu huldigen und zu schwören. Etwas später wurde durch Peter von Albich, der am 11. März 1441 das Lehen seines Vaters Wernher erhalten hatte, das halbe Dorf Lonsheim mit Einwilligung des Wild- und Rheingrafen an den nämlichen Anthes von Heppenheim, genannt vom Sale, für 250 Gulden versetzt. 1445 verpflichtete sich Peter von Albich, diese Pfandschaft binnen 3 Jahren wieder auszulösen. Aber schon 1457 verpfändete Peter die Hälfte an Lonsheim abermals für 300 Gulden an den Sohn des Anthes, Hermann von Heppenheim, genannt vom Sale, und zwar auf 5 Jahre[4]).

---

1) Cod. Lauresham. II S. 142, Nr. 1192; S. 179, Nr. 1322. Auch Lonesheim in der Schenkung des Gundrahm an das Kloster Fulda (856—869), Dronke, Cod. Fuldensis S. 271, Nr. 604, ist auf dieses Lonsheim bei Alzey zu beziehen.

2) Sauer, Aelteste Lehenbücher der Herrschaft Bolanden S. 35.

3) Dipl. Rhingravica III 60. Wild- und Rheingräfl. Archiv in der Rentkammer in Coesfeld. Schmitz-Kallenberg, Regest 598.

4) Dipl. Rhingrav. III 206, 297; IV 45, 46, 49, 63, 107. Archiv f. Hess. Gesch., N. F. III 126 ff.; IV S. 459, Nr. 95; S. 482, Nr. 253.

Unter der Herrschaft des Junkers Anthes von Heppenheim
wurde ein Weistum aufgenommen, worin dem Junker die volle
Hochgerichtsbarkeit zugesprochen wird. Er hat eine Steuer von
20 Gulden aus der Gemeinde und das Recht des Wegschnittes von be-
stimmten öffentlichen Wegen, die Bannmühle, aber kein Backhaus, wenn
auch der Bäcker genau bestimmte Verpflichtungen und Rechte hatte.
Es folgen die Wege, die in der Gemarkung offen gehalten werden
mussten, darunter sollen die nach Bornheim und nach Bermersheim
sowie nach Alzei führenden Wege nebst der „Strasse" als Land-
strassen gelten und 24 Schuh breit sein[1]). Die Strasse ist die
nordöstlich vom Dorf die Gemarkung schneidende „Binger Strasse"
neben der jetzigen Eisenbahn nach Alzey. Auf dieser Strasse hatte
1494 der Kurfürst von der Pfalz das Landgeleite. Ausserdem hatte
der Pfalzgraf seine eigenen Angehörigen daselbst mit der Bede zu
besetzen hoch und nieder. Die Gemeinde, arme und reiche Ein-
wohner, haben allzeit gen Alzey gefront und waren s. f. Gnaden
schuldig zu reisen. Sie gaben damals 18 Gulden, „Herzogsbede"
genannt. Der Pfalzgraf hatte das Wildfangsrecht. Ueber seine
Leute hat er einen Vogt (Faut) zu setzen und zu entsetzen, über
Sr. F. Gnaden Leute zu gebieten. Endlich gehörte Lonsheim nebst
Bornheim zu den 17 Dörfern um Alzey, „die recht hant jn die
welde, do sie daz holzkorn von gebent". Dieses „Holzkorn" war
für diese beiden Dörfer in eine Geldabgabe von 7 Unzen Heller
umgeschrieben. 1576 erscheinen alle diese pfälzischen Rechte viel
schärfer im Sinne von Hoheitsrechten ausgedeutet: „Churfürstliche
Pfalz hat daselbst eine Fauthei und angehörige leibeigne Leut,
geben Jahrs zu Bede 18 Gulden (10 Rth.), den Gulden zu 28 Albus.
nach Gelegenheit eines jeden Vermögens und jedes Weib ein Fast-
nachtshuhn. Die Gemeinde, sie seien arm oder reich, Pfalzgräflich
Leibeigne oder nicht, ist den Pfalzgrafen· mit Pferd- und Handfron
auch Reis verbunden. Auch hat Pfalz Landsteuer, Schatzung und
Huldigung von der ganzen Gemeinde. Atz, gerichtliche Obrigkeit,
Frevel und Busen haben die Rheingrafen. Zollstrasse, Landgeleit,
Wildfänge und Bastardfälle sind der Pfalz zugehörig. Die in
Sachen von Bede, Schatzung, Fron und Reis ungehorsamen Leute
werden im Amt Alzey vertagt, gerügt und gestraft"[2]).

Die Wild- und Rheingrafen überliessen, wie schon gesagt,
den Rest ihrer Rechte zu Lonsheim 1679 an Kurpfalz, und das
Dorf gehörte seitdem zum Amt Alzey[3]). Nach Lonsheim nannten
sich mehrere Adelsgeschlechter, deren eines, die Rauh von Lons-
heim, bei ihrem Gute das Patronat über die dortige Kirche oder
Kapelle und' den Zehnten hatten, bis der Wildgraf Friedrich dieses

---

1) Dipl. Rhingrav. IV 49. Archiv f. Hess. Gesch. a. a. O.
2) StADarmstadt, Akten des Geh. Staatsarchivs XIV J., Rheinhessen,
Conv. 2. Saal- und Lagerbücher über die Alzeyer Ausfautey 1494 S. 86
und 1576 S. 1. Ueber das Holzkorn vgl. Grimm, Weistümer IV 623.
3) Vgl. oben S. 211.

Gut Ende des 14. Jahrhunderts kaufte, aber gleich wieder an den
Lonsheimer Wirt Hennekin gegen eine jährliche Gülte von 25 Malter
Korn überliess[1]).

3. Das Dorf Wörrstadt.

Wörrstadt wird in einer Güterschenkung an Lorsch 779 erwähnt
(Werstater marca)[2]).   Sodann wurde durch Erzbischof Luitpold von
Mainz (1051—1059) die Basilika des hl. Nikomedes vor Mainz mit
Gütern und Gefällen zu Armodesheim, Sowelnheim und Weristat
an das Kloster Jakobsberg vor Mainz geschenkt[3]).   963 sprach
ein Engirih seine Hörige Luduwar frei und überliess ihr eine Hufe
in Weristat, von der sie nur 4 Denare jährlich an die Kirche St.
Maria-Altenmünster in Mainz abzugeben hatte[4]).

1194 erhielt der Vogt des Klosters Altenmünster, Wolfram
vom Stein, der spätere Rheingraf, für das aufgegebene Vogteirecht
über eine an das Stift Flonheim geschenkte Hufe des Klosters
von dem Stift eine Mühle nebst einer Wiese und einem Wingert
zu Werstad [5]).

Dies sind die ältesten Nachrichten über das Dorf, wo um
1194 Werner von Bolanden eine Gasse (vicum) mit aller Gerichts-
barkeit vom Sohne des Kaisers, dem Herzog von Schwaben, zu
Lehen hatte[6]), und etwas später der Rheingraf Wolfram von den
Wildgrafen mit der Hälfte der Grafschaft belehnt war.   Auch trug
er dort vom Wildgrafen von Kirberch die curia sancti Galli mit
der Vogtei zu Lehen, und von Pfalzgrafen die Vogtei über die
Güter von St. Orvila (unbekannt) und vom Herrn Volmar von
St. Alban die über Güter von St. Alban vor Mainz[7]).

1274 entschieden Philipp von Hohinvels und Embricho von
Randekin unter Vermittlung Gerhards Truchsessen von Alzey und
anderer Ritter Streitigkeiten zwischen Rheingraf Syfrid und Wolfram

---

1) Wild- und Rheingräfl. Archiv in der Rentkammer zu Coesfeld,
Kyrburg 104.   Schmitz-Kallenberg, Regest 824.   Ein Ruhe, Edelknecht zu
Lonsheim, kommt 1335 vor: Scriba, Regesten, Rheinhessen 2722.   Ueber
die Kirche vgl. meinen Aufsatz über das Flonsheimer Landkapitel, Archiv
f. Hess. Gesch., N. F. II 526, Nr. 3, und Anm. 3.   Die Einwohner gehörten
zur Pfarrei Bornheim.   Der Pastor Capellae in Lonsheim konnte Erzpriester
des Stuhles zu Flonheim sein.

2) Cod. Lauresham. II S. 210, Nr. 1438.

3) Scriba, Regesten, Rheinhessen 986: Bestätigung durch Erzbischof
Siegfried I. 1070.

4) Baur, Hess. Urkunden II S. 1.

5) N. Kindlinger, Geschichte der Deutschen Hörigkeit.   Berlin 1819.
S. 245, Nr. 19 a.

6) Sauer, Aelteste Lehenbücher der Herrschaft Bolanden 18.

7) Trier. Archiv, Ergänzungsheft XII 7, 10; 9, 16; 10, 26 u. 34.   In
Wartmann, Urkundenbuch der Abtei St. Gallen, Zürich 1863, ist nichts
über Güter dieses Klosters in Wörstadt enthalten.   Uebrigens hatte das
Kloster im Wormsgau Besitz.

von Lewinstein wegen der beiderseitigen Rechte in Werstat[1]). Demnach soll Wolfram das Vogteigericht innerhalb der Dorfgrenze, „Zingile" genannt, besitzen und daselbst mit seinen Schöffen in Zivil- und anderen geringeren Sachen entscheiden; die höhere Gerichtsbarkeit und das Gericht auf dem Felde beim langen Stein[2]), welches „Landding" genannt wird, solle dem Rheingrafen, von wegen seiner Grafschaftsrechte (cometia) zustehen. Das Schultheissen- und Schöffenamt solle Wolfram aus zweien, welche ihm die Gemeinde präsentiert, besetzen. Das Recht des Bannweines, der Herberge und der Nachtselde solle dem Rheingrafen verbleiben; doch sollen die Höfe der Edelmänner, die „Sedile-hoffe", davon frei sein. Wolfram und seine Erben sollen die Vogtei von dem Rheingrafen zu Lehen nehmen, wie sein Vater; den Zoll der Kaufleute von den Jahrmärkten sollen beide gleich teilen.

Diese Urkunde ist sehr lehrreich im Vergleich mit den späteren Zuständen. Der Rheingraf hatte also die „cometia" halb als Lehen vom Wildgrafen und die Vogtei über die Besitzungen mehrerer Klöster. Mit dieser „cometia" war das „Landding" am Langenstein verbunden. Ausser den Klöstern waren auch Adlige in Wörrstadt begütert, so die Herren von Bolanden (hohenstaufische Vasallen) und die von Löwenstein, die mit einer Gerichtsbarkeit innerhalb des Dorfzingels von den Rheingrafen belehnt waren. Die Höfe dieser Herren, „Sedelhöfe", waren von der dem Rheingrafen zustehenden Herberge und Nachtselde gefreit[3]). Bei Wörrstadt wurde ein Jahrmarkt gehalten und von den zuziehenden Kaufleuten Zoll erhoben.

In späterer Zeit scheinen die Herren von Löwenstein die gleichen Rechte erlangt zu haben wie die Rheingrafen. Sie erhielten ihren Anteil im 15. Jahrhundert, wie auch noch die Rheingrafen, von den Wildgrafen von Kyrburg zu Lehen[4]). Im Weistum von 1515 werden sie völlig gleichberechtigt neben die Rheingrafen gestellt.

---

1) MRR. IV 65, nach einer Schottschen Copie in den Dipl. Rhingr. in Marburg und einer von Kindlinger in Münster.

2) Der Lange Stein, ein 3,70 m hoher und 1,45 m breiter Monolith, liegt in der Gemarkung Obersaulheim, in Flur 5, östlich der „hohen Strasse"; in der Nähe hat der Obersaulheimer Galgen gestanden.

3) Auf ein solches Gut, die „Morshube", bezieht sich auch das Weistum bei Grimm IV 626 (nach Abschrift im StADarmstadt XIV J 7). Die von Reiffenberg und die von Leyen zu Argenschwang hatten diese Hube von Kurpfalz zu Lehen. Da sie dieses Lehen aber seit 60 Jahren nicht vermannt und empfangen hatten, ist es 1575 eingezogen worden. Vielleicht ist das Gut 1365 von Eberhard von Lewenstein an den Pfalzgrafen Ruprecht I. verkauft worden. Regesten der Pfalzgrafen I 3549.

4) Mannbuch der Wild- und Rheingrafschaft (Archiv f. Hess. Gesch., N. F. IV S. 459, Nr. 92, Joh. von Lewensteine; S. 461, Nr. 106, Henne von Lewensteine, gen. von Randecke, beide von 1426; S. 479, Nr. 227, Wild- und Rheingraf Friedrich von Dhaun 1436; S. 482, Nr. 247, Brenner von Lewensteine 1439; Nr. 251, Wolfram von Lewenstein 1440. Dipl. Rhingr. IV 106. Wild- und Rheingraf Friedrich 1457).

Dass sie bereits im 13. Jahrhundert teil an obrigkeitlichen Rechten hatten, geht daraus hervor, dass am 18. September 1291 Wolfram maior de Lewenstein dem Kloster zu Deygenbach (Daimbacherhof bei Mörsfeld in der Pfalz) seinen Hof zu W. mit 87 Morgen Land in beiden Feldern mit der Vergünstigung übergab, dass dieses Gut von den an ihn und seine Verwandten Emercho und Wolfram minor v. Löwenstein, Vögten zu Wörrstadt, zu leistenden Fronden und Steuer gefreit sein sollte[1]. Als die Aebtissin von Daimbach ihren Hof zu W. mit $83^1/_2$ Morgen Ackerland, Wiesen und Wingerten am 5. April 1318 an das Kloster Eberbach im Rheingau verkaufte, geschah dies coram Bertolfo sculteto dominorum de Lewinstein et sculteto Ringravii cognomine Haberere und 6 andern Schöffen[2]. Es scheint demnach, dass das Gericht damals gemeinschaftlich für beide Herrschaften war.

Dass der Rheingraf ebenfalls Grundherr zu W. war, geht aus einer Belehnung des Philipp von Udenheim, Sohnes des Ritters Johann (1317 November 23.), mit 25 Mark jährlicher Rente aus den Hufen des Rheingrafen zu W. hervor, die ihm der rheingräfliche Schultheiss alle Jahr reichen sollte[3].

Mit den Gütern der Herren von Bolanden war das Patronatsrecht und der Zehnte verbunden. Das Mainzer Domkapitel (von welchem diese Rechte zu Lehen rührten) kaufte ein Dritteil am Zehnten im Jahre 1272 von Philipp von Bolanden und 1279 ein Neuntel von Theoderich, Chorherrn in Trier, und Philipp Gebrüder von Hohenburg, während 1281 ein Drittel durch Hartrad von Merenberg an das Johanniterhaus zu Mainz verkauft wurde[4]. 1360 schenkte Philipp von Bolanden („der Propst") das Patronatsrecht der Kirche zu W. und in dem benachbarten Sulzheim (letzteres hatte er durch seine Frau Mena aus der rauhgräflichen Familie überkommen), an das Mainzer Domkapitel[5], dem diese Schenkung am 8. Dezember 1360 durch den Erzbischof Gerlach bestätigt wurde.

Vorübergehende Verpfändungen des rheingräflichen Anteils an W. werden öfter berichtet, so 1363 und 1371 an Graf Walram von Sponheim, 1378 an Pfalzgraf Ruprecht den Jüngeren und 1385 an das Erzstift Mainz. Damals war ausserdem ein Vierteil vom Rheingrafen Konrad dem Hermann Bube von Gabsheim zu Lehen gegeben[6].

---

1) Baur, Hess. Urkunden V 130.
2) Ebd. II 814 f. Am 25. Mai verzichteten Emmerich und Wilhelm von Löwenstein und am 22. Nov. 1328 die Erben Wolframs des Grossen von Löwenstein auf dieses Gut und alle daraus ihnen zustehende Rechte und Einkünfte.
3) Ebd. II S. 810.
4) Ebd. II S. 242, 295, 326.
5) Scriba, Regesten, Rheinhessen 3132. de Gudenus, Cod. dipl. III 449.
6) Lehmann, Grafen von Spanheim I. Dipl. Rhingr. III 3, 129. Regesten der Pfalzgrafen I 5122. Scriba, Regesten, Rheinhessen 3948 (Verpfändung an Kurpfalz 1438).

4. Das Dorf Ober-Saulheim.

Obersaulheim wird bis 1200 nicht genügend von Niedersaul·
heim unterschieden, in Lorscher Traditionen seit 764 Sowilnheim
oder Sawelnheim, in Fuldaer 763 Sovuvelheim, 772 Sauuilenheim,
774 Savuvilenheim, in Weissenburger 774 Sauuelenheim oder
Sauelenaim, Sauuilheim geschrieben [1]), 1200 als Sauwelnheim minus
mit dem grösseren Niedersaulheim unter den Orten genannt, die
zur Unterhaltung der Mauern und Gräben der Stadt Mainz ver-
pflichtet waren [2]). Werner von Bolanden besass in superiori Soweln·
heim um 1194 ein Lehen vom Grafen von Veldenz [3]).

Über das Gericht daselbst erfahren wir erst etwas durch einen
vom Grafen Johann von Sponheim im Jahre 1310 vermittelten
Vergleich zwischen Herrn Sifrid und seinem Bruder von St. Elben
(St. Alban in der Pfalz) und denen von Obern-Saulnheim über das
Gericht und Getreidegefälle daselbst. Der Graf war damals des Königs
Landvogt im Speyergau und zu ihm waren die „Ratleute“ der
beiden Parteien gekommen, mit Namen Herr Johannes von Metze
und Herr Wilhelm von Randecke für die Herren von Sankt Alban,
und Herr Philippus Pittenschussel und Herr Johannes von Bertoltz-
heim für die von Obersaulheim und hatten ihn von beiden Seiten
mit ihrer Klienten Willen zu einem Obmann erkoren. Die beider-
seitigen Rechte oder Ansprüche wurden durch die Ratleute fest-
gestellt und schriftlich dem Obmann eingereicht, der nach einiger
Zeit die Ratleute nach Speyer berief, und hier nach dem Austausch
der beiden Prozessschriften sich mit ihnen beriet und das Urteil
fällte: „das die von sant Elben sollent haben zue Obernsaulnheim
das gericht, hundert malder korngulte und zwei marck gelts in
demselben gericht, die sie nit gemeren mogent, und sie in auch
nieman minren soll. Und wer da inne sitzt, und ine nit gehuldet
hat, dz der in hulden soll recht zu sprechende, als ine pillich soll
vor gericht. Wir sprechend auch, ob jeman an sie zu sprechende
hat umb die gulte und umb daz gericht, das er sie ansprechen soll
vor dem herrn, von dem sie daz gut zu lehen hant, und sollen sie
dar gewinnen, als recht ist. Und dem sollen sie dar stan und
antworten zu allem recht, als recht ist [4]).“

Unter dem Wildgrafen Otto von Kyrburg († 1409) war das
Gericht zu Obernsauwelnheim nebst den 100 Malter jährlicher
Korngült und 2 Mark Geldrenten Lehen der Wildgrafschaft Kyr-

---

1) Cod. Lauresham. II S. 226, Nr. 1504; S. 232, Nr. 1526; S. 334 f.,
Nr. 1933—1938. Die Notitiae Hubarum III S. 190 zählen in Savilenheim
10 Hufen, davon 1 als Herrenland. — Dronke, Cod. dipl. Fuldensis S. 25,
Nr. 39; S. 29, Nr. 45. — Zeuss, Traditiones possessionesque Wizenburgen-
ses. Spirae 1842. S. 56, 66.

2) Scriba, Regesten, Rheinhessen 1185.

3) Sauer, Aelteste Lehenbücher der Herrschaft Bolanden S. 26.

4) StAKoblenz, Abschrift bei den Urkunden der Grafschaft Spon-
heim, Aemter und Orte, Obersaulheim.

burg, im Besitz des Karle Büser von Wartenberg, den man nennet
von Sneberg; 1427 wurde noch Syfrid Büser von Wartenberg,
genannt von Sneberg, belehnt.   Unter der Abschrift der Revers-
urkunde im wild- und rheingräflichen Mannbuch steht noch die
Bemerkung „ist verfallen, habet domicellus"[1]). Das Lehen wurde
nicht wieder vergeben. In der Teilung von 1515 kam es an die
Dhauner Linie. In dem vor dieser Teilung aufgenommenen Weistum
werden dem Wildgrafen die Befugnisse des Hochgerichtsherrn und
der Obrigkeit zugeschrieben, soweit als die Gemark geht. Nach
der Teilungsurkunde hatte der Wildgraf in Obersaulnheim 83 Malter
2 Sümmer, 2 Sester Kreuznacher Maß jährlicher Kornrenten und
in Niedersaulnheim ebensoviel, und 2 Gulden 6 Albus, gleich
2 Mark, von der Gemeinde, sowie 1 Gulden 1 Albus von „Mondt-
leuten"[2]). Grundherrliche Rechte werden ihm nicht zugeschrieben.
Diese scheinen teilweise geistlichen Stiftern gehört zu haben, wie den
Nonnenklöstern Sion und Weidas, deren Güter 1280 von einer Ritters-
witwe Cuza und ihrem Sohn, dem Kleriker Johannes, widerrechtlich
eingenommen waren[3]), zum grösseren Teil aber Adligen, die in der
Urkunde von 1319 23. April als „hubenarii" vorkommen: ein Edel-
knecht Peter, Sohn weiland des Ritters Konrad von superiori Sauweln-
heim, schenkte eigne Güter in der Gemarkung Obersaulheim zu einer
Altarstiftung im Kloster Dahlen vor Mainz vor dem Schultheissen
Heilmann gen. Beinnig, und den andern Hubenern daselbst, nämlich
dem Ritter Hermann von Lorichen, den Knappen Hermann, gen.
Keppechen, Zoller und Knoden, Hezelo und seinem Bruder gen.
Prumen, Heinzelin gen. Benzen und Werner gen. Mule, dem Ritter
Peter von Sauwelnheim, dem Herrn Wernher gen. Stoezel von
Sauwelnheim, dem Herrn Andreas, den Knappen Burkard und
Dilmann gen. Wolfin und mehreren andern[4]). Es scheinen die
Besitzer freier Hufen hier wie anderwärts in der Umgegend sich
zu rittermässiger Lebensführung aufgeschwungen zu haben[5]). Der
Wildgraf scheint seine mit der bei Wörrstadt erwähnten Cometia und
dem Gericht am Langenstein (der ja auch in Obersaulheimer Gemar-

---

1) Mannbuch in Coesfeld (Archiv für Hess. Gesch., N. F. IV S. 493,
Nr. 330; S. 464, Nr. 127 vom 5. Nov. 1427). Am 11. Juni 1427 hatte Syfirt
Buser einen Revers ausgestellt, in welchem statt Obersaulheim Dorf und
Gericht Nyedersauwelnheim mit 100 Malter Kornrente und 2 Mark Geld
als Benefizium angegeben ist. Im Mannbuch (Nr. 120) ist der Eintrag
durchgestrichen.
2) Trier. Archiv, Ergänzungsheft XII S. 42.
3) Baur, Hess. Urkunden V S. 94 ff., Nr. 109.
4) Ebd. II S. 823, Nr. 826.
5) z. B. 1266 in Udenheim (s. Vierteljahrsschrift für Sozial- u. Wirt-
schaftsgeschichte 1907 S. 356), wo die Güter nicht einmal frei, sondern
von einem Fronhof des Klosters Wörschweiler abhängig waren. Viel-
leicht gehörten auch diese Huben zu Obersaulheim ursprünglich zu einem
Klosterfronhof, etwa zu den 10 Huben des Klosters Lorsch. Einer dieser
Höfe war Lehen der Grafschaft Sponheim, 1425 halb dem G. von Ryffen-
berg gehörig (Sponheimer Mannbuch in Karlsruhe 1369).

kung liegt) zusammenhängende Hochgerichtsbarkeit den Rittern von St. Alban, und später den Büsern von Wartenberg, gen. Schneeberg übertragen zu haben, in derselben lehenrechtlichen Form, wie er sie zu Wörrstadt den Rheingrafen, zu Heimersheim bei Alzey und in dem Landstrich zwischen der Grenze südlich von Odernheim bis zum Kreuze auf dem Felde südlich von Mainz an die Herren von Bolanden abgegeben hatte.

Das Patronatsrecht war ein Lehen von den Grafen von Rieneck, welche von den Stadtpräfekten und Vögten zu Mainz abstammten. 1317 wurde durch den Grafen Ludwig den Jüngeren von Rieneck der schon genannte Hermann, gen. Greppechin, Sohn des Emicho, gen. Jung (iuvenis) von Saulnheim damit belehnt[1]).

Zu Obersaulheim war auch eine Burg, die Cleme von Partenheim am 7. Sept. 1432 ohne Wissen und Willen des Kurfürsten Ludwig von der Pfalz nicht zu verkaufen oder zu veräussern versprach, nachdem er sich und seine Güter unter den Schutz dieses Fürsten gestellt hatte[2]).

Wie Kurpfalz dazu kommt, seit 1592 das Gericht zu Obersaulheim den Wild- und Rheingrafen zur Verbesserung ihrer Lehen zu verleihen, kann ich nicht angeben[3]). Die gleichzeitig unter demselben Titel verliehenen Wildfänge (homines adventicii qui Wildfangii dicuntur) zu Werstadt und Obersaulheim wurden dem Wild- und Rheingrafen Johann schon 1492 verliehen[4]). Sonst ist in älteren pfälzischen Lehensbriefen für die Wildgrafen nur von Gülten zu Sauwelnheim die Rede[5]).

6. Wildgräfliches Amt Wildenburg.

StAKoblenz, Akten der Wild- und Rheingrafschaft VI g 23: Weistümer des Amtes Wildenburg (verschiedene gleichzeitige und spätere Abschriften und Ausfertigungen, in neuerer Zeit zusammengeheftet. Andere Weistümer finden sich im Urkundenarchiv der Wild- und Rheingrafschaft unter „Aemter und Ortschaften"). — VI g 29: Statistische Nachrichten über das Amt Wildenburg, XVII. und XVIII. Jahrh. (dieses Heft enthält neben Stücken, die sich auf das Wildgräfliche Amt Wildenburg beziehen, auch solche, die zur Herrschaft Wildenburg in der Eifel gehören). — VI g 30: Streitigkeiten des Amtes Wildenburg mit benachbarten Kurtrierischen und Sponheimischen Behörden, 1460—1750. — Karte: Grundriss des Ambtes Wildenburg ... abgemessen und in Riss gelegt im Jahr 1755 von R. Ph. Werner. Grosse, gut gezeichnete Wandkarte, im Maßstab ungefähr 1:8000, auf Leinwand gezogen, an der einen Ecke (die Beschreibung der Grenzen enthaltend) durch Brandflecken und Schmutz zerstört. Die Karte zeigt die Bodenbenutzung (Ackerland, Wiesen, Rottland, Waldung, Wege und Strassen, Häuser, Mühlen usw.) die Gemarkungsgrenzen, Flureintei-

---

1) J. A. Kopp, Auserlesene Proben von dem Teutschen Lehensrecht. Marburg 1767. II 94, Nr. 18.
2) Baur, Hess. Urkunden IV S. 114.
3) Scriba, Regesten, Rheinhessen 4767,
4) Ebd. 4390.
5) Regesten der Pfalzgrafen I 6034.

lung nach geometrischer Aufnahme; die Flurnamen sind auf dem freien Raum der Karte verzeichnet, auf dem Kartenbild durch entsprechende Zahlen angedeutet. Vorarbeiten zu dieser Karte befinden sich in der Fürstlichen Rentkammer in Coesfeld. Es ist eine der besseren Aufnahmen des 18. Jhrdts. Das Terrain (Gebirge) ist nicht angedeutet.

Nach den zur Teilung der Wild- und Rheingrafschaft von 1515 gehörigen Akten bestand das Amt Wildenburg bis dahin aus folgenden Ortschaften:

Breydendail und	Breitenthal (K 21)	Fürstentum Birkenfeld
Oberhosenbach	Oberhosenbach (J 21)	" "
Hottenbach und	Hottenbach (J 21)	Kreis Bernkastel
Hindertzhußen	Hellertshausen (J 21)	" "
Aspach und	Asbach (J 21)	" "
Schmerbach	Schmerlebach (Ingericht Stipshausen) (J 21)	" "
Synßwiler	Sensweiler (J 22)	" "
Vitzrodde	Veitsrodt (J 22)	Fürstentum Birkenfeld
Kyrswyler	Kirschweiler (J 22)	" "
Sonschytt und	Sonnschied (K 21)	" "
Wyckenraitt	Wickenrodt (K 21)	" "
Schuren und	Schauren (J 21)	Kreis Bernkastel
Bruchwyler	Bruchweiler (J 21. 22)	" "
Kempfeldt	Kempfeld (J 22)	" "
Willenborg (sloß und daill)	Schloss und Tal Wildenburg (J 21)	" "
Baelßpach (ist ein ußgangen dorff)	Balsbach (Wüstung bei Schauren (J 21)	" "
Hyrßfeldt	Hirschfeld (J 21)	Kreis Zell

Von Hottenbach und Hellertshausen gehörte nur ein Viertel, von Hirschfeld nur die Hälfte zum Amt Wildenburg.

Von diesen Ortschaften kommen Wickenrodt und Oberhosenbach bereits in einer Urkunde Ottos des Grossen vom 29. Mai 961 vor, worin dem Mainzer Domprobst Theoderich Güter geschenkt wurden, die dem Lantbert und dem Megingoz nach Frankenrecht durch den Nahegaugrafen Emicho gemäss Schöffenurteil abgesprochen und mit dem Fiskus vereinigt worden waren: hoc est, quod in Kirero marca vel in Bergero marca, sive in Husenbachero marca, seu in Uuikenrodero marca, necnon in Putzuilaringero marca possidere videbantur, an Hörigen, Hofraiten, bestellten und brachliegenden Aeckern, Wiesen, Wäldern, Weiden, Wassern, Fischereien, Mühlen, Einkünften. Es war also eine vollständige Grundherrschaft[1]. Theoderich ist später Erzbischof von Trier geworden, und hat sich am 4. Februar 966 die Schenkung durch Kaiser Otto wiederholen lassen. Als die wegen Räuberei verurteilten Brüder wurden aber jetzt Megingald und Reginzo genannt, während der ältere Bruder, der oben als verurteilt genannte Lantbert, sein Dritteil an dem Erbe behielt. Die Güter lagen nach dieser Urkunde in comitatu Nagouue, in marca Kira, in Bergun, in Putzuuilare, in Husonbahc, in Bettonforst. Der Erzbischof

---

1) MRUB. I S. 267, Nr. 208.

wandte die so bestätigte Schenkung seiner Stiftung in Mainz, dem dortigen Gangolfsstift zu, was ihm der Kaiser am 6. Februar verbriefte[1]).

In allen drei Diplomen handelt es sich um dieselbe Grundherrschaft. Es muss daher angenommen werden, dass der Teil des Gutes, der 961 in Wickenrodter Mark liegen soll, der 966 genannte Bettonforst ist. In der heutigen Gemarkung Wickenrodt liegt an der Grenze mit Breitenthal ein grosses Stück Rottland „Battenhofen" genannt, welches mit vier Gewannen auf die Gemarkung Breitenthal übergreift. Nach der alten Amtskarte von Wildenburg gehörte der ganze Distrikt zu Breitenthal. Es ist zu vermuten, dass der Bettonforst in dieser Gegend gelegen hat und später zu Hufenland gerodnet worden ist. Vielleicht hat auch eine Ortschaft Battenhofen dort bestanden.

Dies sind die ältesten Erwähnungen von hierhergehörigen Ortschaften, aus denen zugleich hervorgeht, dass der Hauptteil des Amtes im Nahegau lag.

In den Auseinandersetzungen zwischen den einzelnen Linien des Wildgräflichen Hauses werden die Ortschaften des Amtes Wildenburg öfter erwähnt. Am 29. Sept. 1282 überliess Wildgraf Conrad von Schmidtburg seinem Bruder Gottfried Rouf von Kyrburg die väterlichen Rechte zu Bruchweiler, Kempfeld, Breitenthal und Hosenbach, nur die Hochgerichtsbarkeit und die Wälder sollten gemeinschaftlich bleiben[2]). Nach einem Schiedsspruch vom 21. März 1319 sollte Wildgraf Johann von Dhaun keine Gerichte und Besserungen fordern in den Dörfern Raide, Dudensbach, Vockinhusen, Dyfenbach, Horbure, Bruchwilre, Schuren, Kempinvelt, Hosenbach und Breydindail ausser seinem Anteil an der Hochgerichtsbarkeit. Dagegen soll Wildgraf Friedrich von Kyrburg ebenso auf seine Ansprüche auf die Dörfer des Amtes Grumbach verzichten[3]). Die obengenannten Dörfer sind Veitsrodt, die Wüstung Diedesbach bei Veitsrodt (Flur 4 „auf Diedesbach, in Diedesbach I.—III. Gewann", daneben „auf der Hofstrasse"; Flur 5 „in Diedesbach IV. Gewann" und Flur 7 „unten in der Diedesbach"), die Wüstung Fockenhausen bei Kirschweiler (nach der alten Karte des Amts Wildenburg am Königsborner Wald) der Diefenbacher Hof bei Veitsrodt, Herborn, Bruchweiler, Schauren, Kempfeld, Oberhosenbach und Breitenthal. Trotz des Vertrages von 1282 wurde durch Schiedsrichter in einem Streit zwischen der Schmidburgischen und Kyrburgischen Linie am 25. Mai 1327 zu Recht erkannt, daz wildgrave Friederich (von Kyrburg) soll sitzen bit wildgreven Heinrichen (von Schmidtburg) in dissen dorffern: zu Moenster,

____

1) MRUB. I S. 282, Nr. 225. 226.
2) MRR. IV 988.
3) Orig. Wild- u. Rheingräfl. Archiv in der Fürstl. Rentkammer zu Coesfeld, Kyrburg 252; s. Inventare der nichtstaatl. Archive der Provinz Westfalen, Beiband I, S. 452*, Nr. 128.

Hedesheim, Sobernheim, Montzingen, Woppenroed und Blickersheim, Bontenbach, Hosinbach, Breydindaille, Kempevelt und Bruchwieller, und daß er den sechsten heller habe an diesen dorffern an den gerichten in rechter gemeinschafft, und wo ieme wurden 20 malder korns, da soll Friderichen wildgreven werden ein fiernzel korns" [1]).

Einen gemeinsamen Namen scheinen diese Besitzungen der Wildgrafen bis dahin noch nicht gehabt zu haben, wenn man nicht die Bezeichnung „vor den Wäldern" oder „zwischen den Wäldern" als solchen gelten lassen will. Wickenrodt und Sonnscheidt scheinen nach einer Urkunde 1375 zu den Aemtern Ebenhow (Bergen) und Otzweiler (Sien) gehört zu haben [2]), wenn sich diese Urkunde nicht auf einzeln aufgezählte Hörige der genannten Aemter bezöge, deren Wohnort ausserhalb des Amtsbezirks gelegen haben kann.

Die Wildenburg ist kurz vor 1330 von Wildgraf Friedrich von Kyrburg gegründet worden. Er sagt darüber in seinem Lehensauftrag an Kurfürst Baldewin von Trier 1330 7. April: „unser nûwe hûs Wildenburg, daz wir begriffen und gebuwet han uf unserm eigenen berge uf Schadeburg bi Kempfelt, und waz anderes her namalis dar uffe und in deme dale und da umbe noch [ge]buwet wirt" [3]) und in der Beschreibung seiner Erwerbungen (1351): „auch ist zu wissende, daz wir den borgberg, daruf wir Wildenburg die veste gebauwet han, umb unser gelt vor eigen kauften, nun worden wir und unser eliche husfrawe gedrenget, daz wir dieselben vestin Wildenburg musten lehen machen" [4]). Die Gründung der Burg wird in Zusammenhang mit der Schmidtburger Fehde zu setzen sein, in der besiegt der Wildgraf sie an Kurtrier auftragen musste. Nachher wurde sie der Mittelpunkt des nach ihr benannten Amtes, das schon in der oben zitierten Urkunde von 1375 erwähnt ist und die Dörfer Rode, Dudensbach, Schuren, Sensweiler, Fockenhausen, Bruchweiler, Hammersweiler und Leute zu Kempfeld umfasste.

Unter der Wildenburg beabsichtigten die Wildgrafen eine Stadt anzulegen; König Ruprecht bewilligte am 7. August 1403 den Wildgrafen Otto und Gerhard von Kyrburg allerlei Leute in dem Schloss und Tal Wildenburg als Bürger aufzunehmen [5]).

1. Der Dinghof B r e i d i n d e i l und das Dorf V o l m a r s h u s e n - b a c h (Breitenthal und Oberhosenbach) wurden am 21. Juli 1318 durch den Wildgrafen Friedrich von Kyrburg dem Erzbischof

---

1) Schott, Dipl. Rhingr. (Habelsche Sammlung im Staatsarchiv zu Marburg) II 82. Gedr. „Gründliche Ausführung" 1751, S. 84 f.

2) Dipl. Rhingr. III 60.

3) Orig. StAKoblenz, Kurtrier, Urkunden, Staatsarchiv; Duplikat bei den Urkunden der Wildgrafschaft; Kopie im Balduineum A 514. Günther, Cod. dipl. Rheno-Mosell. III 284, Nr. 166.

4) Dipl. Rhingr. II 274. Vgl. Inventare der nichtstaatl. Archive der Provinz Westfalen, Beiband I, S. 485*, Nr. 354, § 26.

5) Dipl. Rhingr. III 229.

Baldewin zu Lehen aufgetragen, und kommen seitdem in den Trierischen Lehenbriefen und Reversen der Wildgrafen vor [1]).

Die Grenze des Gerichts wird in drei von einander unabhängigen (direkt aus der mündlichen Tradition genommen) Weistümern beschrieben: 1515, 1548 und in einem undatierten Weistum [2]). Das von 1548 wurde später immer wieder verlesen. In der Sache selbst, dem Zug der Grenze zeigen sie nur geringe Abweichungen und ergänzen sich gegenseitig. Von der Darstellung der Gemarkungen Breitenthal und Oberhosenbach auf der Karte von 1755 (beide Gemarkungen werden von der beschriebenen Grenze zusammengefasst), läst sich nur eine grössere Differenz nachweisen, dass die Weisstumsgrenze nicht mit der Gemarkungsgrenze von Weiden mit beiden Gemeinden zusammenfiel, sondern durch die Gemarkung Weiden am Weidener Bach her bis zum Steg vor Weiden (wann ein Frevel fiel zu Weiden uf dem Steig, und fiel uf dies Seit, weist er's unsern gn. Herrn heim; felt er aber uf jen Seit, ist er des Junckern von Warttenstein; felt er aber mitten uff den Steg, so ist er beider Herrn) und weiter mit dem Bach bis zum Grenzpunkt Weiden-Oberhosenbach-Hottenbach lief, so dass der östliche Teil der jetzigen Gemarkung Weiden, wie sie schon 1755 bestanden haben muss, von der Breitenthal-Oberhosenbacher Grenze eingeschlossen wird. Von der heutigen Gemarkungsgrenze zeigt sich auch noch die Abweichung, dass die Grenze der Weistümer und der Karte von 1755 den jetzt bei Wickenrodt eingetragenen Teil von „Battenhofen" bis zur Kirner Landstrasse zu Breitenthal rechnen. Die ehemalige Zusammengehörigkeit der beiden Gemarkungen Breitenthal und Oberhosenbach zeigt sich noch darin, dass auf dem Distrikt Allenberg beide Gemeinden weideberechtigt waren.

2. **Hottenbach und Hellertshausen** bildeten im späteren Mittelalter ein vierherrisches Gericht. Der Wildgraf von Kyrburg hatte nur einen vierten Teil an der Gerichtsbarkeit neben dem Kurfürsten von Trier, dem Grafen von Sponheim und dem Ritter oder Junker Cratz von Scharffenstein. Die Herrschaft war laut Weistum [3]) an den Besitz zweier Höfe gebunden, des oberen und des niederen Hofes, die oberhalb und unterhalb der Kirche lagen. Der „Oberhof" gehörte dem Junker Cratz von Scharffenstein und dem Wildgrafen von Kyrburg, der „Niederhof" dem Erzbischof von Trier und den Fürsten-Grafen von Sponheim, Kurpfalz, Pfalz-Simmern und Baden. Eine solche Gliederung ist schon im ersten

---

1) Zwei Originale im StAKoblenz, Kurtrier, Urkunden, Staatsarchiv. Kopie im Balduineum A 498. Wild- u. Rheingrafschaft, Urk. 32. — Lehensrevers 1323, 23. Juni: Günther, Cod. dipl. Rheno-Mosell. III 214.

2) StAKoblenz, Wild- und Rheingrafschaft, Akten VI g 28, fol. 25, 22, 33, 34, 27, 28, 45.

3) Grimm, Weistümer II 130; IV 717. Mehrere Exemplare im StA. Koblenz, Gemeinschaft Hottenbach.

Drittel des 14. Jahrhunderts nachweisbar. Der Sponheimische An-
teil ist ein Zubehör zu den vier Sponheimischen Höfen zu Bruch-
weiler, von denen bereits in einem Vertrag vom 9. April 1279 die
Rede ist[1]). Er wurde 1331 am 3. August durch den Junggrafen
Walram von Sponheim-Kreuznach an den Erzbischof Baldewin von
Trier zu Lehen aufgetragen[2]). In den späteren Lehenreversen der
Kurfürsten von der Pfalz ist dieser Komplex von Rechten unter
der Bezeichnung „Hottenbacher Pflege" zusammengefasst[3]).

Baldewin erwarb ausser dieser Lehensherrlichkeit über den
Anteil des Grafen von Sponheim noch andere Gerechtsame, Güter
und Anteile zu Hottenbach. Durch die Abtretung der Schmidtburg
seitens der Wildgrafen (14. Sept. 1330) waren auch deren Burg-
mannen mit ihren Gütern in Lehensverband mit dem Erzstift Trier
getreten. So nahm am 6. April 1331 Wilhelm Ryme sein Schmidt-
burger Burglehen von Baldewin, nämlich Korn und Haferrenten
zu Wykerod (vom Hofe des Ritters Heinrich von Arraz) und
Schonenburne (vom Zehnten), Geldzinsen von Gütern zu Wykerod,
Hildertusin, Schonemburne, 36 Hühner daselbst und in Hottinbach,
acht besthauptpflichtige Hausgesesse an den vier genannten Ort-
schaften[4]). Ein ähnliches Gut besass Konrad von Furnfelt (Für-
feld in Rheinhessen) als Burglehen, das 1353 an Gobel von Schmidt-
burg[5]) und 1534 an die Cratze von Scharffenstein überging.

Aber der Erzbischof erwarb auch andere Besitzungen zu
Hottenbach, mit denen Anteile an der dortigen Gerichtsbarkeit
verbunden waren. Am 6. Oktober 1333 verkaufte ihm Volker von
Wiltberg daz gerichte ho und nieder und die welde zu Huttimbach
daz uns anruret, und zehn Tage später Cono von Symern in
Hottimbach partem iurisdictionis tam alte quam basse, et nemoris
ad villam Hottimbach pertinentis, quartam partem cuiusdam curie
in Hottimbach[6]). Im Zusammenhang hiermit ist der Inhalt eines
undatierten Berichtes zu verstehen, den Johann von Heinzenberg
als Ratmann des Wildgrafen Friedrich von Kyrburg über eine von
ihm bei den Schöffen zu Hottenbach eingezogene Kundschaft er-
stattet, wonach der Wildgraf mit dem Gute des Kuno von Symern
nichts zu schaffen habe; was hingegen das Gut des Dietrich von

---

1) MRR. IV 600.
2) StAKoblenz, Urkunden der Grafschaft Sponheim (Orig. im Reichs-
archiv München); vgl. Lehmann, Gesch. der Grafen von Spanheim I 177. —
Lehensbeschreibung des Grafen Simon von Sponheim im Diplomatar des
Erzbischofs Cuno II. im StAKoblenz (A I 1, Nr. 5) fol. 479.
3) StAKoblenz, Kurpfalz, Urkunden, Staatsarchiv Nr. 230, Lehen-
brief für Pfalzgraf Kurfürst Ludwig, 1440. Kurtrier, Lehenhof, Lehen-
revers Ludwigs.
4) StAKoblenz, Kurtrier, Urkunden, Staatsarchiv; Balduineum A
758; B 748 (mit dem Jahr 1340).
5) Balduneum A 847; B 835.
6) Orig. StAKoblenz, Gemeinschaft Hottenbach, Urkunden 2 und 3;
Bald. A 352 und 346; B 339 und 333.

Milewald betreffe, habe er von „weisen Rittern“ erfahren, dass
der Wildgraf und Herr Volker (von Wiltberg) in das Gericht zu
Hottenbach sollen fahren, und dort beiderseits geben und nehmen
sollen, was ihnen die Schöffen daselbst weisen würden, das Recht
sei [1]). Offenbar hatte der Wildgraf eine Untersuchung darüber
anstellen lassen, ob er zu einem Einspruch gegen den Verkauf
berechtigt wäre. Aus dem Aktenstück ist ferner zu ersehen, dass
Volker den Anteil des Dietrich von Milewald innehatte.

Schon vorher, am 2. Mai 1333 hatte Johann Schmidtburg,
Pastor zu Hottenbach, seinen Anteil an Gericht und Wäldern da-
selbst an den obengenannten Junggrafen Walram von Sponheim
veräussert [2]).

Diese Urkunden lassen darauf schliessen, dass zu Hottenbach
die Gerichtsherrschaft nach Art einer Ganerbschaft schon früh
verteilt war. Vielleicht war sie ursprünglich bei einem Geschlecht,
und ist durch Erbteilungen so zersplittert worden.

Das oben zitierte Weistum enthält die Grenzbeschreibung des
Hottenbacher Gerichts.

Der Bezirk ging am Endweg an, welcher aus der Gegend
von Schauren und Bruchweiler durch den Wald auf Hinzerath zu
führt, wie die Wildenburger Amtskarte ausweist. Der Punkt, wo
die Hottenbacher Grenze diesen Weg schneidet, ist „am grauen
Kreuz“ (auch auf dem Messtischblatt 3459 Hottenbach eingetragen).
Von hier ging es auf der Höhe hin, „als sich der Trauf des
Waldes scheidet“, bis in den „alten Fröschpfuhl“, der wohl in der
der Gegend der „zwei Steine“ lag; dann von der Idarhöhe herab
am Rhauner „Viergemeindenwald“ in die Kappelbach und mit der
Kappelbach bis zu den Hottenbacher Mühlen, wo der „alte Trar-
bacher Weg“ als Scheidung diente, zwischen Hottenbacher und
Werners Mühlen durch die Wiesen, an eine gebrannte Eiche und
auf die alte Strasse, die zum Marktplatz Heuchelheim im Hoch-
gericht Rhaunen führt, an den bei Besprechung der Rhauner
Weistümer bereits erwähnten Punkten Duntzesfeld, Huebel, grauen
Stein, Büchelgen, Klingenhecke, Emichen-Forst (jetzt Imgenfürst) [3]),
wo das Hottenbacher Gericht eine spitze Zunge zwischen das Hoch-
gericht Rhaunen und das Breitenthal-Oberhosenbacher Gericht ein-
schiebt (da Mattheis Feld nieden wendt in der Spitzen), von da an
die Kräckelbach (Kriechelbach); dann folgen einige Feldstücke,
die am „Landskopf“ zu suchen sind, und die „alte Kirner Strasse“,
bis zum Rain (Rech) am Zillichsbruch (nicht Lillichsbruch) und die
Zillichsbach hinauf, zur Zillichswiese (nicht Millichswies) und nach-
her an die Polen-Eich (auf der Wildenburger Amtskarte Pfühlers

---

1) StAKoblenz, Wildgrafen, Urkunden Nr. 57. Original auf Papier
mit Siegelspur auf der Rückseite.

2) Lehmann, Sponheim I 178.

3) Erläuterungen zum gesch. Atlas der Rheinprovinz. III. Hoch-
gericht Rhaunen S. 26 f.

Eich) zu dem Distrikt Mombach, und mit der Hinterbach (worunter
die Mombach zu verstehen ist) in die Wahlbach (bei Hammerbirken-
feld), diese hinauf bis in den Trauf, da sich der Herren Heck
(Bastert) und der Erben Heck (Rother Rech, nach der Wildenburger
Amtskarte zu Asbach gehörig) schieden und mit diesem Trauf
(Waldrand) am Steingeröll her bis zu dem auf das „Höchste"
führenden Hohlweg, und von diesem einen alten Weg hinab zum
Ehrenborn, darauf zum Eisborn und an der Spring, wie sich der
Hochwald und die Rotthecken (Vohlscheid und Springer Gebrüch
auf der Amtskarte) scheiden, wieder zum Endweg zurück.

Unter den Akten der Gemeinschaft Hottenbach finden sich
zwei Vertragsentwürfe, der erste vom 16. Juni 1575, der zweite
vom 20. März 1587[1]), in denen zwischen den Amtleuten zu Kirch-
berg und zu Wildenburg ein Austausch der Sponheimischen Rechte
und Hintersassen zu Sensweiler, Bruchweiler, Schauren und Asbach
gegen den Wildgräflichen Anteil an Hottenbach und Hellertshausen
verabredet wurde, die aber nicht ratifiziert worden sind.

3. Asbach und Schmerlebach (Ingericht Stipshausen) sind
schon als Teil des Hochgerichts Rhaunen behandelt worden[2]).
Meinen dortigen Ausführungen kann ich jetzt hinzufügen, dass
beide Dörfer schon im 14. Jahrhundert als Burg- und Mannlehen
von der Wildgrafschaft Kyrburg an die Flachen von Schwarzen-
berg verliehen waren, 1430 wurde Phillipp Flach von Schwarzen-
berg hiermit belehnt[3]), dann verschwindet das Lehen aus den
Wildgräflichen Mannbüchern, und beide Dörfer kommen 1515 als
Bestandteile des Amtes Wildenburg vor. Die Grenze des Ingerichts
Schmerlebach ist in der Abhandlung über Rhaunen beschrieben,
über die Asbacher Grenze liegt ein auf älterer Grundlage errichtetes
Weistum von 1690 vor[4]). Die Grenze nimmt ihren Anfang in der
Steilen (an der heutigen Gemarkungsgrenze mit Hellertshausen, wo
die von diesem Ort kommende Pergbach in die Hinterbach mündet),
geht dann abweichend von des jetzigen Grenze die Angewann hin-
aus am Asbacher Berg (der mit Hottenbach und Hellertshausen
gemeinweidig war) in Matheusfuhr (Maasfuhr auf der Amtskarte)
und in den Kirchenpfadt nach Hottenbach, mit diesem zu einem
hohen Reiss, dann zu einer „dörren" Eiche und in die Bach, der
nun eine Strecke weit gefolgt wird, bis zum Streuelsweg, an einen
Hahndorn und unbestimmbaren Grundstücksgrenzen mit Weidener
Gemarkung her auf den Wöffelskopf (auf Wilpert der Amtskarte,
Klingenberg des Messtischblattes), von welchem die Grenze in die
Asbach hinabfiel. Abweichend von der auf der Amtskarte schon

---

1) StAKoblenz, Gemeinschaft Hottenbach.
2) Erläuterungen zum gesch. Atlas der Rheinprovinz III S. 73 ff.
3) Wild- und Rheingräfliches altes Mannbuch in der fürstl. Salm-
Horstmarschen Rentkammer in Coesfeld Nr. 203 und 319.
4) StAKoblenz, Wild- und Rheingrafschaft, Akten VI g 28, fol. 5.

dargestellten heutigen Grenze mit Mörschied wird nun die Asbach als Grenze angegeben bis zu einem Stein in der Zwingeswies am Zwingeswald, der mit Schauren gesetzt sein soll. Weiter ging es über den Morlenberg und den Berg über der Frauenmühle, einer Fuhr nach, dann in das Mombacher Floss, diesem nach bis an den Waldrand, der sich nördlich von dem zu Hottenbach gehörigen Distrikt Birkenfeld gegen die Springerbach hinzieht, wo der vom Eisborn herkommende Graben mündet, diesen hinauf, an den Ehrenborn und an einen schon in der Hottenbacher Grenzbeschreibung genannten Weg, am Eidofen und der Pfühlersciche (Pullers· Eich) vorbei in den Born und in das Bächlein, welches zu dem Anfangspunkt zurückführt. Der Distrikt „Asbacher Wald" nördlich des Birkenfeldes gehört heute zur Gemarkung Hellertshausen und zum Walde Rother Rech. Der Distrikt Mombach (nach der Karte von 1755 „mit Schauren gemeinschaftlich zu benützen"), erscheint auf dem Messtischblatt zwischen Asbach und Schauren geteilt. Auf sonstige Abweichungen ist bereits hingewiesen.

4. S e n s w e i l e r kommt, wenn man den zweifelhaften Abschriften Schotts Glauben schenken will, in zwei Urkunden des Trierischen Erzbischofs Theoderich von 975 vor, worin dem Paulinsstift zu Trier Güter in Seneswillare und Weriswiller (Weriswillero marca) im Nahegau in der Grafschaft des Emicho geschenkt werden, die der Erzbischof selbst von dem Grafen und dem Magister der Trierer Domkirche erworben hatte[1]).

Im 13. Jahrhundert findet sich das Nonnenkloster Fraulautern bei Saarlouis im Besitz des Patronatsrechtes der Kirche zu Sensweiler (Synswilre)[2]). Am 20. Dezember 1343 verkaufte Wilhelm von Manderscheid dem Erzbischof Baldewin von Trier sein Dorf Syntwilre mit Herrschaften, Gerichten hoch und nieder, Landen, Leuten, Schöffen usw.[3]). Dieser Verkauf scheint nicht vollzogen worden zu sein, denn in einem Schiedsspruch von 1376 wird ein Kaufbrief erwähnt, mit welchem Wilhelm von Manderscheid das Dorf Sinsweiler an Wildgraf Otto und Junker Gerhard von Kyrburg verkauft habe[4]). Mit dem Junker Gerhard kann entweder der 1358 gestorbene Bruder Ottos, Gemahl der Uda von Limburg (der derselben Urkunde von 1376 zufolge einen Zehnten zu Sensweiler erworben hat), oder dessen gleichnamiger Sohn Gerhard III. gemeint sein.

---

1) MRR., Nachtrag zu Bd. I 2145. Schott, Abhandlung über den Hunsrück (StAKoblenz) § 6, Anm. p.

2) Aufsatz von E. Ausfeld über Fraulautern. (Jahrbuch der Gesellschaft für Lothringische Geschichte und Altertumskunde XII, Metz 1900, S. 1—60). 1260 verkaufte Theoderich Rumanß von Swarcenberg einen Hof zu Synswilre, aus welchem das Kloster Frowenlutere einen Jahreszins erhielt: MRR. IV 710.

3) Dipl. Rhingr. II 203.

4) Ebd. III 64.

Wie Wilhelm von Manderscheid zu diesem Besitz gekommen ist, kann ich nicht angeben. Vielleicht hängt er mit der Herrschaft Nohfelden zusammen, die damals dem Wilhelm von Manderscheid gehörte, und die auch mit dem Kloster Fraulautern in Beziehungen stand.

Ganz mit dem Amt Wildenburg vereinigt scheint Sensweiler erst nach dem Tode des Wildgrafen Friedrich (Sohn Gerhards III.) zu sein, da diesem 1376 die aus der Erbschaft beider Gerharde stammenden Rechte zu Sensweiler zugesprochen worden waren.

Das Weistum zu Sensweiler[1]) enthält Bestimmungen über das Asylrecht des Croppenhofes und die Berechtigung des Hofmannes den zu ihm geflohenen Missetäter an einen Galgen über der Pforte hinrichten zu lassen, doch kann er ihn auch dem Wildgräflichen Gericht ausliefern.

5. Bruchweiler und Schauren, ebenfalls schon im 13. Jahrhundert zur Wildgrafschaft gehörig, kommen in Auseinandersetzungen mit den Grafen von Sponheim öfter vor. Es hatte die Grafschaft Sponheim zu Bruchweiler vier freie Höfe mit ähnlichem Asylrecht, wie der Croppenhof zu Sensweiler. Am 9. April 1279[2]) einigten sich Wildgraf Emicho und Graf Johann von Sponheim dahin, dass Sponheim auf diesen Gütern nicht mehr als acht Feuerstätten errichten darf, welche dem Wildgrafen zu keinerlei Dienst verpflichtet sind; wenn ein Totschlag oder sonstiger Frevel innerhalb der Sponheimischen Höfe und zwischen den Hörigen derselben vorfällt, sind diese zu keiner Busse an den Wildgrafen verpflichtet; wenn es aber auf offener Strasse geschehen ist, gehört es vor das Gericht des Wildgrafen. Die Sponheimischen Hörigen haben dem Aufgebot des Wildgräflichen Schultheissen zur Verfolgung eines Missetäters Folge zu leisten. Der Graf von Sponheim darf seine Hintersassen „infra silvas commorantes" zu einem Dingtag innerhalb seiner Höfe versammeln. Die Sponheimischen Hintersassen sind gegen Zahlung von 1 Denar für die Haushaltung von dem Wildgräflichen Lager- und Atzungsrecht für ein Jahr befreit. Sie haben Teil an allen Gemeindewaldungen und Begünstigungen der Gemeinde. Später wurden diese vier Höfe nebst andern Sponheimischen Besitzungen „Zwischen den Wäldern" dem Erzbischof Baldewin zu Lehen aufgetragen[3]).

6. Kirschweiler gehörte ursprünglich zum Obersteinischen Hochgericht Idar, wurde durch den Wildgrafen Otto von Kyrburg 1363 als Pfandschaft und später käuflich erworben[4]). Die Wildgrafschaft hatte dort schon früher Einkünfte, aus denen 1272

---

1) Grimm, Weistümer II 128.
2) Schott, Dipl. Rhingr. II. Cod. dipl. A 57. MRR. IV 600.
3) S. oben unter Hottenbach.
4) Vgl. meinen Aufsatz über das Gericht auf der Heide: Westd. Ztschr. XXIV, II 175 ff.

(16. Oktober) dem Wilhelm von Schwarzenberg eine Jahrrente von 5 Pfund Trierisch verschrieben wurde[1]).

7. **Wickenrodt und Sonnschied** bildeten bis 1515 nur ein Gericht. Es scheint, dass sie ursprünglich nicht zum Amt Wildenburg gehört haben. Wenigstens werden die Ortschaften in den Urkunden von 1319 und 1327 nicht mit andern Wildenburger Amtsorten zusammen genannt. Sie scheinen von allen Wildgräflichen Linien zusammen besessen gewesen zu sein. 1375 waren Kyrburgische Hörige zu Wickenrodt bei den Ämtern Ebenhow und Oberkirn, und zu Sonnschied bei Amt Otzweiler[2]). Die Schmidtburgische Linie hatte ihre Güter, Leute und Rechte zu Wickenraid und einem dabei gelegenen, jetzt verschwundenen Dorfe Schonenburne an Burgleute verliehen, die nach 1330 von Kurtrier abhängig waren[3]). 1515 kam Sonnschied an die Kyrburgische, Wickenrodt an die Dhaunische Linie[4]).

8. **Kempfeld** war ein Lehen der Abtei St. Maximin vor Trier, wie schon aus dem ältesten Lehensverzeichniss dieses Klosters hervorgeht. „Silvester comes habet castrum de Dune in feodo, item habet Kempenvelt. — Herimannus Crobe et Ingebrandus habent VI mansus de Kempenvelt"[5]).

Bei Kempfeld hatten die Wildgrafen ein Hochgericht, mit der Malstätte „am Urteilsstock" in der Nähe der Wildenburg, zu welchem nach dem Grenzweistum von 1574[6]) ein Bezirk gehört hat, der die Gemarkungen Kempfeld mit der Wildenburg, Asbach, Herborn, Veitsrodt, die Wälder Fitzruth und Wenzel bei Mörscheid, die Wüstung Fockenhausen bei Kirschweiler, mit dem Teil dieser Gemarkung, der jenseits des Idarbaches liegt, und Teile der Gemarkung Sensweiler umfasst hat. Also das Gebiet zwischen den Sponheimischen Ämtern Allenbach und Herrstein, der Herrschaft Oberstein, dem Idarbann in seiner ursprünglichen Ausdehnung (als er noch Kirschweiler — ohne Fockenhausen — umfasste) und den Dörfern Sensweiler, Bruchweiler, sowie dem Hochgericht Hottenbach. Die in der Grenzbeschreibung genannten Punkte finden sich zum Teil auch in den Weistümern über die Grenzen jener Gerichte. In den Bezirk eingeschlossen ist das Dorf Herborn, das in der Urkunde von 1319 als Wildgräflich bezeichnet wird (Horbure). Im 15. Jahrhundert war es bei der Herrschaft Wartenstein,

---

1) MRR. III 2761.
2) Dipl. Rhingr. III 60.
3) Balduineum A 758. 847.
4) Teilungsurkunde im Archiv der Fürstl. Rentkammer in Coesfeld. Abschrift im StAKoblenz.
5) MRUB. II S. 472. Im Lehenbrief des Abtes Lamprecht von St. Maximin für Wild- und Rheingraf Johann 1434 ist ausserdem von 15 Schilling aus der Vogtei des Hofes Roide bei Wildenburg (Veitsrodt) die Rede. Dipl. Rhingr. IV 32.
6) StAKoblenz, Wild- und Rheingrafschaft, Akten VI g 28, fol. 47—52 (mehrere Abschriften).

die von Kurtrier lehnbar war. Noch in einem für die Französische
Reunionskammer in Metz ausgearbeiteten „Denombrement du bail-
lage de Wildembourg"[1]) wird die Hochgerichtsbarkeit zu Herborn
als strittig mit Kurtrier bezeichnet. Da 1319 die niedere Gerichts-
barkeit dem Wildgrafen Johann von Dhaun abgesprochen und dem
Wildgrafen Friedrich von Kyrburg zugesprochen wird, müssen die
Rechte der Herren von Wartenstein ursprünglich rein grundherr-
liche gewesen sein. Der Anschluss an das mächtige Kurfürstentum
hat hier die Entwickelung der Landeshoheit aus der Grundherr-
schaft begünstigt.

9. Balsbach ist eine Wüstung in der Gegend zwischen
Sensweiler und Bruchweiler, am „gebrannten Strunk" gelegen, auf
welcher mit der Herrenhufe 15 Hufen bestanden[2]). Um 1340 be-
zeugten Heinrich gen. Norre ein Ritter und Schöffe und Peter
Kellener, Schöffe zu Kyren, dass der Wildgraf Friedrich von Kyr-
burg dem verstorbenen Eberhard Bossel vom Obernstein 100 Pfund
Heller geliehen und versprochen habe, ihm ein Haus in Wilden-
burg zu bauen. Für dieses Darlehen und die Baukosten sollten
Eberhards Dörfer und Güter zu Badinsbach, Schelben und Vocwilre
Unterpfand sein[3]). Am 4. Oktober 1453 verzichtete Wirich von
Dhaun, Herr zu Oberstein, auf die Wiedereinlösung der Pfandschaft
über seine Rechte zu Sinsweiler, Badelsbach und Volkweiler gegen
Nachzahlung von 250 Gulden zugunsten der Wild- und Rheingrafen
Johann und Gerhard[4]). Vielleicht waren diese Rechte nur die der
Grundherrschaft über die Huben.

10. Hirschfeld kommt in den älteren Urkunden über das
Amt Wildenburg nicht vor. 1368 überliess der Rheingraf Johann
Wildgraf zu Dhaun seinem Neffen Nicolaus, Vogt von Hunolstein,
zwei Leibeigene zu Herensfeld auf Lebenszeit, „also daz er bit yn
mag brechin und büszin hoe und nedir"; nach seinem Tode sollen
sie wieder an die Herrschaft Dhaun zurückfallen[5]). 1464 (19. Juni)
verkauften Werner von Löwenstein und seine Gemahlin dem Wild-
und Rheingrafen Johann und dessen Bruder Gerhard u. a. ein Drittel
am Dorfe Hirszfelt[6]). Die Käufer werden den so erworbenen An-
teil dem Amt Wildenburg unterstellt haben. Der andere Teil
blieb bei den Herren von Löwenstein. Das Weitere s. Erl. II.
S. 554 ff.

Abgesehen von dem entlegenen Anteil an Hischfeld ist das
Amt Wildenburg aus Bestandteilen des alten Nahegaues gebildet.
Die in den Urkunden von 1282 und 1319 genannten Ortschaften

---

1) StAKoblenz, Wild- und Rheingrafschaft, Akten III 6 I fol. 18 ff.
2) Weistum daselbst VI g 28, fol. 1 und 2.
3) Urkunde im Renneberger Archiv in Anholt, nach dem Regest
im StAKoblenz.
4) Dipl. Rhingr. IV 87.
5) Töpfer, Hunolstein. Urkundenbuch I S. 261 f., Nr. 326.
6) Dipl. Rhingr. IV 126.

sind der Kern des Amtes. Sie werden in den beiden Urkunden nicht anders behandelt, als die zu den Hochgerichten Rhaunen und auf der Heide zu Sien gehörigen Ortschaften, bei der Verteilung der niederen Gerichtsbarkeit unter die Wildgräflichen Linien blieben die eigentlichen Grafenrechte, der Blutbann und die Rechte über die Wälder ungeteilte Gemeinschaft.

Wickenrodt und Sonnschied werden in beiden Urkunden nicht genannt, sie gehörten auch 1375 nicht zum Amt Wildenburg, zu dessen Dörfern damals auch Breitenthal und Oberhosenbach nicht gerechnet sind. Die vier Ortschaften scheinen mit Kirn, Bergen, Potzweiler zusammen im 10. Jahrhundert eine Herrschaft gebildet zu haben.

Von den übrigen Ortschaften gehörten Kempfeld und Veitsrodt der Abtei St. Maximin, wie auch das angrenzende Volmersbach in der Herrschaft Oberstein. Der weitere Bannbezirk dieses Gerichts umfasste auch das Wartensteinische Dorf Herborn. Diese ganze Gegend mit Einschluss der Sponheimischen Höfe zu Bruchweiler und der verschiedenen Anteile an Hottenbach, war wohl ein Hundertschaftsgericht „zwischen den Wäldern“, zu dem auch das Sponheimische Dorf Wirschweiler und das Wartensteinische Weiden gerechnet werden müssen. Auch Mörschied könnte bei diesem Gericht gewesen sein. Der Gerichtsbezirk ist wohl erst spät entstanden, und früh wieder zerfallen.

Die ältesten Kirchen für diesen Bezirk scheinen Idar und Hottenbach gewesen zu sein. Veitsrodt wird unter den Kirchen der Abtei St. Maximin in der Mainzer Diözese schon in dem alten Urbar aus dem Anfang des 13. Jahrhunderts genannt. Kempfeld war Filiale von Sensweiler.

Weisthumb Wildenburger Gerichts.

Item zum ersten weist der Schöffen in der Waldbach[1]) in den gehauenen Stein in den Wack, von dem Stein auszwendig Silburg[2]) steht ein Marckstein bey dem Pfadt zwischen dem Rheingraven vnd den Obersteinischen, von dem Stein ausz Silburg, da leidt ein Stein, von dem Stein fürter an Lochborn, oben an dem Lochborn, da steht ein Stein auch zwischen dem Rheingrauen vnd Steinischen Herren, ausser dem Marckstein das man nent in das Gebück, dem Gebück nach mit zwischen die zween Eichenwelder, fürter in den Lochbaum fürter dem Lochbaum zwischen dem Steinischen Walt vnd der Dücken bisz an den Marckstein an der hellen Eych, der Stein scheydet die Rheingrävischen Sponhei-

---

1) Idarbach in der Durchbruchsschlucht „Katzenloch“.
2) Silberich-Kopf (623 m hoch) auf dem Rücken des Idar- oder Hochwaldes (Messtischblatt 3480, Oberstein).

mischen und Steinischen [1]). Von dem Stein fürter bis an Rinck [2]) steht ein Stein, von dem Stein fürter bis an Allenbacher Weg vber Rinck vber von dem Stein fürter bis bey der Oher in den Stein [3]), ausser dem Stein in den Teuffelsgraben [4]) bey dem Stein, fürter an der Rheingraven Walt innen bis in den Graben, den Graben innen bisz in den Bach [5]), die Bach herin bisz in die Hubwiesz, an der Hubwiesen das Flosz herausz bisz uff Krugelsdickt, Krugelsdickt langs in die Marckeych, auszer der Marckeychen bisz vff Engelhauszen, da hat ein Stein gestanden, ausz dem Stein aussen durch die Zielseychen bis in die Steinmauwer, auszer der Steinmauren bisz in Ketternwiszgen, von Ketternwiszgen den Horst aussen zwischen der Hern Güter vnd Hubegütern in die Fuhr, ausser der Fuhr bisz in die Anwandt, die Anwandt aussen bis in Hugels Fuhr, die Fuhr langs die Anwandt innen bisz in die Auwe, auszer der Auwandt bisz in den Meelbaum an dem Käfelder Pfadt, ausszer dem vber den Bulhart [6]) bey den Born, ausser dem Born die Anwand aussen, ausser der Anwandt bisz in den gebranntten Strunk [7]), ausser dem gebrannten Strunk bisz in Stebelsborn [8]), von Mentzenrech, ausser dem Rech bisz in Hitzelwiesenflosz, das Flosz herin bisz wider in den gebrantten Strunck, ausser dem gebrantten Strunck vff Winters Anwandt, ausz Winters Anwandt in Arndts Eych, ausz Arndts Eychen in Nuckelwiseurech, von Nickelwisenrech in Grehten-Hennen-Kinder-Fuhr, bisz vff den Langenacker [9]), von Langenacker an bisz in das Ranszfeldt, vom Ranszfeldt bis an das Grebenwiszgeflosz, ausz dem Flosz bisz in die Bach, ausz der Bach vff den Igelsberg, ausz dem Igelsberg in der Göd. . . s-Kinder-Fuer, also umb Mombacher [10]) vnd Aszpacher Gemirck, auszwendig den Bannzeunen, also umb, wie sich die von Weiden vnd Aszpach scheyden, in die Fischbach, die Fischbach uff hin in Schwartzenbachsflusz [11]), das Flusz ausz hin in den Schwartzenborn, ausz dem Born in den gesatzten Stein im Büchen-

---

1) Dreiherrenstein (daselbst), an dem Sensweiler, Siesbach, Mackenrodt und Allenbach zusammentreffen.

2) Ringkopf (650 m) daselbst, darunter überschreitet der Weg nach Allenbach den Kamm.

3) Ehrenstein (nach der Karte von 1755).

4) Teufelsgraben zwischen den Gemarkungen Sensweiler und Wirschweiler.

5) Idarbach. Die folgenden Punkte sind mit dem mir vorliegenden Material unbestimmbar; in der Gemarkung Sensweiler zu suchen.

6) Baulert in der Gemarkung Sensweiler (Karte von 1755).

7) am gebrannten Strunk (Karte von 1755) stossen die Gemarkungen Sensweiler, Bruchweiler und Kempfeld zusammen.

8) Stabelsborn in der Gemarkung Sensweiler (Karte von 1755).

9) Karte von 1755; in der Gemarkung Schauren: der Langenacker mit Kempfeld gemeinweidig und nach Bruchweiler zehntbar.

10) Mombacher Distrikt neben dem Hammerbirkenfeld.

11) Schwarzenbornsgraben an der Grenze zwischen Kempfeld und Mörschieder Wald.

waldt, ausz dem Stein oben dran, fürter ausz dem Stein in den alten Lüdtweg zu einem Stein, liegt in der Buchen, ausz dem Stein uf die Fitzrude[1]), steht ein Stein in der Rodtenhecken, ausz dem Stein uff die Fitzrude, stet ein Stein, ausz dem Stein in ein Strunck bey meyner Frauwen Schachen, ausz dem Stein oder Strunck die Steinmauer hin vor dem jungen Waldt, für dem jungen Waldt aben in die Locheych, ausz der Locheychen aben in Wolffsenborn in den breyten Stein, ausz dem Stein bey Morschidter Hellgenhausz, da steht ein spitzer Stein, ausz dem Stein uff die Wartt in ein Stein, ausz dem Stein bey Greuelsbitz, ausz dem Stein den Pferrig hin da steht ein Stein, von dem Stein in Ebwinckel in die Öher, ausz der Öher uff Gutenbach, steht ein Stein genannt der Rehestein, von dem Stein, wie der Weg von Oberwirriszbach zu Herborn gehet, stehet ein Stein, fürter von einem Gemirck zum andern bisz in den gebrantten Strunck, ausz dem gebrantten Strunck in ein Stein zwischen denen von Herboren, Wydemhoff und Wirreszbach[2]), ausz dem Stein bey Mauersborn[3]) in ein Saalweidenstaudt, da steht ein Stein, von dem Stein in der Bockwiese, da steet ein Stein, ausz dem Stein auszen vor den Kirner Weg uff die Höhe, da stehet ein Stein, von dem Stein über die Höhe von einem Marckbaum zum andern, da stehet ein Stein, von dem Stein furter in die Rodeheck[4]), da steht auch ein Stein in dem Atzeldorn, aufz dem Stein scheydt die vier Gerichtsherren[5]), fürter über den Limperg herab an den Naumbaum, fürter vff dem Riß (Kiß) steht ein Stein, ausz dem Stein die Rodeheck[6]) hin in die Hundszschleyff[7]) über bis in den Leutsteig in die Bach, den Strom auszen bis in den gehauwenen Stein da das Weiszthumb angehet.

Mehrere Abschriften (von 1619, 1636, 1640, 1646, 1698), die auf ein Original von 1574 zurückgehen, welches 1640 noch vorhanden war. Die Texte weichen nur in unwesentlichen Schreibgewohnheiten voneinander ab; StAKoblenz, Wild- und Rheingrafschaft, Akten VI g 26, Blatt 47—58.

---

1) Wald Fitzruth, jetzt in der Gemarkung Mörschied gelegen, ehemals Wartensteinisch (vgl. oben S. 143).
2) Vgl. das Herrsteiner Grenzweistum auf S. 141.
3) Wohmersborn, Wammersborn im Herrsteiner Weistum.
4) Die Rode Heck kommt auch im Herrsteiner Weistum vor.
5) Nämlich die Wildgrafen (Gemarkung Veitsrodt), Grafen von Sponheim (Gemarkung Fischbach), Abt von Mettlach (Gemarkung Regulshausen) und Herren von Oberstein (Gemarkung Vollmersbach).
6) Grosse Heck auf dem Messtischblatt.
7) Hundsschleif an der Idarbach.

VI.

Die Besitzungen des Hauses Bolanden.

Adolf Köllner, Geschichte der Herrschaft Kirchheim-Bolanden und Stauf. Wiesbaden 1854. — J. G. Lehmann, Urkundliche Geschichte der Burgen und Bergschlösser der bayerischen Pfalz, IV (Geschichte der Burgen am Donnersberg und im Nahegau) S. 33—143. — Dr. Sauer, Die ältesten Lehenbücher der Herrschaft Bolanden. Wiesbaden und Philadelphia 1882. — Stammtafeln des Hauses Bolanden, von Freiherrn G. Schenk zu Schweinsberg, im Korrespondenzblatt des Gesamtvereins der Deutschen Altertumsvereine 24 (1876) S. 13 und 24, und Aufsatz von J. Hillebrand in den Annalen des Vereins für Nassauische Altertumskunde und Geschichtsforschung 35 (1905) S. 130. — Lehenbuch des Grafen Heinrich II. von Sponheim-Dannenfels in dem „Rheinischen Antiquarius" II 16, S. 752 ff.

1. Herrschaften Bolanden, Dannenfels und Kirchheim.

Unter den Herrengeschlechtern des vorderen Nahegaus nimmt unstreitig den ersten Rang ein das Haus Bolanden mit seinen Zweigen von Hohenfels-Reipoltskirchen und von Falkenstein.

Die ursprünglichen Besitzungen dieses Gesamthauses waren sehr zerstreut am ganzen Mittelrhein, in der jetzigen Pfalz, Rheinprovinz, Rheinhessen, Wetterau, Nassau, aber nirgends ein grösseres zusammenhängendes Territorium, worin sie allein Herren waren, sondern überall nur Gerichtsbarkeiten, Vogteien, Präfekturen, Komitate über einzelne Dörfer, die nur zum geringsten Teil freies Allod der Familie waren, zum weitaus grössten Teil Lehen von einer auffallend grossen Zahl Lehensherren, wie das Lehenbuch des Werner II. von Bolanden ausweist. Zwischen den für die Territorialgeschichte allein in Betracht kommenden Besitzungen mit bestimmten Bannbezirken, als Gerichte und Dorfmarken, lagen noch sehr viele zerstreute Höfe, Huben, einzelne Grundstücke, grundherrliche und Vogteirechte, Gülten und Gefälle, wozu noch Kirchenpatronate und Zehnte kommen.

Die Herren von Bolanden am Donnersberg treten zuerst um 1128 hervor; Werner I. von Bonlande wird in der Umgebung des Königs Lothar 1128 urkundlich erwähnt. Er war ein angesehener Reichsministeriale. Auch mit dem Erzstift Mainz hatte er nähere Beziehungen. Er stiftete 1130 auf seinem Gut in Bonlanden ein

Augustiner-Chorherrenkloster, das später Hagen oder Hane (in Indagine) hiess. 1135 ist sein Tod urkundlich bezeugt. Seine Söhne Werner II. und Philipp kommen erst 1156 in der Umgebung des Hohenstaufenkaisers Friedrich Barbarossa vor. Werner war damals Vizedominus der Stadt Worms. Philipp wird 1173 und 1180 als Herr zu Falkenstein bezeichnet. Nur Werner hatte Kinder und vererbte seine vielen Besitzungen auf Werner III. und Philipp II., der 1206 als „puer de Falkenstein" erwähnt wird. Ihre Schwester Guda war die Gemahlin des Rheingrafen Wolfram, und dieser erhob Anspruch auf einen Teil der Allodialgüter, namentlich auch auf das Gut, das seine Schwiegermutter Guda von Weisenau ihrem Gemahl Werner II. zugebracht hatte. Werner III. war seit 1212 Reichstruchsess und hatte mit Hildegard von Eppenstein drei Söhne, Werner IV. von Bolanden, Philipp von Falkenstein, der auf der zerstörten Burg Nürings die Burg Neu-Falkenstein im Taunus errichtete, und Heinrich, der Propst zu Karden und Trierischer Archidiakon wurde. Der 1206 „puer de Falkenstein" genannte Bruder Werners III., Philipp, hatte zwei Söhne, Philipp III. von Bolanden, der Herr zu Alt-Falkenstein und Hohenfels sowie kaiserlicher Offizial zu Boppard war, und Werner von Bolanden, Herr zu Reichenstein bei Trechtingshausen. Der letztere starb vor 1241 kinderlos, ersterer ist der Stammvater der Herren von Hohenfels und Reipoltskirchen.

Eine wirkliche Teilung dieser Herrschaften, nicht nur Verteilung der Burgen unter Wahrung der Gemeinschaft, sei es über den ganzen Hausbesitz, sei es über einzelne Teile, hat wohl erst nach 1241 stattgefunden. Seitdem erst kann man von Herrschaften Bolanden, Falkenstein und Hohenfels sprechen.

Werner II. von Bolanden, der Stammvater des Gesamthauses hinterliess das bekannte Lehenbuch, ein ausführliches Verzeichnis seiner Passivlehen, das ergänzt wird durch die um weniges späteren Aufzeichnungen seines Schwiegersohnes Wolfram vom Stein, des Rheingrafen, über die Bolandischen Allodialgüter, auf welche er einen Anspruch zu haben glaubte.

In der Hauptlinie, die sich nach dem Schloss Bolanden nannte, teilten 1268 die Brüder Werner V. und Philipp. Philipp (1278 tot), hatte einen Sohn Johann, der 1288 unmündig starb. Ihn beerbte seine Schwester Kunegunde, die mit Graf Heinrich von Sponheim vermählt war. Werners V. Nachkommen starben erst 1386 im Mannesstamm aus. Diese hatten zwar u. a. Teile an der Raugrafschaft ererbt, aber sie scheinen verarmt zu sein, denn sie verkauften, versetzten und verpfändeten nach und nach ihre einzelnen Besitzungen und Rechte an andere Herrschaften.

Graf Heinrich von Sponheim war der jüngste Sohn des Grafen Simon II., des Stifters der Kreuznacher Linie. Er hatte im Jahre 1278 das Amt Böckelheim, sein Sponheimisches Erbteil, an Kurmainz verkauft (s. S. 83 f.) und war darum von seinem Bruder dem

Grafen Johann, befehdet worden. Durch seine Gemahlin erhielt er Anteil an der Herrschaft Bolanden. Da das Schloss Bolanden teilweise in fremden Händen war, erbaute er sich ein neues Schloss Dannenfels am Ostabhang des Donnersberges. Seit dieser Zeit kommt der Name einer Herrschaft Dannenfels vor. Daneben nannten sich er und seine Nachkommen doch auch noch von dem Schloss Bolanden. Graf Heinrich II. (Enkel Heinrichs I.) erwarb von dem Grafen Eberhard von Zweibrücken die Herrschaft Stauf (1378 eine Hälfte für 8500 Gulden, 1388 die andere Hälfte für 8000 Gulden) und vererbte seine Besitzungen 1393 an seine Enkelin Anna von Hohenlohe, Gemahlin des Grafen Philipp I. von Nassau und Saarbrücken. 1429 erhielt Johanna, die einzige Tochter aus dieser Ehe, dreiviertel der Herrschaften Kirchheim und Stauf und ihre Stiefbrüder, die Grafen Philipp II. und Johann von Nassau, nur ein Viertel. Johanna, seit 1422 Frau des Grafen Georg von Henneberg, verkaufte 1431 die ihr zustehenden drei Viertteile ihrer Herrschaften, auf dem Gau und am Donnersberg gelegen, an ihre Stiefbrüder. In der Urkunde werden die zu diesen Herrschaften gehörigen Ortschaften aufgezählt: Dannenfels Burg und Tal, Kirchheim Burg, Stadt und Vorstadt, Stauf Burg und Vorburg. Ihr Teil an den Vesten und Burgen zu Frankenstein, Wellstein und Alten-Beymburg. Die Dörfer Jugenheim, Bißheim, Russingen, (die zur Herrschaft Stauf gehörigen) Gellheim, Kerzenheim, Isenberg, Ramsen, Korbsweiler, Mersbach, ihren Teil an den Dörfern und Gerichten Dackenheim und Sippersfeld, sowie an den neun Dörfern, an denen der Bischof von Worms die Hälfte besass, nämlich Mors, Roxheim, Bobenheim, Horgheim, Winnesheim, Bos-Oppenheim, Pfeffelkeim, Luselnheim und Hochheim. Item ihren Teil an den Dörfern und Gerichten Albisheim, Rudersheim, Urbis. Und ihr Teil an den Dörfern und Gerichten Wellstein, Spiesheim, Dietelsheim, Westhofen, Mauchenheim und Kriegsfeld, sowie an allen andern zu diesen Herrschaften gehörigen Dörfern, Vogteien und Klöstern usw.

Bei dem Hause Nassau ist die Herrschaft bis 1797 geblieben. Sie hat aber unter dieser Dynastie mehrere Gebietsveränderungen durchgemacht.

1. Schloss und Amt Bolanden.

Als Ausgangspunkt der geschichtlichen Beschreibung dieser Herrschaft ist das Schloss Bolanden zu wählen. Ob es mit andern Orten gleichen Namens Beziehungen hatte, namentlich mit dem schwäbischen Bolanden bei Stuttgart, soll hier unerörtert bleiben. Die Beziehungen der Herren von Bolanden zu den Hohenstaufen lassen die Möglichkeit eines schwäbischen Ursprunges der Familie naheliegend erscheinen.

Die alte Burg Bonlant lag zwischen Kirchheimbolanden und Marnheim, etwas östlich von den Altbolander Höfen[1]). In der Nähe

---

1) Lehmann, Burgen IV 33 ff. Köllner, Kirchheim-Bolanden 220.

gründete Herr Werner I. ein Augustiner-Chorherrenstift, das anfangs ebenfalls Bonlant hiess und 1129 durch den Mainzer Erzbischof Adalbert I. bestätigt wurde[1]). Später hiess es Hagen oder zum Hane. Nach 1164 wurde der Konvent, der sich inzwischen der Prämonstratenserregel angeschlossen hatte, nach Rotenkirchen verlegt, wogegen das dort bestehende Frauenkloster des nämlichen Ordens nach Hagen übersiedelte[2]).

1214 werden die Höfe bei jener Burg bereits Alten-Bolanden genannt[3]). Daraus geht hervor, dass die neue Burg, die westlich der alten, nahe bei dem Dorfe (Thal) Bolanden liegt, damals schon einige Zeit bestanden hat. Nach dem Wolframschen Güterverzeichnis V 11 wurde damals, als Rheingraf Wolfram seine Ansprüche auf die Erbschaft Werners von Bolanden erhob (um 1206), an der Burg Bolanden gebaut[4]). Das Dörfchen Thal-Bolanden wird erst 1333 urkundlich erwähnt[5]). In den Teilungen der Herren von Bolanden Werner V. und Philipp IV. 1262, 1266 und 1268, waren beide Stammburgen Alt- und Neu-Bolanden gemeinschaftlich verblieben[6]). Nach dem Tode des jungen Johann von Bolanden, Philipps Sohn, kam dessen Anteil an seinen Schwager, den Grafen Heinrich von Sponheim (um 1288). Dieser veräusserte 1291 einen von der Abtei Prüm an die Grafen von Leiningen und von diesen an die Herren von Bolanden verliehenen Zehnten zu Albisheim an das Kloster Otterberg, und musste dafür einen Teil an der Burg (Alt?-)Bolanden dem Grafen Friedrich IV. von Leiningen zu Lehen aufgetragen. 1309 wurde durch einen Enkel Werners V. Otto von Bolanden, Herrn zu Bruchsal, ein ähnliches Geschäft abgeschlossen[7]), so dass Leiningen nun die Lehenhoheit über die Hälfte des Schlosses besass. Später war ein Anteil an den Junker (armiger) Hugo von Inselthum verpfändet, von dem Graf Jofrid von Leiningen ihn 1327 auslöste; 1332 trug er ihn dem Erzbischof Baldewin von Trier zu Lehen auf[8]). Ottos Sohn, Philipp VI. von Bolanden, machte am 25. Oktober 1359 seinen Anteil an (Neu-) Bolanden zu einem Kurpfälzischen Lehen, womit 1376 Graf Heinrich II. von Sponheim-Dannenfels belehnt wurde[9]). Am 20. August dieses Jahres verkaufte Konrad von Bolanden, der Bruder des Philipp VI., seinen Teil der Herrschaft Bolanden dem Kurfürsten

---

1) Köllner 321. Remling, Abteien u. Klöster in Rheinbayern II 151.
2) Köllner 326. Remling II 112.
3) Remling II 374. Lehmann, Burgen IV 58.
4) Trier. Arch., Ergänzungsheft XII S. 18.
5) Köllner 222, 226.
6) Lehmann, Burgen IV 82.
7) E. Brinckmeier, Genealogische Geschichte des ... Hauses Leiningen und Leiningen-Westerburg. Braunschweig 1890 f. I 79 und 85. Lehmann, Burgen IV 99.
8) Brinckmeier I 156—158.
9) Regesten der Pfalzgrafen I 3159, 3162. Lehmann, Burgen IV 115.

Ruprecht I. von der Pfalz[1]) und dieser übergab denselben am 16. September 1388 dem Grafen Heinrich, aber nur als Amt und 1389 auf Lebenszeit[2]).

Bei den Teilungen unter den Nachkommen des Pfalzgrafen Ruprecht III. des Königs, kam Bolanden an die Linie zu Simmern, die hier ein Amt einrichtete und die Bolander Ortschaften Thal-Bolanden, Marnheim, Bennhausen, die Höfe Alt-Bolanden, Weiherhof, Elbisheim, Froschau, das Kloster zum Hane, und einen Anteil an Weitersweiler, dieseits des Baches, nebst den aus anderen Händen überkommenen Orten Dreisen, Münsterdreisen, Standenbühl, Hahnweiler, Erbesbüdesheim und Nack, dem Amtmann unterstellten. Auch die jüngeren Simmerischen Linien behielten das Amt Bolanden (1559—1598 und 1610—1673), bis es an die Kurlinie heim-gefallen, 1706 dadurch aufgelöst wurde, dass Bolanden mit Marnheim und Münsterdreisen an die Grafen von Nassau, Herren zu Kirchheimbolanden und Stauf, abgetreten wurde[3]).

In alter Zeit bildete der Hof Froschau mit Elbisheim (Eigel-mutsheim, Elmutsheim) und einem Hof zu Marnheim (Mauwenheim) eine Grundherrschaft des Klosters Hornbach bei Zweibrücken, worüber die Herren von Bolanden die Vogtei besassen. 1241 einigten sich Werner von Bolanden und Abt und Konvent zu Hornbach, dass das Budel und die jura capitalia (Buteil und Besthäupter) von Fruschauwen, wo Werner die Vogtei besass, zwischen beiden Parteien gleich-geteilt werden sollen[4]). In Froschau befand sich eine Pfarrkirche, deren Patronat von dem Kloster Hornbach 1276 an das Kloster Zell geschenkt wurde. 1494 (April 15) vertauschte der Pfalzgraf zu Simmern an die Abtei Hornbach benannte Güter zu Melsheim gegen des Klosters Hof zu Froschowen mit Gericht und Zehnten, aber mit Ausnahme des Waldes, der zu Münchweiler gehörte, den Hof zu Marnheim (Mauenheim) und die Felder am Rattenberg, und übernahm verschiedene auf diesen Gütern beruhende Lasten des Klosters[5]).

Nach der „Designatio Bohlander Amts angehöriger Orthen von 1683" wurde das Schloss Bolanden damals noch von pfälzischen Beamten bewohnt. Dazu gehörten über 150 Morgen Ackerland, das durch die Untertanen in der Fron gebaut wurde. Drei Morgen Wingert und 20 Morgen Wiesen.

---

1) Regesten der Pfalzgrafen I 4121, 4156. Lehmann, Burgen IV 119 f.
2) Regesten der Pfalzgrafen I 4796, 4851.
3) Köllner 224 f. StADarmstadt, Saal- u. Lagerbücher, Rheinhessen, Conv. 3. Regalienbuch des Amtes Alzey 1683, Anhang, Designatio Bohlander Amts angehöriger Orthen.
4) 1202 behauptete Heinrich von Wartenberg, dass Güter zu Elbisheim, Marnheim und Froschau, die dem Kloster Hane-Bolanden geschenkt wurden, „in mea iurisdictione, comicia vel advocatia" gelegen wären. Frey, Rheinkreis 3, 179 Anm. (aus einer Urkunde im KrASpeyer).
5) Mitteilungen des historischen Vereins der Pfalz XXVII (1904). Neubauer, Regesten des Klosters Hornbach Nr. 63, 76, 114, 116, 552.

Zum Amt gehörte Kloster Hein (Hagen), die Dörfer Marnheim, Dreisen, Standenbühl, das Kloster Münster-(Dreisen), das als Pfälzisches Lehen im Besitz der Herren von Geispitzheim war, die verlassenen Ortschaften Hanweiler und Bennhausen, eine Seite von Weitersweiler, der Froschauer Hof, die drei Elbsheimer Höfe, der Alt-Bohlander und der Weiher Hof, ferner Erbesbüdesheim und Nack.

Die Wüstung Hanweiler war an zwei Untertanen überlassen; Falkenstein hatte dort früher den halben Erlös von verkauftem Holz, das halbe Ungeld und den halben Weinschank an den dortigen Jahrmarkttagen. Jagd und Kollatur der Kirche war pfälzisch.

Weitersweiler war „streitbar" mit dem Herrn von Wambold; diesem wurde nur der Teil jenseits des Bachs zugestanden. Amt Bolanden und Stift Zell hatten den Zehnten.

Erbesbüdesheim und Nack waren gemeinschaftlich mit dem Markgrafen von Baden-Baden, dem Pfalzgrafen Christian zu Birkenfeld (wegen des Amtes Winterburg) und den Junkern von Gotharts und von Tondorf (Lehen von Birkenfeld), doch waren Schatzung, Reise, Folge, Musterung, Akzise, Hagen und Jagen allein pfälzische Rechte. „Die Mitherren prätendieren zwar auch diese jura, ist ihnen aber nie zugestanden worden." An Freveln, Ungeld, Dorfbede hatten sie zur Hälfte Anteil. Pfalz bestellte den Pfarrer. Am Zehnten hatte der Graf von Falkenstein und der Junker von Tondorf je ein Drittel, der Pfarrer und das Stift St. Peter in Mainz je ein Sechstel. Der Rheingraf und der Herr von Löwenstein hatten besonders abgesteinte Zehnten. Der Rheingraf hatte ein Hofgut, der Junker Tondorf ein Schloss zu Erbesbüdesheim. Ein Hofgut zu Nack, 335 Morgen Ackerland und Wiesen, gehörte dem Herrn von Hunolstein.

2. Die Stadt Kirchheim-Bolanden.

Kirchheim war im 12. Jahrhundert im Besitz der Hohenstaufen. Heinrich VI. bestätigte am 4. Juli 1193 dem Kloster Hagene „bona infra allodium nostrum Kirchheim sita", die sein Vater, der Kaiser Friedrich I. geschenkt hatte[1]). Die Kirchheimer Mark kommt schon in Lorscher Schenkungen als im Nahegau gelegen vor. Neben ihr lag die Herstatter Mark (wohl Schreib- oder Druckfehler für Berstatt = Börrstadt oder Birstatt[2]).

Werner von Bolanden hatte noch keine Hoheitsrechte in Kirchheim, nur vom Herzog Konrad von Schwaben, dem Sohne

---

1) Köllner, Kirchheim-Bolanden 209.
2) Cod. Lauresham. II S. 358 f., Nr. 2017—2019, aus den Jahren 775 und 782. Uebrigens hiess Börrstadt in älterer Zeit meist Birschitt. — Nach Sümge, Badische Regesten S. 24, wurde 1099 ein Dorf Kirchheim an Worms abgetreten. Sümge erklärt es für Kirchheim-Bolanden.

des Kaisers Friedrich I., ein Lehengut und vom Grafen von Leiningen den dritten Teil einer Abgabe aus dem Wald, die zu einem Allod gehörte. Ausserdem hatte Werner noch einige Eigengüter in der Gemarkung [1]).

Die hohenstaufischen Hoheitsrechte sind dann an den Kaiser Friedrich II. gekommen, der 1214 den Kirchensatz und Zehnten dem Kloster zum heiligen Grabe in der Vorstadt Dietburg bei Speyer schenkte [2]). Das erste Anzeichen dafür, dass die Herren von Bolanden in Kirchheim Gerichtsbarkeit hatten, scheint eine Urkunde des Klosters Otterberg zu bieten, vom 12. August 1247, worin bei einem Tausch der Klöster zum heiligen Grab und Otterberg über Güter in der Gemarkung Kirchheim beim Heideberger Hof ausgemacht wurde, dass die Partei, die den Vertrag nicht hielte, der anderen vier Pfund, dem Herrn von Bolanden aber zwei Pfund Strafe zahlen musste [3]). 1330 gestattete Kaiser Ludwig d. Bayer, dass Graf Philipp von Sponheim seine Gemahlin mit 200 Pfund Silber auf seine vom Reich lehenbaren Dörfer Kirchheim und Bischheim bewittumte. Die Anteile, die damals noch in Händen der Herren von Bolanden waren, gingen 1337, 1345, 1368, 1372 und 1375 an die Grafen Sponheim-Dannenfels über, und 1368 erhob Kaiser Karl IV. auf Antrag des Grafen Heinrich II. Kirchheim zu einer Stadt mit dem Rechte von Oppenheim und erlaubte dem Grafen die Befestigung des Ortes. 1390 wird die Burg zu Kirchheim erwähnt. 1394 wurde der Graf Philipp I. von Nassau und Saarbrücken durch König Wenzel mit Kirchheim belehnt [4]).

Zur Kirchheimer Gemarkung gehörten noch das Dorf Bischheim, die Rotenkircher Höfe, der Edenborner Hof, der Leuthof. Zu Rotenkirchen bestand eine Kirche mit Zehnten, die dem Kloster Neumünster bei Ottweiler gehörte. Im Jahre 1160 tauschte das Kloster Buland (Hagen) dieses Gut von dem Kloster Neumünster ein. Das hier bestehende Frauenkloster Augustinerordens wurde zwischen 1164 und 1182 durch den Vogt Werner von Bolanden und seine Gemahlin Guda nach Hagen verlegt, wogegen die Mönche von Hagen nach Rotenkirchen übersiedelten. Zu Rotenkirchen gehörte der Zehnte innerhalb der Holzmarke von Kirchheim und Alzey. Der Edenborner Hof kommt 1118 als Eidenbrunnen und 1214 als Idenburnen unter Gütern des Klosters Hagen vor und wurde 1425 von dem Grafen Philipp I. von Nassau käuflich erworben [5]). Der Heuberger oder Heydeberger Hof gehörte dem Kloster

---

1) Sauer, Aelteste Lehenbücher 19, 24, 26, 31, 40, 46. Davon, dass Werner die ganze Gerichtsbarkeit zu Kirchheim von Leiningen zu Lehen gehabt hätte, wie Köllner S. 27 behauptet, findet sich im Lehenbuch nichts.

2) Köllner 210.

3) M. Frey und F. X. Remling, Urkundenbuch des Klosters Otterberg in d. Rheinpfalz. Mainz 1845. S. 59, Nr. 80. Lehmann, Burgen IV 73.

4) Köllner 211 ff.

5) Ebd. 217, 322, 326, 327.

Otterberg (schon 1210) und später dem Pfalzgrafen. Ein anderer Hof daselbst wurde 1361 von Graf Gottfried von Leiningen an Stephan von Einselthum verpfändet[1]). Im 16. Jahrhundert hatte der Hof eine besondere Gemarkung.

Der Wald um Kirchheim war herrschaftlich und die Stadt nebst den Dörfern Orbis, Morschheim, Rittersheim, Bischheim und Mauchenheim, den Klöstern Hane, Marienthal, Rotenkirchen und Münsterdreisen, den Höfen Heuberg (recte Heidberg) und Limmelberg war zur Nutzungen und Weide berechtigt[2]). Dieser Wald ist wohl die in den Urkunden über das Kloster Rotenkirchen genannte Holzmarke.

Zum Anteil des Grafen Heinrich von Sponheim an der Herrschaft Bolanden gehörte ferner

3. Die Burg Dannenfels,

oder vielmehr der Wald, worin wahrscheinlich er sie erbaut hat. Seine Nachfolger nannten ihre Linie nach dieser Burg. Auch der hier entstandene Ort erhielt 1331 durch Ludwig den Bayern Oppenheimer Stadtrecht[3]). Das Dorf Rüssingen hat ebenfalls zu dieser Herrschaft gehört. Werner II. von Bolanden hatte dort einen Dinghof mit Banngewalt und Huldigungseid vom Bischof von Worms und den Comitatus vom Grafen von Leiningen zu Lehen[4]). Auf dem Donnersberg bestand vor 1323 eine Wallfahrtskapelle, bei welcher die Inhaber der Herrschaft Bolanden, Graf Philipp von Sponheim und die Witwe Ottos von Bolanden, schon 1335 ein Kloster vom Orden des heiligen Paulus Eremita zu gründen beabsichtigten, das aber erst durch Graf Heinrich II. und Herrn Philipp von Bolanden, Ottos Sohn, 1370 und 1371 dem Orden wirklich übergeben wurde[5]).

Von Graf Philipp von Nassau war den Einwohnern von Dannenfels ein Stück Wald zugewiesen worden, worauf sie jährlich 20 Morgen roden und besamen sollten, dafür reichten sie jährlich 10 Pfund Heller in die Kellerei. Das andere Gewälde ist der Herrschaft, doch mögen sich die Einwohner ihre Notdurft an Brennholz abholen. Um das Bauholz sollen sie bei der Herrschaft Amtleuten anhalten, dann wird ihnen das Nötige ohne Entgelt ausgefolgt werden. Ihre Hausschweine und ein Paar Verkaufsschweine dürfen die Dannenfelser in die Eckern schlagen; wenn sie

---

1) Frey und Remling, Otterberger Urkundenbuch S. 11, 59, 107, 397.
2) Mitteil. d. histor. Vereins der Pfalz XVI (1892) S. 27.
3) Köllner 240. Die Burg Dannenfels ist im Bauernkrieg 1525 zerstört worden. Eine kleine, unmittelbar oberhalb des Dorfes Dannenfels gelegene Burg hiess Löwenstein, und wird noch in der Amtsbeschreibung von 1575 erwähnt. Weiter scheint darüber nichts bekannt zu sein. (Mitteilung vom 20. Mai 1912 aus dem KrASpeyer.)
4) Köllner 243. Sauer, Lehenbücher 24.
5) Köllner 332 ff.

noch mehr Schweine eintreiben, müssen sie etwas zahlen. Da sie meistens Hörige fremder Herren sind, geben sie an Nassau keine Bede, sondern nur Schatzung und sitzen der Landesherrschaft zu täglichen Diensten. Ungeld, Zoll und Weggeld wurde bis zum Jahre 1575 noch nicht erhoben [1]).

Die Gemarken von Dannenfels wenden an Drugelsbach, der jetzt Trugelsbach geschrieben wird, zwischen Falkensteinischem (Jakobsweiler) und herzoglich Simmerischem Gebiet (Bolanden), über den Jaxwiller (Jakobsweiler) Weg und das Wildensteiner Tal, an der Ruine Wildenstein vorbei auf die Platt [2]), volgens von dannen bis Mergenthall (Marienthal) uf Heins Kochers Wiese, dann bis auf den Stein am Roden Berg, unter dem drüben Born [3]), bis auf die dicken Eichbäum und Felsen, furters uf den Wurzelborn [4]), von dannen im Wurzelgraben [5]) bis in die Bingerwiese, volgends bis an den Eckstein beim Atzelpusch und wieder in die Trugelsbach [6]).

Es ist zu bemerken, dass das um 1680 wüste Bennhausen damals sowohl in den Kirchheimer (Nassau-Weilburger) als auch in den Bolandener (Pfälzischen) Amtsbeschreibungen als Zubehör erwähnt wird. Nach § 8 des Düsseldorfer Vertrages von 1706 wurde der Pfälzische Hof zu Bennhausen als Bestandteil der Gemarkung Bennhausen anerkannt und sollte der Streit darüber von selbst aufhören [7]).

4. Die Albisheimer Pflege.

Von den Grafen von Leiningen hatte Werner II. von Bolanden um 1190 den Kirchensatz und Zehnten und die Vogtei über Albisheim zu Lehen [8]). Dieses Dorf, die Albulfi villa in pago Wormacinse, kommt zuerst in einer Schenkung des Kaisers Ludwig des Frommen an die Abtei Prüm in der Eifel vor, der am 25. Mai 835 eine Herrenhufe und 13 andre Hufen, die auch in Gouuirkhesheim und Stetin (Gauersheim und Stetten) lagen, mit der Basilica in Albulfi villa und dem Zehnten in den genannten Dörfern dem

---

1) Amtsbeschreibung um 1575 im KrASpeyer (Nassau-Weilburg Nr. 9) fol. 57 ff.

2) Am östlichen Ende des südlichen Zipfels (Spendel) der halbmondförmig den Donnersberg umfassenden Gemarkung Marienthal.

3) Rötterborn?, 800 m nordwestlich von Marienthal (Kirche) zwischen Marienthal und Ruppertsecken.

4) Vom Bastenhaus aus 700 m in nordöstlicher Richtung.

5) Vom Wurzelborn abfliessend in die Dürrbach, die dann die Trugelsbach aufnimmt.

6) Die nördliche Hälfte der Gemarkung und des Dorfes Marienthal gehörte nach einer Kundschaft von 1500 6. Juli zum Gericht Dannenfels. Bei der Grafschaft Falkenstein wird über dieses Dorf ausführlicher zu sprechen sein.

7) Köllner 204.

8) Sauer, Aelteste Lehenbücher 23.

Kloster schenkte. 893 besass die Abtei 17 mansa ledilia und zwei Halbhufen. Das Patronatsrecht und den Zehnten sowie die Vogtei über den Hof hatte nach dem Kommentar des Abtes Caesarius von Heisterbach um 1222 der Graf von Leiningen von der Abtei zu Lehen. Die Erben des Herrn Werner von Bolanden und seines Bruders Philipp hatten innerhalb der Grenzen des Hofgebiets von Alvesheim ein gutes Schloss zu Lehen, das Hoviles (Hohenfels) genannt wurde. Wegen eines Hofes zu Wilre bei Bolanden hatte das Kloster Prüm Streit mit dem Kloster Rotenkirchen[1]).

Die Vogtei und Gerichtsherrschaft trugen die Herren von Bolanden von den Grafen von Leiningen zu Lehen. 1270 bestätigte Philipp IV. von Bolanden eine Güterschenkung zu Albisheim an das Kloster Otterberg[2]). Später war Albisheim ein Bestandteil der „Frankensteiner Gemeinschaft". Das Schloss Frankenstein am Hochspeyerbach (Bezirksamt Kaiserslautern) war als Lehen der Abtei Limburg bei Dürkheim an der Hardt im Besitz der Grafen von Leiningen, die es an die Freien von Frankenstein weiter verliehen hatten. Um 1350 fiel das Lehen an die Grafen zurück und 1399 verpfändete Graf Johann von Leiningen und Rixingen zuerst die Hälfte, dann noch ein Viertteil am Schloss und Dorf Frankenstein an Dietrich von Einselthum. Derselbe Graf verkaufte 1414 und 1416 dem Grafen Philipp I. von Nassau-Saarbrücken, dem Grafen Emich VI. von Leiningen-Hartenburg und dem Herrn Dietrich Steben von Einselthum das Schloss Frankenstein, die Hälfte am Dorf Hochspeyer, die Dörfer Albisheim uf der Prymmen, Rudersheim, Morsheim und Urbes, wie sie Dietrich Stebe bis dahin als Pfandschaft besessen hatte[3]). In den Jahren 1613 und 1614 erwarb Graf Ludwig von Nassau-Saarbrücken von Johann Ludwig Grafen von Leiningen-Dagsburg und von Johann Cuno von Wallbrunn deren Anteile an der Albisheimer Pflege, nämlich zu Albisheim, Morschheim, Rittersheim und Orbis, und vereinigte so die ganze Pflege mit dem Amt Kirchheim. Der Nassauische Anteil an Frankenstein und Hochspeyer wurde im Düsseldorfer Vertrag vom 30. Januar 1706 an Kurpfalz abgetreten[4]).

1575 war die hohe Obrigkeit zu Albisheim in gleichen Anteilen den Grafen von Nassau, den Grafen von Leiningen und den Herren von Wallbronn zuständig, die von den 80 Hausgesessen Bede bezogen und zwar Nassau 20 Malter Korn, die andern Mitherren je 23 Malter Hafer und 16 Pfund Heller. Die Gemeinde hat einen abgesteinten Wald am Donnersberg, der ihr von König Ludwig geschenkt sein soll, doch besitzt sie keine Urkunde darüber. 1507 wurde ein Streit zwischen dieser Gemeinde und der

---

1) MRUB. I S. 69, Nr. 61; S. 198, 199 Anm.
2) Frey und Remling, Otterberger Urkundenbuch S. 126, Nr. 171.
3) Köllner 293 ff., 228—240.
4) Ebd. 203.

von Dannenfels durch genaue Absteckung der Grenzen zwischen den beiderseitigen Waldungen geschlichtet.

Zu Morschheim und Orbis war Nassau Obergerichtsherr, hatte die hohe Obrigkeit allein. Der Graf von Leiningen und der Herr von Wallbronn waren nur Mitgerichtsherren. Die Untertanen waren zu Morschheim pfälzische und nassauische Hörige. Die Gefälle wurden geteilt; nur die Bede war allein nassauisch. Am Ungeld hatte die Gemeinde Anteil. Die Dörfer waren an den gemeinen Kirchheimer und Bolander Wäldern beteiligt.

Zu Rittersheim hatte Nassau nur den dritten Teil an der hohen Obrigkeit und keinen Vorrang über die Mitherren. Die Einwohner hatten Beholzigung und Viehtrieb in den Kirchheimer gemeinen Wäldern. An den Kirchheimer ungebotenen Dingtagen pflegten sie dort das Weistum mitanzuhören [1]).

In älterer Zeit findet sich neben der Grundherrschaft des Klosters Prüm zu Albisheim und Rudersheim auch eine solche von der Abtei St. Maximin vor Trier. Werner II. von Bolanden war vom Kaiser mit je 30 Schilling Abgaben und Eid und Bann aus diesen Gütern belehnt [2]). In den Urkunden und Urbaren von St. Maximin habe ich über diese Besitzungen noch nichts feststellen können; doch war der Kirchenheilige zu Rittersheim St. Maximin.

In dem aus dem 16. Jhdt. überlieferten Albisheimer Weistum ist von dem Herbergerecht der Herrschaft in den vier Höfen von Otterberg, Rotenkirchen, Zell und St. Johann vor Alzey die Rede. Der Hof, den Peter von Rittenhofen von dem Grafen von Nassau zu Lehen hatte, hatte ein Asylrecht für Totschläger wie der Kirchhof. Der Hof zu Hawe (Haue, Heyerhof) hatte für eine beschränkte Stückzahl Vieh (achtehalbe Kuh und ein Viertel Schafe) Teil an der Gemeindeweide [3]).

Dieser Hof war pfälzisches Afterlehen der Herren von Hirschhorn und von Koppenstein und wurde seine Zugehörigkeit zur Albisheimer Gemarkung 1706 anerkannt. 1364 freite Graf Heinrich von Sponheim-Dannenfels dem Edelknecht Bechtolf von Beckingen den Hof zu Hawe zwischen Albisheim und Mauenheim (Marnheim), wo Graf Heinrich Herr und Faut war. Dafür soll Bechtolf sein Lebtage Burgmann zu Dannenfels sein. Nach seinem Tode soll die Freiung wieder aufhören. Der Hof behauptete aber die Freiheit von landesherrlichen und Gemeindelasten noch im 17. Jhdt. [4]).

Aus Urkunden des Otterberger Hofes zu Albisheim geht hervor, dass 1298 Graf Albrecht von Löwenstein, Gemahl der Lukarde von Bolanden und Schwager des Grafen Heinrich I. von Sponheim-

---

1) Kirchheimer Amtsbeschreibung im KrASpeyer (Nassau-Weilburg Nr. 9) S. 52, 53, 55, 60, 68, 70.
2) Sauer, Aelteste Lehenbücher 18.
3) Grimm, Weistümer IV 637 ff.
4) Köllner 233 f. Dort auch über andere Höfe und Güter zu Albisheim.

Dannenfels, Gerichtsherr und Vogt zu Albisheim war und als solcher
eine Verfügung seiner Schwiegermutter Lukarde von Bolanden
und ihres Sohnes Johann über die Befreiung des Hofes von Dien-
sten erneuerte, und dies seinem Burgritter Helfrich Walt von Bo-
landen meldete. 1325 jedoch nannte Graf Jofrid von Leiningen
Albisheim sein Dorf, dessen Schultheiss die ihm überwiesenen
Güter in Albisheim an das Kloster Otterberg verkauft hatte, um
die 200 Pfund Heller aufzubringen, die der Graf zur Auslösung
castri nostri et terre nostre in Bolanden de manibus Hugonis
armigeri de Enseltheim bedurfte[1]). Dieser Besitzwechsel ist wohl
durch Lehensheimfall zu erklären.

Aus Morschheim stammt das Rittergeschlecht derer von Mors-
heim, das dort eine Burg und pfälzische und nassauer Lehengüter
besass. Nach deren Aussterben kam das Gut an die Herren von
Steinkallenfels, die es 1680 besassen[2]).

5. Das Dorf Breunigweiler.

Ob sich die Stelle des Lehenbuches Werners II. von Bolanden
über den Hof zu Brunechwilre, den er cum omni iusticia vom
Kaiserssohne, Herzog Konrad von Schwaben, zu Lehen hatte, und
zwar zusammen mit Gütern der Vogtei über das Kloster Weissen-
burg im Elsass[3]), auf Breunigweiler (N 24) bei Sippersfeld im
Amtsgericht Winnweiler bezieht, oder nicht vielmehr auf Bruningo-
willare in den Weissenburger Traditionen, das jetzige Preuschdorf im
Amtsgericht Wörth im Elsass[4]), ist noch zu untersuchen. Jedenfalls

---

1) Frey und Remling 217, 348.
2) Köllner 238.
3) Sauer, Aelteste Lehenbücher S. 18.
4) W. Harster, Der Güterbesitz des Klosters Weissenburg i. E. Speierer
Gymnasialprogramme 1893 S. 101; 1894 S. 75. (Erklärendes Namen- und
Ortsregister zu J. C. Zeuss, Traditiones possessionesque Wizzenburgenses.
Speyer 1842.) — Unter Bruningovillare, Pruningesvillare, Pruningovilla
ist zwar in Weissenburger Urkunden des 8. und 9. Jhdts. Preuschorf im
Elsass, Kt. Wörth, Kr. Weissenburg (das auch als Bruningesdorf vorkommt),
zu verstehen. Allein es fragt sich, ob hier nicht doch Breunigweiler im
Amtsgericht Winnweiler gemeint ist. Werner hatte dort in Brunenchen-
wilre und in Bizzerchisheim iuxta Luitersheim und in Steinbach vom
Mainzer Domstift allodiales Gut gekauft und einem Ministerialen von
Brunichwilre verliehen. Im Lehenbuch von 1270 findet sich der Eintrag:
„Driebez de Scornesheim quicquid in Brunechwilre habet“. Bizzerches-
heim und Luitersheim kommen auch in der Weissenburger Schenkung
des Rihbald von 774 nebeneinander vor (Bizzirichefheim und Liutmaref-
heim), es sind Bissersheim und Laumersheim (P 24), südöstlich von Grün-
stadt. — 1130 schenkte der Mainzer Erzbischof Adelbert I. von Saarbrücken
zum täglichen Unterhalt der Kanoniker des heiligen Martinus (Domstift in
Mainz) 16 Mansen zu Sulzheim im Nahegau, in der Grafschaft Emechos
von Schmidtburg, 6 Mansen zu Cigerenhausen und 8 zu Breunchweiler,
die er von den Gebrüdern von Bruchmendingen erkauft hatte, mit der
Verordnung, dass $1/_5$ davon dem Propst, $4/_5$ den Brüdern zustehen sollten.
Sulzheim ist das Dorf bei Wörrstadt (O 21), welches seit 1360 durch Schen-

ist es unbedenklich, die andere Stelle in dem Lehenbuch Werners, wonach er Allodialgüter des Mainzer Domstifts in Brunenchenwilre und in Steinbach gekauft und an seine Ministerialen verliehen hat, mit Breuningweiler in Verbindung zu bringen, da Steinbach dicht dabei liegt[1]). Dem Domkapitel waren diese Güter (acht Hufen) 1130 von Erzbischof Adalbert geschenkt worden[2]). Ein freies adliges Gut in Breuningweiler, der Familie von der Hauben gehörig, erwarb Graf Philipp II. von Nassau-Saarbrücken 1590. Bei der Teilung von 1629 kam Breunigweiler mit Jugenheim an Nassau-Saarbrücken, wurde aber bald darauf von Nassau-Weilburg zurückerworben und wieder mit dem Amt Kirchheim vereinigt[3]).

6. Bolandische Dörfer auf dem Gau. Leiningische Lehen.

Werner II. von Bolanden hatte ausser Albisheim vom Grafen von Leiningen noch zu Lehen „comitatum super Flersheim, Steden, Eschelburnen, Frimersheim, Wienheim, Offenheim, Russingen, Wid derswilre et Stenbach una parte torrentis, comitatum super Harfungen apud Birscheid partem unam; comitatum super Treise. De marcha Eschelburnen per totam plateam usque ad manicam fontis que est iuxta hagenbuche omne iudicium me respicit“ [4]). Die hier genannten Ortschaften sind: Oberflörsheim (Kreis Worms O 23), Stetten (Bezirksamt Kirchheimbolanden O 23), Esselborn (Kreis Alzey O 22), Freimersheim (Kreis Alzey O 22), Weinheim (Kreis Alzey O 22), Rüssingen (Bezirksamt Kirchheimbolanden O 23), Offenheim (Kreis Alzey O 22), Weitersweiler (N 23, Bezirksamt Kirchheimbolanden), Steinbach (Bezirksamt Rockenhausen N 24). Herfingerhof bei Börrstadt (Bezirksamt Rockenhausen N 24), Dreisen (Bezirksamt Kirchheimbolanden O 23).

Diese Ortschaften liegen teils zwischen Kirchheimbolanden und Alzey, teils östlich und südlich von Kirchheimbolanden. In ihnen hatte also Werner von Bolanden die gräfliche Gerichtsbarkeit zu Lehen vom Grafen von Leiningen. Es ist zu untersuchen, was aus diesen Grafenrechten geworden ist, ob die Nachkommen Werners sie noch besessen und wann sie sie verloren haben.

1. Zu Ober-Flörsheim war die Abtei Hugshofen bei Schlettstadt im Elsass begütert und die Vogtei war mit der Herrschaft Stauf verbunden. 1237 verkaufte die Abtei ihre Besitzungen an die Brüder vom Deutschen Orden, denen der Graf von Eberstein (Besitzer der Herrschaft Stauf) die Vogtei im selben Jahre überliess[6]). 1262 bestätigten Werner V. und Philipp IV. von Bolanden

---

kung seitens des Raugrafen ganz an das Domkapitel kam, Cigerenhausen eine Wüstung im Banne von Münsterappel (N 22); s. S 353.

1) Sauer, Aelteste Lehenbücher S. 30.
2) Will, Reg. Mag. S. 290, Nr. 226. Wagner, Geistl. Stifter II 380.
3) Köllner 264.
4) Sauer, Aelteste Lehenbücher S. 24.
5) Widder III 149.

die Veräusserung der Gerichtsbarkeit und Herrschaft zu Ober-
Försheim an die dort begüterten Edlen und Ritter durch ihren
Vater Werner IV., der diese Rechte vor Antritt seines Kreuzzuges
1227 verkauft hatte[1]). Die drei Söhne des Ritters Johann von
Flörsheim empfingen die Gerichtsbarkeit und Gerechtsame der
Herren von Bolanden von den beiden Brüdern zu Lehen unter der
Bedingung, dass sie diese Gerichtsbarkeit bei Verlust ihrer Eigen-
güter nicht verkaufen oder auf sonstige Weise in fremde Hände
kommen lassen durften. Die Vogtei sollten sie abwechselnd, jeder
ein Jahr lang, versehen, und der amtierende Vogt hatte regel-
mässig drei Jahrgedinge zu halten. Für den Schutz hat ihnen
jeder Ortsbewohner jährlich auf Martini ein Malter Hafer und ein
Huhn zu liefern[2]).

Die Herren von Flörsheim scheinen später sich und ihr Dorf
unter die Schutz- und Schirmgewalt des kurpfälzischen Amtmanns
zu Alzey gestellt zu haben; denn im Alzeyer Saalbuch von 1429
findet sich der Eintrag „Uberflersheim dienet mym gn. herren zu
allen gebotten"; der dortige Hof gab damals 100 Malter Korn in
den Kasten von Alzey[3]).

2. Die Rechte Werners von Bolanden in dem Dorf Stetten
scheinen sich auf die Hohenfelser Linie seiner Nachkommen ver-
erbt zu haben.

Die Geschichte dieses Ortes, und wie er später zum pfälzi-
schen Oberamt Alzey gekommen ist, ist schon oben (S. 219 f.) dar
gestellt.

Als letzten Rest ihrer einstigen Grafenrechte hatten die Rechts-
nachfolger Werners von Bolanden, die Grafen von Nassau, noch
bis 1579 die Bede in Stetten, die sie damals an Kurpfalz abtraten.

3. Esselborn. Hier scheint sich die Grafengewalt Werners II.
nicht bei seinen Nachkommen erhalten zu haben. Wie der Ort an
Kurpfalz kam, habe ich nicht feststellen können (vgl. oben S. 204 f.).
Im Alzeyer Saalbuch von 1429 findet sich nur die Überschrift. Die
Otterberger Urkunde von 1315 gibt keinen Anhaltspunkt über den
Gerichtsherrn. Es handelt sich darin um ein Grundstück von 9 Morgen
Ackerland uf der hohen Anewenden in der Gemarkung des Dorfes
Esshilburnen, die dem Kloster Otterberg durch Heyno Zart von
Geispultsheim strittig gemacht wurden, der sie von Johann von
Metz zu Lehen zu haben vorgab. Johann von Metz versprach das
Kloster auch gegen die von dem Ritter Johann von Scharfeneck
auf dasselbe Gut erhobenen Ansprüche zu schützen[4]). Daraus
lässt sich noch nicht auf eine obrigkeitliche Stellung des Johann

---

1) Lehmann, Burgen IV 80.
2) de Gudenus, Cod. dipl. IV 902.
3) Original in Darmstadt, Staatsarchiv, Lagerbücher, Rheinhessen,
Alzey 1 fol. 62. Widder III 149 ff.
4) Frey und Remling, Otterberger Urkundenbuch S. 2, 310, Nr. 372.

von Metz schliessen, der nur als Lehensherr über die strittigen 9 Morgen handelt.

4. **Freimersheim** ist schon oben bei dem Amt Alzey (S. 206 f.) besprochen. Ebenso

5. **Weinheim** (S. 221); die hier gelegene Burg Wunnenberg war Lehen von der Herrschaft Bolanden im Besitz der davon ge·nannten Ritter und wurde 1373 durch Kunigunde von Sponheim-Dannenfels, verm. Gräfin von Rieneck, dem Pfalzgrafen Ruprecht I. zum offnen Haus gemacht.

6. **Auch Offenheim** war im ganzen 13. Jhdt. Lehen der Herrschaft Bolanden. 1303 und 1304 kam es an das Kloster Sion bei Mauchenheim, 1473 und in der Reformationszeit an Kurpfalz (s. S. 215 f.).

7. **Rüssingen** ist bei der Herrschaft Kirchheim geblieben. (S. 409).

8. **Weitersweiler** war in späterer Zeit reichsritterschaftlich und gehörte schon um 1550 den Wambolden von Umstadt, die es noch 1790 besassen. 1357 scheint es Junkern von Kezzelberg zugestanden zu haben. Ein Kesselberg liegt in der benachbarten Gemarkung Jakobsweiler. Ob dort eine Burg stand, habe ich noch nicht ermittelt[1]).

9. **Herfingen** und der niedere Teil von Börrstadt gehörten bis zum 18. Jhdt. Adligen, zuletzt den Herren von Sturmfeder, die diesen Besitz 1772 an Nassau verkauften[2]).

10. **Steinbach** stand in späterer Zeit in Verbindung mit der in der Nähe gelegenen Burg Wildenstein, die im 13. Jhdt. durch die Herren von Bolanden am Südfuss des Donnersbergs gegründet wurde. Lukardis von Bolanden, vermählt mit des Königs Rudolf natürlichem Sohn, dem Grafen Albrecht von Löwenstein, tauschte von König Albrecht die Burg Glichen bei Meyenfels gegen die Burg Wildenstein ein, wodurch letztere Reichsbesitz wurde. Aber die Grafen von Leiningen scheinen Ansprüche darauf durchgesetzt zu haben, denn 1317 kommt ein Johann von Wildenstein als Burgmann der Grafen von Leiningen vor. Friedrich der Schöne belehnte jedoch 1321 den Grafen Philipp von Sponheim-Dannenfels mit der Burg Wildenstein, die aber nach der Besiegung Friedrichs durch Ludwig den Bayern wieder in Händen der Leininger war. Mit der Burg scheinen damals die Orte Börrstadt, Jakobsweiler und Steinbach verbunden gewesen zu sein, da Urkunden über Güterverkäufe in Steinbach und Jakobsweiler vor dem Gericht des Grafen von Leiningen in Börrstadt abgeschlossen wurden (1327). 1337 sass auf Wildenstein ein Leininger Vasall, der Ritter Syfrid

---

1) Weistum von Münsterdreisen im Falkensteiner Weistumsbuch fol. 27 im KrASpeyer; vgl. Mitteil. d. histor. Vereins der Pfalz XVI S. 110 (Weistum von Marnheim).

2) Köllner S. 204.

von St. Alban, und 1338 räumte Johann von Oberstein dem Erzbischof Baldewin von Trier ein Enthaltsrecht auf derselben Burg ein.

Bei der Teilung zwischen den Grafen von Leiningen 1345, wird Wildenstein den Grafen Emich V., Johannes und Jofrid (beide Letztere geistlich) vorbehalten, und dabei erwähnt, dass die Burg von ihrem Vater, dem Grafen Jofrid, an Siegfried von St. Alban verliehen worden sei. Ein Sohn dieses Lehenträgers, der sich gelegentlich auch Siegfried von Wildenstein nannte, beschwor 1350 mit Johann vom Stein den Burgfrieden zu Wildenstein. Siegfried räumte dem Kurfürsten Ruprecht I. von der Pfalz in seiner Fehde mit dem Trierer Erzbischof einen Enthalt auf seine Schlösser Wildenstein und Wartenberg ein, wofür er 1360 160 florenzer Goldgulden erhalten sollte. Sein Sohn, ebenfalls Siegfried geheissen, war kränklich und überliess 1396 dem Kurpfalzgrafen Ruprecht II. seine Gerichte, Dörfer und Leute zu St. Alban, Gersweiler und Steinbach sowie seine eignen Leute, die binnen einer Meile Wegs um Wartenberg und auf dem Gau gesessen waren, zu Schutz und Verwaltung gegen die Zusicherung, dass der Kurfürst sie auf Erfordern wieder zurückgeben werde. 1402 ist er gestorben, und nun errichtete Graf Emich V. von Leiningen mit den Ganerben der Burg Wildenstein einen Vertrag, wonach ihm ein Viertteil, den Herren von Oberstein, Ritter Sifrid und Edelknecht Endris, sowie dem Ritter Johann von Lewenstein die übrigen drei Teile zustehen sollten. Da der Graf behauptete, das unter der Burg befindliche Dorf Steinbach gehöre ebenfalls zu dem Lehen, was jedoch die drei andern Herren nicht anerkannten, wurde verabredet, dass dieses Dorf den Letzteren vorläufig als Eigentum verbleiben solle, bis der Graf seine Ansprüche durch rechtliche Kundschaft oder Urkunden erwiesen habe. Nun wurden wegen des Vierteils Leininger Amtmänner auf Wildenstein eingesetzt. Lewenstein empfing die Belehnung nur noch 1445, Oberstein von 1428 bis 1589; die Urkunden lauten über drei Vierteile an dem Schloss Wildenstein und das Dorf Steinbach. 1610 verkauften die Eheleute Hans Philipp von Schmidtburg und Maria von der Leyen denjenigen Teil des Dorfes Börrstadt, den sie von ihrer Base Margareta von Oberstein erhalten hatten, dem Sebastian von Daun, Grafen von Falkenstein. Auch Börrstadt muss also zum Teil den Herren von Oberstein gehört haben.

Der Letzte der Herren von Oberstein, Georg Rudolf, überliess 1627 seine ritterschaftlichen Besitzungen, darunter St. Alban, Gerbach, Steinbach mit Freiheiten, Oberherrlich- und Gerechtigkeiten an Hans Wolf von Eltz, und dessen Sohn Rudolf Friedrich veräusserte seine Herrschaften Altenschneeberg, Gerbach, St. Alban, Steinbach usw. im Jahre 1665 an Johann Christoph von Schellart, der sich bemühte, diesen zerrütteten Besitz wieder in Stand zu bringen. 1688 wies jedoch die französische Reunionskammer die Grafen von Leiningen in den Besitz von Steinbach ein, die nachher der Familie von Schellart nur ein Viertteil daran verliehen. Nach dem Erlöschen dieser Familie 1729 mussten die Grafen bis 1731 mit den Schellartschen Allodialerben und der Reichsritterschaft streiten und schliesslich jenes Viertteil abtreten. Franz Georg von Sturmfeder veräusserte 1772 seine Vogtei zu Nieder-Bürrstadt, Herfingen, Steinbach und Oberwiesen an den Fürsten von Nassau-Weilburg, den Besitzer der Herrschaft Kirchheim-Bolanden. So stand zuletzt das Dorf Steinbach dem Grafen von Leiningen-Daxburg-Heidesheim ($^3/_4$) und dem Fürsten zu Nassau-Weilburg ($^1/_4$) zu [1]).

Ein Weistum aus dem Beginn des 16. Jhdts., als die Junker Hans Sibert (Siegfried) und Hans von Oberstein Gerichtsherren waren, ist bis auf die Grenzbeschreibung bei Grimm (5, 636 f.) abgedruckt. Diese Herren waren Gerichsherren über Hals und Halsbein, zu Gnaden und ohne Gnaden, über Dieb und Diebin, über alle Ungerechtigkeit, Frevel und Bruche, Fischerei und Jägerei, Wasser und Weide, als weit das Gericht geht. Die Herren haben die Grundherrschaft; die Gerichsleute werden als Hubener bezeichnet. Der Frevel für blutige Wunden und zerrissen Wat wurde früher mit einem Hälbling und 9 Schilling gesühnt, seitdem aber die Wallfahrt (auf den Donnersberg nach St. Jacob) aufkommen ist, haben die Herren einen andern Frevel festgesetzt. Das Gericht war mit sieben Schöffen besetzt, die von der Herrschaft mit Rat der übrigen Schöffen ergänzt wurden.

11. Das Kloster bei D r e i s e n ist auf hohenstaufischem (konradinschem) Hausbesitz entstanden. Nach Remling ist Werner von Bolanden vom Kaiser Friedrich II. mit der Vogtei über das Kloster belehnt gewesen [2]). Sicher ist, dass er das Grafenrecht der Leininger Grafen zu Lehen hatte. Im Jahre 1353 hatte Herr Hermann von Hohenfels einen Streit mit den Rittern Johann von dem Stein und Philipp von Heppenheim vor dem König Karl IV. über die „halbe Grafschaft Dreisen" führen und sie den Klägern überlassen müssen. Diese „halbe Grafschaft", „daz geriecht zu Treisen, daz da heißet die halbe graveschaft, und die hubener, die darinne gehoren, und den hoef, gefilde und daz gewelte zu Harfingen mit siner zugehorungen" gehörte im Jahre 1426 dem Siegfried von Oberstein, der auch das benachbarte Steinbach besass, und zwar als Lehen von der Wildgrafschaft Kyrburg. 1459 war Nycklas von Oberstein hiermit belehnt [3]).

Um die Mitte des 14. Jhdts. war „Dreise daz dorf, vogtye lut und gut, daz geleite uf der strazze und die vischery, frevil und buze uf demselben geleit und uf der strazze zu Steinachtenbuel (Standenbühl) heruz, Munsterdreise daz closter" im Besitz

---

1) Lehmann, Burgen der Pfalz IV 151 ff.
2) Remling, Gesch. der Abteien u. Klöster in Rheinbayern II 103 ff.
3) Altes Mannbuch der Wild- und Rheingrafschaft (Archiv f. Hess. Gesch., N. F., IV 445 ff., Nr. 91 u. 287).

der Herren von Hohenfels, nachdem Philipp V. von Bolanden auf seine dortige Rechte 1298 verzichtet hatte[1]). 1355 verkaufte Hermann von Hohenfels diese Güter mit der Hälfte der Herrschaft Hohenfels im Umkreis von einer Meile Entfernung von der Burg an den Kurpfalzgrafen Ruprecht I. und Ruprecht belieh damit den Grafen Johann den Jungen von Sponheim-Starkenburg, der 1366 auch seitens des Abtes zu Münsterdreisen als Schirmvogt des Klosters anerkannt wurde.

Im Weistum von 1357 wird die Vogtei über das Kloster und die Dorfgemarkung mit Ausnahme der Landstrasse und der „wenigen Grafschaft" dem römischen Reich, die Grundherrschaft aber mit Wassern, Wasserflüssen, Weiden, Wäldern, Fischereien, Wildbann, Schatzung, Atzung, Forderung, Herberge, Bannwein, Mühlenbann, Backhausbann, Bussen und Frevel dem Kloster zugeschrieben und unter den Schutz des Reiches als des obersten Vogtes gestellt. Es kann dies nur ein aus den älteren Verhältnissen abgeleiteter Anspruch der Abtei sein, denn tatsächlich waren ja die Herren von Hohenfels und nachher die Grafen von Sponheim Vögte. Diese Vogtei erscheint 1536 im Besitz der Grafschaft Falkenstein; doch heisst es, dass der Burggraf von Alzey ein Weistum von 1332 mit nach Alzey genommen habe[2]). Der Graf Johann V. von Sponheim hatte sie mit seinem Anteil an der Herrschaft Hohenfels an den Abt zu Münsterdreisen versetzt (1431) und sein Rechtsnachfolger Pfalzgraf Friedrich von Simmern hatte den Wirich von Daun, Herrn zu Falkenstein, im Jahre 1468 ermächtigt, diese Pfandschaft auszulösen und als Sponheimisches Lehen zu behalten. 1531 kaufte Pfalz dieses Pfandlehen zurück und nun bestritt der Graf von Falkenstein die Zugehörigkeit der Vogteien über die Klöster Münserdreisen und Marienthal zur Herrschaft Hohenfels, musste aber 1537 Münsterdreisen nebst der Verwaltung der Dörfer Dreisen und Standenbühl an Pfalz überlassen[3]).

Das Kloster bestand damals nicht mehr als selbständige Abtei. Es hatte im Bauernkrieg schwer gelitten und war seit 1528 der Prämonstratenserpropstei zu Lorsch einverleibt. Im Jahre 1551 gestattete der Papst Julius III. dem Kurfürsten Friedrich II von Pfalz zur Verbesserung der Hochschule zu Heidelberg 12 Klöster, darunter Münsterdreisen, aufzulösen und ihre Güter und Gefälle einzuziehen. Die Universität liess am 6. September 1553 von dem Kloster Besitz ergreifen und sich von den Untergebenen zu Dreisen und Standenbühl den Eid leisten.

Zu Standenbühl, Steinechten-Bohel, war ausser der Abtei Münsterdreisen auch die Benediktinerabtei Limburg bei Dürkheim

---

1) Regesten der Pfalzgrafen I 6661.

2) Grimm, Weistümer IV 639 ff. KrASpeyer, Falkensteiner Weistumsbuch fol. 27.

3) KrASpeyer, Markgrafschaft Baden $75^1/_2$c: Urkundensammlung zu den Acten betr. die…Herrschaft Hohenfels. 1767.

an der Hardt begütert. Sie besass auch den nördlich des Dorfes
gelegenen Oberweiler Hof, mit dem kurz vor der Aufhebung des
Klosters Friedrich von Oberstein belehnt war (um 1550). Es war
dort ehemals ein Dorf. Bei Standenbühl stand eine Burg, die
nebst dem Dorf 1321 durch den Truchsess Otto von Bolanden an
den Grafen Philipp von Sponheim-Dannenfels versetzt wurde [1]).

Das Dorf ist mit den Klöstern Münsterdreisen und Limburg
an Kurpfalz gekommen und dabei geblieben.

Ob auch der Name des Dorfes Bohele, welches 1383 durch
die Raugräfin Agnes, geb. von Leiningen, Witwe des Raugrafen
Philipp I. von Neuenbaumburg an den Grafen Heinrich von Spon-
heim-Dannenfels veräussert wurde, auf Standenbühl bezogen werden
muss, ist nicht ganz sicher.

7. Hessloch und Dittelsheim.

In der Urkunde, die die Bestandteile der an die Familie
Nassau-Saarbrücken gekommenen Herrschaft Kirchheim und Stauf
aufzählt, von 1431, wird auch Dittelsheim erwähnt, das nur zum
Teil der Herrschaft gehörte. Dieser Teil ist 1579 an Kurpfalz
abgetreten worden.

Bereits Werner II. von Bolanden hatte dem „comitatum in
Hescloch et Ditelnsheim et curiam in Heseloch cum iuramento et
banno" zu Lehen vom Grafen von Katzenelnbogen [2]). Hessloch
war während des 13. Jhdts. noch von der Herrschaft Bolanden
abhängig. 1220 waren die Brüder Berthold und Eberhard gen.
Sume mit der dortigen Gerichtsbarkeit von Bolanden belehnt [3]), um
1270 hatten Wilderich von Strumberc und sein Sohn Razza das
halbe Gericht zu Hesseloch von den Brüdern Werner und Philipp
von Bolanden zu Lehen [4]), und 1277 freite Werner von Bolanden
des Klosters Sion „curiam in villa nostra Heseloch sitam" [5]), und
trat den Rittern und der Gemeinde daselbst die Wegeschnittgülte
ab [6]). In dem Mannbuch des Grafen Heinrich II. von Dannenfels
wird eine Gerichtsbarkeit in Hessloch nicht erwähnt. Vielmehr
erscheint eine solche später als Lehen der Grafen von Leiningen-
Rixingen [7]) im Besitz der Ritter von Hirschhorn am Neckar und

---

1) Widder, Kurpfalz III 259. Köllner, Kirchheim-Boland 307. Rem-
ling, Abteien und Klöster.
2) Sauer, Aelteste Lehenbücher S. 24.
3) Baur, Hess. Urkunden V S. 10, Nr. 8.
4) Sauer, Aelteste Lehenbücher S. 42.
5) Baur a. a. O. V S. 78, Nr. 91.
6) Frey und Remling, Urkundenbuch des Klosters Otterberg S. 150,
Nr. 204.
7) Generallandesarchiv Karlsruhe, Copialbuch 1369. Die von Hirsch-
horn überliessen 1407 ihr Patronatsrecht zu Hessloch dem Kloster in
Hirschhorn. Die Grafen von Leiningen hatten bekanntlich einen Teil des
Schlosses und der Herrschaft Bolanden inne.

später der Kämmerer von Worms, genannt von Dalberg. Die Herrschaft gehörte in der Folge zum Reichsritterschafts-Kanton Oberrhein [1]).

Seit 827 besass das Kloster Hornbach [2]) bei Zweibrücken einen Fronhof und drei Hofstätten in Hesinloch und Güter in Dittelsheim. 1229 wurde der Abt von Hornbach mit einer Klage gegen das Kloster Otterberg, das in Hessloch Güter gekauft hatte, von denen er meinte, dass sie an den Hornbacher Fronhof zinspflichtig seien, auf einem Gerichtstag in Dittelsheim abgewiesen. Im Jahre 1278 freite Raugraf Heinrich von Beymborg die Güter des Klosters Otterberg in Dittelnsheim ad nostram advocatiam pertinentia von aller Bede und Steuer, siqua ad nostram advocatiam pertinet. Wie aus einer späteren Urkunde hervorgeht, waren die Raugrafen von dem Abt von Hornbach belehnt. Nach dem Alzeyer Saalbuch von 1429 gehörte damals ein Teil der Gerichtsbarkeit nebst Bede und Fastnachtshühnern zum Amt Alzey. Das muss der von den Raugrafen herrührende Teil gewesen sein, denn 1477 belehnte der Kurpfalzgraf Philipp den Eberhard Vetzer von Geispitzheim mit dem Anteil am Dorf und Gericht Dittelsheim, den die Vetzer und ihre Ganerben früher von dem Raugrafen Otto zu Lehen gehabt hatten. Aber auch der Abt von Hornbach belehnte noch 1486 den Hans von Wachenheim mit dem seiner Familie zustehenden Anteil, und 1488 den Wirich von Daun, Herrn zu Falkenstein und Oberstein mit dem früher raugräflichen Teil. Es scheint indessen nicht, dass Falkenstein davon Besitz hätte ergreifen können, denn 1489, 1571, 1603 und 1606 brachte Kurpfalz die Anteile der Geschlechter von Wachenheim und Kämmerer von Worms und 1579 den Nassauischen Bolandener Anteil an Dittelheim an sich.

8. Spiesheim.

1579 überliessen die Grafen Albrecht und Philipp von Nassau dem Kurfürsten Ludwig von der Pfalz auch einen Anteil an Spies-

---

1) Brilmeyer, Rheinhessen 217.
2) Mitteil. d. hist. Vereins d. Pfalz XXVII (1904): Neubauer, Regesten des Klosters Hornbach Nr. 13, 67, 267, 347, 479, 494, 662. Hornbach hatte auch das Patronatsrecht, welches der Abt 1442 dem Stift zu Zell an der Pfrimm überliess; ebd. 368, 370. — Widder, Kurpfalz 3, 70. — Scriba, Regesten, Rheinhessen 1890. — Frey u. Remling, Otterberger Urkundenbuch S. 159, Nr. 212. — Baur, Hess. Urkunden III S. 474, Nr. 1388. — Universitätsbibliothek Heidelberg, Handschriftliche Regesten über die Raugräflichen Besitzungen aus den Pfälzer Archiven (18. Jhdt.) fol. 62. — Von Hornbach war 1356 der Graf von Nassau-Hadamar mit einem Anteil belehnt, den er 1358 der Abtei Fulda verpfändet hatte; 1403 überliess die Gräfin Anna von Katzenelnbogen das Lösungsrecht ihrem Sohn, dem Grafen Johann III. von Katzenelnbogen. 1416 wurden vom Abt von Hornbach Güter in Milmesheim (Mölsheim) und Dittelsheim dem Grafen Friedrich von Veldenz verliehen. Ueber diese Anteile kann ich nichts weiter berichten.

heim[1]). Dieser Ort kommt 770 als Spizisheim im Wormsgau[2]), 960 als Spiazcesheim in pago Nahgowe in comitatu Emichonis comitis[3]) vor. Es war dort, wie es scheint, ein Hundertschaftsgericht, „das Gericht zu Spiesheim uf den Lochern“, welches im Lehenbrief des Kaisers Ludwig des Bayern für den Wildgrafen Johann von Dhaun über die vom Reiche lehensrührige Landgrafschaft zwischen Trier und Mainz als deren Zubehör erwähnt ist[4]). Was sonst zu dieser Hundertschaft gehört hat, ist nicht überliefert. Möglicherweise kann man die „Präfectura“, die Werner von Bolanden von den Wildgrafen zu lehen hatte, die von Odernheim bis zum Kreuz vor Mainz reichte, als einen Teil dieser Hundertschaft betrachten[5]). Noch 1401 war ein dritter Teil des Gerichtes zu Spiesheim Reichslehen im Besitz des Willich von Alzey[6]). Aber darunter ist sicher nur das Ortsgericht zu verstehen. Bereits 1318 wurde dem Werner Williche von Alzey in einem Sühnevertrag von dem Grafen Philipp von Sponheim·Dannenfels ein Viertteil am Dorf und Gericht Spiesheim voraus zugestanden; was nach dem Urteil der Schöffen zu den übrigen drei Viertteilen gehört, sollen Werner Willich und Graf Philipp gleich teilen. Es waren also die Rechtsnachfolger Werners von Bolanden ebenfalls im Besitz von Anteilen ($^3/_8$) an Spiesheim[7]). Ob diese Rechte sich aus dem Lehen Werners vom Grafen von Saarbrücken, die Vogtei über das Kloster St. Peter in Mainz und dessen Güter an verschiedenen Orten, darunter Spiesheim (Spizzesheim)[8]), entwickelt haben, ist nicht mehr nachzuweisen. 1270 freiten Philipp von Bolanden und seine Gemahlin Lukardis den Hof des Klosters Rotenkirchen in Spiesheim von allen Diensten und Auflagen, die er als Schirmherr des Ortes von den Gütern zu fordern hatte[9]). 1280 hatte seine Witwe Lukardis eine Irrung mit dem Kloster Sion wegen der Güter zu Spiesheim. Im nächsten Jahre freite sie die Güter des Emercho von Odernheim daselbst von Zins, Bede, Steuer usw.[10]). Mit der Herrschaft Kirchheim kam auch dieser Anteil an Spiesheim an die Grafen von Sponheim auf Dannenfels wie aus der angeführten Urkunde von 1318 zu ersehen ist. 1364 Juli 22. beurkundete der Edelknecht Johann von Danfels (der Bruder des Grafen Heinrich II. von Sponheim-Dannenfels? oder ein Vasall des-

---

1) Köllner, Kirchheim-Boland S. 196 f.
2) Cod. Lauresham. II S. 110 f., Nr. 1098 f.; S. 113 f., Nr. 1105 f.
3) MGH. Dipl. I 285. Kaiser Otto I. schenkt einem Diatgots Güter daselbst.
4) Schmitz-Kallenberg, Inventare der nichtstaatlichen Archive der Provinz Westfalen, Beiband I S. 11, Nr. 39 (Orig. in Anholt).
5) Widder III 47.
6) Sauer, Aelteste Lehenbücher 24.
7) Regesta Boica V 385. — Scriba, Regesten, Rheinhessen 5403.
8) Sauer, Aelteste Lehenbücher 25.
9) Lehmann, Burgen IV 86.
10) Ebd. S. 88.

selben?) die Beilegung eines Streites mit Reichclarenkloster in Mainz wegen dessen Gutes in Spiezheym, „also daz ich wolde, daz sy mir dienten mit Atzunge, Schatzunge, Bede, Dinst, und mit andern Dingen, als andern, die da bedelhaft Gut hant in demselbin Dorfe, und gelegen sint in myner Fauti und Gericht dezselbin Dorfes". Er verzichtet darauf, da die Äbtissin ihn mit ehrbaren Leuten unterwiesen hat, dass jenes Gut aus einer freien Hand an das Kloster gekommen ist, nämlich von der Herrschaft Bolanden, die es an den Bürger Humbracht zu Mainz verkauft hatte, von dem es dem Kloster geschenkt worden sei. Weder er, noch seine Erben, noch jemand anders, an den auch immer die Vogtei oder das Gericht zu Spiesheim kommen mag, soll ein Recht haben, das Gut und den Hof des Clarenklosters mit Dienst Atzung und Bede Schatzung oder sonst zu beschweren[1]).

Im Alzeyer Saalbuch von 1429 heisst es: „Friederich Wilche zu Spiesheim hat sin deile gerichts doselbst mym gn. h. (dem Pfalzgrafen Ludwig) halb zu eygenschaft ingeben"[2]). Von dem Lehensverhältnis dieses Anteils zum Reich ist keine Rede mehr. Um dieselbe Zeit, 1424, hatte auch Graf Philipp von Nassau einen Teil an dem Gericht Spiesheim von Konrad von Morsheim erworben[3]). Nach dem Saalbuch der Ausfautei zu Alzey von 1576 waren ausserdem noch Herren vom Oberstein und zum Jungen an Spiesheim beteiligt[4]). Alle diese Anteile sind an Kurpfalz und das Amt Alzey gekommen.

Das Patronatsrecht über die Kirche war ein Lehen von der Grafschaft Sponheim im Besitz des Wolfram und Embricho von Lewenstein, die es 1248 dem Kloster Sion überliessen. 1275 wurde indessen Wolfram der Grosse von Lewenstein wiederum belehnt, der von ihm präsentierte Priester aber zurückgewiesen, worauf die Grafen von Sponheim das Recht des Klosters nochmals bestätigten[5]).

9. Gabsheim.

Neben Spiesheim liegt Gabsheim, das alte Caisbotesheim, Cheisbotesheim, Keisbotesheim, wo das Kloster Lorsch 770 und in den folgenden Jahren Schenkungen erhielt[6]). Sodann war das Albanskloster vor Mainz früh begütert in Geisbotosheim[7]). Werner von Bolanden trug die Vogtei über diese Albansgüter von dem

---

1) Baur, Hess. Urkunden V S. 420, Nr. 448.
2) StADarmstadt, Saal- u. Lagerbücher, Rheinhessen, Alzey I, fol. 50 v.
3) Köllner, Kirchheim 196.
4) StADarmstadt a. a. O. III.
5) Widder III 41 u. 42. 1370 hatte E. Limmelzum von Lewenstein $^1/_6$ am Zehnten zu Spiesheim von der Herrschaft Dannenfels (Bolanden) zu Lehen. Rhein. Antiquarius II 16, 754 f.
6) Cod. Lauresham. II S. 210 ff., Nr. 1439—47.
7) Io. P. Schunck, Cod. dipl. Mogunt. 1792 S. 362

Grafen von Saarbrücken zu Lehen. Die Burg zu Geisboldesheim
war sein Eigentum und er hatte damit Heinrich und seinen Bruder
Egeno belehnt. Vom Bischof von Worms hatte er sein Lehen zu
Geispoltesheim und Bertoldesheim, welches 40 Malter Korn und
4 Pfund zu Zoll zahlte. Seine Nachkommen hatten die Vogtei an
Heinrich von Sienden (Sien) zu Lehen vergeben, nebst 25 Malter
Korn von Gütern daselbst, ausserdem 16 Malter Korn von einer
Hufe an Cunz den Bruder des Meingoz von Gesbodesheim[1]). In
der bei Spiesheim erwähnten Auseinandersetzung zwischen Werner
Willich von Alzey und Philipp von Sponheim-Dannenfels vom
24. Juni 1318 erklärte Werner, dass er hinsichtlich des Dorfes
Geyspolsheim von dem Abt von St. Alban und dessen Mannen
Recht nehmen und getreulich halten wolle, was diese zugunsten des
Junkers Philipp sprechen würden[2]). Später waren die Kämmerer
von Worms, genannt von Dalberg, von dem Grafen von Sponheim-
Dannenfels mit Gericht zu Geispesheim mit seinen Zubehörungen
und Nutzen an Korn, Hafer, Hühnern und Freveln belehnt[3]), oder
wie ein späterer Lehenbrief sich ausdrückt, mit dem halben Zehnten
und dem Dorf Geyspesheim, Vogtei, Gericht, Vogthafer, Freveln
und Brüchten, auch mit zehn Malter Korngült auf Herrn Hermanns
von Geispisheim Gütern und Hof gefallend[4]). Die von Dalberg
besassen das Dorf, das der Reichsritterschaft am Oberrhein an-
geschlossen war, bis zum Ende der Reichsherrlichkeit auf dem
linken Rheinufer.

Das Patronatsrecht stand dem Kloster St. Alban zu, dem
die Kirche 1184 durch den Papst Lucius III. bestätigt und 1341
durch den Erzbischof Heinrich von Mainz inkorporiert wurde[5]).

10. Schornsheim.

Schornsheim gehörte zur Zeit Karls des Grossen zum König-
lichen Fiscus. Die Kirche zu Scoronisheim mit dem zugehörigen
Gut war der Äbtissin Lioba von Tauber-Bischofsheim auf Lebens-
zeit überlassen, und diese Heilige soll dort ihre letzten Lebens-
jahre verbracht haben. Nach ihrem Tode schenkte Karl der
Grosse diese Kirche dem Kloster Hersfeld (782 Juli 28)[6]). Später
wurden auch noch andere Güter in Scornesheim der nämlichen
Abtei vermacht, die 1057 die Kirche in Scornesheim dem Erzbischof
Luitpold von Mainz überliess[7]).

---

1) Sauer, Aelteste Lehenbücher 22, 25, 32, 44.
2) Scriba, Regesten, Rheinhessen 5403.
3) Rhein. Antiquarius II 16, S. 777, Nr. 141.
4) Würzburg, KrArchiv, Mainzer Lehenbuch I fol. 176. Lehenrevers
des Dieter K. v. W., gen. v. Dalberg, an Erzbischof Konrad von Mainz,
wegen der ihm verpfändeten Herrschaft Kirchheim 1433.
5) Brilmayer, Rheinhessen 155.
6) MGH. Dipl. Karol. I S. 195, Nr. 144.
7) Wenck, Hess. Landesgeschichte II, UB. S. 20, Nr. 15; S. 44, Nr. 36.
Scriba, Regesten, Rheinhessen 758, 975.

Am Ende des 12. Jhdts. hatte Werner von Bolanden vom Grafen von Veldenz zu Lehen, „advocatiam super octo mansus in Schornesheim ad sanctam Mariam ad gradus in Maguntia pertinentes". Ausserdem vom Grafen von Loon (dem Mainzer Stadtpräfekten) „advocatiam in Schornesheim super bona monachorum de Sancto Jacobo in Maguntia", denen auch die Kirche gehörte. Endlich hatte Werner vom Erzbischof von Köln eine Hufe in Schornesheim zu Lehen[1]). Um 1270 waren einige Ministerialen von den Herren von Bolanden mit einigen Gütern und Einkünften in Schornsheim belehnt.

Am 30. März 1288 überliess der jüngere Graf von Sponheim, Heinrich, das seiner Gemahlin Kunigunde von Bolanden als Aussteuer gehörige Dorf Schornesheim, nachdem diese darauf feierlich vor den Einwohnern verzichtet hatte, den Rittern, Edlen und Hubnern und der ganzen Gemeinde daselbst als Lehen, mit allen Rechten, Gerichtsbarkeit, Bede, Herbergsrecht, Wegen und Unwegen, Wiesen, Wassern, Weiden und Grundstücken und allen andern Zubehörden. Die Gemeinde sollte zum Empfang des Lehens und zur Leistung des Treueides und der anderen Lehenpflichten 6 Ritterbürtige auswählen. Diese waren Heinrich, genannt uffe dem Bohele, Marquard und Emmerich Gebrüder, Peter und Konrad von Bechtelsheim, deren Neffen, und Heinrich von Sovelnheim Ritter. Wenn einer dieser Mannen stirbt oder austritt oder nicht Vasall des Grafen sein will, sollen dessen nächste Erben, oder, falls solche nicht vorhanden sind, ein von der Gemeinde der Ritter, Edlen, Hubner und andern Mannen gewählter Ritter für ihn eintreten[2]).

Aus dieser Vertretung der Gemeinde entwickelte sich im Laufe der Zeit die Ganerbschaft der sechs Stämme zu einer Herrschaft über die Gemeinde. Dies zeigt sich schon im Lehenbuch Heinrichs II. von Sponheim-Dannenfels von 1370, wo es heisst: „Schornesheim das Dorf ist unser Lehen mit seiner Zugehörde, und sollen wir von da sechs Mannen haben, die zum Schilde geboren sind". „Item Heinrich von Lorch ist unser Mann von dem Dorfe Schornsheim und hat dazu von uns zu Lehen ein Backhaus zu Schornheim". „Item Diele von Udenheim hat uns zu Lehen selbst sechs unser Manne das Dorf zu Schornsheim und das Gericht und Marke und Wasser und Weide, und was dazu gehört[3])."

Diese Ganerben betrachteten sich, wie andere Lehensleute, am Ausgang des Mittelalters als reichsunmittelbar und schlossen sich der damals entstehenden Reichsritterschaft an. Noch 1507

----

1) Sauer, Aelteste Lehenbücher 26, 27. Auch vom Erzbischof von Köln hatte er einen Mansus in Sch. 21. Ebd. 43 Peter von Appenheim, 46 Jakob von Appenheim.
2) Köllner, Kirchheim-Boland S. 292 ff.
3) Rhein. Antiquar. II 16, S. 764, Nr. 64; S. 755, Nr. 15; S. 783, Nr. 179.

erliess daher der Kaiser Maximilian ein Mandat an die Leute und Einwohner zu Schornsheim, dass sie dem Grafen Ludwig zu Nassau ebenso Pflicht und Huldigung zu leisten schuldig seien, wie die andern Hintersassen und Verwandten der Herrschaft Kirchheim. Die Familien der Ganerben wechseln im Laufe der Zeit. 1639 waren es die Kessler von Sarmsheim, Köth von Wanscheidt, Hund von Saulheim, von Dienheim, Knebel von Katzenelnbogen (modo Flach von Schwarzenberg), von Mauchenheim gen. Bechtolsheim. Etwas später, 1683, ist an Stelle der Familie Flach von Schwarzenberg die von Wallbronn getreten[1]).

Das Patronatsrecht gehörte bis 1254 dem Stift St. Jakob vor Mainz, dann dem Domkapitel. Nachdem sich die Mehrzahl der Ganerben dem evangelischen Bekenntnisse zugewandt hatte, nahm die Gemeinde und Ganerbschaft die Berufung der Pfarrer selbst vor.

11. Friesenheim.

Eine andere von der Herrschaft Bolanden lehenbare Dorfherrschaft auf dem Gau war Friesenheim. Dieser Ort gehörte zu der Präfectura zwischen Odernheim und Mainz, die Werner II. von Bolanden vom Wildgrafen zu Lehen hatte[2]). Im 14. Jhdt. war es dem Philipp von Wunnenberg und Wiknand von Lewen-

---

1) Köllner, Kirchheim-Bolanden 295 ff.
2) Sauer, Aelteste Lehenbücher 24: „ubi marcha Otterheim terminatur usque ad crucem ante Moguntiam positam totam prefecturam in beneficeo habeo et nominatim ad villas Otterheim (Gau-Odernheim P 22, Kreis Alzey), Bertolfesheim (Bechtolsheim P 22, Kr. Oppenheim), Bibilinsheim (Biebelnheim OP 22, Kr. Oppenheim), Dalheim (Dahlheim P 21, Kr. Oppenheim), Frisenheim (Friesenheim P 21, Kr. Oppenheim), Chuningernheim (Köngernheim an der Selz P 21, Kr. Oppenheim), Mumenheim (Mommenheim P 21, Kr. Oppenheim), Harwesheim (Harxheim P 20, Kr. Mainz), Ebernsheim (Ebersheim P 20, Kr. Mainz), Zarenheim (Zornheim P 21, Kr. Mainz); comitatum etiam super Heimersheim (O 22, Kr. Alzey)." Diese Präfektur scheint später teilweise an die Hohenfelser Linie der Nachkommen Werners von Bolanden gekommen zu sein, die in den meisten dieser und benachbarten Ortschaften im 13, und noch im 14. Jhdt. Hoheitsrechte beanspruchte, aber daraus durch die Mainzer Prälaten, die die Grundherrschaft hatten, verdrängt worden ist. Die Ganerbenorte Bechtolsheim und Mommenheim waren bis zur neueren Zeit Lehen von der Herrschaft Hohenfels-Reipoltskirchen, ebenso Zornheim bis 1339. Die Vogtei über die Besitzungen des Mainzer Dom- und Erzstifts zu Biebelnheim kam 1362 von den Herren von Hohenfels an Kurpfalz. Odernheim, wo die Herren von Bolanden die Vogtei über die Grundherrschaft des Metzer Domstifts nebst 30 Hufen von dem Grafen von Daxburg hatten, blieb bis 1282 bei der Herrschaft Bolanden, die Vogtei von Ebersheim bis 1367. Köngernheim war später Lehen der Grafschaft Veldenz. Dahlheim und Harxheim gehörten zur Grafschaft Falkenstein, die sich bekanntlich ebenfalls aus dem Bolander Stamme abgezweigt hat. In Heimersheim hatte Werner von Bolanden noch die Vogtei über Güter des Stifts Neuhausen von dem Grafen von Saarbrücken zu Lehen. 1369 gehörte der Ort bereits dem Pfalzgrafen Ruprecht I.

stein verliehen, diese hatten nämlich „dimidiam partem decime in terminis ville Friesenheim, iurisdictionen cum pastoria eiusdem ville in toto"[1]). Später (1370—80) hatte Wigand von Dienheim mit dem einen Auge das Dorf und Gericht zu Friesenheim nebst dem Zehnten und der Pastorie zu Lehen[2]). Der Ort blieb im Besitz der Familie von Dienheim bis zur französischen Revolution. Er unterstand damals der Reichsritterschaft am Oberrhein.

12. Mettenheim.

Auch Mettenheim war im 13. Jhdt. ein von der Herrschaft Bolanden lehenrühriges Dorf. Werner II. hatte dort den Frohnhof mit aller Gerechtigkeit vom Grafen von Saarbrücken zu Lehen und seine Nachkommen hatten um 1270 die Kämmerer von Worms mit dem dortigen Gericht belehnt. Auch Helferich von Bischofsheim und Giselbert von Worms waren damals mit Viertteilen am Gericht Mettenheim belehnt[3]). Später war der Ort von den Grafen von Leiningen an die Kämmerer von Worms verliehen und gehörte zur Reichsritterschaft.

13. Oberwiesen.

Oberwiesen (Bezirksamt Kirchheimbolanden N 22 23) war ebenfalls ein von der Herrschaft Bolanden lehenbares Dorf. Um 1370 war es an Heinrich von Wilsen, Herrn Diethers Sohn, und Henne von Morsheim verliehen[4]). Später war es ganz im Besitz der Herren von Morsheim, dann der von Steinkallenfels, nach deren Aussterben der Ort an die nassauische Herrschaft Kirchheim-Bolanden heimfiel[5]).

Kurpfalz hatte in beiden Wiesen (Niederwiesen war Lehen von der Grafschaft Falkenstein) das Wildfangsrecht und einige Abgaben der Einwohner wegen der Nutzung der benachbarten pfälzischen Wälder Vorholz und Hahnenkamm. Es wurde auch verlangt, dass die Einwohner bei einem Landkrieg dem pfälzischen Aufgebot folgen sollten[6]).

14. Andere Bolander Besitzungen auf dem Gau.

Zu den alten Bolander Besitzungen auf dem Gau gehörten noch Anteile und vogteiliche Gerichtsbarkeiten zu Westhofen, Wahl-

---

1) Sauer, Aelteste Lehenbücher S. 24 u. 48.
2) Rhein. Antiquarius II 16, S. 778, Nr. 149; S. 758, Nr. 35.
3) Sauer, Aelteste Lehenbücher 19, 25, 38, 40, 43. Werner hatte vom Sohne des Kaisers einige Güter und Einkünfte in M. zu Lehen.
4) Rhein. Antiquarius II 16, S. 755, Nr. 14; S. 775, Nr. 128.
5) Köllner, Kirchheim-Bolanden S. 240.
6) StADarmstadt, Alzeyer Saalbuch über d. Ausfauthei 1494, fol. 88.

heim (Grafengericht), Aspisheim, Wolfsheim, Weinolsheim (Huben-
gericht) und Wonsheim, die alle durch den Vertrag von 1579 an
Kurpfalz abgetreten worden sind.   Werner II. von Bolanden hatte
vom Mainzer Dompropst ein Lehen zu Wolfsheim, nämlich: „Quic-
quid prepositure maiori in Maguntia pertinet in Wolfesheim, hoc
Henricus filius Mengoti preposito resignavit, et ego ab ipso in
beneficio recepi et eundem Henricum inbeneficiavi“. (Wolfsheim
Kreis Oppenheim O 21)[1].   Vom Grafen von Saarbrücken hatte er
„advocatiam sancti Petri in Moguntia et super bona in his villis
ad sanctum Pretrum pertinentia: Castel (Kastel Kreis Mainz P 19),
Longesheim (Langen-Lonsheim Kreis Kreuznach N 20. 21), Aspins-
heim (Aspisheim N 20 Kreis Oppenheim), Wigenheim (Gau-Wein-
heim Kreis Oppenheim O 21 oder Weinheim bei Alzey), Spizzesheim
(Spiesheim O 21 Kreis Oppenheim), Mettenheim et curiam in Metten-
heim cum omni iusticia (Mettenheim Kreis Worms P 22[2]).
     Von Westhofen wird bei der Herrschaft Hohenfels das Nähere
beigebracht werden.
     Auf der anderen Seite der Nahe waren von der Herrschaft
Bolanden abhängig Waldlaubersheim und Rümmelsheim mit der
Burg Leyen von denen schon das nötige gesagt worden ist
(S. 183—190), sowie zur Zeit Werners II. Waldalgesheim (S. 155 ff.)
und Bretzenheim.   Letzteres fiel bei den Teilungen dem Zweige
des Hauses Bolanden zu, der sich von der Burg Falkenstein am
Donnersberg nannte, und wird bei dieser Herrschaft besprochen
werden.
     In der Gegend von Sobernheim und Meisenheim waren so-
dann Bolandische Besitzungen der Scholländerhof (S. 62), Lauschied
(S. 321), Lettweiler und Dessloch.

15. Lauschied und Desloch.

Lauschied (Kreis Meisenheim L 22), „villam Lubescheit iuxta
Mettersheim (Meddersheim)“ hatte Werner von Bolanden vom Grafen
von Diez zu Lehen „et hoc beneficium fuit domini Petri de Ma-
guntia“ [3].   In späterer Zeit war dieser Ort, wie oben gezeigt,
Lehen von der Herrschaft Kirchheim im Besitz der Familie Wolf
von Sponheim, die auch ein Dritteil des Gerichts und ein Dritteil
des Zehnten zu Doschlacht hatte, das vorher dem Hermann Mülen-
stein gehört hatte[4].   Doch besass die Herrschaft Bolanden hier
nur eine Grundherrschaft über einen Dinghof, wie aus dem Ein-
trag in das ältere Lehenbuch hervorgeht, nach welchem „Jacobus
de Otenbach quicquid habet in Dageslach circa curiam“ von den

---

1) Sauer, Aelteste Lehenbücher 28.
2) Ebd. 25.
3) Ebd. 28.
4) Rhein. Antiquarius II 16, S. 793, Nr. 210.

Herren Werner und Philipp von Bolanden zu Lehen hatte[1]). Die Hochgerichtsbarkeit daselbst gehörte bis 1595 den Wild- und Rheingrafen und dann den Herzögen zu Pfalz-Zweibrücken.

16. Lettweiler.

„Villam Litwilre cum aliis villis sibi pertinentibus cum omni iusticia“ und „curiam Litwilre iuxta Glan cum omni quod attinet curie“ hatte um 1194 Werner II. von Bolanden zu Lehen vom Erzstift Mainz[2]). Ein halbes Jahrhundert später „Arnoldus et Cuno de Munfurt (Montfort) habent villam in Littwiler et Heimbach, et omnia que habent in Bubelnsheim (Biebelsheim Kreis Alzey N 21)“ zu Lehen von den Brüdern Werner und Philipp von Bolanden und ferner: „item Jacobus et Eberhardus fratres de Litwilre habent in Heimbach Ovenstrit dimidium ex una parte ripe et homines qui spectant in curiam Litwilre et duos mansus qui vulgariter dicuntur Fischirhubin“[3]). In dem Lehenbuch des Grafen Heinrich II. von Sponheim-Dannenfels um 1370 findet sich über Lettweiler (Bezirksamt Rockenhausen M 22): „Item Anthis von Monfort hat von uns zu Lehen das Dorf halben zu Lettewiler“ und „item Her Fredric von Monfort Ritter hat von uns zu Lehen sin Deil an dem Gerichte zu Littewilr mit siner Zugehorde“[4]). Am 23. Juli 1515 belehnte Graf Ludwig von Nassau-Saarbrücken den Philipp Boos von Waldeck mit dem halben Dorf Lytwyler bei Montfort[5]).

Nach der Kirchheimer Amtsbeschreibung von etwa 1575[6]) war Lettweiler nassauisch Eigentum und früher Lehen der Blicken von Lichtenberg und der Boosen von Waldeck. Nach dem Aussterben der Familie Blick hat sich ein Junker Wonsheimer des Dorfes bemächtigt, über dessen Bedrückungen sich die Einwohner beim Amt Kirchheim beklagten, worauf sie angewiesen wurden, dem Junker Wonsheimer keinen Gehorsam zu leisten. Dem Junker wurde die Belehnung mit halben Dorf verweigert. Die andere Hälfte hatte Hans Ruprecht Boos zu Lehen gehabt und mit seinem Vetter Endres Boos vertauscht. Nach dessen Absterben wurde vom Amt Kirchheim verboten, den Erben des Hans Ruprecht etwas zu reichen (1564). Doch wurde am 25. Juni 1565 Endres von Waldeck, Philipps Sohn, und seiner Vettern Hans Ruprecht und Simons Kinder, Philipp und Michael, Wernhers sel. Söhne und Enkel, mit dem Dorf Luttwiller zur Hälfte, bei Monfort gelegen,

---

1) Sauer, Aelteste Lehenbücher 45. Werner II. hatte den Zehnten zu Tegelach iuxta Mesenheim vom Grafen von Veldenz zu Lehen; ebd. 26.
2) Ebd. 20, 21.
3) Ebd. 44, 45
4) Rhein. Antiquarius II 16, S. 765, 70; S. 775, 132.
5) StAKoblenz, Reichsritterschaft, Kanton Niederrhein, Reichsherrschaft Waldeck auf dem Hundsrück. Originalurkunde 266.
6) KrASpeyer, Nassau-Weilburg, Akten Nr. 9, fol. 36.

belehnt[1]). Nassau wird als Vogt und Hochgerichtsherr bezeichnet. Der gräflichen Rentkammer zu Kirchheim wurden 70 Kreuznacher Malter Hafer (78 Malter 3 Viernzel Kirchheimer Maſz) 14 $^1/_2$ Pfd. hlr. (8 Gulden 9 Albus 4 Pfennig) Bede geliefert. Die Einwohner hatten vier Frohntage, an drei wurde gezackert, am vierten Heu gemacht. 100 Morgen Hecken gehörten der Gemeinde, 10 Morgen Buchenwald der Herrschaft. Früher war das Gericht zu Sobernheim Oberhof für Lettweiler, und es wurde Sobernheimer Maſz gebraucht. Solange die Blicken Gerichtsherren waren, wurden die Todesurteile in Duchroth vollstreckt. Collatur und grosser Zehnte standen dem Kloster Disibodenberg zu.

Die Nassauische Regierung dauerte bis zum Jahre 1603, in welchem der Ort an Pfalz-Zweibrücken abgetreten und dem Oberamt Meisenheim angeschlossen wurde.

17. Raugräfliche Ortschaften der Herrschaft Kirchheim-Bolanden.

Die Besitzer der Herrschaften Bolanden und Kirchheim erwarben oder ererbten einige Bestandteile der alten Raugrafschaft, die in der zweiten Hälfte des 14. und in der ersten Hälfte des 15. Jhdts. sich allmählich auflöste.

Einen Anteil an den Besitzungen der Raugrafen von der altenbaumburger Linie kam durch Lauretta, die Tochter des Raugrafen Georg II., nach dem Tode ihres Bruders Wilhelm an ihren Sohn Philipp von Bolanden. Zu diesen Besitzungen gehörte unter anderm die Stadt Simmern auf dem Hundsrück, die Philipp 1358 an die Pfalzgrafen verkaufte. Gegen Ende dieses Jahres nahm er den Titel als Herr zur Altenbaumburg an und verpfändete an den Wildgrafen Friedrich von Kyrburg alle raugräflichen Rechte, Gülten und Güter zu Flonheim, Münster bei Bingen und Saulheim[2]).

Andere Anteile an der Raugrafschaft kamen an die Grafen von Sponheim-Dannenfels und von diesen an die von Nassau. Bereits 1325 übergab Raugraf Heinrich der Ältere dem Gemahle seiner Stieftochter Elisabeth von Katzenelnbogen, dem Grafen Philipp von Sponheim-Dannenfels, die Verwaltung aller seiner Güter diesseits des Rheins, worüber er am 12. August folgendes Verzeichnis aufstellte: „zum ersten ist Eigen unsere Burg zu Alten-Beymborg, der dal die welde und alles was wir in dem gericht han. — Ebernburg Feil und Bingarten und alle Leute, die in den Hof zu Ebernburg gehören und was wir in dem Gericht haben. — Die drei Höfe zu Münsterappel, Oberhausen und Niederhausen. — Das Gut zu Diefendill (Tiefenthal) und der Hof zu Vornfelt (Fürfeld. — Das Gericht zu Wonesheim. — Das Haus und der Wein-

---

1) Urkunden im StAKoblenz, Reichsritterschaft, Waldeck auf dem Hundsrück.
2) Köllner, Kirchheim-Bolanden 116, 74. 98.

garten zu Suffersheim. — Gericht und Zehnten zu Mauchenheim und Becherheim. — Der Hof zu Siebichenberg. — Die Dörfer und Gerichte Kriegsfeld, Rorbach, Sulzheim. — Das Dorf Jugenheim mit Ausnahme des Gerichts und Kirchensatzes, welche Lehen sind. — Sodann die Burg zu Nauwenborg (Naumburg an der Nahe), Merksheim, Becherbach, Lempach, Solzbach und Leibelbach (Limbach, Sulzbach bei Kirn und Löllbach)". Diese Güter soll Graf Philipp nach dem Tode Heinrichs mit dessen Sohn Raugrafen Ruprecht II. teilen[1]).

Bechenheim erscheint in den raugräflichen Urkunden als Becherheim, so auch in einer Urkunde des Erzpriesters des Kapitels zu Kirchheim, Heinrich Ackermann, vom 13. November 1344 über die Verpflichtung des Pfarrers zu Mauchenheim in der Kapelle zu Wizzen (Niederwiesen) zwei Wochenmessen zu lesen, wobei ausser dem Ritter Brethel und dem Edelknecht Peder von Wizzen, die Geschworenen von Mauchenheim, die Gemeinde von Wizzen und Bremerich und die Gemeinde von Becherheim zugegen waren[2]). Ein Felddistrikt „Bremerich" liegt in der Gemarkung Mörsfeld an deren Grenze mit Kriegsfeld zwischen Niederwiesen und Münsterappel. Hier ist also ein Wohnplatz anzunehmen, der seitdem wüst geworden ist. In diesem Teil der Gemarkung Mörsfeld liegen noch mehr Wüstungen, das in raugräflichen Urkunden genannte Monzenfeld, etwas nördlich von Bremerich, und Affenhausen an der Grenze von Münsterappel.

König Ruprecht der Pfalzgraf belehnte 1401 den Heinrich von Wissen und seine Ganerben mit einem, den Kunz von Speyer mit einem andern Teil am Gerichte des Dorfes Bechenheim und Zubehör, wie sie solches auch früher vom Reiche zu Lehen getragen hatten[3]). Wie sich diese Nachricht mit den raugräflichen Urkunden zusammen reimt, ist nicht zu ermitteln, da weitere Urkunden über dieses Reichslehen fehlen. Im 16. Jhdt. war der Graf von Nassau als Herr zu Kirchheim Dorfgerichtsherr, die Einwohner gestanden ihm die Frevel zu, und jedes Haus gab ein Fastnachtshuhn, doch war keine Morgen- oder Dorfbede zu zahlen. Auch Besthäupter wurden nicht entrichtet. Obgleich sie von ihrer Landesherrschaft zum Gericht Kirchheim gezogen wurden, liessen sie ihre streitigen Rechtssachen in Alzey entscheiden. Sie hatten Beholzungsrecht im Alzeyer Wald und Weidgang im Vorholz. Vom Zehnten fiel ein Drittel an das Kloster Sion, zwei Drittel an die kurpfälzische Amtskellerei zu Alzey. Den kleinen Zehnten hatte der Pfarrer zu Mauchenheim[4]).

---

1) Köllner, Kirchheim-Bolanden 122.
2) Baur, Hess. Urkunden V 322, Nr. 348.
3) Scriba, Regesten, Rheinhessen 2284, 3538.
4) Amtsbeschreibung von Kirchheim im KrASpeyer (Nassau-Weilburg 9) fol. 76 f.

Die wenigen Nutzungen, die Nassau noch hatte, wurden 1579 an Kurpfalz abgetreten[1]). — Auch

Mauchenheim und Kriegsfeld waren Bestandteile der Raugrafschaft. 1325 verordnete Raugraf Heinrich der Alte (Linie Altenbaumburg), dass Raugraf Heinrich der Junge (Linie Neuenbaumburg) soll sitzen in den Gerichten Wonsheim, Kriegsfeld und Mauchenheim. Bei der Übergabe der Verwaltung seines Besitzes an den Grafen Philipp von Sponheim Herrn zu Bolanden und Dannenfels am 11. und 12. August 1325 zählt der Raugraf Heinrich der Ältere das Gericht und Zehnten zu Mauchenheim und Becherheim (Bechenheim), sowie Kriegsfeld, Rorbach und Solzheim, Dörfer und Gerichte, zu seinem Allodium. In der von ihm angeordneten Teilung zwischen seinem Sohne Ruprecht II. und dem genannten Philipp von Sponheim scheint der Anteil an Mauchenheim und Kriegsfeld an Ruprecht gefallen zu sein, da dessen Sohn, Raugraf Heinrich V. (v. d. Altenbaumburg) 1376 seinen Anteil an Mauchenheim und Kreysfeld an den Grafen Heinrich von Sponheim-Dannenfels, Inhaber eines Teiles der Herrschaft Bolanden, versetzte. Ein anderer Anteil war von den Raugrafen an Kurpfalz gekommen, ohne dass ich genau angeben kann, wann und wie. 1404 verpfändete der König Ruprecht als Pfalzgraf seinen Anteil an Mauchenheim an Diez von Wachenheim, der 1406 auf alle Forderung an den Ort wegen einer Schuld der Pfalzgrafen Rudolf und Ruprecht und der Loretta von Bolanden (geborene Raugräfin von Altenbaumburg) verzichtete. Im Jahre 1419 trat Hadamar von Labern die Lösungsgerechtigkeit an Mauchenheim, solchen Ort von Werner von Appenheim zu lösen, dem Kurfürsten Ludwig von der Pfalz ab, der 1428 einwilligte, dass Raugraf Otto (Linie Neuenbaumburg) seinen Anteil am Dorf und Gericht zu Mauchenheim nebst 50 Malter Korngülte zu Gundransheim und Onsheim an Andreas von Heppenheim, gen. uf dem Sale, für 814 Gulden versetzen möge, doch so dass es dem Kurfürsten von der Pfalz freistehen sollte die Pfandschaft auszulösen[2]). Ein anderer Anteil war als Pfälzisches Lehen an Ulner von Dieburg verliehen. Da der Kirchheim-Bolander Anteil (entweder aus der Erbschaft des Grafen Heinrich von Sponheim-Dannenfels oder aus der der Loretta von Altenbaumburg stammend) an den Grafen von Nassau-Saarbrücken gekommen war, wird im Saalbuch der Alzeyer Ausfautei 1576 gesagt, dass „Maichenheim in der Oberkeit Nassauisch und

---

1) Köllner, Kirchheim-Bolanden 197.
2) Widder III 169 ff., 251. Regesten der Raugrafen in Töpfer, Hunolsteiner Urkundenbuch, und bei Köllner, Kirchheim 121 f., 352. Regesta Boica 9, 352. Scriba, Regesten, Rheinhessen 3271. Universitätsbibliothek Heidelberg, Cod. Germ. 369, 147; darin „Historische Notizen über die Raugrafschaft und einige dazu gehörige Ortschaften", aus Pfälzischen Originalurkunden und Copialbüchern zusammengestellt im 18. Jahrhundert, fol. 50.

Philipps Euller von Dipurg, etwan den von Saal zuständig sei[1]). 1579 ging der Nassauische Anteil an Mauchenheim und Kriegsfeld, 1599 der Ulnerische Anteil an Mauchenheim an Kurpfalz über.

Bei Mauchenheim lag das Cistercienser-Nonnenkloster Sion, welches im Jahre 1232 zuerst vorkommt. Schirmvögte und wahrscheinlich auch Stifter waren die Truchsesse von Alzey[2]). In Mauchenheim war auch noch ein zweites Nonnenkloster zum Paradies, dass 1196, 1293, 1311 und 1339 erwähnt wird und später mit Sion vereinigt worden ist.

Jugenheim (Kreis Bingen O 21) kommt im Lorscher Codex im Jahre 767 als Gaginheim im Wormsgau vor; dagegen scheint es zweifelhaft ob auch der Name Juwilenheim, der in einer Wormsgauer Schenkung von 795 genannt wird, auf denselben Ort bezogen werden darf. Es wird vielleicht Suwilenheim (Saulheim) zu lesen sein.

Kaiser Otto I. schenkte 966 der Domkirche zu Magdeburg u. a. das Kloster St. Maria-Hagenmünster in Mainz und Güter in Gogunheim im Nahegau in der Grafschaft Emichs, die von Otto II. 973 Juni 6. bestätigt[3]), aber 1112 durch Erzbischof Adelgot von Magdeburg an den Erzbischof Adelbert von Mainz abgetreten wurden[4]).

Um 1190 war Werner II. vón Bolanden vom Kaiserssohn (Herzog Konrad von Schwaben) mit Gütern zu Jugenheim belehnt, und sein Nachkomme Werner V. hatte um 1260 den Heinrich von Okkenheim mit dem halben Gericht zu Gugenheim belehnt[5]).

Am 21. April 1325 verkauften Raugraf Heinrich der Alte, seine Frau Katharina und Philipp von Sponheim (vermählt mit einer Tochter der Katharina aus erster Ehe) das Gut zu Gugenheim und Partenheim dem Ritter Johann von Bechtoldesheim und belehnten ihn mit dem Gericht und Kirchensatz zu Gugenheim für 1310 Pfd. Hlr. auf Wiederkauf. Im August desselben Jahres zählt der Raugraf die Besitzungen zu Jugenheim und Tiefenthal (Diffendell) zu seinem Allod; nur Gericht und Kirchensatz seien Lehen[6]).

Ruprecht, der Sohn des Raugrafen Heinrich des Alten, verpfändete 1336 alles Eigentum, was er in dem Dorf und in der Mark zu Jugenheim mit Vorbehalt eines sechsten Teiles seinem Schwager Philipp von Sponheim-Dannenfels und dem Ritter Druscheln von Wachenheim um 1250 Pfd. Hlr. 1363 Juni 27. verkaufte Raugraf Ruprecht von der Alten Baumburg seinem

---

1) StADarmstadt, Saal- und Lagerbücher Rheinhessen.
2) Remling, Abteien und Klöster I 262 u. 294.
3) Mon. Germ. Dipl. I S. 476 f., Nr. 332 f.; II S. 41, Nr. 51. Die Güter hatten dem Eberhard und Konrad gehört, denen sie auf einer Reichsversammlung in Worms entzogen waren (vgl. S. 78, Anm. 3).
4) Scriba, Regesten, Rheinhessen 1019.
5) Sauer, Aelteste Lehenbücher 19, 40.
6) Köllner, Kirchheim-Bolanden 121 ff., 272 ff.

Vetter Graf Heinrich II. von Sponheim-Dannenfels sein Dorf Gugenheim mit Gerichten und Leute, Hof, Mühle, Backhäusern, Grundstücken, Zehnten klein und gross, hoher und niederer Herrschaft, Vogtei, Wasser und Weide, dem Zehnten zu Partenheim und allen auswärts in fremden Gerichten gelegenen Zubehörungen, den Lehenmannen, die auf Jugenheimer Gütern beweiset sind, wie Winand Kemmerer, für 2580 Pfd. H. Nur den Kirchensatz, der Reichslehen war, behielt sich der Raugraf in der Weise vor, dass er mit dem Grafen Heinrich von Sponheim gemeinschaftlich ausgeübt werden sollte. Am gleichen Tage versprach der Verkäufer, den Kirchensatz und die Gerichtsbarkeit betreffend, die Reichslehen waren, die Bestätigung des Kaisers einzuholen, und schrieb demgemäfz am 22. September 1363 an Karl IV., der den Verkauf am 25. Juli 1365 bestätigte.

Mit den übrigen Besitzungen des Hauses Sponheim-Dannenfels kam Jugenheim 1393 an den Grafen Philipp I. von Nassau-Saarbrücken; 1629 wurde es jedoch nicht mehr mit dem Amt Kirchheimbolanden der Weilburger Linie zugeteilt, sondern blieb nebst Tiefenthal und dem Anteil an der Gemeinschaft Wöllstein (s. S. 62—69) und Breunigweiler in Verbindung mit der Grafschaft Nassau-Saarbrücken und wurde in einer weiteren Teilung 1659 der Ottweiler Linie zugesprochen. 1700 bis 1717 machte die Idsteiner Linie den Besitz von Jugenheim der Linie zu Ottweiler strittig.

Die Kirchheimer Amtsbeschreibung aus der Zeit vor 1579 spricht dem Grafen von Nassau die Hochgerichtsherrschaft, Gebot und Verbot, Zehnten an Wein und Frucht und alle Hoheitsrechte zu. Die Gemeinde und die Herrschaft haben keinen Wald. Der Graf besetzt das Gericht mit Schultheiss und Schöffen, die die Steinsetzer und den Büttel ernennen. Das Halsgericht stand an der Engelstädter Grenze[1]).

Ein besonderes Gericht war „Herrn Simons" Gericht, das von den 74 Häusern des Dorfes 32 umfasste, deren jedes ein Huhn und acht Kappen an die Herrschaft abgab und Gartenzins zahlte; es gehörte vor 1579 in Gemeinschaft dem Grafen von Nassau, der $^7/_8$ davon besass, und dem Kurfürsten von der Pfalz, der das achte Achtel innehatte. Dazu gehörte ein Weinzehnte in Jugenheim, der nach Alzey geliefert wurde, und ein Weinzehnte an verschiedenen Plätzen in Partenheimer Gemarkung, der an Nassau fiel. Die Pfälzischen Beamten beanspruchten einen Atz auf dem Simonsgericht[2]).

Dass ein solches von der Landesherrschaft unabhängiges zweites Gericht zu Jugenheim bereits im Jahr 1346 bestand, geht aus einer Urkundenstelle hervor, wo es heisst: „in villa Gugenheim

---

1) KrASpeyer (Nassau-Weilburg 9) fol. 4 ff.
2) Ebd. fol. 6.

in loco in quo seculare iudicium domini Irsuti comitis, necnon
militis domini dicti Fust de Leyen haberi consuevit" [1]). Bei dieser
Verhandlung waren zwei Schultheissen, der des Raugrafen und der
des Fust von Leyen, und vier Schöffen anwesend. Am 24. Fe-
bruar 1427 verkauften Gotfrid von Randeck und seine Frau Yoland
dem Kurfürsten Ludwig III. von der Pfalz ein Viertel an dem
halben Teil des Dorfes Gugenheim mit allen Rechten um 310 Gul-
den [2]). Es ist das pfälzische Achtel am Simonsgericht. 1466 ver-
kaufte Friedrich von der Hauben dem Grafen Johann III. von
Nassau-Saarbrücken die sieben Teile des Gerichtes zu Jugenheim,
genannt Herrn Simons Gericht. 1488 verkaufte ein Gottfried von
Randeck seinen Anteil am Simonsgericht und der Atzgerechtigkeit
zu Jugenheim dem Grafen Johann Ludwig von Nassau. 1579 trat
Kurpfalz seinen Anteil an diesem Gericht an Nassau ab [3]).

18. Herrschaft Stauf.

Köllner, Kirchheim 247 ff. — Lehmann, Burgen der Pfalz 4, 1—32.

Seit 1388 war mit dem Amt Kirchheim, damals dem Grafen
Heinrich von Sponheim-Dannenfels gehörig, die Herrschaft Stauf
am Donnersberg verbunden, die nicht zu den Besitzungen des
alten Geschlechts von Bolanden zählte.

Die ersten Besitzer dieser Burg und Herrschaft, die man
kennt, sind die Grafen von Eberstein in Schwaben. Graf Eber-
hard II. der um 1220 mit seinem Bruder Otto geteilt hat, ur-
kundete um 1250 apud Stofen über eine Güterschenkung zu Primm
bei Sippersfeld an das Kloster Rosenthal, und nannte 1255 das
Dorf Eisenberg sein (villa nostra Isenburg). Seine Tochter Agnes
heiratete den Grafen Heinrich II. von Zweibrücken, dem sie die
Herrschaft Stauf zubrachte. Schon bei Lebzeiten des Vaters Eber-
hard schenkte dieses Ehepaar 1248 dem Kloster Rosenthal Gefälle
zu Sippersfeld und nach Übernahme der Herrschaft 1264 das Pa-
tronatsrecht zu Unterkerzenheim, und verpfändete 1282 die Burg
Stauf mit den zuhörigen Weilern Wernersbrunnen, Morsbach, Swan-
den und Ruckweiler und den Waldungen Hagen und Stauf mit
Bewilligung des Erzbischofs und Domkapitels zu Trier, welchen die
Lehensherrlichkeit darüber zustand, dem Bischof von Worms, dem
auch der Erzbischof seine Rechte abtrat. Da nachher die Burg
Stauf freies Eigentum der Grafen war, muss sie beim Rückkauf
der Pfandschaft zum Allod gemacht worden sein. Bei den Grafen
von Zweibrücken verblieb die Herrschaft Stauf bis 1378. Damals
verkaufte Graf Eberhard von Zweibrücken seinem Nachbar, dem
Grafen Heinrich II. von Sponheim-Dannenfels, die Hälfte der Herr-

1) Baur, Hess. Urkunden 3 S. 262, Nr. 1187.
2) Alzeyer Copialbuch im StADarmstadt fol. 26.
3) Köllner, Kirchheim 275.

schaft Stauf für 8500 Gulden und der Bischof von Worms erteilte als Lehensherr seine Bewilligung, soweit von seinem Hochstift lehenrührige Ortschaften in Betracht kamen: die Gerichte zu Horgheim, Babenheim, Roxheim, Hühner- und Hafergült zu Pfifligheim und Hochheim, Wein- und Pfenniggült zu Worms. Im folgenden Jahr versetzte der Graf von Zweibrücken dem Grafen Heinrich auch die Hälfte des zweiten Teiles und verkaufte ihm 1388 am 5. März diese zweite Hälfte ganz und erblich. Zur Herrschaft Stauf gehörten die Ortschaften Göllheim, Kerzenheim, Stauf, Ramsen, Eisenberg, Sippersfeld und die neun sogenannten Rheindörfer.

Bei Göllheim lag der vormals dem Kloster Rosenthal gehörige Plunkershof und der landesherrschaftliche Gundheimerhof. 820 war das Kloster Hornbach in Gylnheim marcha im Wormsgau begütert, 828 urkundete Ludwig der Fromme daselbst.

Bei Kerzenheim liegt das Cistercienser-Nonnenkloster Rosenthal, das 1241 durch Graf Eberhard II. von Eberstein gegründet und 1242 durch den Bischof Landolf von Worms bestätigt worden ist[1]). Der in der Nähe gelegene Kerzweiler oder früher Kerbsweiler Hof gehörte diesem Kloster. Beide waren bis 1827 dem Banne von Breunigweiler zugeteilt. Vor der Revolution bildeten sie besondere Bänne.

Bei Stauf lagen einige Wüstungen: Wernsbrunnen, Morsbach, Swanden (beim jetzigen Klauserhof) und Ruchwiler, die 1282 als Zubehör genannt werden. 1278 hatte das Kloster Enkenbach dem Kloster Rosenthal $\frac{1}{3}$ des ihm zustehenden Zehnten im Rosendale, Korbiswyler, Stauff, Swande, Ruckwilre und Vogelsborn verkauft. In Korbsweiler war ein Priester angestellt[2]).

Zu Ramsen, in Ramosa, gründete 1146 Berthold von Winchingen ein Kloster für Cistercienser-Nonnen zum heiligen Georg unter der Aufsicht des Abtes von St. Georgen im Schwarzwald. 1174 übertrug der Abt von St. Georgen seine Rechte dem Bischof Konrad von Worms, der das Schirmrecht dem Pfalzgrafen Konrad überliess. Später ist diese Vogtei an die Besitzer der Herrschaft Stauf gekommen, die sie 1305 besassen. 1404 waren noch Nonnen dort, 1459 suchten die Äbte von Cisterz, Otterberg und andere bei der Landesherrschaft Stauf darum nach die seit einiger Zeit leer stehenden Gebäude wieder mit Mönchen besetzen zu dürfen. 1494 wurde das Kloster dem Hochstift Worms incorporiert. Hierauf wurde durch Friedrich Kämmerer von Worms und Schweikart von Sickingen ein Vertrag zwischen dem Bischof von Worms und den Grafen von Nassau vermittelt, der die Jagd und Fischerei

---

1) Köllner 345 ff. Remling, Abteien 1, 275.

2) Köllner 247, 348. Schwanden und Ruchwiler sind nicht Schwanden im Kirchspiel Reichenbach und Röckweilerhof bei Wolfstein. Vgl. Häberle, Pfälz. Bibliogr. 3 S. 205, Nr. 956, wo ein Aufsatz über Schwanden (Klauserhof) in den Leininger Geschichtsblättern 1904, 46—49 zitiert ist. Ruch- oder Ruckwiler muss in derselben Gegend gesucht werden.

in den Wäldern und Bächen bei dem Kloster und die Holz-
berechtigungen im Walde Ramsberg und Stampf (jetzt Stumpfwald)
ordnete und bestimmte, dass Schultheiss, Gericht und Gemeinde
von Ramsen von des Klosters wegen dem Bischof von Worms
huldigen und geloben sollten, die Rechte des Klosters an Wald
und Weide zu wahren. Die Höfe Hettenheim und Luselnheim
sollten dem Kloster wie bisher zu Eid und Frohn verpflichtet sein[1].

1555 wurde zwischen dem Bischof Dietrich von Worms und
den Grafen Philipp, Johann und Adolf von Nassau und Saar-
brücken vereinbart, dass Ramsen das Dorf nebst Zubehör mit
allem was der hohen und niederen Obrigkeit anhängig ist, auch
Setzung und Entsetzung eines Schultheissen und Gerichts denen
von Nassau sein und bleiben solle. Dagegen soll Hettenheim und
Leudelheim mit aller hoher und niederer Obrigkeit auch der hohen
Gerichtsbarkeit des Bischofs sein, nebst allen Renten, Zinsen und
Gülten. Nur die Leibbede soll noch fernerhin an Nassau fallen.
Damit war die Gemarkung Hettenleidelheim, wie sie jetzt heisst,
(Bezirksamt Frankenthal) von der Gemarkung von Ramsen ge-
schieden. Die beiden Höfe sollten jedoch ihre Berechtigung im
Stampfwald behalten[2].

Eisenberg soll von Bischof Chrodegang von Metz um 765
dem Kloster St. Gorgonius in Gorze geschenkt worden sein, zu
dieser Schenkung soll ein Viertel der Waldberechtigung und des
Bannes über den Stampfwald gehört haben.

1255 freite Graf Eberhard von Eberstein die Güter des
Deutschen Ordens zu Eisenberg. Auf Eisenberger Gemarkung
hatten die Hettenheimer und Leidelheimer Höfe Weidgang und
Beholzung in den Wäldern, namentlich im Niederstall, wegen
welcher zwischen Nassau und Worms 1588 ein Vertrag geschlossen
wurde[3].

Auf den Stühlen im Stampfwald wurde das Landgericht
gehegt, in dem die Herren zu Stauf, die Grafen von Leiningen
und die Herren von Alsenborn die Missethäter richten sollten. Zu
diesem Landgericht gehörte ein weiter Bezirk, der auch das Dorf
Hochspeyer und das Kloster Enkenbach einschloss.

Nach dem Weistum[4] von Ramsen von 1390 war der liebe
Ritter sant Jorge, der ein heilig Man ist, oberster Gerichtsherr
auf dem Stamp über Wasser und Weide. Das Kloster St. Georg
in Ramsen war also Obermärker. Und danach war, wer ein Herre
zu Stauf war, ein oberster Fautherre und ein Hüter des Stampes
über Wasser und Weide. Die neun Dörfer Grinstat, Mertenfsheim

---

1) Köllner 249 ff. Remling, Abteien und Klöster 1, 263.
2) Köllner 251.
3) Ebd. 255.
4) Pfälzisches Museum 1903 S. 134; 1903 S. 121, 11, 45. Grimm, Weis-
tümer 5, 613.

Alſelnheim, Almſshem, Mulhem, Oberkem, Cogenstein, Hedeſshem, und Obersultzen (Grünstadt, Mertesheim, Asselheim Albsheim, Obrigheim, Mühlheim, Colgenstein, Heidesheim, Obersülzen im Amtsgericht Grünstadt Bezirksamt Frankenthal, O und P 24) waren berechtigt auf dem Stamp Holz zu hauen, als das Gericht weiset, ferner Ysenberg (Eisenberg) und Ramsen; die von Wattenheim und Alsenborn sind nur zur Weidenutzung berechtigt gewesen. Von dem alten Landgericht auf den Stühlen im Stampf (beim Stempelborn in der Gemarkung Alsenborn im Flörsheimer Wald) war nun nur noch die Hochgerichtsbarkeit über den engeren Bezirk des Stumpfwaldes übriggeblieben, die den Herren von Stauf und den Grafen von Leiningen und den Herren zu Alsenborn zustand.

19. Sippersfeld.

Der Bistumsverwalter Erkenbald von Mainz teilte 1019 der Kirche des heiligen Dodardus zu Minchwillare (Münchweiler an der Alsenz, Bezirksamt Rockenhausen, N 24) die bis dahin noch zu keiner Kirche gehörigen Marken von Albusheim und Syperadesveld mit einem grossen Bezirk zu, dessen Grenzen in der Urkunde genau beschrieben sind. „Ingredientibus ad plateam, que dicitur Hohunstraza, transeundum est in occiduas partes ad loca, que nominantur Hohenreina, inde vero per convallem ad planiora loca, ubi duo rivuli conveniuut, quorum alter Unnesbahe alter etiam Wantbahe barbarorum nomen accepit; inde quoque ascendendum ad scopulum Falckenstein appellatum, ab illo quidem scopulo ad quandam crucem in stipite fagi dolatam, inde migrandum ad petram Rammesteyn dictam haud procul inde ad locum Rorouuna, dehinc ad villam (vallem?), que Hemmendail appellatur, ab ea utique valle Hohenstraza peracto in girum itinere est iterum repetenda“ [1]). Dass dieser Bezirk sich von der noch jetzt die Südgrenze der Gemarkung Sippersfeld bildenden Hochstrasse von Alsenborn nach Göllheim bis zu der damals noch nicht mit der Burg gekrönten Klippe Falkenstein erstreckt hat, ist von Häberle nachgewiesen worden, dem auch wohl in der Bestimmung der einzelnen Grenzpunkte im allgemeinen zu folgen ist [2]). Nur glaube

---

1) Würdtwein, Dioec. Mogunt. I 330. — Neubauer, Regesten des Klosters Hornbach in den Mitteilungen des histor. Vereins der Pfalz XXVII (1904) S. 12.

2) Dr. D. Häberle, Die Mark von Sippersfeld (Sonderabdruck aus der Monatsschrift „Pfälzisches Museum“ XXVI). Kaiserslautern 1909. — Münchweiler an der Alsenz gehörte, wie der gleichnamige Ort am Glan, der Cistercienserabtei Hornbach bei Zweibrücken, die dort das Patronatsrecht besass. Zu diesem Zehnten gehörten noch 1588 die Feldfluren der Dörfer Münchweiler, Lohnsfeld, Imsbach, Baudweiler (Wüstung), Leidhofen, Eichenbach (Mühle an der Alsenz) und Enkenbach ganz oder teilweise. Die Vogtei und hohe Obrigkeit zu Münchweiler und Gonbach hatten die Grafen von Leiningen an die Ritter von Randeck (Lehmann,

ich nicht, dass es nötig ist, innerhalb dieser Mark ein zweites Albisheim anzunehmen, dessen Stelle Häberle im Langenthal südlich der Burg Hohenfels am Fuss des Beutelfelsens sucht; bei der Besprechung von Albisheim an der Pfrimm (S. 411 f.) ist nachgewiesen worden, das dieser Ort am Südfuss des Donnersberges Waldbesitz hatte. Ist nun auch der jetzige Albisheimer Wald westlich der Gemarkung Jakobsweiler und Steinbach in der Gemarkung Dannenfels zuweit nach Osten abgelegen um in diesen Bezirk einbegriffen' zu sein, so ist doch die Bemerkung des Caesarius von Heisterbach, dass die Burg Hohenfels auf einem zu dem Hofe des Klosters Prüm in Albisheim gehörigen Waldstück gegründet sei und von dem Kloster zu Lehen rühre, ein Zeichen dafür, dass sich die Albisheimer Mark (wohlverstanden: nur die Waldmark!) soweit nach Westen ausgedehnt hat. Zwischen dem Wald um Hohenfels und dem jetzigen Albisheimer Wald liegt nördlich vom Hahnweiler Hof der „Reipoltskircher Berg" südlich vom Spendelthal und der Ruine Wildenstein, der offenbar von der Zuhörigkeit zur Herrschaft Reipoltskirchen-Hohenfels so genannt ist. So scheint es, dass sich Albisheimer Waldmark in einem langen Streifen am Südfuss des Donnersberges bis in die Gegend erstreckt hat, wo in späterer Zeit auf Grundgebiet der Abtei Prüm das Schloss Hohenfels erbaut wurde. Dieser westliche Teil der Waldmark ist dann zu dem Schloss Hohenfels gekommen und herrschaftlich geworden, während der östliche Teil dem Dorfe Albisheim verblieb.

Die Entstehung der Burgen Hohenfels, Falkenstein und Wildenstein musste die Sippersfeld-Albisheimer Mark immer mehr einschränken. Werner von Bolanden hatte um 1194 vom Grafen von Saarwerden zu Lehen beneficium apud Unnisbach et totum nemus quod pertinet ad Sippersvelt[1]). Unnisbach ist hier der kleine Bach Zinsbach, auf dessen Zusammenfluss mit dem Wohnbach Häberle die Stelle der Urkunde von 1019 von Unnesbahe und Wantbahe bezieht. Ist es erlaubt, hier einen Hof anzunehmen, so wäre das vorgeschlagene Z im heutigen Namen ebenso erklärt, wie bei Zotzenheim (vgl. S. 69). Ob der Graf von Saarwerden damals Herr zu Sippersfeld war, lässt sich aus dieser Stelle des Lehenbuches nicht mit genügender Sicherheit erschliessen. In späterer Zeit waren

---

Burgen IV 230, 89), dann an die von Flörsheim verliehen, von denen sie 1655 an Leiningen-Westerburg zurückfiel. Später wurde sie dem Grafen von Wieser zur Aussteuer verliehen, der die Ansprüche der Erben derer von Flörsheim ablösen musste. — Aus dem Umfang, den der Zehntendistrikt noch 1588 (als er vom Pfalzgrafen Johann I. von Zweibrücken an Friedrich von Flörsheim abgetreten wurde) hatte, ist zu ersehen, dass zu diesem Kirchspiel Münchweiler die Gemarkung Imsbach gehört hat. Diese Gemarkung umfasste aber den Burgstadel von Hohenfels, dessen Bezirk sich noch 1354 bis zum Kloster Marienthal und zur alten Tränke unten am Falkenstein erstreckte.

1) Sauer, Aelteste Lehenbücher S. 26.

die Herren von Stauf dort begütert. 1248 schenkte Graf Heinrich von Zweibrücken Herr zu Stauf dem Kloster Rosenthal ein Gut in Sippersfeld, worüber er sich die Vogtei, die Leute, die Herberge vorbehielt[1]). Er scheint demnach gerichtliche Herrschaftsrechte dort besessen zu haben. Gegen Ende des Mittelalters waren die Herren von Stauf (Grafen von Nassau-Saarbrücken) oberste Gerichtsherren zu Sippersfeld, neben ihnen besassen die Pfalzgrafen von Simmern, Grafen von Sponheim, und die Herren von Oberstein je ein Viertteil der Grundherrschaft. 1555 ging der Sponheimische, 1556 der Obersteinische Anteil an Tiburtius Bechtolt von Flersheim über, der diese Rechte mit der Herrschaft Neuhemsbach vereinigte[2]).

Der Primmerhof bei Sippersfeld kam 1250 durch Schenkung von Graf Eberhard II. zu Zweibrücken Herr zu Stauf an das Rosenthaler Kloster. 1786 war er im Besitz der Landesherrschaft (Nassau-Weilburg).

20. Die Rheindörfer.

In Gemeinschaft mit dem Hochstift Worms und von diesem zu Lehen besassen die Herren zu Stauf die Dörfer: Mörsch, Roxheim und Bobenheim (Bezirksamt und Amtsgericht Frankenthal, Q 24), Horchheim, Weinsheim, Wiesoppenheim, Hochheim, Leiselheim und Pfiffligkeim (Kreis Worms, P 24). Über die Regierung dieser Gemeinschaft wurde 1427 zwischen dem Bischof Friedrich von Worms und dem Grafen Philipp I. von Nassau-Saarbrücken ein Vertrag geschlossen. 1486 war Graf Philipp II. zu Weilburg mit der Hälfte an den Dörfern und Gerichten zu Mersch, Roxheym, Bubenheym, Horgheim, Wiensheym, Bolsoppenheym, Piffelnkeim, Lusselnheym und Hocheim belehnt. Wie oben beim Amt Alzey (S. 208, 32) gesagt, kamen die drei zuletzt genannten Dörfer gegen Ende des 17. Jhdts. unter kurpfälzische Botmäfsigkeit und wurden sowohl durch Nassau als auch durch Worms 1706 und 1705 als pfälzisch anerkannt. Der nassauische Anteil an den sechs übrigen „Rheindörfern" Mörsch, Roxheim, Bobenheim, Horchheim, Weinsheim und Wiesoppenheim wurde damals an Kurpfalz und von diesem Staat sofort an das Bistum Worms abgetreten.

2. Die Herrschaft Hohenfels und Reipoltskirchen.

G. J. Lehmann, Urkundliche Geschichte der Burgen und Bergschlösser in den ehemaligen Gauen, Grafschaften und Herrschaften der bayerischen Pfalz. Kaiserslautern 1857 ff. IV. S. 161 ff.

Kreisarchiv Speyer, Weistümer der Herrschaft Reipoltskirchen. Vgl. J. Mayerhofer und F. X. Glasschröder, Die Weistümer der Rheinpfalz. Mitteilungen des historischen Vereins der Pfalz XVI. Speyer 1892. 132—133.

---

1) Köllner, Kirchheim-Bolanden 261 ff.
2) Mitteilungen des histor. Vereins der Pfalz XVI (1892) 148. Frey, Beschreibung des K. Bayer. Rheinkreises III 173.

Archiv des Reichsgrafen von Spee auf dem Schloss Heltorf bei Angermund im Landkreis Düsseldorf: Archiv der Herren von Reipoltskirchen. Der Besitzer, Herr Graf Franz von Spee, hat mir einen Teil der Bestände (besonders ältere Lehens- und Familiensachen) zur Benutzung geliehen.

Die Herren von Hohenfels und Reipoltskirchen stammen aus dem Hause Werners von Bolanden, dessen Güterverzeichnis uns die ersten Nachrichten von der Burg Hohenfels bringt. Er und sein Vetter (oder Bruder) Philipp von Falkenstein besassen gemeinschaftlich die Burg Hohenfels auf dem Gebiet des Prümischen Hofes Albisheim als Lehen von der Abtei. Auch andere in dem Lehenbuch Werners angeführte Stücke finden sich später als Besitz der Herren von Hohenfels wieder.

Werners Enkel, Werner III. von Bolanden und Philipp, der 1206 als Philippus puer de Falkenstein vorkommt, scheinen später ihre Herrschaften so geteilt zu haben, dass Bolanden und Falkenstein dem Werner, Hohenfels und Reichenstein dem Philipp, dem dritten in der Reihe der Bolander, zufiel.

Der letztere hatte zwei Söhne, Philipp als Bolander IV., als Hohenfelser I. und Werner von Reichenstein, der ohne Nachkommen blieb. Philipp, viermal vereheligt, hatte viele Söhne, deren vier in einer Urkunde von 1276 vorkommen, in welcher die beiden ältesten Philipp und Dietrich unter sich ihre Burgen verteilen. Es ist die älteste der im Archiv zu Heltorf aufbewahrten Originalurkunden:

Nos Ph. et Th. tenore prefentium profitemur, quod super dominio et poffeffione caftrorum Hohenvels Guntheim Richenftein Stadeke Ripoltskirchen domino Jacobo cantore Wormat. ecclefie et alijs caftrensibus et amicis noftris mediantibus hec inter nos divifionis ordinatio rite per fortem et legitime intervenit,

quod ego Ph. caftro Hohenvels cum fuburbio et hominibus ibidem refidentibus et univerfis que infra fepta continentur, medietate filve et pratorum dicto caftro attinentium, caftro Guntheim cum villa et hominibus et omnibus infra terminos eius fitis pro me et meis fuccefforibus contentus effe debeo, nec de alijs caftris quidquam iuris de cetero vendicabo; et michi quidem quinque marcarum denariorum colon., quas fereniffimus dominus nofter R. Romanorum rex patri meo et fratribus nostris Ph. et Johi. fingulis annis in reftaurationem lacus et molendini in Stadeken folvi constituit, onus solutionis incumbit, et Th. fratrem meum ab impetiticione quinque marcarum predictarum fervabo perpetuo liberum et indempnem.

Ego Th. caftro Richenstein cum monte et universis infra fepta fitis, castro Stadeke cum lacu molendino villa infra lacum fita et hominibus ibidem refidentibus cum omni utilitate que inde colligi poteft, castro Ripoltskirchen cum eo iure quod Ph. fratri meo et michi iure fuccefsionis debitur ibidem et medietate filve et pratorum caftro Hohenvels hactenus attinentium pro me et meis

ſucceſſoribus contenus eſſe debeo ſimili modo per omenia sicut
ſuperius eſt expreſſum.

Profitemur quoque id inter nos in ſolidum ſtatuiſſe quod
nulli noſtrum a situ castrorum alterius preter eius conſenſum infra
miliare munitionem aliquam edificare licebit, hoc dumtaxat excepto
quod Th. frater meus munitionem unam non muratam ligneis edi-
ficijs et uno vallo [1]) in sua parte ville Pehternſheim ad instar mee
munitionis ibidem ſite, ſi ſibi placuerit, edificandi liberam habeat
poteſtatem.

Ut autem hec rata et inconcussa permaneant, presentem literam
ſigillorum noſtrorum appenſione duximus roborandam.   Datum
Swabispurc anno domini MCCLXX sexto.   XIII kal Maij [2]).

Philipp erhielt also das Schloss Hohenfels bei Imsbach am
Südfuss des Donnersberges (Bezirksamt Rockenhausen, N 24) mit
den Burgmannen und alles, was innerhalb der Umzäunung gelegen
war, dazu die Hälfte der zur Burg gehörigen Wälder und Wiesen,
und das Schloss Gundheim (Kreis Worms, P 23) mit dem Dorf und
den Leuten und Allem, was in der Gemarkung lag, und übernahm
die Zahlung von fünf Mark jährlichen Beitrages zur Herstellung
des Weihers und der Mühle zu Stadecken (Kreis Mainz, O 20), die
König Rudolf seinem Vater und seinen Brüdern Philipp und Johann
zu zahlen auferlegt hatte, und versprach den Dietrich davon frei
und schadlos zu halten.

Dietrich erhielt das Schloss Reichenstein bei Trechtingshausen
(Kreis St. Goar, N 19) mit dem Berg und Allem, was innerhalb
der Umzäunung angetroffen wurde, das Schloss Stadecken mit dem
Teich, der Mühle und dem Dorfe, soweit es innerhalb des Teiches
liegt (wohl zwischen dem Mühlgraben und der Selz) und den
darin wohnenden Leuten und allen Nutzungen die davon fielen,
sowie das Schloss Reipoltskirchen, wie dasselbe durch Erbschaft
auf ihn und seinen Bruder Philipp gekommen war, und die Hälfte
der Wälder und Wiesen um Hohenfels. Keiner von beiden Brüdern
soll ohne Einwilligung des andern im Umkreis von einer Meile
von dessen Schlössern eine Befestigung anlegen, nur soll Dietrich
eine Befestigung von Holz ohne Steinmauern und nur mit einem
Wall in seinem Teil des Dorfes Pfeddersheim (Kreis Worms, P 23)
nach der Art der, die Philipp dort besass, anlegen dürfen.

Diese Urkunde gibt ein Bild von der Lage der Hohenfelser

---

1) Im Original zuerst valle, dann korrigiert, so dass es beinahe wie
valla aussieht.

2) Original mit zwei Siegelstreifen, Siegel ganz abgefallen, Perga-
ment im Archiv des Grafen von Spee auf Schloss Heltorf bei Angermund,
Archiv Reypoltzkirchen, Nr. LXVII: „Nachträglich gefundene Briefschaften
der Familien von Hohenfels und Reipoltskirchen“. Dorsualnotiz: videtur
in dato quoad annum (14. Jhdt.), dann „Theilung Hohenfelſs, Guntheim,
Reichenstein, Stadeckhen und Rypoltzkirch“ (Anf. 17. Jhdt.), darunter
„1276“ (15. bis 16. Jhdt.).

Besitzungen, die wahrscheinlich von diesen Burgen aus verwaltet wurden.

1. Reichenstein.

Den Bezirk des Schlosses Reichenstein bildeten, wie bereits oben gezeigt (S. 276 ff.) die Dörfer Ober- und Nieder-Heimbach und Trechtingshausen, wo die Abtei Kornelimünster bei Aachen Grundherrschaft war. Dazu kann noch Laubenheim an der Nahe gerechnet werden, welches 1382 durch Konrad von Hohenfels Herrn zu Reipoltskirchen an den Pfalzgrafen Ruprecht II. verkauft wurde. Nur den Kirchensatz und Zehnten behielten sich die Herren von Hohenfels vor [1]). 1465 wurde durch Meinhard von Coppenstein den alten und Wilhelm von Randeck, Amtmann zu Kreuznach, beredet, dass Pfalzgraf Friedrich dem Eberhard von Hohenfels-Reipoltskirchen zugestehen solle, dass niemand auf den Kirchensatz und was er am Zehnten zu Leubenheim hat, mit Gericht nicht klagen, bekimmern, vornehmen oder aufhalten solle, ausser vor dem Pfalzgrafen oder seinem Amtmann zu Simmern; dafür räumt der Herr von Hohenfels dem Pfalzgrafen ein Vorkaufsrecht auf den Kirchensatz und Zehnten zu Laubenheim ein [2]). Noch im 16. Jhdt. war zu Laubenheim ein Hohenfelser Mannlehen (vier Pfund Heller Rente aus dem Backhaus) im Besitz des Jost von Becheln, der auch mit Wingerten zu Trechtingshausen und einem Hof und Garten sowie mit zwei Mark Renten zu Gauelsheim belehnt war [3]). Ferner scheinen auch die Lehen, die die Herrschaft Hohenfels in Bingen vergab, zu der Burg Reichenstein gehört zu haben: gewisse Wingerte, Zinsen von einigen Häusern in der Judengasse daselbst, womit Eberhard von Hohenfels 1444 nach dem Tode des Johann gen. Scholtefs zu Bingen den Symond Wynand vom Stege belehnte. Das Lehen blieb in dessen Familie, die später den Zunamen Keyser annahm, bis 1547 [4]).

Auch das zwischen dem Ingelheimer und Binger Wald nw. von Daxweiler gelegene Wäldchen „Reypoltzkirch" ist wohl als Rest der Hohenfelser Besitzungen bei Reichenstein zu betrachten.

2. Hohenfels.

Die Stammburg Hohenfels war ein Lehen des Klosters Prüm in der Eifel, errichtet auf dessen zum Hofe Albisheim gehörigen Gebiet. Das Dorf Albisheim an der Pfrimm, zwischen Gauersheim und Stetten, wo das genannte Kloster seit 855 einen Hof mit grossem Grundbesitz hatte [5]), war im Besitz grösserer

---

1) Regesten der Pfalzgrafen I 5142. — Westd. Ztschr. XXVIII 106.
2) Archiv Heltorf IX 13.
3) Ebd. III. Conv. I. Lehenbuch von 1554.
4) Ebd. II. Conv. II 13.
5) MRUB. I S. 69, 198, 199 Anm. S. oben S. 410 u. 411.

Waldungen am Donnersberg (s. v. Dannenfels, w. von Jakobs-
weiler) [1]. Es kann daher auch das Waldgebiet nördlich von Hahn-
weiler Hof und Imsbach, in dem Hohenfels liegt, zu Albisheim ge-
hört haben und es ist nicht nötig, für die Erklärung der Urkunde
des Mainzer Bistumsverwesers Erkenbald über die Marken von
Syperadesveld und Albusheim von 1019 eine besondere unter-
gegangene Wohnstätte Albusheim innerhalb dieses Waldgebietes
anzunehmen. Das in der Urkunde genannte Albusheim, dessen
Waldmark damals zur Pfarrei des hl. Dodardus zu Minchwillare
(Münchweiler an der Alsenz, N 24) geschlagen worden ist [2], ist
eben Albisheim an der Pfrimm (O 23). Wenn sich später auch
Albisheimer Wald nicht soweit nach Westen ausgedehnt hat, ist
doch der Zusammenhang der Burg Hohenfels mit den Prümischen
Gütern zu Albisheim sicher bezeugt, und es kann nach der Er-
richtung der Burg ein Teil des Waldes für den Inhaber des
Lehens abgesondert worden sein; wird doch in der Teilungs-
urkunde von 1276 der zur Burg Hohenfels gehörige Wald aus-
drücklich erwähnt.

Am 6. Sept. 1355 schlossen die Herren Hermann und Johannes
von Hohenfels einen Burgfrieden für den Burgstall Hohenfels mit dem
Pfalzgrafen Ruprecht dem Aelteren, dessen Grenzen sie so bestimm-
ten, dass er oben an Steinbach beginnen sollte, den Weg am Kalk-
ofen entlang über den Galgen auf die Strasse durch das Dorf
Winenbach, den Weg nach bis an das Dorf Imsbach, durch Ims-
bach über das Hesslich hinaus bis an die alte Tränke oberhalb
Falkenstein, weiter dem Wege folgend bis nach Marienthal an das
Kloster und von dort an den Sponnal (Spendelthal südlich vom
Donnersberg) hinaus mit der Strasse bis an den alten Pfad, der
wieder auf den Weg zum Kalkofen stösst [3].

Dieser Bezirk umfasst Teile der jetzigen Gemarkungen Ims-
bach, Falkenstein und Marienthal und vielleicht den Bezirk des
Hahnweiler Hofes. Das Dorf Winenbach ist verschwunden.

Die Burg Hohenfels selbst war kurz vorher in einer Fehde der
verbündeten Grafen Walram von Sponheim und Heinrich von Veldenz
sowie der Städte Worms und Speyer gegen die Herren von Hohen-
fels erobert und abgebrochen worden, worauf in einem Vertrag
bestimmt worden war, dass die Herren von Hohenfels die Burg
nimmermehr wieder aufbauen sollten. Als Entschädigung zahlte

---

1) Flurkarten d. Messungsamtes Kirchheimbolanden. Vgl oben S. 411.

2) D. Häberle, Die Mark von Sippersfeld im Jahre 1019 (Pfälzisches
Museum XXVI [1909], Sonderabdruck). — Würdtwein, Dioec. Mog. Tom. I,
S. 330. — Neubauer, Regesten des Klosters Hornbach, Mitteil. des histor.
Vereins d. Pfalz XXVII (1904) S. 12. Vgl. oben S. 438.

3) Regesten von Dr. Häberle in Heidelberg aus „Karlsruher Spon-
heimer Kopialbuch neuerer Zeit IV 510 f.“. Der Burgfriede (ohne die
Grenzbeschreibung) auch erwähnt in Koch und Wille, Regesten der Pfalz-
grafen 1 2879 aus Heidelberg. UB. Lehmann, Pfz. Urkunden 2 619.

die Stadt Speyer ihnen 300 Pfund Heller. Daher wird Hohenfels in der Urkunde von 1355 als „Burgstall" (soviel als Burgstelle) bezeichnet.

Die weiteren Zubehörungen der Burg erfährt man aus einer Urkunde von 1355, mit welcher Hermann I. von Hohenfels und sein Sohn Johannes dem Pfalzgrafen Ruprecht dem Aelteren verkauften „Hohenfels daz burgstal halbis und alle die gut halbe, die in der mile weges umbe und umbe, umbe Hohenfels gelegen sin, die zu derselben vesten Hohenfels gehorent und bizher darzu gehoret haben, als die mit namen hernach geschriben stent, Dreyse daz dorf, vogtye, lut und gut, daz geleite uf der strazze und die vischery frevil und buze uf demselben geleit und uf der strazze, die zu Steinachtenbuel heruz get, Munsterdreyse daz closter, Bischofsheim den munchehof, Heymwilre daz gerichte, Biescheit lute und gut, Dorngebach ein teil an dem gerichte, lute und gut, in dem Appelredal eynen hof, zu Begenrutt eynen hof, und eynen hof zu Heimwiller, den hof zu Bitzenborn und die mul zu Steinbach" samt allen damit verbundenen Rechten, Ehren, Freiheiten und Gefällen. Die zu der Burg gehörigen Ortschaften waren also das Dorf Dreyse, jetzt Dreisen an der Pfrimm (O 23, Bez.-A. Kirchheim-Bolanden) mit dem Kloster Münsterdreisen, dem jetzigen Münsterhof, der Münchbischheimer Hof zwischen Ober-Flörsheim und Gundersheim (P 23, Kreis Worms), Hahnweiler, damals Dorf mit Pfarrkirche, jetzt Hof bei Börrstadt (N 24, Bez.-A. Rockenhausen), Leute und Güter zu Börrstadt, welches früher oft Birschied geschrieben wurde, ein Teil am Gericht, Leuten und Gütern zu Dörnbach (M 23, Bez.-A. Rockenhausen), einen Hof im Appeler Tal, das vom Donnersberg von Marienthal nach Münsterappel und weiter nach Wöllstein zur Nahe hinabgeht und bei Ippesheim in diesen Fluss mündet, zwei unbekannte Höfe Begenrutt und Bitzenborn, sowie die Mühle zu Steinbach (N 24, Bez.-A. Kirchheim-Bolanden).

Diese Herrschaft wurde gleich nach ihrer Erwerbung durch den Kurfürsten von der Pfalz an den Grafen Johann von Sponheim-Starkenburg zu Lehen gegeben, der schon vorher die andere Hälfte davon erworben zu haben scheint: 1346 wurde durch die Schöffen von Heinwiler „mit Recht gesprochen und gewist, Hohenfels mit seiner Zubehör gehöre halber Grave Johannnen von Sponheim, umb das ime nit Recht geschehen ist". Graf Johann benutzte die seinen sonstigen Besitzungen entlegene Herrschaft in Geldnöten als Pfandobjekt: so wurde sie 1358 um 581 Pfund Heller an Heinrich Hornbach von Erlikeim und 1385 um 404 Gulden an Truschel von Wachenheim versetzt. Abt Heinrich von Münsterdreisen nahm am Allerheiligentag 1366 den Grafen Johann zu seinem Schirmherrn und Kastenvogt an, und sein Nachfolger Johann erklärte mit seinem ganzen Konvent 1416, Donnerstag nächst vor dem Palmtag, sie wollten keinen anderen Schirmherrn und Obervogt haben noch suchen, als den Grafen Johann von Sponheim und dessen Rechtsnachfolger. Als aber der Graf im Jahre 1431 dem Kloster 500 Gnlden schuldig war, verpfändete er ihm die Halbscheid der Herrschaft Hohenfels, ausgenommen allein den Kirchensatz zu Heinwiler (Mittwoch vor St. Alban), worüber der Abt Emmerich Revers ausstellte[1]). Am 21. Mai 1440 gestattete der Markgraf Jakob von Baden als Graf von Sponheim dem Münsterdreiser Abt Johann von Stetten, auch die an Druschel von Wachenheim verpfändete Hälfte an der Herrschaft Hohenfels von dessen Erben an sich zu lösen. Im Pfandbesitz des Klosters blieb die Herrschaft bis 1468, bis Pfalzgraf Friedrich von Simmern als Graf von Sponheim dem Wirich von Daun, Herrn zu Falkenstein und Oberstein die Ermächtigung erteilte, die Herrschaft Hohenfels von dem Kloster an sich zu lösen und bis zur Rückerstattung des Pfandschillings (1004 Gulden) als sponheimisches Lehen zu behalten. In einer besonderen Urkunde wird noch zugesichert, dass die Auslösung erst nach dem Tode Wirichs, seines Sohnes und dessen Sohnes stattfinden soll. Hierauf erfolgte die an den Abt zu Münsterdreisen und die Untertanen der Herrschaft gerichtete Einweisung des Falkensteiners in den Besitz der Herrschaft. 1482 belehnte Markgraf Christoph von Baden als Graf von Sponheim den Wirich, 1501 den Melchior von Daun, Grafen von Falkenstein, mit der Herrschaft Hohenfels. Am 28. April 1531 gestattete Markgraf Bernhard von Baden dem Pfalzgrafen Johann von Simmern, die Herrschaft Hohenfels vom Grafen von Falkenstein zurückzukaufen und so lange allein zu behalten, bis Baden den halben Pfandschilling (502 Gulden) an Pfalz-Simmern gezahlt haben würde. Hierauf erfolgte die Ablösung der Pfandschaft und die Besitzergreifung durch Pfalz-Simmern, worauf Hohenfels dem Amt Bolanden angegliedert wurde. 1574 liess der Markgraf von Baden über die Einkünfte der Herrschaft Erkundigung einziehen und leitete Verhandlungen mit dem Pfalzgrafen wegen des Rückkaufs der vorbehaltenen Hälfte ein. Ebenso geschah es 1758—67, ohne dass ein Ergebnis erreicht wurde. Von den Bestandteilen der Herrschaft war Münsterdreisen 1706 an Nassau-Weilburg, der Hahnweiler Hof 1733 an den Herzog Franz III. von Lothringen als Besitzer der Grafschaft Falkenstein abgetreten worden. Der Burgstall Hohenfels selbst war mit der Vogtei Marienthal 1537 an die Grafschaft Falkenstein gekommen, welche dafür auf die Vogtei Münsterdreisen Verzicht leistete.

Nach einem undadierten Bericht, der in das Mannbuch des Herzogs Friedrich von Simmern aufgenommen war, hatte der junge Herr von Hohenfels die Bede, das Holzkorn, die Fastnachtshühner und Frondienste auf des Klosters Münsterdreisen eignen Dörfern

---

1) Bereits 1374 hatte Hermann I. von Hohenfels einen Teil an der Herrschaft (wohl nur einen Anspruch auf Wiedereinlösung) angeblich für 1000 Goldgulden an das Kloster versetzt gehabt.

Dreise und Steinachten-Bohel. Das Gericht zu Heinwiler hat all-
wegen gewist, dass eine Herrschaft von Sponheim und eine Herr-
schaft von Ripelskirchen gemeine Gerichtsherren zu Heinwiler sind,
sofern als des Caplans Zehende daselbst gehen und in sieben Wäl-
dern die sie gemein haben. Die Herren (Grafen) von Sponheim
sind oberste Faustherren, haben das Gericht zu besetzen mit ihren
Eigenleuten, und die Herren von Ripelskirchen nicht. Sponheim
hat auch den Kirchensatz allein und das Recht, die Landstrasse
vom Stuch an bis gegen Froschau eine Meile Weges zu besehen
und Frevel und Bussen darauf zu nehmen, ferner die Bede, Fast-
nachtshühner und Frondienste; Reipoltskirchen hat nur 3 Kappen,
1 Huhn und 1 Malter Hafer. Simon von Guntheim und Gobel
Kranich haben jeder 10 Gulden Manngeld auf der Bede von Hein-
wiler als Sponheimer Mannlehen [1]). Das Gericht zu Heinwiler ist
mit 9 Hubenern besetzt; Reipoltskirchen bestreitet dies und will
7 Schöffen oder 14 Hubner einsetzen. Godelmann Blick (von
Lichtenberg), Konrad von Rüdesheim und der Keller von Reipolts-
kirchen sind einmal mit gewappneter Hand zu Heinwiler ein-
gebrochen und haben ein Weistum aufnehmen lassen, wonach dem
Herrn von Reipoltskirchen das gleiche Recht zustehen soll, wie
dem Grafen von Sponheim.

Nach der Urkunde von 1468 waren die Wälder, die mit
Reipoltskirchen gemeinschaftlich besessen wurden, das Müllenboss-
gin, der Galgenbosch, Hanbuch, Sange, Creutzbossgin, Mittelholz,
Clausenbosch. Die Hochwälder am Guddesberg (gehen bei Hohen-
fels an und reichen bis an das Hubholz, den Spannel und das
Albisheimer Gewälde) gehörten allein der Herrschaft Hohenfels. Der
Herrschaft fielen 10 Malter Hafer vom Hubholz zwischen Falkenstein
und Mergenthal, die Bede zu Treysen und Heinwiler bis auf 16 Gul-
den, die dem Abt ausgezahlt werden. Die Leute tun dem Grafen
von Sponheim oder wer es von seinen Wegen hat, 2 Tage „braichen“,
2 Tage „fellen“, 2 Tage „ruren“, 1 Tag Spelz sähen, 2 Tag Hafer
sähen; die Pferde haben, aber 2 Tage Heu machen und 2 Tage
schneiden, und 1 Tag Kappus setzen. Von jedem Hause zu Treyse
1 Virnzel Holzkorn. Wer mehr wie 1 Pferd hat, gibt für jedes
Pferd 4 Heller. Ausserdem fielen Zinse von Grundstücken.

Nach einem von der Regierung von Pfalz-Simmern an Baden
im Jahre 1575 mitgeteilten „Extrakt der Ambts-Rechnung zu Poh-
landen über die Herrschaft Hohenfels“ fielen 1573 9 Gulden 21 Alb.
3 Pfen. jährl. Zins zu Heinwiller laut Register. 36 Gulden Bede
zu Heinwiller, Dreise und Standenbuhel. Von Weinschank (4 Ohm)
und Zollgeld zu Heinwiller (vom Markt) 22 Albus 2 Pfen. an Pfalz

---

1) 1408 hatte Karle Buser von Wartenberg, den man nennet Sne-
berg (vor ihm sein Vater), und 1429 Sifrit von Wartenberg 10 Gulden
jährlicher Gült zu Heynwilre an dem Dunrsberg zu Lehen. GLA Karls-
ruhe, Sponheimer Copialbuch (Nr. 1368) 38. — J. G. Lehmann, Grafen von
Spanheim II 181, 35; 224, 117.

und ebensoviel an Reipoltskirchen[1]). Von der Bede zu Hahnweiler wurden jährlich 10 Gulden an Hans Valentin von Schönberg und 5 Gulden an Matthias Rhodlers Erben gezahlt. An Korn kamen 13 Malter Holzkorn ein sowie vom Waldförster 1 Malter für den Zehnten. Der Waldförster erhielt zur Besoldung 5 Malter. An Hafer: 15 Malter 1 Firnzel zu Hahnweiler laut Zinsregister und 1 Malter Waldzehnte. Zu Hahnweiler wurden laut Zinsregister 73 Kappen geliefert, davon kamen dem Herrn von Reipoltskirchen 15 Stück zu. Der Büttel lieferte 82 Fastnachtshühner zu Dreisen und Standenbühl, dazu wurden auf Martini 8 Zinshühner abgegeben.

Ausserordentliche Einnahmen stammten damals aus dem Erlös von abgegebenen Waldstücken; so 1573: 1 Gulden 20 Albus für $1^1/_2$ Morgen Wald am Diebsacker, und 1 Gulden 1 Albus von 1 Morgen am Clausenbusch. 1574 wurde der Galgenbusch für 100 Gulden (von denen die Hälfte an die Herrschaft Reipoltskirchen gezahlt wurde) an die drei Gemeinden Dreisen, Standenbühl und Steinbach verkauft. Derselbe Posten findet sich auch 1575 und ausserdem 50 Gulden 22 Albus 12 Pfen. für $18^1/_2$ Morgen an der „langen Meile" im Hanbuch-Wald, die an die Börrstadter Bauern verkauft waren[2]).

In der Falkensteiner Weistümersammlung ist eine Grenzbeschreibung des Heinwiller Bezirks aufgenommen, innerhalb dessen der Graf von Falkenstein obrigkeitliche Befugnisse haben sollte: Vom Born im Kolbenholzer Wege zum Kaderloch zwischen Brederberg und Krutzwiese (Kolbenholz und Kreuzwiese an der engen Stelle, wo die Gemarkung Börrstadt mit dem jetzt zu ihr gehörige Hahnweiler Distrikt zusammenhängt), von dort zum Mocken- oder Meisenborn (jetzt Moosebrunnen genannt), oberhalb von Heinwiller undenwendig dem Breydenfelt (in der Gemarkung Imsbach), von dort dem Wege nach über den Bielstein (Beutelfels) nach Hoenfelsch, den alten Weg rechter Hand vor, bis über den Weg der zum Spannel (Spendelthal) geht, die Delle unter dieser Strasse hinab niedenwendig der roten Gruben (Waldabteilung „Erzhütte"), neben dem grossen und kleinen Eppler-Bronnen (Quellen der Appelbach), dem Weg nach an einen Stein am Kibellenberg (der Kübelberg zwischen Falkenstein und dem Donnersberg), von da hinab in die Strasse bei der Mordkammer, die Strasse hinaus in die Dörren-

---

1) Nach andern Nachrichten hatte der Graf von Falkenstein den halben Erlös von verkauftem Holz und das halbe Ungeld vom Weinschank zu Hahnweiler. Vgl. oben S. 407.

2) Urkundensammlung zu den Akten, die von der hinteren Grafschaft Sponheim pfandweise vor 1004 Rheinische Goldgulden zuerst an das Closter Münster-Dreißen, sodann an die Familie Daun-Falkenstein, endlich an Churpfalz gekommene Herrschaft Hohenfelß, nebst den dazugehörigen Castenvogteien zu Münster-Dreißen und Marienthal, und die wegen der Wiederlösung derselben gemachten Vorschritte betr. 1767 KrASpeyer, Baden $75^1/_2$ c.

bach, hinab zum Wagenweg auf den Dornsberg (Donnersberg), an
den Albisheimer Wald, hinab in den Weg nach Jaxweiler (Jakobs-
weiler) unten an der Blatten (Platte am Ende des Spendeltals) an
die Bach zum Spannalwööglein, unter dem Remsberg, dem Eich-
weg nach an einen Damm zum Steig, da man über den Damm
geht, dort hinüber zum Walde „die Sang“, die Hege hinein bis
Wellenbosch, in den Steinbacher Bach auf die Strasse, genannt
„die lange Meile“ (Kaiserstrasse Alzey-Kaiserslautern), wo Stein-
bach und Dreisen mit Hahnweiler zusammentreffen, zum Bach, der
von Birstat (Börrstadt) hereingeht, das Floss aussen zur Gartwiese,
unter der langen Meile. Hier grenzen Hahnweiler, Imsbach und
Börrstadt zusammen, und von da wieder zu dem Stein obwendig
dem Kaderloch am Kolbenholzer Weg [1]).

Über Dreisen und Münsterdreisen, vgl. die Ausführungen, die
oben S. 418 f. bei der Herrschaft Bolanden gegeben sind. Von den
übrigen 1355 der Pfalz überlassenen Ortschaften ist folgendes zu be-
merken: Der Münchbischofsheimer Hof gehörte dem Erzstift Köln,
und Werner II. von Bolanden hatte die Vogtei darüber vom Erzstift zu
Lehen [2]). Als Erzbischof Philipp von Köln 1175 Güter zu Bischoves-
heim an das Kloster Otterberg abtrat, gab Werner als Vogt seine
Einwilligung. Hermann von Hohenfels wurde 1334 von der Abtei
Otterberg wegen Bedrückungen und Beeinträchtigungen, die er
sich auf dem Münchbischofsheimer Hof zu Schulden hatte kommen
lassen, vor das Siebenergericht der verbündeten Städte geladen [3]).
Er scheint also die Vogtei darüber von seinen Bolander Vorfahren
geerbt zu haben. Dörnbach gehörte noch später zur Herrschaft
Reipoltskirchen.

Nach dem Schlag von 1355 ist der Wohlstand der Familie
von Hohenfels gesunken. Der letzte Mann aus der Hohenfelser
Linie war Hermann II., Sohn Hermanns I., der „durch notturfft
seiner liplicher narung“ mit seinem Neffen, dem Raugrafen Philipp,
zur neuen und alten Baumburg im Jahre 1386 einen Wechselkauf
abschloss, durch den er demselben den Rest der Hohenfelser Be-
sitzungen und Ansprüche, Lösungsrechte und den Namen und das
Wappen der Herrschaft Hohenfels gegen die lebenslängliche Nutz-
niessung eines Hauses zu Neuenbaumburg und eines Kapitals von
1000 Gulden aufgab, was er 1395 wiederholte. Nach seinem Tode
veräusserte der Raugraf 1396 die Ansprüche und Rechte auf die
Herrschaft Hohenfels an den Pfalzgrafen Ruprecht II., wobei er
sich nur die Lehensherrschaft über die Mannen der Herrschaft
vorbehielt.

----

1) Falkensteiner Weistumsbuch im KrASpeyer, Falkenstein, Akten
106, fol. 26.

2) Sauer, Aelteste Lehenbücher S. 21.

3) Frey und Remling, Otterberger Urkundenbuch S. 2, Nr. 3. — Re-
gesten der Kölner Erzbischöfe II 993. Schaab, Geschichte der Stadt
Mainz IV 238.

3. Besitzungen auf dem Gau.

Eine weitere Gruppe ehemals Hohenfelser Besitzungen lag auf dem „Gau", im jetzigen Rheinhessen. Bereits Werner II. von Bolanden, der Ahnherr der Hohenfelser, hatte vom Wildgrafen zu Lehen „ubi marcha Otterheim terminatur usque ad crucem ante Moguntiam positam totam prefecturam, et nominatim ad villas Otterheim, Bertolfesheim, Bibilinsheim, Dalheim, Frisenheim, Chunigernheim, Mumenheim, Harwesheim, Ebernsheim, Zarenheim". Dies sind in jetziger Schreibweise: Gau-Odernheim (P 22, Kreis Alzey), Bechtolsheim (P 21, Kreis Oppenheim), Biebelnheim (OP 22, Kreis Oppenheim), Dalheim (P 21, Kreis Oppenheim), Friesenheim (P 21, Kreis Oppenheim), Köngernheim an der Selz (P 21, Kreis Oppenheim), Mommenheim (P 21, Kreis Oppenheim), Harxheim (P 20, Kreis Mainz), Ebersheim (P 20, Kreis Mainz), Zornheim (P 21, Kreis Mainz [1]).

Um 1261 hatte Philipp von Hohenfels Streit mit den Stiftern und Abteien zu Mainz, da er deren Güter in seinem Machtbereich mit Steuern und Diensten bedrückte. Eine längere Schiedsverhandlung brachte es am 7. Januar 1263 dazu, dass er auf diese Leistungen verzichtete und zwar von den Gütern:

1. der Abtei St. Alban zu super. und infer. Badinheim (Bodenheim P 20, Kreis Oppenheim),

2. des Domkapitels zu Bibiluheim (Biebelnheim P 22, Kreis Oppenheim), Nordenstad (Nordenstadt Q 19, Kreis Wiesbaden), Bischovisheim (Gau-Bischofsheim P 20, Kreis Mainz),

3. des Dompropstes zu Ebirnsheim (Ebersheim P 20, Kreis Mainz), Badinheim (Bodenheim),

4. des Stiftes St. Peter zu Castele (Kastel P 19, Kreis Mainz),

5. des Stiftes St. Stephan zu Nacheim (Nackenheim Q 20, Kreis Oppenheim), Budinsheim (Büdesheim N 20, Kreis Bingen) und Burne (Marienborn P 20, Kreis Mainz),

6. des Stiftes St. Victor auf dem St. Victorsberg bei Weisenau (P 20, Kreis Mainz) und in Lubinheim (Laubenheim P 20, Kreis Mainz),

7. des Stiftes St. Maria ad gradus in Lubinheim, Nordenstadt und Muminheim (Mommenheim P 21, Kreis Oppenheim).

Soviel aber die Güter

8. des Klosters St. Alban zu Ebirnsheim, Muminheim und Bertholvisheim (Bechtolsheim P 21, Kreis Oppenheim),

9. des Klosters St. Jakob zu Ebirnsheim und Armesheim (Armsheim O 21, Kreis Oppenheim) und

10. des Stiftes St. Johann zu Muminheim

betrifft, sollen die Streitigkeiten darüber einem Schiedsspruch des

---

1) Sauer, Aelteste Lehenbücher S. 24.

Domdechanten, des Erzpriesters und des Dechanten von St. Stephan vorbehalten bleiben [1]).

Am 21. August 1263 wurde nach Vernehmung einer Reihe von Zeugen und Sachverständigen durch die genannten Schiedsrichter, Domdechant Ludwig, Erzpriester und Domkanoniker Eberwin und die Dechanten von St. Peter und St. Stephan in Mainz das endgiltige Urteil verkündet:

Der Herr Philipp von Hoenvels und seine Söhne Philipp und Dilemann (Dietrich) haben anerkannt, dass die Fronhöfe, Freieigengüter und Zehnte der Mainzer Stifter und alle Zugehörungen, welche durch Beschlagnahme, Kauf oder Schenkung wieder mit den Fronhöfen vereinigt würden, frei von jeder Besteuerung und Dienstbarkeit seien, dies betrifft:

1. s. Albani curias superiorem et inferiorem in Badenheim,
2. maioris ecclesie bona, que habet in Bibelnheim, Nordenstat et Bishovesheim,
3. prepositi maioris bona in Ebersheim et Badenheim,
4. s. Petri curtem et bona, que habet in Castele,
5. s. Stephani fronhove cum bonis attinentibus in Nacheim Budensheim [2]) et Borne,
6. s. Victoris in monte s. Victoris,
7. s. Marie ad gradus decimam et bona in Nordenstat, Lubenheim et Mumenheim.

Auch habe Philipp auf die Güter in Badenheim, welche die Dechanten Burchard von St. Maria in gradibus und Konrad von St. Johann ihren Stiftern vermacht hatten, verzichtet, nur habe er sich die auf den letzteren lastenden Dienstleistungen vorbehalten.

Was die Freiheit der Güter und Höfe des Albansklosters in Ebersheim, Mumenheim und Bertoldisheim, des Jakobsklosters in Ebersheim und Armsheim und des Johannisstifts in Mumenheim angeht, hat der Herr von Hohenfels die Entscheidung ihnen, den Ausstellern, übertragen, und sie hätten aus den genannten Dörfern Zeugen darüber vernommen, die ausgesagt hätten:

Der Hof des heil. Alban in Ebersheim heisse gemeinlich der „Fronhove" und habe ein eignes „plebiscitum" (Hofgeding), die dazugehörigen Güter in Ebersheim und Harwisheim (Harxheim) seien freieigen, zahlen dem Kloster Besthäupter und Zehnten. Der Herr von Hohenfels sei nicht Vogt über diese Güter, noch auch sonst in beiden Gemarkungen. Er habe weder ein Herbergsrecht, noch eine Gerichtsbarkeit über den Hof und die Leute und Güter, nur allein eine Gerichtsbarkeit über die Strasse.

Ueber den Albanshof in Mumenheim sagen die Zeugen aus, dass derselbe ein Fronhof sei, die dazugehörigen Güter seien Eigentum und zu keiner Dienstleistung an den Herrn von Hohenfels

---

1) Gudenus, Cod. dipl. I 694, 696.
2) Baur druckt „Rudensheim".

verbunden, der Herr von Hohenfels besitze weder die Vogtei noch das Besteuerungsrecht. Nur empfange er seit alter Zeit, aber aus keinem Rechte, acht Malter Korn und acht Mainzer Schillinge. Der Truchsess von Alzey sei Vogt dieser Güter.

Die Albansgüter in Bertoldisheim seien von einer Edelfrau an das Kloster geschenkt worden und hätten seit 20 Jahren dem Herrn von Hohenfels keinen Zins noch Bede gezahlt, obgleich solche Abgaben mehrmals auferlegt und verlangt worden seien. Der Herr von Hohenfels habe kein Vogteirecht über diese Güter, die zu keinem Hofgeding gehören. Er empfange aber, wie ein Zeuge glaubt, nicht mit Recht, sondern durch Gewalt, jährlich sechs Malter Korn und sechs Schillinge.

Der Syndikus des Johannisstifts will erweisen, dass die Güter in Mumenheim, die das Stift vom Ritter Walther gekauft habe, frei seien, ausser 12 Morgen, die dem Herrn von Hohenfels einen kleinen Zins (drei Minas Korn und neun leichte Pfennige) zu zahlen haben, aber zu weiteren Abgaben und Diensten nicht verpflichtet seien. Der frühere Besitzer bestätigt dies und sagt weiter aus, er habe diese Güter von dem Kämmerer von Mainz zu Lehen gehabt und sie durch dessen Hand dem Stift als freie Güter verkauft; niemals habe er eine Steuer davon gegeben. Auf den Gütern habe der Herr von Hohenfels kein Recht zu Bede, Herberge und Zins, ausser der Abgabe von den 12 Morgen. Dasselbe bezeugen auch andere, darunter Arnold Kämmerer von Mainz.

Das Stift St. Stephan in Mainz will erweisen, dass eine vom Herrn ven Hohenfels besteuerte Hube zu Nacheim mit einer Mühle zu seinem Fronhof daselbst gehöre. Vogt Wolfram von Nacheim bestätigt dies; die Hube und Mühle habe von alter Zeit her zum Fronhof gehört, sei aber besonders verpachtet gewesen und deshalb sei ihr Bede auferlegt worden. Diese Hufe sei dann durch den Verkauf der Güter zu Nacheim seitens des Kapitels St. Gereon an das Stephansstift wieder mit dem Fronhof verbunden worden, dem die Bebauer immer Zins gezahlt haben.

Die Güter des Jakobsklosters in Ebersheim und Armesheim seien laut der von dem Kloster vorgelegten Privilegien freieigen und zu keiner Abgabe verpflichtet[1]).

Es waren also die Herren von Hohenfels berechtigt oder glaubten es zu sein, in Bodenheim, Biebelnheim, Gaubischofsheim, Ebersheim, Nackenheim, Büdesheim bei Bingen, Marienborn, Weisenau, Mommenheim, Laubenheim bei Mainz, Bechtolsheim und Armsheim Güter zu besteuern, Dienste zu fordern und andere Hoheitsrechte auszuüben. Die Lage der meisten dieser Ortschaften entspricht den Angaben Werners von Bolanden über seine Präfektur zwischen Gau-Odernheim und dem Kreuze vor der Stadt Mainz bei dem Stift St. Maria in Campis.

---

1) Baur, Hess. Urkunden II S. 176, Nr. 197.

Es ist zu untersuchen, was später aus den Hohenfelser Rechten in dieser Gegend geworden ist.

1. **Armsheim.** Dort hatten die Herren von Hohenfels die Vogtei von dem Kloster St. Jakob vor Mainz zu Lehen, und 1263 verkaufte Johannes, Sohn des Philipp von Hohenfels, alle seine Rechte an dieser Vogtei für 36 kölner Mark auf Wiederkauf dem Jakobskloster[1]), an das 1288 Philipp, Truchsess zu Alzey, auch weitere Güter, Rechte und Ansprüche, die er von Philipp dem Aelteren von Hohenfels zu Pfand hatte, veräusserte, worüber er 1289 noch besondere Erklärungen abgab. Im Dezember 1294 entsagte Philipp von Hohenfels nochmals für sich und die Söhne des Truchsess zu Alzey auf die verkaufte Vogtei des Dorfes Armsheim. Wenige Jahre später war die Vogtei bei dem Grafen von Veldenz[2]).

2. **Bechtolsheim.** Im November 1270 setzte Dietrich von Hohenfels seine Gemahlin Agnes, Tochter des Grafen von Zweibrücken, vor dem Schultheiss und den Schöffen des Dorfes in den Besitz seines Dorfes Bechtolsheim, Gericht, Gerechtigkeit, Bede, Atzung, Lager, Wege, Stege, Wiesen, Weide, mit gebauten und ungebauten Aeckern, Wasser und Wasserflüssen, allen Zinsen und anderen Zubehörden, das ihr Wittum und Morgengabe sein sollte. Agnes wieder übergab dieses Dorf mit Dietrichs Einwilligung ihrem Schwager Philipp dem Aelteren von Hohenfels, um damit nach seinem Willen und Gutdünken zu schalten und zu walten. Philipp hatte ihr nämlich durch die Ritterschaft und die Gemeinde des Dorfes 620 Pfund Heller baren Geldes verschafft, die sie zu ihrem und ihres Gemahls Nutzen verwendet hatte[3]). In einer zweiten Urkunde von Idus Novembris 1270 erklärte Philipp der Aeltere von Hohenfels, dass ihm die Ritter, Edeln, Hubner und gemeinlich die Leute des Dorfes Bechtolsheim schon oft mit grosser Arbeit treue Dienste geleistet haben, und belehnte deswegen dieselben mit ihrem Dorf, dem Gericht, der gerichtlichen Obrigkeit und Gewalt, Beden, Atzung, Lager usw., dabei auch mit 18 Malter Korn Wormser Maß und 18 Schillingen Mainzer Währung jährlicher Gülten von den Gütern des Gommersheimer Klosters; jedoch behält er für sich und seine Nachkommen „seine väterliche Gerechtigkeit (für jus patronatus) und geistliche Leihung der Kirche" vor. Darauf ernannten die Ritter, Edelleute, Hubener und Gemeinde des Dorfes Bechtolsheim 6 Lehensträger, nämlich Dietrich von Kingernheim, Wirich gen. Ruben von Beckelnheim, Johann von Bechtolsheim, Peter gen. Buntschuh, Johann von Dornheim und Johann von Bibelnheim zur Erfüllung ihrer Lehenspflichten. Wenn einer

---

1) Scriba, Regesten, Rheinhessen 5248. — Schaab, Gesch. d. Stadt Mainz IV 135.

2) Scriba, Regesten, Rheinhessen 1965, 2125, 5313. Baur, Hess. Urkunden V S. 122, Nr. 139; II S. 633, Nr. 637.

3) Uebersetzung (18. Jhdt.) im Archiv Heltorf I 1.

von diesen 6 Mannen abgehen würde, solle die Gemeinde einen andern dafür stellen [1]).

Am Montag nach St. Peterstag 1444 belehnte Eberhard von Hohenfels, Herr zu Reipoltskirchen, den Ritter Philipp Vetzer und die Edelknechte Henne von Abenheim, Peter von Dienheim, Johann Krieg von Geispitzheim, Heinrich von Bechtelsheim, Jakob Winter von Rüdesheim und Hans von Machenheim, den man nennt von Bechtelsheim, mit dem Dorf zu Bechtelsheim, mit allen seinen Rechten, mit Namen Gericht, Gerichtsmacht, Bede, Herberg, Weg, Unweg, Wiesen, Weiden, Aeckern gebaut und ungebaut, Wasser, Wasserfluss, Zins und 18 Malter Korn Wormser Maß und 18 Schilling Mainzer Pfennige von dem Münster zu Gommersheim jährlich fallend; ausgenommen den Kirchensatz, der den Herren von Reipoltskirchen zusteht. Es waren also damals 7 Mannen.

1537 war vor dem Kurpfälzer Hofgericht Streit zwischen dem Bürgermeister und der Gemeinde B. einer- und der Aebtissin und Convent zu Rosenthal andererseits, wegen der Präsentation des Friedrich Sturmfeder nach Absterben des Friedrich von Biebelnheim für die Belehnung mit einem Anteil an Bechtelsheim. Der Kurfürst verlangte von Wolfgang von Hohenfels die Vorlegung der letzten Lehensreverse [2]). Es scheint daher, dass die geistlichen Grundbesitzer in der Gemarkung das Recht zur Präsentation eines der Lehenmannen hatten.

1544 waren die 8 Mannen: Wolf Cämmerer von Worms, Friedrich Sturmfeder, Johann von Dienheim, Georg Cämmerer von Worms, Gottfried von Obentraut, Philipp von Rüdesheim, Damian Seltin von Saulheim, Dietrich von Biebelnheim. Diese hatten Gewalt, Ungeld und Bede zu erheben [3]).

Aus der Vertretung der ganzen Gemeinde der adligen, geistlichen und bürgerlichen Grundbesitzer, Hubner und sonstigen Einwohner des Dorfes bezüglich der Lehenspflichten war eine Herrschaft, eine Ganerbschaft geworden, die sich später in die Oberrheinische Reichsritterschaft aufnehmen liess.

3. Biebelnheim. Zu Biebelnheim hatte Werner von Bolanden die sogenannten „Bunde-Güter" zu Lehen vom Hochstift Speyer [4]). Die Vogtei war 1237 im Besitz der Grafen von Leiningen und fiel in der Teilung zwischen Friedrich und Emicho von Leiningen dem Emicho zu, wozu der dritte Bruder, Bischof Konrad von Speyer,

---

1) Desgl. Archiv Heltorf I 2.
2) Archiv Heltorf II. Conv. I Nr. 7. 1444 wurde Hans Kranch von Dirmstein, den man nennet Bocke, von Herrn Eberhard von Hohenfels zu Reipoltskirchen auf Lebenszeit beliehen mit den Gütern, die Dietrich Kettenhemmer hatte, ausgenommen Kirchensatz und Pastorie zu Bechtelsheim. Daraus geht hervor, dass der Kirchensatz ehemals besonders verliehen worden war und nicht zur Ganerbschaft gehörte.
3) Lehenbuch in Abt. III des Heltorfer Archivs Nr. 16.
4) Sauer, Aelteste Lehenbücher.

seine Einwilligung gab [1]). Später war das Mainzer Domstift dort Grundherrschaft unter der Vogtei der Herren von Hohenfels. Am 20. Januar 1382 verkaufte Hermann II. von Hohenfels dem Pfalzgrafen Ruprecht II. seine Herrschaft und Vogtei des Dorfes Bibelnheim bei Gau-Odernheim und das Dorf Wilgesheim bei Zoczenheim mit Leuten, Grundstücken, Markt und Wildbann um 500 Gulden [2]). 1391 vertauschten auch der Erzbischof Konrad von Mainz, der Domdechant Eberhard von Eppelborn und das Domkapitel zu Mainz ihr Dorf Biebelnheim mit Gericht, Leuten, Zinsen und allen Rechten an den Kurfürsten Ruprecht von der Pfalz gegen Dromersheim [3]). So wurde Biebelnheim Pfälzisch. Es wurde dann in der Teilung von 1410 dem Pfalzgrafen Stephan und 1444 dem Pfalzgrafen Ludwig dem Schwarzen zu Zweibrücken zugeteilt, der es aber im September 1471 an den Kurpfalzgrafen Friedrich I. abtreten musste. Seitdem war der Ort beim Oberamt Alzey [4]).

4. **Bodenheim.** Batenheim im Wormsgau kommt schon 756 und 766 in Fuldaer und Lorscher Schenkungen vor [5]). Eine Vogtei des Erzbischofs von Mainz wurde 1092 und 1108 den Kanonikern des Domkapitels geschenkt [6]). Auch Besitz des Albansklosters ist früh bezeugt [7]) und dieser Besitz scheint später der grösste in der Gemarkung gewesen zu sein. In der Urkunde von 1263 erscheint Philipp I. von Hohenfels als Vogt sowohl mit dem Dompropst als auch mit dem Albanskloster in Streit. Es dauert noch bis 1277, bis Philipp der Jüngere und seine Mutter Ludgardis von Isenburg die Vogtei an das Kloster abtraten.

Dieses schloss dann mit der Gemeinde einen Vertrag über die Vogteirechte und deren Ausübung durch Beamte der Abtei (26. Sept. 1277) und galt seitdem als freier Gerichtsherr. 1420 überliess die Abtei dem Erzstift Mainz $1/_6$ an der Vogtei; dieser Anteil wurde jedoch 1739 dem Ritterstift St. Alban zurückgegeben, das die Landeshoheit des Erzbischofs anerkennen musste [8]).

Bodenheim 1277 26. Sept. Philipp von Hohenfels überlässt nach dem Tode seines Vaters Philipp dem Abt Rudolf und dem Kloster St. Alban vor Mainz die von diesem Kloster lehenbare Vogtei zu Badenheim. Dieses

---

1) Scriba, Regesten, Rheinhessen 1406.
2) Regesten der Pfalzgrafen I 4527, 5143. 1384 verzichtete Gerhard Vetzer, Ritter von Geispitzheim (Gabsheim), zugunsten des Pfalzgrafen auf die Herrschaft und Vogtei und verkaufte ihm seine Burg zu Bibelnheim, die er jedoch als Lehen zurückempfing. Regesten der Pfalzgrafen I 5158, 5159. Lehmann, Burgen IV 194.
3) Regesten der Pfalzgrafen I 5376.
4) Widder 3, 50 f.
5) Dronke, Cod. dipl. Fuld. S. 8, Nr. 11. — Cod. Lauresham. II 181 bis 186, Nr. 1327—47.
6) Scriba, Regesten, Rheinhessen 996, 1012.
7) Urkunde des Propstes Reginhard nach dem Tode des Abtes Ekbert (10. Jhdt.) in: J. P. Schunck, Cod. dipl. Mog. Mainz 1792. S. 367.
8) Schunck, Beiträge zur Mainzer Geschichte 3, 116, 119. Schaab, Geschichte der Stadt Mainz 3, 241 ff.

schliesst mit der Gemeinde (universitas ville tam nobilium quamque et aliorum in Badinheim) einen Vertrag wegen der Ausübung der Vogtei, zu deren Ablösung aus den Händen der Herren von Hohenfels die Gemeinde die Hälfte beigetragen hatte. Der Abt und Convent sollen immer die Vogtei besitzen, mit allen den Rechten, welche dem Vogt mit dem Bann und Eid zugewiesen zu werden pflegten. Doch mit dem Zusatz, dass der Abt von Einwohnern des Dorfes niemals irgendwelche Dienste erhält oder ersucht, noch die Leute im Dorf dem Abt oder Kloster zu irgendwelchen Diensten verpflichtet sind, ausser zu den nachstehend verzeichneten: Jedermann in dem Dorf, in wessen Haus er auch immer jetzt oder in Zukunft wohnen möge, wenn er weniger als für 5 Kölnische Mark an Immobilien besitzt, soll dem Abt und Convent an Martini 1 Malter Hafer und 1 Huhn, und an Fastnacht 1 Huhn liefern. Wenn einer sich saumselig bei der Zahlung erweist, soll der Büttel ihn pfänden. Wenn er sein Pfand freventlich verteidigt, soll er durch den Amtmann (officialis) des Abtes und die Huber des Dorfes gestraft werden mit der Busse für Frevel, wie sie neuerlich von allen Mannen des Dorfes festgesetzt ist. Dieser Frevel kann sich nach freiwilligem Beschluss der Edeln und andern Leuten des Dorfes bis zur Summe von 1 Mainzer Pfund erheben. Der Official des Abtes soll davon die alte Strafe, welche bisher aufgelegt zu werden pflegte, nämlich $4^1/_2$ Unzen, wenn er sie in Empfang genommen hat, mit den beiden andern Mitrichtern nach alter Gewohnheit, wie es in Badenheim bisher üblich war, teilen. Der Rest ausser jenem Anteil soll allein dem Abt verbleiben.

Wer mehr als für 5 Mark an Liegenschaften besitzt, ist dem Abt und Convent zu keiner Dienstleistung verpflichtet.

Wenn einer seinen Gutshof, einen sogenannten „Sedilhof", durch einen Colonen bebauen lässt, so soll dieser Colone, ob er mehr oder weniger als für 5 Mark Liegenschaften besitzt, der Freiheit seines Herrn geniessen. Jedoch soll dieses Recht, wenn mehrere solcher Höfe in einer Hand sind, nur für einen Geltung haben. Und wenn mehrere Colonen in einem Hof sitzen, soll nur der angesehenste diese Freiheit haben. Unter die „Siedelhöfe" dürfen andere Häuser, Mühlen, Backhäuser, Hütten nicht gerechnet werden.

Homines advenae, die von nun an in das Dorf einwandern und daselbst ein ganzes Jahr hindurch ohne nachfolgenden Herrn oder Vogt bleiben, sollen unter den Schutz der Abtei gestellt werden: „extunc monasterium se de talibus hominibus intermittet", und keiner der Edelleute des Dorfs soll irgend ein Recht auf diese Leute in Anspruch nehmen, und wenn diese Leute über 5 Mark Immobilien in dem Dorf haben oder erwerben, sollen sie wie die andern frei sein. Alle diese Rechte werden in das Weistum aufgenommen.

Die Vogtei soll von dem Kloster niemals verkauft oder veräussert werden [1]).

5. Ueber Büdesheim bei Bingen ist schon oben S. 288 f. ausführlich gehandelt.

6. Zu Ebersheim [2]) waren die Klöster Fulda, Lorsch [3]), St. Maximin vor Trier [4]), das Mainzer Domstift [5]) begütert, später auch die Stifter St. Alban, St. Jakob, St. Stephan, Liebfrauen, St. Jo-

---

1) J. P. Schunck, Beiträge zur Mainzer Geschichte 3 (Mainz 1790), 119—124.

2) Schaab, Geschichte der Stadt Mainz 3, 184. — Scriba, Regesten, Rheinhessen 2452, 3196.

3) Cod. Lauresham. II 52, Nr. 949.

4) MRUB. I S. 140, Nr. 133.

5) Scriba, Regesten, Rheinhessen 996, 1012, 3833.

hann. Die Vogtei hatten die Herren von Bolanden zu Lehen von dem Kloster St. Alban. Im Jahre 1221 erliess Philipp, ein Bruderssohn des Herrn Werner von Bolanden, dem Nonnenkloster zum Hane bei Bolenden alle Geld- und Fruchtgefälle, die er und sein Vater von dessen Höfen zu Ebersheim, Zornheim und Nackenheim bisher ungerechterweise eingezogen hatten [1]). 1296 verglich sich Philipp von Bolanden mit den Mainzer Stiftern dahin, dass die von deren Gütern zu entrichtenden Steuern für 50 Pfund Heller erlassen sein sollten. 1316 freite Otto von Bolanden die Güter des Klosters Jakobsberg vor Mainz zu Ebersheim mit Einwilligung des Abtes von St. Alban von Abgaben. 1332 hatte Otto seine Frau Lorette mit Einwilligung des Abtes von St. Alban mit Ebersheim bewittumt und diese besteuerte wiederum die Güter des Jakobsklosters. Lorette verkaufte 1344 das Dorfgericht Ebersheim an Jakob Schuhze und 1351 an den Ritter Werner Copp von Sauwelnheim und den Edelknecht Georg von Sauwelnheim unter Zustimmung des Abtes von St. Alban, der sich ein Auslösungsrecht vorbehielt.

Ihre Söhne Philipp und Konrad von Bolanden verkauften endlich am 18. Januar 1367 dem Kloster St. Alban ihr von demselben lehenrühriges Dorf Ebersheim um 1000 Goldgulden, von denen sie 700 erhalten, und mit deren Rest die Rechte auslösen sollten, die sie an den Ritter Eberhard von Scharfenstein verpfändet hatten. Das Albansstift verpfändete schon 1383 den Ort den Antonitern zu Alzey, von denen Erzbischof Konrad von Mainz ihn am 14. April 1420 mit Einwilligung des Stiftes einlöste. Doch behielt das Albansstift seine Güter und Zinse, die es nicht mit der Gerichtsbarkeit versetzt hatte. Da das Stift dem Erzbischof die Auslösungssumme nicht ersetzte, verblieb die Gerichtsbarkeit und Hoheit bei dem Kurmainzischen Amt Niederolm.

Von Hohenfelser und Reipoltskircher Rechten, die aus dem Prozess von 1263 zu folgern sind, ist nicht weiter die Rede.

7. Auch von den Rechten der Herren von Hohenfels über den dem Mainzer Domstift gehörigen Ort Bischoftsheim auf dem Gau lässt sich nach 1263 nichts mehr feststellen. Das Dorf kam 1424 im Austausch gegen Bingen an den Erzbischof Konrad III. von Mainz [2]) und ist später beim Amt Niederolm.

8. Ebenso zu Laubenheim, das später ebenfalls beim Amt Niederolm war. Vgl. oben S. 293.

9. Dagegen ist für Lörzweiler (P 20, Kreis Oppenheim) eine Verbindung mit der Herrschaft Hohenfels noch bis ins 17. Jhdt. hinein nachweisbar. Dort war um 790 das Kloster Weissenburg im Elsass begütert [3]), und im Dezember 1258 verkaufte das Kölner

---

1) Lehmann, Burgen IV 81.
2) Scriba, Regesten, Rheinhessen 996, 1012, 3833.
3) Schaab a. a. O. 3, 254. Zeuss, Traditiones possessionesque Wizzenburgenses 263, 275. Scriba, Regesten, Rheinhessen 1650.

Gereonsstift seine dortigen Güter dem Mainzer Stephansstift. Am
23. August 1264 überliessen Philipp von Hohenvels und seine
Söhne Philipp und Theoderich dem Johann Hufnagel und dessen
Schwager Baldemar gen. Clobelauch als erbliches Lehen omnes
exactiones, precarias, angarias sive servitia que nobis aut nostris
heredibus deberent fieri vel possent cedere de bonis eorum apud
Nackheim et Lurtzwilre, que nunc possident[1]). Am Laurentiustag
1444 belehnte Herr Eberhard von Hohenfels und Reipoltskirchen
den Ritter Hermann Hirt von Sauwelnheim mit dem Dorf Lortz-
willer, Gericht, Vogtei, Pastorei, Wasser, Weide, Zehnte, Aeckern
und was er sonst dort hatte, und zwar hatte er dies in Gemeinschaft
mit Salentin, Thomas und Hermann Hund und allen andern Edeln
von Sauwelnheim. 1543 wurde Damian von Saulheim und seine
Vettern damit belehnt[2]). 1576 heisst es im Saalbuch der Alzeyer
Ausfauthey von Lorzweiler „diefs dorff ist mit der oberkeit Jacob
Hunden und anderer von adell, soll auch reipoltskirchisch lehen
sein[3])“.

Im 18. Jhdt. war Lörzweiler im Besitz der Familie von Hettes-
dorf als Lehen von Kurmainz.

10. Die Vogtei über die Güter des Mainzer St. Stephans-
stiftes zu Marienborn ist noch später im Besitz von Hohenfelser
und Reipoltskircher Vasallen. 1307 verkaufte Baldung gen. Vink,
Vogt zu Borne bei Olmen und seine Gattin an Dekan und Kapitel
des Stephansstifts ihre Güter zu Borne mit Ausnahme der Vogtei[4]).
1444 belehnte Eberhard von Hohenfels Herr zu Reipoltskirchen
den Hermann Hirten von Sauwelnheim mit dem Dorfe Born, Ge-
richt, Vogtei, Wasser, Weide, Besthaupt, Fastnachtshühnern und
13 Malter Korn. 1475 ward Philipp Hirt hiermit belehnt, der
1476 den Herrn Johann von Hohenfels bat, dass er seine zwei
Töchter Guda und Elise, die er in das Kloster Dalem eintreten
lassen wollte, für ihre Lebenszeit mit den 13 Malter Korn im Dorf
Born, den 2 Pfund Fautgeld und den Fastnachtshühnern daselbst
und mit 7 Ohm Wein zu Sauerschwabenheim, die zu dem Borner
Lehen gehörten, ausstatten durfte. Johann von Hohenfels erlaubte
es, am Samstag St. Katharinenabend. 1521 ging das Lehen an
Gerhard Seltin von Sauwelnheim über, 1550 an Gottfried von
Reiffenberg den Jungen; 1554 hat es der Herr von Hohenfels-
Reipoltskirchen wieder zu seinen Händen genommen. 1582 schrieb
Madalen Witwe von Lewenstein geb. von Reiffenberg an den Ober-
amtmann der Herrschaft Reipoltskirchen in einer Streitsache gegen
den Philipp von Staffel, dem der Herr von Hohenfels nach dem

---

1) Baur, Hess. Urkunden I 41, Nr. 47.
2) Archiv Heltorf, II. Conv. I Nr. 2; III. Conv. I. Lehenbuch.
3) StADarmstadt, Saalbuch der Alzeyer Ausfauthey.
4) Schaab, Gesch. der Stadt Mainz III 206. Scriba, Regesten, Rhein-
hessen 2316.

Tod ihres Vaters und Bruders das Dorf Born verliehen hatte, dass sie nachweisen könne, 1. dass das Dorf Born zu ihrem adligen Sitz in Winternheim gehöre; 2. dass es kein Mannlehen, sondern ein Kunkellehen sei, indem es durch Anna, des Philipp Hund von Seulheim Tochter, dem Philipp von Reiffenberg zugebracht worden wäre [1]).

Infolge der Wirren um die Erbfolge der Herren von Reipoltskirchen ging das Dorf Marienborn der Herrschaft verloren und war im 18. Jhdt. beim Kurmainzischen Amt Nieder-Olm.

11. **Mommenheim** [2]) war ähnlich wie Bechtolsheim durch Philipp von Hohenfels den Aelteren am 19. Dezember 1276 den milites, nobiles, hubenere tam ecclesiastici quam seculares ac universi homines ville nostre Muminheim mit dem Gericht, der Gerichtsbarkeit, Zins, Bede, Herberge, und allem Grund und Boden als rechtes und ewiges Lehen abgetreten. Als Lehenstrager werden von der Gemeinde der Ritter, Edeln, Hubner und Einwohner acht Personen, nämlich Arnold von Biblenheim, Werner und Gottfried von Lewenstein Ritter, Herbert Dulcis, Wernher gen. Vatter, Arnold Rappa, Tillemann von Ingelnheim und Hugo von Ulbersheim Edelknechte erwählt. Wenn einer von diesen acht Mannen stirbt oder fortzieht oder das Lehen aufkündigt, soll die Gemeinde einen Andern aufstellen [3]). Wie in Bechtolsheim wurde aus der Gemeindevertretung in Lehenssachen allmählich die Herrschaft einer Ganerbschaft in acht Stämmen: 1521 waren die Besitzer des Lehens: Wolf Kämmerer von Worms gen. von Dalberg, der Aeltere, Emmerich von Birgelstadt, Friedrich Schlüchterer von Erffenstein, Hermann zum Jungen, Bernhard von Kirtdorff gen. Lyderbach, Wernher von Alendorf, Konrad Schütz von Holzhausen und Friedrich von Frittenheim und ihre Ganerben. 1544 waren belehnt: Wolf und Georg Kämmerer von Worms, Heinrich Mosbach von Lindenfels, Hans von Walborn, Peter von Leyen, Friedrich von Brettenheim, Konrad Schütz von Holzhausen und Philipp Schlüchter von Erffenstein. 1582 waren „gemeine Gerichtsjunker und Ganerben des Dorfs Mommenheim":

---

1) Archiv Heltorf, II. Conv. I Nr. 2; III. Conv. I. Lehenbuch und andere Aktenstücke.

2) Momenheim oder Mumenheim kommt zuerst in vielen Lorscher und Fuldaer Schenkungen vor (seit 764 und 771; Cod. Lauresh. II 187 ff., Nr. 1352). Dann ist dort 1073 Besitz des Victorstiftes, 1145 des Albansklosters, 1194 des Johannisstiftes (Kirche St. Nazarii in monte sita — wohl ursprünglich Lorscher Besitz) bezeugt. Das Patronatsrecht über die Pfarrkirche ging 1247 und 1255 von den Mainzer Stadtkämmerern aus der Familie vom Thurm an das Moritzstift über. Diese Familie hatte auch Besitz in M. an einen dortigen Ritter Walter verliehen, der zwei Hufen an das Johannisstift geschenkt hatte, was Hermann vom Thurm 1258 bestritt und schliesslich unter gewissen Bedingungen bestätigte. Ein Gut der von Selehofen (Anteil am Zehnten) war 1209 an das Johannisstift übergegangen. (Scriba, Regesten, Rheinhessen 32, 61 usw.; s. das dortige Register.)

3) Archiv Heltorf, II. Conv. II Nr. 10. Gudenus, Cod. dipl. II 196 mit dem Jahr 1273.

Philipp Schlüchter von Erfenstein, Hans Friedrich Mospach von Lindenfels, Hans Heinrich von Heusenstamb, Wolf Kämmerer von Worms gen. von Dalberg, Georg Koeth von Wanscheidt, Hans Reinhard von Wallbrunn, Caspar von Eltz als Vormnnd der Kinder des weiland Eberhard von Leyen.

Wie die Ganerben zu Bechtolsheim waren die zu Mommenheim Mitglieder der Oberrheinischen Reichsritteschaft.

12. Nackenheim, in Lorscher Schenkungen 772 Nacheim im Wormsgau. Am 17. August 1234 bekundete Philipp von Hohenfels von bewährten Männern aus Nierstein und Nackenheim berichtet zu sein, dass der Frucht- und Weinzehnte, der ihm in der Gemarkung Nierstein zustehe, sich gegen Nackenheim nur bis zum Markenburn erstrecke, von dort gehöre der Zehnte dem kölner Gereonsstift ($^2/_3$) und der Kirche in Nackenheim ($^1/_3$). Das Patronatsrecht gehörte zu einem Hofgut des Gereonsstifts im Dorfe. Wegen Bedrückungen, die sich die Herren von Hohenfels gegen die Güter des Gereonsstiftes in Nackheim hatten zu Schulden kommen lassen, wurde 1255 dem Schultheissen zu Oppenheim durch den Reichsjustitiar Grafen von Waldeck befohlen, gegen sie einzuschreiten. 1258 trat das Gereonsstift die Güter zu Nackenheim an das Mainzer Stephansstift ab. 1263 verzichtete Philipp von Hohenfels auf die Besteuerung dieser Güter. Dieses ist die letzte Handlung eines der Hohenfelser Dynasten in Nackenheim, die sich nachweisen lässt. 1363 wurde ein Weistum des Gerichts aufgenommen: darnach waren Dechant und Kapitel des Stiftes St. Stephan zu Mainz oberste Herren des Dorfes und Gerichtes und hant dieselben herren zu St. Stephan in diesem dorfe und in des dorfes marken zu Nacheim zu richten oder dun richten obir hals und boibit, und niemand anders; darum haben sie auch einen Schultheissen nach Gefallen zu setzen (damals Herr Dyle von Nacheim Ritter). Die Einkünfte aus den Frevel- und Bussgeldern gehörten $^2/_3$ dem Schultheissen und $^1/_3$ dem Vogt. Wenn aber der Schultheiss den Vogt gegen einen Verbrecher zu Hilfe ruft und der Vogt mit dem Schultheissen richtet, so hat der Vogt die $^2/_3$. 1374 trat der Vogt Wynand von Dienheim seine Vogtei für 500 Gulden an das Stift ab[1]). Im Alzeyer Saalbuch von 1429 heisst es: „Nackam off dem Ryne, die Vathie daselbis die ist halp myns Herren des Pfaltzgraven und daz darzu gehoret", und in dem Saalbuch der Alzeyer Ausfauthey von 1576: „Nackheim, die Stephaniterherren zu Mainz haben Schultheiss und Gericht zu setzen, so ist churfürstl. Pfaltz die Oberfauthey zu gehörig, an den Freveln gehört $^1/_3$ Churpfaltz zu und Steuern &c"[2]). Im 18. Jhdt. galt jedoch Kurmainz (Amt Nieder-Olm) als Besitzer der Oberhoheit über Nackenheim.

---

1) Schaab, Gesch. der Stadt Mainz III 256, 264.
2) StADarmstadt, Saal- und Lagerbücher, Rheinhessen, Alzey.

13. Die Burg Weisenau bei Mainz war aus der Familie
der Kämmerer von Mainz, aus der Guda von Weisenau, die Ge-
mahlin Werners II. von Bolanden, stammte, an das Gesamthaus
Bolanden gekommen. Sie wurde 1250 von den Mainzern mit Zu-
stimmung des Reiches zerstört. 1253 teilten die Erben, Werner IV.
von Bolanden, Philipp von Falkenstein und Philipp von Hohenfels
den Burgstadel und traten darauf, bis 1259, ihre Anteile an die
Stadt Mainz ab. Das Dorf Weisenau nebst Hechtsheim und Vilz-
bach mit dem Hofe Rudolfshausen und der Bliedau blieb damals
bei der Herrschaft Falkenstein [4]). Noch 1266 am 15. Oktober be-
stätigte Philipp von Hohnvels eine Verpfändung von Gütern in
Wizenowin, geschehen vor seinem Dapifer und Schultheissen da-
selbst, und 1271 (23. Mai) genehmigte er, dass Heinrich von Bri-
cinhem, Wolfins Sohn, seine von der Herrschaft Hohinvels lehen-
baren Güter bei Wizinowe an das Kloster Altenmünster in Mainz
verkaufe [2]).

Auch zu Selzen war das Haus Hohenfels begütert oder im
Besitz von Herrschaftsrechten: am 24. Juni 1286 wurde ein Streit
zwischen Philipp dem Jüngeren von Hohenfels und dem Kloster
Eberbach im Rheingau wegen Güter in Selse geschlichtet.

14. Lehen der Herrschaft Hohenfels war auch das Dorf Zorn-
heim, bis es am 9. Juni 1339 durch Jakob und Heinrich Ruhen
von Nierstein, Johann von Lurzweiler, Konrad von Schlichten,
Gerhard Lerch von Dirmstein an das Reichklarenkloster in Mainz
verkauft wurde. Am 5. Mai hatte Hermann von Hohenfels als
Lehensherr seine Einwilligung zu diesem Verkauf gegeben. Das
Reichklarenkloster hatte schon 1276 und 1282 dortige Güter zum
Geschenk erhalten. Es behielt die Vogtei und Gerichtsbarkeit bis
zu dem Vertrag vom 2. September 1579, mit welchem es den Ort
an den Erzbischof Daniel Brendel von Mainz mit aller Gerechtig-
keit, Obrigkeit und Herrschaft abtrat [3]).

Das Kirchenpatronat und der Zehnte standen der Abtei St.
Alban zu.

4. Stadecken, Essenheim, Gundheim.

Nach der Teilungsurkunde von 1276 waren in dem Gebiet
der jetzigen Provinz Rheinhessen noch die Burgen Stadecken und
Gundheim im Besitz der Hohenfelser. Stadecken scheint nur
teilweise den Herren von Hohenfels als Lehen von den Grafen von
Leiningen gehört zu haben. Am 26. November 1313 übergab Graf
Friedrich von Leiningen (der Alte) seinem Tochtermann Grafen Georg
von Veldenz und seinem eignen Sohne das von denen von Hoen-

---

1) Schaab, Gesch. der Stadt Mainz III 218, 234.
2) Baur, Hess. Urkunden II S. 201, Nr. 219; V S. 62, Nr. 13.
3) Schaab, Gesch. der Stadt Mainz III 259 f. Schunck, Cod. dipl.
Mogunt. 367.

vels als Lehen besessene und nun heimgefallene Haus zu Stadecken zur beliebigen Verwendung [1]). Der andere Teil des Schlosses war im Besitz der Grafen von Katzenelnbogen, die ihn seit 1292 vom Herzog von Brabant zu Lehen trugen [2]). Wie an andern Orten, die den Herren von Hohenfels verloren waren, hatten später die Herren von Reipoltskirchen auch zu Stadecken noch lehenrührige Güter zu verleihen: 1456 war Johann von Berstorff, den man nennt von Besseling, in Gemeinschaft mit Clausen sel. Kindern von Brezenheim mit $14^1/_2$ Morgen Acker in Stadecker Feld, die einst Dietrich Foys von der Herrschaft Hoenfels hatte, von Eberhard von Hoenfels, Herrn zu Ryppoltskirchen, zu Erblehen belehnt. Dieses Gütchen ging 1521 an Melchior von Geinheim gen. von Brytzenheim über, dessen Witwe Agnes Rossin 1543 Schwierigkeiten mit den Inhabern der Herrschaft Stadecken, Stephan und Johann Quadt von Landskron, wegen der Pachtzahlung und Vermessung der Liegenschaften hatte [3]).

Das Dorf Essenheim, nördlich von Stadecken, wo die Klöster St. Maximin vor Trier [4]) und Tholey [5]), später auch Eberbach im Rheingau [6]) und das Mariengradenstift in Mainz begütert waren, stand unter der Vogtei der Herren von Bolanden und der Herren Hohenfels. 1220 freite Werner von Bolanden die dortigen Güter des Klosters Eberbach von allen an ihn als Vogt zu zahlenden Abgaben [7]); 1276 nennt Philipp von Bolanden Isenheim „villa nostra" [8]) und im selben Jahre gab Philipp von Hohenfels dem Heinrich Slarthe ein Burglehen von zwei Mark jährlicher Renten „in precaria nostra apud villam Isenheim [9]). 1279 freite Lutgard von Bolanden Güter des Mainzer Marienstifts in Isenheimer Mark von Bede, Herberge und Frondienst [10]). 1283 verlieh Philipp von Hohenfels die zwei Mark Burggeld, die ihm Heinrich Stork Ritter aufgesagt hatte, an dessen Bruder Eberhard [11]). Am 7. September 1288 belehnte Philipp von Hohenfels der Junge mit Einwilligung seiner Brüder Philipp des Alten, Thomas und Johannes den Ritter Johann gen. Sluzzel zu Mainz mit der „Fotye und slechte, waz wir rechtis odir forderunge in dem dorfe odir marck des dorfis Esenheim ubir die lude odir von den luden der hindersesser doselbist, wie wir die gehabt und besessen han". In dem Revers verspricht der Belehnte, die Einwohner nicht zu andern Diensten und

---

1) Scriba, Regesten, Rheinhessen 2386.
2) Ebd. 2071.
3) Archiv Heltorf, II. Conv. I Nr. 2.
4) MRUB. I S. 573, Nr. 516.
5) MRR. 4, 297.
6) Scriba, Regesten, Rheinhessen 1089, 1250, 1269.
7) Ebd. 1278.
8) Baur, Hess. Urkunden II S. 273, Nr. 296.
9) Ebd. S. 275, Nr. 299.
10) Ebd. S. 333, Nr. 354.
11) Ebd. V S. 111, Nr. 126.

Steuern zwingen zu wollen, als jährlich ein Pfund Heller an St.
Martinstag und die Vogtei nicht zu veräussern. Wenn er dies thue,
so soll die Leihung und Gift der Vogtei an die Dorfleute verfallen sein,
die sie geben mögen, wem sie wollen[1]). Am 26. Januar 1289 ver-
lieh Heinrich der Junge Graf von Sponheim als Herr zu Bolanden
den Anteil an der Vogtei zu Esenheim, Gericht, Güter und Ein-
wohner (mit Ausnahme eines Backhauses, das er schon früher dem
Ritter Emmerich gen. Storre von Schornsheim verliehen hatte), den
Ritter Emmerich Storre und Johann Sluzzel, die keine andere Ab-
gabe erheben durften, als zwei Pfund Heller an Martinstag. Er
hatte diese Vogtei durch einen Verzicht seines Schwagers Philipp
von Bolanden (geschehen vor dem König Rudolf von Habsburg)
bekommen[2]). 1297 hatte Philipp von Hohenfels Streit mit Ein-
wohnern von Ysenheim wegen der zwei Mark Renten (wahrschein-
lich von Eberhard Stork heimgefallen), von deren Leistung sich die
Gemeinde am 24. März durch Zahlung einer Hauptsumme los-
kaufte[3]). Dies ist die letzte Nachricht einer Beziehung der Herren
von Hohenfels zu dem Dorf, das 1354 als Mainzer Lehen im Be-
sitz der Grafen von Veldenz erscheint[4]), und 1733 durch Pfalz-
Zweibrücken an Kurpfalz abgetreten wurde.

　　　Das Schloss Gundheim scheint Reichslehen gewesen zu sein.
1284 befand es sich in der Hand des Wormser Domkapitels, das
mit dem vorstorbenen Bischof Friedrich einen Vertrag darüber
geschlossen hatte, den der Bischof Symon von Worms ratifizierte[5]).
Es kann sich nur um eine vorübergehende Besetzung handeln,
denn 1294 findet sich eine Quittung der Herren Werner und
Hermann von Hohenfels über 200 Pfund Heller, die ihnen das
Kloster Mariengarten vor Worms von Gütern in Gundheim bezahlt
hatte, die früher dem Ritter Dyzo von Boppard gehört hatten[6]).
Am 18. Oktober 1306 stellte Hermann von Hohenfels eine Ur-
kunde aus, wonach er dem Grafen Friedrich von Leiningen mit
Einwilligung seines verstorbenen Bruders Werner für 1000 Pfund
Heller die Hälfte der Burg, der Burgmannen und des Dorfes Gund-
heim und von allem, was in des Dorfes Gemarkung gelegen ist,
damals versetzt habe, als er seine nunmehr verstorbene Frau Eli-
sabeth geheiratet hatte. Die andere Hälfte hatten die Bürgen
seines Bruders nach dessen Tode ebenfalls demselben Grafen ver-
setzt. Für 2000 Pfund soll Hermann das Ganze wieder einlösen
können[7]). Aber der Graf von Leiningen hatte bereits im Jahre

---

　　　1) Scriba a. a. O. 2024. KrASpeyer, Veldenzer Copialbuch VII
235, 237.
　　　2) Scriba a. a. O. 2028. Copialbuch in Speyer VII 237 v. Baur, Hess.
Urkunden II S. 413, Nr. 434.
　　　3) Baur, Hess. Urkunden II S. 529, Nr. 542; S. 532, Nr. 545.
　　　4) Scriba, Regesten, Rheinhessen 3018.
　　　5) Baur, Hess. Urkunden V S. 111, Nr. 127.
　　　6) Ebd. S. 139, Nr. 158.
　　　7) Ebd. II S. 670, Nr. 673.

1303 die Belehnung mit Gundheim durch den König Albrecht erhalten und dieser erlaubte ihm den Weiterverkauf des Dorfes [1]). Dies geschah dadurch, dass Graf Friedrich seinem Schwiegersohn Grafen Georg von Veldenz 1307 eine Rente von jährlich 200 Pfund Heller auf die Burg Gundheim anwies, die dieser seinen Kindern Gottfried und Agnes überliess, welche diese Rente für 2000 Pfund Heller (also den den Herren von Hohenfels gezahlten Pfandschilling) dem Friedrich von Meckenheim dem Alten überliessen [2]), der 1308 von König Albrecht belehnt wurde [3]). 1311 setzte Friedrich von Meckenheim unter gewissen Bestimmungen seine Kinder und Enkel, sowie seine Schwiegersöhne Heinrich und Heinrich von Than, die Kämmerer von Worms, als Erben seines Reichslehens Gundheim ein [4]). Am 20. Februar 1353 schlossen denn auch die Ganerben von Gundheim aus den Häusern von Meckenheim und Kämmerer von Worms einen Burgfrieden [5]). König Ruprecht belehnte den Friedrich von Meckenheim sen. 1401 und den Siegfried vom (Obern)Stein 1405 als Ganerben mit Burg und Dorf. Die Ganerben öffneten 1412 ihre Burg dem Pfalzgrafen Ludwig III., dem Heinrich Kämmerer von Worms 1414 einen Anteil ($^1/_4$) an Vogtei, Gericht und Dorf wiederkäuflich versetzte, worauf die übrigen Ganerben den Pfalzgrafen in den Burgfrieden aufnahmen. 1417 verglichen sich Pfalzgraf Ludwig und Erzbischof Johann von Mainz wegen der Anteile des Heinrich Kämmerer und des Gerhard von Meckenheim an Burg, Schloss und Dorf Gundheim, die sie von deren Verschuldung wegen zu ihren Handen genommen hatten, dass sie diese beiden Ganerben nicht mehr zu ihren Anteilen kommen lassen wollten, und schlossen am 17. Februar einen Burgfrieden mit Siegfried von Oberstein, Friedrich von Flersheim (Sohn der Christine von Meckenheim) und Wolf von Meckenheim [6]). So heisst es im Alzeyer Saalbuch von 1429: „Guntheim burg und dorf ist mins gnedige herren des Pfalzgrafen nach lude siner briefe daruber".

Pfalz hatte als mächtigster der Ganerben (von Kurmainz ist weiter nicht die Rede) die Befugnisse der Landeshoheit ganz usurpiert und den übrigen Ganerben, die im 15. Jhdt. noch immer vom Kaiser belehnt wurden, nur noch Anteile an der niederen Gerichtsbarkeit gelassen. 1548 hatten die von Flersheim noch $^1/_5$, und 1661 fiel auch das Obersteinische Fünftel an Kurpfalz heim. 1700 wurde noch Johann Erwin Greiffenclau von Vollrats mit einem Anteil belehnt, der die niedere Gerichtsbarkeit durch einen Amtmann ausüben liess [7]).

---

1) Brinckmeyer, Leiningen I S. 83, aus einem Falkensteiner Copialbuch.
2) Baur, Hess. Urkundenbuch II 683.
3) Brinckmeyer a. a. O.
4) Baur, Hess. Urkunden II S. 721.
5) Ebd. III S. 350, Nr. 1257.
6) Ebd. IV S 47 Nr. 57.
7) Die nicht aus Baur entnommenen Nachrichten stammen aus Widder 3. 120 f. und Schaab 4, 239.

In dieser Gegend besassen die Herren von Hohenfels noch Anteile an **Gimbsheim, Eich, Westhofen** und die **Burg** in **Pfeddersheim**. Der Comitatus in Gimmensheim gehörte zu den Leiningischen Lehen Werners II. von Bolanden. 1414 verkaufte Eberhard von Hohenfels Herr zu Reipoltskirchen seine Hälfte von Gymßheim mit Leuten, Vogtei, hohen und niedern Gerichten usw. dem Pfalzgrafen Ludwig III. um 1100 Gulden Mainzer Währung auf Wiederkauf. Der Ort kam nun zum Amt Alzey, wie im Saalbuch von 1429 vermerkt ist[1]). Die andere Hälfte war aus der Erbschaft der Herren von Bolanden an Nassau-Weilburg gekommen und wurde erst 1662 an Kurpfalz abgetreten.

Die Herren von Hohenfels und Reipoltskirchen wollten noch 1552 und 1578 ein Condominium an Gimbsheim ausüben, sich huldigen lassen und bestritten die Pfälzische Territorialhoheit[2]).

Ein Weistum von Gimbsheim aus der Hohenfelser Zeit ist den Akten beigelegt:

Diß ist der herrn recht zu Giemsheim, als die alten uff uns haben bracht bis hierher:

Item zum ersten von dem weinschencken, wer ein wein uffthut, und drey oder vier maaß über den weg gibt, der ist den herrn schuldig zu ungelt von dem fuder 10 ß heller.

Item von der Reien, wan die stadt in ihrem rechten staden, so hat ein jeglich gemein man recht zu fischen dritthalben fuß davon; und dritt einer daruber, so hat er leib und gut verlohren den herrn.

Item von den Menwag, wan man darin mag gefaren schweben unausgetretten, so hat menlich darin recht zu fischen; dritt einer aus und schlufft darinne, der hat leib und gut verlohren den herrn.

Item haben unßer gerichtsherrn recht in der Auwen, das ein iglich man, er sey wo her er sey, nohe oder ferre, recht hat pferdt darinne zu thun, von jedem pferdt ein ß br biß halben may, und ist auch da frey, als fern er (ir) freyheit hält.

Item von der selben Auwen haben die Wälde recht zu lehen von unsern gerichtsherrn 18 gespen, und sollen halten ein follen himden (?) on eißen, und sollen auch halten 18 ruden deichs an den weihen an, des farn die reichen.

Item von den freveln, were es sach, das sich zween schlugen uff dem Eicher Rhein, und fiel einer in den Rhein, der frevelt gen Eich, und fiel einer auf dem land, der frevelt gen Gimßheim, also das der Rhein in seinem rechten staden sey oder stehe.

---

1) Sauer, Aelteste Lehenbücher 24.
2) Widder III 77. — Alzeyer Amts-Copialbuch fol. 28 v. und Saalbuch, beide im StADarmstadt. — Archiv Heltorf IX 2 (verschiedene alte aus dem Churpfälzischen Archiv vidimierte Urkunden und Verträge).
3) Archiv Heltorf IX 19, 23.

Item haben die gerichtsherrn recht die graben zu verschlagen, die da gehn in den Eicher Rhein, und das gericht weiset nit, das sie sollen gelt dafür nemen.

Item junker Philipps von Frankstein der alt, junker Welderich Barfußen und junker Kolbe sein frey gemeinman zu Giembsheim, also das, were es sach, das die gemein hat etwas zu schicken, wan sie dan ermant werden, so sollen sie reiden von einer gemein wegen und ihren tag getreulich leisten; darum gibt ihr jeglich ein einen ß hllr. und nit mehr [1]).

Die Herrschaft Reipoltskirchen vergab noch im 16. Jhdt. zu Gimbsheim ein Lehen, fünf Gulden Geldrenten, das Wasser, genannt Reyhe, und die Weidemiete (die Abgabe von der Pferdeweide auf der Aue?) an die Junker oder Ritter von Wachenheim. Es wird dies als Burglehen zu Reipoltskirchen bezeichnet [2]), hing aber doch wohl ursprünglich mit der Burg Gundheim zusammen.

Auch die Vogtei über die Grundherrschaft des Stiftes St. Paulus zu Worms in dem Dorfe Eich am Altrhein war im 13. Jhdt. im Besitz der Herren von Hohenfels. Am 27. August 1316 waren zwischen dem Stift und dem Vogt Hermann von Hohenfels Streitigkeiten zu schlichten, die durch Aufnahme einer Kundschaft oder eines Weistums des Gerichts (Schultheiss, Schöffen und Hubner) entschieden wurden. Das Stift ist Eigentumsherr der durch die Gemarkung der Parochie fliessenden Gewässer, des (alten) Rheins, Werwasser, Haech und des Grabens Rinne, in denen die Einwohner das Recht des Fischfanges gegen Ablieferung des Zehnten vom Ertrage haben. Das Stift hat das Recht, auf den rechten Almenden des Dorfes einen Tag lang durch acht Mäher Heu machen zu lassen, und der Wald auf der Frauenaue gehört ihm. Es hat das tägliche Gericht, das über gewöhnliche Streitigkeiten zu entscheiden hat, und setzt den Schultheissen daran ein. Kann dieser das Urteil nicht vollstrecken, so ruft er den Herrn von Hohenfels, oder wer dann Vogt ist, herbei, und dieser hat dann von den Frevelgeldern an den diebus feriatis et feriandis ein Drittel, an den diebus non feriatis zwei Drittel. Wenn einer den Zehnten von den Fischen oder von den Aeckern nicht zahlt, hat das Stift den ganzen Frevel allein. Hermann von Hohenfels erklärte, damit einverstanden zu sein. Unter den Hubnern war auch der Leienbruder, der den Hof des Klosters Otterberg „zume Sande" verwaltete [3]). Dieser Hof wurde 1330 durch das Kloster dem Hermann von Hohenfels abgetreten, der am 25. Juli versprach, alle Verpflichtungen, die darauf lasteten, zu übernehmen, darunter die Abgabe von $104^{1}/_{2}$ Malter Korn, 3 Pfund 28 Heller Zins und eine Wagenfahrt von 100 Malter Korn mit des Hofes Wagen nach Worms, und ferner den auf den Hof

---

1) Archiv Heltorf IX 30.
2) Ebd. III, Lehenbuch Nr. 8, und III Nr. 11 (orig. Lehensurkunden).
3) Baur, Hess. Urkunden II 791.

fallenden Anteil an den Gemeindebürden, wie deichen und Bäche fegen [1]).

Die Vogtei und Hochgerichtsbarkeit über Eich ist dann (wann? habe ich nicht feststellen können) an Philipp von Wunnenburg gekommen, der seine Rechte vom Erzbischof Baldewin von Trier zu Lehen hatte, und gegen ein Haus zu Selhofen in der Stadt Mainz, das sein Eigentum war, die Entlassung aus dem Lehensverband erwirkte, was erst unter Erzbischof Boemund am 19. Februar 1356 durch das Domkapitel bestätigt wurde [2]).

Am 20. April 1357 veräusserte Philipp von Wunnenburg der Alte das Dorf Eich an den Grafen Walram von Sponheim, der es nebst dem Dorf zum Sande, der Burg und mit dem Gute, das der Jungen von Hohenfels war, sechs Tage später dem Heinrich zum Jungen, Bürger zu Mainz und Schultheiss zu Oppenheim, für 3900 kleine Florenzer Gulden verkaufte [3]). Die Herren von Hohenfels, Werner, Hermann und Johann, traten darauf am 15. Dezember dem Käufer ihre Ansprüche und Rechte zu Eich, zum Sand und in Muckenhusen ab und übergaben diese Güter vor dem Gericht zu Eich [4]). 1369 versprachen die zum Jungen dem Paulusstift in Worms, dass sie es bei allen seinen Rechten zu Eich und zum Sand bleiben lassen wollen, wie es unter den Herren von Hohenfels, Philipp von Wunnenburg und Graf Walram von Sponheim gehalten worden sei [5]). 1406 verpflichtete sich die Witwe Heinrichs zum Jungen in Mainz, das Dorf Eich dem König Ruprecht zu verkaufen, falls Graf Simon von Sponheim von seinem Auslösungsrecht keinen Gebrauch mache. 1413 überliess das Paulusstift in Worms die Hälfte des Dorfes Eich um des Schirms willen dem Pfalzgrafen Ludwig III. (vorbehaltlich des Hubengerichts und der Ansetzung des Schultheissen dazu), und 1418 und 1420 erwarb der Pfalzgraf auch die an Werner Füllschüssel von Nierstein, Friedrich Jost von Bechtolsheim und Hermann von Udenheim vererbten Anteile aus dem Besitz Heinrichs zum Jungen zu Eich, Sand und Mückenhausen, und so konnte man in das Alzeyer Saalbuch von 1429 eintragen: „Eyche off dem alden Ryne hat der Pfalzgraf gekauft um Heinrich zum Jungen und sinen Ganerben mit allen Renten und Gefällen, und hat dort drei Bauhöfe, Ungeld, Bede und den Santhof mit Zubehör". Seitdem ist Eich mit dem Sandhof und Mückenhäuserhof bei dem Kurpfälzischen Amt Alzey geblieben [6]).

Westhofen gehörte der Abtei Weissenburg im Elsass. Die Vogtei darüber hatte Werner II. von Bolanden am Ende des 12. Jhdts.

---

1) Baur, Hess. Urkunden III S. 45, Nr. 976, und S. 57, Nr. 987.
2) Ebd. III S. 373, Nr. 1282.
3) Ebd. III S. 382 f., Nr. 1291 f.
4) Ebd. III S. 389, Nr. 1298.
5) Ebd. Anm.
6) Widder, Kurpfalz III 79 ff.

vom Kaiser zu Lehen, damit waren 10 Huben Landes und Renten aus einer Mühle verbunden. Von der Abtei hatte er den Zehnten vom Saalgut[1]). Später war die Vogtei als Lehen der Abtei Weissenburg selbst im Besitz der Raugrafen und der Herren von Hohenfels-Reipoltskirchen.

Als die Raugrafen Ruprecht und Heinrich, Gebrüder, am 6. Juli 1297 ihren Allodialbesitz zu Westhofen an das Wormser Domkapitel verkauften, nennen sie in der Urkunde als ihre consortes et comparticipes die zwei Raugräflichen Brüderpaare Georg und Konrad und Gottfried und Heinrich, letztere die unmündigen Söhne des Raugrafen Heinrich, und den Wäpeling Heinrich von Rypolteskirchen, und versichern, dass dieses Gut von ihrer Vogtei ganz unabhängig sei. Dagegen war der in der gleichen Urkunde an das Domkapitel geschenkte Zehnte mit Patronatsrecht Lehen von Weissenburg[2]). 1325 gestattete Kaiser Ludwig der Bayer dem Raugrafen, einen Markt in Westhofen zu errichten. Diese Grafen kamen bald nachher in Geldverlegenheiten und verpfändeten ihre Güter, so auch 1347 Westhofen. 1369 wurde ein von der Raugrafschaft herrührender Anteil durch Philipp von Bolanden, Herrn zu der Alten-Baumburg, an Bechtolf von Bickingen versetzt. 1400 verkaufte Raugraf Otto seinen Anteil wiederkäuflich und 1412 endgültig und erblich an Kurpfalz. Eine Tochter Johannes von Hohenfels-Reipoltskirchen, Claudia Gräfin zu Oettingen, trat ihren Anteil 1575 an das gleiche Kurfürstentum ab. 1579 ging auch der an die Herren von Bolanden gekommene Anteil von Nassau-Weilburg an Kurpfalz über. Der Abt von Weissenburg, der zu allen diesen Verkäufen und Abtretungen seinen Konsens als Lehensherr gegeben hatte, verzichtete auf den Rest seiner Rechte und Besitzungen im Jahre 1613. So waren alle Hoheitsrechte an Kurpfalz gekommen, das den Ort dem Amt Alzey angliederte.

Aus der Hohenfelser Zeit stammt folgendes Weistum:

Dis sint die recht, die da hat die herschaft von Hohenfels zu Westhoffen.

Primo weyset man, das die herschaft sey oberster faut und herre zu Westhoffen.

Item wer es sach, das da were ein königsreyße, so seyn siebenzehen hauptstätte[3]), wer darin lege oder were, so mocht die herrschaft von Hohenfels die beischen ußziegen und die herrschaft darin lygen und die nacht ongedroschen futter etzen.

Item wen die herrschaft hersetzt zu einem faut, der hat das recht, das er einen stab mocht dragen.

Item weres, das jemand frevelt, so hat die herrschaft recht an zu pfenden; wer es aber sach, das sie zu lange wollte betten, so mochten anderer unserer herren knechte auch pfenden.

---

1) Sauer, Aelteste Lehenbücher S. 24.
2) Baur, Hess. Urkunden 2 S. 537, Nr. 549.
3) wohl für „Hausstätten".

Item wer es sach, das ein unferttig man wer in einem huß, so soll der herschaft faut von Hohenfels vorgeen und soll er und der anderen herren knechten den unfertigen man heruß nehmen und soll ihn eim schultheßen geben, der soll rechten von unserer vier herren wegen.

Item so hat die herschaft mehe vor andern unsern herren 27 untz heller von eim schulthessen, das ander deilen sie gleich.

Item die frevel sint auch halb der herschaft von Hoenfels.

Item die herrschaft von Hoenfels hat das recht vor andern unsern herrn zu Westhoffen, das sie hant ein eygen buttel, und das hubenergericht ist ire, und wer es sach, das einer were, der ir eigen ist und die herschaft anhort, der mag wol heischen von der vier herren gericht, und heischen an das hubenergericht, da muss man ihme nachfolgen recht zu geben und zu nemen, als fer das recht were; würde der erwunden, so mag der herschaft buttel gehen in huß und hoffe, darin pfenden, da hat er recht zu; wer es aber das einer ein hubener were von gutter, der die herschaft nit anhort, und der erwunden wurde an demselben gericht, den soll man pfenden uff denselben gutter, da er von hubener ist, und nit zu huß und zu hoff; wer es aber sach, das sie das dar uber grieffe, und ihne pfenden, als dick und als viel, als sie das thetten, so hetten sie gefrevelt [1]).

Demnach waren nicht die Raugrafen, wie Widder meint, sondern die Hohenfelser im Besitz der höchsten Rechte zu Westhofen nächst dem Lehenherrn, Abt zu Weissenburg. Ein Reipoltskircher Anwalt schreibt 1552, zu Westhofen sei der Herr von Hohenfels neben dem Kurfürsten von der Pfalz und dem Grafen von Nassau zum halben Teil ein Herr aller oberen und niederen Herrlichkeit; er werde seit undenklicher Zeit als oberster Vogt und Herr gewiesen in rechter Gemeinschaft mit den Raugrafen [2]).

5. Herrschaft Reipoltskirchen.

Zur Burg Reipoltskirchen scheinen ausser dem Flecken unter der Burg (ohne die Höfe Ausbach und Ingweiler und die gegenüberliegende Wüstung Hundheim am Steeg) die Dörfer Hefersweiler, Relsberg und Morbach, ferner Rathskirchen, Reichsthal und in weiterer Entfernung Finkenbach mit Gersweiler, ein Teil von Dörnbach und Hochstätten an der Alsenz gehört zu haben. 1304 verkaufte der Edelknecht Johann, genannt von Metz, mit Zustimmung Hermanns, Herrn von Hohenfels, die Dörfer Finkenbach und Breidenau mit dem Patronatsrecht der dortigen Kirche an Heinrich, genannt von Hohenfels [3]). Der Ort Hochstätten ist 1553 durch Johann von Hohenfels, Herrn zu Reipoltskirchen, gegen die Wild-

---

1) Archiv Heltorf IX (vidimierte Copien aus d. Pfälzer Archiv) Nr. 28.
2) Ebd. Nr. 19.
3) Glasschröder, Urk. zur Pfälzer Kirchengeschichte S. 644, Nr. 580.

und Rheingräflichen Ortschaften Nussbach und Schönborn sowie
die Rechte auf der Hundheimer Hufe bei Reipoltskirchen und zu
Seelen an den Wild- und Rheingrafen Philipp Franz vertauscht
worden. Auch die Hälfte von Rudolfskirchen scheint damals an
Reipoltskirchen gekommen zu sein.

In Urkunden werden diese Ortschaften wenig genannt [1]). Es
scheint, dass ehemals eine Art Freizügikeit (Zugesrecht) zwischen
den Reipoltskircher und den benachbarten, namentlich Veldenzer
(später Zweibrückischen) Ortschaften bestanden hat, wodurch die
Einwohner der einzelnen Dörfer hinsichtlich der Hörigkeit und
Leibesherrschaft sehr gemischt waren und man schliesslich nicht
mehr recht wusste, welcher Herrschaft diese „disputablen Unter-
thanen" angehörten. Dies gab im 17. und 18. Jhdt. zu vielem
Streit und Schreibwerk Anlass.

Aus den Heltorfer Archivalien, unter denen sich Weistümer
der zur Herrschaft gehörigen Ortschaften finden, die Herr Kaplan
P. Schnepp herausgeben wird, kann ich nur über Hochstätten einiges
berichten, was zur Ergänzung meiner Ausführungen in der Abhand-
lung über die Wild- und Rheingrafschaft (s. oben S. 366 f.) dienen
kann.

Im Jahre 1366 vig. assumptionis virginis Marie (14. August)
versetzten die Gebrüder Konrad und Heinrich von Hohenfels, Herren
zu Rypelskyrch, dem Ritter Dietze von Wachenheim ihr eigen Dorf
Hoenstein [2]), gelegen uf der Alsentz mit aller seiner Zugehörung,
Gericht, Wasser, Weide, Mühlen, Backhaus, Korngült, Zinskappen,
Herrschaft und Vogtei, Hof und Gütern für $5^1/_2$ Hundert Pfund
Wormser Heller. Wenn die Verkäufer vor Marie assumpt. kommen
und 275 Pfd. hllr. bieten, soll das halbe Dorf wieder zurückgekauft
sein. Dabei liegt ein Zettel, auf welchem die Gefälle im Dorf
Hoenstein an jarlichen Zinsen und anders verzeichnet sind: nämlich
10 ₰ hlr. jarlich uff der gemeyn. 9—10 Malter Korn ebenso.
5 ₰ hlr. von der Mühle, 3 ₰ hlr. vom Backhaus, etwa 30 Kapaunen,
4—5 Gänse. Bussen und Frevel gehen auf und ab, sind nicht ver-
anschlagt; der Gulden wird mit 24 Albus verrechnet.

Im andern Zettel: 10 Pfund Heller für die Atzung. 14 Pfund
zu Zins. 3 Mastschweine und 3 Ferkel, 30 Fastnachtshühner. (Wert
des Ganzen) $6^1/_2$ Hundert Pfund Heller, macht 317 Gulden 8 Albus,
oder, den Gulden zu 24 Albus gerechnet, 343 Gulden 18 Albus.

1391 verpachteten Erlind, Witwe des Ritters Dietze von Wachen-
heim, Dietze der Alte und Dietze der Junge von Wachenheim und

---

1) Vor dem Kurpfälzischen Hofgericht wurde 1491 ein Streit zwi-
schen Johannes I. von Hohenfels und dem Herzog von Zweibrücken über
die Gerichtsbarkeit, Weidstrich und Zölle usw. zu Morbach, Hefersweiler
und Finkenbach verhandelt. Lehmann, Burgen IV 205.
2) So wird Hochstätten auch in den Wild- und Rheingräflichen Weis-
tümern von 1515 geschrieben. Trier. Arch., Ergänzungsheft 12, 69, 70.
3) Archiv Heltorf III, Conv. I Nr. 188

Konrad Kolb von Wartenstein dem Wolf, Dielen Sohn, von Hoenstein, ihren Hof zu Hoenstein für einen Zins von 8 Maltern Korn Binger Maß und 6 Kappen, so lange sie diesen Hof von Herrn Konrad von Rypoltskirchen in Pfandschaft haben [1]).

6. Besitzungen im Speyergau und auf dem rechten Rheinufer.

In der Pfalz gehörten den Hohenfelsern als Lehensortschaften noch das Dorf Kallstadt und das halbe Dorf Duttweiler. 1275 befreiten die Brüder Theoderich und Philipp der Aeltere von Hohenfels das der Abtei Otterberg gehörige Hofgut zu Kallstadt von allen Beden, Ansprüchen und Rechten, die sie bisher dort erhoben hatten. 1321 bekundete Hermann, Herr von Hohenfels, „das wir an dem dorf zu Kallstat, das her Cuno und her Ulman hant von uns zu lehen, da haben wir erfaren und wir inwissen anders nit, das unser vatter und wir ritten in das dorffe, in eins ambtmans huſe; das wir (da) verthaten, das galt das dorffe. Um den hofe von Otterburg, der da ligt, da waren wir underwilchen ine ane iren schaden; das wir darinne verthaten, das galt das dorfe.“ Die Herren von Hohenfels konnten also auf Kosten des Dorfes im Hause des Amtmannes oder im Otterberger Klosterhof ein Herbergs- und Atzungsrecht in Anspruch nehmen.

Schon damals war das Dorf an zwei Vasallen, Cuno und Ulmann, verliehen. 1354 12. März bewittumte der Ritter Friedrich von Montfort seine Frau Dyne auf einen Teil an dem Rechte zu Kallstatt, das er mit seinem Bruder Johann und seinem Vetter Cune zu Lehen von Herrn Hermann von Hohenfels hatte, und auf seinen Anteil am Zehnten, dem Seinhof und anderen Gütern zu Grünstatt. Hermann von Hohenfels hatte am 21. Februar eingewilligt, dass Friedrich seine Frau auf das Dorf Kallstat mit allen Rechten Wald, Wasser, Weide, Zinsgeld, Gut, Atzung, Herberge und Dienste, sowie auf Zehnten, Zins, Gült und den Hof zu Grunstat bewittumen durfte, der ihm gemeinschaftlich mit seinem Bruder Johann und seinem Vetter Cuno verliehen war.

Am 11. Dezember 1390 erteilte Konrad von Hohenfels Herr zu Reipoltskirchen dem Anthis von Montfort eine entsprechende Erlaubnis für dessen Frau Schonnet des Grafen Arnold von Hoenberg Tochter, die am 1. April 1391 bewittumt wurde. 1387 hatten Anthis und Friedrich von Montfort mit Erlaubnis des Herrn Konrad von Hohenfels ihr Dorf Kallstat dem Herrn Steben von Inseltheme versetzt. 1406 war das Dorf an Diether von Inselnthome, 1418 an Dam Knebel von Katzenelnbogen, 1419 an Agnes von Angeloch versetzt, wobei dem Lehensherrn Eberhard von Hohenfels das Auslösungsrecht vorbehalten blieb. Nachfolger der Herren von Montfort waren die Blicken von Lichtenberg, Claus und sein Sohn Friedrich, die 1453 das Dorf von Peter von Wachen-

---

1) Archiv Heltorf III, Conv. I Nr. 189.

heim auslösten. 1451 vermittelten Friedrich von Flersheim Ritter, Friedrich Griffenclaw von Volrats Ritter, Henne Horneck von Winheim, Johann Molenstein von Grumbach und Reinfried von Rüdesheim, Amtmann von Meisenheim einen Vergleich zwischen Eberhard von Hohenfels einer- und Claus und Friedrich Blicken von Lichtenberg anderseits wegen der Güter, die die Herren von Montfort von der Herrschaft Hohenfels zu Lehen gehabt hatten, nämlich das Dorf Kallstadt, den Zehnten zu Grünstadt in der Niederpfarrei. Alles wird halb und halb geteilt, die eine Hälfte erhält Hohenfels, die andere Blick als Mannlehen. 1463 und 1476 wurde zwischen den Herren von Hohenfels und ihrem Vasallen Friedrich Blick über die Atzung im Dorf Kallstadt verhandelt, die schliesslich dem Lehensherrn zugestanden wurde. Noch 100 Jahre später war dieses Lehen im Besitz der Blicken von Lichtenberg; im 18. Jhdt. war Kallstadt Leiningisch.

Duttweiler bei Neustadt an der Hardt war ebenfalls Hohenfelser Besitz. Am 24. Juli 1372 traten Hermann I. und Heinrich von Hohenfels alle ihre Rechte und Ansprüche an das halbe Gericht zu Dudweiler und an die dazugehörigen Güter dem Nonnenkloster St. Lambrecht ab. Indessen scheint diese Hälfte doch im Besitz der Hohenfelser geblieben zu sein, denn am 5. April 1473 hatte Johann von Oberstein von Herrn Johann von Hohenfels, Herrn zu Reipoltskirchen das Burgstetlin gelegen zu Dotwyler und halbe Dorf und Gericht daselbst zu Lehen, wie es vor ihm ein anderer Johann von Oberstein und sein Vater Friedrich besassen. 1518 verkaufte Viacrius von Oberstein das Dorf Dudwyler, das er halb von Herrn Wolfgang von Hohenfels zu Lehen, halb als Eigentum besass, mit Einwilligung des Lehensherrn an Kurpfalz, wofür ihm 40 Gulden jährlicher Renten anstatt eines Kapitals von 800 Gulden auf das Amt Neustadt an der Hardt angewiesen wurden, die er nun zur Hälfte von Reipoltskirchen zu Lehen nahm. Das Dorf wurde nun dem Pfälzischen Amt Neustadt an der Hardt angeschlossen [2]).

Auf dem rechten Rheinufer hatten die Herren von Hohenfels auch einige Besitzungen, wie die Vogtei zu Castel, gegenüber von Mainz, die 1263 und 1283 in ihren Händen war. Später gehörte

---

1) Archiv Heltorf II. Conv. 3. Nr. 28. Copialbuch und Originalurkunden über Kallstadt. Uebrigens wird Kallstadt mit Ungstein und Pfeffingen zu dem pfälzischen Lehen der Grafen von Hohenburg (Homburg i. d. Pfalz) und von Leiningen gerechnet und 1378 durch Graf Emich V. von Leiningen an Arnold von Rorbach, 1386 durch Graf Emich VI. an Erzbischof Adolf von Mainz, 1390 durch Graf Arnold von Hohenburg an Jeckel von Kungernheim versetzt (Brinckmeyer, Leiningen I 173, 238. Regesten der Pfalzgrafen I 5232). 1417 waren die gen. drei Dörfer gemeinschaftlich zwischen Leiningen, Hartenburg und Hoenburg (Mitteilungen des histor. Vereins der Pfalz, XVI [1892] 12). Die Herrschaftsverhältnisse in diesem Dorf bedürfen noch der Aufklärung.

2) Archiv Heltorf II. Conv. 3. Nr. 23. — Widder, Kurpfalz II 280.

sie den Erzbischöfen von Mainz. 1207 war sie von den Grafen Gerhard und Heinrich von Diez an den König Philipp von Schwaben gekommen, der sie dem Hause Bolanden überliess. Sodann war auch eine Vogtei zu Nordenstadt bis 1263 im Besitz der Hohenfelser. 1283 verkauften auch Theoderich und Philipp der Jüngere von Hohenfels ihre Anteile an Bischofsheim bei Frankfurt an Philipp von Falkenstein.

Ein Hohenfelser Lehen war auch ein Teil des „Kammerfeldes" [1]) gegenüber von Oppenheim bei Leeheim. 1429 sagt Folgmar Schotte von Wachenheim, dass er von Eberhard von Hohenfels, Herrn zu Reipoltskirchen, belehnt sei mit einem Viertteil „in dem Kemmer falde gein Oppinheim über hynsyt Ryns gelegen, und sytzt Helff-rich von Dynheim mit eyme virtel mit mir, und das andir halbe deyle, da sitzent etvyle mit uns gemeyne". 1440 war Gelfrich von Nackheim belehnt mit einem Teil an dem Lehen, das man nennt die Kemmerer ecker und bruwel, die da sint gelegen jhensit Rins, (gein Oppenheim uber) nacher Lehen zu. Hierüber liegen noch Reverse vor von Siegfried von Wachenheim, wie sein Vater Siegfried (1462); von Burckhard von Nackheim, Gelfrichs Sohn (1465, 1475); Eberhard Vetzer von Geispitzheim, der des Burck-hard Anteil gekauft hatte (1487); Friedrich Sturmfeder, vorher sein Vater Burckhard (1536, 1548); dessen Söhne Friedrich, Lud-wig, Burkhard, Wolfheinrich, Eberhard (1556), Johann Ludwig und Georg Wilhelm von Soetern Brüder, die das Lehen mit Ein-willigung des Herrn Johann von Hohenfels an Friedrich Schenk von Schmidtburg überliessen (1562), Wolffriedrich von Sturm-feder (1603) [2]).

Die Dynastie der Herren von Hohenfels, im 13. Jhdt. dem mächtigen Hause der Herren von Bolanden entsprossen, hat aus den Kämpfen um die Ausbildung ihrer Vogteigewalt über die Grundherrschaften der Mainzer Stifter zu einer Landeshoheit, die das 13. Jhdt. erfüllten, nur wenige Trümmer ihrer Besitzungen gerettet. In den ersten Jahren des 17. Jhdts. ist sie erloschen.

Johann II. von Hohenfels war vermählt mit Amalia, Tochter des Grafen Johann von Daun-Falkenstein. Deren Sohn Johann III. starb 1602 als letzter seines Stammes. Amalia vermachte die Herrschaft den Söhnen ihrer Schwester Sidonia, Johann Casimir und Steno Löwenhaupt, Grafen von Rasburg, die auch auf die Grafschaft Falkenstein Anspruch erhoben. Elisabeth Amalia Löwen-haupt, Stenos Tochter, brachte die halbe Herrschaft ihrem Gemahl

---

1) Wüstung Camben im Rinechgowe, wo dem Kloster Lorsch 864 von König Ludwig II. ein Hof (mit Hafen im Rhein) geschenkt wurde, den später Werner II. von Bolanden von dem Abte zu Lehen hatte. Ausser dem Hohenfelser war auch noch ein Bolander Lehen dort, das zuletzt durch die Landgrafen von Hessen vergeben wurde (Wagner, Wüstungen, Starkenburg S. 147. Sauer, Aelteste Lehenbücher 28).

2) Archiv Heltorf II. Conv. 3. Nr. 22.

Philipp Dietrich, Graf von Manderscheid-Keil, zu. Die andere
Hälfte blieb bei den Nachkommen des Johann Casimir Löwenhaupt.
1722 wurde ein Anteil daran dem Grafen von Hillesheim verpfän-
det, der 1730 die Manderscheidsche Hälfte erwarb, 1754 aber jenes
Viertel wieder herausgeben musste. Damals wurden wegen der
gemeinschaftlichen Regierung nähere Vereinbarungen getroffen.
1763 verkauften die Löwenhaupts ihren Anteil, der nun durch
mehrere Hände ging und am 18. Dezember 1770 vom Kurfürsten
Karl Theodor von der Pfalz für seine Tochter, Caroline Gräfin von
Parkstein, vermählte Fürstin von Isenburg-Büdingen, erworben
wurde. Mit dem Grafen von Hillesheim wurde die Verwaltung
des Kondominiums nach den Bestimmungen von 1754 verabredet.

Kurfürst Karl Theodor erwarb im Jahre 1779 für seine
Tochter und ihren Gemahl noch die Zweibrückischen Ortschaften
Berzweiler und Seelen und die Anteile an Niederkirchen und Ru-
dolfskirchen, die nun mit dem Isenburgischen Anteil der Herr-
schaft vereinigt wurden.

3. Die Grafschaft Falkenstein.

Mitteilungen des historischen Vereins der Pfalz III. Speyer 1872.
Urkundliche Geschichte der Herren und Grafen von Falkenstein am Don-
nersberge in der Pfalz, entworfen von Johann Georg Lehmann.
Kreisarchiv der Pfalz in Speyer. Falkenstein, Akten Nr. 61, 1, Ge-
fällebuch: Beschreibung aller zur Grafschaft Falkenstein gehörigen Ort-
schaften, 1584 (beglaubigte Abschrift von 1758).
Falkenstein Nr. 50, 2: Falkensteiner Mannbuch 1518—1532.
Falkenstein Nr. 106: Weistumsbuch, Weistümer der Grafschaft
Falkenstein, zusammengestellt 1534.
Zwei Kopialbücher von Falkensteinischen Urkunden.

Dem Hause Bolanden entstammte Herr Philipp von Falken-
stein am Donnersberg, der aus der Erbschaft der Herren von
Münzenberg grossen Besitz in der Wetterau erwarb (1256) und
vom König Richard 1257 mit dem Reichskämmereramte belehnt
wurde. Sein Nachkomme Philipp VII. wurde von König Wenzes-
laus 1398 in den Reichsgrafenstand erhoben. 1407 übergab er
die Verwaltung seiner Besitzungen dem letzten männlichen Sprossen
seines Stammes, dem Kurfürsten Werner von Trier, der bis 1418
die Regierung der Grafschaft als „Mondbar und Vormunder" führte.

Von seinen drei Schwestern war Anna mit dem Grafen Gün-
ther von Schwarzburg (kinderlos), Agnes mit dem Grafen Otto
von Solms und Lukard mit Herrn Eberhard von Eppstein vermählt.
Agnes von Solms († 1409) hinterliess zwei Söhne, Bernhard und
Johannes, und drei Töchter, nämlich Anna, vermählt mit dem
Grafen Gerhard von Sayn, Elisabeth, Gemahlin des Herrn Diether
von Isenburg-Büdingen, und Agnes, Gattin des Grafen Ruprecht
von Virneburg. 1417 schlossen die Grafen von Sayn, Solms, Virne-
burg und der Herr von Isenburg-Büdingen mit den Nachkommen

der Lukard von Eppstein, Gottfried und Eberhard, einen Vertrag, dass nach dem Tode des Erzbischofs Werner von dem ganzen Nachlass in den Herrschaften Münzenberg und Falkenstein ein Dritteil den Eppsteinern und die beiden andern Dritteile den übrigen fünf Erben zufallen sollten.

Als nun Erzbischof Werner am 4. Oktober 1418 verschieden war, wurde die ganze Falkenstein-Münzenbergische Erbschaft am Mittwoch vor St. Urbanstag (24. Mai) 1419 in drei Teile geteilt, nachdem bestimmt war, dass das Fahr auf dem Rhein bei Weisenau oberhalb Mainz und das Fahr auf dem Main bei Offenbach gemeinschaftlich bleiben sollten:

1. der Butzbacher Teil sollte enthalten: Butzbach, Grüningen, Ziegenberg und Kransberg (mit Ausnahme der Rechte, die die Grafen von Solms schon dort besassen), Münzenberg, soweit es zur Herrschaft gehörte, zur Hälfte, Rodheim, Liechen bei Peterweil und Königstein mit allen Zubehörden, die Auslösung der an Kurmainz verpfändeten Stadt Hofheim und das halbe Schloss Vilbel;

2. der Licher Teil: Lich Stadt und Burg, und die Lösung am Warnsberge, Laubach, Hungen, Wolfersheim mit allen Zubehörungen, Lösung an Weckesheim, Benstadt und Rodichen, die Pfandschaft zu Stornfels, Assenheim mit allem Zubehör (ausgenommen Rodheim und Liechen), Münzenberg zur Hälfte, Bischofsheim am Main bei Frankfurt, Weingulten und Geldzinse zu Bergen, Obererlenbach und Zubehör, das halbe Schloss Vilbel mit seinem Begriff, und endlich das Lösungsrecht an Peterweil;

3. der Teil vom Hayn in der Dreieich: Hayn, die Stadt und Burg samt allem, was damit verbunden war, mit alleiniger Ausnahme von Bischofsheim, ferner Falkenstein, Pfeddersheim und Calsmunt mit allem Zugehör und einen sechsten Teil an Münzenberg, der Burg, Kemnaden und Stadt, ohne die sonstigen Einkünfte, mit dem Titel eines Vogtes und der Verpflichtung, am Lohn der dortigen Pförtner, Türmer und Wächter $^1/_6$ zu tragen;

4. die Vogtei über die Abtei Arnsburg sollte von dem Butzbacher und Licher Anteil gemeinsam ausgeübt und die Burgmannen auf Münzenberg gemeinsam belehnt werden.

Nachdem durch Loos der Butzbacher Teil den Eppsteinern zugefallen war und man gegenseitige Verzichtbriefe ausgewechselt hatte, teilten die übrigen Erben am 28. Mai 1420 die Licher und Hayner Anteile dergestalt, dass

a) die Gräfin-Witwe Anna von Sayn und Diether von Isenburg-Büdingen Assenheim, den Hayn zur Dreieich, Obererlenbach, die Hälfte von Vilbel, mit allen zugehörigen Gerichten, Dörfern und Rechten; Weisenau und Hechtsheim bei Mainz; die Lösungsrechte an Peterweil, Strassheim, Niederrossbach, Benstadt, Rodichen, die Vogtei Münzenberg und den Wildbann zur Dreieich;

b) die zwei Grafen Bernhard und Johannes von Solms die Stadt und Veste Lich, die Anteile an Münzenberg mit allen Zubehörungen und Einkünften, mit sämtlichen Dörfern und Gerichten, wie sie unter Erzbischof Werner zum Amt Lich gehört hatten, Laubach Stadt und Veste mit allen Zuständigkeiten, die Einlösungsrechte an Weckesheim und am Warnsberg und die Vogteirechte über Kloster Arnsburg;

c) der Graf Ruprecht von Virneburg das Schloss Falkenstein am Donnersberg mit allen Leuten und Dörfern, nur Hechtsheim und Weisenau bei Mainz ausgenommen, erhielt;

d) Burg und Stadt Pfeddersheim (Reichspfandschaft) sollte, was die Herrlichkeit, Gebot und Frevel betrifft, zur Hälfte dem Grafen von Virneburg, zur andern Hälfte dem Herrn von Isenburg und der Gräfin von Sayn zustehen. An den andern Rechten, Zinsen und Gefällen in dieser Stadt sollte Virneburg $^1/_5$, Isenburg und Sayn $^2/_5$, Solms die übrigen $^2/_5$ haben;

e) am Schlosse Calsmunt bei Wetzlar sollte jeder Stamm $^1/_5$ bekommen.

Durch diese Teilung verschwand der Name der Grafschaft Falkenstein wieder: Ruprecht nannte sich Graf von Virneburg und Herr von Falkenstein.

Pfeddersheim ging sehr bald an Kurmainz verloren: 1422 gestattete Diether von Isenburg dem Erzbischof Konrad von Mainz die Auslösung seines Fünftels an der Reichspfandschaft Pfeddersheim und Calsmunt, worauf 1424 der Graf von Virneburg seinen Anteil an Pfeddersheim ebenfalls an denselben Kurfürsten versetzte.

Vom Grafen Ruprecht von Virneburg vererbte sich die Herrschaft Falkenstein auf seine Enkel, die Grafen Ruprecht und Wilhelm von Virneburg, die 1445 ihre zahlreichen Besitzungen teilten, wobei die Herrschaft Falkenstein an den jüngeren Bruder Wilhelm fiel. Dieser verkaufte am 21. Mai 1456 sein gesamtes Falkensteiner Land, Eigentum wie Lehen, an den Herrn Wirich von Daun, Herrn zum Obernstein, und seine Gemahlin Margareta, geb. Gräfin von Leiningen. Dabei wurde eine Ehe zwischen Wirichs Sohn Melchior und des Grafen Tochter Irmgard verabredet, beide damals noch unmündig. Da Irmgard bald darauf starb, wurde die Ehe später zwischen Melchior von Daun und Margareta, einer jüngeren Schwester, geschlossen.

In der Übertragungsurkunde von 1456 sind die Bestandteile der Herrschaft Falkenstein aufgezählt:

Das Schloss Falkenstein mit dem Tale darunter, am Donnersberge gelegen, mit allen Mannen und Burgmannen, Lehengütern usw. samt allen andern zugehörigen Schlössern, Städten, Dörfern, Höfen und Gerichten, mit Namen Bretzenheim, Winzenheim, Hilbersheim, Bibelsheim, Zotzenheim, Ulversheim, Bechtheim, Sülzen, Jakobsweiler, Haynweiler, Imsbach, Waldlaubersheim, Grehweiler, Santelwein (Sant-Elwin, jetzt Sankt Alban), Schneeberg, Gerbach, Freimersheim (jetzt Framersheim), Winnweiler, Heringen, Schweinsweiler, Gundersweiler, Teschenmoschel und Steinbach, Hosteden, die Fähre bei Weisenau oberhalb Mainz, das Dorf Hillesheim zur Hälfte, so, wie dies alles, Eigen oder Lehen, bisher zu dem Schlosse und der Herrschaft Falkenstein gehört hatte, und noch gehörte, dann noch die Rechte an den verpfändeten Orten Pfeddersheim und Hargsheim, die Zehnten zu Erbesbüdesheim, Dienheim und Dalheim bei Oppenheim, Vilzbach und das Lehen bei Mainz, Gross- und Klein-Niedesheim, Teil des Zehnten zu Kolgenstein und Obrigheim.

Wirich von Daun (sein Geschlecht stammt aus dem Städtchen in der Eifel) war bereits Herr zum Obernstein an der Nahe mit vielen Besitzungen, ferner zu Wilenstein bei Trippstadt südlich von Kaiserslautern; er besass ferner die Anteile an den ehemals raugräflichen Herrschaften Stolzenberg und Neuen-Baumburg (Neubamberg). 1458 übertrug der Kaiser Friedrich III. die dem Reiche zustehende Lehensherrlichkeit über die Herrschaft Falkenstein dem Herzog Johannes von Lothringen und wies Herrn Wirich an, sich von diesem belehnen zu lassen. Dieser Akt wurde am Dionysiustag, 9. Oktober, vollzogen.

1486 verordnete Wirich eine Teilung seiner Besitzungen zwischen seinen Söhnen Melchior und Emich. Er bestimmte den Glan als Grenze dieser Anteile und wies demnach dem älteren Sohn Melchior die Herrschaft Falkenstein zu, nämlich: Falkenstein Schloss und Tal bei dem Dornsberg gelegen, Bretzenheim, Winzenheim, Biebelsheim, Zotzenheim, Oberhilbersheim, Harxheim, Hillesheim, Freymersheim (Framersheim), Ulversheim (Vluersheim geschrieben und daher auch auf Flörsheim gedeutet; es ist Ilbesheim gemeint), Sultzheim (Hohen-Sülzen), Jaxwyler (Jakobsweiler), Umbsbach (Imsbach), Wendwyler (Winnweiler), Lanßfeldt (Lohnsfeld), Spotzbach (Potzbach), Heringen (Höringen), Schweinsweyler (Schweisweiler), Wingeswyler (Wingertsweilerhof bei Höringen), Gerbach, Grewyler (Gaugrehweiler zum Teil), Schneberg, Sudenbach (für Gutenbacherhof), Rode (Wüstung zwischen diesem Hof und Kriegsfeld), Berschyt (Börrstadt), Rorbach, Sembach, Ober- und Nieder-Melingen (in der Herrschaft Wartenberg bei Kaiserslautern, s. S. 265), die Ysenschmitten mit den Wöögen; ferner Treiss, Steintenbühel und Heynwyler (Münsterdreisen, Standenbühl, Hahnweiler-Hof), wie das von der Graveschafft von Spanheim zu Lehen geet, und vor ein Geld verschrieben ist (vgl. oben S. 446); Sippersfeld, Weingülte zu Kubermark (Kaub am Rhein?), Pastorei zu Volxheim, item das Schloss Wielenstein mit allen Nutzungen und Dörfern, unser Teile des zerbrochenen Schlosses Stolzenberg mit allen Dörfern, Leuten und Gerichten; 10000 Gulden vom Stift Mainz auf das Schloss Nuwenbeimburg mit aller Obrigkeit, Gülte zu Volxheim mit den Leuten, Zehnten und andern Zugehörden; den Hof zu Wellstein (Wöllstein) und endlich Kalkofen mit aller Gerechtigkeit und Oberkeit [1]).

---

[1]) KrASpeyer, Falkensteiner Copialbuch 2 (Sammelband von Urkundenabschriften und -drucken) fol. 195—204.

Melchiors Sohn Philipp erhielt 1518 durch Kaiser Maximilian I. die Erneuerung der durch König Wenzeslaus den Herren von Falkenstein verliehenen Reichsgrafenwürde, womit bedeutende Privilegien und Regalien für das Land, wie Bergwerks- und Wildfangsrecht, verbunden waren.

Der jüngere Bruder und Nachfolger dieses Grafen, wieder ein Wirich, hatte sich 1505 mit der Gräfin Irmgard von Sayn vermählt, die ihm die Herrschaft Broich bei Mülheim a. d. Ruhr zubrachte. Er wollte 1546 seine Besitzungen seinen Söhnen Johannes und Sebastian zuwenden, von denen Johannes die Grafschaft Falkenstein nebst Wilenstein, Neubamberg und Stolzenberg, Sebastian Oberstein und Broich erhalten sollte. Sein ältester Sohn war vom Vater wider seinen Willen zum Geistlichen bestimmt worden und hatte bereits die Subdiakonenweihe empfangen. 1550 gestattete ihm der Papst, den geistlichen Stand zu verlassen und sich zu vermählen. 1554 teilten die drei Brüder so, dass Graf Johannes Falkenstein nebst Neubamberg, Wilenstein und Stolzenberg, Graf Sebastian Oberstein und Zubehör, Graf Philipp aber Broich und Bürgel erhielt.

Graf Johannes liess sich 1559 die Erhebung seines Landes zur Grafschaft durch Kaiser Ferdinand I. nochmals bestätigen. Seine Söhne Sebastian und Emich starben 1616 und 1628 ohne Nachkommen. Von den Töchtern Johanns war Amalia mit dem Herrn von Hohenfels-Reipoltskirchen, Sidonia mit dem schwedischen Grafen Axel Löwenhaupt von Rasburg vermählt. Erstere überlebte auch ihren zweiten Gatten, den Grafen Philipp von Leiningen-Westerburg, ohne Kinder zu haben, und vermachte ihre Herrschaft Reipoltskirchen und das Erbrecht auf die Grafschaft Falkenstein ihrer Schwester Sidonia (1603). Auch die Obersteiner Linie war mit dem Grafen Franz Christoph 1636 ausgestorben. Nun erbte Wilhelm Wirich von Daun von der Linie zu Broich. Diese war 1625 durch Lothringen als zu der Lehensnachfolge an Falkenstein berechtigt anerkannt und mitbelehnt worden. Dennoch wurden 1629 die Grafen Löwenhaupt von Rasburg, Söhne der Sidonia von Falkenstein, belehnt und erlangten auch 1646 die Einweisung in den Besitz, zugleich mit dem Grafen Philipp Dietrich von Manderscheid-Kail, einem Schwiegersohn des Grafen Steno Löwenhaupt. Graf Wilhelm Wirich von Daun wandte sich an die Friedenskommission in Osnabrück und erlangte den orakelhaften Ausspruch, „das Schloss und die Grafschaft Falkenstein sollen demjenigen zugestellt werden, welchem beide von rechtswegen gebühren“ (§ 37 des Westfälischen Friedens). 1654 gelang es ihm durch einen Handstreich den Falkenstein zu ersteigen, die lothringische und manderscheidische Besatzung zu verjagen und sich in Besitz des Ländchens zu setzen. Aber bei der Aussichtslosigkeit seiner Bemühungen, beim Reichstag und Reichshofrat ein günstiges Urteil zu erlangen, verkaufte er am 21. März 1660 seine Rechte und Ansprüche auf

die Grafschaft Falkenstein an den Herzog Karl von Lothringen.
Dieser liess nun seinen bisherigen Schützling, den Grafen von
Manderscheid, fallen und übergab am 19. März 1667 die Graf-
schaft seinem Sohne, dem Prinzen Karl Heinrich von Vaudémont.
In den 1680er Jahren beschäftigten sich die französischen Reunions-
kammern und der Staatsrat in Paris mit dem Streit der Partei
Löwenhaupt-Manderscheid wider Lothringen und Vaudémont, und
die Metzer Kammer fällte einen für die letzteren ungünstigen
Spruch (1686). Der Prinz von Vaudémont wandte sich an den
Reichshofrat, der am 4. April 1703 für ihn entschied. Die Grafen
von Löwenhaupt und Manderscheid fochten das Urteil vor dem
deutschen Reichstag an und so wurde weiter prozessiert, bis der
Prinz im Januar 1723 verstarb. Nun hatte der Kaiser Karl II.
dem Herzog Leopold Joseph Karl von Lothringen schon 1719 ein
Anwartschaftsdekret auf die Grafschaft erteilt und der Prinz hatte
ihm dieselbe schon 1721 überlassen. 1724 kaufte der Herzog ein
Viertteil der Löwenhauptischen Ansprüche und 1727 auch die
Manderscheidische Hälfte; aber die Erben des vierten Teiles der
Ansprüche führten den Prozess weiter, bis der Kaiser am 28. Sep-
tember 1731 dem Lothringer Herzog Franz Stephan den ruhigen
Besitz der ganzen Grafschaft zusprach und ihn im Oktober mit
dem Reichslehen belehnte. Als Franz Stephan dann das Herzog-
tum Lothringen an den König Stanislaus von Polen überlassen
musste, behielt er die Grafschaft, und infolge seiner Ehe mit Maria
Theresia wurde dieselbe mit den österreichischen Erblanden unter
seinem Sohne, dem Kaiser Joseph II., vereinigt. Die Grafschaft
bildete jetzt ein Oberamt unter der vorderösterreichischen Regie-
rung zu Freiburg im Breisgau bis zur Besetzung des linken Rhein-
ufers durch Frankreich.

Im Gefällebuch von 1584 ist eine ausführliche Beschreibung
der Grafschaft Falkenstein aus der Zeit vor den Erbstreitigkeiten
erhalten, die der Bearbeitung in ähnlicher Weise zugrunde gelegt
werden kann, wie die Sponheimer Amtsbeschreibung bei der Ab-
handlung über die Aemter Kreuznach und Kirchberg benutzt
worden ist.

1. Schloss Falkenstein (Bezirksamt Rockenhausen, N 23).

Alle Rechte gehörten allein den Grafen; das Schlossgut ertrug
an eignem Gewächs 109 Malter Korn, 26 Malter 2 Firnzel Gerste,
76 Malter Spelz, 377 Malter 2 Firnzel Hafer. Im Tal Falkenstein
hatte die Landesherrschaft alle Rechte, darunter Collatur der Pfarr-
stelle, Zehnten und Ungeld. Bede wurde nicht erhoben, auch mit
der Schatzung waren die Untertanen bisher verschont worden.
26 Hausgesesse, 15 Pferde, 15 Handfröner. Gefälle von 1584:
Geld 6 Gulden 18 Albus 1 d 6 h Zins; 17 Gulden 2 Albus Un-
geld; Korn 19 Malter 1 Firnzel, Gerste 5 Malter 3 Firnzel, Hafer

46 Malter 2 Firnzel, Spelz 19 Malter 1 Firnzel; 50 Zinshahnen, $23^1/_2$ Pfund Wachs.

Das Weistum[1]) (1534) nennt im Gerichtsbezirk Falkenstein und Winnweiler die Junker Wirich und Melchior von Daun (Dhun) als oberste „Gerichtszwengere“, die alle Herrschaft haben, auch über Wasser und Weide, deren Nutzung den Einwohnern überlassen war. Der Bezirk dieser Hochgerichtsbarkeit wird genau beschrieben. Im allgemeinen grenzte dieser Bezirk an die Gerichte Alsenbrück, Lohnsfeld, Otterberg, Schallodenbach, Heiligenmoschel, Gundersweiler, Rockenhausen, Russweiler, Marienthal, Windweiler, Imsbach und wieder Alsenbrück und schloss die Ortschaften Falkenstein mit Bornshof, Fuchshof und Wambacher Hof, Winnweiler, Hochstein mit der Eisenschmelze, der Kupferschmelze und dem Hofe Kahlheck, Höringen mit dem Wackenborner Hof und Wingertsweiler sowie Schweisweiler (nur zum grössten Teil) mit dem Reiterhof ein.

Die Burg Falkenstein war das Stammhaus des Geschlechtes, das von Werner I. oder II. von Bolanden auf dem schon vorher so genannten Felsen (erste Erwähnung in der Urkunde des Mainzer Bistumsverwalters Erkenbald von 1019 über die Sippersfeld-Albisheimer Waldmark, s. oben S. 438) erbaut worden ist. Bereits 1135 kommt ein Burgmann Siegebold von Valkenstein in einer Urkunde vor.

Werners II. von Bolanden (Bruder oder) Neffe, Philipp, der 1206 noch am Leben war, nahm den Namen von der Burg Falkenstein an; ein Enkel Werners II. heisst 1206 Philippus puer de Falkenstein; zum dauernden Sitz eines Zweiges der Bolander Familie ist Falkenstein erst seit Philipp III. 1220—1271 geworden, der ein Sohn Werners III. von Bolanden war.

Im dreissigjährigen Krieg wurde die Burg 1644 und 1647 von den Franzosen eingenommen und ihre Aussenwerke geschleift, doch war noch bis 1654 eine Besatzung darin[2]).

2. Winnweiler (Bezirksamt Rockenhausen, N 24).

Die Landesherrschaft der Grafschaft Falkenstein übte 1584 alle Hoheitsrechte, auch die Besetzung der Pfarrei aus. Es gab 28 Hausgesesse, 23 Pferde und 15 Handfröner. Es kamen ein 114 Gulden, 12 Albus 6 Pfennig 2 Heller Geld, 132 Malter 2 Firnzeln Korn, 4 Malter 2 Firnzeln Spelz und 50 Malter 2 Firnzeln Hafer; 1 Zinshahn und 24 Fastnachtshühner.

891 wurde das Dorf und die Mark Vunnivvillare im Wormsgau nebst der dortigen Kirche von dem Grafen Erinfrid an das Kloster Neuhausen bei Worms abgetreten. Der Ahnherr der Herren von Falkenstein, Werner II. von Bolanden, hatte die Vogtei von

---

1) Falkensteiner Weistumsbuch fol. 5.
2) Lehmann, Geschichte der Burgen IV 205—212.

Windewilre zu Lehen von dem Grafen von Saarbrücken. Mit seinem dortigen Allodialgut hatte er seinen Sohn Philipp ausgestattet[1]).

3. Höringen (Bezirksamt Rockenhausen, M 24).

Zu Heringen hatte 1584 das Stift Neuhausen den Zehnten, alle sonstigen Hoheitsrechte waren landesherrlich. Man zählte 28 Hausgesesse, 29 Pferde und 11 Handfröner. Die Abgaben waren 67 Gulden 14 Albus 1 Pfennig Geld, 28 Malter 1 Firnzel 1 Vierling Korn, 45 Malter 3 Firnzel 2 Vierling Hafer, 1 Zinshahn und 24 Fastnachtshühner.

4. Schweisweiler (Bezirksamt Rockenhausen, M 24).

Zu Schweinsweiler waren alle Rechte Falkensteinisch. Es waren dort 1584 19 Hausgesesse, 14 Pferde, 9 Handfröner. Zu leisten waren 17 Gulden 6 Albus, 8 Malter 2 Firnzel 3 Vierling Hafer, und 15 Hühner.

Einige Häuser gehörten zur Gemarkung Imsweiler.

5. Hochstein (Bezirksamt Rockenhausen, N 24).

Hohenstein und die Schmelzhütte gehörten mit allen Rechten der Herrschaft Falkenstein allein zu. 1584 gab es 7 Hausgesesse, 4 Pferde, 6 Handfröner. Die Abgaben waren 3 Gulden 20 Albus 7 Pfennig Bede und 3 Zinskappen.

Diese 5 Dörfer bildeten das von dem Weistum umschriebene Gericht, den eigentlichen Kern der Herrschaft oder Grafschaft Falkenstein. Es folgen im Kirchspiel Winnweiler noch

6. Lohnsfeld (N 24) mit dem Leithof (M 24) und Potzbach (M 24, Bezirksamt Rockenhausen).

Lonsfeld und Potzbach waren 1584 gemeinschaftlich zwischen der Herrschaft Falkenstein und dem von Pfalz säkularisierten Cistercienserkloster Otterberg, doch behauptete Falkenstein die hohe Obrigkeit, Verhör, Frevel, Schatzung, Wildfangsrecht, In- und Auszug und den zehnten Pfennig allein zu haben. Das Kloster besass einen Viertenteil an der Grundherrschaft, den der Inhaber, also der Pfalzgraf und sein Amtmann zu Lautern, auch auf die Befugnisse der Landesherrschaft ausdehnen wollte, was Falkenstein nicht zugab. Sonsten ist Ungeld, Rauchhühner und Rauchhafer, das Recht am Bach und Fischerei, sowie die Abhörung der Kirchen-

---

1) Wagner, Geistliche Stifter 2, 427. 1613 nahm Graf Sebastian von Daun-Falkenstein den Zehnten zu Winnweiler, Lohnsfeld, Potzbach und Höringen von dem Stift Neuhausen gegen jährlich 100 Gulden in Erbpacht (Lehmann, Falkenstein 130). — Sauer, Aelteste Lehenbücher 25.

rechnung gemeinschaftlich. Das Stift Neuhausen hatte den Zehnten
in der Feldflur, die Herrschaft Falkenstein den Waldzehnten. Falken-
stein hatte ungemessene Fronen sowohl auf seinen Leibeignen, als
auch auf denen des Pfalzgrafen, den ehemals Otterberger Hörigen.
Otterberg durfte von den letzteren nur zwei Tage Dienst oder da-
für drei Albus von jedem verlangen. Lohnsfeld hatte 24 Haus-
gesesse, 22 Pferde und 11 Handfröner, 22 hörige Männer, 28 Wei-
ber, 47 Kinder, 1 Hintersass; Potzbach 17 Hausgesesse, 10 Pferde,
10 Handfröner, 11 Männer, 14 Weiber, 33 Kinder und 5 Hinter-
sassen. An Falkenstein wurden gezahlt: 47 Gulden 24 Albus
3 Pfennig, dazu von Mühlpatgens Gut 5 Gulden 13 Albus, zu-
sammen 53 Gulden 11 Albus 3 Pfennig. 1 Malter Korn, 42 Malter
Hafer, 72 Hühner, 4 Kappen.

Nach dem Weistum von 1518 [1]) hatte Philipp von Dhun, Herr
zu Falkenstein, die Hälfte der Gerichtsbarkeit, die Abtei Otterberg
(Abt und Konvent) und Junker Siegfried Horneck von Heppenheim
die andere Hälfte. Von einem Vorrang des Herrn von Falkenstein
ist nichts erwähnt, vielmehr gesagt, dass diese Herren alle Ober-
keit, Gebot, Verbot, Wasser und Weide und das Wildfangrecht ge-
meinschaftlich hätten. Wasser und Weide gebraucht die Gemeinde.
An zwei Gerichtstagen hatten die Herren mit $6^1/_2$ Mannen und
$6^1/_2$ Pferden Eintritt und Atzung, am dritten nur mit $2^1/_2$ Mannen
und 2 Pferden. Der Schultheiss wird mit Rat des Gerichts unter
den Schöffen durch die Herren gesucht und gesetzt. Wer ein Mene
(Ausrüstung mit Wagen und Pferden) hat, soll den Gerichtsherren
2 Fahrten tun.

In der Grenzbeschreibung werden die Anstösser angegeben:
Alsenbrück, Münchweiler, Otterberger Wald, Wartenberg, Heringen
und Winnweiler.

Der Anteil der Herrschaft Falkenstein scheint erst in anderen
Händen gewesen zu sein, denn 1480 kaufte Wirich von Daun, Herr
zu Falkenstein, ein Viertteil von denen von Randeck [2]). Am
10. März 1552 verpfändeten Balthes Braun von Schmittburg und
Elisabeth von Hilbringen, Eheleute, dem Johannes von Daun, Grafen
von Falkenstein usw., all ihr Recht, Gericht, Oberkeit und Herr-
lichkeit, was sie in der Gemark und ausserhalb zu ihrem vierten
Teil zu Lonsfeld und Potzbach (von den Hornecken an sie ge-
kommen) besassen, mit allem, auch dem verpfändeten Zubehör,
namentlich mit der Pfandschaft des Leithofes, den der Graf erb-
lich an sich kaufen durfte. Am 26. Juni 1554 verkaufte das ge-
nannte Ehepaar dem Grafen Johann seinen vierten Teil an Lons-
feld und Potzbach mit aller hohen und niederen Obrigkeit, Herr-
lich- und Gerechtigkeit nebst einem Anteil an der Gemeinschaft
Wartenberg für 500 Gulden zu 26 Albus. Der Hof Leithofen,

---

1) Falkensteiner Weistumsbuch II fol. 16.
2) Lehmann, Falkenstein S. 118, Nr. 369.

in Lohnsfeld-Potzbacher Gericht gelegen, verblieb damals den Verkäufern, doch sollte der Graf ein Vorkaufsrecht daran haben. Am 15. Mai 1555 trat Balthasar Braun von Schmittburg dem Grafen auch das Recht ab, eine auf dem Hofe Leithofen stehende Verpflichtung, an das Kloster Otterberg jährlich zehn Malter Korn und zwei Gulden zu 24 Albus zu liefern, abzulösen [1]). Am 18. Oktober 1580 trat auch Siegfried Horneck von Heppenheim seinen Anteil an diesem Gericht an Falkenstein ab [2]). 1733 wurden von Kurpfalz die Rechte des Klosters Otterberg zu Alsenbrück und wahrscheinlich auch die zu Lohnsfeld und Potzbach an Falkenstein abgetreten [3]).

7. Imsbach (Bezirksamt Rockenhausen, N 24).

1584 werden alle landesherrlichen Rechte dem Grafen zu Falkenstein zugeschrieben. Den Flurzehnten hatte der Herr von Flörsheim. Der Waldzehnte fiel an Falkenstein. Es wurden dort 35 Hausgesesse, 16 Pferde, 22 Handfröner gezählt. Die Bede betrug 122 Gulden 6 Albus 7 Pfennig, dazu kamen noch 10 Gulden 16 Albus Zins. Korn 2 Malter 3 Vierling; Hafer 25 Malter 3 Firnzel; 4 Zinshahnen und 16 Hühner.

Durch das Dorf Imsbach ging 1354 die Burgfriedensgrenze von Hohenfels. Es muss also teilweise zu dieser Herrschaft gehört haben.

Auf Imsbach bezieht sich wohl die Urkunde des Erzbischofs Gerlach von Mainz vom 5. Juni 1354 über einen Vertrag mit dem Raugrafen Wilhelm und den Herren Philipp und Konrad von Bolanden „durch frides und schirmes willen unseres stiftes und irre lande unde lute zu buwene die burg Gerlachstein". Danach haben der Raugraf und die Brüder von Bolanden dem Erzbischof die Eigenschaft der Burg Gerlachstein mit dem Dorf und Gericht Unsbach, Wasser und Weide und was dazu gehört, übergeben, worauf ihnen der Erzbischof $^2/_3$ davon verlieh und das dritte Drittel dem Erzbischof vorbehielt. Stirbt der Raugraf, so soll sein Anteil zur Hälfte an die Herren von Bolanden fallen, zur Hälfte an das Erzstift. Von den Brüdern von Bolanden erbt der Raugraf die Hälfte. Sterben sie alle drei, so fällt die Hälfte an den nächsten Erben des zuletzt verstorbenen, die andere Hälfte an das Erzstift Mainz und jener soll die Burg und das Dorf vom Erzbischof zu Lehen empfangen. Beide Parteien schwören einen Burgfrieden, den die beiderseitigen Amtleute, Turmknechte, Pförtner und übrige Besatzungsmannschaften halten sollen. Bau, Verproviantierung, Ausrüstung mit Geschützen sollen auf gemeinschaftliche Kosten geschehen [4]).

---

1) KrASpeyer, Falkensteiner Copialbuch 1, 21 v.—31.
2) Lehmann, Falkenstein S. 120, Nr. 382.
3) Frey, Rheinkreis 3, 139. Gümbel, Prot. Kirche 551.
4) KrAWürzburg, Mainzer libri registri V fol. 71.

Es scheint also, dass das Dorf Unsbach oder Imsbach um
1354 von den Raugrafen und den Brüdern von Bolanden in Be-
sitz genommen war. Die Burg Gerlachstein wird in den Fehden,
die zur Zerstörung der Burg Hohenfels führten (vgl. S. 444), als
Belagerungs- oder Beobachtungsposten errichtet worden sein und
sollte dann ausgebaut werden. Sie scheint aber bald wieder auf-
gegeben worden zu sein.

Mit der Herrschaft Hohenfels ist dann der zum Burgfrieden
gehörige Teil von Imsbach an die Herrschaft Falkenstein ge-
kommen (s. S. 446).

Ein Weistum von 1534 enthält folgende Grenzbeschreibung von Ims-
bach [1]): „Item anfencklichen in dissem gericht wissen wir eynen betzirck,
der do angeet am Kibellenberg (Kübelberg zwischen Falkenstein und dem
Donnersberg) hervor zur linken sitten neben beden Eppeller bronnen (die
beiden Quellen „Appelbrunnen“, aus denen ein Quellfluss, der Appelbach,
entspringt) wider den berck, foren niedwendig der roden grueben (Eisen-
erzhalden in der Waldabteilung „Erzhütte“) ronner die Omeßer delle
(Ameisenthal) ussen alles den gront unwendig der straßen, so uff den
Guodenspergk (vgl. S. 447; ein ähnlicher Name ist jetzt in der Gegend am
Südfuss des Donnersberges nicht mehr bekannt, vielleicht ist der Hühner-
berg oder der Dorntreiber Kopf gemeint, der Name ist wohl als Wodans-
berg zu erklären) zuo dem Spannal (jetzt Spendeltal) treytt, uffen uber
solge straß in den weg, so von Hoenfelsch (der Burgruine Hohenfels)
neben dem schieblechten rode ronner geth, selbichen wegk forren by dem
schantzgraben (bei der Burg Hohenfels) aben uber die straß, so die steyg
heruff kompt (alte Rockenhauser Strasse, die von der Kronbuche herauf
kommt), zuo rorren widder Hoenfelscher graben ronner, uff die sitten
nacher dem Langentalle (Langental), uff die Hoenfelsser straß, den weg
aben uff Biellstein (der jetzt verballhornt Beutelfels genannt wird, noch
im 16. Jhdt. Beilstein), denselbigen wegk aben biß an das Breydt-veldt
(jetzige Waldabteilung Breitenfeld), an ein borngin genent der Mocken-
oder Messenborn (eine Quelle, die heute im Volksmund Moosebrunne ge-
nannt wird) underwendig dem breyden felde, vom borngin anne richt
uber den weck durch den hagk, genant der Finstersiegler hack (Wald-
abteilung Finstersichel) hart vor der Sangen (nicht auffindbar) hien fure
biß uff Kolbenholtzer wegk (die Gewann Kolbenholz liegt südlich an der
schmahlen Verbindungsstelle der Hauptgemarkung von Börrstadt mit der
des zur selben Gemeinde gehörigen Hahnweilerhofs), biß ane das Han-
buech (Waldabteilung Hainbuche), stosst uff die Lange Mille (die Kaiser-
strasse von Mainz nach Kaiserslautern, die aber jetzt an dieser Stelle süd-
licher gelegt ist), do stett ein stein, von dem stein die straße herfurerer
stett aber ein stein by der Stuchbrucken (Stauchbrücke, wo die Lange
Meile zwischen den Gemarkungen Imbsbach und Börrstadt auf die Ge-
markung Alsenbrück übergeht; eine hier gelegene Gewann hat den Namen
„auf der langen Meile“), von dem stein an bis uff das Bechtumbsloch
(daran erinnert nur der Name der jetzigen Waldabteilung Bechtenkopf
in der Gemarkung Börrstadt, demnach scheint hier die alte Grenze süd-
lich über die Lange Meile hinausgegriffen zu haben) stett ein stein in
der dickten (im Dickicht?) obwendig der straßen, von dem stein uber die
straß, die Altbach (heutige Ahlenbach) ußen biß an Birckborn (eine Quelle
in der Gegend zwischen Bechtenkopf und Ahlenbach [Freyabrunnen]

---

1) Falkensteiner Weistümer (Akten 106) 9. Die topographische Er-
klärung dieses Grenzweistums verdanke ich Herrn kgl. bayer. Forstamts
Assessor Weghorn in Imsbach.

könnte hier gemeint sein), stet ein stein oben an Borlesmuele (? eingeflickt
und undeutlich geschrieben: eine Mühle kann in dieser Gegend ohne
eigentlichen Wasserlauf nicht bestanden haben), der scheit Imßpach, Bir-
schit (Börrstadt), Sippersfeld (gestrichen, da diese Gemarkung niemals so
weit nach Westen gereicht hat) und Alsentzbruck; von dem stein bis uff
ein stein, stett im Hindentall (jetzt Hintertal) by dem langen wogelin
(jetzt nicht mehr vorhanden), von dem stein uber Eich (Privatwald Eich-
hübel) ußen die straß innen bis uff Hoenfelscher weck, den wegk innen
bis uff ein stein uff dem Omeßruck (jetzt verballhornt zu Armsrück, Ge-
wann auf der Höhe südlich von Imsbach), scheidet Imßpach und Redel-
sen (Gewann bei der vorhergehenden, in Alsenbrücker Gemarkung; sollte
hier eine Wüstung — etwa ein Redelhausen — anzunehmen sein?), von
dem stein biß uff die eich uff dem Hoholtz (Gewann Hochholz nördlich
vom trigonom. Signal Eisfeld) scheitt Windwiller, Imßpach und Alsentz-
brucker gericht (jetzt treffen dort die Gemarkungen Hochstein, Imsbach
und Alsenbrück zusammen, da aber Hochstein zum Gericht Winnweiler
gehörte, ist die Angabe des Weistums richtig) von der dreyherrigen eychen
raber biß off den Hasselborn (Quelle in den Haselwiesen beim Langhecker
Hof) der scheytt Imßbach und Windwiller, vom Hasselborn die bach aben
neben dem Felschberg (der auf einem Berg gelegene Felswald, nördlich
von Hochstein) forrer biß in das floß, das von Falckenstein den dall ron-
ner kompt, genent die Altbach (jetzt Wambach), dasselb floß uffen biß in
den born, genent der Wintterdall (also durch Tal-Falkenstein in das
Winterthal, das östlich von Falkenstein den Kirchberg umgreift. Auch
die Urkunde über die Sippersfelder Mark und das Münchweiler Kirch-
spiel, das Imsbach einschliesst, erwähnt den Falkenstein als Grenzpunkt)
uffen ufs Hessell (Hessel ist jetzt ein Walddistrikt südlich der Kronbuche.
Ich glaube, dass auch die Gegend der letzteren dazu gehört hat. An
diesem Punkt kommen viele Wege zusammen) und do herab biß uff die
vorbestimpt straß, obwendig der roden grueben hierumb, so zum Spannel
tregt, widder den anstoß des schiblichten rots."

Diese Grenze umfasst die jetzige Gemarkung Imsbach ganz,
ein Stück der Gemarkung Börrstadt und einen grossen Teil der
Gemarkung Falkenstein. Das in die Gemarkung Börrstadt über-
greifende Stück ist nicht in der richtigen Reihenfolge der Grenz-
punkte beschrieben, die gewesen wäre: Ahlenbach, Birkborn, Bech-
tumsloch, Stauchbrücke; entweder ist die Lage der Stauchbrücke
eine andere gewesen als jetzt, oder die Schöffen von Imsbach haben
einen Anspruch auf dieses Stück geltend machen wollen und den
Satz nachträglich eingeflickt, was auch durch die mehrfachen
Korrekturen in der Handschrift bestätigt zu werden scheint.

Die Imsbacher Gemarkung und das Dorf wird, wie gesagt,
durch den Hohenfelser Burgfrieden durchschnitten. Der östliche
Teil gehörte nach dem Vertrag von 1539 zu der von Pfalz-Sim-
mern lehenrührigen Castvogtei Marienthal und nicht zum Lothrin-
gischen Lehen.

8. Marienthal (Bezirksamt Rockenhausen, N 23).

Zu Marienthal waren 1584 alle Rechte Falkensteinisch, auch
die Besetzung der Pfarrei. Den Zehnten hatte der Pfarrer, die
Mühle war für 12 Malter Korn von der Herrschaft verliehen. Es
wurden in dem Dorf 19 Hausgesesse, 9 Pferde und 9 Handfröhner

gezählt. An Geld gingen ein 16 Gulden 8 Albus 4 Pfennig, ferner 20 Malter Korn, 2 Firuzel Hafer und 21 Hühner.

Ein Weistum von 1448 beschreibt die Mergentaller Bezirkung[1]): „In der Helfart (Hohlfahrt) an den Suerwiesen (Sauerwiesen, südwestlich vom Dorf, wo der südlich der Russmühle gelegene Anhang „Hohlfahrt, Teufelshübel und Sandkaul" mit der übrigen Gemarkung in schmaler Verbindung steht, wird angefangen. Ein alter Weg aus dem südlich der Sauerwiesen gelegenen „Frauenthal" führt die Grenze zu einem Stein an der Pfarrwiese, die auf den Flurkarten nicht mit diesem Namen verzeichnet ist. Sie wird an der schmalen Stelle der Gemarkung nördlich vom Kübelberg gelegen haben. Von hier geht es am Waldrand des Kübelberges in die „Mordkammer", wie das Tal zwischen diesem und dem Donnersberg genannt wird. Die Grenze berührt hier die Bernwiese, folgt dann einem Weg am Dornsperch (Donnersberg) aus der Mordkammer hervor bis auf den Gerren (Gernäcker), folgt dann der Kenigsbach (Königsbach) bis zu einer grossen Buche und an einen Born, darauf geht es dem Wolfsweg nach zurück auf das Dorf Marienthal zu, oben an der Kirche her, mit dem Floss, das durch das Kloster geht, zu einem Born, durch die Wiesgärten (lange Gärten) bis an einen Grenzstein an der Sauerwiese, womit der Anfang erreicht ist. Der nördlich vom Wolfsweg, Dorf und Sauerwiese gelegene Teil der Gemarkung war ausgeschlossen, ebenso die Waldreviere am Kübelberg, Reisberg, Hühnerberg und Spendel.

Das Prämonstratenser-Nonnenkloster Marienthal wurde 1145 durch den Grafen Ludwig von Arnstein gegründet und der Aufsicht des Abtes von Münsterdreisen unterstellt[2]). Vogt darüber war ursprünglich der Kaiser, 1215 der Herr von Bolanden, der 1225 einen Streit wegen Gütern zu Niederflörsheim zu des Klosters Gunsten erledigte. Diese Vogtei ist in späterer Zeit an die Herren von Hohenfels gekommen; 1277 war sie im Besitz des Theoderich von Hohenfels. Obgleich sie in dem Vertrag von 1355 unter den Bestandteilen der Herrschaft nicht erwähnt ist (vgl. S. 445), und das Kloster nur als Grenzpunkt des damals vereinbarten Burgfriedens genannt wird, muss die Vogtei in Verbindung mit Imsbach und Hohenfels zuerst an die Grafen von Sponheim, dann 1468 als sponheimer Pfandlehen von dem Pfalzgrafen von Simmern an Wirich von Daun, Herrn zu Falkenstein, gekommen sein. Als Pfalz-Simmern die Herrschaft Hohenfels von dem Grafen von Daun-Falkenstein auslöste, 1531, entstanden Differenzen über die Frage, ob die Kastenvogteien Münsterdreisen und Marienthal Zugehöre dieser Herrschaft seien. Der Abt und Konvent zu Münsterdreisen hatte den Grafen als Schirmvogt beider Klöster anerkannt,

---

1) Falkensteiner Weistümer (Akten 106) 35.
2) Remling, Klöster II 164.

und dieser behauptete nun, dem Abt hätte das Recht der freien
Vogtwahl zugestanden, so dass diese Vogtei nicht mit der Herr-
schaft Hohenfels in Verbindung stehe. Pfalzgraf Ruprecht von
Veldenz vermittelte daher am 20. März 1537 einen Vergleich
zwischen den Streitenden, wonach Graf Wirich von Daun-Falken-
stein dem Herzog Johannes von Simmern die Vogtei über Münster-
dreisen ganz überlassen und die Vogtei Marienthal zu Lehen auf-
tragen musste. Die Belehnung erfolgte am 28. April 1538 [1]) unter
den von Pfalzgraf Ruprecht vereinbarten näheren Bestimmungen,
die aus jenem Vergleich in den Lehenbrief herübergenommen
worden sind. Die Vormünder des Markgrafen Philibert von Baden,
Herzog Wilhelm von Bayern und Graf Wilhelm von Eberstein, ge-
nehmigten diese Belehnung am 15. September 1539 unter Vor-
behalt der Badischen Rechte wegen der Grafschaft Sponheim [2]).

Nach der Urkunde von 1537 fing der Bezirk der Castvogtei Mergental
an zu Imsbach an dem Dorf, ging von da stracks hinüber an das Hesslich,
von da in das Langenthal, umb den gantzen Langenthal hinumb bis an
die alt Drenck oben an Falckenstein, von der Drenk den Weg hinaus bis
an den Schneeburger Acker, da ein Stein stehet, von da hinab bis umb
das Hubholz und fürter hinab ins Frauenthal, auf einen Stein, der Winn-
weiler und Mergenthaler Gericht scheidet, von diesem Stein weiter bis
gen Mergenthal, und daselbst herumb, soweit Mergenthaler Gemarkung
gehet, samt dem Bezirk, Wüsten-Gerbach genannt, so auch zu Mergenthal
gebraucht und genossen wird, und darnach von Mergenthal hinab bis zur
Strasse unter dem Donnersberg, und dieselbige Strass richt hinaus bis an
das Ort, da die Mortkammer angeht, von dannen umb den Hunerberg auf
den Steinbacher Weg, bei dem Spannel in die Kehr, von dannen hinumb
in den Burnthal, den Burnthal hinein in den Weschthal und den Wesch-
thal hinauf bis an Hohenfels (auch leihen wir ihm Hohenfels den Burg-
stadel), und furter von Hohenfels den Weg neben dem Beilstein, hinab
bis an das Breitfeld, neben dem Breitfeld hin den Steinen nach bis an
Creutzwiese, die Creutzwiese hinab zum Kolbenholzer Wage (Woog) an
den Weg, so von Heinweiler nach Birscheid (Hahnweiler und Börrstadt)
geht, und denselbigen Weg hinaus bis auf die Langmeil, und von der
Langenmeilen die Strass hinein bis an die Stauchbrücken, und von der
Stauchbrücken stracks hinüber wieder uff Imsbach. Dazu verlieh der
Pfalzgraf dem Grafen von Falkenstein weiter den grauen Dorn oder Blatt
(am östlichen Ende des Spendelthals) und alles das mit allem Zubehör,
Hoheiten, Oberkeiten, Bergwerken, Nutzungen, Gefällen, Geboten und
Verboten, mit 18 Mannsmaht Wiesen, so nach abgelöster Hohenfelser
Pfandverschreibung mit denen von Wachenheim in Gemeinschaft ge-
nossen werden, Retzenwies, Schmerwies, Gartwies und Hubwies bei Bir-
scheit und 10 Malter Hafer vom Hubholz. Doch sollen die Rechte von Falken-
stein, Imsbach, Winnweiler, Hainweiler oder Froschpfuhler Gericht an den
Ecker- oder Rauhweiden in dem oben bestimmten Bezirk ungeschmälert
bleiben, und jeder Teil soll sich des Holzhauens in des andern Gebiet
enthalten. Wenn über kurz oder lang im Berge zum grauen Dorn oder
Blatt ein Bergwerk gefunden werden sollte, soll dies beiden Teilen, Pfalz-
Simmern und Falkenstein, in Gemeinschaft zustehen. Auch die Bede und

---

1) KrASpeyer, Falkensteiner Copialbuch 2, 235—236 v.
2) KrASpeyer, Baden, Akten 75$\frac{1}{2}$ c. Urkundensammlung zu den
Akten über die Herrschaft Hohenfels (1767) — s. oben S. 448, Anm. 2 —
und Mitteilungen des Herrn Kreisarchivars Oberseider in Speyer.

Zinse von Gütern, die in dem obenbeschriebenen Bezirk liegen, die vormals zum Heinweiler Hof gegeben worden sind, sollen in diesem Lehenbrief nicht begriffen sein, sondern nach wie vor gen Heinweiler (an das Amt Bolanden) gegeben werden. Das Hanbuch und das Mittelholz sollen vermöge der Hohenfelser Ablösung dem Pfalzgrafen verbleiben und von ihm wie vor alter Zeit genossen werden. Wenn die Erben des Markgrafen Bernhard von Baden den halben Teil der Hohenfelser Pfandschaft zu ihren Händen bringen werden, will der Graf von Falkenstein und seine Erben dieses Lehen von dem jeweils ältesten Grafen von Sponheim empfangen.

Wie der Bezirk der Marienthaler Castvogtei in dieser Urkunde beschrieben wird, deckt er sich ziemlich genau mit dem Bezirk des Hohenfelser Burgfriedens vom 6. September 1355, den Hermann, Herr von Hohenfels, und Johannes von Hohenfels mit dem Kurfürsten Ruprecht I. geschlossen haben (s. S. 444; vgl. auch das Grenzweistum von Hahnweiler S. 448 f.).

War nach diesen Urkunden die Castvogtei über Marienthal ein Zubehör zur Herrschaft Hohenfels? Ich glaube nur zum Teil. Ursprünglich hat sie wohl dem Gesamthaus Bolanden gehört. Am 6. Juli 1500 wurde zu Kirchheimbolanden eine notarielle Kundschaft und Zeugenverhör über folgende Punkte aufgenommen[1]):

1. ob die von Mergendal einem Amtmann zu Dannenfels anstatt der Herrschaft von Nassau als Hintersassen gehuldigt hätten?

2. ob die von Mergendal zu den ungebotenen Dingen nach Dannenfels zur Weisung des Gerichtes gekommen seien?

3. ob die Herrschaft Nassau in Mergendal Bannwein auf der Kirchweihe geschenkt habe?

4. ob die Herrschaft Nassau dem Brettleger und Spieler zu Mergendal nicht das Spiel gelegt (verboten) habe?

5. ob nicht alle Zölle von den Krämern auf der Mergendaler Kirchweih an die Herrschaft Nassau gefallen seien?

6. ob nicht alle Kaufverhandlungen zu Mergendal über Erbgut vor dem Gericht zu Dannenfels abgeschlossen worden seien, ausgenommen das Kloster-Wittum?

7. ob nicht die Frevel und Brüchten zu Mergendal vor dem Dannenfelser Gericht verteidigt worden seien?

8. ob nicht die Dannenfelser die Kirchweihhut in Mergendal gehabt hätten?

9. ob nicht dem Pfarrer zu Mergendal das Weinschenken auf dem Kirchhofe daselbst durch die Herrschaft Nassau verboten worden sei, bzw. ob nicht dafür an die Herrschaft Nassau habe Ungeld gegeben werden müssen?

10) wieweit die Herrlichkeit und das Eigentum der Herrschaft Dannenfels auf der Seite gehe, woran die Herrschaft von Falkenstein und der Pfarrer von Mergendal anstosse?

Auf diese letzte Frage antworteten alle Vernommenen (Altschultheisse und gewesene Schöffen usw. von Dannenfels) „das der Anfang der obgenannten Herrschaft angehe an der Saurwysen bytz an den Frauwendal, von demselben dal bytz an den Aptwyler (Appeler?) dal, do soll ein Stein stehen, der ist abgeschlagen, von demselben Stein au vor dem Kubelberg aussen in den Born, von dem Born an die Lantstrass, die Strass aussen bytz in den Bornfloss, durch (den) die Dornbach flüsst, von demselben Floss aussen bytz uff den Pfadt, der von St. Jacobsberg (dem Kloster auf dem Donnersberg) get gen Falkenstein, von demselbigen Pfadt an ein Delligen aussen an den Spandel".

---

1) KrASpeyer, Weistümer Marienthal; vgl. Mitteilungen des histor. Vereins der Pfalz XVI (1892) 109.

Es ist das ein Stück aus einer Dannenfelser Grenzbeschreibung, soweit nämlich der Pfarrer von Marienthal und die Herrschaft Falkenstein mit dem Gebiet von Dannenfels zusammenstiessen. Es scheint mir, dass der nördlich der Linie Sauerwies — Frauenthal — Marienthal — Kloster — Appelthal (Mordkammer) gelegene Teil der Marienthaler Gemarkung zu Dannenfels gehört hat. Der südlich dieser Linie gelegene, in dem Falkensteiner Weistum beschriebene Teil muss ursprünglich der Herrschaft Hohenfels zugeschrieben werden, wie auch der östliche Teil von Imsbach und der ganze Burgfriedensbezirk von Hohenfels. Ursprünglich Falkensteinisch war nur der westliche Teil von Imsbach. Wenn sich die Urkunde über die Burg Gerlachstein wirklich auf dieses Imsbach bezieht, so kann es sich darin nur um eine Kriegseroberung des Erzbischofs Gerlach von Mainz und der mit ihm verbündeten raugräflichen Erben handeln, die durch die neue Burg gesichert werden sollte, die aber nicht zu einem dauernden Besitz geführt hat.

1549 wurde Marienthal — mit welchem Rechte kann ich nicht angeben — durch Kurpfalz in Besitz genommen und dem Oberamt Alzey unterstellt. Das Kloster wurde 1555 von Kurpfalz eingezogen und die Einkünfte an den Rektor der Heidelberger Hochschule überlassen, nachdem der Abt von Münsterdreisen 1553 seine Rechte dem Kurfürsten von der Pfalz überlassen hatte. Der Graf von Falkenstein widersprach dieser Anordnung, musste sie aber am 14. Januar 1557 anerkennen und seine Rechte für 600 Gulden zurückkaufen, worauf er am 10. November aus der Hand des Pfalzgrafen Friedrich von Simmern die Belehnung mit dem Dorfe empfing. Am 21. August 1671 erteilte der Pfalzgraf Ludwig Heinrich seinem Stallmeister und Oberamtmann zu Simmern, dem Freiherrn Johann Casimir Kolb von Wartenberg, die „Exspectanz und Anwartung unserer in der Grafschaft Falkensein gelegenen Castenvogtey Mergenthal“ nach dem Ableben des derzeitigen Inhabers, des Grafen Emich von Daun zu Broich, was durch den Kurfürsten Karl am 4. Januar 1681 wiederholt wurde. Am 11. September 1682 ergriff Johann Casimir Kolb von der Vogtei Besitz, indem er bei der Sandkaute auf der Falkensteiner Strasse beim Russweiler Gericht (Russmühler Hof bei Rockenhausen) einritt, sich dann nach Marienthal, an die Tränke beim Schloss Falkenstein und an den Kronenbaum nördlich von Imsbach begab, um die Huldigung der Einwohner entgegenzunehmen. Die Imsbacher erklärten jedoch, dies ohne Wissen des Oberkellers zu Winnweiler nicht tun zu können. Durch die damaligen Streitigkeiten und die Kriege mit Ludwig XIV. verzögerte sich die wirkliche Belehnung des Grafen von Wartenberg bis 1698. 1707 wurde ihm das „plenum dominium“ zugesprochen, doch sollte bei Erlöschen seiner mann- und weiblichen Nachkommenschaft die Vogtei Marienthal wieder mit Kurpfalz vereinigt werden. Imsbach blieb jedoch in der Hand der Falkensteinischen Regierung, obgleich Wartenberg noch 1737 Ansprüche darauf geltend zu machen suchte [1]).

---

1) Frey, Rheinkreis S. 391. — Gümbel, Prot. Kirche 460. — Glas-

9. Börrstadt (Bezirksamt Rockenhausen, N 24).

Im Oberteil zu Birstatt war 1584 alle hohe und niedere Obrigkeit Falkensteinisch, ausserhalb, dass die Junker von Oberstein mit zu Gericht sitzen, und was vor dem Gericht verhandelt wird, dasselbe auch zu verrichten helfen. Sie haben die Hälfte an der Schatzung in diesem Oberteil, ebenso am Wald zu hagen und zu jagen und bei der Kirchenrechnung mitzuwirken. Dagegen hat Falkenstein die hohe Obrigkeit, Angriff, Verhör, In- und Auszug, den zehnten Pfennig und das Eigentum einiger Wälder und Güter allein.

Wie das Weistum von 1534[1]) angibt, waren damals Melchior von Daun, Herr zu Falkenstein, und Junker Heinrich von Oberstein Gerichtsherren zu gleichen Rechten, ohne dass Falkenstein ein Vorrecht hatte. Der Bezirk ging aus vom Schwabsacker, unten am steinigten Weg, berührte die Schwalswiese, dann eine grosse Eiche, ging dann über den Lachenberg, am Herfinger Wald her, auf den Weingartberg, zum Breunchwiler Holz, einen Eichenrain hin zu einer Weide, über den Sippersfelder Pfad, den Eichenrain weiter zur Wanbach, ferner an den Stritwald, das gehegte Wäldgin, den Schwarzenwald, darauf längs der Sippersfelder Allmende (Allman) zum Bechtenwald, wo Börrstadt mit Sippersfeld und Alsenbrück zusammentrifft, und zum Birkborn, über einen Bach, zwischen Lierch und Bubenwald, einer Strasse nach zur „Langen Meile", an drei Eichen, an Bechtems Loch, und die Strasse weiter bis zum Schwabsacker zurück.

Der Obersteinische Anteil an Börrstadt hing mit der Burg Wildenstein zusammen. Bei einer Teilung zwischen Siegfried und Andreas von Oberstein von 1364 erhielt Siegfried die Dörfer und Anteile an Gundheim, Steinbach, Rodenbach, Spießheim, Ödickheim, Epstein, Bierscheidt, Freimersheim, während die Burgen Bosselstein und Wildenstein mit den Dörfern und Gerichtsamen zu Offstein, Jachsweiler, Hessenheim, Würrstadt und Münsterdreisen dem Andreas zufielen. (Gundheim, Kreis Worms, P 23. — Steinbach, Bezirksamt Rockenhausen, N 24. — Rodenbach, Bezirksamt Kirchheimbolanden, O 24. — Spiesheim, Kreis Oppenheim, O 21. — Edigheim, Bezirksamt Frankenthal, Q 25. — Eppstein, Bezirksamt Frankenthal, PQ 24. — Börrstadt. — Freimersheim, Kreis Alzey, O 22. — Bosselstein bei Oberstein, Fürstentum Birkenfeld, J 22. — Wildenstein am Donnersberg, N 23. — Offstein, Kreis Worms, P 23. — Jakobsweiler, Bezirksamt Kirchheimbolanden, N 23. — Hessheim, Bezirksamt Frankenthal, P 24 [?]. — Wörrstadt, Kreis Oppenheim, O 21. — Dreisen, Bezirksamt Kircheimbolanden, O 23)[2]).

---

schröder, Urkunden zur pfälz. Kirchengeschichte. München und Freising 1903. 573, 581, 686. — Hohenfelser Urkundensammlung 1767.

1) Falkensteiner Codex 2 fol. 36.
2) Falkensteiner Copialbuch I 101.

Am Ende des 16. Jhdts. beerbte Hans Philipp von Schmidtburg die Familie von Oberstein und verkaufte deren Anteil an Börrstadt im Namen und von wegen der Witwe Margaretha von Oberstein, gebornen von Frankenstein, am 11. November 1602 dem Sebastian von Daun, Grafen zu Falkenstein·für 1500 Gulden [1]).

Weitere Anteile erwarb der Graf 1610 ebenfalls um 1500 Gulden [2]).

10. Jakobsweiler (Bezirksamt Kirchheimbolanden, N 23).

Das Dorf Jaxweiler gehörte 1584 der Herrschaft Falkenstein mit allen Hoheitsrechten allein zu. Nur hatten die Herren von Oberstein einige Waldungen mit Falkenstein gemeinschaftlich. 18 Hausgesesse, 11 Pferde, 10 Handfröhner. Geldgefälle 64 Gulden 19 Albus $4^1/_8$ Pfennig. 32 Malter Hafer, 29 Kappen, 17 Rauchhühner, 13 Fastnachtshühner.

Nach dem Weistum im Falkensteiner Codex von 1534 [3]) hielten die sieben Schöffen zu Jaxweiler drei Jahrgedinge oder Maltage. Die Herrschaft fängt an am Albisheimer Wald wider Dannenfelser Gemark, die Dregelsbach (Trügelsbach bei der Albisheimer Hohl) hinab an das Flipsen-(Philipps) Börngen, die Dregelsbach weiter über den Weg von Bennhausen nach Dannenfels, und zum Schlierborn, wo der Wald der Jungfrauen zum Hane (Nonnenwald in der Gemarkung Bennhausen) angrenzt. Von dort zum Entenphuel (ebenfalls am Nonnenwald), dann oben am Herrenbach und auf den Stahlberg, einer Strasse nach auf Bennhausen zu bis zum Monichgarten und an den Mauenheimer (Marnheimer) Wald, davon an den Widenborn in das Berntall (Bärenthal) oder Breydendall, dann mit dem Lochweg auf Jakobsweiler zu bis auf die Sandgrueb, die sich noch jetzt dort befindet, an den Acker, genannt „Krommer Morgen", weiter einer Trift und einer Strasse folgend wieder zum Albisheimer Wald.

Falkensteiner Eigentum ist auch der Bezirk von ·der Sandgrube zur Kurzhalde und zur Frontwiese am Mauenheimer Wald und Weitersweiler Gemarkung. Ferner von der Fronthwiese die Mussbach (Mausbach) ussen (hinauf) bis zum Hohen Weg Jaxweiler-Steinbach, längs Jaxweiler Widhaue und Mauenheimer Wald (Marnheimer Wald in dem nach Westen gerichteten Zipfel der Gemarkung Weitersweiler).

In der Gemarkung Jakobsweiler verzeichnet das Weistum ferner die Waldungen: Einratzbusch (stösst an Albisheimer Wald, gehörte den Junkern von Oberstein und den Grafen von Falkenstein gemein), jetzt Reinhardswald, Clussenbusch (Klausenbusch,

---

1) Falkensteiner Copialbuch 1 49.
2) Lehmann, Falkenstein 130.
3) Falkensteiner Weistümer fol. 21. — Wasserschleben, Deutsche Rechtsquellen des Mittelalters, Leipzig 1892, S. 270.

Falkensteinisch), Linsenbusch (den Junkern vom Stein — Oberstein — gehörig, beim Linsenthal, wo auch das Junkerfeld liegt), Wanholz (Falkenstein und Junkern), Heygersbusch (ebenso), Wellenbusch (Junkern).

In der Gemarkung von Steinbach gehörten zum Gericht Jaxweiler der Nussgarten, die Kirbeswiese und die Studenhalde.

Innerhalb dieser Grenzen erkennen die Schöffen den Grafen zu Falkenstein als obersten Fauth und Gerichtsherrn über Frevel und Bussen, zu binden und zu entbinden, zu richten über Hals und Halsbein, Dieb und Diebin, zu gebieten und zu verbieten; er allein hat Steuer, Frohn und Dienste. Die gemeinen Junker (von Oberstein) haben jeder nur einen Tag Frohn.

Ein Teil der Obersteinischen Rechte zu Jackeswiller (26 Pfund Heller auf Wiesen und Wingarten, 1 Malter Korngülte) und Börrstadt (64 Pfund Heller auf dem Wald zu Birscheid) war 1472 Lehen von der an Kurpfalz gefallenen Raugrafschaft[1]).

1552 verkauften Simon Leifart von Heppenheim und seine Mutter Margareta, geb. von Bischofsrodt, dem Johann von Daun, Grafen von Falkenstein, ihren Anteil, Recht und Gerechtigkeit zu Joxweiler, Göllheim, Steinbach und daherum (die Wiese zu Göllheim an der Hasenbruncken, den Heierbusch, Vorholz, Ernetzwald, Geyerspul, Wellenbusch) für 340 Gulden[2]).

11. St. Alban und Gerbach (Bezirksamt Rockenhausen).

St. Elben und Gerbach waren 1584 mit aller hohen und niedern Obrigkeit, Gericht, Freveln, Bussen, Gebot, Verbot, Angriff, Wald, Busch, Hagen, Fischen, Jagen, Frohndienst, Leibeigenschaft, Schatzung, Bede, In- und Auszug, Kirchenrechnung, Zehentenpfennig, usw. gemein mit den Edeln von Oberstein. Den Zehnten hat der Pfarrherr.

1584: St. Elban 15 Hausgesesse, 12 Pferde, 8 Handfröhner. Gerbach 22 Hausgesesse, 22 Pferde, 8 Handfröhner. 1654 gingen ein: 89 Gulden 25 Albus, 29 Kreuznacher Malter Hafer, 20 Hühner, 12 Kappen.

Im Weistum[3]) werden als Gerichtsherren bezeichnet: Wirich von Dhun, Herr zu Falkenstein, und Gottfried von Randeck der Junge (letzterer kommt 1488 neben seinem gleichnamigen Vater Gottfried „dem Aelteren" vor). Die im Weistum genannten Grenzpunkte lassen sich auf den Steuerblättern und älteren Generalstabskarten nur zum Teil auffinden, doch scheint daraus hervorzugehen, dass der Schneeberger Hof von der Grenze ausgeschieden wird. Derselbe gehörte dem Grafen von Falkenstein allein zu und ertrug

---

1) Heidelberger Handschrift über die Raugrafschaft fol. 62.
2) Falkensteiner Copialbuch I 59.
3) Falkensteiner Weistümer fol. 38. Wasserschleben, Deutsche Rechtsquellen des Mittelalters. Leipzig 1892. S. 290

1584 43 Malter 3 Virnzel Korn, 6 Malter 2¹/₂ Firnzel Gerste, 7 Malter 2 Firnzel Spelz, 36 Malter 1 Firnzel Hafer.

Allodialgüter in villa Albina gehörten zu den Besitzungen Werners II. von Bolanden, welche er seinem Sohne Philipp überliess: „bona Cunradi de sancto Albino in ipsa villa Albina et in Weldesten (Wöllstein) et in Sulzheim et in Eichenloch“. Nach Werners Tode erhob der Rheingraf Wolfram Ansprüche auf einen Teil der Allodialgüter auch „in villulis circumiacentibus Hochinvels (Hohenfels) in Wantbach (Wambacher Hof, N 23), Gerbach, Gudinbach, in villa sancti Albini“ ¹). Von St. Alban nannte sich ein Herrengeschlecht, das in Otterberger Urkunden oft vorkommt, und von dem wahrscheinlich die später Randeckische, dann Obersteinische Hälfte der Ortsherrschaft herstammt. Vom Schneberger Hof trug ein Zweig der Familie von Wartenberg den Beinamen: die Büser von Wartenberg, gen. Schneeberg.

1396 September 15 übergab Siegfried von Wildenstein aus dem Geschlecht St. Alban dem Pfalzgrafen Ruprecht II. seine Dörfer, Gerichte und Leute zu St. Alban, Gerbach und Steinbach und seine Hörigen, die im Umkreis von einer Meile um Wartenberg gesessen waren, gegen Zusicherung der Rückgabe auf Verlangen des Ausstellers oder seiner Erben ²).

12. Ober-(Gau-)Grehweiler (Bezirksamt Rockenhausen, N 22) mit dem Gutenbacher Hof.

Nach der Amtsbeschreibung von 1584 war Ober-Grehweiler allein Falkensteinisch, nur beanspruchte der Herr von Bellenhofen dort bestimmte Frohndienste.

In der Falkensteinischen Hälfte des Dorfes Grehweiler, Obergreweiler, wohnten 5 Hausgesessene, von denen 4 Handfröhner waren. Auf der anderen Seite, Niedergreweiler, waren zwei Falkensteinische Hörige, die mit 2 Pferden dienten. An Falkenstein wurde gezahlt: 5 Gulden 9 Albus 1 Pfennig 1 Heller, 39 Malter kreuznacher Maß Hafer, 3 Gänse und 4 Kappen. Vom Hof Gutenbach gingen ein: 24 Malter 1 Viernzel 1 Simmer Korn, 4 Malter 3 Simmer Gerste, 112 Malter 2 Viernzel Spelz, 21 Malter 7 Simmer Hafer.

Ein Weistum von 1456 ³) nennt als erblichen Vogt und obersten Herrn den, der das Haus Falkenstein innehat. Die Grenze geht an bei St. Nicolaus Haus in Grewiller, wo ein Dreiherrenstein die Herrschaften der Herren von Falkenstein, der Pfalzgrafen von Zweibrücken und der Wild- und Rheingrafen schied. Von hier ging es zur Mühle an die Kellertür, dem Mühlteich nach in die alte Bach der Appel, dann mit dem Dellerweg, über den Sam-

---

1) Sauer, Aelteste Lehenbücher S. 29 f. — Trier. Arch., Erg. XII S. 25.
2) Regesten der Pfalzgrafen I 5673.
3) Falkensteiner Weistümer (Akten 106) 39.

poscher Weg, am Deller Woogsdämmlein hin über die Bach, bei
der Dörrwiese den Berg hinauf, an den Eicherweg, an einen Stein
in der Eich (scheidet Falkenstein, Herzog Johannes und den Rhein-
grafen), den Weg hinaus bis zum Überwald, über eine Wiese und
die Appelbach zum Sampusch (jetzt Sambus, wozu aber wahrschein-
lich noch der Distrikt Bauwald zu ziehen ist) an die Albaner und
Gerbacher Gemeinschaft, die die Falkensteiner Herren damals mit
Junker Philipp Wilchen (von Alzey?) in Gemeinschaft besassen,
dann zwischen dem alten und neuen Hof (Alter Hof und Schnee-
berger Hof in der Gemarkung Gerbach) hindurch an den Both-
mannswald, wo Kriegsfeld mit St. Alban-Gerbach und Greweiler,
Oberguodenbacher Bezirk, zusammentrifft, hierauf an den Warten-
berger Hag (Gerbacher Gemarkung „im Hag“; vgl. die Kriegs-
felder Grenzbeschreibung oben S. 210) und an den Schutsacker
(Schiessacker, wo Oberguodenbach, Kriegsfelder und Rodder Ge-
richte zusammenstossen) zum Schachengraben, an die Rorwiese
(nicht aufzufinden) und an die Oberhäuser Strasse, die Strasse weiter
bis zum Gertlingsgraben und an die Brücke zu Grewiller, dort
über die Appel und durch die Kirchgasse wieder an St. Niclas'
Haus. Was bei diesem Grenzbegang zur linken Hand liegt, ist
Obergreweiler oder Oberguodenbacher Gerichtsbezirk.

Dieser Bezirk umfasst einen Teil der Gemarkung Gaugreh-
weiler, grösstenteils auf dem rechten Ufer der Appel gelegen, doch
auch auf das linke Ufer übergreifend, und den Schneeberger Hof in
der Gemarkung Gerbach. Der hier einbegriffene Gutenbacher Hof
ist nicht der jetzige, sondern lag oberhalb desselben. Der andere
Teil von Gaugrehweiler gehörte Adligen. 1501 verkaufte Friedrich
Frei von Dern dem Pfalzgrafen Johann von Zweibrücken das Dorf
Gaugrehweiler mit dem Kirchensatz, dem Zehnten, der Herrschaft
und Gerichtsbarkeit, wie es von Wilhelm von Randeck auf ihn
sich vererbt hatte. Der Pfalzgraf verkaufte das Dorf 1553 seinem
Amtmann zu Kreuznach, Dr. Carsilus Bayr von Belnhofen. Von
dessen Erben erwarb Wild- und Rheingraf Adolf den Ort. Seit
1699 war in diesem Dorf die Residenz der Linie Rheingrafenstein [1]).

Der jetzige Gutenbacher Hof, bei welchem einst eine Burg
gestanden haben soll, gehörte im 18. Jhdt. dem Sohn des Kurfürsten
Karl Theodor von der Pfalz, dem Grafen von Bretzenheim.

Am 11. Mai 1453 beurkundete Wilhelm Graf von Virneburg,
Herr zu Falkenstein, dass sein Ahnherr Graf Ruprecht von Virne-
burg in den Dörfern, Höfen und Gerichten Gutenbach, Rode, Nieder-
wiesen und Schniftenberg Eigentum und Gerechtigkeit gehabt habe,
die dann vor Zeiten der Raugrafschaft und der Herrschaft zum
Stein (Oberstein) versetzt worden seien. Graf Ruprecht hatte nun
dem Simon von Gundheim erlaubt, diese Pfandschaft auszulösen.

---

1) Frey, Rheinkreis 3, 268. Gümbel, Prot. Kirche 456. Glasschröder,
Urk. zur pfälz. Kirchengesch. 663, 671, 689.

Da nun Gutenbach und Roder Gericht, dessen Hälfte der Herr Wirich von Daun zum Oberstein innehatte, dessen Herrschaft näher lagen, als der des Herrn von Gundheim, hatte Wirich den Grafen Wilhelm gebeten, zu gestatten, dass er diese Stücke im Einverständnis mit Simon von Gundheim von der Raugrafschaft oder wer sie von derentwegen innehatte, auslösen möge. Simon von Gundheim habe daraufhin auf sein Recht an Gutenbach und Rode verzichtet, aber erhielt dafür Schniftenberg und Niederwiesen zu Lehen von der Grafschaft Falkenstein zur Besserung seiner Erblehen [1]). Niederwiesen ging am Beginn des 16. Jhdts. an die Herren von Morsheim über [2]). Schniftenberg wird in Falkensteinischen Urkunden nicht mehr genannt (vgl. oben S. 210).

1472 brachte Wirich von Daun, der Nachfolger des Grafen Wilhelm in der Herrschaft Falkenstein, ein Gut in der Gudenbach in Roder Gericht von denen von Nackheim an sich [3]).

13. Roder Gericht bei Kriegsfeld (Bezirksamt Kirchheimbolanden, N 22, Wüstung).

Roder Gericht war 1584 auch allein Falkensteinisch wie Obergreweiler. An Geld hatte die Landesherrschaft 2 Gulden 6 Albus 2 Pfennig, an Hafer 2 Malter 2 Sümmer. Ein Weistum von 1484 nennt den Herrn von Falkenstein als obersten Gerichtsherrn und die Gemeinde als Besitzerin von Wasser, Weide und Almatt (Almende).

Das Roder Gericht der Herrschaft Falkenstein ist schon oben bei der Beschreibung von Kriegsfeld vorgekommen, wo seine Lage genau angegeben ist (S. 210). Auch ist bereits gesagt, dass dieses Gericht, wie Kriegsfeld und andere Gerichte in dieser Gegend, seinen Oberhof in Wonsheim hatte (S. 224). Wenn 1484 noch von einer Gemeinde die Rede ist, so muss der Ort Rod damals noch bewohnt gewesen sein, wenn man nicht annehmen will, dass darunter blos die Gesamtheit der Nutzniesser des Bodens zu verstehen ist.

14. Ilbesheim (Bezirksamt Kirchheimbolanden, O 23).

Nach dem Gefällebuch von 1584 war Ulbesheim allein Falkensteinisch. Den Zehnten hatte einer von Fleckenstein und der Pfarrer. Die Collatur stand dem Stift zum heiligen Geist in Heidelberg zu. Im Ort befanden sich 33 Hausgesesse, 23 Pferde, 12 Handfröhner. Hierzu kamen 75 ausländische Leibeigene. Einige davon, die Pferde hatten, mussten der Herrschaft jährlich eine Fahrt (Manfahrt) leisten. Die Bede betrug 70 Gulden 4 Albus 3 Pfennig,

1) KrASpeyer, Falkensteiner Copialbuch I 68.
2) Ebd. Falkensteiner Mannbuch 43, 48, 101, 105, 173, 276, 296.
3) Lehmann, Falkenstein S. 112, Nr. 350; S. 117, Nr. 364.

dazu Leibbede von den Ausländern 6 Gulden 9 Albus. Korn ging ein: 154 Malter 2 Viernzel 4 Vierling und $^{1}/_{8}$ Vierling Alzeyer Maß, dazu 4 Malter 2 Vierling 1 Dreiling Erbsen und 31 Hühner.

Das Weistum aus dem Jahr 1533[1]) bestimmt die „Ulbesheimer Becirkonge" von dem Helgenhuslin die Strasse aussen bis an die 20 Morgen an Frimersheimer (Freimersheimer) Gemark, die Gefurch her inzwischen Fr. und Ulb. Gemarken bis an die Gewanden da die zwen Morgen Ackers im Ochsenthal liegen, dann nach mehreren Ecken über den Oppelsheimer (Eppelsheimer) Weg zur hohen Strasse, über den Flomborner Weg zur Stetter Gewann (Wachsgewann) und an den Dalsheimer Weg, auf die Stetter Höge (Stettener Höhe), an den Gauersheimer Weg, wo der grosse Ulbesheimer Baum gestanden hat (nun ein holzen Bildstecklin), von dort zum Queckengraben (am obersten Queckengraben), den Bischheimer Weg zum Hunckelstein, der in den dreissig Morgen steht (beim Entenpfuhl), wo Ulbesheim mit Rudersheim und Bißheim (Rittersheim und Bischheim) zusammentrifft, einer Furche nach (jetzt heisst eine hier liegende Gewann „am Galgen"); zum Moelweg (Heuberger Weg?) und an den ersten Langenstein an der Strasse, an 15 Morgen, die unterhalb der 25 Morgen liegen, vorbei zu 5 Morgen auf der Huoben (noch jetzt Hube), die do Anthis Meyders, des seligen Schultheissen zu Morsheim, sind gewest, derselbigen 5 Morgen zehennent dry gein Ulbesheim und die andern zween Morgen gein Morßheim, der Furche nach bis Morsheimer Gewann, um die 18 Morgen Windelbinders, an 9 Morgen zwischen Ilbesheimer und Morschheimer Gemark an die Freimersheimer Gemark, an 5 Morgen, die do Gült auf den Donnersberg (dem Paulinerkloster) geben, an den schmahlen Morschheimer Weg, der Gewand nach nacher Rhein zu (in östlicher Richtung) bis auf des Pfarrers von Ilbesheim Wittum, über den Mauchenheimer Weg der Angewann nach an die 20 Morgen, wo angefangen wurde.

Innerhalb dieser Grenzen, die mit den jetzigen der Ilbesheimer Gemarkung übereinstimmen, war der Herr zu Falkenstein Erb-, Grund- und Eigentums Vogt und Gerichtsherr, dem alle Jurisdiktion, peinlich und bürgerlich, zusteht, über Hals und Halsbein, Mord und Brand, Dieb und Diebin. Sein war die Aufsicht und die Gerichtsbarkeit über die Landstrasse von der Mauchenheimer Höhe bis auf die Stetter Höhe. Er hatte das Wegschnittrecht und die Aufsicht über Maß und Gewicht, das Ungeld von den Wirten (1 Turnos vom Ohm), Atzung und Lager, 4 Pfund Heller Bede, daraus gibt die Herrschaft der Gemeinde $17^{1}/_{2}$ Schilling „essende Pfennig" zurück. Der Pfarrer trägt zu dieser Abgabe an die Gemeinde (für einen Schmaus?) 30 Schilling, der Kaplan $27^{1}/_{2}$ Schilling bei. An Zins wurden der Herrschaft 10 Schilling oder 24 Albus gezahlt. Es gab einen „Frohngarten", da mogen ir gnaden eine

---

1) Falkensteiner Weistümer (Akten 106) fol. 73.

behusong setzen, und wan das hus gezimmert wird, so mogen ir gnaden die insesser zu Kedenheim und Walhem beschicken, die sollen's helffen uffschlagen, do hat die herrschaft ein sidnen fadem umb das husch zu cziehen, wer den brech, der hat ein hant und ein fuß verwerckt.

Ilbesheim auf dem Gleichen hatte in früherer Zeit Zusammenhang mit Alzey. Es kommt in dieser Verbindung bereits in der Schenkung des salischen Zehnten von Alzey, Schafhausen, Rockenhausen und Ilbesheim durch Kaiser Arnulf an das Domstift zu Worms im Jahre 897 vor. Sodann musste zu den jährlichen Dingtagen des Alzeyer Schöffengerichts zwei Dienstmannen aus Ilbesheim als Schöffen erscheinen, wie auch zwei aus Rockenhausen [1]. Philipp von Falkenstein verkaufte dem Pfalzgrafen Ludwig II. am 11. April 1277 all sein Eigentum in Ulvensheim apud Alzeiam für 200 Mark und empfing es als pfälzisches Lehen wieder zurück. Auch um das Jahr 1400 waren in Ilbesheim verschiedene Grundstücke Burglehen zu Alzey [2]. Patronatsherr über die Pfarrkirche war 1521 der Dechant des Stiftes zum h. Geist in Heidelberg.

15. Kalkofen (Bezirksamt Rockenhausen, N 22).

Nach der Amtsbeschreibung von 1584 waren zu Kalckoffen 19 Hausgesesse, darin 12 Pferde und 13 Handfröhner. An die Herrschaft Falkenstein fielen 13 Gulden 16 Albus 6 Pfennig, 1 Malter 3 Viernzel Korn und $1\frac{1}{2}$ Fuder Wein, sowie 49 Kappen und 22 Hühner.

Nach dem Weistum von 1469 [2] war der Herr zu Falkenstein Gerichtsherr in diesem Gericht über berg und dalle, zu richten über ungerecht lude, auch zu gebieten und zu verbieten hoch und nieder und niemand mehr.

Kalkofen gehörte ursprünglich zur Raugrafschaft. 1365 am 24. November verkauften Philipp von Bolanden, Herr zur Altenbaumburg, und seine Frau, die Raugräfin Mena, ihr Dorf Kalckoffen mit Gericht, Leuten, Wasser, Weiden, Wiesen und Zinsen dem Herrn Antelmann, Ritter von Grasewege, Burggrafen zu Böckelheim, und seiner Frau Katharina von Hohenberg um 400 Gulden. Zur Sicherheit für den Fall, dass ein Erbe des Verkäufers den Käufer in dem Besitz des Dorfes hindern sollte, soll sich Antelmann an das Gericht, Dorf, Leute und Gut zu Eckelsheim halten, das er ebenfalls von Philipp von Bolanden gekauft hatte. Die beiden Grafen Friedrich von Leiningen, Schwäger und rechte Erben Philipps, wenn er und Mena keine Leibeserben bekommen, sowie sein Bruder Konrad von Bolanden siegeln mit [4].

---

1) S. oben S. 239.
2) Regesten der Pfalzgrafen 1, 191, 5933, 5936, 6412.
3) Falkensteiner Weistümer fol. 152.
4) KrASpeyer, Falkensteiner Copialbuch I 72 f. (der Name ist un-

1389 sollte Kalkofen mit Wonsheim und Eckelsheim von Jakob von Kaldenfels an den Grafen Simon III. von Sponheim übergehen, dem die Anwartschaft darauf durch den Raugrafen Philipp von der Neuenbaumburg und Herrn Philipp von Bolanden eingeräumt worden war [1]).

1460 überliessen die Brüder Emmerich und Reichard von Lewenstein dem Wirich von Daun, Herrn zum Obernstein, als einem Erben zu der Raugrafschaft geboren, das Dorf Kalkofen zur Auslösung für 400 Gulden, die ihnen auf der Burg Böckelheim gezahlt worden waren [2]). Wirich fügte das Dorf seinen Falkensteinischen Besitzungen hinzu, die sein älterer Sohn Melchior erben sollte [3]).

16. Hohen-Sülzen (Kreis Worms, P 23).

Die Obrigkeit über die Gemarkung war 1584 Falkensteinisch, die Einwohner jedoch waren pfälzische Hörige (Wildfänge). Kurpfalz beanspruchte auch die Schatzung von diesen Leuten. Der Kirchensatz und Fruchtzehnte stand dem Andreasstift in Worms zu. Am Weinzehnten war Falkenstein mit einem Viertel beteiligt. Diese Herrschaft hatte ferner 73 Gulden 2 Pfennig, 4 Malter Korn, 1 Malter Weizen, 12 Fuder 4 Ohm Wein und 86 Hühner.

Nach dem Weistum von 1534 war der Herr zu Falkenstein Gerichts- und Dorfherr, der Pfalzgraf Schirmherr gemäss einer Verschreibung. Wasser und Weide gehört als freie Almende der Gemeinde. „kommt ein Mann über hundert Meilen Wegs hergefahren, hat Macht darauf zu fahren mit Ochsen oder Pferden, von einer Non zur andern ohn der Gemein Schaden". Die Herrschaft Falkenstein hat Stallung, Heu und Stroh auf der deutschen Herren Gut, 18 Pfund Heller Atzung, zwei Hühner aus jedem Haus. Hohe Obrigkeit und peinliche Gerichtsbarkeit steht Falkenstein allein zu. Der Galgen stand an der Pfeddersheimer Strasse [4]).

Zu Hohensülzen (im Mittelalter auch Horsulzen geschrieben), besass der Propst des Andreasstiftes in Worms einen Dinghof mit zwei Hufen salischen Landes und zwölf Diensthufen und dem Kirchenpatronat, was ihm 1141 durch den Bischof Buggo oder Burchard bestätigt wurde. 1208 wurde das Patronatsrecht über die Kirche dem Stiftskapitel geschenkt [5]).

---

deutlich geschrieben: etwa Ancelman Richter von Stoßwege; der Kopist hat die Urkunde offenbar nicht lesen können).

1) S. oben S. 225.
2) Falkensteiner Copialbuch I 129.
3) S. oben S. 477.
4) Falkensteiner Weistümer (Akten 106) fol. 91 v.
5) Scriba, Regesten, Rheinhessen 1071, 1208. Wagner, Geistl. Stifte II 437 ff. Güter des Stiftes zu Hohensülzen wurden 1355 und 1359 verpachtet.

17. Gross- und Klein-Niedesheim (Bezirksamt Frankenthal, P 24).

Zu Gross-Nittesheim gehörte der Kirchensatz mit dem Wein- und Fruchtzehnten dem Domstift zu Worms. Falkenstein hatte 7 Gulden 4 Albus Geld, 17 Malter Rauchhafer und 29 Hühner. Zu Klein-Nittelsheim stand der Kirchensatz dem Andreasstift in Worms zu, der Zehnte wurde zwischen dem Stift und der Herrschaft Falkenstein im Verhältnis 2:1 geteilt. An Falkenstein wurde geliefert: 7 Gulden, 11 Malter 3 Viernzel Weizen, 47 Malter Korn und 32 Hühner.

Das Weistum [1]) nennt die Orte Gross-Nittelsheim und Clein-Utzelsheim. Der Herr zu Falkenstein war darnach oberster und rechter Gerichtsherr über Hals und Halsbein usw. Die Bede zu Nittelsheim betrug 10 Pfund Heller, die alte Bede 13 Schilling 3 Heller, von jedem Haus ein Fastnachtshuhn. Zu Klein-Utzelsheim betrug die grosse Bede 10 Pfund Heller, die kleine Bede 3 Pfund Heller, ausserdem 12 Malter 3 Viernzel Weizen, und von jedem Haus ein Malter Rauchhafer und ein Fastnachtshuhn. Die Herrschaft Falkenstein hatte Atzung mit 6 bis 7 Pferden in der Herren (Mönche) von Schönau Hof.

Diese Dörfer werden in der Urkunde von 1456 als Falkensteinischer Besitz genannt, doch waren die Einwohner pfälzische Untertanen (Wildfänge). 1733 wurde auch die Landeshoheit und Gerichtsobrigkeit pfälzisch durch einen Vertrag zwischen Kaiser Franz I. und dem Kurfürsten Karl Philipp von der Pfalz. 1750 wurden die beiden Dörfer einem Kurkölnischen Geheimrat von Stepfne zu Lehen gegeben, aber bald wieder eingezogen und mit dem Amt Freinsheim vereinigt. 1331 verlieh das Stift St. Andreas in Worms den Schutz seiner Besitzungen in Utzelnsheim dem Johann Kämmerer von Worms. Die Kirche zu Gross-Niedesheim war schon im 13. Jhdt. im Besitz des Wormser Domstifts, von dem auch die Collatur zu Klein-Niedesheim (Utzelnsheim) als Lehen abhing, bis sie 1270 dem Dechant und Kapitel von St. Andreas geschenkt wurde [2]).

18. Fussgönheim (Bezirksamt Ludwigshafen, P 25).

Zu Fußgenheim war nach der Beschreibung von 1584 die Herrschaft Falkenstein mit einem Viertel an der hohen Obrigkeit, Jagd und Hühnerfang beteiligt. Die Leibeigenschaft, Wildfangsrecht und drei Viertel der hohen Obrigkeit standen dem kurpfälzischen Amt Neustadt an der Hardt zu. Der Kirchensatz gehörte dem Domstift zu Speyer. Falkenstein hatte Anteil am Zehnten. Im unteren Teil des Dorfes hatte Falkenstein das In- und Auszugsrecht und den Zehntenpfennig zu gleichen Teilen mit der Graf-

---

1) Falkensteiner Weistümer fol. 115 v.
2) Widder, Kurpfalz III 223 ff.

schaft Leiningen gemein, im oberen Teil hatte der Herr von Oberstein solches allein, doch nur zu Lehen [1]). Falkenstein hatte 21 Albus für den kleinen Zehnten, 11 Malter Korn und 14 Hühner.

19. Framersheim (Kreis Alzey, P 22).

Nach der Beschreibung von 1584 hatte Falkenstein zu Fremersheim alle Obrigkeit, Wildfangsrecht und Leibeigenschaft der Einwohner stand jedoch dem Kurfürsten von der Pfalz zu, der auch die Schatzung erheben wollte. Collatur und die Gebühr an Frucht- und Weinzehnten gehörte in einen gekauften Hof. Im Dorf war ein Backhaus und eine Mahlmühle mit zwei Gängen. An die Grafschaft Falkenstein fielen 299 Gulden, 36 Malter Korn, 52 Kappen und 62 Hühner.

Hier ist auf den Ankauf des Patronatsrechtes durch Sebastian von Daun, Graf von Falkenstein, von Philipp von Heppenheim, gen. zum Saale (22. April 1584), Bezug genommen. Das Hofgut, welches früher dem Kloster Neumünster bei Ottweiler gehört hatte, erwarb derselbe Graf am 12. Dezember 1584 von dem Grafen Albrecht von Nassau-Ottweiler für 9500 Gulden [2]). Am 23. März 1227 schlichteten die Dechanten des Doms, von St. Paulus und St. Andreas in Worms einen Streit der Aebtissin zu Neumünster gegen den Laien Gotfried von Fremresheim wegen des Zehnten daselbst, der zum Kloster Neumünster gehörte, den Gotfried auf einige Jahre gepachtet hatte. Bei der nächsten Ernte soll das Kloster dem Gotfried noch 20 Malter Korn und ein Fuder hunnischen Wein liefern, dann soll Gotfried auf alle weiteren Rechte und Ansprüche auf den Zehnten verzichten und alle Belästigung des Klosters durch seine Leute abstellen [3]).

Nach dem Weistum war der Herr zu Falkenstein oberster Herr und Richter, auch über Wasser und Weide. Nach einem Brief des Grafen Wilhelm von Virneburg, Herrn zu Falkenstein (vor 1456) war die Abgabe für die Atzung auf 8 Gulden festgesetzt. In der Frauen Hof von Neumünster musste für die Pferde der Herrschaft Rauhfutter bereitgehalten werden.

20. Hillesheim (Kreis Oppenheim, P 22).

Hillesheim war 1584 gemeinschaftlich mit dem Herrn Heinrich von Geispitzheim zu Münsterdreisen. Falkenstein schrieb sich jedoch die hohe Obrigkeit allein zu. Der Kirchensatz stand allein dem Herrn von Geispitzheim zu. Die Leibeigenschaft und der Wildfang wurden vom Kurfürsten von der Pfalz in Anspruch ge-

---

1) Damit war 1529 Hans von Meckenheim belehnt ($^1/_5$ davon hatte sich der Lehenherr Graf von Falkenstein vorbehalten). KrASpeyer, Falkensteiner Mannbuch (Akten 50²) 187.

2) Falkensteiner Copialbuch 1, 92—95.

3) MRUB. 3, 246, Nr. 367.

nommen. Falkenstein hatte ein ungemessenes Atzungsrecht. 2 Gulden 22 Albus 2 Pfennig Geld, 1 Malter Hafer von jedem Hausstaden, da Feuer und Flamme gehalten wird, und 40 Fastnachtshühner.

Nach dem Weistum war Hillesheim eine Gemeinschaft der Grafschaft Falkenstein mit der Aebtissin zum Rosenthal, jedem zum halben Teil. Beide waren oberste Gerichtsherrschaften in Dorf und Gemark über Dieb und Diebin [1]).

Um 1200 hatte Werner II. von Bolanden von Herrn Ulrich von Horningen zu Lehen in Hillensheim 70 maldra frumenti, quae solvuntur de mansis suis [2]). 1285 trat Philipp II. von Falkenstein seinen Zehnten zu Hillesheim dem Mainzer Domstift ab, mit der Bestimmung, daraus die durch die Falkensteinischen Zöllner zu Kaub über Gebühr erhobenen Abgaben den Geschädigten wieder zu ersetzen, damit sein Gewissen durch solche Ungerechtigkeit nicht belastet werden möchte [3]). 1387 verkaufte Philipp VIII. von Falkenstein dem Kloster Rosenthal bei Stauf für 200 Goldgulden seinen Teil am Gericht und Dorf Hilnsheim [4]). Hierdurch wurde der im Weistum beschriebene Zustand geschaffen, in dem der andere Teil dem gleichzeitig regierenden Philipp VII. verblieb.

In der Reformationszeit hat die letzte Aebtissin von Rosenthal, Elisabeth von Geispitzheim, den Anteil an Hillesheim im Jahre 1572 nicht zugleich mit dem Kloster an den Grafen Philipp von Nassau-Saarbrücken abgetreten, sondern behielt „des Klosters gebührenden Teil an dem Dorf Hilsheim, samt dem Hof daselbst, item den Zehnten und geistlich und weltlich Gerechtigkeit und was Nutzens das Kloster daselbst gehabt, nebst des Klosters Hof zu Bechtolsein" auf Lebenszeit; nach ihrem Tode sollte alles an den Grafen von Nassau fallen [5]). Sie scheint jedoch den Anteil ihrem Bruder Heinrich von Geispitzheim, Amtmann zu Bolanden, zugewendet zu haben. Später war dieser Anteil bei der Oberrheinischen Reichsritterschaft immatrikuliert und gehörte in der letzten Zeit vor der französischen Revolution dem Grafen von Riancourt.

21. Dalheim (Kreis Oppenheim, P 21).

Die Beschreibung der Grafschaft Falkenstein von 1584 nennt Dalheim allein falkensteinisch, jedoch waren Wildfang, Leibeigenschaft und Schatzung pfälzisch. Falkenstein hatte Frohn und Schatzung von nichtpfälzischen Leuten. Die Collatur, Kirchenrechnung, Vornahme, Vasel und kleiner Zehnte wurden durch den

---

1) Falkensteiner Akten 106 fol. 199.
2) Sauer, Aelteste Lehenbücher der Herrschaft Bolanden 27.
3) Scriba, Regesten, Rheinhessen 1980, 2444.
4) Lehmann, Falkenstein 66. Remling, Klöster u. Abteien der Pfalz 1, 356 Nr. 58.
5) Remling a. a. O. Nr. 95.

Herrn von Dienheim attendiert, als Zubehör zum Wintergut, das er angekauft hatte.' Den Frucht- und Weinzehnten hatte Falkenstein, ausser auf den Lehengütern, die auch bedefrei waren. Die sonstigen Einnahmen von Falkenstein betrugen 16 Gulden 33 Albus, 150 Malter 1 Viernzel Korn, 20 Malter Gerste, 30 Malter Hafer, 7 Fuder 12 Viertel Wein, 2 Gänse und 56 Hühner.

804 schenkte Bubo dem Kloster Lorsch eine Kirche in Dalaheim, zu Ehren des heil. Martin erbaut, und den Mansus, worauf diese Kirche erbaut war[1]). 1110 schenkte Richwin, der Propst von St. Martin in Worms, den Zehnten seinen Kanonikern[2]). Vor 1200 gehörte Dalheim zur Präfektur zwischen Odernheim und Mainz, die Werner II. von Bolanden vom Wildgrafen zu Lehen trug[3]). Später gehörte der Ort zu den von der Grafschaft Falkenstein lehenbaren Dörfern. 1518 war Gerhard von Dienheim und seine Brüder mit Einwilligung Wigands von Dienheim, 1532 Albrecht von Dienheim mit dem Dorf und Gericht Dalheim bei Oppenheim mit dem Fruchtzehnten (zwei Haufen), Diensten und Beden und anderer Oberkeit und Gerechtigkeit und allen Zubehörungen belebnt[4]). Wie und wann zwischen 1532 und 1584 das Dorf an die Grafschaft wieder heimgefallen ist, entzieht sich meiner Kenntnis.

<h3 style="text-align:center">Bretzenheimer Amt.</h3>

22. Bretzenheim und Winzenheim (Kreis Kreuznach, N 22).

1584 waren zu Bretzenheim an der Nahe 92 Hausgesesse, 16 Pferde und 80 Einspännige (Handfröhner); auch gehörten 143 ausländische Hörige zu diesem Amt. Falkenstein hatte die Fischerei auf der Guldenbach, eine Bannmühle mit 12 Morgen Wiesen und 12 Morgen Weingarten, $^3/_5$ am Fruchtzehnten, an dem Philipp Wolf von Sponheim $^2/_5$ hatte. In einem besonders abgesteinten Bezirk bezog die Familie Büsser von Ingelheim den Zehnten. Ferner besass der Graf von Falkenstein ein Haus mit Hof, Stall, Scheuer, Kelterhaus und Keller bei der Nahepforte, und ein Bannbackhaus. Wenn die Beunenäcker bebaut waren, wurde vom Morgen 1 Malter Frucht geliefert. Es kamen 240 Gulden 12 Albus Geld, 275 Malter 2 Sümmern 1 Dreiling Korn, $1^1/_2$ Malter Gerste, $^1/_2$ Malter Weizen, 3 Malter 3 Sümmer Hafer, 18 Fuder 4 Ohm 4 Viertel Wein und 92 Hühner ein.

Zu Winzenheim hatte der Pfarrer den Fruchtzehnten. Es waren dort 71 Hausgesesse, 8 Pferde, 60 Handfröhner. Die Falkensteiner Einkünfte bestanden in 110 Gulden 12 Albus 5 Pfennig, 14 Fuder 1 Ohm 15 Viertel Wein und 71 Hühnern.

---

1) Cod. Lauresh. 2 S. 315, Nr. 1572.
2) Schaab, Geschichte der Stadt Mainz 3, 244. Brilmayer, Rheinhessen 96.
3) Sauer, Aelteste Lehenbücher 24.
4) Falkensteiner Mannbuch (in Speyer) 13 u. 307.

Das Weistum von 1456 [1]) bestimmt, dass in Bretzenheim 14, in Winzenheim 7 Schöffen sein sollen. „Wer die Burg und loblich Herrschaft Falckenstein an dem Dorneßberg gelegen ingehabpt und furthers rechtlich inhaben und besitzen wirt, das wir den haben und furthers meher vernemen sollen als vor unsern obern Gerichtsfauth, Zwengere und Hern, dem alle diese nachfulgendt Weysthumb, Oberkeyt und Gerechtikeyt zustehen seint." Es werden vier Jahresdingtage gehalten, an denen beide, Schöffen und Gemeinden zu Bretzenheim und Winzenheim, wer dort sesshaft oder begütert ist, erscheinen soll. „Wo die Herrschaft von Falckenstein zu Wyntzenheim von Fevel und Bußen Golt und Silber hebpt, davon soll die Herrschaft von Falckenstein zwey Teyl haben und dem Graven von Veldentz das Drytteyl gefolgt werden"; der Graf von Veldenz hat aber keine Berechtigung, die Bussen aufzuerlegen oder zu erlassen. Die Bede betrug damals zu Bretzenheim 100 rheinische Gulden, zu Winzenheim 60 Gulden. Atzung 16 Gulden 21 Weisspfennige 6 Pfennige. Jeder, der 4 Pferde hat, muss 1 Fuder Wein 1 Meile Weg fahren, die übrigen spannen je 4 Pferde zusammen.

Gefälle der Herrschaft Falkenstein zu Bretzenheim 1537 [2]): 100 rheinische Gulden Bede, fällig zwischen Martinstag und Weihnachten. Diese Bede wird so verteilt, dass jeder Morgen Wingert 4 Albus und jeder Morgen Acker 2 Albus zu zahlen hat. Der Bürgermeister treibt sie ein nach einem Register.

Von den Ausleuten wird eine Aus- oder Leibsbede erhoben, der damit beauftragte Büttel erhält dafür ein Paar Schuhe.

Für Leger und Atzung wird eine Geldsumme erhoben: 17 Gulden 6 Albus $9\frac{1}{2}$ Heller.

Die Schatzung war 1542 auf den 20. Pfennig ($5\,^0/_0$) veranschlagt, davon gingen ein 118 Gulden 3 Kreuzer zu 15 Batzen.

Die Bannmühle auf der Guldenbach für Bretzenheim und Winzenheim war für $17\frac{1}{2}$ Gulden zu 24 Albus verpachtet, der Schultheiss von Bretzenheim erhielt vom Müller jährlich einen Schweinebraten und einen Mühlwecken. Diese Mühle gibt ferner von jedem der beiden Läufe 20 Gulden zu 24 Albus und für laufend Geschirr $11\frac{1}{2}$ Gulden.

Der Bannwein ertrug jährlich ungefähr 10 Gulden.

Zins von einem Gut zu Waldlaubersheim: 3 Gulden $5\frac{1}{2}$ Albus und 2 Hühner (oder für das Huhn 8 Pfennig gerechnet 3 Gulden 8 Albus 2 Pfennig. Bis 1507 wurden hiervon 17 Schilling 3 Heller und 30 Gänse gezahlt. Die Gans ist mit 2 Weisspfennigen und 2 Pfennig berechnet).

Vom Hof in der Nahegasse zu Bretzenheim wurden 3 Gulden 6 Albus gezahlt.

---

1) Falkensteiner Weistümer (Akten 106) fol. 45 ff.
2) Ebd. fol. 272 ff.

Das Schimgeld von einem Juden ertrug jährlich 12 Gulden 32 Albus.

Wiesenzins 8 Gulden.

Zwei Fünftel am Heuzehnten ertrugen 1536 2 Gulden 9 Albus. (Der Heuzehnte wurde in fünf Teile geteilt, davon nahm Falkenstein 2, Nassau modo Wolf von (Sponheim zu) Ingelheim 2 und der Altar zu unserer lieben Frauen zu Bretzenheim den fünften Teil.)

Jedes Haus in Bretzenheim lieferte ein Fastnachtshuhn, ausser dem Pfarrer, den Altaristen, dem Schultheiss, dem Büttel und den Frauen im Kindbett. 1536 ergab diese Abgabe an Geld 3 Gulden 8 Albus.

Vom Hofgut (etwas über 80 Morgen) wurden 40 Malter $5^1/_2$ Sümmer Korn geliefert. Die grosse Beune wird ein über das andere Jahr gesäht und musste dann 1 Malter Korn und eine Gans liefern, sowie $2^1/_2$ Malter Schützenkorn. Ebenso die kleine Beune, doch nur 2 Malter Schützenkorn. Auf der grossen Beune ertrugen $^2/_5$ des Zehnten im Jahre 1531 38 Malter Korn, 2 Malter Weizen, 1 Malter Gerste, $8^1/_2$ Malter Hafer.

$7^1/_2$ Morgen Wingert waren zum 4ten oder 5ten Trauben verliehen.

Von etwas über 19 Morgen Wingert wurden $83^1/_2$ Maß Schutzwein geliefert.

Der Weinzehnte wurde geteilt unter die Herren von Falkenstein, Braunen von Schmidtburg und den Frauenaltar zu Bretzenheim. Die Büsser von Ingelheim hatten ihn von bestimmten Wingerten am Mannberg und Neuenberg.

Im Eigenbau der Herrschaft Falkenstein waren 13 Morgen Wingert und 20 Morgen Wiesen auf beiden Naheufern.

Auf dem Disibodenberger Hof beanspruchte die Herrschaft nach der Freiung von 1361 nur noch Rauhfutter, Stallung und Lager.

Ausserdem hatte Junker Hermann vom Walde einen Hof.

Die Herrschaft Falkenstein hatte die Fischerei in der Guldenbach.

Medumsfelder auf der Heide, bei den Hinkelsteinen bis über St. Antoniuskirche: wenn diese gesäht sind, wird der Herrschaft Falkenstein die siebente Garbe.

Geistliche Belehnungen der Herrschaft Falkenstein: die Altäre in der Pfarrkirche und in den Kapellen St. Antonius auf der Heide und St. Stephanus, ausserhalb von Bretzenheim gelegen. Den Frohnaltar hat der Abt zu Arnsburg in der Wetterau zu verleihen [1]).

Weltliche Belehnungen: Melchior von Rüdesheim 4 Malter Korn.

Von der Grossen Beun kamen 159 Malter 2 Viernzel, 1 Sümmer $2^1/_4$ Dreiling Binger Maß (jeder Morgen 1 Malter) in ungeraden Jahren ein, von der Kleinen Beun in geraden Jahren 85 Malter 6 Sümmern $2^1/_2$ Dreiling.

---

1) Vgl. Erläuterungen 5, 2 S. 412, 5.

In Winzenheim betrug die Bede 60 Gulden, der Bannwein-
schank 5 schlechte Gulden; von Kaufleuten für Most zu kaufen
5 Gulden; Zins 9 Pfund 18 Schilling Heller, und von neuen Win-
gerten 2 Pfund 6 Schilling (diese Wingerten sind wieder zu Heide
geworden). Die Einwohner, ausser dem Pfarrer, dem Schultheiss
und den Kindbetterinnen, haben ein Fastnachtshuhn zu liefern und
Frohndienst zu tun. Den Zehnten hatte der Graf von Falkenstein
und der Abt von Arnsburg.

Bretzenheim an der Nahe gehörte dem Erzbischof Anno von
Köln, der es am 25. Juni 1057 neben andern Orten der Königin
Richeza von Polen auf Lebenszeit zu Präkariebesitz überliess[1]).
Um 1194 sagte Werner II. von Bolanden in seinem Lehenbuch:
„de beneficio, quod Palatinus habet de Colonia, habeo advocatiam
Brizenheim et curiam ecclesie contiguam cum omni iusticia, do-
nationem ecclesie cum decima"[2]).

Gleichzeitig hatte der Rheingraf Wolfram „a dominis de
Randenroth salicam decimam in Briczenheim et molendinum juxta
ripam que dicitur Na; hec habent filii Eberhardi de Dipbach a Rin-
gravio". Unter den Gütern des Philipp von Falkenstein, auf welche
der Rheingraf Anspruch erhob, werden die Bunden in Brizenheim,
also die obengenannten Beunen und ein Allod, das Frau Hyldegard
dort besass, erwähnt[3]). 1230 waren die Kölnischen Rechte zu
Brizzenheim für 200 Mark an den Pfalzgrafen bei Rhein und den
Markgrafen von Baden verpfändet, die dem Erzbischof Heinrich
von Köln gegen den Herzog von Limburg Kriegshilfe geleistet
hatten[4]). Später war es von den Kölner Erzbischöfen (ohne die
Zwischenbelehnung der Pfalzgrafen) an die Herren und Grafen
von Falkenstein verliehen. 1361 freiten Johann und Philipp der
Junge von Falkenstein, Herren zu Münzenberg, den Hof und das
Gut des Klosters Disibodenberg, in der Gemarkung Britzenheim,
von den bisher gelieferten Abgaben (9 Malter, 1 Virnzel Korn,
$3^1/_2$ Pfund 3 Heller), behalten sich aber Herberge und Wagen-
fahrten vor[5]). Die Ablösung dieser Freiung sollte mit 600 Pfund
Heller gestattet sein. 1464 belehnte Ruprecht Erwählter und Bestä-
tigter zu Köln den Wirich von Daun, Herrn zu Oberstein, mit dem
Dorf Bretzenheim an der Nahe[6]).

Die spätere Geschichte seit dem Verkauf der Herrschaft
Bretzenheim an Graf Alexander von Vehlen, 1662, ist in Bd. II
dieser Erläuterungen S. 480 und ausführlicher in der XVII. Ver-
öffentlichung des antiquarisch-historischen Vereins zu Kreuznach,

----

1) MRR. 1, 1370.
2) Sauer, Aelteste Lehenbücher 23.
3) Trier. Arch., Ergänzungsheft 12, 10, 30; 23, 4 u. 5.
4) MRUB. 3 S. 518. MRR, 2, 1948.
5) StADarmstadt, Disibodenberger Copialbuch fol. 133.
6) StAKoblenz, Reichsherrschaft Oberstein 40, Urk. Kopie bei den
Urk. der Reichsherrschaft Bretzenheim.

Die Reichsherrschaft Bretzenheim an der Nahe, ihre Inhaber und Prätendenten, von Aug. Heldmann, Kreuznach 1896, dargestellt.

Ein Viertteil am Fruchtzehnten zu Bretzenheim und eine Bunde gelegen an der Herren Bunde von Falkenstein sowie 18 Schilling Heller war ein Lehen von der Herrschaft Dannenfels und Kirchheimbolanden (1370—80 Albrecht und Henne Gosser von Sponheim und Nolle von Bingen)[1]). Am 5. Juni 1558 verkaufte Balthasar Braun von Schmittburg dem Grafen Johannes von Daun-Falkenstein sein halbes Dritteil des Weinzehnten zu Bretzenheim[2]), und am 23. Juni 1559 trat auch das Kloster Arnsburg in der Wetterau dem Grafen sein Patronatsrecht Kirchensatz und Zehnten zu Bretzenheim und Winzenheim (zu Winzenheim den ganzen Frucht- und Weinzehnten) für 2000 Gulden ab. Ueber dieses Patronatsrecht s. Atlas, Erläuterungen V 2 S. 412 f.

Zu Winzenheim in der Herrschaft Bretzenheim a. Nahe hatte der Graf von Veldenz eine niedere Vogtei. 1254 5. Dezember bekundete Graf Gerlach von Veldenz, dass die Güter eines Ehepaares aus Suffersheim in der Gemarkung des Dorfes Wentzenheim von Vogt- und Herrendiensten an ihn frei seien[3]). 1384 war Johann Bruder von Spanheim mit einer Kornrente aus des Grafen von Veldenz, Dorf Wintzenheim bei Cutzenach, belehnt[1]). Die Rechte des Grafen von Veldenz wurden 1424 von dem Besitzer der Herrschaft Falkenstein, dem Grafen Ruprecht von Virnenburg, bestritten. Die Sache kam vor den Kurfürsten von Mainz, der eine Kommission einsetzte, die sich am 23. Dezember 1424 nach Winzenheim begab, um die Schöffen von Winzenheim und Bretzenheim über die beiderseitigen Rechte zu vernehmen. Diese gaben ein Weistum, demzufolge der Herrschaft Falkenstein (und jetzt dem Grafen von Virnenburg) als oberster Gerichtsherrschaft die Hochgerichtsbarkeit zustand, der Graf von Veldenz aber nur den dritten Teil der Frevel und Bussen zu Winzenheim habe. Weitere Rechte des Grafen von Veldenz zu weisen, lehnten die Schöffen ab, darüber möge man die Gemeinde Winzenheim befragen. Die Gemeinde wies dem Grafen von Veldenz nur gewisse Gülten an Korn und Pfennigen, sowie Fastnachtshühner zu. Die Besitzer der Güter, die diese Lasten aufzubringen hatten, mussten dem Grafen oder seinen Dienern die Atzung bezahlen, wenn er in Winzenheim einkehrte; und diese Abgaben sollten immer in derselben Höhe gehalten werden, indem bei Abgang eines dazu pflichtigen Erben die übrigen Erben dessen Anteil unter sich verteilten. Die Gemeinde wies dies nicht als Recht, sondern nur als Herkommen.

----

1) Rhein. Antiquarius II 16. 767, 82; 759, 37.
2) KrASpeyer, Falkensteiner Copialbuch 2, 188.
3) MRR. 3, 1152.
4) KrASpeyer, Veldenzer Copialbuch I 128.

Der Erzbischof entschied demnach am 17. Januar 1425, dass
der Graf von Virnenburg Gerichtsherr sei und bleiben solle, und
der Graf von Veldenz die Urkunde, die zu dem Streit Anlass ge-
geben hatte, worin er dem Heinrich von Lewenstein eine „hand-
reichend Gülte off das Gericht zu Winzenheim" versetzt hatte, zu
bestimmter Frist dem Grafen von Virnenburg einzuhändigen habe,
da ihm die Schöffen das Gericht nicht zugesprochen hätten. Der
Graf von Virnenburg habe dann an Heinrich von Lewenstein nichts
mehr zu fordern. Im übrigen sollte der Ausspruch der Schöffen
wie der der Gemeinde zu Recht bestehen bleiben [1]).

23. Biebelsheim und Planig (Kreis Alzey, N 21).

Zu Biebelsheim zählte man 1584 41 Hausgesesse, 13 Pferde und
30 Handfröhner. Die Einkünfte der Herrschaft Falkenstein waren
64 Gulden 14 Albus, 100 Malter Korn, 70 Malter 2 Sümmer Hafer,
41 Hühner. Kollatur, Frucht- und Weinzehnte stand dem Kloster
St. Jakobsberg vor Mainz zu. — Nach dem Weistum von 1486
hatten sie sieben Schöffen von B. zwei Dingtage jährlich zu halten.
Gerichtsherr war, wer Burg und Herrschaft Falkenstein innehatte.
Es waren dort 12 Hufen Landes, jede zu 32 Morgen. Eine halbe
Hufe war damals in des Herren Hand. Jede gab jährlich sieben
Schillingen (zusammen 4 Pfund Heller und 3 Pfennige), 8 Malter
Korn (92 Malter), 6 Malter Hafer (69 Malter), 3 Hühner ($34^1/_2$ Hüh-
ner) und 15 Eier ($172^1/_2$ Eier) zu Ostern. Dazu die Fastnachts-
hühner von allen Hausgesessen, wovon der Schultheiss und der
Büttel gefreit waren. Die Kindbetterin erhielt ihr Huhn ohne den
Kopf zurück.

Biebelsheim war also eine Falkensteinische Grundherrschaft
und ist ohne in andere Hände überzugeben, immer bei der Graf-
schaft geblieben. In Urkunden kommt der Ort nicht oft vor.
Die Kirche war Filiale der Pfarrei Planig [2]), die dem Kloster
St. Jakobsberg vor Mainz seit 1294 incorporiert war [3]).

Grundherren daselbst waren die Domherren zu Mainz, denen
der Erzbischof Ruthard 1092 und 1108 den Hof im Nachgowe
qui dicitur Bleiniche geschenkt hatte [4]), und die Mönche vom
Jakobsberg. Die Vogtei hatten die Herren von Lewenstein von
von der Abtei zu Lehen [5]). Sie waren im 15. Jhdt. laut Weistums
„Herren und Richter zu Blenchen in felde und in Dorfe, als
ferre die Marg ist, und die Scheffen und daz Gericht wisent,
Kirche und Widdum usgenumen" [6]). 1562 wird ihnen „alle Ober-

<hr>

1) Copialbuch VI 190.
2) Grimm, Weistümer 4, 611 ff.
3) Scriba, Regesten, Rheinhessen 2112.
4) Ebd. 996 u. 1012.
5) Ernst Wörner, Aus der Geschichte des Dorfes Planig (Arch. für
Hess. Gesch. u. Altertumsk. XIV 634—655).
6) Grimm, Weistümer 1, 811.

keit, Gerechtigkeit . . . auch richten über Hals, Leib, Hals und Halsbein" zugesprochen. Dass sie ihre Landeshoheit voll und ganz durchgesetzt haben, ist daraus zu erkennen, dass Friedrich von Lewenstein 1567 die Reformation in Planig eingeführt hat und Bernhard von Lewenstein, Gerichtsjunker und Obrigkeit des Dorfs Plänich, 1593 eine umfangreiche Polizei- und Kirchenordnung erliess. Im 17. Jhdt. fiel das Lehen an das Kloster heim, und wurde dem Grafen Philipp Erwin von Schönborn verliehen. 1791 April 6 verkaufte Cölestin Isachi, Abt von St. Jakob zu Mainz, seine Hoheitsrechte über Planig dem Fürsten von Bretzenheim für 24 000 Gulden [1]).

24. Ippesheim (Kreis Alzey, N 21).

Zu Ippesheim hatte die Herrschaft Falkenstein die Gerichtsbarkeit und Hoheitsrechte in Gemeinschaft mit einigen andern Gerichtsherren. Von den Einwohnern waren 1584 nur 2 Männer und 2 Weiber Falkensteinische Hörige. An die Grafschaft Falkenstein wurden 1 Malter 3 Sümmer Korn zu Zins und Mühlenpacht, 2 Malter 1 Sümmer Hafer, 3 Hühner und 1 Gans geliefert.

Im Weistum von 1507 [2]) werden als Gerichtsherren genannt: Junker Philipp und sein Bruder Junker Georg von Leyen, Junker Gerhard von Dienheim, der wolgeporne Junker Melchior von Dhun, Herr zu Falkenstein und zum Obernstein, und Herr Hans Landschad von Steinach, Ritter. Diese Gerichtsherren beschlossen am Donnerstag nach dem 18 ten Tag 1507 (14. Januar) das lange vernachlässigte Weistum zu erneuern und aufschreiben zu lassen. Die fünf Schöffen (deren Zahl nun auf sieben ergänzt werden sollte), sagten aus, dass Junker Peter und Junker Adam von Leyen Gevettern, Junker Gerhard von Dienheim, der wolgeborne Junker Melchior von Dhun und Herr Hans Landschad von Steinach, Ritter, die obersten Gerichtsherren im Feld und Dorf zu Yppesheim seien, und kein andrer Herr über ihnen, „dann ine alle wiſstumb, gerechtikeit, oberkeit, gepott und verpott, bruch, frevel, bussen, zu strafen und zu richten uber halſs und uber halsbein an dem endt zustend sint". Es gab drei ungebotene Dingtage, Donnerstag nach dem achtzehnten Tag, zweiten Donnerstag nach Ostern, Donnerstag nach Remigiustag. Wenn die Herrschaft binnen Jahresfrist etwa noch eines ungebottenen (!) Dings mehr notdürftig wird, so das von den Ihren (ihren Beamten) gesonnen, und acht Tage zuvor mit geleuteter Glocke offenbar vor der Gemeinde zu Yppesheim verkündet wird, soll man gehorsam sein. Vogt, Schöffen, Gemeinsmänner und Hübner sollen dann alle zugegen sein und drei Heller bei der Herren Vogt vertrinken. Wer ausbleibt, muss dem Vogt 1 Hälbling und 20 (Heller?), das ist ein Torneſs, Strafe

---

1) Scriba, Regesten, Rheinhessen 4904.
2) Falkensteiner Weistümer fol. 88 ff.

zahlen. Die Gerichtsherren hatten jährlich auf der Huben 11 Malter 1 Virnzel Korn und 17 Malter Hafer fallen. Junker Philipp und Georg von Leyen hatten 9 Malter Korn, Johann von Eltz 3 Virnzel, Gerhard von Dienheim 3 Virnzel, die Herren von Oberstein und Falkenstein und Landschad von Steinach zusammen 3 Virnzel. Ein verhafteter Uebeltäter ist dem Herrn von Eltz nach Burg-Leyen oder nach Argenschwang abzuliefern. Ippesheim hatte eine eigne Richtstätte im „spitzen Morgen" an der Grenze mit Gensinger Gemarkung.

Ein älteres Weistum (Extract aus dem Lagerbuch des Albrecht von Dienheim von 1486) [1]) besagt: „Item zu Ippesheim ham ich ein firtel von der Bocke wegen von Erfenstein mit aller obrichkeit, gebot, verbot, frevel, brechen, bufsen, fronediensten und allen andern fellen, zugehorden und gerechtichkeiten, als man das jerlich zu den dryen ungebotenen dingen wist . . . und fogt das wistum hernach, also lautende: Diefs ist das wisethum des gerichts zu Ippesheim, als das die alde herbracht und by iren ziten gewist hain: zum ersten Gerhards erben von Heidesheim, Adams erben von Leyen, Wiegandt von Dienheim nu zur zyt ane Bocks erben statt von Sauwelnheim, und Spiefs erben zu Bingen, die wysen wir vor die oberste herren in felde und in dorfe, und sall kein herre uber sie sin; das wysen wir im jare dry mall, und sall ein jyglicher hubener daby sin und sall der herren recht horen wysen, und sall drye heller by dem faude daselbst verdrincken, und wan er das nit endede, so hat er missetan ein helbeling und zwenzig dem faude, des wysen wir des gelts eyn tornes. . . . . Item were jemand, der frevelt, den soll ein faut mit recht vornemen von der herren wegen, und dan fort, was recht ist, das geschehe."

Albrecht von Dienheim hatte 3 Virnzel Hubenkorn von Gerichts wegen aus der Huben, 4 Malter 1 Virnzel von Hubgütern, inmafsen das der Faut an seine Kerben (Kerbholz) geschnitten hatte. Jedes Haus gab jährlich eine Erntegans (erngans) und ein Erntehuhn (davon hatte Albrecht $2^{1}/_{2}$—3 Stück) und jeder „ingesess" 2 Fastnachtshühner.

Ippesheim gehörte also einer ritterlichen Ganerbschaft von vier Hauptstämmen, von der die Grafschaft Falkenstein zwischen 1486 und 1507 einen halben Stammteil geerbt hatte. Der Anteil der Herren von Leyen ist ein Lehen von der Rheingrafschaft: 1395 hatte Ulrich von Leyen 8 Malter Korn von den Huben zu Yppensheim und 1433 Adam von Leyen $7^{1}/_{2}$ Malter, die der „Fauwet" von den Hübnern erhob [2]). Bereits Rheingraf Wolfram

---

1) StA Darmstadt, Saal- und Lagerbücher, Rheinhessen, Ippesheim. Auch die Urschrift (?) des Weistums von 1507 (Konzept mit vielen Korrekturen) liegt in diesem Faszikel.

2) Altes Mannbuch der Wild- und Rheingrafschaft (Arch. für Hess. Gesch. u. Altertumsk., N. F. IV S. 446 ff.) Nr. 57, 219.

hatte von jeder Hufe, die er in Ipinsheim besass, 2 Malter Binger
Maſs, und im Ganzen 8 Malter, die er zu den Volxheimer Ein-
künften geschlagen hatte [1]). Auch die Herrschaft Bolanden hatte
ein Lehen in Ippesheim zu vergeben: die Kessler von Sarmsheim
trugen von dem Grafen Heinrich II. von Sponheim-Dannenfels
Herrn zu Bolanden um 1370 „deil (zwo zal, zweitel, das ist zwei
Drittel) an dem zehinden zu Ippensheim an wine und an korne“ zu
Lehen [2]). Später wurde behauptet, die Hälfte der Rechte an Ippes-
heim überhaupt sei von der nassauischen Herrschaft Kirchheim-
Bolanden lehenbar. Der Anteil der von Dienheim soll pfälzisches
Lehen gewesen sein. In den Lehensurkunden bis 1400 findet sich
nichts darüber. Der Grafschaft Sponheim-Kreuznach hat dagegen ein
Hofgut mit Huberschaft und Beunden (50 Morgen am Biebels
heimer Weg) und Seelzehnten (vom Saalgut) gehört. „Alle Hob-
güter geben Zins den Herren und Grafen zu Spanheim, und nem-
lich (namentlich) die, die unser Gerichtsherren haben, und derselben
Huben mogent ein Deyl von der Ringravschaft als vor ein Lehen
den Edeln von Leyen herfallen“ [3]). Ausserdem werden in den
älteren Akten noch Güter der Stump von Heddesheim und des
Klosters Pfaffenschwabenheim erwähnt [4]).

25. Harxheim (Kreis Mainz, P 20).

Harxheim war nach der Beschreibung der Grafschaft Falken-
stein von 1584 mit aller hoher und niedern Obrigkeit dieser
allein unterworfen. Für den Atz gab man 20 Gulden, doch hat
sich die Herrschaft die Aenderung dieser Summe vorbehalten.
Auch für die Frohn wurde etwas Geld jährlich gegeben. Das
Wildfangsrecht und die Leibeigenschaft hatte Kurpfalz; dieser
Staat nahm auch die Schatzung in Anspruch. Falkenstein hatte
den Zehnten, von dem $1/_3$ an den Pfarrer fiel. Man zählte 40
Hausgesessen und 12 Pferde am Ort. An die Grafschaft Falken-
stein wurden 41 Gulden 7 Albus Geld, 73 Malter 3 Kumpf Korn,
5 Fuder 1 Ohm Wein und 40 Hühner geliefert.

Im Weistum [5]) wird dem Grafen zu Falkenstein die Stellung
eines Grundvogtes und Dorfsherrn zu richten über Hals und Hals-
bein, über Dieb und Diebin, alle strafbare Sachen zu binden und
zu entbinden in der ganzen Gemarkung zuerkannt. Er hat von
etlichen Gütern 18 Malter Bedekorn, von denen der Büttel eines
für seinen Lohn behielt. Für die Atzung wurden 20 Goldgulden
für den Weinschank (oder Bannwein) an der Kirbe 5 Gulden zu
24 Albus gezahlt.

<hr>

1) Trier. Arch., Ergänzungsheft 12. 13, 6; 31, 6, 33.
2) Rhein. Antiquarius II 16, 759, 43; 778, 150
3) StAKoblenz, Rentbuch des Amts Kreuznach von 1476.
4) StADarmstadt, Saal- und Lagerbücher, Rheinhessen, Ippesheim.
5) KrASpeyer, Falkensteiner Weistümer (Akten 106) fol. 78.

Harxheim kommt in den Lorscher Urkunden als Arahesheim im Wormsgau vor. An Beginn des 9. Jhdts. ward dem Kloster Fulda die Kirche zu Haraheshcim geschenkt[1]). Es heisst später Harawesheim, Harchisheim, Harwesheim und ähnlich.

Der Ort lag innerhalb der Präfektur zwischen Gau Odernheim und Mainz, die Werner II. von Bolanden gegen Ende des 12. Jhdts. von der Wildgrafschaft zu Lehen hatte. Diese Präfektur ist dann später an die Linien Hohenfels und Falkenstein gekommen, die sich in den Rest, der ihnen aus dem Kampf mit den Mainzer Stiftern und Abteien noch verblieben war, geteilt zu haben scheinen[2]). 1410 5. Mai verlieh Kuno von Falkenstein, Erzbischof von Trier, dem Mainzer Bürger Henne Kalkburner und seinem Sohn Hermann wegen der Grafschaft Falkenstein ein Haus und Hof in Mainz und $^2/_3$ des zu Falkenstein gehörigen Zehnten zu Harxheim nebst 12 Malter Korn und 17 Malter Bedekorn daselbst[3]).

26. Hechtsheim (Kreis Mainz, P 20) und Teil von Weisenau.

Ein Gut zu Hehhidesheim im Wormsgau wurde 808 an die Abtei Fulda geschenkt[4]). 1100 überliess der Erzbischof von Mainz dem Stephansstift den Weinmarkt zu Hechedesheim und sein Nachfolger gab demselben Stift 1190 die Zinspfennige und das „Vrechtkorn" in seinem Dorf Hechedesheim, was früher der Vizedominus Dietrich von Selehofen von ihm zu Lehen gehabt hatte[5]). 1262 hatten die Dörfer Hexheim, Wifzenawe, Lubinheim und Villzpach eine Weidegemeinschaft, und wollten die Stifter St. Alban und Maria im Feld vor Mainz nicht mehr zur Mitbenutzung dieser Weide zulassen[6]). Am 12. Oktober 1312 gestattete Erzbischof Peter von Mainz, auf Bitte des Philipp Senior, Herr zu Falkenstein, dem jüngeren Philipp von Falkenstein für dessen Gemahlin Udilhilde und ihre Töchter die Nachfolge in seinen Mainzer Lehen, wozu die Dörfer Heckesheim, Vizenowe, Vilzebach gehörten[7]). Bei der Teilung der Falkensteinischen Erbschaft 1420 fiel Hechtsheim und Weisenau an Anna von Solms, frühere Gräfin von Sayn, und Diether von Isenburg, Herrn zu Büdingen, und ist dann bei den Nachkommen des Letzteren geblieben, nachdem die Grafen von Sayn 1486 auf ihren Anteil verzichtet hatten[8]). 1632 verkaufte Ysenburg seinen Teil von Weisenau und ganz Hechtsheim an den Grafen Johann Karl von Schönburg, dessen Sohn Emanuel

---

1) Cod. Lauresh. II 163, Nr. 1269 f. — Dronke, Cod. dipoml. Fuld. 79, 138; 82, 146; 90, 163; 102, 181.
2) Vgl. oben S. 450 ff.
3) StAKoblenz, Dipl. Archiep. Trev. IX 418.
4) Dronke, Cod. diplom. Fuld. S. 126, Nr. 244.
5) Scriba, Regesten, Rheinhessen 1003, 1158.
6) Baur, Hess. Urkunden II S, 173, Nr. 193.
7) Scriba, Regesten, Rheinhessen 2358.
8) Schaab, Gesch. d. Stadt Mainz 3, 218, 234.

Maximilian Wilhelm die Herrschaft 1658 an den Mainzer Domdechant Johann von Heppenheim gen. von dem Saale weiter verkaufte. Der neue Herr ergriff am 3. Februar 1658 Besitz von der Erwerbung, trat sie aber schon am 20. September vorbehaltlich der Vogtei an den Erzbischof von Mainz ab, und vermachte 1672 die Vogtei dem erzbischöfl. Seminar in Mainz. Aber nun erhob Wilhelm Wirich von Daun, Graf von Falkenstein, Anspruch auf die Dörfer Hechtsheim, Weisenau und Vilzbach, welche der Erzbischof am 12. Januar 1672 sich abtreten liess. 1687 zerfiel das Dorf Weisenau in vier Teile. deren einer dem Erzstift, der zweite dem Stifte St. Victor, der dritte dem Seminar, der vierte der Stadt Mainz zugehörte. Das Seminar trat seinen Teil 1703, das Victorsstift den seinen 1783 an den Erzbischof ab. Ysenburg-Büdingen machte noch bis 1713 Ansprüche auf Hechtsheim und Weisenau geltend.

Die Nachkommen Werners II. von Bolanden, dessen Gemahlin Guda von Weisenau grossen Besitz in und um Mainz geerbt und an ihren Gatten gebracht hatte, besassen in Weisenau eine Burg, die 1250 von den Mainzern mit Genehmigung des Reiches zerstört wurde. Im Jahre 1253 teilten Werner IV. von Bolanden, Philipp V. von Falkenstein und Philipp III. von Hohenfels den Burgstadel und überliessen in den folgenden Jahren bis 1259 ihre einzelnen Anteile der Stadt Mainz.

In der Weisenauer Gemarkung lag bei der Mündung des von Bodenheim herkommenden Leitgrabens ein Hof Rudolfshausen [1]), Rudilshusen, der nach 1487 untergegangen ist. Auch gehörte die Insel Bliedau nahe am rechten Rheinufer zu Wesenau.

Bei Hechtsheim lag das Dorf Dulcinesheim oder Duncinsheim [2]), wo Lorsch einige Schenkungen erhielt, 1207 kommt es zum letztenmal vor. Es lag gegen Bodenheim und Laubenheim hin.

Die Mainzer Vorstadt Vilzbach [3]) wurde 1284 durch Philipp IV. den Jüngeren von Hohenfels an Ludwig zum Gedank in Mainz in Pfandschaft und Lehen gegeben, 1294 aber an die Stadt Mainz abgetreten, die nun vom Erzbischof belehnt wurde. Kämmerer, Schultheiss, Richter, Räte und Bürger zu Mainz hatten jedoch kein Recht, Vogt, Schultheiss und andere Beamten zu Vilczpach zu ernennen. 1297 versicherte Philipp IV. von Hohenfels, dass Helfrich Walt und dessen Brüder die Vogtei daselbst weder von ihm noch von seinen Vorfahren zu Lehen gehabt hätten. 1301 wurde dem Dorf Vilzbach durch den Erzbischof die Rechte der Stadt Mainz verliehen und so die Eingemeindung vollzogen. 1313 erfährt man, dass Vilzbach dennoch noch immer zu dem Mainzer Lehen der mit den Hohenfelsern stammverwandten Herren von Falkenstein gehörte.

---

1) Wagner, Wüstungen, Rheinhessen S. 103, Nr. 66.
2) Ebd. S. 80, Nr. 51.
3) Ebd. S. 109, Nr. 69.

1321 gestattete Philipp IV. von Falkenstein, dass der Erzbischof die Stadt Mainz statt seiner mit dem ihm zustehenden Gericht Vilzbach belehnen möge. 1331 liessen sich Dilmann Wolfin von Bleidenstadt und seine Verwandten von der Stadt Mainz mit 100 Pfd. Heller wegen des Gerichts Vilzbach abfinden, und Thilmann Wölfin verlieh darauf das Gericht und die Vogtei einem Geschwornen der Stadt. 1526 überliessen die Brüder Philipp und Wirich von Daun, Grafen von Falkenstein, dem Erzbischof Albrecht alle ihre Rechte an Vilzbach und 1659 verzichtete Wilhelm Wirich von Daun, Graf von Falkenstein, gegen den Erzbischof Johann Philipp von Mainz auf sein Einlösungsrecht an Filsbach, Hexheim, Weissenau sammt dem dortigen Fahr über den Rhein.

Ein Weistum zu Hechtsheim [1]) hat die Ueberschrift:

„Dies ist die Freyheit der Herrschaft zu Falkenstein:"
Diese hernachgeschr. Gesetz, als die verfasset und von Alter herpracht seind, weisen die Schöffen des Gerichts zu Hexheim wie folgt, noch von Alters wegen herkommen ist.

Zum ersten weisen die vorgen. Schöffen dem vorgenannten Herrn und wer nach ihm zu Zeiten des Dorfs und Gerichts zue Hexheim und zue Weissenauw Herr ist, wie weit und wie ferr unsers Herrn von Falkenstein Gericht geht: An den guten Leuten (Leprosenhaus vor dem Gautor zu Mainz) in der Mauren steht ein Kreuz, von dem Kreuz uff der Strasse hinter der Nothgotz (Kapelle oder Bildstock vor Mainz) bis an den Stein, der da stehet an der Strassen an der Lehmgruben, von da auf die Schutzgrube (vielleicht ein Schiessstand) von dort an den Kirchstaal (Kirchenruine, wie Burgstadel Burgruine) an der Halden, weiter an einen Stein an der Sauwelnheimer Strasse (Saulheimer Strasse, die sich in Flur 10 der Gemarkung Hechtsheim beim Stahlberg von der Gaustrasse trennt und zunächst durch Flur 11 auf Marienborn zu führt), dann folgen zwei weitere Steine an dieser Strasse, der Domherren sieben Morgen, auf der Angewand (hohe Angewann am Bornerstein in Flur 12), an einen Stein, der zwischen den Grundstücken des Schultheissen von Bretzenheim und des Jakob Schmitt stand, an die Brezenbaine, wo Bretzenheimer Gemarkung anstiess, an Christian Duspergers 10 Morgen vorbei, bis auf die Frucht (Frücht in Flur 15, 16 und 17) die Gewand aussen bis uf das Borner Feld (Langgewann in Flur 16 und Gemarkung Marienborn) bis an Ringes neun Morgen die äussere Furch hinab bis an die Kurze Gewann (Flur 16 kurze Langgewann, an dem Dreimärker Hechtsheim-Marienborn-Kleinwinternheim), zwischen dem Winternheimer Feld und der Kurzgewann bis auf den Diebspfad (der von Bretzenheim durch die Hechtsheimer Fluren 17, 18 und 15 nach Ebersheim geht. Die Ecke Hechtsheim-Kleinwinternheim-Ebersheim hat den Namen „auf dem Dreibeinigen Stuhl"). Dem

---

1) StADarmstadt, Saal- und Lagerbücher, Rheinhessen 1, 7.

Diebspfad nach bis zum Ebersheimer Feld, zwischen diesem und dem Gute der Stiftsherren von St. Stephan die Gewann hinab bis an die Ebersheimer Strasse (die sich in Flur 19 von der Chaussee von Mainz nach Harxheim abzweigt). Die Ebersheimer Strasse hinab bis in die Mommenheimer Strasse (die ebengenannte Chaussee in Flur 22), die Mommenheimer Strasse aus bis an den Galgen (wonach der westliche Teil der Fluren 23 und 24 Galgengewann heisst, der Richtplatz ist da zu suchen, wo die Chaussee den Hügelrücken überschreitet), vom Galgen auf den Hetzelstein (nicht zu finden) an Dürrbaums sieben Morgen, bis auf den hohen Rhein (östlich in Flur 23 und 24 „an den hohen Rechen"), dann an das Bodenheimer Feld, und in das Frankenthal (Flur 26, südlicher Teil), das Frankenthal aus uf die Rennen, an mehreren Grundstücken, deren Besitzer genannt werden, her an den Wörsweg, den Wörsweg bis an den Deich und die gegrabte Wiese, bis auf die hohe Strasse (Hochstrasse zwischen den Fluren Laubenheim 7 und 9) und zur tiefen Lach, von da zu einem Ziegelofen, bei dem die Grenze mitten in den Rhein geht, und den Rhein hinauf bis an die Freiheit (Immunität von St. Victor in Weisenau, siehe Karte 603 im Staatsarchiv Darmstadt), da steht ein steinernes Kreuz, von diesem Kreuz an ein Kreuz hinter St. Victor an der Laubenheimer Strasse, dann an das Bockenkreuz, und an das Steinkreuz im Bürgerfeld (so hiess die Gemarkung von Mainz, siehe Karte 602 im Staatsarchiv Darmstadt) und wieder an das Kreuz an der Mauer bei den Guten Leuten.

Was jedermann guten Rechtes darin hat, es seien die Herren zu St. Victor, oder die Herren zum Heiligen Kreuz, oder das Gericht zu Laubenheim, daran wollen die Schöffen von Hechtsheim nicht rühren. Die in den Bezirk eingeschlossenen Immunitäten der Stifter St. Victor zu Weisenau und St. Maria im Feld oder Heiligkreuz nördlich von Hechtsheim, sowie der zu Laubenheim gehörige Teil von Weisenau, werden also von der Falkensteinischen Herrschaft ausgeschlossen.

Die Herrschaft hatte sieben Mark Geld für Atzung, davon kam $^1/_2$ Mark dem Büttel zu, der das Geld erhob. Wer den Herren von St. Stephan in Mainz 1 Malter Korn zu Zins gibt, der soll der Herrschaft Falkenstein 2 junge Hühner und ihre Küche liefern, und dem Junker von Sörgenloch gen. Gensfleis $7^1/_2$ Schilling geben, (zusammen 26 Pfund 6 Schilling Heller), das hatte der Junker zu Lehen von der Herrschaft. Wer an das Stephansstift nichts zu zahlen hatte, musste der Herrschaft ein Fastnachtshuhn liefern. Von dem Schutz zu Hechtsheim hatte die Herrschaft zwei Ohm Wein und 1 Mark Geld und vom Schutz auf dem Mainzer Bürgerfeld vier Malter Korn.

27. Amt Neubamberg.

Die Neue Baumburg ist kurz vor 1253 gegründet worden:
am 13. März 1253 schloss Raugraf Heinrich mit seinem Vetter
Konrad I. wegen des neuen Burgbaues bei dem Dorfe Sarlesheim
einen Vertrag über die gegenseitige Erbberechtigung in ihren
Besitzungen. Diese Burg wurde nach dem alten Stammsitz der
Raugrafen, der Baumburg an der Alsenz, die Neue Baumburg
genannt[1]).

Sarlesheim lag etwas südlich von Neubamberg (Kreis Alzey,
N 22) und es steht noch die Kirche davon, sieben Minuten Weges
südlich vom Dorf, bei dem Distrikt „in Sergelsheim". 1276 gab
König Rudolf dem Raugrafen Ruprecht II. Erlaubnis fünf Juden
bei Baumburg anzusiedeln[2]). 1285 bewittumte Raugraf Heinrich I.
seine Gattin Adelheid von Sayn auf die Burg Novobeimborc mit
allen Burgmannen, der Umfassung des Berges, den Gärten und
der Mühle und dem Taubenhaus unter der Burg, sowie auf das
ganze Dorf Sarlisheim mit dem Hofe und allen Grundstücken, der
Gerichtsbarkeit und dem Walde „Forst"[3]).

1338 verpfändete Raugraf Heinrich II. von der Neuen-Baum-
burg dem Erzbischof Heinrich III. von Mainz die Hälfte des Hauses
N. mit der Stadt darunter für 1300 Pfund Heller[4]). 1367 ver-
setzte Raugraf Philipp II. an den Grafen Walram von Sponheim
den vierten Teil an der Burg Nuwenbeimburg und am Dorfe
Sarlisheim sowie die Hälfte des Gerichts und Hofes zu Weldistein
(Wöllstein) mit dem halben Teil der Dörfer Gummenſheim, Bliters-
heim (Gumbsheim und Pleitersheim) und Dyesinheim (Wüstung
Desenheim zwischen Wöllstein und Badenheim) und den halben
Hof zu Heyenheim (Wüstung zwischen Flonheim und Eckelsheim)
für 3000 Gulden[5]). 1380 verpflichtete sich Raugraf Philipp II.
von Neu- und Altenbaumburg dem Erzbischof Adolf I. und dem
Mainzer Domkapitel, wenn sie gehindert würden, die Oeffnung des
Schlosses Neubaumburg zu benutzen, 14 Tage nach vorgängiger
Mahnung, solange seinen Teil an diesem Schloss einräumen zu
wollen, bis hinsichtlich der Oeffnung kein Hindernis mehr vorliegen
würde[6]). Auf diese Weise waren drei Teile an Neubamberg in

---

1) Wagner, Wüstungen, Rheinhessen S. 25, Nr. 20; S. 35, Nr. 26. —
Originalurkunde im allgem. Reichsarchiv zu München (Repertorium D 7
fol. 118, Nr. 2).

2) Scriba, Regesten, Rheinhessen 5274. (Wenn sich diese Urkunde
nicht doch besser auf Alten-Baumburg beziehen liesse!)

3) Ebd. 5298 (Gudenus, Syllog. I 609) und 5301. — Köllner, Kirch-
heim-Bolanden S. 269. — 1330 gestattete Kaiser Ludwig dem Raugrafen,
einen Wochenmarkt zu Neubeinberg zu errichten. Scriba, Regesten,
Rheinhessen 5439.

4) Scriba, Regesten, Rheinhessen 2754.

5) Heidelberger Handschrift üb. d. Raugrafschaft (369/147) fol. 2. —
Lehmann, Sponheim 1, 232.

6) Regesta Boica X 59 f. KrAWürzburg, Mainzer Libri reg. V 55.

die Hände des Kurfürsten von Mainz, ein vierter Teil in die des Grafen von Sponheim zu Kreuznach gekommen, als die Raugrafen zu Grund gingen. 1400 beschworen noch der Raugraf Otto und der Graf Simon II. von Sponheim den Burgfrieden, 1403 übergab der Graf von Sponheim sein Viertel an Johann Marschalk von Waldeck, ein Viertel hatte damals Philipp von Daun, Herr zu Oberstein, inne, der 1408 ein Achtel an Kurmainz abtrat. 1417 und 1419 beschworen den Burgfrieden der Kurfürst von Mainz für $^3/_4$ und der Graf von Sponheim für $^1/_4$. 1438, 1445 und 1459 Kurmainz, Kurpfalz, Pfalz-Simmern und Baden, seit 1467 Kurmainz, Kurpfalz und die Herren von Daun, Grafen zu Falkenstein [1]). Am 9. Juni 1467 hatte nämlich Erzbischof Adolf II. von Mainz den Mainzischen Anteil an dem Schlosse Neubamberg dem Wirich von Daun wegen einer Schuld von 10000 Gulden verpfändet, für die ihm von demselben gegen den Gegenbischof Diether von Isenburg geleisteten Hilfe und deshalb erlittenen Schaden. Es waren also jetzt der Inhaber der Grafschaft Falkenstein und die Inhaber der Grafschaft Sponheim Gemeiner des Schlosses [2]).

Im Jahre 1522 wurde durch die beiderseitigen Amtleute ein neues Rentbuch angefertigt, worin die Einkünfte der beiden Herrschaften genau festgestellt wurden [3]).

Einige Höfe, Hofstätten und Geldzinse im Tal unter Newenbeimberg und der halbe Hof zu Wöllstein gehörten dem Herrn von Daun, schon ehe der Kurfürst von Mainz den Anteil an ihn verpfändet hatte. Er liess diese Güter, die ihm von einem Raugrafen verkauft worden waren, durch den obersteinischen Schultheissen zu Volxheim verwalten.

Die gemeinen Herren haben von der Gemeinde im Tal zur Bede 65 Pfund Heller, davon hatte der Graf von Falkenstein 33 Pfund 3 ß, der Herzog Hans (Pfalzgraf von Simmern) 31 Pfund 17 ß.

Beide Herrschaften hatten ferner Zins von Häusern und Grundstücken an Geld, Korn und Hühnern, Hahnen, Salz usw. Neben diesen Gemeinschaftszinsen gab es auch Güter, die jeder Herrschaft besondere Zinsen zahlten. Die Collatur der Pfarrei Sarlesheim gehörte zum mainzschen Anteil, mithin zur Herrschaft Falkenstein. 1420 war dieses Recht (die Mannschaft und der Kirchensatz zu Sarmsheim [4]) bei Nuwenbeimberg und der Zehnte zu Nuwenbeimberg an Früchten und Wein) von Cleßchen von Gutenberg dem Erzstift Mainz heimgefallen und wurde dem Henrich von Staffel verliehen [5]). Der Pfarrer hatte den halben Zehnten. Die Hälfte der Herren von Falkenstein ertrug um 1522 16 Malter Korn, 10 Malter Hafer, 4 Malter Weizen, 4 Malter Gerste, $1^1/_2$ Fuder Wein, 3—4 Sümmer Erweis (Erbsen), $^1/_2$ Sümmer Linsen, 1 Maß Honig, 4 Schilling für Kälber, 4 Lämmer, 3—4 Ferkel, ein Karren voll Heu, 2—3 Karren voll Rüben, ein Karren voll Aepfel und Birnen.

---

1) Über die Grenzen der Gemarkung Neubamberg und des Burgfriedens s. meinen Aufsatz in den Quartalblättern des histor. Vereins für das Grossherzogtum Hessen III 1904, 506 f. (mit Karte).

2) Scriba, Regesten, Rheinhessen 4198.

3) KrASpeyer, Falkenstein, Akten 106 fol. 340 ff. Ein Mainzer Jurisdiktionalbuch über das Amt Neubamberg von 1673 im KrAWürzburg, Mainzer Jurisdiktionalbücher Nr. 21.

4) So das Kopialbuch für Sarlsheim.

5) KrAWürzburg, Mainzer Lehenbücher I fol. 30. xxxi.

Zu Neuenbaumburg gehörte ein Anteil an der Herrschaft Wöllstein mit Gumbsheim und Pleitersheim, wovon schon oben beim Amt Kreuznach S. 63 ff. die Rede war. Zwei Teile davon gehörten zu Kreuznach, ein Teil zu Neubamberg, der vierte Teil zu Kirchheimbolanden; „also nu ein underscheidung gethonn, wo jettlich herschaft ire anzal der renten suchen und handhaben soll, dann das gericht zn Welstein ist der gemeinen herrn, das dorf in vier theil versundert, wo jeglicher herr sein erngens, fastnachtshuner und anders heben soll und mag. Dabei ist zu wissen, daz die herschaft zu gemeltem schloss Newenbeymburg im dorf Wellstein ein vierttheil, das im Niddergericht geheissen, gemetschart, was nu zu dem vierttheil gehort, auch an Gomßheim das vierttheil, das steet zum Meinzischen theil meim herrn vom Stein (Oberstein-Falkenstein) halb, und meim gn. herrn herzog Hansen grave &c. das ander halbtheil, das ist jetlichem ein achttheil" — 14 Malter Korn und 13 Malter Hafer von Hofgut und Bering zu Wollstein gehörte zu dem früher gekauften Gut der Herrschaft Oberstein, von dem oben die Rede war. Zu Neubamberg gehörten 16 Pfund Heller Bede und 16 Pfund Heller Atzung (darüber war Irrung, jetzt vertragen, dass dem Herrn vom Stein 12 Pfund gefallen, die mag man veratzen oder empfangen)[1]. Beide Herren hatten 4 Gulden von der Weide zu Disenheim, 2 Gulden vom Backhaus, ein Viertel der Bussen und Frevel, 26 Malter Korn und 26 Malter Hafer von Hofgütern, ferner 35 Malter Korn und andere kleine Zinsen und Renten, nämlich zusammen 2 Pfund 8 Schilling $3^1/_2$ Heller, $19^3/_4$ Kappen, 4 Zinshühner, 5 Sümmer Salz, 2 Malter $4^1/_2$ Sümmer 1 gehauft Sester 2 Geisselvoll Zinshafer, 1 Fuder 4 Ohm 21 Maß 3 Eichtmaß $1/_3$ Viermaß Wein, $4^3/_4$ Pfund Wachs, die zwischen dem Herrn von Daun-Oberstein und Pfalzgraf Hans gleich geteilt werden.

Zu Wonsheim hatte die Herrschaft Neuenbaumburg zu gleichen Anteilen mit dem Nonnenkloster zu Daimbach $34^1/_2$ Schilling 7 Heller von verschiedenen Liegenschaften (darunter 15 ß vom Backhaus), 4 Sümmer Korn, 3 Kappen. Neuenbaumburg allein 12 Schilling Heller von den Bürgermeistern (die damals hauptsächlich mit dem Rechnungswesen und den Einnahmen der Gemeinde zu tun hatten) und der Gemeinde, 4 Sümmer Korn vom Wegeschnitt, $2^1/_2$ Malter Holzhafer, 10 Fastnachtshühner aus der Weyhergasse zu Wonsheim, und die Herrschaft Falkenstein allein ein Viertteil der Freveln und Atzung. Vgl. oben S. 225.

1543 belehnte Kurfürst Friedrich von der Pfalz den Carsilius Bayer von Belnhofen mit den sponheimischen Anteilen an Neubamberg und an der Wöllsteiner Gemeinschaft.

Nach der Vereinigung der Grafschaft Falkenstein mit Lothringen (1661) löste der Kurfürst von Mainz den an Falkenstein

---

1) Am 7. August 1537 vermittelten Konrad Stumpf von Waldeck, Amtmann zu Kreuznach, Carsilius Beyer (von Bellnhofen), der Rechte Doktor, Philipp Faust von Stromberg, Amtmann zu Kirchheim, und Velten Heyer der Alte, des Herzogs Amtmann zu Neuen-Baumberg einen Vergleich zwischen dem Grafen Wirich von Daun zu Falkenstein und den gemeinen Einwohnern des Niedergerichts zu Wöllstein, deren Vertreter dem Grafen keine ungemessene Atzung und Lager zuerkennen wollten, sondern behaupteten, dass diese Verpflichtungen mit jährlicher Entrichtung von 16 Pfund Heller abzulösen seien, wovon die Hälfte dem Pfalzgrafen Johann von Simmern, die andere Hälfte dem Grafen Wirich von Daun zufalle. Es wurde vereinbart, dass der Graf von Falkenstein von nun an 12 Pfund Heller und für die von 30 Jahren her geschuldeten 240 Pfund Heller jährliche Abzahlungen von 60 Pfund erhalten sollte. Falkensteiner Copialbuch I 77—79.

versetzt gewesenen Anteil an Neubamberg, Wöllstein, Gumbsheim und Pleitersheim im Jahre 1663 von dem Herzog ein. Als Pfalz 1668 das Durchzugsrecht durch Neubamberg verlangte und die Mainzischen Beamten dasselbe verweigerten, liess Kurfürst Karl Ludwig von der Pfalz den Ort besetzen und die Befestigung, das Schloss und die Stadtmauern zerstören. Kurmainz aber wurde darauf durch Vermittlung in den vollen und alleinigen Besitz des Städtchens gesetzt. 1714 erwarb Kurmainz gegen das Amt Böckelheim den Sponheimischen Anteil an Wöllstein, Gumbsheim und Pleitersheim, und die Orte Siefersheim und Volxheim, die nun unter das Amt Neubamberg gestellt wurden.

28. Eckelsheim (Kreis Alzey, N 22).

Zu Eckelsheim war 1584 der Graf zu Falkenstein allein Herr, auch über die Kirchenrechnung und das Kirchenregiment von St. Moriz (zu Goselsheim) und zur Bellen. Der Abt zu Eberbach im Rheingau war Kollator. Es wurden 39 Hausgesesse, 19 Pferde und 23 Handfröhner gezählt. Die Bede betrug 46 Gulden 4 Albus. Vom Backhaus fielen 6 Malter Korn, ausserdem 33 Hühner und 1 Karrn voll Kappeshäupter. Das Weistum gibt 80 Pfund Heller Bede an.

Eckelsheim wird in einer Urkunde vom 23. Mai 1336 erwähnt, mit welcher Kaiser Ludwig der Bayer dem Raugrafen Georg wegen geleisteter Dienste die Vogtei über den Hof in dem Dorfe Eckelsheim verlieh [1]). Es muss demnach ein Reichsgut dort bestanden haben. Erbe dieses Raugrafen war Philipp von Bolanden, Herr zur Altenbaumburg, der Eckelsheim 1360 an Antelmann von Grasewege versetzte [2]), von dem es 1389 gemäss einer Abmachung zwischen Philipp und dem Grafen Simon III. von Sponheim durch den Letzteren ausgelöst wurde [3]). Es muss aber bald nachher wieder an die Raugrafschaft gekommen sein, denn 1408 schenkte Raugraf Otto den Ort an das Erzstift Mainz und bestätigte diese Abtretung 1412 [4]). In der Urkunde von 1456, in welcher die Bestandtteile der Grafschaft Falkenstein näher bestimmt werden, findet sich Eckelsheim noch nicht. Es ist wahrscheinlich, dass es von Mainz dem Wirich von Daun zum Oberstein als Lehen gereicht worden ist, denn dieses Verhältnis bestand nach dem Mainzer Jurisdiktionalbuch über Neubamberg von 1673 noch damals: der Herzog von Lothringen war von Kurmainz wegen der Burg Neubamberg mit Eckelsheim belehnt [5]).

---

1) Falkensteiner Weistümer (Akten 106) fol. 131.
2) Scriba, Regesten, Rheinhessen 5467. — Regesta Boica VII 149.
3) Heidelberger Handschrift über die Raugrafen 37. Vgl. ob. S. 497f.
4) KrAWürzburg, Repertorium über die Mainzer Originalurkunden, Weltlicher Schrank 42, 41/26.
5) Ueber das ausgegangene Dorf Gozolvesheim, Goßelsheim, Göselsheim, am jetzigen Kirchhof bei Eckelsheim, s. Archiv f. Hess. Geschichte

29. Stolzenberger Amt.

An dem Amt Stolzenberg hatte die Grafschaft Falkenstein
ein Dritteil und Pfalz-Zweibrücken zwei Teile. Es bestand aus
den Ortschaften Bayerfeld, Steckweiler, Stolzenberger Burg und
Hof, Bremricher Hof (M 23), Schmalfelder Hof (N 23), Cölln, Hahn-
mühle, Morsbacher und Weidelbacher Hof (M 23), Dielkirchen
(M 23), Hanauer und Hofer Hof (N 23), Stahlberg und Steingruben
(M 23) im Tale der Alsenz, im Bezirksamt Rockenhausen.
Der Falkensteiner Beschreibung von 1584 zufolge hatte die
Grafschaft Falkenstein im Stolzenburger Amt oder Dielenkircher
Tal $^1/_3$ der Hoheitsrechte neben Pfalz-Zweibrücken als rechter
Erb- und Grundherr und Hochrichter. Die Kollatur, Pfarrer zu
setzen, Censoren, Kirchengeschworne, Glöckner und Schuldiener
zu bestallen, wechselte zwischen beiden Herrschaften ab. Am Wild-
fangsrecht, Abgabe für Ein- und Auszug, Zehnten Pfennig hatte
Falkenstein $^1/_3$, ebenso das dritte Sümmer Frucht von Aus- und
Medemsfeldern. Dagegen hatte Falkenstein am Frucht- und Wein-
zehnten zwei Drittel und Zweibrücken nur eines. Die Abgabe
vom Mühlsteinbruch war wie die andern Abgaben verteilt, vom
Bergzehnten auf dem Stahlberg hatte Falkenstein bloss ein Viert-
teil. Falkenstein hatte 26 Hausgesesse, 15 Pferde und 15 Hand-
fröhner. Falkensteinische Hörige waren 17 Männer und 21 Weiber
mit ihren Kindern zu Dielkirchen, 2 Männer 2 Weiber zu Bayer-
feld, 5 Männer 5 Weiber zu Cölln. Gemeinschaftliche Leibes-
angehörige wohnten zu Steckweiler, Steingruben und Bayerfeld.
Hintersassen waren 6 Hausgesess zu Dielenkirchen, 7 zu Stein-
gruben, 8 zu Steckweiler, 12 zu Bayerfeld, 3 zu Cölln, die der
Herrschaft Stolzenberg zu 3 Tagen und einer Weinfahrt Frohn-
diensten verpflichtet waren. 47 Personen in Mannweiler, Katzen-
bach und Oberndorf waren der Herrschaft zu bestimmten Diensten
und Abgaben verpflichtet. Einige Waldungen waren gemeinschaft-
lich, andere gehörten den einzelnen Teilhabern allein, z. B. der
„hohe Wald" (300 Morgen) der Herrschaft Falkenstein. Auch
andere Güter, Wiesen und Wingerte hatte jede Herrschaft für sich.
1584 entfielen auf den Falkensteiner Anteil 71 Gulden 4 Albus
6 Pfennig, 32 Malter 7 Sümmer 1 Dreiling Kreuznacher Maſs
Korn, 102 Malter 7 S. 1 Dr. Hafer, 13 Fuder 4 Ohm Wein, $66^1/_2$

XIV 1879, 744, und Beiträge zur hess. Kirchengesch. 4, 244. Zu Gossels-
heim stand die ursprünglich von dem Kloster St. Maximin bei Trier ab-
hängige Pfarrkirche für Eckelsheim (Kapelle St. Moriz) und Gumbsheim.
Ausserdem bestand in der Pfarrei noch die Wallfahrts- und Marktkirche
„Bellerkirche". Am 25. November 1293 restituierte Rheingraf Werner dem
Peterskloster zu Kreuznach das Patronatsrecht zu Gozselesheim und die
Güter zu Ekkilesheim, welche sein Vater demselben mit Unrecht entzogen
hatte, und Heinrich von Hohinvels bezeugte, dass diese Restitution vor
ihm geschehen sei (MRR. 4, 2219).

Kappen, 21¹/₄ Hühner, 21 Pfund Oel, 6¹/₂ Pfund Unschlitt, ²/₃ Pfd. Wachs, 2 Zehnt-Lämmer, 3 Mühlsteine vom Zehnten.

Die Stolzenburg war ein Stammsitz der Raugrafen, die mit der Herrschaft, dem Stolzenburger Thal, vom Reiche belehnt waren. Nach ihr nannte sich Raugraf Georg I., der 1292 dem Kloster Otterberg den Berg Bannholz bei Dielkirchen schenkte, um darauf Reben anzupflanzen. Bereits sein Grossvater, Raugraf Konrad III., hatte 1256 zu Stolzenberg gewohnt. Ein gleichnamiger Sohn jenes Georg kommt 1309 als comes de Stolscemberc vor [1]).

Des Raugrafen Georg II. Tochter Laurette war mit Otto I. von Bolanden vermählt und durch sie gelangte ein Teil an ihren Sohn Philipp, der sich Philipp von Bolanden, Herr zur Altenbaumburg nannte. Ein anderer Teil war (wohl auf ähnliche Weise) an die Grafen Friedrich d. ä. und d. j. von Leiningen gekommen. 1364 versprach Graf Walram III. von Sponheim und Gemahlin Elisabeth, den ihnen von Philipp von Bolanden und Gemahlin Mena verpfändeten dritten Teil an dem Reichslehen Stolzenberg wieder herauszugeben, sobald Philipp ihnen den Pfandschilling von 2000 Gulden bezahlt haben würde [2]). 1365 verpfändeten die beiden Grafen Friedrich von Leiningen dem Grafen Heinrich von Veldenz und dem Ritter Antelmann von Grasewege, Burggraf von Beckelnheim, ihr Dritteil an der Veste Stolzenberg, mit den zugehörigen Dörfern und Gerichten, was sie vom Reich zu Lehen hatten, mit Einwilligung ihres Schwagers Philipp von Bolanden und des Grafen Walram von Sponheim, ihrer Mitgemeiner zu Stolzenberg, für 3000 Pfund Heller zu 10 Tornosen, und 400 Gulden von Florentien [3]). 1367 verzichteten die Grafen von Leiningen zu gunsten des Grafen von Veldenz auf die Wiedereinlösung dieser Pfandschaft. 1368 erteilte Kaiser Karl IV. die Bestätigung dieses Verkaufs [4]·

Im Jahre 1366 beschworen Philipp von Bolanden, Herr zur Alten Beymburg, beide Grafen Friedrich von Leiningen, Heinrich

---

1) Töpfer, Urkundenbuch der Vögte von Hunolstein II. Beilage über die Raugrafen (383 ff.).

2) Wigand, Wetzlarsche Beiträge 2, 250. de Gudenus, Cod. dipl. 5, 655.

3) Veldenzer Copialbuch im KrASpeyer VII 30. 1336 bewies Raugraf Konrad v. d. Altenbaumburg dem Grafen Georg von Veldenz 40 Pfund Heller Rente auf sein „teill umb Stoltzenberg“. Diese Verpflichtung wurde 1337 von Raugraf Georg anerkannt. Im selben Jahr erneuerte Raugraf Konrad seine Verschreibung und bestimmte als Unterpfänder zwei Höfe zu Weidelbach und zu Mentzwiler, die Brühle zu Dielenkirchen und zu Steingruben, Wingerten am Keisersberg, Fryderswingert, die Mulde. Veldenzer Copialbuch im KrASpeyer IV 121 v f. Wigand, Wetzlarsche Beiträge 2, 241.

4) Veldenzer Copialbuch VII fol. 30 f. Ein gleichzeitiger Verkauf von Stolzenberg an Kurpfalzgraf Ruprecht I. durch Philipp von Bolanden 23. September 1367 und durch Konrad von Bolanden 20. August 1376 scheint ohne erkennbare Folgen geblieben zu sein (Regesten der Pfalzgrafen I 3734, 3739, 3753, 4156).

Graf von Veldenz und Antelmann von Grasewege den Burgfrieden
zu Stolzenberg: der gehen soll von der Burge zu Stolzenberg zu
Mentzwiler an die Kirche und hinter der Kirche an dem Dorf
über bis inne den Weg zu Altgesesse, der da geet gein Hoven,
und die Straß uß gein Putzebach bis an den Weg der sich da
scheidet gein Stolzenberg, und da über bis an den Berg, der da
heisset die Warte, und von der Warten den Wingert inne hinter
Steckewiler, bis off die Alsentz, und die Alsentz inne bis off den
Steek zu Cöllen, und von demselben Steege wieder an die Kirche
zu Mentzwiler [1]). Die Lage der Kirche zu Mainzweiler zwischen
Cölln und Mannweiler ist noch bekannt [2]). Hier wurde das Ge-
richt der Herrschaft Stolzenberg gehegt.

Durch die einzige Tochter Philipps von Bolanden, Anna, kam
dessen Erbteil an den Raugrafen Philipp II. von der Neuenbaum-
burg, ihren Gemahl. Die Kinder dieses Ehepaars waren Raugraf
Otto und Mena, Frau des Philipp von Dune, Herrn zum Obern-
stein. Otto setzte nun seinen Schwager und seine Schwester in
den Besitz der Hälfte seines Anteils, und diese versprachen am
Pfingsmontag 1401 den Burgfrieden halten zu wollen. 1418 wurde
ein neuer Burgfriede zwischen Otto Raugraf zur alten und neuen
Beymburg, Graf Friedrich von Veldenz und Philipp von Daun,
Herrn zum Obernstein geschlossen. Der Bezirk war derselbe wie
1366, nur wurde jetzt auch Bayerfeld einbegriffen, indem von
Steckweiler aus nicht die Alsenz, sondern der Weg hinter Burfelt
die Grenze bis zum Steg bei Cölln bilden sollte [3]). 1415 hatte
Raugraf Otto seiner Tochter Elisabeth seinen Anteil an Stolzenberg
und den zugehörigen Dörfern Dielnkirchen, Steingruben, Steck-
wiler und Burenfeld als Mitgift bestimmt [4]). Nach dem Anfall
der Grafschaft Veldenz an Pfalz-Zweibrücken wurde 1454 der Burg-
friede zwischen Herzog Ludwig dem Schwarzen, Wirich von Daun,
Herrn zum Obernstein, und Raugraf Otto erneuert. Ottos Sohn,
Raugraf Reinhard, versetzte seinen Anteil an Burg und Herrschaft
Stolzenberg am 1. Februar 1481 an Wigand von Cleberg. Seine
Neffen und Rechtsnachfolger, die Raugrafen Engelbert II. und
Hugart traten 1514 dem Herzog Alexander von Zweibrücken das
Auslösungsrecht des an den von Cleberg verpfändeten Teiles gegen
Geldentschädigung ab, und nach des Herzogs Tode löste dessen
Witwe Margareta am 6. Februar 1515 diesen Anteil aus der Hand
Reinhards von Cleberg für ihren Sohn Herzog Ludwig von Zwei-
brücken an sich [5]). Seitdem bestand der oben beschriebene Zu-
stand in der Herrschaft, da der Herr von Daun 1456 auch die

---

1) Veldenzer Copialbuch VII 17.
2) Mitteil. des histor. Vereins d. Pfalz V 1875: A. Heintz, Verschol-
lene Ortsnamen S. 91.
3) Veldenzer Copialbuch VI 182—186; VII 24 f.
4) Wigand, Wetzlarer Beiträge 2, 381.
5) Veldenzer Copialbuch XVIII fol. 196—209 f.

Grafschaft Falkenstein erhielt, der das Stolzenberger Tal nun angegliedert wurde.

Das Weistum von Mentzwiller von 1429 spricht den Herren von Stolzenberk, es seien viel oder wenig, das Recht zu, dass sie Herren sind zwischen den vier Orten (Dielkirchen, Steckweiler, Bayerfeld und Cölln-Mainzweiler) über Berg und Tal, Dieb und Diebin, über alle ungerechte Leute, sowie über Wasser und Weide. Hätte jemand eignes Recht in den vier Orten, des entweisen die Schöffen niemand. Die Herrschaft hatte eine Bannmühle, von den Einsassen die ihnen nicht angehören, je 18 Jungheller und ein Fastnachtshuhn zu des Gerichts Bede, einen Tag Pflugdienst und einen Tag Arbeit im Weinberg gegen die Kost. Ein Zugewanderter ist das erste Jahr frei. Die Einwohner hatten das Recht auf Brennholz aus dem Wald Steylberg (Stahlberg) und auf Schutz und Schirm durch die Herren von Stolzenberg, als ob sie deren eigne Hörige wären. Die 14 Schöffen hatten Anspruch auf einen Imbiss bei dem Schultheissen zu Mainzweiler für sich und je einen Knecht. Dabei soll der Pfarrer zu Dielkirchen den Wein und der Hofmann von Hanauwen den Käs liefern und mitspeisen. Das übrige bezahlt der Schultheiss aus der Zinsbank [1]).

30. Herrschaft Wilenstein (Bezirksamt Kaiserslautern, M 26).

(Trippstadt, Stelzenberg und Mölsbach.)

J. G. Lehmann, Urkundliche Geschichte der Burgen und Bergschlösser in der bayrischen Pfalz V 63—87. — J. Keiper, Das Trippstadter Schloss und die Freiherren von Hacke. Pfälz. Museum 1905 S. 145 f.

Die Beschreibung der Grafschaft Falkenstein von 1584 macht über „Willensteiner Amts Gerechtigkeit" folgende Angaben: „Zu Drippstatt bestand Gemeinschaft mit den Herren von Flörsheim; das hohe und peinliche Gericht war jedoch allein Falkensteinisch. An den Capitalfreveln, die Falkenstein allein setzte, hatte Flörsheim $1/_3$, an gemeinen Freveln die Hälfte. Wenn eine verruchte Person von Falkenstein begnadigt und zu einer Geldbusse verurteilt wurde, hatte Falkenstein das ganze Strafgeld. Hagen und Jagen in hohen Wäldern ist gemeinschaftlich. An einigen Plätzen war deswegen Streit mit dem Amt Lautern. Falkenstein und Flörsheim hielten je zwei Schützen. Vom Ungeld, In- und Auszug, zehnten Pfennig, Besthäuptern hatte Falkenstein zwei Teile, Flörsheim den dritten Teil. Die Schatzung hatte jeder Herr von seinen eignen Leuten. Collatur und Kirchenrechnung stand beiden Partnern in gleicher Weise zu. Das Dorf war (in der Art wie Wöllstein; s. S. 64) geteilt. Falkenstein hatte jedoch die Fastnachtshühner von allen Hausgesessen im ganzen Dorf. Im übrigen hatte Falkenstein eine Bannmühle, 17 Hausgesesse, 7 Fuhrleute, 17 Handfröhner, an Geld 69 Gulden 24 Albus 8 Pf., 53 Malter Korn, 31 Malter 1 Viernzel 3 Vierling Hafer, $103^1/_4$ Hühner, 8 Kappen und 14 Zehntenlämmer.

Stelzenberg war allein Falkensteinisch, 14 Hausgesesse, 8 Fuhrleute, 9 Handfröhner. Ebenso war Meltzbach allein Falkensteinisch, mit 9 Hausgesessen, 5 Fuhrleuten und 2 Handfröhnern. Am dortigen Ungeld hatten die Herren von Flörsheim ein Dritteil.

---

1) Nordpfälzer Geschichtsblätter 1906 S. 21.

Zu Krickenbach und Linden im Sickingischen hatte Falkenstein ein Dritteil am Fruchtzehnten und kleinen Zehnten und der Pfarrer von Horbach ein Dritteil. Die Collatur zu Horbach hatten Falkenstein und Kurpfalz alternative.

Von dem Geschlecht von Wilenstein, das zuerst 1179 erwähnt wird und mit den Kaiserslauterer Burgmanns- und Reichsministerialen-Familien von Hohenecken, von Wartenberg und von Bilenstein verwandt war, war 1347 die obere oder vordere Burg Wilenstein an das Haus Daun-Oberstein [1]) und die untere oder hintere Burg an das Haus Flörsheim und seine Ganerben gekommen. Die obere Burg war als Reichslehen an die Grafen von Leiningen verliehen, von denen sie an jene Ritterfamilien weiter verlehnt wurde. 1348 wurde zwischen beiden Teilen ein Burgfriede vereinbart, in welchem die von Flörsheim sich verpflichteten ihr Haus zu Wilenstein gegen die obere Burg hin nicht höher zu bauen und sich hinsichtlich der Pfarrei Asbach und des Schultheissenamtes Trippstadt keine weiteren Rechte anzumassen, da beides nach altem Herkommen den Herren von Daun als obersten Vögten zustehe.

Die Pfarrkirche des Wilensteiner Bezirks befand sich bei dem jetzigen Aschbacher Hof, Kapellen waren in Trippstadt (1337 erwähnt), auf dem der Abtei Otterberg gehörigen Hofe Hulsbach (Stüterhof) [2]) und auf der Burg Wilenstein.

1452 wurde zwischen den Inhabern der beiden Burgen ein neuer Vertrag vermittelt, worin festgelegt ward, jeder Teil solle die Frevelgefälle von seinen eignen Leuten allein zu geniessen haben, diejenigen von den gemeinschaftlichen Hörigen sollten gemeinschaftlich sein, aber die Fastnachtshühner und das Hochgericht wurden den Herren von Daun-Oberstein allein zugesprochen. Auch dieser Vergleich hinderte nicht, dass zwischen den Besitzern der oberen Burg (seit dem Tode des Landgrafen Hesso von Leiningen 1467 und dem Vertrag über dessen Nachlass 1481 von Kurpfalz lehenrührig) und der unteren Burg immer wieder neue Händel ausbrachen. 1520 wurde daher durch Johann Brenner von Lewenstein und Diether Kämmerer von Worms gen. von Dalberg ein neuer Vertrag zwischen den Besitzern der oberen Burg, Philipp und Wirich von Daun, Herren zum Obernstein, Grafen zu Falken-

---

1) Die Herren von Daun hatten schon 1266 Anteile an Nannstein (Landstuhl) und Wilenstein.

2) Der Hof Hulsbach oder Hilsbach erscheint schon 1195 als Otterberger Besitz. 1266 erhielt er durch die Herren zu Wilenstein und Nannstein, Theoderich und Wirich von Daun, und den Grafen Friedrich von Hoenburg Weideberechtigung in den Wilensteiner Wäldern. 1373 bekundeten die Grafen von Leiningen, dass weder sie selbst noch ihre Vasallen auf Wilenstein Rechte oder Dienste von diesem Hof beanspruchen sollen. 1426 wurde der Hof mit dem dortigen Gestüt an den Kurfürsten von der Pfalz verkauft und aus ihm ist das kurpfälzische Landesgestüt hervorgegangen.

stein, und den Ganerben der unteren Burg, Ritter Philipp Jakob und Johannes von Helmstatt, Bernhard, Jost, Friedrich und Becholf von Flörsheim, Hans und Wolf Kämmerer von Worms, und Hans Blick von Lichtenberg vereinbart, dass das Gericht zu Trippstadt, (Schultheiss und sechs Schöffen, zu denen noch ein siebenter zu ernennen ist) von beiden Parteien in Eid und Pflicht genommen werden und über alle Sachen im ganzen Wilensteiner Bezirk in beider Herrschaften Namen Recht sprechen soll; das hohe Halsgericht, so Leib und Leben betrifft, und die Bestimmung über Maſs und Gewicht im ganzen Bezirk solle der Grafschaft Falkenstein allein zustehen, die zu diesem Zweck einen Vogt dort haben soll, der, wenn es ihm gut scheint, die Hilfe des Schöffengerichts in Anspruch zu nehmen hat. Als Strafen für Ehrenkränkungen sollen von jedem verurteilten Einsassen den Grafen vier Heller, den Ganerben zwei Heller zufallen, die übrigen Strafgelder sollen beide Herrschaften von ihren eignen Leuten für sich erheben. Das Ungeld für Wein wird gemeinschaftlich erhoben und ebenfalls nach dem Verhältnis wie 2:1 verteilt.

Infolge dieses Vergleiches wurden nun die Gebiete der beiden Herrschaften genau von einander geschieden und abgegrenzt (1534 und 1537): der Falkensteinische Teil hiess „Wirichshube", der der Ganerben „Flersheimer Hube".

Im dreissigjährigen Krieg wurden die drei Dörfer der Herrschaft, Trippstadt, Mölsbach und Stelzenberg arg verwüstet, so dass seit 1636 die Grafen von Falkenstein nicht das geringste mehr eingenommen hatten und 1661 keine drei Untertanen dort wohnten. Daher gab Wilhelm Wirich von Daun, Graf zu Falkenstein, dem Kurfürsten von der Pfalz 1664 die Herrschaft zurück, da er in dessen Streit mit dem Herzog von Lothringen, seinem andern Lehensherrn, seiner Lehenspflicht nicht nachkommen konnte. 1716 wurde von Kurpfalz der Oberjägermeister Freiherr Ludwig Anton von Hacke mit der Falkensteiner Hube belehnt, der 1719 auch den Flörsheimischen Anteil (bis auf den Aschbacher Hof und den zugehörigen Walddistrikt) erwarb. Unter der kurpfälzischen Regierung konnte 1666 wieder ein protestantischer Pfarrer in Trippstadt eingesetzt, seit 1671 auch die verlassenen Dörfer Mölsbach und Stelzenberg wieder besiedelt werden.

Der Freiherr von Hacke errichtete zu Trippstadt ein grosses Schloss, und seine Nachkommen behielten die Herrschaft bis zur Besetzung des linken Rheinufers durch die Franzosen.

Register.

Allenfeld M 21. 95*; 77; 131 f.
Allenthal im (Sprendlingen) 54.
Allentze = Alsenz 368.
Allenze = Alsenz 348.
Allenzhausen, Wüstung 32*.
Allerbach (Kreuznach) 2; 3.
Allerheiligenkloster bei Oberwesel,
Nonnen 165; 169.
Alleyde, Frau (auf Stein-Kallenfels)
324.
Almen, Ober- K 23. 74*.
Almsheim = Albsheim O 24. 438.
Alsbrug (Olsbrücken) L 24. 252.
Alsenborn N 25. 5*; 256; 258; 438.
v. Alsenborn, Herren 437.
Alsenceburne, Burg (Dieburg) = Al-
senborn 268.
v. Alsenzeborn, v. Alsenzburne,
Gudelmann 268; Heinrich 258;
Hunfried 258.
Alsenbrück N 24. (Alsenz bei Winn-
weiler) Alsenzbrück, Alsensbrück,
Alsenzen 5*; 236; 259; 260; 261;
265; 267; 480; 482—485; 490.
— Sattelhof bei A. 259.
Alsentzenbrücken 267.
Alsenz, die (Bach) 5*; 83*; 266;
367; 519; 521.
— (Dorf), Alsenzen, Alsentze, Al-
zentzigen M 22. 5*; 12*; 69*; 72*;
85*; 193; 261; 262; 267; 349; 354;
355; 366—369; 372.
— St. Petersgericht zu 85*.
Alsenz, Alsenzen = Alsenbrück 260;
261.
Alsenzbrücken für Alsenborn 258.
Alsenzburne, Burg (Dieburg) = Al-
senborn 268.
Alsenzen prope Windewilre = Alsen-
brück 260.
Alsheim, Dorf u. Burg (Kr. Worms)
Q 22. 39*; 195; 238.
Alsontia = Alsenz 368.
Alszbach (Albersbach) L 24. 250.
Alszheym = Alsheim 230.
Altargut (Sprendlingen) 52.
Altarstein (b. Rheingrafenstein) 347.
Altbach = Ahlenbach 484.
Altbach (bei Falkenstein) Wambach
485.
Alt-(Alten)-Bolanden O 23. 405; 406 f.
Altbolander Höfe O 23. 404.
Alteburg = Deinsberg 249.
— bei Dromersheim 287.
Alte Burg (Berg im Soonwald) 129;
337.
Alte Mühle 140.
Alten Bamberg, Alten Baumburg,
Alten Beymburg, Alt-Bamberg, Al-

tenbeimburg MN 22. 20*; 30*; 31*;
80*; 83*; 84*; 85*; 24; 193; 236;
348; 366 Anm.; 404; 430.
Alten Bamberg, Herrschaft 23.
— — Herr zu 430.
— — Raugrafen zu 88*; 294.
— — — Georg 15.
— — — Heinrich 236.
— — — Philipp (v. Bolanden) 15.
— — — Ruprecht II. 236.
— — — Wilhelm 53*. 15.
Alten Berg, uff dem (Sprendlingen),
vor dem 51; 54.
Altenfeld = Allenfeld M 21. 95*.
Altenglan (Glena) K 24. 4*; 11*; 74*;
60.
Altenkirchen J 25. 27*; 251.
Altenmünster, Kloster in Mainz 44*;
55; 166; 296.
Altenschneeberg 417.
Altenwolfstein 30*.
Altwolfstein 31*.
Alter Hof bei Gerbach 494.
— Lüdtweg 401.
— Weiher (Brauweiler) 337.
— Wingert 324.
— Zoll (bei der Zollwiese, Weiters-
born) 336; 337.
Altes Schlösschen bei Dörrebach 175.
Alte Strasse 139; 142; 307; 393.
— Wiese 147.
Altgesesse (Örtlichkeit im Stolzen-
berger Tal) 521.
Alt-Herchweiler, Wüstung J 24. 74*.
Altiaiensis vicus = Alzey 195.
Altkirch (Altenkirchen) J 25. 251.
Altlay, Altleya, Altley J 20. 95*; 106
Tabelle; 107; 111; 113; 120.
Alt-Leiningen 260.
Altstadt, Kirn 302.
— Kreuznach 5.
— bei Windesheim 364.
Altweidelbach L 20. 34*.
Altwolfstein 253.
Alvesheim = Albisheim 411.
Alwilre = Ohlweiler KL 20. 106 Tab.
Alzey O 22. Alceia, Alceja, Altzey
5*; 11*; 12*; 21*; 29*; 30*; 31*;
36*; 46; 190—197; 203; 210; 230;
239; 284; 359; 367; 414; 431; 434;
497.
— Burg zu 191; 194; 206; 213; 360.
— Burggraf 419.
— — Salzkorn 228.
— Burgmannen 220; 243.
— Burglehen 206; 497.
— Kirche mit Pfarrgut 195.
— Kloster, Antoniter 75; 221; 457.
— — St. Johann 168.

Appenweiler = Abtweiler 319.
Appilre, Apweiler, Apwilre = Abtweiler 323.
Appilre = Abtweiler 317; 323.
v. Appinheim, Jakob, Ritter 161.
Appula (Dorf) = Münsterappel 348.
Appula, Hof (Münsterappel) 69*.
Appweiler = Abtweiler 319; 320.
Appwilre = Abtweiler 323.
Aptwyler dal = Appeler Tal 488.
Apula = Münsterappel 348.
Arahesheim im Wormsgau = Harxheim (Kr. Mainz) 511.
Ardeck, Schloss 284.
Ardennergau 28*.
v. Are, Theoderich 39.
Arenberg, der (Ahrenberg, Armberg, Irmberg) b. Wendelsheim 376.
Argantal = Argenthal 12*.
Argensane (wohl Argensoon) (Hahnenbach) 328.
Argenschwang (Burg u. Tal) M 21. 95*; 98*; 22; 77; 136 f.; 509.
v. Argenschwang, Arnswang, Ritter Symon 136; 343.
Argenthal a. d. Hunsrück L 10. 7*; 12*; 30*; 33*.
— Reichslehen 23*; 25*.
Argenthal, Argendail, Erzpriester Walther 330.
Aribimesheim = Armsheim(?) 368.
Arinswancke = Argenschwang 136.
Armberg (Arenberg) b. Wendelsheim 376.
Armsheim, Armesheim auf dem Gau (Kr. Oppenheim) O 21. 39*; 72*; 106*; 64; 197; 450 ff.; 453.
— Burg 72*.
v. Armsheim, Herren (wohl Kloster Jakobsberg vor Mainz und Graf v. Veldenz) 375.
Armodesheim = Armsheim 382.
Armsrück (Gewann bei Imsbach) 485.
Arndts Eych 400.
Arnold 256.
— Erzbischof v. Mainz (1158) 30; 234.
— Kämmerer v. Mainz 452.
— v. Loon, Graf, Stadtpräfekt in Mainz, Vogt der Domkirche (1108, 1128) 43*.
— v. Schonenburg 300.
Arnoldus in Strunfelt = Stromberg 163.
Arnulf, Kaiser, König 195; 239; 292; 333; 348; 368; 497 (897).
Arnsburg in der Wetterau, Kloster 475; 476; 506.
— Abt 504; 505.
v. Arnstein a. d. Lahn, Abt 215; 220.

v. Arnstein, Ludwig, Graf 215; 258; 486.
Arnswang = Argenschwang 136.
Aroch, am (Sprendlingen) 54.
v. Arraz, Ritter Heinrich 392.
Asbach J 21. 66*; 67*; 123; 299; 307; 388; 394 f.
Asbach, Pfarrei (Aschbacher Hof b. Trippstadt) 523.
— (Zufluss der Simmer bei Königsau) 6*; 130; 394 f.
Asbacher Berg 394.
— Hüttenwerk 143.
— Mühlenwehr 141.
— Wald 395.
Asbaum, Asborn, Anspan (Seesbach) 337.
Asborn 339.
Aschaffenburg (Vertrag) 83.
Aschbach L 23/24. 57*; 76*; 297.
— Hof 266.
— Nieder-, Wüstung L 23/24. 57*. 61*. 76*.
v. Aschbach, Philipp 266.
Aschbacher Hof bei Trippstadt mit Pfarrkirche 523; 524.
Aschibrunnen 205.
Asmundesheim, Asmundisheim = Apisheim 166; 286.
Aspach = Asbach 254; 388.
Aspelsheim 224.
Aspen, in den, Wald bei Langenlonsheim 36.
Aspisheim, Aspinsheim N 20. 12*; 37*; 40*; 101*; 26²; 37; 52; 166; 191; 198; 273; 286; 428.
Asselheim, Asselnheim (Bez. Frankenthal) O 24. 438.
Asselnheimer Lehen zu Ilgesheim K 23. 61*.
Assendal (bei Münsterappel) 351.
Assenheim 8*; 475.
— Christian (Pastor zu Bettenheim) 56.
Aßpacher Gemirck 400.
Atzeldorn 401.
Atzelpusch 410.
Atzelskopf 314.
Atzweiler (Kloster) 175.
Au bei Hochstätten an der Alsenz 366.
Aue (Hahnenbach, mitten in der Au) 328.
Audulf 204.
Auelgau 28*.
Auelswiese (Lauschied) 321.
Auen bei Mengerschied (Amt Simmern), Wüstung L 21. 34*; 17.
— bei Monzingen L 21. 93*; 2; 16 f.; 96.

v. Bilenstein, Merbodo, Ritter 259.
Bilkersfurt 29*; 30*.
Bilstein, der 123.
— Bilenstein b. Meddersheim, Hof,
 Wüstung 315.
Binenberg, wohl Bubenberg (Hah-
 nenbach) 328
Bingarden, Bingardin, Bingart, Bin-
 garten = Bingert M 22. 85*; 94*;
 71; 430
Binge = Bingen 60.
Bingellersborn (Hahnenbach) 328.
Bingen N 20. 5*; 7*; 18*; 21*; 42*;
 45*; 14 Anm. 5; 26; 27; 28; 52;
 53; 60; 102; 148; 189; 244; 269;
 271–274; 278; 280; 283; 284; 293;
 360; 368; 443; 457.
— Spital 165.
— Martinsstift 158; 162; 273.
— Stiftsherren 165.
— Propst Anselm 158.
— Amt 45*; 269 ff.
— hessisches Amtsgericht 45*.
— Amtmann (Domkapit.) 272.
— Kirchspiel 274.
— Kreis 198.
— Graf oder Herzog Rupertus, Hei-
 liger 269.
v. Bingen, Beysser 5.
— — Gerhard, Vogt 276.
— — Matthias, Bürger von Köln 361.
— — Nolle 506.
— — Reinboden, Familie 271.
Bingen im Breisgau 274 Anm. 5.
— -Kaiserslautern, Landstrasse 23.
— -Simmern-Kirchberg, Landstrasse
 153.
Bingerbach früher Kirerbach 109.
Bingerbrück N 20. 45*; 35 Anm. 1;
 283.
Binger Mark 45*; 35 Anm. 1; 186;
 269.
— Strasse 381.
— Wald, der N 20. 12*; 42*; 45; 35
 Anm 1; 157; 181; 269; 270; 273;
 283; 443.
— Wald u. Weiler (Binger marca)
 12*.
— Weg (Kreuznach) 4.
— — 185.
Bingerwiese 410.
Bingert M 22. 86*. 71.
Binsewies, in und auf 320.
v. Birgelstadt, Emmerich 459.
Birgstadt = Bierstadt 271; 273.
Birk, auf 98; 127.
Birkborn b. Börrstadt u. Imsbach
 484; 490.
Birkehe, Wald bei Oberolm 293.

Birkenfeld, oldenburgisches Fürsten-
 tum 3*. 9*.
— Amt 124.
— Stadt 3*.
— b. Hottenbach = Hammerbirken-
 feld 395.
Birkenfelder, Diez 87*; 202; 212.
— — Wtwe. 212.
Birkenhöhe (zu den Byrcken) 121.
Birkenloose 320.
Birkerhof u. Birkerwald b. Ober-Olm
 P 20. 44*; 293.
Birschied, Birscheit, Birschitt = Börr-
 stadt N 24. 104*; 407; 414; 445;
 485; 487; 490; 492.
Birstadt, Berstatt = Börrstadt 407.
v. Birstadt, Friedrich, Giselbert,
 Heinrich 184.
Birstat = Börrstadt N 24. 230; 449.
Birwiese = Boorwiese 128.
Bischheim NO 23. 9*; 99*; 408; 409;
 496.
Bischheimer Weg 496.
Bischheym = Gaubischofsheim 229.
Bischofsberg, Kloster = Johannis-
 berg im Rheingau 166; 284.
Bischofsheim, Gau-, B. auf dem Gau
 P 20. 44*; 230; 271; 293; 457.
— am Main, b. Frankfurt 473; 475.
— der Munche Hof = Münchbisch-
 heimer Hof (Kr. Worms) P 23. 445.
v. Bischofsheim, Helfrich 427.
v. Bischofsrodt, Margareta, Mutter
 des S. Leifart v. Heppenheim 492.
Bischofsthron 123; 124.
Bischovesheim = Gau - Bischofsheim
 450 f.
— = Münchbischheimer Hof 206.
Bissesheym = Biedesheim (?) 230.
Bissersheim P 24. 413 Anm.
Bißheim = Bischheim 404; 496.
Bistarter Hof, Wüstung 74*.
Bisterschied M 23. 70*; 71*; 79*.
Bistert 75*.
Bitzen, in den grossen (Kappel) 108.
Bitzenborn, Hof, jetzt verschwunden,
 Lage nicht ermittelt 445.
Bittersweiler, Wüstung J 24. 74*.
Bizzerchesheim = Bissersheim 413
 Anm.
Bizzerichesheim = Bissersheim 413
 Anm.
Blackweg, Plackweg 98.
Blaissauge (Blaissauwe) 304.
v. Blamont in Lothringen, Herr 72.
Blangstat 29*.
Blaniche = Planig 16*.
Blankenberg, Herrschaft im Ober-
 bergischen 103.

Boemund II., EB. v. Trier **47***; **74**; **325**; **344**; **467**.

Börsborn K 25. **87***.

Börrstadt, Berstatt, Birstatt, Börre- stadt, Birscheit N 24. **100***; **104***; **109***; **230**; **236**; **407**; **416**; **417**; **445**; **448**; **449**; **477**; **484**; **485**; **487**; **490**; **491**; **492**.

böß Angewand **319**

Böse Angewann **320**.

Boeser Weg **144**.

Bös- (Bösz-) Köngernheim, Könern- heim = Gau-Köngernheim (Kr. Al- zey) P 22. **192**; **209**; **234**.

Bös- (Bösz-) Oppenheim = Wies- Oppenheim (Kr. Worms) **208**; **230**.

Bogenau = Bockenau **18**.

Bohele, Dorf **420**.

— uff dem, Heinrich **425**

Bohlanden = Bolanden **406** f.

Bois, Philipp **191**

Bolanden am Donnersberg, Burg O 23. **98***; **441**.

— — — Dorf, Tal O 23. **9***; **40***; **98***; **99***; **230**; **404**; **410**.

— — — Kloster später Hagen **403**.

— — — Amt **31***; **108***; **404—407**; **410**; **488**.

— — — Herrschaft **23***; **40***; **58***; **79***; **92***; **98***; **99***; **101***—**103***; **105***; **106***; **161**; **166**; **206**; **208**; **219**; **223**; **225**; **231**; **285**; **321**; **353**; **402** ff.: **409**; **420**; **421**; **423**; **427**; **449**; **510**.

v. Bolanden, Herren, Geschlecht, Haus, Familie **21***; **25***; **40***; **78***; **90***; **98***; **100***; **105***; **106***; **36**; **170**; **172**; **185**; **187**; **188**; **200**; **215**; **223**; **236**; **287**; **293**; **296**; **387**; **402**; **425**; **461**; **474**; **486**; **488**; s. auch Gra- fen v. Sponheim-Dannenfels.

— — Anna, Gemahlin d. Raugrafen Philipp II. **82***; **89***; **241**; **243**; **521**.

— — Guda, Gemahlin des Rhein- grafen Wolfram **403**.

— — Heinrich, Propst und Archi- diakon zu Karden **403**.

— — Johann **403**; **405**.

— — Konrad **82***; **83***; **89***; **90***; **98***; **294**; **405**; **457**; **483**; **497**.

— — Kunigunde, Gemahlin des Grafen Heinrich I. von Sponheim- Dannenfels **92***; **98***; **82**; **403**; **425**.

— — Lauretta, Loretta geb. Rau- gräfin **82***; **89***; **211**; **432**.

— — Lukardis, Lutgard, Frau des Philipp (1270—1279) **422**; **462**.

— — Lukardis, Frau des Grafen Albrecht von Löwenstein **412**; **416**.

v. Bolanden, Mena geb. Raugräfin, Frau des Philipp (1360) **520**.

— — Otto, Herr zu Bruchsal, Ge- mahl der Raugräfin Lauretta **81***, **211**; **216**; **405**; **409**; **457**; **520**.

— — Philipp I., Bruder Werners II. **403**; **411**.

— — Philipp II., Sohn Werners II. **403**; **481**; **493**.

— — Philipp „puer de Falkenstein" Neffe Werners II. **403**; **457**.

— — Philipp III. Herr zu Alt-Fal- kenstein und Hohenfels **276**; **403**.

— — Philipp IV. **184**; **214**; **215**; **223**; **384**; **403**; **405**; **411**; **414**; **420**; **429**; **462**.

— — Philipp V. **98***; **419**; **463**.

— — Philipp VI., Herr zu Alten- baumburg **33***; **82***; **83***; **86***; **87***; **89***; **90***; **15**; **100**; **225**; **242**; **294**; **368**; **384**; **405**; **422**; **430**; **457**; **468**; **483**; **497**; **518**; **520**.

— — Werner I. **98***; **402**; **405**; **480**.

— — Werner II. **23***; **37***; **46***; **71***; **98***—**103***; **8**; **24**; **35**; **55**; **58**; **62**; **69**; **74**; **76**; **158**; **164**; **165** Anm. 1; **166**; **170**; **183**; **187**; **200**; **201**; **205**; **207**—**209**; **211**; **213**—**215**; **219**—**221**; **223**; **237**; **244**; **246**; **276**; **286**; **289**; **321**; **380**; **382**; **385**; **403**; **406**—**408**; **410**; **411**—**413**; **414**; **415**; **420**; **422**; **423**; **425**; **427**; **428**; **433**; **441**; **449**; **450**; **454**; **465**; **467**; **473**; **480**; **493**; **501**; **502**; **505**; **511**; **512** (Gemahlin: Guda von Weisenau).

— — Werner III. **403**; **418**; **441**; **462**; **480**.

— — Werner IV., Reichstruchsess **100***; **215**; **223**; **241**; **310**; **415**; **429**; **461**; **512**.

— — Werner V. **98***; **184**; **200**; **207**; **214**; **406**; **414**; **420**; **433**; s. auch Hohenfels, Falkenstein, Kirchheim- Bolanden, Dannenfels.

Bolander Grafengewalt (comitatus) **200**; **205**; **208**; **214**; **215**; **219**; **221**; **414**—**416**; **420**; **421**.

— Präfektur zwischen Gau-Odern- heim u. Mainz **105***; **109**; **421**; **426**; **450** ff.

— Wald **412**.

Bolanden b. Stuttgart **404**.

Bollenbach b. Rhaunen K 21. **54*** **64***.

— Kirchen-, Noh- **76***.

— Wester- **4*** Anm. 1; **62***.

— Mittel- K 22, 23. **110***.

v. Bollenbach, Heinrich **64***.

Bollenbacher Hof **297**.

Braun v. Schmidtburg; Balthasar 482; 506.
Braunsberg, Dietr., Gem Barbara, Schwester des Franz v. Sickingen, Sohn Augustin 101.
Braunscheid, Wald 120; 121.
Braunshorn, Brunshorn 7*; 29*; 30*.
v. Braunshorn 92.
Braunweiler M 21. 93*; 94*; 2; 5; 22; 29; 30; 32; 43; 47.
Brauschied, Wald 108.
Brauweiler KL 21. 68*; 96*; 98; 125; 127; 128; 299; 329; 337; 338.
Bray v. Büdesheim, Heinrich 358.
Brederberg an der Grenze von Hahnweiler 448.
v. Breidbach, Familie 282.
— — zu Bürresheim 282.
— — Gerlach 282.
Breidenau bei Finkenbach (Bez.-A. Rockenhausen) 469.
v. Breidenborn, Johann u. Symond 88*.
Breidendale, Hof 49* Anm.
Breidenvahs, Breidenvas, Breidinphas = Breitenfelser Hof 29.
Breidindeil = Breitenthal 390.
Breidinphas, Breidenvas = Breitenfelser Hof 33.
Breisgau 274.
Breite Erde bei Nussbaum 90.
Breitenau M 25. 264.
Breitenborn, Burg 263.
v. Breitenborn, Ritter 264.
Breitenfass, Hof = Breitenfelser Hof 283.
Breitenfeld, Waldabteilung am Donnersberg 484.
Breitenfels, der 123.
Breitenfelser Hof M 21. 93*; 6; 32; 33; 165; 283.
Breitenheim L 22/23. 77*.
Breitenthal K 21. 49*; 67*; 139; 142; 388; 389; 390 f.; 393; 399.
Breitfeld, das, bei Imsbach 487.
Breitsester Hof 4*; 74*.
Breitwiese (Dhaun) 337.
Breltwiesen, in 180.
Bremenhof (Bremenrain) 27* Anm. 5.
Bremenrain = Bremenhof 27* Anm 5.
Bremerein 254.
Bremerich, Wüstung b. Mörsfeld 431.
Bremricher Hof, Bez.-A. Rockenhausen M 23 78*; 519.
Brendel, Simon 217.
Brenner, Eberhard, Amtmann v. Lahnstein 92.
— v. Lewenstein, Johann 523.
— v. Stromberg 54*; 363.

Bretten 30*.
v. Brettenheim, Friedrich 459.
Bretzenheim vor Mainz, Brezenheim P 20. 44*; 29; 295; 513.
— a. d. Nahe N 22. 7*; 109*; 26 Anm. 2; 34; 163; 428; 476; 477; 502 ff.
— Amt 502 ff.
— Liebfrauenaltar 504.
v. Bretzenheim, Reichsgraf Karl August, später Fürst, Sohn des Kurfürsten Karl Theodor von der Pfalz 109*; 77; 186; 210; 494; 508.
Bretzenheim, zu, Herr 163.
v. Bretzenheim, Clausens Kinder 462; s. auch v. Geinheim.
Bretzenheimer Wald 163; 164; 176.
Breunchweiler = Breunigweiler 413 Anm.
Breunchwiller Holz 490.
Breungenborn K 23. 62*; 75*; 110*.
Breunigweiler, A.-G. Winnweiler N 24. 12*; 100*; 102*; 230; 413; 414 (Breuningweiler); 434; 436.
Breydendail, Breydindail = Breitenthal 388; 389; 390.
Breydendall b. Jakobsweiler = Bärenthal 491.
Breydenfelt, Breitenfeld (Grenze v. Hahnweiler und Imsbach) 448.
Breydindall, Breydindelle 50*.
Breydtveldt = Breitenfeld, Waldabteilung am Donnersberg 484.
Brezenbaine b. Hechtsheim 513.
Brezenheim, Kreis Mainz P 20. 291.
v. Bricinhem (= Bretzenheim) Heinrich, Wolfins Sohn 461.
Briczenheim = Bretzenheim a. d. Nahe 505.
Bridenvahs = Britenfelser Hof 33.
Briedeler Hecken 120.
Briel, oberer u. unterer 139.
Brisachgowe = Breisgau 274.
Britanorum mons in marca Moguntiae = Bretzenheim vor Mainz 295.
— villa foris murum civitatis Moguntiae = Bretzenheim vor Mainz 295.
Brizenheim = Bretzenheim a. d. Nahe 505.
Broch v. Lorich, v. Rudeln, Dieter u. Peter 114.
Brochwyde vgl. Brostwied u. Bruchweide 144.
Brömmerich (Sprendlingen) 54
Brömser b. Rüdesheim (Brömbser) 26; 52; 159; 213; 291.
— Heinrich 97 Anm.; 219; 291; 360.

v. Brohl, Herren **161**; **172**.
Broich b. Mülheim a. d. Ruhr **478**.
Brombacher Hofgut bei Sulzbach, Wüstung L 24. **253**.
Brombach, Amt a. d. Lauter, Wüstung **27***.
Brostwiede, Brostwyde vgl. Bruchweide u. Brochwyde **144**.
Brucca = Osterbrücken **16***.
v. Bruchmendingen **413** Anm.
Bruchmühlbach **250**.
Bruchusen **29***.
Bruchweide vgl. Brochwyde und Brostwiede **147**.
Bruchweiler, Bruchwiller, Bruchwilre, Bruchwyler J 21/22. **47***; **49***; **50***; **54***; **67***; **96***; **122**; **123**; **329**; **388—390**; **393**; **394**; **396**; **397**; **398**; **399**.
— sponheimische Höfe **392**; **396**; **399**.
Brucke, Brücken b. Kirn, Wüstung **300**; **304**.
Bruckerbach, Brückerbach **304**; **305**.
Bruckes, im (Kreuznach) **4**.
Bruder von Sponheim, Spanheim, Johann **316**; **506**.
Brücken, Brucken K 25. **27***; **251**.
— Wüstung K 23. **56***; **74***.
v. d. Brücken, de Ponte, Trierisches Rittergeschlecht **374**.
Brückerbach, Bruckerbach **304**; **305**.
Brücklocher Hof bei Altenbamberg **85***.
Brühlbach **7***.
— (Lamet) **124**.
Brühl (Wiese bei Dill) **108**.
— Bruell, b. Hochstätten a. d. Alsenz **367**.
— (Wiese b. Niedersohren) **118**.
— b. Panzweiler, im **126**.
— obwendig Schweinsweiler gelegen **243**.
— der (Sprendlingen) **51**; **52**.
Bruel (Wiese b. Pfaffenschwabenheim) **40**.
v. Brule (Burgbrohl), Herren **172**.
— Syfrid und Kune **160**; **172**.
Brunchwiler **12***; **230**.
Brunechwilre = Breunigweiler oder Preuschdorf **413**.
Brunheim, Bruniheim = Bornheim **374**.
Brunenchenwilre = Breunigweiler **413** Anm.: **414**.
Brunicho **256**.
v. Brunichwilr = Breunigweiler **413** Anm.
Bruningovillare = Preuschdorf **413** Anm.

Brunishorn (Braunshorn), Odalrich de **7**.
Brunkenstein, Burg **68***; **302***; **336**; **344**.
— Gemeiner und Burgmannen **344**
Brunkweiler, Wüstung L 20. **34***.
Brunneheim = Bornheim **12***; **374**.
Brunnergarten (Dhaun) **337**.
Bruno, Vogt von Rhaunen **64***.
Brunscheid, Bruschyt, Bruschytt, Brunschyt = Brauschied (Wald) **106** Tab.; **108**; **116**; **120**; **121**; **149**.
Brunshorn = Braunshorn bei Simmern **29***.
Bruschied (Probsterade, Proistrot) K 21. **47***; **49*** Anm.; **64***; **65***; **123**. **327** Anm.
Brutdorf **91***.
Bubach J 25. **25***; **32***; **74***.
Bube von Dunen, Heinr. **340**.
— — Gabsheim, Hermann **384**.
— — Geispizheim, Hermanns Tochter Schonette **100**.
— — Synden (Sien), Hugo **95**.
— — Ulmen, Olmen, Heinrich **341**.
Bubelnsheim = Biebelsheim **429**.
Bubenberg (Hahnenbach) **328**.
Bubenheim, Kreis Bingen O 20. **9***; **24***; **25***; **244**; **245**.
— Pfarrer **170**.
Bubenheimer, Heinrich **113**.
Bubenheym (Pfalz) O 23. **230**.
— = Bobenheim **440**.
Bubenhölle (b. Windesheim) **364**.
Bubenwald b. Börrstadt **490**.
Bubo **502**.
Buborn L 23. **52***; **57***; **60***; **297**.
— Kyburger Hof zu L 23. **57***.
Buchborn, Buchbornsweg (Sprendlingen) **53**; **54**.
Buchholz (bei Hergenfeld) **364**.
Buchenbiren = Büchenbeuren **116**.
Buchenburn = Buchenburen = Büchenbeuern **116**; **149**.
v. Buches, Karl **161**.
Buckenheim = Steinbockenheim **225**.
Budenbach L 19. **32***; **34***.
Budenheim, Kreis Mainz P 19. **44***; **291**; **295**; **296**.
Budensheim, Budinsheim = Büdesheim bei Bingen N 20. **289**; **290**; **450**; **451**.
— = Erbesbüdesheim **52***; **202**.
v. Budensheim, Philipp **202**.
v. Budesheim, Stoltzen Philipp, Junker **231**.
Büchelgen **393**.
Büchenbeuren J 21. **25***; **96***; **96**; **117—120**; **150**.

v. Ditse (Diez), Graf Gerhard 310.
Dittelsheim (Kr. Worms) P 22. 40*;
    86*; 101*; 192; 199; 288; 420; 421.
Dittweiler K 25. 27*; 251.
St. Dodardus 438.
Dörfchen, im = Wüstung Ruchen-
    hausen 121.
Dörfer vor dem Wald 133.
v. Döring, gen. Biedenkopf, Anna,
    Gemahlin des Volpert von Schwal-
    bach 182.
Dörnbach bei Rockenhausen M 23.
    104*; 107*; 349; 449; 469.
Dörrebach M 20. 7*; 42*; 46*; 134 f.
    172; 174; 177; 270.
— Gemarkung 95*.
— Gerichtsbezirk 164.
— Herrschaft 175.
— Kirchspiel 163.
— Bach 164.
— -Seibersbach 42*.
Dörrenbach, Bach am Donnersberg
    448.
Dörrmoschel 5*.
Dörrwiese b. Gaugrehweiler 494.
Dörsbach, Wüstung K 25. 73*.
Dohrwell = Dorweiler Wüstung
    110.
Dombach K 20. 33*.
— Dompbach = Dumbengraben 145.
Dominsweg 272.
Domnissa, Königsgut = Denzen 12*;
    49; 102; 103.
Dompe 145.
Domppen 147.
Donne, Herren zu = Wildgrafen zu
    Dhaun 350.
Donnersberg, der (Dornsberg, Dor-
    nessberg) 5*; 9*; 31*; 36* f.; 98*;
    103*; 104*; 218; 248; 367; 404; 411;
    416; 439; 444; 445; 449; 477; 487;
    503.
— Waldgebiet am 9*.
— Wallfahrtskapelle und Kloster
    St. Jakob 409; 418; 496.
Donrsheim = Dorsheim 162.
Dorckheim = Dürkheim (Flur bei
    Sprendlingen) 51.
Dorenberg, Wüstung bei Medders-
    heim 315.
Doreveldon = Dorfelden S 18. 357.
Dorf Dreisen 40*.
Dorfgraben (Sprendlingen) 54.
v. Dorinckem, Eckbrecht Dune 255.
Dornbach = Dörrebach 174.
— die 488.
Dornberg, Wüstung b. Meddersheim
    315.
Dorndürkheim P 22. 39*; 86*; 200.

Dorneßberg = Donnersberg 503.
v. Dornheim, Johann 453.
Dornsberg = Donnersberg 449; 477.
Dornsperch = Donnersberg 486.
Dorntreiberkopf beim Donnersberg
    484.
Dorrenbach = Dörrebach 4.
Dorsheim N 20. 35*; 34; 154; 162;
    165.
Dorweiler, Dorwiler, Wüstung bei
    Womrath K 20. 95*; 106 Tab.; 107;
    110; 114.
Dorwiese (Sprendlingen) 54.
Doryngebach=Dörnbach b. Rocken-
    hausen? 349.
Doschlacht = Desloch 428.
Drachenborn 129.
Drachenpfuell, Drachenpfuhl, jetzt
    Wasserleitungsreservoir b. Kallen-
    fels 324.
Drais (Kr. Mainz) P 20. 13*; 44*;
    291; 294; 295.
Draitzen, an der (Sprendlingen) 54.
Drechdinshusen, Drechtingshusen,
    Drechtingeshusen, Drechtingishu-
    sen = Trechtingshausen N. 19. 276;
    277; 280.
— Vogtei 279.
— Vogt Embricho 277.
— Ritter v. 278.
— Burkhard 274.
Dreckweiler, Dreckweilerhof = Wü-
    stung Weiler, Weilerhof bei Frei-
    laubersheim N 21. 70*; 93*; 24;
    76; 345.
Dregelsbach = Trügelsbach 491.
Drehenthalerhof 261.
Drehtdingishusen = Trechtingshau-
    sen 277.
Dreibeinigen Stuhl, auf dem, bei
    Hechtsheim 513.
Dreieich, Wildbann 475.
Dreigemeindenwald (Flonheim-Uff-
    hofen-Wendelsheim) 37*; 210; 212;
    376 ff.
Dreiherrenstein 400; 493.
Dreise = Dreisen (Münsterdreisen)
    418; 447.
Dreisen, Dorf und Münster-Dreisen,
    Kloster O 23. 9*; 13*; 40*; 99*;
    100*; 104*; 108*; 230; 406; 414;
    418; 445; 448; 449; 490.
Dreissigjähriger Krieg 181; 229; 243;
    360; 480; 524.
Dreiweiherhof 366; 367 Anm.
v. Drethlingeshusen, Heinrich Bot-
    tendal 182.
Dreyling, der 147.
Dreylingsstein 147.

Hart, die, bei Hüffelsheim 78.
Harter Kopf 4*.
Hartmann 27; 166.
— Bayer, Ritter 15.
Hartmut, Pfarrer zu Meddersheim 314.
Hartrad, Rheingraf 14²; 347.
— Wildgraf 343.
Harttenbach = Herzgraben 147.
Hartz, Hartzenbach 144; 145.
Hartzberg = Herzberg 147.
Harwesheim = Hargesheim 30; 44.
— = Harxheim, Kreis Mainz P 20. 426 Anm.; 450; 511.
Harxheim (Bez.-A. Kirchheim Bolanden) O 23. 9*; 39*; 227; 228.
— b. Mainz P 20. 104*; 105*; 109*; 110*; 229; 231; 426 Anm.; 450; 510 f.; 514.
Harz = auf der Herz 147.
Haschbach K 24. 73*; 87*; 250.
Hasche, vor dem (Sprendlingen) 51.
Haschinbrunnen, soll = Esselborn sein 205.
Haseln, an der (Hahnenbach) 327.
Haselwiese beim Langheckerhof 485.
Hasenbruncken, an der, Wiese bei Göllheim 492.
Hasenkomede = Niederchumbd L 19. 32*.
Hasenried, Kloster 269.
Hasenwies (Kappel) 109.
Hasenwiese, Hasenacker (Wendelsheim) 377.
Haspenesheim, Haspinesheim = Aspisheim 12*; 158; 273.
Hasselborn beim Langheckerhof 485.
Hasselpfad 183.
Hasselwiesen 183.
Hattenmühle 296.
Hatto I., Erzbischof von Mainz 292.
Hattonen, die, Grafengeschlecht 18*.
v. d. Hauben 414.
— — — Friedrich 435.
Haubenfels 304; 305.
Haue, Hof = Heyerhof 412.
Haulenmühle 313; 314.
Haunhausen (Wüstung) K 24. 61*.
Hauschat, Heyntze, Faugt zu Gensingen 28.
Hausen, Nieder- u. Ober-, a. d. Nahe M 22. 78*; 80*.
Hausen b. Rhaunen K 21. 13*; 47*; 49*; 49* Anm.; 64*; 65*; 298; 333.
— Ober- u. Nieder-, im Münstertal N 22. 69*; 345; 349 ff.
Hauserfeld 168.
Haußberg, der (Sprendlingen) 51.

Haußner von Windbucheu, Ludwig 355 Anm.
Haust (Huste) v. Ulmen, Augustin, Dietrich, Clais sen. u. jun. 119.
Hausweiler L 23. 60*.
Hauweiler, Wüstung b. Belgweiler u. Schönborn K 20. 111.
Hawe, Hof = Heyerhof 412.
Haxthäuser Hof, Kr. Bingen O 20. 244.
Hayn in der Dreieich 475.
Haynweiler = Hahnweiler 476.
Hazecha oder Hacecha 158; 273.
Heberarius und Hebrardus (Eberhar und Eberhard), Brüder 78.
Heberenburch = Ebernburg 71.
Hechedesheim = Hechtsheim 511.
Hechtsheim b. Mainz P 20. 43*; 44*; 105*; 107*; 109*; 229; 230; 461; 475; 476; 511; 512.
Hecken, Heckin K 20. 95*; 106 Tab. 107; 108; 112; 149.
Heckesheim = Hechtsheim 511.
Heddensheim, Hof = Breitenfelserhof bei Heddesheim 283.
Heddernheim 275; 295.
Heddesheim a. d. Guldenbach, Heddeszheim, Hedesheim N 21. 30*; 36*; 49*; 16; 26 Anm. 2; 29; 32— 34; 154; 162; 165; 166; 283; 345; 359; 364; 390.
— Gericht 52*.
— Gerichtsherren 155.
v. Heddesheim, Stump 510.
Heddesheimer Gericht 165
Hedensheim, Heidensheim 50*.
— = Heddesheim 155.
— = Stadecken 166.
Hedesheim (Stadecken) 106*.
Hedeßheim = Heidesheim b. Grünstadt 438
Hedewig 288.
Hedewilre, Wüstung = „im Lehen" bei Schöneberg 177.
Hedwig v. Böckelheim 43.
— v. Dhaun, Gemahlin des Rheingrafen Johann I. 51*.
Hedwilre, Wüstung = „im Lehen" bei Schöneberg 177.
Heerkretz, Abhang in Siefersheimer Gemarkung 226.
Heerstrasse 37; 270.
Heerstrasse, alte (bei Windesheim) 364.
Heerweg 226; 227.
Hefersweiler M 23/24. 107*; 469.
Hegene, Hene = Hühnerhof 318.
Hehhidesheim im Wormsgau = Hechtsheim, Kr. Mainz 511.

hohen Anewenden, uf der, (Essel-
born) 415.
v. Hohenberg, Grafen 268.
— — Katharina, Frau des Ritters
Antelmann v. Grasewege (1365) 497.
— Margaretha, Gem. Schweickarts
v. Sickingen 101.
— Weirich der Junge 100; 101.
— Theoderich, Chorherr in Trier,
Philipp 384.
Hohenbrücken, Burg K 22. 53*; 56*;
304; 305.
Hoheneck, Hohenecken, Burg M 25.
264.
— Herrschaft u. Kellnerei 254; 264.
— Reichslehen 26*.
v. Hoheneck, Hohenecken, Herren
137; 258; 263; 523.
— — Heinrich 261—263.
— — Margaretha 263.
— — Philipp Franz Adolf 264.
— — Reinhard 261; 264.
— — Siegfried 255.
Hohenfels, Hochinvels, Hoenfelsch,
Burg N 23. 98*; 103*; 104*; 411;
439; 441; 443; 444; 448; 484; 486;
493.
— Burgfrieden, Burgfriedensbezirk
108*; 483; 488; 489.
— Burgruine, Burgstadel, Burgstall
108*; 446; 484; 487.
— Herrschaft 103*—106*; 204; 206;
230; 231; 233; 234; 266; 293; 403;
419; 428; 446; 447; 488; 489.
v. Hohenfels, Hoenvels (Hohenvels),
Edelherren, Familie 36*; 41*; 90*;
98*; 104*—106*; 170; 198; 200;
219; 220; 223; 237; 287; 290; 296;
415; 419; 486; 511.
— — Dietrich (Theoderich, Tilmann,
Dilemann) 103*; 106*; 261; 278;
279; 441; 451; 453; 458.
— — Eberhard 224; 471; 473 f.
— — Heinrich 469; 472; 519.
— — Hermann 160; 198; 218—220;
233; 418; 419 (II); 444; 445; 449 (I
u II); 455 (II); 461; 463; 466; 467;
469; 471; 472.
— — Johannes, Johann 106*; 441;
444; 453; 455; 458; 462; 467; 472;
473 (II u. III); 488.
— — Isengard, Philipps Witwe und
Tochter Agnes v. Metz 219.
— — Philipp I—IV. 103*; 106*; 27;
170; 231; 233; 244; 276; 277 (II);
278; 279; 289; 293; 310; 441 f.; 450 f.;
451; 453; 455 (I u. III); 458—463;
471; 473; 512.
— — Theoderich 471; 473; 486.

v. Hohenfels, Thomas 462.
— — Tilmann, Thilmann 106*; 279;
289.
— — Werner 218; 220; 463; 466 f.
— — Wolfgang 454; 472.
— — Zurno 277.
— — -Reipoltskirchen, Herrschaft
23*; 200; 224; 286; 295 (Lehen);
440—474.
— — Herren, Geschlecht 35*; 44*;
46*; 204; 223; 237; 238; 366; 402;
426 Anm.; 468.
— — Amalia, geb. Gräfin von Daun-
Oberstein-Falkenstein 478.
— — Eberhard 206; 443; 454; 458;
465.
— — Heinrich 470.
— — Johann 365; (Herr zu Reipolts-
kirchen u. Rixingen) 469.
— — Konrad 220; 443; 470; 471.
Hohengeroldseck, Herrschaft 72*.
v. Hohenlohe, Anna, Gem. d. Grafen
Philipp I. v. Nassau-Saarbrücken
404.
Hohenlohe, Hoynloch, Hermann, Jo-
hanniter, Komtur zu Mainz 160.
Hohenöllen L 23. 72*; 77*; 268.
— Amt 77*.
Hohenrein = Horn 25*.
Hohen Rhein, am = an den Hohen
Rechen bei Hechtsheim 514.
Hohenroth K 23. 57*; 61*; 62*.
Hohensachsenheim 30*.
Hohenstaufen, Geschlecht 23*; 37*;
99*; 196; 404; 408; 418.
v. Hohenstaufen, Konrad 31*.
— — — Pfalzgraf 28*; 29*.
Hohenstein = Hochstein 481.
v. Hohenstein, Philipp. Junker 231.
Hohensülzen P 23. 109*; 230; 477;
498.
Hohenvels = Hohenfels 441.
Hoher Wald 519.
— Weg bei Jakobsweiler 491.
Hohesteiner, Dietrich 37.
Hohe Strasse bei Ilbesheim 496.
— — bei Kappel 109.
— — die, Hochstrasse bei Lauben-
heim a. Rh. 514.
— — bei Obersaulheim 383 Anm. 2.
— — bei Windesheim 364.
Hohinvels = Hohenfels 461.
v. Hohinvels, Dylman 290.
— — Philipp 277.
— — Thiderich 277.
v. Hohinfels, Philipp III. 277.
hohlen Weg 177.
Hohlfahrt, Flur bei Marienthal 486.
Hohnknöpfchen 307.

Hoholtz = Hochholz, Gewann bei Winnweiler **485**.

Hohunstraza **438**.

Hoinberg, jetzt Gauskopf **304**.

Hoinvels = Hohenfels **461**.

Hoisteden = Nächst Hochstädten **340**.

Holhacher, Holländer **144**.

Hollenwald, Helde = Hellerwald **140**; **143**.

Hollerhecken, bei der (Sprendlingen) **51**.

Holtebra, Burgmann auf Reichenstein **277**.

Holzbach L 20. **34***; **125**.

Holzenberg b. Altenbamberg **366 A.**

Holzgemark, Wald b. Kriegsfeld **210**.

Holzhausen, Wüstung b. Wald-Algesheim **13***; **158 f.**; **273 f.**

v. Holzhausen, Schütz **186**.

— — Konrad **459**.

Holzland, Das (Kirchspiel Waldfischbach) **268**.

Holzrütsche, Holzrütschgraben **147**.

Homberg L 23. **60***.

— bei Windesheim **364**.

Homburg i. d. Pfalz **79***; **268**.

— Amt **251**; **255**.

v. Homburg i. d. Pfalz (Hoenburg), Friedrich, Graf (1266) **523 Anm.**

Hombrückerbach **304**.

Hondelsbach **54***.

Hondisbach **54***.

Honessiger Graben (Hommelsgraben) (Simmern unter Dhaun) **335**; **336**.

Honorius II., Papst **38**.

Honrescherre (Hirschhorn) M 24. **252**.

v. Honstein (Hunolstein?) **37**.

Hontheim, Wüstung bei Reipoltskirchen M 23. **70***.

Honterheim = Odernheim **214**.

Hoof J 25. **74***.

Hoppstädten, Sien- L 23. **57***; **58***.

Horbach L 21. **68***; **96**; **98**; **128**; **299**; **329**; **337—339**.

— Herrschaft Landstuhl **523**.

Horbruch **120**.

Horbruck für Horbach **97**.

Horburc **50***.

Horbure = Herborn J 22. **389**.

Horchheim, Horgheim, Kr. Worms P 24. **103***; **230**; **404**; **436**; **440**.

Horenweg, Hornweg b. Hochstätten a. d. Alsenz **367**.

Horgheim = Horchheim (Kr. Worms) **404**; **436**; **440**.

Horgheym = Horchheim b. Worms **230**.

Horn L 19. **25***; **30***; **32**.

— im, aufm **98**.

Horn (jetzt Hörnchen) b. Kriegsfeld **210**.

Hornbach, Abtei b Zweibrücken **31***; **87***; **101***; **155**; **216**; **228**; **235**; **238**; **248**; **250**; **294**; **347**; **406**; **436**; **438 A.**

— Abt **38***; **212**; **217**; **421**.

— Adelbert **227**; **228**.

— Ernst **228**.

— Gerhard Winterbecher **78***; **88***.

— Ludolf **228**.

— Reinhard **228**.

— Rudolf **87***.

— Walaho **19***.

— (Lehen) **89***.

— von Erlenkeim, Heinrich **216**.

— — Erlikeim, Heinrich **445**.

Horneck, Geschlecht **482**.

— v. Heppenheim, Siegfried (1680) **482**; **483**.

— — Winheim, Henne **472**.

Hornesauwe = Hirschau, Wüstung und Pfarrkirche L 23. **57***.

v. Horningen, Ulrich **501**.

Hornsultzen = Hohensülzen **230**.

Hornwald und Hornweg bei Hochstätten a. d. Alsenz **367 Anm.**

Horrense cenobium = Irminenkloster in Trier **12 Anm. 4**.

Horrweiler N 21. **36***; **26**; **154**; **162**; **169**.

Horschau = Hirschau, Wüstung **297**.

Horschbach L 24. **57***; **76***; **297**.

Horst, die **123**.

— Hürst (Hahnenbach) **328**.

Horsulzen = Hohensülzen **498**.

Horterhof M 24. **4***; **79***.

Horweiler Klasse **166**.

Horwilre = Horrweiler **154**.

Hosenbach **49***; **50***; **299**.

— (Bach) **140**; **142**; **299**.

— Nieder- K 22. **47***; **56***; **97***; **138**.

— Ober- JK 21. **67***; **388**; **389**.

Hosinbach = Oberhosenbach **390**.

Hostede, Hof **49*** Anm.

— = Hochstätten **49*** Anm.

Hosteden, Hostedin = Hochstädten **341**; **476**.

Hosterburc = Osterburg **15**.

Hosternaha = Niederkirchen im Ostertal **15***.

Hoßenbach = Nieder-Hosenbach und der dortige Bach **139**; **142**.

Hottenbach, Hottimbach J 21. **47***; **67***; **96***; **122**; **123**; **299**; **329**; **388**; **391 f.**; **394**; **397**; **399**.

— Bach bei Bärweiler **307**.

— — — Meddersheim **313**; **315**.

— 4 herrisches Gericht **67***.

Hottenbacher Mühlen **393**.

266; 438 Anm.; 439 Anm.; 444; 448;
476; 477; 480; 483; 486; 487; 489.
Imsheim = Eimsheim 201.
Imßpach = Imsbach 485.
Imsweiler, Burg und Dorf M 23/24.
5*; 42*; 89*; 241; 243; 481.
— Schultheisserei 240.
Imtzenrodern = Rödern 149.
in Indagine, Kloster = Hagen oder
Hane bei Bolanden 403.
Ingebrand 300.
— Truchsess des Grafen von Spon-
heim 11.
Ingelesheim, Ingelinheim, Ingelis-
heim = Ingelheim 13*; 18* Anm.5;
24* Anm. 4.
Ingelheim O 20. 11*; 23*; 24* Anm.;
30*; 163; 175; 223; 244—246; 269;
270.
— Nieder- 24*.
— Ober- 5*; 16*; 24*.
— Adelgericht 247.
— Gericht 24*.
— Reichsgericht 25*.
— Reichsland 286.
— Reichsschultheisserei 24*.
— Reichsvogtei 246.
— Fiskus 13.
— Königshof zu 24*.
v. Ingelheim, Familie, Grafen und
Herren 46*; 47*; 93*; 57; 161; 165;
172—175; 178; 185; 186; 237; 265;
363.
— — Anselm Franz, Kurfürst von
Mainz 174.
— — Emmerich 286.
— — Franz Adolf Dietrich 163; 174;
178; 291.
— — Hans Friedrich 69.
— — Hans Jacob 52.
— — Karl 172; 173; 184; 185; 362.
— — Marsilius Gottfried 365.
— — Philipp 56; 173; 184; 185; 362.
— — Phlips 173.
— — Tillemann 459.
— — Büsser, Beusser 502; 504.
— — — Hans Karl 355 Anm.
— — — Philipp 236; 355.
Ingelheimer Grund 37; 52; 153; 243;
244; 246; 292.
— — Junker im 168.
— Wald, der (im Soonwald) 24*;
24* Anm. 4; 163; 164; 246; 443.
Ingelheimerhausen, Kloster, Kreis
Bingen O 20. 24*; 244.
Ingelinheim = Ingelheim 248.
Ingelnheim = Ingelheim 14*.
v. Ingelnheim, Philipp Beusser, Jun-
ker 236.

v. Ingelnheym, Pflips, Herr 173.
v. Ingelstatt, Henne u. Karl 167.
v. Ingillinheym, Karle 172.
Inglinheim superior = Ober-Ingel-
heim 16*.
Ingweilerhof, Bez.-Amt Kusel M 23.
469.
Innocenz II., Papst 65; 263; 333;
348 Anm.
Inselnthome, Inselthem = Einsel-
thum (Ritterfamilie) 471.
v. Inselthum, Hugo 405.
Inswiler, Burg u. Dorf bei Rocken-
hausen = Imsweiler 87*.
Jofrid I. u. II., Grafen v. Leinengen
405; 413; 417.
St. Johann bei Alzey, Kloster 168;
169; 195; 197; 412.
— — bei Sprendlingen O 21. 93*;
94*; 2; 46; 51; 52 f.; 54; 57.
Johannes, Sohn der Cuza, Kleriker
386.
Johann, König von Böhmen u. Graf
von Luxemburg 252.
— v. Bolanden 403; 405; 413.
— v. Daun, Graf v. Falkenstein 478;
482; 492; 506.
— v. Falkenstein (1348, 1361) 46; 505.
— Heygen 66*.
— I., Herr v. Hohenfels (1262—1288)
106*; 441; 453; 462.
— II., desgl. (1355—1357) 444; 445;
467.
— I., Herr von Hohenfels-Reipolts-
kirchen (1476—1478) 458; 472.
— II., desgl. (1553, 1562) 468; 469;
473; dessen Tochter, Claudia, Grä-
fin von Öttingen 468.
— III., desgl. († 1602) 473.
— III., Graf v. Katzenelnbogen 421
Anm.
— Schultheiss v. Kreuznach 33.
Johannes, Graf v. Leiningen (1345)
417.
Johann, Graf v. Leiningen-Rixingen
258; 411.
Johannes, Herzog v. Lothringen 477.
Johann I., Erzbischof v. Mainz (1371
—1380) (v. Luxemburg) 295.
— II., desgl., Graf v. Nassau (1396—
1419) 271; 273; 296; 303; 464.
— Domdechant zu Mainz 272; 280.
— Marschall v. Waldeck bei Lorch
282.
Johanna v. Mörs und Saarwerden,
Gräfin, Gemahlin des Wild- und
Rheingrafen Johann VI. 55*.
Johann, Abt v. Münsterdreisen 445;
446.

Johann, Graf v. Nassau, Ottonische
Linie (1369—1400) 135.
— III., Graf v. Nassau-Saarbrücken
(1429—1472) 68; 326; 404; 435.
— IV., Graf v. Nassau-Saarbrücken
(1547—1574) 437.
— Pfalzgraf(Oberpfalz) um 1410 30*.
— — zu Simmern (1506—1557) 124;
203; 446; 487; 517.
— — v. Zweibrücken 341; 439; 494.
— Bruder des Philipp, gen. an der
Pforten 184.
— I., Rheingraf († 1333) 51*; 14 A. 5;
346 f.
— II., Rheingraf, Wildgraf zu Dhaun
(† 1383) 51*; 54*; 301; s. Johann
Wild- und Rheingraf.
— Graf v. Salm 98.
Johanna, Gräfin v. Salm, Gemahlin
des Wild- u. Rheingrafen Johann V.
55*.
Johann v. Schwarzenberg 63*.
Johannes, Graf zu Solms (1409) 474.
Johann I., Bischof v. Speyer (1100)
368.
— Struphafer v. Dill 66*.
— Graf von Sponheim-Dannenfels
422.
Johann I. der Lahme, Graf v. Spon-
heim-Kreuznach (1265—1291) 92*;
11; 12; 82; 122; 133; 151; 153;
396; 404.
— II., Graf v. Sponheim-Kreuznach,
gen. v. Koppenstein (1291—1340)
25*; 92*; 93*; 96*; 14; 17; 21; 27;
36; 45; 46; 54; 61; 72; 79; 90;
115; 116 Anm.; 124; 126; 129—131;
136; 151; 346.
— I., Graf v. Sponheim-Starkenburg
(1226—1266) 92*.
— II., desgl.(1289—1323), Landvogt
im Speyergau (1310) 151; 385.
— III., desgl. (1331—1399) 87*; 36;
40; 58; 79; 90; 113; 151; 252; 445.
— IV., der Junge (1355—1411) 419.
— V. (der letzte seines Geschlechts)
(1411—1437) 93*; 79; 128; 135; 136;
149; 152; 419.
— II., Abt v. Sponheim 11.
— I., Erzbischof v. Trier (1190—1212)
29*; 237.
— II. (v. Baden), desgl. (1456—1503)
63*; 129; 209; 326.
— Truchsess von Alzey 194.
— v. Westerburg 68.
— I., Wildgraf zu Dhaun († 1350)
26*; 47*; 50*—53*; 89; 95; 96;
114; 160 f.; 172; 249; 300; 343 f.;
369; 389; 398; 421; 422.

Johann II., Wild- u. Rheingraf von
Dhaun (1350—1383) 53*; 65*; 74;
96 Anm.; 131; 155; 301; 302; 304;
344; 349; 356—358; 369; 373; 398.
— III., Wild- u. Rheingraf zu Dhaun
und Kyrburg (1383—1428) 54*; 70;
159; 173; 302; 303; 340; 358; 359;
363.
— IV., Wild- u. Rheingraf (1428—
1476) 21; 235; 316; 342 f.; 380; 398.
— V., Wild- u. Rheingraf, Graf zu
Salm (1476—1496) 55*; 358; 360.
— VI., desgl. (1496—1499) 55*.
— VII., desgl. (1499—1531) 24; 97 A.
— VIII., desgl. (1531—1548) 68.
— IX., desgl, Graf zu Salm, Herr
zu Vinstingen 373.
— Bischof v. Worms (1463) 205.
— — — Würzburg 271.
— Casimir, Pfalzgraf zu Lautern
84; 264.
— Casimir, Wild- u. Rheingraf, Graf
zu Salm, Herr zu Vinstingen 373.
— Georg, Wild- u. Rheingraf 353.
— Jacob, Graf v. Eberstein (1690)
75*.
— Ludwig, Graf v. Leiningen-Dags-
burg 411.
— — — — Nassau-Saarbrücken 435.
— — Erzbischof v. Trier 130.
— — Wild- u. Rheingraf 318; 319.
— Philipp, Erzbischof v. Mainz, Kur-
fürst (1659) 84; 291; 513.
— Wilh., Kurfürst v. d. Pfalz 160.
Johannisberg b. Dhaun, Stift, Stifts-
kirche, Kirchspiel 68*; 70.
— Burg b. Dhaun 68*; 95; 340; 342;
344.
— im Rheingau, Kloster 160; 284.
Johanniter zu Mühlheim b. Osthofen
P 22. 217.
Johanniterkommende Hangenweis-
heim 207; 238.
St. Johannsfeld (Sprendlingen) 51.
vor St. Johannspforte (Sprendlingen)
54.
Johannsweg (Sprendlingen) 54.
St. Jorge, der heil. Ritter (Georgen-
kloster in Ramsen) 437.
St. Jorgen-Wyerbach=GeorgWeier-
bach 309.
Joseph II., Kaiser 479.
Joxwieler = Jakobsweiler 492.
Ippelbrunn, Hermann v. 98.
Ippenschied L 21. 95*; 131 f.
Ippesheim, Ippinsheim N 21. 5*; 109*;
15; 26; 445; 508; 510.
Ippinsheim, Ipinsheim = Ippesheim
15; 510.

Irmberg b. Wendelsheim = Arenberg
376; 378.
Irmenach J 20. 120.
Irminheitte 74.
Irmgard v. Daun, Gräfin v. Falken-
stein, geb. Gräfin zu Sayn 478.
— Gräfin v. Virneburg 476.
Irsutus comes = Raugraf 435.
Isaak, Jude von Kyrburg (Kirch-
berg) 116.
Isachi, Coelestin, Abt v. St. Jakobs-
berg vor Mainz 508.
Isenberg = Eisenberg 404.
v. Isenburg, Agnes, Äbtissin zu St.
Ursula in Köln 167.
— — Diether, Prätendent auf den
Mainzer Erzbischofssitz 43*; 292.
— — Ludgardis, Mutter Philipps des
Jüngern v. Hohenfels 455.
— — -Büdingen, Herren 107*; 109*.
— — — Caroline, Fürstin, geb. Grä-
fin v. Parkstein, Tochter des Kur-
fürsten Karl Theodor v. d. Pfalz
474.
— — — Diether, Gemahl der Elisa-
beth v. Solms 474; 511.
Isenheim = Essenheim 462.
Italien 176.
Itzbach, Wüstung b. Johannisburg
K 21. 340.
Itzinger oder Metzinger (Etzingen),
Hof u. Flur (Wüstung) b. Alten-
Bamberg 83*; 366; 366 Anm.
Jülich, Herzöge v. 29*; 291.
Jülicher Lehen 46*.
Judenkopf 307.
Judenwald 339.
Juditha, Frau des Udo v. Sponheim
18; 19; 27.
Jugenheim, Kreis Bingen O 21. 14*;
85*; 86*; 102*; 37; 186; 191; 404;
414; 431; 433.
Jugenheimer Weg 37.
St. Julian L 23. 61*; 62*.
— — Kirchspiel 58*; 61*.
Julian, Kaiser 269.
Julius III., Papst 199; 419.
— Tutar 269.
June v. Lorch, Johann 198.
Jungen, zum, Mainzer Familie, Her-
ren 185; 219; 423.
— — (in Mainz), Götz u. Heinz 252.
— — Heinrich 192; 200.
— — Schultheiss zu Oppenheim 200;
467.
— — Hermann 459.
— — Peter 294.
— — (de Juveni), Thilmann, Bürger
zu Mainz 160.

Jungenwald (Ewerstrut) 108.
Jungen-Wald 401
Junkerfeld, das, b. Jakobsweiler 492.
Jutta v. Leiningen, 2. Gemahlin des
Wild- und Rheingrafen Johann v.
Dhaun 373.
— Schwester des Meginhard v. Spon-
heim 19.
Juwilenheim = wohl Suwilenheim
(Saulheim) 433.

Kaderloch, Grenze v. Hahnweiler
448; 449.
Käfelder Pfad 400.
Kämmerer v. Mainz zum Thurn 294.
— — — Arnold 452.
— — — E. 161.
— — — (vom Turm u. Gutenberg)
29/30. Eberhard 30.
— — — Eberhard 296.
— · — — Hermann 294.
— — Worms (Kemmerer) 181; 265;
309; 427.
— — — Diether, Edelknecht 182.
— — — Friedrich 436.
— — — Friedrich Dietrich 182.
— — — Gyselbrechts Tochter Gre-
de, Frau des Rudolf v. Ansenbruch
15.
— — — Hans u. Wolf 524.
— — — Heinrich und Heinrich v.
Than 464.
— — — Johann, Ritter 182; 499.
— — — Peter, Ritter 182.
— — — Wolf, Ritter 182.
— — — Wolfgang Hartmann 182.
— — — Wolf Georg 454.
— — — gen. v. Dalberg 77; 155 f.;
179; 183; 236; 421; 424.
— — — Diether 97 Anm.; 523.
— — — Georg und Wolf, Wolf der
ältere 459; 460.
Kärnten 91*.
— Herzöge 48.
— Herzog Konrad 43; 81.
— — Otto, Graf im Nahegau 19*.
Käsweiler, Wüstung L 23. 60*.
Kaffeld, Wüstung bei Woppenroth
K 21. 64*; 65*.
Kahlforster Hof M 22. 77*.
Kahlheck, Hof b. Hochstein 480.
Kahlenberg, Wald b. Otterberg 261.
Kahlen Hahn, auf dem (Lauschied)
322.
Kaiser u. Könige 100*; 6; 223; 243;
486.
— Adolf v. Nassau 92; 279.
— Albrecht 115; 292; 416; 464.

v. Kallenfels, v. Kaldenvels **265**; **323**.

Kallstadt, Bez.-Amt Bad-Dürkheim **471**; **472**.

Kaltenloch (Kreuznach) **5**.

Kamborn, Kambornsweg (Sprendlingen) **54**.

Kammerfeld b. Leeheim, gegenüber von Oppenheim **473**.

Kammerforst bei Sobernheim **94**.

Kandern (Lörrach) **274**.

Kandrich, Kanterich, Canthey (Berg) **6***; **270**; **274**.

Kanzler und Erzkanzler **6** Anm. **5**.

Kappel K 19. **6***; **7***; **95***; **106** Tab.; **107**.

Kapellenhufe (zu Selzen) **219**.

Kappelbach **393**.

Kappeln, Kr. Simmern K 19/20. **14***; **149**; **150**.

— (Udenkappeln) L 23. **61***.

Kappler Wald **106** Tab.

Kappuswiese **227**.

in Karbel (Kappel) = Kerwelt, im Kerwelt (Löffelscheid) = Kirweiler **109**.

v. Karben, Wolf Adolf **202**.

Karden im Maienfeld **14***; **19***.

Karl v. Baden, Markgraf **284**.

— d. Dicke, Kaiser **248**.

— d. Grosse, Kaiser **10***; **43***; **195**; **244**; **424**.

— d. Kahle, Kaiser **53**.

— III., König (912) **333**; **354** Anm.

— IV., Kaiser **23***; **89**; **201**; **229**; **252**; **281**; **284**; **290**; **408**; **418**; **434**; **520**.

— VI. (1719) **479**.

— XI., König v. Schweden **379**.

— Markgraf v. Baden **273**.

— Herzog v. Lothringen **253**; **264**; **479**.

— Pfalzgraf, Kurfürst (1681) **489**.

— Heinrich, Prinz v. Vaudémont **479**.

— Ludwig, Kurfürst, Pfalzgraf **84**; **214**; **229**; **242**; **264**; **291**; **518**.

— Philipp, Kurfürst v. d. Pfalz **499**.

— Theodor, Kurfürst v. d. Pfalz **107***; **109***; **77**; **474**; **494**.

— Theodor und Elisabeth, Quecksilbergrube **212**.

— Theodor Otto, Fürst v. Salm-Salm, Wild- und Rheingraf **160**.

Karolinger **7***; **28***.

— Hausgut **57**.

Karolingerzeit **11***; **18*** Anm. **5**.

Karlshalle **14**.

Karlsruhe **232**.

v. Kassele, Graf (Blieskastel oder Kessel) **21**; **74**.

Kastel, Kr. Mainz P 19. **428**; **450**.

Kastellaun **32*** Anm.; **92***; **308**.

— Amt **35***; **92***; **109**; **137**.

Katharina, Frau des Johannes de sancto Albino **267**.

— v. Hallwin, Abtissin zu Nivelles **53**.

— Gem. des Raugrafen Heinrich d. Alten (1325) **433**.

— Gem. des Raugrafen Kuppert **294**.

-- Gräfin v. Sponheim-Dannenfels **72**.

St. Katharinen b. Wolfsheim **191**.

St. Katharinenhof zu Fürfeld **354**.

Katharinenhof, Katharinenthal, Kloster M 21. **2**.

Katharinenthal, Kloster b. Brauweiler M 21. **93***; **94***; **2**; **22**; **25**; **29**; **30**; **33**; **34**; **43**; **44**; **50**; **52**; **57**; **59**; **181**.

Katharinenwald (Freilaubersheim) **24**.

Katzenbach b. Ramstein KL 25. **27***. **254**; **255**.

Katzenbach b. Rockenhausen, Dorf und Gericht M 23. **42***; **82***; **89***; **193** Anm. **6**; **240–243**; **519**.

Katzenelnbogen, Grafschaft **23***; **190**.

— Grafen **100***; **106***; **200**; **420**; **462**.

— Anna, Gräfin v. **421** Anm.

— Eberhard, Graf v. (1382) **135**; **279**.

— Elisabeth, Gräfin von Sponheim-Dannenfels, Frau des Grafen Philipp von Sponheim-Dannenfels **85***; **430**.

— — Hermann, Graf **174**.

— — Johann III., **421** Anm.

— — Philipp **273**; **284**.

— — Wilhelm (1382) **125**.

v. Katzenelnbogen, Knebel **169**; **426**.

— — — Dam **471**.

— — — Dietrich **73**

— — — Johann **372** Anm. **5**.

— — — Hans Wilhelm **288**.

Katzengraben **307**.

Katzenkopf **6***.

Katzenloch, Durchbruchsschlucht d. Idarbaches **6***; **123**; **399** Anm. **1**.

— Grund beim Hühnerhof **320**.

Katzensteiger Mühle **46**.

Katzensteiner Mühle **23**.

Katzweiler M 24/25. **27***; **249**.

— Gericht **253**.

— (Soonwald), Wüstung **133**.

Katzwilr = Katzweiler M 24/25 **252**.

Kaub **29***; **30***; **270**; **477**.

— Falkensteinische Zöllner **501**.

Kauerbach **6***; **7***.

Kauerhof bei Nickweiler K 20. **33***.

Kauffholtz **265**.

Kaulbach L 24. **252**; **253**.

Kaulbrück, an der (Sprendlingen) **54**.

Kautzenburg b. Kreuznach N 21. 2.
Kebelenberg = Kübelberg K 25. 250
—252.
Keberesheim im Königsforst = Ke-
fersheim 14*; 299.
Kedenheim = Kettenheim 497.
Keddarterhof M 22. 76*.
Kefersheim K 23. 14*; 58*; 63*.
Kehrbach 123.
Keidelheim KL 20. 33*.
Keisbotesheim = Gabsheim 423.
Kellenbach, Dorf K 21. 96*; 128; 336;
337.
— (Gericht, Hochgericht) 125; 128 f.;
300.
— -Schwarzerden, Gericht 133.
— der = Simmer (Bach) 127.
v. Kellenbach, Familie, Herren 62*;
96.
— — Egenolf 80.
— — Friedrich (1334) 130.
— — Jakob, Sohn des Th. 99.
— — Theoderich 310.
— — Wolf 128.
— — Wolfgang 64.
Kellener, Peter, Schöffe zu Kirn 398.
Kellerhecke, Wiesengrund 183.
Keltrod 149.
Kelweg (Bettenheim) 56.
Kemmerer, Ritter v. Worms, Gemei-
ner v. Dalberg, Diether; Johann;
Johann, Wolf, Brüder des Peter
179.
— Winand 434.
Kemmerfalde, gein Oppinheim über
= Kammerfeld 473.
Kempenberg, Vogtei 49* Anm.
Kempenberg, Weingärten im 52*.
Kempenfeld = Kempfeld 54*.
Kempenich in der Eifel, Herrschaft
237.
Kempenvelt = Kempfeld 397.
Kempevelt, Kempinvelt = Kempfeld
50*; 389; 390.
Kempfeld, Kempfeldt J 22. 49*; 66*;
67*; 388—390; 397.
Kempfeld, Gericht 300.
Kempinvelt = Kempfeld 50*; 389;
390.
Kempten, Kr. Bingen N 20. 14*; 45*;
26 Anm. 2; 273; 283; 284.
Kenigsbach = Königsbach b. Marien-
thal 486.
Kennelborn (Bettenheim) 55.
Kennelwiese (Iben) 236.
Keppechen, Hermann, Knappe (Hub-
ner v. Obersaulheim) 386.
Kerbsweiler Hof = Kerzweiler Hof
436.

Kere = Kir (Wüstung bei Kappel)
106 Tab.; 108 f.
Kere, Keren = Kirn 300.
v. Kereberc, Kirberg, Graf Emicho
20*.
Kereberg = Kyrburg 300.
Keren = Kirn 300; 301.
Kerenbach, die (b. Rheingrafenstein)
347.
v. Kerpen, Freiherr 243.
Kerwelt, in Kerwelt (Löffelscheit) =
im Karbel (Kappel) = Kirweiler
109.
Kerwilre = Kirweiler 149.
Kerzenheim O 24. 8*; 9*; 102*; 236;
404; 436.
— Unter- 435.
Kerzweiler Hof, Bez.-A. Kirchheim-
bolanden O 24. 102*; 436.
Kesewilre 50*.
v. Kessel, Graf (a. d. Maas) 32*; 33*.
Kesselberg, Berg bei Jakobsweiler
416.
v. Kesselburg, Bebo, Graf 258.
— — Syfried 258.
Kesselheim 48; 78.
Kessler v. Sarmsheim 21; 426; 510.
— — — Arnold 358.
— — — Philipp 234.
Kesslersgut (zu Radelsbach) 114.
Kestelun = Kastellaun 103.
v. Kestelun, Hermann, Sohn des Wil-
lekin 113.
Kettenheim O 22. 36*; 197; 209; 497.
Ketternwiesgen 400.
Kevelenbach = Köhlbach 251.
Kevelenberg = Kübelberg 251.
Keverntal 30*.
Keyfeldt = Kempfeld 141.
Kezelenheim = Kesselheim 78.
v. Kezzelberg, Junker 416.
Kibellenberg, der = Kübelberg zwi-
schen Falkenstein und dem Don-
nersberg 448; 484.
v. Kiburg, Graf 40.
Kiedenheim = Kettenheim 209.
von Kiedenheim, Brendel und Ensel
209.
Kierberc, Burg = Kyrburg 203.
Kieselbornsweg (Sprendlingen) 54.
St. Kilian (bei Kreuznach) 4.
Kimler Humrich (Honeberg b. Win-
desheim) 364.
Kincksberg = Königsberg 147; vgl.
Kunicksberg 147.
Kindelin von Sien 78; 79.
— 92; 288.
Kindenheim O 23. 230.
Kinder von Sponheim 202.

Krelkop, Krellecop 145.
Kreppach = Kritbach, Wüstung 252.
Kreuzhöfe 27* Anm. 5.
Kreuznach N 21. 7*: 14*; 23*; 93*;
 94*; 2; 20; 23; 28; 31—33; 40; 45;
 47; 58; 75; 82; 131; 136; 149; 150;
 164; 225; 241; 362.
— Burg 92*; Burgfrieden 22*.
— Burgkapelle 54; Burgkaplan 51.
— Burgmannen 11
— Disibodenberger Hof 18; 31; 33;
 44; 365.
— Fiskalgut 23*; 81.
— Heidenmauer 70*.
— Kapelle St. Nicolaus 13.
— Kaplanei 22.
— Kirchen:
  St. Kilian 14.
  St. Lambrecht 14.
  St. Martin 13 Anm. 2.
  St. Nicolaus 13; 14.
— Klöster:
  Karmeliter 13; 22; 46.
  St. Peter 84*; 14; 519 Anm.
— Neustadt 13.
— Reichsgut 81.
— Rheingräflicher Hof 345.
— Salzquelle 13 f.
— Spital 46.
— Amt 92*—94*; 1- 70; 71; 80; 85;
 135; 165; 169; 170.
— Amt, Wild- u. Rheingräfliches 25;
 345 ff.
— Steiner Amt 69*.
— Amtmänner:
  Beyr v. Belnhofen, Dr. Carsi-
   lius 494.
  v. Coppenstein, Meinard 41.
  Frey v. Dehrn, Friedrich 41.
  v. Dienheim, Weigand 1.
  Göler v. Ravensburg, Albrecht
   41.
  v. Randeck, Wilhelm 1; 443.
  v. Sickingen, Franz 41.
— Oberamtmann:
  Johann zu Eltz 1.
— Landschreiber:
  Gerhard Patrick 119.
— Truchsess 1.
— Blutgericht 66; 77; 81.
— Gemeinherrschaft (vordere Graf-
 schaft Sponheim) 365.
— Kreis 3*; 8*.
— Präsenz 26; 43.
— Propst Godefrid 22.
— Dienerherren 365.
— Waldgebiet hinter 8*.
Kreuznacher Soonwald 6*.
— Zehnte und Patronatsrecht 379.

Kreuzwiese, Krutzwiese (Grenze v.
 Hahnweiler) 448.
Kreuzzug 180.
Kreysfeld = Kriegsfeld 432.
Kreyß = im Grees (Simmern unter
 Dhaun) 335.
Krickenbach 523.
Kriechelbach 393.
Krieg v. Geispitzheim, Johann 454.
Kriegeler, Wentz, Edelknecht 346.
Kriegsfeld N 23. 9*; 37*; 39*; 40*;
 85*; 87*; 102*; 109*; 209—211; 224;
 229; 238; 404; 431; 432; 494; 495.
Kriegsfeld, Gemarkung 197.
Kriegsfelder Holzgemark 210.
— Strasse, alte 377.
Kriegsheim P 23. 41*; 211; 230; 235.
v. Kriegsheim, Jakob 211.
— — Johann 211.
Kriesheim (Kriegsheim) 155.
— Schwarz Johann 156
Krießfelt = Kriegsfeld 193.
Krieszheym = Kriegsheim 230.
Kritbach, Wüstung b. Wolfstein L 24.
 27*; 252.
Krobe, Hermann 316.
Kromme Gewann (Sprendlingen) 51.
Krommer Morgen, Acker b. Jakobs-
 weiler 491.
Kronbuche am Donnersberg 484;
 485.
Kronenbaum, der, nördl. v. Imsbach
 489.
Kronkreuz, Wüstung O 21. 85*.
Kronkreuzer Gemarkung 168; 169.
Kronweiler 3*.
Krottelbach JK 25. 74*; 248.
Krugelsdickt 400.
Krummenacker (Lauschied) 322.
— b. Meddersheim 313.
Krummenau J 21. 14*; 64*; 120; 123;
 297.
Krumme Wiese 183.
Kubelberg, der = Kübelberg beim
 Donnersberg 488.
Kubermark = Kaub am Rhein 477.
Kübelberg K 25. 4*; 26*; 27*; 249—
 251.
— Amt, Reichsamt 26*; 251; 252.
— Gericht 254.
Kübelberg, der, beim Donnersberg
 448; 484; 486; 488.
Kühstäbel 128.
Külz (Eichkülz) K 19. 25*; 32*; 33*.
— Gericht 23*.
— Bach 7*; 33*.
Kürborn = Körborn 74*.
Kuhweiler, Wüstung 133.
Kulbach (Kaulbach) L 24. 252.

Lohengesheim = Langen-Lonsheim
35 Anm. 2.

Lohnsfeld M 24. 108*; 236; 262; 438
Anm.; 477; 480; 481; 483.

Lohnweiler L 23. 77*.

Loisme 91*.

Lommersbach, der 120.

v. Lon, Graf 166; 170; 187; 300.

— — (Los) u. Chiny, Ludwig, Graf
300.

Lonenstein, oberhalb Ehrenfels
(Klippe am Rhein) 280.

Loneshemmaro marcu = Lonsheim
bei Alzey 35 Anm. 1.

Longastesheim = Langen-Lonsheim
35; 380.

Longesheim=Langen-Lonsheim 428.

Longesheim iuxta Na = Langen-
Lonsheim 35.

Longistesheim, Longistisheim, Lon-
gistheim = Langen-Lonsheim 14*;
35; 380.

Lonsfeld=Lohnsfeld N 24. 236; 481.

Lonsheim b. Alzey O 22. 39*; 53*;
69*; 35 Anm. 1; 197; 211; 229; 231;
368; 371; 373; 374; 379—381.

— Langen- 21; 34; 35; 380.

v. Lonsheim, Ritter, Dietrich, u. Frau
Agnes u. Bruder Bertram 356.

— — Bock, Heinrich 209; 380.

— — Berthram 374.

— —. Rauh 381.

v. Loon (Looz) Grafen (siehe auch
Lon, Los) (Stadtpräfekten u. Stifts-
vögte zu Mainz) 23*; 57*; 102*; 35;
69; 70; 177; 425.

— — Arnold 43*.

— — Ludwig 43*.

— — Gräfin, Tochter des Grafen
Gerhard v. Rieneck 43*.

v. Looz oder Loon, Graf 177.

Lorch 284.

v. Lorch, Heinrich 425.

— — Hilchen 26; 182.

— — Hilchin, Johann; Tochter: Ma-
ria, verm. Vogt v. Hunolstein 97.

— — Joh. Marschalk (v. Waldeck)
281.

— — June, Johann 198.

Lorchhausen 55*; 280.

Loren, die zwei (Kreuznach) 4.

v. Lorich, Broch 114.

— — Hilchin Johann 182.

v. Lorichen, Hermann, Ritter (Hubner
von Obersaulheim) 386

Loretta v. Bolanden, geb. Raugräfin
432.

Lorette, Frau des Otto v. Bolanden
457.

Loretta v. Salm, Gemahlin des Grafen
Heinrich v. Sponheim 138; 252.

Lorsch, Kloster 9*; 11*; 24*; 42*;
45*; 23; 27; 35; 39; 45; 52; 59; 73;
78; 88; 158; 169; 171; 186; 204 bis
206; 215; 216; 223; 224; 233; 244;
269; 284; 286; 368; 371—375; 380;
382; 385; 386 Anm. 5; 407; 423;
433; 455; 456; 459 Anm. 2; 460;
473 Anm. 1; 502; 511; 512.

— — Aebte Folknand u. Poppo 244.

— — — Samuel, Bischof v. Worms 65.

— Prämonstratenserpropstei 419.

Lortzweyler = Lörzweiler P 20/21.
230; 458.

Lothar III., von Sachsen, König 40;
402.

Lothringen 62*; 75*; 264.

— Herzogtum 28*; 108; 478; 479.

— Herzog 28*; 40*; 108*; 301; 379;
517; 518; 524.

— Herzog Franz VI. (1733) 446.

— — Franz Stephan 108*; 479.

— — Friedrich, Gemahlin Mathilde
v. Schwaben 219.

— — Gottfried 6 Anm. 5.

— — Johannes 477.

— — Karl 253; 264; 479.

— — Konrad 19*.

— — Leopold Joseph Karl 479.

— Herzogin Agnes v. 27; 35.

Lotzen, zur, Mühle = Lätscher
Mühle bei Rödern 107.

v. Loynsheim (Lonsheim), Henne
347 Anm.

Loytzborn = Lötzbeuren 120.

Lubescheit = Lauschied 321; 428.

Lubinheim = Laubenheim b. Mainz
450 ff.; 511.

Lubringowa, Lubrichenowa 23 A. 1.

Luccarde v. Leiningen, Frau des
Grafen Simon II. v. Saarbrücken
71.

— Schwester des Rheingrafen Em-
bricho, Frau des Siegfried vom
Stein 346.

Lucius III., Papst (1184) 357; 424.

Luden 229.

Ludenbach 54*.

Ludgardis v. Isenburg, Mutter des
Philipp d. Jüngeren v. Hohenfels
455.

Ludolf, Abt v. Hornbach 228.

Luduwar (Frauenname) 382.

Ludwig, Graf v. Arnstein 486.

— Markgraf v. Brandenburg, Sohn
K. Ludwigs d. B. 29*; 279.

— d. Bayer, Kaiser, König 24*; 26*;
29*; 50*; 83*; 93*; 89; 92; 126;

Mainz, Reichklarenkloster 230; 293; 294; 423; 461.
— — Aebtissin 295.
— St. Stephan 46*; 106*; 166; 167; 195; 231; 286; 288; 289; 291; 295; 357; 359; 450 f.; 456; 458; 460; 511; 514.
— — Dechant 451.
— — Scholasticus Heinrich 160.
— St. Victor 44*; 459 Anm. 2; 512.
— — Propst 258.
— Weissen Frauen 292 Anm. 2.
— Kreuz v. d. Stadt 105*.
— Stadtmauern 284; 385.
— Vorstadt Vilzbach 512.
— Gemarkung 105*.
— und Odernheim, Landstrich zwischen 387.
Mainz-Trier, Heerstrasse 163.
Mainzweiler, Wüstung zw. Cölln und Mannweiler M 23. 90*; 521; 522.
Maisborn L 19. 85*.
Maitzborn K 20. 106 Tab.; 107; 108; 112.
Maiweiler, Wüstung K 23. 74*.
Mandel 14*; 5; 16; 22; 43; 45; 59; 74; 76.
von Manderscheid, Herren und Grafen, Dietrich 325; 326; 331; 332.
— — — Wilhelm 67*; 331; 395; 396.
von Manderscheid-Kail, Grafen 107*; 108*.
— —- — Philipp Dietrich 474; 478.
Manheim, Mannheim 29*.
Mannbächel K 23 75*.
Manneldal oder Mannendal = Mandel 76.
Mannenbach = Manubach 30*.
Mannendal = Mandel 14*.
— Udo, Erzpriester zu 22.
Mannenheim, die Feste auf d. Rhein 30*.
Mannheim (Manubach? bei Bacharach) 29*.
Mannweiler M 23. 42*, 89*; 241; 242; 243; 519.
Manubach bei Bacharach 29*; 30*.
Manzenfeld, Monzenfeld, Wüstung b. Mörsfeld N 22. 63; 66; 224; 225.
Marckeych 400.
Marcwart, Mainzer Ministeriale 288.
Margareta von Daun-Oberstein, geb. Gräfin v. Leiningen 476.
— — geb. Gräfin v. Virneburg 476.
— Tochter des Wildgrafen Friedrich v. Kyrburg, Gemahlin des Wild- u. Rheingrafen Johann v. Dhaun 1355 53*; 300; 301; 343; 349; 369.
— Gräfin von Leiningen (Stamm-

mutter der Grafen v. Leiningen-Westerburg) 228.
Margareta, Gemahlin des Raugrafen Georg 1348 372.
— von Sponheim, Wildgräfin von Dhaun 89.
— Gräfin von Sponheim, Frau des Philipp v. Falkenstein 70.
— — — Graf Simons Witwe 54.
— von Nassau, Gräfin v. Veldenz 73*; 248.
— von Pfalz-Zweibrücken, Witwe Alexanders 1595 521.
Margareten-Ostern = Niederkirchen im Ostertal J 25. 74*.
St Maria im Feld (Heilig Kreuz), Stift vor Mainz bei Hechtsheim P 20. 514.
Maria ad gradus, Stift in Mainz 216.
— von Nassau-Oranien, Pfalzgräfin zu Simmern 16.
— von Salm, Raugräfin 68.
— Theresia, Kaiserin 108*; 479.
Marienberg b. Boppard, Kloster 135.
Marienborn P 20. 44*; 105*; 291; 295; 450—452; 458; 513.
— oder Weidas, Kloster bei Alzey O 22. 199.
Mariendahlheim, Kloster vor Mainz P 20. 44*; 295.
Mariengarten, Kloster vor Worms 463.
Marienhausen im Rheingau, Kloster 20.
Marienpfort, Kloster M 21. 64; 85; 86; 87.
Marienthal, Dorf u. Kloster am Donnersberg N 23. 5*; 104*; 108*; 220; 266; 409; 419; 439 Anm.; 444; 445; 480; 485 f.; 486; 489.
— Pfarrer 489.
— Kastenvogtei, Vogtei 108*; 446; 486—488.
Marioth, Jean, Patrizier von Lüttich 182.
Markenburn, der, zwischen Nierstein u. Nackenheim 460.
Markwart, Abt zu Prüm 78.
Marnheim O 23. 8*; 9*; 40*; 98*; 230; 406 f.; 412.
Marnheimer Wald 491.
Marschalk von Waldeck (Marschall) 184; 185; 214.
— zu Iben, gen. v. Ueben 177; 282.
Marschalk von Waldeck, Adam 214.
— — Johann 281; 282; 516.
— Konrad 214.
am Martensberg 226.
Marth J 25. 74*.

Morschiedter Hellgenhausz (Kapell-
chen, Heiligenhaus vor Mörschied)
401.
Morsfelt = Mörsfeld 193.
Morsheim = Morschheim 411; 496.
v. Morsheim, Herren 202; 210; 413;
495.
— — Christian 46.
— — Dietrich 202; 346.
— — Heinrich 79.
— — Henne 346; 427.
— — Johann 346.
— — Konrad 423
— — Siegfried 346.
Morsheimer Junker 350 Anm.
Morßberg, Wüstung (Kappel) 109.
Morßfelt = Mörsfeld 224; 225.
Morßheimer Lehen 354.
Morszheym = Morschheim O 22, 23.
230.
Mosbach in Baden 229.
— die (Wendelsheim u. Erbesbüdes-
heim), Mosbacher Mühle 376; 378.
— (Mospach) v. Lindenfels, Heinrich
459.
— — Hans Friedrich 460.
Moschel, Heiligen- M 24. 79*.
— Nieder-, M 22 79*.
— Ober- M 22. 72*; 77*.
— (Fluss) 5*; 70*.
Mosel, die 4*; 10*; 91*; 92*.
Mosel, a. d., Besitzungen der Pfalz-
grafen 29*.
— -Flussgebiet 5*.
Moselgau 153.
Moselgegend 43.
Moselseite, auf der 33*.
Muckenhusen = Mückenhäuser Hof
Q 22. 239; 467.
Mückenhäuserhof Q 22. 38*; 200;
239; 467.
Mühl 314
Mühlbach am Glan K 24. 26*; 249;
250.
— (Nebenbach des Glan bei Bruch-
mühlbach) 4*.
Mühlberg, Wonsheimer Flur 226.
Mühlen = Mühlheim bei Osthofen
(Nonnenkloster, Templerhaus) 216.
Mühlenberg, der 336.
Mühlenwald b. Waldlaubersheim 364.
Mühlenteich 177.
Mühlheim, Bez.-A. Frankenthal P 24.
438.
— Weiler b. Osthofen (Kr. Worms),
Klöster Nonnen u. Tempelherren
P 22. 217.
Mülen, Mühlen, Weiler = Mühlheim
bei Osthofen 217

Mülenstein v. Grumbach, Herren 60*.
— — — Hermann 59*; 428.
— — — Wenz 60*.
Mülenteich 304.
Mülgau 28*.
Müllenbossgin bei Hahnweiler 447.
Müllenweg 324.
Münchbischheimer Hof zwisch. Ober-
flörsheim u. Gundersheim (Kreis
Worms) P 23. 445; 449.
Münchschwander Hof 259; 263.
Münchwald b. Dalberg M 20/21. 95*;
179; 181.
— der, b. Lauschied 313; 322.
Münch-Walheim = Wahlheimer Hof
232.
Münchweiler a. d. Alsenz N 24. 88*;
104*; 236; 406; 438; 444; 482; 485.
— am Glan, Herrschaft K 25. 87*;
241; 248; 250; 254.
Münster bei Bingen N 20. 37*; 89*;
46*; 49*; 50*; 54*; 70*; 88*; 26
Anm. 2; 27; 34; 52; 190; 213; 219;
238; 285; 290; 302; 357; 358; 372
Anm. 5; 389; 430.
— — — Gemarkung 163.
— — — Gericht 52*.
— a. Stein N 21. 55*; 69*; 14 Anm. 5;
58; 345 f.; 347.
Münsterappel N 22. 5*; 10*; 69*; 34;
345; 348 f.; 355; 430; 431; 445.
— Gericht 355.
— Pastor 351 Anm.
— Stift 352.
— Vogtei 342; 368.
— Hof 236.
Münsterdreisen, Hof u. Kloster O 23.
38*; 40*; 99*; 104*; 108*; 219; 220;
406 f.; 409; 418; 445; 446; 449; 477;
490.
— jetzt Münsterhof 445.
— Abt 419; 486; 489.
— — Emmerich 446.
— — Heinrich 445.
— — Johann 445.
— — Johann v. Stetten 446.
— Propst 258.
— Kastenvogtei 486.
— Vogtei 220; 487.
Münstertal a. d. Appel N 22. 69*;
348 f.
Münzenberg 475.
v. Münzenberg, Herren 474.
— — Herrschaft 475.
Münzthal, Wüstung b. Weiler-Bingen
15*; 273; 274.
von Münzthal, Dyle und Martin
158.
Muerweg (Sprendlingen) 54.

Mule, Werner, Hubner von Ober-
saulheim 386.
Muleacker b. Eich am Altrhein 192.
Mulenberg (Iben) 236.
Mulhem = Mühlheim, Bez.-A. Fran-
kenthal 438.
Mumenheim,Muminheim=Mommen-
heim 426 Anm.; 450 ff.; 459.
Munchwiler = Münchweiler a. Glan
87*.
Munchwilre = Münchweiler an der
Alsenz 202.
Muncindale = Münzthal, Wüstung
15*.
Munfurt = Montfort 429.
Munsauwe = Ober- u. Nieder-Miesau
K 25. 251.
Munstere = Münster am Stein 347.
Munster prope Pingen = Münster
b. Bingen 50*; 191; 360.
Munsterappella = Münsterappel 349.
Munsterappeln = Münsterappel 85*.
Munsterdreyse = Münsterdreisen,
Kloster 445.
Munstre = Münster b. Bingen 359.
Munzaher marea = Monzingen 15*;
88.
Munzecha, Munziche, Munzichen,
Munzichun = Monzingen 15*; 82;
88.
Munzindale, Wüstung bei Weiler-
Bingen (Münzthal) 158 f.; 273.
Murga = Morgenbach 270.
— = Murg im Schwarzwald 270.
Murßfelt = Mörsfeld 350.
Mussbach, die = Mausbach zwischen
Jakobsweiler u. Weitersweiler 491.
Mutterschied L 20. 32*.
Mynchwiese 307.
Myrtenstein = Martinstein 335.

Na = Nahe-Fluss 505.
Naa = Nahe-Fluss 99.
Naago, Nahegau 11*; 60.
Naahegouue 298.
Naarheim = Norheim 15*; 73.
Nache = Nack 202.
Nacheim im Wormsgau = Nacken-
heim 231; 450 f.; 460.
v. Nacheim, Dyle, Ritter, Schultheiss
zu Nackenheim 460.
Nachgowe = Nahegau 24*; 26*; 58;
59; 78; 88; 158; 248; 507.
Nachowe, Nachowi pagus = Nahe-
gau 69; 368.
Nachtweide, Nachtweyd (zwischen
Lauschied u. Hühner Hof)319—321.
Nack, Kr. Alzey NO 22. 40*; 203;
204; 316; 376; 378; 406.

Nackam off dem Ryne = Nacken-
heim 191; 460.
Nackenberg (Ackerberg bei Alten-
bamberg) 366.
Nackenheim Q 20. 44*; 105*; 190;
229; 291; 295; 450 f.; 457; 460.
Nackenheim, Nacheim,Vogt,Wolfram
452.
— Vogtei 231.
Nackheim, Nackheym=Nackenheim
191; 229; 231; 458; 460.
v. Nackheim (Nack oder Nacken-
heim),Gelfrich, und Burckhard sein
Sohn 316; 473.
— — Johann 253; 309.
Nacte = Nack 202.
Nadenwise (Nottenwiese) 324.
Nächst Hochstätten (Kr. Kreuznach)
L 21/22. 333; 340.
Nähweiler, Wüstung J 23. 74*; 75*.
Nagel v. Dirnstein 198.
Nagonis pagus = Nahegau 78.
Nagouue = Nahegau 42*; 388.
Nahagau = Nahegau 15*.
Nahagowe = Nahegau 27.
Nahcouwe = Nahegau 90.
Nahe (Na, Naa, Nauua, Nawa, Nohe),
Fluss und Flussgebiet 3*; 4*; 8*;
15*; 58*; 3; 26 Anm. 2; 34; 60; 73;
91; 99; 125; 140; 142; 186; 194;
269; 270; 284; 299; 304; 313; 314;
317; 335 f; 342; 347; 367; 445; 505.
— Grenze des Nahe- u. Wormsgau
35 Anm. 1.
— — von Rheinhessen und Rhein-
preussen 35 Anm. 1.
Nahegau (Naago, Naahegouue, Nach-
gowe, Nagonis pagus, Nagouue,
Nahagau, Nahgouue, Nahgowe,
Nahgeuwe, Nahkewe, Nainsis, Na-
vinsis, Nawinsis pagus) 3*; 11*;
14*; 15*; 20*; 24*; 24* Anm. 4;
26*; 28*; 29*; 31*; 32*; 42*; 45*;
55*; 58*; 73*; 80*; 91*; 92*; 97*;
98*; 107*; 110*; 2; 6; 23; 27; 35;
42—44; 58—60; 72—74; 76; 78;
88; 90; 99; 115; 137; 153; 158; 169;
183; 186; 245; 248; 250; 269; 272;
274; 284; 297; 388; 407; 413 Anm.;
422; 507.
— Grafen 18*; 19*; 23*; 48*; 51*;
71*; 13; 48; 348.
— Emicho 176; 195; 298; 372; (comes
de Vlanheim) 388; 395.
Nahegasse zu Bretzenheim 503.
Nahethäler Hof = Niederthäler Hof
85.
Nahethal 95.
Nahepforte zu Bretzenheim 502.

Niederhosenbach K 22. 15*; 47*; 56*;
97*; 138; 299; 326.
Niederhundsbach, Wüstung L 22.
56*; 60*; 297; 307; 314.
Nieder-Ingelheim O 20. 24*; 244; 246;
247.
Niederkirchen a. d. Odenbach M 23.
4*; 54*; 70*; 71*; 297; 474.
Niederkirchen im Ostertal = Mar-
gareten-Ostern J 25. 15*; 74*; 24.
Niederkostenz (N. Costentzigh) K 20.
95*; 106; 106 Tab.; 107; 108; 112;
113; 121; 150.
Niederkumbd (Hasenkomede), Nie-
derchumbd L 19. 32*.
Niederländische Reformierte 264.
v. Nieder-Lothringen, Herzog Gozelo
81.
Niedermeckenbach, Wüstung K 22.
56*; 305.
Niedermehlingen, Weiler N 24. 265.
Nieder-Melingen 477.
Nieder-Miesau, Nieder-Misau K 25.
4*; 27*; 250; 251.
Niedermohr K 25. 4*; 27*; 250; 255.
Nieder-Moschel M 22. 79*; 366 Anm.
Niedernhusen = Niederhausen 225.
— = Niederhausen (Appel) 349 ff.
Niedern Steinthal 177.
Nieder-Ohmbach K 25. 27*; 251.
Nieder-Olm P 20. 5*; 16*; 229; 230;
291; 292.
— — Kurmainz, Amt 42*; 44*; 284;
291; 293; 457; 459; 460.
v. Nieder-Olm, Hermann 292.
Niederreidenbach, Hof K 22. 63*;
110*; 299.
Niederrhein, Reichsritterschaftlicher
Kanton 137; 283.
Nieder-Ronnenberg, Niedersdorf,
Wüstung K 23. 75*.
Niederroßbach 475.
Niedersaulheim O 21. 229; 231; 232;
385 f.
v. Niedersaulheim, Ganerben 168.
Niedersdorf (Nieder - Ronnenberg),
Wüstung K 23. 75*.
Niedersohren J 20. 25*; 96*; 116 bis
118; 121; 148.
Niederstall, Wald 437.
Niederstaufenbach L 24. 71*; 76*;
250.
Niederthäler Hof 85.
Niedertiefenbach 299.
Niederweiler J 20. 25*; 96*; 117; 150.
Nieder-Weinheim (Kreis Oppenheim)
O 21. 213.
Niederwendelsheim 376.
Niederwiese b. Meddersheim 313.

Niederwiesen O 22. 40*; 89*; 204;
210; 376; 427; 431; 494; 495.
— Gemarkung 210.
Nieder-Wörresbach J 22. 17*; 97*;
138; 143; 147.
Niedesheim, Gross- u. Klein-, Bez.-A.
Frankenthal P 24. 477; 499.
Niefern = Niefernheim 228.
Niefernheim O 23. 9*; 39*; 227; 228.
Nierstein Q 21. 15*; 23*; 24*; 30*;
233; 244; 246; 460.
— Königshof zu 24*.
— Pfarrkirchen: St. Maria (Kilian),
St. Martin 24*.
v. Nierstein, Füllschüssel, Werner
200; 467.
— — Ruhen, Jakob u. Heinrich 461.
Nierstein-Oppenheim, Reichsamt 24*.
Nieveler Hof zu Sprendlingen 52.
Niklas, Kaplan zu Kiren 304.
Nimmenning 144.
Niterau = Niederau, Wüstung bei
Simmern unter Dhaun 339.
Nittesheim, Nittelsheim, Gross- und
Klein- = Niedesheim, Gross- und
Klein- 499.
Niuunchiricha in foresto Wasago,
Nivunchiricha, -kiricha = Peters-
wald bei Kübelberg 16*; 250.
Nivelles (Süd-Brabant), Kloster der
heil. Gertrud 53; 57.
Nivellischer Hof (Sprendlingen) 51;
52.
Nivunchiricha b. Kübelberg 250.
Nohbollenbach K 22. 4*; 62*; 110*.
Nohe = Nahe 140; 142.
Nohefels = Nahfels b. Sobernheim 94.
Nohfelden 4*.
— Herrschaft 396.
Nolle v. Bingen 506.
Nollkaut, Wald 227.
Nonnenwald b. Bennhausen 491.
— b. Waldalgesheim 157.
Nordelsheim, Nordolfsheim, Wüstung
b. Undenheim 192; 220.
Nordenstadt, Nordenstad, Norden-
stat, Kr. Wiesbaden 357; 450 ff.;
473.
Nordolfsheim, Nordoltsheym, Wü-
stung b. Undenheim P 21. 220; 239.
Nordpfälzisches Bergland 3*.
Nordpfalz 229.
Norheim M 21. 15*; 94*; 71—73; 345.
— Pfarrer 58.
Norre, Heinrich, Ritter und Schöffe
zu Kirn 398.
Nortpolt (926) 64*; 298.
Nosbach, Wüstung bei Hüffelsheim
oder = Nussbaum 89.

Raugräfin Agnes zur Neuenbaumburg (geb. v. Leiningen, Gemahlin Philipps I.) 87*; 294; 369; 420.
— Anna (geb. v. Bolanden, Gemahlin Philipps II.) 82*; 89*; 68; 241.
— Elisabeth (Tochter des Otto) 521.
Raugraf Emich I. u. II. 82*.
— Engelbert, Engelbrecht I. 82*.
— — — II. 90*; 521.
— Georg I. 468; 520.
— — II. 33*; 47*; 83*; 86*; 15; 65; 66; 100; 202; 224; 242; 359; 372; 518; 520.
— — III. 82*.
— Gerhard I. 82*; 183.
— Gottfried 87*; 468.
— Heinrich I., † 1261 82*; 85*; 242; 303; 515.
— — II., † 1292 86*; 351; 421; 468; 515.
— — des vorigen Bruder, Mönch zu St. Maximin vor Trier 351.
— — III., † 1330 85*; 87*; 91*; 65; 71—74; 99; 209; 294 Anm. 2; 305; 355; 430; 432; 433; 468.
— — IV., † 1340 87*; 65; 209; 241; 432; 468; 515.
— — V., † 1385 82*; 87*; 90*; 66; 212; 224; 294; 342.
— Hugart 90*; 521.
Raugräfin Katharina (geb. v. Katzenelnbogen, Gem. Heinrichs III.) 433.
Raugraf Konrad II. 82*.
— — III. 82*; 303; 310; 374; 515; 520.
— — IV. 83*; 65; 241; 468.
— — V. 67; 81.
— — VI. 372 Anm. 5 (vgl. auch Konrad v. Bolanden).
Raugräfin Kunigunde (geb. v. Sponheim, Frau Wilhelms) 83*; 224.
Raugraf Kuno, Cone, Propst v. St. Gereon in Köln 87*.
Raugräfin Lauretta (Gemahlin des Otto I. v. Bolanden) 82*; 89*; 100; 369; 520.
— Margareta (geb. v. Katzenelnbogen, Gemahlin Georgs II.) 372.
— Maria (geb. v. Salm, Gemahlin Ottos) 68.
— Mena (Gemahlin des Philipp von Bolanden) 242; 294; 497.
— — (Gemahlin des Philipp v. Daun-Oberstein) 521.
Raugraf Otto 82*; 84*; 86*; 90*; 68; 200; 207; 211; 214; 240; 241; 266; 369; 421; 432; 468; 516; 518; 521.
— Philipp I., † 1359 85*; 87*; 67; 294; 420.

Raugraf Otto II. 89*; 90*; 65; 68· 224; 225; 240; 241; 243; 294; 369· 498; 515; 521.
— Reinhard 82*; 99*; 521.
— Ruprecht (Rupert) II. 85*; 262; 287; 515.
— — III. 468.
— — IV. 87*; 72; 73; 193; 212; 236; 294; 432; 433
— Wilhelm I. 53*; 82* f.; 89*; 15; 65; 66; 100; 224; 242; 294; 359; 372; 483.
— — II. 207; 240; 369.
Raugrafenhof zu Flonheim 372 A. 5.
— zu Schweisweiler 243.
Rauh v. Lonsheim 381.
Raumbach L 22. 77*; 320.
Raumbornsweg (Sprendlingen) 54.
Raunelbach (nördl. Idarbach) 6*.
Rauschabshof zu Fürfeld 354.
Ravanger 251
Ravengiersburg K 20. 34*; 96*; 121; 251.
— Kloster St. Christophorus b. Simmern 10*; 11*; 49*; 17; 25; 49; 57; 58; 88; 91; 102; 114; 115; 165; 195; 375
— Propstei 28.
— Propst 106; 134.
— Vogt 106.
— Vogtei St. Christophori 33*; 49* Anm.; 302.
Ravengiersburger Gemarkung 95*; 110.
— Hundgeding 34*.
v. Ravensburg, Göler Familie 5; 185; 186.
— — Albrecht Göler, Amtmann zu Kreuznach 41.
Raversbeuren 120.
Rayerschied L 19. 34*.
Rebendespurg = Ravengiersburg, Vogtei 302.
Rechelnhausen, Wüstung zwischen Simmern unter Dhaun und Konrader Hof L 21. 67*; 336; 337.
Rechellenhusen, Wüstung bei Simmern unter Dhaun 336.
Rechen, jenseits der (Sprendlingen) 51.
Rechenberg, Hof, Wüstung b. Simmern unter Dhaun 339.
Rechtbach = Kirn- oder Hahnenbach 327.
Reckelhausen = Rechelnhausen, Wüstung 339.
Reckershausen K 20. 33*; 34*; 109.
Reckweiler = Röckweiler Hof L 23. 268.

die Sandkaul b. Marienthal an der Russmühle 486.
Sandkaule b. Wonsheim 226.
Sandkopf 6*.
Sane, Sane silva = Soonwald 60; 134.
Saneck = Sooneck, Burg 6*; 279; 280; 282.
v. Saneck, Saneck v. Waldeck, Johann 282.
Sanecke = Sooneck 278.
in der Sang (Distrikt) 120.
die Sange, Sang, Wald bei Hahnweiler oder Imsbach 447; 449.
— — Waldabteilung 484.
Sange (obere), Wald b. Münsterappel 351 f.
Sangerhof K 25. 73*.
Sano silva = Soonwald 244.
Santbach = Sembach 259; 261; 262.
Santelwein = St. Elwin = St. Alban 476.
Santfels, Burg 62*.
Santhof = Sandhof b. Eich 467.
Santhoffe = Sandhof 192.
Sargenroth L 20. 34*.
Sarlesheim, Sarlisheim oder Sergelsheim, Wüstung bei Neubamberg N 22. 82*; 88*; 65; 226; 515; 516.
Sarlnsheimer Weg 226.
Sarmaten 102.
Sarmsheim, Sarmersheim N 20. 46*; 54*; 70*; 20; 26 Anm. 2; 285; 288; 290; 291; 345; 357.
v. Sarmsheim, Heinrich 181; 358.
— — Kessler 21; 426; 510.
— — — Arnold 358.
— — — Philipp 234.
Sarmsheim b. Nuwenbeimburg für Sarlesheim 516.
Sarmundesheim = Sarmsheim 357.
Sassenhausen = Sachsenhausen bei Frankfurt 222.
v. Sassenroth 5; 6.
Sattelhof N 24. 264; 265; 267.
Sauerburg, die 30*.
Sauerschwabenheim O 20. 24*; 25*; 55*; 245; 246.
am Sauerweg am Kerff b. Münsterappel, Richtplatz 352.
Sauerwies, Sauerwys, Sauerwiesen b. Marienthal 486; 488; 489.
Saulheim (Sauwelnheim usw.) 16*; 52*; 385; 430.
— Nieder- 229; 232; 385.
— Ober- O 21. 69*; 229; 368; 385; 387.
Saulheimer Gut zu Ensheim 168.
— Strasse b. Hechtsheim 513.
v. Saulheim (Sauwelnheim, Sauelen-

heim, Sovelenheim), Herren, Ritter 62.
v. Saulheim. Andreas Burkart, Ritter und Hubner v. Obersaulheim 386.
— — Anna 458 f.
— — Damian 454; 458 f.
— — Elise 458 f.
— — Georg 457.
— — Gerhard 156.
— — — Seltin 458.
— — Frau Getz 156; 157.
— — Guda 458 f.
— — Heinrich 425.
— — Merbodo 236.
— — Peter, Ritter und Hubner zu Obersaulheim 386.
— — Salentin 156; 458 f.
— — Seltin 454.
— — Thomas 458 f.
— — Werner 256.
— — (Sauwelnheim), Bock 509.
— — (v. Sauwelnheim), Copp Werner, Ritter 457.
— — Kopp, Johann 246.
— — (v. Sauleim), Erlenheupt, Johann 288.
— — (v. Sauwelnheim), Orlenheupt, Jeckeln 219.
— — Hirt 173.
— — — Hermann 458 f.
— — — Philipp 458 f.
— — (Sauwelnheim), Hund 155; 426.
— — — Friedrich 156.
— — — Hans 288.
— — — Hermann 156; 220; 458 f.
— — — Jacob 231; 233; 458 f.
v. Sauwelnheim, Werner, gen. Stoezel, Hubner v. Obersaulheim 386.
Sauuelenheim, Sauuilenheim, Sauuilheim = Saulheim 385.
Sauwelnheim minus = Obersaulheim 385.
— Savwilenheim, Sauelheim, Sawelnheim, Sauelenaim, Sauwilnheim siehe Saulheim.
Sauwelnheimer (Saulheimer) Strasse b. Hechtsheim 513.
v. Savershusen, Hermann 113.
Savilenheim = Saulheim 385 Anm. 1.
Sayn, Grafschaft, Grafen 92*; 103; 190.
— Gräfin Adelheid, verw. Gräfin v. Sponheim 92*.
— — — Gemahlin des Raugrafen Heinrich 1285 515.
— — — Tochter des Grafen Heinrich 9.
— — Anna v. Solms 1420 511.

Uben, Kloster, Schloss = Iben bei
Fürfeld **225; 236.**
Uberflersheim = Oberflörsheim **193;
415.**
Ubersheim off dem Ryne = Ibers-
.heim **192; 207.**
Uberwald b. Gaugrehweiler **494.**
Ubin, Dorf = Iben **236.**
Uckenheim = Ockenheim **166.**
Uda, Tochter des Herzogs Kuno v.
Beckelnheim **86.**
Udalrich v. Bamberg **153.**
Udenhausen **174.**
Udenheim, Udenheym P 21. **98*; 229;
232; 386** Anm. 5.
— Turm **232.**
v. Udenheim **87*.**
— — Diele **232; 425.**
— — Gernod **232.**
— — Hermann **200; 209; 232; 467.**
— — Johannes **232.**
— — Philipp, Sohn des Ritters Jo-
hann **384.**
— — (Beckelnheim), Clas Stoltze **56.**
Udenkappeln, Kappeln L 23. **61*; 98*.**
Udilhilde, Frau des Philipp jun. v.
Falkenstein (1312) **511.**
Udo, Erzbischof v. Trier **100.**
— Erzpriester zu Mannendal **22.**
— Edelherr v. Sponheim **18; 19; 27.**
— Graf v. d. Wetterau **81.**
— Graf (Wetterau?) **139.**
Ueben = Iben **236.**
v. Ueben, Marschalke v. Waldeck **177.**
— — — Konrad, Junker **236.**
Uebener Weg **227.**
Ueberdorf **54*.**
Ueber-Hochstätten **332.**
Ueberlautern L 23. **77*.**
Uebersheim = Ibersheim **209.**
Uffenheim = Offenheim **197; 215.**
Uffenhoven = Uffhofen **372.**
Uffhofen, Offhofen O 22. **49*** Anm. 3;
**52*—54*; 86*; 210; 212; 229; 230;
368; 371—374; 378.**
Uffilesheim, Uffilibesheim, Uffiliubes-
heim = Hüffelsheim **13*; 23** A. 1;
73; 78.
v. Ufhoven, Otto **374.**
Ulbesheim = Ilbesheim O 23. **495.**
v. Ulbersheim, Hugo **459.**
Ulenheim = Aulheim, Wüstung bei
Erbesbüdesheim **202.**
v. Ulfenheim, Peter **208.**
Ulfersheimer Bann **235.**
Ulfrid **88.**
Ullner, Euler von Dieburg, Philipp
211.
— v. Spanheim, Johann **80.**

Ulman, Hohenfelser Vasall zu Kall-
stadt **471.**
v. Ulmen **325.**
— — Bube, Heinrich **341.**
v. Ulmen, Haust, Huste Augustin,
Dietrich, Clais sen., jun. **119.**
Ulmena, Hof = Niederolm **292.**
Ulmene = Niederolm **274.**
Ulmet K 24. **74*.**
— Niederamt **74*.**
v. Ulnbach, Phile, Cuntz **332.**
Ulner v. Böckelheim, Johann **71.**
— Beckelnheimer **74; 87.**
— von Dieburg, Familie **165; 168;
186; 432.**
— Philipp **186; 211.**
Ulnheim = Aulheim, Wüstung bei
Erbesbüdesheim **202.**
Ulrich v. Horningen **501.**
— v. Leyen **15.**
Ulrichs Weingarten **185.**
Uluinisheim = Ilbesheim **368.**
Ulvenusheim, Ulvensheim, Ulves-
heym, Ulversheim (apud Alzeyam)
= Ilbesheim (auf dem Gleichen)
O 23. **193; 195; 196; 230; 239; 243;
476; 477; 497.**
Umbsbach = Imsbach **477.**
Umbweg **140.**
Uminsheim = Enzheim **206.**
Umstadt **30*.**
Unbescheiden v. Lechenich, Arnold
296.
Uncinberg = Unzenberg **106** Tab.
Undenheim, Kreis Oppenheim P 21.
36*; 192; 220; 239; 288.
Underbach, Bach **4*.**
Underdefenbach = Hintertiefenbach
146.
Undernbernbach = Teil von Bären-
bach **116.**
Undinheim und Nordelsheim, Ge-
meinde **220.**
Ungarn, König Stephan der Heilige
42.
auf Ungen **98.**
Ungenbach, Wüstung **263.**
Unkelbach M 22. **77*.**
Unkelstein b. Böckelheim, der **3.**
Unnesbahe, Unnisbach = Zinsbach
(Bach bei Sippersfeld) **438; 439.**
Unsbach = Imsbach **483; 484.**
Untere Hub, Hof M 20. **179.**
Unter-Jeckenbach K 23. **50*; 60*.**
Unterkerzenheim **435.**
Unterselchenbach J 24/25. **74*.**
Unter-Sulzbach L 24. **27*; 252; 253.**
Unzenberg K 20. **33*; 106** Tab.
Uodenheim = Udenheim **232.**

Vorholz b. Jakobsweiler **492**.

— Wald b. Offenheim NO 22/23. **37**; **197**; **427**; **431**.

Vornfeld, Vornfelt = Fürfeld **85***; **430**.

v. Vorninfeld (Fürfeld), Conrad **362**.

Vosagus **11***.

Voytsberg, Veste = Faitzberg **282**.

Vrondau, Weiler M 25. **264**.

Vuasogo = Wasgau-Wald **248**.

Vunnivvillare im Wormsgau = Winnweiler **24*** Anm. 4; **480**.

Vuormazvelde, Wormsfeld, Wormsgau **26***; **248**.

Vurmacensis pagus = Wormsgau **11***; **60**.

Vusago (Wald) **26***.

Waalem, Wüstung **133**.

Wachenheim **8***; **29***.

v. Wachenheim (Wachinheim), Familie **174**; **200**; **266** (Bonn); **466**; **487**.

— — Diez **211**; **432**.

— — Dieze und Erlind und Söhne **470**.

— — Druscheln oder Truchel **435**; **445** f.

— — Hans **201**; **421**.

— — Johann (v. Friesenheim) **174**.

— — Hans Martin **238**.

— — Peter **471**.

— — Siegfried, Vater u. Sohn **473**.

— — Sigelo **218**.

— — Schotte, Folgmar **473**.

— — Volgmar **231**.

Wacholder, Jakob, Mainzer Hofjunker **31**.

Wachsgewann = Stetter Gewann **496**.

Wackenbach, der **120**.

Wackenborner Hof b. Höringen **480**.

Wackernheim, Kreis Bingen O 20. **24***; **244**.

v. Wackernheim, Emercho, genannt Humel, Ritter **161**.

— — Johann **170**.

Waddehoiche in der duwen b. Eich am Altrhein **192**.

Wadenau, Burgstadel (Wüstung) **74***.

vor den, zwischen den Wäldern (inter Silvas), Amt **66***; **390**; **396**; **399**.

Wällenfeltz = Wehlenfels (Hahnenbach) **327**; **329**.

Wäschbacher Hof (Wiesenbach) N 24. **260**; **265**; **267**.

am Wag (Sprendlingen) **54**.

Wahlenau J 21. **25***; **96***; **117**; **118** f.; **120**; **150**.

Wahlbach, Wahlenbach, Walbach L 19. **32***; **146**; **147**; **394**.

Wahlheim, Kr. Alzey O 22. **36***; **40***; **101***; **221**; **427**; **497**.

Wahlheimer Hof b. Hahnheim a. d. Selz P 21. **232**; **233**.

Wahlstein, Richtstätte b. Gaubischofsheim **293**.

Wahnwegen K 25. **73***.

Walaho, Graf im Wormsgau 882 **18***.

— Laienabt des Klosters Hornbach **19***.

Walahonen, die, Grafengeschlecht im Nahe- u. Wormsgau **18***; **19***.

Walbach, Wahlenbach, Bach b. Herrstein **144—146**.

— Wald b. Bockenau u. Nunkirchen **18**; **31**; **44**.

v. Walbach, Heinrich **28**.

Walbert, Vogt zu Trechtingshausen **276**.

Walbenrot, Wolfenrod, Wüstung bei Spabrücken **82**; **133**.

v. Walborn (Walbrunn), Hans **459**.

v. Walbrunn, Herren **99***.

— — Freiherr **258**.

Walburgis v. Leiningen, Gräfin v. Sponheim **152**.

Wald, ober dem (Kappel) **109**.

Wald-Algesheim MN 20. **8***; **11***; **17***; **36***; **45***; **103***; **26**; **26** Anm. 2; **154**; **155**; **161—163**; **171**; **179**; **183**; **274**; **428**.

— — Gemarkung **183**.

Waldalgesheimer Herrenwald **164**.

Waldbach = Idarbach **123**; **399**.

Waldböckelheim, Wald-Böckelnheim (Beckelnheim) M 21. **7***; **8***; **11***; **42***; **94***; **5**; **81**; **84—86**; **94**; **131**; **287**.

Waldbott, Waltbott v. Bassenheim **111**; **118**.

Walddörfer westlich der Nahe **162**.

vom Walde, Junker Hermann **504**.

— — Philipp **287**.

Waldeck a. d. Hunsrück **30***; **31***.

Waldeck-Gondershausen Amt **35***.

v. Waldeck, Herren **89***.

— — Gebrüder **282**.

— — Graf, Reichsjustitiar **460**.

— — Adam **236**.

— — Dietrich **361**; **362**.

— — Emmerich, Edelknecht, Gemeiner zu Dalberg **179**.

— — — Ritter **236**.

— — Johann, Ritter **184**; **236**.

— — — Jost **184**.

Wellestein = Wöllstein 67.
Wellnstein, Welnstein 53*.
Wellstein = Wöllstein 62–69; 373;
    404; 477.
Welresaw 29*.
Welschbach, der 153.
Welstein = Wöllstein 68; 517.
Weltersbach, Hof L 25. 27*; 255.
Welthistein = Wöllstein 65.
Weltstein = Wöllstein 67.
Wenchels-suuanden, Hof = Münch-
    schwander Hof 259.
St. Wendel, Kreis, Amt 3*; 63*.
Wendela 30; 44.
Wendelinsheym, Wendelnesheim =
    Wendelenesheim, Wendelensheim,
    = Wendelsheim 357; 375.
Wendelisheim = Wendelsheim 17*.
Wendelmuth 20.
Wendelsheim, Wendelsheym N 22.
    8*; 17*; 49* Anm.; 52*; 54*; 46;
    210; 212; 226; 229; 230; 368; 371
    bis 373; 375 ff.
Wendelsheim, Pfarrei 204.
Wendelsheimer Mark 203.
Wendelsheim nach Wonsheim, Pfad
    227.
Wendilsheim = Wendelsheim 368.
Wendwyler = Winnweiler 477.
„Wenige Grafschaft" = „Halbe Graf-
    schaft" zu Münsterdreisen 419.
Wentilesheim = Wendelsheim 375
    Anm. 2.
Wentzenheim = Winzenheim 506.
Wenzel, König 229; 252; 408.i
Wenzel, Wald b. Mörschied 67*; 143;
    397.
Wenzeslaus, König 474; 478.
Weomad (Wiomad, Uuimad), Bischof
    von Trier 759—791 46*; 44.
Werchweiler, Werchwiler, Wüstung
    K 20. 95*; 106 Tab.; 107; 110;
    115.
Werdenstein, Haus 75*.
Wergesbach = Wörresbach (Nieder-)
    17*.
Werigesbach = Wörresbach 341.
Weringesbach, Werinsbach = Wör-
    resbach (Nieder-) 138; 308.
Werinhar, Werner, Graf im Worms-,
    Nahe und Speyergau, Ahnherr des
    Salischen Hauses 18*; 24* Anm.
Weristat = Wörrstadt 382.
Werisbach=Wörresbach (Herrstein),
    Amtmann 302.
Weriswiller, Weriswillero marca =
    Wirschweiler 17*; 395.
Werner, Abt v. St. Alban vor Mainz
    99.

Werner, Wernher, Erzb. von Mainz
    92*; 23; 83; 278; 346; 357.
— (v. Falkenstein-Münzenberg), Erz-
    bischof v. Trier, Kurfürst 107*;
    68; 325.
— I., Herr v. Bolanden 98*; 402;
    405; 406; 480.
— II. 23*; 37*; 46*; 71*; 99*; 100*
    bis 105*; 8; 24; 35; 55; 58; 62; 69;
    74; 76; 158; 204; 205; 209; 211;
    213—215; 219; 221; 223; 289; 380;
    382; 385; 403; 405—407 f.; 410 bis
    412; 414; 415; 420; 422; 423; 425;
    427; 428; 433; 439; 441; 449; 450;
    454; 465; 467; 473 Anm. 1; 480;
    493; 501; 502; 505; 511; 512.
— III., Herr v. Bolanden, Reichs-
    truchsess 403; 418; 441; 462; 480.
— IV. (u. Söhne) 100* f.; 310; 403;
    415; 429; 461; 512.
— V. 98*; 403; 405; 406; 414; 420;
    433.
— v. Bolanden, Herr zu Reichen-
    stein bei Trechtingshausen (todt
    1241) 403; 441.
— v. Falkenstein 109.
— — — Kurfürst v. Trier, Regent
    der Grafschaft Falkenstein 474 f.
— v. Hohenfels 219; 463; 467.
— v. Lewenstein 24* Anm. 4.
— Rheingraf 14; 24; 346; 519 Anm.
— Graf 24* Anm 4.
— v. Reichenstein 441.
Wernersbrunnen, Wüstung b. Stauf
    435 f.
Wernersmühle 393.
Wernhar 27.
Wernharius, Graf, Neffe des Here-
    rich 18* Anm. 3.
— Graf im Speiergau 60.
Wernher 30.
— Abt v. Disibodenberg 11.
— Erzbischof v. Mainz 278; 357.
— Graf 62.
Wernherus dapifer de Alcei 196.
Wernsbrunnen = Wernersbrunnen,
    Wüstung bei Stauf 436.
Werresbach, Werrisbach = Nieder-
    Wörresbach 138.
Werriche = Würrich 106 Tab.
Werrigweiler = Werchweiler, Wü-
    stung 110.
Werschweiler J 25. 74*.
We(r)szweiler 239.
Werstat = Wörrstadt 229; 230
Werstater marca = Wörrstadter Ge-
    markung 382.
Wertzwiler = Würzweiler 243.
Wertdersheim für Weitersheim 30.

Wild- u. Rheingraf Johann V. 1476 bis 1496 (Gemahlin seit 1459 Johanna von Salm) **55***; **358**; **360**.

— — — — VI. 1496—1499 (Gemahlin Johanna v. Mörs u. Saarwerden) **55***.

— — — — VII. zu Kyrburg 1499 bis 1531 **55***; **24**; **97** Anm.

— — — — VIII. zu Kyrburg und Mörchingen 1531—1548 **68**.

— — — Joh. Casimir zu Kyrburg 1607—1651 **373**.

— — — Joh. Georg 1682 **353**.

— — — Joh. Ludwig zu Dhaun 1637 bis 1673 **318** f.

— — Rheingräfin Johanna, geb. v. Salm **55***.

— — — — geb. v. Mörs und Saarwerden **55***.

— — — Jutta, geb. v. Leiningen 1370 **373**.

— — Rheingraf Konrad v. Dhaun 1414 **349**; **351** Anm.

— — — Leopold Philipp Wilhelm v. Grumbach 1668—1719 **353**.

— — Rheingräfin Margareta, Tochter des Wildgrafen Friedrich von Kyrburg und Gemahlin des Wild- und Rheingrafen Johann II. **53***; **343**; **369**.

— — Rheingraf Otto von Kyrburg, Sohn Johanns VIII. v. Mörchingen 1554—1607 **76***; **46**; **64**; **123**; **372** Anm. 5; **373**.

— — — Philipp von Dhaun 1499 bis 1521 **55***; **24**; **356**.

— — — Philipp Franz zu Dhaun 1521—1561 **181**; **226**; **366**; **375**; **470**.

— — — Philipp Hans = Johann Philipp Graf zu Salm 1521—1566 **375**.

— — — Thomas zu Kyrburg 1531 bis 1553 **68**.

Wilenstein, Burg bei Kaiserslautern, Herrschaft M 26. **107***; **266**; **477**; **478**; **522** f

v. Wilenstein, Reichsministerialengeschlecht **523**.

— — Merbodo **255**.

— — — Landolf, Ritter **259**.

Wiler by sante Katharinen = Braunweiler **22**.

— = Weiler b. Monzingen **335**; **336**

Wilerbach **54***.

Wilere = Weiler bei Bingen N 20. **357**.

Wilgesheim = Welgesheim **198**; **455**.

Wilhelm, König **249**.

— Herzog v. Bayern 1538 **487**.

Wilhelm, Pfalzgraf 1140 **28***.

— Graf v. Eberstein 1538 **487**.

— Graf v. Katzenelnbogen 1382 **135**.

— v. Manderscheid **67***.

— Raugrafen **82***; **89***; **15**; **65**; **66**; **100**; **207**; **224**; **240**; **242**; **294**; **369**; **372**; **430**; **483**.

— Grafen v. Virneburg **107***; **70**; **476**; **494**; **495**; **500**.

— Wirich zu Daun, Graf v. Falkenstein 1636—1682 **44***; **75***; **107***; **226**; **478**; **512**; **513**; **524**.

Wilhelmiten-Orden **86**.

Willebald **158**.

Willich v. Alzey, Werner **422**; **424**.

Willicho (Wilhelm), Abt v. Sponheim **17**; **18**.

Willeko, Sohn der Hedwig **288**.

Willenborg = Wildenburg **388**.

Willengisheim = Welgesheim **286**.

Willenstein-Trippstädter Wald **254**.

Willigis, Erzb. v. Mainz **10***; **42***; **17**; **86**; **90**; **91**; **269**; **270**; **272**—**274**; **283**; **291**.

Williko, Sohn der Hedwig **92**.

auf Wilpert = Klingenberg **394**.

Wilre in pago Nahgowe = Weiler b. Bingen **17**; **158**; **273**; **277**.

— b. Bolanden, Hof **411**.

— juxta Crucenacum = Weilerhof **24**.

— = Weiler b. Monzingen **98**.

— Hof = Weiler b. Otterberg, Wüstung **259**; **263**.

v. Wilre, Heinrich **274**.

— — Konrad **274**.

Wilrebach = Weilerbach **254**; **255**.

— Weilerbach, Ambt **249**; **255**.

Wiltbach **327**.

v. Wiltberg, Ritter, Herren **65*** bis **67***; **46**; **118**.

— — Anton, Domkustos zu Mainz u. dessen Neffe, Franz, Georg **282**.

— — Volker **392**.

v. Wiltburg **23**.

Wilwersbach, der **120**.

Wimesheim = Weinsheim **60**; **83**.

Wimmersbacher Hof L 20. **34***.

Wimundasheim, Wigmundisheim = Weinsheim **17***; **18*** Anm. 3; **91***; **60**; **134**.

Winantswiese, Wendtzwiese (Hahnenbach) **327**.

v. Winchingen, Berthold **436**.

Winczingen **29***.

Windberg, Burg b. Weinheim (Alzey) **223***

v. Windbuchen, Haußner, Ludwig **355**.

Wüstungen:
Kir K 19. **95***.
Kirweiler, Kyrwilre K 19. **95***; **106** Tab.; **109**.
Kloster b. Regulshausen J 22. **97***.
Köngernhausen K 25. **73***.
Kredenpoel uff den Poelen (Krötenpfuhl?) b. Simmern unter Dhaun am Phoelwiesberg **339**.
Kreppach oder Kritbach b. Wolfstein L 24. **27***; **252**.
Kronkreuz b. Ensheim O 21. **35***; **168**; **169**.
Kuhweiler **133**.
Kurzenhausen J 24. **74***.
Lampert, Lampenrode, Lamperait. Lampinroide **106** Tab.; **107**; **108**; **110**.
Langenhard, Langert, Hof b. Bärweiler **60***; **315**.
Leidsthal K 25. **73***.
Lindesheim oder Lydrichsheim **235**.
Litzelsohren **121**.
Maiweiler K 23. **74***.
Mainzweiler, Mentzweiler zwischen Cöln u. Mannweiler M 23. **90***; **521**.
Meddershausen K 23. **75***.
Meiershausen K 23. **75***.
Mörsburg, Morsberg K 20. **106** Tab.; **109—111**.
Mohrbach J 24. **75***.
Molkenrode im Soonwald, Molkenroder Hof **130**; **133**.
Monzenfeld b. Mörsfeld **212**; **431**.
Morsbach b. Stauf **435 f**.
Münzthal, Munzindale b. Weiler-Bingen **15***; **158 f.**; **273**; **274**.
Nähweiler J 23. **74***.
Nanzweiler b. Neunkirchen (Anzwilre) K 24. **26***; **249**.
Neudorf (Soonwald) **134**.
Neuhausen J 25. **74***.
Nieder-Aschbach L 23/24. **57***; **62***; **76***.
Niederau, Niterau, Wedernauwe L 21. **67***; **329**.
Niederbofen b. Sohren **116**.
Nieder-Hundsbach L 22. **56***; **60***.
Niedermeckenbach K 22. **56***; **305**.
Niedersdorf (Nieder-Ronnenberg) K 23. **75***.
Nordolfsheim, Nordelsheim, Nordoltsheim b. Undenheim **192**; **200**.
Nossbach b. Hüffelsheim **78**.
Notzweiler **56***; **314**.
Nunkirchen M 21. **93***.
Ober-Hachenbach K 23. **57***; **58***; **97***.

Wüstungen:
Ober-Hundsbach L 22. **56***.
Oberweiler b. Standenbühl **219**; **420**.
Osterkülz K 19. **82***.
Otzweiler b. Meddersheim (Notzwilre, Notzweiler) **56***; **314**.
Pelschbach K 24. **74***.
Potzweiler b. Rhaunen-Sulzbach **16***; **298**.
Ralsbach, Radelsbach, Rolzbach **106** Tab.; **110**; **114**.
Ramersweiß **339**.
Redelsen, Redelhausen b. Alsenbrück **485**.
Rechelenhausen, Rechellenhusen, Reckelhausen b. Simmern unter Dhaun (Hof Rechenberg) **67***; **339**.
Reichelheim, Ruchelnheim b. Niederolm **292**.
Reichwieler, Richwiler, Rychwiler K 20. **16***; **95***; **106** Tab.; **107**; **110**; **114**.
Reisberg, Ritzenberch, Reintzenberg J 22. **97***; **146**.
Reisweiler K 25. **74***.
Reitsteg, Rytsteg K 20. **95***; **106** Tab.; **107**; **110**.
Rencenberg **187**.
Richelswillere, Reichweiler **115**.
Rindsweiler K 25. **73***.
Rittelhausen, Rielsen = Ruchelnhusen K 20. **106** Tab.; **110**.
Rittsteg, Kr. Simmern **34**.
Rode b. Erbesbüdesheim O 22. **40***; **204**.
— b. Kriegsfeld N 22. **109***; **210**; **494 f.**
— b. Medard L 23. **77***.
Rödelheim b. Kappel **110**.
Roitzweiler b. Gemünden **115** Anm.
Rolzbach oder Ralsbach K 20. **95***.
Ruchenhausen J 20. **96***; **121**.
Ruchenhusen **25***.
Ruchweiler K 20. **95***; **110**.
Ruchwiler, Ruckwilre bei Stauf **435 f.**
Rudolfshausen, Rudilshausen bei Weisenau PQ 20. **512**.
Rudolfsheim b. Oppenheim Q 21. **233 f.**
Ruppertsweiler **74***.
Russweiler **241**.
Sarlesheim, Sergelsheim b. Neubamberg N 22. **515**.
Schelben (Lage nicht bekannt, bei Oberstein oder Wildenburg) **398**.
Scheuff **25***; **32***.

Sachregister.

Zu den Karten.

Die drei Karten im Massstabe von 1 : 250 000, die dem Buche
beigegeben sind, stellen das Gebiet, welches etwa von Trarbach
und St. Wendel im Westen bis Mainz, Worms und Frankenthal
im Osten, und von Simmern und Bacharach im Norden bis Kaisers-
lautern im Süden reicht, in drei verschiedenen Stufen der Ent-
wicklung dar:

1. den Nahegau und den Wormsgau vom 8. bis 12. Jahr-
   hundert;
2. die Herrschaften des unteren Nahegebietes um das Jahr
   1275;
3. die Herrschaften des unteren Nahegebietes um das Jahr
   1430.

Die natürliche Grundlage, Gelände in Schichtlinien von je
50 m Höhenabstand, Wald und Flussnetz sind den Blättern der „Topo-
graphischen Uebersichtskarte des Deutschen Reichs in 1 : 200 000“
der Preussischen Landesaufnahme [1]) entnommen. Die Ortslagen und
Ortsnamen entsprechen dem Stande der Besiedelung etwa vor hun-
dert Jahren, nur sind dazu die sicher bestimmbaren Wüstungen
hinzugekommen, die meisten Einzelhöfe aber mehr aus Platzmangel
als grundsätzlich fortgelassen. Städte sind durch grössere Schrift
hervorgehoben, auch wenn sie, wie Otterberg und Frankenthal, in
der dargestellten Zeit als solche noch gar nicht vorhanden waren;
man kann sich dann bei der aus Billigkeitsrücksichten angewandten
Konturschrift für die Dörfer und Wüstungen besser zurechtfinden.
Dieser Unterlage sind alle nötigen Grenzen in schwarz eingezeich-
net, wie sie für das 15. und 16. Jahrhundert zu ermitteln waren.
Das Verfahren war dabei ein gemischtes: wo weiter kein Hilfs-
mittel vorhanden oder mir bekannt geworden oder anwendbar war,
ist die Grenze einfach aus den Gemarkungsgrenzen zusammengesetzt
worden. Lag dagegen Material zur Richtigstellung der alten Grenze

---

1) Der Herr Chef der Königl. Landesaufnahme hat gütigst gestattet,
dass Abdrucke der Gelände und Flussnetzplatte der genannten Karten
für mich angefertigt wurden, wodurch die Arbeit des Lithographen we-
sentlich erleichtert wurde. Hierfür spreche ich herzlichen Dank aus.

in Karten, Urkunden, Weistümern und Grenzbeschreibungen vor,
ist dasselbe gewissenhaft benutzt worden.

Auf dieser jedesmal wieder im wesentlichen unverändert ab-
gedruckten Grundlage (Gebirge und Wald grau, Gewässer, Ort-
schaften, Namen und Gipfelhöhenzahlen[1]) schwarz) sind die jedes-
maligen Herrschaftsgebiete durch rote Grenzen getrennt und durch
Flächenfarben in der Rheinprovinz und dem Fürstentum Birken-
feld, oder durch Randfarben in den übrigen heutigen Gebieten be-
zeichnet. Die eingedruckten roten Ziffern weisen auf die Nummern
bei den Täfelchen der zugehörigen Erklärung hin. Eine Ueber-
einstimmung dieser Ziffern auf beiden Karten der Herrschaften von
1275 und 1430 konnte nicht erreicht werden, weil die Anzahl und
die Stelle in der Aufzählung der Territorien zu verschieden war.
In den Aufzählungen ist die Stellung der Fürstentümer und Graf-
schaften zu der im Reich herausgebildeten Rangordnung und ihre
Wichtigkeit in Bezug auf das dargestellte Gebiet berücksichtigt
worden.

Die Karte I stellt den Nahegau und den Wormsgau dar. Die
Ortschaften, die in den Urkunden dem einen oder dem anderen
Gau zugewiesen werden, sind durch Unterstreichungen kenntlich
gemacht. Ausser den Gaugrenzen und deren Verschiebung, die
in der Zeit der sächsischen Kaiser gegenüber der Karolingerzeit
eingetreten war, sind die Gebiete der hauptsächlichsten g e i s t-
l i c h e n B a n n g r u n d h e r r s c h a f t e n zur Darstellung gelangt. Sie
liessen sich zum Teil aus den späteren Lehensverhältnissen er-
mitteln, in welchen Teile von grösseren weltlichen Territorien zu
geistlichen Fürsten, Erzbischöfen, Bischöfen, Aebten und andern
Prälaten standen. Endlich sind die zerstreuten Besitzungen einiger
grossen Abteien, namentlich der karolingischen Reichsabteien Fulda,
Lorsch, Weissenburg, Prüm und St. Maximin vor Trier nach den
Urkunden durch Buchstaben bezeichnet. Für Lorsch wurde dabei
das Buch von Dr. Friedrich Hülsen, Die Besitzungen des Klosters
Lorsch in der Karolingerzeit (Ebering, Historische Studien 104),
Berlin 1913, für Weissenburg das von Dr. W. Harster, Der Güter-
besitz des Klosters Weissenburg im Elsass (Progr. des Gymnasiums
in Speier), Speier 1893 und 1894, zu Rate gezogen.

Da der Nahegau in der Karolingerzeit bis zur Regierung
Ottos des Grossen nur ein Untergau des Wormsgaus war und unter
Otto eine andere Begrenzung erhielt als früher, indem das später
einfach als „Gau“ bezeichnete Land zwischen Mainz und Alzey
ihm zugeschlagen wurde, habe ich auf die nachkarolingischen Er-
wähnungen von Nahe- und Wormsgauörtlichkeiten durch Beifügung

---

1) Bei der zuerst bearbeiteten dritten Karte, der für 1430, sind diese
Ziffern grau eingedruckt. Es schien mir dies nicht deutlich genug, da-
her habe ich für die andern Karten Uebertragung auf die Schwarzplatte
angeordnet.

von Jahreszahlen hingewiesen. Aus den Lorscher, Prümer und Fuldaer Urkunden der Karolingerzeit ergibt sich, dass die Grenze zwischen Nahegau und Wormsfeld zunächst längs der Nahe lief, dann auf dem Rücken zwischen den Bächen Appel und Wiesbach geführt werden muss. Für die weiter südlich gelegenen Gegenden fehlen die Urkundenbeweise aus der Karolingerzeit, da es nicht feststeht, ob die Zuweisung von Kirchheim und Herstat zum Nachgowe im Codex Lauresham. II S. 338 ff., Nr. 2017—19 richtig ist und auf Kirchheimbolanden und Stetten oder Börrstadt bezogen werden kann (vgl. Hülsen a. a. O. S. 77). So ist es geboten, hier eine natürliche Scheidung der Siedlungsgebiete als Gaugrenze anzunehmen. Es ist die Waldgegend, die sich von Otterberg in nordöstlicher Richtung zwischen Rockenhausen und Kirchheimbolanden über den Donnerberg hinwegzieht und bis in die Gegend von Steinbockenheim, Wendelsheim und Offenheim reicht. Dieses Waldgebiet, zum grössten Teil in späterer Zeit unter dem Forstbanne der Pfalzgrafschaft bei Rhein und in Verbindung mit dem pfälzischen Hauptort Alzey stehend, ist wohl auch darum als Gauscheide anzunehmen, weil es die geschlossneren Einflussgebiete der Nachfolger der Nahegaugrafen und der Grafen von Leiningen im Wormsgau trennt, wie aus einer Vergleichung der Karte von 1275 deutlich hervorgeht. Hier ist ein Grenzstreifen unbewohnten Gebietes anzunehmen, dessen früheste Ansiedlungen vielleicht die Orte auf -feld gewesen sind (Kriegsfeld, Mörsfeld, Monzenfeld, Fürfeld), wo offene Stellen im Waldgebiet zum Anbau lockend schienen.

Unter Otto dem Grossen ist die Abgrenzung des Nahegaus vom Wormsgau geändert worden. Es scheint dies mit dem Emporkommen der Emichonen im Nahegau und der Zeizolfe im Wormsgau an Stelle der Salier im Nahe- und Wormsgau zusammenzuhängen.

Diese neue Grenze scheint sich an die kirchliche Grenze zwischen dem linksrheinischen Teil des Erzbistums Mainz und des Bistums Worms angelehnt zu haben. Ganz sicher erweisen lässt sich dies für jede Stelle der Grenze allerdings nicht. Aber die späteren Einflussgebiete der Nachkommen und Rechtsnachfolger der Grafen des Nahegaus (Wildgrafen, Grafen von Veldenz und Raugrafen) und des Wormsgaus (Grafen von Leiningen), wie sie sich für die vorderen Teile Rheinhessens namentlich aus den Lehenbüchern Werners II. von Bolanden und des Rheingrafen Wolfram ergeben, lassen in der Hauptsache eine den kirchlichen Bezirken entsprechende Gebietsverteilung erkennen, wenn man von abgesprengten Stücken kleineren Umfangs absieht.

Auch die Grenze zwischen dem Wormsgau und Speyergau war in der Karolingerzeit eine andere als zur Zeit der Ottonen und Salier. In der Karolingerzeit deckte sie sich mit der kirchlichen Grenze, in der späteren Zeit dagegen mehr mit der der Grafschaft Leiningen und des weltlichen Gebietes des Bischofs von

Speyer im 13. bis 14. Jahrhundert. Doch ist diese Verschiebung geringer, wie die bei der Grenze zwischen Nahe- und Wormsgau.

Die Grenzen selbst denke ich mir in dem schon frühzeitig dicht besiedelt gewesenen Land auf dem „Gau" als Gemarkungsgrenzen, im Waldland als Grenzstreifen.

Die beiden andern Karten stellen die Herrschaftsgebiete des späteren Mittelalters dar. Für die Wahl der Zeitpunkte 1275 und 1430 war die Geschichte der hauptsächlichsten Veränderungen der Herrschaftsverhältnisse ausschlaggebend. Sollten die Grafschaften Veldenz und Sponheim als selbständige unabhängige Grafschaften und nicht als pfälzische Nebenlande dargestellt werden, so durfte man nicht über 1434 hinausgehen. Ausserdem waren einige wichtige Quellen für diese Karte aus der Zeit um 1430, wie das Gültbuch der Grafschaft Sponheim von 1434, das Alzeyer Saalbuch von 1429. Für die Wahl der Zeit um 1275 für die Karte der früheren Periode war bestimmend das Schicksal der Raugrafschaft, die nachher allmählicher Auflösung verfiel, und der Rheingrafschaft, von der der Rheingau wenig später ganz an das Erzstift Mainz kam, ebenso wie das sponheimische Amt Böckelheim. Sollte die aus den Zuständen nach der Auflösung der volkstümlichen Gau- und Hundertschaftsverfassung und dem Uebergang zum Feudalstaat hervorgegangene Gestaltung äusserlich abgegrenzter, im Inneren noch unfertiger, mit fremden Berechtigungen durchsetzter Landesherrschaften für eine möglichst frühe Zeit zur Darstellung gebracht werden, so war keine Zeit geeigneter, als die Rudolfs von Habsburg.

Wenn auf den drei Karten manches zur Darstellung gebracht wird, wofür die Quellen erst einer späteren Ueberlieferung angehören, so ist das ein Verfahren, das jeder Bearbeiter geschichtlicher Karten befolgen muss, da gleichzeitiges Material zu lückenhaft vorhanden und erhalten ist. So habe ich auf der Karte für 1275 neben den Hochgerichtsgrenzen, die in Weistümern aus dem 14. bis 16. Jahrhundert beschrieben werden, die öffentlich-rechtlichen Bezirke Werners II. von Bolanden von etwa 1195 und die Alzeyer Waldgenossenschaft aus einem Nachtrag zum Saalbuch von Alzey von 1429 dargestellt. Diese Dinge konnten nicht auf der Karte für 1430 aufgenommen werden, da diese besonders durch die Darstellung der feudalen und geistlichen Unterherrschaften zu sehr belastet war.

Dem grössten Teil des in die Arbeit einbezogenen Gebietes liegen die Messtischblätter der Königlich preussischen und die ihnen entsprechenden Höhenschichtenkarten der Grossherzoglich hessischen Landesaufnahme in 1:25 000 zugrunde. Für die Bayerische Pfalz fehlten veröffentlichte Aufnahmen in diesem Massstab, daher erbat ich mir vom Königlich Bayerischen Generalstab photographische Reproduktionen von älteren Positionsblättern dieser Grösse, die mir auch bereitwilligst zur Verfügung gestellt und an-

gefertigt wurden. Auf diese trug ich zunächst die Gemarkungs-
grenzen, Lage von Wüstungen, Flurnamen aus den mir in liebens-
würdiger Weise von den Messungsämtern leihweise übersandten
Gemeindeplänen ein, um dieses ganze Kartenmaterial den Pausen
zugrunde zu legen, auf denen ich die alten Bezirke so eingehend,
als es mir möglich war, eingetragen habe. Zuletzt fand ich auch
bereitwillige Unterstützung seitens des Herrn Regierungsassessors
Kurt Strecker in Mainz, der mir sein für die Historische Kommis-
sion für das Grossherzogtum Hessen bearbeitetes Kartenmaterial
gütigst zur Verfügung gestellt hat.

Additional material from Die Herrschaften des unteren Nahegebietes,
ISBN 978-3-662-24097-7 (978-3-662-24097-7_OSFO2),
is available at http://extras.springer.com

Berichtigungen und Zusätze.

S. 4* Z. 12 v. u. für Rathweiler l. Rathsweiler.
S. 11* Anm. 1. Die Habel'schen Sammlungen befinden sich seit Frühjahr 1914 im Grossherzogl. Haus- und Staatsarchiv in Darmstadt.
S. 12* Nr. 15 hinzuzufügen: Nahgowe MRUB. I S. 245, Nr. 182.
S. 17* zwischen Nr. 81 und 82 einzufügen: Walsheim, Walesheim, jetzt Heidenfahrt, Kreis Bingen; 1145 Nahegau. Rossel, Eberbacher UB. 12.
S. 23* Z. 2 v. u. für Gottfried l. Godebold.
S. 25* § 5 für Lanzenhausen l. Lauzenhausen.
S. 25* § 6 für Gauerbenburg l. Ganerbenburg.
S. 29* Z. 5 v. u. für Heideberg l. Heidelberg.
S. 48* Z. 16 v. u. Walesheim ist vielleicht das jetzige Heidenfahrt (Wagner, Wüstungen, Rheinhessen S. 189). Besitz der Wildgrafen ist jedoch später dort nicht mehr nachzuweisen.
S. 49* Anm. 3, Z. 10 v. u. für Dieffcnbach l. Dieffenbach.
S. 57* Z. 11 v. u. für Oberbachenbach l. Oberhachenbach.
S. 81*. Bruder des Raugrafen Ruprecht III. war Heinrich III., nicht II.
S. 100* Z. 14 v. o. für Philipp II. l. IV.
S. 100* Z. 25 v. o. bei Dreisen für N 24 l. O 23.
S. 110* Z. 7 v. u. für Kirchweiler l. Kirschweiler.
S. 9 Z. 13 v. u. lies festgestellt.
S. 23 Z. 8 v. u. für Lorcher l. Lorscher.
S. 24 Z. 2 v. o. für Niederkirchen l. Oberkirchen.
S. 28 Z. 9 v. u. für Hiidegard l. Hildegard.
S. 47 Z. 15 v. u. zwischen Böckelheim und Mandel ein Komma statt Bindestrich.
S. 66 Z. 16 v. o. für Schwager l. Schwiegervater.
S. 73 Z. 8 v. u. für Lorcher l. Lorscher.
S. 79 Z. 12 v. o. für Schmidtbur l. Schmidtburg.
S. 81 Anm., Z. 4 v. o. für Nussbaum l. Nussbach.
S. 114 Z. 14 v. o. für Guut l. Gut.
S. 122 Z. 8 v. o. für J 20, 21 l. J 21/22.
S. 122 Z. 14 v. u. für Wickenroth l. Wickenrodt.
S. 123 Z. 4 v. o. für Hottenbabh l. -bach.
S. 126 Z 2 v. u. für ven l. von.
S. 141 Z. 6 v. o. für Rodtlingen l. Kodtlinger.
S. 165 Z. 23 v. o. für Bigen l. Bingen.
S. 174 Z. 11 v. u. für Konrad I. l. II.
S. 181 Absatz 3. Auch der Bischof Konrad von Worms war ein Freiherr von Dalberg.
S. 184 Z. 3 v. o. für 1430 l. 1330.
S. 205 Z. 14 v. u. für Famborn l. Flamborn.
S. 206 Nr. 25, Z. 2 an nach Hohenfels zu streichen.
S. 207 Nr. 27, Z. 9 für Neuleningen l. Neuleiningen.
S. 209 Nr. 34 Z. 1 für O 12 l. O 22. — Eine Burg zu Kettenheim wird 1444 erwähnt (Pfälz. Mus. 13 [1906], Heft 4, S. 55).
S. 216 Nr. 51, Z. 3 für Heinrich IV. l. VI.

S. 217 Z. 2 v. u. für Diether l. Dietrich.

S. 224 Nr. 67 Zusatz: Wintersheim war Reichslehen. Am 22. Mai 1257 verlieh König Richard dem Rheingrafen Werner Schwabsburg und das Dorf Wintersheim, das früher dem Gottfried von Eppstein verliehen gewesen war (StAKoblenz, Wild- und Rheingrafen, Urkunden 217).

S. 233 zu Hannheim Zusatz: 1255 verkaufte Johann von Hohenfels seine Rechte zu Hagenheim, die er von der Grafschaft Veldenz, diese vom Kloster Lorsch zu Lehen trug, an das Kloster Eberbach (MRR. III 1253). 1304 war das Patronatsrecht zu Bleidesheim sowie Zehnte und Güter im Hof Wahlheim Lehen des Klosters St. Alban vor Mainz und wurden von Eberhard von Geispitzheim an das Kloster Eberbach verkauft.

S. 234 zu Rudolfsheim (oben) Zusatz: Rheingraf Siegfried II. belehnte am Peters- und Paulstag 1312 den Wigand von Dienheim mit dem Dorf und der Jurisdiktion zu Rodolsheim (Schott, Dipl. Rhingr. I 291, vgl. Altes Mannbuch 174).

S. 234 Z. 4 v. u. für liebeignen l. leibeignen.

S. 237 Anm. 3 für Grimm V 634 l. IV 634.

S. 246 Z. 3 v. o. für des Pfalzgrafen l. der Pfalzgrafen.

S. 261 Z. 24 v. o. für Wartenstein l. Wartenberg.

S. 294 zu Sulzheim Zusatz: Ueber die Wüstung Rommersheim bei Sulzheim vgl. W. Fabricius in den Quartalsblättern des historischen Vereins für das Grossherzogtum Hessen, Neue Folge V (1914) S. 229 ff. Dieses Dorf war eine Besitzung des Klosters Altenmünster in Mainz unter der Vogtei der Herren vom Stein (Rheingrafenstein) und später von Lewenstein, die 1273 ihre Rechte an das Kloster verkauften. Das Kloster verwandelte das wüstgewordene Dorf schon vor 1306 in einen Hof und verpachtete, als auch dieser verfallen war, 1606 das ganze Hofland an die Gemeinde Sulzheim. Nur der Jahrmarkt für Waren und Vieh, der zu Rommersheim unter kaiserlichem Schutz gehalten wurde, verblieb bis 1664 im Besitz der Herren von Lewenstein oder Löwenstein. Er wurde 1700 nach Sulzheim verlegt. Die Reste einer Kapelle zu Rommersheim waren 1735 noch zu sehen. — In diesem Zusammenhang habe ich auch ein Grenzweistum von Sulzheim von 1509 besprochen.

S. 312 Anm., unterste Zeile für Kallenfels l. Kallenberg.

S. 329 Zusatz: Diese Wüstung Gunzelnberg entspricht dem jetzigen Distrikt Ginzenberg in Flur 20 der Gemarkung Hennweiler.

S. 333 Anm. 2, Z. 2 für Roerich l. Rorich.

S. 344 Z. 2 v. o. für Gmünden l. Gemünden.

S. 364 Z. 24 v. o. für Gutenbach l. Guldenbach.

S. 398 Z. 3 v. u. für Hischfeld l. Hirschfeld.

S. 414 Z. 8 v. o. für Philipp II. l. Philipp IV.

S. 420 Z. 14 v. u. für hatte dem l. hatte den.

S. 422 Z. 12 Zusatz: Am 20. Juni 1418 belehnte Kaiser Sigismund den Wilich von Alzey mit Gefällen des Gerichts zu Spiesheim. Reg. Imp. XI 2832.

S. 447 Z. 5 v. o. für Faustherren l. Fautherren (Vogtherren).

S. 461 Z. 10 v. o. für [4] l. [1].

S. 479 Z. 13 v. o. für Karl II. l. Karl VI.

S. 506 Z. 21 v. o. für Cutzenach l. Crutzenach.

S. 511 Z. 11 v. o. für Kuno l. Werner.

S. 522 Z. 22 v. o. für Hulsbach l. Hulsberg, ebenso Anm. 2 Hilsberg für Hilsbach.

Carl Georgi, Universitäts-Buchdruckerei und Verlag, Bonn.